視覚情報処理
ハンドブック
新装版

日本視覚学会 編

朝倉書店

ご注意： 本書(新装版)の内容において旧版からの変更はありません.
なお，旧版に付属していた CD-ROM は本書には付いておりません.
CD の収録データについては朝倉書店ホームページ内で案内しています.
本書の紹介ページをご参照ください.

まえがき

　私たちは常に外界から感覚系を通して情報を受け取り，それを脳で処理し，そして運動系によって外界にはたらきかけるという一連の「自己-外界情報処理系」としてはたらいている．視覚系はその処理系のなかでも最も重要で優れた情報処理システムであり，それだけ複雑で巧妙なメカニズムをもっている．視覚系のはたらきを研究することは一つにはサイエンスとしての未知への挑戦である．生物としての私たち自身がもつ視覚-大脳系のメカニズムには，これまでの科学が解き明かせなかったまったく異なる原理からなる情報処理アルゴリズムが隠されている可能性が大きい．もう一つには，未来テクノロジーへの応用の意味がある．21世紀に向けて人間中心の豊かで快適な社会を築き上げるためには，これまでの技術中心の社会とは逆に，周囲の環境のほうを私たち自身の特性に合わせることが必須なことである．私たち個人個人に合った情報テクノロジーを開発するためには，研究により明らかとなった視覚系の特性やメカニズムを十分活用しなければならない．

　視覚系の構造と機能を解明しようとする近代的な取り組みは16～17世紀に始まったが，主に物理学，心理学，解剖学の分野でそれぞれ独自に発達してきた．20世紀になって，科学・技術の急速な発展に伴い，視覚研究も新しい展開を見せてきた．それまで心理学の一部であった心理物理学が情報科学・工学と結びついて独自な発展をとげ，生理学分野では単一神経細胞からの応答の記録が可能となった．さらに少し遅れて視覚系の神経モデルの構築を目的とした計算論的視覚研究が誕生した．最近ではfunctional MRIで代表される脳イメージング技術が進み，視覚系のマクロな機能と細胞レベルのミクロな構造を結びつける新しい研究分野が生まれつつある．

　視覚系の研究はきわめて多くの学問分野の境界領域として発達してきた．現在では，視覚系の研究はすでに古典的な縦割りの学問分野の枠には収まらない新しい領域になりつつあるといえよう．しかし「視覚」だけにテーマを絞った網羅的な参考書はきわめて少なく，「視覚」を学ぼうとする者は分野の違う様々な書籍から少しずつ知識を獲得していかなければならない．このような知識の散在は視覚の研究者や学生にとって決していい環境とはいえない．

　本書はこのような背景に鑑み，日本視覚学会の会員が中心になってまとめた「視覚」のハンドブックである．本書執筆のねらいは"手元において使えるハンドブック"である．そのため，視覚関係の科学者や技術者はもちろんのこと，

視覚研究の入門者にもできるだけわかりやすく書かれ，心理物理学，生理学，計算論の視点から，視覚系の多様な機能を網羅的に扱った．また，視覚の各分野での正確な信頼できる基礎的で標準的なデータを載せ，その特性や意味を解説した．その際，その分野でわかっていることとまだ明らかとなっていないことを明確に区別したつもりである．このねらいがどこまで達成できているかは読者のご批判にまたなければならないが，「視覚」の研究や理解に少しでも役に立てば編集・執筆者一同，この上ない幸せである．

2000年8月

編集委員長　内川惠二

編集委員長

内川 惠二　東京工業大学大学院総合理工学研究科

編集委員

赤松 幹之　通商産業省工業技術院 生命工学工業技術研究所	酒井 宏　筑波大学電子・情報工学系
鵜飼 一彦　日本福祉大学情報社会科学部	佐藤 隆夫　東京大学大学院人文社会研究科
近江 政雄　金沢工業大学人間情報システム研究所	塩入 諭　東北大学電気通信研究所
小田 浩一　東京女子大学現代文化学部	中溝 幸夫　九州大学大学院人間環境学研究科
熊田 孝恒　通商産業省工業技術院 生命工学工業技術研究所	西田 眞也　NTT（株）コミュニケーション科学基礎研究所
古賀 一男　名古屋大学環境医学研究所	矢口 博久　千葉大学工学部
小松 英彦　岡崎国立共同研究機構生理学研究所	山下 由己男　九州芸術工科大学芸術工学部

執筆者

赤松 幹之　通商産業省工業技術院 生命工学工業技術研究所	小田 浩一　東京女子大学現代文化学部
蘆田 宏　立命館大学文学部	柿沢 敏文　筑波大学心身障害学系
伊福部 達　北海道大学電子科学研究所	片山 正純　豊橋技科大学情報工学系
魚里 博　北里大学医療衛生学部	川嶋 英嗣　筑波大学大学院心身障害学研究科
鵜飼 一彦　日本福祉大学情報社会科学部	河野 憲二　通商産業省工業技術院 電子技術総合研究所
氏家 弘裕　通商産業省工業技術院 生命工学工業技術研究所	川端 康弘　北海道大学大学院文学研究科
内川 惠二　東京工業大学大学院総合理工学研究科	喜多 伸一　神戸大学文学部
梅野 健　郵政省通信総合研究所	北原 健二　東京慈恵会医科大学
江島 義道　京都大学大学院人間・環境学研究科	行場 次朗　東北大学文学部
近江 政雄　金沢工業大学人間情報システム研究所	熊田 孝恒　通商産業省工業技術院 生命工学工業技術研究所
大竹 史郎　松下電器産業（株）照明研究所	栗木 一郎　東北大学電気通信研究所
岡嶋 克典　横浜国立大学環境情報研究院	洪 博哲　コニカ（株）中央研究所
尾田 政臣　立命館大学文学部	古賀 一男　名古屋大学環境医学研究所

執筆者

小松 英彦	岡崎国立共同研究機構生理学研究所
近藤 公久	NTT(株)コミュニケーション科学基礎研究所
近藤 倫明	北九州大学文学部
齋木 潤	京都大学大学院情報学研究科
斎田 真也	通商産業省工業技術院生命工学工業技術研究所
酒井 宏	筑波大学電子・情報工学系
佐川 賢	通商産業省工業技術院生命工学工業技術研究所
佐藤 宏道	大阪大学健康体育部
佐藤 雅之	カリフォルニア大学バークレー校
塩入 諭	東北大学電気通信研究所
篠森 敬三	高知工科大学工学部
下野 孝一	東京商船大学
白柳 守康	旭工学工業(株)研究開発センター
高木 峰夫	新潟大学医学部
竹市 博臣	理化学研究所脳科学総合研究センター
竹内 龍人	NTT(株)コミュニケーション科学基礎研究所
田中 恵津子	杏林大学医学部
飛松 省三	九州大学大学院医学系研究科
中野 泰志	慶應義塾大学経済学部
中野 靖久	広島市立大学情報科学部
中溝 幸夫	九州大学大学院人間環境学研究科
新井田 孝裕	北里大学医療衛生学部
西田 眞也	NTT(株)コミュニケーション科学基礎研究所
仁科 幸子	国立小児病院
野村 正英	日本電気(株)基礎研究所
彦坂 和雄	東京都神経科学総合研究所
藤田 尚文	高知大学教育学部
藤田 昌彦	法政大学工学部
本田 仁視	新潟大学人文学部
前田 太郎	東京大学大学院工学系研究科
三上 章允	京都大学霊長類研究所
森田 ひろみ	筑波大学心理学系
矢口 博久	千葉大学工学部
矢野 澄男	日本放送協会放送技術研究所
山上 精次	専修大学文学部
山口 佳子	通商産業省工業技術院生命工学工業技術研究所
山口 真美	中央大学文学部
山下 由己男	九州芸術工科大学芸術工学部
山田 徹人	星川眼科クリニック
山田 寛	日本大学文理学部
山出 新一	滋賀医科大学
横澤 一彦	東京大学大学院人文社会系研究科
吉澤 誠	東北大学大学院工学研究科

(五十音順)

目　　次

1　結像機能と瞳孔・調節

1.1　眼球光学系の構造……………〔魚里　博〕…1
　1.1.1　涙液・角膜・前房・水晶体・硝子体…1
　　a.　涙液層………………………………………1
　　b.　角　膜………………………………………1
　　c.　前　房………………………………………2
　　d.　水晶体………………………………………2
　　e.　硝子体………………………………………2
　1.1.2　虹彩・瞳孔………………………………2
　1.1.3　網　膜……………………………………3
　1.1.4　散乱・回折………………………………4
　　a.　光の散乱……………………………………4
　　b.　眼内での散乱………………………………5
　　c.　回　折………………………………………5
1.2　光　学　特　性…………………………………5
　1.2.1　模型眼……………………………………5
　　a.　眼球のモデル………………………………5
　　b.　Gullstrandの模型眼………………………6
　　c.　省略眼………………………………………8
　　d.　その他の模型眼……………………………8
　1.2.2　眼の主要点と軸…………………………8
　　a.　眼の主要点…………………………………8
　　b.　眼の軸と角度………………………………9
　　c.　眼の角度…………………………………11
　1.2.3　眼の収差…………………………………12
　　a.　色収差………………………………………13
　　b.　球面収差……………………………………14
　　c.　その他の収差………………………………15
　1.2.4　絞りとしての虹彩………………………15
　　a.　入射瞳………………………………………15
　　b.　射出瞳………………………………………16
　1.2.5　プルキンエ-サンソン像…………………16
1.3　内　視　現　象………………………………18
1.4　像　特　性…………………〔白柳守康〕…19
　1.4.1　いろいろな関数の関係…………………19
　1.4.2　眼球光学系のMTF……………………20
　1.4.3　波面収差，瞳関数………………………21
　1.4.4　スタイルズ-クロフォードapodization
　　　　　……………………………………………22
　1.4.5　像特性の計算可能な模型眼……………22
　1.4.6　散乱光・グレアによる像劣化…………22
1.5　結像面の特性…………………………………23
　1.5.1　網膜反射特性……………………………23
　1.5.2　網膜の像伝達特性………………………23
　1.5.3　錐体配向とスタイルズ-クロフォード効果……………………………………………23
　1.5.4　錐体モザイク……………………………24
　1.5.5　黄斑色素…………………………………24
1.6　瞳　　　孔…………………〔鵜飼一彦〕…25
　1.6.1　虹彩とその神経支配……………………25
　1.6.2　瞳孔の機能的役割………………………26
　1.6.3　近見反応…………………………………26
　1.6.4　対光反応…………………………………28
　　a.　対光反応制御系……………………………28
　　b.　刺激光の強さと色…………………………28
　　c.　刺激光の継続時間…………………………29
　　d.　刺激光の網膜部位と広がり………………29
　　e.　視覚抑制との関係…………………………30
　　f.　光覚以外の視覚刺激………………………30
　1.6.5　ヒッパス…………………………………31
　1.6.6　聴覚・痛覚・感情・覚醒・疲労と瞳孔
　　　　　……………………………………………31
1.7　調　　　節……………………………………32
　1.7.1　調節機構…………………………………32
　　a.　調節の光学…………………………………32
　　b.　調節のメカニクス…………………………33
　　c.　調節の神経支配……………………………34
　1.7.2　調節機能…………………………………34
　　a.　静特性………………………………………34
　　b.　安静位………………………………………35
　　c.　順　応………………………………………36
　　d.　動特性と制御系……………………………37
　　e.　調節動揺……………………………………38

1.7.3 老視 ………………………………38
1.7.4 屈折異常 …………………………39
　　a. 屈折異常と視力 …………………39
　　b. 屈折異常の種類 …………………39
　　c. 不同視・不等像視 ………………41
　　d. 屈折・調節・視力の検査の流れ …41
　　e. 眼鏡・コンタクトレンズ・眼内レンズ …42
1.8 瞬　目 …………………〔新井田孝裕〕…44
　1.8.1 解　剖 ……………………………44
　1.8.2 瞬目の種類および瞬目時の上眼瞼の動き
　　　　………………………………………45
　1.8.3 脳幹における瞬目神経回路 ………46
　1.8.4 上丘, 大脳基底核の瞬目における役割
　　　　………………………………………48
　1.8.5 眼球運動との関連 …………………48
　1.8.6 瞬目時の視覚抑制 …………………49
　1.8.7 瞬目と視覚的注意 …………………50

2　視覚系生理の基礎

2.1 網膜から一次視覚野 ………〔佐藤宏道〕…53
　2.1.1 網　膜 ……………………………53
　　a. 視細胞と光受容 …………………53
　　b. 網膜内信号伝達と受容野の形成 …54
　　c. 神経節細胞の機能分化 …………55
　2.1.2 外側膝状体 …………………………56
　　a. 層分化と並列投射 ………………56
　　b. 神経回路と反応特性 ……………57
　2.1.3 一次視覚野 …………………………58
　　a. 機能と構造の分化 ………………58
　2.1.4 視野の統合とダイナミクス ………62
2.2 V1以外の視覚領野の構成と機能分化
　　　　………………………〔小松英彦〕…64
　2.2.1 視覚領野の構成 ……………………64
　2.2.2 視覚領野の機能分化 ………………65
2.3 V1以降：背側経路 ……………………68
　2.3.1 背側経路の構成と線維連絡 ………68
　2.3.2 視運動情報の処理 …………………68
　　a. MT野 ………………………………68
　　b. MST野 ……………………………71
　　c. VIP野 ………………………………74
　2.3.3 空間情報の処理 ……………………74
　　a. 7a, LIP, V3A, POにおける位置の
　　　コーディング ……………………74
　　b. 3次元物体の向きのコーディング …75
2.4 V1以降：腹側経路 …………〔三上章允〕…77
　2.4.1 腹側経路の構成と線維連絡 ………77
　2.4.2 形と色の情報処理 …………………78
　　a. 二次視覚野 (V2) …………………78
　　b. 三次視覚野 (V3) …………………79
　　c. 四次視覚野 (V4) …………………79
　　d. TEO野 ……………………………81
　　e. TE野 (外側部) ……………………81
　　f. 上側頭溝 …………………………82
　　g. 側頭葉腹側部 ……………………83
　　h. 側頭極 ……………………………84
　2.4.3 腹側経路と発達 ……………………85
2.5 眼球運動に関係する処理 ……〔河野憲二〕…88
　2.5.1 視運動性応答 ………………………88
　2.5.2 円滑追跡眼球運動 …………………91
　2.5.3 輻輳開散運動 ………………………92
　2.5.4 サッカード運動 ……………………93

3　色　覚

3.1 光　覚 ……………………〔中野靖久〕…97
　3.1.1 絶対閾値 ……………………………97
　　a. はじめに …………………………97
　　b. Hechtらの実験 …………………97
　　c. 絶対閾値測定の結果とその解釈 …99
　　d. 絶対閾値の知覚が確率的になる原因 …100
　　e. ノイズの影響 ……………………101
　　f. 1個の光量子による桿体の応答 …102
　3.1.2 増分閾値 ……………………………103
　　a. Barlowの実験 ……………………103
　　b. 増分閾値測定の結果とその解釈 …103
　3.1.3 暗順応と明順応 ……………………106
　　a. 暗順応曲線：Nordbyらの実験 …106
　　b. 明順応：Crawfordの実験 ………107
　　c. 順応の要因：視物質, 視細胞, 視神経 …108
　3.1.4 可視光以外の刺激による光覚

　　　　　　　　　　　　　　　　　　　　　　〔鵜飼一彦〕…111
　　a. 総　論 …………………………………111
　　b. 圧　力 …………………………………111
　　c. 電磁場 …………………………………112
　　d. 電磁波 …………………………………112
　　e. 粒子線 …………………………………112
3.2　錐体レベル ……………………〔矢口博久〕…113
　3.2.1　等色と錐体分光感度 …………………113
　3.2.2　色弁別 ……………………〔内川惠二〕…115
　　a. 測定法 …………………………………115
　　b. 波長弁別 ………………………………116
　　c. 純度弁別 ………………………………118
　　d. 色度弁別 ………………………………118
　3.2.3　2色閾値法 ………………〔江島義道〕…120
3.3　反対色レベル ………………………………122
　3.3.1　反対色レスポンス …………………122
　　a. 測定方法 ………………………………122
　　b. 反対色レスポンス関数 ………………123
　　c. 反対色レスポンス関数と錐体分光感度の関
　　　係 ………………………………………124
　　d. 反対色系における非線形性 …………125
　3.3.2　カラーネーミング ……〔岡嶋克典〕…126
　　a. カラーネーミングの必要性 …………126
　　b. カラーネーミングの定義 ……………126
　　c. カラーネーミングの原理 ……………126
　　d. カラーネーミングの基本的方法論 …127
　　e. カラーネーミングの尺度化 …………128
　　f. 物体色のカラーネーミング …………129
　　g. カラーネーミングの留意点 …………129
　3.3.3　色の見え ………………………………130
　　a. 反対色の見え方 ………………………130
　　b. 反対色の見えと分光感度 ……………130
　　c. 反対色の見えと非線形メカニズム …131

　　d. 反対色の見えを説明するモデル ……132
　　e. 色順応と反対色 ………………………132
　　f. 色対比と反対色の見え ………………133
3.4　高次レベル ……………………〔内川惠二〕…134
　3.4.1　カテゴリカル色知覚 …………………134
　　a. カテゴリー色 …………………………134
　　b. カテゴリカルカラーネーミング ……135
　　c. 色空間のカテゴリカル分割 …………136
　　d. チンパンジーのカテゴリカル色知覚 …137
　3.4.2　色の見えのモード ……………………137
　　a. 表面色モードと開口色モード ………137
　　b. モードによる色の見えの違い ………140
　3.4.3　色の恒常性 …………………〔栗木一郎〕…140
　　a. はじめに ………………………………140
　　b. 明度知覚の恒常性 ……………………141
　　c. 実験手法 ………………………………141
　　d. 刺　激 …………………………………142
　　e. 結果とその傾向 ………………………143
　　f. 色恒常性の理論とアルゴリズム ……145
　　g. 今後の色恒常性研究の展開 …………148
　3.4.4　色の記憶と認識 ………〔内川惠二〕…150
　　a. 色の記憶比較 …………………………150
　　b. 継時比較による色弁別と等色実験 …150
　　c. 色の記憶のカテゴリカル特性 ………152
3.5　色覚異常 ………………………〔北原健二〕…153
　3.5.1　色覚異常の分類 ………………………153
　　a. 先天色覚異常 …………………………153
　　b. 後天色覚異常 …………………………154
　3.5.2　病因および視覚特性 …………………154
　　a. 先天赤緑異常 …………………………154
　　b. 先天青黄異常 …………………………157
　　c. 全色盲 …………………………………158
　　d. 後天色覚異常 …………………………159

4　測光と表色システム

4.1　分光視感効率と測光システム
　　　　　　　　　　　　　　　　〔佐川　賢〕…161
　4.1.1　分光視感効率 …………………………161
　4.1.2　CIEの標準測光システム ……………163
　4.1.3　輝度と明るさ …………………………163
　4.1.4　補助測光システム（明るさに基づく明所
　　　　視・薄明視・暗所視の測光システム）164
4.2　表色システム …………………〔矢口博久〕…166
　4.2.1　等　色 …………………………………166

　4.2.2　CIE表色系 ……………………………168
　4.2.3　均等色空間と色差 ……………………170
　4.2.4　色の見えモデル ………………………172
　4.2.5　生理学的色空間 ………………………174
4.3　カラーオーダーシステム ……〔内川惠二〕…175
　4.3.1　カラーオーダーシステムの概要 ……175
　4.3.2　マンセル表色系 ………………………177
　4.3.3　OSA表色系 …………………………178
　　a. OSA表色系の色立体 …………………178

b. OSA 色度 (L, j, g) と CIE 1964 XYZ 三刺激値の関係 ……………………179
　　c. OSA 色票セット ………………180
　4.3.4　NCS 表色系 ………………………181
4.4　各種色表示メディアによる色の表現
　　　　………………………〔洪　博哲〕…182
　4.4.1　銀塩写真 ………………………182
　4.4.2　印　刷 …………………………183
　4.4.3　テレビジョン …………………184
　4.4.4　各種ハードコピー ……………185
　　a. インクジェットプリンター ……185
　　b. 感熱転写プリンター ……………185
　　c. 電子写真プリンター ……………186
　4.4.5　カラーマネージメントシステム …186
　　a. 測色的色特性の推定 ……………187
　　b. 色の見えモデル …………………188
　　c. 色域マッピング …………………188
　　d. 色変換 ……………………………188
　　e. 機器調整 …………………………188

5　視覚の時空間特性

5.1　空 間 特 性 ………〔近江政雄〕…191
　5.1.1　視　力 …………………………191
　　a. 視力の測定法 ……………………191
　　b. 視力に影響する要因 ……………191
　　c. バーニア視力 ……………………191
　5.1.2　空間的足し合わせ ……………192
　　a. 閾値面積曲線 (リコーの法則) …192
　　b. 空間的二刺激法による線広がり関数の測定 …………………………192
　5.1.3　コントラスト感度関数 …〔塩入　諭〕…193
　　a. コントラスト感度 ………………193
　　b. 周波数特性と空間特性 (周波数領域と空間領域) ………………196
　　c. 空間的 CSF への時間周波の影響 …197
　　d. 眼球運動の影響 …………………198
　　e. 閾上でのコントラスト特性 ……198
　5.1.4　空間周波数チャンネル ………200
　　a. 周波数選択的順応効果 …………200
　　b. マスク実験 ………………………202
　　c. 閾下加算 …………………………204
　　d. その他の根拠 ……………………205
　　e. チャンネル間の相互作用 ………208
　　f. 空間周波数解析 …………………208
　5.1.5　位相検出 ………〔氏家弘裕〕…210
　5.1.6　方位検出 ………………………213
5.2　時 間 特 性 ………〔近江政雄〕…219
　5.2.1　ちらつき感度 (CFF) …………219
　5.2.2　時間的足し合わせ (時間加重) …219
　　a. 閾値呈示時間曲線 (ブロックの法則) ……219
　　b. 時間的二刺激法によるインパルス応答関数の測定 ………………219
　5.2.3　コントラスト感度特性 …〔塩入　諭〕…220
　　a. コントラスト感度 ………………220
　　b. 周波数特性と時間特性 …………220
　　c. 輝度変化 …………………………222
　　d. 空間周波数の影響 ………………223
　　e. 時空間周波数特性 ………………224
　5.2.4　時空間周波数チャンネル ……224
5.3　視覚マスキングと視覚記憶 …………225
　5.3.1　視覚マスキング ………………225
　　a. マスキング ………………………225
　　b. メタコントラスト ………………226
　　c. パターンによるマスキング ……226
　　d. マスキングのモデル ……………227
　　e. マスキングとサッカード抑制 …229
　5.3.2　視覚感覚記憶 …………………229
　　a. 視覚感覚記憶の測定 ……………229
　　b. 視覚的持続のレベル ……………230
　　c. 視覚的持続の機能的な意味 ……230
5.4　色覚の時空間周波数特性 …〔川端康弘〕…232
　5.4.1　コントラスト感度関数 ………232
　5.4.2　ほかの手法を用いた色覚の時空間特性の研究 ………………………234
　5.4.3　色と輝度のかかわり …………234
5.5　視　野 ……………〔大竹史郎〕…236
　5.5.1　視機能の視野依存性と視野 …236
　5.5.2　錐体, 桿体の分布 ……………237
　5.5.3　網膜, 外側膝状体の細胞 ……239
　　a. 神経節細胞 ………………………239
　　b. P 細胞, M 細胞の分布 …………240
　5.5.4　皮質拡大係数 …………………240
　5.5.5　光覚の視野依存性 ……………241
　5.5.6　周辺視の時空間特性 …………241
　　a. 周辺視の空間特性 ………………241

b. 周辺視の時間特性 ………………241
　5.5.7 色覚の視野依存性 …………………241
　　　a. 周辺視での色の見え …………………241
　　　b. 刺激サイズの影響と皮質拡大係数 ……242
　5.5.8 周辺視での形状認識 ………………243

6　形の知覚

6.1　エッジと面の成立…………〔横澤一彦〕…247
　6.1.1　エッジと輪郭 ……………………247
　6.1.2　面の知覚 …………………………248
　6.1.3　2½次元スケッチ …………………250
6.2　視覚的補完………………〔竹市博臣〕…251
　6.2.1　主観的輪郭 ………………………251
　6.2.2　アモーダルな補完 ………………254
　6.2.3　ジェネリックイメージ …………256
6.3　知覚的体制化……………〔藤田尚文〕…259
　6.3.1　図と地の分化 ……………………259
　6.3.2　知覚的群化 ………………………260
　　　a. ゲシュタルトの法則 …………………260
　　　b. 要素の傾きによる群化とテクストン理論
　　　　　……………………………………261
　6.3.3　多義図形 …………………………262
6.4　顔の知覚 ……………………………263
　6.4.1　顔知覚の特殊性 …………〔山田　寛〕…263
　6.4.2　人物知覚とそのモデル…〔尾田政臣〕…264
　6.4.3　性　　別…………………〔山口真美〕…266
　6.4.4　表情の知覚………………〔山田　寛〕…266
　　　a. 表情知覚の基本カテゴリー …………266
　　　b. 表情知覚の心理次元 …………………266
　　　c. 表情知覚の物理次元 …………………267
6.5　部分・全体と文脈効果………〔喜多伸一〕…268
　6.5.1　全体と部分 ………………………268
　6.5.2　物体優位効果 ……………………270
6.6　形状認知の処理過程…………〔齋木　潤〕…271
　6.6.1　人間の形状認知の特徴 …………272
　6.6.2　テンプレート，特徴，構造記述 …272
　6.6.3　形状を記述する参照枠 …………274
　6.6.4　ボトムアップとトップダウン …275
6.7　3次元物体認知の視覚表現…〔行場次朗〕…277
　6.7.1　Marrの3-Dモデル表現 …………278
　6.7.2　視点非依存表現 …………………278
　6.7.3　視点依存表現 ……………………279
　6.7.4　視点非依存表現と依存表現の両立の
　　　　　可能性 ……………………………281

7　奥行き（立体）視

7.1　奥行き手がかりの分類………〔中溝幸夫〕…283
　7.1.1　ベクトル手がかり，スカラー手がか
　　　　　り，オーダー手がかり ……………283
7.2　両眼網膜像差に基づく立体視 ………284
　7.2.1　基本概念 …………………………284
　　　a. 視線と視軸 ……………………………284
　　　b. 両眼視差と輻輳 ………………………284
　　　c. 水平網膜像差と垂直網膜像差 ………285
　　　d. 絶対網膜像差と相対網膜像差 ………285
　　　e. ホロプター ……………………………286
　7.2.2　研究法 ……………………………287
　　　a. ステレオグラムとステレオスコープ …287
　　　b. 両眼立体視の測度 ……………………288
　7.2.3　確度と精度…………………〔下野孝一〕…289
　　　a. 網膜像差の方向と大きさ ……………289
　　　b. 立体視力 ………………………………289
　　　c. 順　応 …………………………………289
　7.2.4　刺激特性と立体視能力…〔塩入　諭〕…290
　　　a. 輝度特性と両眼対応 …………………290
　　　b. 非輝度輪郭に基づく両眼立体視 ……292
　　　c. 奥行きの視間と面の知覚 ……………294
　7.2.5　観察距離および運動系との相互作用
　　　　　………………〔中溝幸夫・下野孝一〕…297
　　　a. 固視微動 ………………………………297
　　　b. 輻輳眼球運動 …………………………297
　　　c. 観察距離との相互作用：網膜像差の逆
　　　　　2乗法則 …………………………297
　7.2.6　網膜像差立体視の時空間特性とサブ
　　　　　システム…………………〔塩入　諭〕…299
　　　a. 空間周波数特性 ………………………299
　　　b. 周波数チャンネル ……………………300
　　　c. 呈示時間と時間周波数特性 …………302
　　　d. 輝度の時空間周波数特性 ……………303
　　　e. 手前，ゼロ，奥検出メカニズム ……306

- 7.2.7 ステレオアノマリー …〔下野孝一〕…307
- 7.2.8 近接要素融合規則に基づく奥行き錯視 ………308
  - a. ウォールペーパー錯視 …〔中溝幸夫〕…308
  - b. ダブルネイル錯視 ………309
  - c. ステレオモアレ錯視 …〔近藤倫明〕…309
- 7.3 単眼性・画像的手がかり …〔塩入 諭〕…310
  - 7.3.1 重なり（遮蔽） ………310
  - 7.3.2 きめ（テクスチャ）勾配 ………312
  - 7.3.3 陰影 ………314
  - 7.3.4 輪郭線形状 ………316
  - 7.3.5 明るさと色 ………316
  - 7.3.6 相対的大きさ …〔近藤倫明〕…317
  - 7.3.7 視野内の高さ ………318
  - 7.3.8 その他 …〔塩入 諭〕…319
- 7.4 両眼遮蔽 …〔下野孝一〕…320
- 7.5 運動視差に基づく立体視 …〔近江政雄〕…321
  - 7.5.1 観察者運動視差と対象運動視差 ………321
  - 7.5.2 研究法：刺激提示法と測度 ………322
- 7.5.3 確度と精度および逆2乗法則 ………322
  - a. 奥行き検知感度 ………322
  - b. 奥行き残効と同時対比効果 ………323
  - c. 逆2乗法則 ………324
- 7.5.4 両眼網膜像差との相互作用 ………324
  - a. 曲面の形状の弁別 ………324
  - b. 形状の絶対判定 ………324
  - c. 個人差 ………324
  - d. 運動視差と両眼網膜像差の相互作用 ………325
- 7.5.5 運動性奥行き効果 ………325
- 7.6 動的遮蔽と出現 ………325
  - 7.6.1 研究法：刺激提示法と測度 ………325
  - 7.6.2 運動視差との相互作用 ………326
- 7.7 奥行き手がかりの統合 …〔塩入 諭〕…327
  - 7.7.1 建設的相互作用 ………328
    - a. 平均化 ………328
    - b. 協調作用 ………328
  - 7.7.2 優位手がかり ………330
  - 7.7.3 独立処理 ………332

8 運動の知覚

- 8.1 運動の検出 …〔西田眞也・竹内龍人・蘆田 宏〕…335
  - 8.1.1 運動の分類 ………335
    - a. 実際運動と仮現運動 ………335
    - b. 短距離運動と長距離運動 ………335
    - c. 刺激属性による運動の分類 ………336
  - 8.1.2 運動検出の機構 ………336
    - a. 運動検出機構のモデル ………336
    - b. 運動検出機構の心理物理学的証拠 ………337
    - c. 運動検出機構の生理学的証拠 ………338
    - d. 運動検出機構の時空間受容野構造 ………338
  - 8.1.3 正弦波運動 ………338
    - a. 正弦波運動縞 ………338
    - b. 時空間特性 ………339
  - 8.1.4 古典的仮現運動 ………339
    - a. 空間特性 ………340
    - b. 時間特性 ………340
  - 8.1.5 ランダムドットキネマトグラム ………340
    - a. ランダムドットキネマトグラムとは ………340
    - b. 空間特性 ………340
    - c. 時間特性 ………341
  - 8.1.6 最小運動閾 ………341
    - a. 最小運動閾とは ………341
    - b. 相対運動閾 ………341
    - c. 絶対運動閾 ………341
  - 8.1.7 反応時間 ………341
  - 8.1.8 色運動 ………342
    - a. 色度変調運動刺激 ………342
    - b. 色運動検出のメカニズム ………342
    - c. 色運動の知覚 ………342
    - d. 色運動と輝度運動の相互作用 ………343
    - e. 生理学的知見 ………343
  - 8.1.9 2次運動 ………344
    - a. 2次運動とは ………344
    - b. 1次・2次運動の独立性 ………344
    - c. 2次運動の検出機構 ………344
    - d. 2次運動の検出特性 ………344
    - e. 2次運動と運動視現象 ………345
  - 8.1.10 各種提示条件の効果 ………345
    - a. 輝度コントラスト ………345
    - b. 網膜偏心度 ………345
    - c. 両眼分離提示 ………345
- 8.2 運動の分析・統合 ………345
  - 8.2.1 速度・運動方向の知覚 ………345
    - a. 速度弁別閾 ………345
    - b. 速度知覚に影響する諸要因 ………346

c. 速度知覚のモデル …………………346
d. 運動方向の知覚 ……………………346
8.2.2 相対運動 …………………………346
　a. 相対運動の役割 ……………………346
　b. 相対運動の処理機構 ………………347
　c. 運動境界 ……………………………347
8.2.3 運動の対比と同化 ………………347
　a. 運動の空間的対比 …………………347
　b. 運動の空間的同化 …………………348
　c. 運動の時間的同化 …………………348
8.2.4 順応現象 …………………………348
　a. 運動残効 ……………………………348
　b. 方向選択的閾値上昇 ………………350
　c. 速度残効 ……………………………350
8.2.5 グローバル運動 …………………350
　a. グローバル運動 ……………………350
　b. 運動透明視 …………………………351
8.2.6 窓問題 ……………………………351
　a. 窓問題の定義 ………………………351
　b. プラッドの運動パターン …………351
　c. プラッド運動知覚の2段階モデル …352
　d. 局所運動情報統合のモデル ………352
　e. 一貫した運動が知覚される条件 …353
8.2.7 拡大・縮小・回転運動 …………353
　a. 複雑運動 ……………………………353
　b. 検出機構 ……………………………353
　c. 拡大・縮小運動の異方性 …………353
　d. 生理学的知見 ………………………353
8.2.8 対応問題 …………………………354
　a. 対応問題の定義 ……………………354
　b. 運動競合刺激 ………………………354
　c. 対応問題に影響する諸要因 ………354
8.2.9 パターン視への運動の影響 ……355
　a. 位　置 ………………………………355

b. 空間周波数 …………………………355
c. モーションブラー …………………355
d. 視　力 ………………………………355
8.2.10 注意と運動視 ……………………355
　a. 運動に対する注意 …………………355
　b. 運動の視覚探索 ……………………356
　c. 注意による運動知覚の修飾 ………356
　d. 生理学的知見 ………………………356
8.3 運動の解釈 ……………〔近江政雄〕…367
8.3.1 奥行き方向の運動の知覚 ………367
　a. 奥行き方向の運動の方向の検知 …367
　b. 奥行き方向の運動の検知感度 ……367
　c. 奥行き方向の運動残効 ……………368
　d. 奥行き運動の知覚に関する盲点 …369
　e. 左右眼の像の相対運動の手がかりと両
　　 眼視差の変化の手がかりの相互作用 …369
8.3.2 衝突するまでの時間の知覚 ……369
　a. 視覚的タウ …………………………369
　b. ブレーキ制御行動と視覚的タウ …370
　c. 球技における行動と視覚的タウ …370
　d. 視覚的タウのメカニズム …………370
8.3.3 運動性奥行き効果 ………………371
　a. 対象の運動によるその像の光学的変換 371
　b. 運動性奥行き効果の心理物理学的研究法
　　 ………………………………………372
　c. 運動性奥行き効果に影響する要因 …372
　d. 運動性奥行き効果の計算モデル …372
　e. 運動性奥行き効果の計算モデルの実験
　　 的検証 ………………………………373
8.3.4 イベントの知覚 …………………373
　a. 知覚的グルーピングの原理：絶対運動,
　　 相対運動, 共通運動 …………………373
　b. 生物力学的動作の知覚 ……………374

9　眼球運動

9.1 眼球運動測定法 ………〔斎田真也〕…379
9.1.1 眼球運動計測の原理 ……………379
　a. 網膜像を追跡する方法 ……………379
　b. EOG …………………………………379
　c. オプティカルレバー法 ……………379
　d. サーチコイル法 ……………………379
　e. 角膜と強膜の境界を利用する方法 …380
　f. 角膜反射像(第1プルキンエ像)を利用

する方法 ………………………………380
　g. 角膜反射像と瞳孔中心を利用する方法 380
　h. 第1・第4プルキンエ像を利用する方法
　　 ………………………………………380
9.1.2 眼球運動計測の原理 ……………380
　a. サーチコイルによる検出 …………380
　b. 画像解析による検出 ………………381
9.1.3 代表的な機器の水平・垂直眼球運動検

　　　　出精度の比較 ………………… 381
9.2 眼球運動の生理機構 ………〔高木峰夫〕… 387
　9.2.1 外眼筋 ……………………… 387
　9.2.2 眼球運動神経 ………………… 388
　9.2.3 脳幹のプレモーター回路 …… 388
　9.2.4 小脳 …………………………… 389
　9.2.5 各眼球運動の神経機構 ……… 389
　　a. 衝動性眼球運動 ……………… 389
　　b. 滑動性眼球運動 ……………… 389
　　c. 輻輳開散運動 ………………… 389
　　d. 前庭動眼反射 ………………… 390
　　e. 視運動性眼振 ………………… 390
9.3 眼球運動の種類 ……………〔古賀一男〕… 390
　9.3.1 視線の保持 …………………… 390
　　a. 外眼節 ………………………… 390
　　b. 眼球の位置と座標系 ………… 391
　　c. 眼球運動の位置変位の測定 … 391
　　d. 眼球運動の種類 ……………… 391
　　e. 眼球運動への疲労の影響 …… 392
　　f. 視線保持の特性 ……………… 392
　　g. 眼球運動の制御システムモデル … 392
　9.3.2 視線移動 ……………〔本田仁視〕… 393
　　a. サッカード …………………… 394
　　b. 追跡眼球運動 ………………… 395
　　c. バーゼンス …………………… 396
9.4 近見反応 ……………………〔鵜飼一彦〕… 398
　9.4.1 近見反応三要素 ……………… 398
　9.4.2 輻輳・開散眼球運動 ………… 398
　　a. 輻輳と開散 …………………… 398

　　b. 眼位 …………………………… 399
　　c. 安静位 ………………………… 399
　　d. Fixation disparity …………… 399
　　e. 運動 …………………………… 400
　　f. プリズム順応・輻輳順応 …… 401
　9.4.3 輻輳・開散眼球運動と調節 … 401
　　a. 調節性輻輳と輻輳性調節 …… 401
　　b. 調節と輻輳の安静位の関係 … 402
　　c. 調節と輻輳の順応の関係 …… 403
　　d. 調節・輻輳と知覚との関係 … 403
9.5 眼球運動の基本法則 ………〔中溝幸夫〕… 404
　9.5.1 眼球運動の基準系 …………… 404
　9.5.2 ドンデルス法則 ……………… 405
　9.5.3 リスティング法則 …………… 405
　9.5.4 ヘリング法則 ………………… 405
　　a. ヘリング理論の3つの命題 … 405
　　b. 実験的証拠 …………………… 406
9.6 高次機能と眼球運動 ………〔塩入　諭〕… 407
　9.6.1 サッカード抑制 ……………… 407
　　a. 時間特性 ……………………… 408
　　b. 生理学的知見 ………………… 408
　　c. 刺激要因と抑制効果 ………… 409
　　d. サッカード制御のメカニズム … 410
　9.6.2 随意性眼球運動における学習・記憶
　　　　　　　　　　…………〔藤田昌彦〕… 414
　　a. 臨床試験例 …………………… 414
　　b. 心理物理実験によるサッカードの適応　414
　　c. 選択的なサッカード適応 …… 415
　　d. パシュート系の学習 ………… 417

10　視空間座標の構成

10.1 基本概念 …………………〔近江政雄〕… 419
10.2 自己運動感覚 ………………………… 419
　10.2.1 自己運動感覚のメカニズム … 419
　10.2.2 ベクション ………………… 420
　　a. 回転運動に関する視覚誘導自己運動感
　　　覚の大きさ ………………………… 421
　　b. 直線運動に関する視覚誘導自己運動感
　　　覚の大きさ ………………………… 423
　　c. 自己直進運動の方向の知覚 … 424
　　d. 自己運動感覚における視覚情報と他の
　　　感覚情報との統合 ………………… 425
　10.2.3 視覚誘導性姿勢変動 …〔矢野澄男〕… 428
　　a. 姿勢変動の計測手法 ………… 428

　　b. 姿勢変動の時空間特性 ……… 430
　　c. ベクションとの関連 ………… 432
　10.2.4 動揺病 ………………〔近江政雄〕… 434
　　a. 動揺病のメカニズム ………… 434
　　b. 視覚刺激による動揺病 ……… 435
10.3 視野安定 …………………〔佐藤雅之〕… 435
　10.3.1 跳躍眼球運動時の視野安定 … 435
　　a. 跳躍眼球運動中の視感度 …… 435
　　b. 跳躍眼球運動前後の視覚情報の統合 … 436
　10.3.2 頭部運動時の視野安定〔近江政雄〕… 438
　　a. VORの特性 ………………… 439
　　b. OKNの特性 ………………… 439
　　c. VORとOKNの相互作用 …… 440

| 10.4 視方向 ……………〔中溝幸夫〕… 441
| 10.4.1 視方向の測度 ………………… 441
| 10.4.2 視方向知覚の確度 …………… 442
| a. 両眼視 ………………………… 442
| b. 単眼視 ………………………… 443
| 10.4.3 視方向の法則 ………………… 443
| 10.4.4 視方向の原点 ………………… 444
| 10.4.5 視方向錯視 …………………… 445
| a. ウェルズの"不思議な窓" …… 445
| b. 2本の直線のカード ………… 445
| c. ダブルネイル錯視 …………… 446
| d. 単眼交代視 …………………… 446
| e. 浮かぶソーセージ …………… 447
| 10.4.6 視方向と両眼単一視 ………… 447

10.5 視距離 ……〔近藤倫明・中溝幸夫〕… 449
  10.5.1 視距離の測定法 ……………… 449
  10.5.2 距離知覚の確度 ……………… 450
    a. 近距離の知覚 ………………… 450
    b. 中間距離の知覚 ……………… 451
    c. 遠距離の知覚 ………………… 451
  10.5.3 距離手がかりの分類 ………… 452
  10.5.4 眼球運動性の手がかり ……… 452
    a. 輻輳 …………………………… 453
    b. 調節 …………………………… 453
  10.5.5 熟知している大きさの手がかり … 454
  10.5.6 垂直網膜像差勾配 …………… 454
  10.5.7 絶対運動視差 ………………… 455

11　視覚的注意

11.1 視覚的注意の選択特性 ……〔熊田孝恒〕… 459
  11.1.1 空間に基づく選択 …………… 459
    a. 先行手がかり法 ……………… 459
    b. 注意の2成分 ………………… 460
    c. 復帰の抑制効果 ……………… 460
  11.1.2 対象に基づく選択 …………… 460
    a. 空間重ね合わせ提示 ………… 460
    b. 先行手がかり法 ……………… 461
    c. 同一対象，または同一グループからの干渉 ……………………………… 461
    d. 対象に基づく復帰抑制 ……… 462
  11.1.3 注意の抑制 …………………… 462
    a. 単一対象 ……………………… 462
    b. 突然のオンセット …………… 462
    c. 探索モード …………………… 463
11.2 特徴統合における注意の役割
  ………………………〔森田ひろみ〕… 464
  11.2.1 視覚的探索と特徴統合理論 … 464
  11.2.2 結合錯誤現象 ………………… 465
  11.2.3 時間的結合錯誤現象 ………… 466
11.3 モデルから見た注意 ……〔横澤一彦〕… 468
  11.3.1 注意のメタファー …………… 468
    a. フィルター …………………… 468
    b. スポットライト ……………… 468
    c. ズームレンズ ………………… 469
    d. のりとのぞき穴 ……………… 469
  11.3.2 視覚情報選択過程の注意モデル … 469
    a. 潜在的移動 …………………… 469
    b. 処理レース …………………… 470
    c. ピラミッド検索 ……………… 470
    d. 同期共振 ……………………… 471
  11.3.3 視覚探索過程の注意モデル … 471
    a. 再帰的群化 …………………… 471
    b. 誘導探索 ……………………… 472
11.4 視覚的注意の脳内機序 ……〔山口佳子〕… 473
  11.4.1 視覚的注意にかかわる皮質下活動 … 473
  11.4.2 視覚的注意にかかわる皮質活動 … 474
    a. 視空間に基づく選択的注意と脳内機序　474
    b. 物体に基づく選択的注意と脳内機序　475
    c. 属性に基づく選択的注意と脳内機序 … 475
    d. 視覚探索課題における注意と脳内機序　476
    e. 結合錯誤と脳内機序 ………… 476
  11.4.3 視覚的注意にかかわる脳内ネットワーク ……………………………… 477

12　視覚と他感覚との統合

12.1 視覚と聴覚の統合 ………………… 481
  12.1.1 位置知覚における視覚と聴覚の統合
    ………………………〔伊福部達〕… 481
  12.1.2 言語知覚における視覚と聴覚の統合
    ………………………〔近藤公久〕… 485
    a. 唇画像が音韻知覚に及ぼす影響（マガーク

　　　　効果) ……………………486
　　　　b. 文字情報が音韻知覚に及ぼす影響 ……487
　　　　c. 文字情報が音韻知覚に及ぼす影響とマ
　　　　　ガーク効果の比較 …………………488
　　　　d. 視聴覚情報の統合過程のモデルとその
　　　　　脳内表現の解明へ向けて ……………489
12.2 視覚と体性感覚の統合 ……〔赤松幹之〕…490
　12.2.1 形状知覚における視覚と触覚の統合
　　　　　………………………………………490
　　　　a. 形状知覚における視覚と触覚との反応関
　　　　　係 ……………………………………490
　　　　b. 形状知覚における視覚と触覚の優位性 491
　　　　c. 視覚と触覚の統合の効果 ……………492
　12.2.2 空間知覚における視覚と触覚の統合
　　　　　………………………〔前田太郎〕…494
　　　　a. 問題の輪郭 ……………………………494
　　　　b. 変換視野条件下の知覚と順応 …………494
　　　　c. 空間位置情報からみた視覚と触覚の統合

　　　　系 ……………………………………496
12.3 視覚と運動の統合 …………………………501
　12.3.1 視覚と手腕運動の統合〔片山正純〕…501
　　　　a. 視覚と運動の関係 ……………………501
　　　　b. 視覚と運動の計算スキーム …………502
　　　　c. 視覚と運動 ……………………………504
　　　　d. まとめと展望 …………………………506
　12.3.2 姿勢制御における視覚と平衡感覚の
　　　　統合 ………………〔吉澤　誠〕…507
　　　　a. 姿勢制御系への感覚入力情報 ………507
　　　　b. 統合部位の候補 ………………………508
　　　　c. 統合の目的 ……………………………508
　　　　d. 統合機構の仮説 ………………………509
12.4 視覚と他の感覚の統合の生理学的機序
　　　　………………………〔彦坂和雄〕…511
　12.4.1 上丘における多感覚の統合機能 ……511
　12.4.2 大脳皮質における多感覚の統合 ……512
　12.4.3 独立した多感覚の統合システム ……516

13　発達・加齢・障害

13.1 発　　達 ……………〔鵜飼一彦〕…519
　13.1.1 結像機能の発達 ………………………519
　　　　a. 屈　折 …………………………………519
　　　　b. 正視化のメカニズム …………………519
　　　　c. 近視の発症メカニズム ………………520
　　　　d. 調節の発達 ……………………………520
　13.1.2 色　覚 ……………〔篠森敬三〕…520
　　　　a. 乳幼児の比視感度関数 ………………520
　　　　b. 乳幼児の色覚 …………………………521
　13.1.3 時間空間特性 ………〔仁科幸子〕…523
　　　　a. 乳幼児の時間空間特性 ………………523
　　　　b. 時間空間特性の発達と解剖学的要因 …524
　13.1.4 立体視 …………………………………524
　　　　a. 乳幼児の立体視の発達 ………………524
　　　　b. 立体視の発達と視中枢皮質 …………525
　　　　c. 立体視の感受性期間 …………………526
　13.1.5 クリティカルピリオドと弱視
　　　　………………………〔小田浩一〕…526
　　　　a. 視力発達のクリティカルピリオドと弱視
　　　　　………………………………………526
　　　　b. 両眼視機能・立体視のクリティカルピリ
　　　　　オド …………………………………527
　　　　c. 弱視の治療と8歳以降の可塑性 ………529
　13.1.6 眼球運動の発達 ……〔山上精次〕…530
　　　　a. サッカードの発達 ……………………530
　　　　b. 追随眼球運動の発達 …………………530
　　　　c. 走査眼球運動の発達 …………………531
　13.1.7 視覚機能測定法 ………………………532
　　　　a. 乳幼児の視覚機能測定法 ……………532
　　　　b. 幼児期以降の視覚機能測定法 ………533
13.2 加　　齢 ……………〔鵜飼一彦〕…534
　13.2.1 結像機能の加齢 ………………………534
　　　　a. 前眼部の組織と機能の変化 …………534
　　　　b. 眼球光学系の組織変化 ………………534
　　　　c. 結像にかかわる機能の変化 …………534
　　　　d. 高齢者特有の結像機能に関する疾患 …535
　13.2.2 視覚系生理 …………〔篠森敬三〕…535
　　　　a. 分子的変化 ……………………………535
　　　　b. 受容体 …………………………………536
　　　　c. 受容体以降から外側膝状体 (LGN) ……536
　　　　d. 皮質細胞 ………………………………536
　　　　e. 紫外線の影響 …………………………536
　13.2.3 色　覚 …………………………………538
　　　　a. 眼光学媒体の影響 ……………………538
　　　　b. 受容体感度の低下 ……………………538
　　　　c. 色の見えの恒常性 ……………………538
　　　　d. 閾値変化の刺激強度依存性 …………539
　　　　e. 補償メカニズム ………………………539

13.2.4　加齢の時空間特性 ……〔小田浩一〕…540
　　a. 空間特性 ………………………………541
　　b. 時間特性 ………………………………542
　13.2.5　眼球運動 …………〔山田徹人〕…543
13.3　視覚障害 ………………〔小田浩一〕…545
　13.3.1　総論 ……………………………545
　　a. 視覚障害の分類 ………………………545
　　b. ロービジョンの定義と分類 …………546
　　c. ロービジョンの時空間特性 …………546
　13.3.2　眼球運動 …………〔柿沢敏文〕…547
　　a. ロービジョンの眼球運動 ……………547
　　b. 弱視眼の眼球運動 ……………………548
　　c. 全盲者の眼球運動 ……………………549
　　d. 測定上の問題点 ………………………549
　13.3.3　視覚機能測定法 …〔田中恵津子〕…551
　　a. 時空間特性の測定 ……………………551
　　b. 視野の測定 ……………………………551
　　c. グレアの測定 …………………………552
　　d. 日常課題と関連した視覚機能の測定 …552
　13.3.4　読書の精神物理 ……〔小田浩一〕…552
　　a. 文字の大きさ …………………………552
　　b. 文字の空間解像度 ……………………553
　　c. コントラスト …………………………553
　　d. ウィンドウサイズ ……………………553
　　e. 波長の効果 ……………………………553
　　f. 文字間 …………………………………553
　13.3.5　歩行行動の精神物理
　　　　　　　　　　……〔川嶋英嗣・小田浩一〕…554
　13.3.6　補助具 ……………〔小田浩一〕…556
　　a. 拡大機能のあるエイド ………………556
　　b. コントラストを改善するエイド ……556
　　c. まぶしさを改善するエイド …………557
　　d. 画像処理 ………………………………557
　　d. その他 …………………………………557
　13.3.7　視覚科学とリハビリテーション
　　　　　　　　　　………………〔中野泰志〕…557
　　a. リハビリテーションの定義 …………557
　　b. ロービジョンのリハビリテーション …557
　　c. 視覚障害の分類基準 …………………558
　　d. ロービジョン・リハビリテーションの方略 ………………………………………559
　　e. ロービジョンのリハビリテーションにおける視機能の評価の意義と課題 ……559
　　f. ロービジョン・シミュレーションの必要性 …………………………………………560
　　g. 環境の整備：バリアフリーとユニバーサルデザイン …………………………560

14　視覚機能測定法

14.1　心理物理的測定法 ……〔山下由己男〕…563
　14.1.1　測定の対象：定数と感覚尺度 ………563
　14.1.2　刺激連続体と知覚連続体 ……………564
　14.1.3　定数測定の方法 ………………………565
　　a. 刺激観察法 ……………………………566
　　b. 変数（刺激量）変化法 ………………566
　　c. 主観的判定法 …………………………566
　　d. 刺激提示法 ……………………………567
　　e. 丁度可知差異 …………………………568
　　f. 確率加重 ………………………………568
　14.1.4　感覚尺度構成の方法 …………………569
　　a. 混同可能性尺度構成 …………………569
　　b. 直接尺度構成 …………………………570
14.2　視覚データ解析法 ……〔中野靖久〕…571
　14.2.1　解析の対象 ……………………………571
　14.2.2　定数データ解析法 ……………………572
　　a. 定数データの推定と検定 ……………572
　　b. 信号検出理論 …………………………575
　　c. 最尤法 …………………………………577
　14.2.3　尺度化データ解析法 …………………578
　　a. 間隔尺度構成法 ………………………578
　　b. 比例尺度構成法 ………………………579
　　c. 多次元尺度構成法 ……………………581
　　d. セマンティック・ディファレンシャル法 ……………………………………………584
14.3　臨床視覚機能測定法 ………〔山出新一〕…587
　14.3.1　視力測定法 ……………………………587
　　a. 視力の概念 ……………………………587
　　b. 検査の基準 ……………………………588
　　c. 測定法 …………………………………589
　　d. PL法 …………………………………590
　14.3.2　視野測定法 ……………………………590
　　a. 視野の概念 ……………………………590
　　b. 検査の基準 ……………………………590
　　c. 動的視野測定法 ………………………591
　　d. 静的視野測定法 ………………………592

e. 定型的視野異常 593	14.4.2 脳磁図 600
14.3.3 色覚検査法 〔北原健二〕 593	a. 脳磁図の原理 600
a. 色覚検査表 593	b. 脳磁図の計測法 600
b. パネル D-15 テスト 594	c. 視覚誘発脳磁界 601
c. Farnsworth-Munsell 100 hue test 595	d. 脳磁図の特長と問題点 602
d. アノマロスコープ 595	14.4.3 ポジトロン CT 602
14.3.4 電気生理学的測定法 〔山出新一〕 596	a. ポジトロン CT の原理 602
a. 網膜電位図 (ERG) 596	b. PET による脳血流測定法 602
b. 視覚誘発脳波 (VEP) 597	c. PET による視覚機能イメージング 603
14.4 脳機能イメージングによる視覚機能測定法 〔飛松省三〕 598	d. PET の特長と問題点 603
14.4.1 視覚誘発電位の頭皮上分布 598	14.4.4 機能的 MRI 603
a. 視覚誘発電位の記録法と正常波形 598	a. 機能的 MRI の原理 603
b. 2 次元脳電図の原理と測定法 599	b. 測定装置と方法 604
c. 視覚誘発電位のトポグラフィー 599	c. 視覚野のマッピング 604
d. トポグラフィーの特徴と問題点 600	d. 機能的 MRI の特長と問題点 604

15 視覚機能のモデリングと数理理論

15.1 計算論的な視覚研究の基礎と方法 〔酒井 宏〕 607	d. 皮質コラム構造 615
15.1.1 計算論的アプローチ 607	e. 皮質コラムの神経回路網 615
a. Marr のパラダイム 608	15.2.2 細胞の受容野と時間応答 616
b. リバースエンジニアリング 608	a. オン応答/オフ応答 616
c. 計算原理の哲学 608	b. 大細胞系/小細胞系 616
15.1.2 初期視覚の情報構造 609	c. Lagged cell/non-lagged cell 616
a. Plenoptic 関数 609	15.2.3 一次視覚野の細胞 616
b. 初期視覚要素と Plenoptic 関数の局所構造 609	a. 単純型細胞 617
c. 初期視覚情報の抽出 610	b. 複雑型細胞 617
15.1.3 ニューラルネットワーク 〔梅野 健〕 611	15.2.4 両眼入力に対する応答と両眼視差の符号化 617
a. Hopfield 型モデル 611	a. 両眼視差検出器 617
b. ボルツマンマシン 612	b. Far/Near/Tuned 617
c. ボルツマンマシンの学習 612	c. Phase-coding 618
15.1.4 シミュレーション環境 〔酒井 宏〕 613	d. Energy model 618
a. NeMoSys, NEURON 613	e. Hybrid-coding 618
b. GENESIS 613	f. Gradient-coding 619
c. SNNS 614	15.2.5 時空間受容野と時空間エネルギーモデル 619
d. NEXUS 614	a. 時空間受容野 619
15.2 視覚野細胞のモデル 〔野村正英〕 614	b. Successive low-pass filter モデル 620
15.2.1 モデリングのレベル 614	c. 時空間エネルギーモデル 620
a. 細胞膜電位での記述 615	15.2.6 MT 野の細胞 621
b. PSTH での記述 615	a. 生理学的知見 621
c. 2 状態での記述 615	b. パターン運動視機構モデル 621
	c. 非フーリエ運動検出機構モデル 622

- 15.2.7 ゲイン調節機構 …………………622
  - a. 細胞応答のコントラスト依存性 ………622
  - b. 皮質細胞活動度の規格化機構 …………623
  - c. 皮質内フィードバックによる増幅機構…623
- 15.3 視覚機能のネットワークモデル
  ……………………………〔酒井　宏〕…625
  - 15.3.1 一次視覚野のモデル ……………625
    - a. ポップアウトと線分補完 ………………625
    - b. 局所結合と側方結合をもつモデル ……625
  - 15.3.2 3次元知覚のモデル ……………627
    - a. 3次元知覚とテクスチャ変化 …………627
    - b. 心理物理実験と理論解析 ………………627
    - c. ネットワークモデル ……………………629
  - 15.3.3 面知覚のモデル …………………629
    - a. 知覚における群化 ………………………630
    - b. 面の知覚 …………………………………632
- 15.4 視覚機能と数理理論 ………〔梅野　健〕…634
  - 15.4.1 統計的情報処理の理論 …………634
    - a. 不良設定性とベイズ統計 ………………634
  - 15.4.2 カオス的緩和計算と統計的緩和計算
    との比較 ………………………………635
    - a. モンテカルロ法とエルゴード性 ………636
    - b. エルゴード計算 …………………………636
    - c. 解けるカオスの例 ………………………636
    - d. カオスと緩和計算との関係 ……………638
- 15.5 結び付け問題と双方向性神経結合の理論 639
  - 15.5.1 結び付け問題 ……………………639
  - 15.5.2 双方向性神経結合の理論 ……………639

索　　引 …………………………………………………………………………………………643

1

結像機能と瞳孔・調節

1.1 眼球光学系の構造

1.1.1 涙液・角膜・前房・水晶体・硝子体

a．涙液層

眼球光学系の構造を模式的に図1.1に示す．主涙腺，副涙腺，結膜杯細胞などの分泌物が混合したものが涙液であるが，角膜表面を覆い涙液の薄い層を形成している．これを角膜前涙液膜(precorneal tear film)と呼ぶ．これは角膜の透明性維持のみならず，角膜面を光学的に平滑化するうえでも重要であり，いわば，眼の光学系の生理学的最前線といえる．涙液層(tear film)の厚さは約10μm前後（レーザー干渉法で約40μmとの報告もある）で，平均的な涙液分泌量は約1.2ml/minで，涙液量の平均は約7.0ml程度である．また正常時のpHは約7.4で，屈折率は1.336〜1.337程度といわれている．涙液層は通常，一様な厚みで覆われているとすれば，涙液レンズの効果は無視することができ，直接空気-角膜系の取扱いができる．

b．角 膜

角膜(cornea)は血管のない透明な組織であり，上皮層(epithelial layer)，ボーマン膜(Bowman membrane)，実質層(stromal layer)，デスメ膜(Descemet membrane)，内皮層(endothelial layer)の5層よりなっており，眼光学系の解剖学的最前線である（図1.2）．上皮層は5〜6層の細胞からなり，角膜全体の厚みの約1/10を占めている．この上皮層に接して8〜18μmのボーマン膜がある．上皮細胞は基底部で分裂再生され表層部に運ばれ最後に脱落するが，ボーマン膜は破壊されても再生しない．角膜実質層は角膜全体の厚さの90％を占め，角膜表面に平行な層状構造（これを薄葉，lamellaという）を示し，200〜250の薄葉の積み重ねからなっている．デスメ膜は5〜10μmの強靱な膜である．内皮層は角膜を内面から裏うちしている5μmほどの1層の細胞層よりなっている．この層は角膜の透明性・代謝や形状保持にきわめて重要な役割を果たしている．なお内皮細胞は一生の間，細胞分裂による増殖を示さないため，障害や加齢によっても細胞密度は減少する．

マクロに見た角膜は空気との境界面であり，しかも屈折率差の最も大きい曲面であるので，その屈折率差と曲面の形状は眼屈折系で最も大きなウエイトを占めるものである．角膜は，一般にほぼ10〜11mmの円形または，横楕円形をしており，その中心

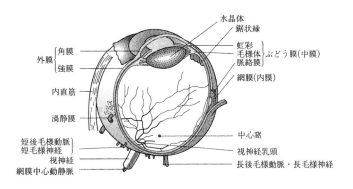

図1.1　眼球の構造[1]

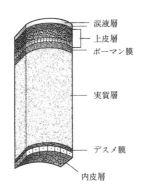

図 1.2 角膜の構造

厚は約 0.52 mm，周辺部の厚みは 1 mm 程度の凹レンズのようなメニスカス断面形状である．

角膜の曲率半径は，前面が約 7.7 mm，後面が約 6.6 mm で，全体として凹面のメニスカスレンズ形状をしている．角膜の湾曲度は，角膜曲率半径で与えられている中央部の値に比べて周辺部では大きく偏平となっており，完全な球面形状ではなく非球面である．一般的には，水平方向と垂直方向の曲率半径は異なり，前者が後者より大きく生理的な角膜乱視は直乱視が多い．しかし，年齢とともに変化し高齢者では倒乱視が多くなる．

角膜の(平均)屈折率は 1.375～1.377 程度である．上皮細胞の屈折率は実質よりもわずかに高く 1.41 程度で，実質の屈折率も上皮側から内皮側へ屈折率が低くなっており屈折率の分布があるといわれている．これは内皮細胞のポンプ作用で房水を汲み上げ内皮側の含水率が高いためだと思われる．

角膜系の屈折力の計算には，通常実質の平均屈折率 1.376 が用いられる．角膜の屈折力は前面が $R_1 = (n_1 - 1.0)/r_1 ≒ 48 (D)$，後面が $R_2 = (n_2 - n_1)/r_2 ≒ -6 (D)$ 程度で，角膜の全屈折力は 43 D 程度である．ただし，n_1, n_2 は角膜および房水の屈折率で，r_1, r_2 は角膜の前面および後面の曲率半径をそれぞれ示す．また，単位 D はディオプター (Diopter) で 1/m を表す．

c．前房

角膜後面と水晶体前面の間を前房 (anterior chamber) というが，ここには，屈折率 1.335～1.337 程度の前房水が満たされており，眼球形状保持のため重要である．角膜後面から水晶体前面までの間隔を解剖学的には前房深度 (anterior chamber depth) といい，3 mm 程度である．しかし，眼光学的には角膜前面から水晶体前面までの距離を通常前房深度といい 3.6 mm 程度である．一般的に幼児では浅く，20 歳くらいで最も深く，さらに年齢とともに再び浅くなる傾向がある．また，近視眼では深く，遠視眼では浅い傾向にある．

d．水晶体

水晶体 (crystalline lens) は，水晶体核を中心に約 2000 層にも及ぶ薄い層がタマネギのように包み込んだ構造を有し，一種の両凸レンズの形状をしている．その屈折力は約 20 D 程度で，眼屈折力の約 1/3 を負担しているが，さらに，レンズの曲率半径を増して，近くの物体にピントを合わせる調節作用(動的屈折ともいう)の役割を演じ，最大調節時には約 30 D 以上の屈折力となり，眼の光学系のなかで，角膜とともに最も重要である．

形状は，大きさが約 9 mm，中心部厚さが約 4～5 mm 程度で，その曲率半径は調節に伴い大きく変化するが，無調節時では前面が 10～11 mm，後面が 6～7 mm で，強く調節した際には前面が 5～6 mm，後面が 5 mm 程度に変化する．また，調節時には後面の位置はそれほど変化しないが，レンズ前面は角膜側へ膨らんで，前房深度が 2.7 mm 程度と浅くなる．

水晶体の屈折率はたいへん特徴的である．すなわち，屈折率は一様ではなく，中心部が高く，周辺の皮質部が低い屈折率分布型レンズとなっている．水晶体核では約 1.40 で，表層部では 1.38 程度で 0.02～0.03 程度の屈折率差がある．水晶体の屈折率分布は非球面の形状とともに球面収差の補正に寄与している．

e．硝子体

水晶体後面と網膜の間には，硝子体 (vitreous body) と呼ばれるゲル状の透明組織で満たされており，眼球の形態維持や各組織の保護の役割を果たしている．成人の硝子体の容積は約 4 ml で，眼球組織の約 4/5 を占めている．また，屈折率は 1.335～1.337 程度で，ほぼ前房水と同程度である．

1.1.2 虹彩・瞳孔

虹彩 (iris) はぶどう膜 (虹彩，毛様体および脈絡膜の 3 つからなる) の最前線にある膜状組織でその中央部に瞳孔 (pupil) がある．瞳孔の大きさは虹彩にある 2 つの筋，つまり瞳孔括約筋と瞳孔散大筋によって変化し，カメラの絞りのように眼内へ入射する光量を調節する．前者は動眼神経 (副交感神経) 支配で，瞳孔縁を輪状にとりまき収縮すると縮瞳す

る．後者は頸部交感神経支配で，虹彩の後面に沿い放射状に走り収縮すると散瞳する．

瞳孔そのものは，眼球光学系の屈折の要素として直接のはたらきはないが，眼内に入る光量を制限し，その収縮によって眼の焦点深度を高め，かつ角膜や水晶体による球面収差や色収差の減少に役立っている．瞳孔は，ほぼ正円形で，光量により約 2 mm～8 mm の間でその径を変化させる．また，両眼の瞳孔間距離 (interpupillary distance, PD) は，輻輳や両眼視のみならず眼鏡調整上もきわめて重要である．

瞳孔中心の位置は眼の光軸や視軸上にはなく，やや鼻側に偏心している．そのためカメラのような共軸光学系ではなく非共軸光学系といえる．また，瞳孔の大きさによっても瞳孔中心位置がわずかに偏心する．散瞳時には瞳孔中心は角膜の幾何学中心に近くなるが，縮瞳時には瞳孔中心が鼻側へ偏心する．

なお，われわれが見ている瞳孔は，実際の瞳孔の角膜屈折による虚像を見ているため，正しくは，入射瞳 (entrance pupil) と呼ばれる．解剖学的な瞳孔の位置よりも約 0.5 mm 角膜側に浮き上がって，また約 13～15％ほど拡大されて観察される．

1.1.3 網　　膜

網膜 (retina) は眼球壁の内膜でカメラのフィルム面に相当する．ほぼ透明な薄い膜で，周辺網膜で 0.1 mm，後極部の厚いところでも 0.3 mm くらいである．脈絡膜 (外側) から硝子体側 (内側) に向けて次の 10 層からなっている (図 1.3)．つまり，網膜色素上皮層 (retinal pigment epithelium)，桿体錐体 (視細胞) 層 (rod and cone layer)，外境界膜 (outer limiting membrane)，外顆粒層 (outer nuclear layer)，外網状層 (outer plexiform layer)，内顆粒層 (inner nuclear layer)，内網状層 (inner plexiform layer)，神経 (節) 細胞層 (ganglion cell layer)，神経線維層 (nerve fiber layer)，内境界層 (inner limiting membrane) である．

硝子体側から入射した光は視細胞の外節にある視物質で吸収される．そこで電気信号に変換された情報は双極細胞を経て神経節細胞に送られ，視神経となって乳頭部から出て視中枢に伝達される．

網膜内の第 1 ニューロンである双極細胞 (bipolar cell) は内顆粒層にある．この層内の外網状層寄りには水平細胞 (horizontal cell) が存在し，視細胞と双極細胞の間の情報伝達を制御している．内網状層寄りにはアマクリン細胞 (amacrine cell) があり，双極細胞と神経節細胞間の情報伝達を制御している．またミューラー細胞 (Müller cell) も内顆粒層に存在する．

視細胞層には桿体細胞 (rod) と錐体細胞 (cone) があるが，その外節と内節は桿体錐体層に存在する．錐体は明るいところではたらき (明所視)，視力

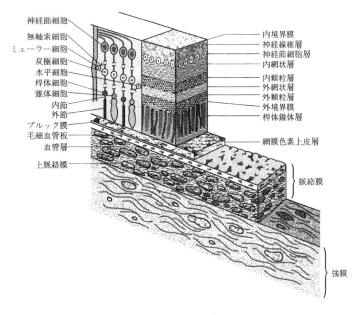

図 1.3　網膜の構造[1]

(中心視力)と色覚をつかさどるため，網膜の後極部に多い．中心窩は錐体のみからなりその密度は 14 万 7300 個/mm²，周辺部に向かって減少し視角 10° 付近(密度は 9500 個/mm²)から変わらない．そのため中心視力は高いが，周辺視力(中心外視力)は極端に低下する．錐体の太さは約 2μm(中心窩)，周辺部で 6〜7μm 程度といわれる．

一方桿体は光覚をつかさどり，暗いところではたらくが色覚はない(暗所視)．桿体細胞は中心窩にはなく，これより周辺部にいくに従って増加し，視角 20〜30° 付近で最も多く，その密度は 16 万個/mm² 程度で，それより周辺部で再度減少する．桿体の太さは 1〜2μm 程度である．

視細胞の網膜での配向は，Stiles-Crawford 効果 (S-C 効果) と関連がある (1.5 節参照)．眼球の中心部に視細胞が配列しているのではなく，瞳孔の中心に向かって視細胞が配列している(図 1.4)．瞳孔が極端に偏位した症例の視細胞も瞳孔中心に向かって配列していることが知られている．このことは，1.2.2 項で後述するように，眼の視軸 (visual axis) 方向で見ているのではなく，幾何光学でいうところの主光線 (chief ray, principal ray) である照準線 (line of sight, 固視点と入射瞳中心を結ぶ方向および射出瞳中心と中心窩を結ぶ方向) の方向が重要である．S-C 効果は錐体に対して顕著であるが，桿体細胞には方向による感度の差はほとんどない(図 1.5)．瞳孔中心からの入射光は周辺部からのものよりも視細胞への入射効率が高く明るく感じる．瞳孔径が大きくなると眼の収差(とくに球面収差)が大きくなるが，S-C 効果は収差による結像特性への

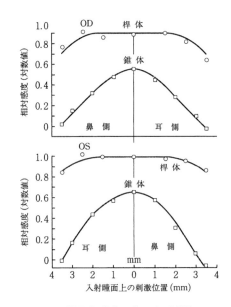

図 1.5 Stiles-Crawford 効果

影響を軽減している．

網膜面の位置は角膜の前面から約 23〜24 mm のところにある．この距離を眼軸長という．角膜前面から眼球後極部までの解剖学的な長さを外眼軸長といい，これと区別する意味で網膜面までの長さを内眼軸長と呼ぶ．眼光学的には眼軸長といえば，一般に内眼軸長をさすことが多い．

1.1.4 散乱・回折
a. 光の散乱

光の散乱は，均質な媒質中に含まれる粒子や含有物のような光路中にある不規則なところで起こる．一般に微粒子による光の散乱は，その大きさと光の波長により，光散乱，ミー散乱，レイリー散乱の 3 つに分類される(図 1.6)．

(1) 散乱体の大きさが波長に比較して大きい場合で，散乱が幾何光学的に決まる場合であり，この範囲を光散乱 (optical scattering) という．

(2) 散乱体の大きさが波長に匹敵する場合で，ミー散乱 (Mie scattering) または共振散乱といわれる範囲である．

(3) 散乱対の大きさが波長に対して小さい場合で，レイリー散乱 (Rayleigh scattering) と呼ばれる．

レイリー散乱は，波長 λ に比べて十分に小さい散乱体による光の散乱であり，かつ散乱前後において波長が不変のものである．例えば，大気中の分子

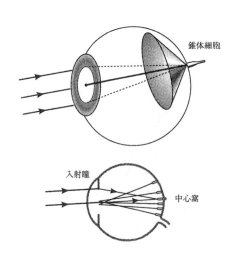

図 1.4 網膜視細胞(瞳孔の中心に向かって配列している)

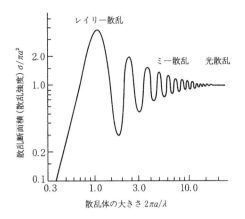

図 1.6 散乱体の大きさと散乱[2,3]

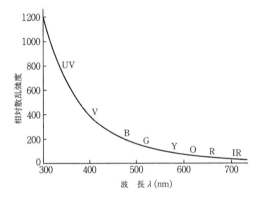

図 1.7 散乱の波長依存性（レイリーの法則）[2,3]

のような非常に小さな粒子による散乱である．レイリー散乱の散乱断面積 σ は，

$$\sigma = 4\left(\frac{2\pi a}{\lambda}\right)^2 \pi a^2$$

で与えられ，散乱光の強度は波長 λ の4乗に逆比例する（レイリーの法則という）．このレイリー散乱はきわめて弱いものであるが，波長に大きく依存し短い波長で強い散乱が起こる（図 1.7）．晴天の空は青く夕日は赤いが，これも波長の長い赤色光より短波長の青色光が強く散乱され長波長が透過しやすいからである．

ミー散乱は，波長 λ と同程度の大きさの物体によるもので，かつ散乱前後において波長が不変のものである．レイリー散乱では散乱体が大きくなるにつれて散乱断面積も単調増加するのに対して，ミー散乱では波長に対して散乱体が大きくなると共振現象が生じ単調増加せずに振動しながら一定値に近づく．

b．眼内での散乱

眼球組織における光の散乱（optical scattering）は，多くの病理学的条件により生じる．角膜混濁は実質での含水率の過剰に起因する．初期の白内障の出現は水晶体構造中の大きな分子による散乱によるものである．前房中におけるフレア（flare）は，前房水中のタンパク質によるものである．このような散乱は次の2通りの意味で視覚に障害を与える．第1の効果はグレア（glare）である．太陽や接近する車のヘッドライトのような光源からの光が眼に届くと，眼球組織で散乱した光の一部分は網膜上に達する．網膜中心窩領域に達した散乱光は注視している物体像のコントラストを低下させ，その像の詳細部を不鮮明にする．第2の効果は，散乱が強いときに重要であるが，網膜上への像形成に有効な光量を低下させることである．

c．回　折

すべての波動は，障害物，開口や媒質の不均質部に出会えば回折（diffraction）を起こす．回折は波の伝搬方向を変える．波長が短くなればなるほど回折の効果は小さくなる．回折の現象はそれ単体では滅多に観察できない．むしろ干渉や屈折などの他の効果と一緒になっているのがふつうである．回折が支配的な1つの例は，車の風防ガラス上にワイパーで反復的に擦られた細かな筋を通して見ることができる回折パターンである．その筋の方向と直交する方向に光を回折する．同様なパターンはレコード板，光ディスクやCD-ROMによる反射の際に観察できる．

眼の分解能は，光の波動性による回折により影響を受ける．正視眼で瞳孔径が約 2.5 mm 以下になれば，回折により視力が制限されるようになる．遠くにある小さな光源で生じる網膜上の像は，円形のボケ像，エアリーディスク（airy disk）となる．正常眼の角分解能は瞳孔径を 2～3 mm とすれば 1′ 程度となる．

たとえ小さな光源を小さな瞳孔で見るとしても，エアリーディスクを直接的に見ることはできない．なぜなら，回折現象だけではなく眼の光学的な収差も加えられて網膜上のボケ円像を拡大しているからである．

1.2 光学特性

1.2.1 模　型　眼

a．眼球のモデル

模型眼（schematic eye）とは，各屈折系の光学定

数の実測値あるいはそれに近い値を基準にして定数を定め作成したもので眼球光学系の標準的なモデルである. 模型眼をさらに簡素化したものを省略眼 (reduced eye) と呼んで区別する場合がある. 一般に各屈折面は球面で共軸光学系であり, 水晶体屈折率は均質 (あるいは核質と皮質に分割) として仮定されている.

実際の眼球は個体差も大きく, 各屈折面は非球面であり, 水晶体の屈折率は分布を有している. また各屈折面で決まる光軸 (optical axis) は一般に一致していない非共軸光学系である. さらに瞳孔や中心窩が光軸から偏心している偏心光学系である. このような現実の眼球光学系の特殊性は十分に考慮されているわけではない. 古典的な模型眼は偏心のない共軸系で球面光学系を基本としている. そのため, 光軸近傍の概算的な理論計算には十分威力を発揮するが, 収差や結像特性などを詳細に検討する場合必ずしも十分とはいいがたい.

眼球の光学定数を模型化して基準化し, 理論的取扱いが簡単となるように各要素の数値を定めた模型眼には, 古くより各種のものがあり用いられている. その代表的なものが Gullstrand の模型眼で, そのほかに Helmholtz や LeGrand の模型眼をはじめ, Donders, Lawrence や Listing の省略眼などがある. そのほか, 最近では屈折面の非球面性と水晶体の屈折率分布を考慮した中尾らによる精密模型眼もある.

b. Gullstrand の模型眼

模型眼のうち最もよく用いられているもので, 精密模型眼 (模型眼 No.1 または要式眼ともいう) と略式模型眼 (模型眼 No.2 または略式眼ともいう) とがあり, それぞれ調節休止時と極度調節時の両者の数値が与えられている. これらの数値を表1.1に, また実用的な略式眼の主要な寸法を図1.8にそれぞれ示す.

精密模型眼では, 角膜の曲率半径 r_1 は 7.7 mm で, 空気 ($n_1 = 1.0$) と角膜実質 ($n_2 = 1.376$) の2つの媒質の境界面を形成している. 後面の曲率半径 r_2 は 6.8 mm で角膜と房水 ($n_3 = 1.336$) の境界を形成している. 角膜の中心厚さ d は 0.5 mm であるから, 角膜の全面屈折力 D_1 は,

$$D_1 = \frac{n_2 - n_1}{r_1} = \frac{1.376 - 1.0}{7.7 \times 10^{-3}}$$
$$= 48.83 \, (\mathrm{D}) \tag{1.2.1}$$

また後面屈折力 D_2 は

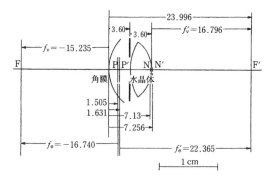

(a) 調節休止時

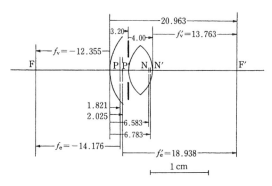

(b) 最大調節時

図 1.8 Gullstrand の略式模型眼

$$D_2 = \frac{n_3 - n_2}{r_2} = \frac{1.336 - 1.376}{6.8 \times 10^{-3}}$$
$$= -5.88 \, (\mathrm{D}) \tag{1.2.2}$$

となる. したがって, 角膜の全屈折力 D_t は

$$D_t = D_1 + D_2 - \frac{d}{n_2} \cdot D_1 \cdot D_2$$
$$= 43.05 \, (\mathrm{D}) \tag{1.2.3}$$

である. また角膜の主点位置はそれぞれの屈折面より

$$e = d \cdot \frac{D_2}{n_2} \cdot D_c = -0.0496 \, (\mathrm{mm}) \tag{1.2.4}$$

$$e' = -d \cdot n_3 \cdot \frac{D_1}{n_2} \cdot D_c = -0.5506 \, (\mathrm{mm}) \tag{1.2.5}$$

となり, 角膜前面から像側主点位置までの距離は, $e' + d$ より -0.0506 mm となる. これより角膜主点位置はほぼ角膜前面と考えて差し支えない.

水晶体は, 中心の核質部で屈折率が高く, 周辺部にいくにつれて屈折率が低くなっている屈折率分布型レンズであるが, 精密模型眼では核質 (1.406) と皮質 (1.386) の屈折率を2つに分割したものを考えており, 略式眼では均質屈折率 (1.413) としている. 水晶体前後面の曲率半径は, 10.0, -6.0 mm

表1.1 Gullstrand の模型眼の数値

		精密模型眼		略式模型眼	
		休	調	休	調
曲率半径 (mm)	角膜　前面	7.7	(7.7)	—	—
	後面	6.8	(6.8)	—	—
	同格角膜	—	—	7.8	(7.8)
	水晶体　前面	10.0	5.33	10.0	5.33
	後面	−6.0	−5.33	−6.0	−5.33
	等質核　前面	7.911	2.655	—	—
	後面	−5.76	−2.655	—	—
屈折面位置 (mm)	角膜　前面	0	(0)	0	(0)
	後面	0.5	(0.5)	—	—
	水晶体　前面	3.6	3.2	—	—
	等質核　前面	4.146	3.8725	—	—
	後面	6.565	6.5275	—	—
	水晶体　後面	7.2	7.2	—	—
	水晶体　光学中心	—	—	5.85	5.2
屈折率	角膜	1.376	(1.376)	—	—
	房水	1.336	(1.336)	1.336	(1.336)
	水晶体	1.386	(1.386)	1.413	(1.413)
	等質核	1.406	(1.406)	—	—
	同格水晶体	1.4085	1.426	1.413	1.424
屈折力 (D)	角膜　前面	48.83	(48.83)	—	—
	後面	−5.83	(−5.88)	—	—
	同格角膜	—	—	43.08	(43.08)
	水晶体　前面	5.0	9.375	7.7	16.5
	等質核	5.985	14.96	—	—
	水晶体　後面	8.33	9.375	12.833	16.5
角膜系	屈折力	43.05	(〃)	43.08	(〃) D
	物側主点	−0.0496	(〃)	0	(〃) mm
	像側主点	−0.0506	(〃)	0	(〃) mm
	物側焦点	−23.227	(〃)	−23.214	(〃) mm
	像側焦点	31.031	(〃)	31.014	(〃) mm
水晶体系	屈折力	19.11	33.06	20.53	33.0 D
	物側主点	5.678	5.145	5.85	5.2 mm
	像側主点	5.808	5.255	5.85	5.2 mm
	焦点距離	69.908	40.416	65.065	40.485 mm
全眼系	屈折力	58.64	70.57	59.74	70.54 D
	物側主点	1.348	1.772	1.505	1.821 mm
	像側主点	1.602	2.086	1.631	2.025 mm
	物側焦点	−15.707	−12.397	−15.235	−12.355 mm
	像側焦点	24.387	21.016	23.996	20.963 mm
	物側節点	7.078	6.533	7.130	6.583 mm
	像側節点	7.332	6.847	7.256	6.783 mm
	物側焦点距離	−17.055	−14.169	−16.740	−14.176 mm
	像側焦点距離	22.785	18.930	22.365	18.938 mm
	黄斑部位置	24.0	(〃)	(〃)	(〃) mm
	主点屈折力	+1.0	−9.6	0	−9.7 D
	近点位置	—	−102.3	—	−100.8 mm
	入射瞳	3.047	2.688	—	—mm
	射出瞳	3.667	3.312	—	—mm
	回旋点	13.0	(〃)	—	—mm

精密模型眼と略式模型眼の数値を示す．屈折力の単位は diopter (D と略記) で，屈折面位置は角膜頂点を原点にとり，それより後方を正，前方を負にとってある．表中 "休" は調節弛緩時を，"調" は最大調節時をそれぞれ示す．

で，最大調節時にはそれぞれ 5.33, −5.33 mm の両凸レンズである．水晶体の厚みは 3.66 mm (最大調節時は 4.0 mm) で，角膜前面より水晶体前面までの距離は 3.6 mm (最大調節時は 3.2 mm) となっている．

水晶体の全屈折力 D_L は，前面と後面の屈折力を D_1, D_2 とすれば，

$$D_L = D_1 + D_2 - \frac{d_L}{n_4} \cdot D_1 \cdot D_2$$
$$= 19.11 \text{ (D)} \quad (1.2.6)$$

ただし，d_L は水晶体の厚さ $(3.6 \times 10^{-3} \text{m})$，$n_4$ は水晶体の同格屈折率 (1.4085) である．また水晶体の前後面の屈折力は

$$D_1 = \frac{1.4085 - 1.336}{10 \times 10^{-3}} = 7.25 \text{ (D)}$$
$$D_2 = \frac{1.336 - 1.4085}{-6.0 \times 10^{-3}} = 12.083 \text{ (D)}$$

である．また，最大調節時には水晶体の屈折力は33.06 D となり，その差は 13.96 D となるが，全眼系での主点における屈折力に換算すると 9.6 D となり，近点位置は 102.3 mm である．

眼球全体の屈折力は 58.64 D であるが，眼軸長が24 mm あるためこの精密模型眼では約 1.0 D の遠視眼となっている．また，略式眼では全屈折力が59.74 D で，ほぼ正視眼 (正確には −0.1 D の近視眼) である．

c．省略眼

前述の模型眼をさらに簡素化し，屈折面を 1 面とし，空気と眼内液 ($n = 1.3365 \sim 1.333$ 程度) の境界面のみとしたものである．これらには，Donders, Lawrence, Listing などがある．表 1.2 にこれらの値を示す．これらのなかで，Listing のものが最も簡単で，屈折力を 60 D の単一球面 (曲率半径 5.55 mm) が角膜の後方 2 mm のところに位置し，水と空気を隔てるもので，物側焦点距離 $f = -16.65$ mm，像側焦点距離 $f' = 22.22$ mm となっている．

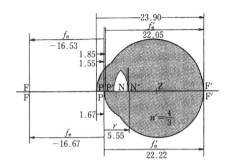

図 1.9 Emsley の模型眼 (上半分) と省略眼 (下半分)[2,3]

d．その他の模型眼

主にヨーロッパの成人の統計データに基づいた LeGrand の模型眼 (1946 年) を表 1.3 に示す．精密眼と略式眼の 2 種類があり，それぞれ調節休止時と調節時の数値が与えられている．この略式眼では前房水，硝子体および角膜の屈折率はいずれも 1.336 と等しく，角膜の厚みは 0 と考えている．精密および略式眼ともに約 7 D の調節が可能である．

また図 1.9 には Emsley による Gullstrand 略式眼の修正眼と省略眼を示す．この 2 つの眼をその像側焦点位置を一致させて重ね合わせると，省略眼の主点位置は模型眼の 2 つの主点位置の間に位置する．この省略眼の屈折面は，実際の角膜頂点より約 $1\frac{2}{3}$ だけ後方に位置しているので，頂間距離 1.2 mm を仮定するとき，この省略眼では $13\frac{2}{3}$ mm の値を採用しなければならない．

1.2.2　眼の主要点と軸

a．眼の主要点

光学における 3 主要点は，焦点，主点および節点であるが，眼の主要点を Gullstrand-Emsley 略式模型眼 (調節休止時) で考えよう．主点位置は角膜頂点から 1.55 mm (物側主点)，1.85 mm (像側主点)，節点位置は角膜頂点から 7.06 mm (物側節点)，7.36 mm (像側節点) である．物側焦点位置は

表 1.2 省略眼の数値

Donders		Lawrence		Listing	
角膜曲率	5.0 mm	主点	2.2 mm	物側焦点距離	−16.65 mm
屈折率	1.333	物側焦点距離	−15.0	像側焦点距離	22.22
前焦点	−15.0	像側焦点距離	20.0	屈折角半径	5.55
全屈折力	66.666	節点	7.2	屈折面位置	2.0
主点	0.0	中心窩焦点間距離	15.0	屈折率	1.333
節点	5.0			屈折力	60.0
後焦点	20.0				

表 1.3 LeGrand の模型眼の数値[10]

	精密眼		略式眼	
	休	調	休	調
屈折率				
角　膜	1.3771	1.3771	1.336	1.336
房　水	1.3374	1.3774	1.336	1.336
水晶体 (全屈折率)	1.42	1.427	1.4208	1.4260
硝子体	1.336	1.336	1.336	1.336
屈折面の位置 (角膜前面より mm)				
角　膜　後面	0.55	0.55	――	――
水晶体　前面	3.6	3.2	6.3740	5.7763
後面	7.6	7.7	6.3740	5.7763
曲率半径 (mm)				
角　膜　前面	7.8	7.8	8	8
後面	6.5	6.5	――	――
水晶体　前面	10.2	6.0	10.2	6
後面	−6	−5.5	−6	−5.5
屈折力 (D)				
角　膜　前面	48.3462	48.3462	42	42
後面	−6.1077	−6.1077	――	――
水晶体　前面	8.0980	14.9333	8.3097	15.0049
後面	14	16.5455	14.1265	16.3690
角膜系				
屈折力 (D)	42.3564	42.3564	42	42
主点位置　物側	−0.0576	−0.0576	0	0
像側	−0.0597	−0.0597	0	0
焦点距離　物側	−23.6092	−23.6092	−23.8095	−23.8095
像面	31.5749	31.5749	31.8095	31.8095
水晶体系				
屈折力 (D)	21.7787	30.6996	22.4362	31.3739
主点位置　物側	6.0218	5.4730	6.3740	5.7763
像側	6.2007	5.6506	6.3740	5.7763
焦点距離　物側	−61.4087	−43.5641	−59.5466	−42.5832
像側	61.3444	43.5185	59.5466	42.5832
全眼系				
屈折力 (D)	59.9404	67.6767	59.9404	67.6767
主点位置　物側	1.5946	1.8190	1.7858	2.0043
像側	1.9078	2.1915	1.9078	2.1915
焦点位置　物側	−15.0887	−12.9571	−14.8974	−12.7718
像側	24.1965	21.9325	24.1965	21.9325
焦点距離　物側	−16.6832	−14.7761	−16.6832	−14.7761
像側	22.2888	19.7409	22.2888	19.7409
節点位置　物側	7.2001	6.7838	7.3914	6.9691
像側	7.5133	7.1563	7.5133	7.1563
調　節 (D)	0	6.9633	0	6.9633
像側節点より像側焦点(網膜)までの距離(mm)	16.6832	14.7762	16.6832	14.7762

角膜頂点から −14.98 mm (前方), 像側焦点は後方 23.89 mm の位置である. 焦点距離は, −16.53 mm (物側), 22.04 mm (像側) である. 眼軸長は 23.89 mm であるため完全な正視眼でその全屈折力は 60.49 D となる.

b. 眼の軸と角度

眼球の軸や角度は, 眼球光学系やその構造を調べるうえで重要のみならず, 斜視や眼位検査などの臨床上もきわめて重要である. 古くより生理光学の分野では, 眼の軸として視軸, 光軸, 瞳孔中心線, 注

表1.4 眼の軸の各種の定義

出典	視軸	注視線	照準線	光軸	瞳孔中心線
Lancaster	visual axis	fixation axis	line of sight	optic axis	pupillary axis
Cline ほか	〃	〃	〃	〃	〃
Duke-Elder	〃	〃	principal line of vision	〃	central pupillary line
von Noorden	〃	〃	line of sight	optical axis	〃
LeGrand	〃	――	principal line of sight	optic axis	pupillary axis
Campbell	〃	fixation axis	principal line of vision	〃	pupillary line
Solomons	〃	〃	line of sight	optical axis	pupillary axis
Bennett	nodal axis	〃	visual axis		
弓削	視線	注視線	――	眼軸	瞳孔中心線

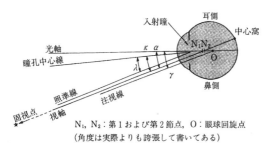

N_1, N_2：第1および第2節点，O：眼球回旋点
（角度は実際よりも誇張して書いてある）

図1.10 眼の各種の軸と角度[16,17]

視線や照準線などが，また眼の角度としては α, γ, κ および λ 角などが用いられている．しかし，現在においても，これらの軸や角度の定義が正しく認識されていなかったり，誤って使用されたりしている場合も多い．

眼球の軸としては，表1.4および図1.10に示すように，古くから各種のものが用いられている．大別すれば，注視方向を規定するものと，光学系の参照軸を規定するものがある．

1) 視　軸

視軸 (visual axis) は視線 (visual line) とも呼ばれるが，固視点 (fixation point) と眼の第1節点 (anterior nodal point) を結ぶ線，または，眼の中心窩と固視点を結び眼の節点を通る線で定義される．厳密には，固視点と第1節点を結ぶ線（物体空間での視軸）と第2節点と網膜中心窩を結ぶ線（像空間での視軸）とは1本の線ではなく互いに平行な2本の線であるが，両節点の間隔はたかだか0.3 mm程度であるから，1本の直線と近似できる．

視軸を規定する中心窩および節点の同定はきわめて困難であり，また眼が非共軸光学系であるため視軸の他覚的な測定は一般に不可能である．正確に視軸の位置を決定するには，固視点から放射される指向性の高いX線が必要となる．X線は眼の光学系を屈折せずに透過し，十分高いエネルギーがあれば光受容体を刺激することができる．X線により刺激された点と固視点を自覚的に重ね合わせたものが真の視軸を与えるが，このような方法は実際的ではなく，かつきわめて危険である．したがって，視軸は，眼の絶対的な注視方向を決めるうえで重要であるが，現実にはその決定がむずかしいため，あくまで定義上の概念的な軸と考えるべきである．

2) 注視線

注視線 (fixation axis) は，眼の回転中心，つまり眼球回旋点 (center of rotation) と固視点を結ぶ線で定義される．ところで，眼は剛体のように1点を中心として回転するものではないため，その回旋中心の決定は不可能に近い．臨床的には，眼球回旋点を角膜後方約13 mmと仮定して，注視線を求めていることが多いが，注視線の臨床的意義はあまりない．

3) 照準線

照準線 (line of sight) は，眼の入射瞳 (entrance pupil) 中心と固視点を結ぶ線で定義されるものである．入射瞳とは，角膜の屈折によって生じる実瞳孔の見かけの像である．この照準線の定義には，臨床的にも実測できる見かけの瞳孔を参照点としており，定義がきわめて明快であり，またその位置の決定も容易である．この線は，固視点から入射瞳に入る光線束の代表光線であり，いわゆる幾何光学での主光線 (chief ray または principal ray) に相当するものである．また，固視点から入射瞳の中心を通って眼に入る光線は，射出瞳の中心を通って網膜中心窩に達する．物体空間での照準線と像空間での照準

線は，視軸のように平行ではないため，物体空間での照準線の延長上に中心窩が存在しないが，屈折された照準線上に中心窩が存在する．

このため，測定困難な視軸よりも優先して照準線を用いるべきである．Bennettらは，この照準線こそが眼の注視方向を決定する最も重要な軸であり，これを視軸と定義すべきだと述べている．しかし，このような呼び方はかえって混乱を拡大させるおそれがある．

4) 光　軸

光軸 (optic axis) は，眼のすべての光学系の曲率中心を通る線，またはこの線に最も近似的な線で定義される．しかし，角膜と水晶体の光軸は共軸ではなく，一般に傾いているし，水晶体の屈折率分布を考慮すると水晶体の光軸の定義もむずかしい．したがって，真の光軸は，厳密には定義できず，4つのPurkinje-Sanson像を最も近く結ぶ線が，最良の近似的な眼の光軸であるといえる．後述するように，水晶体によるPurkinje-Sanson像（第3および第4像）はその明るさがきわめて暗いため通常の臨床的検査では観察が困難である．

5) 瞳孔中心線

瞳孔中心線 (pupillary axis) は，眼の入射瞳中心を通り角膜表面に垂直な線で定義される．このように瞳孔中心線はその定義がきわめて明快でかつその位置の決定も容易である．その定義から明らかなように，瞳孔中心線は，角膜前面の曲率中心をも通り，検者が光源の真ろから注意深く観察し，角膜反射像を被検者の瞳孔中心に位置させることで容易に決定できる．したがって，瞳孔中心線は角膜の光軸と考えてよく，ときには眼の光軸の代わりに用いることもある（Gullstrandの光軸とも呼ばれる）．

6) 眼　軸

以上のほかに，眼軸 (geometrical axis) と呼ばれるものが用いられることもあるが，これは眼の前極と後極とを結ぶ線で定義される．角膜頂点から眼球後極部までを外眼軸，角膜頂点から網膜中心窩までを内眼軸とよんで区別することもある．前者の外眼軸長はX線撮影法で求められ，後者の内眼軸長はX線光覚法や超音波法などの測定で求められるものである．しかし，眼の屈折系が共軸でかつ軸対称ではないので，一般に眼軸と光軸とは一致しない．

以上のように眼球光学系の参照軸には各種のものが用いられているが，眼の注視方向としては照準線，また眼球光学系の参照軸としては瞳孔中心線が，それぞれ最も重要である．

c. 眼の角度

一般に網膜中心窩は，眼の解剖学的軸すなわち眼軸，もしくはそれに比較的近い眼の光軸上にはなく，ごくわずかながら耳側に偏心している．そのた

表1.5　眼の角度の各種の定義

出　典	α角	γ角	κ角	λ角
Lancaster	optic axic visual axis	optic axis fixation axis	pupillary axis visual axis	pupillary axis line of sight
Clineほか	〃	〃	〃	〃
Duke-Elder	〃	〃	central pupillary line principal line of vision	pupillary axis sighting line
von Noorden	〃	〃	central pupillary line visual axis	pupillary axis line of sight
LeGrand	〃	――	pupillary axis principal line of sight	同　左
Campbell	〃	optic axis fixation axis	pupillary line visual axis	同　左
Solomons	optical axis visual axis	optical axis fication axis	optical axis line of sight	pupillary axis line of sight
Bennett	〃	――	pupillary axis visual axis	同　左
弓　削	光　軸 視　線	光　軸 注視線	瞳孔中心線 視　線	――

め，正常の眼球光学系においても，いわゆる生理的斜視角が存在する．この角度として古くより生理光学の分野では，α，γ，κ および λ 角が用いられている（図1.10，表1.5）．しかし，従来より眼の軸の定義があいまいであったために，またこれらの角度もさらにあいまいなものとなっている．

1) α 角

α 角（angle alpha）は，眼の視軸と光軸のなす角で定義される．しかし，前述したように視軸や光軸の臨床的決定は不可能に近く，そのためこの α 角の測定も不可能に近い．そのため，この α 角は，あくまでも眼の生理的斜視角の定義上または概念的なものであると考えるべきであろう．

2) γ 角

γ 角（angle gamma）は，眼の光軸と注視線とのなす角で定義される．この角度も測定困難な光軸と注視線を含むため，臨床的に定義どおり γ 角を求めることは不可能である．とくに眼球回旋点という臨床的にも測定困難な参照点を用いている注視線と，非共軸光学系である眼の光軸をも参照軸に用いていることは，この角度も臨床的にはその意義がきわめて低く，α 角と同様に定義上ないしは概念上の角度と理解したほうが望ましい．

3) κ 角

κ 角（angle kappa）は，眼の視軸と瞳孔中心線のなす角で定義される．この角度は，眼科臨床において古くより用いられているが，測定困難な視軸を含むため，正確には求められない．1つには視軸の考え方による相違や視軸と照準線との混同のために混乱が起こっているものと考えられる．現在測定されている κ 角の大部分は，後述する λ 角と同じものを測定していることが多い．

4) λ 角

λ 角（angle lambda）は，眼の照準線と瞳孔中心線とのなす角で定義される．この角度は，臨床的に測定可能な瞳孔中心線と照準線のなす角であるため，その測定はきわめて簡単・容易である．従来用いられてきた κ や γ 角は，ここでいうところの λ 角に近いものであると思われる．もちろん眼科臨床で汎用されている κ 角とここで定義している λ 角との相違は，もし仮に眼の視軸や光軸が正しく測定できたとしてもその相違はきわめて小さく，その測定精度からして両者の相違は臨床的には無視できる．しかし，両者の差が小さいからといって，両者の定義を混同してよいというわけでは決してない．

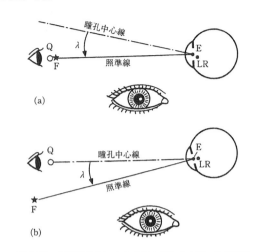

図1.11 角膜反射像による λ 角と瞳孔中心線の決定[17,18]　Q：光源，F：固視点，E：入射瞳の中心，LR：光源の角膜反射像．(a) 被検者に光源を固視させ，検者が光源の真後ろから観察すると，角膜反射像は通常瞳孔の中心から少し鼻側にずれて現れる．(b) 被検者の固視位置を光源から離していくと，ある位置で角膜反射像が瞳孔中心に現れる．このときの QE が瞳孔中心線，FE が照準線で，両者のなす角度が λ 角である．

以上のように，定義の明快さ，および測定の容易さから，眼科臨床で測定が可能なのは λ 角のみであることは明らかであり，κ 角や γ 角よりも λ 角をより優先して用いるべきである（図1.11）．

1.2.3 眼の収差

幾何光学では，1つの物点から出た光線は反射または屈折により理想的には再び1点に集まる．このような理想的な写像からのずれを収差（aberration）といい，これには大別して光学系の分散による色収差（chromatic aberration）と，単色光を用いてもなお生じる単色収差（monochoromatic aberration）の2つがある．ところで，級数展開を用いれば

$$\sin\theta = \theta - \frac{\theta^3}{3!} + \frac{\theta^5}{5!} - \cdots \quad (1.2.7)$$

と表せるが，右辺の第1項のみをとればよいような，つまり光軸付近の狭い領域（ではガウスの光学が成立するから，その範囲）をガウスの空間または近軸領域と呼ぶ．同様に最初の第2項までとればよいような領域を（研究者の名をとって）ザイデル（Seidel）領域と呼ぶ．収差論で重要な5つの収差をザイデル収差というのはこれによっている．ザイデル収差は，別名（広義の）球面収差とも呼ばれるが，大別すれば（狭義の）球面収差，コマ収差，非点収差，像面湾曲，歪曲収差の5つに分類される．

このような収差のなかで,眼の光学系において重要なものは,色収差,(狭義の)球面収差および非点収差である.とくにこのうち,色収差と球面収差は最も重要である.その主な理由は,光軸外の物点より生じる軸外収差に対しては,網膜面が平面でなく湾曲していることと,周辺網膜では中心窩に比較して解像力が著しく低いことなどの網膜の構造と機能による.また,第1種スタイルズ-クロフォード(Stiles-Crawford)効果と呼ばれる光向感度差に起因するものがあげられる.これは,瞳孔の中心を通る光と周辺部を通る光とを比較すると,同じエネルギーであっても後者のほうがはるかに暗く感じる現象である.さらに,われわれの眼は,見ようとする物体の像がつねに網膜中心窩にくるように自然に眼球を動かしていることなどによる.

a. 色収差

屈折光学系においては,近軸領域であっても分散(dispersion)のため光の波長によって焦点位置および焦点距離が変化する.とくに焦点の位置が波長により変化することを軸上色収差という.また焦点距離が波長によって変化するとき,主軸より外れた点の像に色収差が生じるので,これを軸外色収差,または倍率色収差という.

眼の色収差の存在については古くより知られているが,通常の条件下では主観的に感じられないのは,視感度曲線が明所視では555 nmの波長の光に最大感度を示し支配的であるのに対し,スペクトルの両端で感度が低下するためである.眼の色収差に関する報告は数多いが,その一例を図1.12に示す.破線は12名の被検者についての測定値の最大と最小を示し,○印はその平均値を示している.ここでは波長578 nmでの収差を0にとっている.

省略眼による理論計算では,$f_d=16.5$ mm,$\nu=56.4$とすれば,軸上色収差は約0.3 mm,横(倍率)色収差は約0.16 mmとなり,これは瞳孔径を4.0 mmとしたときの回折によるエアリーディスク0.034 mmより著しく大きなものとなる.図1.12よりスペクトルの両端で約1.5～2.0 D程度の屈折力差を認め,もし物体の位置を眼前55 cm,瞳孔径を4.0 mmとして,C線(656 nm)に焦点を合わすとすれば,G線の像は0.144 mmの直径のボケ像を生じる.

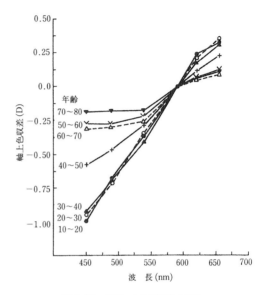

図1.13 年齢による色収差の変化
加齢に伴って色収差量が減少する[2].

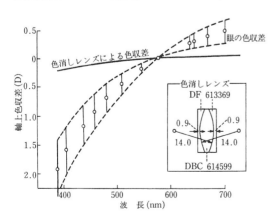

図1.12 眼の色収差[2]

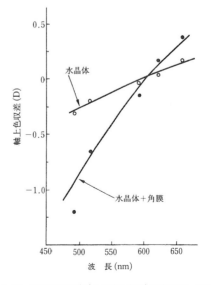

図1.14 眼の屈折要素(水晶体と角膜)の色収差への影響[2]

色収差の年齢による影響を図1.13に示す．軸上色収差は年齢とともに減少していくことが認められる．色収差の各屈折要素による寄与は，色収差を分析するうえできわめて重要であるが，図1.14に示すように，水晶体の色収差は，眼球光学系全体によるものの約28.5%が寄与しているといえる．

また，眼の調節による色収差への影響は，適度の調節の場合にはあまり調節に依存しないようである．しかし，波長の違いによる焦点位置の変化は図1.15に示すように，観察距離（調節刺激量）により大きく依存する．図中の破線はIvanoffによるもの（0〜2.5 D），実線はMillodotらによるもの（0.8〜8.3 D）である．

このような色収差は，精密屈折検査法として赤緑テスト（red-green test）として臨床の場で応用されているほか，最近の屈折検査機器にも用いられている．そのため，各種の検査機器の目盛校正上きわめて重要である．

b．球面収差

軸上物点からの光線が1点に集束せずに広がりを有する収差を球面収差（spherical aberration）という．図1.16に示すように，像空間で光線が光軸を切る点をP，近軸像面を切る点をQとするとき，近軸像点 P_0 を基準として，P_0P を縦球面収差，P_0Q を横球面収差といい，単に球面収差といえば一般に前者をさすことが多い．横軸には球面収差量 P_0P をとり，縦軸には，物点が無限遠の場合には入射光線の高さ h または F ナンバーを，有限距離の場合には，開口数 NA をとる．

眼の球面収差については数多くの報告があるが，無調節時には正の球面収差が，調節時（近方視のとき）には負の球面収差を示すといわれている．そして，この中間域（眼前50 cm前後）では球面収差が0になるといわれている．これらの結果を図1.17に示す．またIvanoffの結果（図1.17）によれば，無調節時で+0.3 D，約160 nmとなり，調節による変化は少なく，1.5〜2.0 Dの調節時に最も球面収差は小さくなる．図中の理論値で示した曲線は，球面光学系でしかも均一屈折率を仮定したGullstrandの模型眼より求めたものである．このように実測値の収差が小さいことは，明らかに屈折面の非球面性と水晶体の屈折率分布によるものと考えられる．つまり，ヒトの眼では，角膜の曲率は周辺部ほど小さく，その断面形状がメニスカス状であることや，水晶体の屈折率が中心から周辺にかけて小さくなっていることで球面収差を少なくする構造になっている．また瞳孔が縮瞳することにより，周辺

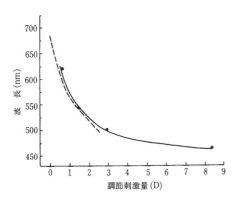

図1.15 眼の調節による色収差への影響[2]

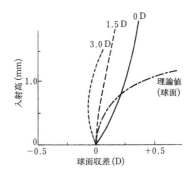

図1.17 調節に伴う球面収差の変化[2]

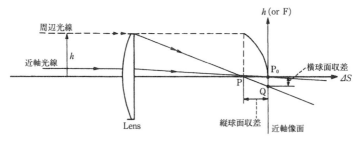

図1.16 球面収差の説明図[2]

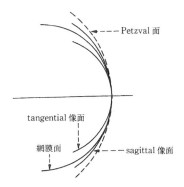

図 1.18 Petzval面，網膜面と正接像面，子午像面との関係[2]

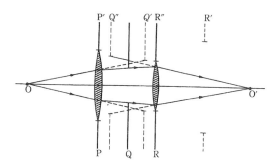

図 1.19 入射瞳，開口絞りの決定法[2]

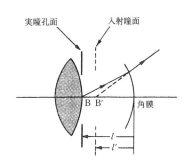

図 1.20 眼の入射瞳の位置[2]

光束を遮り球面収差を小さくしている．しかし，あまり瞳孔が小さくなると，回折の影響が現れてくる．

c．その他の収差

軸外物点からの光線束が一度線状に結像したあと再びそれと垂直な方向に線状に結像するような収差を非点収差 (astigmatism) という．眼の非点収差は周辺視力と関連して重要であるが，中心視力と比較して周辺視力は著しく低いため眼の球面収差ほどは重要ではない．平面物対の像は湾曲するが，この湾曲面をPetzval面という．Gullstrandの模型眼を用いて計算すれば，Petzval面は約 -17 mm の曲率半径を有するが，網膜面のそれは約 -12 mm でありかなり相違している（図1.18）．また，網膜面を境にして非点収差の正接像面 (tangential image) と子午像面 (sagittal image) とが位置するので，最小錯乱円 (circle of least confusion) の位置は網膜面にきわめて近く合理的である．

1.2.4 絞りとしての虹彩

絞り (stop) は，結像に用いられる光線束の範囲を制限し，像の明るさや結像される範囲を決めるはたらきをする．また像の焦点深度および収差との関連もある．結像に関与するのは光学系を通過することのできる光線のみである．光学系を通過する光線束は，レンズの縁や枠あるいは眼の絞りである瞳孔など，光線束の開きを制限する可能性のあるもの（これを一般に絞りと呼ぶ）により制限される．これらの絞りのうちで最も有効に光線束を制限するはたらきをしているものを開口絞り (aperture stop) という．

開口絞りを決定するには，おのおのの絞りと考えている物点との間にある光学系の部分によって物体空間に生じるおのおのの絞りの像を考えなければならない．それらの像のうち物点において最小の角をはるものを入射瞳 (entrance pupil) という．また，その像空間における像を射出瞳 (exit pupil) という．射出瞳は像空間において像点に収束してくる光線束の開きを制限している．図 1.19 には，一般的な光学系における入射瞳，射出瞳および開口絞りの決定法を示す．図 1.19 では，P, Q, R の 3 つの絞りが開口絞りとなる可能性があるが，Q が開口絞りとなる．したがって，レンズPによるQの像であるQ′が入射瞳，またレンズRによるQの像Q″が射出瞳となる．

開口絞りのほかにもう 1 つ別の種類の絞りがある．これは結像される物体の範囲，すなわち視野を制限する絞りであり，視野絞り (field stop) と呼ばれる．

次に眼の入射瞳と射出瞳を考えよう．

a．入射瞳

眼に入射してくる光線束は，瞳孔よりもむしろ角膜により生じる瞳孔の像によって制限される．この像が眼の入射瞳となる．いま図1.20に示すような配置を考えると，実瞳孔面は水晶体前面にあって，角膜前面より $l = -3.60$ mm の位置とする．角膜の屈折力を $K = 43.08$ D とする．瞳孔中心Bから出

た光は角膜で屈折されあたかも B′ からきているように観察される．この見かけの位置が角膜を通してみた見かけの瞳孔（入射瞳）位置である．前房の屈折率を $n=1.336$ とすれば，入射瞳の角膜前面よりの距離 l' は

$$\frac{1}{l'}=\frac{n}{l}+K \quad (1.2.8)$$

より，$l'=-3.05\,\mathrm{mm}$ となる．また，見かけの瞳孔（入射瞳）の拡大率（倍率）M は

$$M=n\frac{l'}{l} \quad (1.2.9)$$

より $M=+1.13$ となり，約 13% の拡大率となる．+ の符号は正立像を意味する．例えば，実瞳孔径が 4 mm あれば，見かけの瞳孔径（入射瞳径）は約 4.5 mm である．眼科の臨床で瞳孔径を測定する場合，この見かけの瞳孔径，つまり入射瞳径を一般に用いているので，実際の瞳孔径ではないことに注意すべきである．

b．射出瞳

眼の射出瞳は，水晶体の屈折により生じる実瞳孔の像である．図 1.21 に示すように瞳孔中心 B から出た光は水晶体の後面で屈折されあたかも B′ からくるかのように観察される．この B′ が実瞳孔の見かけの位置であり，射出瞳面である．水晶体の厚みを $l=3.60\,\mathrm{mm}$，水晶体の後面屈折力を $K=12.83\,\mathrm{D}$，硝子体の屈折率を $n_\mathrm{v}=1.336$ とすれば，射出瞳の水晶体後面から測った距離 l' は

$$\frac{n_\mathrm{v}}{l'}=\frac{n_\mathrm{c}}{l}+K \quad (1.2.10)$$

より，$l'=-3.52\,\mathrm{mm}$ となり，射出瞳は実瞳孔から 0.8 mm 後方に位置している．また射出瞳の拡大率は $M=+1.03$ となり，約 3% 拡大される．

眼の光学系において，入射瞳と射出瞳は互いに共役（conjugate）関係にある，つまり物体と像との関係にある．眼の入射瞳と射出瞳の位置と相対的な大きさを図 1.22 に示す．

1.2.5 プルキンエ-サンソン像

角膜や水晶体の屈折面で生じる光源の反射像をプルキンエ-サンソン（Purkinje-Sanson）像または単にプルキンエ像という．これは眼位検査やケラトメーターによる角膜曲率半径の測定のみならず角膜の厚みや水晶体の曲率半径を測定するパキメトリー（pachometry）にも用いられている．プルキンエ-サンソン像には一般に I，II，III および IV までの 4 つの反射像がよく用いられる．これ以外に多重反射によるものもあるが，一般にその明るさがきわめて暗いためにほとんど観測できない．

プルキンエ-サンソン第 I 像および第 II 像は角膜の前面と後面による反射像で，第 III および第 IV 像は水晶体の前面と後面による反射像である．Gullstrand の模型眼を用いて計算したプルキンエ-サンソン像の光学特性を図 1.23 および表 1.6 に示す．プルキンエ第 I 像は別名角膜反射像（corneal light reflex）と呼ばれ，眼科臨床で最もよく利用されているものである．なぜなら，第 I 像に比較してほかの第 II から第 IV 像はその明るさがきわめて暗いために，通常の観察条件ではほとんど認められない．しかし，第 I 像の角膜反射像はきわめて明るいため，ケラトメーターでの角膜曲率半径の測定やレフラクトメーターでの被検眼のアラインメント用に用いたり，眼位検査での指標に用いたりされている．

ところで，この角膜反射像の位置はどこにあるのであろうか？ 角膜面上，前房，水晶体それとももっと後方の硝子体中にできているのであろうか？ 答えは瞳孔面より後方の水晶体付近にできている．

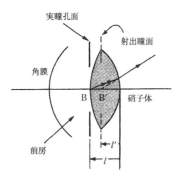

図 1.21 眼の射出瞳の位置[2]

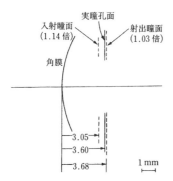

図 1.22 実瞳孔，入射瞳孔および射出瞳の相対的大きさとその位置[2]

1.2 光学特性

表1.6 調節休止時と最大調節時模型眼におけるプルキンエ像の相対的大きさ，明るさおよび結像位置

プルキンエ像	相対反射率	調節休止眼		8.62 D 調節眼	
		角膜頂点からの結像位置 (mm)	相対的サイズ	角膜頂点からの結像位置 (mm)	相対的サイズ
I	1.000	3.85	1.00	3.85	1.00
II	0.010	3.77	0.88	3.77	0.88
III	0.008	10.59	1.96	5.51	0.74
IV	0.008	3.96	−0.75	4.39	−0.67

第 I および第 II 像は Gullstrand 精密模型眼を，第III および第IV像は略式模型眼の値をもとに計算してある．相対的な像の大きさは，角膜前面の曲率半径を 7.7 mm で得られる第1像との比較から算出している．

表1.7 19 D の後房型 IOL 移植眼でのプルキンエ像

プルキンエ像	相対反射率	遠用物体 (5 m)		近用物体 (0.33 m)	
		結像位置* (mm)	相対的サイズ*	結像位置* (mm)	相対的サイズ*
I	1.00	3.84	1.0	3.80	1.0
II	0.01	3.76	0.88	3.72	0.88
III	0.12	8.58	1.44	8.50	1.42
IV	0.12	−5.96	−2.58	−6.24	−2.66

* 角膜頂点からの距離．
+ 負値は倒立像を示す．

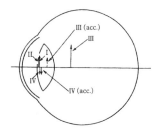

図1.23 模型眼におけるプルキンエ像の結像位置と相対的大きさ[2]

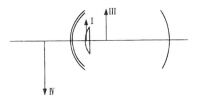

(a) 順方向挿入レンズ (19 D)

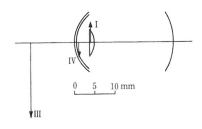

(b) 逆方向挿入レンズ (19 D)

図1.24 眼内レンズ移植眼 (19 D 後房型凸平 IOL) でのプルキンエ像の位置と相対的大きさ[2,19]

角膜表面の曲率半径は約 7.8 mm 程度であるから，光源の位置が無限遠方とすれば，その像(虚像)は角膜曲面の焦点位置 7.8/2＝3.9 mm (角膜表面寄り)にできる．光源の位置が眼前有限の距離にあったとしても，その像位置はたかだか数十 μm 角膜に近づくのみである．また，瞳孔面は角膜表面より約 3.6 mm の位置にあるが，その入射瞳は約 3 mm に位置するため，角膜反射像は見かけの瞳孔(入射瞳)の後方約 1 mm にできていると考えて差し支えない．その他のプルキンエ-サンソン像の位置は図1.23 および表1.6 に示すとおりである．第 I から第III像までは正立虚像であるのに対し，第IV像のみは倒立の実像である．また第III および第IV像は調節に伴いその大きさと結像位置が変化する．

最近の白内障の手術療法である眼内レンズ移植手術が盛んになっているが，このような人工の眼内レンズ移植眼でのプルキンエ-サンソン像の光学特性は，前述の有水晶体眼のものと大きく異なってい

る．図1.24および表1.7にその計算結果を示すが，ここでは代表的な後房型眼内レンズ（平凸）の例を示す．

当然ながら，第IIIおよび第IV像の大きさや結像位置のみならず，明るさ（相対強度）が有水晶体眼のそれらと大きく異なることがわかる．とくに眼内レンズによる像が明るいことは，従来できなかった眼内レンズの各種検査が可能となっている．その大きな原因は，水晶体の屈折率に比較して，眼内レンズの屈折率が1.495前後と高いために，屈折率差が大きくなり，ひいては反射率が高くなっているためである．

1.3 内視現象

内視現象を応用したプルキンエ血管像，blue field entoptoscopeあるいはハイディンガーブラシ（Haidinger brush）は眼科臨床や視覚研究でも用いられることがある．

プルキンエ血管像は古くから知られており，最も簡単に観察できる．中心窩のまわりの中心網膜に自分自身の網膜血管影を見ることができる．通常の照明下では，網膜血管の影絵は視細胞の順応により知覚されない．角膜や結膜を通してペンライトの光で照明すると血管影を内視現象として見ることができる（図1.25）．

Blue field entoptoscopeは，短波長の一様な青色光で網膜を刺激すると，中心窩周辺部の網膜毛細血管内を移動する飛遊小体（白血球）を観察し，その数の大小により強い白内障患者の黄斑視機能を定性的に予測するために用いられる（図1.26）．

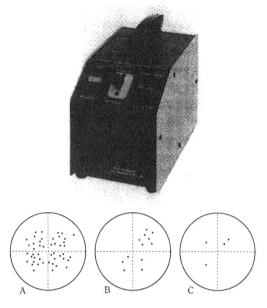

図1.26 Blue field entoptoscopeと飛遊小体の見え方[20]
A：視野全域に多くが観察できる（陽性），B：視野の一部に認められない（不確かな応答），C：ほとんど認められないかせいぜい数個しか認められない（陰性）によるグレード分け．

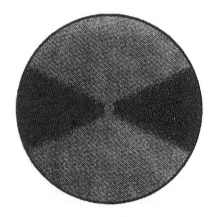

図1.27 Haidinger brushの見え方

Haidinger brush現象を除けば，われわれの眼は偏光に対してそれほど感度は高くない．このHaidinger brush現象は，一様な青色背景中に偏光板を連続的に回転することで観察することができる（図1.27）．回転するプロペラのような構造が見える．中心窩から2.5°程度放射状に伸びたように観察される．眼科臨床での斜視・弱視の診断や治療，視覚実験での中心固視の方向決定などにも利用される．

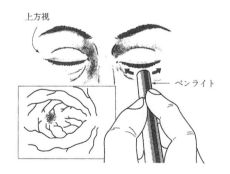

図1.25 プルキンエ血管影の観察
ペンライトのような小さな光源で上方視した閉じた瞼の上から角膜輪部付近に当てると内視現象で血管影が観察できる[20]．

レーザー干渉縞の応用により，眼球光学系をバイパスして直接的に網膜面に投影することができるが，このようにして評価されるレーザー干渉縞視力も眼科臨床での白内障眼の視力予測や視覚系のMTFの研究にも応用されている．また，干渉縞の空間周波数を高めていくと視細胞の配列とのビート（モアレ）現象でゼブラ状のパターンが内視現象として観察される． ［魚里 博］

文献

1) 田中直彦，所 敬（編）：現代の眼科学，金原出版，1983
2) 魚里 博：眼球光学，眼光学の基礎（西信元嗣編），第III章，金原出版，1990
3) 魚里 博：眼光学の基礎，VISION, **1**, 20-31, 1989
4) 萩原 朗：眼の生理学，医学書院，1966
5) 神谷貞義，梶浦睦雄（編）：生理光学と眼鏡による治療，医学書院，1967
6) 畑 文平，赤木五郎：眼屈折，日本眼科全書VIII，金原出版，1954
7) 大塚 仁，鹿野信一：眼機能II，臨床眼科全書第2・1巻，金原出版，1970
8) 魚里 博，中尾主一：眼屈折総論，新臨床眼科全書3A，眼光学1，眼内レンズ（松田英彦編），金原出版，1989
9) A.G. Bennett and T.L. Francis: Visual Optics, In The Eye (ed. H. Dovson), Vol. 4, Part 1, Academic Press, 1962
10) Y. LeGrand: Form and Space Vision, Indiana Univ. Press, 1967
11) H. H. Emsley: Visual Optics, Hatton Press, 1936
12) A.G. Bennett and R. B. Rabbetts: Clinical Visual Optics, Butterworths, 1984
13) 小瀬輝次監修：めがね工学，共立出版，1983
14) 魚里 博：近視の光学と眼鏡，眼科MOOK, No. 34, 近視（保坂明郎編），金原出版，1987
15) H. Uozato and D. L. Guyton: Centering corneal surgical procedures, *American Journal of Ophthalmology*, **103**, 264-275, 1987
16) 魚里 博：眼軸と斜視角の問題点，日本弱視斜視学会報，**24**(3), 4-8, 1987
17) 魚里 博：眼の軸と眼位の定量検査，あたらしい眼科，**13**, 193-202, 1996
18) 魚里 博，D.L. Guyton：眼のλ角の簡便な測定法，日本眼科紀要，**38**, 1324-1329, 1987
19) 魚里 博，西信元嗣，他：眼内レンズ移植眼におけるPurkinje像の光学特性，日本眼光学学会誌，**9**, 141-145, 1988
20) D. G. Fuller and W. L. Hutton: Presurgical Evaluation of Eyes with Opaque Media, Grune & Stratton, 1982

1.4 像 特 性

1.4.1 いろいろな関数の関係

光学系による点光源，線光源，半無限面光源の像をそれぞれPSF (point spread function, 点像分布

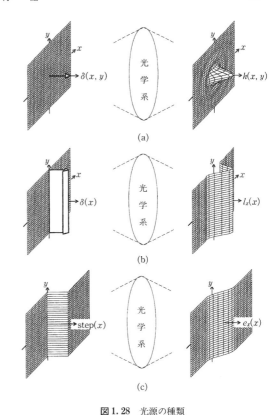

図1.28 光源の種類
(a) 点光源とPSF, (b) 線光源とLSF, (c) 右半無限面光源とESF.

関数), LSF (line spread function, 線像分布関数), ESF (edge spread function, エッジ像分布関数)という（図1.28）．光学系を像面のある範囲内でlinearかつshift-invariantなシステムであるとみなしたとき，任意の物体に対する像は物体の強度分布とPSFの畳み込み積分 (convolution) で表すことができる．

点光源を$\delta(x,y)$, y軸方向に伸びる線光源を$\delta(x)$, y軸を左エッジとする右半無限面光源をstep(x), 任意の物体を$f(x,y)$, 光学系による変換を$L\{\cdot\}$で表すと，それぞれの像は

PSF: $h(x,y) = L\{\delta(x,y)\}$

LSF: $l_x(x) = L\{\delta(x)\}$

$$= \int_{-\infty}^{\infty} h(x, \beta) d\beta$$

ESF: $e_x(x) = L\{\text{step}(x)\}$

$$= \int_{-\infty}^{x} l_x(\alpha) d\alpha$$

一般像: $g(x,y) = L\{f(x,y)\}$

$$= \int_{-\infty}^{\infty}\int_{-\infty}^{\infty} f(\alpha, \beta) h(x-\alpha, y-\beta) d\alpha d\beta$$

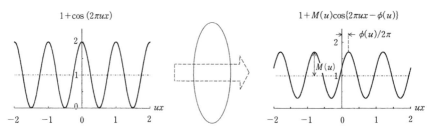

図1.29 OTFの物理的意味

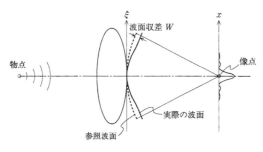

図1.30 波面収差

で表される．

PSFのフーリエ変換をOTF (optical transfer function) という．OTFは一般的には複素数であり，その絶対値をMTF (modulation transfer function)，位相をPTF (phase transfer function) という．

$$\text{OTF}: H(u,v) = \int_{-\infty}^{\infty}\int_{-\infty}^{\infty} h(x,y)\exp\{-i2\pi(xu+yv)\}dxdy$$
$$= M(u,v)\exp\{i\phi(u,v)\}$$
$$\text{MTF}: M(u,v) = |H(u,v)|$$
$$\text{PTF}: \phi(u,v) = \arg\{H(u,v)\}$$

物体および像のフーリエ変換を$F(u,v)$, $G(u,v)$とすると

$$G(u,v) = H(u,v)F(u,v)$$

となっている．複数のシステムがインコヒーレントに結合したシステムのOTFは，各システムのOTFの積で表すことができる．

OTFの物理的意味を1次元の場合について簡単に説明すると，空間周波数uの正弦波チャートが光学系を通して結像されたときの，像のコントラスト低下がMTF，像の横ずれがPTFを意味する（図1.29）．

光学系から射出する波面の参照波面からのずれを波面収差（図1.30）という．瞳位置において波面収差$W(\xi,\eta)$による位相項に振幅透過率$T(\xi,\eta)$を掛けたものを瞳関数という．

瞳関数：$P(\xi,\eta) = T(\xi,\eta)\exp\{ik\,W(\xi,\eta)\}$
波　数：$k = 2\pi/\lambda$

瞳関数を回折積分すると像の振幅分布が得られ，振幅分布は像点近傍では瞳関数のフーリエ変換になっている．振幅分布の絶対値の2乗が強度分布$h(x,y)$であり，$h(x,y)$のフーリエ変換がOTF $H(u,v)$であることより，OTFはまた瞳関数$P(\xi,\eta)$の自己相関関数としても表せる．

以上，フーリエ光学に関して駆け足で説明してきたが，詳細に関しては多くの書籍[1,2]が出ているので参照していただきたい．

波長幅をもった光学システムのOTFは，単色光のOTFに光源・光学系の透過率・受光素子の感度などの分光特性の重みを掛けて足し合わせたものとして計算できる．これを白色OTF（または多色光OTF）という．

$$\text{白色OTF}: H_w(u,v) = \frac{\int H(u,v;\lambda)W(\lambda)d\lambda}{\int W(\lambda)d\lambda}$$

白色OTFは有用な評価量であることには違いないが，色に対する情報が波長での積分の中に埋もれてしまうので，ESFの色のにじみ (boundary color) の評価を合わせて行うこともある[3]．

1.4.2 眼球光学系のMTF

視覚系による情報処理過程を理解するうえで，視覚系をいくつかのレベルの構成要素に分け，それぞれの役割を明確にすることは有意義である．とくにMTFという概念でとらえた場合，視覚系全体のMTFは各構成要素のMTFの積で表現できるので便利である．この項では，まず視覚情報処理過程の最初の段階として眼球光学系のMTFをとりあげる．

人間の摘出眼で眼球光学系のMTFを直接測定した例はない．光学的特性が比較的人間と似ているといわれる仔ウシの摘出眼で，網膜位置にできたス

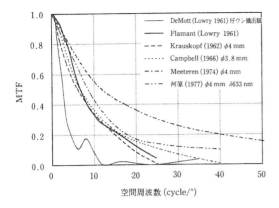

図 1.31 眼球光学系の MTF

リット像を直接光電的に測定したものが DeMott[4] により報告されている．Lowry ら[5] は，このデータをフーリエ変換することにより眼球光学系の MTF を得ている．

眼底反射法[6〜8]は基本的には，網膜上にターゲットの像を投影し，網膜で反射されて眼球外に出てきた光で再びターゲットの像を形成し，その光量分布を光電的に測定するものである．点光源または線光源のターゲットで得られた PSF または LSF をフーリエ変換して MTF を計算する方法と，正弦波状のターゲットで像のコントラスト低下から MTF を求める方法とがある．いずれも網膜での反射特性を仮定し，また眼球光学系を 2 回通っていることの補正が必要である．

レーザー光の 2 光束干渉により網膜上に正弦波状の明暗分布を作り，心理物理的手法でコントラスト閾値を求める方法は，眼球光学系の影響を受けず，網膜以降の視覚系の MTF を測定していると考えられている．眼球光学系を含む視覚系全体の MTF の測定データと網膜以降の視覚系の MTF との比をとることにより，眼球光学系のみの MTF が計算できる[9,10]．この方法は眼底反射法のような仮定や補正計算が不要という利点があるが，レーザーを用いるので白色 MTF が求められない（視覚系全体の MTF については 5.1 節を参照）．

以上のさまざまな方法で求めた眼球光学系の MTF を図 1.31 にまとめる．

1.4.3 波面収差，瞳関数

複数のシステムが波面の位相情報を保って伝達するコヒーレント結合の場合には，全システムの MTF を各システムの MTF の積では表せない．こ

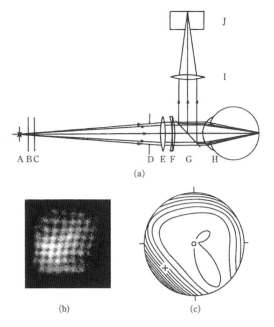

図 1.32 改良アベロスコープ法[11]
(a) アベロスコープ，(b) 記録された格子のひずみの例，
(c) 波面収差の例．

のような場合には波面収差や瞳関数を利用するのが有効である．各システム共通（共役）の瞳で評価して，全システムの波面収差は各システムの波面収差の和，全システムの瞳関数は各システムの瞳関数の積となる．波面収差や瞳関数を利用することの別の利点は，瞳関数の自己相関から OTF（すなわち MTF と PTF）が計算できることである．

Walsh ら[11]は Howland と Howland の主観的なアベロスコープ (aberroscope) 法を改良して，格子の変形を写真に記録する客観的で精度のよい測定法を開発した（図 1.32）．この方法による視軸上の単色の収差測定において，3 次のコマ様の収差の重要性および波面収差には個人差がかなりあることなどを見いだした．Atchison ら[12]はアベロスコープ法で調節刺激を 0〜3 D の範囲で変えて眼の波面収差を測定し，同様の結論を得ている．

Meeteren[13]はさまざまな研究者による眼球光学系の収差測定データから波面収差を計算で求め，さらに軸上色収差の測定データも組み合わせて白色 MTF を計算した．白色 MTF を支配している最も大きな要素は色収差であり，色収差はあまり個人差がないことが知られている．したがって，ほかの収差に個人差があったとしても，このように計算された白色 MTF はヒトの眼のものを一般的に代表して

いると彼らは解釈している．

1.4.4 スタイルズ-クロフォード apodization

スタイルズ-クロフォード効果 (Stiles-Crawford effect, 以下 S-C 効果) は，光が瞳孔のどの場所を通るかによって明るさの効率が異なる現象として知られている．この効果の発生原因は次節で述べるが，像性能に対しては，瞳位置において強度透過率が S-C 効果の比方向効率 η であるフィルターとしての役割 (以下，S-C apodization) と，眼球内での散乱光の影響を少なくする役割があると考えられている．

Metcalf[14] は眼球光学系の LSF から波面収差を逆算し，S-C apodization を瞳関数に掛けて LSF を再計算し，もとより少し先鋭さが失われた LSF を得た．Meeteren[13] は眼球光学系の収差測定データから計算で白色 MTF を導く過程において，S-C apodization を考慮した計算を行い，瞳径の大きな場合にはわずかではあるが S-C apodization による MTF 改善効果があると報告している．Navarroら[15] は非球面模型眼を用いたシミュレーションで，瞳径 4 mm の単色 MTF に対して S-C apodization によるかなりの MTF 上昇を認めている．

一般論として，S-C 効果のように周辺での透過率を下げるフィルターは，無収差光学系では MTF の高周波成分を低下させるようにはたらくが，収差が多い光学系では実質的に収差の影響を減らし MTF を全体的に上昇させるようにはたらく．S-C apodization による像性能改善効果について三者三様の結論を出しているのは，眼球光学系の収差をどの程度に見積もったかが異なっていることによるものと思われる．

1.4.5 像特性の計算可能な模型眼

Gullstrand のような古典的模型眼は近軸計算には便利であるが像性能を論じるにはふさわしくない．像性能評価を目的とした模型眼がいくつか提案されている[15〜19]．これらは必ずしも実際の眼球光学系の構造を完全に再現することを指向しているものばかりではなく，目的に十分な範囲での構造にとどめているものもある．これらの模型眼の構造的特徴と，目標としている像性能評価を表 1.8 に示す．一例を図 1.33 に示す．

1.4.6 散乱光・グレアによる像劣化

像性能を低下させる要因の 1 つに眼球内での散乱光があげられる．

Boyntonら[20] の測定によれば，眼球内の散乱光のうち約 25% は角膜に起因するという．水晶体による散乱は第 III プルキンエ像と第 IV プルキンエ像の違いに現れるように，水晶体後面はほとんど正反射であり，水晶体前面に散乱成分が多い．Navarroら[21] は水晶体前面の面粗さと散乱特性を，第 III プルキンエ像に含まれるハローの測定と，水晶体前面の像のスペックルコントラストにより調べ，眼球内散乱光のうち水晶体前面によるものは 1.5〜3.5% 程度と見積もっている．また Boynton, Navarro ともに散乱光の強さにはかなり被験者の年齢による差があることを認めている (加齢による散乱光，グレ

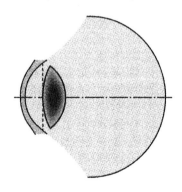

図 1.33 非球面性，屈折率分布を考慮した模型眼

表 1.8 像特性の計算可能な模型眼

著 者	非球面性		水晶体屈折率分布	媒 質分 散	調 節	像性能評価	
	角 膜	水晶体				軸 上	軸 外
Pomerantzeff(1971)	○	○	100 層			○	○
Lotmar(1971)	①	②				○	○
中尾(1976)	○	○	300 層		○	○	
白柳(1984)	①	○	連続変化	○		○	○
Navarro(1986)	①	○		○	○	○	

①：前面のみ非球面，②：後面のみ非球面．

アの増加については 13 章を参照).

グレア光源の方向 θ と等価ベーリング照度 B の関係は Stiles-Holladay の式 ($B\propto 1/\theta^2$) として知られているが,これはグレア光が白色光で θ が比較的大きな場合に成り立つ式であり,単色光で θ が小さい場合 ($\theta \leq 2.3°$) には,むしろ $B\propto 1/\theta^3$ であることを Mellerio ら[22] が指摘している.

Fry[23] は点光源からの結像光が自分自身のまわりにグレアを発生させて PSF が広がる場合の計算方法を示した.

1.5 結像面の特性

1.5.1 網膜反射特性

眼底は検眼鏡で観察すると赤い色を呈しているが,網膜は複数の層から構成されており (1.1.3 項参照),それぞれの層の分光特性も異なっている.Norren ら[24] は中心窩,視神経乳頭,水平方向 12° 耳側の 3 か所について分光反射率を調べた結果 (図 1.34) を,分光透過率の知られた 4 つの非感光性眼内色素の濃度と 2 つの層の反射率をパラメーターとしたモデルにより説明した.

眼底での反射は,拡散反射よりも正反射の成分が多く,偏光度もかなり保存されることが知られている.Blokland[25] はストークスベクトルとミュラー行列による偏光解析から,眼内媒質の 2 回の通過と眼底での散乱の後でも入射光の偏光度のおよそ 90% は保存されるということを示した.全偏光成分の偏光状態の変化は直線複屈折過程に起因すると考えている.

1.5.2 網膜の像伝達特性

光学的に網膜には,(内限界膜と外限界膜間の細胞層による) 拡散板としてのはたらきと (視細胞からなる) 光学繊維束としてのはたらきがある.網膜上にできた像は,網膜のこのような光学的特性による変調を受けた後,視細胞で光電変換され視神経系に伝えられる.

Ohzu ら[26] は摘出した人間の網膜に正弦波パターンを入力し,他端面でそのコントラストを測定することによって,網膜の光学的 MTF を調べた.図 1.35 の A はその典型的なデータである.レーザー干渉法によって得られた網膜 + 神経系の MTF (C) を網膜の光学的 MTF で割ると,神経系のみの MTF (D) が得られる.

1.5.3 錐体配向とスタイルズ-クロフォード効果

スタイルズ-クロフォード効果 (1.4.4 項参照) の発生原因は,視細胞の光導波路としての特性にあると考えられている.一般的に光導波路は,光を伝搬する屈折率の高いコア (中心部) とそのまわりの屈折率の低いクラッド (被覆部) からなり,屈折率差および形状に応じてある有限の立体角内の光のみがコア (中心部) を伝搬する.錐体および桿体はまさにそのような構造になっている.

Laties[27] は解剖学的に,脊椎動物の視細胞は周辺部では網膜に対して傾き,眼の前房のある共通の点に向かって配列していることを示した.Enoch[28] はさまざまな視角で明所視の S-C 関数を測定し,そのピークが瞳の中心にあることを示した.これは錐体が眼の射出瞳の中心に向かって配列しているということを意味し,Laties の所見を心理物理実験的に裏付けるものである.

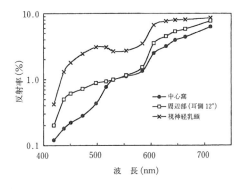

図 1.34 眼底の分光反射率

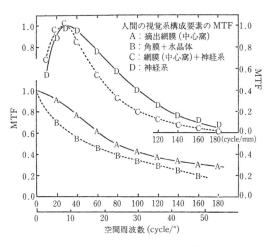

図 1.35 網膜の光学的 MTF[26]

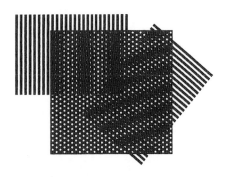

図1.36 錐体モザイクによるエイリアシング

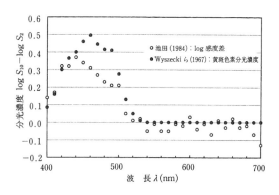

図1.37 黄斑色素の分光濃度

このように視細胞の構造および配向は，適切な視覚刺激としての信号光を感光色素に効率的に伝搬し，眼内で散乱されたノイズ光をカットして，S/N比を改善するという目的にかなったものとなっている．

1.5.4 錐体モザイク

網膜では空間的に連続な光の強度分布を視細胞が離散的にサンプリングしている．レーザー干渉によって網膜上に高コントラストの干渉縞を直接形成するとき，視細胞の間隔から決まるナイキスト周波数を越える空間周波数ではエイリアシング (aliasing) によりモアレが知覚される (図1.36)．Williams ら[29]はこの現象を利用して，モアレが最も粗くなるように干渉縞の空間周波数と方向を調整する方法で，人間の生体眼の錐体配列の測定を行った．その結果，8人の被験者の中心窩での錐体列の間隔は平均0.54 min で，ほぼ六方最密充填であるとの報告をしている．

エイリアシングに関連して観察される現象として，先に述べたモアレ (zebra stripes; achromatic aliasing) のほかに，red-green zebra stripes (chromatic aliasing)，中心窩周辺部における干渉縞の方向反転知覚，supra-Nyquist resolution, Brewster's color などがある[30]．日常生活においては，このようなエイリアシング現象を経験することはきわめてまれである．眼球光学系のローパスフィルターを通って網膜上に像ができるため，錐体モザイクのナイキスト周波数を越える高空間周波数成分はほとんど減衰してしまうのが主な理由であるが，眼球運動，高次の視覚システムの interpolation，などの関与も考えられている[31]．

1.5.5 黄斑色素

網膜中心窩のまわりの直径約10°の範囲には短波長域を吸収する色素が存在する．眼底がやや黄色を呈することからこれを黄斑色素という．さまざまな研究者が心理物理的あるいは物理的に測定した黄斑色素の分光濃度データを Wyszecki ら[32]がまとめている．

黄斑色素は眼球光学系の色収差による像のボケを実質的に減らしコントラストを改善する役割を果たしていると考えられている．Reading ら[33]は色収差による像のボケを閾値レベル以下にまで下げるような理論的フィルターを計算で求め，それが黄斑色素の透過率と同じような特性になったことを示した．

黄斑色素の存在は視覚系の分光効率を標準化する際に問題となる．池田[34]は2°視野と10°視野の明るさ比視感度を直接比較法により測定し，その差が黄斑色素によると考えて黄斑色素の分光濃度を求めた．池田のデータおよび Wyszecki らのデータを図1.37に示す．　　　　　　　　　［白柳守康］

文　献

1) J. D. Gaskill : Linear Systems, Fourier Transforms, and Optics, John Wiley & Sons, New York, 1978
2) 小瀬輝次：フーリエ結像論，共立出版，1979
3) 小川良太，手島康幸，立原　悟：アフォーカル系の評価，光学, **5**, 220-223, 1976
4) D. W. DeMott : Direct measures of the retinal image, Journal of the Optical Society of America, **49**, 571-579, 1959
5) E. M. Lowry and J. J. DePalma : Sine-wave response of the visual system. I. The Mach phenomenon, Journal of the Optical Society of America, **51**, 740-746, 1961
6) R. Röhler : Die Abbildungseigenschaften der Augenmedien, Vision Research, **2**, 391-429, 1962
7) J. Krauskopf : Light distribution in human retinal images, Journal of the Optical Society of America, **52**, 1046-1050, 1962

8) F. W. Campbell and R. W. Gubisch: Optical quality of the human eye, *Journal of Physiology*, **186**, 558-578, 1966
9) F. W. Campbell and D. G. Green: Optical and retinal factors affecting visual resolution, *Journal of Physiology*, **181**, 576-593, 1965
10) 河原哲夫, 大頭 仁: 視覚系の空間周波数特性, 応用物理, **46**(2), 128-138, 1977
11) G. Walsh, W. N. Charman and H. C. Howland: Objective technique for the determination of monochromatic aberrations of the human eye, *Journal of the Optical Society of America*, **A1**, 987-992, 1984
12) D. A. Atchison, M. J. Collins, C. F. Wildsoet, J. Christensen and M. D. Waterworth: Measurement of monochromatic ocular aberrations of human eyes as a function of accommodation by the Howland aberroscope technique, *Vision Research*, **35**, 313-323, 1995
13) A. van Meeteren: Calculations on the optical modulation transfer function of the human eye for white light, *Optica Acta*, **21**, 395-412, 1974
14) H. Metcalf: Stiles-Crawford apodization, *Journal of the Optical Society of America*, **55**, 72-74, 1965
15) R. Navarro, J. Santamaría and J. Bescós: Accommodation-dependent model of the human eye with aspherics, *Journal of the Optical Society of America*, **A2**, 1273-1281, 1985
16) O. Pomerantzeff, H. Fish, J. Govignon and C. L. Schepens: Wide Angle Optical Model of the Human Eye, Annals of Ophthalmology, 815-819, August 1971
17) W. Lotmar: Theoretical eye model with aspherics, *Journal of the Optical Society of America*, **61**, 1522-1529, 1971
18) 中尾主一: 眼球光学系の非球面性について, 臨床眼科, **30**(9), 1091-1101, 1976
19) 白柳守康: 水晶体の屈折率分布を考慮した模型眼の設計, 日本眼光学学会誌, **5**, 40-43, 1984
20) R. M. Boynton and F. J. J. Clarke: Sources of entoptic scatter in the human eye, *Journal of the Optical Society of America*, **54**, 110-119, 1964
21) R. Navarro, J. A. Méndez-Morales and J. Santamaría: Optical quality of the eye lens surface from roughness and diffusion measurements, *Journal of the Optical Society of America*, **A3**, 228-234, 1986
22) J. Mellerio and D. A. Palmer: Entopic halos and glare, *Vision Research*, **12**, 141-143, 1972
23) G. A. Fry: Distribution of focused and stray light on the retina produced by a point source, *Journal of the Optical Society of America*, **55**, 333-335, 1965
24) D. Van Norren and L. F. Tiemeijer: Spectral reflectance of the human eye, *Vision Research*, **26**, 313-320, 1986
25) G. J. van Blokland: Ellipsometry of the human retina *in vivo*: preservation of polarization, *Journal of the Optical Society of America*, **A2**, 72-75, 1985
26) H. Ohzu and J. M. Enoch: Optical modulation by the isolated human fovea, *Vision Research*, **12**, 245-251, 1972
27) A. Laties: Histochemical techniques for the study of photoreceptor orientation, *Tissue and Cell*, **1**, 63-81, 1969
28) J. M. Enoch: Retinal receptor orientation and the role of fiber optics in vision, *American Journal of Optometry and Archives of American Academy of Optometry*, **49**, 455-471, 1972
29) D. R. Williams: Topography of the foveal cone mosaic in the living human eye, *Vision Research*, **28**, 433-454, 1988
30) 関口修利, D. R. Williams: レーザー干渉法による視細胞配列の解析, 光学, **18**, 510-515, 1989
31) 関口修利: 中心窩錐体モザイクによる aliasing 現象, 視覚の科学, **13**, 158-166, 1992
32) G. Wyszecki and W. S. Stiles: Color Science. Concepts and methods, quantitative data and formulas, John Wiley, 1967
33) V. M. Reading and R. A. Weale: Macular pigment and chromatic aberration, *Journal of the Optical Society of America*, **64**, 231-234, 1974
34) 池田光男: 2°~10°視野の明るさ分光感度差と黄斑色素分光透過率, 日本眼光学学会誌, **5**, 54-57, 1984

1.6 瞳　孔

1.6.1 虹彩とその神経支配

　瞳孔は虹彩に囲まれた穴の部分をいう．ヒトでは瞳孔は真円に近い楕円をしていることが多い．虹彩には色素が存在し，日本人では茶色から黒色に見えるが個人差がある．また，人種によっても異なり色素の少ない西欧人では灰色，緑色，青色などに見える．ただし，濃い茶色の虹彩でも赤外光は反射している．また，部分的にとくに色素が集積していて，これがさまざまな模様に見える．これを虹彩紋理という．われわれが見ている瞳孔は角膜により拡大された光学像であり，実際の瞳孔より約1割大きい．両眼の瞳孔の大きさはほぼ等しく，変化も同様に起こる．後述のように，光刺激に反応し縮瞳する（対光反射または対光反応）．また，近見時にも縮瞳する（近見反射または近見反応）．

　虹彩は瞳孔を収縮させる幅1mm弱の輪状の平滑筋（瞳孔括約筋，虹彩の中心方向先端部裏面に存在）と瞳孔を散大させる放射線状の平滑筋（瞳孔散大筋）をもつ．

　対光反射の経路は，視覚と同様に網膜の錐体・桿体を受容器とし，網膜神経節細胞の神経突起として視神経線維となり視神経交叉・視神経束を経由したあと，外側膝状体を経由する通常の視覚路から離れ，視蓋前域に終わる．視蓋前域でニューロンを変え，一部交差して後交連を通り，中心灰白層の周囲を回って Edinger-Westphal 核（EW 核）に至る．近見反射の経路は通常の視覚路を経て後頭葉から EW 核へと至る．縮瞳と調節に関する神経線維の起始核である EW 核を発した神経線維は一部左右交差するが，大部分は交差することなしに動眼神経と合流する．眼窩内でこの神経は，上枝（眼瞼挙筋・上直筋に至る）と下枝（上直筋以外の外眼筋および

毛様神経節を介して瞳孔括約筋と毛様筋に至る）とに分かれる．毛様神経節から新たなニューロンが短毛様体神経として出てゆき視神経の周囲から眼球内に入り瞳孔括約筋に至る．

瞳孔散大筋を支配する交感神経線維は視床下部に発し，いったん中脳・橋・延髄・脊髄を下行して下・中頸部交感神経節を通過し，交感神経幹を上行して上頸部神経節に入る．ここでシナプスを形成し節後線維となり眼交感神経として内頸動脈とともに頭蓋内に入り，内頸動脈叢・鼻毛様神経・長毛様神経を通って瞳孔散大筋に入る．

瞳孔括約筋にはアドレナリン性線維，瞳孔散大筋にはコリン性線維が存在する．しかしながら，さらに詳細に検討すると，瞳孔散大筋はアドレナリン作動性興奮神経のみならずコリン作動性抑制神経の支配を受け，また，瞳孔括約筋はコリン作動性興奮神経とアドレナリン作動性抑制神経の支配を受けていると考えられる．つまり，瞳孔は，二重に二重神経支配を受けていることになる．

1.6.2 瞳孔の機能的役割

瞳孔の機能として次の3つが考えられる．① 明るいところで縮瞳し網膜に達する光量を調節する，② 近いところを見るときに縮瞳し，被写界深度を深め，ボケを減少させる，③ 網膜以降の機能が十分はたらく明るいときには瞳孔を小さくし，色収差や球面収差によるボケを減少させる．しかし，これらに関しては細部まで検討すると十分に機能しているとは思えない点が多くある．例えば，① に関しても，視環境の明るさの変化は数十万ないし数百万倍に変化するが，それに対する瞳孔径の変化は通常2～8mmであり[1]（図1.38参照），面積で16倍程度である．明るさ変化に対しては，網膜などの順応で約4桁，ダイナミックレンジで2桁をカバーし，瞳孔はせいぜい1桁程度しか役立たないということになる．ただし，順応には時間が必要なこともあり，瞳孔の変化は順応に比べれば十分早く，明るさ環境の変化にはある程度対応できる．瞳孔の変化も明るさそのものより明るさの変化によく反応する．② では，瞳孔が先に反応しそのあとで焦点調節がはたらくとしてもその時間的差は非常に少ないこと，焦点調節がはたらくためにはエラー信号であるボケは大きいほうが都合がよいこと，近くから遠くへ視点を変える場合にもボケが生じるがこのときは散瞳してしまいカバーされないことなど，うまく説明できないことが多くある．③ に関しても，瞳孔は小さすぎても回折効果が大きくなって結像性能はかえって悪くなることを考えると合理的でない．

このように，瞳孔反応は何のために存在するかを考えると奇妙なことが多いが，研究者の眼から見ると，「径」という一つの量で表すことが可能で，明るさの変化や視距離の変化に明らかに反応し，後述のように精神的状態によっても変動し，また，それらの刺激がなくてもつねに変動しているという，まことに興味深い存在である．

瞳孔と関係のある現象としてスタイルズ-クロフォード効果がよく知られている．これは，瞳孔面において瞳孔の中心から離れた部分に入射する光は，光覚をもたらす効率が低下するというものである．網膜の視細胞は瞳孔の中心を向いており，中心以外からの入射光に対しては視細胞に斜めに光が当たるために生じる効果であり，直接瞳孔とは関係はない．しかし，この現象の発見は瞳孔の大きさを目安にした光覚の研究を行っている際に得られている[2]．

なお，20世紀以前から1980年代までの瞳孔に関する研究を網羅した書籍[3]があり，この書籍には対光反応に関するだけでも数百の文献がまとめられている．瞳孔に関して詳細に知りたい方は参照されたい．

1.6.3 近見反応

瞳孔は近方を見たときには縮瞳する．一時的な焦点ずれに対し，焦点深度を深めてボケを目立たないようにするためであると解説されるが，その意義に関しては前項で述べたように不明である．このような反応時の縮瞳を調節・輻輳眼球運動と合わせて近見反応と呼ぶ．近見反応全般については9.4節も参

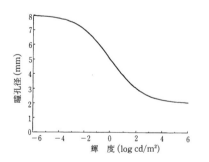

図1.38 瞳孔径の明るさによる変化
Crawford[1] の示した $d=5-3\tanh(0.4\log L)$ という実験式に従って描いた（d：瞳孔径 mm，L：輝度 cd/m²）．

照されたい．

Scheiner が瞳孔近見反射について記したのは1619年のことだそうである．以降，この近見反射は調節に伴うものであるのか，融像性輻輳に伴うものであるのか，あるいは調節性輻輳に伴うものであるのか，多くの研究があり1905年にすでにレビューが書かれているそうである（BackerとOgle[4]を参照）．20世紀に入っても多くの研究がなされており（ということは，結果がまちまちであったことを示している），例えば，Fry[5]やKnoll[6]は，瞳孔近見反射は調節性輻輳に付随し，融像性輻輳には付随しないと記している．生理学的な知見は調節と縮瞳のみが同時に起こることはなく，縮瞳は輻輳に付随していることが示唆されている．しかしながら，人間では調節と輻輳のいずれかのみを刺激しても他方も反応してしまうので，機能的な研究からはこのような区別自体が困難である．いずれにせよ，片眼に調節刺激を行ったときには，非刺激眼に輻輳が誘発され，瞳孔は縮瞳する．Alpernら[7]は調節刺激と瞳孔面積縮小はリニアな関係にあるとしている．

Stakenburg[8]は，調節刺激時に生じる縮瞳は，刺激のミスアラインメントによる網膜像のずれが網膜上で局所的な明暗変化を引き起こすことによる一過性のもので，刺激がずれなければ，調節刺激には縮瞳は伴わないと報告している．調節刺激による縮瞳のごく早期の成分は局所的対光反応である可能性があるということであろう．

動特性では，ゲインは調節刺激に対して1.0 Hz近くまでほぼ一定で追従し，それ以上の周波数では急激に低下する．位相特性では0.2 Hz あたりから徐々に遅れ始め，1.0 Hz で 90°となる[9]（図1.39参照）．Takagiら[10]は，種々の周波数の正弦波調節刺激に対する瞳孔の応答を調べ，各サイクルでの反応とは別にベースラインが徐々に小さくなっていく現象を報告している．

近年，調節測定のための装置が進歩してきた．これらの多くは，アラインメント用に赤外照明によるTVモニターを有している．人間の虹彩とくに日本人のような茶目は可視光での反射率は低いが，赤外光をよく反射するため，このようなTVモニターでははっきりと白く映る．したがって，残された黒い部分である瞳孔の面積を調節とともに測定するのは容易である．Tsuchiyaら[11]は調節・瞳孔同時測定を広い範囲の調節刺激を比較的短時間のうちにスキャンするという刺激条件のもとで行った．彼らの

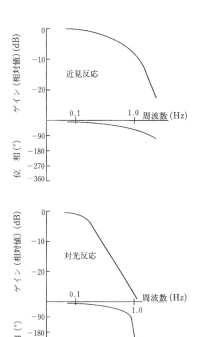

図1.39 瞳孔近見反応（上）と対光反応（下）の伝達関数（Semmlow and Stark[9]による測定値から作図）

報告では，多くの被験者で調節刺激が強くなると加速度的に縮瞳することが明らかにされている．ここで注意しなければならないのは，瞳孔に関する記録の個人差は非常に大きく，中にはAlpernの報告したような直線関係を示すもの，わずかの調節で大きな縮瞳を示すもの，大きな調節反応が見られるにもかかわらずほとんど縮瞳しないものなどの存在も明らかにされている．このように，調節，瞳孔の研究には多数の被験者のデータを容易に収集できるものが必要で，被験者の数が少ないと個人差の大きいことから思わぬ間違いを報告してしまう危険もある．

調節や輻輳に関しては，近見継続の後に順応現象が見られるが，瞳孔にもこれに相当する現象が知られている．例えば繰り返し遠方近方を見ると，瞳孔は散瞳時の大きさが徐々に小さくなる．また，強い調節負荷のあとでは強い縮瞳が認められることがある．瞳孔は近見反応に際して縮瞳するが，この反応は直接的フィードバックループをもたない．したがって，調節安静位や輻輳安静位，あるいはそれらの近見による変動が何らかの手段によって系をオープンループ化することにより調べられてきたのに比較し，瞳孔の場合にはわざわざオープンループ化する必要はない．一定の条件下での瞳孔径を比較すれ

ば，近見による瞳孔の残効は調べられる．Tsuchiyaら[11]は，瞳孔にも近見後の残効が認められること，一部の被験者ではそれが非常に強いこと，調節順応とは乖離が見られることが明らかになった．また，この報告の中で，一例の被験者を使って，瞳孔近見残効を詳細に調べ，再散瞳までに要する時間を測定し，瞳孔近見残効が約20分間継続したことを報告している．また，同じ負荷を別の日に行ったところ前回と全く同じ経過をたどったことを報告している．

なお，光刺激と近見刺激が同時に与えられた場合には，反応はそれぞれの反応を加えたものであるという報告がある[12]．単純な状況下では，この報告に従っておいてよいと思われる．ただし，光のステップ刺激に対して，縮瞳が保持されるかそれとも刺激中に再散瞳が起きてしまうかが，瞳孔の径により決まる[12]ということもあり，近見刺激で瞳孔径のベースを制御しつつ一定の光刺激を与えることにより，径による反応の差を見ようという場合には注意を要する．

1.6.4 対光反応

a．対光反応制御系

瞳孔は周囲の明るさにより大きさを変化させる．瞬間的な光刺激には200～300 ms遅れて縮瞳を開始し，1秒以内（この時間は縮瞳の大きさに依存し，縮瞳の大きさは光の強さに依存する）に極小値を示し，再度数秒かけて散瞳する．光の強さのステップ状の変化には光が弱いときには一時的に極小値を示した後に散瞳し一定値に落ち着くが，光の強いときにはこのような現象は見られず，数秒かけて縮瞳し一定値になる．このような瞳孔の特性を対光反応あるいは対光反射と呼ぶ．

1眼に光刺激を与えたときには刺激眼のみならず反対眼にも対光反射が起こる．これを共感性反応（consensual response）という．通常，瞳孔の大きさは左右等しい．

対光反応制御系は，光が入射すると瞳が小さくなり入射光量を制限するという負帰還制御系をなす．この制御系の伝達関数は

$$G(s) = \frac{0.16 \exp(-0.2s)}{(1+0.1s)^3}$$

で示される[13]．実測値は図1.39にも示されている．ただしこの図ではゲインは相対値で示されている．式で示された伝達関数からは，ゲインは周波数0.5 Hz以下の低周波においても0.16程度しかなく，したがって瞳孔の光量制御は完全でないことがわかる．ゲインは3 Hzで0.03程度まで低下する．反応潜時は200 ms程度である．また，位相特性は1.4 Hzあたりで180°位相遅れを示す．しかしながら，生体のつねとして，各種の非線形性が知られている．例えば，明るい刺激光では潜時は180 msまで短縮し，逆に暗い刺激光に対しては遅れ，400 ms前後まで延長する．

b．刺激光の強さと色

対光反応に対して視覚研究者が最も興味をもつのは視覚に対する心理物理的閾値と瞳孔反応に対する閾値の差であろう．また，瞳孔では閾上の刺激に対する反応も他覚的量的に計測できる．

完全に暗順応した場合には，瞳孔対光反応の閾値は光覚よりもわずかに高い程度である．刺激光が強くなるに従い対光反応量は増加する[14]（図1.40参照）．

色光を使った場合の対光反応波長特性は順応条件あるいは網膜部位しだいで錐体あるいは桿体に対応した反応が得られる．対光反応閾値は相当する心理物理的に得られる光覚閾値よりも少し高い（感度は悪い）が，ほぼ平行している（例えば，Krastel[15]）．ただし，錐体では閾値は高いが閾上刺激を与えた場合の対光反応は大きい．それに対し，桿体では閾値は低いが閾上での反応が小さい[16]（図1.41）．した

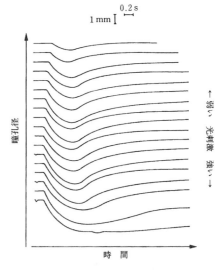

図1.40　対光反応波形
刺激強度が強くなると潜時が短縮し，最大縮瞳量が増加，最大縮瞳量までの時間が延長する．再散瞳も遅れる（Alpernら[14]を改変）．

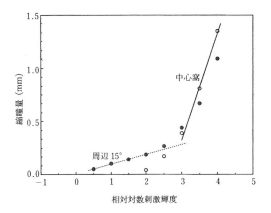

図 1.41 錐体と桿体における光強度-瞳孔反応量の関係
刺激光色:緑,大きさ:1°,時間:1s,刺激部位:中心窩 ○ と周辺 15° ●(Lowenstein ら[16])のデータをもとにプロット).

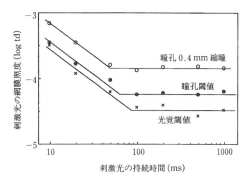

図 1.42 光覚と瞳孔により計測した時間的寄せ集め.瞳孔に対する刺激の時間的寄せ集めが約 70 ms であることがわかる(Webster[19] の図を改変).

がって,瞳孔対光反応の閾値で視覚特性を測定する場合は心理物理的に求めた閾値と対応するが,例えば等エネルギー刺激に対して反応量をプロットするという場合の錐体と桿体の特性の混合は複雑である.

Krastel ら[17] は,白色定常光を背景として,その上に単色光を提示することにより,対光反応の分光感度曲線に 3 つのピークを認め,また,570 nm 付近に感度のくぼみを認めた.これらの結果は,同様な方法により心理物理的に認められる結果と一致する.心理物理的には,この結果は,3 種の錐体の存在と錐体間の抑制的相互作用(赤/緑反対色過程)の存在を示すと考えられており,瞳孔でもそれが認められたことになる.

c. 刺激光の継続時間

視覚系では,定常状態の光刺激は光の強さで定まるが,ある範囲までの短い刺激(おおむね 0.1 s 以内)は総光量(強さと時間の積)によって刺激の強さが定まる.これを,時間的寄せ集めが成り立つという.Alpern ら[18] は瞳孔の場合には 0.5 s までこの時間的寄せ集めが成立すると報告している.しかしながら,Webster[19] は,刺激光の強度対瞳孔反応量のグラフから瞳孔反応の閾値と 0.4 mm 径が変化するのに必要な光強度を求め,これを種々の持続時間に対して行い,持続時間対閾値強度のグラフを描き,時間的寄せ集めの限界は 70 ms であるとした.彼らは同時に感覚的な閾値測定も行い,瞳孔反応閾値のグラフは感覚的なものとほぼ平行であること,その差は約 0.2 log であることを示した(図 1.42).

瞳孔は大きく反応するときには時間がかかる.したがって,大きな刺激時には時間的寄せ集めが生じるように見えるであろう.Alpern らの報告はこれに該当すると思われる.

d. 刺激光の網膜部位と広がり

網膜各部位の感度を瞳孔対光反応量を指針として測定するという試みは現在も主として臨床的目的から行われている.他覚的な視野測定に利用しようというわけである.困難さはひとえに測定に必要な時間と繰返し回数によっている.測定時間が少し長引くと被験者は眠気を催す.後述のように被験者が眠気を催すと瞳孔のベースラインが著しく変化してしまう(縮瞳する).実験室では,心理物理的に測定したのとほぼ同様な視野特性が得られている.閾値は心理物理的な閾値よりもやはり高い.Schweitzer[20] は,暗順応時に周辺の各部位に比較して視野中央で光覚感度が低下するのを瞳孔でも認めている.

心理物理データと最も差の出るのは刺激の網膜上での広がりと反応量の関係であろう.一般的に心理物理的には空間的寄せ集めと呼ばれている現象は,さまざまな条件や網膜部位によって大きく変化するが周辺部で 1° くらいであろう.瞳孔ではずっと広い範囲,ほぼ網膜全面で空間的寄せ集めが成立する[20].光刺激に対する心理物理的な反応は各場所での明るさであり,あまりに寄せ集めが広げれば空間的分解能が犠牲になってしまうが,瞳孔の場合には反応は瞳孔径というただ 1 つの数字で表される量に集約されることによる差が現れたのであろう.ただ,瞳孔のほうが閾値はつねに高い.刺激の面積が小さいうちは閾値の差が大きく(1〜2 log)刺激が広がっていくにつれて両者の差が小さくなっていくというふうにも考えられる.いずれにしろ,光覚に関

する寄せ集めは主として網膜内の神経回路で行われているると考えられるのに対し，瞳孔に関してはもう一段の寄せ集めが存在すると考えられる．

対光反応の両眼加算は古くから知られている．明るい場所での瞳孔径は両眼を開いているときのほうが片眼を閉じているときよりも小さい．

e．視覚抑制との関係

サッカード眼球運動時には視覚抑制が存在することはよく知られている．光覚感度も低下する．サッカード中に光刺激を与えると，眼球運動停止時に同じ刺激によって得られる対光反応と比べて対光反応は低下する[21]．

両眼に全く異なった刺激を与えたときには視野闘争と呼ばれる現象が生じる．1眼の網膜像に対する刺激のみが知覚される現象であり，他眼の網膜像は抑制されて知覚されない．実際には左右どちらの網膜像が抑制されているかは視野上でモザイク状に分布し，また，一定の部位に注目しても数秒の周期で自然に左右入れ替わる．抑制されている部位に光刺激を与えると対光反応は低下する[22]．

これらの事実は，これらの光覚に対する抑制現象が，光覚と対光反応の共通経路で生じることを意味している．対光反応の経路が1.6.1項のように外側膝状体を経由する通常の光覚と異なった経路を経ると考えると，このような抑制の生じる部位は網膜レベルにまでさかのぼらなくてはならなくなる．そうでないとするならば，対光反応には，少なくとも一部は光覚と同様に大脳視覚領を経る経路が存在することになる．

f．光覚以外の視覚刺激

近年，光量が一定でも刺激光の色相が変化したり，空間構造が変化したりすることによって一過性の縮瞳や継続的な瞳孔径変化が見られることが報告されている．瞳孔の面積は網膜全面の刺激を集積したものによって決定されるのであり，網膜から瞳孔遠心路までの間に何段階かの集約が存在することになり，これらの各部位での機構を反映して瞳孔の大きさが変化する現象をとらえていると考えられる．たとえば，網膜内の視細胞と神経節細胞では単純に数を比較しても2桁の差があり信号の集約がある．その集約の様子は，視細胞・神経節細胞の種類や網膜の部位により異なり，その結果，光覚・色覚・形態覚など機能ごとに時空間的な特徴が現れる．また，両眼の信号の集約も大脳で行われている．瞳孔の経路では，さらに，網膜の部位にかかわらず光が入れば縮瞳するというように網膜部位ごとの信号がすべて集約される．したがって，刺激の種類によってはこれらのメカニズムを反映するデータが得られる．

市松模様などのパターンでは，明暗の反転に際して総光量が一定であるにもかかわらず，対光反応様の反応が生じることが知られている．Ukai[23]は2.56 sで明暗反転する7種のサイズの市松模様を刺激として使用し各刺激条件に対し160回の加算を行って反応を調べたところ，ベース瞳孔径と対光反応様の反応の量で異なった市松サイズ依存性を示すことを見いだし，両者はそれぞれ反応経路の異なった部位の特徴を表しているとした．Barburら[24]は，通常の光に対する通常の対光反応とこのようなパターンに対する反応を大脳の疾患をもつ被験者において比較し，対光反応のみが認められることから，パターンに対する反応は通常の視路と同様大脳を経由すること，対光反応経路は従来からいわれていたように視蓋前域へ直接投射するためか大脳を経由しないことを示唆している．

Youngら[25]は空間的正弦波パターンのアピアランス-ディスアピアランスに対する瞳孔反応の経過を詳細に追い，アピアランス直後の対光反応成分とアピアランス期間中の縮瞳を保持する成分を分離し，前者を一過性（transient），後者を持続性（sustained）と呼んだ．高空間周波数の刺激では持続性の反応が強いこと，低空間周波数の刺激では一過性の反応が強いことを見いだした．また，Youngら[26]は，異なった色光の置換え刺激による瞳孔反応を解析した結果，やはり持続性の成分と一過性の成分に分離できることを見いだした．Kimuraら[27]は，本項に前述の，3錐体および反対色説過程の反応を見いだしたKrastelら[17]と同様な条件下で，検査光の提示時間を長くする（6 s）ことによってオン反応（一過性），定常反応（持続性），さらにはオフ反応を分離し，その結果，定常背景光と検査光の色度が異なる場合は刺激のオンセットのみならずオフセットでも一過性の縮瞳が生じていることを見いだした．さらに，波長特性では定常反応とオフ反応が独立した成分であり，オン反応は刺激の強度により両反応の率が変化する組み合わせで記述された．オフ反応の波長特性は心理物理学的測定とよく一致したが，定常反応の波長特性は色覚の反対色説的過程とは異なっていると思われる特性を示した．

1.6.5 ヒッパス

一定の条件下にあっても，瞳孔の大きさは一定にとどまらずリズミカルな動きを示し，その動きはとくに若い女性で顕著である．この動きの周波数成分は遅い成分から数 Hz まで広く分布している．動きの様子は個人差が非常に強いが，各個人では比較的安定した特性を示す．このような動揺を pupillary unrest（ここでは瞳孔動揺と記す）あるいはヒッパス（hippus，語源に関しては Thompson ら[28] 参照）と呼ぶ．瞳孔動揺はとくに機能的な意味をもっているとは考えられないことからノイズであるとみなされている[29,30]．

ただし，1 Hz あたりの成分は，この周波数が瞳孔の周波数応答の位相成分の 180° ずれる点に相当することから，フィードバック制御系の不安定点を示していることも考えられる．一般に負帰還制御系は，人工的にフィードバックゲインを増加させてやると系の応答の位相が 180° ずれる周波数での振動が生じる（発振する）．この現象を瞳孔で観察するのは容易であり，瞳孔の縁に直径 1～2 mm 程度に絞った光を当ててやればよい．そうすると，わずかにでも瞳孔内に光が入ると縮瞳し，光を遮断する．次に光の遮断により散瞳し光が瞳孔内に入る．わずかな瞳孔径変化が大きな光通過量の変化になりゲインを増加したことになる．そして，この縮瞳・散瞳は繰り返される．この周期は 1 秒弱である．ゲインが小さくともこの周波数では系は不安定になりがちであり，それが瞳孔動揺として現れるという考えである．

瞳孔以外の生体内のリズムで，瞳孔動揺の周波数帯にある機能が瞳孔動揺と関係しているかどうかという研究が多く行われており，心拍・呼吸は自律神経により支配されているので，とくに関係が考えられる．結果は否定的で，強い関係は認められていない．ただし，Daum と Fry[31] は心拍と瞳孔動揺との相関を，Daum と Fry[32]，Ohtsuka ら[33] は呼吸と瞳孔動揺との相関を報告している．

ときに，0.2 Hz の周波数帯域に大きな振幅の揺れを見いだすことがある．場合によっては，とくにこの成分のみをさしてヒッパスと呼び，その他の成分を unrest とし区別することもある（Yoss[34]）．この成分は，眠気を感じるときに見いだされる．したがって，自律神経の状態は副交感優位となっており瞳孔のサイズそのものも強く縮瞳し，振幅の大きさは瞳孔面積が最小時と最大時で 2 倍ほども変化する．両眼同期した動きである．ときに強い調節を数分続けたあとに誘導されることがある．発生源は通常の瞳孔動揺と同様に不明である．この意味でのヒッパスの一般的性質については Ukai ら[35] のコンピュータ端末操作者における誘導ヒッパスの頻度増加に関する報告中に詳細なまとめがある．

1.6.6 聴覚・痛覚・感情・覚醒・疲労と瞳孔

このほか，瞳孔は支配神経が自律神経のため，交感神経系が優位となっているときには散瞳し，副交感優位のときには縮瞳する．そのため，驚いたり，興奮したりして交感神経が優位となれば散瞳する．音刺激や電気あるいは機械的な刺激による痛覚は瞳孔反応（散瞳）を検査するための刺激となりうる．また，眠気を感じているなど覚醒水準・意識水準が低下した場合は副交感優位となり縮瞳する．疲労時の縮瞳も意識水準との関連で現れると考えられる．なお，麻酔などにより深く意識水準を低下させていくと，初期には交感神経が活動低下することによって縮瞳するが，やがて副交感神経の活動も低下するため散瞳し，最終的に死に至れば機械的なバランス状態であると思われる散瞳した状態となる[36]．

感情や心的活動を細分化（驚き，喜び，快楽，興奮，不快，悲しみ，痛み，怒り，嫌悪，安静，性的関心，注意，集中）して，それぞれによりどのような瞳孔の変化が起こるかは古くから多くの研究がなされている（例えば，松永[37] 参照）が，結果はさまざまで，交感・副交感以上の区分が果たして意味をもつのかどうかについては依然結論が出ていない．

自律神経に作用する薬物や飲食物によっても瞳孔の大きさが変化する．したがって，瞳孔の実験を行う場合には，風邪薬などの市販薬であっても使用している者は避けるべきであり，コーヒーなどの飲み物も実験前は控えるべきである．また，点眼薬は散瞳剤・縮瞳剤はもちろんのこと，それ以外の作用が主であるものでも瞳孔に対しさまざまな作用をもつ．

［鵜飼一彦］

文　献

1) B. H. Crawford : The dependence of pupil size upon external light stimulus under static and variable conditions, *Proceedings of Royal Society*, **B121**, 376-395, 1936
2) W. S. Stiles and B. H. Crawford : The luminous efficiency of rays entering the eye pupil at different points, *Proceedings of the Royal Society*, **B112**, 428-450, 1933

3) I. E. Loewenfeld: The pupil: Anatomy, physiology, and clinical applications, Iowa State Univ. Press, 1993
4) W. D. Backar and K. N. Ogle: Pupillary response to fusional eye movements, *American Journal of Ophthalmology*, **58**, 743-756, 1964
5) G. A. Fry: The relation of pupil size to accommodation and convergence, *American Journal of Optometry and Archives of American Academy of Optometry*, **22**, 451-465, 1945
6) H. A. Knoll: Pupillary changes associated with accommodation and convergence, *American Journal of Optometry and Archives of American Academy of Optometry*, **26**, 346-357, 1949
7) M. Alpern, G. L. Manson and R. E. Jardinico: Vergence and accommodation, 5, Pupil size changes associated with changes in accommodation vergence, *American Journal of Ophthalmology*, **52**, 762-767, 1961
8) M. Stakenburg: Accommodation without pupillary constriction, *Vision Research*, **31**, 267-73, 1991
9) J. Semmlow and L. Stark: Pupil movements to light and accommodative stimulation: A comparative study, *Vision Research*, **13**, 1087-1100, 1973
10) M. Takagi, H. Abe, H. Toda and T. Usui: Accomodative and pupillary responses to sinusoidal target depth movement, *Ophthalmic and Physiological Optics*, **13**, 253-257, 1993
11) K, Tsuchiya, K. Ukai and S. Ishikawa: A quasistatic study of pupil and accommodation after-effects following near vision, *Ophthalmic and Physiological Optics*, **9**, 385-391, 1989
12) F. Sun and L. Stark: Pupillary escape intensified by large pupillary size, *Vision Research*, **23**, 611-615, 1983
13) L. W. Stark: The pupil as a paradigm for neurological control system, *IEEE Transactions on Biomedical Engineering*, **BME 31**, 919-924, 1984
14) M. Alpern, N. Ohba and L. Birndolf: Can the response of the iris to light be used to break the code of the second cranial nerve in man? In Pupillary dynamics and behavior (ed. M. P. Janisse), Plenum Press, New York, 9-38, 1973
15) H. Krastel: Pupillographic examination of spectrum sensitivity in circumscribed retinal regions (in German), *Bericht Uber die Zusammenkunft der Deutschen Ophthalmologischen Gesellschaft*, **73**, 176-81, 1975
16) O. Lowenstein, H. Kawabata and I. E. Lowenfeld: The pupil as indicator of retinal activity, *American Journal of Ophthalmology*, **57**, 569-596, 1964
17) H. Krastel, E. Alexandridis and J. Gertz: Pupil increment thresholds are influenced by color opponent mechanisms, *Ophthalmologica*, **191**, 35-38, 1985
18) M. Alpern, D. W. McCready Jr. and L. Barr: Photopupillary kinetics in normal man, *Federation proceedings/Federation of American Societies for Experimental Biology*, **20**, Pt 1 (Supplement 7), 347, 1961
19) J. G. Webster: Critical duration for the pupillary light reflex, *Journal of the Optical Society of America*, **59**, 1473-1478, 1969
20) N. M. J. Schweitzer: Threshold measurement on the light reflex of the pupil in the dark adapted eye, *Documenta Ophthalmologica*, **10**, 1-78, 1956
21) B. L. Zuber, L. Stark and M. Lorber: Saccadic suppression of the pupillary light reflex, *Experimental Neurology*, **14**, 351-370, 1966
22) W. Richards: Attenuation of the pupil response during binocular rivalry, *Vision Research*, **6**, 239-240, 1966
23) K. Ukai: Spatial pattern as a stimulus to the pupillary system, *Journal of the Optical Society of Amarica*, **A2**, 1094-1099, 1985
24) J. L. Barbur and W. D. Thompson: Can the pupil response be used as a measure of the visual input associated with the geniculo-striate pathway? *Clinical Vision Science*, **1**, 107-111, 1986
25) R. S. L. Young and J. H. Kennish: Transient and sustained components of the pupil response evoked by achromatic spatial patterns, *Vision Research*, **33**, 2239-2252, 1993
26) R. S. L. Young, B. C. Han and P. Y. Wu: Transient and sustained components of the pupillary response evoked by luminance and color, *Vision Research*, **33**, 437-446, 1993
27) E. Kimura and R. S. L. Young: Nature of the pupillary responses evoked by chromatic flashes on a white background, *Vision Research*, **35**, 897-906, 1995
28) H. S. Thompson, A. T. Franceschetti and P. M. Thompson: Hippus: semantic and historic considerations of the word, *American Journal of Ophthalmology*, **71**, 1116-1120, 1971
29) L. Stark, F. W. Campbell and J. Atwood: Pupil unrest, an example of noise in a biological servomechanism, *Nature*, **182**, 857-858, 1958
30) S. F. Stanten and L. Stark: A statistical analysis of pupil noise, *IEEE Transactions on Biomedical Engineering*, **BME 13**, 140-152, 1966
31) K. M. Daum and G. A. Fry: Pupillary micromovements apparently related to pulse frequency, *Vision Research*, **22**, 173-177, 1982
32) K. M. Daum and G. A. Fry: The component of physiological pupillary unrest correlated with respiration, *American Journal of Optometry and Physiological Optics*, **58**, 831-840, 1981
33) K. Ohtsuka, K. Asakura, H. Kawasaki and M. Sawa: Respiratory fluctuations of the human pupil, *Experimental Brain Research*, **71**, 215-217, 1988
34) R. E. Yoss, N. J. Moyer and R. W. Hollenhorst: Hippus and other spontaneous rhythmic pupillary waves, *American Journal of Ophthalmology*, **70**, 935-941, 1970
35) K. Ukai, K. Tsuchiya and S. Ishikawa: Induced pupillary hippus following near vision: Increased occurence in visual display unit workers, *Ergonomics*, **40**, 1201-1211, 1997
36) G. Westheimer and S. M. Blair: Accommodation of the eye during sleep and anesthesia, *Vision Research*, **13**, 1035-1040, 1973
37) 松永勝也：瞳孔運動の心理学，ナカニシヤ出版，1990

1.7 調　節

1.7.1 調節機構
a．調節の光学

眼球光学系は調節休止時に全屈折力が約60Dである．このうち，大きな部分が角膜前面の寄与により，角膜前面の面屈折力は約45Dである．残りの部分がほぼ水晶体の屈折力である．水晶体は，調節

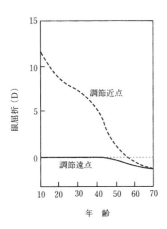

図 1.43 健常者の調節遠点・近点の年齢による変化

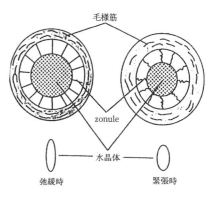

図 1.44 毛様筋，zonule，水晶体の関係

時には，主として前面の曲率を大きくすることにより屈折力を増す．

しかしながら，一般に調節機能を測定する際には，これら屈折力に関するデータを考慮する必要はない．いま，ある物体が網膜上に結像しているとする．このときの眼球光学系の状態は，物体までの距離の逆数（ディオプター）で表すと便利である．これを眼屈折（屈折「力」ではない）と呼ぶ．眼屈折は同一人においてもつねに一定ではなく，物体の遠近により，明瞭な像を保つために変化する．この機能を調節 (accommodation) という．調節の近いほうの限界を調節近点 (accommodative near point)，遠いほうの限界を調節遠点 (accommodative far point) と呼ぶ．ディオプターで表した近点と遠点の差を調節力 (amplitude of accommodation) という．また，実際の距離で示した調節可能範囲を調節域 (range of accommodation) という．

調節状態の時間的な変化は，専用の機器（赤外線オプトメーター）を使って測定する．しかし，ある瞬間の状態を測定する際には，屈折異常測定のための装置が使われることも多い．この場合，これら装置による測定値は，屈折異常の表示法である，矯正に必要な眼鏡レンズの屈折力で示される．眼屈折に直すには，眼と眼鏡レンズ後面の距離を無視するなら，符号の反転のみでよい．もう少し厳密にするには，眼鏡レンズの屈折力からコンタクトレンズの屈折力に換算した後，符号を反転すれば，実用的には十分である．

健常者の調節遠点・近点の年齢による変化を図 1.43 に示す．約 40 歳までは遠点が 0 D で正視であるが，年齢がそれ以上になると調節遠点がマイナスとなり，1.7.3 項で述べる遠視の傾向を示す．近点は年齢に応じて遠方へ移動するので，調節力は年齢が増加するにつれ減少する．

b．調節のメカニクス

調節は，図 1.44 に示すように，毛様体のなかにある毛様筋が収縮することにより zonule（チン小帯）が弛緩し，水晶体が自己の弾性によってその形状を変え，水晶体前面の曲率が増加し，屈折力を増すはたらきをいう．調節はレンズ（水晶体）によって行われている (Young[1]) という説に疑いをもつ人はいない．レンズのどのような変化によって焦点位置が変えられるであろうか．カメラではレンズが前に出ると近くにピントがあう．もちろんレンズの表面の曲率が変わればレンズの屈折力が変化する．厚みが変わっても同様である．屈折率が変化すれば面白い効果がありそうだが，物質固有の定数である屈折率が短時間に変化するであろうか．実際にはレンズはタマネギのように薄い膜状のものが集まってできており場所により屈折率が異なる．核の部分で屈折率は最も高くなっている．したがって，屈折率が変わらなくとも，変形により屈折率分布は変化しうる．動物においては調節の仕組みは種によって大きく異なる．調節時にレンズが前方に移動するという仕組みも比較的多い．人間でどうなっているかを知るためには，人間あるいは少なくとも霊長類での研究が必要である．

人間では次のような仕組みでレンズの形を変えることにより調節を行うという Helmholtz の説[2] が広く信じられている．まず毛様筋が収縮すると，zonule が緩み，水晶体が弾性で丸みを帯びた形状になり，レンズとしては厚く曲率も大きくなり近くを見，毛様筋が弛緩すると zonule が引っ張られ，水晶体が薄くなり遠くにピントがあう．なお，歴史的にはこの

説に反対する Tscherning の説[3]があった．すでに Fincham は 1937 年に，両者の説を紹介し，Helmholtz の説に好意的な傍証をいくつかあげている[4]．

毛様筋が収縮したときには，毛様筋と水晶体の間にある zonule が集合体として水晶体を押し厚くするという説も提案されている．Zonule は1本の太さは 50 μm 程度しかないが，1眼に約 50 万本あり，総量としては大きな体積をもち水晶体を中央に向かって押すことが十分可能だという説[5]である．また，同様に，緩んだ zonule が水晶体周縁の後部から水晶体を前に押すという説[6]もある（ただしサルでの観察）．

薄いビニールの膜を両手でもち，中央部に水滴を載せる．手を緩ませて膜を保持する張力を減少してやると水滴は丸くなる．これと同様に水晶体の前面にある膜 (anterior hyaloid membrane) の形状に水晶体の形は依存していて，毛様筋の収縮により膜が緩むと水晶体の曲率が大きくなるという説[7]もある．もちろん，水晶体は空気中に水平に置かれているわけではないので，前房水や硝子体，水晶体自身の圧の平衡状態などの微妙なバランスを計算しなければならない．さらには，虹彩の存在も考慮しなければならない．

これらの意見と真っ向から食い違う意見もある．Schachar[8〜10]は，毛様筋は全体としては収縮時に径が小さくなり，zonule は緩むが，水晶体の赤道部を引っ張っている部分だけは，毛様筋が収縮することによって外側に向かい zonule を引っ張る，と主張する．この説は毛様筋の形状の超音波画像により証明されたとしている．赤道部を引っ張られた水晶体は周辺部では薄くなり曲率も減少するが，光学的に重要な中心部ではむしろ表面の曲率は大きくなるので近くにピントがあう．今後の検証が必要である．

c．調節の神経支配

調節の神経支配は，中脳水道の底部にある動眼神経核中の調節核に発し動眼神経中を走って毛様神経節に入りここで中継されて短毛様神経により眼球に進入し毛様筋に達する．この神経は副交感神経である．また，この経路は縮瞳・輻輳の支配神経と接近しており，これらの機能は近見に際し同時にはたらく．これを，近見反応と呼ぶ．古くから調節筋の作用は副交感神経による近方への調節のみで，遠方への調節は単なる調節の弛緩によると考えられていた．後述のように現代では交感神経の関与を無視す

ることはできない．しかし，その量は小さいと思われる．

1.7.2 調節機能

a．静特性

静特性とは，図 1.45 に示すように，通常，横軸に視標位置，縦軸に眼屈折をディオプターで表示したものをさす．理想的には，傾き 1 (45°) の直線となる．実際には，多くの測定で，傾きの低下（調節ラグ）が報告されている（条件がよくても 0.9 くらい）．また，刺激の種類に応じてこの傾きはさらに低下する．人工瞳孔により，焦点深度を人為的に変化させた場合，傾きは深度が深いほど低下する[11]（図 1.45）．視標を暗くして，視覚系のコントラスト感度を低下させた場合，傾きは低下する[12]（図 1.46）．弱視眼では傾きが低下する[13]．これらの様子を図 1.47 にまとめた．傾き低下の理由は後に考察するとして，傾き低下の大きさと，刺激の関係を考えてみる．これらを共通に説明するには次のように考えるしかない．静止視標に対し，焦点外れ量を変化させたとき，網膜像の，あるいは知覚像のコントラスト変化が小さいと，傾きは低下する．つまり，$d(\text{contrast})/d(\text{defocus})$ が小さいときに傾きは低下する．焦点深度が深い場合，網膜像のコントラストは焦点外れ量の影響を受けにくい．低空間周波数の正弦波は，焦点外れがあっても網膜像のコントラスト変化は小さい．弱視や，正常者でも暗所視では，コントラスト感度特性が高空間周波数領域で落

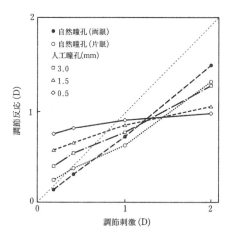

図 1.45
人工瞳孔により焦点深度を人為的に変化させた場合，調節刺激-反応のグラフの傾きは深度が深いほど低下する（Hennessy[11]を改変）．

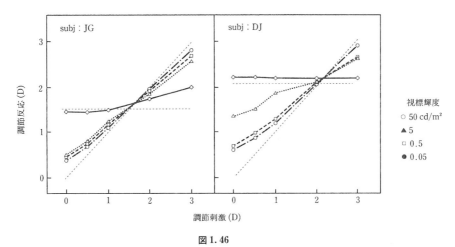

図 1.46
視標を暗くして，視覚系のコントラスト感度を低下させた場合，調節刺激-反応のグラフの傾きは低下する (Libowitz et al.[12] を改変).

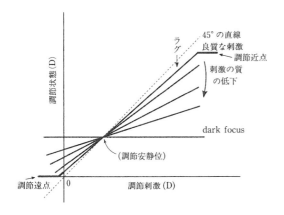

図 1.47
調節刺激-調節反応の傾きは調節の刺激の質による．

ちているため知覚像では低空間周波数成分のみが重要となる．この成分は焦点外れの影響を受けにくい．図 1.47 にはすでに記してあるが，ここで改めて，調節の静特性に関する限り $d(\text{contrast})/d(\text{defocus})$ で刺激の質という言葉を定義する．ただし，傾き低下は被験者の視標注視に対するアテンション（ぼんやり見ているか，一所懸命に見ているか）により異なると考えられている．正弦波パターンの空間周波数に対する調節特性の傾きの変化は，低空間周波数で低下する場合と，空間周波数による変化がコントラスト感度特性とよく似た形になる場合がある[14~16]．

図 1.47 にはもう 1 つの重要な結果が含まれている．刺激の質を極限まで低下させたときに相当する暗黒中や，empty field では刺激の量（視標の位置）にかかわらず，調節は一定となる．問題は，この一定値が調節遠点ではなく，それよりもやや近方にあることである．この状態は，調節安静位と呼ばれている．調節静特性にラグがあるときの傾きが低下した直線と 45° の直線とはほぼ調節安静位のあたりで交わる．

静特性の測定には手間がかかる．Cornsweet 型のオプトメーターと Badal 型の視標提示装置をもつ自動屈折測定器を改造して，調節の静特性が損なわれないような低速度で，視標はその可動範囲全体を移動させ，このとき，視標位置および調節の反応をそれぞれ x-y レコーダーの x 軸 y 軸に入力することにより，調節静特性に相当する記録を直接得る方法（準静的記録法と名づけられた）が報告されている[17]．実際には視標速度は 0.2 D/s が使用される．この方法は，調節機能全般の概略が一目で判読できるため，わが国で広く応用されるに至った．

b. 安静位

調節安静位という言葉は概念を示す言葉として使われ，無調節状態を示す．しかし，単に無刺激状態での機能的平衡状態を示すとも考えられる．最近では tonic accommodation（適切な訳語はないが，調節トーヌスと訳すと意味がはっきりすると思われる）と呼ばれることのほうが多い（単に TA と書かれる）．TA の具体的な測定値は先に述べた暗黒中での調節（dark focus of accommodation），あるいは一様視野中の調節（empty field accommodation）である．

調節の古典的考え方では，調節系が無反応状態にあるときには眼は調節遠点（正視眼で無限遠）側に

あるとされていた．しかし，近年ではTAは遠点よりも若干近方にあるとされている．その量は年齢によっても異なるが約1～1.5Dであり，若年者の調節幅10Dと比較すれば小さいが，調節の実用的な範囲は3～4Dであり，それに比べれば若干とはいえないかもしれない．そのため，TAは，とくに調節中間安静位(intermediate resting state of accommodation)と呼ばれたこともある[12]．

調節・瞳孔を支配している神経系は自律神経であり，瞳孔では交感・副交感の二重神経支配がはっきりとしている．このため，先述のように副交感のはたらきが調節機能のほとんどを説明できるという現実があったにもかかわらず，調節にも交感神経の関与があると考えて，その証拠を探していた研究者たちは，遠方視させようとしている交感神経と近方視させようとする副交感神経が，無刺激状態でちょうどバランスしている状態がTAであると考えるようになった．それ以降，"交感・副交感のバランス状態を示す"という枕詞がTAにはつけられるようになった．そして，さまざまな交感神経に影響を及ぼす薬剤を使用してこれを証明しようとした．交感神経系薬剤であるtimolol maleate(β-adrenergic antagonist)の点眼によりTAが近方へ近づくとGilmartinら[18]が報告している．しかしながら，その量が非常にわずかであったため，さまざまなアーティファクトが疑われた．また，Garnerら[19]はphenylephrine hydrochloride(α_1-agonist)という別の交感神経系薬剤の点眼によりTAに変化はなく，もう少し複雑なメカニズムを考える必要があるとしている．TimololによるTAの変化はなく，phenylephrineはTAをむしろ遠視化するという報告もある．このほか，TAが大きい個人においては交感神経の抑制も関与していることが報告されている．GilmartinとBullimore[20]は，timololで調節順応(後述)の現象を検討し，調節順応は副交感系によることを報告している．

このように，最近では，交感神経の調節系への関与はかなり複雑な経路をたどっており，個人の屈折とTAの大きさの関係，これらと調節順応の関係，などが自律神経系の関与を受けており，TAが交感神経の変化により直接変動することはないのではないかと考えられている．さらに詳細な経緯については Gilmartinのまとめ[21]を参照していただきたい．

なお，心理的にもストレスやムードあるいは覚醒レベルと調節安静位の関係が調べられている[22,23]．

これも，心理的状態が自律神経に及ぼす影響を考えているといえよう．また，VDT作業者の眼精疲労の主症状が調節に関係しており，そのような作業者では自律神経系に影響があることも報告されているため，その方面からも注目を集めている．

c. 順応

交感系薬剤ではなかなか変動しなかったTAだが，しばらく近方視したあとでTAを再測定すると近方視前よりも近方へ移動することが明らかにされた．同様に，TAよりも遠方を注視しているとTAが遠方へ移動する．この現象は，最初に調節ヒステリシスと呼ばれ[24]，現在ではTAの順応あるいは単に調節順応と呼ばれている．この様子を図1.48に示す．

Ebenholtz[24]は8分程度の近点距離での近業によりダークフォーカスへの影響を調べ，上記のヒステリシスを報告した．Wolfら[25]は調節トーヌス(安静位)の時間経過を調べ，近見後3分程度でもとに戻ると報告している．しかし，TanとO'Leary[26]はTAの順応は6時間以上も続くとしている．Schorら[27]は近業によるTAへの影響は，一様視野では顕著であるが，ダークフォーカスでは現れな

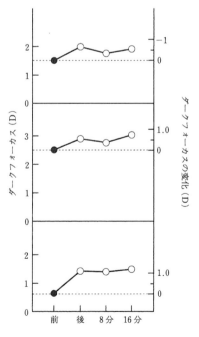

図1.48 調節順応の一例
3名の被験者が近見負荷(8分間，6～7D)前後でどのようにダークフォーカスが変化するかをプロット(Ebenholtz[24]を改変)．

いと報告し，ともに同一のTAを示すと考えられていた両条件下での乖離を認めた．WolfeとO'Connell[28]も一部の被験者で同様な乖離が見られることを報告している．GilmartinとBullimore[29]は毛様筋に対する交感神経支配の役割は，継続近方視により生じる調節緊張の再緊張を和らげることだとした．

この現象が興味を引くのは，もし，調節順応が長期的にも継続するのならば，近くばかり見ていると近視になるという俗説を科学的に証明したことになるためでもある．これに関してMcBrienとMillodot[30]はハイティーン以降に発症した近視(late-onset myopia, LOM)群ではローティーン以前に発症した近視(early-onset myopia, EOM)群や正視群と比べて大きな調節順応を示すとした．最近のWoungらの報告[31]ではEOM群のほうが正視群よりも調節順応が少ないことも明らかにされている．

また，Medina[32]は，生涯にわたる屈折変化を数式で表し，この式が眼鏡装用により変化することを見いだした．例えば，近視になっていく眼は，眼鏡を装用することによって眼鏡を装用した状態でさらに近視になるように屈折が変化した．つまり，近視に眼鏡をかけるとさらに近視が強くなるという現象である．この問題も，屈折（調節の一特性）の順応としてとらえることができる．一般に乳児期には屈折は遠視を呈するが，発育とともに眼球が大きくなり多数は正視になっていく．また一部は近視になり，一部は遠視のままである．しかし，統計的には，ランダムな成長の結果，平均値が正視である，と考えるよりもさらに正視者が多い．このことは正視になろうとする（正視化，emmetropization）何らかの力（制御系）の存在を示しており，彼の解析結果は，この制御系には視覚入力が関与していることを示唆している．したがって，近いところばかり見ていると，その状態をゴールに眼球の発育が進み，近視となる．それを矯正したうえでさらに近方視を続けると，さらに近視が進む．もちろん，近視の原因はこれだけではなくほかにもいろいろ考えられている．むしろ，近視の原因を考えるよりも，正視化のメカニズムを考えたほうがよいと思われる．このメカニズムが制御系であるならばシステムのどの要素が壊れても全体はうまくはたらかなくなり，その状態が近視となるのであろうから．

調節順応と同様な現象は輻輳や瞳孔にも見られるが，Tsuchiyaら[33]は調節と瞳孔では残効に乖離が見られることを報告している．

d．動特性と制御系

調節の動特性は調節状態の時間変化で表され，通常，視標をステップ状にあるいは正弦波状に移動したときの反応であるステップ応答や正弦波応答を調べる．ステップ応答では時間遅れや反応速度などを，正弦波応答では振幅・位相の両伝達関数を調べる．前者では約300〜400msの潜時，最高約10D/sの速度など(TuckerとCharman[34]に過去のデータのまとめがある）が知られている．また，後者では2Hzで20dBの減衰が知られている．しかしながら，動特性測定結果には大きな個人差，視標の動きの予測の影響，速度はどこを測ったらよいかなどの評価法の問題，繰り返し測定すると特性が変化するという順応の問題，など多くの課題がある．安定した評価にはこれらの問題の解決が必要である．また，両眼視との関係も深く，将来は両眼開放で自然視状態で測定されることが望まれる．

KrishnanとStark[35]は，調節制御系をブロック図で表し，動特性を調べた．また，Hungら[36]は，同様にして静特性を調べた．輻輳との相互作用を説明するためのモデル[37]も報告されている．これらのモデルを利用して調節機能をシミュレートすることも可能である．しかしながら，これらのモデルでは，いずれも調節状態の変化による網膜像の変化，およびその網膜像のコントラストの時間的変化を検出する感度特性は明らかにされていない．これらの点については，前者はCharmanとTucker[38]が詳細に計算しており，後者については閾上のコントラストの尺度構成の問題と関連してKulikowski[39]らが測定を行っている．

しかし，これらを量的に調べてみても，調節のstrategyは不明である．ある視標が，見かけの大きさなどが不変でボケ量だけ変化したとき，網膜像だけからはその視標が前へ動いたか，後ろへ動いたか，判定できない（前に動いたとしても，後ろに動いたとしても網膜像は同じようにボケる）．にもかかわらず，調節は多くの場合，正しく行われる．これは，視標が動いてから反応まで約400msあり，その間，小さな調節の変動（調節動揺：Campbellら[40]によれば周波数2Hz，振幅0.3D）により，例えば，近方への調節動揺のときコントラストが上昇すれば，それが正しい調節の方向であるというような機構が考えられる．この仮説が正しいとすれば，小さな調節の変動で網膜像のコントラスト変化の検

出が困難な場合(例えば,視標の空間周波数が低い場合)には,視標の動きに対して調節の反応が起こりにくくなる.これは,実験によりそのとおりになることが確認されている[41].

e. 調節動揺

調節動揺と呼ばれる調節の微小なゆらぎ[40]が視覚にあるいは調節制御に役に立っているかあるいは単なるノイズかどうか,という議論がある.これは静止網膜像の実験により明らかにされた注視時不随意微小眼球運動の視覚における役割とよく似た状況である.詳細なレビューがCharmanとHeron[42]により報告されている.

調節動揺は,瞳孔径や視標の性質により変化することが知られている.ゆらぎは,遅くて大きい低周波数成分2 Hzを中心とした比較的きれいな振動の高周波数成分に分けて考える.低周波成分に関しては調節を保つために情報が使われているという説が強い.しかし,高周波成分に対しては,動特性を考えると速すぎる,振幅は網膜像に知覚可能な変化を与えるには小さすぎるという疑問が提起され,高周波成分ノイズ説となっている.また,瞳孔が大きいとき,焦点深度は浅く調節変化がわずかでも網膜像変化は大きい.したがって瞳孔大のとき,振動は小さくなるはずである.しかし,実際はその逆である.したがってこの揺れはノイズである,という論理もある.最近では,ノイズの発生源として,水晶体およびその保持部分の機械的な揺れであるという報告もある.その根拠は,揺れが安静位でなく,遠点で最小になること[43],脈拍との相関が高いこと[44]などである.これに対し,両眼での揺れが一致していることから発生源は神経系であるとの考えも古くからある.機械的な揺れ説では,両眼の同期に対して,外部の震動源と眼内での共振という組み合わせを考えることにより説明している.

さて,0.1 Dという調節変化は網膜像の変化として知覚するには小さすぎるであろうか? 日常的な眼科における屈折検査でも1/8 Dまでは判定が可能であることを考えると,ちょうど閾値に近い値であろう.閾値に近ければたとえsubthresholdでも意味はあると考えられる.この点に関してはコントラスト変化の知覚としてさらに検討が必要である.速すぎるという議論に対してはCampbell[40]が示している2.8 Hzの視標の動きに対する調節反応を見れば十分であろう.制御理論一般でも,単純なフィードバック制御系において人為的に振動を加えることにより系が安定し応答が速くなるという報告がある.また,調節系シミュレーション[45]でもそのような現象が報告されている.2 Hz帯は周波数特性でも小ピークがある.発振しやすい帯域である.安静位で最小にならないから末梢のノイズだという議論は安静位が交感・副交感のバランスという考えに基づく.安静位がトーヌスなら神経活動は最小になる必要はない.また,脈拍の成分は2 Hz成分より低い,というように,ノイズ説に対する反論も多い.さらに,弱視における揺れの大きさが正常者と比較して変化していることを示し,コントラスト変化の知覚と揺れが関係しているという報告もある[46].また,瞳孔緊張症の患者では調節の反応も遅延し,調節の揺れが高周波成分も含めてきれいに消失していることから,この疾患の病巣がもし末梢部にないとすれば,調節の揺れの発生源も末梢ではないという報告もある[47].この疾患の病巣に関しては議論があるが,末梢でなく神経系であるという意見も強い.これが確認されれば,調節動揺の神経系発生源説の有力な証拠となろう.

1.7.3 老 視

老化による遠視化は,実際には水晶体は老化により厚くなり[48],タンパク質も増加する(一般的には屈折率も高くなる)が,タンパク質のうち水に溶けている割合は減少し,屈折率が小さくなり,レンズの効果が弱くなることが原因として考えられる.

一般に,老化による調節力の低下は,老化に伴いレンズの弾性が低下し,厚くならなくなることが原因であると考えられている[49,50].水晶体の弾性は,水晶体の中身の部分ではなく袋の部分がもつといわれている.さらに,水晶体とzonuleの付着部が中央部方向へ移動し,力の作用の方向から考えて,引っ張っても形を変えられなくなるという報告[51]がある.また,毛様筋自体の加齢変化を老視の原因と考える報告もある[52,53].

また,Schachar(1.7.1項b.参照)は,老視に関しては,水晶体の加齢による成長が水晶体と毛様筋の距離をわずかに縮め,zonuleの効果をなくしていると考える.すでに10歳前後あるいはそれ以前から調節力はほぼ一様に減少しているという事実と矛盾しない.この説を信じれば,毛様筋の位置をわずか外側に引っ張ってやれば老視は治ってしまうことになる.ほかの説では,例えば水晶体が弾性を回復する必要があり,または,老化した筋肉の回復す

る必要があり，見込みがないのと対照的である．

生理的病的を問わず，調節力低下が考えられるときには，近方視力の測定を行う．遠方視での完全矯正のまま近方視力の測定を行うと，調節力が低下していれば近方視力も低下する．

遠方視完全矯正の状態で，遠方視力表を見ながら，眼前に凹レンズを徐々に付加していく．いわゆる過矯正の状態になるが，調節ができる範囲内ではボケることはない．どの程度の凹レンズでボケ始めるかを自覚的に調べれば，調節力が求められる．この方法を，マイナスレンズ法という．

小さな視標がハンドルを回すことにより，あるいはモーターで徐々に被検眼に近づくような装置がある．被検者は，近づいてくる視標がボケ始めたら合図をする．このボケ始める位置の目盛を読むことにより，調節近点が測定される．このような方法をプッシュアップ法といい，装置を調節近点計という．この方法では，ものさしに手で移動できる視標を載せたような簡単な道具(調節尺)でも近点測定が可能である．

以上は，自覚的に行う調節検査である．最近では，他覚的に調節状態を測定する装置も利用されている．

1.7.4 屈折異常
a．屈折異常と視力

わが国では国民の半数近くが屈折異常である．したがって，屈折異常者を考慮しない視覚科学は普遍的ではない．しかし，屈折異常者も屈折異常の矯正さえすればほとんどの視機能は屈折異常のないものと変わらない．ここでは，屈折異常の性質と簡単な矯正の理論，および視覚実験を行ううえの注意事項を記したい．

一般的に日常会話において視力といった場合，裸眼での視力をさす．しかし，これは屈折の異常(とくに近視)を視力の低下の程度で推測するための便方である．本来は視力といえば矯正視力のことをいう．なぜなら，屈折の異常は屈折の異常として表示できるし，また，裸眼視力と近視の程度の相関は低い．矯正視力が低下していれば，屈折異常以外の原因が存在することを示し，必ずその原因を考えなければならない．何らかの原因で，両眼矯正視力が0.3に達しないものを社会的あるいは教育的弱視といい，多くは網膜疾患や視神経疾患など器質的病変をもつ．

直接視力低下に結び付く器質的病変がないにもかかわらず健常視力が得られないものに医学的弱視(amblyopia)がある．医学的弱視の原因は，幼時の視力発達期間を十分な視覚刺激なしに，あるいは両眼視が成立しないままに過ごしてしまったことによる．最も感受性の強い時期では，わずか数日の眼帯で弱視となることもある．医学的弱視はその原因により，屈折異常性弱視・不同視弱視・視性刺激遮断弱視・斜視弱視・眼振弱視などに分けられる．発達期間を過ぎた後に刺激を妨げる原因を取り除いても視力はよくならない．

b．屈折異常の種類

調節をしなくても，遠方の物体が明瞭に見える状態を正視(emmetropia)と定義する．また，その眼を正視眼(emmetropic eye)という．それ以外の状態を屈折異常(ametropia)という．この定義は，Le Grand[54]によるとDonders(1864)によって確立された．別の言葉でいえば，調節遠点が0Dとなる眼が正視眼である．このような定義が確立する以前は，調節力の生理的低下である老視と調節遠点の異常である屈折異常が明確に区別できなかった．現在でも，一般的には，遠視と老視は混同されていることが多い．

遠視(hypermetropia)は，調節遠点が負の眼屈折となる屈折異常をいう．したがって，調節弛緩時に無限遠からきた平行光束は網膜よりも後方で結像する．遠視眼の調節可能範囲を図1.49により説明する．図1.49の(a)は図1.47と同じものである．また，図1.49の(e)は図1.43と同じである．図1.49(e)の15歳のところを見るとその調節遠点と調節近点は0D，10Dであり，その調節範囲は(b)のようになる．この調節範囲を全体に下方にずらした状態(c)が同年齢の遠視眼である．(c)では調節遠点が$-3D$となっている．したがって，この人の調節は(a)の下のカーブのようになる．0D(無限遠)から調節近点までは調節可能であり，程度が軽ければ，実生活上さほど困難を感じない．しかし，たとえ無限遠を見ていても調節弛緩にはならない．このことから，通常は5mで行う遠方視力の測定だけからは遠視，とくに軽度のものの発見は困難であるということ，そして，調節の努力のために眼精疲労を起こしやすいということが考えられる．

遠視眼の矯正は，無限遠方にある物体の像が矯正レンズによりあたかもその人の調節遠点(眼屈折はマイナス)にできるようにすればよい．このため，

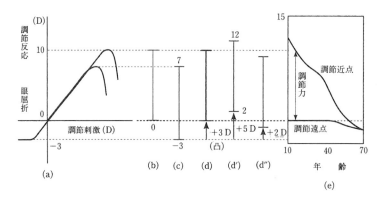

図 1.49 遠視の調節可能範囲
(a) 二つのカーブのうち上のほう,(b)(e) の調節力と書かれた範囲:15 歳の正視の調節可能範囲,(c)(a) の下のカーブ:15 歳の遠視例の調節可能範囲,(d)(c) を +3 D のレンズ矯正,(d′)(c) を +5 D のレンズで矯正(低矯正),(d″)(c) を +2 D のレンズで矯正(過矯正).

凸レンズの焦点を遠点と合致させるようにすればよい.このことは,凸レンズと眼の間隔を無視すれば,調節遠点での眼屈折と符号のみ異なる屈折力の凸レンズを用いればよい.例えば,調節遠点が −3 D の人の場合に屈折力が +3 D のレンズ(凸)をかけたとすると,無限遠方の物体の像は,眼の後方 33 cm のところにでき,この人は調節弛緩時にレンズを介して無限遠方を見ることができる.また,近方の物体,例えば,25 cm のところを見るのに必要な調節量は 4 D であり,正視眼と同じである.

眼鏡レンズをかけている人がどの位置に焦点を合わせているかは眼鏡レンズの屈折力を眼屈折に単純に足し合わせればよい.厳密には眼鏡レンズと角膜頂点の距離が通常は 12 mm,眼鏡レンズと眼の物体主点の距離が 14 mm あるため,それを考慮しなければならないが,レンズの屈折力が弱い場合には,単純なこの方法で求めても大きな誤差は生じない.この計算法によると,調節遠点が −3 D の遠視の人に +3 D のレンズをかけた場合の調節可能範囲は,図 1.49(d) のように正視の人とほぼ同じになる.ここで示したように屈折を扱う際には,眼屈折ではなく矯正に必要なレンズのパワーで眼の様子を示す.たとえば,調節遠点が −3 D の眼のことを,+3 D の遠視という.

遠視に屈折力の過大なレンズを使用した場合は遠方視力が低下するのですぐ発見できるが,屈折力の不足なレンズを使用した場合は調節がはたらくため遠方視力からは発見しにくく,そのような状態になりやすい.また,矯正後なお遠方視に調節が必要なことを過矯正という.

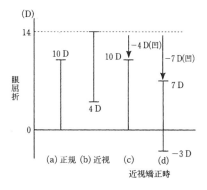

図 1.50 近視の調節可能範囲(15 歳の例)

遠視の成因は眼軸長が短いか,角膜あるいは水晶体の屈折力が弱いかである.前者を軸性遠視,後者を屈折性遠視という.軸性遠視は先天的に,あるいは幼児などにおいて眼球が小さいことによる.屈折性遠視は少ないといわれている.また,白内障などで水晶体を摘出し眼内レンズを挿入しない場合には,水晶体の屈折力に対応した約 13 D だけ眼屈折がマイナス寄りとなり,屈折は遠視寄りとなる.

近視(myopia)は調節遠点が無限遠に達しない状態,すなわち調節弛緩時に平行光線が網膜よりも前方で結像する状態である.したがって,近視の矯正には,調節遠点に凹レンズの焦点を合致させるようにすればよい.近視では遠方視力が低下する.したがって,視力検査のスクリーニングでも発見はやさしい.近視の過矯正は遠視と同じ状態(過矯正となりやすく,視力からその判断がつきにくく眼精疲労を導きやすい)となるので注意を要する.

図 1.50 に近視眼における調節可能範囲を示す.

(a)は15歳の正視者，(b)は同年齢で調節遠点が4Dの近視者，(c)は(b)の近視に屈折力が−4Dの凹レンズをかけた場合，(d)は−7Dの凹レンズをかけた場合で過矯正となり，遠視眼と同じようになる．

近視の成因は遠視とは逆に眼軸が長いか，角膜や水晶体の屈折力が強いかで，前者を軸性近視，後者を屈折性近視という．一般に，軸性近視は遺伝的なものと考えられ，屈折性近視は過度の近業などにより起こると考えられている．また，近視発症の時期により，早発近視，晩発近視という分類も使われる．前者は発症が14歳まで，後者は15歳以降，という区分が一般的であり，晩発近視と近業との関係もいわれている．近視の程度は，−3Dまでを弱度，−3Dから−6Dまでを中等度，−6Dから−10Dまでを強度，それを越えるものを最強度とする．なお，近視の約5%は病的近視で，進行性であり，強度近視となり適度な眼鏡を装用しても良好な視力が得られない．良性でも進行性の場合もあり，強度近視で良性の場合もある．強い近視では眼底に変化がみられる．病的近視では，網膜，脈絡膜，硝子体などに多くの合併症がみられる．

乱視(astigmatism)とは，通常角膜が，ときとして水晶体が正しい球面となっていないため，球面レンズにより矯正できない屈折異常のことをいう．このうち，経線の方向によって曲率が異なり，円柱レンズで矯正可能なものを正乱視と呼び，それ以外を不正乱視と呼ぶ．不正乱視は，角膜の表面が円錐形をしている(円錐角膜)，不整であるなど，眼鏡レンズでは矯正不可能なものをさす．軽度なものはコンタクトレンズで矯正可能である．

正乱視には屈折力の最も強い経線と，必ずそれに直交している最も弱い経線があり，これらを主経線という．また，前者を強主経線，後者を弱主経線という．入射した平行光束は，スクリーンの位置を変化させると，両主経線方向の屈折力に相当する位置でそれぞれ直線の像となる(焦線)．前側の(より近視側の)焦線を作る主経線が強主経線である．また，両者の中間で円形の像(最小錯乱円)を，それ以外の面で楕円形の像を作る．主経線方向以外の経線の軸外に入射した光は光軸と空間的にねじれの関係にあり交わらない．乱視がある場合，屈折検査の結果は両主経線の方位とそれぞれの屈折で示す．

c．不同視・不等像視

不同視(anisometropia)とは，両眼で眼屈折の異なるものをいう．とくに1眼の水晶体を摘出したときには強度の不同視となる．不等像視(aniseikonia)とは両眼の網膜像の大きさが異なるものをいう．一般に，不等像視が5%以上になると融像できなかったり，融像できたとしても眼精疲労を引き起こす．

眼鏡レンズを通してものを見ると，凹レンズでは物体が小さく，凸レンズでは大きく見える．その倍率はレンズと眼の間隔およびレンズの屈折力により異なる．レンズと眼の距離をd(cm)，レンズの屈折力をP(D)とすると，像の大きさの変化率R(%)はおおよそ

$$R = d \times P$$

で表される．不同視があると，両眼を眼鏡により完全に矯正した場合にこの効果により，不等像視が出る．とくに2D以上の不同視では，注意が必要である．コンタクトレンズの場合は眼球に密着しているので像の倍率は1に近く，不同視の矯正には適している．

d．屈折・調節・視力の検査の流れ

屈折の検査用に多くの検査器械が開発されているが，各機器ともにそれぞれ限界があり，眼鏡処方は検眼レンズを用いたレンズ交換法で自覚的に最終決定されるのが通例である．ただし，他覚的な屈折検査は被検者の判断を必要としないため，幼児などの測定が可能である．自覚他覚それぞれいくつか方法があるがすべての方法で最初に行うのが乱視の有無の検査である．乱視がある場合には，まず，主経線の方位を決定する．その後，強弱両主経線の屈折値を求める．乱視がない場合は，どの方位でもよいから一度測定を行えば球面値が得られる．

検査で重要なことは調節の関与をできるだけなくし，過矯正を避けることにある．このため，測定の手順にいくつかの配慮がなされている．例えば，人工的に近視状態となるようなレンズを1時間ほど装用させ調節を弛緩させる雲霧法がよく用いられる．しかし，調節力の強い若年者ではこれらの処置も不十分で，調節麻痺剤を使用することもある．

自覚的屈折検査には，視力表や乱視表と検眼レンズセットおよび眼鏡試験枠を用いる．まず，球面値の概略を求め，次に乱視を測定し，さらに視力表やレッド-グリーンテストと呼ばれる検査などにより球面値の補正を行い，自覚的屈折検査が完了する．乱視の検査には乱視表のほか，クロスシリンダーと呼ばれる特殊な円柱レンズを用いる方法もある．自

覚的屈折検査終了時には，検眼枠に適切な検眼レンズが入っているのであるから，この状態で視力測定を行う．

e. 眼鏡・コンタクトレンズ・眼内レンズ

屈折を矯正した場合，調節機能は前述のように正視者と同等になると考えられる．ただし，過矯正を避けるためにとくに近視者では弱めの眼鏡を使用している人が多いため遠方の視力は完全でないことも多く，眼鏡装用者を実験に使用する場合には注意を要する．眼鏡の処方のためには，球面値チェックのためのレッド-グリーンテスト，乱視チェックのためのクロスシリンダーテストを含めた正しい屈折検査はもちろん不可欠である．しかし，それだけでは十分ではない．両眼視状態での屈折は，単眼ずつの屈折測定のみからはおしはかれない要素が多々ある．簡単なところでは瞳孔間距離の測定，斜視や斜位など眼位の検査，立体視など両眼視機能検査，両眼の調節が同量行われているという保証はないので両眼調節バランス検査，などが必要とされる．

眼鏡枠で視野の一部が欠けることは容易に理解されよう．凸レンズの眼鏡を装用した場合には像が拡大されるため，レンズの外側を通してみる周辺視とレンズを通してみる中心視の境界部で像のギャップが生じる．凹レンズの場合にはそのようなことはないが，逆にレンズの内側と外側で二重に見えている部分が存在する．眼鏡の光学的性能がよいのは中心部のみで，周辺部ではさまざまな収差が生じ，像の劣化がある．眼の特性から，レンズの中心を通して固視している場合の周辺視では像の劣化は目立たないが，眼球を動かしレンズの中心外を通して見る場合の中心視で顕著である．最近は軽量化のために色分散が大きい材質がレンズに使用されている．このため眼鏡による色ずれは実験の際に無視できない量となっている．これらは屈折異常の強度により大きく影響される．

コンタクトレンズは同じ屈折力のものでも形状は使用者により異なる．レンズの内側のカーブは角膜のカーブと一致させる必要があるためである．これをベースカーブという．

コンタクトレンズの長所は，眼球に密着しているため，眼鏡とは異なり，不等像視の原因となる像の倍率が1に近いこと，眼鏡のような視野を制限する枠のないこと，眼球運動時に眼球と一緒に動くため眼鏡の周辺を通して見たときのような像の劣化がないこと，などがあげられる．短所は，最近では材質の改良が進んではいるが，あくまでも生体にとって異物であり，長時間の装用により角膜に障害が起こる可能性のあることであろう．また，小さな樹脂の加工が必要で光学的精度は眼鏡レンズよりも劣るため眼鏡の中心を通してみる場合よりも像は劣化している．とくに含水性と呼ばれるレンズの場合は水を含んだ場合の形状や屈折率を予測して作成されるが完全に予測どおりにはならない．

白内障などによる水晶体摘出を行った後には一般に強い遠視化が起こるので，術後は強い凸レンズあるいは凸のコンタクトレンズを使用しなければならない．この場合，水晶体摘出が1眼のみの場合，眼鏡では強い不等像視が起こる．コンタクトレンズは着脱が不便である．このため，最近では眼内レンズ（人工水晶体）がよく用いられるようになった．眼内レンズ装用者はもちろん調節機能はなく，ある距離にしか焦点が合わない．したがって，その距離以外のところを見るためには眼鏡などが必要である．現在では白内障手術の技術が進歩し，どのような強さの眼内レンズを処方すればどの距離に焦点が合うかという術前の予測がよく合うようになってきた．したがって，摘出を受ける個人の生活スタイルに合わせて，どの距離に焦点を合わせるかという選択も可能となってきた．ただし，眼内レンズは，高齢者の黄化した水晶体よりはもちろん，若年者の水晶体よりも着色が少なく，色覚関連の実験では注意を要する．最近では一部で着色された眼内レンズも使われている．

最近，屈折矯正手術という，さまざまな手段で角膜表面の形状を変えて屈折異常を矯正する方法が徐々に行われるようになってきた．この場合は，裸眼視力がよくなったとしても，角膜表面の状態は自然の状態と異なり，視覚実験の被験者としては正常者と考えないほうがよいだろう． ［鵜飼一彦］

文　献

1) T. Young: On the mechanism of the eye, *Philosophical Transactions of Royal Society of London*, **B91**, 23-88, 1801
2) H. Helmholtz: Handbuch der Physiologische Optik, 1866; J. P. C. Southall (ed. and trs. from 3rd German edition, 1909): Helmholtz treatise on physiological optics, Vol. 1, The Optical Society of America, Rochester, pp. 143-172 and 334-415, 1924 (reprinted by Dover, New York, 1962)
3) M. Tscherning: Optique physiologique, Paris, 1898; C. Weiland (trs.): Physiological optics, dioptrics of the eye, functions of the retina, ocular movements,

and binocular vision, The Keystone Publishing, Philadelphia, 1900
4) E. F. Fincham : The mechanism of accommodation, *British Journal of Ophthalmology*, **21** (Monograph Supplement 8), 1-80, 1937
5) R. S. Wilson : A new theory of human accommodation : Cilio-zonular compression of the lens equator, *Transactions of the American Ophthalmological Society*, **91**, 401-419, 1993
6) M. W. Neider, K. Crawford, P. L. Kaufman and L. Z. Bito : In vivo videography of rhesus monkey accommodative apparatus. Age related loss of ciliary muscle response to central stimulation, *Archives of Ophthalmology*, **108**, 69-74, 1990
7) D. J. Coleman : Unified model for accommodation mechanim, *American Journal of Ophthalmology*, **69**, 1063-1079, 1970
8) R. A. Schachar : Cause and treatment of presbyopia with a method for increasing amplitude of accommodation, *Annals of Ophthalmology*, **24**, 445-452, 1992
9) R. A. Schachar, T. Huang and X. Huang : Mathematic proof of Schachar's hypothesis of accommodation, *Annals of Ophthalmology*, **25**, 5-9, 1993
10) R. A. Schachar, D. P. Cudmore and T. D. Black : Experimental support for Schachar's hypothesis of accommodation, *Annals of Ophthalmology*, **25**, 404-409, 1993
11) R. T. Hennessy, T. Iida, K. Shiina and H. W. Leibowitz : The effect of pupil size on accommodation, *Vision Research*, **16**, 587-589, 1976
12) H. W. Leibowitz and D. A. Owens : Night myopia and the intermediate dark focus of accommodation, *Journal of the Optical Society of America*, **65**, 1121-1128, 1975
13) I. C. J. Wood and A. Tomlinson : The accommodative response in amblyopia, *American Journal of Optometry and Physiological Optics*, **52**, 243-247, 1975
14) W. N. Charman and J. Tucker : Dependence of accommodation response on the spatial frequency spectrum of the observed object, *Vision Research*, **17**, 129-139, 1977
15) D. A. Owens : A comparison of accommodative responsiveness and contrast sensitivity for sinusoidal gratings, *Vision Research*, **20**, 159-167, 1980
16) K. J. Ciuffreda and S. C. Hokoda : Effects of instruction and higher level control on the accommodative response spatial frequency profile, *Ophthalmic and Physiological Optics*, **5**, 221-223, 1985
17) K. Ukai, Y. Tanemoto and S. Ishikawa : Direct recording of accommodative response versus accommodative stimulus, In Advances in Diagnostic Visual Optics (eds. G. M. Breinin and I. M. Siegel), Springer-Verlag, Berlin, 61-68, 1983
18) B. Gilmartin, R. E. Hogan and S. M. Thompson : The effect of timolol maleate on tonic accommodation, tonic vergence and pupil diameter, *Investigative Ophthalmology and Visual Science*, **25**, 763-770, 1984
19) L. F. Garner, B. Brown, R. Baker and M. Colgan : The effect of phenylephrine hydrochloride on the resting point of accommodation, *Investigative Ophthalmology and Visual Science*, **24**, 393-395, 1983
20) B. Gilmartin and M. A. Bullimore : Sustained near-vision augments inhibitory sympathetic innervation of the ciliary muscle, *Clinical Vision Science*, **1**, 197-208, 1987
21) B. Gilmartin : A review of the role of sympathetic innervation of the ciliary muscle in ocular accommodation, *Ophthalmic and Physiological Optics*, **6**, 23-37, 1986
22) R. J. Miller : Mood changes and the dark focus of accommodation, *Perception and Psychophysics*, **24**, 437-443, 1978
23) V. J. Gawron : Ocular accommodation, personality, and autonomic balance, *American Journal of Optometry and Physiological Optics*, **60**, 630-639, 1983
24) S. M. Ebenholtz : Accommodative hysteresis : A precursor for induced myopia? *Investigative Ophthalmology and Visual Science*, **24**, 513-515, 1983
25) K. S. Wolf, K. J. Ciuffreda and S. E. Jacobs : Time course and decay of effects of near work on tonic accommodation and tonic vergence, *Ophthalmic and Physiological Optics*, **7**, 131-135, 1987
26) R. K. T. Tan and D. J. O'Leary : Stability of the accommodative dark focus after periods of maintained accommodation, *Investigative Ophthalmology and Visual Science*, **27**, 1414-1417, 1986
27) C. M. Schor, J. C. Kotulak and T. Tsuetaki : Adaptation of tonic accommodation reduces accommodative lag and is masked in darkness, *Investigative Ophthalmology and Visual Science*, **27**, 820-827, 1986
28) J. M. Wolfe and K. M. O'Connell : Adaptation of the resting states of accommodation, *Investigative Ophthalmology and Visual Science*, **28**, 992-996, 1987
29) B. Gilmartin and M. A. Bullimore : Tonic accommodation, cognitive demand, and ciliary muscle innervation, *American Journal of Optometry and Physiological Optics*, **64**, 45-50, 1987
30) N. A. McBrien and M. Millodot : The relationship between tonic accommodation and refractive error, *Investigative Ophthalmology and Visual Science*, **28**, 997-1004, 1988
31) L.-C. Woung, K. Ukai, K. Tsuchiya and S. Ishikawa : Accommodative adaptation and onset age of myopia, *Ophthalmic and Physiological Optics*, **13**, 366-370, 1991
32) A. Medina : A model for emmetropization : The effect of corrective lenses, *Acta Ophthalmologica*, **65**, 565-571, 1987
33) K. Tsuchiya, K. Ukai and S. Ishikawa : A quasistatic study of pupil and accommodation aftereffects following near vision, *Ophthalmic and Physiological Optics*, **9**, 385-391, 1989
34) J. Tucker and W. N. Charman : Reaction and response times for accommodation, *American Journal of Optometry and Physiological Optics*, **56**, 490-503, 1979
35) V. V. Krishnan and L. Stark : Integral control in accommodation, *Computor Programs and Biomedicine*, **4**, 237-245, 1975
36) G. K. Hung, K. J. Ciuffreda, J. L. Semmlow and S. C. Hokoda : Model of static accommodative behavior in human amblyopia, *IEEE Transactions on Biomedical Engineering*, **30**, 665-672, 1983
37) G. K. Hung and J. L. Semmlow : Static behavior of accommodation and vergence : Computer simulation of an interactive dual-feedback system, *IEEE Transactions on Biomedical Engineering*, **27**, 439-447, 1980
38) W. N. Charman and J. Tucker : Accommodation as a function of object form, *American Journal of Optometry and Physiological Optics*, **55**, 84-92, 1978
39) J. J. Kulikowski : Effective contrast constancy and

linearity of contrast sensation, *Vision Research*, **16**, 1419-1431, 1976
40) F. W. Campbell, J. Robson and G. Westheimer: Fluctuations of accommodation under steady viewing conditions, *Journal of Physiology* (*London*), **145**, 579-594, 1959
41) W. N. Charman and G. Heron: Spatial frequency and the dynamics of the accommodation response, *Optica Acta*, **26**, 217-228, 1979
42) W. N. Charman and G. Heron: Fluctuations in accommodation: A review, *Ophthalmic and Physiological Optics*, **8**, 153-164, 1988
43) J. C. Kotulaku and C. M. Schor: Temporal variations in accommodation during steady-state conditions, *Journal of the Optical Society of America*, **A3**, 223-227, 1986
44) B. Winn, J. R. Pugh, B. Gilmartin and H. Owens: Arterial pulse modulates steady-state ocular accommodation, *Current Eye Research*, **9**, 971-975, 1990
45) G. K. Hung, J. L. Semmlow and K. J. Ciuffreda: Accommodative oscillation can enhance average accommodative response: A simulation study, *IEEE Transactions on Systems and Cybernetics*, **12**, 594-598, 1982
46) K. Ukai, M. Ishii and S. Ishikawa: A quasi-static study of accommodation in amblyopia, *Ophthalmic and Physiological Optics*, **6**, 287-295, 1986
47) K. Ukai and S. Ishikawa: Accommodative fluctuations in Adie's syndrome, *Ophthalmic and Physiological Optics*, **9**, 76-78, 1989
48) J. F. Koretz, P. L. Kaufman, M. W. Neider and P. A. Goeckner: Accommodation and presbyopia in eye: Aging of anterior segment, *Vision Research*, **29**, 1685-1692, 1989
49) R. F. Fisher: Presbyopia and the changes with age in the human crystalline lens, *Journal of Physiology* (*London*), **228**, 765-779, 1973
50) R. F. Fisher: The force of contraction of the human ciliary muscle during accommodation, *Journal of Physiology* (*London*), **270**, 51-74, 1977
51) A. P. A. Beers and G. L. van der Heijde: The origin of the elastic properties of the lens matter determined *in vivo* by continuous ultrasonographic biometry, *Investigative Ophthalmology and Visual Science*, **35**, 1948, 1994
52) J. F. Koretz and G. H. Handelman: Model of the accommodative mechanism in the human eye, *Vision Research*, **22**, 917-927, 1982
53) E. Lutjen-Drecall, E. Tamm and P. L. Kaufman: Age-related loss of morphologic responses to pilocarpine in rhesus monkey ciliary muscle, *Archives of Ophthalmology*, **106**, 1591-1598, 1988
54) Y. Le Grand: La dioptrique de l'oeil at sa correction, Paris, 1908 (Y. Le Grand and S. G. El Hage (trs.): Physiological Optics, Springer-Verlag, Berlin, 1980)

1.8 瞬　　目

瞬目（まばたき，blink）はわれわれが覚醒しているとき，1分間に平均15回前後，無意識に起こる両眼の眼瞼（まぶた）の速い開閉運動である．瞬目の機能的役割としては，角膜の乾燥を防ぎ，眼を保護するという生理的・防御的機能がまずあげられるが，それだけではなく，瞬目はさまざまな心理学的要因[1]に影響され，さらに視覚系[2]や眼球運動系とも密接な関連をもつことが最近の研究で明らかにされてきている．本節では瞬目のさまざまな側面について最新の知見を加味して解説する．

1.8.1 解　　剖[3]

図1.51に眼瞼・眼窩の断面を示す．主に眼瞼運動に関与するのは顔面神経（VII）支配の眼輪筋と動眼（III）神経支配の上眼瞼挙筋であり，前頭筋と交感神経支配の瞼板筋（Müller筋）も補助的に開瞼に関与している．上眼瞼と下眼瞼を比較すると，瞬目運動は大部分上眼瞼運動によって起こり，下眼瞼の運動量は数ミリと少ない．表情筋でもある眼輪筋は皮下の浅いところで，眼瞼を取り囲むように輪状に分布しており，瞬目の閉瞼時にはたらく．下方視時にははたらかない．眼輪筋はその分布領域から前瞼板部，前中隔部，眼窩部に分けられる．一方，上眼瞼挙筋は上眼瞼を牽引，挙上する筋肉であり，瞬目の開瞼時にはたらき，眼輪筋が収縮する閉瞼時には抑制される．

上眼瞼挙筋は眼窩後方では上直筋と近接して走行するが，瞼板上縁から15～20 mmの位置で腱鞘（aponeurosis）となり，扇状に広がって瞼板の前面に付着する．眼瞼には眼球を保護するためにさまざまな線維結合織がある．瞼板は半月状の緻密な結合織からなり，下眼瞼に比べ上眼瞼のほうが発達している．瞼板は眼瞼縁の形状を保つのにも役立っている．眼窩隔膜（中隔とも呼ばれる）は結合織の膜で眼窩脂肪の表面を覆っており，眼窩縁の骨膜より発し，上眼瞼では上眼瞼挙筋腱膜の上に付着する．下眼瞼では瞼板の数ミリ下に付着して終わっている．

このほか上眼瞼の奥には上眼瞼挙筋の支持，過動を防止するWhitnall靱帯（上横走靱帯）が眼窩壁を横走している．Müller筋は上眼瞼では瞼板上縁より約10 mmのところで上眼瞼挙筋腱膜の下面より起こり，瞼板上部に付着しており，下眼瞼では下直筋腱の下面より起こり，前方で線維性腱膜と一体となっている．この筋は持続的な緊張により，瞼裂を適当な広さに開大，保持するはたらきをしている．下眼瞼には上眼瞼挙筋のように積極的に眼瞼を引っ張る筋は存在しないが，その役割を担うのが下眼瞼牽引筋腱膜（capsulopalpebral fascia）である．これは下直筋の筋膜から発する線維で，下方視時に下

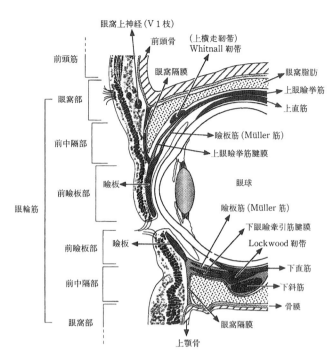

図1.51 眼瞼・眼窩の解剖学的断面図

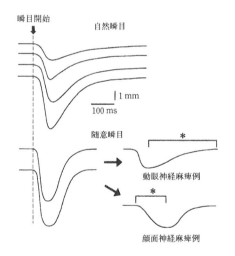

図1.52 正常被検者の自然瞬目,随意瞬目波形(新井田ほか[4], Niida[5]を改変)と支配神経の麻痺症例における随意瞬目波形の変化(Niida[6]を改変)

眼瞼をわずかに下方に牽引し,眼球運動に下眼瞼を同調させるはたらきをしており,Lockwood 靱帯により支持されている.

1.8.2 瞬目の種類および瞬目時の上眼瞼の動き

瞬目は,ふだん無意識に起こり,自発性瞬目,周期性瞬目とも呼ばれる自然瞬目(spontaneous blink),命令下あるいは意識的に行うことのできる随意瞬目(voluntary blink),角膜や眉間への機械的刺激,眼窩上神経の電気刺激などによる三叉神経知覚入力や閃光,眼前に急接近するような物体による視覚性脅威あるいは大きな音などで誘発される反射性瞬目(reflex blink)に大別できる.図1.52に非接触型の赤外線カメラで記録した正常者の瞬目時の上眼瞼波形を呈示する[4,5].自然瞬目の波形ではさまざまな大きさの瞬目が混在しており,完全閉瞼に達しない瞬目も数多く見られる.一方,随意瞬目では大多数が完全閉瞼に至り,大きさは一定している.個々の瞬目の持続時間は自然瞬目では350〜450 ms,随意瞬目では250 msと随意瞬目のほうが短い.

自然瞬目・随意瞬目とも,閉瞼時より開瞼時のほうが遅い動きであり,とくに自然瞬目の開瞼時の後半はかなり緩徐になり,ゆっくりと基線に戻る.また図1.52には支配神経である動眼神経,顔面神経の麻痺時に随意瞬目波形がどのように変化するかを呈示した[6].動眼神経麻痺では眼瞼下垂により,振幅自体がかなり小さくなり,正常波形に比べ,*で示した開瞼時の緩徐化が著明に見られる.一方,顔面神経麻痺では兎眼になるため,やはり瞬目の振幅は小さくなるが,動眼神経麻痺とは反対に閉瞼時の

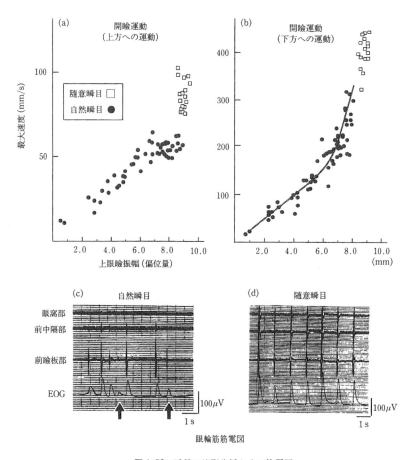

図 1.53 瞬目の波形分析とその筋電図
(a), (b)：正常被検者における瞬目時の上眼瞼運動の最大速度と振幅の関係，(c), (d)：自然瞬目，随意瞬目時の部位別の眼輪筋筋電図波形（Niida[5] を改変）．

緩徐化（*）が明らかである．

次に正常被検者で個々の波形分析を行い，瞬目の最大速度と振幅（偏位量）の関係を示したものが図1.53 (a) (b) である[5]．随意瞬目の振幅と最大速度は開瞼・閉瞼時ともばらつきが小さく，閉瞼時すなわち眼輪筋収縮時の最大速度は上眼瞼挙筋がはたらく開瞼時に比べ，4倍前後速いことがわかる．自然瞬目では最大速度と振幅の間にはある程度，正の相関が見られるが，開瞼と閉瞼運動時では大きく異なる．開瞼運動時の最大速度は約 50 mm/s でプラトーとなるが，閉瞼時の最大速度分布は振幅 6 mm を境として，6 mm より大きな振幅では速度はより速くなる傾向を示し，データの分布は屈曲点をもつ2相性となる．図1.53 (c) (d) は眼輪筋の部位別の筋電図を記録したもので，この記録では瞬目の振幅の大きさは眼球電位図（EOG, electro-oculography）でモニターしている．矢印で示すような小振幅の自然瞬目時では前瞼板部のみに放電が見られるが，大きな振幅の自然瞬目では前瞼板部とともに前中隔部の眼輪筋にも放電が認められる．一方，随意瞬目では眼窩部を含めた3か所のすべてにおいて強い放電が見られる．このことから，6 mm より大きな振幅で速度が速くなる理由として，前中隔部の眼輪筋の収縮が徐々に加わるためではないかと著者らは考えている．このように瞬目の大きさ，種類により眼輪筋の各部位の閉瞼運動における関与の仕方は異なっていると考えられる．

1.8.3 脳幹における瞬目神経回路

瞬目の神経回路は，以前より反射性瞬目を用いて研究されており，求心路である三叉神経，視神経，聴神経と，橋・延髄の網様体から顔面神経運動ニューロンを経て，眼輪筋に至る遠心路の間の反射弓によって構成されており，遠心路については基本

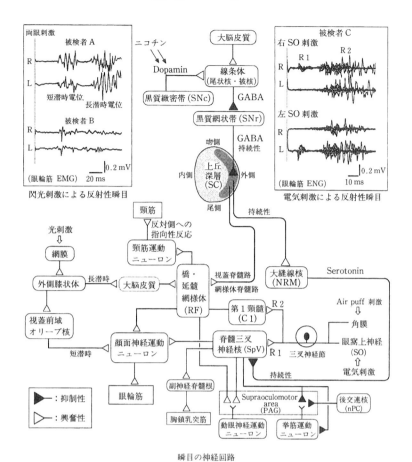

図 1.54 最近の生理実験結果および臨床例をもとに作成した瞬目の神経回路と光刺激，眼窩上神経の電気刺激時の反射性瞬目の筋電図波形[7]

的に共通していると考えられている．眼窩上神経の電気刺激による反射性瞬目[7]（図1.54 右上）は臨床的に最も広く用いられており，筋電図上，刺激後 10～11 ms で出現する R1（第1波，短潜時反応）と刺激後 30～40 ms で出現する多相性の R2（第2波，長潜時反応）が見られる．ヒトでは R1 は刺激と同側のみに見られるが，R2 は閾値が低く両側性に見られ，R1 に比べ大きな振幅で，眼輪筋の収縮を引き起こす．ヒトでは R1 は3ニューロン弓で構成されており，三叉神経一次路である末梢からの求心性線維は三叉神経節を経て三叉神経主知覚核へ，さらに顔面神経運動ニューロンへ連絡する．R2 成分は三叉神経主知覚核あるいは直接一次路から第1頸髄（C1）に達し，そこからは脳幹網様体で複数の介在ニューロンを経て顔面神経運動ニューロンに連絡すると考えられている[8]．

一方，光刺激で誘発される瞬目反射[7,9]（図1.54 左上）はフラッシュ光刺激後，約 40～50 ms で出現する短潜時電位と約 80～120 ms で見られる長潜時電位が見られるが，波形が連なり両者を区別できない場合もある（被検者B）．短潜時電位の経路については，外側膝状体から視蓋前域オリーブ核を介して顔面神経核に至ると推定されている．一方，長潜時電位の経路については視放線から後頭葉に至る皮質経由反射であるとする説が有力である[10]が，ヒトでは異論もあり，現在なお確定されていない．

また瞬目反射ではないが，三叉神経（眼窩下神経）の電気刺激で，持続的に活動中の胸鎖乳突筋に潜時 20 ms で2相性の電位変化が見られ，三叉神経-頸筋反射と呼ばれている[11]．この電位変化は眼窩上神経刺激の R2 成分とは異なることが示唆されている．この反応の経路は脊髄三叉神経核の上部（pars oralis）から両側の副神経脊髄根を経て，胸鎖乳突筋に至ると考えられている．

1.8.4 上丘,大脳基底核の瞬目における役割[12,13]

臨床的に黒質線条体のドーパミン活性の低下で発症するパーキンソン病では瞬目反射の亢進(hyperexcitable reflex blink)することがよく知られている.最近,電気生理学的実験により,上丘外側部が大縫線核を介して反射性瞬目の脳幹回路である脊髄三叉神経核を持続性に抑制していることが判明した(図1.54).大縫線核はセロトニン(5-HT)作動性ニューロンであるが,すべてが痛覚関連ニューロンではなく,運動系の促進や感覚系の抑制機能への関与も重要視されている.また大脳基底核が上丘の活動性をコントロールしていることも知られている.大脳基底核の中で線条体(尾状核),黒質網様部のニューロンはともにガンマ・アミノ酪酸(GABA)作動性で抑制作用をもち,さらに線条体は黒質緻密部のドーパミン作動性ニューロンによって強く制御されており,ドーパミンは線条体に対して促進的にはたらく.すなわち,ドーパミン活性が低下すると線条体から黒質網様部への抑制が減弱し,黒質網様部から上丘への持続的抑制が強化される.

その結果,持続的に瞬目回路を抑制している上丘の作用が減弱し,瞬目反射が亢進する.逆に線条体からの抑制が亢進すると黒質網様部から上丘への抑制が解除(脱抑制)され,上丘の瞬目回路への抑制が強化され,瞬目反射の興奮性は低下する.ハンチントン舞踏病では黒質線条体のドーパミン活性は正常であるが,この部の細胞脱落により,黒質網様部からの下降性抑制が減少し,瞬目反射の興奮性が低下すると考えられている.また黒質緻密部のドーパミン作動性ニューロンは細胞体および線条体の前シナプス終末にもニコチン受容体を豊富にもつことが知られており,タバコの喫煙やニコチンガムの摂取により,ドーパミンの放出が促進され,一過性に瞬目反射の振幅を減弱,潜時を延長させることが報告されている[14].

1.8.5 眼球運動との関連

閉瞼時に眼球が外上転するのはBell現象と呼ばれ,眼輪筋と上直筋の共同収縮によるものであるが,これとは別にふだんの瞬目時にも眼球運動の見られることが明らかにされている.それは3°以内の微小眼球運動であるが,ヒトで強膜サーチコイルを用いた研究[15]では,瞬目時,眼球は内下方から外上方に動き,そして第1(正面)眼位に戻る動きを示す.生理学的には瞬目時に外眼筋の同時収縮の起こることが示唆されている.Evingerら[16]のウサギのデータでは上斜筋以外のすべての外眼筋に同時収縮を認めており,逆行性に電気刺激で同定した動眼神経核の運動ニューロンでも外眼筋と同様にバースト放電を確認している.解剖学的に瞬目関連入力が動眼神経運動ニューロンと接触する場所として,中脳の中心灰白質(PAG)の動眼神経核に隣接する背側領域(supraoculomotor area)が注目されている.上斜筋を支配する滑車神経核以外の外眼筋支配核の運動ニューロンはこの領域に樹状突起を伸ばしており,脊髄三叉神経核で眼神経(VI)より入力を受ける部位もこの領域に投射している(図1.54).またsupraoculomotor areaには上眼瞼挙筋運動ニューロンも樹状突起を伸ばしており,この領域で覚醒レベルに関連した脳幹網様体からの入力,後交連核からは抑制入力を受け,上眼瞼の持続的なトーヌスを制御していると考えられている[17].

一方,眼球運動に付随して瞬目が起こりやすいことも注目されている[18].指向性運動(orienting behaviors)とは興味を引く物体が周辺視野内に現れると素早く視線をその物体に向ける運動であり,急速眼球運動(サッカード)による注視だけではなく,視線の移動量が大きい場合には頭部や体幹の運動も加わる.30°以上の大きな振幅の指向性運動では運動の開始に同期して瞬目が付随しやすい.この現象は目をつぶっていても眼輪筋に放電が見られることから,角膜や睫毛への風や刺激によって起こる反射性瞬目ではないことがわかる.また指向性運動のトリガーに眼窩上神経刺激による反射性瞬目を同期させると,指向性運動の潜時を短縮する.臨床的にも器質的疾患で遅いサッカードを呈する患者中に随意瞬目を利用したときだけ正常速度を示す症例が報告されている.これらの事実から瞬目と指向性運動は密接に関連しており,その神経回路の一部を共有している可能性が示唆されている.その候補として一時期,橋網様体の正中部に位置するオムニポーズニューロン(OPN)が注目された.OPNは注視ニューロンが存在する上丘吻側部から興奮性入力を受け,サッカードや反射性瞬目時には放電を休止し,OPNの微小電気刺激で反射性瞬目が抑制されたからである.しかしその後,OPNを興奮させる上丘吻側部の注視ニューロン領域が反射性瞬目を抑制する最低閾値でないことが判明し,現在ではこの説は否定的である.

上丘中間・深層の基本的機能として,上丘内側部

は防御撤退反応に，上丘外側部は指向性運動に関与していることが知られている．上丘内側部は視床の髄板内核，黒質網様部を介して上丘外側部を抑制している可能性が示唆されており[19]，上丘外側部の抑制で瞬目反射が亢進することから，瞬目を防御撤退反応の重要な要素とみなすこともできる．しかしながら，この説では瞬目が指向性運動に付随することを説明できない．基底核のサッカードにおける上丘の制御では線条体─淡蒼球─視床下核─黒質網様体を介する抑制強化系もはたらいており，また自発放電の有無から上丘外側部のニューロンでも指向性運動と瞬目運動では異なったニューロン群が反応していることも十分に考えられる．さらに OPN 以外の脳幹網様体に共有回路が存在する可能性もあり，この点については今後の研究の進展が待たれる．

1.8.6 瞬目時の視覚抑制[20,21]

瞬目時には視覚の抑制が生理的にはたらき，視覚の感度が低下する現象が見られ，またサッカード時に見られる視覚抑制とその特性の類似していることが示唆されている．その程度は明順応で 0.5 から 1.0 log unit，暗順応下で 0.3 から 0.7 log unit といわれている．図 1.55 (a) は air puff による反射性瞬目時の視覚抑制の時間経過であるが，視覚の感度低下は瞬目の開始前よりすでに始まっており，上眼瞼が瞳孔を覆う 30〜40 ms 前に最大値に達し，瞬目開始から 100〜200 ms で回復する．視覚抑制は反射性瞬目のみならず，自然瞬目でも随意瞬目でも同様に起こることが確かめられている．図 1.55 (b) は瞬目時の抑制が刺激の波長（色）の違いによって影響を受けるかどうかを 3 人の被検者で調べたものであるが，視覚抑制の程度はどの波長でも大きな違いは見られず，波長には影響されないことを示している．また背景輝度が 1 cd/m² の条件下では平均で約 0.3 log unit の感度低下を示したが，背景輝度が 35 cd/m² では有意な感度低下は見られない．心理物理学的には，刺激の大きさや刺激呈示時間の減少および背景輝度を暗くした条件下では輝度チャンネル (luminance channel) が色チャンネル (opponent-color channel) より優位になることが知られており，この結果は輝度チャンネルで抑制が起こっていることを意味する．

さらに瞬目やサッカード時の視覚抑制では高い空間周波数よりも低い空間周波数刺激がより抑制されやすいことも報告されており，抑制は色に応答せず，低空間周波数-高時間周波数特性をもつ大細胞系 (M チャンネル) に強く作用することが示唆されている．また抑制の神経機構として，開瞼ではなく，閉瞼に強く関係していることが示唆されており，まぶたや眼球を動かす神経信号に関連した中枢起源の corollary discharge に起因すると推論されているが詳細は不明である．さらに瞬目やサッカード時に視覚が遮られることをふだん私たちはほとんど自覚しない．その理由としてこれまで述べた視覚抑制とともに，V1（一次視覚野）の第 6 層から外側膝状体 (LGN) に至る興奮性の入力の存在が注目されている．この皮質-視床線維の機能として，網膜からの上行性の視覚情報の選択・調節にかかわっている可能性と，もう 1 つには LGN-V1-LGN の循環回路が瞬目やサッカードで視覚遮断が起こる直前

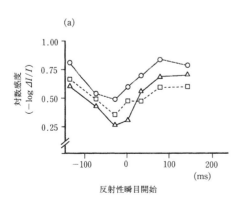
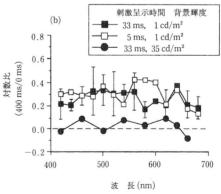

図 1.55 瞬目時にみられる視覚抑制のデータ

(a) 反射性瞬目時の視覚抑制の時間経過[20]，(b) 刺激の波長と抑制の関係，縦軸は瞬目開始時 (0 ms) と瞬目はほとんど終了している開始から 400 ms 後の閾値の対数差をプロットしたもので，数値が大きいほど抑制が強いことを表す[21]．

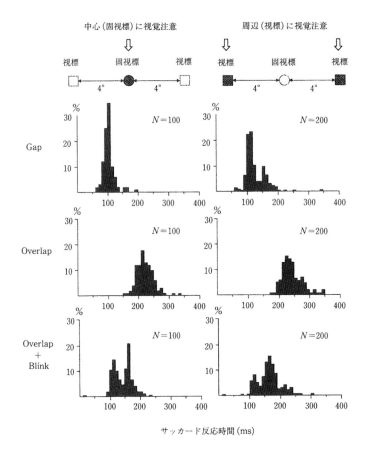

図 1.56 視覚誘導性サッカードの反応時間のヒストグラム[23]

の視覚情報を超短期記憶として補充することによって視覚の black-out を防止している可能性が示唆されている[22].

1.8.7 瞬目と視覚的注意

私たちが読書しているとき,文章の途中で瞬目は抑制され,句読点で瞬目が出現したり,あるいは,視覚課題に集中している状態から開放されたときに瞬目が群発するのはよく経験することである.このことから瞬目は視覚的注意や認知過程と密接に関係しており,高次の皮質連合野から制御されていることがわかる.先に述べた指向性運動に付随する瞬目も視覚的課題の要求度が高い場合は抑制される.線条体(尾状核)には前頭連合野からの強い入力が存在する(図 1.54).前頭連合野は種々の運動の制御および抑制に深くかかわっており,前頭連合野からの興奮性入力は黒質緻密帯からの入力と同様に基底核からの下降性抑制を減弱させ,瞬目の発生を抑制していると考えられる.

一方,視覚誘導性サッカードの反応時間(周辺視標が出現してから眼球運動が起こるまでの潜時)はヒトでは通常,約 200 ms であるが,Fischer らによって約 100 ms という非常に短い潜時で起こるサッカードの存在が報告され,エクスプレスサッカードと名づけられた[23].固視点の消灯と周辺視標出現の間に数百 ms の時間間隔(gap)をおく条件下と,固視点を点灯させたまま周辺視標を出現させる重複(overlap)条件下で比較すると,gap 条件でのみエクスプレスサッカードは出現し,overlap 条件では通常の反応時間より遅くなることが判明した(図 1.56).ところが overlap 条件下でも固視の途中で瞬目をさせる(彼らは人為的に固視灯を 15 ms 間消灯)と,エクスプレスサッカードが再び出現することが判明し,彼らはエクスプレスサッカードの発現には固視点への注意の固定(engagement)を解除することが必要であり,gap 条件や瞬目が注意の解除(disengagement)を受動的に成立させるうえで重要なはたらきをしていると考えている.この注意

の解除は連合野においては抑制や消去という積極的な能動的過程と考えられており，下頭頂小葉皮質(7a野)や下前頭葉膨隆領域が関与していると考えられている[24]．サルでは7a野(とくに頭頂間溝や上側頭溝前壁の後半部)の電気刺激で瞬目の誘発されることが知られている[25]．　　　　[新井田孝裕]

文献

1) 田多英興，山田冨美雄，福田恭介：まばたきの心理学―瞬目行動の研究を総括する―，北大路書房，1991
2) 新井田孝裕，向野和雄：Question and answer―まばたきの自動調節について―, Clinical Neuroscience, 7, 571-572, 1989
3) 向野和雄，新井田孝裕：眼瞼異常各論，眼科学大系第7巻，神経眼科(猪俣 孟，玉井 信，本田孔士編)，中山書店，pp. 623-644, 1996
4) 新井田孝裕，山田徹人，向野和雄，石川 哲：眼瞼運動記録法の新しい試み，日本眼科学会誌，89, 465-469, 1985
5) T. Niida, K. Mukuno and S. Ishikawa : Quantitative measurement of upper eyelid movements, Japanese Journal of Ophthalmology, 31, 255-264, 1987
6) T. Niida, K. Mukuno and S. Ishikawa : Quantitative measurement of upper lid movements. Highlights in Neuro-Opthalmology, Proc. of the Sixth Meeting of the International Neuro-Ophthalmology Society, Aeolus Press, Amsterdam, pp. 253-259, 1987
7) K. Mukuno, et al. : Three types of blink reflex evoked by supraorbital nerve, light flash and corneal stimulations, Japanese Journal of Ophthalmology, 27, 261-270, 1983
8) J. J. Pellegrini, A. K. E. Horn and C. Evinger : The trigeminally evoked blink reflex. I. Nueronal circuit, Experimental Brain Research, 107, 166-180, 1995
9) 平岡満里，天神光充，島村宗夫：閃光刺激によるネコの反射性瞬目，脳波と筋電図，10, 233-240, 1982
10) 上岡康雄，天神光充，平岡満里：対光瞬目反射の長潜時電位について，神経眼科, 2, 384-390, 1985
11) V. Di Lazzaro, D. Restuccia, R. Nardone, T. Tartaglione, A. Quartarone, P. Tonali and J. C. Rothwell : Preliminary clinical observations on a new trigeminal reflex : the trigemino-cervical reflex, Neurology, 46, 479-485, 1996
12) M. A. Basso, A. S. Powers and C. Evinger : An Explanation for reflex blink hyperexcitability in Parkinson's disease. I. Superior colliculus, Journal of Neuroscience, 16, 7308-7317, 1996
13) M. A. Basso and C. Evinger : An Explanation for reflex blink hyperexcitability in Parkinson's disease, II. Nucleus raphe magnus, Journal of Neuroscience, 16, 7318-7330, 1996
14) C. Evinger, M. A. Basso, K. A. Manning, P. A. Sibony, J. J. Pellegrini and A. K. E. Horn : A role for the basal ganglia in nicotinic modulation of the blink reflex, Experimental Brain Research, 92, 507-515, 1993
15) 根本 徹，吉田 寛，望月潤一，向野和雄，石川 哲：瞬目に伴う眼球運動の定量的分析―第1報．3種類の瞬目について―，日本眼科学会誌，99, 481-486, 1995
16) C. Evinger and K. A. Manning : Pattern of extraocular muscle activation during reflex blinking, Experimental Brain Research, 92, 502-506, 1993
17) K. Schmidtke and J. A. Büttner-Ennever : Nervous control of eyelid function : a review of clinical, experimental, and pathological data, Brain, 115, 227-247, 1992
18) C. Evinger, K. A. Manning, J. J. Pellegrini, M. A. Basso, A. S. Powers and P. A. Sibony : Not looking while leaping : the linkage of blinking and saccadic gaze shifts, Experimental Brain Research, 100, 337-344, 1994
19) J. G. McHaffie, C.-Q. Kao and B. E. Stein : Nociceptive neurons in rat superior colliculus : response properties, topography and functional implications, Journal of Neurophysiology, 62, 510-525, 1989
20) F. C. Volkmann : Human visual suppression, Vision Research, 26, 1401-1416, 1986
21) W. H. Ridder III and A. Tomlinson : Spectral characteristics of blink suppression in normal observers, Vision Research, 35, 2569-2578, 1995
22) V. A. Billock : Very short term visual memory via reverberation : A role for the cortico-thalamic excitatory circuit in temporal filling-in during blinks and saccades? Vision Research, 37, 949-953, 1997
23) B. Fischer and H. Weber : Express saccades and visual attention, Behavioral Brain Sciences, 16, 553-610, 1993
24) 岩井榮一：脳―学習と記憶のメカニズム，朝倉書店，1984
25) H. Shibutani, H. Sakata and J. Hyvärinen : Saccade and blinking evoked by microstimulation of the posterior parietal association cortex of the monkey, Experimental Brain Research, 55, 1-8, 1984

2

視覚系生理の基礎

2.1 網膜から一次視覚野

視覚刺激としての光は網膜で受容されて活動電位に変換される．この活動電位は網膜神経節細胞の神経軸索である視神経により網膜から出力され，視床の外側膝状体で中継されて大脳皮質一次視覚野（V1）に伝えられる．ヒトによく似た機能と構造の視覚系をもつサルの場合，大脳皮質において32にも及ぶ視覚関連領野が区別されており[1]，一次視覚野で処理された情報は，視覚前野から側頭葉を経る腹側視覚路と頭頂葉を経る背側視覚路の並列な投射路により前頭前野に出力される（図2.1）．

2.1.1 網　膜

網膜は眼球の底にある厚さ0.2〜0.25 mmの薄い膜であり，光は角膜および水晶体で屈折して網膜上に結像する．視覚情報処理は網膜の視細胞（photoreceptor）が光を受容し，膜電位応答に変換するところから始まる．視細胞の過分極性の受容器電位に変換された視覚情報は，双極細胞（bipolar cell）を経て神経節細胞（ganglion cell）において活動電位となり，視床の外側膝状体（lateral geniculate nucleus, LGN）へと出力される．水平細胞（horizontal cell）およびアマクリン細胞（amacrine cell）はこの網膜内情報処理の縦方向の流れを修飾し，周辺受容野の形成や桿体系光反応の形成などに関与する．

a．視細胞と光受容

網膜で光受容を行うのは視細胞である．視細胞には光に対する感度が高い桿体（rod）と感度の低い錐体（cone）があり，錐体はその光受容物質（視物質）のスペクトル吸収特性から3種類が区別される．すなわち長，中，短波長光にそれぞれ感度が高いL（またはR）錐体，M（またはG）錐体，S（またはB）錐体である．桿体視物質ロドプシンの分光吸収曲線は暗所視における視感度曲線に等しいことから，暗所視は主に桿体のはたらきによるものと考えられる．これに対し錐体は明所視，色覚に関与する．また錐体は中心窩中央部に限局して高密度に分布しており（図2.2(a)），そのために中心窩は最も空間解像力が高い．これに対して桿体は中心窩にはなく，その周囲から網膜周辺部にかけて広く存在し，視角28°付近で密度が最大となる．視細胞は双極細胞に直接入力を与えて双極細胞の受容野中心部分（中心受容野）の反応を形成するほか，抑制性細胞である水平細胞を介して双極細胞の周辺受容野（中心受容野とは逆の反応性をもつ）を形成し，これが後述する神経節細胞の中心-周辺拮抗性同心円型受容野のもとになる．

桿体における光受容の概要は以下のとおりである（図2.2(b)）．桿体は暗時に脱分極して伝達物質のグルタミン酸を放出している．桿体外節の円板膜にある視物質ロドプシン（視紅）は，オプシンというタンパク質にビタミンA_1のアルデヒドである11-シスレチナールという色素部分が結合している．

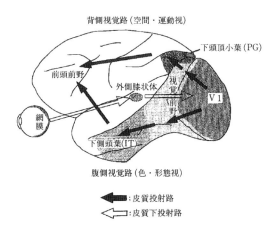

図2.1　サルの脳における視覚情報のながれ

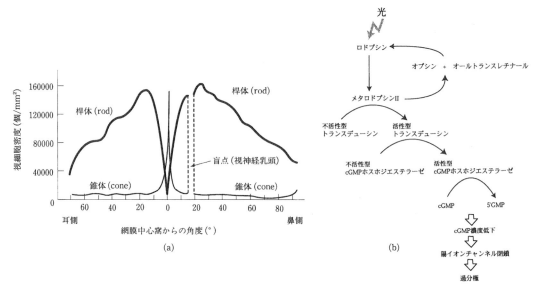

図 2.2　網膜視細胞の分布 (a) と桿体視物質 (ロドプシン) による光受容 (b)

桿体に光が当たり，ロドプシンに光が吸収されると一連の反応を経てオプシンとオールトランス型レチナールに分解されるが，この分解の過程で作られる中間生成物がトランスデューシンというタンパク質を活性化する．活性トランスデューシンはcGMP（環状グアノシン一リン酸）の分解酵素であるcGMPホスホジエステラーゼを活性化し，これにより桿体のcGMPは分解される．すなわち桿体に光が当たると，その細胞質中のcGMPが急速に減少する．この結果，桿体形質膜のcGMP感受性陽イオン透過性チャンネルが閉鎖して細胞外からの陽イオン（Na^+，Ca^{2+}など）の流入が停止し，過分極性の膜電位変化（受容器電位）が生じる．この過分極のために，桿体から双極細胞に対するグルタミン酸放出が止まり，双極細胞に脱分極性または過分極性の膜電位応答を生じる．錐体の視物質もレチナールとロドプシンのタンパク質に類似の錐体オプシンから構成されており，錐体における光受容メカニズムも桿体のそれとよく似ている．

b．網膜内信号伝達と受容野の形成

網膜内の情報の流れを図2.3に模式的に示す．双極細胞は外網状層において錐体，桿体とシナプスを作り，内網状層において神経節細胞の樹状突起や細胞とシナプスを作る．錐体から直接入力を受ける双極細胞には光刺激により錐体からのグルタミン酸放出が止まると脱分極するON型双極細胞と過分極するOFF型双極細胞の2種類があり[2]，それぞれON型，OFF型神経節細胞に直接出力する．ON型双極細胞のグルタミン酸受容体は代謝制御型[3]であり，グルタミン酸を受容すると過分極，すなわち極性反転型の応答を生じる．したがって，光照射（ON刺激）により代謝型グルタミン酸受容体による過分極が消失し興奮性応答が生じる（図2.3，経路A）．一方，OFF型双極細胞のグルタミン酸受容体はイオンチャンネル型（AMPA型）でありグルタミン酸を受容すると脱分極する．したがって，ON刺激に対しては活動抑制，光の消滅（OFF刺激）によって興奮性活動を生じる（経路B）．桿体から入力を受ける双極細胞はON型1種類のみ[2]であり，光照射時に桿体からのグルタミン酸放出が止まると脱分極する．桿体双極細胞は神経節細胞とは直接結合せず，AIIアマクリン細胞を介して神経節細胞に出力する（経路C，D）．

双極細胞から神経節細胞に対してはグルタミン酸が放出される．神経節細胞のグルタミン酸受容体はイオンチャンネル型（AMPA型，NMDA型）であるので神経節細胞はグルタミン酸により脱分極し，双極細胞と同じ極性の反応が生じる．錐体系では双極細胞の段階でON，OFFの反応様式が見られるのに対して，桿体系では，AIIアマクリン細胞の錐体系ON型双極細胞に対する電気シナプス（ギャップ結合）（経路C）と，OFF型神経節細胞に対する抑制性化学シナプスを介する出力（経路D）により神経節細胞のレベルでON反応，OFF反応を形成す

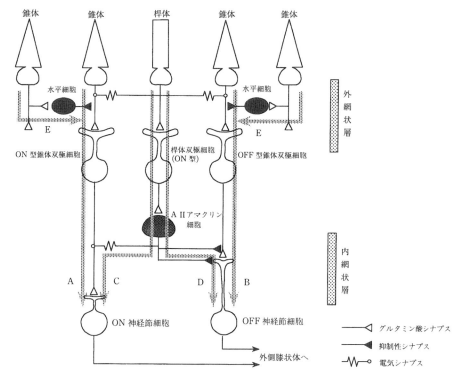

図 2.3 網膜の神経回路と受容野の形成メカニズム
A：錐体系 ON 反応形成路，B：錐体系 OFF 反応形成路，C：桿体系 ON 反応形成路，
D：桿体系 OFF 反応形成路，E：周辺受容野形成路.

る．

ON 型および OFF 型双極細胞はともに中心受容野と周辺受容野とで逆の反応を示すが，この周辺受容野の形成は水平細胞を介する（経路 E）．水平細胞は γ アミノ酪酸（GABA）を伝達物質とする抑制性ニューロンであり，視細胞から入力を受けるが，水平細胞間に強力な電気シナプスがあるために大きな受容野をもち，周囲の視細胞を抑制する．これを側抑制という．ある双極細胞の同心円受容野を考えたとき，中心部に受容野をもつ錐体がそれ自体に光照射を受けると過分極性の受容器電位を生じるが，それ自体に照射を受けずに周辺部のみが光照射されると，水平細胞が過分極して GABA 放出が減少するために，中心部の錐体に脱分極が生じる．その結果，双極細胞には中心と周辺の反応位相が逆の同心円型受容野が形成され，これが神経節細胞の同心円型受容野のもとになる．

c. 神経節細胞の機能分化

神経節細胞は網膜の出力細胞であり，この段階で明らかな機能的・形態的分化が見られ，視覚の並列情報処理経路の出発点となっている．サルの網膜神経節細胞は，形態的特徴から Pα 細胞（またはパラソル細胞，parasol cell）と Pβ 細胞（またはミジェット細胞，midget cell）および Pγ 細胞と呼ばれる最も小型の細胞に分類される．Pα 細胞は大きな細胞体と大きく広がる樹状突起をもち，網膜神経節細胞の約 10% を占め，網膜全体に均等に分布している．Pβ 細胞は Pα 細胞に比べて細胞体が小さく樹状突起野も狭い．神経節細胞の約 80% はこの Pβ 細胞であり，網膜の中心部に密に分布する．Pα と Pβ の 2 種類の細胞はいずれも円形の受容野の中心部と周辺部が逆位相の刺激に応答する，すなわち，ON 中心-OFF 周辺型あるいは OFF 中心-ON 周辺型の同心円型受容野をもつが，光刺激に対する応答特性はかなり異なる．Pα 細胞は樹状突起を広い範囲にはりめぐらすことによって大きな受容野をもち，速く動く刺激に対して一過性に反応する．光の波長（色）に対する選択性はなく，広い範囲の波長域に反応するので広域型（broad-band type, BB 型）と呼ばれる反応型を示す．このように Pα 細胞は時間分解能が高く，刺激の速い動きやタイミングの検出に利点をもつが，受容野が大きいので空間分

解能は低く,刺激の細かな形態特徴や色の検出には向かない.

これに対してPβ細胞は比較的小さな受容野をもち空間分解能が高い.刺激の速い動きには反応しないが,静止あるいはゆっくり動く空間周波数の高い刺激に対して持続的に反応する.また光の波長(色)に対して選択性を示し,例えば受容野の中心は赤い光のONに対して応答し,周辺が緑の光のOFFに対して応答するというような色対立型 color-opponent type(CO型)と呼ばれる反応型を示す.Pβ細胞は速い動きを伴わない物体の細かな形態特徴や色の検出に適している.上述のPα細胞を起源とする経路は大細胞系 (magnocellular system)[4],あるいはBBチャンネル (broad-band channel)[5],Pβ細胞を起源とする経路は小細胞系 (parvocellular system)[4],あるいはCOチャンネル (color-opponent channel)[5]と呼ばれ,これら2つの投射系が以後の並列な視覚情報処理経路を構成するもとになっている.

Pα細胞・Pβ細胞のほかに,Pγ細胞が網膜神経節細胞の残り約10%を占めるが,この細胞は細胞体が小さく樹状突起もまばらで,主に上丘に投射することが知られている.Pγ細胞はその機能特性があまり明らかでなく並列情報処理における位置づけが困難である.

2.1.2 外側膝状体

視床において視覚情報を大脳皮質一次視覚野に中継するのは外側膝状体(LGN)である.図2.4にサルのLGNの前額断面図(a)と網膜からLGNへの投射様式(b)を示す.網膜を出た神経節細胞の軸索,すなわち視神経は脳底の正中部で交差し,各眼の耳側網膜に由来する視神経は眼と同じ側の視床へ,鼻側網膜に由来する残り半分は反対側の視床に投射する(図2.4(b)).これにより各網膜の右半分で受容された情報,すなわち左視野の情報は右のLGNへ,逆に網膜の左半分で受容された右視野の情報は左のLGNに入力される.LGNからは同側の大脳皮質一次視覚野へ投射するので,右視野の情報は脳の左半球,左視野の情報は右半球で処理されることになる.

a. 層分化と並列投射

サルやヒトのLGNは6層構造をなし,各層は左右どちらかの眼から単眼性入力を受ける(図2.4).LGNニューロンの受容野の配列については整然とした網膜部位再現(retinotopic representation)が見られる.LGNは腹側から背側に向かって第1層から第6層まで番号がついている.第1,2層は大きな細胞体をもつニューロンで構成されるため大細胞層(magnocellular layer)と呼ばれ,網膜Pα神経節細胞から入力を受ける.大細胞層の中継ニュー

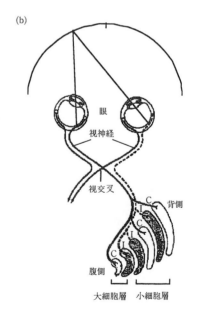

図2.4 外側膝状体と網膜からの投射
(a) サルの外側膝状体の前額断面図.(b) 網膜から外側膝状体への投射.I:同側眼からの投射を受ける層(2,3,5層),C:反対側眼からの投射を受ける層(1,4,6層).

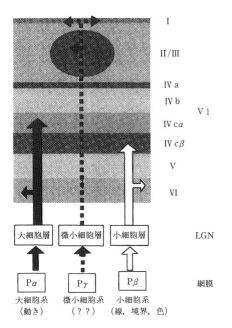
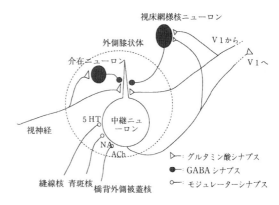

図2.5 一次視覚野の入出力と並列情報処理
II/III層の楕円の部分はブロブ．Pα：Pα神経節細胞，Pγ：Pγ神経節細胞，Pβ：Pβ神経節細胞．

図2.6 外側膝状体中継細胞に対する入力
ACh：アセチルコリン，NA：ノルアドレナリン，5HT：セロトニン．

ロンは一次視覚野の主にIVcα層に投射する（図2.5）．この系が大細胞系であり，運動視や空間視に必要な情報を運ぶと考えられている[4]．これに対して背側の第3, 4, 5, 6層は小さな細胞体をもつニューロンで構成される．これらの層は小細胞層（parvocellular layer）と呼ばれ，網膜のPβ神経節細胞から入力を受ける．小細胞層の中継ニューロンは一次視覚野の主にIVcβ層に投射する（図2.5）．この系が小細胞系であり，形態視や色覚に必要な情報を運ぶ[4]．大細胞系と小細胞系は機能的に分化した並列投射路を構成している．LGNの6つの層の間には網膜のPγ神経節細胞から入力を受け，特殊な免疫染色性をもつ細胞集団が存在し，微小細胞層（koniocellular layer）と呼ばれる層構造をなしている．この微小細胞層からはV1のI～III層への直接投射があり，LGNからV1への第3の並列投射路を構成している[6]（図2.5）．この系については眼球運動との関連や，V1ニューロンの活動性の調節などの役割が示唆されているが不明の点が多い．

b． 神経回路と反応特性

LGNは視覚情報を大脳皮質に送り込むためのゲート機能を果たしており，大脳皮質における情報処理の必要に応じてLGNからの出力レベルが調節されていると考えられる．LGNを中心とする神経回路を図2.6に示す．網膜からの入力はLGN中継ニューロンによってV1に出力されるが，中継ニューロンの軸索側枝は抑制性アミノ酸であるγアミノ酪酸GABAを伝達物質とする視床網様核（thalamic reticular nucleus）のニューロンをドライブし，これにより反回性抑制がLGNニューロンに与えられる．しかし，LGNニューロンの活動を最も強くコントロールしているのは視覚野である．LGNに入力する最も多数の神経線維はV1のVI層錐体細胞からのものであり，例えばネコのLGNにおけるシナプス終末の40～50％が皮質由来であるのに対して，網膜由来のものはわずか10～15％である．また，LGNに限らず視床の感覚中継核にはアセチルコリン，ノルアドレナリン，セロトニンなど脳幹由来の神経調節性シナプスも豊富に見られる．アセチルコリン投射は橋背外側被蓋核，ノルアドレナリン投射は青斑核，セロトニン投射は背側縫線核よりそれぞれ生じている．これらは特定の視覚情報の処理に関与しているというよりは，ニューロモジュレーターとして脳の全体的な活動水準に応じてLGNニューロンの活動性を調節しているものと見られる．睡眠時など覚醒レベルの低い状態にある場合，LGNの中継細胞は自発的に律動的なバースト発火をしているが，アセチルコリンやノルアドレナリンは中継細胞のわずかな脱分極を引き起こし，その結果自発発火が抑制される．このようなアセチルコリンやノルアドレナリンの作用はそれぞれムスカリン性受容体，α1受容体を介しており，中継細胞の活動性を休止状態から視覚情報を皮質に伝達するのに適当なモードにスイッチングする機能をもつものと考えられる[8]．

LGNニューロンの約75％は視覚皮質に出力する中継ニューロンであり，残り25％は抑制性介在ニューロンである．網膜神経節細胞からの求心性線維はそれぞれ5〜50個のLGNニューロンを支配するが，個々のLGNニューロンは通常1個の網膜神経節細胞から入力を受け，この投射路における入力の収束はほとんどない．このためLGNニューロンの受容野の大きさや基本的な光応答特性は単眼反応性であることを含めて網膜神経節細胞のそれとほとんど変わらず，主な受容野タイプは中心と周辺の応答位相が逆になる同心円型受容野である．網膜のPβ細胞からの入力を受ける小細胞層ではニューロンの大半が受容野の中心と周辺とで異なるスペクトル感度を示す色対立型（I型：小細胞層ニューロンの約80％）か，同一の受容野部分が例えば赤ではON反応，緑ではOFF反応というような光のスペクトルによって反応の相が逆転する色対立型（II型：約10％）の応答を示す[9]．これに対してPα細胞から入力を受ける大細胞層では，ニューロンは広い範囲のスペクトルに反応し，色特異性を示さない．またLGNのニューロンは視覚野で見られるような刺激の傾きに対する選択性（方位選択性）や運動方向に対する選択性（方向選択性）を示さない．

2.1.3 一次視覚野 (primary visual cortex)

視覚情報は外側膝状体で中継され，大脳皮質一次視覚野（V1，ブロードマンの17野）に入力される．V1では，外側膝状体では見られないニューロンの両眼反応性やさまざまの刺激特徴抽出的反応性が認められるようになる．V1からは色・形態視情報と空間・運動視情報が視覚前野に分配出力され，それぞれ側頭連合野を経由する腹側投射路と頭頂連合野を経由する背側投射路の2つの並列情報処理経路が構成される（図2.1）．

a．機能と構造の分化

1) 視野地図

ヒトとよく似た視覚機能をもつサルのV1は後頭葉皮質の背側面に広く露出している．ニホンザルのV1の位置と範囲を図2.7に示す．V1は外側から見て月状溝の後方かつ下後頭溝の上方に相当する部位（図2.7(a)，陰影部分）であり，内側から見ると鳥距裂溝およびその上行枝・下行枝の溝壁周辺（図2.7(b)，陰影部分）である．ヒトのV1の大部分は後頭葉内側面の鳥距裂溝周辺を占め，後頭葉背側面にはほとんど露出しない．

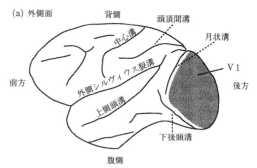
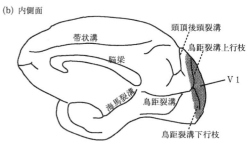

図2.7 サル一次視覚野の位置
(a) 外側面，(b) 正中内側面．陰影部が一次視覚野．

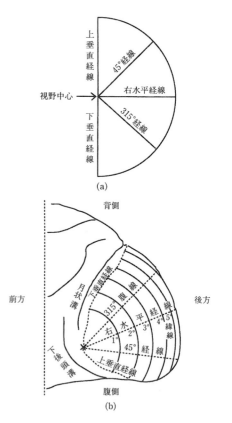

図2.8 一次視覚野の視野地図
右視野(a)と対応する左半球V1外側面の視野地図(b)，×印は中心窩対応部位．

一側のV1には，反対側の視野に関する情報が両眼から入力される．すなわち，左半球のV1は右視野，右半球のV1は左視野の情報を処理する．ただし，それぞれの網膜の左右視野の境界（垂直経線）に対応する部分からは両半球に対してオーバーラップした投射があり[10]，これにより視野の中央部分の知覚の整合性が生じると考えられる．網膜に投影された外界の2次元像は視野内の位置についての連続性をもつが，この網膜部位再現性はV1においても保持されている．視野上の場所とV1における再現部位の対応を表す視野地図 (visual field map) を図2.8に示す．V1外側の月状溝と下後頭溝が近接するところ（図中×印）が網膜中心窩に対応する場所であり，そこから正中方向に向かって離れるにつれてニューロンの受容野は視野の周辺へと動く．V1の背側方は視野の下方，腹側方は視野の上方に対応する．V1は視野全体を均等に処理しているわけではなく，中心視野の情報を処理する部分が周辺視野のそれに比べてずっと広い．サルでは中心視野対応部位では視角1°の情報をV1上の30 mmの範囲で処理するが，例えば視野中心から60°偏位した周辺視野については視角1°を0.1 mmの皮質範囲で処理する．すなわち注視すべき対象の情報は中心視で詳細に処理し，周辺視野については詳細な形態情報の処理をせずにおおづかみな位置や動きなどの処理のみをする．

2) 層分化と細胞構築

V1灰白質は他の新皮質同様に6つの層からなる（図2.9）．外側膝状体 (LGN) からの求心性線維が入力するIV層はIVa，IVb，IVcα，IVcβの4つの亜層からなり，組織標本では細胞密度の低いIVb層が皮質表面に平行な縞模様 (Gennariの線条) となって見えるため，V1は有線野あるいは線条野 (striate cortex) とも呼ばれる．これらの層構造は図2.9(a)のようにニッスル染色 (A) によってもチトクローム酸化酵素染色 (B) によっても可視化できる．この層の見え方の違いは，細胞の種類および密度の違いを反映したものであるが，各層は入出力関係がそれぞれ異なり，機能的にも分化している．また，II/III層においてチトクロム染色で濃染された部分（矢印）はブロブ (blob) と呼ばれる．ブロブは脳表面に平行な割面のII/III層切片では直径150〜200μm程度の多数の斑点状に見え，これがブロブ（斑点）と呼ばれるゆえんである．

V1ニューロンはスパイン（棘）の多い樹状突起をもつ有棘細胞 (spiny cell) とスパインのない樹状突起をもつ無棘細胞 (smooth cell) に大別され，前者は興奮性，後者は抑制性である．有棘細胞は星状細胞 (stellate cell) と錐体細胞 (pyramidal cell) に区別される．V1ニューロンの約10%を占める星状細胞はIVc層に高密度に分布し，LGNニューロンの求心性線維からの入力を直接受けて錐体細胞に連絡する．すなわち，星状細胞はV1における情報処理の初段階に位置する細胞である．星状細胞には，光刺激の照射開始（オン）にのみ反応する領域と消滅（オフ）にのみ反応する領域とが交互に並ぶ単純型受容野をもつ単純型細胞[12] (simple cell) やLGNニューロンのような単眼性かつ円形のオンまたはオフのみの受容野をもつ細胞が見られる．星状細胞は他の領野に投射せずV1内での局所的な神経回路を形成する．LGNからの求心性線維は主にIV層に終わり，その反応特性からしてもIV層がV1の主な入力層と考えてよいが，しかし，V1のほぼすべての層がLGNからの単シナプス性入力を多少なりとも受け，また有棘星状細胞，無棘星状細胞，錐体細胞のいずれもが求心性線維の直接のターゲットとなる．

これに対して主にIVc層以外に分布する錐体細胞は全皮質ニューロンの70〜80%を占めIV層以外に分布する．光反応特性から見ると，受容野内のどの場所もオンとオフの両方に反応する複雑型細胞[12] (complex cell) や，受容野よりもずっと短いスリット刺激に最大応答を示す超複雑型細胞 (hypercomplex cell) と呼ばれるタイプのニューロンである．錐体細胞は他の領野に投射する出力細胞である．

抑制性細胞である無棘細胞は，形状によって少なくとも10種類程度に分類されており，バスケット細胞，シャンデリア細胞，ダブルブーケ細胞などと呼ばれる．これらは単純型もしくは複雑型の受容野をもつ．抑制性細胞のほとんどは局所的な神経回路を形成するが，大バスケット細胞と呼ばれる少数の抑制性細胞は数mmにわたって軸索を伸ばし，広い範囲に抑制性の影響を与える．

3) V1の並列情報処理

V1の入出力様式を図2.9(b)に示す．LGNからの3系の投射はV1において相互作用した後，新たな3つの投射路を構成して視覚前野に出力される．色や，あまり速い動きを伴わない刺激の詳しい形態情報は小細胞系投射によりV1のIVcβ層に入力された後，主にII/III層のブロブおよびブロブ間

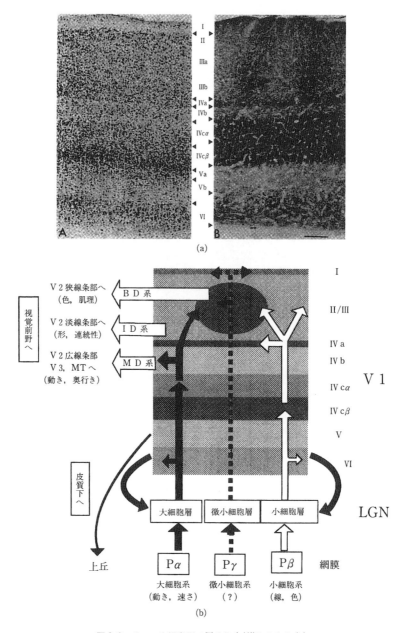

図 2.9 サル一次視覚野の層分化 (a)[11] と入出力 (b)
(a) において A：ニッスル染色，B：チトクロム酸化酵素染色．矢印はブロブを示す．前額断．スケールは 200 μm.
(b) V 2：二次視覚野，V 3：三次視覚野，MT：中側頭葉皮質 (V 5)，BD 系：blob-dominated stream，ID 系：interblob-dominated stream，MD 系：magno-dominated stream.

領域 (interblob) へと送られる．ブロブには大細胞系，および微小細胞系の情報も与えられており，それらが統合された後，BD 系 (blob-dominated stream[13]) として V 2 のチトクロム酸化酵素染色で濃染される細い縞，狭線条領域 (thin stripe) に出力される．この系は色や肌理（きめ）など物体の表面属性についての情報を運んでいると考えられている．ブロブ間領域に与えられた小細胞系情報は ID 系 (interblob-dominated stream[13]) として V 2 の淡線条領域 (pale stripe または interstripe) に投射する．このブロブ間領域から出力される系は物体の形や連続性などに関する情報を運ぶと考えられてい

る．これら2つの系はV4を経てIT（下側頭回）に至る色・形態視経路，すなわち腹側視覚路（ventral visual pathway）（図2.1）を構成する．

一方，大細胞系投射は，色選択性がなく，刺激の動きや比較的粗い刺激パターンに関する情報をV1のIVcα層に入力し，さらにIVb層，II/III層ブロブへと情報が伝えられる．IVb層からはMD系（Magno-dominated stream[13]）としてV2の広線条領域（thick stripe），V3およびMTへ出力されて頭頂連合野に至る背側視覚路（dorsal visual pathway）（図2.1）を構成する．この系は運動視や空間視の情報を処理する．

V1のV層はII/III層から入力を受けて皮質下の上丘などに出力し（図2.9），視対象の定位に必要な眼球運動の制御に関与すると考えられる．V層の錐体細胞は樹状突起をII/III層に伸ばすが，またII/III層の錐体細胞はV層の上部で軸索側枝をかなり広い範囲にはり，これによりV層ニューロンは大きな受容野をもち，広い範囲の視野情報を受けて眼球運動を制御することになる．またVI層錐体細胞は浅層およびV層からの入力を受けて，LGNに対してフィードバック投射をする（図2.9）．このLGNに対する下行性投射は小さく限局した受容野をもつVI層細胞から生じており，そのニューロンと同じ位置に受容野をもつLGNニューロンの活動を同期させることが報告されている[7]．その結果，視野内の特定の対象についての同期性の高い入力がV1に与えられ，V1ニューロンは効率的に発火することになる．これは，注意を向けている視覚対象に関する情報をV1からの下行性制御によってLGNから選択的に出力させるための機構となっている可能性が考えられる．

4) 特徴抽出性と機能ドメイン

時々刻々変化する膨大な量の視覚情報を限られた容積の視覚皮質で処理するためには，非常に高速かつ効率的な情報処理を可能にするように，視野内の刺激特徴がV1において無駄なく配列表現される必要がある．V1ニューロンは刺激図形の特定の大きさ，長さ，傾き，運動方向，色，空間周波数などに選択的な反応性を示す（図2.10）．このような特徴抽出的光反応性（刺激特異性，stimulus-specificity）は，

(1) 視床からの求心性線維終末が特定の刺激特徴にチューニングした入力を皮質細胞に与えるように収束すること[12,14]

(2) 皮質内興奮性結合による反応の増幅[15]

(3) 皮質内抑制性によって発火閾値が高まることによる選択性の強化[16,17]

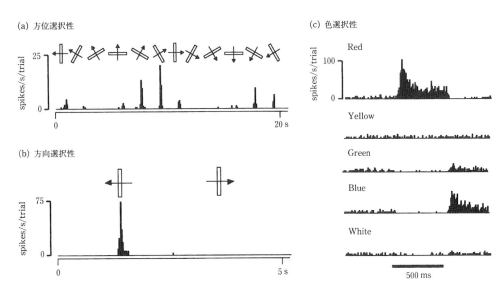

図2.10 一次視覚野ニューロンの刺激特徴抽出性

(a) 方位選択性[6]．上に示したさまざまの傾き（方位）のスリットを矢印の方向に動かして受容野を刺激したときのIII層ニューロンの反応スパイクヒストグラム．5時/11時の傾きの刺激に最もよく反応し，直交する傾きには反応しない．(b) 方向選択性．垂直のスリットを左方向に動かしたときには明瞭な応答を示したが，右方向に動かしたときには反応しなかった．IVb層ニューロン．(c) 色選択性[17]．III層ブロブニューロンの受容野中心部分をCRTディスプレイ上の色スポットで500 ms（下線部分）刺激した．赤スポットに対してオン反応，緑，青スポットに対してオフ反応を示した．

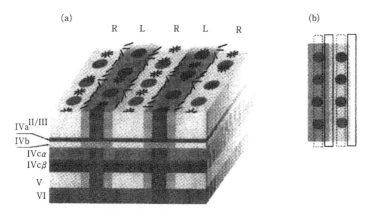

図2.11 サルのV1における機能ドメインの配列
(a) 機能ドメインの配列．R：右眼優位コラム，L：左眼優位コラム．眼球優位性コラム中央の丸はブロブ，さまざまの傾きの線分は方位ドメイン．方位ドメインが花びら状になっているのがpinwheel．(b) 線や形を検出する領域(実線で囲まれた部分)と表面特徴を検出する領域(破線で囲まれた部分)．左右の眼球優位性コラムを上から見た図．

などのメカニズムで形成される．V1ニューロンの特徴抽出性の意義は，視対象の形状に関する要素的特徴を定量的に表現し，高次視覚野に対して分配出力することであろう．

V1のほとんどすべてのニューロンが何らかの特徴抽出性を示すが，おのおののニューロンがランダムに特徴抽出性を備えているのではなく，ある共通の刺激特徴に選択的に反応するニューロン群がドメインを形成し，皮質の表層から深層まで灰白質を貫くように規則的に配列されている．このような縦方向の機能的構造は機能円柱(functional column)あるいは機能ドメイン(functional domain)と呼ばれ，情報処理の機能的単位と考えられている．図2.11(a)に光学計測実験の結果[18]に基づく機能ドメインの配列モデルを示す．ニューロンが左右どちらの眼からの入力により強く反応するかを眼球優位性(ocular dominance)というが，この眼球優位性を等しくするニューロン群の柱状分布が眼球優位性コラム[19]あるいは眼球優位性スラブである．おのおのの眼球優位性コラムは幅が約350 μmであるが長軸方向の長さは不特定であり10 mm以上の長さをもつものもある．ブロブはこの眼球優位性コラムの中央部に位置し，色や肌理など物体の表面属性情報を扱う機能ドメインと考えられる．

左右の眼球優位性コラムの境界付近で長軸方向に沿って記録されるニューロンの刺激の傾きに対する選択性(方位選択性, orientation selectivity)を調べるとその最適方位は連続的に変化し，皮質表面に平行な方向に約50 μmで10°ずれる．すなわち同じ場所においては同じ刺激方位を処理するニューロン群が柱状に分布して方位選択性コラムを構成し，眼球優位性コラムの長軸方向約1 mmの皮質で180°の全方位がカバーされる[19]．この左右の眼球優位性コラムの境界の方位選択性が線形に変化する領域(図2.11(b)の実線で囲まれた部分)は物体のエッジや形の検出に適当な反応特性を備えているといえる[21]．これに対して眼球優位性コラムの中央部分，すなわち同一眼球優位性コラム内でブロブを結ぶ領域(図2.11(b)の点線で囲まれた部分)ではニューロンの最適方位の変化が激しく，特異点singularityと呼ばれる点を中心にして0°から180°までの傾きに選択性を示すニューロンがぐるりと風車の羽根状に連続的に配列されている．このような構造はpinwheel(風車)と呼ばれる．ただしブロブニューロンの多くは方位選択性が不明瞭であり，pinwheelの特異点とブロブの中心とは相関がないとされている．この眼球優位性コラムの中央部分は色やテクスチャなど物体表面の性状の処理に寄与していると考えられる[20]．方位選択性ドメインはさらに反対方向の動きに選択性を示す2つの方向選択性ドメインに区分されることも報告されている[21]．

2.1.4 視野の統合とダイナミクス

われわれの視覚認知には上述したようなV1ニューロンの特徴抽出的な反応特性だけでは説明できない点が多い．視野内には非常に複雑な刺激特徴がさまざまな組み合わせで存在しているが，われわれはそのなかで，個々のまとまりをもった物体を知

覚する．そしてあるものを見ているときには，周囲は背景となる．V1は視野内の知覚対象の図形特徴を単に要素的に抽出しているわけではなく，物体としてのまとまりをもたせるようなつじつま合わせや図と地(背景)の分化など，視野を統合したり分節化したりするメカニズムがそこに存在していることが最近報告されている．例えば，V1ニューロンの受容野を刺激する場合に，受容野が視野において「図，figure」となる図形パターンによって刺激される場合と，「地，background」の一部となるパターンで刺激される場合とでは，前者の場合にはるかに強い反応を生じる[22]．

また，ニューロンの受容野に適当な傾きの線分あるいはストライプ刺激を呈示する場合，受容野の周囲に異なる傾きの線分やストライプがある場合にはよく応答するが，受容野と同じ傾きの刺激があり，受容野の刺激が周囲と群化するような条件では反応が強く減弱する[23]．すなわちV1ニューロンは受容野内の刺激に関する入力のみを受けているのではなく，広範囲の視野空間の情報を統合するような入力によってもその活動がコントロールされているのである．そのような入力を与えるメカニズムとして，①上位中枢からの投射，②下位中枢からの投射，③V1内の神経結合(とくに，錐体細胞の軸索側枝を介する長距離の横方向の結合：水平結合)を介するものなどが示唆されているが，これらは独立にはたらいているわけではなく，それぞれの活動が時空間的に密接に関連し合うことによってV1の情報処理機能が成立していると考えられる．

［佐藤宏道］

文　献

1) D. J. Felleman and D. C. Van Essen : Distributed hierarchical processing in the primate cerebral cortex, *Cerebral Cortex*, **1**, 1-47, 1991
2) H. Wässle, M. Yamashita, U. Greferath, U. Grunert and F. Muller : The rod bipolar cell of the mammalian retina, *Visual Neuroscience*, **7**, 99-112, 1991
3) Y. Tanabe, M. Masu, T. Ishii, R. Shigemoto and S. Nakanishi : A family of metabotropic glutamate receptors, *Neuron*, **8**, 169-179, 1992
4) M. Livingstone and D. Hubel : Segregation of form, color, movement, and depth : anatomy, physiology, and perception, *Science*, **240**, 740-749, 1988
5) P. H. Schiller and N. K. Logothesis : The color-opponent and broad-band channels of the primate visual system, *Trends in Neuroscience*, **13**, 392-398, 1990
6) V. A. Casagrande : A third parallel visual pathway to primate area V1. *Trends in Neuroscience*, **17**, 305-310, 1994
7) A. M. Sillito, H. E. Jones, G. L. Gerstein and D. C. West : Feature-linked synchronization of thalamic relay cell firing induced by feedback from the visual cortex, *Nature*, **369**, 479-482, 1994
8) D. A. McCormick : Cellular mechanisms underlying cholinergic and noradrenergic modulation of neuronal firing mode in the cat and guinea pig dorsal lateral geniculate nucleus, *Journal of Neuroscience*, **12**, 278-289, 1992
9) T. N. Wiesel and D. H. Hubel : Spatial and chromatic interactions in the lateral geniculate body of the rhesus monkey, *Journal of Neurophysiology*, **29**, 1115-1156
10) Y. Fukuda, H. Sawai, M. Watanabe, K. Wakakuwa and K. Morigiwa : Nasotemporal overlap of crossed and uncrossed retinal ganglion cell projections in the Japanese monkey (*Macaca fuscata*), *Journal of Neuroscience*, **9**, 2353-2373, 1989
11) D. Fitzpatrick, J. S. Lund and G. G. Blasdel : Intrinsic connections of macaque striate cortex : afferent and efferent connections of lamina 4C, *Journal of Neuroscience*, **5**, 3329-3349, 1985
12) D. H. Hubel and T. N. Wiesel : Receptive fields, binocular interaction and functional architecture in the cat's visual cortex, *Journal of Physiology (London)*, **160**, 106-154, 1962
13) D. C. Van Essen and J. L. Gallant : Neural mechanisms of form and motion processing in the primate visual system, *Neuron*, **13**, 1-10, 1994
14) D. Ferster, S. Chung and H. Wheat : Orientation selectivity of thalamic input to simple cells of cat visual cortex, *Nature*, **380**, 249-252, 1996
15) R. J. Douglas, C. Koch, M. Mahowald, K. A. C. Martin and H. S. Humbert : Recurrent excitation in neocortical circuits, *Nature*, **269**, 981-985, 1995
16) H. Sato, N. Katsuyama, H. Tamura, Y. Hata and T. Tsumoto : Mechanisms underlying orientation selectivity of neurons in the primary visual cortex of the macaque, *Journal of Physiology (London)*, **494**, 757-771, 1996
17) H. Sato, N. Katsuyama, H. Tamura, Y. Hata and T. Tsumoto : Broad-tuned chromatic inputs to color-selective neurons in the monkey visual cortex, *Journal of Neurophysiology*, **72**, 163-168, 1994
18) G. C. Blasdel : Differential imaging of ocular dominance and orientation selectivity in monkey striate cortex, *Journal of Neuroscience*, **12**, 3115-3138, 1992
19) D. H. Hubel and T. N. Wiesel : Functional architecture of macaque monkey visual cortex, *Proceedings of the Royal Society of London*, **B198**, 1-59, 1977
20) G. Blasdel and K. Obermayer : Putative strategies of scene segmentation in monkey visual cortex, *Neural Networks*, **7**, 865-881, 1994
21) M. Weliky, W. H. Bosking and D. Fitzpatrick : A systematic map of direction preference in primary visual cortex, *Nature*, **379**, 725-728, 1996
22) V. A. F. Lamme : The neurophysiology of figure-ground segregation in primary visual cortex, *Journal of Neuroscience*, **15**, 1605-1615, 1995
23) D. C. Van Essen, E. A. De Yoe, J. F. Olavarria, J. J. Knierim, J. M. Fox, D. Sagi and B. Julesz : Neural responses to static and moving texture patterns in visual cortex of the macaque monkey, In Neural Mechanisms of Visual Perception (eds. D. M. K. Lam and C. D. Gilbert), Portfolio Publishing, Texas, pp.

137-156, 1989

2.2 V1以外の視覚領野の構成と機能分化

2.2.1 視覚領野の構成

大脳皮質に伝えられてV1(一次視覚野)で処理された視覚情報は，V1の前方の皮質に伝えられそこでさらなる処理を受け，さまざまな知覚を生じ行動に利用される．マカクザルの場合，大脳新皮質のなかで主に視覚情報処理に関係すると考えられる領域は全体の約半分を占めると考えられている．V1はそのうちの2割程度を占め，残りはV1以外の視覚領野ということになる．V1以外の視覚領野にはV2，V3，V4，MTなどの視覚前野(prestriate cortex)の諸領域，下側頭連合野，頭頂連合野の一部，前頭前野の一部が含まれる．

V1以外の視覚領野は網膜対応地図，線維連絡，ニューロンの刺激選択性などの知見に基づいて数多くの領野に区別されている．図2.12はFellemanとVan Essenが，それまでの数多くの研究結果を整理して大脳皮質を領野分けしたものである[1]．この図はマカクザルの大脳皮質を2次元的に展開し，そこに領野の境界と名称を示している．図のなかで灰色で塗られた部分が，主に視覚情報処理にかかわると考えられる領域である．

これらの領野のそれぞれはほかの多くの領野と神経線維でつながっている．これらの線維連絡にはいくつかの基本的なパターンが見いだされる．図2.13はそれらのパターンを示したものである．上から順に上向性(ascending)結合，側方(lateral)結合，下向性(descending)結合と呼ばれるパターンである．上向性結合はまたフィードフォワード結合，下向性結合はまたフィードバック結合とも呼ばれる．図にはこれらの線維連絡の起始細胞と終末の層分布を示している．上向性結合の終末は主に4層に，側方結合の終末は全層に，下向性結合の終末は4層以外に

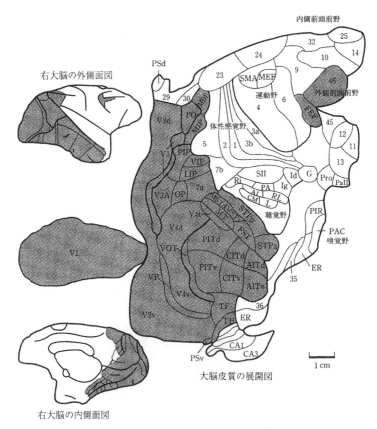

図2.12 サルの大脳皮質の領野地図[1]
サルの大脳皮質の外側面(左上)，内側面(左下)と大脳皮質を2次元的に展開して領野の境界とその名称を書き込んだ図．図中で灰色に塗ってある部分が視覚に関連した領野を示す．

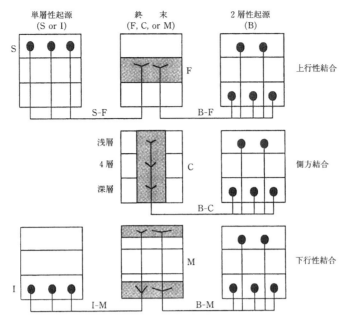

図 2.13 サル大脳視覚領野間の階層関係を示す線維連絡のパターン[1]
上が上向性結合,中が側方性結合,下が下向性結合のパターンを示す.それぞれ右と左は起始細胞の層分布(黒丸が細胞体)を示し,中が線維終末の層分布を示す.

終わる.また上向性結合の起始細胞は浅層に多く,下向性結合の起始細胞は深層に多く見られる.V1を大脳皮質における視覚情報処理の出発点とみなして,このような結合パターンによってさまざまな領野の階層的な関係を求めることができる.図 2.14は Felleman と Van Essen が図 2.12 で示した領野間のそのような関係をまとめたものである.

2.2.2 視覚領野の機能分化

視覚前野に存在する数多くの領野は図 2.15 に示すように頭頂連合野に向かう経路と,下側頭連合野に向かう経路の中に位置づけることができる.頭頂連合野と下側頭連合野は異なる機能をもつことが破壊実験の結果示されている.前者は空間や動きの認知,あるいは視覚による運動制御といった機能にかかわっていると考えられているのに対し,後者は物体が何であるかを視覚的に識別する機能に関係する[2].このような連合野の機能分化に対応して,それぞれの経路に含まれる領野には刺激選択性の違いが見られる.頭頂連合野やその経路に位置する領野では動きの方向や速度に選択性を示すニューロンや,眼球運動や物体に手を伸ばす運動に関係して活動するニューロンが多く見られる.一方,下側頭連合野やその経路に位置する V 4 野などでは,色や図形の形に選択性を示すニューロンが多く見られる.頭頂連合野に向かう経路は背側経路と呼ばれ,下側頭連合野に向かう経路は腹側経路と呼ばれる.これらの経路の内容については 2.3 節, 2.4 節で述べられる.

網膜から V 1 への視覚経路は外側膝状体の小細胞層で中継される小細胞系(Parvo 系)と大細胞層で中継される大細胞系(Magno 系)から構成される.1980 年代後半には Magno, Parvo 系と大脳視覚野における機能分化の関係が大きなトピックとなった[3].チトクロムオキシダーゼの染色を行うと,V 1 と V 2 野において皮質表面に沿って規則的な構造が認められる.V 1 の 2, 3 層には斑点状に濃く染まる場所が見られブロブと呼ばれる.V 2 には濃く染まる部分とあまり染まらない部分(薄い縞)が交互に縞状に繰り返す構造が見られる.さらに濃く染まった縞は細い縞と太い縞が交互に現れる.V 2 の太い縞は V 1 の 4b 層から投射を受けるとともに MT や V 3 に投射しており,背側経路の一部と位置づけられる.V 2 の細い縞と薄い縞はそれぞれ V 1 のブロブとブロブ間領域から投射を受け,V 4 に投射しており,腹側経路の一部と位置づけることができる[3].これらの関係を図 2.16 に模式的に示す.

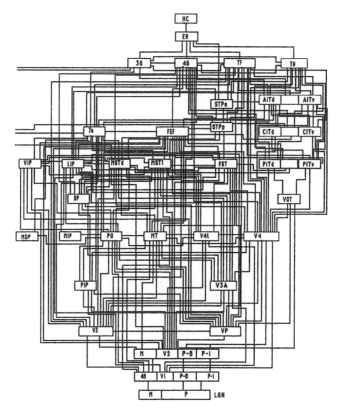

図 2.14 サル大脳視覚領野間の結合関係[1]
それぞれの四角が1つの領野を示す．線維連絡をもつ領野間を線で結んである．領野は外側膝状体を起点として階層に従って下から上に向かって並べてある．左はしのとぎれた線は体性感覚関連領野への結合を示す．

外側膝状体の大細胞層と小細胞層のそれぞれを選択的に薬物でニューロン活動をブロックして背側経路に属するMTと腹側経路に属するV4でそれぞれの系からの入力の寄与を調べると，MTはMagno系の寄与が76％でParvo系の寄与が4％と主にMagno系由来の視覚情報を受け取るのに対し，V4ではMagno系の寄与が47％に対しParvo系の寄与が36％であった[4,5]．このことは背側経路がMagno系から主な信号を受け取るのに対し，腹側経路にはMagno, Parvo両方の信号が混ざっていることを示唆している．同じ方法を用いた研究により，腹側経路に信号を送り出すV1の浅層ですでにMagno, Parvo両方の寄与が示されている．このようにV1以前と以後の視覚経路の機能分化はそのまま対応関係が成立しているわけではなく，V1のなかでMagno系とParvo系の信号は再配分され，視覚前野の異なる経路に送り出されているのである．

腹側経路と背側経路のあいだには少なくとも2種類の経路で情報のやりとりがなされていることが知られている．1つは腹側経路に属する領野と背側経路に属する領野間の直接の結合によるものである．例えば，V4とMTには線維連絡が存在する．もう1つはフィードバック結合を介するものである．例えばV2でMTに投射するのは太い縞の領域であるが，MTからV2へのフィードバック結合の線維終末は太い縞だけではなく，細い縞や薄い縞の領域にも分布する．それらの場所でMTからフィードバックされた信号が，V1のブロブやブロブ間からやってきた情報と相互作用をもち，その結果が腹側経路に伝えられるという可能性が考えられる[6]．
〔小松英彦〕

文　献

1) D. J. Felleman and D. C. Van Essen: Distributed hierarchical processing in the primate cerebral cortex, *Cerebral Cortex*, **1**, 1-47, 1991
2) L. G. Ungerleider and M. Mishkin: Two cortical systems, In Analysis of Visual Behavior (eds. D. J. Ingle,

2.2 V1以外の視覚領野の構成と機能分化

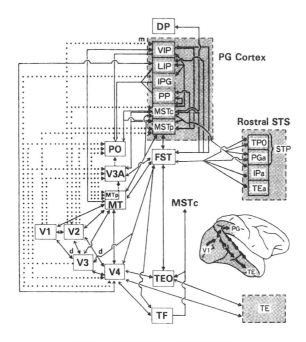

図 2.15 腹側視覚経路と背側視覚経路[7]
サル視覚領野の結合関係を示す．V1を起点とする視覚経路は大きく下側頭皮質 (TEOとTE) に向かう腹側経路と頭頂連合野 (PG Cortex) に向かう背側経路に分かれる．これら2つの経路は図中右方のサルの大脳外側面の中にそれぞれTEとPGに向かう矢印として模式的に示されている．この図の真ん中の上側頭溝に沿った矢印はMT，FSTを経て上側頭溝内で前方の領野 (Rostral STS) に向かう経路を示す．

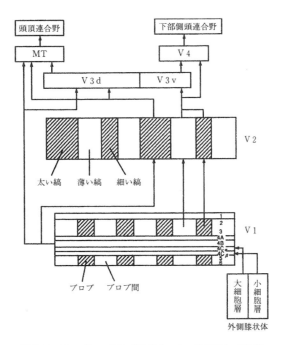

図 2.16 V1，V2の解剖学的構造と大脳視覚経路の関係[8]

M. A. Goodale and R. J. W. Mansfield), MIT Press, Cambridge, pp. 549-580, 1982
3) M. Livingstone and D. Hubel : Segregation of form, color, movement, and depth : Anatomy, physiology, and perception, *Science*, **240**, 740-749, 1988
4) V. P. Ferrera, T. A. Nealy and J. H. R. Maunsell : Mixed parvocellular and magnocellular geniculate signals in visual area V4, *Nature*, **358**, 756-758, 1992
5) J. H. R. Maunsell, T. A. Nealey and D. D. DePriest : Magnocellular and parvocellular contributions to responses in the middle temporal visual area (MT) of the macaque monkey, *Journal of Neuroscience*, **10**, 3323-3334, 1990
6) S. Zeki and S. Shipp : The functional logic of cortical connections, *Nature*, **335**, 311-317, 1988
7) D. Boussaoud, L. G. Ungerleider and R. Desimone : Pathways for motion analysis : cortical connections of the medial superior temporal and fundus of the superior temporal visual areas in the macaque, *Journal of Comparative Neurology*, **296**, 462-495, 1990
8) 三上章允:脳はどこまでわかったか, 講談社, 1991

2.3　V1以降：背側経路

2.3.1　背側経路の構成と線維連絡

前節で述べられているように，背側経路とはV1から頭頂連合野に向かう視覚情報の経路である．この経路にかかわる領野は数多く存在するが，大きく2つの経路に分けて考えることができる．

第1はMTを経由しMST, VIPなどを経て7野に向かう経路である．この経路は視運動情報処理に関係する．第2はV3A, PO(V6)を経てLIPや頭頂間溝後壁後部の皮質（図2.17のcIPS）に向かう経路である．この経路は物体の位置や3次元形状の情報処理に関係すると考えられる．しかし後者の経路についてはまだ十分な研究が行われておらず，領野のマップや結合関係に関する知識は，今後の研究によって変化していくものと考えられる．図2.17にこれらの経路に含まれる領野の位置と結合関係を示す．

これらの経路への主な視覚入力はV1を介すると考えられるが，少なくともMTを通る経路についてはV1を介さない視覚入力が存在することが示されている．V1を破壊したり冷却すると，MTニューロンの視覚応答は一般にかなり弱くなるが，運動方向選択性などの基本的な性質は保たれる[1]．網膜から上丘の浅層と視床枕を介してMTは視覚入力を受けており，そのような入力により上の視覚応答は説明される．視床枕からの視覚入力には運動方向選択性はないと考えられるので，MT内に運動方向選択性を形成するメカニズムがあると考えられる．

2.3.2　視運動情報の処理

a.　MT野

マカクザルのMT(V5)は上側頭溝後壁に存在する領野であり，発達した髄鞘によって解剖学的にもまわりの皮質と区別ができる．MTはV1の4b層やV2の太い縞の領域から投射を受ける．MTは反対側半視野をかなり規則正しく再現している．MTの90%程度のニューロンが運動方向選択性を示し，そのチューニングは最大応答の半値幅でみた場合，平均95°程度である[2]．またMTニューロンは動きの方向だけでなく速度にも選択性を示す．こ

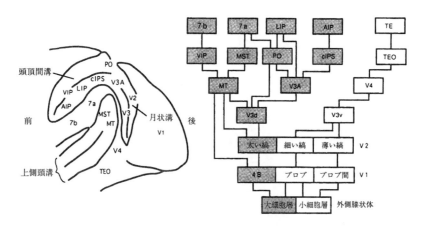

図2.17　サル大脳皮質背側視覚経路
左はサル大脳後部の外側面で，背側経路に含まれる領野の名称とそれらのおおまかな場所を示している．頭頂間溝，月状溝，上側頭溝は開いて内部が見えるように描いてある．右はサル視覚領野の階層的な結合関係を示し，背側経路に含まれる領野を網かけで示している．(文献20)を改変)

のような運動刺激に対する活動は，刺激の形状にはあまり影響されないといわれている．ただし静止刺激を用いて調べた実験によると，多くのMTニューロンは方位選択性を示す．

前節で述べられているようにMTは主に色情報を伝えない大細胞系を介して視覚入力を受け取っている．運動刺激の輝度を背景輝度と同じにすると，平均最大反応時の35%に活動が減少し，約半数のニューロンでは反応が消失する[3]．しかし，MTニューロンの活動には輝度手がかりが必ずしも必要ではない．時間的あるいは空間的に背景と異なるテクスチャによる2次運動刺激に対しては，MTニューロンの一部は1次運動に対するのと同様の運動方向選択性で応答を示すことが報告されている[4]．

MTニューロンの約2/3は両眼視差にも選択性を示す[5]．両眼視差選択性のタイプはV1，V2で知られているのと同様で，注視点よりも近い刺激に反応するタイプ(near)，遠い刺激に反応するタイプ(far)，注視点付近で最大の活動増加を示すタイプ(tuned excitatory)，そして注視点付近で活動が減少するタイプ(tuned inhibitory)が見られる．これらのニューロンは両眼視差の変化には選択性を示さない．

別々の方向に動く縞模様を重ね合わせると，それぞれの動きと別のある方向に格子縞のパターンが動いているように知覚されることがある．このような状況においてV1では2つの成分のいずれかの方向に運動方向選択性をもつニューロンが活動するのに対し，MTではパターン全体の動きとして知覚される方向に運動方向選択性をもつニューロンにも活動するものが見られる[6]（図2.18）．つまりMTには成分の動きを統合してパターン全体の動きの方向を検出するはたらきがあるということである．こ

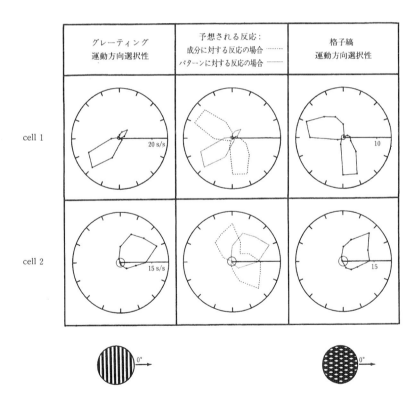

図2.18 1次元のグレーティングと格子縞のパターンに対する2つのMTニューロン（cell 1とcell 2）の運動方向選択性

左の列はさまざまな向きに動く1次元のグレーティングに対する反応強度を原点からの距離でプロットしたもの．中央の列は各ニューロンが格子縞の成分のグレーティングの運動方向に反応した場合と格子縞全体の運動方向に反応した場合のそれぞれについて予想される反応を示したもの．右端の列は実際に格子縞の動きを刺激として用いたときのそれぞれのニューロンの反応．cell 1は格子縞の成分のグレーティングの運動方向に反応して2つのピークが生じている．それに対しcell 2は格子縞全体の運動方向に反応して1つのピークのみが見られた（Rodman and Albright[6]を改変）．

のようなパターンの動きと透明視を組み合わせた実験も行われている[7]．2つの成分の縞とそれらが交わる部分の輝度，および背景の輝度が適当な組み合わせであると，透明な縞の重なりが知覚され，それぞれの縞は別々の方向に動いていると知覚される．不透明なパターンに対してはパターン全体の動きの方向に応答するMTニューロンも，透明視が生じる条件下ではそれぞれの成分の動きに応答する．

MTの多くのニューロンは，受容野のまわりにサイレントな周辺野(silent surround)をもつ[8,9]．この周辺野はそこだけに刺激を与えても応答を生じないが，受容野内部に刺激を与えるのと同時に周辺野にも運動刺激を与えると，受容野内部に単独で刺激を与えたときに生じる反応をさまざまに変化させるという性質をもつ．とくに顕著なのは受容野内部だけで刺激を動かしたときに比べて，受容野を囲む広い範囲で同じ方向に刺激を動かしたときに反応が減少することである(図2.19)．このような周辺野

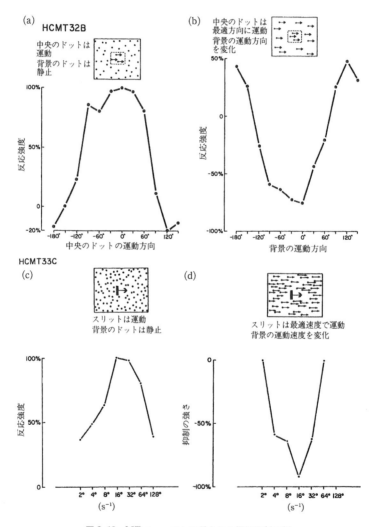

図2.19 MTニューロンに見られる周辺抑制の例

(a)と(c)は静止したドットからなる背景中において，ドットまたはスリットを動かしたときの動きの方向と反応強度の関係を示したもの．(b)は(a)と同じニューロンにおいて，最適な運動方向で受容野内部のドットを動かすときに，背景のドットの動きの方向を変えて反応強度を調べたもの．受容野内部と背景でドットが同じ方向に動くときに強い反応の抑制が生じ，反対方向に動くときには反応の増大が生じていることがわかる．(d)は(c)と同じニューロンにおいて，最適な運動方向でスリットを受容野内で動かすときに，背景のドットの速度を変えて反応強度を調べたもの．両者が同じ速度で動くときに最大の抑制が見られる(Allman et al.[8]を改変)．

2.3 V1以降：背側経路

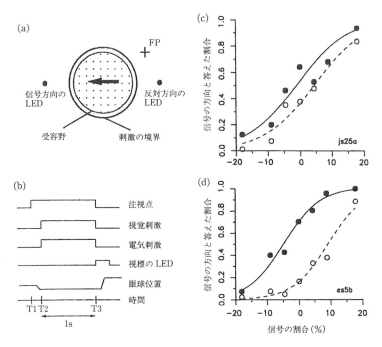

図2.20 NewsomeらがおこなったMTの微小電気刺激が運動知覚に影響を与えることを示す実験
(a)は刺激と受容野の関係を示す．MTニューロンの受容野と運動方向選択性を調べた後，受容野内にランダムドットからなる運動刺激を呈示し，その運動方向が2つのLEDのいずれの方向に向かっていたかをサルにサッカードで答えさせる．運動刺激呈示中微小電流で同じ部位の刺激を行い運動方向の判断への影響を調べる．(b)は1つの試行の時間経過を示す．(c)はMTの異なる2つの場所で得られた結果を示す．それぞれ横軸はランダムドット中一定の方向に動いているドット（信号）の割合を示す．この方向は刺激部位のニューロンの最適運動方向と一致させてある．縦軸はドットが信号の方向に動いていると答えた割合を示す．白丸と破線は電気刺激を行わないときのサルの行動を，黒丸と実線は電気刺激を行ったときのサルの行動を示す (Salzman et al.[12] を改変).

による抑制性の作用は，受容野内部と周辺野の刺激の運動方向，速度，両眼視差が同じであるときに最も顕著に現れる．

MTには似た性質をもつニューロンが集まって存在する構造のあることが知られている．第1は運動方向に関するコラム構造である．MTの皮質表面と垂直な方向に同じ運動方向に選択性をもつニューロンがコラム状に並び，隣接するコラム間で少しずつ最適方向が変化していく[10]．180°の動きの方向が500 μm程度の領域に表現されていると考えられている．第2は周辺抑制の有無に関するもので，周辺野による抑制を示すニューロンと示さないニューロンがパッチ状に分かれて存在することが報告されている．

MTの一部分を薬物で破壊すると視野の対応する場所において運動知覚の障害が生じることが，でたらめな方向に動くドットに混ぜられた一様方向への動き（信号成分）の検出閾値の測定から示されている[11]．またこのような動きの検出の閾値は，信号成分と同じ方向の動きに選択性をもつニューロンが存在する場所を微小電流で電気刺激することにより低下する[12]（図2.20）．これらの実験はMTニューロンの活動が運動知覚と因果関係をもつことを示している．

b．MST野

MST (V 5 A) はMTに隣接して上側頭溝の底から前壁にかけて広がる領域であり，MTから強い投射を受ける．MTに隣接し，かつMTから投射を受ける場所はFST, MSTl, MSTdの3つの領域に分けられる[13]．FSTのニューロンの性質については詳しく調べられていない．MSTlはきわめて大ざっぱな視野再現をもちMT中心視野再現部に接する外側部のニューロンは視野中心を受容野に含み，MT周辺視野再現部に接する内側部のニューロンは視野中心を受容野に含まない．MSTdには視野再現は見られず，多くのニューロンの受容野が視野中心を含む．MSTl, MSTdの受容野はMTに比べて著しく大きいものが多い．これは多くの

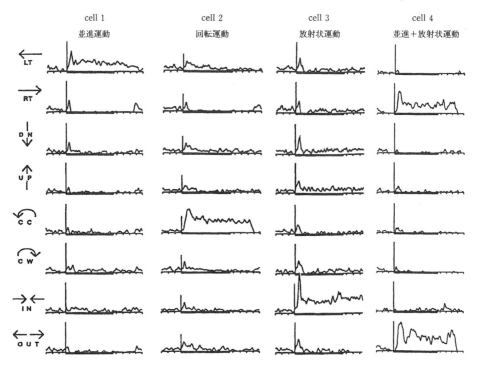

図 2.21 MST ニューロンに見られるさまざまなパターンの運動刺激に対する選択的反応の例
ランダムドットにより作られたさまざまなパターンの動き（上から順に左右下上方向への並進運動，反時計および時計回りの回転，内向きおよび外向きの放射状の運動）に対する 4 つのニューロン (cell 1〜4) の反応を示す．Cell 1 は左方向への並進運動に，cell 2 は反時計回りの回転運動に，cell 3 は内向きの放射状運動に選択的な応答を示した．Cell 4 は右方向への並進運動と外向きの放射状運動の 2 種類のパターンに応答した (Duffy and Wurtz[18] を改変).

MT ニューロンからの入力が 1 つの MST ニューロンに収束していることを示唆している．

MSTl, MSTd にも MT 同様運動方向選択性をもつニューロンが高い割合で存在する．しかし，MST にはいくつかの点で MT には見られない刺激選択性が見られる．まず MT ニューロンが線分や小さい円板といった局所的な刺激によく反応するのに対して，MST には広い視野の範囲内で同時に光点が動くような刺激でないと反応しないニューロンが多く見られる[9]．また，ニューロンが強く反応する運動刺激のパターンに関しても違いが見られる．MSTl ニューロンが反応する刺激パターンは MT 同様視野内の一方向への動き（並進運動）であるのに対し，MSTd には視野の 1 点を中心にドットが広がっていく動き (expansion) や収束していく動き (contraction) といった放射状の運動に反応するニューロン，あるいは視野の 1 点を中心に回転する刺激に反応するニューロンが多く見られる．これらのさまざまな動きのパターンが MST では別々のニューロンで表現されていると考えられる[14,15]．図 2.21 にそれらのニューロンの活動の例を示す．また広い視野の範囲の動きは自己運動に伴って生じることや，1 点を中心に広がっていく動きは観察者の前進に伴って生じることから，これらの MST ニューロンの活動は自己運動に伴うオプティカルフローを表現するという可能性が考えられる．

MSTd にはまた刺激の大きさや両眼視差によって，反応する運動方向が逆転するニューロンが見られる．前者は誘導運動の知覚との類似性が指摘されている[16]．後者は注視点より近くと遠くで最適方向が逆転するもので，自己運動によって生じる運動視差との類似性が指摘されている[17]（図 2.22）．これらのオプティカルフローに類似した刺激に対する選択性をもつ MST ニューロンによって，自己運動の分析（例えば，前進方向）や外環境の構造の分析が行われるという可能性があるが，直接これを証拠立てる実験はまだ行われていない．オプティカルフローに類似したパターンに応答するニューロンには，特定のパターン（例えば，ドットの広がりあるいは回転）のみに反応するものも存在するが，複数

2.3 V1以降：背側経路

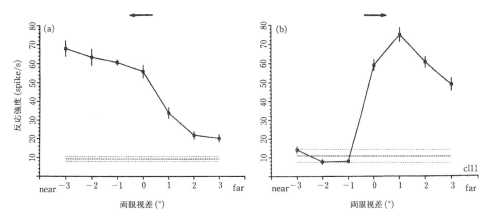

図 2.22 両眼視差の符号により反応する刺激の運動方向が逆転する MST ニューロンの例
左(a)または右(b)方向に動くランダムドットの両眼視差を変えたときの1つの MST ニューロンの反応を示している．正の両眼視差では右方向の動きに，負の両眼視差では左方向の動きに強く反応している (Roy et al.[17] を改変)．

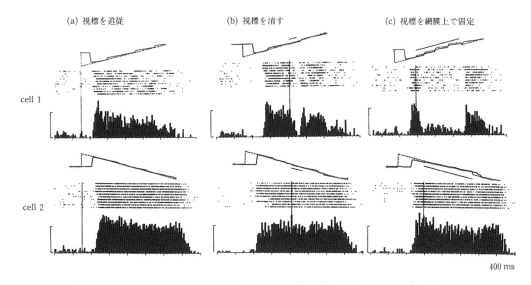

図 2.23 追跡眼球運動時に活動する MT ニューロン (cell 1) と MST ニューロン (cell 2)
(a)は暗黒背景で視標を追従しているときの活動．(b)は追従中に視標を短時間消してその影響を見たもの．Cell 1 は活動が顕著に減少したが，cell 2 では影響が見られなかった．(c)は視標を光学的に網膜上で固定してその影響を見たもの．視標を消したときと同様，cell 1 のみ活動の減少がみられた．それぞれ上から実線は眼球の位置，破線は視標の位置，各試行のスパイク発射，スパイク発射を加算したヒストグラム，(b)と(c)で眼球位置の上の線分は視標を操作した期間を示す (Newsome et al.[21] を改変)．

のパターン(例えば，ドットの広がりと回転の両方，あるいは並進運動と他のパターンの両方)に反応するものも多く存在する[18]．さらにドットの広がりと回転に反応するニューロンにはこれらのパターンを組み合わせて作られるらせん状の拡大パターン (spiral motion) により強く反応するものも見られる[19]．

MST には MT と異なり奥行き方向の動きに選択的に反応するニューロンが存在する．これらには対象物体の両眼視差変化に選択的に反応するもの，大きさ変化に反応するもの，両方が組み合わされたときに反応するものが存在する．このようなニューロンは物体の3次元的な動きを表現していると考えられる[20]．

MST には視覚入力以外に前庭系からの入力や眼球運動に関係する非視覚的な入力が入っており，それによって生じる活動が見いだされている．暗黒背景のもとで，追跡眼球運動 (smooth pursuit eye movement)時に活動するニューロンはMT中心視野再現部，MSTlの中心視野再現部およびMSTdに見いだされる[13]（図2.23）．追跡眼球運動中に短時間視標を消したり，網膜誤差信号をなくすとMTのそれらのニューロン，MSTlの一部のニューロンは活動が消失するが，MSTdのニューロンとMSTlの一部のニューロンは活動があまり変化せず，追跡眼球運動に関係する非視覚性の信号を受けていることがわかる[21]．追跡眼球運動時には，視標が網膜上で静止していても動いているという知覚が生じるが，MSTニューロンがそのような知覚の成立に関与する可能性が考えられる．

MSTlやMTの中心視野再現部を薬物で破壊したり，電気刺激を加えると追跡眼球運動に影響が生じる[22,23]．破壊の場合は破壊と同側への追跡眼球運動の速度の低下が見られ，電気刺激では同側への眼球運動速度の上昇が見られる．これらの部位からは背外側橋核に投射があり，そこを経由して小脳腹側傍片葉に信号が伝えられ追跡眼球運動の発現に関与する可能性が示されている（2.5節参照）．

c．VIP野

頭頂間溝底部に位置するVIP野もMTからの投射を受ける領域である．この領域のニューロンの約80%が運動方向選択性を示す[24]．また約半数のニューロンが刺激の距離によって反応が変化する．これらは動物のごく近傍の刺激に強く反応するものが多い．この領野の特徴は大部分のニューロンが視覚応答だけでなく体性感覚刺激に対しても応答することである．さらに，一部のVIPニューロンには視覚応答と体性感覚応答のあいだで興味深い対応が見られる．これらのニューロンは動物に向かって近づいてくる刺激に応答する．さらにそのような応答は刺激が同じニューロンの体性感覚受容野に向かって近づいてくるときに最大となる．VIPニューロンは自己近傍の空間における動きを表現するのに適した性質をもっていると考えられる．類似の性質をもつニューロンは7b野，運動前野腹側部などにも見いだされる．

2.3.3 空間情報の処理

a．7a, LIP, V3A, POにおける位置のコーディング

背側経路のもう1つのルートであるV3A，POなどを経て頭頂連合野に至る経路はまだ十分な研究がなされておらず，それぞれの領野間の比較を行うことは現段階では困難である．しかし，これまでに明らかにされていることを総合すると，視覚刺激の位置のコーディングに重要な役割を果たしていることが推測される．頭頂連合野の破壊によって生じる障害のなかで最も顕著なものの1つは物体に手を伸ばして触れるという視覚的到達運動の障害であるが，このような行動を可能にするためには物体の位置を身体との関係で表現することが必要であり，この経路はそのために必要な視覚情報処理と関係づけられる．

位置のコーディングにはさまざまな座標系を考えることができる．外界にある物体の視野内での位置は視野中心からのずれ（網膜中心座標）で表される．網膜はいうにおよばず，外側膝状体，V1，視覚前野の諸領域は網膜地図をもっており，個々のニューロンは視野の一定の場所に受容野をもっている．しかし刺激物体に対して行動を起こそうとすると，網膜中心座標では都合の悪いことが起こる．例えば，物体に手を伸ばしてさわろうとすると，手先の位置は（少なくとも手先が見えない状態では）身体を中心とした座標で記述されるので，網膜中心座標から身体中心座標への変換あるいはその逆の変換が必要となる．

背側経路に属するV3A野と頭頂連合野の7a野，LIP野には，網膜中心座標に従う受容野をもつが眼球位置によってゲインが変化するニューロンが存在する[25,26]（図2.24）．すなわち，眼球位置にかかわらず視野の同じ場所に受容野をもつが，眼球位置によって視野の同じ場所に呈示された刺激に対する反応の強さが変化するということである．眼球位置の効果は一般に眼位に応じて単調に変化するゲイン（ゲインフィールド）として表すことができる．このゲインと受容野内の位置によって決まる量の掛け算によって反応が決まる．これらのニューロンの活動は眼球位置と視野内の刺激の位置の両方の影響を受けるため，個々のニューロンの反応強度だけでは刺激の頭に対する位置は決まらないが，異なるゲインフィールドや受容野をもつニューロンの集団の活動パターンは刺激の頭に対する位置を明確にコーディングすると考えられる．さらに頭部中心座標に従って刺激の位置をコーディングするニューロン，すなわち眼球位置によらず刺激が頭に対して一定の場所にあるときに反応し網膜座標には従わないニューロンがPOの背側半分（GallettiらはV6Aと名づけている[27]）に存在することが報告されている．

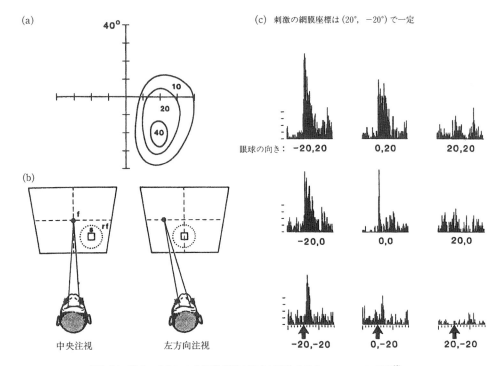

図 2.24 眼球の向きにより視覚応答の強さが変化する7aニューロンの例[25]
(a)は視野内の受容野の位置を示す．受容野の視野内での位置は(b)に示すように眼球の向きにより変化しない．しかし(c)に示すように視野内の同じ位置に呈示した同一の視覚刺激に対する応答が眼球の向きにより大きく変化する．

また最近，LIPと7a野で行われた研究によると，眼球位置にゲインフィールドをもつニューロンの約半数は，頭部の位置に対してもゲインフィールドをもつことが示されており，これらのニューロンは身体に対する視覚刺激の位置のコーディングに関係することが考えられる[28]．頭部の位置に対するゲインフィールドは首の運動指令の遠心性コピー，首の自己受容器からの信号，頭部の回転を伝える前庭信号などの情報によって作られると考えられる．さらに興味深いことに，これらの領域の少数のニューロンは暗黒中で頭部を回転してもゲインフィールドは生じなかったが，明るいところで回転するとゲインフィールドが生じた．このことは，このようなニューロンにおいては視覚情報に基づきゲインフィールドが作られることを示しており，外環境に基づく座標がこれらのニューロンで表現されている可能性を示している．

頭頂連合野のLIP，7a野，上側頭溝前壁の皮質には，サルが空間内のある場所に呈示された光点を注視しているあいだ持続的に活動するニューロンが存在し，注視ニューロンと呼ばれる[29]．注視ニューロンは注視光点が頭部中心座標でどのような位置にあるかに選択性を示すが，一部のニューロンは動物から注視点までの距離にも選択性を示す．

b．3次元物体の向きのコーディング

頭頂連合野の損傷により物体を正確に把持したり，把持に先立って適切に手を広げる行動（プリシェイピング）が障害される．このような行動を行うためには，物体の3次元構造を正しく認知することが必要である．V3，V3A，POなどを介して頭頂連合野に伝えられる視覚情報のもう1つの役割はこのような物体の3次元構造の認知にあると考えられる．

最近，酒田らは一連の研究により頭頂間溝後壁にそのような機能に関係すると見られるニューロンが多く存在することを示している[20]．頭頂間溝後壁後部（図2.17のcIPS）には，長い物体の軸の3次元的な向きに選択的に反応するニューロンや，平面の3次元的な向きに反応するニューロンが多く見いだされる（図2.25）．これらのニューロンの活動は単眼では活動が減少することから，両眼視差手がかりが重要な役割を果たしていると考えられる．

一方，頭頂間溝後壁のより前方の領域（図2.17のAIP）には特定の3次元形状の物体に反応する

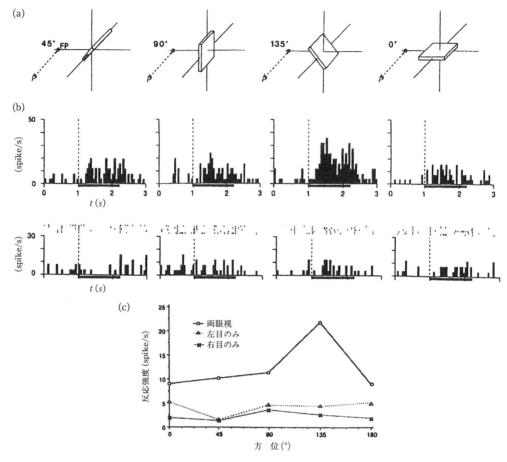

図 2.25 頭頂間溝後壁後部（図 2.17 の cIPS）から記録された面の向きに選択的に応答するニューロンの例[20] (a)は両眼視差をつけて呈示されたさまざまな向きの板状の視覚刺激を示す．(b)はそれぞれの向きの面に対する両眼視時（上）と単眼視時（下）の応答を示す．(c)は両眼視と単眼視における面の向きと反応の関係．

ニューロンが見いだされる．酒田らの実験ではさまざまな形状のスイッチを用意して，それにサルが手を伸ばして操作するときの活動を調べている．その結果，この領域には特定のスイッチに手を伸ばして操作するときに活動するニューロンとともに，特定の形状のスイッチを見ているときに活動するニューロンが見いだされた．それらのなかには特定の特徴をもつ3次元形状の物体（例えば，丸みをおびた物体，あるいは平たい物体）によく反応するニューロンが見られた．この領域において物体の3次元構造の特徴が表現され，そのような情報が物体操作運動の視覚的制御に役立てられているものと考えられる． ［小 松 英 彦］

文　献

1) H. R. Rodman, C. G. Gross and T. D. Albright: Afferent basis of visual response properties in area MT of the macaque. I. effects of striate cortex removal, *Journal of Neuroscience*, **9**, 2033-2050, 1989
2) T. D. Albright: Direction and orientation selectivity of neurons in visual area MT of the macaque, *Journal of Neurophysiology*, **52**, 1106-1130, 1984
3) H. Saito, K. Tanaka, H. Isono, M. Yasuda and A. Mikami: Directionally selective response of cells in the middle temporal area (MT) of the macaque monkey to the movement of equiluminous opponent color stimuli, *Experimental Brain Research*, **75**, 1-14, 1989
4) T. D. Albright: Form-cue invariant motion processing in primate visual cortex, *Science*, **255**, 1141-1143, 1992
5) J. H. R., Maunsell and D. C. Van Essen: Functional properties of neurons in middle temporal visual area of the macaque monkey. II. Binocular interactions and sensitivity to binocular disparity, *Journal of Neurophysiology*, **49**, 1148-1167, 1983
6) H. R. Rodman and T. D. Albright: Single-unit analysis of pattern-motion selective properties in the middle temporal visual area (MT), *Experimental*

Brain Research, **75**, 53-64, 1989
7) G. R. Stoner and T. D. Albright : Image segmentation cues in motion processing : implications for modularity in vision, *Journal of Cognitive Neuroscience*, **5**, 129-149, 1993
8) J. M. Allman, F. Meizin and E. McGuinness : Stimulus specific responses from beyond the classical receptive field : Neurophysiological mechanisms for local-global comparisons in visual neurons, *Annual Review of Neuroscience*, **8**, 407-430, 1985
9) K. Tanaka, K. Hikosaka, H. Saito, M. Yukie, Y. Fukada and E. Iwai : Analysis of local and wide-field movements in the superior temporal visual areas of the macaque monkey, *Journal of Neuroscience*, **6**, 134-144, 1986
10) T. D. Albright, R. Desimone and C. Gross : Columnar organization of directionally selective cells in visual area MT of the macaque, *Journal of Neurophysiology*, **51**, 16-31, 1984
11) W. T. Newsome and E. B. Pare : A selective impairment of motion perception following lesions of the middle temporal visual area (MT), *Journal of Neuroscience*, **8**, 2201-2211, 1988
12) C. D. Salzman, K. H. Britten and W. T. Newsome : Cortical microstimulation influences perceptual judgements of motion direction, *Nature*, **346**, 174-177, 1990
13) H. Komatsu and R. H. Wurtz : Relation of cortical areas MT and MST to pursuit eye movements. I. Localization and visul properties of neurons, *Journal of Neurophysiology*, **60**, 580-603, 1988
14) H. Sakata, H. Shibutani, Y. Ito, K. Tsurugai, S. Mine and M. Kusunoki : Functional properties of rotation-sensitive neurons in the posterior parietal association cortex of the monkey, *Experimental Brain Research*, **101**, 183-202, 1994
15) H. Saito, M. Yukie, K. Tanaka, K. Hikosaka, Y. Fukada and E. Iwai : Integration of direction signals of image motion in the superior temporal sulcus of the macaque monkey, *Journal of Neuroscience*, **6**, 145-157, 1986
16) H. Komatsu and R. H. Wurtz : Relation of cortical areas MT and MST to pursuit eye movements. III. Interaction with full-field visual stimulation, *Journal of Neurophysiology*, **60**, 621-644, 1988
17) J.-P. Roy, H. Komatsu and R. H. Wurtz : Disparity sensitivity of neurons in monkey extrastriate area MST, *Journal of Neuroscience*, **12**, 2478-2492, 1992
18) C. J. Duffy and R. H. Wurtz : Sensitivity of MST neurons to optic flow stimuli. I. a continuum of response selectivity to large-field stimuli, *Journal of Neurophysiology*, **65**, 1329-1345, 1991
19) M. S. A. Graziano, R. A. Andersen and R. J. Snowden : Tuning of MST neurons to spiral motions, *Journal of Neuroscience*, **14**, 54-67, 1994
20) H. Sakata, M. Taira, M. Kusunoki, A. Murata and Y. Tanaka : The parietal association cortex in depth perception and visual control of hand action, *Trends in Neuroscience*, **20**, 350-357, 1997
21) W. T. Newsome, R. H. Wurtz and H. Komatsu : Relation of cortical areas MT and MST to pursuit eye movements. II. Differentiation of retinal from extraretinal inputs, *Journal of Neurophysiology*, **60**, 604-620, 1988
22) M. R. Dursteler and R. H. Wurtz : Pursuit and optokinetic deficits following chemical lesions of cortical areas MT and MST, *Journal of Neurophysiology*, **60**, 940-965, 1988
23) H. Komatsu and R. H. Wurtz : Modulation of pursuit eye movements by stimulation of cortical areas MT and MST, *Journal of Neurophysiology*, **62**, 31-47, 1989
24) C. L. Colby, J. R. Duhamel and M. E. Golberg : Ventral intraparietal area of the macaque: anatomic location and visual response properties, *Journal of Neurophysiology*, **69**, 902-914, 1993
25) R. A. Andersen, G. K. Essick and R. M. Siegel : Encoding of spatial location by posterior parietal neurons, *Science*, **230**, 456-458, 1985
26) C. Galletti and P. P. Battaglini : Gaze-dependent visual neurons in area V3A of monkey prestriate cortex, *Journal of Neuroscience*, **9**, 1112-1125, 1989
27) C. Galletti, P. Fattori, P. P. Battaglini, S. Shipp and S. Zeki : Functional demarcation of a border between areas V6 and V6A in the superior parietal gyrus of the macaque monkey, *European Journal of Neuroscience*, **8**, 30-52, 1996
28) R. A. Andersen, L. Snyder, D. C. Bradley and J. Xing : Multimodal representation of space in the posterior parietal cortex and its use in planning movements, *Annual Review of Neuroscience*, **20**, 303-330, 1997
29) H. Sakata, H. Shibutani and K. Kawano : Spatial properties of visual fixation neurons in posterior parietal association cortex of the monkey, *Journal of Neurophysiology*, **43**, 1654-1672, 1980

2.4 V1以降：腹側経路

2.4.1 腹側経路の構成と線維連絡

視覚的対象の形や模様や色のような細かな特性は下部側頭連合野で扱われる．下部側頭連合野は大脳の腹側に位置し，下部側頭連合野へ向かう途中の経路も主として腹側の領野を経過する[1~3]．このため，形と色の情報処理システムは腹側経路とも呼ばれている．一次視覚野（V1）では，形の基本要素となる傾きの情報はブロブの間の領域（inter blob）で，色や明るさの情報はブロブ（blob）で扱われていた．二次視覚野（V2）を，ブロブを染め出したと同じ方法で，チトクロム酸化酵素で染め出すと明るい縞と暗い縞が交互に並び，さらに暗い縞には細い縞と太い縞の2種類がある．2.2節の図2.16で示すように，一次視覚野のブロブからは，V2の細い暗い縞の部分へ，一次視覚野のブロブの間の領域からは，V2の薄い縞の部分へ線維連絡がある[4,5]．この線維結合に従って細く暗い縞の部分には色に選択性をもつニューロンが多数存在し，薄い縞の部分には色に選択性を示さず傾きに選択性をもつニューロンが多数存在する[6,7]．

V2からの出力は，細い縞と薄い縞から四次視覚

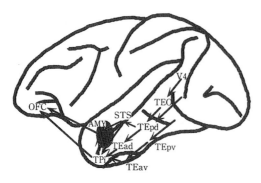

図 2.26 V4 以降の腹側経路の情報の流れ
V4(四次視覚野), TEO(TEO 野), TEpd(TE 野後背側部), TEpv(TE 野後腹側部), TEad(TE 野前背側部), TEav(TE 野前腹側部), TPi(側頭極下部), STS(上側頭溝), AMY(扁桃核), OFC(前頭眼窩野).

野(V4)へと投射している. V4 の側から眺めると, 細い縞からのみ入力を受けるところ, 薄い縞からのみ入力を受けるところ, 細い縞と薄い縞の両方から入力を受けるところがある[8]. 三次視覚野(V3)では, 視野の上半分に相当する腹側部が色の情報をより多く受けているが, 視野の下半分に相当する背側部も多少色情報を受けている[9,10]. V2, V3 からの情報は, V4 へもたらされる. V1, V2, V3, が視覚情報のすべての要素を扱っていたのに対し, V4 は腹側経路に特化している. ここでは, 動きや奥行き情報を扱う細胞は非常に少なく, 主として色情報と形の情報が扱われている. V4 からは, 側頭葉の後部(TEO 野)と側頭葉の中部(TE 野の後部)へ情報が送られる. 図 2.26 に見るように, これらの線維連絡は一様ではなく, 外側からは外側へ, 腹側からは腹側への連絡が主要な流れとなっている[11]. TEO 野からは TE 野の後方部分(TEpd, TEpv)と前方部分(TEad, TEav)への連絡がある. TEO 野から TE 野への連絡も, 外側からは外側(TEpd, TEad)へ腹側からは腹側(TEpv, TEav)への線維連絡が主である. TE 野の外側は, さらに上側頭溝領域へ, TE 野の腹側は, さらに海馬, 扁桃核へ線維連絡するとともに, 外側, 腹側ともにさらに前方の TG 野(TPi)へとつながる.

これらの視覚野のなかで, 後頭葉の視覚野と, 側頭葉後部の TEO 野までは, 網膜上の位置に対応したマップが大脳皮質上に存在し[12,13], そのマップを手がかりとして領野の境界を決めることができる. TEO 野よりも前方の TE 野では, 網膜上の位置に対応した明瞭なマップが見つかっておらず, 細胞構築学や組織学的連絡の特徴, ニューロン活動の特徴などを手がかりとして区分しなくてはならない. こうした限界をもちながらも, 現在一般に受け入れられているのは, TE を前後に分け, さらに, 腹側と背側に分ける区分である[1,11]. こうした区分に従って, 図 2.26 は TE 野を 4 つに分けている. これは, あくまでも現状で得られる情報から便宜的に行ったものであり, 網膜上の位置に対応した明瞭なマップをもち, そのマップを手がかりとして区分された後頭葉の視覚野と同等に独立した領野として確立しているとは必ずしもいえない.

側頭葉の先端部分は TG 野としてしばしば区分される. TG 野は上側頭溝の延長線よりも下(TPi)では TE 野の前部(TEad, TEav)から形態視情報を受け取り, 形態の識別・記憶に関与している. TG 野下部は, さらに扁桃核, 前頭眼窩回へと情報を送り出している.

側頭葉の腹側部には海馬傍回(TH 野, TF 野), 嗅内野(entorhinal cortex)があり, 前方には嗅溝周囲の皮質(35 野, 36 野)がある. 下部側頭連合野の後方部分は主として海馬傍回(TH 野, TF 野)を介して, 側頭極は主として嗅溝周囲の皮質(35 野, 36 野)を介し, 嗅内野(ER 野)とつながり, さらに嗅内野から海馬へと連絡し, この経路が長期記憶の形成過程に重要な役割を果たすと推定される[14,15].

背側経路と同様に, 腹側経路のほとんどは末梢からより中枢へと進む線維連絡とともに中枢から末梢へ向かうフィードバック経路をもっている. また, 末梢から中枢へ向かう経路とフィードバックの経路の層分布も背側経路と同様のパターンをもっている[1].

2.4.2 形と色の情報処理

a. 二次視覚野(V2)

アカゲザルの V2 は V1 とほぼ同じ大きさ, 後頭葉の 1/3 を占める大きな視覚野である. 形の情報処理に関連して V2 には 2 種類の特徴的なニューロン活動が見つかっている. その 1 つはスポット細胞と呼ばれるもので, 視覚受容野のなかに小さなスポット状の光点を呈示したときに最も強く活動する[5]. このニューロンは表面の模様などの識別に役立っている可能性があるが, その後このニューロンの役割について細かく調べられていない.

V2 で見つかっているもう 1 つの特徴的ニューロン活動は, 主観的輪郭線に反応するニューロンであ

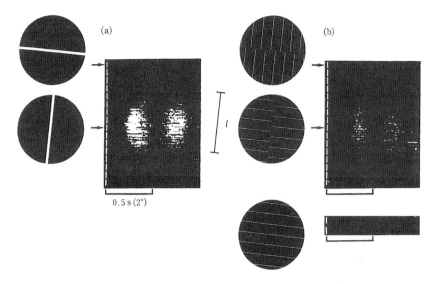

図 2.27 主観的輪郭線に反応する V 2 のニューロンの活動[18]
この V 2 のニューロンは，(a) のように，線分の傾きを系統的に変えながらテストすると，縦方向の線分によく反応する（中央付近）．(b) では，主観的輪郭線の方向と主観的輪郭線を作り出す実際の線分は直行している．主観的輪郭線の傾きを系統的に変えながらテストすると，このニューロンは主観的輪郭線がこのニューロンの好みの方向（縦方向）のときに活動を引き起こす．このとき，主観的輪郭線を構成する実際の線分はこのニューロンが反応を引き起こさない横方向の線分である．

る[16,17]．図 2.27 のように物理的には存在しないが主観的には存在するように見える「線分」の傾きに選択的に反応する性質は，end-stopping の特性をもつニューロンによって作り出されていると説明されている[18]．V 2 で腹側経路に関連するそのほかのニューロン活動は V 1 の線分の傾きに反応する細胞や色に選択的に反応するニューロンと類似しており，いまのところ大きな違いは見つかっていない[19]．

b．三次視覚野 (V 3)

V 3 については，先に紹介した，上の視野と下の視野での相違のほかに，ニューロン活動の解析がほとんど行われていなかった[10]．Felleman らのデータは，下の視野に相当する V 3（または V 3 d）が背側経路に，上の視野に相当する VP（または V 3 v）が腹側経路に関与するという見解であった．しかし，最近になって，Gegenfurtner らが細かな分析を試みたところによれば，線分の傾きに反応するニューロンは V 2 と同様約 80％に達した[19]．一方，色情報の処理についても，約 54％のニューロンが白色よりも色の刺激によく反応し，さらに補色関係の 2 色で構成したパターンによく反応するものが多く存在した．彼らの結果は，V 3 が V 2 と同様に背側経路と腹側経路の両方に関与することを示している．

c．四次視覚野 (V 4)

V 4 は V 1 の約半分の大きさをもち，V 1，V 2 についで大きい．V 4 の少なくとも一部には，色に選択性をもつニューロンが多く集まっている．色選択性ニューロンの比率については 22％から 80％までさまざまなデータが出されているが[10,20]，少なくとも視野の中心付近では，色に選択性のあるニューロンが多数存在しそうである．色の情報処理については，3 原色以外の中間色に選択性をもつニューロンが多いという報告がある[21]．また，図 2.28 のように光の各波長の物理量に依存せず色の「見え」に依存して選択的反応を引き起こすニューロンの存在が報告されている[22]．このようなニューロンは，色の恒常性（照明など光の環境が変わっても，色の「見え」がほぼ安定している現象）に対応するものと考えられている．

色以外の情報処理への四次視覚野の関与を初めて強調したのは Schein らである[23]．その後の研究結果は色に選択性をもつニューロンと図形パターンに選択性をもつニューロンの両方が V 4 にあるという点で多くの研究者の見解がまとまりつつある[24~26]．V 4 のニューロンの多くは，傾きに選択性を示し，長方形の刺激の長さや幅に選択性を示したりする．正弦波状に変調した格子パターンには反応

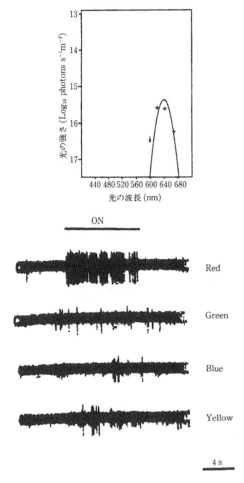

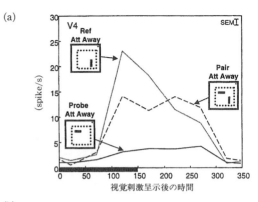

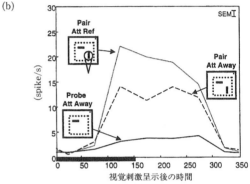

図2.28 色の「見え」に反応するV4のニューロン活動[22]
光の物理量が同じに調整しても，このニューロンは赤の色にしか反応しない．

図2.29 注意の条件で反応の大きさを変えるV4のニューロン活動[28]
A，Bのそれぞれの図の中で黒枠に囲まれた3つの挿入図は視覚刺激の呈示条件を示す．太い破線の四角は記録中のV4のニューロンの受容野を示す．この受容野の中に横または縦のバーを呈示し，その反応をグラフで表している．この細胞は縦のバーにはよく反応し（(a)のRef Att Away条件，ニューロン活動のグラフは点線で表示），横のバーにはほとんど反応しない（(a)および(b)のProbe Att Away条件，ニューロン活動のグラフは実線で表示）．横のバーまたは縦のバーまたは両方を呈示する前に手がかり刺激を与え動物はどこに注意をはらうか指示されている．(a)と(b)のグラフの破線（Pair Att Away）は，横バーと縦バーの両方を呈示し，注意はこのニューロンの受容野の外に向けられているときの反応を示している．横バーに対する反応と縦バーに対する反応のちょうど中間の反応を示している．一方，(b)のグラフの点線（Pair Att Ref）は，横バーと縦バーの両方を呈示し，注意はこのニューロンの受容野の中の縦バーに向けられているときの反応を示している．この反応の前半は縦バーだけの反応とほぼ同じ大きさで，その後半は単独の呈示の場合よりも大きい．このデータは，注意によって，このニューロンが好まない刺激による反応の抑制がとれ，好みの刺激が単独で呈示されたときと同じ反応が引き出されたことを示す．

せず，矩形波状に変調した格子パターンに反応したり，格子の空間周波数に選択性を示すニューロンもある．さらに，複雑な図形に選択的に反応するニューロン活動も報告されている[27]．色に選択性をもつニューロンとバーの長さや傾きや縞の周波数に選択性を示すニューロンはV4内で混在する．V4の破壊は色の識別能力とともに傾きの識別能力も低下させる．これらのデータから色の識別と視覚パターンの識別へのV4の役割が推測される．

V2およびV4では，行動条件によってニューロン活動の大きさが大きく変化する[28〜32]．V1のニューロンの活動は視覚刺激の物理的属性への依存度が大きく，行動条件によって活動レベルが大きく変わることは少ないが，V2およびV4では，その変化は大きい．図2.29では，V4の受容野内にニューロンが反応を示さない図形と選択的に反応する図形を同時に呈示すると，ニューロン応答が減少する．ところが，選択的に反応する図形に注意をは

2.4 V1以降：腹側経路

らうとこの減少が起こらない．

ところで，すでに網膜からV1への情報処理で解説されたように，網膜から脳へと情報を送り出す神経節細胞は，Magno系とParvo系に分離している．しかし，最近の発表されたいくつかのデータによれば，Magno系とParvo系という視覚情報の2つの流れについては，従来いわれていたほど，完全に分離しておらず，互いのクロストークがかなりあると考えたほうがよさそうである．Parvo系が優位と考えられていたV4でも，Magno系の寄与が47％に対し，Parvo系の寄与が36％であることが示されている[33]．

d．TEO野

TEO野のニューロン活動の記録は少ない．麻酔下のニューロン活動の記録では，単純な線分や縞模様の傾きに選択性を示すニューロンが多く，縞模様よりも複雑な図形パターンに選択性を示すニューロンもある[34]．ニューロンの色の選択性についての系統的な研究はないが，PET計測では，色の弁別課題でTEO野の活動が確認されている[35,36]．

e．TE野（外側部）

細胞構築学的に分類されるTE野は上側頭溝の下壁から側頭葉の腹側部までを含むが，ここでは外側部（TEpc，TEad）を中心に見ることにする．

TE野からのニューロン活動の初めての記録は，Grossらによって行われた[37]．彼らは，麻酔下のサルの下部側頭連合野に電極を刺入し，図2.30に示すようなサルやヒトの手の形の切り紙図形に最も強く反応するニューロンを見つけた．この実験は複雑な図形に選択的に反応するニューロンが下部側頭連合野における図形や物体の識別機能の基礎であるこいう見方の根拠の1つとなった．麻酔下のサルからのニューロン活動の記録は，長時間記録が可能であるという利点をもつ．そのため，個々のニューロンの活動を引き起こすために最も適当な刺激図形を探そうとする研究目的には適している．このような視点からの研究は，Grossの研究室およびその出身者たちによってその後もいくつか行われている[38]．一方，Tanakaらは，麻酔下のサルで下部側頭連合野ニューロンの反応を引き起こす特徴図形を決める試みを行い，多くの場合，図2.31のように比較的単純な図形要素へと分解可能であると報告している[34,39]．また，類似の図形要素に反応するニューロンは大脳皮質表面に対し垂直方向にコラム状に分布

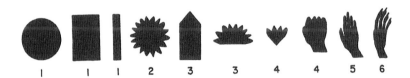

図2.30　TE野の「手ニューロン」の発見に使われた切り紙の図形[37]
Grossらが初めて記録したTE野の「手ニューロン」は5，6の図形でよく反応した．

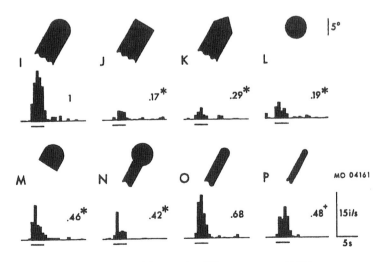

図2.31　図形特徴に反応するTE野のニューロン活動[34]

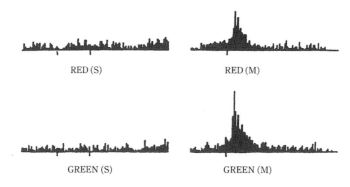

図2.32 識別の時期に大きな活動を示すTE野のニューロン活動[44]
RED(S)とGREEN(S)は見本として呈示して第1刺激の赤と緑に対するニューロン活動．RED(M)とGREEN(M)は識別の時期に呈示した第2刺激の赤と緑に対するニューロン活動．このTE野ニューロンは，第1刺激として呈示した赤と緑には全く反応せず，第2刺激として呈示した物理的には全く同じ赤と緑に対して大きな反応を示した．

する傾向があり[40]，さらに，光記録の結果によれば類似の特徴をもつコラムがとびとびに存在しそうである[41]．これらのデータは，特定の認知内容に対応した機能モジュールがとびとびに大脳皮質上に存在するとする筆者の仮説を支持している[42]．

麻酔下のサルからのニューロン活動の記録は，長時間記録が可能であるという利点の反面，行動との対応関係を調べられないという欠点をもつ．これに反して，無麻酔で学習課題を遂行中のサルからの記録は，サルが1日に行う学習課題の試行数に制限され長時間の記録が困難な反面，行動条件との対応関係の解析が可能である．Mikamiらは，Konorskiの課題（赤または緑の2種類の色を，遅延時間をはさんで呈示し，同じか異なるかを答える課題）の遂行中にTE野のニューロン活動を記録した．その結果，TE野ニューロンの半数以上が，図2.32のように見本として呈示された刺激（第1刺激）には反応せず，判断の時期に呈示された刺激（第2刺激）のみに反応するか，あるいは，第1刺激に比べ第2刺激でより大きな反応を示した[43,44]．これとは逆に，第1刺激でより大きな反応を示したニューロンはわずかであった．この実験は，下部側頭連合野のニューロンが視覚刺激の物理的性質だけでなく行動の条件で活動の大きさを変えることを初めて示した．情報処理を攪乱する目的で，図形の遅延標本見本合わせ課題遂行中にTE野を電気刺激すると，記憶期間の後半と識別期間の刺激，とくに識別期間の刺激で大きな成績の低下を引き起こす[45]．上記のデータはこの刺激実験の結果とも一致する．TE野の外科的破壊は多くの場合，上側頭溝下壁から側頭葉腹側部までを含んでいる．こうした破壊は，図形の識別と記憶の障害を引き起こす[76,77]．しかし，記憶期間に記憶内容に選択的に活動するニューロンはTE野の外側部ではほとんど見つかっていない．したがって，記憶に関連した機能には，下部側頭連合野でも上側頭溝下壁と側頭葉腹側部が関連していそうである．一方，TE野ニューロンの行動条件として「注意」の効果を調べた研究では，その影響は多様であり，ニューロンごとに異なっている[46,47]．

図形の弁別課題を用いた研究では，大きさに依存しない図形選択的活動[48]，構成する要素に依存しない図形選択的活動が報告されている[49]．下部側頭連合野には色選択性のニューロン活動も記録される．その一部は，ヒトの色視覚のカラー・カテゴリーに類似した特性をもち，なかには2つのカラー・カテゴリーを複合した特性をもつものがある[50]．また，図形に選択性をもつニューロンのなかに色選択性を同時にもつものと色選択性をもたないものがあり，色選択性だけで図形には非選択的に反応するニューロンもある[51]．

f．上側頭溝

側頭葉を前後に走る上側頭溝の下壁（腹側壁）は細胞構築学上はTE野に分類される[52]．上側頭溝の上壁（背側壁）と底部（fundus）は視覚情報のみでなく聴覚，体性感覚情報も入り込む多種感覚野であり，細胞構築学的には，TPO，PG，IPと分類される領域，聴覚性の連合野であるTA野を含んでいる．麻酔下のサルで調べた受容野の大きさは，TE野の外側部に比べ，下側頭回の腹側部と上側頭溝下壁で大きい[53]．

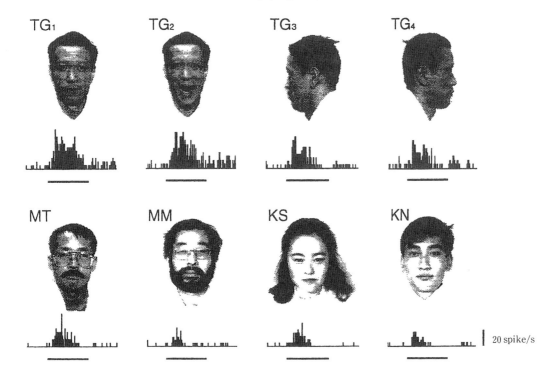

図 2.33 特定のヒト (TG) の顔に反応する上側頭溝のニューロン活動[66]
TG の普通の顔，笑顔，横顔に大きな反応を示した．他の人の顔に対する応答は小さい．このニューロンはカラーモニターの表示を調節し，白黒の写真にしてもカラー表示のときと同様の刺激選択性を示した．

Bruce らは，麻酔したサルの上側頭溝の底部および下壁から「顔」を見たときに反応するニューロンを記録した[54]．ほぼ同じ時期にイギリスの Perrett も無麻酔のサルの上側頭溝領域から「顔」に反応するニューロン活動を記録した[55]．顔に反応するニューロン（顔ニューロン）は，顔の画像の周波数成分をフィルターによって一部取り除いたり，コントラストを変えたり，大きさを変えるときヒトが顔と判断できる程度であればニューロンの反応性も保たれる．顔に選択性をもつ上側頭溝ニューロンの多くは，図 2.33 のように顔の向きや表情を変えたり，色を取り除いたりしても反応性が保たれる[56,57]．

一方，Fuster らは下部側頭連合野と記憶との関連に注目し[58,59]，遅延色合わせ課題（記憶すべき見本の色刺激を呈示した後，遅延時間をおいて複数の色の標本刺激を呈示する．標本刺激の中から見本刺激と同じ色を選択すると報酬が与えられる）を用い，上側頭溝の下壁から特定の色の記憶期に活動するニューロン活動を記録した[24]．Mikami も，この領域には，前述の遅延継時弁別課題遂行中に顔の短期記憶の時期に記憶内容に依存して選択的な持続活動を示すニューロンを記録した[57,60]．図 2.34 はサルの写真の短期記憶の時期に活動の増加を示すニューロンである．また，記憶期間に活動するニューロンのほとんどは，記憶すべき視覚刺激の呈示期にも活動を示し，しかも，視覚刺激呈示期のニューロン活動の大きさの視覚刺激に依存する程度（刺激選択性）が記憶期間に活動しないニューロンに比べて記憶時間に活動するニューロンでは高い傾向にあることを示した[57]．

g．側頭葉腹側部

側頭葉腹側部には，TE 野の腹側部に続き，海馬傍回 TH 野，TF 野），嗅内野 (entorhinal cortex)，嗅溝周囲の皮質 (35 野，36 野) がある．海馬傍回と嗅溝周囲の皮質の破壊は，記憶課題の障害を引き起こす[14]．一方，ニューロン活動の記録はこれら細胞構築学の分類と必ずしも対応づけが明瞭でない．

一方，TE 野腹側部から海馬傍回へかけての領域では，複雑な図形の短期記憶期間に記憶内容に依存したニューロン活動が記憶されている[61,62]．Miyashita は，100 種類の新しいフラクタル図形のセットを用いた対連合課題を訓練する際，つねに決まった順序で刺激を提示していくと，この領域のニューロンの刺激選択性は，時間的に隣接して提示された

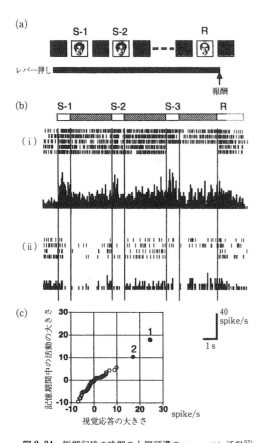

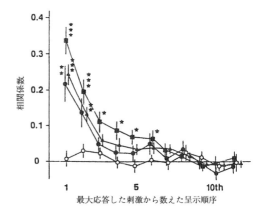

図2.34 短期記憶の時期の上側頭溝のニューロン活動[57]
(a) 遅延時間付きの継時視覚弁別課題：サルがレバーを押すと写真(S-1)が呈示される．1秒後に写真は消え数秒間画面は暗くなる(遅延期間)．この間，サルは呈示された写真を記憶しておく必要がある．遅延時期の後，最初の写真(S-1)と同じ写真(S-2，…)が出るときと新しい写真(R)が出るときがある．サルが新しい写真が出たときにレバーを離すと報酬が与えられる．(b) 上記の課題遂行中の上側頭溝のニューロン活動．縦線は写真呈示のオンセットとオフセットで線と線の間の長い期間が遅延時間．(ⅰ) あるサルの顔の写真が呈示されたときの5回の試行を，上は試行ごとに活動電位発生を点で表示，下は5回の結果を加算平均し平均活動頻度で表したヒストグラム．写真呈示の時期に大きな活動があり，記憶の期間にも写真呈示の前よりも高い活動が維持されている．(ⅱ) 別のサルの写真が呈示されたときの4回の試行を(ⅰ)と同様の方法で示したもの．この写真の場合には写真の呈示期にも記憶期間にも活動の上昇はない．(c) テストした32個の写真に対するニューロン活動の大きさと同じ写真の記憶期間の活動の関係．写真呈示のときの応答が大きいとき，記憶期間の活動も高い．

刺激に選択性を示すことを明らかにした[63]．図2.35は，最も強く反応した刺激の前後に呈示された刺激に対するニューロン応答をまとめてある．時間的に隣接するほど大きな応答を示している．これ

図2.35 長期記憶を反映した側頭葉腹側部のニューロン活動[63]
あらかじめ決められた順序で100組の図形の対刺激のセットを呈示して訓練したサルでは，側頭葉腹側部のニューロンは呈示順の近い図形どうしでよく反応する傾向がある．黒いシンボルは学習したセットの図形に対する反応と呈示順序との関係．白丸は学習しなかった刺激セットに対する反応．

は，訓練過程でニューロンの特性が形成されたことを示しており，長期記憶に匹敵する脳の変化と解釈できる．さらに，Suzukiらは，嗅内野では，空間の記憶に関連したニューロン活動が記録されていると報告している[64]．このデータは嗅内野が頭頂連合野からの線維連絡をもつという解剖学のデータと一致する．

h．側頭極

側頭極(temporal pole)の名称はもともと脳を肉眼的に見たときに側頭葉の先端部にあるという位置関係からつけられたものである．一方，光学顕微鏡による細胞構築学的分類は研究者によって異なり，TG野，TE野，TF野，35野，36野などの境界をどこに引くかも意見の相違がある．側頭極を独立の領野とは認めず36野やTE野の一部とする見解と，TG野として周囲の領野(36野，TE野)から区別する見解がある．細胞構築学的分類では，光学顕微鏡で見た形態的な相違やその相違の境界が必ずしも客観的に明瞭でない．そこで，ここではとりあえず，側頭極およびその周辺としてまとめて扱うことにする．

側頭極は，1991年ごろまでは，多種感覚野として考えられ，扁桃核(amygdala, AMY)や前頭眼窩野(orbitofrontal cortex, OFC)との線維連絡やヒトのPETのデータなどから情動と関連の深い場所とする見方が一般的であった．しかし，その一方

で，側頭極は形態視の識別と記憶に関連することで知られる TE 野に隣接し，TE 野からの線維連絡も密であることが知られていた．また，側頭極の一部でも視覚刺激に反応するニューロン活動が記録されたという報告があった[53]．そこで，前述の視覚性継時遅延弁別課題遂行中に側頭極のニューロン活動を解析したところ，視覚刺激に高い選択性を示し，記憶期間に選択的な活動変化を示すニューロンも 30% 近く存在した[65]．この視覚刺激選択性の程度や，記憶期に活動するニューロンの比率は上側頭溝[66]や扁桃核[67]よりも高かった．視覚刺激に反応するニューロンは，上側頭溝の延長線よりも下の部分にのみ存在し，上側頭溝の延長線よりも上の部分には視覚刺激に反応するニューロンは存在しなかった[68]．側頭極のニューロンも上側頭溝と同様，視覚刺激の物理的特性よりも「何」が見えているか，その「認知内容」に一致して活動を変化させる傾向にあった[68]．これらのデータは側頭極が形態認知の最終段階であり，さらに認知から記憶へのインターフェースの場所であることを示唆している．

側頭極では，また，視覚刺激呈示期や記憶期間に周期的活動（オシレーション）を示すニューロンが多数記録された[65,69]．オシレーションの周波数は刺激呈示期には 4〜7 Hz，記憶期間には 1〜5 Hz であり，記憶期間に周期の延長が見られた．また，1つのニューロンでも刺激によって異なる周波数でオシレートすることがあった．このオシレーションの生理学的意義はまだ不明であるが，認知内容ごとに，また，認知と記憶とで関与するニューロンが変わりそのニューロン網の特性が変わることによってオシレーションの周波数も変わっている可能性が考えられる．

2.4.3 腹側経路と発達

1980 年の前半までは，大脳皮質における神経線維の絶縁構造である髄鞘の形成が大脳皮質の場所によって異なるというデータ[70]を根拠として高次の脳機能にかかわる大脳皮質連合野では髄鞘形成が遅れて起こり，したがって，感覚野や運動野が先に発達し，連合野はあとから発達すると考えられていた．しかし，Rakic らが，シナプスの発生が大脳皮質の領野によって差がないというデータを出して以来，大脳皮質は全体としてほぼ同じ時間経過で発達するという見方が主流となりつつある[71]．しかし，Rakic らのデータは被験体の数，サンプル数の点で必ずしも十分とはいえず，また，組織学的研究（シ

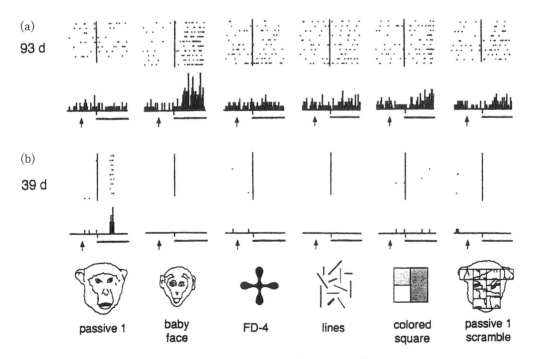

図 2.36　子ザルの側頭葉の「顔ニューロン」[73]
生後 39 日 (b) と 93 日 (a) で記録された顔に反応するニューロン．

ナプスの密度の計測)のみに基づいたものである．形態は機能の基礎ではあるが，形態に目立った変化がないからといって機能に差がないとも必ずしもいえない．むしろ，大脳皮質の発達が一様であるとする見方は，行動観察の結果や，生理学のデータと合わない点が多い．

Rodmanらは，子ザルの下部側頭連合野からニューロン活動を記録し解析している[72,73]．彼女らのデータによれば，子ザルの下側頭回には成体のサルと同じように顔や手など複雑な図形に反応するニューロンが生後1か月ごろからすでに存在する．図2.36はその例である．生後3か月前後に見られる複雑な図形に反応するニューロンの出現率や個々のニューロンの視覚受容野は，成体のサルの場合と差がない．しかし，その応答の強さや，自発活動の大きさは成体のサルよりも低く，麻酔するとほとんど視覚刺激に反応しなくなる点でも成体のサルと違っていた．これらのデータは子ザルの下側頭回が成体のサルと基本的に同じ機能をもちつつも，子ザルではまだ未熟であることを示していると思われる．

子ザルの下側頭回の組織学的研究では，生後1年近くを経過してもなお，成体のサルにはない線維連絡[74]や，未熟な線維連絡[75]が存在し，連合野の発達に遅れがありそうである．　　　　　　［三上章允］

文　献

1) D. J. Felleman and D. C. Van Essen : Distributed hierarchical processing in the primate cerebral cortex, *Cerebral Cortex*, **1**, 1-47, 1991
2) J. H. R. Maunsell and W. T. Newsome : Visual processing in monkey extrastriate cortex, *Annual Review Neuroscience*, **10**, 363-402, 1987
3) 三上章允：視覚の進化と脳, 朝倉書店, 1993
4) M. S. Livingstone and D. H. Hubel : Anatomy and physiology of a color system in the primate visual cortex, *Journal of Neuroscience*, **4**, 309-356, 1984
5) M. S. Livingstone and D. H. Hubel : Connections between layer 4 B of area 17 and the thick cytochrome oxidase stripes of area 18 in the squirrel monkey, *Journal of Neuroscience*, **7**, 3371-3377, 1987
6) D. H. Hubel and M. S. Livingstone : Segregation of form, color and stereopsis in primate area 18, *Journal of Neuroscience*, **7**, 3378-3415, 1987
7) M. S. Livingstone and D. H. Hubel : Psychophysical evidence for separate channels for the perception of form, color, movement, and depth, *Journal of Neuroscience*, **7**, 3416-3468, 1987
8) D. J. Felleman Y. Xiao and E. McClendon : Modular organization of occipito-tempeoral pathways : Cortical connections between visual area 4 and visual area 2 and posterior inferotemporal ventral area in macaque monkeys, *Journal of Neuroscience*, **17**, 3185-3200, 1997
9) A. Burkhalter, D. J. Felleman, W. T. Newsome and D. C. Van Essen : Anatomical and physiological asymmetries related to visual area V3 and VP in macaque extrastriate cortex, *Vision Research*, **26**, 63-80, 1986
10) D. J. Felleman and D. C. Van Essen : Receptive field properties of neurons in area V3 of macaque monkey extrastriate cortex, *Journal of Neurophysiology*, **57**, 889-920, 1987
11) M. Yukie : Organization of visual afferent connections to inferotemporal cortex, area TE, in the macaque. In The Association Cortex : Structure and Function (eds. H. Sakata, A. Mikami and J. Fuster), Harwood academic pub., pp. 241-252, 1997
12) D. Boussaoud, R. Desimone and L. G. Ungerleider : Visual topography of area TEO in the macaque, *Journal of Comparative Neurology*, **306**, 554-575, 1991
13) R. Gattass, A. P. B. Sousa and C. G. Gross : Visuotopic organization and extent of V3 and V4 of the macaque, *Journal of Neuroscience*, **8**, 1831-1845, 1988
14) M. Meunier, J. Bachevalier, M. Mishkin and E. A. Murray : Effects on visual recognition of combined and separate ablations of the entorhinal and perirhinal cortex in rhesus monkeys, *Journal of Neuroscience*, **13**, 5418-5432, 1993
15) W. A. Suzuki and D. G. Amaral : Perirhinal and parahippocampal cortices of the macaque monkey : cortical afferents, *Journal of Comparative Neurology*, **350**, 497-533, 1994
16) R. von der Heydt, E. Peterhans and G. Baumgartner : Illusory contours and cortical neuron responses, *Science*, **254**, 1260-1263, 1984
17) R. von der Heydt and E. Peterhans : Mechanism of contour perception in monkey visual cortex. I. Lines of pattern discontinuity, *Journal of Neuroscience*, **9**, 1731-1748, 1989
18) E. Peterhans and R. von der Heydt : Mechanisms of contour perception in monkey visual cortex. II. Contours bridging gaps, *Journal of Neuroscience*, **9**, 1749-1763, 1989
19) K. R. Gegenfurtner, D. C. Kiper and B. J. Levitt : Functional properties of neurons in macaque area V3, *Journal of Neurophysiology*, **77**, 1906-1923, 1997
20) S. M. Zeki : Colour coding in rhesus monkey prestriate cortex, *Brain Research*, **53**, 422-427, 1973
21) S. M. Zeki : Colour coding in the superior temporal culcus of rhesus monkey visual cortex, *Proceedings of the Royal Society of London*, **B197**, 195-223, 1977
22) S. M. Zeki : Colour coding in the cerebral cortex : The responses of wavelength-selective and colour-coded cells in monkey visual cortex to changes in wavelength composition, *Neuroscience*, **9**, 767-781, 1983
23) S. J. Schein, R. T. Marrocco and F. M. De Monasterio : Is there a high concentration of colorselective cells in area V4 of monkey visual cortex ? *Journal of Neurophysiology*, **47**, 193-213, 1982
24) R. Desimone and S. J. Schein : Visual properties of neurons in area V4 of the macaque : sensitivity to stimulus form, *Journal of Neurophysiology*, **57**, 835-868, 1987
25) G. M. Ghose and D. Y. Ts'O : Form processing modules in primate area V4, *Journal of Neurophysiology*, **77**, 2191-2196, 1997
26) S. J. Schein and R. Desimone : Spectral properties of V4 neurons in the macaque, *Journal of Neuroscience*,

27) E. Kobatake and K. Tanaka : Neuronal selectivities to complex object features in the ventral visual pathway of the macaque cerebral cortex, *Journal of Neurophysiology*, **71**, 856-867, 1994
28) S. H. Reynolds, L. Chelazzi and R. Desimone : Comparative mechanisms subserve attention in macaque area V2 and V4, *Journal of Neuroscience*, **19**, 1736-1753, 1999
29) C. E. Connor, D. C. Preddie, J. L. Gallant and D. C. Van Essen : Spatial attention effects in macaque area V4, *Journal of Neuroscience*, **17**, 3201-3214, 1997
30) P. E. Haenny and P. H. Schiller : State dependent activity in monkey visual cortex I. Single cell activity in V1 and V4 on visual tasks, *Experimental Brain Research*, **69**, 225-244, 1988
31) S. J. Luck, L. Chelazzi, S. A. Hillyard and R. Desimone : Neural mechanisms of spatial selective attention in areas V1, V2, and V4 of macaque visual cortex, *Journal of Neurophysiology*, **77**, 24-42, 1997
32) H. Spitzer, R. Desimone and J. Moran : Increased attention enhances both behavioral and neuronal performance, *Science*, **240**, 338-340, 1988
33) V. P. Ferrera, T. A. Nealey and J. H. R. Maunsell : Responses in macaque visual area V4 following inactivation of the parvocellular and magnocellular LGN pathways, *Journal of Neuroscience*, **14**, 2080-2088, 1994
34) K. Tanaka, H. Saito, Y. Fukada and M. Moriya : Coding visual images of objects in the inferotemporal cortex of the macaque monkey, *Journal of Neurophysiology*, **66**, 170-189, 1991
35) A. Mikami, I. Ando, K. Kubota, T. Sawaguchi, E. Yoshikawa, T. Kakiuchi, K. Nakamura and H. Tsukada : Posterior cortical areas activated during visually-guided GO/NO-GO Task : a PET study, *Society for Neuroscience Abstract*, **22**, 401, 1996
36) H. Takechi, H. Onoe, E. Shizuno, N. Yoshikawa, H. Sadato, H. Tsukada and Y. Watanabe : Mapping of cortical areas involved in color vision in nonhuman primates, *Neuroscience Letter*, **230**, 17-20, 1997
37) C. G. Gross, C. E. Rocha-Miranda and D. B. Bender : Visual properties of neurons in inferotemporal cortex of the macaque, *Journal of Neurophysiology*, **35**, 96-111, 1972
38) R. Desimone, T. D. Albright, C. G. Gross and C. Bruce : Stimulus selective properties of inferior temporal neurons in the macaque, *Journal of Neuroscience*, **4**, 2051-2062, 1984
39) K. Tanaka : Neuronal mechanisms of object recognition, *Science*, **262**, 685-688, 1993
40) I. Fujita, K. Tanaka, M. Ito and K. Cheng : Columns for visual features of objects in monkey inferotemporal cortex, *Nature*, **360**, 343-346, 1992
41) G. Wang, K. Tanaka and M. Tanifuji : Optical imaging of functional organization in the monkey inferotemporal cortex, *Science*, **272**, 1665-1668, 1996
42) 三上章允：脳はどこまでわかったか, 講談社, 1991
43) A. Mikami, K. Kubota and M. Tonoike : Inferotemporal unit activity and a color memory task, *Journal of the Physiology Society of Japan*, **38**, 115-116, 1976
44) A. Mikami and K. Kubota : Inferotemporal neuron activities and color discrimination with delay, *Brain Research*, **182**, 65-78, 1980
45) R. Kovner and J. S. Stamm : Disruption of short-term visual memory by electrical stimulation of inferotemporal cortex in the monkey, *Journal of Comparative Pysiological Psychology*, **81**, 163-172, 1972
46) B. J. Richmond and T. Sato : Enhancement of inferior temporal neurons during visual discrimination, *Journal of Neurophysiology*, **58**, 1292-1306, 1987
47) T. Sato : Effecats of attention and stimulus interaction on visual responses of inferior temporal neurons in macaque, *Journal of Neurophysiology*, **60**, 344-364, 1988
48) T. Sato, T. Kawamura and E. Iwai : Responsiveness of inferotemporal single units to visual pattern stimuli in monkeys performing discrimination, *Experimental Brain Research*, **38**, 313-319, 1980
49) G. Sary, R. Vogels and G. A. Orban : Cue-invariant shape selectivity of macaque inferior temporal neurons, *Science*, **260**, 995-997, 1993
50) H. Komatsu, Y. Ideura, S. Kaji and S. Yamane : Color selectivity of neurons in the inferior temporal cortex of the awake macaque monkey, *Journal of Neuroscience*, **12**, 408-424, 1992
51) H. Komatsu and Y. Ideura : Relationships between color, shape, and pattern selectivities of neurons in the inferior temporal cortex of the monkey, *Journal of Neurophysiology*, **70**, 677-694, 1993
52) G. C. Baylis, E. T. Rolls and C. M. Leonard : Functional subdivisions of the temporal lobe neocortex, *Journal of Neuroscience*, **7**, 330-342, 1987
53) R. Desimone and C. G. Gross : Visual area in the temporal cortex of the macaque, *Brain Research*, **178**, 363-375, 1979
54) C. Bruce, D. R. and C. G. Gross : Visual properties of neurons in a polysensory area in superior temporal sulcus of the macaque, *Journal of Neurophysiology*, **46**, 369-384, 1981
55) D. I. Perrett, E. T. Rolls and W. Caan : Visual neurons responsive to face in the monkey temporal cortex, *Experimental Brain Research*, **47**, 329-342, 1982
56) A. Mikami : Neuron activities in the macaque superior temporal sulcus during the sequential discrimination of faces, *Journal of the Physiology Society of Japan*, **49**, 457, 1987
57) A. Mikami : Highly selective visual neurons can retain memory in the monkey temporal cortex, *Neuroscience Letter*, **192**, 157-160, 1995
58) J. M. Fuster, R. H. Bauer and J. P. Jervey : Effects of cooling inferotemporal cortex on performance of visual memory tasks, *Experimental Neurology*, **71**, 398-409, 1981
59) J. M. Fuster and J. P. Jervey : Neuronal fireing in the inferotemporal cortex of the monkey in a visual-memory task, *Journal of Neuroscience*, **2**, 361-375, 1982
60) A. Mikami : Visual information processing in the superior temporal sulcus, *Neuroscience Research*, supp., **7**, S15, 1988
61) E. K. Miller and R. Desimone : A neuroal mechanism for working and recognition memory in inferior temporal cortex, *Science*, **254**, 1377-1379, 1992
62) Y. Mikyashita and H. S. Chang : Neuronal correlate of pictorial short-term memory in the primate temporal cortex, *Nature*, **331**, 68-70, 1988
63) Y. Miyashita : Neuronal correlate of visual associative long-term memory in the primate temporal cor-

64) W. A. Suzuki, E. K. Miller and R. Desimone: Sample-selective delay activity during the performance of a delayed match to sample task in the monkey frontal cortex, *Society for Neuroscience Abstracts*, **22**, 16616, 1996
65) K. Nakamura, A. Mikami and K. Kubota: Oscillatory neuronal activity related to visual shortterm memory in monkey temporal pole, *Neuroreport*, **3**, 117-120, 1992
66) A. Mikami, K. Nakamura and K. Kubota: Neuronal responses to photographs in the superior temporal sulcus of the rhesus monkey, *Behavioral Brain Research*, **60**, 1-13, 1994
67) K. Nakamura, A. Mikami and K. Kubota: The activity of single neurons in the monkey amygdala during performance of a visual discrimination task, *Journal of Neurophysiology*, **67**, 1447-1463, 1992
68) K. Nakamura, A. Mikami and K. Kubota: Visual response properties of single neurons in the temporal pole of behaving monkeys, *Journal of Neurophysiology*, **71**, 1206-1221, 1994
69) K. Nakamura, A. Mikami and K. Kubota: Unique oscillatory activity related to visual processing in the temporal pole of monkeys, *Neuroscience Research*, **112**, 293-299, 1991
70) P. I. Yakovlev and A. R. Lecours: The myelogenetic cycles of regional maturation of the brain, In Regional maturation of brain in ealy life (ed. A. Minkowski), Blackwell, Oxford, pp. 3-70, 1967
71) P. Rakic, J. Bourgeois, M. F. Eckenhoff, N. Zecevic and P. S. Goldman-Rakic: Concurrent overproduction of synapses in diverse regions of the primate cerebral cortex, *Science*, **232**, 232-235, 1986
72) H. R. Rodman, J. P. Skelly and C. G. Gross: Stimulus selectivity and state dependence of activity in inferior temporal cortex in infant monkeys, *Proceedings of National Academy of Science USA*, **88**, 572-575, 1991
73) H. R. Rodman, S. P. O. Scalaidhe and C. G. Gross: Respones properties of neurons in temporal cortical visual areas of infant monkeys, *Journal of Neurophysiology*, **70**, 1115-1136, 1993
74) H. R. Rodman and M. J. Consueios: : Cortical projections to anterior inferior temporal cortex in infant macaque monkeys, *Visual Neuroscience*, **11**, 119-133, 1994
75) M. J. Webster, J. Bachevalier and L. G. Ungerleider: Connections of inferior temporal areas TEO and TE with parietal and frontal cortex in macaque monkeys, *Cerebral Cortex*, **5**, 470-483, 1994
76) N. Ibuka, K. Kubota and E. Iwai: Ablation of a small circumscribed portion of the inferotemporal cortex and a delayed matching-to-sample task, In Contemporary Primatology (eds. S. Kondo, M. Kawai and A. Ehara), S. Karger A. G., pp. 224-229, 1974
77) E. Iwai and M. Mishkin: Further evidence on the locus of the visual area in the temporal lobe of the monkey, *Experimental Neurology*, **25**, 584-594, 1969

2.5 眼球運動に関係する処理

われわれは，興味を引かれた対象物を見るため，2種類の眼球運動を絶えずくり返し行っている．1つは，興味のある対象物に視線を向け，網膜中心窩にその対象物をとらえるための視線の移動にかかわる運動 (gaze-shifting) であり，もう1つは，その視線を向けた対象物の網膜像が動かないように視線を保持するための運動 (gaze-holding) である．これらの眼球運動は，視覚をよりよい状態で機能させるために重要であり，またその運動の制御は主に視覚入力を使って行われている．そこでこの節では，どのような視覚情報が視線を保持するための眼球運動を誘発するのか，視線を移動する眼球運動が，視覚情報処理にどのような影響を与えているのかという2つの視点から眼球運動に関係する視覚情報処理についてまとめてみたい．ここでは紙面の関係から前者については，ヒトの行動実験による研究から得られた結果を，後者については，脳内の情報処理ということで，ヒトに近い霊長類のサルを使った動物実験の結果を中心に述べる．これらの眼球運動に関与している神経経路については，他章の記載もあるので，サルを使った動物実験によって明らかになってきている神経経路を簡単に述べておく．

2.5.1 視運動性応答

視野全体の動きに対して視線を保持し，網膜像のぶれを防ぐために起こる眼球運動は視運動性応答 (optokinetic response, OKR)，あるいは視運動性眼振 (optokinetic nystagmus, OKN) と呼ばれる[1,2]．この「視運動性眼振」という用語は，視覚刺激の動きによって誘発される眼振 (急速相と緩徐相が律動的にくり返して起こる眼球運動) を意味し，臨床医学で主に用いられている．ここではこの眼球運動のうちでも，網膜像のぶれを防ぐために起こっている緩徐相 (slow phase) のほうを問題とするので「視運動性応答」という用語を使うこととする．

網膜像のぶれをまねく最大の要因は，頭部の回転運動であり，頭部の回転によって起こる網膜像のぶれをなくすことは，われわれが日常生活のうえでつねに直面する問題である．頭部が回転すると前庭器官が刺激され，その動きを代償するように前庭動眼反射が起こるが，前庭動眼反射の利得 (眼の動く速度/頭の動く速度) は完全に1.0ではなく，その不完全な分だけ網膜像が動くことになる．この動きをなくすように視覚刺激の動きによって誘発される眼球運動が視運動性応答である．実験室内での視運動性応答は，被験者のまわりを縞模様のドラムで囲み，回転させることによって誘発される．縞模様の

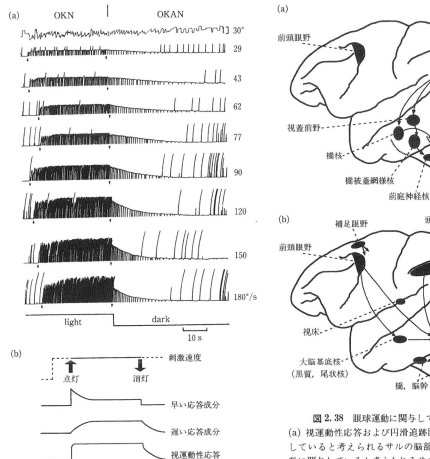

図 2.37 視運動性反応
(a) サルの視運動性応答 (視運動性眼振, optokinetic nystagmus, OKN). 最上段は眼球位置, 以下はさまざまな刺激速度に対する眼球速度, 右側に視覚刺激の速度を示す. 上向きの矢印は刺激開始時点を, 下向きは消灯時点を示す. 視運動性後眼振 (optokinetic afternystagmus, OKAN) が消灯後に見られる (Cohen et al.[3] を改変), (b) 模式的に示した視運動性反応の 2 つの応答成分 (吉田[2] を改変).

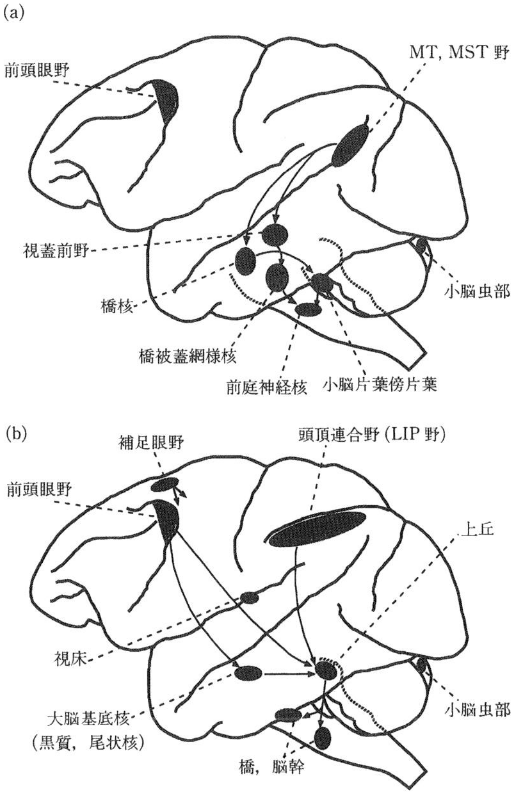

図 2.38 眼球運動に関与している主な脳部位
(a) 視運動性応答および円滑追跡眼球運動の発現に関与していると考えられるサルの脳部位. (b) サッカード運動に関与していると考えられるサルの脳部位.

ドラムが回転すると, 縞模様の動きを追いかける方向に緩徐相をもつ視運動性応答が引き起こされる[3].

臨床的には, 被験者を暗闇のなかに置き, そのまわりを一定速度で回転する縞模様のドラムに明かりをつけて視運動性応答を観察することが多い (図 2.37(a)). このように視覚刺激をステップ状の速度の変化として与えて誘発された視運動性応答は, サルを用いた実験によって, 最初の早い立上りの部分 (早い応答成分, rapid rise component, direct component) と, ゆるやかな部分 (遅い応答成分, slow rise component, indirect component) との 2 つの成分に分けることができ[3] (図 2.37(b)), 前者は, 円滑追跡眼球運動と関係が深く, 外側膝状体から大脳皮質 (MT 野, middle temporal area ; MST 野, medial superior temporal area), 橋核, 小脳を経て脳幹に至る神経経路が, 後者は, 前庭性眼振と関係が深く, 副視索系, 視索核, 橋被蓋網様核 (nucleus reticularis tegmenti pontis, NRTP), 前庭神経核などを含む神経経路が主に関与していると考えられている[4] (図 2.38(a)). 動物実験では, これら脳内のさまざまな部位から眼球運動や視覚刺激と関係したニューロン活動が記録されることが報告されている. MT 野や MST 野, 視索核などでは視覚刺激の動きに反応するニューロンが多く記録され, これらの部位では, 視覚刺激から外界の動きが解析されていると考えられている. また, 視運動性応答の早い応答成分 (追従眼球運動, ocular follow-

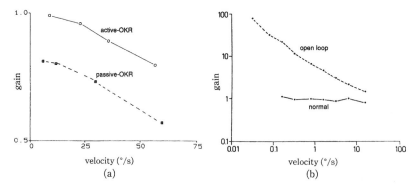

図 2.39 視覚刺激の速度と視運動性応答の利得
(a) 視覚刺激を眼で追いかけるようにという指示を与えた場合(active-OKR) と，与えない場合(passive-OKR) でのヒトの視運動性応答の利得 (gain) の比較 (Van den Berg et al.[6] を改変)，(b) 開ループ状態のときの視運動性応答 (点線) と普通の視運動性応答 (実線) の比較．対象はヒト (Dubois et al.[7] を改変).

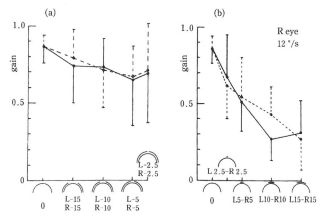

図 2.40 周辺視野 (a) および中心視野 (b) をさまざまな広さで覆い隠したときの視運動性応答
空間周波数 0.2 cycle/° の視覚刺激が 12°/s で動いたときの右眼の動き (実線は右，破線は左方向への動き)．5 名のヒトの反応の平均値をプロット，縦線は標準偏差 (Van Die[8] を改変).

ing response とも呼ばれる）については，小脳で視覚刺激の動きの情報から，眼を動かす運動指令が作られている可能性が示唆されている[5]．

視覚刺激とそれによって誘発される視運動性応答との関係は，視運動性応答の利得（ゲイン，gain），つまり，(緩徐相における眼の動く速度)/(視覚刺激の速度) として計測される．とくに，視覚刺激の呈示あるいは速度の変化のあとの一過性の反応が終わり，定常状態になった時点での利得が一般に視運動性応答の利得 (steady-state gain) として計測されている．視運動性応答の利得は，ヒトを被験者とした場合，被験者に与える指示によって異なり，図 2.39 (a) に示すように，視覚刺激を眼で追いかけるようにという指示を与えた場合 (active-OKR) のほうが，与えない場合 (passive-OKR) よりも利得が

高いことが知られている[6]．しかしながら，このように単に視覚刺激を一定の速度で動かしてそのとき起こっている眼球運動を計測するという方法では，眼が動き始めると視覚刺激の網膜上の動きが眼の動きの分だけ減少するため，網膜上の視覚刺激の動き (retinal slip) と眼球運動との正確な関係を知ることができない．視覚刺激と視運動性応答との関係をより直接的に調べるには，網膜上の視覚刺激の動きを定量的に呈示するため，この系を開ループ状態 (眼球の位置情報を視覚刺激の動きにフィードバックさせることにより作り出すことができる) にする必要がある．開ループ状態にして視運動性応答の定常状態の利得 (open loop gain) を調べると，図 2.39 (b) に示すように，網膜上の視覚刺激の動く速度が遅いとき (0.1°/s 以下) では利得が高く，約 10°/s のと

き利得が1になり，それより速くなると利得が低くなっている[7]．

網膜のどの部分が視運動性応答を起こすのに重要であるかについてはヒトを被験者とした数多くの研究があり，中心視野あるいは周辺視野をさまざまな広さで覆い隠し，その影響が調べられているが，このとき重要なのは視野を遮るマスクの端(edge)が空間内で固定されていない点である．マスクの端が空間内で固定されていると，視運動性応答時の眼の動きで，マスクの端の網膜像が視覚刺激と逆方向に動き，視運動性応答に大きな影響を与えることとなる[1]．マスクの端が網膜上で動かないように中心視野あるいは周辺視野を遮ると，図2.40に示されるように，中心視野の視覚刺激を10°覆ったときは，視運動性応答の利得が半分以下に減少するが，逆に中心視野を10°残すように周辺視野を覆い隠すことは，視運動性応答の利得にあまり影響を与えないことがわかる[8]．つまり，視運動性応答には中心視野の視覚刺激のほうが周辺視野の視覚刺激よりもはるかに強い影響力をもっていることになる．しかしながら，視運動性応答に関係する中心視野は，中心窩(fovea)よりはずっと広い視野を含んでいることにも注意しておく必要がある．

2.5.2 円滑追跡眼球運動

ヒトやサルのように網膜に中心窩の発達した動物では，動いている小さい視覚刺激(視標)をその中心窩でとらえ，その網膜像が動かないように眼を滑らかに動かして，見続けることができる．このゆっくりとした滑らかな眼の動きが，円滑追跡眼球運動(smooth pursuit eye movement)である[9～11]．円滑追跡眼球運動は，興味を引かれた視覚対象物が動き始めるとき，あるいは，動く対象物に注意を向けたときに始まり(開始, initiation)，捕捉サッカード運動(catch-up saccade)によってその対象物を中心窩にとらえた後，その網膜像のぶれ(retinal slip)が少なくなるように動き続ける(維持, maintenance)眼球運動である(図2.41)．この眼球運動も視覚刺激の動きによって誘発されるので，その発現のためには，前述した視運動性応答の速い応答成分と共通した，網膜，外側膝状体から大脳皮質(MT, MST)，橋核，小脳を経て脳幹に至る神経経路が関与していて(図2.38(a))，とくにその開始部については，視運動性応答の速い応答成分と同様の情報処理がなされていると考えられる[5,10]．ただ，

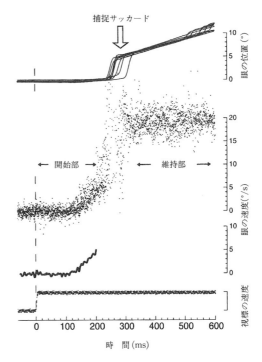

図2.41 小さい視標が視野の中心から右に20°/sで動いたときに起こるヒトの円滑追跡眼球運動

上から，眼の位置，眼の速度の重ね書き，眼の速度の平均(捕捉サッカード運動の起こる前まで)，視標の動く速度をそれぞれ示している．捕捉サッカード運動(catch-up saccade, 矢印)により開始部(initiation)と維持部(maintenance)に分けられる．

視運動性応答の場合と異なり，動く視覚刺激が小さい(多くの実験で1°以下の視標が用いられている)ため，誘発される眼球運動は，動く視覚刺激の網膜上の位置に依存し，視覚刺激が中心窩に近い位置にあるほうが，周辺視野にある場合よりも眼の動き(ヒトの場合は，とくに眼が動き始めてから80～100 msの加速度)が大きいことが報告されている[12]．

小さい視標の動きで円滑追跡眼球運動が誘発され，動き始めると，眼は視標の動きを追いかけ，視標の網膜上の動きが少なくなるように動き続ける．例えば，一定の速度で動く視標に対しては眼も等速で動き，正弦波状に視標の速度が変化する場合は，眼の動きも正弦波状になる．このような視標の動きで円滑追跡眼球運動が誘発されているときに視標を消すと，眼は減速するが動き続けることが知られている[13,14] (図2.42)．また，円滑追跡眼球運動中に網膜上の視標の動きをなくして(stabilized imageによる開ループ状態)も，円滑追跡眼球運動は維持さ

れることも知られている[9]．

このような実験結果は，円滑追跡眼球運動の制御系が，実際に見えている視標の動きを使って眼を動かしているだけでなく，将来の視標の動きを予測して眼の動きを制御することも行っていることを示唆している．このような制御には，視覚刺激の動きの情報以外に，眼球運動の情報(efference copy, 遠心性コピー)も関与している可能性があることが指摘されていて，眼球運動の情報と網膜上の視覚刺激の動きの情報を統合する部位としては，サルを用いた実験結果からMST野や小脳傍片葉(片葉)が考えられている[11,15]．円滑追跡眼球運動にはさらに，空間内に見えるさまざまな対象物から興味を引かれる物を選び出し，その網膜像をつねに中心窩に保つように努めるという選択的注意など，高次の神経機構が関与していることが考えられるが，その詳細はまだ明らかではない．

2.5.3 輻輳開散運動

輻輳開散運動は，両眼の視軸の角度を変化させる非共同性の眼球運動である[16,17]．視軸間の角度は輻輳運動では増加し，開散運動では減少する．この眼球運動は，奥行き視覚の手がかり，とくに以下の2種類の刺激によって起こる．1つはレンズの調節状態の変化(accommodation)であり，このとき起こる運動は「調節性輻輳開散運動(accommodative vergence)」と呼ばれる．もう1つは，両眼の網膜像のずれ(視差，disparity)で，このとき起こる運動は，「視差性輻輳開散運動(disparity vergence)」と呼ばれる．両眼視差とそれによって誘発される輻輳開散運動の関係については，RashbassとWestheimerのヒトを対象とした古典的な研究がある[18]．この実験では，視覚刺激として小さいスポット(0.

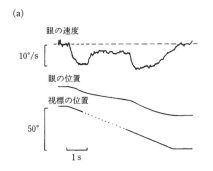

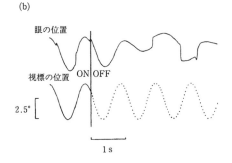

図2.42 円滑追跡眼球運動中に視標を消すことの眼球運動への影響

視標は(a)では一定の速度で[13]，(b)では正弦波状に動いている[14](Pola and Wyatt[9]を改変)．

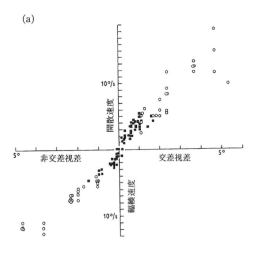

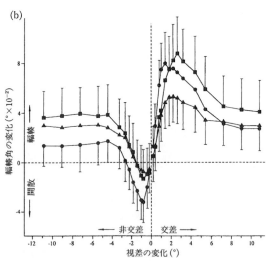

図2.43 両眼視差によって誘発される輻輳開散運動

視覚刺激は(a)では小さいスポット[18]，(b)では広い視野のランダムドット像[19]．対象は(a)ではヒト，(b)では3頭のサル．

1°程度)を用い,両眼視差をステップ状に与えている.両眼視差が与えられると,約160 msで輻輳開散運動が起こる.その眼の動く速度をプロットしたのが図2.43(a)である.両眼視差の変化が小さいときは輻輳開散運動の速度と線形の関係があることがわかる.

最近,Busettiniら[19]はサルを用いた実験で,広い視野に投影した視覚刺激全体に両眼視差をステップ状に与え,非共同性の眼球運動を観察したところ,数十msという非常に短い潜時で輻輳開散運動が起こることを観察している.図2.43(b)はこのような刺激を用いたサルを使った実験での両眼視差と眼の動きの関係をプロットしたものである.1〜2°の交差視差が輻輳運動に,1°程度の非交差視差が開散運動には最も効果的であることがわかり,ヒトでも同様の傾向が観察されている[19].

動物実験で視差に反応するニューロンや輻輳開散運動に関係した反応を示すニューロンの存在は報告されてきているが,視差情報がどのように処理されて眼球を輻輳あるいは開散させる運動指令になるかについては,今後の研究の課題である[17].

2.5.4 サッカード運動

われわれは,興味を引かれた対象物に視線を向けるため視線の移動(gaze-shifting)をくり返し行っている.このとき起こっている速度の速い眼球運動がサッカード運動(saccadic eye movement, saccade)である.サッカード運動は,視線保持のための眼球運動とは異なり,運動の動特性が視覚刺激の性質に依存するということが少なく,基本的にその振幅(amplitude)が決まると,持続時間(duration)と速度(peak velocity)はほぼ決まってくる[20,21].対象物の像は網膜のある部位に結像し,そこに受容野をもつ視覚性ニューロンの興奮(あるいは抑制)を引き起こす.この対象物に視線を移動するためには,視覚性ニューロンのもつ空間情報から,眼の動くべき方向と距離(運動のベクトル)を計算して橋・脳幹の急速眼球運動発生機構に伝える必要がある.サルを用いた実験で明らかになったサッカード運動に関係した脳部位としては,橋・脳幹以外にも,大脳(前頭眼野,頭頂連合野),大脳基底核,上丘,小脳などいくつかの部位(図2.38(b))がある.受容野をもつ視覚性ニューロンのある大脳からの出力は上丘に集まり,そこから橋・脳幹の急速眼球運動発生機構へと投射していることが図2.38(b)からわ

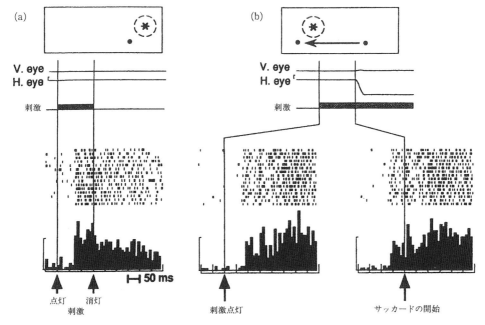

図2.44 サッカード運動に先駆けて,古典的な受容野の外にある視覚刺激に予測的に反応するサルLIP野のニューロン[24] (a) ニューロンの受容野に視覚刺激を点灯した.(b) ニューロンの受容野の外に視覚刺激を点灯し,この視覚刺激が新たに受容野に入るようにサルにサッカード運動させた.(a), (b)左は視覚刺激の開始で,(b)右はサッカード運動の開始で,ニューロン活動のラスター,ヒストグラム表示をそろえてある.

かる[21]．この上丘が視覚入力から得られた空間情報から眼球運動のベクトル情報を計算するときに重要な役割を果たしていると考えられている[21]．

サッカード運動が視覚情報処理に与える影響については，サッカード抑制の現象がよく知られているが，その詳細については9.6節を参照してほしい．最近，サッカード運動に先行して視覚性ニューロンの受容野が移動する現象がサルを用いた実験で見つかり，注目されているので，この現象について少し触れることにする[22]．

われわれが眼を動かすと，それに伴い網膜上の外界の像はつねに動いている．しかしながら，われわれは眼の動きとは無関係に，静止した外界を知覚することができる．この空間の恒常性は，眼球運動の情報（高次の中枢からの眼球運動指令の遠心性コピー）と，網膜からの情報が脳内で合成されて成り立っていると考えられている[23]．最近のサルを用いた実験で，サッカード運動に先立って，古典的な受容野の外にあり，次に起こる眼球運動の後に新しい受容野のなかに入る視覚刺激に反応する視覚性ニューロンが記録されることが報告されている[23]．図2.44(a)に示したのは頭頂連合野のLIP野のニューロンの例である[24]．このニューロンは，受容野に呈示された視覚刺激に70 msの潜時で反応する．このニューロンを記録しながら，その受容野の外に視覚刺激を呈示し，サルにサッカード運動を起こさせ，この視覚刺激がサッカード運動後の新しい受容野のなかに入るようにすると，サッカード運動が開始する80 ms前からニューロンの発火が増加した（図2.44(b)）．つまり，このLIP野のニューロンは，眼球運動に先がけて，古典的な受容野の外にある視覚刺激に予測的に反応している．言い換えればサッカード運動に先行して受容野が移動していることがわかる．このようなサッカード運動に伴った予測的な受容野の移動は，LIP野のほか，上丘[25]や前頭眼野[26]で見つかっており，このようなニューロン活動は，眼球運動の前後で外界の像の空間内での位置を保持したり，眼球の動きによって起こる視覚情報処理の時間的な遅れを取り除くのに有効にはたらいていると考えられている[22]．

［河野憲二］

文　献

1) H. Collewijn : The optokinetic contribution, In Vision and Visual Dysfunction, vol. 8, Eye Movements (ed. R. H. S. Carpenter), Macmillan, London, pp. 45-70, 1988
2) 吉田　薫：視運動性眼振　眼科学体系7, 神経眼科，中山書店, pp. 469-481, 1995
3) B. Cohen, V. Matsuo and T. Raphan : Quantitative analysis of the velocity characteristics of optokinetic nystagmus (OKN) and optokinetic afternystagmus (OKAN), Journal of Physiology, **270**, 321-344, 1977
4) A. F. Fuchs and M. J. Mustari : The optokinetic response in primates and its possible neuronal substrate, In Visual Motion and Its Role in the Stabilization of Gaze (eds. F. A. Miles and J. Wallman), Elsevier, Amsterdam, pp. 343-369, 1993
5) 河野憲二，竹村　文，井上由香，他：追従眼球運動の神経機構，神経進歩，**40**, 398-408, 1996
6) A. V. Van den Berg and H. Collewijn : Directional asymmetries of human optokinetic nystagmus, Experimental Brain Research, **56**, 263-274, 1988
7) M. F. W. Dubois and H. Collewijn : Optokinetic reactions in man elicited by localized retinal motion stimuli, Vision Research, **19**, 1105-1115, 1979
8) G. C. Van Die and H. Collewijn : Control of human optokinetic nystagmus by the central and peripheral retina: effects of partial visual field masking, scotopic vision and central retinal scotomata, Brain Research, **383**, 185-194, 1986
9) J. Pola and J. Wyatt : Smooth pursuit : response characteristics, stimuli and mechanisms, In Vision and Visual Dysfunction, vol. 8, Eye Movements (ed. R. H. S. Carpenter), Macmillan, London, pp. 138-156, 1988
10) 河野憲二：滑動性眼球運動　眼科学体系7, 神経眼科，中山書店, pp. 427-440, 1995
11) S. G. Lisberger, E. J. Morris and L. Tychsen : Visual motion processing and sensory-motor integration for smooth pursuit eye movements, Annual Review of Neuroscience, **10**, 97-130, 1987
12) L. Tychsen and S. G. Lisberger : Visual motion processing for the initiation of smooth-pursuit eye movements in humans, Journal of Neurophysiology, **56**, 953-968, 1986
13) W. Becker and A. F. Fuchs : Prediction in the oculomotor system : smooth pursuit during transient disappearance of a visual target, Experimental Brain Research, **57**, 562-575, 1985
14) S. G. Whittaker and G. Eaholtz : Learning patterns of eye motion for foveal pursuit, Investigative Ophthalmology and Visual Science, **23**, 393-397, 1982
15) W. T. Newsome, R. H. Wurtz and H. Komatsu : Relation of cortical area MT and MST to pursuit eye movements. II. Differentiation of retinal from extraretinal inputs, Journal of Neurophysiology, **60**, 604-620, 1988
16) S. J. Judge : Vergence, In Vision and Visual Dysfunction, vol. 8, Eye Movements (ed. R. H. S. Carpenter), Macmillan, London, pp. 157-172, 1988
17) 板東武彦：輻湊開散運動　眼科学体系7, 神経眼科，中山書店, pp. 487-495, 1995
18) C. Rashbass and G. Westheimer : Disjunctive eye movements, Journal of Physiology (London), **159**, 339-360, 1961
19) C. Busettini, F. A. Miles and R. J. Krauzlis : Short-latency disparity vergence responses and thier dependence on a prior saccadic eye movement, Journal of Neurophysiology, **75**, 1392-1410, 1996
20) W. Becker : Saccades, In Vision and Visual Dysfunction vol. 8, Eye Movements (ed. R. H. S. Carpenter),

Macmillan, London, pp. 95-137, 1988
21) 鈴木寿夫：衝動性眼球運動 眼科学体系7, 神経眼科, 中山書店, pp. 385-417, 1995
22) 楠 真琴：頭頂前頭連合野ニューロンの予測的視覚応答, 神経進歩, **40**, 409-418, 1996
23) H.-L. Teuber : Perception, In Handbook of Physiology, sect. 1 : Neurophysiology, vol. III (eds. J. Field, H. W. Magoun and V. E. Gall), American Physiological Society, Washington DC., pp. 1595-1668, 1960
24) J.-R. Duhamel, C. L. Colby and M. E. Goldberg : The updating of the representation of visual space in parietal cortex by intended eye movements, *Science*, **255**, 90-92, 1992
25) M. F. Walker, E. J., Fitzgibbon and M. E. Goldberg : Neurons in the monkey superior colliculus predict the visual result of impending saccadic eye movements, *Journal of Neurophysiology*, **73**, 1988-2003, 1995
26) M. M. Umeno, M. E. Goldberg : Predictive visual responses in monkey frontal eye field, *Society for Neuroscience Abstracts*, **20**, 144, 1994

3

色　　覚

3.1 光　　覚

3.1.1 絶対閾値
a．はじめに

視覚情報処理は光が網膜の視細胞に吸収され電気的な信号に変換されるところから始まる．それでは，光が神経信号に変換され実際に光として知覚されるには最低どれだけの光量が必要であろうか．光の量は量子力学的には光量子の数で表すことができる．したがって，問題は最低何個の光量子が眼に入ると光として知覚されるか，ということになる．これが絶対閾値 (absolute threshold) である．Einstein が光量子仮説を発表したのは 1905 年のことであるが，視覚科学の分野ではそれ以前から絶対閾値の測定は行われていた．最初に絶対閾値の測定を行ったのは Langley (1889) で，550 nm の単色光を角膜上でのエネルギーが 3×10^{-9} erg となるように眼に与えたときに閾値に達すると報告している[1]．これを光量子数に換算すると約 830 個という計算になる．今日ではこの値は 10 倍ほど大きすぎるといえるが，当時の知識と技術からするとそれほど的外れな値ともいえない．このような測定を現代的な知識と技術を用いて行った初めての実験は Hecht ら[1]によるものである[2]．ここでは Hecht らの実験を紹介することにより，絶対閾値の測定にかかわる諸問題をとりあげる．

b．Hecht らの実験

絶対閾値の測定は多くの場合，人間の視覚系が最もよい感度を示す条件で行われる．Hecht らの実験でも，さまざまなデータを活用して最も感度の高くなる刺激条件を決定している．Hecht らが用いた実験条件を表 3.1 に示す．順応状態は絶対暗順応状態を採用している．絶対暗順応状態とは暗黒中で 30 分以上順応した状態で，桿体視細胞内の視物質であるロドプシンがすべて再生された状態と考えられる．暗順応過程の詳細については次節に述べる．

網膜部位は網膜上の耳側 20° を採用している．網膜部位による錐体と桿体の細胞の分布を調べた Øesterberg のデータ[3]によれば，0° 付近，すなわち中心窩付近では桿体はほとんどなく，錐体のみが密に分布している．これに対して網膜の周辺部では錐体の密度が急速に減少するのに対して桿体の密度は上昇する．桿体の密度のピークが耳側では 20° 付近にあることがわかる．したがって，Hecht らの実験条件は桿体の密度が最大となる網膜部位を選んでいることがわかる．

刺激サイズに関しては直径 10′ の円形視野を採用している．刺激サイズの選択に関して考慮しなければならないのは，空間的寄せ集め (spatial summation) の現象である．図 3.1 に刺激サイズを変化させたときの閾値の変化の様子を測定した例を示す[4]．横軸は刺激のサイズ，縦軸は閾値の強度に刺激の面積と呈示時間 (いまの場合一定) を乗じたものである．波長が決まっていれば全光量子数に比例した量ととらえることができる．2 本の曲線は錐体を刺激した場合と，桿体を刺激した場合の違いを示す．どちらの場合も刺激サイズが小さいうちは閾値は一定であるが，ある刺激サイズを境に閾値が上昇していることがわかる．この境目を臨界刺激面積 (critical area) あるいは足し合わせ領域 (summation area) という．錐体の場合この面積は視角で約 5′，桿体では約 30′ であることがわかる．臨界刺激

表 3.1　Hecht らの絶対閾値測定の実験条件

順　応	絶対暗順応状態
網膜部位	耳側 20°
刺激サイズ	直径 10′ の円形視野
呈示時間	1 ms
波　長	510 nm

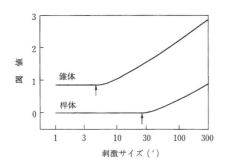

図 3.1 空間的寄せ集め現象[4]
刺激サイズ(直径)と閾値(刺激強度×刺激面積の対数値)の関係.刺激呈示時間は固定し,刺激サイズを変えて閾値を測定すると,矢印で示された臨界刺激面積より小さい領域では閾値において"刺激強度×刺激面積=一定"の関係が得られる.これをRiccoの法則と呼び,この空間領域では刺激に対する応答が完全に足し合わされる.

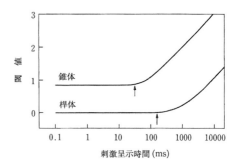

図 3.2 時間的寄せ集め現象[4]
刺激呈示時間と閾値(刺激強度×呈示時間の対数値)の関係.刺激サイズは固定し,刺激呈示時間を変えて閾値を測定すると,矢印で示された臨界刺激呈示時間より短い領域では閾値において"刺激強度×呈示時間=一定"の関係が得られる.これをBlochの法則と呼び,この時間領域では刺激に対する応答が完全に足し合わされる.

面積よりも小さい刺激サイズにおいて全光量子数が一定値を越えると閾値に達するということは,この範囲内に入った光はすべて損失なく足し合わされ光覚に寄与することを意味している.閾値の強度をI,面積をSと表した場合,この領域では"$I×S=$一定"という関係式が成り立ち,これをRiccoの法則と呼ぶ.逆にこのサイズを越えてしまうと光の一部が光覚に寄与せず失われてしまう.前者を完全な足し合わせ(complete summation),後者を部分的足し合わせ(partial summation)という.Hechtらの実験条件は桿体の臨界刺激面積である30′より十分小さい10′の刺激を用いているので,完全な足し合わせが起こる条件であることがわかる.

刺激の呈示時間に関しても同様の配慮が必要である.すなわち時間的寄せ集め(temporal summation)の現象である.図3.2に刺激の呈示時間を変化させたときの閾値の変化の様子を測定した例を示す[4].横軸は刺激の呈示時間,縦軸は閾値の強度に刺激の呈示時間と面積(いまの場合一定)を乗じたものである.この場合も,呈示時間が短いうちは閾値は一定であるが,ある呈示時間を境に閾値が上昇している.この境目を臨界呈示時間(critical duration)という.錐体の場合約30ms,桿体の場合約200msとなっている.臨界呈示時間内では,閾値の強度をI,呈示時間をtと表した場合"$I×t=$一定"という関係式が成り立ち,これをBlochの法則と呼ぶ.すなわち,図3.2は臨界呈示時間内の刺激は完全な足し合わせを受け,この時間を越えた部分は部分的足し合わせとなることを示している.

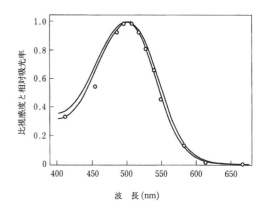

図 3.3 暗所視比視感度関数(○)とロドプシンの分光吸収率(実線)の比較[2]
比視感度は水晶体や黄斑色素などの光学媒質による吸収を補正したもの.ロドプシンの分光吸収率は最大吸収率が5%(下)と20%(上)の場合のもの.すべて500nmで1に規格化してある.

Hechtらの実験条件は桿体の臨界呈示時間である200msより十分短い1msの刺激を用いているので,やはり完全な足し合わせが起こる条件であることがわかる.

刺激の波長の選択に関しては510nmの単色光を用いている.Hechtらの論文が出版された当時はまだ暗所視の標準比視感度関数$V'(\lambda)$は制定されていなかったが,暗所視の視感度関数の測定や桿体の視物質であるロドプシンの分光吸収特性の測定はすでに行われており,角膜などの眼光学系の吸収を補正すると両者はよく一致することも知られていた(図3.3).これらの関数のピークは500~510nm付

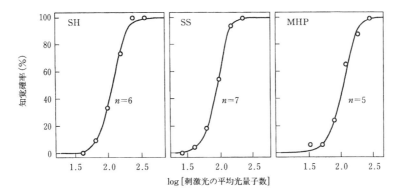

図 3.4 刺激光の平均光量子数と知覚確率[2]
3名の被験者の知覚確率データ(○)とこれにフィットしたポアソン分布による理論曲線.
式(3.1.4)の n の値が各曲線の右に示されている.

近にあり,実験で使用された 510 nm の光は桿体に対して最も感度の高い光であることがわかる.

実験の手順は以下のようになっている.絶対暗順応下にある被験者は歯形を嚙んで頭部を固定し,赤い固視点を凝視する.準備ができたら被験者自らスイッチを押すことにより網膜上耳側 20° の位置に大きさ 10′ の刺激が 1 ms 呈示される.被験者は刺激のフラッシュが見えたか否かを二者択一で答える.実験者はこの手順を刺激の強度をランダムに変えながらくり返し,各強度における知覚確率を求める.いわゆる恒常法である.

c. 絶対閾値測定の結果とその解釈

Hecht らの実験結果を図 3.4 に示す.横軸はフラッシュに含まれる光量子数(平均値)の対数,縦軸は知覚確率である.Hecht らは知覚確率 60% となる刺激強度を絶対閾値と定め,このときの角膜上での光量子数は 54〜148 個であると結論づけている.

角膜上に 100 個程度の光量子が入射しても,網膜に到達し桿体に吸収されるのはそのうちのごく一部である.まず,一部は角膜で反射して失われる.その割合は約 4% と見積もられる.次に,水晶体,硝子体,黄斑色素などの光学媒質による吸収が 510 nm の単色光に対してほぼ 50% と見積もられる.そして最後に桿体の視物質であるロドプシンに吸収されるのはさらにそのごく一部であるが,この見積りは以下のように行っている.

Koenig (1894) はヒトの眼から抽出したロドプシンを用いてその吸光率を測定したところ,510 nm の単色光に対してたった 4% という数値を得た[1].また,Wald (1938) は同様の実験で 13% という数値

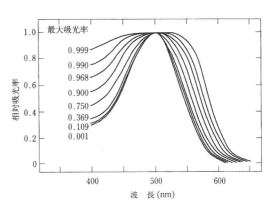

図 3.5 さまざまな濃度におけるロドプシンの分光吸収曲線[2]
曲線は比較のために最大値が 1 になるように規格化されている.最大値における実際の吸収率が各曲線の左に示されている.

を得ている[1].しかし吸光率はロドプシンの濃度に依存し,抽出した状態の濃度と網膜に存在するときの濃度が同じかどうかはわからない.そこで,Hecht らはロドプシンの濃度を変化させたときの分光吸収曲線を理論的に予測し,これが光学媒質の補正をした暗所視の比視感度関数と一致するのはどのような濃度のときであるかを調べた.図 3.5 はロドプシンの濃度の変化に対する分光吸収曲線の変化を表している.曲線の横に示されている数値がピークにおける吸光率であり,曲線はピークで重なるように規格化されている.これを見るとピークの吸光率が高くなるほど,すなわちロドプシンの濃度が高くなるほど釣鐘型の曲線の幅が広くなっていることがわかる.これはセルフスクリーニングと呼ばれる効果で,同じフィルターを何枚も重ねた場合と同じ

状況とみなすことができる．吸光率 A と濃度 d の間には

$$A = 1 - 10^{-d} \tag{3.1.1}$$

の関係があり，濃度が低いときは吸光率が濃度の増加にほぼ比例して増加するが，濃度が高くなると吸光率は1に飽和してしまう．この飽和現象により釣鐘型の分光吸収曲線のピーク付近がつぶれ，規格化して比べた場合，相対的に曲線の幅が広がるように見えるのである．

図 3.3 には図 3.5 で最大吸光率が 0.05 と 0.20 に相当する2本の曲線が描かれている．白丸は眼の光学媒質を補正した暗所視の比視感度関数である．この図から桿体中のロドプシンの濃度は 510 nm 付近の吸光率が約 5% になる程度の濃度に相当することがわかる．Hecht らはこの吸光率の上限値として 20% を用いている．

以上のような損失をすべて考慮すると，実際に桿体に吸収される光量子数は角膜に照射される光量子数 54～148 個に

(1−角膜で反射する率)×光学媒質を通り抜ける率
　　×ロドプシンの吸光率
　　$= (1-0.04) \times 0.5 \times 0.2 = 0.096$ (3.1.2)

を乗じた数，すなわち 5～14 個となる．

Hecht らは上述の桿体に吸収される光量子の数から，桿体はたった1個の光量子の吸収によっても反応すると結論している．これは，以下のような考察による．まず，Øesterberg のデータから実験に用いた耳側 20°，直径 10′ の円形視野のなかに桿体は約 500 個あると推定できる．例えば，7個の光量子がこの範囲の桿体に吸収されたときに，そのうち2個が同じ1個の桿体に吸収される確率はたった 4% である．もし，桿体が2個以上の光量子を吸収しないと反応しないとすると，知覚確率も 4% 以下になるはずであり，実験データ（知覚確率 60%）と矛盾する．したがって，桿体は1個の光量子の吸収に対しても反応すると考えられるのである．しかし，刺激を知覚するには1個の桿体のみの反応ではだめで，5～14 個の桿体の反応が寄せ集められて初めて刺激として知覚されると結論している．

d. 絶対閾値の知覚が確率的になる原因

図 3.4 に示されているように，角膜に照射する光量子の数を増すに従って知覚確率はしだいに増加する．確率 0% と 100% の中間の領域では，同じ光量子数を照射しても，あるときは「見えた」と答え，あるときは「見えない」と答える．この判断のゆらぎはどこからくるのであろうか．Hecht らはこの原因はヒトの側にあるのではなく，物理的な刺激の特性にあると仮定した．物理的に同じ光量子数が網膜に照射されるように制御しても，そこには物理的に避けがたいゆらぎが生じる．そのばらつきの分布は一般にポアソン分布に従うことが知られている．例えば，桿体に平均で a 個の光量子が吸収されるようにフラッシュの強度を制御したが，ある試行では実際には m 個の光量子が吸収されたとする．光量子数のゆらぎがポアソン分布に従うならば，この確率 P_m は

$$P_m = \frac{e^{-a} a^m}{m!} \tag{3.1.3}$$

で与えられる．図 3.6 にポアソン分布の例を示す．横軸は実際に吸収される光量子の数 m，縦軸は m 個の光量子が吸収される確率 P_m である．平均すると3個の光量子が吸収されるように設定した $a=3$ の場合の分布を見ると，最も確率が高いのは2個または3個の光量子が吸収される場合で，両方合わせると約 45% になるが，全く光量子が吸収されない確率も 5% ほど存在し，平均の倍の6個吸収される確率も 5% 程度あることがわかる．平均値が $a=10$ になると分布は全体に右に移動するとともに分布の幅が広くなり，しだいに正規分布に近づいていく．

ヒトの判断基準は明確でゆらぎがなく n 個以上の桿体の反応があれば必ずフラッシュを知覚すると考えると，平均 a 個の吸収が起こるフラッシュ強度に対して，n 個以上の吸収が起こる確率 $P(a, n)$

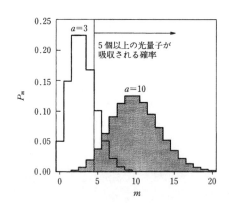

図 3.6　ポアソン分布の例

桿体に吸収される平均光量子数が3と10の場合の分布を示す．平均値が3の場合でも5個以上の光量子が吸収される場合があり，その確率は分布の $m=5$ 以上の部分の積分で計算される．すなわち，式(3.1.4)より $P(3, 5) = 0.19$ となる．平均値が10の場合に5個以上の光量子が吸収される確率は同様に $P(10, 5) = 0.97$ となる．

3.1 光覚

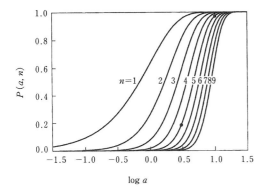

図 3.7 ポアソン分布に基づく知覚確率曲線の理論曲線
式 (3.1.4) の n の値を各曲線上に示す．黒丸は図 3.6 の例で計算された知覚確率の 2 点を示す．

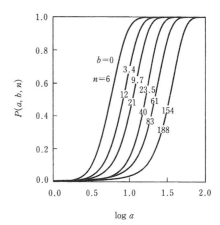

図 3.8 ノイズがある場合の知覚確率曲線の理論曲線
式 (3.1.5) の b, n の値を各曲線上に示す．

は

$$P(a, n) = \sum_{m=n}^{\infty} P_m = 1 - \sum_{m=0}^{n-1} P_m = 1 - \sum_{m=0}^{n-1} \frac{e^{-a} a^m}{m!} \quad (3.1.4)$$

で計算される．例えば $n=5$ とした場合，図 3.6 の縦線より右の領域の確率の和をとればよいが，すべての m に対する確率の和は 1 になるという性質を利用すると，縦線より左の領域の確率の和を計算し，1 から引いても同じ結果が得られる．図 3.6 の例では $P(3, 5) = 0.19$, $P(10, 5) = 0.97$ である．

$n=1 \sim 9$ の場合の $P(a, n)$ を横軸 $\log a$ に対してプロットしたグラフを図 3.7 に示す．図中の黒丸は図 3.6 の例の 2 点である．曲線の傾きは n が大きくなるにつれて増大し，どこかで図 3.4 の実験データにあてはまるように見受けられる．図 3.4 の横軸は角膜上での平均の光量子数であるが，桿体に吸収される平均の光量子数で表すには式 (3.1.2) の数値を掛ければよいので，対数軸で表した場合は平行移動で表される．もし Hecht らの仮説が正しければ，図 3.7 の縦軸は実際の実験における知覚確率に相当するので，これらの曲線を平行移動することにより図 3.4 の実験データを説明できるはずである．図 3.4 に描かれた実線は図 3.7 からデータに合う曲線をさがして平行移動したものである．図中の数値は n の値で，Hecht らの仮説に従えばこれらの被験者は 5〜7 個以上の桿体の反応が起これば必ずフラッシュを知覚することになる．

e. ノイズの影響

Hecht らはフラッシュ知覚のゆらぎの原因は光量子のゆらぎにあるとし，ロドプシンや神経系の反応にはゆらぎはないと仮定した．しかし，ほんとうに後者のゆらぎはないのだろうか．実はこの可能性も否定できないことが多くの研究者によって示されている．ここでは，Barlow[5] の研究[2] に沿ってその可能性について論ずる．

桿体がたった 1 個の光量子の吸収により反応することは Barlow も認めている．ゆらぎの原因に関しては，光量子自身のゆらぎ以外に，ロドプシンが熱的なゆらぎにより自発的に分解することによるノイズ，神経細胞が発するパルスのゆらぎによるノイズなどが考えられるが，Barlow は主に前者のノイズについて考察している．呈示されたフラッシュに対して，その時間的・空間的足し合わせの範囲内で生ずるノイズによる桿体の反応の平均の数を b とすると，式 (3.1.4) のフラッシュ光による桿体の反応の平均個数 a に b を加えた

$$P(a, b, n) = 1 - \sum_{m=0}^{n-1} \frac{e^{-(a+b)} (a+b)^m}{m!} \quad (3.1.5)$$

がノイズがある場合の知覚確率曲線になる．このようなノイズを加算的ノイズという．

この式で実験データを説明するには，図 3.7 と同様 $\log a$ を横軸にとり，式の曲線の傾きがデータに合うようにパラメーター b と n を選べばよい．しかし，同じ傾きを与えるパラメーターの組み合わせは 1 通りには定まらない．図 3.8 に図 3.7 の $n=6$ の曲線とほぼ同じ傾きをもつ b と n の組み合わせを求めて描いた式 (3.1.5) の曲線を示す．図中の b, n の値は後述の表 3.2 の値を用いている．ノイズ b が増えた場合，「見えた」と判断されるために必要な桿体の反応の数 n も増やしてやれば同じ知覚確率曲線の傾きが得られることがわかる．したがっ

て，知覚確率曲線の傾きのみに注目する限り，ノイズの大きさを特定できない．

ここでもう1つ有用な情報がデータと理論曲線の横軸方向のシフト量から得られる．前述のように図3.4の実験データの横軸は角膜上での平均光量子数の対数値，一方，図3.8の理論曲線の横軸は桿体に吸収された平均光量子数の対数値である．したがって，横軸方向のずれはその割合，すなわち光量子の吸収率f

$$f = \frac{\text{桿体に吸収される平均光量子数}}{\text{角膜に照射される平均光量子数}} \quad (3.1.6)$$

の対数値を表している．Barlow は Hecht らのデータに合うように式(3.1.5)のパラメーターを調節し，f, b の値を求めた．これを表3.2に示す．もとの表には n の欄はないが，ここでは参考のために載せた．計算式は $n \simeq 112f + b$ によった．ここで112は Hecht らの知覚確率曲線での50%閾値に対応した角膜上での光量子数の平均値である．

したがって，光量子の吸収率 f を正確に見積もることができればノイズの量も特定することができ

る．Hecht らはこれを式(3.1.2)のように $f = 0.096$ と見積もったが，ノイズなし $b = 0$ の場合表3.2では $f = 0.054$ でありこの分析方法の観点からは整合性のある見積りとはいえない．また，桿体に反応を起こさせるのは桿体の表面のロドプシンだけであるという議論もあり，もしこれが真実であるとすると，Hecht らのセルフスクリーニング効果によるロドプシンの濃度の推定は，濃度を過小評価することになる．Barlow は別の実験から $f = 0.166, b \simeq 30$ が妥当な値であるとしている．表3.2の右の欄はロドプシンの自発的な分解が，時間的・空間的寄せ集めの範囲内で b 個起こるとしたとき，その範囲に存在するロドプシンの数の推定値からロドプシンの半減期を求めたものである．これから，桿体中のロドプシンがいかに安定に存在しているかがわかる．

f. 1個の光量子による桿体の応答

桿体がたった1個の光量子の吸収によって反応するという事実は電気生理の実験でも確かめられている．図3.9に Baylor ら[6]の行った実験の概要を示す[4]．実験はヒキガエルの網膜を用いて行われた．ガラスピペットに1個の桿体の外節部分を吸い込み，この単一の桿体にフラッシュ光を照射する．1回のフラッシュ光に含まれる光量子数はロドプシンに吸収される個数が平均で0.53個になるように調節されている．このフラッシュ光を一定間隔でくり返し照射し，桿体が反応したときにガラスピペット内に流れる電流を記録した結果が図の右に示されている．40回のフラッシュ光に対する桿体の応答は

表3.2 光量子の吸収率とノイズの関係[5]

f	b	n	半減期(年)
0.054	0	6	無限
0.075	3.4	12	257
0.10	9.7	21	124
0.15	23.5	40	82
0.20	61	83	45
0.30	154	188	31

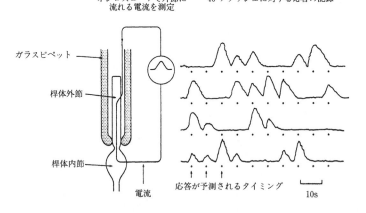

図3.9 1個の光量子による桿体の反応[4]
ヒキガエルの桿体の外節をガラスピペットで吸収し，平均0.53個の光量子の吸収が起こるフラッシュ光を一定間隔で照射したときに，ピペットに流れる電流を記録したもの．フラッシュ光に対する反応の分布はポアソン分布による予測と一致する．

表 3.3 図 3.9 の応答の分布とポアソン分布との比較

ポアソン分布による光量子の吸収個数の頻度予測	0 個 23	1 個 12	2 個以上 5
観測結果	応答なし 19	小さい山 12	大きい山 9

それぞれ黒い点の位置に現れるはずであるが，応答が見られないこともしばしば起こっている．また，応答が出ている場合も大きい山と，小さい山が観察される．そこで，これらの頻度を調べてみると，表3.3のようになる．ロドプシンに吸収される光量子の分布が平均 0.53 のポアソン分布に従っているとすると，0個，1個，2個以上の光量子が吸収される頻度は表の上のように予測される．これと観測結果を比較してみると応答なしは 0 個の吸収，小さい山は 1 個の吸収，大きい山は 2 個以上の吸収に対応していることがわかる．したがって，これから桿体は 1 個の光量子の吸収で反応を起こすことが確かめられる．

3.1.2 増分閾値
a．Barlow の実験

絶対暗順応下ではなく，順応光によって眼を順応させた状態で光を感じる閾値を測定するのが増分閾値 (increment threshold) の測定である．図 3.10 に Barlow[7] の実験[2] で用いられた刺激の配置および条件を示す．増分閾値の測定では，このように順応背景光の上にテスト刺激を載せた配置が用いられる．増分閾値の測定も絶対閾値と同様，網膜部位，刺激サイズ，呈示時間などの測定条件に注意を払う必要がある．Barlow の実験では図 3.10 の×印の固視点を固視することにより刺激の中心が網膜の鼻側下方 6° の網膜部位に呈示される．刺激の色は，順応背景，テスト刺激とも 495 nm をピークとするブロードな分布をもった青緑色で，桿体をよく刺激する色が用いられている．順応背景光のサイズは13° に固定されているが，テスト刺激のサイズは空間的寄せ集めの臨界刺激面積より小さいサイズ (5.9′) と大きいサイズ (4.9°) の 2 種類を用いている．また，テスト刺激の呈示時間も時間的寄せ集めの臨界呈示時間よりも短い時間 (7.6 ms) と長い時間 (940 ms) の 2 種類を用いている．

b．増分閾値測定の結果とその解釈

増分閾値はテスト刺激の検出閾値を順応背景光の強度の関数として求めた，いわゆる tvr 曲線 (thresh-

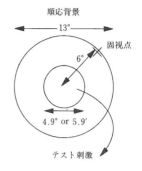

図 3.10 Barlow の実験で用いられた刺激の配置および条件[7]

順応背景とテスト刺激には 495 nm をピークとするブロードな分布をもった青緑色が用いられ，テスト刺激のサイズは 4.9° または 5.9′，呈示時間は 7.6 ms または 940 ms が用いられた．刺激全体は固視点から鼻側下方 6° の位置に呈示される．

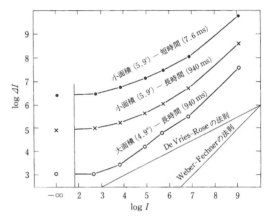

図 3.11 Barlow による増分閾値測定の実験結果[7]

横軸は順応背景強度の対数，縦軸はテスト刺激の閾値強度の対数を示す．背景光の強度が絶対閾値以下の間は増分閾値も絶対閾値 (左端のデータ) と一致するが，背景光が絶対閾値を越えるとその強度の増大に伴って増分閾値も増大する．両対数グラフでの傾きが 0.5 となる場合は De Vries-Rose の法則，1 になる場合は Weber-Fechner の法則が成り立つと称されるが，どちらの法則が成り立つかはテスト刺激の条件によって変わってくる．

old versus radiance curve) によって特徴づけられる．図 3.11 に Barlow の実験で得られた tvr 曲線を示す．小面積 (5.9′)－短時間 (7.6 ms) (●)，小面積 (5.9′)－長時間 (940 ms) (×)，大面積 (4.9°)－長時間 (940 ms) (○) の 3 つの刺激条件による結果がそれぞれ示されている．横軸，縦軸はそれぞれ順応背景光，テスト刺激光の強度を単位時間 (1 s)，単位面積 (1 deg^2) 当たりに到達する角膜上での光量子数 (507 nm の単色光に換算) の常用対数で表した

ものである．

　左端の点は順応背景光がない場合の閾値，すなわち，それぞれの刺激条件の絶対閾値に相当する．Hechtら[1]の実験結果，絶対閾値≒(1 ms，10′の刺激中に約100個の光量子)と比較するために，これを図3.11と同じ単位に換算すると(1 s，1 deg^2 に含まれる光量子数)＝$4.6×10^6$ となるので，縦軸6.7の近辺となる．したがって，Barlowの小面積－短時間の刺激条件とほぼ同じ結果になり，互いの実験結果に整合性があることがわかる．大面積－長時間の条件での絶対閾値は縦軸約3の位置であるが，横軸，すなわち順応背景光の対数強度が約3以下の間は，どの刺激条件の場合も閾値は背景光なしの場合と変わらない．この範囲では，順応背景光(大面積－長時間呈示)そのものが絶対閾値以下であるので，テスト刺激光の閾値に何ら影響を与えないことがわかる．

　順応背景光の強度I が絶対閾値を越え，知覚閾上に上がってくると，その上に重ね合わされたテスト刺激が知覚されるために必要な強度ΔI も増加してくる．その増加の傾きは刺激条件によって異なっている．$\log I$-$\log \Delta I$ グラフ上の$4<\log I<7$ の範囲での曲線の傾きは，小面積(5.9′)の刺激条件では，呈示時間の違いにかかわらず約0.5となり，大面積(4.9°)の場合は1弱となっている．tvr曲線の$\log I$-$\log \Delta I$ グラフ上での傾きが0.5となる場合はDe Vries-Roseの法則，傾きが1になる場合はWeber-Fechnerの法則が成立していると称される．

　De Vries-Roseの法則は絶対閾値の場合と同様，桿体は理想的な検出器としてはたらいており，背景光および刺激光の物理的なゆらぎにより閾値が決定されるという仮説に基づいて導かれるものである．式(3.1.3)のポアソン分布において桿体に吸収される平均の光量子数a からのずれの2乗の期待値，すなわち分散を求めると，

$$\overline{\Delta a^2}=\sum_{m=0}^{\infty}(m-a)^2\frac{e^{-a}a^m}{m!}=a \quad (3.1.7)$$

となることがその理論的基礎である．これから，順応背景光により桿体に吸収される光量子数の平均をa とするとそのゆらぎの大きさΔa は，

$$\Delta a=\sqrt{a} \quad (3.1.8)$$

と見積もられるのである．したがって，順応背景光上にテスト刺激光を呈示する場合，このゆらぎよりも大きな刺激を与えないと背景光とテスト光を区別できないことが直感的に理解できる．桿体に吸収される平均の光量子数a は，角膜上での光量子数I に比例するので，ゆらぎは$\sqrt{I}$ に比例する．このように，増分閾値が背景強度の平方根に比例する現象をDe Vries-Roseの法則と呼ぶ．$\log I$-$\log \Delta I$ グラフ上では傾き0.5の直線となる．

　一方，Weber-Fechnerの法則は，光覚だけでなく，さまざまな感覚のモダリティにおいて弁別閾値ΔI と刺激強度I の比(Weber比)が一定になるという，いわゆるWeberの法則と，その解釈として，ヒトの感覚量は刺激量の対数に比例するというFechnerの法則を総称したものである．感覚量をP で表すと，Fechnerの法則は，

$$P \propto \log I \quad (3.1.9)$$

と表せる．2つの刺激の弁別は，2つの感覚量の差ΔP が一定値を越えたときに可能になると考えると

$$\Delta P \propto \frac{\Delta I}{I} \quad (3.1.10)$$

であるので，Weber比$\Delta I/I$ が一定となることが導かれる．Weber-Fechnerの法則が成り立つとき，増分閾値は背景強度に比例するので，$\log I$-$\log \Delta I$ グラフ上では傾き1の直線となる．

　図3.11から，De Vries-Roseの法則が成り立つか否かは主にテスト刺激光の面積の違いによることが見てとれる．刺激光の面積は側抑制(lateral inhibition)の有無に影響する．面積が小さい間は側抑制がはたらかず，桿体は最大感度の状態にあるが，臨界刺激面積を越えると，側抑制がはたらき始め，桿体からの出力を低下させるのでDe Vries-Roseの法則は成り立たなくなる．また，背景光の強度が大きくなった場合($7<\log I$)もDe Vries-Roseの法則が破れているが，これは，背景刺激に桿体が順応し，桿体の感度が低下するためと解釈される．したがって，De Vries-Roseの法則はきわめて限られた条件のもとで成り立つ法則であるといえる．

　Weber-Fechnerの法則が成り立つ条件も限られたものである．式(3.1.9)で表されるFechnerの法則は，今日ではごく限られた刺激強度の範囲で成り立つ近似式であることが知られており，より精密な刺激強度－応答曲線に基づくtvr曲線の理論的説明も試みられている．Adelson[8]による説明を以下に示す．

増分閾値のモデル

　電気生理の実験では，桿体をはじめ，網膜にある細胞の刺激強度に対する応答曲線は

$$\frac{V}{V_{\max}} = \frac{I^n}{I^n+\sigma^n} = \frac{1}{2}\left\{1+\tanh\left(\frac{n}{2}\log_e\frac{I}{\sigma}\right)\right\} \tag{3.1.11}$$

という関数で表されることが報告されている．ここで，V は細胞の応答電圧，$V_{\max}$ はその最大値，I は刺激強度，σ と n は関数の形状を決めるパラメーターで，σ は出力が半分になる刺激強度（準飽和定数，semi-saturation constant），n は刺激強度に対する出力の増加の速さを表している．横軸を刺激強度の対数として曲線の形状を見ると双曲線関数で表される．図3.12にその形状を示す．ここでは，出力の絶対値は問題としないので $V_{\max}=1$ とし，n の値は $0.7\sim 1.0^{9,10)}$ と報告されているが，簡単のために $n=1$ とする．

この応答曲線を用いて，増分閾値の tvr 曲線を説明するには，背景光に対する応答と背景光＋テスト光に対する応答の差がある一定値を越えたとき，テスト光が背景光から区別され，知覚閾値に達すると考える．背景光の強度を I とすると，これに対する応答 V_b は

$$V_b = \frac{I}{I+\sigma} \tag{3.1.12}$$

となる．また，テスト光の強度を ΔI とすると，背景光＋テスト光に対する応答 V_t は

$$V_t = \frac{I+\Delta I}{I+\Delta I+\sigma} \tag{3.1.13}$$

となるので，$V_t - V_b$ が一定値 δ になるとき閾値に達するという条件式から ΔI を求めると

$$\Delta I = \frac{\delta(I+\sigma)^2}{\sigma - \delta(I+\sigma)} \tag{3.1.14}$$

という関係式が得られる．これが tvr 曲線に相当する．図3.13に式(3.1.14)による tvr 曲線を示す．ここでは $\delta=0.01$ とし，$\sigma=1$ の場合の曲線を太い実線で示している．この曲線は実験で得られる tvr 曲線の特徴を全般によく表しているが，背景強度 $\log I$ の増加に対する閾値 $\log \Delta I$ の増大の傾きが1より大きくなり，実験データと適合しないように見受けられる．

この問題は桿体の応答曲線が順応によりシフトするという効果を考慮すると解決される．図3.12の2本の細い実線で示される曲線は準飽和定数 σ が 10, 100 と増大した場合の応答曲線の変化を表している．背景光に順応した状態での桿体の応答特性は，背景光の強度によってこのようにシフトすることが電気生理の実験により確かめられている（Normann と Werblin）[10]．すなわち，順応背景光の強

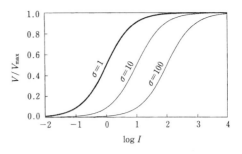

図3.12 モデル式(3.1.11)による視細胞の応答曲線
$n=1$ とし，準飽和定数 σ が 1, 10, 100 と変化した場合の曲線を示す．横軸に刺激強度の対数をとると，曲線はS字型の双曲線関数で表され，σ の値が増大すると右方向に平行移動する性質をもつ．

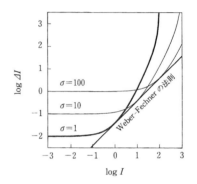

図3.13 モデル式(3.1.13)による増分閾値曲線
$\delta=0.01$ とし，$\sigma=1$ の場合の曲線を太い実線で示す．順応により準飽和定数 σ が 10, 100 と増大すると，曲線は細い実線で示したように傾き1の直線に沿って上方に平行移動する．実験的に求められる増分閾値曲線はこれらの曲線の包絡線と考えられる．

度付近に動作の中心点がくるように，桿体自身の応答特性が変化するのである．式(3.1.11)は，

$$\frac{V}{V_{\max}} = \frac{(I/\sigma)^n}{(I/\sigma)^n+1} = \frac{I'^n}{I'^n+1} \tag{3.1.15}$$

と書き直すことができるので，σ が増大すると，入力の刺激強度が一定の割合で減少し I' となったように振る舞う．そこで，このような順応を乗算的順応（multiplicative adaptation）と呼ぶ．図3.13の2本の細い実線は σ が 10, 100 の場合の式(3.1.14)による理論曲線である．σ が増大すると曲線は傾き1の直線に沿ってシフトする．したがって，乗算的順応を考慮した場合の tvr 曲線は，順応によりシフトしていくこれらの曲線の包絡線となり，結局 Weber-Fechner の法則が成り立つ形となる．

この理論が正しいなら，順応が起こる前に増分閾値を測定すれば，図3.13の太い実線のような tvr

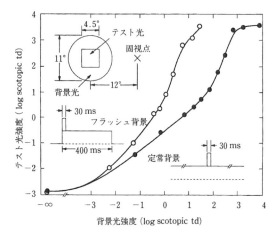

図 3.14 順応背景光にフラッシュ光を用いた場合と定常光を用いた場合の桿体の増分閾値特性[8]

フラッシュ光 (400 ms) を用いた場合 (○) は定常光の場合 (●) に比べて閾値の上昇が急激に起こる.

曲線が得られるはずである. Adelson[8] は順応背景光として短時間呈示のフラッシュ光を用いることでこの検証を行った. 図 3.14 にその結果を示す. 白丸は背景光として 400 ms のフラッシュ光を用い, 背景光の点灯と同時にテスト光を 30 ms 呈示した場合の tvr 曲線である. 一方, 黒丸は定常背景光上に 30 ms のテスト光を呈示した場合の tvr 曲線である. フラッシュ背景の条件では, 定常背景光の条件に比べて tvr 曲線の傾きが急になっている. 最後に tvr 曲線が平坦になるのは錐体の介入によるものである. この実験から, 桿体が背景光に順応する間もなくテスト光が呈示されると, 実際に図 3.13 の太い実線のような tvr 曲線が得られることが実証された.

順応背景光の強度がさらに増大すると, 順応による応答曲線のシフトは限界に達し, また桿体の視物質であるロドプシンの褪色が起こり始めるので, 桿体の応答は飽和し始める. この領域での tvr 曲線の傾きは急激に増大し, 応答が完全に飽和すると, 傾きは ∞ となる. すなわち, テスト刺激光の強度をいくら大きくしても, 順応背景光による応答以上の応答は得られないので, テスト刺激を検出することが原理的に不可能な状況に至るのである. 桿体の飽和が起こるレベルは約 2000〜5000 scotopic td であると報告されている (Aguilar と Stiles)[11]. この暗所視網膜照度は昼光の明所視輝度に換算すると約 120〜300 cd/m² に相当する. これは, それほど極端に明るいレベルではなく, 日常の明所視のレベル

である. したがって, 明所視の条件では, 桿体の応答はほとんど飽和していることがわかる. また, 明所視の実験で桿体の影響を排除したい場合には上述の暗所視網膜照度以上のレベルで実験を行えばよい.

また, 桿体だけでなく, 錐体に関しても同様の増分閾値特性が得られることが, 実験により確かめられている. 定常背景光を用いた場合は, かなり背景強度を強くしても (100000 td 程度) 錐体の出力は飽和せず, Weber-Fechner の法則が成り立つが, フラッシュ背景を用いると 10000 td 付近で桿体と同様の飽和現象が見られる[12]. これから, 錐体の順応能力は非常に優れたものであることが伺える.

3.1.3 暗順応と明順応

a. 暗順応曲線：Nordby らの実験

明るい環境から暗い環境に移ると, はじめは眼が慣れずに物がよく見えないが, 慣れてくるとしだいに見えてくるようになる. これが暗順応 (dark adaptation) と呼ばれる現象である. この現象を定量的に測定するためには, まずはじめ, 非常に明るい順応光に眼を順応させておき, この順応光を消した時点から, 時間を追って光刺激の検出閾値がどのように変化していくかを調べる実験を行う. この検出閾値の時間変化を表す曲線が暗順応曲線 (dark adaptation curve) である.

暗順応曲線の測定はかなり以前から行われているが[13], ここでは, 正常な 3 色型色覚をもつ被験者と錐体を全くもたない桿体 1 色型色覚の被験者の暗順応曲線の比較を行った Nordby ら[14] による暗順応曲線の測定例を紹介する. まずはじめ, 被験者は 143200 scotopic td という非常に強い白色の順応光で耳側 7° の網膜を約 9°×14° の領域にわたり 3 分間順応する. これにより, 視細胞中の視物質はほとんど褪色する. 次に, 順応光を消し, 2°×1° のテスト刺激を耳側 7° の位置に 0.5 秒の呈示時間で 3 秒おきに呈示する. テスト刺激の波長は 490 nm を用いている. 刺激の強度は推定される閾値よりも約 0.3 log 弱い強度から段階的に増加させ, 2 回続けて "見えた" という応答があった時点でのそのときの強度を閾値とする, いわゆる極限法により閾値を測定する. この手順は 1 つの閾値を求めるために約 20 秒程度かかるので, これが暗順応曲線を求めるうえでの時間分解能の限界となる.

図 3.15 の白丸は, 正常な 3 色型色覚をもつ被験

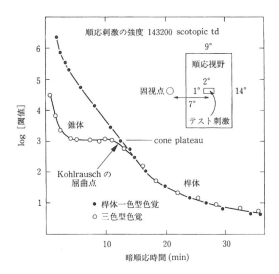

図 3.15 桿体 1 色型色覚と 3 色型色覚の被験者の暗順応曲線の比較[14]

それぞれの被験者はまず 143200 scotopic td の順応視野に 3 分間順応した後，時間を追ってテスト刺激の検出閾値を測定する．桿体 1 色型色覚の被験者の暗順応曲線（●）は単調に減少するのに対して，3 色型色覚の被験者の場合（○）は錐体系から桿体系への移行に伴って，Kohlrausch の屈曲点が現れている．

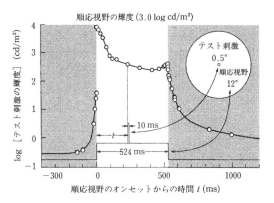

図 3.16 順応視野による明順応過程の時間変化[17]

順応視野のオンセットを基準として，さまざまなタイミングで 10 ms のテスト刺激を呈示しその増分閾値の変化を測定したもの．順応視野のオンセット直後は閾値が最も高くなるが，その後急速に閾値は減少する．この閾値の減少は視覚系の明順応による効果で，順応視野の知覚的明るさの変化にほぼ対応している．すなわち，オンセット直後は順応視野が非常に明るく知覚されるが，時間が経過するに従って，知覚的明るさは急速に減少する．

者の実験結果で，暗順応曲線は 2 つの部分からなる．閾値は，はじめに急激に減少した後，いったん一定の値にとどまる部分があり，さらに時間がたつと，閾値は再び減少し始め，30 分以上経過するとほとんど閾値の減少はなくなり，最大感度に達する．この曲線の前半の部分は，錐体の暗順応過程を示し，後半の部分は桿体の暗順応過程を示している．約 5 分から 10 分の間の停留点は cone plateau と呼ばれる領域で，錐体の感度は最大まで回復しているが，桿体はまだ検出閾値に関与していない領域である．この領域は，桿体の影響を排除し，錐体のみによる検出閾値を測定したい場合に利用される．例えば，Stabell と Stabell[15] は周辺視における錐体系の分光感度曲線をこの cone plateau を利用して求めている．また，錐体から桿体へ移り変わる点は，Kohlrausch の屈曲点，あるいは rod-cone break と呼ばれる．

正常者の暗順応曲線の前半部が錐体によるもので，後半部が桿体によるものであることは，錐体を全くもたない桿体 1 色型色覚の被験者の暗順応曲線（図 3.15 黒丸）と比較するとはっきりわかる．この被験者の暗順応曲線は桿体のみの特性を表しており，この場合，閾値は単調に減少し，正常者の屈曲点以降のデータと重なっている．

b．明順応：Crawford の実験

暗順応とは逆の状況で，暗い環境から明るい環境へ急激に移行すると，はじめは外界がまぶしく感じられるが，時間がたつに従って明るい環境に順応し，まぶしさは感じられなくなる．これが明順応（light adaptation）と呼ばれる現象である．明順応は増分閾値と密接な関係がある．増分閾値ではさまざまな背景光の強度に対して視覚系の閾値がどのように変化するかを調べるが，背景光に対する順応時間はある一定値に固定されている．ある背景光に対する増分閾値をその背景光に対する順応時間の関数として求めたものは明順応曲線と呼ばれる．

明順応の時間経過を調べた古典的実験は Crawford[16] により行われた[17]．Crawford は順応視野とテスト刺激のオンセットのタイミングをコントロールし，テスト刺激の増分閾値を順応視野のオンセットからの時間の関数として測定した．図 3.16 に実験条件と実験結果を合わせて示す．Crawford は順応視野の輝度として 3.0, 2.5, 2.0 log cd/m² の 3 条件で実験を行っているが，ここでは 3.0 log cd/m² の実験結果のみを示す．

まず，順応視野のオンセット以前にテスト刺激を呈示した場合，順応視野はまだ呈示されていないにもかかわらず，オンセットに近づくと閾値が上昇し始めている．この現象は逆向マスキング（backward masking)と呼ばれ，強度の強い刺激に対する神経信号の伝達速度は弱い刺激に対する信号に比べて速いため，先行して呈示された弱い刺激に対する神経信号に追いついて，その閾値に影響を与えると考えられている．この現象は明順応とは直接関係はないので，ここではこれ以上立ち入らない．

次に，順応視野のオンセット以降の閾値の変化を見てみると，オンセットと同時にテスト刺激を呈示した場合に閾値が最も高くなり，オンセットから離れるに従って閾値は減少する．閾値は100 ms 付近まで急激に減少し，さらに400 ms付近まで緩やかに減少している．閾値の変化は順応視野の知覚的明るさの変化とおおよそ対応させることができる．順応視野はオンセット時に最も明るく知覚され，その後しだいに明るさが減少していくことがわかる．この領域が明順応の時間経過を表しており，明順応過程は暗順応過程と比べて非常に短時間のうちに完了することがわかる．

閾値の400 ms以降の変化を見てみると，順応視野のオフセットに近づくにつれて再び閾値が増大している．これは，順応視野のオフセットに対するマスキング効果と考えられる．前述の逆向マスキングと同様の現象である．オフセット以降の閾値の変化は暗順応過程を表しており，閾値が順応視野を呈示する以前の状態に戻るにはかなり長い時間を要することが見てとれる．

c．順応の要因：視物質，視細胞，視神経

順応は暗い環境から明るい環境まで視覚情報を有効に活用するために不可欠な機能である．明るい環境と暗い環境とでは瞳孔の大きさが変化し，網膜に到達する光の量が調節されるが，瞳孔径による調節のレンジはそれほど大きくない．瞳孔径の最大直径を8 mm，最小直径を2 mmとすると瞳孔面積の変化は16倍であり，これだけで日常の環境の変化に対応することはできない．瞳孔径以外に順応にかかわる要因は大きく分けて3つある．第1は視細胞に含まれる視物質の褪色と再生，第2は視細胞の応答特性の変化，第3は視細胞以降の神経ネットワークの再構成である．ここでは，これら3つの要因が順応にどのようにかかわっているかまとめてみる．

1） 視物質の褪色と再生

暗順応過程と桿体の視物質であるロドプシンの再生率との関係を詳しく調べた重要なデータをRushton[18]が報告している．Rushtonは眼底にロドプシンにほとんど吸収されない長波長の赤い光と，よく吸収される中波長の緑の光を交互に照射し，眼底から反射してくるそれぞれの光の量を比較することにより，桿体中のロドプシンの濃度を推定した．例えば，ロドプシンがほとんど褪色している場合は，どちらの光もロドプシンに吸収されることなく反射してくるが，ロドプシンが再生してくると緑の光が吸収されるようになるので反射光は相対的に緑のほうが弱くなる．ロドプシンの濃度変化以外の要因で反射光が変化する場合にはどちらの光も同じ割合で変化すると考えると，赤と緑の光の反射光の相対的変化によりロドプシンの濃度変化のみを取り出すことができる．

図3.17に暗順応過程におけるロドプシン濃度の変化の測定結果を示す．被験者はまず非常に強い白色光で桿体中のほとんどのロドプシンが褪色するまで順応される．次に暗室内で上記の眼底反射光によるロドプシン濃度の測定を行う．ここでも，錐体をもたない桿体1色型の被験者(●)と正常な3色型色覚の被験者(○)の測定を行っているが，ロドプシンの再生過程に関してはどちらも差がなく，時定数およそ7.5分の指数関数でロドプシンが再生していることがわかる．これらを，それぞれの被験者の

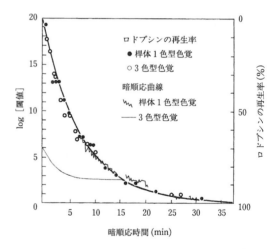

図3.17 ロドプシンの再生率と暗順応曲線の比較[3]
暗順応過程において眼底反射光により桿体中のロドプシンの濃度を測定し，暗順応時を100％としてその再生率を求めたデータ(桿体1色型色覚：●，3色型色覚：○)は，どちらの場合も時定数およそ7.5分の指数関数で近似される．これにそれぞれの暗順応曲線(桿体1色型色覚：ジグザグの曲線，3色型色覚：点線)を重ねると，閾値を対数で表し適当にスケールを合わせると桿体系による暗順応曲線の部分は再生率のデータとよく重なる．しかし，暗順応過程は単純にロドプシンの再生だけで説明することはできない(本文参照)．

暗順応曲線と比較してみると，桿体1色型の暗順応曲線（ジグザグの曲線）は適当にスケールを合わせると，ロドプシンの再生曲線とよく重なる．また，3色型色覚の暗順応曲線（点線）でも Kohlrausch の屈曲点以降の部分はよく重なっている．

これらの観察結果から，暗順応過程はロドプシンの再生過程と線形な関係にあることがわかるが，単純にロドプシンの濃度だけで閾値が決まっているわけではない．たとえば，ロドプシンの再生率が90％の場合と100％の場合の閾値を比較してみると，ロドプシンの濃度は1.1倍になっただけであるが，閾値は100分の1，したがって感度は100倍にもなっている．これは順応がロドプシンの濃度変化に加えて別の機構でも起こっていることを示している．また，順応におけるロドプシン濃度変化の要因による寄与は，ほかの要因による寄与に比べて小さいこともわかる．

錐体の暗順応過程における視物質の再生率と閾値の比較も行われており，桿体の場合と同様の結果が得られている[19]．

2) 視細胞の順応

第2の要因は，桿体や錐体などの視細胞の応答特性の変化である．「増分閾値のモデル」の項で説明した乗算的順応などがこれに当たる．桿体や錐体の応答曲線は，図3.12で説明したように，順応背景の強度に依存してシフトする．例えば，背景光の強度を10倍にした場合，テスト光の強度も10倍にしないと同じ応答を得られない．このタイプの順応は比較的短時間（桿体の場合約200 ms）のうちに起こるため[8]，視細胞外節のイオンチャンネルの開閉などの化学的変化によって生じるのではないかと考えられている[20]．

桿体はたった1個のロドプシンが光量子を吸収しただけで反応を起こすことは「1個の光量子による桿体の応答」の項ですでに述べたが，現在では光量子の吸収が視細胞の膜電位に変換される過程や順応がどのようなメカニズムで起こるかなどがかなり明らかになりつつある[21]．暗順応状態にある桿体は外節のナトリウムチャンネルが開いており，Na^+ や Ca^{2+} などのイオンが流入している．流入した Na^+ イオンは拡散により内節に向かって移動し，再び内節から細胞の外に出る．このイオンの流れにより外節の電位は約-30 mVに保たれている．外節のナトリウムチャンネルの開閉をコントロールするのは環状グアノシン1リン酸（サイクリックGMP，cGMP）と呼ばれる伝達物質で，この物質により暗順応時はチャンネルが開いた状態になっている．ロドプシンが光量子を吸収し活性化した状態になると，一連の化学反応により1個のロドプシン当たり100万個近いcGMPが壊れ，5'GMPという形状に変わる．その結果ナトリウムチャンネルが閉じられ，イオンの流入が阻害されると，外節の電位はさらに下がり過分極の状態となる．この反応が視細胞の応答として視細胞以降の神経細胞に伝達されていく．

このように，視細胞の反応の電位を決めているのは Na^+ の流れであるが，順応の状態をコントロールするのは外節中の Ca^{2+} の濃度であると考えられている．外節には，ナトリウムチャンネルのほかに Na^+ を取り込み Ca^{2+} を外に出すポンプがあり，これがつねにはたらいている．ナトリウムチャンネルが閉じることにより Na^+ だけでなく Ca^{2+} の流入も阻害されるが，ポンプの作用により Ca^{2+} はつねに外に排出されるので，外節中の Ca^{2+} の濃度は減少する．Ca^{2+} はcGMP→5'GMPの反応を促進し，逆に5'GMP→cGMPの反応を阻害するはたらきがあり，Ca^{2+} の濃度が減少するとcGMPの再生が促進されて，ナトリウムチャンネルが再び開き，反応は小さくなる．このようなフィードバック機構により反応がコントロールされ，順応が起こると考えられている．

3) 神経ネットワークの再構成

第3の要因として，視細胞以降の細胞の神経ネットワークの再構成があげられる．網膜の最終レベルに当たる神経節細胞は受容野構造をもっており，その構造は順応状態によって変化すると考えられている．受容野の再構成に関する直接的証拠を見つけることはむずかしいが，これを示唆する心理物理データは数多くある．ここでは，Glezer[22]の心理物理実験を紹介する[17]．

Glezerは図3.1と同様な光刺激の面積的な足し合わせ効果を，閾上のさまざまな明るさレベルで求める実験を行った．図3.18の挿入図に実験に用いられた視野の概略を示す．周辺に輝度 L_C の参照光を環状に配置し，刺激面積が可変の刺激光を中心に呈示して，その輝度 L_T を調節し，周辺の参照光と明るさマッチングを行う．図3.18の横軸は刺激光の面積の対数値，縦軸は周辺と明るさをマッチングしたときの刺激光の輝度と面積を掛けた値の対数値となっている．5本の曲線は参照光の輝度が異なる

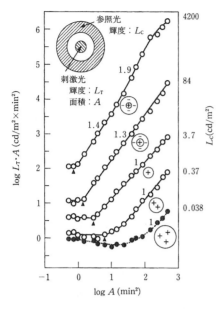

図 3.18 刺激光の面積と明るさの関係[17]
挿入図のような刺激配置で刺激光の面積を変えながらその明るさを周辺の参照光にマッチングした結果を，横軸刺激面積，縦軸テスト光の輝度×刺激面積でプロットしている．参照光の輝度レベルが高くなるに従って図 3.1 で解説した完全な足し合わせ領域の範囲（▲より左の水平部分）が小さくなること，傾斜部分の傾きが 1 より大きくなり，側抑制の効果が表れること，などから順応レベルによって受容野構造がそれぞれの曲線の下に示した模式図のように変化することが推察される．

場合のそれぞれの結果を示している．

どの参照光輝度の場合も，刺激光の面積が小さい間は曲線が水平になっており，ある面積を越えると直線的に上昇を始める．曲線が上昇し始める臨界刺激面積を▲で示してあるが，刺激面積がこれよりも小さい領域では刺激に対する全反応が完全に足し合わされることによって刺激の明るさが決まっており，刺激が興奮性の受容野内に収まっていることを示唆している．臨界刺激面積は参照光のレベルによって変化しており，明るくなるほど小さくなっている．すなわち，興奮性の受容野の大きさは明るさのレベルによって変化し，明るくなるほど小さくなることを示唆している．

刺激が臨界刺激面積より外側にかかるようになると，曲線が直線的に上昇し始める．直線の上に書かれた数値はその傾きを示している．この傾きが 1 であれば，面積が増大しても明るさは変化しないこと，すなわち，興奮性の受容野の外側を刺激する光は，明るさ知覚に全く寄与していないことを示唆する．参照光の輝度が 3.7 cd/m² 以下の場合はこの条件を満たしているが，84 と 4200 cd/m² の場合は傾きが 1 より大きくなっている．傾きが 1 より大きいということは，面積が増大するに従って，輝度も増大させないと同じ明るさに保てないということを意味し，臨界刺激面積より外側の光刺激による反応が足し合わされるのではなく，引き算されていることを示唆している．この場合の受容野構造は，興奮性の受容野が抑制性の受容野で取り囲まれた，いわゆるオン中心-オフ周辺 (on-center off-surround) 型の受容野構造をしていると考えられる．

図 3.18 の各曲線の下に，各条件における受容野構造を模式的に示した．このように，輝度レベルの変化に従って受容野の構造が変化するのは，神経細胞の信号を伝達するシナプス結合の結合の様式が順応レベルによって変化するためと考えられる．順応レベルが低い場合は，視細胞以降の神経細胞は自分の周囲の広い範囲の視細胞と興奮性で結合し，わずかな光も効率的に利用するように機能する．しかし，順応レベルが高くなるにつれて，その結合の範囲が狭まり，効率を高めるよりも分解能を高めるよう機能し，さらに高くなると，周辺の視細胞と抑制性の結合をもつことによりさらに分解能を高め，細かいものを見るのに適した構造をとるようになる．このように，神経ネットワークの再構成による順応は，視覚系の応答のダイナミックレンジを広げるだけでなく，視覚の空間分解能を高めるという二重の役割をもっている．

明るい環境では錐体系，暗い環境では桿体系という具合に機能を切り換える網膜の機構も，一種の順応と考えることができる．これにより，ダイナミックレンジはさらに広がり，視覚系は最終的に 10^7 倍にも及ぶ輝度や照度の変化に対応することができる．桿体系と錐体系の切換えも，シナプス結合の再構成により実現されていると考えられるので，分類としては 3 番目の要因に入る．

以上のように，一言で順応といってもさまざまな機構が複雑にかかわりあっている．しかし，1 個の光量子の検出から，炎天下の太陽の下での視覚まで対応できる素子を人工的に作ることは至難の業であり，そのような機構を実現したヒトや動物の網膜は驚異的といわざるをえない． ［中野靖久］

文　献

1) S. Hecht, S. Shlaer and M. H. Pirenne: Energy, quanta and vision, *Journal of General Physiology*, **25**, 819-840, 1942
2) T. E. Cohn: Visual Detection, Vol. 3 of collected works in optics, Optical Society of America, Washington, DC, 1993
3) P. K. Kaiser and R. M. Boynton: Human Color Vision, 2nd ed., Optical Society of America, Washington, DC, 1996
4) H. B. Barlow and J. D. Mollon: Psychophysical measurements of visual performance, In The Senses (eds. H. B. Barlow and J. D. Mollon), Cambridge Univ. Press, Cambridge, 1982
5) H. B. Barlow: Retinal noise and absolute threshold, *Journal of the Optical Society of America*, **46**, 634-639, 1956
6) D. A. Baylor, T. D. Lamb and K.-W. Yau: Rod responses to single photons, *Journal of Physiology*, **288**, 613-634, 1979
7) H. B. Barlow: Increment thresholds at low intensities considered as signal/noise discriminations, *Journal of Physiology*, **136**, 469-488, 1957
8) E. H. Adelson: Saturation and adaptation in the rod system, *Vision Research*, **22**, 1299-1312, 1982
9) R. M. Boynton and D. N. Whitten: Visual adaptation in monkey cones, *Science*, **170**, 1423-1426, 1970
10) R. A. Normann and F. S. Werblin: Control of retinal sensitivity: I. Light and dark adaptation of vertebrate rods and cones, *Journal of General Physiology*, **63**, 37-61, 1974
11) M. Aguilar and W. S. Stiles: Saturation of the rod mechanism at high levels of stimulation, *Optica Acta*, **1**, 59-65, 1954
12) S. K. Shevell: Saturation in human cones, *Vision Research*, **17**, 427-434, 1977
13) S. Hecht: The dark adaptation of the human eye, *Journal of Physiology*, **2**, 499-517, 1920
14) K. Nordby, B. Stabell and U. Stabell: Dark-adaptation of the human rod system, *Vision Research*, **24**, 841-849, 1984
15) B. Stabell and U. Stabell: Spectral sensitivity in the far peripheral retina, *Journal of the Optical Society of America*, **70**, 959-963, 1980
16) B. H. Crawford: Visual adaptation in relation to brief conditioning stimuli, *Proceedings of the Royal Society London*, **B134**, 283-302, 1947
17) 池田光男: 視覚の心理物理学, 森北出版, 1975
18) W. A. H. Rushton: Rhodopsin measurement and dark-adaptation in a subject deficient in cone vision, *Journal of Physiology*, **156**, 193-205, 1961
19) J. Walraven, C. Enroth-Cugel, D. C. Hood, D. I. A. MacLeod and J. L. Schnapf: The control of visual sensitivity, In Visual Perception: The Neurophysiological Foundations (eds. L. Spillman and J. S. Werner), Academic Press, San Diego, 1990
20) D. A. Baylor, B. S. Nunn and S. L. Schnapf: The photocurrent, noise and spectral sensitivity of rods of the monkey *Macaca fascicularis*, *Journal of Physiology*, **357**, 575-607, 1984
21) E. Pugh and J. Altman: A role for calcium in adaptation, *Nature*, **334**, 16-17, 1988
22) V. D. Glezer: The receptive fields of the retina, *Vision Research*, **5**, 496-526, 1965

3.1.4　可視光以外の刺激による光覚

a. 総論

視細胞は光に対する受容器である。しかし、光以外の刺激でも視細胞を興奮させられれば光覚が生じうる。同様に、例えば大脳の一部を電気刺激したときのように、視路のどの部位であっても神経細胞が外部の刺激によりはたらけば視覚現象が生じる。ここでは、光覚に関係するさまざまな可視光以外の刺激を列挙する。光覚のことを一般にフォスフェン (phosphene) と呼ぶ。しかし、この言葉は可視光以外の刺激による光覚において好んで使用される。

まず、物理的な刺激としては、圧力や電気刺激が古くからよく知られている。最近では磁場を刺激とした視覚実験も行われている。電磁波としては、可視に近い波長領域の赤外光に対して比視感度に定義されていない感度があることが知られている。紫外光は眼球の組織により吸収される。このとき水晶体などは蛍光を発し、条件によっては知覚しうる。X線や γ 線は視細胞を直接刺激し、フォスフェンを生じる。

20世紀初頭からラジウムフォスフェンと呼ばれるフォスフェンが知られている。この現象は現在では γ 線によるフォスフェンや β 線の直接刺激によるフォスフェン、あるいは眼内で発生する蛍光のほか β 線や中間子などの高速粒子が眼内で放出するチェレンコフ (Cerenkov) 光が主たる因と考えられている。チェレンコフ光は可視光である。しかし、眼内に入る時点では刺激は光でなく、本項で扱った、眼内蛍光も同様である。赤外光に対する感度は通常の光覚と同様な機構と考えられるがやはりここで扱った。X線・γ 線・荷電粒子線は写真フィルムに像を形成し光電子増倍管などを反応させるので、その類推から視細胞などを刺激しても当然のことと思われやすい。しかし、視器を興奮させる機序は十分に明らかにされているとはいえない。

電気刺激や磁場刺激では高次機能に関する脳部位も刺激可能であり、光覚以外の視覚現象も観察可能である。

b. 圧力

眼に衝撃が加わった場合、「眼から火花が出る」という表現が使われ、実際に光覚を生じることを経験された方も多かろう。まぶたの上から白目の部分をそっと押すことによって赤色の光覚を生じることは容易に観察される。圧力によるフォスフェンであ

る．眼を強く閉じておき，次に徐々に力を弱めるとやはりフォスフェンが生じる．強く輻輳したあとも同様である．これらは力学的に視細胞を刺激したためと考えられる．しかし，数分間にわたって眼瞼上から眼球をやや強く圧迫し続けるとさまざまな鮮やかな色彩が次々と変化していくというサイケデリックなフォスフェンが得られる（1960年代に一時流行したが試みないほうがよいと思う）が，これは，圧迫により網膜の一部が虚血状態に陥る過程およびそこから回復してくる過程において得られる感覚とも考えられる．一方，下記の40 Hz以上の電気刺激の際に観察される視覚現象とよく似ているようにも思われ，機序が共通であるとするとよくわからない．

c. 電磁場

経皮的に網膜に対して電気刺激を与えると電気フォスフェンが生じる．ERG（網膜電図）の測定も可能である．さらにフリッカー光と交流電気刺激との複雑な相互作用も知られている[1]．すなわち赤と緑に時間的に色度変調された20 Hz以上の光刺激は色融合して見えるが，ここに同一周波数の電気刺激を加えると光と電気の位相関係によって異なる色が観察される．また，光がなくとも40 Hz以上の交流電気刺激では，vividで美しいつねに変化する動いていく明るい色彩パターンが観察されるという[2]．電気刺激を直接脳に与える実験としてはBrindley[3]の行った脳表面の電極位置とそれによるフォスフェンの視野上でのマッピングに関する研究が有名である．

頭蓋の外から脳を磁場刺激することにより光覚を生じさせうることが知られている．また，この刺激は興奮性のみならず抑制性の反応を引き起こすことがあることも知られている[4]．さらに，最近では，高次機能に関する脳部位の刺激も試みられており，光覚以外の視覚現象への影響が測定可能となりつつある．

暗いなかに置かれた明るい点を中心窩で見ているとき，その点から盲点にかけて2本の弧状の青い光を感じることがある．これをその形と色からブルーアークと呼ぶ．このフォスフェンの性質はNewhall[5]によりよく調べられている．この現象は，光に刺激された視細胞からの反応が視神経線維を伝わるとき，束になった神経線維の近傍のものを電気的に刺激することによると考えられている．弧の形は網膜内の視神経線維の走行に一致する．

d. 電磁波

可視光の長波長側の領域は例えばCIEの比視感度では780 nmまで数値で定義されている．これより長い波長の電磁波は赤外光と呼ばれることになる．しかし，経験的によく知られているように，800 nm領域の赤外発光のダイオードの光は暗いところでは赤く見えている．可視と赤外の境界は明確ではない．いわゆる赤外領域で視覚系がどこまで光覚を感じるかを調べた報告がある[6]．その結果によると，少なくとも1064 nmまではL錐体の比視感度の長波長側を対数軸上で直線近似した線の延長線上にフィットするような感度がある．おそらくは，光覚に対する閾値よりも組織破壊の閾値のほうが低くなろうという近辺まで伸びていると予測される．観察される光覚の特徴はL錐体のそれと一致する．このような実験をレーザーのようなエネルギー密度の高い光を使って行うときには眼内における2次高調波の発生が問題となる．媒質の非線形光学効果により半分の波長の光（1064 nmの赤外に対し視感度の高い532 nmの可視光）が発生するので注意が必要である．なお，この報告では694 nmの光に対し20 nsという短時間パルスでもBlochの法則を確認したが1000 nm以上の波長では1 ms以下のパルスでBlochの法則の不成立が見られた．

紫外光を眼に照射すると弱い蛍光が水晶体などで発生することが知られている．この蛍光は外部から観察可能である．逆に被照射眼の側からも視野全体に広がる一様な光として観察されても不思議ではないが，それが実際に知覚されるかどうかについては文献が見つからなかった．

X線やγ線は，その通過経路にある分子を電離させることがあり，網膜をこれらが通過すると視路（おそらくは視細胞）が刺激され光覚を感じる．眼軸長を測定するためにこの現象を利用した古い実験が知られている[7]．顔の真横から細いスリット状のX線を入射させると網膜とX線の交わった部分は円形になり，被験者には円形の光覚を生じる．入射位置を前後に動かすと円の大きさが変化する．円が点となりついには消える入射位置によって眼球の長さが測定される．

e. 粒子線

高エネルギー粒子線も網膜における分子の励起や電離を引き起こす．また，眼内におけるチェレンコフ光を発生させる．ラジウムフォスフェンあるいは放射線フォスフェンはこれらの総称である[8]．な

お，チェレンコフ光の発生機構は次のとおりである．光の速度を越える物体はない．いかなる物体をどのようなエネルギー源を用いて加速しても光の速度を越えることはできない（相対性理論）．これは真空中でのことであり，水などの媒質中では光速は真空中より遅い（1/屈折率）．したがって，真空中を光の速度の例えば98％の速度で地球外から飛んできた粒子（宇宙線，cosmic ray）などが媒質中に飛び込んだ場合，その速度は媒質中で一時的に光速を越える．このとき音速を破ろうとする航空機の先端から衝撃波が出るように，光が発生する．これをチェレンコフ光という．眼内でこれが発生すると，光覚が生じる．一般的に白色または青色光が観察される．放射線フォスフェンは，現在では，原子炉や加速器の作業員およびそれらを応用した医療機器により治療される患者，さらには宇宙遊泳中の飛行士などにより観測されている． ［鵜飼一彦］

文献

1) G. S. Brindley: A new interaction of light and electricity in stimulating the human retina, *Journal of Physiology* (*London*), **171**, 514-520, 1964
2) J. G. Wolff, J. Delacour, R. H. S. Carpenter and G. S. Brindley: The pattern seen when alternating electric current is passed through the eye, *Quarterly Journal of Experimental Psychology*, **20**, 1-10, 1968
3) G. S. Brindley and W. S. Lewin: The sensations produced by electrical stimulation of the visual cortex, *Journal of Physiology* (*London*), **196**, 479-793, 1968
4) B. U. Meyer and R. R. Diehl: Untersuchung des visuellen Systems mit der transkraniellen Magnetstimulation (review), *Nervenarzt*, **63**, 328-334, 1992
5) S. M. Newhall: The constancy of the blue arc phenomenon, *Journal of the Optical Society of America* **27**, 165-176, 1937
6) D. H. Sliney, R. T. Wangmann, J. K. Franks and M. L. Wolbarsht: Visual sensitivity of the eye to infrared laser radiation, *Journal of the Optical Society of America* **66**, 339-341, 1976
7) R. H. Rushton: The clinical measurement of the axial length of the living eye, *Transactions of Ophthalmological Society of UK*, **58**, 136-142, 1938
8) K. D. Steidley: The radiation phosphene (review), *Vision Research*, **30**, 1139-1143, 1990

3.2 錐体レベル

3.2.1 等色と錐体分光感度

錐体は視覚情報の入り口であり，光刺激の物理情報を生理的情報に変換するところである．したがって，視覚，とくに色覚と光刺激の物理量とを関係づけて定量的に扱うために，その分光感度はきわめて重要なものである．錐体の分光感度を求めるために種々の手法が提案されたが，ここでは，そのなかでも最も受け入れられている方法である等色実験から錐体分光感度を求める方法について述べ，現在提唱されているいくつかの錐体分光感度を紹介する．

ヤング-ヘルムホルツの三色理論にあるように，任意の色刺激は独立な3つの色刺激の混色により色を等しくすることができる．任意の色刺激 C を3種類の色刺激 R, G, B の適当な量の混色で等色した場合，色刺激 C は次式で表現される．

$$C = R_Q R + G_Q G + B_Q B \quad (3.2.1)$$

この等色に用いる3種類の色光 R, G, B を原刺激（reference color stimuli），その量 R_Q, G_Q, B_Q を三刺激値（tristimulus values）という．テスト刺激として単位エネルギーの単色光を用いた場合の三刺激値を波長の関数として表したものを等色関数（color matching function）という．実際に等色関数を測定する場合は，テスト光である単色光を等しい明るさにして等色実験を行う．この場合，波長 λ のテスト刺激 C_λ と3つの原刺激 R, G, B の混色による等色は次の関係式で表される．

$$C_\lambda = R_\lambda R + G_\lambda G + B_\lambda B \quad (3.2.2)$$

ここで，$R_\lambda, G_\lambda, B_\lambda$ は三刺激値である．テスト光のエネルギー L_λ を測定しておけば，等色関数は次式で求めることができる．

$$\bar{r}(\lambda) = \frac{R_\lambda}{L_\lambda} \quad (3.2.3)$$

$$\bar{g}(\lambda) = \frac{G_\lambda}{L_\lambda} \quad (3.2.4)$$

$$\bar{b}(\lambda) = \frac{B_\lambda}{L_\lambda} \quad (3.2.5)$$

この等色実験における錐体の応答を考えてみよう．2つの色光が等色しているということはこの3種類の錐体の出力が2つの色光の間でそれぞれ等しいことを意味している．式(3.2.2)で表せるような波長 λ の単色光をテスト刺激とした場合について式で表現すると，

$$l(\lambda) L_\lambda = l_R R_\lambda + l_G G_\lambda + l_B B_\lambda \quad (3.2.6)$$

$$m(\lambda) L_\lambda = m_R R_\lambda + m_G G_\lambda + m_B B_\lambda \quad (3.2.7)$$

$$s(\lambda) L_\lambda = s_R R_\lambda + s_G G_\lambda + s_B B_\lambda \quad (3.2.8)$$

となる．ここで $l(\lambda), m(\lambda), s(\lambda)$ はそれぞれL錐体，M錐体，S錐体の分光感度であり，$l_{R,G,B}, m_{R,G,B}, s_{R,G,B}$ はそれぞれ原刺激 R, G, B に対するL錐体，M錐体，S錐体の感度に相当するものである．例えば，l_R, l_G, l_B は次式のように表される．

$$l_R = \int l(\lambda)R(\lambda)d\lambda \qquad (3.2.9)$$

$$l_G = \int l(\lambda)G(\lambda)d\lambda \qquad (3.2.10)$$

$$l_B = \int l(\lambda)B(\lambda)d\lambda \qquad (3.2.11)$$

ここで，$R(\lambda)$，$G(\lambda)$，$B(\lambda)$ はそれぞれ原刺激 **R**，**G**，**B** の相対的な分光エネルギー分布である．M 錐体，L 錐体の感度についても同様に表される．式 (3.2.3)〜(3.2.5) および式 (3.2.6)〜(3.2.8) の関係から，錐体の分光感度は次式のように等色関数の線形結合で表されることになる．

$$\begin{bmatrix} l(\lambda) \\ m(\lambda) \\ s(\lambda) \end{bmatrix} = \begin{bmatrix} l_R & l_G & l_B \\ m_R & m_G & m_B \\ s_R & s_G & s_B \end{bmatrix} \begin{bmatrix} \bar{r}(\lambda) \\ \bar{g}(\lambda) \\ \bar{b}(\lambda) \end{bmatrix} \qquad (3.2.12)$$

この係数行列が与えられれば，等色関数から錐体の分光感度を求めることができるわけであるが，この係数は各原刺激に対する錐体の感度であるので，いま求めようとしている錐体の分光感度がわからないことには求めることができない．しかし，式 (3.2.12) は等色関数から錐体分光感度の変換も，4.2 節で述べられているように，単に原刺激が異なる表色系における座標軸の変換であることを意味している．したがって，異なる表色系でのそれぞれの原刺激の位置関係がわかれば，係数を決定することができる．式 (3.2.12) の係数行列は LMS 空間における原刺激 **R**，**G**，**B** の位置を表している．したがって，逆に RGB 空間における L 錐体，M 錐体，S 錐体の位置がわかれば，式 (3.2.12) の係数も求めることができることになる．

錐体の軸の位置は König の理論により決定される．König は錐体の軸を決定するのに，その錐体をもたない観測者の等色実験の結果を利用した．色覚正常者は 3 種類の錐体をもつが，われわれのなかには正常者のもつ錐体を 1 つ欠いている人もいる．いわゆる 2 色型色覚異常者 (dichromat) である．例えば，L 錐体を欠いている人が等色実験をすると，図 3.19 に示すように，XYZ 空間における L 錐体軸を含む平面上の色は M 錐体と S 錐体の応答の比が一定であるので，その明るさの変化はわかるが色の変化は識別できない．つまり，色を混同してしまうことになる．この平面と XYZ 空間の単位平面が交差する線は混同する色の色度図上の軌跡となり，混同色線 (confusion line) と呼ばれる．L 錐体軸を含む別の平面でも同様のことがいえるので，別の混同色線が得られる．そして，L 錐体の軸の位置はこ

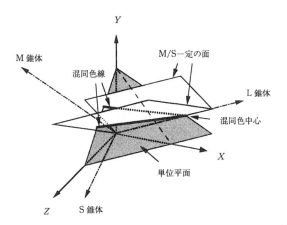

図 3.19 XYZ 空間における L 錐体方向の決め方

れらの混同色線が交わる点 (混同色中心，co-punctal point) の色度座標として得られることになる．2 色型色覚異常にはそれぞれ L 錐体，M 錐体，S 錐体の欠損による 2 色型第 1 色覚異常 (protanope)，2 色型第 2 色覚異常 (deuteranope)，2 色型第 3 色覚異常 (tritanope) がある．

色覚モデルの定量的な構築あるいは標準的な生理学的色空間を作るためには，標準的な錐体の分光感度が必要になる．また，光刺激の物理量と錐体の応答を定量的に関係づけるために用いる場合には，錐体そのものの分光感度より，光が錐体に到達するまでの眼光学系や黄斑色素の吸収を含めた分光感度が有用である．このような分光感度曲線は基本曲線と呼ばれる．CIE では錐体の標準的な基本関数の確立をめざしているが，いまだ標準的なものは定義されておらず，多くの研究者からそれぞれの基本曲線が提案されている．これらはすべて König の理論により導き出されており，これらの基本曲線の違いは用いている等色関数の違い，混同色中心の違い，感度の規格化の違いによるものである．ここでは，3 つの代表的なものを紹介する．

Smith と Pokorny[1] はもととなる等色関数に Judd 修正等色関数[2] $\bar{x}'(\lambda)$，$\bar{y}'(\lambda)$，$\bar{z}'(\lambda)$ を用いている．これは CIE $V(\lambda)$ が短波長域において実際より低く評価されているので，これを修正したことによるものである．また，感度の規格化については，L 錐体と M 錐体だけが輝度に寄与するとして，$l(\lambda) + m(\lambda) = \bar{y}'(\lambda)$ になるようにしている．等色関数から錐体分光感度の変換式を次に示す．

$$\begin{bmatrix} l(\lambda) \\ m(\lambda) \\ s(\lambda) \end{bmatrix} = \begin{bmatrix} 0.15514 & 0.54312 & -0.03286 \\ -0.15514 & 0.45684 & 0.03286 \\ 0 & 0 & 1 \end{bmatrix} \begin{bmatrix} \overline{x'}(\lambda) \\ \overline{y'}(\lambda) \\ \overline{z'}(\lambda) \end{bmatrix}$$
(3.2.13)

Vos[3]はJudd修正等色関数をさらに修正した等色関数を用いている．これをここでは，$\overline{x''}(\lambda)$, $\overline{y''}(\lambda)$, $\overline{z''}(\lambda)$ とする．また，感度の規格化については，S錐体も輝度に寄与するという考えで，$l(\lambda)+m(\lambda)+s(\lambda)=\overline{y''}(\lambda)$ としている．

$$\begin{bmatrix} l(\lambda) \\ m(\lambda) \\ s(\lambda) \end{bmatrix} = \begin{bmatrix} 0.1551646 & 0.5430763 & -0.0370161 \\ -0.1551646 & 0.4569237 & 0.0296946 \\ 0 & 0 & 0.0073215 \end{bmatrix}$$
$$\times \begin{bmatrix} \overline{x''}(\lambda) \\ \overline{y''}(\lambda) \\ \overline{z''}(\lambda) \end{bmatrix} \qquad (3.2.14)$$

Stockmanら[4]は2°視野と10°視野の2つの錐体分光感度を提案している．2°視野の錐体分光感度ではStilesとBurchの1955年の2°視野等色関数[5] $\overline{r}(\lambda)$, $\overline{g}(\lambda)$, $\overline{b}(\lambda)$ をもとにしており，10°視野ではCIE 1964年10°視野等色関数 $\overline{x}_{10}(\lambda)$, $\overline{y}_{10}(\lambda)$, $\overline{z}_{10}(\lambda)$ をもとにしている．等色関数からの変換式はそれぞれ次式で示される．これらは最大値が1になるように規格化されている．

$$\begin{bmatrix} l(\lambda) \\ m(\lambda) \\ s(\lambda) \end{bmatrix} = \begin{bmatrix} 0.214808 & 0.751035 & 0.045156 \\ 0.022882 & 0.940534 & 0.076827 \\ 0 & 0.016500 & 0.999989 \end{bmatrix} \begin{bmatrix} \overline{r}(\lambda) \\ \overline{g}(\lambda) \\ \overline{b}(\lambda) \end{bmatrix}$$
(3.2.15)

$$\begin{bmatrix} l(\lambda) \\ m(\lambda) \\ s(\lambda) \end{bmatrix} = \begin{bmatrix} 0.236157 & 0.826427 & -0.045710 \\ -0.431117 & 1.206922 & 0.090020 \\ 0.040557 & -0.019683 & 0.486195 \end{bmatrix}$$
$$\times \begin{bmatrix} \overline{r}_{10}(\lambda) \\ \overline{y}_{10}(\lambda) \\ \overline{z}_{10}(\lambda) \end{bmatrix} \qquad (3.2.16)$$

これらのほかにも，CIE 1931等色関数を用いたHuntとPointer[6]のもの，StilesとBurchの2°視野等色関数を用いたEstévez[7]のものなどが報告されている．　　　　　　　　　　［矢口博久］

文　献

1) V. C. Smith and J. Pokorny : Spectral sensitivity of the foveal cone pigments between 400 and 500 nm, *Vision Research*, **15**, 161-171, 1975
2) D. B. Judd : Report of U. S. Secretariat Committee on Colorimetry and Artificial Daylight, In Proceedings of the Twelfth Session of the CIE, Stockholm, Technical Committee No. 2, Bureau Central de la CIE, Paris, 1951
3) J. J. Vos : Colorimetric and photometric properties of a 2° fundamental observer, *Color Research and Application*, **3**, 125-128, 1978
4) A. Stockman, D. I. A. MacLeod and N. E. Johnson : Spectral sensitivities of the human cones, *Journal of the Optical Society of America*, **A10**, 2491-2521, 1993
5) W. S. Stiles and J. M. Burch : Interim Report to the Commission Internationale de l'Eclairaige Zurich, 1955, on the National Physical Laboratory's investigation of colour-matching, *Optica Acta*, **2**, 168-181, 1955
6) R. W. G. Hunt and M. R. Pointer : A colour-appearance transform for the CIE 1931 standard colorimetric observer, *Color Research and Application*, **10**, 165-179, 1985
7) O. Estévez : On the fundamental data-base of normal and dichromatic color vision, Ph. D. dissertation, Amsterdam Univ., Amsterdam, 1979

3.2.2　色　弁　別

a．測定法

1つの色 C_1 がほかの色 C_2 と違って見えるかどうかの色覚特性が色弁別（color discrimination）である．図3.20に示すように，色空間内[1]で比較色 C_2 をテスト色 C_1 から $\varDelta C$ だけ遠ざけると，ちょうど2色が弁別できるとしよう．このときの $\varDelta C = C_2 - C_1$ が色弁別閾値（color discrimination threshold）である．$\varDelta C$ の方向としては波長方向，白色からの純度変化方向，一般的な3次元方向などがある．$\varDelta C$ の単位は測定法によって適当な単位がとられている．

色弁別の測定には，一般的に図3.21に示すような2分視野（bipartite field）が用いられ，一方の視野にテスト色光 C_1，他方の視野に比較色光 C_2 を呈示する．被験者は両視野を直接比較する．周辺視野は一般的に暗黒にしたり，白色光を呈示したりする．

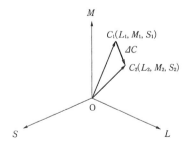

図3.20　3次元色空間内で表現した色弁別閾値 $\varDelta C$
ここでは色空間としてLMS錐体色空間を用いている．テスト色 $C_1(L_1, M_1, S_1)$ から比較色 $C_2(L_2, M_2, S_2)$ が $\varDelta C$ だけ離れたときにちょうど2色が弁別できる．

b. 波長弁別

波長弁別 (wavelength discrimination) は主に色相の弁別でもあるので色相弁別 (hue discrimination) とも呼ばれている．波長弁別を図3.20の色空間で考えると，C_1 をテスト波長 λ_1, C_2 を比較波長 λ_2 として，λ_2 を λ_1 から等輝度面上あるいは等明るさ面上の単色光の軌跡上に沿って動かしていったときの弁別である．このときの色弁別閾値が波長弁別閾値

$$\Delta\lambda = \lambda_2 - \lambda_1$$

となる．

波長弁別閾値 $\Delta\lambda$ を λ の関数として示すと，波長弁別関数 (wavelength discrimination function) が得られる．図3.22に標準的な観察条件で求められた波長弁別関数を示す[2]．刺激視野は視角2°の2分視野で中心窩への定常呈示，周辺視野は暗黒である．$\Delta\lambda$ の測定には調整法が用いられ，刺激の明るさ (brightness) は一定にして測定された．図3.22 (a) は5人の被験者の結果，図3.22 (b) はその平均値である．

波長弁別関数は590～600 nmに幅の広い極小値，490～500 nmに幅の狭い極小値，さらに440 nm付近に小さな極小値がある．前二者の極小値での $\Delta\lambda$ は1～2 nmとなり，ここで弁別は最高感度になっている．また，530～540 nm，450～460 nmでは $\Delta\lambda$ が3～4 nmの極大値をもつ．λ の長短波長側の両端では急激に $\Delta\lambda$ は増大する．

波長弁別閾値は刺激光の呈示条件で変化する．図3.23は輝度レベルの減少に伴う波長弁別関数の変化を示す[3]．ほとんどの λ では輝度レベルが150 tdから減少すると $\Delta\lambda$ は増大している．しかし，逆に，$\lambda=450$ nm付近では輝度レベルが150 tdから

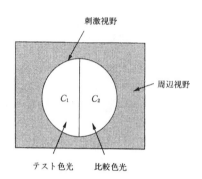

図3.21 色弁別に用いられる2分刺激視野
テスト色 C_1 と比較色 C_2 が併置して呈示される．

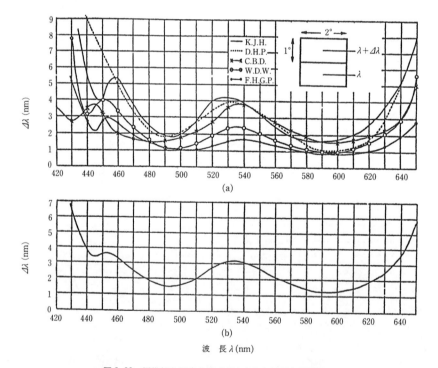

図3.22 標準的な観察条件で求められた波長弁別関数
刺激視野は視角2°，刺激の網膜照度は一定ではなく，480 nmから650 nmまでは4:1で変化し，約70 td, 青領域の波長ではさらに約20:1の割合で低下している．(a) 5人の被験者の波長弁別関数．(b) 平均波長弁別関数．

8.5 td へと減少すると $\Delta\lambda$ が小さくなっている．これは $\lambda=450$ nm 付近の色弁別を行う色覚メカニズムと，その他の波長領域での色覚メカニズムが異なっていることを示唆している．

刺激光のサイズを小さくしていったときの波長弁別関数の変化を図 3.24 に示す．刺激サイズが 75′ から 15′ へと小さくなると，$\lambda=450$ nm 付近の $\Delta\lambda$ が極端に増大することがわかる．この小視野サイズでの波長弁別関数は S 錐体のない第 3 色覚異常者 (tritanope) の波長弁別関数とよく似ているので，この色覚の特性は小視野トリタノピア (small field tritanopia) と呼ばれている．網膜の中心窩の中心部には S 錐体が存在しないことが原因であると考えられている．

波長弁別関数の網膜位置による変化を図 3.25 に示す[4]．図 3.25(a) が鼻側視野水平方向 60° まで，図 3.25(b) が耳側視野水平方向 65° までの波長弁別閾値 $\Delta\lambda$ を示す．網膜位置が周辺視野にいくにつれて $\Delta\lambda$ は増大し，また，鼻側視野のほうが耳側視野よりも劣化の程度が大きいことがわかる．

図 3.25 の波長弁別関数の変化から，緑-青領域の弁別がほかの領域に比べると劣化しにくいことがわかる．この 480～490 nm の領域では，色みが青か

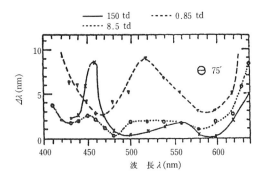

図 3.23 輝度レベルの低下による波長弁別関数の変化
視野サイズは 75′，各シンボルは刺激の網膜照度 150, 8.5, 0.85 td を示す．

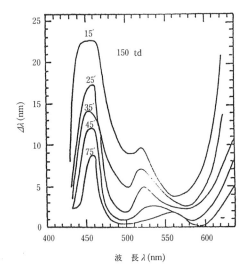

図 3.24 刺激サイズの減少による波長弁別関数の変化
刺激の網膜照度は 150 td，刺激サイズは上から円形直径 15′, 25′, 35′, 45′, 75′ である．

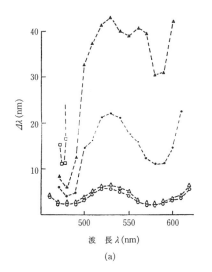

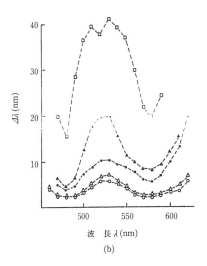

図 3.25 網膜位置による波長弁別関数の変化
(a) 鼻側視野水平方向．中心窩 (○), 7°(△), 25°(●), 40°(▲), 60°(□). (b) 耳側視野水平方向．中心窩 (○), 7°(△), 25°(●), 40°(▲), 65°(□).

ら急に緑，黄，白を含んだ色に変化する．この $\Delta\lambda$ の変化はどんなタイプの先天的な色覚異常者の特性とも異なり，視神経に障害をもつ後天的第2色覚異常者の波長弁別関数に類似していることが指摘されている．これは網膜の周辺部では y-b 反対色システムに比較して r-g 反対色システムが少なくなっていくことを示している．この結果は色票を用いて周辺部での色弁別を調べた研究[5]にも一致している．

c. 純度弁別

図3.20のテスト色 C_1 から比較色 C_2 の変化 ΔC を白色光Wと単色光 λ とを結ぶ直線上にとると，ほとんど色相は変わらず，彩度(saturation)だけが変わる色変化 ΔC となる．このときの色弁別が純度弁別(purity discrimination)である．これまでの研究では C_1 を白色光Wとし，C_2 をWとλ の混色光 W+λ として，混色光 C_2 の輝度あるいは明るさを白色光 C_1 と等しくしながら，混色光 W+λ の λ をどのくらい加えると白色光Wと弁別できるようになるかを調べているものが多い．

純度弁別閾値 Δp はテスト光の純度を p_t，比較光の純度を p_c としたときに，

$$\Delta p = p_c - p_t$$
$$p_c = \frac{L_\lambda}{L_W + L_\lambda}$$

として求められる．ただし，L_λ は混色光中の λ の輝度，L_W は混色光中のWの輝度である．テスト光が白色光Wの場合は $p_t=0$ となる．この場合，弁別閾値 Δp_λ は，

$$\Delta p_\lambda = p_c$$

となる．混色光 C_2 内の λ の輝度 L_λ が小さくても弁別閾に達してしまうときは，単色光 λ がもっている色みが強い，つまり彩度が高いと考えられる．逆に弁別閾に達するまでに輝度 L_λ を高くしなければならないときは，この単色光 λ の彩度は低いと考えられる．そこで，純度弁別閾値 Δp_λ の逆数

$$\Delta p_\lambda^{-1} = \frac{L_W + L_\lambda}{L_\lambda}$$

は彩度関数(saturation function)と呼ばれている．図3.26に彩度関数の例を示す[6〜8]．どの例でも λ =570 nm付近に最小値があり，それより長波長，短波長側では Δp_λ^{-1} が増大していく．

d. 色度弁別

図3.20のテスト色 C_1 が一般的な色度をもち，比較色 C_2 を色空間のさまざまな方向に変化させて ΔC を求めると，色度弁別(chromaticity discrimination)となる．MacAdamはテスト色に比較色を等色するという等色実験を行い，等色点のばらつきから色度弁別閾値を求めた．この場合テスト色の輝度と比較色の輝度は等しく設定されている．

図3.27に25個のテスト色に対して等色点の標準偏差から楕円を求めた結果を示す[9]．これがマック

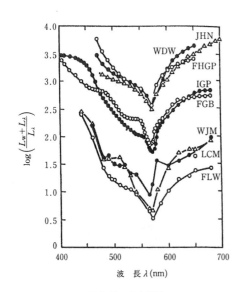

図3.26 彩度関数
上からWrightとPitt(1937)，PriestとBrickwedde(1938)，Martinら(1933)の求めた結果を示す．グラフは見やすいように縦方向にシフトしている．図中の文字は被験者名．

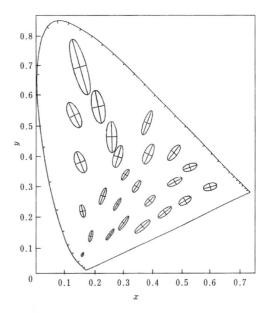

図3.27 色度弁別楕円(マックアダムの楕円)
楕円の大きさは見やすくするために10倍に拡大されている．

アダムの楕円（MacAdam's ellipse）としてよく知られている色弁別楕円である．ただし，この図では見やすくするために楕円の大きさは実際の標準偏差よりも10倍に拡大されている．MacAdamはこの標準偏差と直接に求めた色弁別閾値の大きさの比較を行い，標準偏差の約3倍が色弁別閾値に相当すると述べている．

図3.28は輝度レベルの低下に伴う色度弁別楕円の変化[10]，図3.29は小視野サイズでの色度弁別楕円の変化[11]を表している．図3.28では各楕円に示されている数字が輝度値（ft-L）である．楕円は見やすくするために実際の大きさよりも5倍に拡大されている．図3.29では(a)が刺激サイズが視覚4.4°，(b)が3′である．弁別楕円のサイズは実際の3.3倍になっている．図3.28と図3.29の両方とも，弁別楕円は第3色覚異常者の混同色線に沿って拡大していることがわかる．小視野サイズでも低輝度レベルでもS錐体による弁別が悪くなる方向に色弁別楕円は変化している． ［内川恵二］

文　献

1) D. I. A. MacLeod and R. M. Boynton : Chromaticity diagram showing cone excitation by stimuli of equal luminance, *Journal of the Optical Society of America*, **69**, 1183-1186, 1979
2) W. D. Wright and F. H. G. Pitt : Hue-discrimination in normal colour-vision, *Proceedings of Physics Society*, **46**, 459-473, 1934
3) K. J. McCree : Small-field tritanopia and the effects of voluntary fixation, *Optica Acta*, **7**, 317-323, 1960
4) U. Stabell and B. Stabel : Color-vision mechanisms of the extrafoveal retina, *Vision Research*, **24**, 1969-1975, 1984
5) H. Uchikawa, P. K. Kaiser and K. Uchikawa : Color-discrimination perimetry, *Color Research and Application*, **7**, 264-272, 1982
6) W. D. Wright and F. H. G. Pitt : The saturation-discrimination of two trichromats, *Proceedings of Physics Society*, **49**, 329-331, 1937
7) L. G. Priest and F. G. Brickwedde : The minimum perceptible colorimetric purity as a function of dominant wave-length, *Journal of the Optical Society of Amer-*

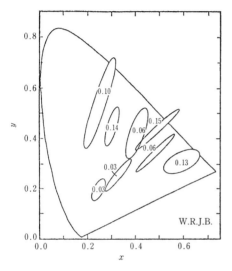

図3.28 輝度レベルの低下による色度弁別楕円の変化
各楕円に示されている数字は輝度値（ft-L）である．楕円の大きさは見やすくするために5倍に拡大されている．

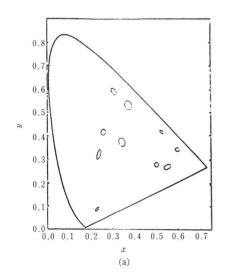
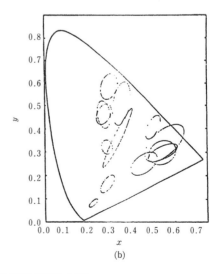

図3.29 刺激サイズの減少による色度弁別楕円の変化
刺激サイズは(a)：4.4°，(b)：3′である．刺激の輝度は26〜130 ft-L である．楕円の大きさは見やすくするために3.3倍に拡大されている．

ica, **28**, 133-139, 1938
8) L. C. Martin, F. L. Warburton and W. J. Morgan : Determination of the sensitiveness of the eye to differences in the saturation of colours, *Great Britain Medical Research Council, Special Report Series*, No. 188, 1-42, 1933
9) D. L. MacAdam : Visual sensitivities to color differences in daylight, *Journal of the Optical Society of America*, **32**, 247-274, 1942
10) W. R. J. Brown : The influence of luminance level on visual sensitivity to color differences, *Journal of the Optical Society of America*, **41**, 684-688, 1951
11) D. L. MacAdam : Small-field chromatic discrimination, *Journal of the Optical Society of America*, **49**, 1143-1146, 1959

3.2.3 2色閾値法

Stiles[1,2]は図3.30の刺激付置を用いテスト光の増分閾を順応光の光強度の関数として測定し，その特性から色機構の波長感度特性を導いた．この測定

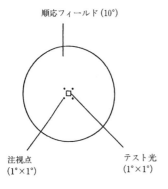

図 3.30 2色閾値法で用いられる刺激付置
順応フィールドは，定常的に提示される．テスト光は，瞬間的に（例えば，63 ms，200 ms など）提示される．

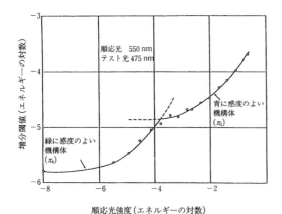

図 3.31 増分閾値-順応光強度関数
中心窩で，テスト刺激 475 nm，順応刺激 550 nm で測定された増分閾値-順応光強度関数 (Stiles, 1961).

法は，波長特性を得るために順応光波長とテスト光波長の双方を組織的に変えることから2色閾値法と呼ばれている．図3.31は，増分閾値と順応光強度の関係特性の一例（順応光550 nm，テスト光475 nm条件）である．順応光が弱いときは閾値は一定であるが，順応光が強くなると徐々に増加し，やがて45°の直線に乗って上昇する．しかし，順応光がさらに上昇すると閾値はいったん停留し，徐々に増加し，やがてふたたび45°の直線に乗って上昇する．Stilesはこの特性を2つの色機構の特性が関与する結果と考えた．すなわち最初の特性が1つの色機構の特性を，後の特性が別の色機構の特性を反映すると考えた．これらの特性は，一方を上下左右に平行移動すれば完全に重なりあう特徴（テンプレート）をもっている．どの色機構が実験結果に現れるかは，色機構の順応光波長，テスト光波長に対する感度による．Stilesはこのような色機構の特性を定式化し，次のような仮説を導いた．

(1) 増分閾値と順応光強度の関係は次式で表現される．

$$\log(S_\lambda U_\lambda) = F_a[\log(S_\mu W_\mu)] \quad (3.2.17)$$

ここで，λ と μ はテスト光と順応光の波長，U_λ と W_μ はテスト光と順応光のエネルギー，S は色機構の分光波長感度，F_a は色機構Aの順応特性を示す．順応特性を示す関数の形状は色機構が違っても同じである．

(2) 色機構の反応・順応は互いに独立である．

(3) 波長 μ_1 の光（エネルギー U_{μ_1}）と波長 μ_2 の光（エネルギー U_{μ_2}）の混合光に対する色機構Aの反応は，次式で示される．

$$\psi(U_{\mu_1} + U_{\mu_2} : A) = F_a[\log(S_{\mu_1} U_{\mu_1} + S_{\mu_2} U_{\mu_2})] \quad (3.2.18)$$

この仮説に沿って図3.31の実験結果を考察してみよう．まず，順応光強度が小さいときはいずれの色機構も順応による感度低下がなく，最高の感度状態にある．したがって，閾値はテスト光475 nmに最も感度のよい色機構Aによって決定される．順応光550 nmの光強度が大きくなると，色機構Aは順応による感度低下を引き起こし，しだいに閾値上昇が起こる．順応光強度がさらに大きくなると，色機構Aの感度が順応光強度の大きさに反比例して減少するようになり，したがって，閾値は順応光強度に比例するように増加する．この結果，順応光の影響を受けないほかの色機構Bが検出に関与してくる．検出を決定する色機構の移行（AからBに移

行)が生じるのは，図 3.31 の曲線の交差するところである．移行点ではテスト光に対する感度が機構 A と機構 B では等しい．

順応光強度がさらに大きくなると，機構 A の急激な感度低下のためついには機構 B のほうが感度が高い状況になり，機構 B が検出閾値を決定するようになる．機構 B は順応光 550 nm に対して感度が低いので，順応光が増加してもしばらくは閾値上昇を生じない．しかし，順応光強度がさらに大きくなるとやがて感度低下を引き起こすようになり，しだいに閾値上昇が起こる．最終的には，機構 A の特性と同じように感度が順応光強度の大きさに反比例して小さくなり，閾値は順応光強度に比例するように増加する．交差点以降の実線が機構 B を反映した特性である．機構 A と機構 B のテスト刺激と順応刺激に対する相対感度は両方の特性を重ねるために必要な平行移動量に対応する．すなわち，垂直下方向への移動はテスト光 475 nm に対して移動量分だけ相対的感度が低いことを，水平左方向への移動は順応光 550 nm に対して移動量分だけ相対感度が低いことを示す．

以上を一般化すれば，種々の順応光波長，テスト光波長に対して図 3.31 に示したような閾値と順応光強度の関係曲線を測定することにより，色機構の順応光波長とテスト光波長に対する相対感度を得ることができる．順応光に対する特性から得られた感度はとくにフィールド分光感度と呼ばれる．

図 3.32 はこのような考え方に基づいて，実験的に導かれた色機構の波長感度特性である．7 種の機構 $(\pi_1, \pi_2, \pi_3, \pi_4, \pi_5, \pi_4', \pi_5')$ が得られている[3]．これらは (π_1, π_2, π_3)，(π_4, π_4') および (π_5, π_5') の 3 つのグループに分けることができ，それぞれが S 錐体，M 錐体，および L 錐体にほぼ対応する．

色機構の基本的特性として仮定された (1)〜(3) の性質については，多くの研究者によって検討され，π メカニズムとの関係が分析された．まず，順応効果の仮説 (2) については Pugh[4] と Pugh と

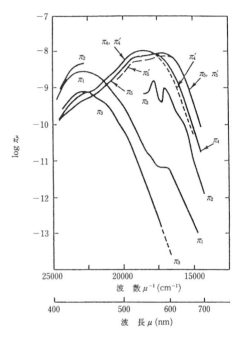

図 3.32　2 色閾値法で明らかにされた π メカニズムフィールド分光感度の例[3]

表 3.4　色機構の基本特性の検証[10]

機構体	水平方向移動則	垂直方向移動則	順応光の加法性	検証した研究者
π_2	na	na	na	Pugh(1976), Polden and Mollon
π_1	—	+	—	(1980), Pugh and Larimer (1980)
π_3	+	+	+	Mollon and Polden (1977), Alpern and Kitahara (1983)
π_4	—	—	—	Siegel and Brousseau (1982), Kirk (1985)
π_4'	na	na	—	Stromeyer and Sternheim (1981)
π_5	+	+	+	Siegel and Pugh (1980), Wandell and Pugh (1980 b), Ingling and Martinez (1981)
π_5'	na	na	—	Siegel and Pugh (1980)

移動則の検証は色機構体が特性仮説 (1) を満たすか否かの検証である．水平方向の移動則と垂直方向の移動則は，それぞれ，テスト刺激と順応刺激に対する検証である．順応光の加法性の検証は特性仮説 (3) を満たすか否かの検証である．ここで，「+」は仮説に従うことを，「—」は仮説に従わないことを，「na」はまだ検証されていないことを示す．

Mollon[5]が検討し，色順応は階層的な2段階で起こることを，したがって，2色閾値法で測定する波長特性には錐体以外の過程の特性が混入する可能性があることを示した．π_1機構は，π_3に比較して長波長(560 nm以上)領域で感度上昇が生じているが，これは錐体過程以降の過程の順応によるとした．また，WandellとPugh[6,7]はπ_5とπ_5'の波長感度特性の違いを，SiegelとBrouseau[8]とKirk[9]はπ_4とπ_4'の波長感度特性の違いを錐体過程以降の反対色過程の順応の効果の違いに原因があるとした．また，テスト光の提示時間とサイズの条件によっては増分閾値特性に錐体以降の過程の特性が含まれる可能性があることが示されている．すなわちテスト刺激が小さい(10′)，提示時間が短い(10 ms)ときは錐体以降の過程の影響は見られないが，テスト刺激が大きく(1°)，提示時間が長い(200 ms)ときは錐体以降の過程の特性が検出特性に含まれることが示された[6,7]．

仮説(1)と仮説(3)の妥当性も検討されている．これらはPughとKirk[10]によって，概略，表3.4[11~17]のようにまとめている．

以上，2色閾法によって得られる色機構の波長感度特性は次のようになる．

(1) テスト刺激のサイズが小さいか，提示時間が短いときのテスト刺激の感度は錐体の感度特性に対応するが，サイズが大きく，提示時間が長いときは反対色過程の波長感度特性の影響を受ける．

(2) 色順応効果は錐体過程だけでなく，錐体以降の過程にも生じるので，色順応効果だけから，錐体の波長感度を推定することは困難である．しかし，限定された刺激条件では，錐体の波長感度に対応する感度を抽出することができる．

(3) 錐体過程の特性が仮説(1)～(3)を満たすと仮定すると，2色閾値法によって分離できるのは，π_3機構とπ_5機構であり，これらはそれぞれS錐体とL錐体に対応する． ［江島義道］

文　献

1) W. S. Stiles : Separation of the blue and green mechanisms of foveal vision by measurements of increment thresholds, *Proceedings of the Royal Society of London*, **B 133**, 418-434, 1946
2) W. S. Stiles : Mechanism of Colour Vision, Academic Press, London, 1978
3) J. M. Enoch : The two-color threshold technique of Stiles and derived component color mechanisms, In Handbook of Sensory Physiology (eds. D. Jameson and L. M. Hurvich), VII/4, Springer-Verlag, Berlin, pp. 537-567, 1972
4) E. N. Pugh, Jr. : The nature of the π_1 colour mechanism of W. S. Stiles, *Journal of Physiology*, **257**, 713-747, 1976
5) E. N. Pugh, Jr. and J. D. Mollon : A theory of the π_1 and π_3 color mechanisms of Stiles, *Vision Research*, **19**, 293-312, 1979
6) B. A. Wandell and E. N. Pugh, Jr. : A field additive pathway detects brief-duration, long-wavelength incremental flashes, *Vision Research*, **20**, 613-624, 1980
7) B. A. Wandell and E. N. Pugh, Jr. : Detection of long-duration, long-wavelength incremental flashes by a chromatically coded pathway, *Vision Research*, **20**, 625-636, 1980
8) C. Sigel and L. Brousseau : Pi-4 : Adaptation of more than one class of cone, *Journal of the Optical Society of America*, **72**, 237-246, 1982
9) D. Kirk : The nature of the putative π_4 mechanism of W. S. Stiles, A dissertation submitted in partial fulfillment of the requirements for the Ph. D., The University of Michigan, 1985
10) E. N. Pugh and D. B. Kirk : The π mechanisms of W. S. Stiles : an historical review, *Perception*, **15**, 705-728, 1986
11) P. G. Polden and J. D. Mollon : Reversed effect of adapting stimuli on visual sensitivity, *Proceedings of the Royal Society of London*, Series **B 210**, 235-272, 1980
12) P. N. Pugh and J. Larimer : Test of the identity of the site of blue/yellow hue cancellation and the site of chromatic antagonism in the π_1 pathway, *Vision Research*, **20**, 779-788, 1980
13) J. D. Mollon and P. D. Polden : Saturation of a retinal cone mechanism, *Nature (London)*, **265**, 243-246, 1977
14) M. Alpern and K. Kitahara : The directional sensitivities of the Stiles, colour mechanisms, *Journal of Physiology (London)*, **338**, 627-649, 1983
15) C. F. Stromeyer III and C. E. Strernheim : Visibility of red and green spatial patterns upon spectrally mixed adapting fields, *Vision Research*, **21**, 397-407, 1981
16) C. Sigel and P. N. Pugh : Stiles's π_5 color mechanism : tests of field displacement and field additivity properties, *Journal of the Optical Society of America*, **70**, 71-81, 1980
17) C. R. Ingling and E. Martinez : Stiles π_5 mechanism : failure to show univariance is caused by opponent-channel input, *Journal of the Optical Society of America*, **71**, 1134-1137, 1981

3.3 反対色レベル

3.3.1 反対色レスポンス

a．測定方法

反対色レスポンス関数は「反対色系の波長感度特性」と定義されるもので，赤-緑系レスポンス関数と黄-青系レスポンス関数からなる．レスポンス関数の測定には色相打消し法が用いられる．いま，テスト光として590 nm光(橙色に見える)を与え，反対色レスポンスを測定することを考えてみる．590

nm 光には赤みと黄みがともに含まれており，赤-緑系の赤反応と黄-青系の黄反応を測定することになる．反応の大きさはそれぞれ光強度に比例し次式で示されると考えられる．

赤反応　$r_t(590) = I_t(590) \cdot C_{r-g}(590)$　(3.3.1)
黄反応　$y_t(590) = I_t(590) \cdot C_{y-b}(590)$　(3.3.2)

ここで $I_t(590)$ はテスト光 590 nm のエネルギーを示し，$C_{r-g}(590)$ と $C_{y-b}(590)$ はそれぞれ，単位エネルギーの 590 nm 光に対する赤-緑系と黄-青系の反応の大きさ（感度）を示す．

赤-緑系の感度 $C_{r-g}(590)$ を測定するには緑色光（波長を λ_g とする）を用いる．赤色と緑色は混色すれば互いに色みを打ち消し合うので，緑色光を赤色テスト光に適当量加えればテスト光の赤みを打ち消すことができる．つまりキャンセレーション光（緑色光）によって生じる緑反応をテスト光の赤反応と均衡させることができる．測定はテスト光に加えるキャンセレーション光の光強度を調整することによって赤-緑均衡点（混色の色の見えが赤みも緑みも感じられない均衡点，白色，黄色，青色のいずれかになる）を求めることで達成される．均衡条件ではキャンセレーション光の緑反応 $g_c(\lambda_g)$ がテスト光の赤反応 $r_t(590)$ と均衡し赤-緑系の反応がゼロになり，テスト光とキャンセレーション光の間には，次のような関係式が成立する．

$I_t(590) \cdot C_{r-g}(590) + I_c(\lambda_g) \cdot C_{r-g}(\lambda_g) = 0$　(3.3.3)

テスト波長が λ のときは

$I_t(\lambda) \cdot C_{r-g}(\lambda) + I_c(\lambda_g) \cdot C_{r-g}(\lambda_g) = 0$　(3.3.4)

テスト光が緑色成分を含む場合は赤色のキャンセレーション光（波長を λ_r とする）を用いる．全く同様にして赤-緑均衡点を求めれば，テスト光とキャンセレーション光の間に，式(3.3.5)のような関係が成立する．

$I_t(\lambda) \cdot C_{r-g}(\lambda) + I_c(\lambda_r) \cdot C_{r-g}(\lambda_r) = 0$　(3.3.5)

このようにして，すべてのテスト波長に対して式(3.3.4)または(3.3.5)の関係式を実験的に求めることができ，赤-緑系の波長感度特性が測定できる．

一方，テスト光 590 nm の黄-青系反応 $C_{y-b}(590)$ を測定するには青色のキャンセレーション光（波長を λ_b とする）を用いる．黄色と青色は混色すれば互いに色みを打ち消し合うので，青色光をテスト光に適当量加えればテスト光の黄みを消すことができる．つまりキャンセレーション光によって生じる青反応をテスト光の黄反応と均衡させることができるのである．測定はテスト光に加える青色キャンセレーション光の光強度を調整することによって黄-青均衡点（混色の色の見えが黄みも青みも感じられない均衡点，白色，赤色，緑色のいずれかになる）を求めることで達成される．赤-緑系の場合と同じように，均衡点では，テスト光とキャンセレーション光のエネルギーの間には，次のような関係式が成立する．

$I_t(590) \cdot C_{y-b}(590) + I_c(\lambda_b) \cdot C_{y-b}(\lambda_b) = 0$　(3.3.6)

テスト波長が λ のときは

$I_t(\lambda) \cdot C_{y-b}(\lambda) + I_c(\lambda_b) \cdot C_{y-b}(\lambda_b) = 0$　(3.3.7)

テスト光が青色成分を含む場合は黄色のキャンセレーション光（波長を λ_y とする）を用いることにより

$I_t(\lambda) \cdot C_{y-b}(\lambda) + I_c(\lambda_y) \cdot C_{y-b}(\lambda_y) = 0$　(3.3.8)

このようにして，すべての波長に対して黄-青系の相対感度が測定できる．

赤-緑系の感度関数と黄-青系の感度関数の相対的大きさを決めるには，赤成分（または緑成分）と黄成分（または青成分）が等しく見える波長を実験的に求めて，そこの波長で両系の関数の大きさが等しくなるように調整すればよい．

b．反対色レスポンス関数

反対色レスポンス関数を実験的に最初に測定したのは Jameson と Hurvich[1,2] である（図3.33）．このレスポンス関数は色の見えとどのように関係するだろうか．スペクトル光のカラーネーミングの実験結果（図3.33(c)，Boynton と Gordon[3]）と比較しながら眺めてみる．反対色レスポンス関数値がゼロになる点は，赤-緑系では 477 nm と 578 nm であり，ここでは赤みも緑みも感じられず，それぞれ純粋の青と黄だけが知覚される．黄-青系では，498 nm でゼロになるが，ここでは黄みも青みも感じられず，純粋に緑だけが知覚される．477 nm より波長が短くなると，赤-緑系の反応はしだいに赤みが増加してくるので，青色から紫色に変わってくる．波長が 478 nm と 498 nm の間では，赤-緑系は緑反応を，黄-青系は青反応を示すので，青緑の知覚が得られる．波長が 498 nm より長くなると，黄-青系の反応は極性が変わり黄反応を示すので，黄緑の知覚が得られる．578 nm より波長が長くなると，こんどは赤-緑系の反応が極性を変え赤反応を示すので，黄みにしだいに赤みが加わってくる．赤-緑系と黄-青系が交差する 591 nm のところでは，黄色と赤色が同じ程度に知覚され，それよりも波長が長くなると赤みの強い橙色となる．以上の色の変化

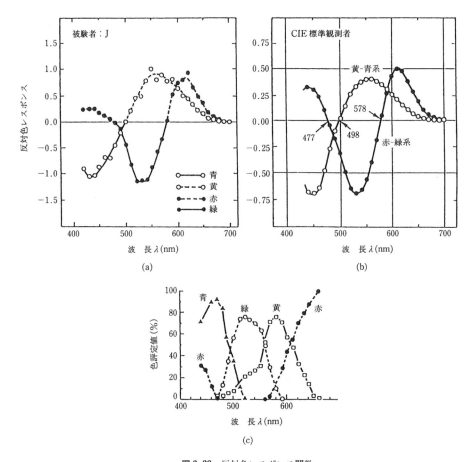

図 3.33　反対色レスポンス関数
(a) 反対色レスポンス関数の測定例[1], (b) CIE 1931 標準観測者の等色関数から推定された反対色レスポンス関数[2], (c) カラーネーミング法による単色光の色評価値[3].

は青, 緑, 黄, 赤を基準色としたカラーネーミングの測定結果とよく対応している.

反対色レスポンス関数は Jameson と Hurvich 以降, Romeskie[4], Werner と Wooten[5], 阿山と池田[6], Takahashi と Ejima[7], Ejima と Takahashi[8], Takahashi, Ejima と Akita[9] らが測定しているが, 研究者間でかなり大きな違いが見られる. 違いの原因としては観測者の違いのほかに実験条件の違いが考えられている. また, 後述する黄-青系の非線形性は研究者間のデータの比較を困難にしている.

c. 反対色レスポンス関数と錐体分光感度の関係

反対色レスポンス関数は錐体出力の関数と考えることができる. Larimer ら[10~12] と Werner と Wooten[5] は自身で測定した反対色レスポンス関数と錐体関数との間に次のような関係式を見いだしている.

Larimer らの式
$$C_{r-g}(\lambda) = k_1 S(\lambda) - k_2 M(\lambda) + k_3 L(\lambda)$$
$$C_{y-b}(\lambda) = -k_4 S(\lambda) + k_5 M(\lambda) \pm k_6 (L(\lambda) - M(\lambda))n$$
$$n = 0.4 \sim 0.5 \qquad (3.3.9)$$

Werner と Wooten の式
$$C_{r-g}(\lambda) = k_1 S(\lambda) - k_2 M(\lambda) + k_3 L(\lambda)$$
$$C_{y-b}(\lambda) = -k_4 S(\lambda) + |k_5 M(\lambda) + k_6 L(\lambda)| n$$
$$n \fallingdotseq 3 \qquad (3.3.10)$$

ここで, k_i は正の定数である. $S(\lambda)$, $M(\lambda)$ および $L(\lambda)$ はそれぞれ短波長, 中波長および長波長錐体の出力で, 錐体の光吸収率(分光感度)に比例すると仮定している. 錐体の分光感度については, すでに信頼性の高い標準的データが与えられている. 代表的なものとしては Vos と Walraven[13~15] と Smith と Pokorny[16] の König 型の錐体分光感度

(角膜から網膜までの透過率も含めた分光感度)がある.

d. 反対色系における非線形性

反対色レスポンス関数の測定には色相打消し法が用いられるが,混色条件で線形法則(加法則,比例則)が成立しないと,反対色レスポンス関数は一義的に定義できなくなる.Krantz[17,18]は反対色系の線形性・非線形性の意味を理論的に検討し,実験的検証法を提案した.Valberg[19]とBurnsら[20]は青色光と黄色光を混合して互いに色を打ち消し合う均衡条件を求めるときの成分光の色度値軌跡が曲線的になることを明らかにし,加法則が成立しないことを示した.Larimerら[10~12]は青色光と赤色光を混合して得られる固有色赤が光の強度で変化することを明らかにし,比例則(multiplicative law)が成立しないことを示した.IkedaとAyama[21]は色成分をゼロにする混色実験で混色の各要素の加法則を調べた結果,黄色光どうしの混色条件と紫色光・赤色光の混色条件で加法則が成立しないことを明らかにした.ElzingaとDe Weert[22]とEjimaとTakahashi[23,24]は黄-青の色成分を0にする混色条件での黄色光と青色光の関係が光強度に対して非線形になることを見いだし,比例則が成立しないことを示した.Ejima, TakahashiとAkita[25]は3刺激光混色の白色条件で各成分光の相関関係が光強度を変化するとき非線形的に変わることを見いだし,比例則が成立しないことを示した.

以上は,次のようにまとめることができる.

(1) 赤-緑系は中,長波長領域では線形性を示すが,短波長(紫)領域では非線形性を示す.

(2) 黄-青系は非線形性を示す.

非線形性は,混色の基本法則であるGrassmannの法則に大きな疑問を投げかけたものである.Grassmannの法則は等色関係,反対色レスポンス関数を測定する基礎となっているだけでなく,現代表色理論の基礎となっているもので,この疑問は重大な意味を含んでいる.反対色レスポンスを基礎にした色の見えの標準観測者特性が作れないのは,この非線形性に原因がある.　　　　　[江島義道]

文献

1) D. Jameson and L. M. Hurvich: Some quantitative aspects of an opponent-colors theory. I. Chromatic responses and spectral saturation, *Journal of the Optical Society of America*, **A45**, 546-552, 1995
2) L. M. Hurvich and D. Jameson: Some quantitative aspects of an opponent-color theory. II. Brightness, saturation and hue in normal and dichromat vision, *Journal of the Optical Society of America*, **A45**, 602-616, 1995
3) R. M. Boynton and J. Gordon: Bezold-Bruke hue shift measured by color-naming technique, *Journal of the Optical Society of America*, **55**, 78-86, 1965
4) M. Romeskie: Chromatic opponent-response functions of anomalous trichromats, *Vision Research*, **18**, 1521-1532, 1978
5) J. S. Werner and B. R. Wooten: Opponent chromatic mechanisms: Relation to photopigments and hue naming, *Journal of the Optical Society of America*, **69**, 422-434, 1979
6) 阿山みよし,池田光男:傍中心窩における反対色レスポンス関数の測定,日本色彩学会誌, **5**, 50-62, 1981
7) S. Takahashi and Y. Ejima: Spatial properties of red-green and yellow-blue perceptual opponent-color response, *Vision Research*, **24**, 987-994, 1984
8) Y. Ejima and S. Takahashi: Bezold-Brucke hue shift and nonlinearity in opponent-color process, *Vision Research*, **24**, 1897-1904, 1984
9) S. Takahashi, Y. Ejima and M. Akita: Effect of light adaptation on the perceptual red-green and yellow-blue opponent-color responses, *Journal of the Optical Society of America*, **A 2**, 705-715, 1985
10) J. Larimer, D. H. Krantz and C. M. Cicerone: Opponent-process additivity-I. Red-green equilibria, *Vision Research*, **14**, 1127-1140, 1974
11) J. Larimer, D. H. Krantz and C. M. Cicerone: Opponent-process additivity-II. Yellow-blue equilibria and nonlinear models, *Vision Research*, **15**, 723-731, 1975
12) C. M. Cicerone, D. H. Krantz and J. Larimer: Opponent-process additivity-III: Effect of moderate chromatic adaptation, *Vision Research*, **15**, 1125-1135, 1975
13) J. J. Vos and P. L. Walraven: On the derivation of the foveal receptor primaries, *Vision Research*, **11**, 799-818, 1971
14) P. L. Walraven: A closer look at the tritanopic convergence point, *Vision Research*, **14**, 1339-1343, 1974
15) J. J. Vos: Colorimetric and photometric properties of a 2° fundamental observer, *Color Research and Application*, **3**, 125-128, 1978
16) V. C. Smith and J. Pokorny: Spectral sensitivity of the foveal cone photopigments between 400 and 500 nm, *Vision Research*, **15**, 161-171, 1975
17) D. H. Krantz: Color measurement and color theory: I Representation theorem for Grassmann structure, *Journal of Mathematical Psychology*, **12**, 283-303, 1975
18) D. H. Krantz: Color measurement and color theory: II Opponent-colours theory, *Journal of Mathematical Psychology*, **12**, 304-327, 1975
19) A. Valberg: A method for the precise determination of achromatic colour including white, *Vision Research*, **11**, 157-160, 1971
20) S. A. Burns, A. E. Elsner, J. Pokorny and V. C. Smith: The abney effect: Chromaticity coordinates of unique and other constant hues, *Vision Research*, **24**, 479-489, 1984
21) M. Ikeda and M. Ayama: Additivity of opponent chromatic valence, *Vision Research*, **20**, 995-999, 1980
22) C. H. Elzinga and Ch. M. M. De Weert: Nonlinear codes for the yellow-blue mechanism, *Vision Research*, **24**, 911-922, 1984
23) Y. Ejima and S. Takahashi: Interaction between

short- and longer-wavelength cones in hue cancellation codes: Nonlinearities of hue cancellation as a function of stimulus intensity, *Vision Research*, **25**, 1911-1922, 1985
24) M. Akita, S. Takahashi and Y. Ejima: Nonlinearity of yellow-blue opponent-color system: Discrepancy between deuteranope and normal trichromat, In Colour Vision Deficiencies VIII (ed. G. Verriest), Martinus Nijhoff, Dordrecht, pp. 485-492, 1987
25) Y. Ejima, S. Takahashi and M. Akita: Achromatic sensation for trichromatic mixture as a function of stimulus intensity, *Vision Research*, **26**, 1065-1071, 1986

3.3.2 カラーネーミング
a. カラーネーミングの必要性

"色"は物理的属性ではない．また，光そのものに"色"があるわけでもない．物体や光の"色"とは，分光反射率や分光透過率の情報が，脳内で圧縮・変換された生体独自の情報形態（コード）である．つまり，色の見えは人間の主観的知覚であり，あくまでも心理的なものである．測色値は，同じ色の見えとなる光を規定するが，その光の色の見えを直接規定するものではない．また，表色系はある視環境での色の見えを規定しているが，環境や条件が変わった場合の見えを保証するものではなく，また個人差の情報も含んでいない．しかし，さまざまな視環境，実験条件そして各被験者に対する色の見えを直接測定することは，色覚のメカニズムを調べるうえでも，色環境を評価するうえでも重要である．そこで，心理的な色の見えを人間が言語的に答えることによって，直接的に色の見えを測定し，定量的に分析することができる「カラーネーミング法」(color-naming method) が必要となる．

カラーネーミング法の利点は，色の見えの応答が直接的に得られるだけでなく，参照光との比較が不要なため，ほかの光による順応や対比効果の影響を心配する必要がないことである．また，測定したい色と被験者さえ存在すれば色の見えを測定できることも大きな特徴であり，フィールドワークによる実際の色の見えに基づく色彩環境の測定や評価にも適している．

b. カラーネーミングの定義

最近，基本色名を用いた「カテゴリカルカラーネーミング法」という手法が存在することから，これと区別するためにBoyntonら[1,2)]の提案した反対色理論をベースとするカラーネーミング法およびスケーリングを取り入れたその発展型を「エレメンタルカラーネーミング法」と呼ぶこともあるが，本項では後者を一般的な「カラーネーミング法」としてとりあげることにする．また，カラーネーミング法の対訳として「色名呼称法」という言葉があるが，これは「カテゴリカルカラーネーミング法」のように色の名前を割り当てる意味であること，およびスケーリングの概念を含まないことから，本節では用いない．

反対色理論を基礎としたカラーネーミング法も，色相や彩度をあるカテゴリーから選ばせるという手法から始まり，各要素に対するスケーリングの導入による精緻化，白黒比の評価まで取り入れて黒み成分も測定できるようにと改良されてきている．カラーネーミング法のバリエーションを整理すると，

I 光源色カラーネーミング法（カテゴリーの中から答える）

II 光源色カラースケーリング法（数値で応答．黒応答を含まない）

III 物体色カラースケーリング法（数値で応答．黒応答を含む）

のように大きく3種類に分類することができる．純粋に「カラーネーミング」といえるのはIのみで，IIとIIIはスケーリング（ある色成分をどのくらい含むかまで応答する）を含み，正確には「カラースケーリング法」とも呼ぶべき方法と考えられるが，本節ではこれらをすべて「カラーネーミング法」のバリエーションとして取り扱うこととする．

c. カラーネーミングの原理

既存の表色系からもわかるように，色は3次元変数（ベクトル）で表すことができる．いま，明るさを無視（ある明るさ面にすべての色を射影）すると，2次元ベクトルで色を表せばよいことになる．そこで，2次元ベクトルをベクトルの方向（色相）と長さ（彩度またはクロマ）に分け，それぞれをカラーネーミング法で測定すればよい．ただし，どの色み成分も含まないユニーク白（W）も存在するが，このような色は平面の中心軸上にあるため，方向（色相）は意味をもたない．彩度は色の鮮やかさのことであるが，色感覚全体のなかに色成分あるいは白成分がどの程度含まれているかで記述することができる．カラーネーミング法は，先ほど述べたように反対色理論をベースにおいている．すなわち，赤（R）と緑（G）は同時には存在せず，黄（Y）と青（B）も互いに同時には存在しない．したがって，すべての有彩色の色相はおおざっぱではあるがR, G, Y, B, RY, RB, GY, GBのいずれかで表現できるはずである．

RGYBのうちの1つの色名のみで表せる色のことをユニーク色と呼ぶ(純粋な白もユニーク白色と呼ばれる).より精密な色相は,RGYBの比によって(例えば,ある橙色のR:Yの比でどの程度赤っぽいのかまたは黄色っぽいのかで)示すことができる.

d. カラーネーミングの基本的方法論

初めて反対色理論に基づいた定量的カラーネーミングを行ったのはBoyntonら[1,2]である.彼らは,刺激光の強度(網膜照度)によって単色光の色の見え(この場合には色相)がどのように変わるのかをカラーネーミング法によって調べた.被験者は,単色光の色の見えをR, RY, YR, Y, YG, GY, G, GB, BG, B, BR, RBの12カテゴリーの中からいずれかの言葉で答えた.例えば,色光に黄成分のみしか見えない場合はY,黄と緑が両方見えるときはYGあるいはGYと応答するわけである.YGとGYのように,順序が違うだけの組み合わせがあるのは,強く感じた色成分を先につけるという規則をつけたためであり,例えばYGは緑みより黄みが強い黄緑であることを表す.結果を数値的に取り扱うため,彼らは得られたデータを次のように処理した.

1回の応答を3点とし,単一成分の応答(例えば,R)であればそれに3点を与え,2成分の応答(例えば,RY)であれば前者に2点,後者に1点(RYならRに2点,Yに1点)を与える.それを各刺激に対して25回くり返し,計75点として各色成分の応答分布を波長に対してプロットした(図3.34[3]).510 nm付近で反対色成分であるBとYの両方の応答が若干得られているが,これは被験者の応答のばらつきによって生じたものであり,ここをユニークGの波長と考えてよい.また,580 nm付近でも反対色のGとRの応答が得られているが,ここは同様にユニークYの波長と考えてよい.460 nm付近にユニークBの波長が存在することもわかる.また,単色光にユニークRは存在しないことも示している.このように,カラーネーミング法は,ユニーク色波長や色度図上でのユニーク色軌跡を求めるためにもよく用いられる.Boyntonら[2]は,網膜位置による色光の見えの変化も同様な方法で測定しており,そこでは彩度も0から3点で得点化して測定している.これと同様なカラーネーミング法を用いて,Inglingら[4]は小視野刺激の色の見えを測定している.ただし,彼らは白(W)をRGYBと同等に扱い,組み合わせに合わせて0から3点を各要素の得点として加える方法を採用している.

以上の方法は,上記で述べた光源色カラーネーミング法(Ⅰ)に属するものであるが,色相に対して12カテゴリーしか選択の余地がないため,微妙な色の違いを応答することができない.そこで,カテゴリーの数を8種から44種までの間でいくつか設定し,各条件でカラーネーミングを行うことで,最適なカテゴリー数を情報理論の観点から検討された[5].その結果,約10 nmステップの単色光21色に対して,例えばRからYまでの間をR, RY 1, RY 2, RY 3, YR 3, YR 2, YR 1, Yのように分割した全28カテゴリーによる方法が,人間の判断および記憶特性が7カテゴリー程度が限界であることも考慮して最も適切であると結論している.最近では,例えばRからYまでをRRRRR, RRRRY, RRRYY, RRYYY, RYYYY, YYYYYのように分割する全20カテゴリーによる色相スケーリング法が,比較的彩度の低い色光の見えを応答するにも十分であると報告されている[6].これらの方法は,被験者が色の見えをある程度スケーリングし,それに対応する記号をあてはめるというもので,カラーネーミング(Ⅰ)とカラースケーリング(Ⅱ)の中間に位置するものといえる.

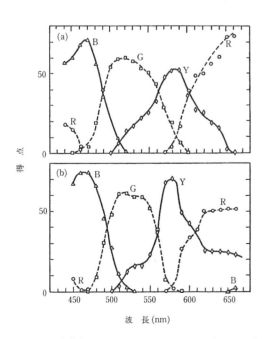

図 3.34 単色光の12カテゴリーによるカラーネーミングの結果[3]
(a) 刺激光の網膜照度 100 td, (b) 1000 td.

e. カラーネーミングの尺度化

Sternheimら[7]は, 橙(O=orange)をカテゴリーに含ませ, RGYBOのうちから4つの異なるセットRGB, RYG, ROG, ROYGを使ってカラーネーミングし, セットの違いによる結果を比較することでO(橙色)成分が基本的要素でないことを示した. 彼らの方法は, 色要素の和が100となるようにそれぞれの要素をスケーリングするというものであるが, 与えられたセットによっては応答の和が100になる必要はなく, 100に満たない分は, 与えられたカテゴリー以外の要素の割合として処理している. Wernerら[8]は, RGYBの中から2色の比(パーセンテージ)を使って色光の見えを被験者に応答させ, そのカラーネーミング法で得られたデータが色相キャンセレーション法によって得られた反対色チャンネルのクロマティックバランス関数で精度よく予測できることを示した. これらの方法は, 光源色カラースケーリング法(II)によるカラーネーミングの方法のなかでも色相のみを測定した例であるが, 彩度を含めて定量的に測定するためにはW (white)を考慮して彩度の応答を含めたカラーネーミングが必要となる.

Gordonら[9]は, 傍中心窩における色光の色相(hue)と彩度(saturation)を中心窩におけるそれらと比較するために, スケーリングを取り入れたカラーネーミング法を行った. 被験者は, まず色光に含まれる無彩色成分 A (achromatic component) の割合を評価し, 残りをRGYBの有彩色成分に分配して, 全体の合計が100(%)となるように数値で答えた. この方法の場合, 彩度は $100-A$ の値でパーセント単位で与えられる. 例えば, 520 nmの色光に対して, $A=20$, $Y=20$, $G=60$ のように応答した場合, その彩度は80%となる. この方法を改良し, 周辺視における色の見えに基づく色視野も測定されている[10]. その方法について, 図3.35(a)に示す. まず無彩色成分(A)と有彩色成分(C)の割合を合計が10になるように応答し, 次に有彩色成分に含まれる2つのユニーク色成分の比を合計が

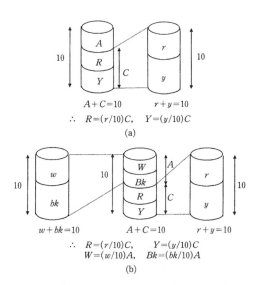

図3.35 カラースケーリング法の概念図(合計を10とした場合)
(a) 光源色の場合(黒応答を含まない), (b) 物体色の場合(黒応答を含む場合).

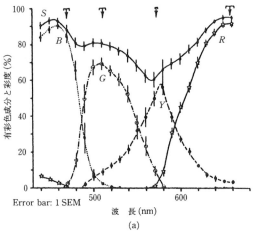

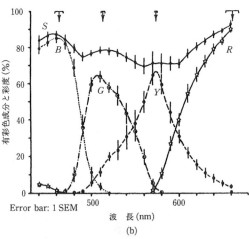

図3.36 中心窩における等網膜照度の単色光に対するカラースケーリングの実験結果[2]
被験者9人の平均. 横軸は刺激波長, 縦軸は各応答の割合(%), 縦棒は標準偏差を示す. 下向き矢印は, 調整法による各ユニーク色波長の位置を示す. 刺激サイズ1°. 刺激呈示時間500 ms. (a) 網膜照度100 td, (b) 網膜照度1000 td.

10になるように応答するという2段階の評価方法である．例えば色光が橙色の場合，含まれる有彩色成分は赤と黄であるが，全体を10とした場合に含まれる無彩色成分と2つのユニーク色成分の比は $A:R:Y$ であり，$A+R+Y=10$ が成立する．被験者は R と Y の比である $r:y$ の値を $r+y=10$ となるように応答するが，r と y および C の値から，R と Y の値は，$R=(r/10)C$ および $Y=(y/10)C$ で求まる．これと同様なカラーネーミング法を使って $u'v'$ 色度図全域における中心視での色光の色相と飽和度も測定されている[11]．その後，Gordonら[12]も "4+1カテゴリー法" と称した同様なカラースケーリング法を使って単色光の色の見えを測定し，特別に訓練していない被験者でも容易にかつ信頼できるデータが得られることを示した(図3.36)．彼らの方法は，まず色相を $R+G+Y+B=100\%$ になるようにRGYBの値で応答し，その後に彩度を百分率で応答するというものであった．図3.36は図3.34に比べて，彩度の情報も得られており，また反対色が同時に現れる割合も少なくなり，優れた方法である．これらはカラースケーリング法(II)として分類できる．以上の実験は，すべて光源色モードの刺激を用いて行われたものである．

f. 物体色のカラーネーミング

光源色モードの色の場合，黒み(blackness)を知覚することはほとんどないが，物体色モードの色の場合は白みと同様に黒みも知覚される．このとき，W と Bk は反対色ではなく，ともに無彩色成分として共存する．したがって，すべての色は $W+Bk+(R\text{ or }G)+(Y\text{ or }B)$ の組み合わせで表現可能であると考えられる．この原理を用いて，物体色すべてを色味と白味と黒味の合計が100になるようにスケーリングしたのが，NCS表色系[13~15]である．Fuldら[16]は，RGYBWに加えて Br (茶)と Bk (黒)を加えた要素を用いてスケーリングするカラーネーミング法によって白色周辺光がある場合の単色光の色の見えを測定し，周辺強度の増加に伴う単色光の色相の変化および白黒比の変化を測定した．また，高瀬ら[17]は背景光がある色光の周辺視における見えを，無彩色成分 (A) を $w+bk=10$ となるように白み (w) と黒み (bk) に分けて応答し，色全体に対する白み (W) と黒み (Bk) の割合を $W=(w/10)A$, $Bk=(bk/10)A$ から求めることにより，周辺網膜の位置による色の見えの変化を測定している(図3.35(b))．このように，物体色モードの色光では黒みが知覚され，色の見えをカラーネーミング法によって測定する場合は，黒み成分を考慮する必要がある．マンセル表色系の場合，白みと黒みの割合という属性は存在しないが，バリュー(明度)の変化が白みと黒みの割合の変化に対応していると考えられる．

g. カラーネーミングの留意点

このようにカラーネーミング法は，同じ被験者で条件の違いによる色の見えの変化を比較的容易に測定したいときに適した方法であり，RGYBの比で一意的に決まる色相や有彩色成分と無彩色成分の比に対応する彩度を定量的に測定することができる．しかし，得られた (R, G, B, Y) などの値は，応答の絶対値ではなく，相対値であることに注意しなければならない．カラーネーミング法(とくにカラースケーリング法)では最大値を10や100で規格化した比率尺度法を用いているが，例えば得られたRの値が色覚のメカニズムのどの応答に対応しているか(赤チャンネルの応答量そのものなのか，ほかの応答量との比なのか)がいまのところ明確にされていないため，カラーネーミング法で得られたデータと生理的な色メカニズムの応答量との対応づけを行うには何らかの仮定が必要になる．とくに輝度や明るさが異なる色を比較する場合，正規化した値(割合)である彩度ではなく，マンセル表色系のクロマのように，色み成分を最大値で正規化しないで評価する方法も検討すべきであろう．

また，カラーネーミング法は時代とともに評価内容が改良されてきたが，最近主流となりつつある被験者がそれぞれの色成分の得点や比を直接答えるという方法は，実験結果も被験者の判断自体も「カラーネーミング」というより「カラースケーリング」である．また，「基本色を用いたカテゴリカルカラーネーミング法」などとも区別するためにも，「反対色を用いた色成分スケーリング法」ないしは「色相・彩度スケーリング法」などの別名で明確に定義し，あるカテゴリーの中から色名を割り当てる本来の「カラーネーミング法」とは区別して用語を使っていく必要があると思われる．［岡嶋克典］

文献

1) R. M. Boynton and J. Gordon : Bezold-Brucke hue shift measured by color-naming technique, *Journal of the Optical Society of America*, **55**, 78-86, 1965
2) R. M. Boynton, W. Schafer and M. E. Neun : Hue-wavelength relation measured by color-naming

method for three retinal locations, *Science*, **146**, 666-668, 1964
3) 池田光男:色彩工学の基礎,朝倉書店,1980
4) C. R. Ingling, Jr., H. M. O. Scheibner and R. M. Boynton : Color naming of small foveal fields, *Vision Research*, **10**, 501-511, 1970
5) R. T. Kintz, J. A. Parker and R. M. Boynton : Information transmission in spectral color naming, *Perception & Psychophysics*, **5**, 241-245, 1969
6) R. L. De Valois, K. K. De Valois, E. Switkes and L. Mahon : Hue scaling of isoluminant and cone-specific lights, *Vision Research*, **37**, 885-897, 1997
7) C. E. Sternheim and R. M. Boynton : Uniqueness of perceived hues investigated with a continuous judgmental technique, *Journal of Experimental Psychology*, **72**, 770-776, 1966
8) J. S. Werner and B. R. Wooten : Opponent chromatic mechanisms : relation to photopigments and hue naming, *Journal of the Optical Society of America*, **69**, 422-434, 1979
9) J. Gordon and I. Abramov : Color vision in the peripheral retina. II. Hue and saturation, *Journal of the Optical Society of America*, **67**, 202-207, 1977
10) 関口修利,池田光男:色の見えに基づく色視野の測定,日本眼光学学会,**4**, 122-127, 1983
11) 阿山みよし,池田光男:u'v' 色度図全域における色光の色相および飽和度,日本色彩学会誌,**18**, 186-199, 1994
12) J. Gordon and I. Abramov : Scaling procedures for specifying color appearance, *Color Research and Application*, **13**, 146-152, 1988
13) A. Hard and L. Sivik : NCS-Natural Color System : a Swedish standard for color notation, *Color Research and Application*, **6**, 129-138, 1981
14) NCS, Natural Color System―from concept to research and applications, Part I, *Color Research and Application*, **21**, 180-205, 1996
15) NCS, Natural Color System―from concept to research and applications, Part II, *Color Research and Application*, **21**, 206-220, 1996
16) K. Fuld and T. A. Otto : Colors of monochromatic lights that vary in contrast-induced brightness, *Journal of the Optical Society of America*, **A2**, 76-83, 1985
17) 高瀬正典,内川惠二:明順応周辺網膜における色光の見え,光学,**20**, 521-529, 1991

3.3.3 色の見え
a. 反対色の見え方

赤と緑,黄と青はそれぞれ反対色(opponent color)の関係であるといい,各ペアを反対色対と呼ぶ.赤と緑,あるいは黄と青が1つの色のなかに同時には観察されない(拮抗している)ことを最初に明示したのは Hering である[1].これは,視覚系に赤緑,黄青の2つの反対色メカニズムが存在することを示唆しており,3色説(3種の錐体説)を考慮すれば,錐体後に反対色的な演算を行うメカニズムが存在していることを意味している.色を色相順に細かく並べると,色相環というものが得られる.各色には,赤・緑・黄・青の各反対色成分の1つあるい

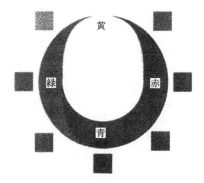

図 3.37 色相環に対応した反対色の説明図
円の中心を通る水平方向がユニーク赤とユニーク緑,垂直方向がユニーク黄とユニーク青になる色相環では,任意の色相はその回転角によって定義される.ある色相に含まれるユニーク色成分の割合は,色相環の中心からその色相(回転角)方向に引いた直線が2つのユニーク色の領域を交差する部分の長さの比に等しい.例えば,水平軸から 45°右上の橙色は,赤色と黄色成分が1:1の割合で含まれる色(均衡色)であることを示している.

は2つがある割合で含まれており,その様子を色相環に沿って具体的に示したものを図3.37に示す.

ユニーク色(unique color)とは,反対色成分である赤・緑・黄・青のうち,ただ1つの成分のみを含む色のことで,図3.37の水平および垂直方向がユニーク色相(unique hue)に対応する.ユニーク色以外の色はすべて,2つのユニーク色成分の組み合わせである.赤+黄,赤+青,緑+黄,緑+青のいずれかとして表すことができ,赤+緑や黄+青といった反対色どうしの組み合わせの色は存在しない.また,図3.37で斜め 45°および 135°方向の色相は,2つのユニーク色成分を等分に含んでいることから均衡色(balanced color)と呼ぶことがある.カラーネーミングの結果から,その色が図3.37のどの角度方向なのかを知ることができる.

b. 反対色の見えと分光感度

色相キャンセレーション法(hue cancellation method)を用いて反対色メカニズムの分光感度を心理物理的に求めるという方法論は,Jameson と Hurvich[2] をはじめとして多くの研究者によって用いられている.一方,Burns ら[3] や Ayama ら[4] は,色相キャンセレーション法が実は色度図内のユニーク色点を求めていることと等価であり,その結果は用いる色刺激によって結果が異なることを示した(図3.38).これは,色相キャンセレーション法に

3.3 反対色レベル

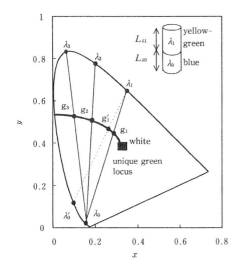

図 3.38 色相キャンセレーション法と xy 色度図上のユニーク色軌跡の関係

例えば、黄緑色であるテスト色光 λ_1 に含まれる黄色成分をキャンセルさせるに必要な青色参照光 λ_0 の光量を調整法で求めると仮定する。テスト色光の強度を $L_{\lambda 1}$ とし、黄色成分がキャンセルしたときの参照光の強度を $L_{\lambda 0}$ とすると、テスト色光 λ_1 に含まれる黄色成分の量は $L_{\lambda 0}$ に比例すると考えるのが色相キャンセレーション法の原理である。このとき、$L_{\lambda 0}$ と $L_{\lambda 1}$ は混色しており、その色度点はユニーク緑の軌跡上にくる。すなわち、色度図内のユニーク緑の点(g_1)を求めたことに等しい。テスト色光を λ_2, λ_3 と変えて同様の測定を行うことは、ユニーク緑軌跡の他の点(g_2, g_3)を求めることに相当する。ここで、参照光 λ_0 を λ'_0 に変えると、同じテスト色光でも対応するユニーク緑の点(g'_1)とそのときの参照光強度 $L'_{\lambda 0}$ は異なるため、黄色成分の評価、すなわち見かけの反対色の分光感度が変わってしまう。

よって得られたデータが、一意的な分光感度にはなりえない可能性を示唆するものであり、色相キャンセレーション以外の方法で反対色の分光感度を求めること、およびユニーク色軌跡を詳しく求めることが、反対色メカニズムを心理物理的に調べるうえで重要な課題となっている。

Poirson と Wandell[15]は、空間周波数を変えた方形パターンと一様パターンの非対称カラーマッチングの結果を用いて、両者の関係を色特性と空間周波数特性の項に線形分離することによって輝度チャンネルと反対色チャンネルの分光感度を導いている。彼らは、色覚系の線形性を確かめた後、パターンの空間周波数特性を表す 3×3 行列 D_f(添字のfは空間周波数 (cpd=cycle/°) で、一様パターンの場合は D_0)と分光感度を表す 3×3 行列 C を用いて、カラーマッチングが $D_0 C_m = D_f C_s$ で定式化で

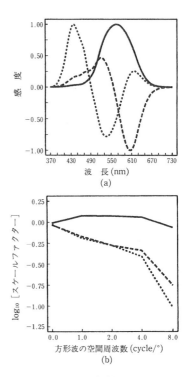

図 3.39
パターン(空間周波数)特性と色(分光感度)特性を線形に分離できる仮定のもとに求めた、2つの色チャンネル(点線と破線)と輝度チャンネル(実線)の分光感度曲線 (a) と空間周波数特性 (b)[5]。

きると仮定した。ここでmとsはそれぞれマッチング刺激(一様パターン)とテスト刺激(方形波パターン)のコントラスト錐体活動ベクトルである。実験データに最もフィットする D_f と C を計算して得られた空間周波数特性と分光感度を図 3.39 に示す。分光比視感度 V_λ に似た一相性の輝度型の分光感度と、二相性の赤緑反対色型および三相性の黄青反対色型の分光感度が得られている。また、各チャンネルの空間周波数特性から、色チャンネルが輝度チャンネルに比べてローパス型であることが示されている。Baumlら[6]もテスト刺激に混合グレーティングを用いて同様な実験・解析を行い、彼らと同様な反対色チャンネルの分光感度を得ている。

c. 反対色の見えと非線形メカニズム

阿山ら[7]は、$u'v'$ 色度図上の195個の色光の見えを4人の被験者で測定し、ユニーク黄以外のユニーク色軌跡は色度図上で直線にならないことを示した(図 3.40)。このような、色度図上で等色相線が直線にならないという現象はアブニー効果(Abney

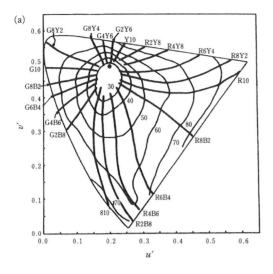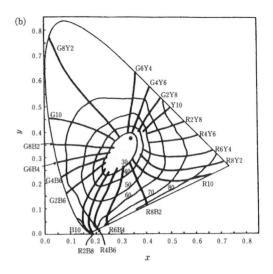

図3.40 4名の被験者の平均値に基づく色度図上の等飽和度曲線と等色相線[7]
(a)は $u'v'$ 色度図,(b)は xy 色度図にプロットした図.太い実線は等色相線で,色相記号は R, Y, G, B がそれぞれ赤,黄,緑,青を,数字はそれぞれの成分比を表す.細い実線は等飽和度曲線で数値は有彩色成分の%を示す.●は参照白色光の色度点.

effect)と呼ばれており[8],視覚系の非線形性が関与していると考えられている[9].また,赤と緑のユニーク色軌跡の個人差が大きい[7]ことから,黄青のメカニズムは個人による差が大きいことが示唆されている.

同じ分光組成の色光でも,輝度レベルが異なると色相が変わるという,ベゾルト-ブリュッケ現象(Bezold-Brücke phenomenon)も存在する.Vos[10]は輝度レベルによる色相不変軌跡がユニーク色相軌跡に一致しないことから,ベゾルト-ブリュッケ現象が反対色レベルではなく,錐体レベルで生じていると結論づけている.一方,Ejimaら[11]は反対色,とくに黄青反対色メカニズムの非線形性が原因であるとしている.このような輝度レベルによるユニーク色軌跡の変化は,刺激呈示時間が短い(17 ms)ときに顕著になることも示されている[12].

d. 反対色の見えを説明するモデル

De Valoisら[13]は,白色点から36方位の色ベクトルを想定し,それらの色光(等輝度)のカラーネーミングを行った結果,LGNでの反対細胞の特性を表すKrauskopfら[14]の基本軸(cardinal axes,L−M軸とS軸およびL+M軸で構成)では反対色の色の見えを説明できないことを示し,多段階色知覚モデル(multi-stage color model)[15]の係数を修正したモデルによって精度よく説明できることを示した.このモデルは,最終的にL−M+S型とL−M−S型のメカニズムによってそれぞれ赤緑および黄青の知覚が決定されるとするものであり,同様なモデルはOkajimaら[16]によっても提案されている.また彼らは,RとGおよびYとBのチャンネルがそれぞれ極性が異なるだけの対称な単一メカニズムではなく,4つの異なるメカニズムであるという非対称性も主張している.このような反対色チャンネルの非対称性は,周辺視においてではあるがStoromeyer IIIら[17]やAbramovら[18]によっても示唆されており,古典的な対称型色覚モデル(RとG,YとBがそれぞれ極性が異なるだけで同じメカニズムで説明できるとする拮抗モデル)[1]との比較を含め,生理学的な知見をベースとした詳細な検討が今後急速に進むと思われる[19].

e. 色順応と反対色

ある色に慣れてそれが白っぽく見えてくるという色順応の過程は,一般的に錐体レベルで生じていると考えられ,各錐体は独立に順応するという仮定のうえに,これまでにvon Kriesモデルをベースとしたさまざまな色順応モデルが提案されてきている.しかし,Websterら[20,21]は網膜以後の部位における色順応効果をKrauskopfらの基本軸に沿って時間変調するグレーティングを順応刺激に用いて測定し,錐体レベルでは説明できない色順応効果の存在を示した(図3.41).彼らは,平均輝度および平均色度を一定に保ちながら例えばL−M軸に沿って

3.3 反対色レベル

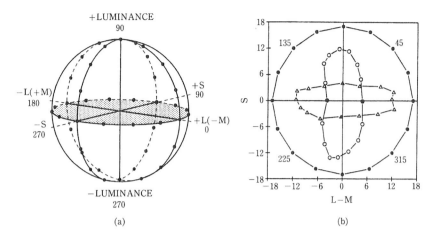

図3.41 基本軸に沿って振幅させた色順応視野によるカラーマッチング点の変化[20]
(a) 基本軸 (cardinal axes) 空間, (b) 軸に沿った色順応によるテスト色刺激のマッチング点の変化.
外円周上の●：等輝度テスト刺激点. 内楕円上の○：L-M軸に対して順応させたときの各外円周上の●に対応するマッチング点. マッチング点が縦長の楕円上に分布しており, L-M軸方向に対して彩度の低下が顕著, すなわち順応効果が選択的であることを示している.
内楕円上の△：S軸に対して順応させたときの各外円周上の●に対応するマッチング点. S軸方向に対して彩度の低下が顕著であることを示している.

色グレーティングを時間周波数1Hzで変調させて順応刺激とし, その後に呈示したテスト刺激の見えをマッチング法で求めると, 基本軸平面において変調した方向と垂直方向に色の見えがシフトしている結果を導き出すことによって, 錐体レベルより高次の色順応過程の存在を示した. この網膜以後の色順応過程は, 生理学的実験結果[22]から, LGNレベルではなく皮質レベルで生じていることが示唆される. 一方, 定常刺激による色順応は, 錐体レベルの順応のみで説明できるという定量的な実験結果も依然として提出されている[23]ことから, 色順応を生じる部位は順応刺激の時間特性によって異なると考えられる. 日常生活における一般的な照明環境における色順応は, ほぼ錐体レベルで説明できると考えてよいだろう.

f. 色対比と反対色の見え

色の見えは目の順応状態のみでなく, 周囲の光にも影響する. 色対比は, テスト光の周囲の色の補色方向にテスト光の見えがシフトする現象のことである. とくに, 周辺光と中心テスト光が同時に呈示される場合を同時色対比と呼ぶ. テスト光に白色を用いて有彩色を周辺に配置すると, テスト光に周辺色の補色が誘導されることから, (同時)色誘導と呼ぶ場合もある. Krauskopfら[24]は, 基本軸に沿って周辺色光を変調(時間周波数1Hz)し, 中心光の見えの変化をキャンセルする量を求めた (nulling method). その結果, 周辺光同時色誘導が視細胞レベルではなく, 高次レベル(反対色レベル以降)の相互作用によるものであると結論した. また, 同時色対比時における複数周辺パッチやグレーティング周辺色の周辺効果の空間的加法性実験から, 同時色対比における反対色チャンネルの寄与, 色メカニズムの空間的非線形性および輝度チャンネルと色チャンネルの相互作用の存在が示唆されている[25~27]. 色恒常性にも関連する, 複雑色背景下で適用できる色対比の定量的モデルの出現はこれからといったところである.

白と黒は同時に現れるため(例えば, 灰色), 拮抗色の関係は満たしていないが, 黒は白に対比して現れるなど, 反対色的な性質を有することから反対色対の1つとして扱われることが多い. この黒知覚に関する研究もこれまでにいくつか行われている[28,29]が, そのメカニズムや特性にはいまだ不明な点が多い. 黒知覚は, 色のモード知覚や物体色を含めた色知覚モデルの構築に必要不可欠とされているため, 黒知覚に関与する生理的メカニズムの解明が待たれる.

[岡嶋克典]

文　献

1) 池田光男：色彩工学の基礎, 朝倉書店, 1980

2) D. Jameson and L. M. Hurvich: Some quantitative aspects of an opponent-colors theory I. Chromatic responses and spectral saturation, *Journal of the Optical Society of America*, **45**, 546-552, 1955
3) S. A. Burns, A. E. Elsner, J. Pokorny and V. C. Smith: The abney effect: chromaticity coordinates of unique and other constant hues, *Vision Research*, **24**, 479-489, 1984
4) M. Ayama and M. Ikeda: Dependence of the chromatic valence function on chromatic standards, *Vision Research*, **29**, 1233-1244, 1989
5) A. B. Poirson and B. A. Wandell: Appearance of colored patterns: Pattern-color separability, *Journal of the Optical Society of America*, **A10**, 2458-2470, 1993
6) K. Bauml and B. A. Wandell: Color appearance of mixture gratings, *Vision Research*, **36**, 2849-2864, 1996
7) 阿山みよし,池田光男: u'v' 色度図全域における色光の色相および飽和度, 日本色彩学会誌, **18**, 186-199, 1994
8) W. Kurtenbach, C. F. Sternhelm and L. Spillmann: Change in hue spectral colors by silution with white light (Abner effect), *Journal of the Optical Society of America*, **A1**, 365-372, 1984
9) M. Ikeda and I. Uehira: Unique hue loci and implications, *Color Research and application*, **14**, 318-324, 1989
10) J. J. Vos: Are unique and invariant hues couples? *Vision Research*, **26**, 337-342, 1986
11) Y. Ejima and S. Takahashi: Bezold-Brücke hue shift and nonlinearity in opponent-color process, *Vision Research*, **24**, 1897-1904, 1984
12) A. L. Nagy: Unique hues are not invariant with brief stimulus durations, *Vision Research*, **19**, 1427-1432, 1979
13) R. L. De Valois, K. K. De Valois, E. Switkes and L. Mahon: Hue scaling of isoluminant and cone-specific lights, *Vision Research*, **37**, 885-897, 1997
14) J. Krauskopf, D. R. Williams and D. W. Heeley: Cardinal directions of color space, *Vision Research*, **22**, 1123-1131, 1982
15) R. L. De Valois and K. K. De Valois: A multi-stage color model, *Vision Research*, **33**, 1053-1065, 1993
16) K. Okajima, A. R. Robertson and G. H. Fielder: Color vision model for opponent and categorical color perception, Proceedings of the 8th Congress of the International Colour Association (AIC Color 97), pp. 203-206, 1997
17) C. F. Stromeyer III, J. Lee and R. T. Eskew Jr.: Peripheral chromatic sensitivity for flashes: a postreceptoral red-green asymmetry, *Vision Research*, **32**, 1865-1874, 1992
18) I. Abramov, J. Gordon and H. Chan: Color appearance in the peripheral retina: Effects of stimulus size, *Journal of the Optical Society of America*, **8**, 404-414, 1991
19) N. P. Cottaris and R. L. De Valois: Temporal dynamics of chromatic tuning in macaque primary visual cortex, *Nature*, **395**, 896-900, 1998
20) M. A. Webster and J. D. Mollon: Changes in colour appearance following post-receptoral adaptation, *Nature*, **349**, 235-238, 1991
21) M. A. Webster and J. D. Mollon: The influence of contrast adaptation on color appearance, *Vision Research*, **34**, 1993-2020, 1994
22) A. M. Derrington, J. Krauskopf and P. Lennie: Chromatic mechanisms in lateral geniculate nucleus of macaque, *Journal of Physiology*, **357**, 241-265, 1984
23) E. Chichilnisky and B. A. Wandell: Sensitivity changes explain color appearance shifts induced by large uniform background in dichoptic matching, *Vision Research*, **35**, 239-254, 1995
24) J. Krauskopf, Q. Zaidi and B. Mandler: Mechanisms of simultaneous color induction, *Journal of the Optical Society of America*, **A3**, 1752-1757, 1986
25) Q. Zaidi, B. Yoshimi, N. Flanigan and A. Canova: Lateral interactions within color mechanisms in simultaneous induced contrast, *Vision Research*, **32**, 1695-1707, 1992
26) 岡嶋克典,高瀬正典: 複数周辺色による色の見えの変化と周辺効果の加法性, 日本色彩学会誌, **18**, 2-9, 1994
27) Y. Yamashita and H. Fukuchi: Chromatic induction on achromatic locus and spatial integration, *Optical Review*, **2**, 476-483, 1995
28) K. Shinomori, B. E. Schefrin and J. S. Werner: Spectral mechanisms of spatially induced blackness: data and quantitative model, *Journal of the Optical Society of America*, **A14**, 372-387, 1997
29) P. Heggelund: A bidimensional theory of achromatic color vision, *Vision Research*, **32**, 2107-2119, 1992

3.4 高次レベル

3.4.1 カテゴリカル色知覚

a. カテゴリー色

色は色空間中を3次元方向に連続して変化する.3錐体や反対色レベルの連続応答が最終的な色の見えにまで反映しているからである.しかし,私たちは日常的には,色を連続的には扱わずに,ある範囲の色をまとめて1つのカテゴリーとして名前を付け

表3.5 基本色名

	日 本 語	英 語
1	白	white
2	黒	black
3	赤	red
4	緑	green
5	黄	yellow
6	青	blue
7	茶	brown
8	橙(オレンジ)	orange
9	紫	purple
10	桃(ピンク)	pink
11	灰	gray

表3.6 基本色名の定義

(1) すべての人の語彙に含まれること
(2) 人によらず,使うときによらず,安定して用いられること
(3) その語意が他の単語に含まれないこと
(4) 特定の対象物にしか用いられることがないこと

3.4 高次レベル

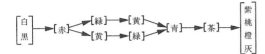

図 3.42 基本色名の発達順序
この順序は基本色名の進化とみなされている．

ている．例えば，「緑」と呼ばれる色にも，明るい緑，暗い緑，黄みのある緑，青みのある緑というように，さまざまな異なった「緑」があるが，私たちはこれらの異なった色をすべて「緑」という1つのカテゴリーで呼んでいる．私たちの色覚には異なって見える色を大きく1つのカテゴリーにまとめてしまうという機能が備わっている．

BerlinとKayは発達した言語には共通して，表3.5に示す11個の基本色名(basic color terms)があることを明らかにした[1]．基本色名の定義はその後Crawfordによって表3.6のようにまとめられている[2]．基本色名とは，最少数の基本的なカテゴリー色を表している．このBerlinとKayの発見は，カテゴリー色知覚を考えるうえで非常に重要なことである．色覚の高次レベルでは比較的少数のメカニズムで色応答の処理を行っていることが示唆されるからである．

BerlinとKayは基本色名が11個に満たない未発達な言語についても調べ，それらの言語がもつ基本色名の組み合わせには一定の規則があることを見つけている．基本色名が2個しかない言語では必ず「白」，「黒」となり，3個の場合はそれに「赤」が加わり，4，5個と増えると「緑」，「黄」が続く．その後，6個になると「青」，7個では「茶」となり，8個以上では「紫」，「桃」，「橙」，「灰」が加わって，合計11個となる(図3.42)．この順序は色名の進化とみなされているが，白と黒，赤，緑，黄と青といったユニーク色がまず使われていることを考えると，おそらくこの順序にも網膜から高次メカニズムへと進む色覚の処理過程が強く反映しているに違いない．

b. カテゴリカルカラーネーミング

テスト色に対して，単一単語によりその色名を答える方法をカテゴリカルカラーネーミングという．色名としては単一で色を表す単語ならば制限はないが，形容詞を付けた単語や2つ以上の単語を連結した複合語を使用してはならない．例えば，緑，草，チョコレートは使用可であるが，うす紫や青緑は使

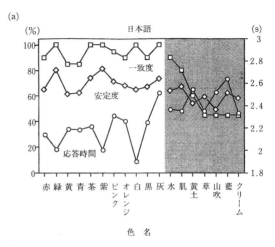

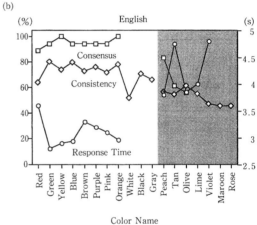

図 3.43 カテゴリカルカラーネーミングにより求めた色名の一致度(%)，安定度(%)，および応答時間(s)．
(a) 日本語，(b) 英語．

用不可である．これは，色の見えを単一概念であるカテゴリーでとらえるためである[3～5]．また，カテゴリカル色名を11の基本色に制限するカテゴリカルカラーネーミング法もよく使われている[6]．

全OSA色票424枚を刺激として用いて，単一色名によるカテゴリカルカラーネーミング実験により，基本色名の特性が明らかにされている[3～5]．この実験では全色票がランダムに2回ずつ呈示される．色票の呈示から被験者の応答までの応答時間も測定される．実験結果は全被験者の全応答データから次の3つの指標で表された．

一致度(%)
$$= \frac{\text{ある1色名がある1色票に対して用いられた応答数の最大値}}{\text{1色票に対する可能な最大応答数}} \times 100$$

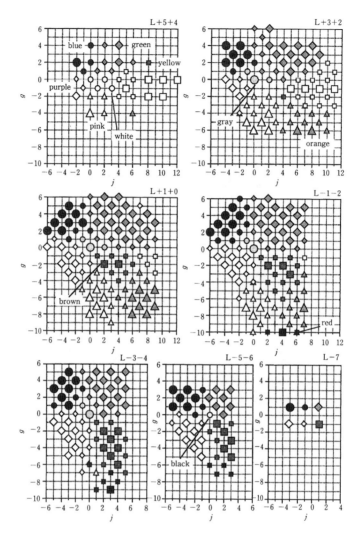

図 3.44 11個の基本色名による OSA 色票のカテゴリカルカラーネーミング結果
各シンボルは色名を表している.

安定度(%)
$$=\frac{\text{ある1色名が2回とも同じ色票に対して用いられた応答数}}{\text{その色名がすべての色票に対して用いられた全応答数}}\times 100$$

応答時間(s)
　＝色票呈示から応答までの時間

図3.43には，一致度(consensus)，安定度(consistency)と応答時間(response time)が，11個の基本色名と7個の非基本色名に対して示されている[7]．基本色名の一致度と安定度は日本語でも英語でも非基本色名よりも高い値をとっていることがわかる．また，応答時間は基本色名のほうが非基本色名よりも小さい値となっている．これらの実験から，BerlinとKayが提唱した11個の基本色名はだれがいつどこで使っても安定して用いられる色名であることが心理物理実験によっても示されたことになる．また，基本色名は応答が速いこと，つまりその色感覚の処理が速く行われることも明らかとなった．

c. 色空間のカテゴリカル分割

OSA 色票すべてに対して11個の基本色名だけを用いてカテゴリカルカラーネーミングを行うと，図3.44に示す結果となる[7]．この実験では，6名の被験者が各色票に対して2回ずつ応答した．したがって，1色票に対しての全応答数は12である．各パ

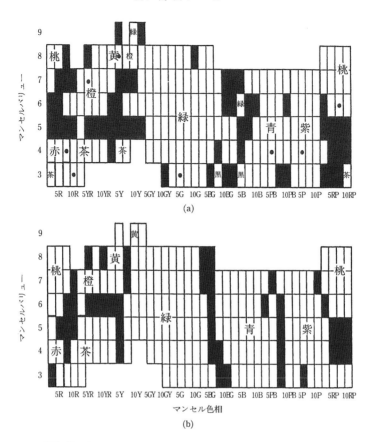

図 3.45 チンパンジーと人間のカテゴリカルカラーネーミングの比較
(a) チンパンジーによる，(b) 人間によるカテゴリカルカラーネーミングの実験結果を示している．

ネルは連続した 2 つの OSA-L 明度の色票がまとめて描かれている．横軸は OSA-j 軸，縦軸は OSA-g 軸を示している．

図 3.44 中，大シンボルは 12 回の全応答が 1 つの色名で一致した（一致度＝100％）色票，小シンボルは 50％≦一致度＜100％の色票を示している．＋シンボルはどの色名でも一致度＜50％の色票を示している．＋シンボルの数は全体を通してきわめて少なく，OSA 色空間は 11 個の基本色名で隙間なく安定して分割されていることがわかる．また，日本語と英語の基本色がカテゴリーの位置にはほとんど差がないことも報告されている[4]．

d．チンパンジーのカテゴリカル色知覚

カテゴリカル色知覚は言語によらずにだれでも共通してもっている色知覚特性であることから，カテゴリカル色知覚に対応した生理学的なメカニズムが大脳内にあることが示唆されている．ここでは，チンパンジーにもカテゴリカル色知覚があることを述べる．

図 3.45 は 215 枚の色票配列に対するカテゴリカルカラーネーミングの実験結果である[8]．色名応答は各色票に対して 3 回くりかえされ，3 回とも同じ色名で答えた領域は白，1 回でも異なった色名で答えた領域は黒で示されている．図 3.45 (a) がチンパンジーによる実験結果である．図中の黒点がチンパンジーが色名を学習するときに用いられた色票を表している．図 3.45 (b) は同じ条件で行った人間による実験結果である．両者のカテゴリカル領域は大きさや境界の位置など細かい点は異なっているものの，きわめて類似した結果となっている．チンパンジーも人間と同様にカテゴリカル色知覚をもっていることがわかる．

3.4.2 色の見えのモード

a．表面色モードと開口色モード

色の見えのモードは色を知覚する対象物がどう見

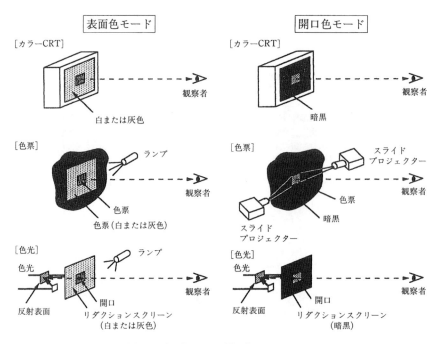

図 3.46 表面色モードと開口色モードの実現法

えるかで分類される[9]．私たちの周囲にある色は物体表面の色がほとんどである．このような色はその物の表面に付いているように見え，表面色モード (surface color mode) あるいは物体色モード (object color mode) の見えと呼ばれる．一方，色には物の色だけではなく色光の色もある．このときの色光の色は，空間中のある大きさの開口 (aperture) から出ている光の色に見えるので，開口色モード (aperture color mode) の見えと呼ばれる．光源（発光体）からの光もこのような見え方になるので光源色モード (light source color mode) あるいは発光色モード (illuminant color mode) とも呼ばれる．モードにはこのほかにも，空間色モード，光沢モード，面色モードなどがあるが，私たちの周囲のほとんどの色の見え方は表面色モードと開口色モードに分類される．

色の見えのモードは色を物理的に何で作っているかには依存せず，色をどのような環境で見るかで決まることが知られている[10]．図 3.46 に表面色モードと開口色モードの実現法を示した[11]．図の左側が表面色モード，右側が開口色モードの作り方で，物理的には上段はカラー CRT（発光体），中段は色票（反射表面），下段は色光になっている．どの物理刺激によっても，中央の刺激の輝度が周辺刺激よりも小さい場合は，中央の刺激があたかも紙の表面のように見え（表面色モード），逆に，中央の刺激の輝度が周辺よりも十分大きい場合は，中央の刺激の位置から光が発しているように見える（開口色モード）．

カラー CRT は，中央の刺激の輝度を周辺とは独立に十分大きくすることができるので，容易に開口色モードの見えを作ることができる．一方，周辺を白または灰色で囲んで中央の刺激の輝度が周辺に対して，大きくならないようにすると，中央の刺激は表面色モードの見えになる．図 3.46 ではカラー CRT を例として示しているが，ここに液晶 (LCD) ディスプレイや発光ダイオード (LED) パネルを置いても，見え方は同様である．

色票は光源によって照明されるために，通常の状況では表面色モードに見える．しかし，図 3.46 右中段のように，暗黒中に浮かして観察者には見えないプロジェクターで照明すると，開口色モードの見えになってしまう．色票の周辺にほかの色票を置けば，簡単に表面色モードの見えに戻る．

色光は反射面ではないという点でカラー CRT と物理条件は似ているが，色光の発光部分が見えないところが異なっている．そのため，リダクションスクリーンを色光の前に置き，観察者はリダクションスクリーンの開口部を見るようにして，色光を空間的に定位させる必要がある．こうすると色光は開口部を埋めるように見える．リダクションスクリーン

3.4 高次レベル

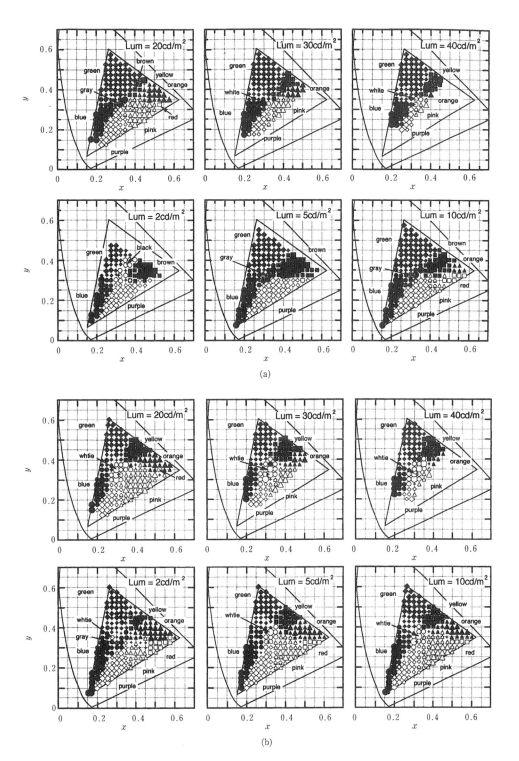

図 3.47 モードの違いによる色の見えの変化
カラー CRT の色刺激をカテゴリカルカラーネーミング法により測定した.
(a) 表面色モード, (b) 開口色モード.

を手前から照明し,周辺輝度を開口の色光よりもやや高くすると開口部が紙のように見え,表面色モードの見えとなる.リダクションスクリーンを照明せず暗黒にしてしまうと開口部の色光は発光しているように見え,開口色モードとなる.

b. モードによる色の見えの違い

開口色モードと表面色モードでは刺激から眼に入射する色光は全く同じでも,刺激の見え方は異なっている.それでは,モードが変化したときに刺激の色も変化するだろうか.図3.47に,モードによる色の見えを測定した実験結果を示す[12].色の見えの測定を行うときに,他の刺激を視野内に入れてテスト色票の見えのモードを変えてしまうことはできないので,絶対評価法か継時マッチング法が考えられる.絶対評価法にはカラーネーミング法があるが,ここでは表面色と開口色モードの両方に使える色名を採用する必要がある.この実験では,11個の基本色名を用いたカテゴリカルカラーネーミング法を採用している.表面色モードと開口色モードの実現方法としては,図3.46のカラーCRTの方法を用いている.表面色モードの場合の周辺刺激は白色で30 cd/m^{2}である.

図3.47(a)は表面色モード,図3.47(b)は開口色モードでのカテゴリカルカラーネーミングの結果を示し,各パネルはテスト刺激の輝度の違いを表している.表面色モードでは,テスト刺激の輝度が小さいと,それは暗い色票,すなわち明度が小さい色票に対応することになる.テスト刺激の輝度を上げることは色票の明度を大きくすることになる.色票の明度が変わると,同じ色度点を与える色票でも色の見えは当然変わる.図3.47(a)では,輝度 Lum = 2 から 10 cd/m^2 では黒,灰,茶などの色が優勢であり,20 cd/m^2 以上になると灰が白,茶がオレンジや黄に,紫の一部がピンクに変わっていく.

図3.47(b)の開口色モードでは,輝度 Lum = 2 cd/m^2 のときに灰があり,黄の領域が小さいこと以外はテスト刺激の輝度が変化しても,色名とその領域はほとんど変化しない.また,黒と茶の応答が全くない.これが表面色モードと大きく異なる点である.開口色モードでは,刺激は色票のように見えないので,刺激には明度の属性はなく,テスト刺激の輝度が増加すると暗い光が明るい光に変化するように見えるだけである.光はどんなに暗くなっても黒や茶には見えない.黒や茶は表面色モード固有の色であり,開口色モードの色は刺激の輝度が下がって

もこのような質的な変化はしないことがわかる.

［内川惠二］

文 献

1) B. Berlin and P. Kay: Basic Color Terms: Their Universality and Evolution, Univ. of Calif. Press, Berkeley, 1969
2) T. D. Crawford: Defining 'basic color terms', *Anthropological Linguistics*, 24, 338-343, 1982
3) R. M. Boynton and C. X. Olson: Locating basic colors in the OSA space, *Color Research and Application*, 12, 94-105, 1987
4) K. Uchikawa and R. M. Boynton: Categorical color perception of Japanese observers: comparison with that of Americans, *Vision Research*, 27, 1825-1833, 1987
5) R. M. Boynton and C. X. Olson: Salience of chromatic basic color terms confirmed by three measures, *Vision Research*, 30, 1311-1317, 1990
6) 内川惠二,栗木一郎,篠田博之:開口色と表面色モードにおける色空間のカテゴリカル色名領域,照明学会誌,77, 346-354, 1993
7) 内川惠二:色覚のメカニズム,朝倉書店,1998
8) T. Matsuzawa: Colour naming and classification in a chimpanzee (*Pan troglodytes*), *Journal of Human Evolution*, 14, 283-291, 1985
9) D. Katz: The World of Colour. Translated from the second German edition (1930) by R. B. MacLeod and C. W. Fox, Kegan Paul, Trench, Trubner & Co. Ltd., London, 1935
10) H. Uchikawa, K. Uchikawa and R. M. Boynton: Influence of achromatic surrounds on categorical perception of surface colors, *Vision Research*, 29, 881-890, 1989
11) 内川惠二:色の見えのモード,恒常性,カテゴリー,記憶,科学,65, 429-437, 1995
12) 内川惠二,栗木一郎,篠田博之:開口色と表面色モードにおける色空間のカテゴリカル色名領域,照明学会誌,77, 346-354, 1993

3.4.3 色の恒常性

a. はじめに

色恒常性(color constancy)は,物体表面の色知覚に対して発生し,物体表面から眼球に入射するスペクトルにかかわらず「同一物体から同一の色を知覚する」という現象である.これは,照明光の変化や空間的配置の変化などの要因によらず,同一物体から安定した色を知覚する現象として知られている.

この現象は古くから知られているが,物理的な視点からこの問題をとらえたのは19世紀の物理学者 von Helmholtz (1821-1894) であるといわれている[1].自発光体以外の物体表面は照明光の光を物体固有の分光反射率で反射し,その反射光が人間の眼にとらえられる.したがって,ある物体表面から眼球への入射光スペクトルは照明光のスペクトルの変

化に伴って変化する．このような変化に乱されることなく同一物体の色が変化しない知覚を得ることは，物理的には物体固有の分光反射率に相当する量を知覚していることに当たる．しかしながら，人間の視覚系にはそもそも分光分布を得る能力がないため，何らかの近似的な方法で物体固有の属性として色を知覚していると考えられる．このメカニズムを解き明かすための研究がこれまでにさまざまな形で行われてきた．

b. 明度知覚の恒常性

色恒常性の詳細の前に，類似した現象である明度知覚の恒常性 (lightness constancy) を簡単に紹介する．これは従来「明るさの恒常性」と呼ばれてきた現象であるが，近年物体そのものの反射率 (lightness) と見えの明るさ (brightness) を区別して用いる傾向があるため，ここでは物体そのものがもつ反射率に相当する "lightness" を「明度知覚」と記し，明るさと区別して書いていく．これは白・黒・灰色の無彩色のパターンを構成する物体の明度が照明光強度の変化に対して不変である現象である．明度知覚の恒常性は，物体表面の特性 (明度の場合，反射率) を知覚するという点において色恒常性と同様の問題をもっている．しかし，無彩色表面の明度知覚の場合，視覚系に必要とされる情報は色知覚と異なり単純な光の強度であり，分光特性を考慮する必要がないため，この知覚は純粋に光の強度の空間的分布の相互作用で得られていると考えることができる．このなかで最も基本的なメカニズムは隣接する箇所の輝度比 (=局所的コントラスト) を主とする考え方であり，これによって明度の恒常性がある程度説明できるという報告が Brunswik[2] らによってなされている．

Land[3] は隣接する領域の輝度比を空間的に積算するアルゴリズムである retinex theory を提案し，片側から物体が照明されることによるなだらかな輝度の傾斜を含んだ図形から，明度の恒常性が得られることを示した．このアルゴリズムについては 3.4.3 項の f に詳述する．しかし，Gilchrist[4] や Arend と Goldstein[5] の研究により，観察対象としているパッチとその周辺の輝度比の空間的分布だけでは予測できない現象が報告された．

Gilchrist[4] は図 3.48 のような実験装置を用い，明度知覚に関する実験を行った．単眼で観察すると，切欠きの形によってテストパッチの位置が奥の部屋か手前の部屋の壁面に位置するように知覚され，被験者は位置の知覚と同時にパッチの明度知覚が変化するという結果を報告した．切欠き以外では周辺の壁との物理的位置関係，すなわち光の強度分布は不変であるため，「どちらの部屋の照明光の下にテストパッチがあるか」の知覚が変化することだけが明度知覚の変化の要因である．この研究によって，明度知覚には網膜像のような 2 次元的情報だけではなく，物体の空間的な配置や構成といった高次視覚機能が影響することが明らかにされた．

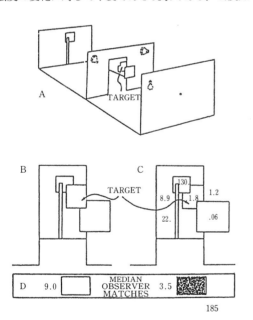

図 3.48 Gilchrist の明度恒常性に関する実験[4]
パネル A は実験装置の構造を示し，中央のしきり板の奥が明るく，手前が暗く照明されている様子を示している．"TARGET" と書かれた刺激の切欠きを変えると，パネル B ⇔ パネル C のように "TARGET" の知覚される位置が切り換わり，被験者の応答 (パネル D) に示されるように被験者の答える見えの反射率 (lightness) も変化することを示している．パネル C は刺激全体の輝度分布 (ft-Lambert) を示している．

c. 実験手法

色恒常性の実験は，照明光が変化しても色の見えの知覚が安定しているかどうかを評価することを目的としており，大きく分けて，① 照明光の異なる 2 つの領域の間で物体色の見えを合わせる方法 (非対称カラーマッチング法) と，② 単一の照明光の下で物体色を観察してカラーネーミングなど被験者が口頭で色の見えを報告する方法の 2 つに分かれる．近年では，コンピューターディスプレイなどの画像呈示装置の発達により，異なる照明光の下での色票をコンピューターによって模擬した非対称カラーマッ

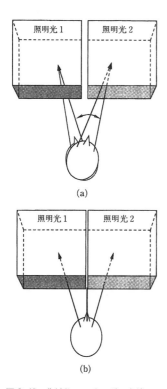

図 3.49 非対称マッチングの方法
(a) binocular color match, (b) haploscopic あるいは dichoptic color match.

チング法が多く用いられている．

非対称カラーマッチング以外の方法としては，被験者にカラーネーミングによって色みを評価させる方法[6]，多数の色票からテスト色票と同じであると感じる色票を選ぶ方法[7,8]，などがある．これらの方法は被験者にとってカラーマッチングほど不自然でないタスクであるという利点をもつ．いずれも，カラーマッチングと同様の傾向を示すが，基本的に頑健な色恒常性を示す．

非対称カラーマッチング法では，被験者に与えるテスト刺激と被験者が色の見えを合わせるために操作するマッチング刺激の2つが別々の照明光に照明された視野に呈示される（図3.49）．2つの刺激視野のうち，一方に基準白色照明光で照明した刺激を呈示することが多い．照明光はCIE（国際照明委員会）の標準光源（C光源，D光源）など黒体放射軌跡上の色度点をもつものが主に用いられる．最近では太陽光の色度を示すD_{65}（相関色温度 6500 K）照明光が基準白色照明光として用いられる．基準光源として白色を選ぶこと自体はあまり疑問視されていないが，経験的に人間が白色の下での色の見えを評価す

る傾向があることが主な理由であると思われる．

非対称カラーマッチング法では，2つの視野の間を交互に見比べてマッチング操作を行うが，テストまたはマッチング刺激の一方を両眼で観察し，視野を交互に切り換えながらマッチングを行う方法（図3.49(a)）と，両眼間に隔壁を設けて右/左眼にそれぞれテスト/マッチング刺激を呈示し，両方をそれぞれの目で同時に観察してマッチングを行う方法（図3.49(b)）の2通りがある．前者は照明光の異なる2つの視野を交互に観察するため，視覚系の順応状態が不定になるおそれがある．後者は左右眼が個別に照明光に順応するため，単眼レベルでの順応状態は安定しているが，左/右眼の情報が右/左半視野ごとに統合される大脳皮質レベルでは，左右眼からの情報が統合されるため，両眼からの情報の相互作用が色恒常性に影響する可能性が否定できない．このように，どちらの手法も不完全な条件での実験を余儀なくされるという欠点がある．

この欠点を解消する方法としてArend[9]は被験者内基準であるユニーク色の見えを被験者に再現させ，このユニーク色の照明光による変化を測定する方法を行った．被験者は与えられた刺激を照らす照明光のもとで，自分がユニーク色（白，赤，青，緑，黄色）と思う色をCRTディスプレイ上に再現することを要求される．被験者が観察する刺激はマッチングするパッチとその周辺のみであり，被験者の目の前に存在する刺激の照明は1種類しかないために，照明条件が不定にならない．しかし，CRTを用いる都合上，ユニーク白色以外は被験者があらかじめ中彩度のユニーク色を作り出すための練習を行う必要があり，また，結果の解析のために必要となる「ユニーク色表面」の分光反射率を想定するときに，白色以外のユニーク色表面の分光反射率の推定には無理がある，などの欠点が報告されている．

現在，Helson[10,11]が用いた色度可変の全室照明と部分的に別の照明を組み合わせた装置を作り，これらの手法の欠点を解消しさらに正確な色恒常性を測定する実験方法の検討がBrainardら[12,13]，栗木ら[14,15]によって行われている．

d．刺激

色恒常性の実験で用いられる刺激図形としてはモンドリアン図形が有名である．モンドリアン図形は複数の色の色票が不規則に貼り合わされた図形であり，この図形を用いる目的は，刺激図形がある特定

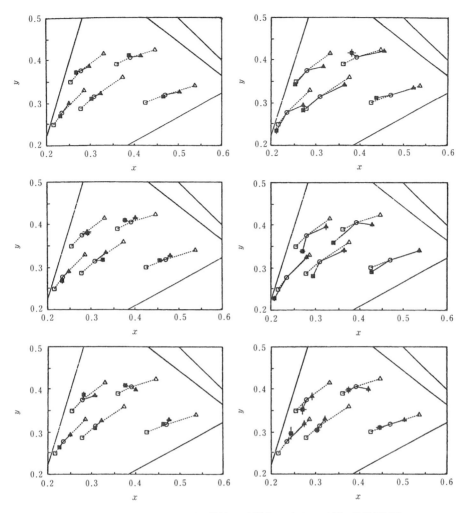

図 3.50 Arend と Reeves の実験結果の一例[16] (モンドリアン刺激, 等輝度条件)
左列の3つのパネルは hue/saturation match の結果, 右列の3つのパネルは paper match の結果. 上, 中, 下段はそれぞれ3名の被験者の結果. □, ○, △シンボルはそれぞれ照明光色温度 10000 K, 6500 K, 4000 K のもとでのテスト色票の色度点を示している. 被験者のマッチング結果 ■, ▲ が □, △ と一致すると完全色恒常性を示すことになる.

の色に偏ることがなく, かつ刺激のなかの色のバリエーションを多くすることにある. この名前はオランダの画家 Piet Mondrian が複数の色の四角形を貼り合わせたような絵画を多く作っていたことに由来するもので, モンドリアン図形の標準形が存在するわけではない. そのため, 各研究者が独自のパターンを用いている.

刺激サイズは CRT ディスプレイを用いた研究では一般に小さく, 2つの視野を同時に呈示し, 被験者が視野を切り換える方法ではたかだか 5°×5° 程度の図形を呈示したものとなっている[16]. また, 単一の視野で実験を行うものでも, 実際の色票を用いた実験では 33°×33° のテスト刺激を用いたものもある[17].

e. 結果とその傾向

以下に, 近年の色恒常性に関する研究のなかで代表的なものを記していく.

Arend と Reeves[16] は CRT ディスプレイに 6500 K で照明したモンドリアン図形 (テスト刺激) と 4000 K または 10000 K の照明光で照明した同じモンドリアン図形 (マッチング刺激) を模擬した図を左右に同時に呈示し, この2つの刺激の間でカラーマッチング実験を行った. Arend と Reeves のカラーマッチングの特徴は, 被験者に「見た目の色を合わせる (hue/saturation match)」と「同じ紙であるように合わせる (paper match)」の2種類の判断

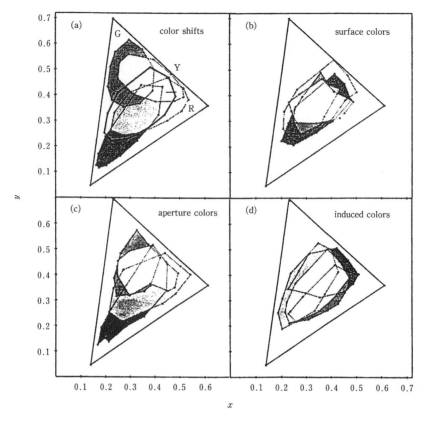

図 3.51 Walraven の実験結果の一例[19]

基準を使い分けるように指示したことである．例として白色と非白色の照明光の下にある 2 つの表面色刺激を想定すると，前者は測色器で測定したときに同じ値が出るように合わせるものであり，後者は測色器の値が異なっていても同じ紙であると被験者が感じられる色に合わせる，というものである．

また，被験者は 1 秒おきに両者を見比べながらマッチングをするように指示されている．明度知覚における恒常性成立度の指標である Brunswik ratio[2] に類似した constancy index を $u'v'$ 色度図上での距離の比で定義し，得られた結果をこの指標に基づいて評価したところ，瞬時的に視野を切り換える方法でも色恒常性が得られた，と報告している．ただ，被験者 3 名のうち色恒常性の成立度の高かった 2 人が論文の著者であったため，結果の解釈をめぐっての議論がさまざまになされ，結局，色恒常性はあまり得られなかったという結論に達している（図 3.50）．Cornelissen と Brenner[18] は，Arend と Reeves の実験刺激と全く同じものを用いて実験したとき，hue/saturation match と paper match の

タスクによって眼球運動が変わるかどうかという視点において再実験を試みている．その結果，タスクによる眼球運動の変化は予想されていたほど顕著ではない，という結果が得られている．

Valberg と Lange-Malecki[17] は複数の照明光の下での色恒常性を，実物の色票どうしでカラーマッチング実験を行った．マッチング刺激には，バーンハム色彩計を応用したプロジェクターの光を白色板に照射して色票の見た目の色が変えられる装置を用いた．その結果，テスト刺激の周辺に複雑なモンドリアン図形を用いた場合と一様な灰色を用いた場合とで結果に大きな違いが見いだされない，という結果が示された．

Walraven ら[19] は，CRT 上に呈示された 1 つの刺激が，被験者がキーを押すことにより 2 つの照明光の下の物体表面を模擬した図の間で切り換わる刺激をテスト/マッチング刺激として呈示し，カラーマッチング実験を行った．刺激には灰色の背景に 5×7 のカラーチップを配置した図形を用いた．彼らは背景のグレイとカラーチップの間の錐体別コント

ラストに注目して実験結果の解析を行い，L錐体およびM錐体応答のコントラスト解析の結果とS錐体応答のコントラスト解析の結果が異なることに着目した．L, M錐体応答のコントラストはテスト刺激とマッチング刺激の間で照明光にかかわらずほとんど一定であるのに対し，S錐体応答のコントラストは照明光の色度の影響を受けていることを報告した（図3.51）．LucassenとWalraven[20]は後にS錐体応答のコントラストが照明光の色度に受ける影響を定式化し，さらにこのモデルの検証を行っている．

Uchikawaら[21,22]は，単一刺激によるテスト刺激の周辺が暗黒の状態から徐々に灰色周辺刺激の面積を増やしたときに，どこまで色の見えが回復しているかをカテゴリカルカラーネーミング法によって測った．その結果，色票が被験者からは見えないスポットライトで照明された状態で，テスト色票の1/16の面積の灰色周辺刺激が添付された状態ではほぼ色の見えが複雑周辺のときと変わらないという結果を示した．

BoyntonとPurl[23]はトンネルなどに用いられる低圧ナトリウムランプ（単一波長スペクトル）を光源に用いると色の見えが大きく失われることに注目し，白熱電球と低圧ナトリウムランプの照明光の強度の混合比率を0〜100%に変化させたときの色票の見えの変化をカテゴリカルカラーネーミング法によって測定した．その結果，低圧ナトリウムランプの混合比率が95%以上のときには著しく色のバリエーションが失われ，91%以下ではほとんどの色名が回復されたことを報告している．

KurikiとUchikawa[24]は，色票によって作成したテスト刺激の周辺条件を暗黒，灰色，多色周辺刺激と変化させ，同時に被験者から見えない照明光の色度を黒体放射軌跡に沿って1000Kから30000Kにわたって変化させたとき，色恒常性がどこで限界を迎えるかをマッチング刺激としてCRTを用いて測定した．その結果，被験者が刺激を観察する時間はタイマー制御のシャッターで5秒程度に抑えられていたが，3400Kから30000Kの範囲では，周辺刺激を同時に提示した条件であれば，被験者に照明光が直接見えなくてもある程度の高い色恒常性が得られることを示した．さらに，両眼隔壁法を用いて被験者の眼を左右別々の照明光に15分間順応させたうえでマッチングを行うと，ほぼ完全な色恒常性が得られることを示した（図3.52）．

心理物理学的手法に基づく色恒常性の研究にはさらに多くのものがあるが，ここでは近年の代表的研究のいくつかをあげた．

f. 色恒常性の理論とアルゴリズム

近年動画像を撮影する装置が一般家庭に普及してきているが，動画像撮影では撮影者自身が照明光の異なる環境のなかを移動したり，あるいは撮影中に照明光が変化するなどの動的な照明光の変化が含まれる．このときにカメラ側の撮影パラメーターが固定になっていると，再生時にあたかも撮影対象の色が変化したように見える事態が生じる．これを避けるためには何らかの方法で機械のなかに色恒常性の機能を含めることが必要となってくる．色恒常性を，例えば計算機によって実現するために考案されたメカニズムとして以下に記すいくつかの理論がある．

まず，世の中の色のすべての平均がグレイである

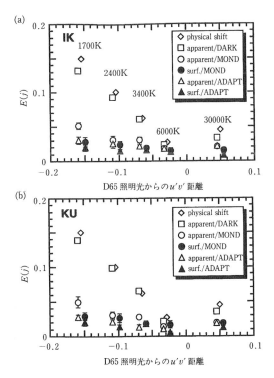

図3.52 KurikiとUchikawaの実験結果の一例[24]
横軸は色温度6500Kの白色光（基準白色照明光）から，各色温度の照明光までの$u'v'$色度図上での距離．色温度が高いほうを正としている．縦軸は完全色恒常性を示す色度からマッチング結果までの$u'v'$色度図上での偏差を示している．□，○，△シンボルはapparent-color match，●，▲シンボルはsurface-color matchの結果を示している．三角シンボル（▲，△）は照明光に15分間予備順応し，両眼隔壁法で等色した結果．縦軸の偏差の値がほかの観察条件に比べて非常に低いことがわかる．

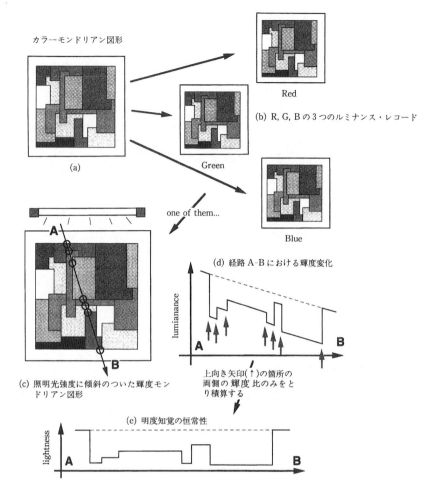

図 3.53 Land のレティネクス理論の図解[25]
(a) カラー刺激を (b) red, green, blue-record の 3 成分に分解する．各色成分において (c) 1 つの経路に沿って輝度プロファイルに着目 (d)．急激な輝度変化 (↑) を図形のエッジとみなし，その両端の輝度比を保存する．エッジ以外の部分は図形の内部であるので，一定の輝度に置き換える (e)．この (c)〜(e) の操作を 3 色の成分ごとに行い，最大輝度の図形の強度をそろえる操作を行うと，(c) のような照明光による輝度の傾斜が除去できる．

と仮定するグレイワールド仮説 (gray world hypothesis) がある．これは物体色の色の平均がグレイであると仮定すると，与えられた画像中のすべての色の平均が照明光の色である，という解釈を与えるものである．この方法は比較的受け入れやすく，多くの家庭用 VTR などに用いられているホワイトバランスの自動調整法にも取り入れられている．しかし，例えば，青い空と緑の芝生だけが映るような光景では画像の平均色はシアンであり，補正後には芝生の上に置かれた白い紙は紫になる，というように必ずしも人間の色知覚を正しく反映しないことが指摘されている．だが，これはアルゴリズムとして非常に簡便なため，ごく初歩的に近似的な色恒常性を実現する方法としてあげることができる．

Land[3,25] が提唱した retinex theory はもともと明度知覚の恒常性 (lightness constancy) を再現するための理論であったが，Land はこれを 3 つに色分解したあとの強度分布のみの 2 次元画像に対して適用し，カラーに再構成することで色恒常性の理論として提案した (図 3.53)．Retinex theory の最大の特徴は傾斜のある照明光分布の影響を除去することと，色分解後の画像で最大の強度をもつ部分を白色として定義することの 2 点である．照明光の傾斜を除去するために，Land は色分解後の強度画像上に任意の経路を仮定し，経路上を片側からなぞったときに急激に強度が変化するところを 2 つの物体表面

の間のエッジであるとみなしてエッジの両側の強度の比を物体表面の明度比であると定義する．

経路上である閾値以上に強度変化のない場合はそれは一様な平面であると定義することで，例えば上側から斜めに照明光が照射された場合に生じる，一様な物体表面での強度のなだらかな変化を除去することができる．これを3色分解後の画像上の仮想的にすべての経路に対して行い，3つの画像中で得られた明度比が最高のところを白色と定義して色情報に再構成する．このプロセスによって例えば有彩色の照明光で照明されていた白色の表面は白色に再定義され，色恒常性が得られるという仕組みである．このアルゴリズムについては McCann らが実験によって妥当性を示すことを試みている[24]．しかし，白色ないしは無彩色の表面が画像中に存在しないとこの照明光の色成分の効果を除去できないのに対し，実際に色票を用いた実験で無彩色の表面がなくても色恒常性が成立するという結果もあり，必ずしもすべての場面でこの理論が適用できないという指摘がなされている．また，Land の理論によれば，同一画像中の最も遠い箇所の情報までが影響を及ぼすことになるが，実際にはこのようなことはありえず，後年の Land の論文[25] では生理学的な知見に基づくガウス関数型の受容野の概念を取り入れたレティネクスアルゴリズム (retinex algorithm) を再度提唱している．照明光の強度の傾斜を除去する部分については，鋭いエッジをもつ影が画像中を横切る刺激パターンを呈示すれば Land の理論ではこれを物体表面の境界と解釈し，照明光の強度が変化しているとは解釈しないことになるが，Arend と Goldstein[5] が被験者を用いてこのような刺激でも明度知覚の恒常性が得られるという指摘を行っている．

D'Zmura と Lennie[26] はレティネクスアルゴリズムとは異なる方法で照明光によって生じる影響を除去するアルゴリズムを提唱している（図3.54）．光沢のある物体表面の鏡面反射 (specular reflection) のスペクトルは照明光を直接反射したものにほぼ等しい．光沢をもつ物体表面の各点から視点の方向に反射される光は，この鏡面反射の成分と拡散反射成分 (diffuse component) の2つの比率が変化しながら混ざり合ったものであり，D'Zmura と Lennie はある1つの物体表面の各点からの反射光は3次元色空間内での鏡面反射成分のベクトルを軸に放射状に分布すると考えた．ある視野内の物体の照明光が共通であれば，鏡面反射成分はすべて共通であり，100%鏡面反射成分の光のベクトルに直交する面とそれ以外の物体表面からの反射光ベクトルの交点は，鏡面反射成分を中心に放射状に広がる軌跡を描くことになる．この直交面の原点が白色であると考えると，物体の白色照明下での色相は角度方向で表される．動径方向の変化は鏡面反射成分と拡散反射成分の混合比と，物体表面の彩度の両方の情報を含んでおり，著者たちもこの点が問題になることを指摘しているが，きわめてユニークなモデルである．D'Zmura らは後に計算理論として色恒常性を統計的な方法によって得るアルゴリズムを提唱しているが，複数の照明環境下で色パターンを観察することによって物体の分光反射率の推定確立が向上していくというもので，出力が確率的であるという点においてユニークなモデルであり注目に値するものである．また，同様な，確率的な色恒常性モデルは Brainard と Freeman[23] によっても提唱されている．

完全な色恒常性が成立するには，観察対象となっている物体表面の分光反射率がわかればよい．そのため，物体の分光反射率を直接推定するためのアル

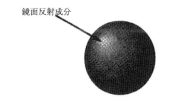

鏡面反射成分

陰影のある球の例

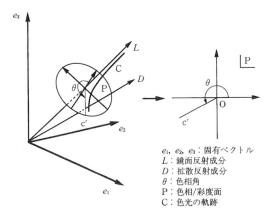

e_1, e_2, e_3：固有ベクトル
L：鏡面反射成分
D：拡散反射成分
θ：色相角
P：色相/彩度面
C：色光の軌跡

図3.54 D'Zmura らの色恒常性メカニズム[26]
鏡面反射をもつ刺激は（上），左下のような3次元の色空間の中で，Cのような色度の軌跡をもつ．Lは照明光を表すベクトルで，それに直交する面Pを示したのが右図である．

ゴリズムもいくつか提案されている．多くの分光反射率推定アルゴリズムにおいては，自然界に存在する物体表面の分光反射率がある少数の基本的な分光反射率の線形和として表せるということを仮定している．すなわち，これら少数の基本的な分光反射率を基底ベクトルとするとn次元の空間のなかのベクトルとして物体面が表現できるということを示している．このようにn次元のベクトル解析の問題に色恒常性を置き換えることによって，色恒常性を得るアルゴリズムを求めていく方法である[27]．このようなアルゴリズムでポイントとなるのは，基底ベクトルがいくつあれば，すなわち何次元で自然界の物体の分光反射率を表現できるかという点でありこれについても複数の研究が報告されている[28〜30]．人間のメカニズム自体が果たして分光反射率を推定するという作業を行っているかは疑問である．ただ，物体表面の分光反射率特性が何らかの脳内表現をとっているとすれば，基底ベクトルとなる分光反射率の重み付けの係数(すなわち，ベクトルの成分表現の形)でもっている可能性はあると思われる．

色恒常性の問題の1つの形として「白い照明光に照らされた赤い部屋と，赤い照明光に照らされた白い部屋の見分けがつくか」というものがある．例えば，ある壁面から反射して視覚系に入る光の生じる錐体応答が同じだったとしても，結果として人間はこの2つを区別できる．前述の2つを見分ける情報として2つ以上の壁面が交わる部分における相互反射(mutual reflection)があるとTominaga[31]あるいはBlojとHurlbert[32]は提唱している．コンピューターグラフィクスで相互反射を計算過程で考慮した図形としない図形を被験者に呈示し，相互反射を含んだ刺激のほうが色恒常性に近い知覚を与えることを報告している．

g．今後の色恒常性研究の展開

これまで，同じ物体から不変の色を知覚する現象を色恒常性であると表現し，色の見えが照明光によって変化しているか否かをカラーマッチングによって行う方法が主にとられてきた．しかし，色恒常性とは，照明光が変化することによって視覚系に入射する光の特徴が変化したとしても，その変化は「物体そのものの色が変わったためではなく，照明光が変わったためである」と判断する能力であるということもできる．このような視点に立った研究としてFosterらによる研究が一例としてあげられる．CravenとFoster[33]，Fosterら[34]はCRT上に表現されたモンドリアン図形の色の変化が照明光の変化を模擬したものか，モンドリアン図形の要素の色が変化したものかを被験者に二者択一で答えさせた．彼らの実験の詳細と結果については原論文を参照していただくことにするが，この論文のねらいには「色恒常性という機能が何のために人間に備わっているか」を改めて考えさせられるものがある．人間にとって色恒常性が果たすべき機能は照明光が変わっても同じ物体どうしを同定(identify)することであり，色の見えを厳密に合わせるような情報処理を目的としていないことは，これまでにさまざまなカラーマッチング実験が示しているとおりである．では，色の見えが厳密に合わないのであれば，どのような情報処理で「色の見えを近づける」方向に操作し，色の見えがずれているならば，その情報からどのようにして「照明光の変化によるものであって物体色は不変である」という知覚を生じているのであろうか．今後の色恒常性研究はこのような視点にも焦点を向けるべきであると考えられる．

［栗木一郎］

文　献

1) H. von Helmholtz: Treatise on Physiological Optics, 2nd ed., Dover, New York, 1962
2) E. Brunswik: Zur Entwicklung der Albedowahrnehmung, *Zeidschrift für Psychologie*, **109**, 1929
3) E. H. Land and J. J. McCann: Lightness and retinex theory, *Journal of the Optical Society of America*, **61**, 1-11, 1971
4) A. Gilchrist: Perceived lightness depends on perceived spacial arrangement, *Science*, **195**, 185-187, 1977
5) L. E. Arend and R. Goldstein: Lightness and brightness over spatial illumination gradients, *Journal of the Optical Society of America*, **A7**, 1929-1936, 1990
6) J. M. Troost and C. M. M. de Weert: Naming versus matching in color constancy, *Perception and Psychophysics*, **50**, 591-602, 1991
7) D. Bramwell and A. C. Hurlbert: Measurements of colour constancy by using a forced-choice matching technique, *Perception*, **25**, 229-241, 1996
8) K. Uchikawa, I. Kuriki and Y. Tone: Measurement of color constancy by color memory matching, *Optical Review*, **5**, 59-63, 1998
9) L. E. Arend: How much does illuminant color affect unattributed colors? *Journal of the Optical Society of America*, **A10**, 2134-2147, 1993
10) H. Helson: Fundamental problems in color vision. I. The principle governing changes in hue, saturation and lightness of non-selective samples in chromatic illumination, *Journal of Experimental Psychology*, **23**, 439-477, 1938
11) H. Helson and V. B. Jeffers: Fundamental problems in color vision. II. Hue lightness and saturation of selective samples in chromatic illumination, *Journal*

of *Experimental Psychology*, **26**, 1-27, 1940

12) D. H. Brainard, W. A. Brunt and J. M. Speigle : Color constancy in the nearly natural image. I. Asymmetric matches, *Journal of the Optical Society of America*, **A14**, 2091-2110, 1997

13) D. H. Brainard : Color constancy in the nearly natural image. II. Achromatic loci, *Journal of the Optical Society of America*, **A15**, 307-325, 1998

14) 栗木一郎, 内川惠二 : 色恒常性の2つの段階 : 完全色恒常性と不完全色恒常性, 照明学会誌, **81**, 125-135, 1997

15) I. Kuriki and K. Uchikawa : Adaptive shift of visual sensitvity under ambient illuminant change, *Journal of the Optical Society of America*, **A15**, 2263-2274, 1998

16) L. E. Arend and A. Reeves : Simultaneous color constancy, *Journal of the Optical Society of America*, **A3**, 1743-1751, 1986

17) A. Valberg and B. Lange-Malecki : Color constancy in mondrian patterns : A partial cancellation of physical chromaticity shifts by simultaneous contrast, *Vision Research*, **30**, 371-380, 1990

18) F. W. Cornelissen and E. Brenner : Simultaneous colour constancy revisited : an analysis of viewing strategies, *Vision Research*, **17**, 2431-2448, 1995

19) J. Walraven, T. L. Benzshawel, B. E. Rogowitz and M. P. Lucassen : Testing the contrast explanation of color constancy, In From Pigments to Perception (eds. A. Valberg and B. B. Lee), Plenum, New York, 1991

20) M. P. Lucassen and J. Walraven : Quantifying color constancy : evidence for nonlinear processing of cone-specific contrast, *Vision Research*, **33**, 739-757, 1993

21) H. Uchikawa, K. Uchikawa and R. M. Boynton : Influence of achromatic surrounds on categorical perception of surface colors, *Vision Research*, **29**, 881-890, 1989

22) K. Uchikawa, H. Uchikawa and R. M. Boynton : Partial color constancy of isolated surface colors examined by a color-naming method, *Perception*, **18**, 83-91, 1989

23) R. M. Boynton and K. F. Purl : Categorical colour perception under low-pressure sodium lighting with small amounts of added incandescent illunination, *Lighting Research Technology*, **21**, 23-27, 1989

24) I. Kuriki and K. Uchikawa : Limitations of surface-color and apparent-color constancy, *Journal of the Optical Society of America*, **A13**, 1622-1636, 1996

25) E. H. Land : Recent advances in retinex theory, *Vision Research*, **26**, 7-21, 1986

26) M. D'Zmura and P. Lennie : Mechanisms of color constancy, *Journal of the Optical Society of America*, **A3**, 1662-1672, 1986

27) E. W. Jin and S. K. Shevell : Color memory and color constancy : *Journal of the Optical Society of America*, **A13**, 1981-1991, 1996

28) J. L. Dannemiller : Spectral reflectance of natual objects : how many basis functions are necessary ? *Journal of the Optical Society of America*, **A9**, 507-515, 1992

29) G. D. Finlayson, M. S. Drew and B. V. Funt : Color constancy : generalized diagonal transforms suffice, *Journal of the Optical Society of America*, **A11**, 3011-3019, 1994

30) J. P. S. Parkkinen, J. Hallikainen and T. Jaaskelainen : Characteristic spectra of Munsell colors, *Journal of the Optical Society of America*, **A6**, 318-322, 1989

31) S. Tominaga : Analysis of interreflection between matte surfaces, *OSA Annual Meeting Technical Digest*, **16**, 252, 1993

32) M. G. Bloj and A. C. Hurlbert : Does mutual illumination improve human colour constancy ? *Investigative Ophthalmology and Visual Science*, sppl., **36**, 639, 1995

33) B. J. Craven and D. H. Foster : An operational approach to color constancy, *Vision Research*, **32**, 1359-1366, 1992

34) D. H. Foster, B. J. Craven and E. R. H. Sale : Immediate colour constancy, *Ophsalmology and Physiological Optics*, **12**, 157-160, 1992

35) L. E. Arend, A. Reeves, J. Schirillo and R. Goldstein : Simultaneous color constancy : papers with diverse Munsell values, *Journal of the Optical Society of America A*, **8**, 661-672, 1991

36) D. H. Brainard and W. T. Freeman : Bayesian method for recovering surface and illuminant properties from photosensor responses, Proceedings of the IS & T/SPIE Symposium on Electronic Imaging & Technology, 1994

37) D. Brainard and B. Wandell : Asymmetric color matching : how color appearance depends on the illuminant, *Journal of the Optical Society of America*, **A9**, 1433-1448, 1992

38) W. L. Brewer : Fundamental response functions and binocular color matching, *Journal of the Optical Society of America*, **44**, 207-212, 1954

39) R. O. Brown : A cone-based linear model of spectral reflectances, *OSA Annual Meeting Technical Digest*, **16**, 252, 1993

40) E.-J. Chichilnisky and B. A. Wandell : Photoreceptor sensitivity changes explain color appearance shifts induced by large uniform backgroundes in dichoptic matching. *Vision Research*, **35**, 239-254, 1995

41) M. D'Zmura and G. inerson : Color constancy. I. Basic theory of two-stage linear recovery of spectral descriptions for lights and surfaces, *Journal of the Optical Society of America*, **A10**, 2148-2165, 1993

42) M. D'Zmura, G. Iverson and B. Singer : Probabilistic color constancy, Institute for Mathematical Behavioral Sciences Technical Report, MBS 93-96, 1994

43) A. Hurlbert : Formal connections between lightnses algorithms, *Journal of the Optical Society of America*, **A3**, 1684-1693, 1986

44) J. von Kries : Die Gesichtsempfindungen, In Handbuch der Physiologie des Menschen (ed. W. Nagel), pp. 109-282, 1905

45) 栗木一郎, 内川惠二 : 瞬時色恒常性における周辺刺激と色の見えの判断基準の効果, 照明学会誌, **79**, 39-49, 1995

46) L. T. Maloney and B. A. Wandell : Color constancy : a method for recovering surface spectral reflectance, *Journal of the Optical Society of America*, **A3**, 29-33, 1986

47) J. J. McCann, S. P. McKee and T. H. Taylor : Quantitative studies in retinex theory : A comparison between theoretical predictions and observer responses to the 'Color Mondrian' experiments, *Vision Research*, **16**, 445-458, 1976

48) S. K. Shevell : The dual role of chromatic backgrounds in color perception, *Vision Research*, **18**, 1649-1661, 1978

49) S. J. Schein and R. Desimone: Spectral properties of V4 neurons in the Macaque, *Journal of Neuroscience*, **10**, 3369-3389, 1990
50) J. Walraven and J. S. Werner: The invariance of unique white, *Vision Research*, **31**, 2185-2193, 1991
51) J. Worthey: Limitations of color constancy, *Journal of the Optical Society of America*, **A2**, 1014, 1985
52) S. Zeki: The representation of colours in the cerebral cortex, *Nature*, **284**, 412-418, 1978

3.4.4 色の記憶と認識
a. 色の記憶比較

私たちが日常の生活で色を比較するときは，比較したい色どうしが隣り合っていることはまれで，2つの色が空間的，あるいは時間的に離れている場合がほとんどである．このような場合は，比較したい色を中心窩で同時に見ることはできないので，色は継時比較(successive comparison)される．例えば，数日前に見た風景の色とその写真の色の比較は時間遅れの大きな継時比較になるし，1つの画像中の異なった部分の色の比較は眼球運動による時間遅れの小さい継時比較となる．

色の継時比較では，1つの色を記憶してもう1つの色と比較しなければならず，そこには色の記憶特性が関与してくる．色の継時比較は記憶比較(memory comparison)ともいえる．記憶を使うと詳細な色弁別ができなくなり，継時比較の色弁別能は劣化するかもしれない．また，色が記憶されると色の記憶像ができ，それはもとの色とは異なっている可能性もある．色の記憶特性を調べることは，大脳内での色覚情報処理メカニズムを明らかにすることでもあり，これまでにいくつかの研究がある[1~19]．

b. 継時比較による色弁別と等色実験

図3.55に継時等色(successive color matching)の実験結果を示す[5]．テスト色として25枚のマンセル色票を用いた．1試行では，はじめにテスト色が1回だけ5秒間呈示され，その5秒後から被験者は色彩計により呈示されるマッチング色の輝度と色度を変化させて，記憶内のテスト色に対して等色を行った．また，同時比較による等色も行った．図3.55(a)に同時比較，(b)に継時比較のマッチング点のばらつきを弁別楕円として示す．継時比較の弁別楕円のほうが同時比較のものよりも大きくなり，継時比較により色弁別能が劣化していることがわかる．継時比較の楕円の大きさは同時比較のものよりも1軸方向では約2.5倍になり，記憶による色弁別能は同時に比較したときよりも約1/2.5に劣化することがわかった．

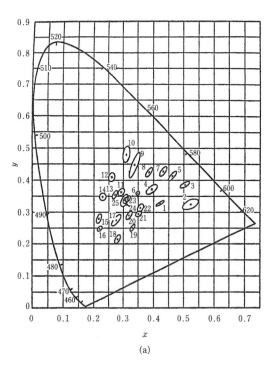

(a)

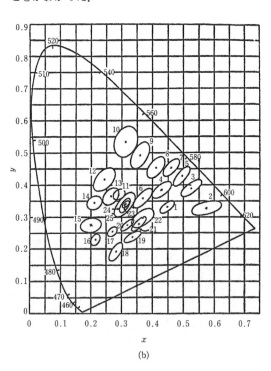

(b)

図3.55 継時等色による色弁別
(a) 同時比較，(b) 継時比較によるマッチング点のばらつきから求めた弁別楕円．

3.4 高次レベル

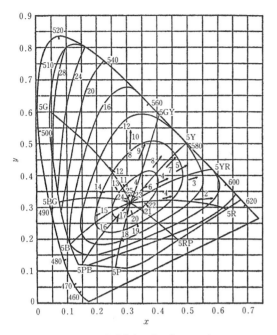

図 3.56 継時等色による色のシフト

図 3.56 に記憶による色のシフトを示す[5]. 図中の矢印が同時比較の楕円の中心から継時比較の楕円の中心に向かって引いたもので，記憶による色がもとの色からどの程度シフトしたかを表す．白色近辺の色以外はすべての色で純度が増大する方向に向いている．これは，色の記憶像はもとの色よりも鮮やかになっていることを表す．

図 3.57 に色の記憶による時間的変化特性を示す[8]. 実験は 2 分視野の一方にテスト単色光，他方に比較単色光が呈示開始時間遅れ SOA(stimulus onset asynchrony) をもって呈示される継時波長弁別 (successive wavelength discrimination) 実験である．呈示持続時間 D は 110 ms である．図 3.57 は波長弁別閾値の SOA による変化を示している．

波長弁別閾値は SOA＝0，すなわち同時比較のときが最小となり，色弁別能は同時比較のときに最も感度がよいことを示している．色弁別閾値の増大は SOA がきわめて短い 50 から 200 ms 間で起こり，

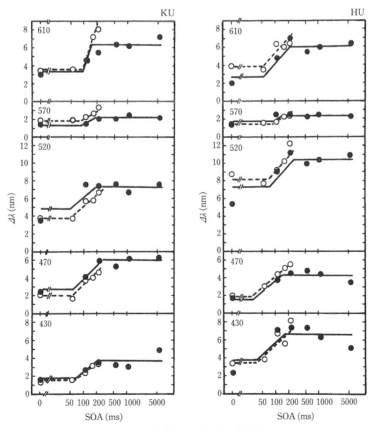

図 3.57 継時波長弁別閾値の時間特性
被験者 2 名の結果を示す．テスト波長は上から 610, 570, 520, 470, 430 nm である．
黒シンボルと白シンボルは実験セッションの違いを示す．

SOAが550msとなると色弁別閾値が約2倍に増大している．また，この特性は波長によってほとんど差がない．色弁別能が継時比較で劣化すること，色弁別閾値の増大が約2倍であることは，図3.55の結果と一致しているが，この色弁別能の劣化はきわめて速い時間に起こってしまうものであることがわかった．図3.58にSOA＝550msとSOA＝0msの波長弁別関数を示す．どの波長でも継時比較によって弁別閾値がほぼ2倍になっていることがわかる．

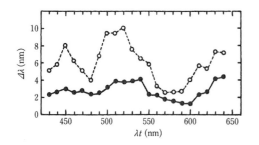

図3.58 継時比較による波長弁別関数
● が同時比較，○ が継時比較（SOA＝550ms）による実験結果を示す．被験者3名の平均値である．

c. 色の記憶のカテゴリカル特性

継時比較による色弁別能の劣化は閾値で2倍になる程度である．これは弁別能が悪くなることには違いないが，それほど大きなものではない．むしろ色は記憶内でかなり正確に保存されていることを示すものである．しかし，私たちの日常的な印象では色をそれほど正確に憶えているようには思えず，継時比較による実験結果と一致しない．

色の継時比較の実験では，被験者は1つの色だけを記憶しておけばよいので正確な色再認ができるとも考えられる．しかし，私たちの日常生活では，さまざまな物を憶えておく必要があり，1つの色だけに注意を払うことはありえないことである．さまざまな色に注意を払えばそれだけ色再認が不正確になり，色の記憶はあいまいであるという印象が強くなるのかもしれない．

色の記憶を調べるときに，記憶の負荷を増すことで色の記憶をあいまいにし，そのあいまいさの特性を測定することも重要である．最近，このような色の記憶のあいまいさには，色のカテゴリカル知覚が

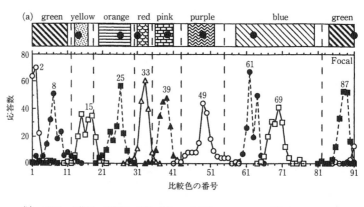
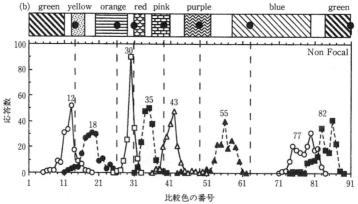

図3.59 記憶による色のあいまいさの分布と色の基本カテゴリー領域との比較
(a) テスト色がカテゴリーのフォーカル色に近い場合，(b) テスト色がカテゴリーの境界上にある場合を示す．

図3.59に色の記憶のあいまいさの分布と色の基本カテゴリー領域がよく一致した実験結果を示す[19]．ここでは，被験者は2個のテスト色を記憶し，その後，指示されたどちらか1個の色を多くの比較色の中から選び出すことを行った．カラーCRTのR，G，B蛍光体が作る色三角形の3辺上からテスト色を選んだ．図3.59の横軸の番号は刺激色を表し，No.1がG蛍光体でR，B蛍光体の順に並んでいる．刺激色は色弁別閾値から求めた等色差の間隔に並んでいる．カテゴリカルカラーネーミングにより求めた基本色カテゴリー領域がそれぞれのパネルの上に描かれている．●はそれぞれのカテゴリーでのフォーカル色の位置を示す．パネル中に示された番号がテスト色を表す．(a)はテスト色がカテゴリーのフォーカル色に近い場合で，(b)はテスト色がカテゴリーの境界にある場合である．各テスト色に対する分布が被験者が記憶により選択した色の頻度分布であり，色の記憶のあいまいさ分布とみなすことができる．

図3.59(a)では，記憶により選択された色分布がそのカテゴリー内に収まっていることがわかる．色の記憶のあいまいさが色差で決まるのならば，テスト色の位置にかかわらずに，分布の幅は一定になるはずである．しかし，実験結果はカテゴリーの幅に依存して分布の幅が決まっている．図3.59(b)では，選択色票の分布は2つのカテゴリーにまたがるが，隣接した2つのフォーカル色の位置を越えては広がっていないことを示している．

これらの結果は色の記憶が色の基本カテゴリーに限定されることを明らかにし，私たちの色の記憶はあいまいになったとしても，そのあいまいさは色のカテゴリー内にとどまっていることを意味している．色の記憶のカテゴリカルな特性はカテゴリー間とカテゴリー内の色を用いた記憶色弁別実験[16]や，カスケード選択法という新しい記憶実験法による研究によっても示されている[18]．　　[内川惠二]

文　献

1) M. Collins : Some observations on immediate colour memory, *Brithish Journal of Psychology*, **22**, 344-352, 1931-1932
2) N. G. Hanawalt and B. E. Post : Memory trace for color, *Journal of Experimental Psychology*, **30**, 216-227, 1942
3) V. Hamwi and C. Landis : Memory for color, *Journal of Psychology*, **39**, 183-194, 1955
4) R. W. Burnham and J. R. Clark : A test of hue memory, *Journal of Applied Psychology*, **39**, 164-172, 1955
5) S. M. Newhall, R. W. Burnham and J. R. Clark : Comparison of successive with simultaneous color matching, *Journal of the Optical Society of America*, **47**, 43-56, 1957
6) E. R. Heider and D. C. Oliver : The structure of the color space in naming and memory for two languages, *Cognitive Psychology*, **3**, 337-354, 1972
7) C. J. Bartleson : Memory colors of familiar objects, *Journal of the Optical Society of America*, **50**, 73-77, 1960
8) K. Uchikawa and M. Ikeda : Temporal deterioration of wavelength discrimination with successive comparison method, *Vision Research*, **21**, 591-595, 1981
9) T. H. Nilsson and T. M. Nelson : Delayed monochromatic hue matches indicate characteristics of visual memory, *Journal of Experimental Psychology : Human Perception and Performance*, **7**, 141-150, 1981
10) K. Uchikawa : Purity discrimination : successive vs simultaneous comparison method, *Vision Research*, **23**, 53-58, 1983
11) P. Siple and R. M. Springer : Memory and preference for the colors of objects, *Perception & Psychophysics*, **34**, 363-370, 1983
12) C. K. Allen : Short-term memory for colors and color names in the absence of vocalization, *Perception Moter Skills*, **59**, 263-266, 1984
13) C. K. Allen : Encoding of colors in short-term memory for colors, *Perception Moter Skills*, **71**, 211-215, 1990
14) K. Uchikawa and M. Ikeda : Accuracy of memory for brightness of colored lights measured with successive comparison method, *Journal of the Optical Society of America*, **A3**, 34-39, 1986
15) J. Romero, E. Hita and L. Jimenez del Barco : A comparative study of successive and simultaneous methods in colour discrimination, *Vision Research*, **26**, 471-476, 1986
16) R. M. Boynton, L. Fargo, C. X. Olson and H. S. Smallman : Category effects in color memory, *Color Research and Application*, **14**, 229-234, 1989
17) W. L. Sachtler and Q. Zaidi : Chromatic and luminance signals in visual memory, *Journal of the Optical Society of America*, **A9**, 877-894, 1992
18) K. Uchikawa and T. Sugiyama : Effects of eleven basic color categories on color memory, *Investigative Ophthalmology and Visual Science*, **34**, 745, 1993
19) K. Uchikawa and H. Shinoda : Influence of basic color categories on color memory discrimination, *Color Research and Application*, **21**, 430-439, 1996

3.5　色覚異常

3.5.1　色覚異常の分類

a．先天色覚異常

先天色覚異常 (congenital color vision defects) は，等色法に要する原色の数とその混合比によって分類される．等色法とは，左右（または上下）に2分された視標の一方に検査色光を提示し，他方に

表3.7 先天色覚異常の分類

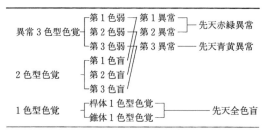

赤,緑,青の3つの原刺激(原色)を(または3原色のうち1原色は検査色光に加えて)提示し,これらを適量に混合させることにより左右(または上下)の視標の明るさと色感覚が等しくなるように調整させる検査法である.正常色覚者では,短波長から長波長光までのあらゆる検査色光と等色が成立するためには,少なくとも3つの原色を要することから,正常3色型色覚(normal trichromatism)と呼ばれる.

先天色覚異常は,等色法で3原色を要するが,混合比が正常と異なる異常3色型色覚(anomalous trichromatism),2つの原色で等色が成立する2色型色覚(dichromatism),1つの原色で成立する1色型色覚(monochromatism)に大別される.さらに,異常3色型色覚は3原色の混合比の違いによって第1色弱(protanomaly),第2色弱(deuteranomaly),第3色弱(tritanomaly)に分類される.同様に2色型色覚にも第1色盲(protanopia),第2色盲(deuteranopia),第3色盲(tritanopia)が存在する.第1色弱と第1色盲はまとめて第1異常(protan),同様に第2色弱と第2色盲は第2異常(deutan),第3色弱と第3色盲は第3異常(tritan)と称される.一方,1色型色覚は,等色法から得られた分光感度特性により桿体1色型色覚(rod monochromatism)と錐体1色型色覚(cone monochromatism)に大別される.

また,先天色覚異常は色混同の性質により,先天赤緑異常(red-green color vision defect),先天青黄異常(blue-yellow color vision defect),先天全色盲(congenital achromatopsia)に大別される.第1異常と第2異常は先天赤緑異常,第3異常が先天青黄異常,1色型色覚が全色盲に相当する(表3.7).

b. 後天色覚異常

後天色覚異常は,主として色混同の性質により,先天色覚異常に準じて後天青黄異常,後天赤緑異常,後天全色盲(暗所視型),混同軸不明に大別される.しかし,先天色覚異常のように1種類の錐体のみが選択的に障害されることはなく,明確に分類することが困難な例が多い.また,青錐体系反応が障害されやすいため,通常,後天赤緑異常といっても青錐体系反応も著しく障害されているものであり,先天赤緑異常とは基本的に異なる.

このほか,色フィルターを通して見たときと同様にものに色がついて見える色視症は,青視症,緑視症,黄視症,赤視症に分類される.また,大脳病変に伴う色情報処理障害は,大脳性色覚異常,(離断性)色名呼称障害,色失語(失語性色名呼称障害),色失認に分類される.しかし,障害の部位,広さ,程度,経過によって異なったり,ほかの徴候が合併するなど,明確に区分することが困難なことが多い.

3.5.2 病因および視覚特性

a. 先天赤緑異常

X染色体(X連鎖性)劣性遺伝であり,頻度は,日本人男性の約5%,女性の約0.2%,保因者は約10%である.頻度には人種差がみられ,白人男性では約8%,黒人では1~2%とされている.また,第1異常と第2異常の割合は1:3.0~3.5であり,人種差はみられない.

病因に関して,異常3色型では網膜に混在する3種類の錐体視物質のうち1種類が正常と異なり,第1色弱は赤視物質の異常,第2色弱は緑視物質の異常とされる.一方,2色型では1種類の錐体視物質が欠如し,赤および緑視物質の欠如が,それぞれ第1色盲,第2色盲とされてきた.

近年,正常および色覚異常の遺伝子,つまり,赤・緑・青錐体視物質のタンパク質部分をコードす

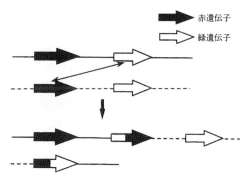

図3.60 ハイブリッド遺伝子の発現

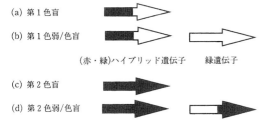

図 3.61 先天赤緑異常の遺伝子型と表現型

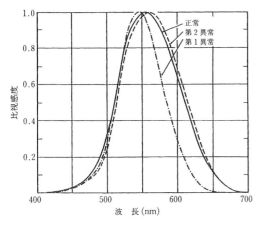

図 3.62 比視感度曲線[6]

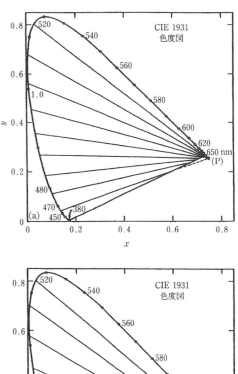

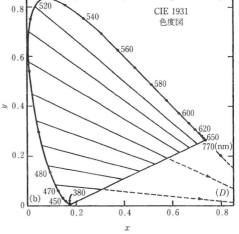

図 3.63 混同色軌跡[6]
(上) 第1色盲, (下) 第2色盲.

る遺伝子 (以下, 赤・緑・青遺伝子) が明らかにされた[1,2]. 赤および緑遺伝子は X 染色体長腕に存在し, 赤遺伝子の下流に緑遺伝子が配列し, 正常男性では赤遺伝子は1つのみであるが, 緑遺伝子は1～数個の場合がある.

先天赤緑異常では, 赤と緑遺伝子の一部ずつが結合したハイブリッド遺伝子 (hybrid gene) を有するとされ, 赤および緑遺伝子における塩基配列の相同性が高い (98%) ため, 交差によって相同的組換えが起こり, ハイブリッド遺伝子が生じたものと推察されている[2] (図 3.60).

図 3.61 は, 第1異常および第2異常の遺伝子型を模式図で示したものである. 第1異常では, 頭側が赤遺伝子, 尾側が緑遺伝子からなる赤・緑ハイブリッド遺伝子を有する. 網膜に発現する視物質の特性は, ハイブリッド遺伝子の主として尾側部分によって決定される. したがって, 赤・緑ハイブリッド遺伝子のみで緑遺伝子が欠失していれば, 網膜に発現するのは緑視物質類似の視物質のみであり第1色盲となる (図 3.61 (a)). 一方, ハイブリッド遺伝子とこれに続く緑遺伝子が存在し, 両者によって発現される視物質が同一であれば第1色盲, 異なれば網膜には緑視物質類似と緑視物質の2種類が発現することになり第1色弱となる (図 3.61 (b)).

一方, 第2異常において, 赤遺伝子のみで緑遺伝子が欠失していれば第2色盲となる (図 3.61 (c)). 赤遺伝子に緑・赤ハイブリッド遺伝子が続き, 両者によって発現される視物質が同一であれば第2色盲, 異なれば第2色弱となる (図 3.61 (d)). しかし, 1種類の視物質遺伝子が欠失して, 遺伝子型は1個の赤または緑遺伝子のみであるにもかかわらず, アノマロスコープで異常3色型を呈する例が存在することがある[3]. 一要因として, 異なった濃度の視物質が発現している可能性があげられる[4,5].

比視感度は, 第1色盲では長波長域の感度低下が

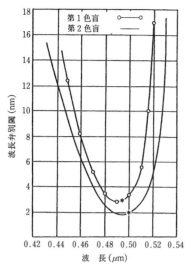

図 3.64 第 1 色盲と第 2 色盲の波長弁別閾[7]

特徴で，540 nm 付近に極大を有し，感度曲線は全体に短波長側に移行する．第 2 色盲では 560 nm 付近に極大を有し，やや正常者より長波長側に移行するが（図 3.62[6]），個人差が大きく正常者と明らかな差はみられない．また，異常 3 色型では，それぞれのタイプの 2 色型に近似する．

等色法において，2 色型は波長 500 nm より長波長と短波長の 2 つの原刺激（通常，赤と青）ですべての検査刺激と等色が可能である．2 色型における混同色を色度図上に示した軌跡が混同色線または混同色軌跡（confusion line or loci）である（図 3.63）．CIE 1931 色度図上の各混同色線は，少なくとも 1 点で交わり，この点を収束点（convergence point）という．収束点の色度座標は理論上，第 1 色盲では $x=0.747, y=0.253$，第 2 色盲では $x=1.080, y=$

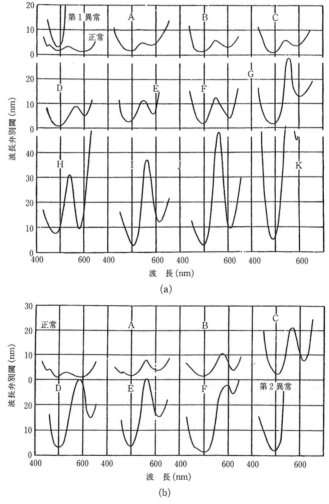

図 3.65 第 1 異常と第 2 異常の波長弁別閾[8]

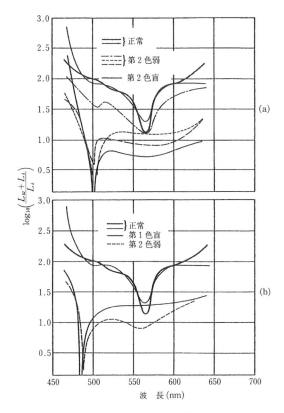

図 3.66 飽和度弁別[9]

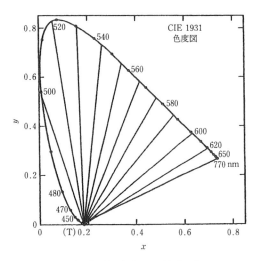

図 3.67 第3色盲の混同色軌跡[6]

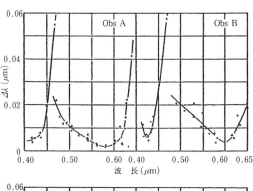

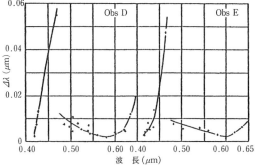

図 3.68 第3異常の波長弁別閾[10]

-0.080 となる[6].

2色型では白色光と等色可能な単色光が存在し，中性点(neutral point)と呼ばれる．色度図において白色点を通過する混同色線とスペクトル軌跡との交点の波長がこれにあたる．中性点は，白色刺激の分光分布と等色関数から理論的にも算出され，$x=y=1/3$ の等エネルギー刺激(equal-energy stimulus)と等色する波長は，第1色盲で 494 nm，第2色盲では 499 nm である[6].

波長弁別は，2色型では中性点近傍の 490 nm から 500 nm で最も弁別閾が低く，短波長および長波長側で上昇し，540 nm より長波長では弁別不能である(図 3.64)．異常3色型では，2色型と同様に約 490 nm から 500 nm で最も良好であるが，個人差が大きく正常から2色型と同程度のものまで存在する(図 3.65[8]).

飽和度(純度)弁別は，2色型では中性点近傍では弁別不能であり，両側で著しく良好となるが，520 nm 以上ではほぼ一定となる．異常3色型では，多くは2色型と同様に 490 nm から 500 nm で最も悪く，2色型と類似のパターンを呈する(図 3.66[9]).

b. 先天青黄異常

常染色体優性遺伝であり，頻度は 0.002〜0.007 ％とされ非常にまれである．

等色法において2色型では，通常 567 nm より長波長と短波長の2つの原刺激ですべての検査色光との等色が可能である．混同色線(図 3.67[6])の収束点は理論的に $x=0.171$, $y=0.000$ であるが[6], Thomsonら[9]は Wright[10] の6例の等色実験結果

から，Judd[11]の修正等色関数を使用して$x=0.1747, y=0.0044$，またWalraven[12]は過去の報告を検討し，$x=0.1747, y=0.0060$と多少の修正を加えている．中性点は理論的に570 nmと400 nmの2か所に存在するが[6]，実測値は570 nm付近の1か所である．

比視感度は，短波長側において個人差が大きいが，正常者と明らかな差はみられない[10,13]．

波長弁別は，2色型では460 nm付近で最も悪く，これより両側では比較的良好となり，中性点および短波長側では正常者と同程度の弁別能を有する（図3.68[10]）．

飽和度（純度）弁別について，Coleら[14]は3名について検索し，中性点近傍で1例を除き飽和度弁別は不能であり，中性点より長および短波長においては正常よりやや良好な結果を示した．

c．全色盲

1）桿体1色型色覚

（i）定型桿体1色型色覚　常染色体劣性遺伝で頻度は0.003%である．色覚をつかさどっている錐体系反応が欠如し，桿体系反応のみを有したタイプである．色弁別は不能であり，分光感度は暗所視比視感度に近似する．視力は0.1前後で，眼振，羞明感，昼盲を伴う．眼底には著変はないが，しばしば中心窩や黄斑反射の欠如，黄斑部の色素異常など軽度の異常をみる．

錐体系反応が欠如しているにもかかわらず，低輝度ではたらく桿体系反応に加えて高輝度ではたらくメカニズムが存在する．両者ともに分光感度は暗所視比視感度に類似するが，高輝度ではたらくメカニズムでは錐体系反応の特徴であるStiles-Crawford効果がみられることから，桿体視物質（ロドプシン）を有した錐体の存在が示唆されている[15]．病理学的にも正常桿体に加えて，その密度や分布は異なるが錐体の存在が示されている[16,17]．

（ii）非定型桿体1色型色覚　定型桿体1色型色覚と同様に眼振や羞明感を伴うが，色弁別能が残存し，視力はおよそ0.1～0.3である．種々の異なったタイプが混在し，明確な定義はなされていないが，等色法に関与する視細胞の種類により4群に分類されている[18]．I群は前述の定型桿体1色型色覚，II群は桿体と緑錐体系反応が残存した2色型覚，III群とIV群は3色型色覚であり，前者は桿体と緑および赤錐体，後者は桿体と赤および青錐体系反応が多少残存しているタイプである．

2）錐体1色型色覚

（i）青錐体1色型色覚　X染色体劣性遺伝であり，症状は桿体1色型色覚に類似する．桿体系反応に加えて青錐体系反応を有するが，赤錐体および緑錐体系反応が欠如している．視力は0.1から0.3

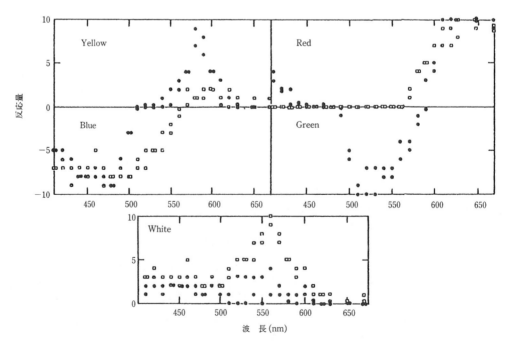

図3.69　後天青黄異常の色名呼称法[9]

で，桿体1色型色覚と同様，しばしば眼振，羞明，昼盲を伴う．

暗所視では桿体系，明所視では青錐体系反応のみの1色型である．中間の明るさでは2色型とされ，中性点が波長474 nm付近にあり，短波長光に対しては青の応答，長波長光では黄の応答を示す例が報告されている[19]．青錐体と桿体の分光特性を示す視細胞に関しては，両者ともにStiles-Crawford効果が見られ，さらに両者ともに暗順応過程および網膜濃度測定法において赤または緑錐体の特性であるという報告[19]と，暗所視ではたらくメカニズムは正常桿体の特性を示すという報告とがある[20]．一方，青錐体に加え，ほかの錐体系反応が存在する例も報告されている[21]．

(ii) 緑・赤錐体1色型色覚　視力は良好で，眼振や羞明はなく，非常にまれであり，遺伝形式も不明である．

d. 後天色覚異常

後天色覚異常とは，視覚系の障害によって生じる症候であり，角膜から大脳皮質に至るいずれの部位の病変によっても，またいかなる要因によっても起こりうる．つまり，先天色覚異常を除くすべてが対象であり，加齢変化，心因性色覚異常なども含まれる．

網膜・脈絡膜疾患および視神経疾患ともに青錐体系反応が障害されやすく，回復も遅延する．とくに網脈絡膜疾患では，青錐体系反応が障害されやすく，青黄軸主体の色弁別能障害と短波長領域の分光感度低下が特徴であり，進行とともに種々のパターンを呈する．錐体ジストロフィなどにおいては赤緑軸主体例も存在する．一方，視神経疾患では赤緑錐体系反応も障害され，先天赤緑異常類似の色混同のパターンを呈することも多い．

青錐体系の障害では，青と赤の色感覚が残存し，黄と緑の色感覚が低下する．青錐体が完全に障害された場合には，波長560 nmから570 nmに中性点が存在し，短波長から中波長（黄緑色）までが波長480 nmの青色感覚であり，緑の色感覚が消失し，赤と青の色対立応答の様相を呈する[22]（図3.69）．

[北原健二]

文　献

1) J. Nathans, D. Thomas and D. S. Hogness : Molecular genetics of human color vision : The genes encoding blue, green, and red pigments, *Science*, **232**, 193-202, 1986
2) J. Nathans, T. P. Piantanida, R. L. Eddy, T. B. Shows and D. S. Hogness : Molecular genetics of inherited variation in human color vision, *Science*, **232**, 203-210, 1986
3) S. S. Deeb, D. T. Lindsey, Y. Hibiya, E. Sanocki, J. Winderickx, D. Y. Teller and A. G. Motulsky : Genotype-phenotype relationships in human red/green color-vision defects : molecular and psychophysical studies, *American Journal of Human Genetics*, **51**, 687-700, 1992
4) J. C. He and S. K. Shevell : Variation in color matching and discrimination among deuteranomalous trichromats : theoretical implications of small differences in photopigments, *Vision Research*, **35**, 2579-2588, 1995
5) E. Sanocki, D. Y. Teller and S. S. Deeb : Rayleigh match ranges of red/green color-deficient observers : psychophysical and molecular studies, *Vision Research*, **37**, 1897-1907, 1997
6) G. Wyszecki and W. S. Stiles : Color Science : Concepts and Methods, Quantitative Data and Formulae, 2nd ed, John Wiley, New York, 1982
7) F. H. G. Pitt : Characteristics of dichromatic vision, Med. Res. Council, Rep. of Comm. on Physiology of Visin, No. XIV, Her Majesty's of Stationary Office, London, 1935
8) W. D. Wright : Researches on Normal and Defective Colour Vision, Henry Kimpton, London, 1946
9) L. C. Thomson and W. D. Wright : The convergence of the tritanopic confusion loci and the derivation of the fundamental response functions, *Journal of the Optical Society of America*, **43**, 890-894, 1953
10) W. D. Wright : The characteristics of tritanopia, *Journal of the Optical Society of America*, **42**, 509-520, 1952
11) D. B. Judd : Report of U. S. Secretariat Committee on Colorimetry and Artificial Daylight, CIE Proceedings, Vol. 1, Part 7, p. 11 (Stockholm, 1951), Paris, Bureau Central de la CIE, 1951
12) P. L. Walraven : A closer look at the tritanopic convergence point, *Vision Research*, **14**, 1339-1343, 1974
13) H. G. Sperling : Case of congenital tritanopia with implications for a trichromatic model of color reception, *Journal of the Optical Society of America*, **50**, 156-163, 1960
14) B. L. Cole, G. H. Henry and J. Nathan : Phenotypical variations of tritanopia, *Vision Research*, **6**, 301-313, 1966
15) M. Alpern : What is it that confines in a world without color? *Investigative Ophthalmology*, **13**, 648-674. 1974
16) H. F. Falls, J. R. Walter and M. Alpern : Typical total monochromacy. A histological and psychological study, *Archives of Opthalmology*, **74**, 610-616, 1965
17) M. Glickstein and G. G. Heath : Receptors in the monochromat eye, *Vision Research*, **15**, 633-636.1975
18) J. Pokorny, V. C. Smith, A. J. L. G. Pinckers and M. Cozijnsen : Classification of complete and incomplete autosomal recessive achromatopsia, *Graefe's Archive for Clinical and Experimental Ophthalmology*, **219**, 121-130, 1982
19) M. Alpern, G. Lee, F. Maaseidvaag and S. S. Miller : Colour vision in blue cone monochromacy, *Journal of Physiology*, **212**, 211-233, 1971
20) N. W. Daw and J. M. Enoch : Contrast sensitivity,

Westheimer function and Stiles-Crawford effect in a blue cone monochromat, *Vision Research*, **13**, 1669-1680, 1973

21) V. C. Smith, J. Pokorny, J. W. Delleman, M. Cozijnsen, W. A. Houtman and L. N. Went: X-Linked incomplete achromatopsia with more than one class of functional cones, *Investigative Ophthalmology & Visual Science*, **24**, 451-457, 1983

22) M. Alpern, K. Kitahara and D. Krantz: Perception of colour in unilateral tritanopia, *Journal of Physiology*, **335**, 683-697, 1983

4

測光と表色システム

4.1 分光視感効率と測光システム

4.1.1 分光視感効率

放射(radiation)は空間を伝搬する電磁気の波であり,波長によってその呼び方や性質が変わる.代表的なものとその波長域を示すと,γ線(10^{-14}～10^{-12} m),X線(10^{-12}～10^{-9} m),紫外線(10^{-8}～10^{-7} m),赤外線(10^{-6}～10^{-4} m),ラジオ波(10^{-2}～10^{0} m)などがある.このなかで,人間の視覚系に吸収され,視感覚を生じさせるものを光(light)と呼ぶ.光の波長域は一般におよそ380～780 nmと考えられる.

放射の量を計測することを放射計測(radiometry)と呼び,放射束や放射エネルギーをそれぞれワット(W)やジュール(J)の単位で計測する.幾何学的次元によって,放射強度,放射束,放射輝度,放射照度などと呼ばれる.一方,光を視感覚に基づいて計測することを測光(photometry)と呼ぶ.光の量を幾何学的次元に基づいて,光度(カンデラ,cd),光束(ルーメン,lm),輝度(ルミナンス,cd/m²),照度(ルクス,lx)などの名称および単位系で計測する.

光の波長領域,すなわち視感覚を生じる波長領域を可視域と呼ぶ.可視域における視覚応答の分光応答度を定義するため,一般的に心理物理的測定では,一定の視感覚を生ずるための必要な各波長の放射量を計測し,この逆数をとる.これを視覚系の分光視感効率(spectral luminous efficiency)と呼ぶ.

分光視感効率は,対象とする視感覚あるいは視覚機能によってさまざまに定義できる.代表的なものとして次のようなものがある.

1) 明るさに対する分光視感効率

見えの明るさを直接比較する方法で,併置した参照光とテスト光のうち,一方の光量を変化させて2つの光が同じ見えの明るさになる点に対して求められる分光視感効率.この測定法を直接比較法(direct brightness matching)と呼ぶ.

2) 閾値に対する分光視感効率

見えるか見えないかの検出閾値に対して求められる分光視感効率.背景光がない場合は視覚系の絶対的な光覚閾に対する分光視感効率,背景光がある場合はある順応状態での増分閾に対する分光視感効率となる.測定法は閾値法(threshold method)と呼ばれる.

3) 視力に対する分光視感効率

視力測定用のランドルト環,または縞模様の明または暗の部分の光量を変えて,一定の視力が得られるために要する光量として求められる分光視感効率.

4) フリッカーに対する分光視感効率

参照光とテスト光を交互に同じ視野内で時間的に交替させ,一方の光量を変化させながら,ちらつきが最小となる点に対して求められる分光視感効率.この測定法は交照法,またはフリッカー法(minimum flicker method)と呼ばれる.通常10から15 Hzの時間周波数が用いられる.

5) 輪郭の見えに対する分光視感効率

参照光とテスト光を空間的に隣接させ,一方の光量を変化させて境界が最も見えにくくなる点として求められる分光視感効率.測定法は最小輪郭法(minimally distinct border method,あるいはMDB法)と呼ばれる.

分光視感効率は,視野サイズ,視野の位置,輝度(または網膜照度)レベルなどの測定条件でも大きく変化する.したがって,分光視感効率に関しては,対象となる視感覚,測定法,視野サイズ,測定レベルなどの測定条件を踏まえた上で考察することが重要である.

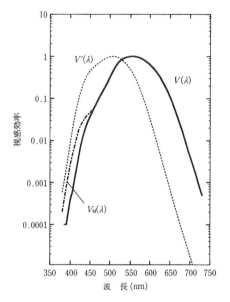

図 4.1 CIE 標準分光視感効率[2,3]
$V(\lambda)$（明所視），$V'(\lambda)$（暗所視）および Judd 修正 $V_M(\lambda)$.

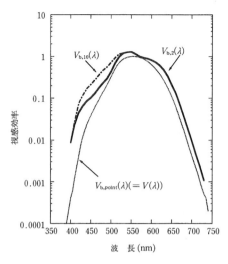

図 4.2 明るさの分光視感効率[4]
点光源，2°視野，10°視野に対するもの．

視覚系の分光視感効率の代表的なものとして，国際照明委員会 (CIE) が 1924 年にまとめた標準分光視感効率関数 $V(\lambda)$ を図 4.1 の実線に示す．横軸は波長 (nm)，縦軸は対数表示による視感効率を表す．555 nm で正規化された値である．この標準分光視感効率関数は，主としてフリッカー法と step-by-step 法（直接比較法の一種．2 つの併置視野の波長を次々にわずかにずらしながら色差を少なくして測定する方法）によって測定された．中心 2°視野で，錐体視細胞がはたらく明所視レベルの分光視感効率である．555 nm に最大値をもつ滑らかな関数となっている．測色で用いられる等色関数のうち，$\bar{y}(\lambda)$ 関数は $V(\lambda)$ に一致するように変換されているので，$V(\lambda)$ の数値は等色関数から引用できる[1]．

後の検討で $V(\lambda)$ 関数は，約 450 nm 以下の領域で過小評価していることが判明し，Judd が 1951 年に修正を加えた．図 4.1 の破線にそれを示す．CIE では 1988 年に正式にこの Judd 修正を $V_M(\lambda)$ として採用した[2]．ただし，$V_M(\lambda)$ は主として視覚の基礎研究のために用いられ，測光システムなどの実用面では依然 $V(\lambda)$ が用いられている．

夜間の非常に暗いレベルになると，錐体視細胞に代わって桿体視細胞がはたらき，視覚系の分光視感効率は変化する．図 4.1 の点線は，絶対閾付近の暗所視レベルに対して CIE が 1951 年に定義した暗所視の標準分光視感効率関数 $V'(\lambda)$ である[3]．桿体が多く存在する周辺視野において，直接比較法および閾値法によって測定された結果をもとにしている．明らかに，暗所視では視感効率曲線全体が短波長方向に移動し，青や紫系統の色がより明るく見えることを示す．最大感度を示す波長も短波長側に移動し，$V'(\lambda)$ の最大の波長は 507 nm となる．

見えの明るさを対象とした分光視感効率は，直接比較法によって測定される．図 4.2 に CIE が最近の研究結果をもとに決定した点光源，2°視野，10°視野に対する明るさの分光視感効率を示す[4]．点光源の直接比較法による分光視感効率 $V_{b,point}(\lambda)$ は $V(\lambda)$ と全く同一の結果となる．2°視野の $V_{b,2}(\lambda)$ では $V(\lambda)$ に比べ，短・長両波長域で効率が高くなり，全体として幅広い膨らみをもつ形となる．また，530 nm や 600 nm 付近に極大をもつ．$V(\lambda)$ と $V_{b,2}(\lambda)$ の差は色の彩度関数と類似しているところから，この差は色覚モデルでは明るさ感覚における色応答の寄与と考えられている．さらに広い 10°視野の $V_{b,10}(\lambda)$ では，主として 500 nm 以下の短波長領域のみの効率が上昇する．これは中心窩に存在する黄斑色素 (macular pigment) による効率の低下が，10°視野になるとなくなるためと考えられている．

明所視と暗所視の中間のレベルは薄明視と呼ばれる．この領域では桿体と錐体がともにはたらくため，分光視感効率はレベルとともに徐々に変化する．図 4.3 は Sagawa らの測定した薄明視におけるいくつかのレベルに対する分光視感効率であ

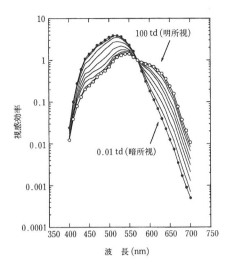

図 4.3 薄明視の分光視感効率[5]
10°視野，直接比較法による 100 td (明所視) から 0.01 td (暗所視) の分光視感効率．

る[5]．視野は 10°視野，直接比較法による測定である．100 td (明所視) から 0.01 td (暗所視) までの 9 レベルに対する分光視感効率が，すべて 570 nm で規格化されて示されている．網膜照度レベルが下がるにつれ，短波長領域の視感効率が相対的に上昇し，逆に長波長領域の視感効率は徐々に低下する傾向が見られる．いわゆる，プルキンエ現象である．

4.1.2 CIE の測光システム

測光システムとは放射を視感覚に基づいて計測するシステムであり，放射量 (W や J) から輝度 (cd/m^2) や照度 (lx) など，視覚的に意味のある量を計測することである．測光システムも分光視感効率関数と同様にさまざまな視感覚に対して定義が可能であり，種々の測光システムが考えられる．このうち，明るさは視感覚の最も基本であり，照明工学で重要であるところから，国際照明委員会は 1924 年，標準分光視感効率 $V(\lambda)$ の勧告とともに明所視における光源や物体の明るさを表す尺度として以下のように輝度 L (cd/m^2) を定義した．

$$L = K_m \int L_{e,\lambda}(\lambda) V(\lambda) d\lambda \quad (4.1.1)$$

ここで K_m は最大視感度と呼ばれる放射と測光の単位系を結ぶ定数 (683 lm/W) である．すなわち，輝度は分光放射輝度 $L_{e,\lambda}(\lambda)$ ($W/sr \cdot m^2$) に標準分光視感効率の重みを付けて積分した値である．交照法で求められた視感効率が，加算性が成立することも理論的背景となる．この輝度値 L の大小関係で，明暗関係の評価をする．もちろん，輝度値 L は加法性が成立する．

CIE は全く同様な考え方で暗所視に関しても，暗所視輝度 L' (scotopic cd/m^2) を定義した．すなわち，

$$L' = K'_m \int L_{e,\lambda}(\lambda) V'(\lambda) d\lambda \quad (4.1.2)$$

となる．K'_m は暗所視システムの最大視感度で 1700 scotopic lumen/W となる．ここで単位の基礎となる光束は scotopic lumen であり，式 (4.1.2) で導かれる輝度は暗所視輝度であることに注意したい．明所視輝度と暗所視輝度は独立のもので直接相互に比較はできない．

現在のところ，標準的な測光システムとして確立されているものは CIE の明所視測光システムと暗所視測光システムの 2 つだけである．なお，暗所視測光システムが有効となるレベルは非常に暗すぎるため実用の頻度は極端に少ない．

4.1.3 輝度と明るさ

CIE の定義した輝度は明るさの尺度と考えられてきたが，最近の研究において，輝度は見えの明るさを必ずしも表現していないことが指摘された．とくに赤や青のように彩度の高い色は，輝度値から予測されるものよりも明るく見え，同一輝度値で考えると無彩色より有彩色のほうが明るい．分光視感効率でも，直接比較法による効率が交照法による効率よりも彩度の高い長短波長域で相対的に上がる．これを，色の明るさへの寄与 (chromatic contribution)，またはヘルムホルツ-コールラウシュ効果と呼ぶ．

光源や物体の明るさを表す方法として，その対象と同じ見えの明るさとなる参照光の輝度を求め，両者の輝度比をとる．参照光は通常白色光が用いられる．いま対象の輝度を L_T，その対象と同じ明るさに見える参照光の輝度を L_R とすると，次式のように明るさ対輝度比 (brightness to luminance ratio, B/L 比) を定義することができる．

$$B/L \text{ 比} = \frac{L_R}{L_T} \quad (4.1.3)$$

この比が高ければ輝度から予想されるよりもより明るいことを意味する．図 4.4 は Ayama ら[6] が求めた CIE 1976 $u'v'$ 色度図上の等 B/L 比のデータである．B/L 比は参照光の白色付近で 1.0 (対数表示

で0)となり,高彩度の領域に向かうにつれ1.0以上の高い値を示す.すなわち,彩度が高くなれば同じ輝度の白色よりも明るく見えることを示す.

薄明視レベル(数 cd/m² 以下)でも輝度と明るさは異なる.桿体視細胞の介入による結果で,いわゆるプルキンエ現象と呼ばれた視覚現象である.輝度レベルが下がるにつれ,短波長の青系の色はより明るく,逆に赤系の色はより暗く見える.この結果,等輝度は等明るさとならない.

現在では輝度と見えの明るさは異なる視感覚と考えられ,CIE の定義する輝度値で明るさは評価できないとされている.明るさの評価・計測のためには明るさ感覚を基盤にした測光システムの開発が必要

となる.CIE でこの検討が進められている.

4.1.4 補助測光システム(明るさに基づく明所視・薄明視・暗所視の測光システム)

CIE は見えの明るさを正しく評価するため,現在の $V(\lambda)$ に基づく測光システムを補うべく新しい測光システムの開発を検討している.まず,明るさを定量的に表す方法として,等価輝度 L_{eq} (equivalent luminance) が導入された.CIE の最新の定義によると,等価輝度は 540×10^{12} Hz の振動数(標準空気中で波長 555.016 nm に対応)を有する単色光で,対象とする物や光源と同じ明るさに見える輝度値を意味する.すなわち,色やレベルが異なる物の明るさをすべて約 555 nm の単色光の輝度に置きえて表現する.この等価輝度 L_{eq} の計測システムを補助測光システム (supplementary system of photometry) と呼ぶ.

補助測光システムは従来の CIE の輝度システムに次の2つの主たる機能を付け加えたものと考えられる.

(1) 明所視,薄明視における色の寄与(主として 2° 視野を対象)

(2) 薄明視における桿体の寄与(主として 10° 視野を対象)

図 4.5 はその概念の一例を示したものである[7].

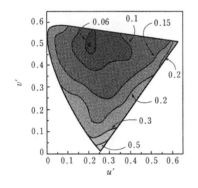

図 4.4 等 B/L 比曲線[6]

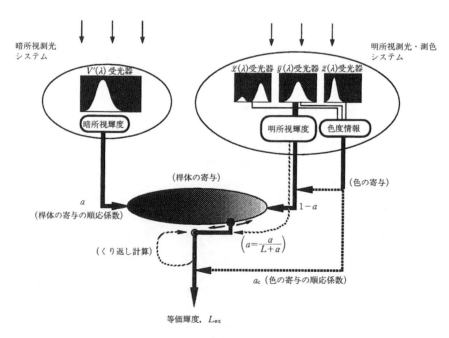

図 4.5 明るさに基づく CIE 補助測光システムの概念[7]

4.1 分光視感効率と測光システム

表 4.1 明るさに基づく測光システム (CIE で検討中のもの)

測光システム	特　徴
2-degree systems	
Guth et al. (1980)	輝度応答と 2 つの色応答のベクトル輝度
Yaguchi-Ikeda (1984)	非線形ベクトル輝度
Ware-Cowan (1983)	色度座標 x, y による B/L 比の多項式
Nakano et al. (1992)	R, G, B 錐体の対数結合
10-degree systems	
Palmer, 1 st (1968)	明所視輝度 L_{10} と暗所視輝度 L' の重み付き加算
Palmer, 2 nd (1981)	明所視輝度 L_{10} と暗所視輝度 L' の非線形加算
Kokoschka-Bodmann (1980)	測色 3 刺激値と暗所視輝度の線形結合, くり返し計算法
Nakano et al. (1986)	明所視輝度 L_{10} と暗所視輝度 L' の結合の後に色の寄与
Sagawa-Takeichi (1992)	明所視輝度 L に色の寄与を付加した後に暗所視輝度 L' と結合, くり返し計算法
Trezona (1989)	双曲線関数による明所視輝度と暗所視輝度の結合
Ikeda-Ashizawa (1991)	等価明度システム, 明所視明度と暗所視明度の結合に色の寄与

　明所視の測光・測色のシステムと暗所視の測光システムの 2 つのシステムを組み合わせたもので, 網膜の視細胞同様に 4 つの受光器を有する. 現在の輝度を中心に考えると, $\bar{y}(\lambda)$ から得られた明所視輝度に, まず色の寄与を表すために測色システムの三刺激値から色度情報を取り出し, その情報を用いて B/L 比や明るさ知覚における寄与の量を計算する. いくつかのモデルが提案されており, 表 4.1 の 2° システムに示すように Guth ら[8], Yaguchi と Ikeda[9], Ware と Cowan[10], 中野[11] など, それぞれ特徴あるシステムがある.

　薄明視における桿体の寄与 (プルキンエ効果) は, 暗所視輝度を計測してそのレベルに応じて明所視輝度との重みを変えて結合する. これは薄明視の測光システムの基本的な考えである. 重みの決定法が 1 つの問題となる. 重みは明所視輝度の関数とする考え方と, 最終的に求める等価輝度の関数とする考え方の 2 通りある. 後者の場合は重みと等価輝度の最終的な解が得られるまでくり返し計算を要する. もう 1 つの問題は, 色の寄与の起こる場所である. 図 4.5 に示したように薄明視レベルにおいては, 色の寄与は明所視システムと暗所視システムの結合の前の段階か後の段階か, システムを構成するうえで 1 つのポイントとなる. 薄明視の測光システムでは, このような点で考えの異なるいくつかのモデルが提案されている. 表 4.1 に 10° システムとして CIE が検討中のものを示す. Palmer[12,13], Kokoschka と Bodmann[14], Sagawa と Takeichi[15], Nakano と Ikeda[16], Trezona[17] らのモデルは光原色モード

の色光を対象とし, 一方, 物体色に関するモデルとしては Ikeda ら[18] のモデルが提案されている.

［佐川　賢］

文　献

1) Commission Internationale de l'Eclairage: Colorimetry, 2nd Edition, CIE Publication No. 15.2, CIE Central Bureau, Vienna, 1986
2) Commission Internationale de l'Eclairage: CIE 1988 2° Spectral Luminous Efficiency Function for Photopic Vision, CIE Publication No. 86, CIE Central Bureau, Vienna, 1990
3) Commission Internationale de l'Eclairage: Proceedings of the CIE 12th Session, Vol. III, 32-40, 1951
4) Commission Internationale de l'Eclairage: Spectral luminous efficiency functions based upon heterochromatic brightness matching for monochromatic point sources, 2° and 10° fields, CIE Publication No. 75, CIE Central Bureau, Vienna, 1988
5) K. Sagawa and K. Takeichi: Mesopic spectral luminous efficiency functions: Final experimental report, *Journal of Light and Visual Environment*, **11**, 22-29, 1987
6) M. Ayama and M. Ikeda: Brightness-to-luminance ratio, saturation and hue of colored lights (Advances in Color Vision Technical Digest) Optical Society of America, Washington D. C., Vol. 4, pp. 134-136, 1992
7) K. Sagawa: 70 years of CIE Photometry-Introductory paper, Proceedings of the CIE Symposiun on Advances in Photometry, CIE Publication x009, 1-6, 1994
8) S. L. Guth, R. W. Massof and T. Benzschawel: Vector model for normal and dichromatic color vision, *Journal of the Optical Society of America*, **70**, 450-462, 1980
9) 矢口博久, 池田光男：明るさ評価のための測光システム, 光学, **13**, 140-145, 1984
10) C. Ware and W. Cowan: Specification of heterochromatic brightness matches: A conversion factor

for calculating luminances of stimuli that are equal in brightness, NRC Pub. No. 26055, NRC Ottawa, 1983
11) 中野靖久: 明るさ知覚モデルとその個人データへの適用, 光学, **21**, 705-713, 1992
12) D. A. Palmer: Standard observer for large-field photometry at any level, *Journal of the Optical Society of America*, **58**, 1296-1299, 1968
13) Commission Internationale de l'Eclairage: Mesopic photometry: History, special problems, and practical solutions, CIE Publication No. 81, CIE Central Bureau, Vienna, 1989
14) S. Kokoschka and H. W. Bodmann: Ein konsistentes System zur photometrischen strahlungsbewertung im gesamten Adaptationsbereich, Proceedings of the CIE 18th Session, pp. 217-225, 1975
15) 中野靖久, 池田光男: 薄明視の明るさ知覚モデル, 光学, **15**, 295-302, 1986
16) K. Sagawa and K. Takeichi: System of mesopic photometry for evaluating lights in terms of comparative brightness relationships, *Journal of the Optical Society of America*, **A9**, 1240-1246, 1992
17) P. W. Trezona: A system of mesopic photometry, *Color Research and Application*, **16**, 202-216, 1991
18) M. Ikeda, C. C. Huang and S. Ashizawa: Equivalent lightness of colored objects at illuminances from the scotopic to the photopic level, *Color Research and Application*, **14** 198-206, 1989

4.2 表色システム

4.2.1 等　色

色を表記する方法には，色の見え方に基づいて表す方法である顕色系(4.3節参照)と，色光の混色により表す方法である混色系がある．混色系は光刺激の物理量から定量的に表色値を求めることができるので，広く活用されている．ここでは，この混色系による表色系について述べる．

混色による表色系は任意の色は独立な3つの色刺激の混色で等色できるという視覚の三色性を利用したものである．図4.6に示すように，色を表そうとするテスト刺激Cを一方の視野に提示し，他方に3つの原刺激，例えば赤 **R**，緑 **G**，青 **B** の刺激を混色して提示する．観測者は上下の視野の色が等しくなるように原刺激の赤，緑，青の量を調節する．この操作を等色と呼ぶ．このときの3つの原刺激の量 R, G, B を三刺激値(tristimulus value)と呼び，この三刺激値で色を表記する．原刺激には一般に赤，緑，青が用いられるので，このような表色系は一般的に RGB 表色系と呼ばれる．この等色を次式で表すこととする．

$$(\mathbf{C}) \equiv R(\mathbf{R}) + G(\mathbf{G}) + B(\mathbf{B}) \qquad (4.2.1)$$

このように色は三刺激値という3つの値で表現できるので，図4.7に示すように，この三刺激値を直交軸にとる空間に3次元表示することができる．色刺激Cのベクトルの方向が色の違いを表し，ベクトルの長さは刺激の強さを表す．色の違いのみを表す場合は，このベクトルの方向を単位平面と呼ばれる座標 $(1, 0, 0), (0, 1, 0), (0, 0, 1)$ の3点を含む平面と色刺激ベクトルの交点における三刺激値を用いて表すこととする．これは色度座標(chromaticity coordinates)と呼ばれ，色刺激の三刺激値から次式で与えられる．

$$r = \frac{R}{R+G+B} \qquad (4.2.2)$$

$$g = \frac{G}{R+G+B} \qquad (4.2.3)$$

$$b = \frac{B}{R+G+B} \qquad (4.2.4)$$

色度座標は $r+g+b=1$ の関係があるので，r, g, b のうちの2つの値が用いられ，一般には (r, g) として記述される．

また，色刺激Cの分光エネルギー分布 $P(\lambda)$ と3つの原刺激による混色光の分光エネルギー分布 $M(\lambda)$ が異なっていても等色は成立する．これは条件等色(metamerism)と呼ばれる．これは，等色が多次元空間から3次元空間への射影であることを意味している．

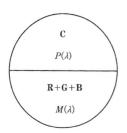

図4.6　等色実験

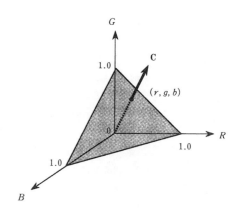

図4.7　RGB表色系の色空間と色度座標

さて，同じテスト刺激 C を別の 3 つの原刺激の組み合わせ，赤 $\mathbf{R}'$，緑 $\mathbf{G}'$，青 $\mathbf{B}'$ を用いて等色すると，どうなるであろう．当然その三刺激値は異なり，それは次式で表現される．

$$(\mathbf{C}) \equiv R'(\mathbf{R}') + G'(\mathbf{G}') + B'(\mathbf{B}') \quad (4.2.5)$$

$\mathbf{R}, \mathbf{G}, \mathbf{B}$ を原刺激に用いた場合の三刺激値 R, G, B と $\mathbf{R}', \mathbf{G}', \mathbf{B}'$ を原刺激に用いた場合での三刺激値 R', G', B' の値は異なるものとなる．そこで，これらの間の関係を求めてみよう．まず，$\mathbf{R}', \mathbf{G}', \mathbf{B}'$ がどのような刺激なのかを記述するため，$\mathbf{R}', \mathbf{G}', \mathbf{B}'$ の RGB 表色系での色度座標をそれぞれ $(r_{\mathrm{R}'}, g_{\mathrm{R}'}, b_{\mathrm{R}'})$, $(r_{\mathrm{G}'}, g_{\mathrm{G}'}, b_{\mathrm{G}'})$, $(r_{\mathrm{B}'}, g_{\mathrm{B}'}, b_{\mathrm{B}'})$ とする．すると，RGB 表色系における単位平面上の $\mathbf{R}', \mathbf{G}', \mathbf{B}'$ 原刺激は RGB 表色系で次式のように表現できる．

$$(\mathbf{R}') \equiv r_{\mathrm{R}'}(\mathbf{R}) + g_{\mathrm{R}'}(\mathbf{G}) + b_{\mathrm{R}'}(\mathbf{B}) \quad (4.2.6)$$
$$(\mathbf{G}') \equiv r_{\mathrm{G}'}(\mathbf{R}) + g_{\mathrm{G}'}(\mathbf{G}) + b_{\mathrm{G}'}(\mathbf{B}) \quad (4.2.7)$$
$$(\mathbf{B}') \equiv r_{\mathrm{B}'}(\mathbf{R}) + g_{\mathrm{B}'}(\mathbf{G}) + b_{\mathrm{B}'}(\mathbf{B}) \quad (4.2.8)$$

式 (4.2.6)～(4.2.8) を式 (4.2.5) に代入すると，

$$\begin{aligned}(\mathbf{C}) &\equiv R' k_{\mathrm{R}'} \{r_{\mathrm{R}'}(\mathbf{R}) + g_{\mathrm{R}'}(\mathbf{G}) + b_{\mathrm{R}'}(\mathbf{B})\} \\ &+ G' k_{\mathrm{G}'} \{r_{\mathrm{G}'}(\mathbf{R}) + g_{\mathrm{G}'}(\mathbf{G}) + b_{\mathrm{G}'}(\mathbf{B})\} \\ &+ B' k_{\mathrm{B}'} \{r_{\mathrm{B}'}(\mathbf{R}) + g_{\mathrm{B}'}(\mathbf{G}) + b_{\mathrm{B}'}(\mathbf{B})\} \\ &\equiv (R' k_{\mathrm{R}'} r_{\mathrm{R}'} + G' k_{\mathrm{G}'} r_{\mathrm{G}'} + B' k_{\mathrm{B}'} r_{\mathrm{B}'})(\mathbf{R}) \\ &+ (R' k_{\mathrm{R}'} g_{\mathrm{R}'} + G' k_{\mathrm{G}'} g_{\mathrm{G}'} + B' k_{\mathrm{B}'} g_{\mathrm{B}'})(\mathbf{G}) \\ &+ (R' k_{\mathrm{R}'} b_{\mathrm{R}'} + G' k_{\mathrm{G}'} b_{\mathrm{G}'} + B' k_{\mathrm{B}'} b_{\mathrm{B}'})(\mathbf{B}) \end{aligned}$$
$$(4.2.9)$$

ここで，$k_{\mathrm{R}'}, k_{\mathrm{G}'}, k_{\mathrm{B}'}$ は $\mathbf{R}'\mathbf{G}'\mathbf{B}'$ 表色系の三刺激値の単位のとり方で決まる係数である．式 (4.2.1) と式 (4.2.9) はいかなる刺激 (C) についても成立しなければならないので，三刺激値の項が等しくなることから，次式が得られる．

$$R = R' k_{\mathrm{R}'} r_{\mathrm{R}'} + G' k_{\mathrm{G}'} r_{\mathrm{G}'} + B' k_{\mathrm{B}'} r_{\mathrm{B}'} \quad (4.2.10)$$
$$G = R' k_{\mathrm{R}'} g_{\mathrm{R}'} + G' k_{\mathrm{G}'} g_{\mathrm{G}'} + B' k_{\mathrm{B}'} g_{\mathrm{B}'} \quad (4.2.11)$$
$$B = R' k_{\mathrm{R}'} b_{\mathrm{R}'} + G' k_{\mathrm{G}'} b_{\mathrm{G}'} + B' k_{\mathrm{B}'} b_{\mathrm{B}'} \quad (4.2.12)$$

これらを行列で表せば，

$$\begin{bmatrix} R \\ G \\ B \end{bmatrix} = \begin{bmatrix} r_{\mathrm{R}'} & r_{\mathrm{G}'} & r_{\mathrm{B}'} \\ g_{\mathrm{R}'} & g_{\mathrm{G}'} & g_{\mathrm{B}'} \\ b_{\mathrm{R}'} & b_{\mathrm{G}'} & b_{\mathrm{B}'} \end{bmatrix} \begin{bmatrix} k_{\mathrm{R}'} R' \\ k_{\mathrm{G}'} G' \\ k_{\mathrm{B}'} B' \end{bmatrix} \quad (4.2.13)$$

$$\begin{bmatrix} R' \\ G' \\ B' \end{bmatrix} = \begin{bmatrix} \dfrac{1}{k_{\mathrm{R}'}} & 0 & 0 \\ 0 & \dfrac{1}{k_{\mathrm{G}'}} & 0 \\ 0 & 0 & \dfrac{1}{k_{\mathrm{B}'}} \end{bmatrix} \begin{bmatrix} r_{\mathrm{R}'} & r_{\mathrm{G}'} & r_{\mathrm{B}'} \\ g_{\mathrm{R}'} & g_{\mathrm{G}'} & g_{\mathrm{B}'} \\ b_{\mathrm{R}'} & b_{\mathrm{G}'} & b_{\mathrm{B}'} \end{bmatrix}^{-1} \begin{bmatrix} R \\ G \\ B \end{bmatrix}$$
$$(4.2.14)$$

となる．このように，原刺激が異なる表色系の三刺激値の間の関係は線形変換で表現できるという重要な関係が導き出される．

同じ色刺激を等色するにしても，用いる 3 つの原刺激によって三刺激値は異なるので，標準的に用いるためには原刺激の統一とその単位と尺度を決める必要がある．国際照明委員会 (CIE) では，700 nm，546.1 nm，435.8 nm の 3 種類の単色光を原刺激に用いることに決めた．また三刺激値の単位の決定には等エネルギー白色，つまりどの波長でもエネルギーの等しい分光エネルギー分布をもつ光刺激が用いられた．この等エネルギー白色を 3 つの原刺激の混色により等色したときのそれぞれの三刺激値 R_{W}, $G_{\mathrm{W}}, B_{\mathrm{W}}$ が等しくなるように三刺激値の単位を決めた．つまり，

$$R_{\mathrm{W}} = G_{\mathrm{W}} = B_{\mathrm{W}} \quad (4.2.15)$$

とした．等エネルギー白色と等色するこれら 3 つの原刺激の輝度比は，

$$L_{\mathrm{R}} : L_{\mathrm{G}} : L_{\mathrm{B}} = 1 : 4.5907 : 0.0601 \quad (4.2.16)$$

となり，これらの数値は明度係数と呼ばれる．ちなみに，エネルギー比にすると，

$$E_{\mathrm{R}} : E_{\mathrm{G}} : E_{\mathrm{B}} = 72.096 : 1.379 : 1 \quad (4.2.17)$$

となる．

CIE では標準的な観測者を規定し，その等色実験の結果を標準的な値として採用した．これには Wright[1] と Guild[2] が行った等色実験のデータが用いられた．このときのテスト刺激には単色光が用いられた．連続な分光放射分布をもった光は単色光の混ざり合ったものと考えることができるので，ある光放射の各三刺激値はそれを構成する単色光の各三刺激値の足し合わせで表現できる．これは等色におけるグラスマンの加法則に基づくものである．したがって，この単色光に対する原刺激の三刺激値を単位エネルギー当たりについて与えておくと，計算が便利になる．この単位エネルギー当たりの単色光に対する各原刺激の三刺激値を波長の関数として表したものを等色関数 (color matching function) と呼ぶ．図 4.8 は CIE の RGB 表色系の等色関数である．いま，ある色刺激の分光放射分布 $S(\lambda)$ がわかれば，その色刺激の三刺激値 R, G, B は等色関数 $\bar{r}(\lambda), \bar{g}(\lambda), \bar{b}(\lambda)$ を用いて次式で与えられる．

$$R = \int S(\lambda) \bar{r}(\lambda) d\lambda \quad (4.2.18)$$
$$G = \int S(\lambda) \bar{g}(\lambda) d\lambda \quad (4.2.19)$$
$$B = \int S(\lambda) \bar{b}(\lambda) d\lambda \quad (4.2.20)$$

単色光の色度座標は図 4.9 で示される (r, g) 色度図

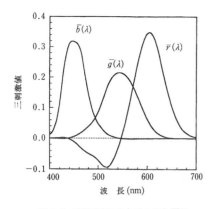

図4.8 CIE RGB表色系の等色関数

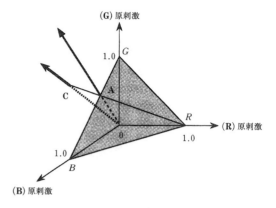

図4.10 負の三刺激値の説明図

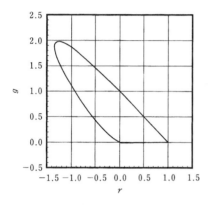

図4.9 CIE RGB表色系の色度図

の曲線上になる．この曲線はスペクトル軌跡と呼ばれる．また，可視スペクトル域の両端の波長を結んだ直線は純紫軌跡と呼ばれる．すべての色刺激は単色光の集まりと考えることができるので，このスペクトル軌跡と純紫軌跡を結んだ図形の内部に位置することになる．B原刺激，G原刺激，R原刺激はそれぞれ座標 (0,0), (0,1), (1,0) で示される．これらの原刺激の混色によってできる色刺激はこの3点を結ぶ三角形の内部に色度座標をもつものに限られる．しかし，スペクトル光を含め三角形の外側にも色刺激は存在する．これは負の三刺激値を導入することによって説明される．いま図4.10に示すように，原刺激R，G，Bの色度座標を結ぶ三角形の外側に位置する色刺激Cを考える．もし，色刺激Cに原刺激Rを混色すると，その混色光の色度座標はCとRを結ぶ線分上に位置する．同様に原刺激Gと原刺激Bによる混色光はGとBを結ぶ線分上になる．したがって，この2つの線分の交点Aではこれらの混色光が等色することになる．これを式で表現すると次式のようになる．

$$(\mathbf{C}) + R(\mathbf{R}) \equiv G(\mathbf{G}) + B(\mathbf{B}) \qquad (4.2.21)$$

この式の原刺激Rの部分を右辺に移行すると，次式のように表現できる．

$$(\mathbf{C}) \equiv -R(\mathbf{R}) + G(\mathbf{G}) + B(\mathbf{B}) \qquad (4.2.22)$$

すなわち，等色しようとする色刺激に加える原刺激の三刺激値は負の値として表現される．このように，実在する色刺激を原刺激に用いた表色系では必ず負の三刺激値が存在することになる．これは，異なる錐体の分光感度曲線が可視波長域において完全に分離することなく，オーバーラップしていることに起因している．

4.2.2 CIE表色系

RGB表色系は実際の色光を原刺激に用いているので等色の原理や表色系の原理を理解するには便利であるが，実際にこれを活用するとなると，種々不便な点もある．まず第1点は，前項で述べたように，RGB表色系は実在する色刺激を原刺激に用いているため負の三刺激値が現れてしまう．第2点は，測色値と測光量の関係が直接的でないことである．三刺激値から輝度L_vを求めるには，式 (4.2.16) の明度係数を利用して，

$$L_v = R + 4.5907G + 0.0601B \qquad (4.2.23)$$

という変換をしなければならない．そこで，CIEでは1931年に，利便性を考えた表色系としてRGB表色系に数学的変換を施したXYZ表色系を制定された．これは一般にCIE 1931表色系と呼ばれている．

XYZ表色系では，まず第1点を解決するために，図4.9のスペクトル軌跡をすべて含むような三角形の頂点に色度座標をもつような原刺激を用いた．この原刺激のようにスペクトル軌跡の外側は実在しな

い色なので虚色刺激と呼ばれる.

第2の問題については,2つの原刺激を輝度が0の面にとることにした.この面は式(4.2.23)の値が0となる面であり,無輝面と呼ばれる.このようにすると,1つの三刺激値だけで輝度が表せることになる.具体的には,X原刺激とZ原刺激を無輝面にとり,Y原刺激を輝度の軸にとることによって,三刺激値 Y だけで輝度を表すことにした.

さらに原刺激の色度座標を結ぶ三角形がスペクトル軌跡に外接するようにして,新しい色度図ができるだけ広い範囲になるようにした.このように種々の操作を行い,最終的に,X原刺激,Y原刺激,Z原刺激のRGB表色系における色度座標を以下のように決めた.

X原刺激;$(r_X, g_X, b_X) = (1.2750, -0.2778, 0.0028)$
(4.2.24)

Y原刺激;$(r_Y, g_Y, b_Y) = (-1.7392, 2.7671, -0.0279)$
(4.2.25)

Z原刺激;$(r_Z, g_Z, b_Z) = (-0.7431, 0.1409, 1.6022)$
(4.2.26)

XYZ表色系においても,等エネルギー白色において $X_W = Y_W = Z_W$ になるように三刺激値の単位を決めている.最終的に,RGB表色系の三刺激値からXYZ表色系の三刺激値の変換は,表色系の変換式(4.2.14)を用いて,次式で表される.

$$\begin{bmatrix} X \\ Y \\ Z \end{bmatrix} = \begin{bmatrix} 2.7690 & 1.7517 & 1.1301 \\ 1.0000 & 4.5907 & 0.0601 \\ 0.0000 & 0.0565 & 5.5928 \end{bmatrix} \begin{bmatrix} R \\ G \\ B \end{bmatrix}$$
(4.2.27)

XYZ表色系の等色関数についても,同様に式(4.2.27)を用いて,RGB表色系の等色関数から以下の色で求められる.

$$\begin{bmatrix} \bar{x}(\lambda) \\ \bar{y}(\lambda) \\ \bar{z}(\lambda) \end{bmatrix} = \begin{bmatrix} 2.7690 & 1.7517 & 1.1301 \\ 1.0000 & 4.5907 & 0.0601 \\ 0.0000 & 0.0565 & 5.5928 \end{bmatrix} \begin{bmatrix} \bar{r}(\lambda) \\ \bar{g}(\lambda) \\ \bar{b}(\lambda) \end{bmatrix}$$
(4.2.28)

XYZ表色系の等色関数を図4.11に示す.ここで,等色関数 $\bar{y}(\lambda)$ は,定義から明所視の標準分光視感効率関数CIE $V(\lambda)$ に一致する.

分光放射分布 $S(\lambda)$ をもった光源の三刺激値 X, Y, Z は

$$X = k \int S(\lambda) \bar{x}(\lambda) d\lambda \qquad (4.2.29)$$

$$Y = k \int S(\lambda) \bar{y}(\lambda) d\lambda \qquad (4.2.30)$$

$$Z = k \int S(\lambda) \bar{z}(\lambda) d\lambda \qquad (4.2.31)$$

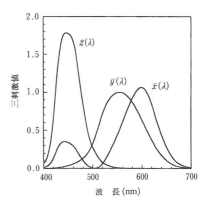

図4.11 CIE 1931 XYZ表色系の等色関数

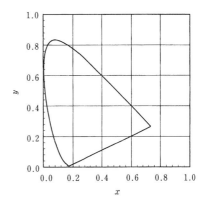

図4.12 CIE 1931 XYZ表色系の色度図

となる.ここで k は定数であり,照明の光源やCRTディスプレイのように自ら発光する光源色と,一般物,写真,印刷のような物体色ではこの定数の扱い方が異なる.光源色の場合は最大視感効率を係数にとり,

$$k = 683 \, (\mathrm{lm/W}) \qquad (4.2.32)$$

となる.物体色の場合は,物体表面に光源からの光が反射して眼に入るので,光源の分光放射分布を $E(\lambda)$,物体の分光反射率を $\rho(\lambda)$ とすると,$S(\lambda) = E(\lambda)\rho(\lambda)$ となる.この場合は,

$$k = \frac{100}{\int E(\lambda) \bar{y}(\lambda) d\lambda} \qquad (4.2.33)$$

を用いる.つまり,反射物体の中で一番白いものは $\rho(\lambda) = 1$ である完全拡散反射面であり,この Y 値が100となるように正規化する.この場合の Y の値はルミナンスファクターと呼ばれる.

また,色度座標は次式で求められる.

$$x = \frac{X}{X + Y + Z} \qquad (4.2.34)$$

$$y = \frac{Y}{X+Y+Z} \quad (4.2.35)$$

$$z = \frac{Z}{X+Y+Z} \quad (4.2.36)$$

色度図は図 4.12 に示すように，色度座標の x を横軸にとり，y を縦軸にとって表現する．これは xy 色度図と呼ばれる．一般に，XYZ 表色系で色を表記する場合は，Y と (x, y) が用いられる．

また，CIE では 2 つの視野サイズに対しての表色系を制定している．これまで述べてきた CIE 1931 表色系は 2° 視野の表色系である．通常われわれが物を見る場合は，眼球運動によりつねに狭い視野の色をサンプリングしながら見ているので，CIE 1931 表色系がよく用いられている．一般には断らない限り，XYZ 表色系といえば 2° 視野の CIE 1931 表色系のことをさす．しかし，均一の広い視野の色を評価するときや，部屋全体を照明する光源の演色性の評価などには広い視野についての表色系が必要になる．なぜなら，網膜の中心窩の前に黄斑色素という短波長光を吸収する色素があり，中心部だけを使うような小さな視野と黄斑色素のない部分までカバーするような大きな視野では色の見え方も異なるからである．そこで CIE では広い視野のための表色系として 10° 視野の表色系を 1964 年に制定した．これは CIE 1964 表色系と呼ばれる．10° 視野の等色関数については，主に Stiles と Burch[3] の等色関数をもとにしており，これは $\bar{x}_{10}(\lambda)$, $\bar{y}_{10}(\lambda)$, $\bar{z}_{10}(\lambda)$ と表記され，その色度座標は (x_{10}, y_{10}) で表される．

4.2.3 均等色空間と色差

XYZ 表色系の各三刺激値は光刺激のエネルギーに比例する尺度である．一般に人間の感覚量と物理量の関係は非線形であることが多く，光や色の感覚においても例外でない．すなわち，物理量に比例した尺度で表される XYZ 色空間は人間の感覚量のスケールに対応していない．図 4.13 は MacAdam の楕円[4]と呼ばれるもので，25 の色度点において色が識別できる色度図上での範囲を求めたものである．これらの楕円はその中心の色度をもつ色刺激を参照刺激として等色実験を 50 回くり返し，その等色点のばらつきを (x, y) 色度図に楕円として表示したものである．ただし，楕円のサイズは見やすいように 10 倍に拡大して表示してある．もし，(x, y) 色度図が色識別に対して均等であれば，どの色度点でも同じサイズの円になるはずであるが，この図から均等でないことは明らかである．

そこで，この楕円が同じ大きさをもち，しかも円形に近くなるような色度座標の変換が試みられ，現在は 1976 年に採用された (u', v') 色度図が均等色

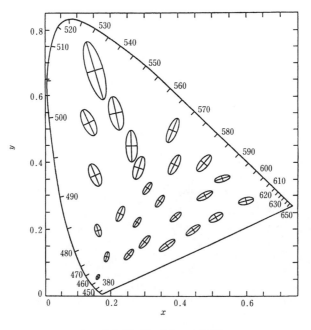

図 4.13　MacAdam の楕円[4]

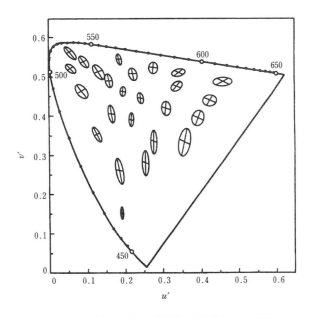

図 4.14 CIE (u', v') 均等色度図と MacAdam の楕円[5]

度図 (UCS 色度図, uniform chromaticity scale diagram) として用いられている. (x, y) から (u', v') の変換式を次式に示し, 図 4.14[5] にその色度図を MacAdam の楕円とともに示す.

$$u' = \frac{4X}{X + 15Y + 3Z} = \frac{4x}{-2x + 12y + 3} \quad (4.2.37)$$

$$v' = \frac{9Y}{X + 15Y + 3Z} = \frac{9y}{-2x + 12y + 3} \quad (4.2.38)$$

均等色度図では等明るさ面についての色識別を取り扱っているのにすぎない. そこで, これを明るさの異なるところまで拡張し, つまり 3 次元の色空間において色差を評価できるような均等色空間 (uniform color space) が考案された. 現在は 1976 年に制定された次の 2 つの均等色空間が用いられている.

その 1 つは, CIE 1976 $L^*u^*v^*$ 色空間 (CIELUV) であり, 次式で定義される量を直交座標にプロットすることにより得られる近似的な均等色空間である.

$$L^* = 116 \left(\frac{Y}{Y_n}\right)^{\frac{1}{3}} - 16, \quad \frac{Y}{Y_n} > 0.008856 \quad (4.2.39)$$

$$L^* = 903.25 \left(\frac{Y}{Y_n}\right), \quad \frac{Y}{Y_n} \leq 0.008856 \quad (4.2.40)$$

$$u^* = 13L^*(u' - u'_n) \quad (4.2.41)$$

$$v^* = 13L^*(v' - v'_n) \quad (4.2.42)$$

この均等色空間は物体色にだけ適用できるものであり, Y, u', v' は対象とする色刺激のもので, Y_n, u'_n, v'_n は基準白色面の Y 値および u', v' 値である. L^* は CIE 1976 明度 (lightness) と呼ばれる.

もう 1 つは CIE 1976 $L^*a^*b^*$ 色空間 (CIELAB) であり, L^* については CIELUV と同じ定義であり, これに加え次式で定義される a^*, b^* を直交軸にもつ近似的な均等色空間である.

$$a^* = 500 \left\{\left(\frac{X}{X_n}\right)^{\frac{1}{3}} - \left(\frac{Y}{Y_n}\right)^{\frac{1}{3}}\right\} \quad (4.2.43)$$

$$b^* = 200 \left\{\left(\frac{Y}{Y_n}\right)^{\frac{1}{3}} - \left(\frac{Z}{Z_n}\right)^{\frac{1}{3}}\right\} \quad (4.2.44)$$

ただし, $X/X_n, Y/Y_n, Z/Z_n > 0.008856$ である. CIELAB も物体色にだけ適用され, X, Y, Z は対象とする色刺激のもので, X_n, Y_n, Z_n は基準白色面の X, Y, Z 値である. a^* は正が赤, 負が緑, b^* は正が黄, 負が青とそれぞれ反対色性を示している.

CIELUV, CIELAB は本来その定義から物体色にのみ適用できるものであるが, CRT などの発光型の画像ディスプレイでも再現できる色の範囲に制限があるので, そのディスプレイの最大出力の白色を基準白色と拡大解釈して, 用いられている.

CIELUV, CIELAB ではこれらの色空間における 2 つの色刺激間の距離で色差 (color difference) を表し, それぞれ次式で定義される.

$$\Delta E^*_{uv} = \{(\Delta L^*)^2 + (\Delta u^*)^2 + (\Delta v^*)^2\}^{1/2} \quad (4.2.45)$$

$$\Delta E^*_{ab} = \{(\Delta L^*)^2 + (\Delta a^*)^2 + (\Delta b^*)^2\}^{1/2} \quad (4.2.46)$$

また，明度のほかにも，色の見えを表すために以下のような量がそれぞれの均等色空間で定義されている．

飽和度：$s_{uv}=13\{(u'-u'_n)^2+(v'-v'_n)^2\}$ (4.2.47)

クロマ：$C^*_{uv}=(u^{*2}+v^{*2})^{1/2}=L^*s_{uv}$ (4.2.48)

$C^*_{ab}=(a^{*2}+b^{*2})^{1/2}$ (4.2.49)

色相角：$h_{uv}=\arctan\left(\dfrac{v'-v'_u}{u'-u'_n}\right)=\arctan\left(\dfrac{v^*}{u^*}\right)$ (4.2.50)

$h_{ab}=\arctan\left(\dfrac{b^*}{a^*}\right)$ (4.2.51)

さらに，2色間の色差における色相成分の差として，以下の色相差が定義されている．

$\Delta H^*_{uv}=\{(\Delta E^*_{uv})^2-(\Delta L^*)^2-(\Delta C^*_{uv})^2\}^{1/2}$ (4.2.52)

$\Delta H^*_{ab}=\{(\Delta E^*_{ab})^2-(\Delta L^*)^2-(\Delta C^*_{ab})^2\}^{1/2}$ (4.2.53)

ここで，$\Delta L^*, \Delta C^*$ はそれぞれ2色間の明度差，クロマ差である．すなわち，色差は明度差，クロマ差，色相差を用いて，次式のように表現することができる．

$\Delta E^*_{uv}=\{(\Delta L^*)^2+(\Delta C^*_{uv})^2+(\Delta H^*_{uv})^2\}^{1/2}$ (4.2.54)

$\Delta E^*_{ab}=\{(\Delta L^*)^2+(\Delta C^*_{ab})^2+(\Delta H^*_{ab})^2\}^{1/2}$ (4.2.55)

また，ΔL^*_{ab} の改良型として，色差式の各成分 $\Delta L^*, \Delta C^*, \Delta H^*$ に異なる重みを用いた色差式がCIEから1994年に提案されている[6]．これはCIE 94色差式と呼ばれ，次式で表される．

$\Delta E^*_{94}=\left\{\left(\dfrac{\Delta L^*}{k_L S_L}\right)^2+\left(\dfrac{\Delta C^*_{ab}}{k_C S_C}\right)^2+\left(\dfrac{\Delta H^*_{ab}}{k_H S_H}\right)^2\right\}^{1/2}$ (4.2.56)

ここで，S_L, S_C, S_H は重み関数であり，次式で与えられる．

$S_L=1$ (4.2.57)

$S_C=1+0.045 C^*_{ab}$ (4.2.58)

$S_H=1+0.015 C^*_{ab}$ (4.2.59)

また，係数 k_L, k_C, k_H は観察条件に応じて決定されるものであるが，CIEが色差を評価するために設けた基準条件では $k_L=k_C=k_H=1$ をとる．この基準条件は以下のようになっている．

・照明にはCIE D65 を近似させた分光放射輝度を有する光源を用いる．
・照度は1000 lxとする．
・背景は $L^*=50$ の灰色とする．
・物体色モードとする．
・サンプルのサイズは4°以上とする．
・比較するサンプルどうしは隣接する．
・サンプル間の色差は $\Delta E^*_{ab}<5$ とする．
・サンプル表面は均一の色とする．

4.2.4 色の見えモデル

CIEのXYZ表色系に代表される三刺激値による色表示は，2つの色刺激が同一の観察条件において同じ三刺激値をもつなら，その2つの色刺激は同じ色であること，つまり等色を保証するものである．言い換えれば，色のアドレスを表示するものであり，それがどのような色であるかを記述するものではない．均等色空間は光刺激の物理量とそれに対する知覚量の間に非線形性を導入したことや，照明の条件で三刺激値を規格化することにより視覚系の順応を導入したことにより色空間の均等性をXYZ表色系よりははるかに優れたものにした．さらに，クロマや色相角など色の見えに関連する定量化も行っているが，多様な環境の変化での色の見えを表現するまでには至っていない．

色の見えモデルは，照明などのある環境におかれた対象物の三刺激値から，その色の見えを予測するものである．色の見えを表す関係量としては明るさ (brightness)，明度 (lightness)，カラフルネス (colorfulness)，クロマ (chroma)，飽和度 (saturation)，色相 (hue) など観察者による主観的な量である．したがって，モデルへの入力データは対象物の三刺激値のほか，その環境における基準白色の三刺激値，照明の照度，対象物の周囲の状態を表すパラメーターなどが用いられ，出力として色の見えを表す関係量が得られる．

提案されている色の見えのモデルとしては，Huntのモデル[7]，Nayataniのモデル[8]，Guthのモデル[9]，FairchildのRLABモデル[10]，LuoらのLLABモデル[11]がよく知られている．これらの構造はそれぞれ異なるが，基本的には次に示す流れに沿っている．

(1) 三刺激値から錐体応答への変換
(2) 明るさ順応および色順応を考慮する
(3) 錐体の入出力特性に非線形性を導入
(4) 反対色過程を導入
(5) 色の見えの関係量を導く

色の見えのモデルを逆にたどっていくと，ある環境におけるある色の見えを得るための三刺激値を求めることができる．つまり，ある環境での色の見えと同じ色を別の環境で見せるための三刺激値に変換することができる．異なる環境での色の見えが同じになる三刺激値の関係は対応色と呼ばれる．この対

4.2 表色システム

表4.2 CIECAM 97 s における観察条件による種々のパラメーター

観察条件	c	N_c	F_{LL}	F
平均的な周辺，サンプルの視角 >4°	0.69	1.0	0.0	1.0
平均的な周辺	0.69	1.0	1.0	1.0
薄暗い周辺	0.59	1.1	1.0	0.9
暗黒周辺	0.525	0.8	1.0	0.9
(ライティングボックスの上の)透過原稿	0.41	0.8	1.0	0.9

応色を求めることは，画像工学における異なる環境での色再現あるいは色温度の異なる光源の演色性の評価などに有効な手段となるので，色の見えモデルの国際的規格化が進められている．CIE ではこれまで提案されている種々の色の見えモデルを包括的にした暫定的に組み込んだ色の見えモデルを1997年に発表した．ここでは，このモデルのうち単純形式モデルである CIECAM 97 s[12] について紹介する．

CIECAM 97 s の入力データは順応視野の輝度 L_A (単位 cd/m^2，通常順応視野に置かれた白色の輝度の20%を用いる)，原条件におけるサンプルの相対三刺激値 X, Y, Z，原条件における原白色の相対三刺激値 X_w, Y_w, Z_w，原条件における原背景の相対輝度 Y_b である．これに加えて，周辺の影響を表す係数 c，色誘導ファクター N_c，明度コントラストファクター F_{LL}，順応度合いを表すファクター F を表4.2に示すガイドラインに従って選ぶ．すべての CIE 三刺激値は CIE 1931 表色系の等色関数から求める．背景は対象とする刺激に隣接した領域とし，周辺は視野の残りの部分として定義する．対象とするシーンのなかの白色の20%と同等あるいはそれ以上の周辺の相対輝度を平均とし，20%以下を薄暗い (dim) とし，約0%を暗黒と考える．

まず，最初の色順応変換として原観察条件から等エネルギー照明による観察条件での対応色への変換をする．まず，サンプルと白色の三刺激値を規格化して，それら三刺激値を式 (4.2.60)，(4.2.61) を用いて，錐体応答へ変換する．

$$\begin{bmatrix} R \\ G \\ B \end{bmatrix} = M_B \begin{bmatrix} X/Y \\ Y/Y \\ Z/Y \end{bmatrix} \quad (4.2.60)$$

$$M_B = \begin{bmatrix} 0.8951 & 0.2664 & -0.1614 \\ -0.7501 & 1.7135 & 0.0367 \\ 0.0389 & -0.0685 & 1.0296 \end{bmatrix}$$

$$M_B^{-1} = \begin{bmatrix} 0.9870 & -0.1471 & 0.1600 \\ 0.4323 & 0.5184 & 0.0493 \\ -0.0085 & 0.0400 & 0.9685 \end{bmatrix} \quad (4.2.61)$$

色順応変換は von Kries の順応モデルを修正したもので，式 (4.2.62)～(4.2.65) で示されるような短波長感チャンネルに指数関数の非線形性を導入したものである．さらに，変数 D で順応の度合いを調整する．D は完全順応あるいは照明を考慮しない場合(反射物体が典型的なケースである)は1.0にする．順応が起こらない場合は D を0.0にする．不完全順応の場合は D は中間的な値をとる．式 (4.2.66) はさまざまな輝度レベル，周辺条件による D の計算式である．

$$R_c = [D(1.0/R_w) + 1 - D]R \quad (4.2.62)$$
$$G_c = [D(1.0/G_w) + 1 - D]G \quad (4.2.63)$$
$$B_c = [D(1.0/B_w^p) + 1 - D]|B|^p \quad (4.2.64)$$
$$p = (B_w/1.0)^{0.0834} \quad (4.2.65)$$
$$D = F - \frac{F}{1 + 2(L_A^{1/4}) + (L_A^2)/300} \quad (4.2.66)$$

もし B が負の値をとった場合，B_c も負にする．後の計算で出てくることであるが，原白色についても同様に扱う．後で行う計算の前に式 (4.2.67)～(4.2.71) に示すさまざまなファクターを計算する必要がある．これらには，背景による誘導ファクター n，背景による明るさ誘導ファクター N_{bb}，色による明るさ誘導ファクター N_{cb}，そして指数関数による非線形変換式の基数 z がある．

$$k = \frac{1}{5L_A + 1} \quad (4.2.67)$$
$$F_L = 0.2k^4(5L_A) + 0.1(1-k^4)^2(5L_A)^{1/3} \quad (4.2.68)$$
$$n = \frac{Y_b}{Y_w} \quad (4.2.69)$$
$$N_{bb} = N_{cb} = 0.725\left(\frac{1}{n}\right)^{0.2} \quad (4.2.70)$$
$$z = 1 + F_{LL}n^{1/2} \quad (4.2.71)$$

非線形応答圧縮の前に，サンプルと原白色の順応後の信号を次式を用いて錐体応答へ変換する．

$$\begin{bmatrix} R' \\ G' \\ B' \end{bmatrix} = M_H M_B^{-1} \begin{bmatrix} R_c Y \\ G_c Y \\ B_c Y \end{bmatrix} \quad (4.2.72)$$

$$M_H = \begin{bmatrix} 0.38971 & 0.68898 & -0.07868 \\ -0.22981 & 1.18340 & 0.04641 \\ 0.00 & 0.00 & 1.00 \end{bmatrix}$$

$$M_H^{-1} = \begin{bmatrix} 1.9102 & -1.1121 & 0.2019 \\ 0.3710 & 0.6291 & 0.00 \\ 0.00 & 0.00 & 1.00 \end{bmatrix} \quad (4.2.73)$$

順応後の錐体応答(サンプルと白色両者とも)は次式を用いて計算される.

$$R'_a = \frac{40(F_L R'/100)^{0.73}}{(F_L R'/100)^{0.73}+2}+1 \quad (4.2.74)$$

$$G'_a = \frac{40(F_L G'/100)^{0.73}}{(F_L G'/100)^{0.73}+2}+1 \quad (4.2.75)$$

$$B'_a = \frac{40(F_L B'/100)^{0.73}}{(F_L B'/100)^{0.73}+2}+1 \quad (4.2.76)$$

色の見えの関係量として, まず赤-緑, 黄-青の反対色次元の予備的な値を次式で計算する.

$$a = R'_a - \frac{12G'_a}{11} + \frac{B'_a}{11} \quad (4.2.77)$$

$$b = \frac{1}{9}(R'_a + G'_a - 2B'_a) \quad (4.2.78)$$

次に色相角を a, b から次式を用いて計算する.

$$h = \tan^{-1}\left(\frac{b}{a}\right) \quad (4.2.79)$$

hue quadrature H と離心率ファクター e は, 以下に示すユニークヒューで区切られた間において線形補間をして計算する.

Red: $h=20.14$, $e=0.8$, $H=0$ or 400,
Yellow: $h=90.00$, $e=0.7$, $H=100$,
Green: $h=164.25$, $e=1.0$, $H=200$,
Blue: $h=237.534$, $e=1.2$, $H=300$

次に, 次式により任意の色相角の e と H を計算する. ここで, 添え字の 1,2 はそれぞれ対象としている色相をはさむ両端のユニーク色相の低いほうと高いほうを示している.

$$e = e_1 + \frac{(e_2 - e_1)(h - h_1)}{h_2 - h_1} \quad (4.2.80)$$

$$H = H_1 + \frac{100(h - h_1)/e_1}{(h - h_1)/e_1 + (h_2 - h)/e_2} \quad (4.2.81)$$

無彩色応答はサンプル, 白色ともに次式を用いて計算する.

$$A = \left\{2R'_a + G'_a + \frac{1}{20}B'_a - 2.05\right\}N_{bb} \quad (4.2.82)$$

明度 J は, サンプルの無彩色応答 A と白色の無彩色応答 A_w から次式を用いて計算する.

$$J = 100\left(\frac{A}{A_w}\right)^{cz} \quad (4.2.83)$$

明るさ Q は, 明度と白色の無彩色応答から次を用いて計算する.

$$Q = \frac{1.24}{c}\left(\frac{J}{100}\right)^{0.67}(A_w + 3)^{0.9} \quad (4.2.84)$$

最終的に, 飽和度 s, クロマ C, カラフルネス M を, それぞれ次式を用いて計算する.

$$s = \frac{50(a^2+b^2)^{1/2}100e(10/13)N_c N_{cb}}{R'_a + G'_a + (21/20)B'_a} \quad (4.2.85)$$

$$C = 2.44 s^{0.69}(J/100)^{0.67n}(1.64 - 0.29^n) \quad (4.2.86)$$

$$M = C F_L^{0.15} \quad (4.2.87)$$

4.2.5 生理学的色空間

錐体の分光感度については 3.2.1 項で述べられているが, この錐体の分光感度を用いて次式で与えられるような各錐体の応答 L, M, S を求めることができる. この錐体応答を用いて色を表すこともできる. これは生理学的な表色法といえよう.

$$L = \int S(\lambda) l(\lambda) d\lambda \quad (4.2.88)$$

$$M = \int S(\lambda) m(\lambda) d\lambda \quad (4.2.89)$$

$$S = \int S(\lambda) s(\lambda) d\lambda \quad (4.2.90)$$

ここで, $S(\lambda)$ はある光刺激の分光放射であり, $l(\lambda), m(\lambda), s(\lambda)$ はそれぞれ L 錐体, M 錐体, S 錐体の分光感度である.

この 3 つの錐体の応答を直交する 3 つの軸にとれば, 生理学的な色空間を作ることができる. このとき, 問題となるのは, 錐体の応答の尺度をどのように決めるかである. 例えば, CIE の XYZ 表色系のように, 等エネルギー白色を基準にとる方法も考えられる. つまり, 次式に示すように等エネルギー白色に対する各錐体の応答が等しくなるように各錐体応答の尺度を規格化する.

$$L_w = M_w = S_w \quad (4.2.91)$$

このように決めた錐体応答をもとに, 色度座標についても $L + M + S = 1$ で表せる単位平面上の錐体応答として以下のように定義することもできよう.

$$l = \frac{L}{L + M + S} \quad (4.2.92)$$

$$m = \frac{M}{L + M + S} \quad (4.2.93)$$

$$s = \frac{S}{L + M + S} \quad (4.2.94)$$

しかし, この色空間には欠点もある. $l + m + s = 1$ であるので, 例えば l と m だけを用いれば, 色

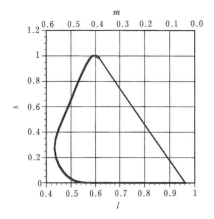

図4.15 MacLeodとBoyntonの色度図[13]

度座標を表せるが，残されたS錐体応答を直接表現することができない．また，S錐体は輝度にはほとんど寄与していないとすると，等輝度の色刺激を色度座標に表現した場合，S錐体の情報を表すことが全くできなくなる．そこで，MacLeodとBoyntonにより，等輝度において色刺激の錐体応答を表現する色度図が考案された[13]．S錐体応答は輝度に寄与しないという観点から，$L+M=1$の平面上を色度図とした．また，L錐体，M錐体の応答の尺度は3.2.1項で示したSmithとPokorny[14]の錐体分光感度の決め方のように，

$$l(\lambda)+m(\lambda)=\bar{y}(\lambda) \quad (4.2.95)$$

となるように決める．ここでの$\bar{y}(\lambda)$は通常Judd修正のものが用いられている．S錐体応答の尺度は任意であるが，どのように決めたかについてはそれぞれ用いるときに記述する必要がある．このように決めた各錐体応答から色度座標は次式によって与えられる．

$$l=\frac{L}{L+M} \quad (4.2.96)$$

$$m=\frac{M}{L+M} \quad (4.2.97)$$

$$s=\frac{S}{L+M} \quad (4.2.98)$$

SmithとPokornyの錐体分光感度を用いた場合の色度図を図4.15に示す．この色度座標が視覚の心理物理学研究者のあいだで，生理学的な色度座標としてよく用いられている．　　　　[矢口博久]

文　献

1) W. D. Wright: A re-determination of the trichromatic coefficients of the spectral colours, *Transactions of Optical Society* (*London*), **30**, 141-164, 1928-1929
2) J. Guild: The colorimetric properties of the spectrum, *Philosophical Royal Society* (*London*), **A230**, 149-187, 1931
3) W. S. Stiles and J. M. Burch: NPL colour matching investigation: final report (1958), *Optica Acta*, **6**, 1-26, 1959
4) D. L. MacAdam: Visual sensitivities to color differences in daylight, *Journal of the Optical Society of America*, **32**, 247-274, 1942
5) 富永　守：色の表示方法，ライティングハンドブック（照明学会編），オーム社，p. 51，1987
6) CIE: Industrial color difference evaluation, CIE Publ., 116, 1995
7) R. G. Hunt: Revised colour-appearance model for related and unrelated colours, *Color Research and Application*, **18**, 146-165, 1991 ; R. G. Hunt: An improved predictor of colourfulness in a model of colour vision, *Color Research and Application*, **19**, 23-26, 1994 ; R. G. Hunt and M. R. Luo: Evaluation of a model of colour vision by magnitude scalings: discussion of collected results, *Color Research and Application*, **19**, 27-33, 1994
8) Y. Nayatani, H. Sobagaki, K. Hashimoto and T. Yano: Field trials of a nonlinear color appearance model, *Color Research and Application*, **22**, 240-258, 1997 ; Y. Nayatani: Simple estimation method for effective adaptation coefficient, *Color Research and Application*, **22**, 259-268, 1997
9) S. L. Guth: Model for color vision and light adaptation, *Journal of the Optical Society of America*, **A8**, 976-993, 1991
10) M. D. Fairchild: Refinement of the RLAB color space, *Color Research and Application*, **21**, 338-346, 1996
11) M. R. Luo, M. -C. Lo and W. -G. Kuo: The LLAB (l: c) colour model, *Color Research and Application*, **21**, 412-429, 1996
12) M. D. Fairchild: Color Appearance Models, Addison-Wesley, 1997
13) D. I. A. MacLeod and R. M. Boynton: Chromaticity diagram showing cone excitation by stimuli of equal luminance, *Journal of the Optical Society of America*, **69**, 1183-1186, 1979
14) V. C. Smith and J. Pokorny: Spectral sensitivity of the foveal cone photopigments between 400 and 500 nm, *Vision Research*, **15**, 161-171, 1975

4.3　カラーオーダーシステム

4.3.1　カラーオーダーシステムの概要

カラーオーダーシステム（color-order system）とはすべての表面色をある基準に合わせて配置する色の並べ方のシステムである[1,2]．カラーオーダーシステムは大別すると3つのグループに分けられる．第1のグループは加法混色の原理に基づいて作られたシステムで，オストワルド表色系がこれに含まれる．第2のグループは色素の混色原理に基づい

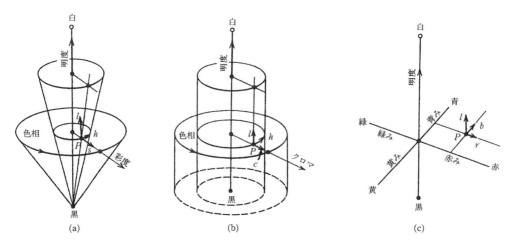

図4.16 色立体を表現する3つのモデル

て作られたシステムである．第3のグループが色の見えに基づいて作られたシステムで，色相(hue)，彩度(saturation)，明度(lightness)の知覚をもとにして色票が並べられている．このシステムはカラーアピアランス表色系(color-appearance system)とも呼ばれる．マンセル表色系，DIN表色系，NCS表色系がこのシステムに含まれる．本節では，現在，最も広く使われているカラーアピアランス表色系について述べることにする．

カラーアピアランス表色系の色立体を表現するには，図4.16に示すような3通りのモデルが考えられる．どの色立体モデルでも，色の見えの3属性である色相，彩度，明度が3次元空間中の点で表現されるようになっている．図4.16(a)では，無彩色知覚(achromaric perception)が縦軸の明度Lになり，黒($L=0$)から白($L=100$)まで変化する．有彩色知覚(chromatic perception)は縦軸から外方向に離れた点によって表され，等明度面が縦軸に垂直に交わる．等明度面上で彩度Sは同心円で表され，中心は彩度が0で無彩色となる．円の半径が彩度に比例することになる．色相Hは等明度・等彩度の円上に赤，黄，緑，青，紫，そして赤というように順番に並ぶ．図中の色Pは色相(h)，明度(l)，彩度(s)の3方向に変化できる．

表面色の色刺激の明度が変化すると彩度も変化するように見える．例えば，明度を高くすると彩度は減少し，逆に明度を低くすると彩度は増すように見える．彩度は色み(chromaticness, pure chromatic color)と白み(lightness)の比で決まる見えであるので，白みが増すとそれだけ色みの割合が少なくな

るためである．図4.16(a)では，一定彩度面は黒を頂点とした円錐の表面で表され，このような彩度の見えの変化に対応している．DIN表色系がこのモデルに対応している．

図4.16(b)では，色相，明度の表現は図4.16(a)と同様だが，彩度の代わりにクロマ(chroma)が使われている．クロマは彩度とは異なり，色みの絶対量に対応した見えである．表面色の色刺激の明度が変化してもクロマは変化しないので，図4.16(b)のモデルでは一定クロマ面は円柱の表面として表される．ただし，等明度面上ではクロマと彩度は同一点で示される．マンセル表色系がこのモデルに対応している．

図4.16(c)では，色の見えが明度，黄みあるいは青み(yellowness or blueness)，赤みあるいは緑み(redness or greenness)で表現される．ここでは，色はそれぞれの成分に対応した直交3座標軸で表現される．赤みも緑みもない色は明度軸と黄-青軸を含む面上に乗り，黄みも青みもない色は明度軸と赤-緑軸を含む面上に乗ることになる．色みがない無彩色の黒から白は明度軸上の点で表現される．このモデルでは，赤，緑，黄，青がユニーク色相として，混じり気のない純粋な色相とみなされる．ほかの色相は隣り合った2つのユニーク色相の組み合わせとして表現される．例えば，オレンジは赤と黄で表される．NCS表色系がこのモデルに対応している．

図4.16の3つのモデルは互いに異なったものではなく，1つのカラーオーダーシステムを異なった角度から見たものである．3つのモデルに共通して

いる特性は
(1) 明度軸を黒(0)から白(10)までとして垂直軸にとっていること
(2) 色みの絶対量を明度軸に垂直方向にとること
(3) 色相変化を明度軸を中心とした回転方向に並べること
である．以後述べる表色系はどれもこの3つの特性を共通してもっていることになる．

4.3.2 マンセル表色系

マンセル表色系(Munsell system)の構成は図4.16(b)のモデルに対応している．図4.17にマンセル等ヒュー(hue)面を示す．明度軸はマンセルバリュー(value)として表現され，黒は0/，白は10/である．0/から10/までが9段階の灰色で均等色差に分割されている．マンセルクロマ(chroma)は2ずつ増加し(/2, /4, …, /10)，等クロマ線はバリュー軸と平行の垂直線となる．水平軸上の色は等バリューの色となる．図の点線は色素による混色限界を示している．

図4.18はマンセル等バリュー面で，マンセルヒューが円周に沿って示されている．1つのヒューは中心からの放射線となり，中心はクロマ/0の灰，外側の円がクロマ/10となっている．ヒューはR, YR, Y, GY, G, BG, B, PB, P, RP の10個のヒューがそれぞれさらに10ステップに分かれるように目盛られている．例えば，YRでは1YRから10YRまで図のように示され，そのヒューの中心は5YRとなる．等クロマ線は同心円となる．

マンセル色立体を全体的に示すと，図4.19のようになる．中心にバリュー軸があり，等ヒュー面が

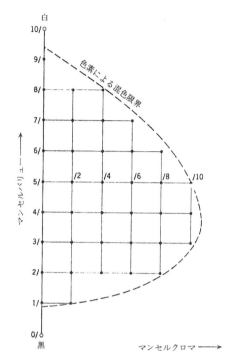

図4.17 マンセル等ヒュー面

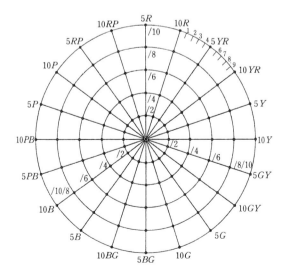

図4.18 マンセル等バリュー面

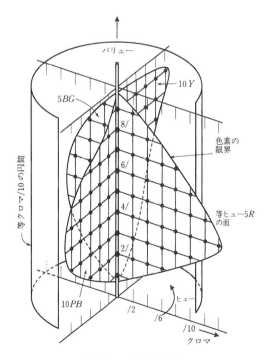

図4.19 マンセル色立体

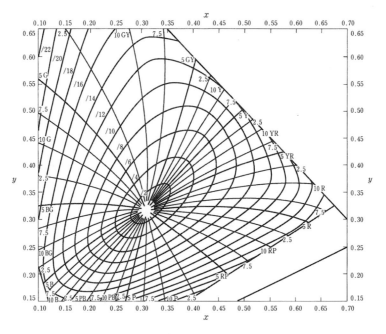

図4.20 CIE 1931 (x, y) 色度図上のバリュー5の面

バリュー軸を含んで外側に広がっている．ここでは，5R, 10PB, 5BG, 10Y の4枚の面のみが示されている．また，等クロマ面はバリュー軸を囲む円筒面となる．等バリュー面はバリュー軸に垂直な面となるが，図では等ヒュー面に水平線として示されている．マンセル表色系の表記の仕方は，(ヒュー値)(バリュー値)/(クロマ値)と書くことになっている．例えば，ヒュー5R，バリュー6，クロマ5は5R6/5という表記になる．

マンセル表色系とCIE三刺激値の関係は修正マンセル表色系(Munsell renotation system)として最終的にOSA(Optical Society of America)から報告された[3]．現在ではこの修正マンセル表色系が一般に使われているものであり，通常，単にマンセル表色系といった場合はこの修正マンセル表色系をさしている．マンセル表色系(HV/C)とCIE(Y, x, y)の対応関係は，Newhallら[3]によってヒューは40個，バリューは1から9までの9段階，クロマは0から2ステップごとにオプティマルカラーの位置までの表で準備されている[1]．ただし，(Y, x, y)はCIE標準光源Cの下での値である．マンセルバリューはYと次式の関係にある．

$$Y = 1.2219V - 0.23111V^2 - 0.23951V^3 \\ - 0.021009V^4 - 0.0008404V^5$$

バリュー5の面をCIE 1931(x, y)色度図上にプ

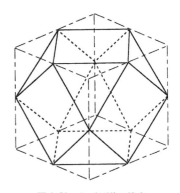

図4.21 六-八面体の構成
立方体の8頂点を図のように切断すると，正三角形が8枚と正方形が6枚からなる十四面体ができる．

ロットすると図4.20のようになる．

4.3.3 OSA 表色系
a. OSA 表色系の色立体
OSA表色系(OSA system)は色立体の中の色差がどの方向にも均等になるように作られたカラーアピアランスシステムで，正斜方六面体格子(regular rhombohedral lattice)配列を利用したものである．

立方体の8個の頂点を平面で切り落として，正三角形を8面作ると，図4.21に示すように，12個の頂点をもつ六-八面体(cubo-octahedron)ができる[4]．この多面体の中心をOとし，12個の頂点を

AからLまでとすると(図4.22(a)),
$$OA=OB=OC=\cdots=OL$$
となっている．これが正斜方六面体格子で，OSA表色系はこの多面体の幾何学的な性質を色空間の色差に利用したシステムである．OSA表色系はOSA均等色尺度(OSA uniform color scale)とも呼ばれる．

図4.22(a)に示すように，多面体の中心Oに1つの色を置き，その色と等色差の色をAからLまでの12個の各頂点に配置する．次に，中心Oに置く色をどれか1つの頂点の色に変えるようにして，次々に多面体を増やしていく．最終的にすべての色が含まれるようにすると，OSA色立体が実現できる．この多面体を中心Oと中心Oから等距離にある複数の頂点を含む平面で切断すると，正三角形格子になる平面が4種類，正方形格子になる平面が3種類の計7種類の切断平面ができる．このようにOSA表色系では7種類の異なった面内で等色差の色の変化を見ることができる．

OSA表色系では中心Oを通る垂直軸が明度 L 軸となる．図4.22(a)では，等明度面はABCD，EFGH，IJKLの3面である．OSA表色系では L 値は灰色を0として，黒の-7から白の5まで13段階で構成されている．各 L 面内において色の位置は (j, g) 座標として表現される．$j=g=0$ の点は明度軸との交点であり，無彩色となる．j 軸はおよそ正方向が黄み，負方向が青み方向に対応し，g 軸はおよそ正方向が緑み，負方向が赤み方向に対応している．図4.22(b)に，図4.22(a)の格子点の各色の (L, j, g) 座標を示した．

OSA表色系では，同じ L 面内でも，L 面が異なっても隣接する2色の距離(色差)は等しくなるように定義し，この距離を2色差単位としている．例えば，図4.22(b)で，中心O$(0, 0, 0)$点から同じ $L=0$ 面内のG$(0, 2, 0)$点までの距離は2，また，異なる $L=1$ 面内のK$(1, 1, 1)$点までも距離は2である．しかし，図4.22(b)の空間では，隣接する2色間の距離を2とすると，O点のあるEFGH面とK点のあるIJKL面といった隣り合う L 面間の距離は $\sqrt{2}=1.414$ となってしまい，L 値の差である1にはならない．したがって，2色間の色差の計算では，L 値の差 ΔL を $\sqrt{2}$ 倍しなければならない．すなわち，
$$\text{OSA 色差}=\{(\sqrt{2}\,\Delta L)^2+\Delta j^2+\Delta g^2\}^{1/2}$$
となる．

図4.22(b)からわかるように，OSA明度 $L=$ 偶数のときは $j, g=$ 偶数となる．また，$L=$ 奇数のときは $j, g=$ 奇数となる．したがって，隣り合う L 面内では，(j, g) 配列は互いに j, g 方向に1だけずれるようになっている．無彩色の $(j, g)=(0, 0)$ は L が奇数の面内にはなく，偶数の面内にだけ現れる．OSA表色系の全体の様子を図4.23に示した[5]．OSA表色系は $L=-7$ から5まで424枚の色票によって構成されている．

b. OSA色度 (L, j, g) と CIE 1964 XYZ 三刺激値の関係

OSA表色系の (L, j, g) 座標は CIE 1964 XYZ 表色系の三刺激値 (X_{10}, Y_{10}, Z_{10}) および色度座標 (x_{10}, y_{10}, z_{10}) と次のような関係にある[6]．

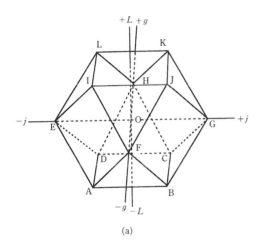

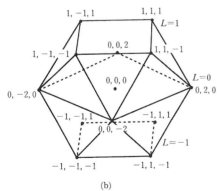

図4.22 OSA 表色系
(a) 色の配置と L, j, g 軸の位置．中心のO点とAからまでの12個の頂点に色が配置される．中心O点と12個の頂点は正斜方六面体格子を構成する．(b) 各色の (L, j, g) 座標．$L=-1, 0, 1$ の L 面上の灰色 $(0, 0, 0)$ 近辺の色が示されている．

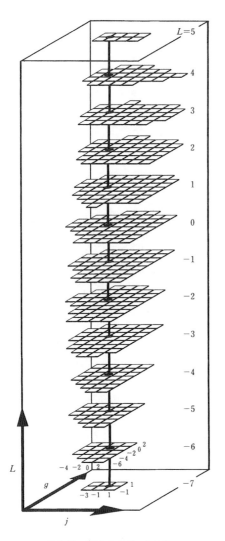

図 4.23 OSA 表色系の色立体

OSA 表色系は $L=-7$ から 5 まで 1 ステップごとに明度面がある.

$$L = \frac{5.9\{Y_0^{1/3} - 2/3 + 0.042(Y_0-30)^{1/3}\} - 14.3993}{\sqrt{2}}$$

ただし,
$$Y_0 = Y_{10}(4.4934 x_{10}^2 + 4.3034 y_{10}^2 - 4.276 x_{10} y_{10}\\ - 1.3744 x_{10} - 2.5643 y_{10} + 1.8103)$$

である. Y_0 はある色 (Y_{10}, x_{10}, y_{10}) と等しい明度 (lightness) に見える灰色の明度係数 (luminance factor) に対応している. D_{65} の CIE 1964 XYZ 表色系の色度座標点 (0.3138, 0.3309) で $Y_0 = Y_{10}$ となるが, Y_{10} の値が変わらなくても, その色の色度 (x_{10}, y_{10}) が変化すると Y_0 の値は変化する. Y_0 の値の変化はほぼ色の彩度が高くなると増大する方向で

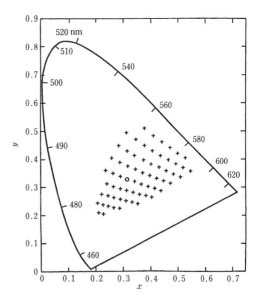

図 4.24 $L=0$ の色の CIE 1964 $x_{10}y_{10}$ 色度座標上の配列
○は $(L, j, g) = (0, 0, 0)$ の位置を示す.

ある. マンセルバリュー V は Y 値が等しければ変化しないので, この点, OSA 明度 L はマンセルバリューとは異なっている.

j と g は次式で定義される.
$$g = C(-13.7 R_{10}^{1/3} + 17.7 G_{10}^{1/3} - 4 B_{10}^{1/3})$$
$$j = C(1.7 R_{10}^{1/3} + 8 G_{10}^{1/3} - 9.7 B_{10}^{1/3})$$

ただし,
$$C = 1 + 0.042 \frac{(Y_0 - 30)^{1/3}}{Y_0^{1/3} - 2/3}$$
$$R_{10} = 0.799 X_{10} + 0.4194 Y_{10} - 0.1648 Z_{10}$$
$$G_{10} = -0.4493 X_{10} + 1.3265 Y_{10} + 0.0927 Z_{10}$$
$$B_{10} = -0.1149 X_{10} + 0.3394 Y_{10} + 0.717 Z_{10}$$

実際のデータは x_{10}, y_{10}, Y_{10} で与えられる場合が多いので, 次式を利用すると便利である.

$$X_{10} = Y_{10} \frac{x_{10}}{y_{10}}$$
$$Z_{10} = Y_{10} \frac{1 - x_{10} - y_{10}}{y_{10}}$$

OSA 表色系の色票のうち, $L=0$ の 64 枚の色票を CIE 1964 $x_{10}y_{10}$ 色度図上にプロットすると図 4.24 のようになる[6]. OSA 表色系を作成したときに被験者が判断した色差は jnd 色差の 20 倍以上であった. したがって, これらの関係式は小色差の評価のためには用いるべきではない.

c. OSA 色票セット

OSA 表色系は米国光学会 (Optical Society of

America)の均等色尺度委員会(委員長：D. B. Judd, D. L. MacAdam)によって1947年から1974年にかけて作られたものである[7]．実際の色票セットもOSAから1977年に出版された．色票セットは色差2間隔の424枚の色票と$(0,0,0)$付近をさらに細分した134枚の色票の計558枚からなる．色票は5 cm×5 cmのサイズで，表面の塗装には耐久性のよさと色数の多さから15種類の自動車用のペイントが採用されている[8]．色票の標準観察条件は照明光がD_{65}，背景が灰色(30％反射率，OSA明度$L=0$，マンセルバリュー6/)である．

OSA色票はほかの表色系の色票と違い，(L, j, g)座標から計算できる色空間内のユークリッド距離が色差に対応しているので(Lは$\sqrt{2}$倍する)，色の物差しとしてたいへん使いやすい．ただし，実際のOSA均等色尺度424枚を見ると，黒および赤と呼べる色票が少なく，これがOSA色票を使用するときの問題点となっている[9]．

4.3.4 NCS表色系

NCS表色系はHeringの反対色説に立脚して，白，黒，赤，緑，黄，青の6個のユニーク(あるいはエレメンタリー)色に基づいたカラーアピアランスシステムである[10]．図4.16(c)のモデルに対応している．この表色系では，色の見えの表現が主目的となり，マンセル表色系のような色の均等配列は主目的にはなっていない．色の表現は6個のユニーク色に対する類似度(resemblance)によって表され，類似度は白みw(whiteness)，黒みs(blackness)，黄みy(yellowness)，赤みr(redness)，青みb(blueness)，緑みg(grennness)の程度によって表現される．黄み，赤み，青み，緑みは合わせて，色み(chromaticness) cとして表現される．

NCS表色系の色立体は図4.25のように表される[10]．図4.25(a)では，ある色FがW(白)とS(黒)軸とカラーサークルR(赤)B(青)G(緑)Y(黄)からなる色立体の中に位置している．Fの表現は，図4.25(b)のように，色三角形とカラーサークルによってなされる．Fは色三角形の中で白み$w=50$，黒み$s=20$，色み$c=30$の類似度となっている．ここで

$$F = s + w + c = 100$$

である．色みcはさらに黄み$y=21$，赤み$r=9$の

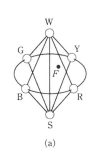

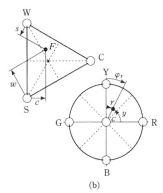

図4.25 NCS表色系の色立体

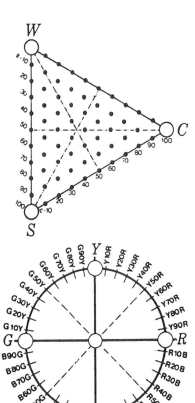

図4.26 SISカラーアトラス

類似度をもっている．ここで，
$$c = y + r$$
である．色相は全色み c 中の赤み r の割合 φ_r で表現し，$\varphi_r = 9/30 \times 100 = 30$ となる．これを Y 30 R と表す．黒みを含めて，結局，NCS 表色系での表現は
$$sc Y\varphi_r R = 20\ 30\ Y\ 30\ R$$
となる．

NCS 表色系の書き方をまとめると，
$$F = s + w + y + r + b + g = 100$$
$$y + r + b + g = c$$
となる．色相は YR 象限では，
$$\varphi_r = \frac{r}{y+r} \times 100 = \frac{r}{c} \times 100$$
BR 象限では，
$$\varphi_b = \frac{b}{r+b} \times 100 = \frac{b}{c} \times 100$$
GB 象限では，
$$\varphi_g = \frac{g}{b+g} \times 100 = \frac{g}{c} \times 100$$
YG 象限では，
$$\varphi_y = \frac{y}{g+y} \times 100 = \frac{y}{c} \times 100$$
となる．

図 4.26 に NCS 表色系を実現する SIS (Swedish Standards Institution) カラーアトラスの例を示す．黒みと色みと色相をそれぞれ 10 段階ずつとるようにしてある．このようにとると理論的には全部で約 2000 色となるが，実際には 1412 個の色票が得られている．　　　　　　　　　　　　　　　　　［内川惠二］

文　　献

1) G. Wyszecki and W. S. Stiles: Color Science, 2nd Edition, John Wiley and Sons, New York, 1982
2) D. B. Judd and G. Wyszecki: Color in Business, Science, and Industry, 3rd Edition, John Wiley and Sons, New York, 1975
3) S. M. Newhall, D. Nickerson and D. B. Judd: Final report of the O. S. A. Subcommitee on the spacing of the Munsell colors, *Journal of the Optical Society of America*, **33**, 385-418, 1943
4) F. W. Billmeyer Jr.: On the geometry of the OSA Uniform Color Scales committee space, *Color Research and Application*, **6**, 34-37, 1981
5) 内川惠二，色覚のメカニズム，朝倉書店，1998
6) D. L. MacAdam: Uniform color scales, *Journal of the Optical Society of America*, **64**, 1691-1702, 1974
7) D. Nickerson: OSA Uniform Color Scale samples: A unique set, *Color Research and Application*, **6**, 7-33, 1981
8) H. R. Davidson: Preparation of the OSA Uniform Color Scales committee samples, *Journal of the Optical Society of America*, **68**, 1141-1142, 1978
9) R. M. Boynton and C. X. Olson: Locationg basic colors in the OSA space, *Color Research and Application*, **12**, 94-105, 1989
10) A. Hard and L. Sivik: NCS, Natural Color System: A Swedish standard for color notation, *Color Research and Application*, **6**, 129-138, 1981

4.4　各種色表示メディアによる色の表現

4.4.1　銀塩写真

銀塩写真を利用したプリンターは，フィルムまたは紙の上に多層塗布された複数の乳剤をレーザーや LED などで露光し，発色させたものである．発色層は，図 4.27 に示すように上からイエロー，マゼンタ，シアンの各色素が重なり，減法混色として画像を形成する．これにより図 4.28 (a) に示すような滑らかな画像が得られる．

透過メディアであるスライドフィルムでは，濃度加法則 (Lambert-Beer's law) がほぼ正確に成立するが，反射メディアである印画紙では表面反射分や拡散による乱反射分が加わり，濃度が高くなるにつれて濃度加法則からはずれてくる．

一般に写真メディアによる測色的色特性は，色素量と反射成分を用いて次式のように近似できる．

$$X = \int L(\lambda)\bar{x}(\lambda)[T(\lambda) + R(\lambda)]d\lambda$$
$$Y = \int L(\lambda)\bar{y}(\lambda)[T(\lambda) + R(\lambda)]d\lambda$$
$$Z = \int L(\lambda)\bar{z}(\lambda)[T(\lambda) + R(\lambda)]d\lambda \quad (4.4.1)$$

ここで，$L(\lambda)$ は光源の分光分布，X, Y, Z は三刺激値，$\bar{x}(\lambda), \bar{y}(\lambda), \bar{z}(\lambda)$ は等色関数，$R(\lambda)$ は反射成分の分光反射率を示す．分光反射率 $T(\lambda)$ は，

$$T(\lambda) = 10^{-(a_c D_c + a_m D_m + a_y D_y + D_s)} \quad (4.4.2)$$

で計算される．ここで a_i は i 色の色素量，D_i は i 色色素の分光吸収濃度，D_s は支持体の分光吸収濃

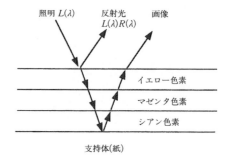

図 4.27　写真印画紙の構造

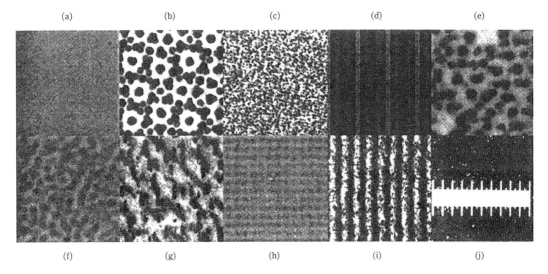

図 4.28 各出力メディアの拡大写真 (ハイライト付近のグレーを同一縮尺で撮影)
(a) 銀塩写真, (b) 印刷 (ドット集中型), (c) 印刷 (ストキャスティックスクリーニング), (d) CRT, (e) インクジェット (通常インク), (f) インクジェット (濃淡 2 色インク使用), (g) 感熱転写 (溶融型), (h) 感熱転写 (昇華型), (i) 電子写真, (j) 1 mm スケール.

度を示す.

色素量の決定には純粋な色素の分光吸収特性を必要とする. 近似的には, 単色ずつ発色させてその分光吸収特性を純粋な分光特性と仮定して, 測定濃度と色素量の関係をマトリクスで近似する. この際, 濃度計の分光感度には色素の分光吸収のピークに対応する単波長が望ましい.

また, 式 (4.4.1) から明らかなように, 反射成分がある限りそれよりも高い濃度にはならない. したがって, 高い濃度を実現するには乱反射の少ない平滑な表面が必要である. 写真印画紙の表面に光沢が用いられる理由の 1 つには, 濃度レンジが広がり深みのある色が再現できることがある. なお, 透過メディアでは反射成分の項は不要で, 色素の吸収の限り高い濃度を形成できる.

4.4.2 印　　刷

印刷にはオフセット印刷, グラビア印刷などがあるが, ここではシアン, マゼンタ, イエロー, ブラック (CMYK) を用いた 4 色オフセット印刷をとりあげる.

オフセット印刷は, 転写ローラーにインクを載せ, それを高速に紙に転写する. 転写ローラーは色数分だけあり, 紙はその間を移動することにより, 必要な色のインクが印刷される.

印刷は銀塩写真と異なり, 主として面積変調によ

り色再現が行われる. 図 4.28 (b) に示したように, 4 色のインクが重なり合い, インク面積の割合により中間調を形成する. このため, 印刷は減法混色かつ加法混色であるといえる. すなわち, インクの重なり部分では $2^4=16$ 通りの減法混色であり, それらのインクの面積比率により決定される色は加法混色である.

インクの重なる面積は, 大面積を仮定すると, 単色の面積率から確率的に推定される. この考えに基づき三刺激値を推定する次の計算式をノイゲバウア (Neugebauer) 方程式と呼ぶ.

$$T=\sum_{i=0}^{1}\sum_{j=0}^{1}\sum_{k=0}^{1}\sum_{l=0}^{1}T_{ijkl}A_{Ci}A_{Mj}A_{Yk}A_{Kl} \quad (4.4.3)$$

ここで, T は再現される色の三刺激値, T_{ijkl} は CMYK 色の任意の組み合わせを重ねたときの三刺激値で, 添字 i, j, k, l はそれぞれ CMYK 色のあり (=1) なし (=0) を示す. A_{Xl} は X 単色の面積率を示し, 次式の条件で計算される.

$$A_{Xl}=\begin{cases}a_X & (I=0)\\ 1-a_X & (I=1)\end{cases} \quad (4.4.4)$$

ここで, I は添字 i, j, k, l を示す.

しかし, 現実にはドットゲインと呼ばれる実質的な面積率の増加が起こる. これには, 紙の厚みに起因する光学的な問題, および印刷工程の変動の問題に起因するものがある. このため, 実質的な面積率

は経験的に測定されたり，近似カーブを当てはめられて算出される．後者の例として次の Yule-Nielsen 方程式がある．

$$a_e = \frac{1-\left\{1-a\left(1-10^{-\frac{D_s}{n}}\right)\right\}^n}{1-10^{-D_s}} \quad (4.4.5)$$

ここで，D_s はベタ色の濃度，a は目標とした面積率，n は修正のための係数，a_e は実質的な網点率を示す．n は経験的に決定される係数で，印刷では2程度がよいといわれている[1]．

一般に色を決定するには CMY 3 色あればよいが，印刷ではさらに K を加えて用いる．この理由には，経済性（例えば，無彩色を再現するのに CMY を用いず K のみであれば3分の1のインク量になる），乾燥速度（インク量が少ないほど乾燥が早まる），色域の拡張（主として高濃度部分が広がる），メタメリズム（分光分布がなだらかな K インクを用いることで照明変化に鈍感になる），などがある．

4色印刷では任意の色を再現するインクの組み合わせに自由度が発生する．一般には，UCR (under color removal) や UCA (under color addition)，GCR (gray component replacement) などと呼ばれる方式で，3色（変数）と実際に用いる4色の関係を結び付ける．また，その他の拘束条件を与え，測色値から直接4色を求めることも行われる[2]．

さらに高度な印刷では，色域を広げるため4色だけでなくさらに多くの色を用いるものがある．これには，特定の色を再現するために特色と呼ばれる別のインクを用いる特色印刷，比較的色域が狭いレッド，グリーン，ブルーに専用の高彩度のインクを加えたハイファイ (HiFi) 印刷がある．色数が増えるだけ任意の色を再現する組み合わせは級数的に増える．

また，図 4.28(b) に示した一般のドット集中型の網点方式ではモアレと呼ばれる低周波の模様が発生する．これを回避するため，図 4.28(c) に示すように，より細かいドットを不規則に見えるように分散させて中間調再現を行う方式がある．この方式は後述の誤差拡散方式に似ており，ストキャスティックスクリーニング (stochastic screening) または FM スクリーニングと呼ばれている．しかし，この方式ではドットゲインにより最終的な画像濃度が敏感に変化するため，印刷工程管理がむずかしく，主として高級印刷で用いられる．

4.4.3 テレビジョン

テレビジョンでは，一般に CRT (cathode ray tube) と呼ばれる表示装置が用いられる．カラー CRT にはシャドーマスク方式とトリニトロン方式があるが，そのうち後者の構造を図 4.29 に示した．単電子銃より放出された電子線は電子レンズにより収束され，アパーチャーグリルと呼ばれる色選別機構により所定の蛍光体に当たり，発光する．管面は図 4.28(d) の拡大写真に示すように，レッド，グリーン，ブルー (RGB) 3種類の蛍光体が並んでおり，発光強度の制御により加法混色として色再現が行われる．

テレビジョンの色規格は測色的に規定されており，RGB の蛍光体の色度点と白色点が規定されている．表 4.3 にその代表例を示した[3]．これらの規

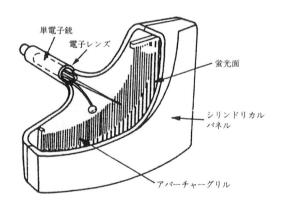

図 4.29　トリニトロン方式の CRT の構造[5]

表 4.3　テレビジョンの規格

種類	HDTV		SMPLE		EBU		NTSC		市販品の例	
	x	y	x	y	x	y	x	y	x	y
Red	0.640	0.330	0.630	0.340	0.640	0.330	0.67	0.33	0.625	0.340
Green	0.300	0.600	0.310	0.595	0.290	0.600	0.21	0.71	0.280	0.595
Blue	0.150	0.060	0.155	0.070	0.150	0.060	0.14	0.08	0.155	0.070
White	0.3127	0.3290	0.3127	0.3290	0.3127	0.3290	0.310	0.316	0.2831	0.2971

格には，実際の蛍光体に近似させたもの，または，いくつかの蛍光体の色度座標の平均をとったものが混在しており，信号値の測色的な定義のための取決めとして利用されることが多い．したがって現実のCRTは必ずしもこれらの色規格どおりでないことも多く，正確には実測することが望ましい．

また，入力信号値に対する発光強度の関係は，CRTの構造と電気回路から，次式のようにべき乗の関数で近似できる[4]．

$$I_i = \left\{ K_{g \cdot i} \left(\frac{D_i}{D_{\max}} \right) + K_{o \cdot i} \right\}^{\gamma} \quad (4.4.6)$$

ここで，I_i は正規化された光強度，D_i は入力信号値，$D_{\max}$ は入力信号値の最大値，$K_{g \cdot i}$，$K_{o \cdot i}$ はそれぞれ i 色のゲイン係数とオフセット係数，γ（ガンマ）はべき乗の指数である．簡易的には $K_{g \cdot i}=1$，$K_{o \cdot i}=0$ として取り扱われることが多い．また，γ の値として 2.2～2.4 が使用される．

以上の定義または測定値を用いて，信号値から三刺激値の変換は以下のように計算される．

$$\begin{bmatrix} X \\ Y \\ Z \end{bmatrix} = \begin{bmatrix} x_r & x_g & x_b \\ y_r & y_g & y_b \\ (1-x_r-y_r) & (1-x_g-y_g) & (1-x_b-y_b) \end{bmatrix}$$
$$\times \begin{bmatrix} a & 0 & 0 \\ 0 & b & 0 \\ 0 & 0 & c \end{bmatrix} \cdot \begin{bmatrix} I_r \\ I_g \\ I_b \end{bmatrix} + \begin{bmatrix} X_s \\ Y_s \\ Z_s \end{bmatrix} \quad (4.4.7)$$

ここで X_s, Y_s, Z_s は表面反射の三刺激値，x_i, y_i は i 色の蛍光体の色度点を示す．係数 a, b, c は，

$$\begin{bmatrix} a \\ b \\ c \end{bmatrix} = \begin{bmatrix} x_r & x_g & x_b \\ y_r & y_g & y_b \\ (1-x_r-y_r) & (1-x_g-y_g) & (1-x_b-y_b) \end{bmatrix}^{-1}$$
$$\times \begin{bmatrix} X_0 \\ Y_0 \\ Z_0 \end{bmatrix} \quad (4.4.8)$$

で計算される．ここで，X_0, Y_0, Z_0 は白色点の三刺激値である．

現実には電気回路の特性が線形でない場合があるため，式(4.4.6)は必ずしも成立しない．そのため，入力信号値を数段階に分けてその発光強度を直接測定し，LUT (look-up-table) として入力信号と発光強度の関係を測定することも行われる．また，電源容量などの電気回路上の特性に起因して，式(4.4.7)，(4.4.8)で示す線形性が成立しないこともある．

テレビジョンのような自己発光物は外光の変化に対し，反射物とは異なる振舞いを示す．すなわち，反射物においては，外光の強度が増しても明るさ順応を除けばつねに同様に見えるのに対し，自己発光物は黒レベルが増加して測色的に色域が狭くなる．また，白色点は照明光よりも青いことが多い．このため，CRT上での画像の取扱いでは，式(4.4.7)に示すような外光などの環境の影響を考慮したうえ，さらに後述のように色の見えモデルを利用して知覚色を基準に色再現を行う．

4.4.4 各種ハードコピー

写真，印刷，テレビジョンに加えて，近年さまざまなプロセスのハードコピー装置が実用化されている．以下，それらの概要を示す．

a．インクジェットプリンター

インクジェットプリンターは，小液滴のインクを選択的に受像紙に吹き付け，基本的には印刷同様，面積変調により階調画像を形成する．その拡大写真を図4.28(e)に示した．初期のインクジェットプリンターは，色域が狭く，低速，ドット詰まりが起こるなどさまざまな問題があったが，現在では写真画像に匹敵する画質にまで改善されている．構造が簡単で廉価であるため，将来のカラーハードコピー装置の大半を占めるものとして注目されている．

高画質化の理由には，インクヘッドの改良によりインク液滴の制御技術が進み小径ドットが可能となったこと，また，インク濃度を複数利用することで図4.28(f)のようにドットによるざらつき感が目立たなくなったことがある．さらに表面の平滑な専用受像紙を採用した結果，色域が飛躍的に拡大している．高明度・高彩度色では写真印画紙の色域を越え，また，明度方向でも写真印画紙に迫るようになったことは特筆すべきである．

階調画像の生成には，擬似階調化 (halftoning) 手段としてディザ方式 (dithering) や誤差拡散方式 (error diffusion)[6] が用いられる．ディザ方式は固定的な閾値で画像を2値化するもので，計算負荷は少ないものの，解像度が低下する問題がある．誤差拡散方式は画像に対して適応的にドットを生成する方式で，見かけ解像度低下が少ない．同方式は計算に時間がかかるという問題があったが，コンピューターの高速化により現代では一般的に使用されている．

b．感熱転写プリンター

感熱転写プリンターには溶融型と昇華型があり，前者は印刷同様に面積変調であり，また，後者は写

真同様に濃度変調である．どちらもインクリボンと呼ばれるインクを塗布したシートと受像紙を重ね，その裏からサーマルヘッドを押し当て，熱を加えて転写する．溶融型はインクが拡散することなく転写され比較的安定した出力を得られるものの，図4.28(g)のように面積変調のためざらつき感が目立ち，またインク特性から色域が狭めである．昇華型は，図4.28(h)に示すように写真同様比較的滑らかな中間調が再現できるが，色素が拡散するため鮮鋭性が低下しがちである．また，サーマルヘッドの熱蓄積の問題から一様な画像を作ることがむずかしい．

これらのプリンターの測色的色特性の推定には，溶融型では式(4.4.3), (4.4.4), 昇華型では式(4.4.1), (4.4.2)が利用できる．

c. 電子写真プリンター

一般には印刷同様，面積変調により中間調を形成する．カラー電子写真方式にはもさまざまな方式があるが，一般にはレーザービームを用いて感光体ドラム上の静電容量を可変させ，これにトナーと呼ばれる色材を付着させ，紙へ直接，または別の転写ドラムを介して紙へ転写する．

このプリンターでは高速にプリントすることが可能なため，大量の印刷を行うのに向いている．しかし，プロセスが複雑なため装置が大型化しがちであり，また静電気を利用しているため湿度の影響を受けやすく安定したプリントを得ることがむずかしい．

中間調の再現方法は，基本的には面積変調であるが，図4.28(i)に示すようにトナーが拡散するため，完全な面積変調とはならない．このため，測色的色特性を求めるには，後述の経験的な手法が用いられることが多い．

4.4.5 カラーマネージメントシステム

これらさまざまな色再現システム間で，統一的な手法で色再現を実現するためのソフトウェアツールを，カラーマネージメントシステム(color management system, CMS)と呼ぶ．基本的には，測色値を評価基準にし，目標色を再現するように画像信号の色変換を行う．しかし測色値だけでは基準白色点や環境が変化したときの人間の順応に追従できないため，より高度には，測色値でなく知覚色を用いる．

CMSでの総合的な信号処理の流れを図4.30に

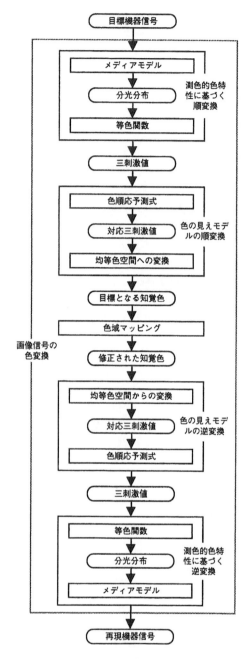

図4.30 カラーマネージメントシステムの流れ

示した[7]．CMSでは目標色を明確に設定する必要があるが，電子画像においてはその定義には2通りある．1つは目標色が被写体そのものの場合で，テレビジョンシステムやカラーコピー機などがこれに当たる．もう1つは，もとの画像自身は信号で定義され，それを表示したメディアの色を目標色とする場合で，その代表例としてはコンピュータグラ

フィクス (computer graphics) があげられる．インターネット上で取り扱われる画像もこれに当たり，前述したテレビジョン規格の1つまたはその他の基準[8]により色再現を行う．

いずれの構成においても，CMSの技術要素は以下のように分類される．

a. 測色的色特性の推定 (colorimetric characterization)

機器の入力信号値と三刺激値の関係を関数式またはLUT形式でモデリングする．これにより，色評価は測色値を基準に統一的に行うことができるようになる．

4.4.1項から4.4.4項に述べた手法は発色原理から解析的に求めたものであるが，さまざまな要因によりこれらは必ずしもうまく成立しない．このため経験的な手法として，多数の色票を体系的に出力して測定し，その間を補間するLUT補間法[9]が利用される．また，重回帰モデルやニューラルネットワークなどを用いて推定する方法[10]もある．

LUT補間法では，m色出力装置の入力信号範囲

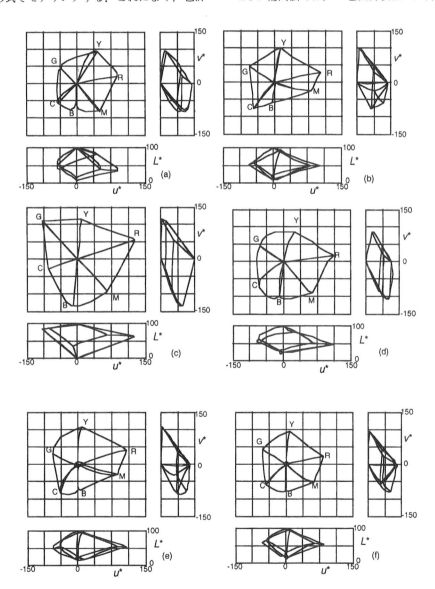

図 4.31 各出力メディアの色域の例
2色が最大または最小である場合の軌跡をCIELUV色空間に示している．(a) 銀塩写真，(b) 印刷，(c) CRT，(d) インクジェット，(e) 感熱型（昇華性），(f) 電子写真．

を N(一般には 5〜6)段階に分割し，各色の組み合わせた色を出力する．これにより N^m 個の色票を測色し，これを m 次元の LUT とする．この間の色は，多次元の補間により求める．この方式では測色点数が増えるが，いかなるメディアにも利用できるため，広く用いられている．

b．色の見えモデル

色の認識は観察環境により変化するため，実際に人間の感性に近似した色座標で評価することが望ましい．このためには，三刺激値に環境パラメーターを与えて知覚色に変換する色の見えモデル (color appearance model) を用いる．知覚色としては一般に明度・彩度・色相の 3 要素が用いられる．

簡単に利用可能なモデルとしては CIELAB や CIELUV (4.2.3 項参照) があり，これらは白色点という環境パラメーターを与えて知覚色に変換する．しかし，これらのモデルは人間の知覚特性に合った色順応が考慮されていないため，十分な精度で知覚色を予測できない．このため，さまざまな色の見えモデル (4.2.4 項参照) が提案されている．

c．色域マッピング

各種メディアごとに表現できる色の範囲は異なっており，これを色域と呼び，メディアの性能を示す指標となる．図 4.31 に代表的なメディアの色域の例を示した[11]．目標色が再現側のメディアの色域に存在しない場合には，見かけ上その色が存在するように見せなくてはならない．このための対応づけを色域マッピング (gamut mapping)，または，主として彩度を低下させることから，色域圧縮 (gamut compression) とも呼ばれる．

色域マッピングには無数の手法が考えられるが，基本的には目標色を動かす方向とその程度を考慮する．いかなる場合ももとの色情報をゆがめることになるため，いかに見かけ上の劣化を目立たなくさせるかが課題である．これには，目標メディアの色域と再現メディアの色域を固定的に対応づける方式と，画像の色分布による色域に合わせて適応的に対応づける方式がある．理想的には後者であるが，画像ごとに色分布を調べる必要があるため，計算の負荷が増える．また，さらに高度な手法として画像の局所的な空間特性を保つように空間フィルターと組み合わせて行う方式も提案されている[10〜12]．

色域マッピングでは，色相を固定し，主として彩度を変化させるのが一般的である．また，変化の度合いとしては，なるべく高彩度ほど圧縮し，色の変化に不連続点が発生しないようにする方法がよいとされる．しかし，画像種類や色域形状によっては必ずしも最適な結果が得られるとは限らず，試行錯誤で決定されることが多い．

d．色変換

実際の画像を取り扱う際には，これまで述べてきた各ステップを組み合わせて，目標画像の色信号を再現メディアの色信号に高速に変換する必要がある．このためには各ステップごとに計算するのではなく，あらかじめ 1 つにまとめておき，色変換 (color transformation) を行う．

代表的な方法は LUT 補間方式で，入力・出力信号の関係を適当な間隔で設定しておき，その間の出力値は補間演算を用いて計算する．色変換に用いられる 3 次元の補間方法には，さまざまな種類[13〜16]があり，計算負荷と補間精度について一長一短がある．代表例としては，格子状のデータの 8 点を用いる立方体補間や，これら 8 点のデータから選択的に 4 点を用いる三角錐補間がある．

これらの手法では，入出力関係を LUT のデータとすることで自由に設定でき，LUT の格子点を増やすことで精度が上がる．また，非線形項を含むマトリクスなどの関数式を数式どおり計算するよりも高速に計算できるため，LUT の決定方法にかかわらず利用されることが多い．

e．機器調整

現実の画像入出力機器は，さまざまな要因でその特性が変化する．その多くは階調特性の変動で，CMS ではこの補正を機器調整 (device calibration) と呼び，実用上，重要なプロセスである．

この調整では，メディアの単色ごとの入力信号と発色強度の特性を修正する．CRT では発光強度を測定するセンサーを用いて，表示した基準色票を測定し，階調特性を修正する．プリンターの場合には，基準色票をプリントし専用の濃度計などで測定し，フィードバックする．これらのデータは 1 次元の LUT として保存され，次回以降の出力時には階調特性が標準値に修正される仕組みになっている．

［洪　博哲］

文　献

1) 画像処理技術標準化委員会：高精細カラーディジタル標準画像データ，日本規格協会，1995
2) Po-Chieh Hung : A smooth colorimetric calibration technique utilizing the entire color gamut of CMYK printers, *Journal of Electronic Imaging*, **3**, 415-424,

1994
3) 加藤直哉：CRT モニタ/TV システムの色再現，照明学会誌，**81**，27-30，1997
4) R. S. Berns, R. B. Motta and M. E. Gorzynski : CRT colorimetry. Part I : Theory and practice, *Color Research and Application*, **18**, 299-314, 1993
5) 表示素子・装置最新技術 '85 年版編集委員会：表示素子・装置最新技術 '85 年版，総合技術出版，1985
6) R. W. Flyod and L. Steinber : An adaptive algorithm for spatial greyscale, *Proceedings of the S.I.D.*, **17**, 75-77, 1976
7) 洪　博哲：カラーマネージメントシステムの理論と問題点，照明学会誌，**81** (1)，47-50，1997
8) IEC 61966-2-1 : Multimedia systems and equipment —Colourmeasurement and management Part 2-1 : Colour management, Default RGB colour space sRGB
9) Po-Chieh Hung : Colorimetric calibration in electronic imaging devices using a look-up-table model and interpolations, *Journal of Electronic Imaging*, **2**, 53-61, 1993
10) 富永昌治：ニューラルネットワーク手法によるプリンタの表色変換，テレビジョン学会誌，**50**，698-704，1996
11) 洪　博哲：プリンタの色域と測色的色再現，色材協会誌，**68**，638-646，1995
12) S. Nakauchi, M. Imamura and S. Usui : Color gamut mapping by optimizing perceptual image quality, Proc. of Fourth Color Image Conference, pp. 63-66, 1996
13) British Patent 1369702, 1974
14) K. Kanamori, H. Kotera, O. Yamada, H. Motomura, R. Iikawa and T. Fumoto : Fast color processor with programmable interpolation by small memory (PRISM), *Journal of Electronic Imaging*, **2**, 213-224, 1993
15) クロスフィールド：特開昭 56-14237，1981
16) 大日本スクリーン：特開昭 53-123201，1978

5

視覚の時空間特性

5.1 空間特性

5.1.1 視力
a. 視力の測定法

視力は細かな対象や対象の詳細を弁別する能力である。視力の測定は、ある視標を呈示したときに弁別することができる最小の詳細の大きさを測定することによってなされ、その大きさを分($'$)を単位とした視角で表したものの逆数を視力の単位として用いる。視力は、視覚系の空間周波数特性のカットオフ周波数を空間軸で表現したものに対応する。正常な視力は1.0、すなわち大きさ$1'$の詳細の弁別能であるとされている。視力の測定にはカナ文字などのさまざまな視標が使われているが規格があるわけではなく、国際的に規格化されているのは、図5.1(a)に示すランドルト環(ランドルトC)と図5.1(b)に示すスネル文字である。弁別することができる最小の大きさのランドルトCやスネル文字におけるSの大きさが視力とされる。視力測定の標準視標はランドルトCであり、呈示ごとに視標を回転し、被験者に間隙の方向を答えさせることによって視力を測定する。

スネル文字の場合には、被験者にその文字を読ませる。スネル文字視標は、文字によって読みやすさが異なり、また被験者が文字列を記憶したり、はっきり見えなくても正答できる点が問題である。ところでスネル文字による視力は、たとえば20/30のように比で表されることがある。これは、視力が1.0である正常者が30 ft離れて読める視標を、この被験者は20 ftまで近づかないと読めないことを意味する。

b. 視力に影響する要因

視力はさまざまな要因によって変化する。背景の輝度が増加すると視力が向上する[1]。暗い背景上の視標の輝度が増加すると視力が向上するが、視標の輝度がさらに増加すると低下する[2]。輝度レベルが十分高ければ、波長は視力に影響しない[3]。明所視では周辺にいくにつれ視力が急速に低下し[4]、背景の輝度が高い場合でさえ0.3以上の視力が得られる視野の大きさは直径10°程度である。一方、暗所視では、周辺4°付近で視力が最高となり、それ以上では低下する[5]。

刺激の呈示時間が0.2 s以下では呈示時間の増加により視力が向上し、それ以上では一定である[6]。視標が運動している場合の視力のことを動態視力と呼ぶ。動態視力は視標の速度の増加により低下し、とくに20°/s以上ではその低下が著しい[7]。これは視標の形状、眼球運動の時間特性、時間周波数特性などの影響を受ける複雑な現象である。また、動態視力と通常の視力の間には相関がないといわれている。

c. バーニア視力

バーニア視力とは、図5.1(c)に示すような視標における上下の2本の線が左右方向にずれていることを検出できるための最小のずれSを測定するこ

(a) ランドルト環

(b) スネル文字

(c) バーニア視力測定用

図5.1 視力測定用の視標

とによって求められる視力である．ランドルトC
やスネル文字による視力に比べて，バーニア視力は
圧倒的に高く，線の間の角度のずれ，2本の線の平
行からのずれ，線の曲率などの検出と同様に2s程
度である．これらの視力は眼光学系の広がり関数や
網膜の受容器の大きさや間隔よりも小さいため，超
視力 (hyperacuity) と呼ばれる[8]．

上下の2本の線が$2'$から$6'$離れているときに
バーニア視力が最も高くなる[9]．また近傍にマスキ
ング線が存在するとバーニア視力が低下する[10]．ま
た，高いバーニア視力を得るためには2本の刺激を
同時に観察する必要があり，呈示遅れが500 ms以
上になるとバーニア視力は1/10に低下する[10]．ま
た，網膜周辺にいくにつれてバーニア視力は低下す
るが，それは網膜の受容器の密度の減少と一致して
いる[11]．

超視力が眼光学系の広がり関数や網膜の受容器の
モザイクより小さくなるのは，視覚系において網膜
像の空間的な重心のようなパラメーターが計算さ
れ，これらのパラメーターの値のわずかな違いを
使って空間位置の違いが検出されるためであると考
えられている[12]．これは，帯域の広い3通りの錐体
の出力の比によって精度の高い波長弁別が行われる
メカニズムのいわば空間版であり，局所的な空間
フィルターの出力に基づくモデルの計算結果が実験
結果とよく一致することが示されている[13,14]．

5.1.2 空間的足し合わせ（空間加重）
a．閾値面積曲線（リコーの法則）

視激の存在を検出する閾値，すなわち光覚閾値は
刺激が大きくなるにつれて減少する．閾値における
刺激の強度をI，刺激の面積をAとすると，
$$I \cdot A = k \quad (5.1.1)$$
という関係が成立する．ここでkは定数である．
式(5.1.1)はリコーの法則 (Ricco's law) と呼ばれ
るが，これは刺激内において光がどのように分布し
ていても光の総量がある値になれば刺激が検出され
ること，すなわち刺激内の光が空間的に足し合わせ
られることを意味する．

刺激の面積と光覚閾値の関係を閾値面積曲線とい
う．実際の測定例として，背景光の強度を変化させ
て閾値面積曲線を求めた結果を図5.2に示す[15]．閾
値面積曲線は，横軸に刺激の面積A，縦軸に閾値
における刺激の強度Iのそれぞれ対数をとって表
されている．刺激の面積が小さいときには，リコー
の法則が成立して閾値面積曲線の勾配が-1.0に
なっている．面積の増加につれ勾配が-1.0から0
に徐々に変化し，刺激の面積が大きくなるにつれて
空間的な足し合わせが低下し，光覚閾値が刺激の強
度のみによって決定されるようになる．リコーの法
則が成立する最大の刺激面積を臨界面積と呼ぶ．図
5.2からもわかるように，臨界面積は背景光の強度
が増加するにつれ減少する．

リコーの法則が成立するのは，ある広がりをもっ
た単一の受容野によって光覚閾値が決定されるため
であると考えられ，臨界面積は心理物理的に測定さ
れた受容野の大きさを表す[15〜17]．臨界面積は網膜上
の位置によって異なり，中心窩では直径$6'$程度で
あるが，周辺$5°$では直径$30'$程度，周辺$35°$では直
径$2°$程度にまで増加する[18,19]．

b．空間的二刺激法による線広がり関数の測定

閾値面積曲線の測定では，1つの刺激を呈示し，
その大きさを変数として閾値が求められた．これに
対して，2つの線刺激を呈示し，その間の間隔を変
数として閾値を求めるのが空間的二刺激法である．
この方法では，閾値面積曲線から予測されるように
間隔の増加とともに閾値が単調に増加するのではな
く，間隔が$5'$程度のときに1つの線刺激のみを呈
示した場合よりも閾値が高くなるという受容野の抑
制性応答に相当する結果が得られた[20]．空間的二刺
激法は，閾値の変化量が小さくまた網膜上の刺激呈
示範囲も狭いために，受容野の特性を線形近似して
表した線広がり関数を求めるのに適した方法である
と考えられている[21]．

空間的二刺激法によって，中心窩の近傍における
網膜位置による線広がり関数の変化[22,23]，刺激呈示

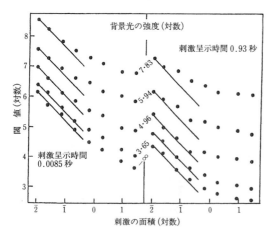

図5.2 閾値面積曲線の測定例[15]

時間による線広がり関数の変化[24,25]，線広がり関数の方向特異性[26]などの受容野の構造を表す特性が，初めて心理物理的に明らかにされた．網膜上の同じ位置に共存する異なった広がりをもつ4通りの線広がり関数の形状が空間的二刺激法によって求められたが[27]，これは特定空間周波数のグレーティングによる順応効果[28]と同様に，異なった周波数特性をもつ複数の空間周波数チャンネルの存在の実験的証明であると考えられている． [近江政雄]

文献

1) S. Shlaer: The relation between visual acuity and illumination, *Journal of General Physiology*, **21**, 165-188, 1937
2) W. W. Wilcox: The basis of the dependence of visual acuity on illumination, *Proceedings of the National Academy of Science*, **18**, 47-56, 1932
3) S. Shlaer, E. L. Smith and A. M. Chase: Visual acuity and illumination in different spectral regions, *Journal of General Physiology*, **25**, 553-569, 1941
4) M. Millodot, C. A. Johnson, A. Lamont and H. W. Leibowitz: Effect of dioptrics on peripheral visual acuity, *Vision Research*, **15**, 1357-1362, 1975
5) J. Mandelbaum and L. L. Sloan: Peripheral visual acuity: With special reference to scotopic illumination, *American Journal of Ophthalmology*, **30**, 581-588, 1947
6) W. S. Baron and G. Westheimer: Visual acuity as a function of exposure duration, *Journal of the Optical Society of America*, **63**, 212-219, 1973
7) E. Ludvigh and J. W. Miller: Study of visual acuity during the ocular pursuit of moving test objects. I. Introduction, *Journal of the Optical Society of America*, **48**, 799-802, 1958
8) G. Westheimer: Diffraction theory and visual hyperacuity, *American Journal of Optometry and Physiological Optics*, **53**, 262-364, 1976
9) G. Westheimer and S. P. McKee: Spatial configurations for visual hyperacuity, *Vision Research*, **17**, 941-947, 1977
10) G. Westheimer and G. Hauske: Temporal and spatial interference with vernier acuity, *Vision Research*, **15**, 1137-1141, 1975
11) S. A. Klein and D. M. Levi: Position sense of the peripheral retina, *Journal of the Optical Society of America*, **A4**, 1543-1553, 1987
12) G. Westheimer: Scaling of visual acuity measurements, *Archives of Ophthalmology*, **97**, 327-330, 1979
13) S. A. Klein and D. M. Levi: Hyperacuity thresholds of 1 sec: theoretical predictions and empirical validation, *Journal of the Optical Society of America*, **A2**, 1170-1190, 1985
14) H. R. Wilson: Responses of spatial mechanisms can explain hyperacuity, *Vision Research*, **26**, 453-470, 1986
15) H. B. Barlow: Temporal and spatial summation in human vision at different background intensities, *Journal of Physiology*, **141**, 337-350, 1958
16) H. R. Blackwell: Neural theories of simple visual discrimination, *Journal of the Optical Society of America*, **53**, 129-160, 1963
17) V. D. Glezer: The receptive fields of the retina, *Vision Research*, **5**, 497-525, 1965
18) P. E. Hallett: Spatial summation, *Vision Research*, **3**, 9-24, 1963
19) A. M. W. Scholtes and M. A. Bouman: Psychophysical experiments on spatial summation at threshold level of the human peripheral retina, *Vision Research*, **17**, 867-873, 1977
20) A. Fiorentini and L. Mazzantini: Neural inhibition in the human fovea: a study of interactions between two line stimuli, *Atti della Fondazione Giorgio Ronchi*, **21**, 738-747, 1966
21) J. J. Kulikowski and P. E. King-Smith: Spatial arrangement of line, edge and grating detectors revealed by subthreshold summation, *Vision Research*, **13**, 1455-1478, 1973
22) M. Hines: Line spread function variation near the fovea, *Vision Research*, **16**, 567-572, 1976
23) J. O. Limb and C. B. Robinstein: A model of threshold vision incorporating inhomogeneity of the visual field, *Vision Research*, **17**, 571-584, 1977
24) H. R. Wilson: Quantitative prediction of line spread function measurements: implications for channel bandwidth, *Vision Research*, **18**, 493-496, 1978
25) H. R. Wilson: Quantitative characterization of two types of line-spread function near the fovea, *Vision Research*, **18**, 971-981, 1978
26) I. Rentschler and A. Fiorentini: Meridional anisotropy of psychophysical spatial interactions, *Vision Research*, **14**, 1467-1473, 1974
27) H. R. Wilson and J. R. Bergen: A four mechanism model for threshold spatial vision, *Vision Research*, **19**, 19-32, 1979
28) F. W. Campbell and J. G. Robson: Application of Fourier analysis to the visibility of gratings, *Journal of Physiology*, **197**, 551-566, 1968

5.1.3 コントラスト感度関数

a．コントラスト感度

1) コントラスト閾値

視覚の空間処理特性を表現するために，正弦波を刺激としてそのコントラスト閾値から求めたコントラスト感度関数 (contrast sensitivity function, CSF) を用いることが多い．これは，線形系の入出力特性を MTF (moduration transfer function) で表すのに対応している．MTF が一般に，一定の振幅の正弦波信号の入力に対する出力振幅の周波数特性であるのに対し，コントラスト感度関数は，ある周波数の正弦波刺激の検出に必要なコントラストの閾値測定から得られる．ほかの心理物理実験と同様に，閾値においては視覚系の出力が一定であると考え，異なる周波数に対する感度の差はコントラスト閾値の逆数として定義することができる．閾値を測定する際のコントラストとしては，正弦波の振幅の平均輝度に対する比率（マイケルソンコントラスト）

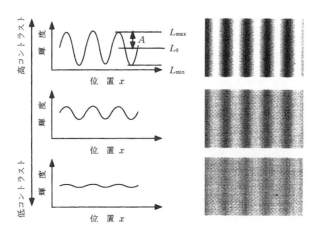

マイケルソンコントラスト＝$(L_{max}-L_{min})/(L_{max}+L_{min})$
コントラスト閾値：刺激の検出ができる最低のコントラスト
コントラスト感度＝1/コントラスト閾値

図 5.3 コントラスト感度の測定

正弦波グレーティングを使用して，その振幅（コントラスト）を変化することで，ちょうどパターンが検出できるコントラスト，コントラスト閾値を求める．通常マイケルソンのコントラストが用いられ，コントラスト感度はコントラスト閾値の逆数として定義される．

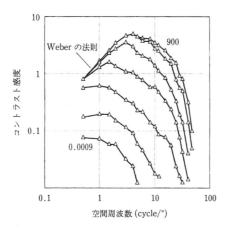

図 5.4 さまざまな平均網膜照度の刺激に対するコントラスト感度関数の変化

刺激サイズは横 4.5°×高さ 8.25°で，直径 2 mm の人工瞳孔を用いて網膜照度を制御している．刺激光は，525 nm の単色光を使用．

が用いられる（図 5.3）．これは，周期的な波形に対して一般的に用いられるコントラストであるが，増分閾などの測定結果を示す Weber 比（増分輝度/背景輝度）とは異なる．

コントラスト閾値は，図 5.3 に示すように刺激の振幅を変化させ被験者が知覚できる最小のコントラストとして求められる．視力が細かい視覚刺激の解像限界のみを与えるのとは異なり，コントラスト感度関数は広い周波数領域にわたる感度を示す．図 5.4 に典型的なコントラスト感度関数を示す[1]．視力は，コントラスト 100％でどの周波数まで解像できるかを示すことに対応するため，コントラスト感度関数のうちの 1 点，コントラスト感度の値が 1 となる周波数に対応する（1/％では 0.01）．明所視レベルでのコントラスト感度は 3〜5 cycle/° 付近で感度の最大をもつ帯域通過型となるが（図 5.4），これは視力の測定のみからは知ることはできない．

2) 輝度の影響

コントラスト感度関数は，平均輝度の変化に対して詳細な測定がなされている．図 5.4 は，刺激の平均網膜照度（人工瞳孔を用いているので，網膜照度と刺激の輝度は比例する）を 0.0009 td から 900 td まで変化したときのコントラスト感度関数の測定結果を示す．コントラスト感度は，9 td 以上では，3〜5 cycle/° 付近に感度の最大をもつ帯域通過型の特性を示すが，それより低い網膜照度では，コントラスト感度は低下するとともに，帯域通過型から低域通過型の特性に変化する．明るい環境の帯域通過型の特性は，画像のエッジを強調する効果（3〜5 cycle/° 付近の周波数成分の強調）があることを意味し，視覚情報処理の重要な側面である．それに対し暗い環境の低域通過型の特性は，広い範囲から信号を集めることに対応し，感度をあげることを重要視したメカニズムとなっているといえる．

コントラスト感度と照明条件の間には興味深い関連がある．コントラストは物体の表面の反射率の差に対応するので，表面を照射する光源の強さとはかかわりない．つまり照明条件に依存せず一定である．これから，平均輝度に依存しないコントラスト感度は視覚系にとって有効な機能であることがわかる．なぜなら，光源が変化しても同じ表面を同じものとしてとらえる（知覚する）ことができるからである．増分閾値と背景光の強度が一定となるというWeberの法則は，まさにその状況を表現している．図5.4からもわかるように実際のコントラスト感度は刺激の空間周波数や輝度レベルに依存して変化して，Weberの法則は必ずしも成り立たない．しかし，平均輝度が10の6乗の範囲で変化したとき，コントラスト感度は大きくても100倍程度の変化であり，視覚系はコントラストを評価するシステムであるともいえる[2]．とくに低周波領域でのコントラスト感度は，明るい刺激に対してほぼ一定となる（閾上の見えについては，この傾向はさらに顕著である，図5.10）．これらは感度の差を絶対的な振幅で示した場合10000倍以上の変化になるのと対照的である．一方，Weberの法則に関しては，輝度変化に比例する視覚系内部のノイズの増大から理論的に予測されるとの考えもなされ，これは，視覚系が積極的に表面の反射特性を検出しているとの考えとは異なる立場である[3,4]．

3) 縞の本数の影響

そのほか，コントラスト閾値に影響する要因は数多くある．網膜位置，時間周波数はその特性に大きな影響を与えるし，縞の方位や，刺激の縞の本数の効果も知られている．網膜位置，時間周波数，縞の方位については他項で詳述する（5.1.6，5.2.3項）．縞の本数の影響は，それ自体に対する興味もあるが，周波数に依存した感度変化を評価する際に重要である．通常コントラスト感度は，一定の大きさの刺激を用い周波数を変化させて測定するが，この場合縞の本数は低周波であるほど少なくなることになる．したがって，実験結果には周波数の影響と本数の影響が混在することになる．通常縞の数が多いほど感度は高い[5~7]．しかし縞の本数の影響は8サイクル以上でほぼ一定になるため[5,6]，すべての周波数に対して8サイクル以上の縞数をもって実験すれば大きな問題とはならないと考えられている．縞のサイクル数のコントラスト感度への影響を示したRobsonとGrahamの実験結果を，図5.5に示す[5]．

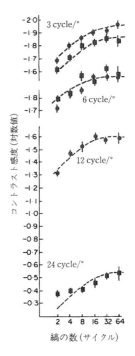

図5.5 縞の本数のコントラスト感度への影響
各周波数のグレーティングに対して，縞の本数を変化して感度を測定した結果である．刺激の大きさは周波数によって異なり，各周波数で本数の増加に伴い大きくなる．刺激の端はぼかしてあり，刺激の平均輝度は500 cd/m² である．

正弦波のサイクル数の影響は周波数によって異なるが，8サイクル程度までは感度が急激に上昇し，それ以上でサイクル数の影響は小さくなる（ただし全くないわけではない）．彼らはこの結果を，サイクル数の増加に伴う確率的足し合わせによる閾値の低下と，刺激が中心窩から離れることに伴う閾値の上昇の2つの要因で説明できることを示した．8サイクル以上で大きな感度の変化が生じないのは，この2要因のバランスによることになり，メカニズムの特性を考えるうえでは一定サイクルの刺激を用いるほうが適切とも考えられる．

一方，サイクル数を一定とすると，刺激の大きさが変化する．そのため測定結果には，視野の位置に依存した特性が反映する可能性がある．この点については，コントラスト感度の刺激サイズへの依存性から，直径6.5°より大きければほぼ同様の周波数特性をもつことが報告されている（ただし，視野が広いほど感度自体は高く，60°で6.5°の2倍弱感度が高い）[8]．また，Kellyは網膜部位に依存した錐体分布の変化に基づくコントラスト感度変化を検討し

て，その空間周波数特性への影響を議論している．それによると刺激のもつ周波数帯域が狭いほうがより正確な周波数特性を測定できるという観点から，刺激サイズは大きいほどよい．しかし現実的には直径10°程度であれば視野の位置に依存した感度変化の影響は受けないであろうと予測している（ただし0.2 cycle/°以上の刺激についてである）[9]．これは視野に依存した周波数特性の変化については考慮していないためここでの問題への直接的な答えとはいえないが，直径6.5°以上で大きな変化がないとの実験結果とは一致している．

4）眼光学系の影響

コントラスト感度の測定には，通常眼光学系の特性が含まれる．そのため眼光学系の特性を取り除き網膜からあとの神経系の特性を直接測定する試みもある．それはレーザー光を用いて網膜上に干渉縞を形成し，その縞の周波数，コントラストを調整して感度を測定する方法である[10,11]．図5.6はそのような測定結果の例である[11]が，5 cycle/°付近に感度の最大をもつ帯域通過特性は通常のものと同様である．しかし，高周波数領域では，光学系のボケの影響が排除されるため感度が高くなる．この結果は，網膜からの反射像をもとに予測した眼光学系の特性と，通常の方法で測定されたコントラスト感度の差から予測される神経系のみの特性と，よく一致する[10,12]．これはまた，レーザー干渉法を用いることによって，眼光学特性の測定が可能となることも意味する．網膜からの反射像を測定する方法では網膜以外の層からの反射光を排除できないのに対して，眼光学系を含む条件（通常の方法）と含まない条件（レーザー干渉法）でのコントラスト感度の比較では

その問題がないため信頼性が高いとの指摘もなされている[12]．

b．周波数特性と空間特性

二刺激法による空間特性の測定については5.1.2項で説明したが，二刺激法の結果とコントラスト感度の空間周波数特性は大きな関連がある．線形系であれば，その空間周波数特性は空間領域で考えると線広がり関数（line spread function，2次元の場合は点広がり関数，point spread function）となる．視覚系は線形系とはいえないが，1次近似としてそうみなされることも多い．二刺激法では線広がり関数に対応する特性を求めているので，その結果はコントラスト感度関数と同じものを異なる表現形式で表していることになる．例えば，低周波領域での感度の低下は線広がり関数の両脇の負の領域に対応する．図5.7はコントラスト感度関数（図5.4）から，900 tdと0.09 tdのデータについて逆フーリエ変換によって線広がり関数を予測したものである．線広がり関数の形状は輝度レベルによって異なるが，同じ明所視の結果では二刺激法（5.1.2項）から求めたデータと類似している．

線広がり関数の特性は，コントラスト検出にかかわる細胞の受容野の特性の反映であると考えられ，負の領域は，受容野周辺での抑制的な反応に対応する（もちろん，心理物理実験の結果は，眼光学系の特性以外にもいくつかの異なるレベルの空間特性を含んでいるであろうし，また，単一の細胞の特性というより細胞群の特性と考えるべきであることは注意が必要である）．その意味で二刺激法での測定結果はより直接的にメカニズムの特性を反映するともいえる．また，二刺激法では局所的な特性を取り出

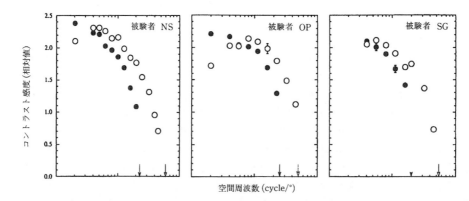

図5.6 レーザー干渉法により測定された3名の被験者の輝度変調（○）および色度変調刺激（●）に対する空間周波数特性
この実験では，刺激の輝度変化はガウス状の包絡線をもつため，周波数特性にはゼロ周波数成分が含まれる．刺激の中心部の輝度は，輝度変調刺激で500 td，色度変調刺激で2.6 tdである．矢印は解像限界を示す．

せるという利点もある．しかし，一般にコントラスト感度の測定のほうが容易であり，多くのデータを比較的短時間で集めることが可能である．

低輝度レベルのコントラスト感度関数から予想される線広がり関数(図5.7)は広範囲に広がり周辺の抑制部分がみられない．このような結果は刺激の輝度レベルによって，刺激パターンの検出にかかわる受容野の形状が変化していることを意味する．検出にかかわる細胞の受容野が輝度レベルによって変化しているか，あるいは輝度レベルによって異なるメカニズムがはたらいているかのいずれかが考えられる．1つの可能性は，輝度レベルによる空間周波数特性の変化は錐体系から桿体系へ移行によるとの考えである．錐体と桿体の経路が神経節細胞では1つのものとなるとの解剖学的な知見[13]を考慮し，さらにコントラスト感度が神経節細胞以降によって決定されていると仮定すると，錐体がはたらく輝度レベルと桿体のはたらく輝度レベルでは空間特性も変化しうる．検出メカニズムの受容野特性が固定されていたとしても，それが錐体と桿体で異なっているとすれば，神経節細胞やそれ以後の処理レベルの空間特性は変化することになる．

c. 空間的CSFへの時間周波数の影響

コントラスト感度関数は，時間周波数を変化させることによって大きく変化する．時間周波数は，一般に刺激の輝度を正弦波状に変化することで制御される．空間的パターンとして正弦波グレーティングを用いた場合にはそのグレーティングが時間的にコントラストを反転することになる．図5.8はいくつかの時間周波数に対する空間周波数に伴うコントラスト感度の変化を示す[14]．時間周波数が1Hzである場合は，静止刺激の結果と同様に3〜5cycle/°付近に感度のピークをもつ帯域通過型の特性を示すが，時間周波数が6Hz以上では低域通過型の特性に変化する．また6Hz以上では時間周波数が高いほど感度が低くなることもわかる(5.2.3項)．

コントラスト感度の測定は刺激の存在の有無を検出するだけであるが，閾上の刺激に対しては，周波数に依存して知覚の質が変化する[15,16]．時間周波数の低いときは縞が現れたり消えたりして見えるが，3Hzを越えると縞が左右に動いて見える（垂直縞を使った場合）．また，周波数をさらに高くするとちらつきとして見え，見かけの空間周波数が2倍となる(spatial frequency doubling)[15]．もちろんさらに高周波で臨界融合周波数(critical fusion frequency, CFF)を越えれば，一様な面が知覚される．このような知覚の変化は，空間周波数特性の時間周波数への依存，時間周波数特性の空間周波数への依存(5.2.3項)とともに，刺激の時空間周波数特性に依存して異なるメカニズムがはたらいているとの根拠とされる．一般に時間的に低周波に感度をもつメ

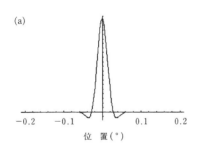

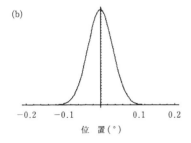

図5.7 図5.4のコントラスト感度関数にガウス関数を回帰し，その逆フーリエ変換であるコサイン型のガボール関数を示す

(a)は900 tdのデータから，(b)は0.09 tdのデータから求めたもの．コントラスト感度関数へのガウス関数の回帰は必ずしも良好とはいえないが，ここでは周波数領域と空間領域の関係を示すことが目的であるのでその点については言及しない．

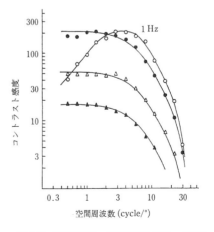

図5.8 時間周波数の空間周波数特性への影響
平均輝度20 cd/m², 刺激サイズ2.5°×2.5°．

カニズムは，空間的には高周波の刺激も検出できパターンの知覚にかかわるのに対し，時間的に高周波に感度をもつメカニズムは，空間的には低い周波数に感度をもち，ちらつきや運動の知覚にかかわると考えられる．このような分類は神経節細胞，外側膝状体，大脳視覚野の情報処理における大細胞経路(magnocellular pathway, M経路)，小細胞経路(parvocellular pathway, P経路)との対応も考えられ[17~19]，運動経路(motion pathway)/形状経路(form pathway)，過渡経路(transient pathway)/持続経路(sustained pathway)などとも呼ばれる(ネコの神経節細胞の特性をもとにしたY経路/X経路との呼称もある)．サルの外側膝状体の破壊実験から，前者は時間的には高い周波数に空間的には低い周波数に感度をもち，後者は時間的には低い周波数に空間的には高い周波数に感度をもつことが示されている[20,21]．しかし単一細胞レベルでの時空間周波数特性については，初期に考えられたほどの差はないことも指摘されており[22]，心理物理的な知見と生理学的な知見を安易に結び付けることには疑問もある．

d. 眼球運動の影響

空間周波数特性の時間周波数依存性は，コントラスト感度の測定に眼球運動が影響することを意味する．静止しているグレーティングも眼球運動によって網膜上では時間変化をもつ刺激となるからである．事実，眼球運動の影響を制御した場合には，コントラスト感度の絶対値も，また周波数特性も変化する[23~26]．図5.9は眼球運動の影響を排除した条件(完全な静止網膜像を作ること，またその確認はむずかしく，実験によりその程度は異なる)で，コントラスト感度の変化を比較した4つの実験結果を示す[26]．いずれにおいても眼球運動の影響を小さくする条件で測定したコントラスト感度は低下し，感度の最大は高い周波数に移動する傾向が見られる．実験による差は，残存する眼球運動の影響の程度が異なるためと考えられる．視覚系のメカニズムの検討という観点からは，眼球運動の影響は眼光学系や神経系の影響とは分離して考える必要があるので，この眼球運動の効果は重大である．しかし，現実に網膜像上に静止したパターンを提示することは非常にむずかしいため，眼球運動の影響がない条件でのコントラスト感度の測定はそれほど多くない．代表的な例はKellyの一連の実験の結果であり，現段階で最も信頼できるデータといえる(5.2.3項の図

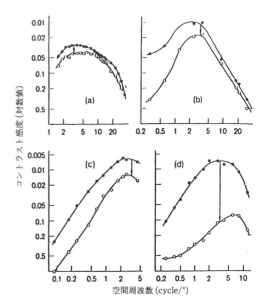

図5.9 眼球運動の空間周波数特性への影響
さまざまな手法による静止網膜像下でのコントラスト感度の低下．それぞれ黒丸が通常の測定で白丸が静止網膜像下での測定．(a), Tulunnay-Keeey と Jones[23]，(b) Gilbert と Fender[24]，(c) Watanabe, Mori, Nagata と Hiwatashi[25]，(d) Kelly[26]．

5.38).

e. 閾上でのコントラスト特性

周波数特性は一般にコントラスト閾値により測定されるため，その特性は閾値付近のものである．視覚系が線形系であれば閾上の知覚でも同様の周波数特性を示すことが予測される．しかし，視覚系は線形ではなく，閾上においては周波数特性は変化する．閾上での知覚の研究は閾値の研究に比べて少ないが，実際に視覚がはたらいている条件での特性を評価することになるのでより重要であるともいえる．

閾上のコントラスト特性を示すためには，基準刺激に見かけのコントラストを合わせるという方法が用いられる[27,28]．図5.10にGeorgesonとSullivanの実験の結果を示す[28]．横軸が空間周波数，縦軸はコントラストの対数を上にいくほど小さくなるように表示している(コントラスト感度の対数表示に対応)．空間周波数5 cycle/°の点は孤立して表示されているが，これはこの周波数を基準刺激として用いているためである．GeorgesonとSullivanの実験は，5 cycle/°のグレーティングを参照刺激とし，それと見えのコントラストが一致するように各周波数のコントラストを設定するというものである．

5.1 空間特性

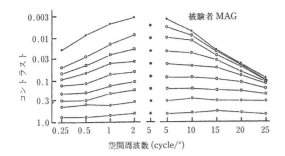

図5.10 見かけのコントラストのマッチング結果
5 cycle/° の刺激の各コントラストと同じ強さのコントラストと知覚される点を各周波数の刺激で測定した結果.刺激の平均輝度は 10 cd/m², 刺激の大きさは直径2°(5 cycle/° 以上)か 8°(2 cycle/° 以下).テスト刺激, 参照刺激 (5 cycle/°) ともに静止していて, 両者の間を視線を動かしてマッチングを行う (被験者は, 視認性 (visibility) ではなくコントラストを合わせるように教示された).

図5.10から, 基準コントラストが低い場合は閾値と類似した周波数特性を示すが, 高いコントラストでは, 知覚されるコントラストの変化が非常に小さいことがわかる (コントラストの恒常性と呼ばれる). この見かけのコントラストの一致は, 同じ対象物を距離を変えて観察する場合にそのコントラストが変化して知覚されないことを意味する. 周波数に依存したコントラスト知覚の変化があれば, 観察距離の変化に伴い網膜上での周波数分布が変化するため同じもののコントラストが変化して見えることになる. 視覚系は, コントラストの恒常性によってこの問題を回避しているともいえる[28].

このような閾上でのコントラストの恒常性は, 異なる周波数の出力がそれぞれ高いコントラストでは同程度の出力となることで説明できる. 感度が高い周波数でも, 低い周波数でも十分なコントラストの入力がある場合にはその出力が最大となりそれぞれの周波数に対する出力の間には差がなくなると考えるわけである. ここでこの入出力は周波数ごとに独立なものを考える必要があるが, これは視覚系が異なる周波数に感度をもつ複数のメカニズム, 空間周波数チャンネル (5.1.4項) をもつとの考えと一致する. コントラストの非線形な入出力特性のメカニズムとしては, ゲイン (増幅率) がコントラストの出力の大きさによって制御されるというものが考えられている[29〜32]. 例えば Heeger の提唱するモデルでは, 入出力特性の非線形と出力の値でゲインが割算されるゲインコントロールを考え, 出力が小さいと

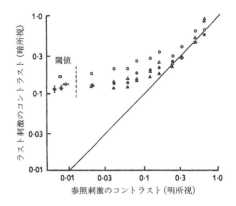

図5.11 刺激の輝度による見かけのコントラストの変化
横軸に明所視レベルの刺激 (10 cd/m²) の輝度縦軸にそれと同じ強さのコントラストに知覚される暗所視レベルの刺激 (一方の眼に 3.8 対数単位の濃度フィルター付きのゴーグルをかける) のコントラストを示す. 刺激の周波数は 2 cycle/°, 刺激の大きさは直径2°. ○は濃度フィルターを付けた直後の測定結果, ●は1時間の順応の後での測定結果を示す. ○, ●は被験者 MAG, △, ▲は被験者 GDS の結果.

ころでは加速度的な非線形が, 大きなところでは逆に飽和する特性が得られる. 飽和特性は, 閾上でのコントラストの知覚が周波数に依存しないことを説明できる.

輝度レベルに依存するコントラスト閾値の変化は, その絶対値の変化に比べるとずっと小さいが, それでも100倍程度の変化がある (5.1.3項). 閾上では, 輝度レベルの影響はさらに小さい. 図5.11は一方の眼に 3.8 対数単位の濃度フィルターをかけ, もう一方の眼で見ている平均輝度 10 cd/m² の基準刺激とコントラストの強さが同じになるように調節した結果である (濃度フィルター側は 0.0016 cd/m² の輝度となる)[28]. この方法では, それぞれの眼が独立に輝度の影響を受けると仮定することにより, 異なる輝度レベルのコントラストの見えが比較できる. 図5.11から, 基準刺激のコントラストが低い場合には, それと同じ見えになるために必要な低輝度の刺激のコントラストはずっと大きいが, 0.3以上のコントラストでは, 両者のコントラストはほぼ一致していることがわかる.

Geogeson と Sullivan は, 周辺視と中心視の間のコントラスト感度の差についても同様の現象を報告している. 閾値付近では感度の低い周辺で, 見かけのコントラストは中心より低く知覚されるが, コントラストが高くなるとほぼ同等の見えをもたらす[28]. 興味深いことに場合によっては同じコントラ

ストの刺激が感度の低い周辺のほうが高く知覚される (over-constancy) こともあるという．

5.1.4 空間周波数チャンネル

コントラスト感度によって視覚系の空間周波数特性が表現されることは前項に述べた．この特性は，単一の生理的なメカニズムではなく，空間周波数チャンネルと呼ばれる複数のメカニズムの特性を反映していると考えられている（多重チャンネルモデル）．空間周波数チャンネルとコントラスト特性の関係を図 5.12(a) に示す．各空間周波数チャンネルの最大感度は異なる周波数にあり，帯域幅は 1～2 オクターブ程度でコントラスト感度関数の周波数特性よりずっと狭いとされている．空間周波数チャンネルは心理物理学的な概念であるが，生理学的には視覚一次野，V1 の細胞が空間周波数チャンネルに対応すると考えられる．単純型細胞は空間周波数特性が 1～2 オクターブ程度の帯域幅を示すものが多く，周波数の最大感度もさまざまであり，また方位(傾き)選択性があるなど空間周波数チャンネルの概念と一致する．空間周波数チャンネルの数については，6 あるいは 7 といった有限数であるのか，ある範囲で連続的に最大感度が変化するメカニズムが存在するのか明確な結論は出されていない (5.1.4 項 b)．

空間周波数チャンネルの概念を確立するために重要であった実験として，Campbell と Robson の矩形波と正弦波のコントラスト閾値の比較実験があげられる[33]．彼らは，閾値となる矩形波のもつ基底波成分のコントラストと正弦波のコントラスト閾値が一致することを示した．これは，各周波数別の処理がなされて，いずれかの周波数成分が検出できたとき刺激が検出されると考えることで説明できる．しかし，この事実は空間周波数チャンネルの存在の直接的な根拠とはいえないし，また 1 cycle/° 以下の低周波領域での波形によるコントラスト閾値の差は説明することはできないという問題もある．以下では，より直接的な実験結果である，選択的順応効果，マスク実験，閾下加算実験を中心に空間周波数チャンネルの存在を示す実験をまとめる．

a．周波数選択的順応効果

順応実験は視覚系の（あるいはほかの感覚系の）あるメカニズムがある一定の刺激に対して長時間反応し続けた結果疲労 (fatigue) し，感度が低下することを利用した実験である[34,35]．いまある周波数の正弦波グレーティング刺激（順応刺激）を提示してそのあとコントラスト感度関数を測定することを考える．もし周波数特性が単一のメカニズムによって決定されていれば，順応による感度の低下は，すべての周波数で同様に生じると予測できる．一方，もしより狭い周波数に感度をもつメカニズムが順応刺激を検出していれば，順応によって生じる感度の低下はそのメカニズムの空間周波数特性を反映した結果となるはずである（図 5.12(b)）．Blakemore と Campbell の実験結果の一例を図 5.13(a) に示す[35]．順応前と順応後のコントラストを比較すると，順応刺激の空間周波数を中心にその周囲の周波数で感度の低下があることがわかる．ここで重要な点は，順応周波数から離れた周波数では感度の低下がみられない点である．ある周波数の順応刺激の効果

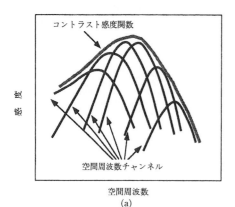

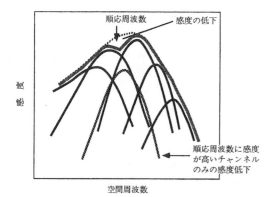

図 5.12 コントラスト感度と空間周波数チャンネルの関係
(a) コントラスト感度の空間周波数特性は，単一のメカニズムの特性ではなく複数の空間周波数チャンネルの感度の包絡線として得られる．(b) 1 つの空間周波数チャンネルの感度のみが低下した場合，コントラスト感度の低下はそのチャンネルの特性を反映する．

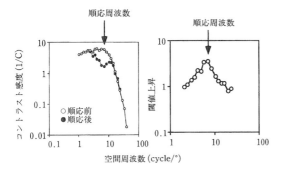

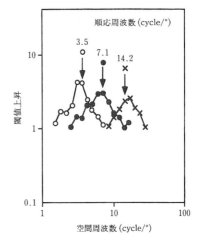

図5.13 周波数選択的順応効果
(a) 順応前後のコントラスト感度関数の変化と(b)順応によるコントラスト感度の上昇の周波数特性(順応前後のコントラスト感度の比で示される).順応周波数は7.1 cycle/°(矢印)でコントラストは閾値より1.5 log上(31.6倍),平均輝度は約100 cd/m²,刺激は直径1.5°,60 sの初期順応と1回の閾値設定の後に10 sのリフレッシュ順応を行っている.順応,テストいずれも静止刺激であるが,順応時は局所的な明るさの順応を避けるために被験者は注視位置をつねに変えている.順応時間は,順応時間の影響は60 sでほぼ最大に達し,順応後60 s程度で順応前の閾値に回復することを確認したうえで設定した値である.

図5.14 3種類の順応周波数による閾値上昇
各矢印で示される順応周波数の結果が各矢印の上のシンボルで示される.縦軸は順応前後のコントラスト感度の比.

が別の周波数でみられないということは,この2つの周波数が異なるメカニズムによって検出されていることを意味する.さらに,順応前後の閾値の比を周波数の関数として図示することにより,空間周波数チャンネルの周波数特性を反映する特性が得られる(図5.13(b)).図5.14にいくつかの順応周波数に対する閾値の上昇を示す.いずれも順応周波数(図中の矢印)付近で感度の低下が最大となり,1〜2オクターブ程度の狭い帯域幅を示している.

BlakemoreとCampbellの報告では,3 cycle/°より低周波の順応に対しては,3 cycle/°にピークをもつほぼ同様の閾値上昇がみられた.これは,3 cycle/°より低周波に感度をもつ周波数チャンネルが存在しないとも考えられる結果であるが,その後の研究から低周波領域での空間周波数チャンネルの存在が確認されている.このBlakemoreとCampbellの実験でそれを確認できなかった理由は,刺激のサイズが1.5°と小さく,低周波のグレーティングが十分のサイクル数の表現ができなかったことによると考えられている[36,37].De Valoisは,4.3°×5.5°の刺激を用いて,1.19 cycle/°の順応刺激に対し,1 cycle/°付近に閾値の上昇の最大を示す結果を得ている[37].また,低周波に感度をもつメカニズムに対しては,高時間周波数の刺激が有効であるとの

指摘もなされている.Tolhurstは一定方向に運動する刺激を順応に用いて,低周波に大きな閾値の上昇を示す結果を得ている[38].ちなみにTolhurstの刺激は直径4.1°の円形で,静止刺激の実験では順応周波数が0.66, 0.9 cycle/°に対して,1.5 cycle/°にピークをもつ感度上昇を得ているため,De Valoisの結果と矛盾しない.

順応法によって得られる周波数特性が,空間周波数チャンネルの特性をどのように反映するかについては議論が残る.まず,順応効果をテスト刺激の閾値で表現した場合は,チャンネルの感度そのものを測定していることにはならない.感度測定する1つの方法としては,順応刺激のコントラストを変化させて,一定の感度低下をもたらす順応コントラストを求め,そこから,周波数特性を測定するものが考えられる.これは,マスク実験の項で説明するものと同じ方法といえる(図5.16).このような順応刺激のコントラストを変化した実験の結果も,空間周波数選択的な感度低下が存在することを示し[39,40],基本的にはBlakemoreとCampbellの報告と一致する.しかし,順応コントラストと閾値の変化については,必ずしも一致した結果が得られていないため,この手法自体の有効性は十分確認されているとはいえない[39〜41].また,チャンネルの帯域幅に関しては異なる推定結果が得られている(SwiftとSmithは1オクターブ以下の帯域幅とする[39])のに対して,GeorgesonとHarrisは1.4オクターブ程

度とほかの実験と同程度の値を推定している[40]).そのほかの順応法の問題点としては,閾値に複数のチャンネルがかかわっている場合のデータの扱いおよび順応の影響が単一のチャンネルの効果のみであるとの仮定の妥当性がある.これらについては,マスク法でも本質的に同じ問題があり,詳細は次項で述べる.

b. マスク実験

順応実験では特定の周波数の刺激を長時間観察することで,その刺激を検出しているメカニズムの感度低下を引き起こすが,別の方法でも感度低下を引き起こすことができる.マスク実験(マスキング)は,テスト刺激にある周波数の刺激を重ねて提示することでその感度低下の度合いを測定するものである.いま,同じ周波数の刺激のみを考えるとすると,マスクのコントラストが高くなるにつれ,テストの検出閾値が高くなる.図5.15(a)に一例としてLeggeとFolyの結果を示す[42].横軸はマスク刺激のコントラスト,縦軸はテスト刺激検出に必要なコントラストの閾値である(ここではマスク閾値曲線と呼ぶ).マスク刺激のコントラストが低いところで閾値の低下が見られるがこれはテストと全く同一のパターンを使う場合,両者が足し合わされた結果閾値が低下することで説明できる.それよりコントラストが高くなると,マスクの存在によりテストが検出しにくくなって閾値が上がる様子がわかる.

この閾値上昇の要因についてはさまざまな要因が考えられるが,例えばそのメカニズムの非線形な入出力特性により検出閾値が変化すると仮定する.この場合,あるテスト刺激に対するマスク刺激の影響は,テスト刺激を検出しているメカニズムのマスク刺激に対する感度を反映することになる.そのメカニズムが感度をもたない周波数のマスク刺激はテストの検出閾値には影響せず,感度が高い周波数では大きな影響をもたらす(図5.16).したがって複数のマスク周波数を用い,マスク閾値曲線を求めてその相対的な関係を調べれば,テスト刺激を検出しているメカニズムの周波数特性が得られる.図5.15(b)は,図5.15(a)のマスク閾値曲線からテスト刺激の検出閾値がマスクなしの場合の2倍となるマスクコントラストを求めて,マスク刺激の周波数に対してプロットしたものである.これは,マスク閾値

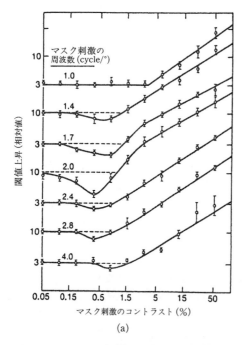

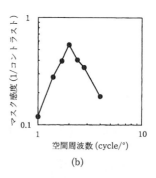

図5.15 マスク閾値曲線とマスク刺激に対する感度

(a) マスクによるコントラスト閾値の変化.2 cycle/° の正弦波グレーティングの検出閾値を各周波数のマスクグレーティングのコントラストを変化させて測定した結果を示す.刺激サイズは6°×6°,平均輝度は 200 cd/m²,誤差棒は±標準誤差を示す.実線はマスクのコントラストが3.2以上では直線回帰の結果でそれ以下ではデータ点を滑らかに結んだもの.(b) マスク実験の結果から,閾値が2倍となるマスクのコントラストを求め,その逆数をマスク刺激に対する感度として,空間周波数の関数としてプロットしたもの.

5.1 空間特性

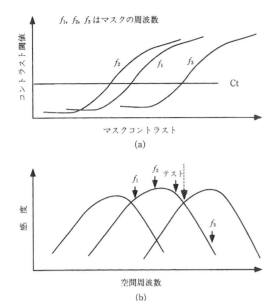

図 5.16 マスク実験の原理
(a) マスク刺激のコントラストの増大に伴いテスト刺激の検出閾値が増大するが,その影響の大きさはテスト刺激を検出しているチャンネルのマスク刺激に対する感度で決まると考える.テストを検出しているチャンネルがマスク刺激の周波数に高い感度をもてば,この関数はマスクのコントラストがより小さい方向(左方向)にずれ,逆に感度が低ければ高いコントラストの方向(右方向)にずれる.(b) マスク刺激の影響はチャンネル内での処理によると仮定すると,マスク刺激の影響は,テストを検出しているチャンネルに対する感度のみで決まり,ほかのチャンネルの影響は受けない.したがってマスク効果から,各マスク周波数に対するあるチャンネルの感度が予測できる.点線の矢印は,テスト刺激の周波数が2つのチャンネルの感度の等しいところにあるため,マスク実験の結果が何を意味するか不明となる条件を示す.おそらくは両者の特性の組み合わせとなる.

曲線がマスクの周波数に依存して x 軸方向でどのくらいずれるかを示すことになり,テスト刺激の検出への各周波数のマスクの影響の強さを調べることに対応する.マスクの影響が同一のチャンネルにのみはたらくとすれば,図 5.15(b)はあるテストを検出しているチャンネルの感度関数の周波数特性を示すことになる.さらに,異なる周波数のテスト刺激を用いて同様の実験をくり返すことですべてのチャンネルの特性が測定できることになる.

上の手順を簡略化した方法として,テスト刺激のコントラストを閾上で一定にして(例えば閾値の2倍とする),各周波数のマスクのコントラストを変化してテスト刺激検出の閾値を求めるものがある.この方法ではマスク閾値曲線を求めずに,一定量の

閾値上昇を与えるマスクのコントラストの測定から,マスクの周波数に依存したマスク閾値曲線の x 軸方向のずれを評価することになる.一方,マスクのコントラストを固定してテストの検出閾値を測定することもできるが,事態は少々複雑になる.マスク効果の周波数依存を求めるためには,マスク閾値曲線の形状を知ることが必要となるからである.順応法においてある周波数の順応後に各周波数のテスト刺激で閾値を測った結果が,直接チャンネルの周波数特性を見ていることにならないのも同じ理由による.

マスク法で測定された空間周波数チャンネルは,順応法での測定結果と類似したものとなる[43,44].図 5.17 にその例を示す[44].これは,マスクコントラストを固定し,テストの閾値を測定した実験結果であるが,最も広範囲の周波数にわたるマスク実験の結果の代表例である.帯域幅は1~2オクターブ程度であり,テストの周波数付近に感度の最大をもつことがわかる.また,低周波領域では 0.7 以下のテストに対して,すべて 0.7 付近に閾値の上昇の最大をもつ結果が得られている.低時間周波数の刺激(1秒間の提示でコントラストがガウス関数状に変化)に対して感度をもつ,これより低周波のチャンネルが存在しないことを示唆している.図 5.17 の各パネルの実線は,実験結果をもとに,コントラストの影響,複数のチャンネルの関与を考慮して求めた6つの空間周波数チャンネルから,実験結果を予測した結果である.この予測と実験値がよい一致をみることから,チャンネルの周波数特性の推定が妥当であることが示される.ただし,この6というチャンネルの数は,あくまで実験結果を説明するのに必要な最低の数であり,もっと多い可能性もある.

マスク法からの空間周波数チャンネルを測定するときの問題点として以下の2点があげられる.まず,テストが単一のメカニズムによって検出されているかどうかである.図 5.16 の説明では,単一のチャンネルのみが示されているが,実際には複数のチャンネルの感度がオーバーラップしていると考えられ,極端な場合は図 5.16 の点線の矢印で示すように,テストの周波数が2つのチャンネルの感度が等しいところにくるかもしれない.この場合は2つのチャンネル出力がどのように閾値の決定にかかわるかを知る必要がある.一般に確率的足し合わせで閾値が決定するとの仮定をおき,マスク実験の結果

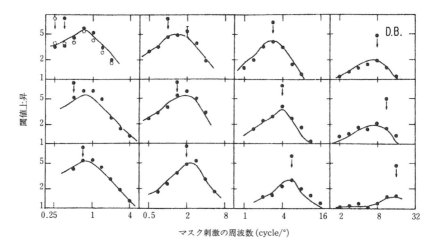

図 5.17 マスク法で測定された空間周波数チャンネル
テスト刺激はガウス関数の 6 階微分の形状をもつ空間パターン（ただし，0.25, 0.35 cycle/° では 2 つのガウス関数の差の関数），マスク刺激はテストと傾きが 14.5° 離れた正弦波パターン（コントラストは 40% に固定）．テスト刺激は提示時間 1 s でコントラストが，ガウス関数状に変化，マスクは 1 Hz でコントラストが反転．テスト周波数は 0.25 cycle/° から 16 cycle/° まで 0.5 オクターブ間隔の 13 種類（図中の矢印）．実線は，実験結果から求めた空間周波数チャンネルを用いて実験結果を予測した結果．刺激の平均輝度は 17.5 cd/m² である．

から，チャンネルの空間周波数の推定を行う．しかし，実際には各空間周波数チャンネルの間には相互作用があることも指摘されていて（後述 e 項目のチャンネル間の相互作用），この仮定にも問題は残る．この点は順応実験でも全く同じである．

もう 1 つの問題点はマスク効果が単一のチャンネルのなかの効果であるとの仮定である．コントラストの入出力特性の非線形は，すべてのチャンネルからの出力が影響している[31,32]との考えがある．この場合は，テストの検出にかかわらないチャンネルからのマスク効果が実験結果に含まれることになる．この点についての詳細な検討はなされていないため，実際の推定への影響は不明である．しかし，ほかのチャンネルからの影響を受ければ，当然推定される帯域幅は実際より広くなる．また，ほかのチャンネルからの影響は，それらがテスト刺激に先だって提示された場合も含むため，順応実験においても同様に問題となる．

c．閾下加算

マスク実験と類似しているが，いわば逆の発想に基づく空間周波数チャンネルの測定法が閾下加算である．まずある周波数の刺激（刺激 A）を用いて閾値を測る．次にその閾値の半分のコントラストと別の周波数（刺激 B）の刺激を同時に重ねて提示する．もし刺激 A を検出するメカニズムが刺激 B に対しても同じ感度をもっていたとすれば，刺激 B のコントラストが刺激 A のものと同じとき，閾値に達することになる．両者の合計は刺激 A の単独の閾値と同一となるからである．もし刺激 B に対する感度が 1/2 であれば，閾値に達するためには刺激 B のコントラストは刺激 A のコントラストの 2 倍必要となる．したがって，ある周波数の刺激 A に対して刺激 B をさまざまな周波数として閾値を測定すれば，刺激 A を検出しているメカニズムの周波数特性が得られることになる．

正弦波刺激を用いた閾下加算の実験結果は，順応実験やマスク実験の結果と一致しないことが知られている[45～47]．閾下加算から得られる周波数チャンネルの帯域幅は 1 オクターブより狭いものとなる．この結果については，異なる周波数の正弦波を重ねた場合のうなり（beat）のせいであると考えられている．このうなりにより，周期的にコントラストが低い場所が出現して，それがない場合に比べると実効的な刺激範囲が狭くなるため，小さな周波数の差によって大きな感度低下が生じるというわけである．図 5.18 に実効的な刺激範囲が減少している様子を示す[47]．

一方，正弦波の代わりに空間的に局在した刺激を用いた場合はこの問題は小さい．例えばエッジ刺激やバー刺激の検出のコントラスト閾値を，さまざまな閾下の空間周波数の正弦波のうえで測定することで，それらの検出にかかわるメカニズムの周波数特

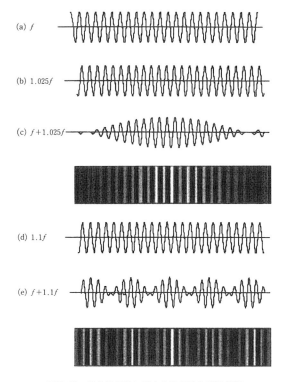

図 5.18 複合波刺激に対する実行的な刺激範囲
周波数 f と $1.025f$, あるいは $1.1f$ の刺激を加算した場合, うなりによってコントラストが周期的に 0 となり, そのため実行的な刺激範囲は単独の刺激に比べ狭くなる. (a) 周波数 f の波形, (b) 周波数 $0.025f$ の波形, (c) $f+1.025f$ の複合波形, (d) 周波数 $1.1f$ の波形, (e) $f+1.1f$ の複合波形をそれぞれ示す.

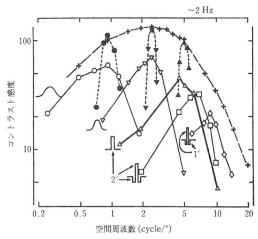

図 5.19 非周期テスト刺激を用いた閾下加算実験の結果
それぞれの周波数の正弦波が呈示されている状態で, テスト刺激のコントラスト感度を測定する. 時間周波数 2 Hz, 平均輝度 $10\,\mathrm{cd/m^2}$, 大きさ $7.5°$(横)×$5°$(縦). 白抜きのシンボルは各データの横に示される輝度変化をもつ刺激の結果, 黒シンボルはテスト刺激が正弦波の場合の結果で, 図 5.18 で問題としている閾下加算の条件である. 感度は $\Delta C_\mathrm{T}/C_0 C_\mathrm{B}$ で求めている. ここで ΔC_T は背景による閾値コントラストの減少分, C_0 は背景なしのコントラスト閾値, C_B は背景のコントラストである. ΔC_T が大きい(少ないコントラストで閾値となる)ほど, テスト刺激を検出するメカニズムの背景に対する感度が高いことに対応する. C_B は背景刺激単独の閾値の約半分を用いている.

性が測定できる. 図 5.19 は, コントラスト感度関数と一緒にその結果が示されている[48]. 刺激の形状はそれぞれのデータの横に示されている. テスト刺激として空間的にも周波数的にも局在したものを使えば, 空間周波数チャンネルの測定に有効とも考えられる.

d. その他の根拠

上にあげた 3 種類の実験以外にも空間周波数チャンネルの存在することを示唆する実験がいくつかある. 以下では閾上での周波数順応効果, 周波数の対比, 周波数弁別および複合パターンに対する閾値測定について説明する. まず, 順応効果は閾上の刺激に対しても得られる. これは 2 種類に分けられる. 1 つは見かけの周波数の変化, もう 1 つは見かけのコントラストの変化である. 見かけのコントラストの変化は, 順応によってそれに近い周波数の刺激のコントラストが低下して見える現象であるが[49], これは単純に感度の低下で説明できるため閾値の上昇と同様に考えることができる. 見かけの周波数の変化は, ある周波数の刺激で順応したあとにそれより高い周波数の刺激はより高い周波数に, 低い周波数の刺激はより低い周波数に知覚される現象である[50,51]. これは, 図 5.20 を用いて確認することができる. 異なる周波数のグレーティングを上下に並べ, それを 30 秒程度眺める. このとき局所的な明るさの順応をさけるために, 1 点を固視せずに左右に目を動かす必要がある. そのあとで右側の画像に視線を移動し, 上下に同じ周波数のグレーティングが提示されるようにする. 順応効果が得られれば, 上の縞が下の縞よりも幅広く(低周波に)感じられる. この現象は, 順応に用いた周波数から離れる方向に刺激は変化すると説明される. 上の視野では高周波の順応刺激によりテスト刺激は低周波側に, 逆に下の視野では低周波の順応によってテスト刺激はより高周波側に変化して見えるということである.

実験結果の例を図 5.21 に示す[51]. 順応後の刺激の見かけの大きさを, 順応刺激の呈示されていない

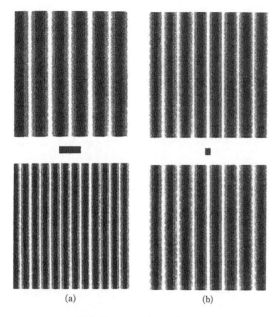

図 5.20 周波数(大きさ)残効
(a)の中央を見て,上下で周波数の異なる縞を 30 秒程度観察(順応)した後,(b)の同じ大きさの縞を観察すると上の縞は下の縞より大きく(より低周波)に見える.順応時は局所的な明るさの残効の避けるために,中央の線分上で注視点の移動を行う.

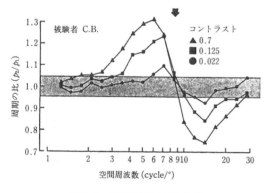

図 5.21 周波数残効の測定結果
順応部位に呈示された刺激の見かけの周波数を,順応刺激の呈示されていない部位での刺激周波数で評価する(周波数のマッチング).縦軸は順応の有無でのマッチング結果を周期の比をとり示し,1以上でより広い幅(低周波)に,1以下でより狭い幅(高周波)に見えていることを示す.順応刺激の周波数は 8.4 cycle/°(矢印),コントラストは 0.7, 0.125, 0.022 の 3 種類.縦軸 1.0 の周囲の網かけ部分は,順応なし刺激のマッチング結果の標準誤差から求めた 95%の信頼区間を示す.

視野に呈示された格子縞でマッチングすることで,順応効果を測定している.縦軸は順応なしの条件と順応条件のマッチング結果の比率である.1 より大きな値は,順応によって縞の間隔が広がる(低周波に見える),1 より小さな値は順応により縞の間隔が狭く(高周波に見える)ことを意味する.図 5.21 は順応刺激の周波数が 8.4 cycle/° の例であるが,順応周波数よりやや低い周波数では見かけの縞が実際の周波数より低周波に,やや高い周波数では高い周波数に変化することがわかる.また,順応刺激のコントラストが高いほど順応効果が大きいが,その周波数依存性はほとんど影響を受けていないことがわかる.さらに,順応効果が生じる領域は低周波側,高周波側それぞれ 1〜2 オクターブの範囲である.

この大きさ(周波数)の順応効果は,図 5.22 のように説明できる.図 5.22 (a) は順応前の各周波数チャンネルの感度とある周波数のテスト刺激に対する各チャンネルの出力の大きさを示す.図 5.22 (b) は低周波の順応刺激を観察したあとの感度と出力,図 5.22 (c) は高周波の順応後の各チャンネルの感度と出力を示す.ここで知覚される周波数が,いくつかのチャンネルの出力によって重み付けされた平均値であるとする.それぞれの条件でテスト刺激に対する知覚される周波数は矢印で示すが,選択的な順応効果によって,順応刺激より低い周波数ではより低く,高い周波数ではより高くなることがわかる.ここで,大きさ(周波数)の知覚がどのように決められるかは根拠のある仮定ではなく,その妥当性については問題にしない.空間周波数チャンネルの選択的な順応が,この現象をうまく説明できる点がここでの主眼である.

次に周辺の刺激の影響で見かけの周波数が変化する対比効果も周波数チャンネルの存在は示唆される.図 5.23 にその例を示す.図 5.23 (a), (b) を比較すると,周辺の周波数が高い場合は実際より低く,低い場合には実際より高く知覚される傾向がある様子がわかる.対比効果自体は,明るさや色の場合と同様に,空間的な空間周波数の変化が強調されると考えれば説明できる.空間周波数チャンネルの関与を示す特性としては,この現象も順応実験と同様に,周波数の差がある範囲内のときに生じることである[52].興味深いことに,対比効果は順応による見かけの周波数の変化とよく一致するが,コントラスト閾値には対比効果はみられない[52].これは空間周波数チャンネルにかかわるこれらの現象が単一の段階での処理では説明できないことを意味する.

また,空間周波数弁別能の測定からも周波数チャ

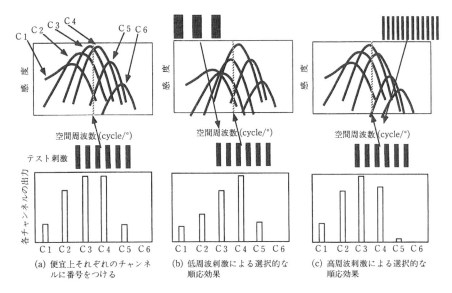

図 5.22 順応刺激に対する感度
感度が高いチャンネルは,刺激を数十秒見ることで感度が低下する.各チャンネルの出力をみると順応後に呈示されるテスト刺激に対しては,順応前に比べ出力の分布が異なる.例えば見かけの周波数がすべてのチャンネルの平均的なもので決定されるとすると,その値は(a)に比べ(b)では高くなり,(c)では低くなる.

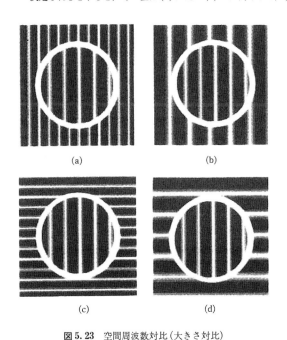

図 5.23 空間周波数対比(大きさ対比)
周辺の縞の周波数が低いときは,中心部の縞はより高周波に,周辺の縞の周波数が高いときはより低周波に見える((a)と(b)の中心部の縞の比較).周辺の縞の傾きが異なるとその影響は小さくなる((c)と(d)の中心部の縞の比較).

ンネルの検討が可能である.2つ並置された刺激が提示されたとして,それらの刺激の検出閾値と弁別閾値が同じであったとする.この場合,それらは異なるチャンネルで検出されていることを意味する.なぜなら,それぞれの刺激に対する出力は同一であるから,同一のチャンネルで検出されている場合には弁別することはできないはずであるからである.つまり,それぞれの刺激に対する出力に異なるラベル(例えば「1 cycle/°の周波数」など)が付随している状況であると考えられる.検出閾値より弁別閾値が高い場合は,検出は同一のチャンネルによってなされ,弁別はさらにコントラストが上がって別のチャンネルの影響が生じて初めて可能となったと考えられる.WatsonとRobsonは空間周波数弁別の実験結果から時間的に低周波領域では7つのチャンネルが,高周波領域では3つのチャンネルが必要であると結論づけている[53].

複合波パターンを用いたときの閾値実験からも周波数別の処理が存在することが示される.GrahamとNackmiasはある周波数fの正弦波グレーティングとその3倍の周波数$3f$の正弦波グレーティングを加え合わせた刺激を用いて,両者の位相の影響を比較した(5.1.5項).その結果,それぞれの山と谷が重なる位相としたものと山と山が重なる位相としたもののいずれを使ってもコントラスト閾値は同程度であることが確認された[54].刺激の最大と最小からコントラストを計算すると山と山が重なる場合

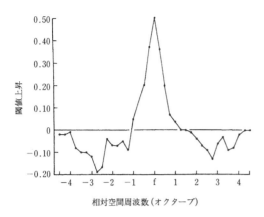

図 5.24 周波数順応による感度低下と感度上昇
横軸は順応周波数をゼロとし，テスト刺激の周波数をオクターブで示す．縦軸は，順応なしの条件でのコントラスト感度との順応によるコントラスト感度の比を対数で示す．正の値は感度の低下，負の値は感度の上昇を示す．3名の被験者のすべての順応周波数 (0.84〜13.45 cycle/°) の結果を平均したもの．この図では，順応周波数より低周波側でより大きな感度上昇が見られるが，これは被験者によって一致した傾向ではない．

のほうが大きいが，その影響が閾値には反映されないことから，この結果はそれぞれの周波数成分が独立に処理されている根拠となる．

e. チャンネル間の相互作用

空間周波数チャンネルの特性を測定するための方法，マスク法や順応法では，一般にそれぞれのチャンネルは独立にはたらくとの仮定をしている．しかし，一方で，各空間周波数チャンネルの間には相互作用があることも明らかとなっている．これらの実験はまさに，順応法やマスク法による実験から得られているために，空間周波数チャンネルの特性の推定の際の問題点となる．ただしこの影響は，周波数選択的な順応やマスクの大きさに比べれば小さい[55]．

選択的順応実験の結果では，順応刺激の周波数付近での閾値の上昇に加えて，順応周波数と離れた周波数領域で感度の上昇が見いだされている[37,56]．図5.24 に De Valoia による順応実験の測定結果を示す．これは，多くの順応周波数による結果をまとめたもので，順応周波数を原点としてテストの周波数を相対値で示す[37]．±1 オクターブの範囲で閾値の上昇が見られるのは図 5.13 と同様であるが，さらに離れた周波数では閾値の低下（感度の上昇）があることがわかる．このような結果は，隣接周波数領域に感度をもつ周波数チャンネルの間の相互抑制で説明される．つまり，順応によってある周波数チャンネルの感度が低下すると，そのチャンネルの抑制を受けている周囲チャンネルによる検出感度の上昇が起こるというわけである．

同様な議論は，複数の周波数成分をもつ刺激で順応した場合の感度変化からもなされている．一般に複数の周波数成分をもつ刺激を用いて順応効果を測定すると，閾値の上昇は単一の順応刺激の場合よりも小さくなる．例えば，Stecher らは 13.3 cycle/° のグレーティング刺激をテストに用いたとき，同じ周波数のグレーティング刺激で順応した後では閾値が 3 倍程度上昇するのに対して，13.3 cycle/° の刺激に 8 cycle/° のグレーティング刺激を重ねたものを順応刺激とすると閾値の上昇は 1.5 倍程度と小さくなることを示している[57]．マスク実験からも，空間周波数チャンネルの間の抑制の可能性を示す結果が得られている．Stromeyer と Julesz の実験[43]によると，マスク刺激のもつ周波数成分，帯域幅を，テスト刺激の周波数を中心に広げていくと，1 オクターブ程度までは，マスク効果が増大してテストの検出閾値が上昇する．この範囲が，テストを検出している空間周波数チャンネルが感度をもつ範囲であると考えられる．しかし，さらにマスク刺激の帯域幅を広げていくと，感度の低下が起こる．これは，隣接領域に感度をもつチャンネルにもマスク効果が及びそれらからの抑制が低下することで説明できる．ただし，彼らはこの閾値の低下については，マスク刺激とテスト刺激の見え方が顕著に異なることに起因する被験者の判断基準の変化である可能性も指摘している．

f. 空間周波数解析

空間周波数チャンネルの存在から，視覚系はフーリエ解析的な処理をしている，あるいはそれに近い処理過程が含まれるとの考え方がある．つまり，網膜像の周波数成分の分布を検出してそれをもとに物体の認識などをするという考えである．異なる空間周波数チャンネルの存在そのものは，さまざまな大きさの受容野をもつメカニズム（大脳皮質の神経細胞）が存在し，その空間周波数特性の示す最大感度の周波数が異なることを意味するだけである．これはいろいろな大きさの特徴（エッジ，線）を検出していることを意味するであろうが，物体認識のために周波数成分の分布の検出や評価をしているとはいいがたい．周波数成分の分布自体を問題にするような処理過程としては，テクスチャによる奥行き知覚

などがあげられる[58]．例えば，河原の風景で石ころが広がっているとき，その網膜像は近い位置では大きく（低周波成分を多くもち），遠くなるほど小さく（高周波成分を多くもつ）なる．われわれはこのようなテクスチャ要素の変化から奥行きを知覚するが（7.3.2項参照），そのために周波数成分の分布の比較は有効かもしれない．

われわれの視覚系が，空間周波数成分のみの処理をしているわけでないことは明らかである．フーリエ解析は基本的に無限の広がりについての処理であり，位置に束縛された情報は扱えない．視覚系の処理は，少なくとも初期レベルでは位置情報はほぼ完全に保持した形でなされる．したがって，周波数次元のみで視覚処理を考えるアプローチの視覚系の理解への大きな貢献は期待できない．しかし，空間周波数チャンネルは同一の位置での異なる周波数成分の抽出過程としてはたらくわけであるから，局所的に周波数分析的な処理をしている可能性はある[59,60]．　　　　　　　　　　［塩入　諭］

文　献

1) F. L. van Nes and M. A. Bouman: Spatial moduration transfer in the human eye, *Journal of the Optical Society of America*, **57**, 401-406, 1967
2) B. A. Wandel: Foundations of Vision, Sinauer Associates, Sunderland, Massachusettes, pp. 229-231, 1995
3) D. Laming: Contrast Sensitivity, In Vision and Visual Dysfunctions, Vol. 4, Limits of Vision, Regan (ed.), pp. 35-43, 1991
4) D. Laming: Sensory Analysis, Academic Press, London, 1985
5) J. G. Robson and N. Graham: Probability summation and regional variation in contrast sensitivity across the visual field, *Vision Research*, **21**, 409-418, 1981
6) G. E. Legge: Space domain properties of spatial frequency channel in human vision, *Vision Research*, **18**, 959-969, 1978
7) J. J. Kulikowski and K. Kranda: Detection of coarse patterns with minimum contribution from rods, *Vision Research*, **17**, 653-656, 1977
8) J. G. Robson and N. Graham: Probability summation and regional variation in contrast sensitivity across the visual field, *Vision Research*, **21**, 409-418, 1981
9) D. H. Kelly: Visual contrast sesitivity, *Optica Acta*, **24**, 107-129, 1977
10) F. W. Campbell and R. W. Gubisch: Optical quality of the human eye, *Journal of Physiology*, **186**, 558-578, 1966
11) N. Sekiguchi, D. R. Williams and D. H. Brainard: Efficiency in detection of isoluminant and isochromatic interference frinegs, *Journal of the Optical Society of America*, **A10**, 2118-2133, 1993
12) D. R. Williams, D. H. Brainard, M. J. McMahon and R. Navarro: Double-pass and interferometric measure of the optical quality of the eye, *Journal of the Optical Society of America*, **A11**, 3121-3135, 1994
13) H. Kolb: The architecture of functional neural circuits in the vertebrate retina, *Investigative Ophthalmology & Visual Science*, **35**, 2385-2404, 1994
14) J. G. Robson: Spatial and temporal contrast sensitvity functions of the visual system, *Journal of the Optical Society of America*, **56**, 1141-1142, 1966
15) D. H. Kelly: Frequency doubling in visual responses, *Journal of the Optical Society of America*, **56**, 1628-1633, 1966
16) J. J. Kulikowski: Effect of eye movements on the contrast sensitivity of spatio-temporal patterns, *Vision Research*, **11**, 261-273, 1971
17) J. J. Kulikowski: What really limits vision? Conceptual limitations to the assessment of visual function and role of interacting channels, In Vision and Visual Dysfunctions, Vol. 4, Limits of Vision, Regan (ed.), pp. 286-325, 1991
18) G. T. Plant: Temporal properties of normal and abnormal spatial vision, In Vision and Visual Dysfunctions, Vol. 4, Limits of Vision, Regan (ed.), pp. 43-63, 1991
19) 佐藤隆夫：時空間相互作用，新編 感覚・知覚心理学ハンドブック（大山　正，今井省吾，和気典二編），誠信書房，pp. 579-583, 1994
20) W. H. Merigan, C. Byrne and J. H. R. Maunsell: Does primate motion perception depend on the magnocellular pathway?, *Journal of Neuroscience*, **11**, 3411-3429, 1991
21) W. H. Merigan, L. M. Katz and J. H. R. Maunsell: The effects of parvocellular lateral geniculate lesions on the acuity and contrast sensitivity of macaque monkeys, *Journal of Neuroscience*, **11**, 994-1101, 1991
22) W. H. Merigan and J. H. R. Maunsell: How raprallel are the primate visual pathways? *Annual Review of Neuroscience*, **16**, 369-402, 1993
23) U. Tulunary-Keesey and R. M. Jones: The effect of micromovements of the eye and exposure duration on contrast sensitivity, *Vision Research*, **16**, 481-488, 1976
24) D. S. Gilbert and D. H. Fender: Contrast thresholds measured with stabilized and non-stabilized sinewave gratings, *Optica Acta*, **16**, 191-206, 1969
25) A. Watanabe, T. Mori, S. Nagata and K. Hiwatashi, Spatial sine-wave responses of the human visual system, *Vision Research*, **8**, 1245-1263, 1968
26) D. H. Kelly: Motion and vision. I., Stabilized images of stationary gratings, *Journal of the Optical Society of America*, **69**, 1266-1274, 1979
27) C. Blakemore, J. P. Muncey and R. M. Ridley: Stimulus specificity in the human visual system, *Vision Research*, **13**, 1915-1931, 1973
28) M. A. Georgeson and G. D. Sullivan: Contrast constancy: deblurring in human vision by spatial frequency channels, *Journal of Physiology*, **252**, 627-656, 1975
29) J. M. Foley: Human luminance pattern-vision mechanisms: masking experiments require a new model, *Journal of the Optical Society of America*, **A11**, 1710-1719, 1994
30) W. H. Swanson, H. R. Wilson and S. C. Giese: Contrast matching data predcted from contrast increment thresholds, *Vision Research*, **24**, 63-75, 1984
31) J. Heeger: Normalization of cell responses in cat striate cortex, *Visual Neuroscience*, **9**, 181-198, 1992
32) A. B. Wastson and J. A. Solmon: Model of visual

contrast gain control and pattern masking, *Journal of the Optical Society of America*, **A14**, 2379-2391, 1997
33) F. W. Cambel and J. G. Robson: Application of Fourier analysis to the visibility of gratings, *Journal of Physiology*, **197**, 551-566, 1968
34) A. Pantle and R. Sekuler: Size-detecting mechanisms in human vision, *Science*, **162**, 1146-1148, 1968
35) C. Blakemore and F. W. Campbell: On the existence of neurons in the human visual system selectively sensitive to the orientation and size of retinal images, *Journal of Physiology*, **203**, 237-260, 1969
36) R. M. Jones and U. Tulunay-Keesey: Local retinal adaptation and spatial frequency channels, *Vision Research*, **15**, 1239-1244, 1975
37) K. K. De Valoia: Spatial frequency adaptation can enhance contrast sensitivity, *Vision Research*, **17**, 1057-1065, 1977
38) D. J. Tolhurst: Separate channels for the analysis of the shape and the movement of moving visual stimulus, *Journal of Physiology*, **231**, 385-402, 1973
39) D. J. Swift and R. A. Smith: An action spectrum for spatial-frequency adaptation, *Visoin Research*, **22**, 235-246, 1982
40) M. A. Georgeson and M. G. Harris: Spatial selectivity of contrast adaptation: models and data, *Vision Research*, **24**, 729-741, 1984
41) R. S. Dealy and D. J. Tolhurst: Is spatial adaptation an after-effect of prolonged inhibition? *Journal of Physiology*, **241**, 261-270, 1974
42) G. E. Legge and J. M. Foley: Contrast masking in human vision, *Journal of the Optical Society of America*, **70**, 1458-1470, 1980
43) C. F. Stromeyer III and B. Julesz: Spatial-frequency masking in vision: critical bands and spread of masking, *Journal of the Optical Society of America*, **62**, 1221-1232, 1972
44) H. R. Wilson, D. K. McFarlane and G. C. Phillips: Spatial frequency tuning of orientation selective units estimated by oblique masking, *Vision Research*, **23**, 873-882, 1983
45) A. B. Wastson and J. A. Solmon: Model of visual contrast gain control and pattern masking, *Journal of the Optical Society of America*, **A14**, 2379-2391, 1997
46) M. B. Sachs, J. Nachmias and J. G. Robson: Spatial frequency channels in human vision, *Journal of the Optical Society of America*, **61**, 1176-1186, 1971
47) N. Graham and J. G. Robson: Summation of very close spatial frequences: The importance of spatial probability summation, *Vision Research*, **27**, 1997-2007, 1987
48) P. E. King-Smith and J. J. Kulikowski: The detection of gratings by independent activation of line detectors, *Journal of Physiology*, **247**, 237-271, 1975
49) C. Blakemore, J. P. J. Muncey and R. M. Ridley: Stimulus specificity in the human visual system, *Vision Research*, **13**, 1915-1931, 1973
50) C. Blakemore and P. Sutton: Size adaptation: a new aftereffect, *Science*, **166**, 245-247, 1969
51) C. Blakemore and J. Nachmias: The perceived spatial frequency shift: evidence for frequency-selective neurones in the human brain, *Journal of Physiology*, **210**, 727-750, 1970
52) S. Klein, C. F. Stromeyer and L. Ganz: The simultaneous spatial frequency shift: a dissociation between the detection and perception of gratings, *Vision Research*, **14**, 1421-1432, 1974
53) A. B. Watson and J. G. Robson: Discrimination at threshold: Labelled detectors in human vision, *Vision Research*, **21**, 1115-1122, 1981
54) N. Graham and J. Nachmias: Detection of grating patterns containing two spatial frequencies: A comarison of single channels and multichannel models, *Vision Research*, **11**, 251-259, 1971
55) R. L. De Valoia and K. K. De Valoia: Spatial Vision, Oxford Science Phublications, pp. 176-211, 1988
56) D. J. Tolhurst and L. P. Barfield: Interaction between spatial frequency channels, *Vision Research*, **18**, 951-985, 1978
57) S. Stecher, C. Sigal and R. V. Lenge: Composite adaptation and spatial frequency interactions, *Vision Reserch*, **13**, 2527-2531, 1973
58) R. L. De Valoia and K. K. De Valoia: Spatial Vision, Oxford Science Phublications, pp. 264-295, 1988
59) R. L. De Valoia and K. K. De Valoia: Spatial Vision, Oxford Science Phublications, pp. 333-349, 1988
60) D. C. Van Essen, C. H. Anderson and D. J. Felleman: Infromation processing in the primate visual system: An integarated systems perspective, *Science*, **255**, 419-423, 1992

5.1.5 位相検出

多重チャンネルモデル(multiple-channels model)は，人間の視覚系がその網膜像の明暗の情報をそこに含まれる周波数成分に分解して処理を行うとするもので，それを裏づける豊富な証拠が報告されている[1,2] (5.1.4項)．このようなフーリエ解析的処理における重要なパラメーターの1つが，位相である．さらに，位相情報の一形態としてコントラスト極性の効果があげられる．この項では，視覚系における位相情報の処理について，複合波パターンの検出および見かけのコントラストへの位相の効果，さらに位相差の検出についての研究を概観するとともに，コントラスト極性に対応した視覚系の処理について選択的順応やマスキング，その他の方法を用いた研究を概観する．

多重チャンネルモデルを裏づけるための1つの証拠として報告された複合波パターンの検出に関する実験のなかで，位相の効果が述べられている[2]．Grahamら[2]は，周波数$f(0.9～6.3$ cycle/°)とその3倍の周波数$3f$とをそれぞれのピークが足し合わされるような組み合わせ(位相0°)と引かれるような組み合わせ(位相180°)による複合波のグレーティング(図5.25)を用い，調整法および階段法によりコントラスト閾を求めた．その結果，複合波の検出は成分のコントラストに依存し，成分間の位相には影響されないことを報告している(図5.26)．同様の報告はArend Jr.らによっても行われてい

5.1 空間特性

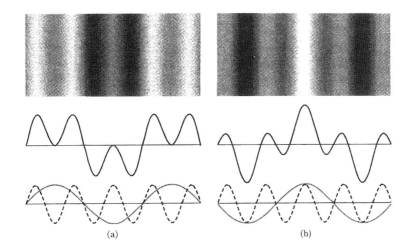

図 5.25 複合波グレーティング
(a)は周波数 f と $3f$ のグレーティングのピークどうしの減算，(b)はピークどうしの加算による組み合わせ．

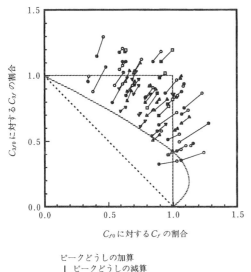

ピークどうしの加算
ピークどうしの減算

□ ■ Graham&Nachmias (1971)
□ ■ Arend Jr&Lange (1980) 1 x threshold standard
▲ ▲ Arend Jr&Lange (1980) 10 x threshold standard
▼ ▼ Arend Jr&Lange (1980) 30 x threshold standard

図 5.26 複合波パターンの検出閾
横軸は，空間周波数 f に関して，複合波パターンの閾におけるコントラスト値 (C_f) の単独の正弦波パターンの閾値 (C_{f0}) に対する比．縦軸は，空間周波数 $3f$ に関しての同様の比．対応する 2 種類の複合波の結果を線分で結んでいる．閾付近，閾上の結果とも複合波の種類による違いはない．なお，図中の実線は多重チャンネルモデルによる予測値で，傾斜直線と曲線はそれぞれ単一チャンネルモデルによるピークどうしの減算とピークどうしの加算の予測値．

る[3]が，そのなかで彼らはさらに，見かけのコントラストへの位相の影響についても報告している．彼らは，閾値の 10 倍および 30 倍のコントラストの 5 cycle/° と 15 cycle/° とによる 2 種類の複合波（位相 0° および 180°）の見かけのコントラストを測定し，位相の影響を受けないことを示した（図 5.26）．

しかし複合波の検出において，その成分が低周波数の場合には位相の影響を受けるとする報告がある．Ross ら[4]は，複合波として基本周波数 0.2 cycle/° についての第 1，第 3，第 5，第 7，第 9 高周波の 5 種の成分で構成される矩形波パターンとそのうち第 5 高調波のみを位相反転させたパターンとを用いて検出閾を求め，矩形波パターンのほうが明らかに低い閾値となることを示した．彼らは，低空間周波数のコントラスト変化は，その傾斜に感度をもつメカニズムによって検出されており，より明暗の傾斜が急峻な矩形波パターンのほうが検出しやすかったとして結果を説明したが，これを裏づける報告が Campbell らによって行われている[5]．彼らは，台形波状のコントラスト変化を有する周波数範囲 0.06〜0.18 cycle/° のグレーティングで，台形の傾斜部分の幅を複数用いて，グレーティングの検出閾を求めている．その結果，幅が 0.5° 以下では傾斜によらず閾値は主成分の等しい矩形波パターンのものと同一となる一方で，0.5° 以上では傾斜が増加するほど閾値が減少し，傾斜の幅の広い低周波数成分の明暗変化の検出閾がコントラストの傾斜によって決定されていることを示した．

このように低周波以外の複合波パターンの検出や

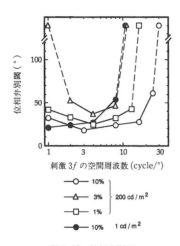

図 5.27 位相弁別閾
平均輝度 200 cd/m² でコントラスト 10%のもとでは,横軸 1～15 cycle/° の範囲で閾値はほぼ一定.

見かけのコントラストに位相の影響がないとされるものの,構成成分が等しく位相のみ異なる閾上の複合波パターンを区別することは明らかに可能であり,視覚系内部に位相情報が処理されるメカニズムが存在することは確かである.そして実際に,複合波の位相弁別の特性が成分の空間周波数やコントラストに対して,また等輝度条件のもとで明らかにされてきた[6~9].Burr は,2 つの周波数成分 (f と $3f$, ただし $3f=1.0\sim30$ cycle/°) をさまざまな位相で組み合わせた複合波を用いて,二者強制選択の階段法により位相の弁別閾を求めており,コントラストの上昇とともに位相弁別閾は減少し,用いた最大のコントラスト (f は 30%, $3f$ は 10%) のもとでは,$3f=1.0\sim15$ cycle/° の範囲で弁別閾は 30° 程度でほぼ一定であることを示した(図 5.27)[7].一方,Burton らはある範囲の空間周波数成分を含む刺激を用いてその周波数範囲や中心周波数に対して成分間の位相弁別閾を求めたところ,高コントラストの場合や中心周波数が 5 cycle/° あたりとなる場合に弁別閾が低下することを示した[8].さらに Martini らは,輝度グレーティングと等輝度の色グレーティングともに,それぞれの検出閾に対するコントラスト比を用いれば,位相弁別閾は周波数成分に対して等しくなることを示し,輝度と色とで位相弁別に関して共通のメカニズムがあることを示している[9].

一方,視覚系の処理へのコントラスト極性の効果が報告されている.生理学的には ON-OFF の中心周辺拮抗型の受容野の構造が示されているが,ON 反応と OFF 反応の起源が 2 種類の型の双極細胞で

あり,この 2 つの信号処理経路のある程度の独立性が,以下のような点で明らかにされている[10].すなわち,解剖学的には ON, OFF 2 つのタイプの双極細胞はそれぞれ,ON タイプの神経節細胞および OFF タイプの神経節細胞に連絡するが,その部位も網膜内の内網状層のそれぞれ内側と外側とに分離していることが示されている.また生理学的にもこれを裏づけるように,2-アミノ-4-ホスホノブチレート (APB) という物質によって ON タイプの双極細胞だけを選択的に過分極状態にして光刺激への応答を無効にすると,ON タイプの神経節細胞の応答だけがなくなることが示されている.さらに,サルなどの研究で,APB の投与によって光の減分 (OFF) の検出には影響せずに増分 (ON) の検出のみが阻害されることが示され,知覚レベルにもこの影響が到達していることが明らかになった.これらに対応して心理物理学的にも,コントラスト極性に応じた視覚情報処理の独立性を示唆するデータが,選択的順応やマスキング,その他の方法 (5.1.4 項) を用いて報告されてきた.

選択的順応については,時間特性に関連するものと空間特性に関連するものとがある.時間特性に関連するものとして Krauskoph は,のこぎり波状の明暗変化に順応した後のステップ状の明暗変化に対する閾値の上昇がそのステップの方向に依存することを報告している[11].例えば,順応時の明暗変化が明方向になだらかに上昇し,暗方向に瞬時に下降する (時間周波数 1 Hz) 場合,その後に観察したステップ変化が下降方向のほうが上昇方向よりも 1.4 倍程度の閾値の上昇が見られた (逆の組み合わせでもほぼ同様).つまり,順応時の瞬時の変化方向とステップの変化方向が同じ極性の場合に閾値上昇が大きく,極性に依存した順応が明らかにされたわけである.

一方,空間特性に関連するものとして De Valois と Burton らは,明暗の幅の異なる (例えば明の幅が暗の幅の 2 倍) グレーティングに順応した後,明暗の幅の等しいグレーティングを観察すると順応したものとは逆の明暗の幅の関係 (例えば明の幅が暗の幅よりも狭い) が知覚されることを報告している[12,13].彼らはこれを明暗それぞれの幅に対する残効であるとし,さらにこれが明と暗とで独立の処理によるものであることをより明確にするために,De Valois は白地に黒または黒字に白の線分に対する残効が同じ極性の線分のみに生じることを示し

た．ただし，Cavanaghらは，線分に対する残効は別にして，明暗のグレーティングの見かけの幅の変化については，必ずしもコントラスト極性の独立性を示すものではないことを示唆している[14]．彼らは空間周波数2 cycle/°で明暗のデューティ比が3：1の矩形波グレーティングとその2倍の4 cycle/°の正弦波グレーティング（明暗変化の幅が矩形波グレーティングの細い縞と同等）とを交互に提示する順応の後に，2 cycle/°のグレーティングの見かけの幅を測定した．結果は，明と暗との独立の処理によるなら細い縞のコントラスト極性のみに幅の残効が生じるはずであるが，そのような残効は生じなかった．その他の選択的順応にかかわるものでは，Mayhewがテクスチャのサイズに依存した運動残効がコントラスト極性に依存して生じることを報告している[15]．一方，傾き順応(tilt aftereffect)についてはコントラスト極性に依存しないことが報告されている[16]．

マスキングを用いた方法では，検出刺激とマスク刺激の時間的極性変化が等しい場合にのみ検出頻度が減少することで，コントラスト極性の独立性が示された．Stelmachらは，3°四方に背景となる40個のドットをランダムに配置した刺激を2フレームで提示し，フレーム間で消滅するか点灯するターゲットの検出頻度を求めて，これを示している[17]．この2フレームの間では，背景のドットは明から暗または暗から明に変化し，ターゲットへのマスク刺激となる．検出頻度は，例えば背景が明から暗に変化する場合にはターゲットが点灯するよりも消滅するほうが低下した．またこのような検出頻度は，例えば背景ドットの数の増加（10から40）に伴って，背景とターゲットとで極性変化が同じ場合には7割程度に低下し，異なる場合には9割程度への低下でほとんど影響を受けなかったことや，また背景ドットの明暗変化の増加でも同様の結果が得られていることで，コントラスト極性の独立性がさらに支持されている．

そのほかにもさまざまな証拠が提出されている．例えば，両眼間での光刺激の統合は，両眼それぞれで極性が同じ場合には検出閾は確率的足し合わせによる予測値以下となるが，極性が異なる場合には予測値と同程度となる[18]．したがって，明と暗の刺激は両眼間で足し合わせや抑制などの相互作用がないわけで，コントラスト極性の処理の独立性を示しているといえる．また副尺視力の感度は，各線分が明と暗とで異なる極性の場合には極性の等しい場合の半分程度となり，また，一方の線分に対してさまざまな幅やコントラストを用いてもこの相違は保持される[19]．このことから，異なる極性の線分の幅や見やすさが変化して感度が低下したわけではなく，コントラスト極性の独立性によるものと考えられる．

5.1.6 方位検出

方位に関する研究は，1960年代に入り視覚系のごく初期の段階で方位に関する処理が行われるとする生理学的報告が行われたことで，心理物理学の分野でも盛んに注目をあびるようになった．この項ではまず，方位を伴うパターンのコントラスト感度，方位の同定および方位の弁別についての研究を概観し，次に方位同調関数(orientation tuning function)に関する研究を，さらに傾き残効(tilt aftereffect)と傾き錯視(tilt illusion)についての研究を概観する．

方位にかかわる知覚に影響を与える要因としてまずあげられるのが方位それ自身である．これは，傾き効果(oblique effect)と呼ばれ[20]，傾いた刺激では水平や垂直方向の刺激よりも種々の視覚特性が劣るというものである．傾き効果の影響を受ける視覚

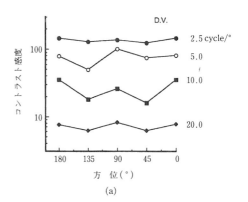

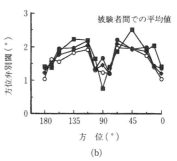

図5.28 各方位における(a)コントラスト感度と(b)方位弁別閾

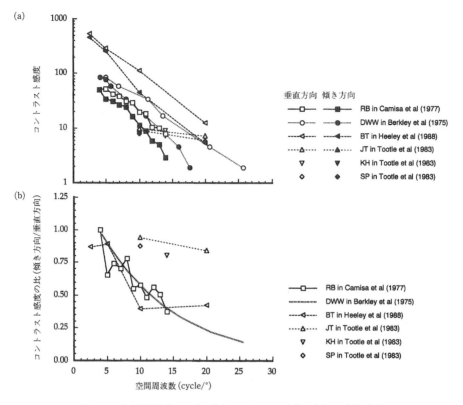

図 5.29 各空間周波数における (a) コントラスト感度と (b) その傾き効果
(b) の傾き効果は，(a) の垂直方向に対する傾き方向のコントラスト感度の比として示している．なお，Camisa ら[30] の (a) の結果では方向間でデータの空間周波数が対応しないので，方向ごとの回帰直線間で比をとっている．

特性を，視力や刺激検出に関してはクラス 1 の傾き効果，方位の弁別や同定に関してはクラス 2 の傾き効果として分類することがある[21]．

検出と弁別における傾き効果の具体例を図 5.28 に示す[22]．Heeley らはこの実験で，視野サイズ 2.5°，空間周波数が 2.5, 5.0, 10.0, 20.0 cycle/° の正弦波グレーティングを用い，階段法によりコントラスト感度 (図 5.28 (a)) を，恒常法により方位弁別閾 (図 5.28 (b)) を求めた．グラフでは水平方向を 0°（または 180°），垂直方向を 90° として示しており，水平や垂直方向より傾いた方向でのコントラスト感度が減少し，弁別閾が上昇していることがわかる．このような傾き効果は，レーザー光による干渉縞を網膜上に直接投影した刺激でも生じる[23] ことや，非常に短時間の刺激提示でも生じる[24] ことから，眼光学的特性や眼球運動では説明できない．さらにこの傾き効果は，視覚誘発電位 (visual evoked potential) にも現れる一方で，網膜電図 (erectroretinogram) には現れないことから，皮質レベルに起因する[25] と考えられている．

傾き効果に影響を及ぼす要因として刺激の長さ，網膜偏心度，空間周波数，時間周波数などがある．刺激長さについては，線分が長くなるほど傾き効果が増加し[26~28]，このうちコントラスト検出閾については長さ 5.6° においてなお効果の増加傾向を示し約 1.8 倍（水平垂直方向に対する傾き方向の検出閾の比），方位弁別については長さ 4° ないし 8° まで増加して約 3 倍で飽和する．また網膜偏心度に対しては周辺視野になるほど傾き効果は減少し，少なくとも方位弁別については偏位 20° 以上では効果がなくなる[28]．空間周波数に対してはコントラスト検出閾の場合，高空間周波数ほど傾き効果は増加し[22,29~32]，5 cycle/° 前後では効果は見られず，10 cycle/° では約 1.7 倍，20 cycle/° で約 3.3 倍となるが，方位弁別閾については 1.0 cycle/° までは空間周波数の増加とともに効果が減少し[33]，2.5 cycle/° 以上では効果は見られない[22]．複数の報告による空間周波数に対するコントラスト感度（検出閾値の逆数）のデータを図 5.29 (a) に示し，その傾き効果として垂直方向に対する傾斜方向のコントラ

スト感度の比をとり図5.29(b)に示した．一方，時間周波数の増加に対しては，コントラスト検出閾についての傾き効果が減少し，1 Hzでは2倍前後の効果が12 Hzではほとんど見られなくなる[30]．

傾き効果の原因となるメカニズムについて明らかにされてはいないが，方位検出にかかわる細胞密度の違いで説明されることが多い[27,31]．ただし，方位弁別閾を刺激に含まれる方位の帯域の関数として求めたところ傾き方向と垂直方向とでほぼ同様の形状が得られたことから，必ずしも細胞密度の違いでは説明されないとする報告[34]もある．また傾き効果は，先に述べたように高空間周波数，低時間周波数で生じやすく網膜周辺で生じにくいことから，持続性メカニズムの関与が示唆されている[30]．さらに観察者が正立した場合と体を傾けた場合での方位弁別閾の傾き効果が，重力ではなく網膜の方向に依存することが示されている[27]．

一方，傾き効果のほかに方位知覚に影響を与える要因としては，明るさ，網膜偏心度と線分長さ(またはグレーティングの面積)，空間周波数などが報告されている．明るさについては，背景が明るい場合(網膜照度1000 td)よりも暗い場合(1 td)に，方位の同定はより水平または垂直方向に知覚されやすくなる[35]．網膜偏心度に対しては，周辺視野になるほど方位弁別閾は上昇するが[36-39]，周辺20°までは線分を長くすることで同程度の弁別閾を得られるものの，それ以上では耳側と鼻側の非対称性が報告されている．また中心窩では線分の長さが10'[36]ないしは60'[40]まで閾値の減少が見られる．空間周波数に対しては，1.0 cycle/°までは空間周波数が高くなるほど方位弁別閾が減少し[33]，それ以上では垂直方向で一定，傾き方向では増加する[41]．

そのほか，方位知覚と空間周波数知覚の間では互いに一方の知覚が他方の閾値に影響を与えないことから独立した処理が示唆されている．Bradleyらは空間周波数が1～8 cycle/°の正弦波グレーティングを用い，二者強制選択法と調整法とによって，標準刺激とテスト刺激の空間周波数が異なる場合でも等しい場合と同じ程度の方位弁別閾が得られることを示し[41]，Burbeckらも空間周波数2, 5, 12 cycle/°のグレーティングを用いて同様の報告をしている[42]．これらの実験では，一定の空間周波数の組み合わせを用いるためにそれが判断の手がかりになるおそれがあったため，Heeleyらは空間周波数帯域の中央値や幅を変更し，さらにその中で組み合わせる周波数をランダムに変更することでより厳密に方位弁別閾を求めたが，空間周波数の影響は見られず，方位知覚と空間周波数知覚のある程度の独立性が示された[43,44]．

ところで，方位知覚が方位の受容野によって行われているとすれば，1つの受容野がある程度の範囲の方位に応答すると考えられる．そしてこれは方位同調関数として，方位弁別や閾下加算，マスキング，順応などの手法(5.1.4項)で求められてきた．このうち方位弁別に基づく方法は，Thomasらによって線分とグレーティングとを用いて行われた[45]．彼らは二者強制選択法によって2回の提示のどちらに(検出確率D)，また2種類の方位のどちらが(同定確率I)提示されたかの応答をとり，2つの確率の比(I/D)を方位の差の関数として求めた．これにより，各刺激条件におけるノイズ成分を除去すると同時に，方位同調関数の帯域の半値幅を求めることができる．その結果，やや被験者間の差があるがグレーティングや垂直線分では10～15°(平均13.8°)，傾き線分では14～20°(平均17.3°)となっている．

閾下加算に基づく方位同調関数[46,47]は，テストグレーティングの背景に同じ空間周波数で同位相の閾下のグレーティングをさまざまな方位で重ね合わせてコントラスト閾を求めることで導かれる．Kulikowskiらは背景に2.5～10 cycle/°のグレーティング，テストに線分またはグレーティングを用い，閾下加算による閾の減少が3°の方位差で半減するとし[46]，Thomasらはさらに15～25°の方位差によって抑制が生じる[47]としている．

マスキングに基づく方位同調関数[48,49]は，テスト刺激のコントラスト閾値を閾上のマスキング刺激の角度の関数として求めたものとして導かれる．Phillipsらは，異なる空間周波数(0.5～11.3 cycle/°)でマスキング刺激の方位(5～90°)の範囲を用い，非線形要素を仮定したモデルをもとに方位同調関数の半値幅を求めている[48]．その結果，空間周波数の増加とともに，30°(0.5 cycle/°)から15°(11.3 cycle/°)まで減少した．

順応に基づく方位同調関数[50-54]は，順応刺激のグレーティングを観察した後のテスト刺激のコントラスト閾値を順応刺激の方位の関数として求めたものとして導かれる．Blakemoreらは，グレーティングへの順応による2つの効果，コントラスト感度の低下と見かけの空間周波数の変化とに着目し，こ

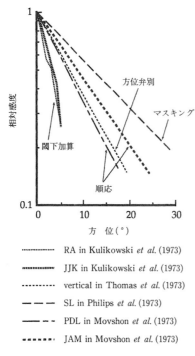

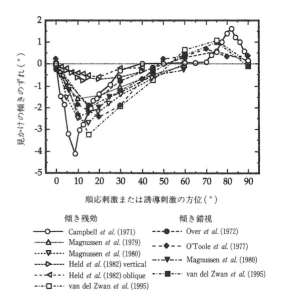

図 5.31 順応刺激または誘導刺激の方位に対する傾き残効と傾き錯視

図 5.30 さまざまな手法に基づく方位同調関数

………… RA in Kulikowski et al. (1973)
▬▬▬ JJK in Kulikowski et al. (1973)
‥‥‥ vertical in Thomas et al. (1973)
— — SL in Philips et al. (1973)
— ‧ — PDL in Movshon et al. (1973)
▪▪▪▪▪ JAM in Movshon et al. (1973)

傾き残効
―〇― Campbell et al. (1971)
‥△‥ Magnussen et al. (1979)
---▷--- Magnussen et al. (1980)
---▷--- Held et al. (1982) vertical
-‧-◁-‧- Held et al. (1982) oblique
-‧-□-‧- van del Zwan et al. (1995)

傾き錯視
-●- Over et al. (1972)
-◆- O'Toole et al. (1977)
-▼- Magnussen et al. (1980)
-‧-■-‧- van del Zwan et al. (1995)

れらを同程度に導く順応刺激の方位とコントラストとを関係づける(等価コントラスト変換)ことで, コントラスト半減に相当する方位を方位同調関数の半値幅とし, 13.5°という値を導き出した[51]. 彼らの用いたテスト刺激の空間周波数は 4.2〜16.6 cycle/°であったが, Movshon らは同様の方法(コントラスト感度低下)を用いてさらに広い範囲の空間周波数(2.5〜20 cycle/°)で調べたところ, 2人の被験者でそれぞれほとんど変化なく平均 13.1°と 17.1°となった[55]. さらに, Beaton らも同様の方法で網膜偏心度の影響を検討したが, 特定の傾向は見られず, 2人の被験者でそれぞれ平均 9.8°と 13.6°となった[52].

以上の異なる方法に基づく方位同調関数を図 5.30 に示す. これによれば, その半値幅が求めた方法ごとにかなり異なっていることがわかる. 具体的には, 閾下加算が最も狭く, マスキングが最も広く, 順応と方位弁別がその中間あたりとなっている. このような相違がどのような原因によるかは明らかではない.

方位知覚が方位の受容野によって行われていることを示していると思われる現象に, 傾き残効と傾き錯視とがある. 傾き残効は, ある方位のグレーティング(順応刺激, A)を観察後, それとは異なる方位のグレーティング(テスト刺激)が本来とは異なる方位に観察される現象であり, 一方, 傾き錯視は, 周囲のグレーティング(誘導刺激, I)の方位が中心のグレーティング(テスト刺激)の方位の見えに影響を与える現象である. この2つの現象について報告された主なデータを図 5.31 にまとめて示す[16,53,54,58〜61]. 横軸は, 傾き残効については順応刺激のグレーティングの方位, 傾き錯視については誘導刺激のグレーティングの方位を示しており, 縦軸は傾き残効, 傾き錯視ともに垂直方向のテスト刺激の観察される方位を示している. ここで, 0°は垂直上方とし時計まわりを+方向としている. ここで特徴的なことは, 傾き残効, 傾き錯視ともに横軸 15°付近で順応刺激や誘導刺激と反対方向に見かけの方位のずれが最大となり 2〜3°の値を示すことと, 横軸 75°付近で逆に順応刺激や誘導刺激と同じ方向に見かけの方位のずれが最大となり 1°程度の値を示すことである. 一般的に前者は直接効果 (direct effect), 後者は間接効果 (indirect effect) と呼ばれる. 傾き残効と傾き錯視は, ここに示されるようにその特性や効果の大きさが非常に類似していること, また両者の間に線形的足し合わせが生じること[57], さらに両者とも傾斜方向の刺激に対しても同様に生じること[61]などから共通のメカニズムが示唆されている. また, 直接効果と間接効果につい

ては，Wenderothらが傾き錯視を用いて，直接効果は誘導刺激とテスト刺激とのギャップの幅の増加とともに減少するが間接効果は影響を受けないこと，直接効果は誘導刺激の幅の増加とともに増加するが間接効果は影響を受けないこと，さらに刺激全体が垂直な長方形の枠に囲まれた場合間接効果のみ消減することなどから，異なるメカニズムによるとしており，とくに直接効果は受容野レベル，間接効果はさらに高次なレベルによるとしている[62]．

傾き残効や傾き錯視については，そのほか時空間的な特性が報告されている．まず，順応刺激や誘導刺激とテスト刺激との間で空間周波数の選択性が報告されている[58,63,64]．WareらおよびHeldらはともに，空間周波数1～16 cycle/°の5種の矩形波グレーティングを用い順応刺激とテスト刺激の周波数を組み合わせて傾き残効の大きさを測定した[58,63]．その結果，順応刺激とテスト刺激の空間周波数が等しい場合に傾き残効の効果がより大きくなり，空間周波数選択性を示している．さらに，順応刺激とテスト刺激の空間周波数が等しい場合，傾き残効は空間周波数の増加とともにその効果が減少するという報告[65]と増加するという報告[66]，またとくに変化しないという報告[58,63]とがあり一貫した結果とはなっていない．これについてHarrisらはテスト刺激の提示時間の違いの影響を示唆している[67]．とくに彼らは，空間周波数に対して増加傾向を示したHarrisらの報告[66]はテスト刺激の提示時間がほかよりも長く，持続性メカニズムの特性を引き出していたとして，これを検討するために2種類の空間周波数(2, 10 cycle/°)と2種類のテスト刺激提示時間(100, 1000 ms)を互いに組み合わせて傾き残効の効果を求めた[67]．その結果，短い提示時間では低空間周波数で長い提示時間では高空間周波数での効果が大きく，それぞれ一過性と持続性のメカニズムの特性であるとしている．一方，傾き錯視の時間特性についてO'Tooleは提示時間(10～5000 ms)の増加とともに効果が増加するとした[68]が，Calvertらは提示時間60～100 msで最大となりそれ以上では減少するとした[69]（ただし，傾き残効についてはWolfeは提示時間(10～2000 ms)の増加とともに効果が減少するとしている[70]）．両者はテスト刺激が線分とグレーティングという違いの点で単純には比較できないが，Calvertらは，刺激提示の明るさ変化を指摘している[69]．Calvertらは刺激消失の間も平均輝度を保ったがO'Tooleらは提示面を暗くしており，Calvertらはこのような明暗の変化が存在する場合には，最大の効果を示す提示時間が長くなることを確認している．　　　　　[氏家弘裕]

文　献

1) F. W. Campbell and J. G. Robson: Application of Fourier analysis to the visibility of gratings, *Journal of Physiology*, **197**, 551-566, 1968
2) N. Graham and J. Nachmias: Detection of grating patterns containing two spatial frequencies: A comparison of single-channel and multiple-channels models, *Vision Research*, **11**, 251-259, 1971
3) L. E. Arend Jr. and R. V. Lange: Narrow-band spatial mechanisms in apparent contrast matching, *Vision Research*, **20**, 143-147, 1980
4) J. Ross and J. R. Johnstone: Phase and detection of compound gratings, *Vision Research*, **20**, 189-192, 1980
5) F. W. Campbell, J. R. Johnstone and J. Ross: An explanation for the visibility of low frequency gratings, *Vision Research*, **21**, 723-729, 1981
6) J. J. Holt and J. Ross: Phase perception in the high frequency range, *Vision Research*, **20**, 933-935, 1980
7) D. C. Burr: Sensitivity to spatial phase, *Vision Research*, **20**, 391-396, 1980
8) G. J. Burton and I. R. Moorhead: Visual form perception and the spatial phase transfer function, *Journal of the Optical Society of America*, **71**, 1056-1063, 1981
9) P. Martini, P. Girard, M. C. Morrone and D. C. Burr: Sensitivity to spatial phase at equiluminance, *Vision Research*, **36**, 1153-1162, 1996
10) P. H. Schiller: The on and off channels of the visual system, *Trends in Neuroscience*, **15**, 86-92, 1992
11) J. Krauskopf: Discrimination and detection of changes in luminance, *Vision Research*, **20**, 671-677, 1980
12) K. K. De Valois: Independence of black and white: Phase-specific adaptation, *Vision Research*, **17**, 209-215, 1977
13) G. J. Burton, S. Nagshineh and K. H. Ruddock: Processing by the human visual system of the light and dark contrast components of the retinal image, *Biological Cybernetics*, **27**, 189-197, 1977
14) P. Cavanagh: Evidence against independent processing of black and white pattern features, *Perception & Psychophysics*, **29**, 423-428, 1981
15) J. E. W. Mayhew: Movement aftereffects contingent on size: Evidence for movement detectors sensitive to direction of contrast, *Vision Research*, **13**, 1789-1795, 1973
16) S. Magnussen and W. Kurtenbach: A test for contrast-polarity selectivity in the tilt aftereffect, *Perception*, **8**, 523-528, 1979
17) L. B. Stelmach, C. M. Bourassa and V. D. Lollo: On and off systems in human vision, *Vision Research*, **27**, 919-928, 1987
18) D. H. Westendorf and R. Fox: Binocular detection of positive and negative flashes, *Perception & Psychophysics*, **15**, 61-65, 1974
19) R. P. O'Shea and D. E. Mitchell: Vernier acuity with opposite-contrast stimuli, *Perception*, **19**, 207-221, 1990
20) S. Appelle: Perception and discrimination as a function of stimulus orientation, *Psychological Bulletin*, **78**, 266-278, 1972

21) E. A. Essock : The oblique effect of stimulus identification considered with respect to two classes of oblique effects, *Perception*, **9**, 37-46, 1980
22) D. W. Heeley and B. Timney : Meridional anisotropies of orientation discrimination for sine wave gratings, *Vision Research*, **28**, 337-344, 1988
23) F. W. Campbell, J. J. Kulikowski and J. Levinson : The effect of orientation on the visual resolution of gratings, *Journal of Physiology*, **187**, 427-436, 1966
24) G. C. Higgins and K. Stultz : Variation of visual acuity with various test-object orientations and viewing conditions, *Journal of the Optical Society of America*, **40**, 135-137, 1950
25) L. Maffei and F. W. Campbell : Neurophysiological localization of the vertical and horizontal visual coordinates in man, *Science*, **167**, 386-387, 1970
26) E. A. Essock : The influence of stimulus length on the oblique effect of contrast sensitivity, *Vision Research*, **30**, 1243-1246, 1990
27) G. A. Orban, E. Vandenbussche and R. Vogels : Human orientation discrimination tested with long stimuli, *Vision Research*, **24**, 121-128, 1984
28) E. Vandenbussche, R. Vogels and G. A. Orban : Human orientation discrimination : Changes with eccentricity in normal and amblyopic vision, *Investigative Ophthalmology and Visual Science*, **27**, 237-245, 1986
29) M. A. Berkley, F. Kitterle and D. W. Watkins : Grating visibility as a function of orientation and retinal eccentricity, *Vision Research*, **15**, 239-244, 1975
30) J. M. Camisa, R. Blake and S. Lema : The effects of temporal modulation on the oblique effect in humans, *Perception*, **6**, 165-171, 1977
31) J. S. Tootle and M. A. Berkley : Contrast sensitivity for vertically and obliquely oriented gratings as a function of grating area, *Vision Research*, **23**, 907-910, 1983
32) P. C. Quinn and S. Lehmkuhle : An oblique effect of spatial summation, *Vision Research*, **23**, 655-658, 1983
33) D. C. Burr and S.-A. Wijesundra : Orientation discrimination depends on spatial frequency, *Vision Research*, **31**, 1449-1452, 1991
34) D. W. Heeley, H. M. Buchanan-Smith, J. A. Cromwell and J. S. Wright : The oblique effect in orientation acuity, *Vision Research*, **37**, 235-242, 1997
35) M. Zlatkova : Orientation identification at different bachground levels : Its precision and distortions, *Vision Research*, **33**, 2073-2081, 1993
36) R. P. Scobey : Human visual orientation discrimination, *Journal of Neurophysiology*, **48**, 18-26, 1982
37) D. Spinelli, A. Bazzeo and G. B. Vicario : Orientation sensitivity in the peripheral visual field, *Perception*, **13**, 41-47, 1984
38) M. A. Paradiso and T. Carney : Orientation discrimination as a function of stimulus eccentricity and size : Nasal/temporal retinal asymmetry, *Vision Research*, **28**, 867-874, 1988
39) P. Makela, D. Whitaker and J. Rovamo : Modelling of orientation discrimination across the visual field, *Vision Research*, **33**, 723-730, 1993
40) H. Bouma and J. J. Andriessen : Perceived orientation of isolated line segments, *Vision Research*, **8**, 493-507, 1968
41) A. Bradley and B. C. Skottun : The Effects of large orientation and spatial frequency differences in spatial discriminations, *Vision Research*, **24**, 1889-1896, 1984
42) C. A. Burbech and D. Regan : Independence of orientation and size in spatial discriminations, *Journal of the Optical Society of America*, **73**, 1691-1694, 1983
43) D. W. Heeley and H. M. Buchanan-Smith : Evidence for separate, task dependent noise processes in orientation and size perception, *Vision Research*, **34**, 2059-2069, 1994
44) D. W. Heeley, H. M. Buchanan-Smith and S. Heywood : Orientation acuity for sine-wave gratings with random variation of spatial frequency, *Vision Research*, **33**, 2509-2513, 1993
45) J. P. Thomas and J. Gille : Bandwidths of orientation channels in human vision, *Journal of the Optical Society of America*, **69**, 652-660, 1979
46) J. J. Kulikowski, R. Abadi and P. E. King-Smith : Orientational selectivity of grating and line detectors in human vision, *Vision Research*, **13**, 1479-1486, 1973
47) J. P. Thomas and K. K. Shimamura : Inhibitory interaction between visual pathways tuned to different orientation, *Vision Research*, **15**, 1373-1380, 1975
48) G. C. Phillips and H. R. Wilson : Orientation bandwidths of spatial mechanisms measured by masking, *Journal of the Optical Society of America*, **A1**, 226-232, 1984
49) A. Bradley, E. Switkes and K. D. Valois : Orientation and spatial frequency selectivity of adaptation to color and luminance gratings, *Vision Research*, **28**, 841-856, 1988
50) A. S. Gilinsky : Orientation-specific effects of patterns of adapting light on visual acuity, *Journal of the Optical Society of America*, **58**, 13-18, 1968
51) C. Blakemore and J. Nachmias : The orientation specificity of two visual after-effects, *Journal of Physiology*, **213**, 157-174, 1971
52) A. Beaton and C. Blakemore : Orientation selectivity of the human visual system as a function of retinal eccentricity and visual hemifield, *Perception*, **10**, 273-282, 1981
53) D. Regan and K. I. Beverley : Postadaptation orientation discrimination, *Journal of the Optical Society of America*, **A2**, 147-155, 1985
54) R. J. Snowden : Orientation bandwidth : the effect of spatial and temporal frequency, *Vision Research*, **32**, 1965-1974, 1992
55) J. A. Movshon and C. Blakemore : Orientation specificity and spatial selectivity in human vision, *Perception*, **2**, 53-60, 1973
56) F. W. Campbell and L. Maffei : The tilt after-effect : A fresh look, *Vision Research*, **11**, 833-840, 1971
57) S. Magnussen and W. Kurtenbach : Liner summation of tilt illusion and tilt aftereffect, *Vision Research*, **20**, 39-42, 1980
58) R. Held, S. Shattuck-Hufnagel and A. Moskowitz : Color-contingent tilt aftereffect : Spatial frequency specificity, *Vision Research*, **22**, 811-817, 1982
59) R. Van Der Zwan and P. Wenderoth : Mechanisms of purely subjective contour tilt aftereffects, *Vision Research*, **35**, 2547-2557, 1995
60) R. Over, J. Broerse and B. Crassini : Orientation illusion and masking in central and peripheral vision, *Journal of Experimental Psychology*, **96**, 25-31, 1972
61) B. O'Toole and P. Wenderoth : The tilt illusion : Repulsion and attraction effects in the oblique merid-

ian, *Vision Research*, **17**, 367-374, 1977
62) P. Wenderoth and S. Johnstone : The different mechanisms of the direct and indirect tilt illusions, *Vision Research*, **28**, 301-312, 1988
63) C. Ware and D. E. Mitchell : The spatial selectivity of the tilt aftereffect, *Vision Research*, **14**, 735-737, 1974
64) M. A. Gergeson : Spatial frequency selectivity of a visual tilt illusion, *Nature*, **245**, 43-45, 1973
65) J. M. Wolfe and R. Held : Shared characteristics of stereopsis and the purely binocular process, *Vision Research*, **23**, 217-227, 1983
66) J. P. Harris and J. E. Calvert : The tilt aftereffect : changes with stimulus size and eccentricity, *Spatial Vision*, **1**, 113-129, 1985
67) J. P. Harris and J. E. Calvert : Contrast, spatial frequency and test duration effects on the tilt aftereffect : Implicaions for underlying mechanisms, *Vision Research*, **29**, 129-135, 1989
68) B. I. O'Toole : Exposure-time and spatial-frequency effects in the tilt illusion, *Perception*, **8**, 557-564, 1979
69) J. E. Calvert and J. P. Harris : Spatial frequency and duration effects on the tilt illusion and orientation acuity, *Vision Research*, **28**, 1051-1059, 1988
70) J. M. Wolfe : Short test flashes produce large tilt aftereffect, *Vision Research*, **24**, 1959-1964, 1984

5.2 時間特性

5.2.1 ちらつき感度

光刺激が明滅をくり返すとちらつき(フリッカー, flicker)が知覚される．刺激の時間周波数を増加させると，ちらつき感が徐々に弱くなり，やがて明滅が融合(fusion)されて一様な光刺激が観察される．融合が起こる周波数をCFF(critical fusion frequency または critical flicker frequency)と呼ぶ．CFFは，視覚系の時間周波数特性のカットオフ周波数である．

刺激の平均輝度を増加させるとCFFが増加し，60Hz程度にまで達する[1]．CFFは明順応状態で最も高く，暗順応が進むにつれて減少する[2,3]．また，刺激面積の増加につれてCFFは単調に増加する[4]．

5.2.2 時間的足し合わせ(時間加重)

a. 閾値呈示時間曲線(ブロックの法則)

刺激の存在を検出する閾値，すなわち光覚閾値は刺激の呈示時間が長くなるにつれて減少する．閾値における刺激の強度をI，刺激の呈示時間をTとすると，

$$I \cdot T = k \qquad (5.2.1)$$

という関係が成立する．ここでkは定数である．式(5.2.1)はブロックの法則(Bloch's law)と呼ばれるが，これは呈示時間内に光がどのように分布していても光の総量がある値になれば刺激が検出され

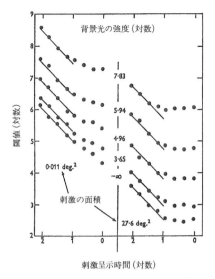

図 5.32 閾値呈示時間の測定例[15]

ること，すなわち刺激内の光が時間的に足し合わせられることを意味する．

刺激の時間と光覚閾値の関係を閾値呈示時間曲線という．実際の測定例として，背景光の強度を変化させて閾値呈示時間曲線を求めた結果を図5.32に示す[5]．閾値呈示時間曲線は，横軸に刺激の呈示時間T，縦軸に閾値における刺激の強度Iのそれぞれ対数をとって表されている．刺激の呈示時間が短いときには，ブロックの法則が成立して閾値呈示時間曲線の勾配が-1.0になる．呈示時間の増加につれ，勾配が-1.0から0に徐々に変化し，刺激の呈示時間が長くなるにつれて時間的な足し合わせが低下し，光覚閾値が刺激の強度のみによって決定されるようになる．ブロックの法則が成立する最大の刺激呈示時間を臨界呈示時間と呼ぶ．図5.32からもわかるように，臨界呈示時間は背景光の強度が増加するにつれ減少し，背景がない場合には100ms程度であるが，明るい背景のもとでは25ms程度になる．

ブロックの法則が成立するのは，視覚系のニューロンにおける反応が時間的に足し合わせるためであると考えられ，臨界呈示時間は心理物理的に測定されたニューロンの反応時間を表す．刺激の呈示時間が20ms以下であれば，ブロックの法則が広範な刺激呈示条件において成立する[6]．

b. 時間的二刺激法によるインパルス応答関数の測定

閾値呈示時間曲線の測定では，1つの刺激を呈示

し，その呈示時間を変数として閾値が求められた．これに対して，2つのインパルス刺激を呈示し，その間の間隔を変数として閾値を求めるのが時間的二刺激法である．この方法では，閾値呈示時間曲線から予測されるように時間間隔の増加とともに閾値が単調に増加するのではなく，時間間隔が60 ms程度のときに2つのインパルス刺激のみを呈示した場合よりも閾値が高くなるという抑制効果が得られることが示された[7,8]．

時間的二刺激法は，もともとは色覚メカニズムの間の興奮性，抑制性結合を研究するための方法として確立され[9~11]，その後インパルス関数の測定に適用されたものである．グレーティングの空間周波数が高いときにインパルス応答関数の抑制効果が消滅することも示され[12]，二刺激法は視覚系の空間特性と時間特性の相互作用の研究方法として確立している．　　　　　　　　　　　　　　　　［近江政雄］

文　献

1) S. Hecht and S. Shlaer : Intermittent stimulation by light. V. The relation between intensity and critical frequency for different part of the spectrum, *Journal of General Physiology*, **19**, 965-979, 1936
2) R. J. Lythgoe and K. Tansley : The relation of the critical frequency of flicker to the adaptation of the eye, *Proceedings of the Royal Society* (*London*), **B 105**, 60-92, 1929
3) K. D. White and H. D. Baker : Foveal CFF during the course of dark adaptation, *Journal of the Optical Society of America*, **66**, 70-72, 1976
4) W. C. Roehrig : The influence of area on the critical flicker-fusion threshold, *Journal of Psychology*, **47**, 317-330, 1959
5) H. B. Barlow : Temporal and spatial summation in human vision at different background intensities, *Journal of Physiology*, **141**, 337-350, 1958
6) J. A. J. Roufs : Dynamic properties of vision. I. Experimental relationships between flicker and flash thresholds, *Vision Research*, **12**, 261-278, 1972
7) C. Rashbass : The visibility of transient changes of luminance, *Journal of Physiology*, **210**, 165-186, 1970
8) R. M. Herrick : Increment thresholds for two identical flashes, *Journal of the Optical Society of America*, **62**, 104-110, 1972
9) M. Ikeda : Study of interactions between mechanisms at threshold, *Journal of the Optical Society of America*, **53**, 1305-1313, 1963
10) R. M. Boynton, M. Ikeda and W. S. Stiles : Interactions among chromatic mechanisms as inferred from positive and negative increment thresholds, *Vision Research*, **4**, 87-117, 1964
11) M. Ikeda and R. M. Boynton : Negative flashes, positive flashes, and flicker examined by increment threshold technique, *Journal of the Optical Society of America*, **55**, 560-566, 1965
12) A. B. Watson and J. Nachmias : Patterns of temporal interaction in the detection of gratings, *Vision Research*, **17**, 893-902, 1977

5.2.3　コントラスト感度特性
a．コントラスト感度

時間特性についても空間特性と同様に，周波数領域と時間領域の両方で考えることができる．二刺激法による時間特性（インパルス応答関数）の測定については5.2.2項で説明した．ここでは，まず時間周波数特性の測定について述べる．空間周波数特性の測定（5.1.3項）と同様に，時間周波数特性も一般にコントラスト閾値から求められる．コントラスト閾値は，時間的に正弦波状に変化する刺激を用いて，被験者がちょうどその変化（ちらつき）が検出できるコントラストとして測定される．時間周波数を変化してコントラスト閾値を求め，その逆数をコントラスト感度として定義し，コントラスト感度の周波数依存性を示すのが時間周波数に対するコントラスト感度関数である．測定法などは空間周波数特性と同様である（5.1.3項参照）．

図5.33にコントラスト感度関数の例を示す[1]．これは，空間的には一様な円形視野が時間的に各周波数で変化したときのコントラスト閾値の測定から得られたものであり，左が視野サイズが直径17°[2]，右が視野サイズが直径2°[3]の測定結果である．視力がコントラスト100%に対する空間周波数に対応するのと同様に，ちらつき感度（5.2.1項）はコントラスト100%の時間周波数に対応する．図5.33からも，ちらつき感度が刺激の輝度に依存する様子がわかる．周波数特性を見ると，網膜照度の高い刺激に対しては，8 Hz付近で感度の最大をもつ帯域通過型となり，低周波領域で感度の低下が低下する．低い網膜照度では，低周波ではほぼ一定の感度で高周波での感度低下が見られる低域通過型の特性である．このような特徴は，ちらつき感度のみからは知ることはできない．

b．周波数特性と時間特性

時間周波数特性は，時間領域で考えるとインパルス応答関数（impulse response function）に対応し，二刺激法による測定結果と比較することができる（二刺激法の結果はより直接的にインパルス応答関数の特性を反映する）．低周波領域での感度の低下は二刺激法から得られる時間的な抑制効果による感度低下に対応する．図5.34はコントラスト感度関数から，逆フーリエ変換によってインパルス応答関

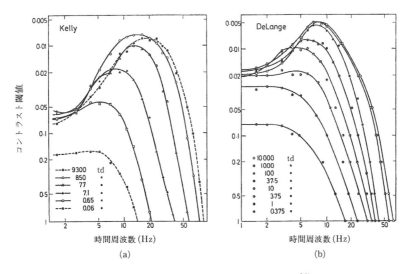

図 5.33 コントラスト感度の時間周波数依存性[2,3]
(a)は,直径17°, (b)は2°の円形刺激の結果.縦軸はコントラスト閾値を下方に増大するようにとっている(上方で感度が高い).

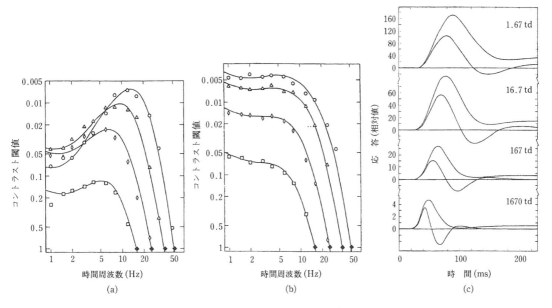

図 5.34 感度関数と応答関数[4]
(a)は空間パターンが一様, (b)は空間周波数3 cycle/°(矩形波)のコントラスト感度関数(○:1670 td, △:167 td, ◇:16.7 td, □:1.67 td).いずれも刺激は7°円形.それぞれの実線はモデル化したコントラスト感度関数, (c)はそのコントラスト感度から予測されるインパルス応答関数.各網膜照度で上側の抑制部の少ないものが(b)に対するもの,下側の抑制部が大きいものが(a)に対するものである.

数を予測したものである[4].図5.34(a)は空間パターンが一様,図5.34(b)は空間周波数3 cycle/°(矩形波)のコントラスト感度関数(刺激サイズは直径7°)で,実線はモデル化したコントラスト感度関数である.図5.34(c)はそのコントラスト感度から

予測されるインパルス応答関数を示す.各網膜照度で上側のものが(b)に対するもの,下側のものが(a)に対するものである[4].インパルス応答関数の形状は輝度レベル,刺激形状によって異なるが,1670 td一様視野の場合,抑制の最大が80 ms付

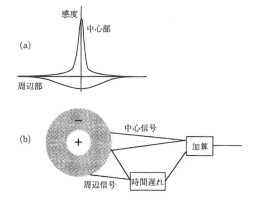

図 5.35 受容野の時空間特性のモデル[5]
(a) 受容野中心部と周辺部（中心部もカバーする特性であるので抑制部と呼ぶべきかもしれない）の重み関数をガウス関数でモデル化し, 幅（ガウス関数の標準偏差）を前者で小さく後者で大きくする. (b) 中心部と周辺部の信号は線形に加算するとするが, 周辺部に対しては時間遅れを仮定する.

近に現れ, 二刺激法で観察される時間的抑制のタイミングとほぼ一致する (5.2.2 項).

時間的な抑制あるいは帯域通過特性をもたらす神経系のメカニズムについては, 中心/周辺拮抗型の受容野を形成する周辺の抑制信号の時間遅れで説明できる[4,5]. 図 5.35 に示すように, 受容野の中心部の信号に, 抑制信号が遅れて加えられることによって時間的な抑制効果そして帯域通過特性が得られる. このモデルでは, 抑制効果は周辺のみではなく中心部にもはたらいているため, 中心部への刺激に対する時間的な抑制効果が説明できる. また静止刺激に対しては, 周辺からの抑制によって空間周波数特性は帯域通過型となる.

c. 輝度変化

時間周波数特性は, 空間周波数特性と同様に刺激輝度に依存して変化する. 図 5.33 はいくつかの網膜照度レベル（一定瞳孔径に対し刺激の平均輝度に比例）に対するコントラスト感度関数が示されている. 高い網膜照度レベルでは帯域通過型であるが, 3.75 td 以下の刺激に対してはむしろ低域通過型の特性となっている. Weber の法則が成立するとコントラスト感度は一定になるが (5.1.3 項), 図 5.33 からもわかるように, コントラスト感度は一定とはいえない. しかし, 感度の変化は大きくても 100 倍程度であり, 振幅の絶対値で表現した場合 (図 5.36) に比べて変動が少ない点は空間周波数特性と同様である. また, 低周波領域でのコントラスト感度は,

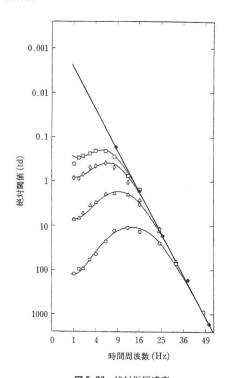

図 5.36 絶対振幅感度
図 5.34 (a) のコントラスト感度を刺激の振幅の絶対値で表現したもの. 菱形は, 各網膜照度においてコントラストの値が 1 の点つまり, CFF を示す[4].

明るい刺激に対してほぼ一定となる点も空間周波数特性と同様である. 時間的にも空間的にも低周波の刺激に対しては, コントラスト感度はほぼ一定となり, Weber の法則が成立しているといえる.

一方, 高い時間周波数での感度については, 刺激の輝度に依存せずに決定されると考えられている. 図 5.36 に図 5.33 (a) のデータについて, 振幅の絶対値で表現した感度を示している[2]. 高周波領域では, 平均輝度によらず振幅の絶対値が等しければ同じ感度となり, すべての輝度にわたって 1 つの関数で表現できそうなことがわかる. これは, 刺激の輝度やそれに伴う順応は, 高い時間周波数での感度に影響しないことを意味する. この関数としては $\exp(-k|\omega|)$ がよく実験データを説明することが知られている（ここで, $\omega = 2\pi f$ は角周波数, k は定数）[1,6]. これはまた, CFF が振幅の対数に比例することと対応する (Ferry-Porter の法則). ただし, この関数に対応するインパルス応答関数は時間が負の場合に 0 とならないという問題があり, このままでは生理学的に意味のあるモデルとはいえない[1].

d. 空間周波数の影響

時間周波数が空間周波数特性に影響する(5.1.3項)のと同様に，空間周波数は時間周波数特性に影響を与える．刺激の空間パターンを正弦波として，その明暗をある周期で反転することによって時間周波数を制御しコントラスト感度を測定することで，空間周波数に依存した時間周波数特性が得られる．図5.37に空間周波数が0.5, 4.0, 16, 22 cycle/°の各刺激に対する時間周波数特性を示す(2.5×2.5°, 20 cd/m²)[7]．0.5 cycle/°では5 Hz付近に感度の最大をもつ帯域通過型の特性を示すが，4 cycle/°以上では低周波であるほど感度が高く，低域通過型の特性となる．この空間周波数の影響は，空間周波数特性への時間周波数の影響とともに，時空間周波数特性として評価することで，全体像がつかめる(図5.38)．

空間的に一様な刺激を使った場合でも，刺激の大きさが時間周波数特性に影響することも知られている．これは，一般に大きな刺激であるほど感度の最大が高い周波数になる(2°, 4°, 65°の刺激に対して，それぞれ8 Hz, 10 Hz, 20 Hz付近となる[6])．大きな刺激ほど高空間周波数成分が減少することを考え

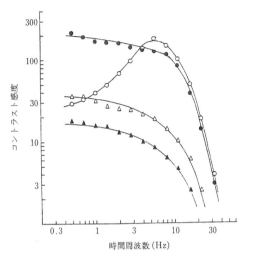

図5.37 時間周波数特性の空間周波数依存性[7]
平均輝度20 cd/m²，刺激サイズ2.5°×2.5°．

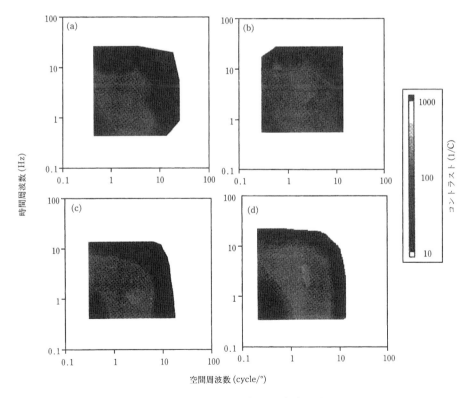

図5.38 時空間周波数特性の濃度プロット
(a) 平均輝度20 cd/m²，刺激サイズ2.5°×2.5°[7]．(b) 平均網膜照度1140 td，刺激サイズ直径7°円形[8]．(c) 平均輝度40 cd/m²，刺激サイズ直径10°円形[9]．(d) 静止網膜像を用いた測定結果．平均網膜照度300 td，刺激サイズ直径7.5°円形の実験結果を定式化したもの[10]．

ると，これは空間周波数成分の影響といえる．しかし，それに加え視野の位置の影響も含まれた結果でもある．大きな視野を用いると広い視野を刺激することになり，それぞれの周波数で最も感度の高いメカニズムのある位置で閾値が決められるとも考えられるからである．

e. 時空間周波数特性

空間周波数特性と時間周波数特性が独立でないことは，図5.37から明らかである（5.1.3項も参照）．これは視覚系の，コントラスト感度を表現するためには時空間周波数特性として記述するべきであることを意味する．いくつかの研究が時空間周波数領域でのコントラスト感度を系統的に測定している．そのうちの4つの実験のデータをもとに時空間周波数特性を濃度プロットしたものを図5.38に示す[7〜10]．いずれも，低時間周波数の領域で空間的に帯域通過型で，低空間周波数領域で，時間的に帯域通過型の特性を示し，感度は空間周波数で 5 cycle/° 付近または時間周波数で 1 Hz 付近で高い．眼球運動の効果を排除したデータについては，低時空間周波数領域での感度が低下することが知られているが（5.1.3項），ここでも静止網膜像下（図5.38(d)）では，低時空間周波数領域（図中左下の領域）での低感度の部分が広いことがわかる．

5.2.4 時空間周波数チャンネル

空間周波数特性の場合と同様に時間周波数についても，複数のサブメカニズム，時間周波数チャンネルが関与していることが知られている．その存在を確認する実験としては，空間周波数の場合と同様にマスク法，順応法などがあげられるが，空間周波数チャンネルに比べると報告は少ない．

時間周波数チャンネルの研究は，多くの場合空間周波数への依存性についても考慮している．時間周波数チャンネルにも当然空間周波数特性があり，したがって，空間周波数特性と独立のものとして扱うわけにはいかないからである．その意味で，空間周波数チャンネルと時間周波数チャンネルを分離して扱うより，時空間周波数チャンネルと考え，初期視覚のフィルター処理の時空間周波数特性としてとらえるほうが適当である．図5.39は時空間周波数領域に，最大感度をもつ位置の異なるいくつかのチャンネルを模式的に示す．一般に時間的に低周波の領域では空間周波数方向には多くのチャンネルが存在し，高い周波数ではその数が少なく（5.1.4項），ま

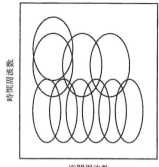

図5.39 時空間周波数領域でのチャンネルの概念図
各楕円があるチャンネルの感度をもつ領域を示す．チャンネルの数は，時間的に低周波の刺激では，空間周波数チャンネルが6程度，高周波では3程度，時間周波数方向にはチャンネルの数が2か3との知見に基づいている[11,12]．

た時間周波数方向には2ないし3つのチャンネルしかないといわれてる[11〜13]．

図5.40に Hess と Snowden による時間周波数チャンネルの特性を調べるためのマスク実験の結果を示す[12]．異なる空間周波数の刺激に対してマスク関数を求めているが，実験結果は刺激の空間周波数に依存する．3 cycle/° の刺激に対しては，テスト刺激が 1 Hz では低域通過型のマスク関数を示し，8, 32 Hz では 8 Hz 付近に感度の最大をもつ帯域通過型の特性を示す．0, 0.3, 1 cycle/° の刺激に対しては 1 Hz では低域通過型のマスク関数を，8 Hz では 8 Hz 付近に感度の最大をもつ帯域通過型の特性をそれぞれ示すが，32 Hz のテストに対してはもう1つさらに高い周波数に感度をもつ帯域通過型の特性が見られる．ただし，低域通過型の特性と 8 Hz 付近の帯域通過特性は結果に顕著に現れるが，3番目の特性はほかの2つに比べると明確さに欠ける．

空間周波数チャンネルの場合と異なり，時間周波数方向でのチャンネル特性については比較的きれいな分離が可能である．空間周波数については，マスク実験においても順応実験においても，多くの場合テスト刺激や順応刺激の周波数にピークをもつ特性が得られるため，チャンネルの数を決定するのはむずかしい（5.1.3項）．それに対して時間方向では，図5.40からもわかるようにテストの周波数と異なる周波数に感度の最大をもつマスク関数が得られるため，2ないし3という比較的少ない数のチャンネルがあるとの結論は受け入れやすい．

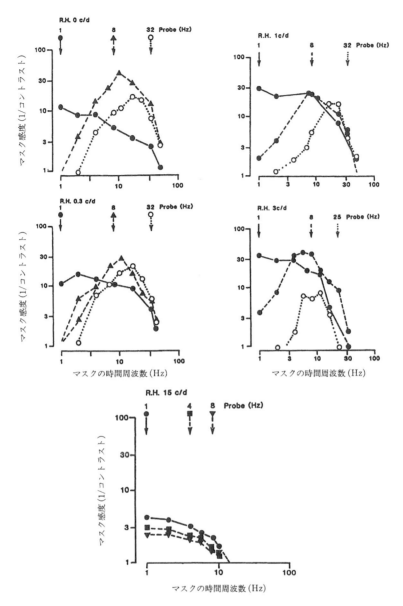

図 5.40 マスク法によるチャンネルの時間周波数特性の測定[12]
テスト刺激 (probe 刺激) はガボールパッチ, 時間変化は正弦波で, マスクは 5 種類の周波数の正弦波を加えたものを用いている (中心周波数 F と $1.5F$, $1.2F$, $0.85F$, $0.6F$ を振幅比が $1:0.5:0.5:0.2:0.2$ として加える). 横軸はマスク刺激の周波数で, 縦軸は閾値より 4 dB 高い (約 1.6 倍) コントラストをもつテスト刺激を検出できなくするのに必要なマスクのコントラストの逆数 (マスク刺激に対するコントラスト感度) で示す. 矢印はテスト刺激の周波数を示す. 被験者 R.H.

5.3 視覚マスキングと視覚感覚記憶

二刺激法やコントラスト感度の測定のほかにも, 視覚系の時間特性を測定する実験がある. その 1 つは, 刺激の間の抑制効果, マスキングの実験であり, もう 1 つは視覚系の感覚記憶の実験である. これらは, コントラスト感度などから推測される時空間周波数特性から予測される側面もあるが, それのみでは説明できない要因も数多く含んでいる.

5.3.1 視覚マスキング
a. マスキング

マスキングとは 2 つの刺激を提示したとき, 一方がもう一方の影響で見えにくくなる現象である. 5.

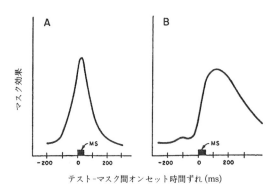

図 5.41 2つのタイプのマスキング関数(ここではマスク効果の SOA 依存性)[15]
タイプ A はマスク刺激がテスト刺激と同時に呈示される場合に効果が最大であるのに対して,タイプ B では,マスク刺激が 100 ms 程度先行して呈示されると効果が最大となる.MS はマスク刺激の呈示を示す.

図 5.42 実験に用いられるマスク刺激とテスト刺激の形状の分類[14]
(a)はテストとマスクに空間的な重なりがなく,メタコントラストの実験に用いられる.(b)はマスクがさまざまな周波数,傾き成分をもつランダムドット刺激.(c)はマスクがテストと類似した成分からなるもの.

1.4 項のマスク実験は,2つの刺激は同時に重ねられて提示される例であるが,ここではテスト刺激とマスク刺激の提示に時間差があるものについて考える.この時間差によってマスク効果の大きさ(テスト刺激の見かけの明るさや検出感度により測定される)が変わり,これは視覚系の時間特性の反映した現象といえる.二刺激法も同一の刺激を使ったマスキング実験ともみなせるが,テスト刺激とマスク刺激の空間パターン,時間パターン,位置など多くの変数がかかわると,その測定結果は二刺激法の場合のように単純な時間特性の反映とはみなせなくなる.

以下,Breitmeyer と Ganz に従い,マスキング効果をまとめる[14].マスク効果はその時間特性の違いにより,タイプ A とタイプ B に分類される[15].マスク効果をテストとマスクの提示開始の時間遅れ(SOA, stimulus onset asyncrony)の関数として表すと,図 5.41 に模式的に示す2つのタイプが得られる.いずれのパターンが得られるかは実験条件に依存する.いずれの場合もマスクがテストに先行して提示された場合も後に提示された場合もマスク効果が見いだされている(それぞれ,forward masking, backward masking と呼ばれる).タイプ A では同時提示(SOA=0)を中心時間間隔が長くなるに従い単調な減少を示すが,タイプ B では非対称であり SOA が正の側(マスクが先行して提示されるとき)である値までは増加して,その後減少に転ずる(SOA が負の側で同じように非対称の場合もタイプ B と呼ぶ).

b. メタコントラスト

メタコントラスト(metacontrast)と呼ばれる現象は,テストとマスクが空間的に重ならない隣接領域(図 5.42(a))の配置で,時間的にも同時でない提示のときのマスク効果を示す現象であり(SOA が負の場合である順行マスキングについては,パラコントラスト,paracontrast とも呼ばれる),多くの場合タイプ B の結果をもたらす.メタコントラストのマスク効果の特性として以下に列記するものが知られている.①テストに対してマスクのエネルギーが増加するにつれて大きくなる[16],②ダイコプティックな刺激提示(テストを一方の眼に,マスクをもう一方の眼に提示)に対しても,マスク効果が得られる[17],③マスク刺激とテスト刺激の距離が大きくなるとマスク効果は減少し,最大のマスク効果を与える SOA は小さくなる傾向がみられる[18],④刺激提示の網膜位置に依存し,周辺でその効果が大きく,中心窩では全くないか非常に小さい[17,18].

さらに,マスク効果は課題にも依存し,明るさの評価や形状の弁別に対しては得られるが,強制選択による刺激の有無判断や応答時間には影響しないとの報告もある[19].刺激の有無の判断ではテストとマスクの間で仮現運動が知覚され,それによって刺激の検出が可能となると考えられる.テストの形状は知覚されないが,テスト-マスクという連続的刺激によって運動に感度をもつメカニズムが反応し,それによってテストの存在が検出されるということである.この点は,運動知覚とのかかわりとしても興味深い.

c. パターンによるマスキング

テストと空間的に重なりをもつランダムノイズ(図5.42(b))やテストパターンと類似の要素をもつ

ノイズ(図5.42(c))のマスク刺激を用いた場合は，マスク効果はメタコントラストと異なり，以下のような特徴が知られている．両刺激を同一眼に提示した場合にタイプAの結果が得られる．ダイコプティック刺激ではSOAが負の場合(順行マスキング)においてマスク効果は弱くなるが，正の場合(逆行マスキング)にはそれほど変わらない．また，テスト刺激に比べマスク刺激のエネルギーやコントラストが低い場合は，SOAが正の領域でタイプBの逆U字型の特性が得られる．逆にテスト刺激と同程度かそれより高いエネルギーやコントラストのマスク刺激を用いると，タイプAの逆行マスキングが得られる．この場合，実験結果としてはこのタイプAが得られるが，これはタイプBのマスキングが存在しないというより，タイプAのマスク効果に隠れていると説明される[14]．

d．マスキングのモデル

多くの研究者によってマスキング効果を説明するモデルが提案されているが[20]，ここでは広範囲なデータの説明が可能であるBreitmeyerとGanzのものについて説明する[14,21]．彼らのモデルは，過渡型チャンネル(transient channel)と持続型チャンネル(sustained channel)の2つの時間特性の異なる生理学的なメカニズムを仮定する．過渡型チャンネルは，時間変化に鋭く反応するのに対して，持続型チャンネルは時間的になだらかな応答をする．持続型チャンネルについては，さらに複数を仮定して，高い空間周波数に感度をもつほうが時間的には遅れた応答をするとしている．これらのチャンネルの生理学的根拠については，ネコのX神経節細胞，Y神経節細胞の特性，外側膝状体や大脳の神経細胞の特性などを考慮して考えられている．したがって，サルや人間のデータをもとに再考する必要があるといえるが，過渡型チャンネル，持続型チャンネルをP経路，M経路として考えることもできるであろう(5.1.3項)．

彼らのモデルは，チャンネル内抑制(intrachannel inhibition)，チャンネル間抑制(intrerchannel inhibition)，チャンネル内統合(intrachannel integration)という3つの異なる種類のマスク効果を仮定し，それぞれが別のタイプのマスキング結果をもたらすと考える．

1) チャンネル内抑制

チャンネル内抑制は，テスト刺激とマスク刺激が空間的に重ならない場合のタイプBの順行マスキ

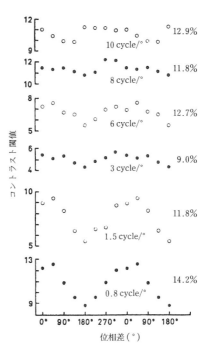

図5.43 周期的な呈示をしたメタコントラスト実験の結果[23]

横軸はテストとマスク呈示の時間的位相差(マスクが先行する方向が正)，縦軸はテスト刺激検出のコントラスト閾値．マスク刺激のコントラストは各パネル右側に表記されたもので固定．

ング，パラコントラストを説明するメカニズムである．この抑制は，持続型チャンネルが中心/周辺拮抗型の受容野をもち，周辺からの抑制効果が遅れるために生じると考える(図5.35はその例)．テストの周辺部のマスク刺激がテストよりやや先行して提示されると，その抑制効果がテスト刺激の検出にはたらくことになる．例えば，マスクとテスト(円環刺激とスポット刺激)を周期的に点滅して，それらの間の時間的な位相差を変化してテストの検出閾値を測定すると，45°程度の位相でマスクが先行して提示されたときに閾値が最大となる(図5.43)[22]．ただし，時間的に高い周波数(8 Hz以上)では，周辺のマスク刺激の影響は逆向マスキングとして現れる(270°程度の位相で閾値が最大)ことから，過渡型チャンネルにはこの種の抑制はないと考えられる．ダイコプティックな刺激提示におけるパラコントラストについては，異なる眼からの情報が周辺抑制としてはたらくことを仮定することになる．

2) チャンネル間抑制

チャンネル間抑制は，タイプBの逆行マスキン

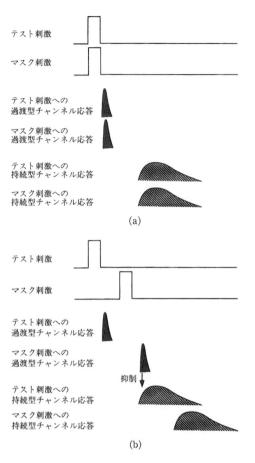

図 5.44 チャンネル間抑制のモデル
(a) テスト刺激とマスク刺激が同時に呈示された場合の過渡型チャンネルと持続型チャンネルのそれぞれの刺激に対する応答．過渡型チャンネルは持続型チャンネルに比べ応答が遅れる．(b) マスク刺激が遅れて呈示された場合のそれぞれのチャンネルのそれぞれの刺激に対する応答．過渡型チャンネルから持続型チャンネルに抑制効果がはたらくとすると，マスク刺激の遅れが過渡型チャンネルと持続型チャンネルの応答の時間差と同程度であるときテスト刺激に対する出力は低下することになる．

グを説明するものである（図5.44）．チャンネル間の抑制とは，過渡型チャンネルと持続型チャンネルの間の相互抑制のことで，ここでは過渡型チャンネルによる持続型チャンネルへの抑制効果を考える．過渡型チャンネルの応答は持続型チャンネルより数10から100 ms程度早く伝達されると考えられるので，マスク刺激がそれと同程度の遅れをもって呈示された場合には，大きな抑制効果が生じることになる．テストの空間周波数が高いほど，マスク効果の最大を与えるSOAが長くなることは，持続型チャンネルがいくつかの異なる空間周波数に感度をもつチャンネルからなることで説明される．もし高い空間周波数に感度をもつチャンネルほど時間的には遅い応答をする（時空間周波数チャンネルの特性からもある程度予測される．図5.39, 5.40参照）とすれば，過渡型チャンネルの抑制効果が最大となるSOAは，テストの空間周波数が高いほど長いものとなることになる．ダイコプティックな刺激呈示におけるマスキングは，抑制が両眼からの情報が集約されるレベルで生じるとすることで説明できる．逆行マスキングは，テスト刺激とマスク刺激が空間的に重ならない，メタコントラストの条件でも同様に得られている．これについても，チャンネル間抑制には必ずしも空間的な重なりが必要でなく，傾きなど刺激構造の共通性に基づき抑制が生じると考えることで説明可能である．つまり，持続型チャンネルも過渡型チャンネルも傾きに選択性をもち，類似した傾きに選択性をもつものどうしでの抑制効果がはたらくというわけである．例えば，大脳処理過程のあるレベルにおいて傾きの次元によって並んでいるメカニズムを考えると，空間的な重なりに対してと同様の議論ができるということである．

このような，過渡型チャンネルの抑制効果の問題点として，抑制効果の時間特性があげられる．逆行マスキングの効果は，過渡的というより持続的であり過渡型チャンネルの信号がそのまま抑制としてはたらくだけでは説明しにくい．Breitmeyerらはこの点について，抑制信号を伝えるメカニズム（internuncial neuron）を仮定し，それが持続的なものであると考えている．

3）チャンネル内統合

チャンネル内統合は，タイプAの順行，逆行マスキングを説明するメカニズムである．同一チャンネルでの，信号の加算的な処理，あるいは統合がこのタイプのマスク効果を生じると考える．タイプAマスキングは，マスク刺激がテスト刺激と同時に提示されたときにマスク効果が最大となる．マスク刺激が，テスト刺激に重ねられて提示される場合に，両者が同一のメカニズムの処理を受けるとすれば，テスト刺激の検出は困難になる．これは，同一チャンネル内での重ね合わせであるため，その効果はマスク刺激がテスト刺激と同時に提示された場合に最大となる．このような統合の影響は，網膜レベルの処理でも，大脳レベルの処理でも考えられるため，刺激や課題によってどのレベルの特性が実験結果に反映するかは異なるであろう．

e. マスキングとサッカード抑制

マスキングが何のためにあるかについては，視覚感覚記憶(5.3.2項)ほど問題とされない．その理由はおそらく，視覚感覚記憶のように積極的な役割が議論されることが少ないためであろう．積極的な役割を議論するもので興味深いものは，Breitmeyerのマスキングによるサッカード抑制のモデルである[23]．持続型チャンネルの特性は，サッカード眼球運動に伴う網膜像の変化に対して重大な問題をもたらすと考えられる．もし，網膜像に対応する視覚像がサッカード時間より長く保持されれば，それは新しい注視点から得られる網膜像と重なってしまうことを意味する(5.3.2項も参照)．図5.45はその様子を，Breitmeyerのモデルに従って示す．新しい注視の開始が刺激の提示に対応し，過渡型チャンネル，持続型チャンネルともに，それに対する応答を示す．ここでは，注視時間250 ms，サッカード時間25 ms，過渡型チャンネル，持続型チャンネルの応答はそれぞれ100 ms, 500 ms程度持続するとする．この場合，持続型チャンネルの影響はサッカードを越えて次の注視点に及ぶことになり，視覚系に混乱を与える可能性がある．ここで，チャンネル間抑制によるマスキングの効果を考えると，サッカード終了後の過渡型チャンネルの応答が1つ前の注視に対する持続型チャンネルの応答を抑制すると考えることができる．その結果，それに続く持続型チャンネルの新しい注視点に対する応答は1つ前の注視点に対する応答の影響を受けないこととなる．マスキングによって，各注視点からの情報が明確に区別されることになる．

ただし，このモデルは，サッカード抑制が主にM経路であるとの考え(9.7.1項)と整合的とはいえない．過渡型チャンネルはM経路に対応するとすれば，過渡型チャンネルがサッカードによって抑制されることになる．これを認めた場合，サッカード時に過渡型チャンネルが持続型チャンネルを抑制すると考えることはむずかしい．もちろん，現段階でサッカード抑制が主にM経路であるとの考えの正当性は十分に確認されているわけではない．

5.3.2 視覚感覚記憶
a. 視覚感覚記憶の測定

視覚系の感覚記憶とは，アイコニックメモリー (iconnic memory)，視覚的持続(visual persistence, visible persistence)，VIS(visual information storage)などと呼ばれるものをさす．これらは，必ずしも1つの定義でくくるべきではないであろうが[24]，これらの意味することはほぼ同じで，刺激提示終了後も，ある期間刺激の網膜像の情報を完全に近い形で保持するメカニズムが視覚系に存在するということである．ここでは便宜上，視覚的持続という言葉を使うことにする．刺激に対する応答がある期間続くというのは，インパルス応答関数からも予想できることである(図5.34のインパルス応答関数は，持続時間0の刺激に対する応答を示すので，例えば1 msのフラッシュ光に対する応答でも50 ms程度は続くことになる)．しかし，マスキングの場合と同様に刺激や実験条件によってその結果は異なり，二刺激法や正弦波グレーティングで測定されたものと単純には比較できない．以下に代表的な実験例を示す．

視覚感覚記憶の研究はSperlingの部分報告法と呼ばれる実験に始まる[25]．部分報告法では，例えば3行4列の文字マトリクスを短時間提示してその文字の読取り正当率を測定する．部分報告とは，例えば1行目の文字だけを読むように指示するということで，彼の実験では聴覚刺激によって指示した．この場合正当率は，何の指示もしない場合に比べて高くなる．Sperlingはどの行を読むかの合図が刺激の提示終了後に与えられても，この部分報告における正当率の向上が見られることを発見した．これを説明するためには，視覚系には情報を短時間見えたままの状態で保持するメカニズムが存在すると考え，それを視覚情報保持機構(VIS, visual short term

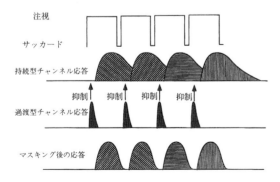

図5.45 チャンネル間抑制とサッカード抑制
注視とサッカードがくり返し生じているとき(1段目)の過渡型チャンネルと持続型チャンネルの応答が示される(2, 3段目)．過渡型チャンネルからの持続型チャンネルへの抑制により，サッカードの前の注視で得られた視覚像の持続は打ち消される(4段目)．

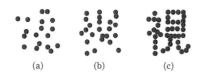

図5.46 重なると文字として読める2枚の画像(a)(b)とそれらを重ねたもの(c)

storage)と名づけた．

その後多くの異なる実験により視覚系にこのような情報保持機構，視覚的持続が存在することが確認された[24,26]．例えばEriksenとCollinsは2枚の画像を適当な時間間隔で連続的に呈示することから視覚的持続の存在を示した[27]．図5.46はEriksenとCollinsの実験を刺激をまねて作ったものである．図5.46(a)と図5.46(b)を呈示すると，それぞれの呈示の間の時間間隔が長い場合はそれぞれ無関連なドットの画像が2枚続けて知覚されるが，時間間隔が十分短いところでは，先行呈示された画像の視覚的持続によりこの2枚が同時に知覚され，図5.46(c)になり，被験者は「視」の字を読むことができる．彼らは，2枚の画像の呈示時間間隔を変えながら文字の読取りの正答率を測定し，100 msより短いところでは視覚的持続の影響がある，したがって彼らの実験条件では視覚感覚記憶の保持時間は100 ms程度であることを示した．

b. 視覚的持続のレベル

視覚的持続は，大脳レベルでその処理に必要な時間を確保するメカニズムとも考えられるし，網膜での時間特性（二刺激法などで測定されるインパルス応答関数で表現されるもの）とも考えられる．さらに錐体や桿体における残像での説明もなされる．Sakittは視覚的持続時間に対する分光効率を測定した結果，桿体の分光感度とよく一致するということから視覚的持続を桿体の残像で説明できると主張した[28]．しかし，視覚的持続をすべて桿体の残像のためであるとの考えは，容易には受け入れられず，それ以外の要因も存在することを示す反証も出された．Adelsonは，桿体に対しては同じ効率となるような2波長を選び一方を刺激に，他方を背景にした刺激図形を用いて視覚的持続の測定を行っている[29]．もし桿体のみに視覚的持続が存在するのであれば，この条件では視覚的持続がなくなるはずである．しかし，彼は視覚的持続の存在を確認し，それが錐体の分光感度とよく一致することから錐体系に視覚的持続が存在すると結論づけた．

さらに，多くの研究者は視覚的持続が網膜レベルの現象ではなく，より高次の過程にかかわるものであると主張する．そのようなものの1つは，視覚的持続時間が空間周波数に依存するという事実を根拠にする[30~32]．光受容体レベルでは，空間周波数への依存を説明するのは困難であるため，視覚的持続をすべて桿体の残像で説明しようとの考えの反証にはなる．視覚的持続が大脳レベルの処理であることを示す実験としては，両眼立体視に対する持続特性を測定したものと[33]，動きの差のみでできた図形に対する持続特性を測定したものがあげられ[34,35]，いずれも大脳レベルでの視覚的持続の存在を示している．

このような視覚的持続時間は，刺激の輝度や空間周波数などに依存するが，多くの実験で数10 msから200 msの間の値を示す．図5.34(c)に示すインパルス応答関数の正部分の応答時間はおよそ50から100 msとなり，実験結果のあるものはその特性を反映しているとも考えられる．しかし視覚的持続は単一のメカニズムでは説明できないことが指摘されている．例えばColthortは，図5.46のような刺激を用いた見えの持続で測定される結果と部分報告法のような情報の取得が課せられた課題で測定されたものでは，異なる種類のメカニズムによるという．具体的には，前者では刺激の強度が高いほどまた呈示時間が長いほど持続時間は短くなるが，後者にはそのような傾向がないとの違いがあるという[24]．また，実験によって光受容体レベルでの特性から，運動視や立体視の処理レベルまで，異なるメカニズムの時間特性を反映することが考えられるし，異なる処理過程では異なる時間特性をもつ可能性も高い．

c. 視覚的持続の機能的な意味

視覚系の感覚記憶はさまざまな時間特性を反映しているが，その単なる時間特性以上の積極的な役割については議論がある．記憶という表現自体積極的な意味づけを与えているし，刺激が消えても処理を続けることができることは利点であるとも考えられる．しかし，通常の視覚処理過程で100 ms程度の情報保持が必要なことはありえない[36]．静止しているシーンについての眼球運動を考えると，眼球がある一点を注視する時間は200 msから500 ms程度であり，その間視覚系は同一のシーンの情報を獲得し続けることが可能である．したがって，ここでは視覚情報の保持は必要でない．そして，眼球運動が

起こり，注視位置を移動したときには視覚系が必要とするのは，新しい情報となるため，前の注視位置の情報は必要でなくなる．この場合，視覚的持続は，積極的に視覚情報過程に関与するものではなく，むしろ邪魔になるものともいえる (5.3.1 項 e)．

視覚的持続が網膜レベルの特性であると考えるかぎり，この点について反論の余地はないように思われる．一方，視覚的持続が大脳レベルの特性である場合は，その保持機構が網膜座標系ではなく外界の空間座標系をとる可能性があり，注視点の移動によっても情報を保持する意味はある．しかし，眼球運動の前後での視覚刺激の足し合わせの研究を見るかぎり，この考えは否定されることになる．例えばサッカード眼球運動の前と後に，図 5.46(a) と図 5.46(b) のようなパターンを呈示しても，それらが統合されて 1 枚の画像に見えることはない[37]．視覚的持続が，網膜像そのものを見るようなものであれば，確かに積極的な役割を考える必要はない．例外としては，視野が瞬きや目の前を何かが横切った場合などが考えられる．(Haber は瞬きについては，抑制効果が知られているので記憶は必要ないとするが[36]，抑制効果によって外界の情報が入力されなくても，瞬き前の安定した視覚像を知覚をすることは安定した視覚像を得るために意味がある．) しかし，それほど重要な要因ともいえまい．空間座標系での情報保持機構としては，視覚的持続以外に短期視覚記憶と呼ばれるものが考えられる[38,39]．短期視覚記憶は，視覚的持続よりも長時間の保持能力があるが，保持できる情報量ではずっと少ないことなどがわかっている．　　　　　　　　　　　［塩入　諭］

文　献

1) D. H. Kelly : Flicker, In Handbook of Sensory Physiology, Vol. VII/4, Springer-Verlag, Berlin, pp. 273-302, 1978
2) D. H. Kelly : Visual responses to time-dependent stimuli. I. Amplitude sensitivity measurements, *Journal of the Optical Society of America*, **51** 422-429, 1961
3) H. de Lange : Research into the dynamic nature of the human fovea-cortex systems with intermittent and modulated light. I. Attenuation characteristics with white and colored light, *Journal of the Optical Society of America*, **48**, 777-784, 1958
4) C. Enroth-Cugell and J. G. Robson : The contrast sensitivity of retinal ganglion cells of the cat, *Journal of Physiology*, **187**, 517-552, 1966
5) C. Enroth-Cugell, J. G. Robson, D. E. Schweitzer-Tong and A. B. Watson : Spatio-temporal interactions in cat retinal ganglion cells showing linear spatial summation *Journal of Physiology*, **341**, 279-301, 1983
6) F. Veringa : Diffusion model of linear flicker responses, *Journal of the Optical Society of America*, **60**, 285-286, 1970
7) J. G. Robson : Spatial and temporal contrast sensitvity functions of the visual system, *Journal of the Optical Society of America*, **56**, 1141-1142, 1966
8) D. H. Kelly : Adaptaion effects on spato-tempral sine-wave thresholds, *Vision Research*, **12**, 89-101, 1971
9) 山本弘樹，矢口博久，塩入　諭：観察空間照度および刺激輝度による時空間周波数特性の変化, *VISION*, **9**, 57, 1997
10) D. H. Kelly : Motion and vision. II. Stabilized spatio-temporal threshold surface, *Journal of the Optical Society of America*, **69**, 1340-1349, 1979
11) A. B. Watson and J. G. Robson : Discrimination at threshold : Labelled detectors in human vision, *Vision Research*, **21**, 1115-1122, 1981
12) R. F. Hess and R. J. Snowden : Temporal properties of human visual filters : Number, shape and spatial covariation, *Vision Research*, **32**, 47-59, 1992
13) R. J. Snowden and R. F. Hess : Temporal frequency filters in the human peripheral visual field, *Vision Research*, **32**, 61-72, 1992
14) B. G. Breitmeyer and L. Ganz : Implications of sustained and transient channels for theories of visual pattern masking, saccadic suppression, and information processing, *Psychological Review*, **83**, 1-36, 1976
15) P. A. Kolers : Intensity and contour effects in visual masking, *Vision Research*, **2**, 277-294, 1962
16) N. Weissetein : Metacontrast, In Handbook of Sensory Physiology, Vol. VII/4, Springer-Verlag, Berlin, pp. 233-272, 1978
17) P. A. Kolers and B. S. Rosner : On visual masking (metacontrast) : Dichoptic observations, *American Journal of Psychology*, **73**, 2-21, 1960
18) M. Alpern : Metacontrast, *Journal of the Optical Society of America*, **43**, 648-657, 1953
19) E. Fehrer and I. Biederman : A comparison of reaction and verbal report in the detction of masked stimuli, *Journal of Experimental Psychology*, **64**, 126-130, 1962
20) B. G. Breitmeyer : Visual Masking, Oxford Univ. Press, 1984
21) G. B. Breitmeyer : Unmasking visual masking : A look at the "why" behind the veil of the "how", *Psychological Review*, **87**, 52-69, 1980
22) 菊地　正：視覚マスキング，新編 感覚・知覚心理学ハンドブック（大山　正，今井省吾，和気典二編），誠信書房，pp. 659-680, 1994
23) A. Firorentini and L. Maffei : Transfer characteristics of excitation and inhibition in the human visual system, *Journal of Neurophysiology*, **33**, 285-292, 1970
24) M. Coltheart : Iconic memory and visible persistence, *Perception and Psychophisics*, **27**, 183-228, 1980
25) G. Spering : The information availavle in brief visual presentations, *Psychological Monographs : General ans Applied*, **74**, 1-29, 1960
26) G. M. Long : Iconic memory : A review and critique of the study of short-term visual storage, *Psychological Bulletin*, **88**, 785-820, 1980
27) C. W. Eriksen and J. F. Collins : Some temporal characteristics of visual pattern recognition, *Journal of Experimental Psychology*, **74**, 476-484, 1967
28) B. Sakitt : Iconic memory, *Psychological Review*, **83**,

29) E. H. Adelson: Iconic storage: The role or rods, *Science*, **201**, 544-546, 1978
30) A. Bowling, W. Lovegrove and B. Mapperson: The effect of spatial frequency and contrast on visual persistence, *Perception*, **8**, 529-539, 1979
31) G. E. Meyer and W. M. Maguire: Spatial frequency and mediation of short-term visual storage, *Science*, **198**, 524-525, 1977
32) T. Ueno: Visible persistence: Effects of luminance, spatial frequency, and orientation, *Vision Research*, **23**, 1687-1692, 1983
33) G. R. Engel: An investigation of visual responses to brief stereoscopic stimuli, *Quartary Journal of experimental Psychology*, **22**, 148-166, 1970
34) S. Shioiri and P. Cavanagh: Visual persistence of figures defined by relative motion, *Vision Research*, **32**, 943-951, 1992
35) 塩入 諭: 運動差図形の視覚的持続, 光学, **22**, 450-455, 1993
36) R. N. Haber: The impending demise of the icon: A critique of the concept of iconic storage in visual information processing, *The Behavioral and Brain Science*, **6**, 1-54, 1983
37) J. K. O'Regan and A. Levy-Schoen: Integrating visual information from successive fixation: Does trans-saccadic fusion exist? *Vision Research*, **23**, 765-768, 1983
38) W. A. Phillips: On the distinction between sensory storage and short-term visual memory, *Perception and Psychophisics*, **16**, 282-290, 1974
39) T. Kikuchi: Temporal characteristics of visual memory, *Journal of Experimental Psychology: Human Perception and Performance*, **13**, 464-477, 1987

5.4 色覚の時空間周波数特性

5.4.1 コントラスト感度関数

見る能力を評価するには，空間・時間周波数ごとのコントラスト感度(contrast sensitivity fanction, CSF)を測定するのが最も有効である．人間の視覚系には色彩情報を使って物を見る能力が備わっている．この能力を調べるには，輝度の変化を伴わない色変調格子を用いて，CSFを測定する必要がある．

例えば，赤-緑正弦格子において，主波長(色相)は格子に沿って連続的に赤からさまざまな赤緑の混合比を経て緑へと変化し，またもとに戻る．輝度格子と異なり，色格子の振幅あるいはコントラストを定義するのは困難である．輝度スケールには絶対ゼロがあるが，色度スケールにはこの絶対の物理的限界がない．ただし輝度差と同じように色差に対する知覚的限界は存在する．

一般に色格子はこのように可知差異(閾値)を基準にしている．しかし最近では色と輝度のコントラ

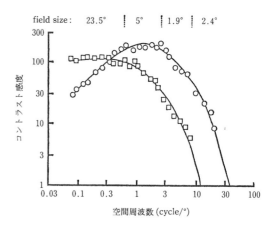

図5.47 輝度および色度正弦波縞パターンの空間周波数特性の比較[7]

緑(526 nm)の輝度正弦波縞パターン(○)と赤-緑(602〜526 nm)色度変調正弦波縞パターン(□)のコントラスト感度．刺激の平均輝度は15 cd/m²．

スト感度を比較する場合，錐体コントラストを使う場合が多いようである．錐体応答の変調を用いれば，同スケールで比較可能である．赤-緑の色格子に対する空間周波数ごとのコントラスト感度を，明るい条件下で静止した刺激を用いて測定された標準的な輝度のCSFと比べると，主に2つの点で異なっていることがわかる[1〜4]．色のCSFは高空間周波数側での感度減衰とカットオフが輝度のCSFより低空間周波数で起こる(図5.47)．また色のCSFは低空間周波数での感度の低下が見られない．つまり輝度のCSFが帯域通過型(バンドパス)の特性をもつのに対して，色のCSFは低域通過型(ローパス)である．Schade[5]によって最初に報告された色のCSFは輝度のCSFと同じ形状(バンドパス型)を有するものであった．しかしその後の研究は，ほとんどすべてローパス型の形状が認められる[1〜4,6〜7]．van der HorstとBouman[2]は0.7 cycle/°かそれ以下の低空間周波数を用いて，その範囲に感度の減衰が見られないことを発見した．しかし，非常に大きな刺激を用いて，極端に低い空間周波数の感度を測定した研究[8]は，低空間周波数での感度の減衰を報告している．ただし輝度の場合ほど顕著ではなく，かつかなり低い周波数である[9]．大部分の空間的範囲にわたって，人間の色検出システムのCSFはローパス型と考えることができる．Mullen[7]らによれば，0.5 cycle/°以下の低周波数帯域では色コントラストのほうが，それ以上の周波数帯域では輝度コントラストのほうが感度がよい．

色格子が青-黄色相軸に沿って変化する場合もローパス型の特性は同様である。しかしほとんどの報告が，青-黄のCSFが赤-緑の場合に比べ，高空間周波数での感度減衰とカットオフがより低空間周波数側で起こるとしている[1,2,4]。このことは青錐体の網膜上でのまばらな分布に起因すると仮定されている。しかし光学的要因を取り除いたMullen[7]の研究では，赤-緑と青-黄で高空間周波数側でのカットオフに差はないとしている（図5.48）。彼女はそれ以前の研究結果を色収差の効果と考えている。色収差は赤-緑CSFよりも青-黄CSFのほうにより大きな影響を与えるからである。

これまでtritanope混同軸に沿った色変調に対する感度を測定した研究があまりなかったのは多少問題である。青錐体の分布がCSFの形状に影響を及ぼすのは，tritanope軸に沿った刺激を用いたとき最も顕著であるはずである。レーザー干渉法を用いたSekiguchiらの研究によれば，青錐体のCSFは赤-緑CSFと感度および形状ともほぼ同じである。また彼らが測定した赤-緑CSFは，Mullenのものと比べ形状はほぼ同じであるが感度がやや高い。これは彼らの研究が先行研究に比べ光学的要因を極力排除しているためであろう。

さまざまな時間周波数で波長が変化する刺激を用いて，時間周波数ごとのコントラスト感度（CSF）を決定することが可能である。時間周波数領域の場合，空間領域の高周波数で問題となる光学的な要因はあまり問題とならない。色の時間的CSFを測定した多くの研究[2,10~15]は一般に，色のCSFが標準的な輝度のCSFとは明らかに異なっているという点では一致している。それによると低い時間周波数での感度の低下は存在せず，より低い周波数で，高空間周波数側のカットオフが起こる（図5.49）。このように時間変調で得られた結果は空間変調で得られたものと類似している。Kelly[9]は色変調の時空間周波数パターンに対するCSFを測定している。それによると低い時間変調レートでは低い空間周波数に対して高い感度をもつことが示された。標準的な色のCSFはローパス型の特性を示し（ただし条件によっては，低域での感度低下があるとの報告もある），赤/緑のフリッカーの場合15Hzを越えると反応はほとんど0となる[9]。フリッカー反応のピークはおよそ8Hz以下である[9,16,17]。また赤-緑パ

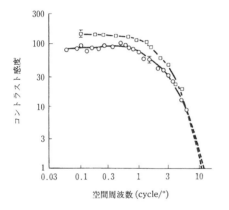

図5.48 色度正弦波縞パターンの空間周波数特性[7]
赤-緑（□：602～526nm）と青-黄（○：470～577nm）の色度変調正弦波縞パターンのコントラスト感度。画面の平均輝度（赤-緑：15 cd/m²；青-黄：2.1 cd/m²）。

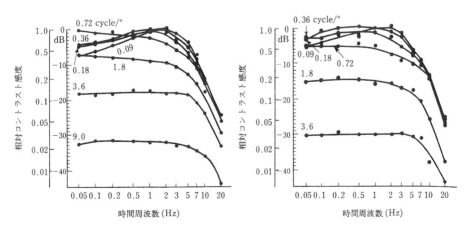

図5.49 色度正弦波縞パターンの時空間周波数特性[14]
左：赤-緑（605～502nm）の色度変調正弦波縞パターン。右：青-黄（465～568nm）の色度変調正弦波縞パターン。パラメーターは空間周波数（0.09～9.0 cycle/°）。画面の平均輝度（35 cd/m²）。

ターンと青-黄パターンでCSFの形状に本質的な差はないが，感度は前者のほうがよいという[18,19]．

5.4.2 ほかの手法を用いた色覚の時空間特性の研究

単一パルス，2パルス法（二刺激法）を用いて時間・空間的加重を測定した研究[20~25]は，色システムの時間分解能や空間解像度が輝度システムのそれより低いことを示している（5.1.2項，5.2.2項）．時空間特性の波長依存特性に関しては，等輝度事態で多くの研究が行われている．波長弁別に関しては短波長領域での時間分解能の劣化[20,26]が報告されているが，時空間加重に関しては明確な波長依存性が見られない[23,27~32]．時空間加重の限界は，コントラスト感度（CSF）における高周波数側でのカットオフ周波数に対応している．色システムの周波数特性がローパス型であるとすれば，任意の閾検出モデルと畳み込み積分の手法を用いて，加重の限界値からインパルス応答関数を求め，CSFの形状を推定することも可能である[27,28,32]．

MorganとAiba[33]は等輝度刺激に対する副尺視力が，輝度の場合に比べおよそ半分の精度しかないことを示した．TrosciankoとHarris[34]は等輝度の位相識別閾が輝度の場合に比べ劣ることを示した．しかしこの低解像度は，超視力を除けば必ずしも等輝度における位置情報が不正確であることを示唆するものではない．KrauskopfとFarrell[35]は輝度刺激と等輝度の線分刺激を同じスケールのガウスフィルターでぼかした場合，ぼかした刺激のずれの検出精度は色刺激と輝度刺激でほぼ同じであると報告している．等輝度の赤-緑正弦格子を指標とした場合でも，低空間周波数では輝度格子の場合とほぼ同等の副尺視力が得られている[36]．このことは色システムの解像力の限界内の刺激であれば，色情報における位置情報の精度は輝度情報のそれに比肩しうることを示している．

5.4.3 色と輝度のかかわり

色のCSFに関して，輝度のCSFで得られた知見から類推される1つの疑問がある．つまり観察された色変調のCSFは単一チャンネルのフィルター特性を反映しているのか，あるいは複数のチャンネルにおける感度の包絡線なのかという問題である．この点に関してはまだ議論の余地がある[37,38]．いくつかの研究は後者を支持するが，輝度の多重チャンネルほど狭い帯域に同調してはいない．輝度刺激に対する多重空間周波数チャンネルの証拠の多くは，選択的順応の研究から得られている[39]（5.1.4項）．等輝度の特定周波数の赤-緑格子による選択的順応が，その周波数付近の感度を選択的に低下させるという報告がある[40]．赤-緑正弦格子に対する順応は，同じ色で類似した空間周波数をもつ格子に対する感度を低下させる．輝度格子と同様，色のCSFにおける減衰は，順応周波数を中心としてある帯域に限定されているが，前者に比べいくぶん帯域幅が大きい．そのほかまだ十分とはいえないが，多重チャンネルを示唆する証拠はマスキングの研究[41,42]や随伴性残効の研究[43]からも得られている．皮質細胞には輝度格子に対する空間周波数帯域の連続体があるとするのが一般的であるが[37]，同様な帯域幅の連続体が色格子に対しても存在するとする報告がある[44,45]．それによると色に対する細胞の空間同調関数は輝度に対するものとほぼ同じである．ただ色の帯域幅は輝度のそれに比べやや広い．しかしLGN細胞と同様に，皮質細胞はしばしば輝度刺激よりも色刺激に対してローパス型の空間周波数フィルターとしてはたらくものが多いようである．

環境のなかの光の輝度と色の変化は，2つの独立した情報源を提供する．色覚のない動物は世界についての単一の表象しかもっておらず，そのなかで強度と波長の変化は混同されている．しかし色覚をもつ動物は2つの異なる次元から，視覚世界の特徴を抽出する．色と輝度のCSFの差は，この2つの次元の性質が異なることを示している．輝度の次元はわれわれに視覚世界の高および中空間時間周波数の表象を与えてくれる．すなわち物体の細部や急速に変化したり運動するパターンを強調する．色の次元は低および中空間時間周波数領域をカバーしている．この次元は大きな物体や広範囲にわたる領域についての情報，あるいは比較的安定しゆっくりした変化をするパターンを強調するといえる．輝度と色の空間周波数帯域がややずれているのは，眼の光学的限界や視覚世界の性質を考えるといくつかの点で意味があるように思われる．眼光学系の回折と色収差が高空間周波数の色情報を変化させてしまうので，この領域での色情報の貢献は少ないだろう．これは色度図上の青-黄軸に沿って顕著である[46]．一方，低空間周波数部で輝度よりも色の感度がよいこと[7]，われわれの視環境における照明光や陰影の影響を考えれば意味がある．輝度差の境界はしばしば照明光や陰によるものがあり，物体の輪郭や材質

間の境界を区別するためには不必要である．色によるパターンの分析は，このようなノイズによって物体の境界があいまいになることを防いでくれる．輝度と色による境界の並列的分析は，ノイズの多いイメージ内の境界の位置づけをするための二重の情報源となる[37]．MullenとKingdomは，動物が背景の平均輝度に対して自分たちの平均輝度を合わせるようにカモフラージュをしていたために，このカモフラージュを見破るのに色による形の分析が進化したのは適応的であると述べている[38]．

輝度変調と色変調が同時に存在するとき，どのような相互作用が起こるだろうか．パターンの知覚には，輝度の変化だけ，あるいは色の変化だけで十分であるが，実際の世界ではどちらかの変化だけが存在するというのはむしろまれである．この相互作用を扱った研究[41,42]では，テスト刺激とマスク刺激が両方とも色格子の場合あるいは両方とも輝度の場合のほかに，テスト-マスクの組み合わせに色-輝度あるいは輝度-色の組み合わせを用いている(輝度-色交互条件)．とくに輝度のテスト格子に対する色のマスク格子の影響が非常に大きいことが興味深い．これはマスク刺激に輝度格子を用いたときの効果に匹敵する．しかし色のテスト格子を輝度格子でマスクしたとき，マスクの効果は小さく，有意な感度の低下はテスト格子とマスク格子の周波数が同じときだけである[41,42]．マスク効果はつねに周波数選択的であるが，輝度/色交互条件のときは位相に対する選択性がないようである． ［川端康弘］

文　献

1) G. L. C. Van der Horst, C. M. M. De Weert and M. A. Bouman : Transfer of spatial chromaticity-contrast at threshold in the human eye, *Journal of the Optical Society of America*, **57**, 1260-1266, 1967
2) G. L. C. Van der Horst and M. A. Bouman : Spatiotemporal chromaticity discrimination, *Journal of the Optical Society of America*, **59**, 1482-1488, 1969
3) R. Hilz and C. R. Cavonius : Wavelength discrimination measured with square wave grating, *Journal of the Optical Society of America*, **60**, 273-277, 1970
4) E. M. Granger and J. C. Heurtley : Visual chromaticity-modulation transfer function, *Journal of the Optical Society of America*, **63**, 1173-1174, 1973
5) O. H. Schade : On the quality of color-television images and the perception of color detail, *Journal of the Optical Society of America*, **67**, 801-809, 1958
6) K. K. DeValois : Interactions among spatial frequency channels in the human visual system, In Frontiers in Visual Science (eds. S. J. Cool and E. L. Smith) Springer-Verlag, New York, 1978
7) K. T. Mullen : The contrast sensitivity of human colour vision to red-green and blue-yellow chromatic gratings, *Journal of Physiology*, **359**, 381-409, 1985
8) A. Watanabe, H. Sakata and H. Isono : Chromatic spatial sine-wave response of the human visual system, *NHK Laboratory Note*, **198**, 1-10, 1976
9) D. H. Kelly : Spatiotemporal variation of chromatic and achromatic contrast thresholds, *Journal of the Optical Society of America*, **73**, 742-750, 1983
10) D. Regan and C. W. Tyler : Some dynamic features of color vision, *Vision Research*, **11**, 1307-1324, 1971
11) D. H. Kelly : Spatio-temporal frequency characteristics of color-vision mechanisms, *Journal of the Optical Society of America*, **64**, 983-990, 1974
12) D. H. Kelly : Luminous and chromatic flickering pattern have opposite effects, *Science*, **188**, 371-372, 1975
13) R. M. Boynton and W. S. Baron : Sinusoidal flicker characteristics of primate cones in response to heterochromatic stimuli, *Journal of the Optical Society of America*, **65**, 1091-1100, 1975
14) 坂田晴夫 : 視覚の色度時空間周波数特性-色差弁別閾，電子通信学会論文誌，**J 63-A**, 855-861, 1980
15) J. Wisowaty : Estimates for the temporal response characteristics of chromatic pathway, *Journal of the Optical Society of America*, **71**, 970-977, 1981
16) H. De Lange : Research into the dynamic nature of the human fovea : cortex systems with intermittent & modulated light. I. Attenuation characteristics with white and coloured light, *Journal of the Optical Society of America*, **48**, 777-789, 1958
17) D. H. Kelly and D. van Norren : Two band model of heterochromatic flicker, *Journal of the Optical Society of America*, **67**, 1081-1091, 1977
18) J. Wisowaty and R. M. Boynton : Temporal modulation sensitivity of the blue mechanism : measurements made without chromatic adaptation, *Vision Research*, **20**, 895-909, 1980
19) D. Varner, D. Jameson and L. M. Hurvich : Temporal sensitivities related to color theory, *Journal of the Optical Society of America*, **A1**, 474-481, 1984
20) D. Regan and C. W. Tyler : Temporal summation and its limits for wave-length changes : Analog of Bloch's law for color vision, *Journal of the Optical Society of America*, **42**, 626-630, 1971
21) P. E. King-Smith and D. Carden : Luminance and opponent-color contribution to visual detection and adaptation and to temporal and spatial integration, *Journal of the Optical Society of America*, **66**, 709-717, 1976
22) R. W. Bowen, D. T. Lindsey and V. C. Smith : Chromatic two-pulse resolution with and without luminance transient, *Journal of the Optical Society of America*, **67**, 1501-1507, 1977
23) K. Uchikawa and M. Ikeda : Temporal integration of chromatic double pulses for detection of equal-luminance wavelength changes, *Journal of the Optical Society of America*, **A3**, 2109-2115, 1986
24) R. L. De Valois, D. M. Snodderly, E. W. Yund and N. K. Hepler : Responses of macaque lateral geniculate cells to luminance and color figures, *Sensory Processes*, **1**, 244-259, 1977
25) Y. Kawabata : Spatial integration in human vision with bichromatically-mixed adaptation field, *Vision Research*, **34**, 303-310, 1994
26) K. Uchikawa and M. Ikeda : Wavelength discrimination with chromatically alternating stimulus, *Color*

27) V. C. Smith, R. W. Bowen and J. Pokorny : Threshold temporal integration of chromatic stimuli, *Vision Research*, **24**, 653-660, 1984
28) 吉沢達也, 内川恵二 : 色応答の時間的足し合わせ特性の色相間比較, *VISION*, **5**, 1-9, 1993
29) N. Sekiguchi, D. R. Williams and D. H. Brainard : Efficiency in detection of isoluminant and isochromatic interference fringes, *Journal of the Optical Society of America*, **A10**, 2118-2133, 1993
30) A. Chaparro, C. F. Stromeyer III, E. P. Huang, R. E. Kronauer and T. Eskew Jr. : Separable red-green and luminace detectors for small flashes, *Vision Research*, **34**, 751-762, 1994
31) Y. Kawabata : Spatial integration in vision with chromatic stimuli, *Color Research and Application*, **18**, 390-398, 1993
32) Y. Kawabata : Temporal integration at equiluminace and chromatic adaptation, *Vision Research*, **34**, 1007-1018, 1994
33) M. Morgan and T. S. Aiba : Positional acuity with chromatic stimuli, *Vision Research*, **25**, 689-695, 1985
34) T. Troscianko and J. P. Harris : Phase discrimination in compound chromatic gratings, *Vision Research*, **28**, 1041-1049, 1988
35) J. Krauskopf and B. Farrell : Vernier acuity : effects of chromatic content blur and contrast, *Vision Research*, **31**, 735-750, 1991
36) M. Funakawa and K. Oda : Vernier and displacement thresholds in equiluminance, Proceedings of the IEEE RO-MAN '92, 1992
37) R. L. DeValois and K. K. DeValois : Spatial Vision, Oxford Univ. Press, Oxford, 1988
38) K. T. Mullen and F. A. A. Kingdom : Color contrast in form perception, In Vision and Visual Dysfunction (ed. P. Gourased), vol. 6, Macmillan Pess Ltd., London, pp. 198-217, 1991
39) C. Blakemore and F. W. Campbell : On the existance of neurones in the human visual system selectively sensitive to the orientation and size of the retinal images, *Journal of Physiology*, **203**, 237-260, 1969
40) A. Bradley, E. K. Switkes and K. K. De Valois : Orientation and spatial frequency selectivity of adaptation to color and luminance gratings, *Vision Research*, **28**, 841-856, 1988
41) K. K. DeValois and E. Switkes : Simultaneous masking interactions between chromatic and luminance gratings, *Journal of the Optical Society of America*, **73**, 11-18, 1983
42) E. Switkes and K. K. De Valois : Luminance and chromaticity interactions in spatial vision, In Colour Vision (eds. J. D. Mollon and L. T. Sharpe), Academic Press, London, pp. 465-470, 1983
43) O. E. Favreau and P. Cavanagh : Color and luminace : Independent frequency shifts, *Science*, **212**, 831-832, 1981
44) L. G. Thorell : The role of color in form analysis, Doctoral dissertation, Univ. of California, Berkeley, 1981
45) L. G. Thorell, R. L. De Valois and D. G. Albrecht : Spatial mapping of monkey V1 cells with pure color and luminance stimuli, *Vision Research*, **24**, 751-769, 1984
46) G. Wyszecki and W. S. Stiles : Color Science : Concepts and methods, quantitative data and formulae, Wiley, New York, 1982

5.5 視野

私たちがものを見るとき, 視対象物だけでなく, そのまわりにあるものまで同時に見えている. このとき, 視線からはずれるほど得られる情報は少なくなることは, 日常経験するところである. その情報 (例えば, 形や色) にある閾値を設けると, その情報についての「視野」が得られる. 以下, 時空間特性に関するいくつかの視覚特性についての視野依存性, およびその解釈の基盤となる知見を紹介する.

5.5.1 視機能の視野依存性と視野

光覚についての視野依存性は, 視野計という専用の検査器がある. これについては視覚機能測定法の章で説明されているので, ここでは省略する.

空間分解能の指標の1つである視力の視野依存性については, 1世紀前から研究が行われている. いずれの結論も共通していることは, 視力は網膜中心で最も高く, 周辺にいくに従って低下する傾向である. Wertheim では[1], 格子縞刺激を用いて空間分解能の偏心度依存性を報告している. それによると偏心度10°では, 中心視に比べて約5倍の粗さの格子縞で閾値になる. Jones と Higgins[2] は, ランドルト環を用い, ほぼ中心小窩までの提示範囲で計測したデータを報告している. それによると, 視線中心から視角寸法で10′離れると視力は中心でのそれの75%になり, 視角寸法30′離れると50%になる. しかしながら, 彼らの論文の本題は視力の視野依存性ではなかったため, それ以上の網膜周辺について言及していない.

Mandelbaum と Sloan は[3], 偏心度と視力との関係を定性的に示すため, しばしば引用されている. 彼らによれば, 暗室でランドルト環パターンを輝度1 mL (ミリランバート) ≒約3 cd/m^2 で白色スクリーンに投射して計測した視力は, 中心視では1.1 (視角寸法0.9′の開口の方向がわかる) であったものが, 周辺10°では0.1 (視角寸法10′の開口の方向がわかる) になる. すなわち, 彼らの実験条件でいえば視力0.1以上で見ることのできる視野の大きさは半径10°ということになる. しかしながら, 彼らの実験は明順応条件でないこと, また刺激が低輝度なことを指摘しておく. これについて, 彼らの実験条件が第2次世界大戦における軍事上の要請から1

mL以上の条件では計測していなかったと著者の1人は述べている[4]．また，提示時間を限っていること(0.2秒)，ランドルト環の視角寸法を調整するため刺激と観測者との距離が必ずしも同じでないこと，など観測条件に留意して眺めるべきである．

Millodotによれば[5]，偏心度とともに視力が低下する傾きは網膜中心から視角寸法25′から45′までの網膜領域と，それ以上の網膜領域とでは異なり，その特性が屈曲する網膜位置は中心小窩の端と対応している．また，Sloanによれば[4]，一般に背景強度が強いほど視力は大きいこと，周辺視は中心視よりも背景強度に対する視力変化が緩やかであること，背景が十分に暗い場合は周辺5°から6°くらいが最も視力が大きくなる．周辺視では眼鏡などで屈折力を変えても，視力に影響はないといわれている[6～8]．

時間分解能の指標の1つである臨界融合周波数(CFF)について，視野依存性を報告した研究については，Philips[9]，Hylkema[10]，Miles[11]，Hartmannら[12]などがある．これらの研究にも共通していえることは，CFFは提示される網膜の位置によって変化し，中心窩から網膜周辺にいくに従ってCFFの値は極大となり，それより網膜周辺ではCFFは減少する傾向である．

色覚について，特定の色が見えるという観点から視野の大きさを求める研究が過去なされてきた(例えば，FerreeとRand[13]，KelseyとSchwartz[14]，ConnorsとKelsey[15]).これらのデータをもとにして米国光学会(Optical Society of America)の色視野チャート[16]は作られたと推測できる．そのチャートによると，黄，青のほうが，赤，緑よりも周辺でも知覚できる．しかしながら，実験条件が不明でバックデータをフォローできないことが指摘されている[17]．Uchikawaら[18]は，色弁別についての有効視野を求めた．ここでも，黄，青のほうが，赤，緑よりも広い視野で弁別可能であるという知見が得られている．

5.5.2 錐体，桿体の分布

錐体および桿体の密度分布として，Østerbergのデータが引用されてきた[19]．しかしながら，現在はこの原本は入手が困難であるため，たいていがデータが転載された本の図面をもとにして数値を読むしかない状態にある．近年，発達した画像解析技術を，この受光器細胞の密度分布の計測に適用した取

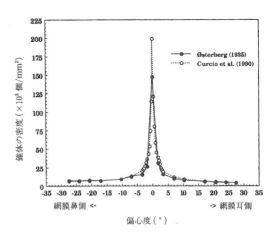

図5.50 錐体の密度分布[19,20]

組みが始まった．Curcioら[20]は，この手法によりヒトの摘出眼に対して，錐体および桿体の密度分布について最新のデータを提供している(図5.50).

Østerbergのデータ[17]によれば中心窩における錐体密度は$1.44×10^5$個/mm^{2}であるが，Curcioらのそれは平均値で$1.99×10^5$個/mm^2($1.00×10^5$個/mm^2～$3.24×10^5$個/mm^2)である[18]．密度分布の全体的なプロフィールは両者とも同様である．少なくとも網膜周辺5°以上では，盲点に相当する部分を除いて，同じ偏心度において網膜鼻側のほうが耳側よりも密度が高い傾向がある．このように比較するとØsterbergのデータは1眼とはいえ，最新の知見の範囲内であり，妥当なものであったことが改めて確認できる．しかしながら，原著論文の入手しやすさ，データは網膜全方位にわたること，個人差の解析が可能なことなどから，今後はCurcioらのほうが引用される機会が多くなるであろう．

これらのデータは，網膜上の距離(mm)に対して得られている．一方，視覚特性の観測条件やデータは通常，視角寸法の度(°)，分(′)もしくは秒(″)で表現されることが多い．図では密度分布のデータが得られたもとの眼を構造眼とみなして，網膜上の距離を視角寸法に換算している．構造眼のモデルはDrasdoとFowler[21]などいくつかあるが，どれを用いても値に大きな違いはなく，人間の中心窩で約3.5°/mmである．錐体の配列は，中心窩ではモザイク状であるが，網膜周辺にいくにつれて桿体が間に入り，整然としたものではなくなる[20,22](図5.51).

錐体のうちS錐体については，形状が異なるためほかの錐体と区別が可能であるばかりでなく[23]，特定の色素で選択的に染色が可能である．Curcio

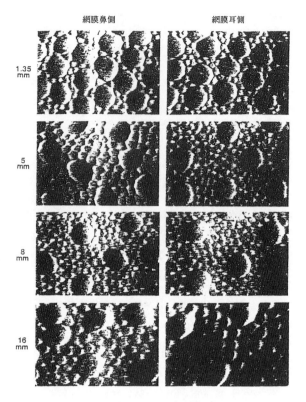

図 5.51 受光器配例[20]

ら[24]は,この染色技術と画像解析の手法とによりS錐体の分布を計測した.

S錐体の密度分布の特徴は,網膜中心窩では密度が小さく,網膜周辺1°あたりでピークとなり,あとは偏心度とともに密度が低下することである(図5.52).錐体総数のなかでS錐体の占める割合は,中心窩では小さく,偏心度とともに増加し,偏心度5°以上の網膜周辺では7%程度である(図5.53).中心窩の中央部(中心小窩)でS錐体がほとんど存在しないことは,微小な大きさの光刺激に対して青感度が低下するといった小視野第3色覚異常という現象があることから知られている.この現象は小視野での色の見え(Willmer[25], Hartridge[26], Middleton と Holmes[27], Weitzman と Kinney[28], 矢野と矢口[29])や,分光感度[30,31]などの観点から研究されている.

一方,L錐体とM錐体とは分離がむずかしい.遺伝子科学的にも類似しており[32],ヒトについては形態学的には区別できない.しかしながら,L錐体とM錐体構成比の偏心度依存性がわかれば,すべての受光器について密度分布がわかることになる.

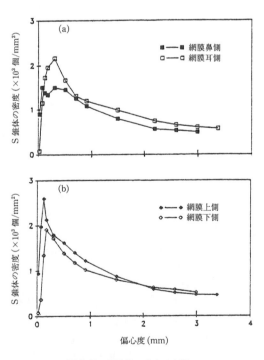

図 5.52 S錐体の密度分布[24]

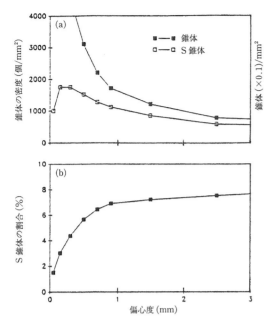

図5.53 S錐体の密度およびS錐体の割合[24]

ヒトを対象としたL錐体とM錐体の構成比の評価については，心理物理的手法により検討されてきた．RushtonとBaker[33]は，赤-緑色光の交照法マッチをもとにL錐体：M錐体＝1：3から3：1と推測した．VosとWalraven[34]は，錐体分光応答度とベゾルド-ブリュッケ効果のインバリアント波長とから，L錐体：M錐体＝1.6：1から2.0：1と推定した．

近年，選択的順応背景のなかでの微小フラッシュ応答に対する知覚確率曲線の形状から，L錐体とM錐体の構成比を評価する手法が開発された．その結果，L錐体とM錐体の構成比は個人差があるが約2：1であること，網膜周辺28°までその比は一定であることが報告された（CiceroneとNerger[35]，NergerとCicerone[36]，大竹とCicerone[37]）．最近，このL錐体とM錐体の構成比の評価に関して，異なる2つの取組みがなされた．1つは遺伝子科学の手法に基づいたものであり，網膜偏心度とともに受光器細胞がM錐体遺伝子を含む割合が少なくなるという報告である[38]．いま1つはadaptive opticsの手法を適用して，選択的順応させた後の網膜の受光器モザイクを撮像してそのなかに含まれる錐体の種類を同定したものであり，中心から偏心度1°までの網膜においてL錐体がM錐体よりも3倍近く存在するという報告である[39]．以上のことから，L錐体とM錐体との構成比については，まだなお検討途上である．

また後述する皮質拡大係数について，サルを対象とした計測値を用いることが多い．サルの光受容器の密度分布は，RollsとCowey[40]，PerryとCowey[41]のデータがある．このデータも網膜上の距離（mm）について得られている．視角寸法に換算するための眼のデータは，例えばHoldenら[33]，などを参照して適切な値を用いる．S錐体の密度分布プロフィールは[43]，ヒト[24]のそれとほぼ同じである．

5.5.3 網膜，外側膝状体の細胞

a．神経節細胞

神経節細胞の密度分布についての偏心度依存性について，ヒトについては光受容器と同様な手法により計測されている[44]（図5.54）．

中心小窩に相当する網膜部位において神経節細胞はほとんどなく，その部位における光受容器が結合している神経節細胞は周辺にあると考えられる．錐体と神経節細胞の中心窩からの累積個数のプロフィールから，網膜上で1mm（偏心度で約3.5°）くらいまでは1個の錐体当たり2個の神経節細胞が接続し，偏心度が増すにつれて錐体1個当たりに接続している神経節細胞の数は減少することが示唆されている[44]．神経節細胞には樹状突起の広がりが小さいもの（ミゼット）と，大きなもの（パラソル）の2つの種類があり，樹状突起の広がりは，いずれも偏心度に従って大きくなる[45]．これらは，それぞれP経路およびM経路に相当していると考えられている．

神経節細胞以降については，サルについての知見が多い．ヒトについても同様であるとして議論のベースになる．密度分布は，PerryとCowey[41,46]，Wasselら[47]が報告している．中心窩の錐体1個当たり3個から4個の神経節細胞が接続していること，その接続されている数は偏心度とともに減少し，偏心度15°〜20°くらいで1個，それ以上の網膜周辺では逆に1個の神経節細胞当たり複数個の錐体があるといわれている[47]．網膜周辺については，少なくとも偏心度9°以上の数か所については，Pα細胞（外側膝状体M細胞の経路に相当する神経節細胞）はすべての神経節細胞のほぼ10％である[48]．受容野に相当する樹状突起の広がりは，いずれも偏心度に従って大きくなり，どの偏心度においてもPα細胞の広がりはPβ細胞（P細胞の経路に相当する神経節細胞）よりも約3倍の広がりをもつ[48〜50]．

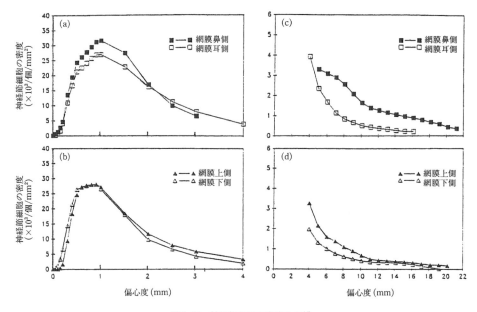

図 5.54 神経節細胞の密度分布[44]

網膜神経回路について，電気生理学などの手法により異なる細胞がどのように接続されているかがしだいに解明されつつある（例えば，塚本[51]など）．

b．P細胞，M細胞の分布

サルについてP細胞，M細胞は偏心度とともに減少する[52]．V1皮質上の単位長さ当たりに接続している外側膝状体の細胞数は，P細胞の場合は偏心度に対してわずかな増加（ほぼ一定）であるが，M細胞の場合は偏心度とともに顕著に増加するといわれている[53]．

5.5.4 皮質拡大係数

光刺激が単位視角寸法当たりにV1へ投射される大きさ（mm/°）が皮質拡大係数（cortical magnification factor, CMF）である．これは偏心度によって異なる値となる．DanielとWhitteridge[54]はサル（monkey）やヒヒ（baboon）を対象にした電気生理学的実験結果をもとに，この皮質拡大係数の概念を提唱した．その後，さまざまな手法により皮質拡大係数が計測されてきた．

異なる手法をもとに測定された皮質拡大係数を比較してみる．CoweyとRolls[55]は，ヒトの頭部に複数の電極を装着し，電気刺激に対する応答をもとにして求めた皮質拡大係数を表として報告した．TolhurstとLing[56]における式は，放射性同位元素でラベルした2-デオキシグルコース（神経が興奮し

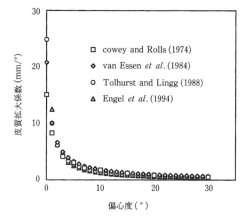

図 5.55 CMFの比較

た部位に選択的に蓄積される物質）をサル皮質に適用して皮質拡大係数を求めたTootelら[57]に報告された式に対して，Dobelleら[58]によるヒト頭部への電気刺激によって求めた皮質拡大係数に合わせるように補正係数1.6をかけたものである．Van Essenら[59]は，皮質に電極を差して視覚刺激に対する応答を計測し，刺激面積に対する興奮する皮質面積についての近似式を報告した．この平方根を計算し，さらに前述のヒトへの補正係数1.6をかけたものを図示した．Engelら[60]は，ヒトを対象としたfMRIのデータをもとにして得た大脳皮質において興奮した部位の基準点に対する相対距離と刺激を与えた偏

心度との関係を報告した．これを微分して皮質拡大係数とした値を図に示した（図5.55）．これらは，詳細にみるとプロフィールは異なるが，おおまかには同様であるといえる．

また，神経節細胞が皮質に一様に投射されていると仮定して，神経節細胞の密度の関数として皮質拡大係数とする考え方もある[47]．この仮説の妥当性をめぐって議論がなされているが，明快な結論を得るには至っていない．

5.5.5 光覚の視野依存性

偏心度が増すに従って，空間的寄せ集めの臨界面積（Ricco's area，5.1.2項a）は大きくなる[61~63]．一方，心理物理的に計測された知覚野と，生理学的に計測された受容野とは対応していると考えられる[64]．神経節細胞において，偏心度とともに樹状突起の広がりが増すことから[36]，網膜周辺において受容野は広がりをもつ．これが空間的足し合わせの臨界面積の増大と対応している．光覚閾を記述する臨界足し合わせ面積は，受容野の大きさが皮質拡大係数の逆数と線形関係にあると仮定して見積もられる．このRicco's areaによる刺激強度のスケーリングはFスケールと呼ばれることがある[65]．

なお，網膜周辺において，刺激が臨界面積よりも十分小さいと，完全な空間的足し合わせが成立していない現象がみられる．例えば，偏心度30°で暗背景のもとで空間的足し合わせの臨界である刺激の半径は約100′であり，それより小さい刺激の半径ならば閾における総エネルギーは一定のはずである．しかしながら，刺激の半径が数10′以下では閾における総エネルギーは，臨界でのそれよりも大きい値という報告がある[66]．この非足し合わせ効果は，受容野を構成するサブユニットが一定の数だけ光子吸収によって興奮したか，もしくはサブユニットのいずれかが一定数以上の光子を吸収したかで閾値が決まると考えるモデルで，サブユニットの数や感度が偏心度によって異なると考えることで説明できる[67]．

5.5.6 周辺視の時空間特性

a．周辺視の空間特性

眼球光学系の特性は偏心度20°までは大きく変化しない[68]．すなわち，この範囲を検討するうえで，眼球光学系の影響は小さい．格子縞刺激のコントラスト検知における空間周波数閾値の偏心度依存性は，錐体間隔と対応する[69,70]．この特性は錐体でのサンプリングで決まると考えられる．ただし，厳密にいえば錐体密度から予測した限界よりも高い空間周波数の格子縞であっても，エリアシングのため，より低い周波数の格子縞として見えることがある[71]．また，網膜周辺では桿体が存在するため，網膜周辺で錐体モザイクはふぞろいになる[20,22]．

RovamoとVirsu[72]は，大脳皮質拡大係数に従って，偏心度に応じて刺激の大きさを調整すると，コントラスト感度の空間周波数特性は偏心度によらず同じ形状であることを示した（図5.56）．

格子縞刺激の傾き検知の空間周波数特性[70]，副尺視力[69]の偏心度依存性もまた皮質拡大係数と対応する．しかし，一方では，Anstis[73]がレビューしているように文字の認識や[74]，高調波が重畳した格子縞刺激の位相弁別[75]のようにスケールと一致しない例もある．

b．周辺視の時間特性

CFFは網膜周辺で極大値をもつ傾向があることはすでに述べた．RovamoとRaninen[76]は，刺激のサイズをMスケール（皮質拡大係数）で調整し，かつ刺激強度をFスケールで調整すると，CFFは偏心度依存性がなくなることを示した．

格子縞刺激について，提示する網膜位置の偏心度に従って，面積，空間周波数，速度などを皮質拡大係数で規格化することにより，いくつかの視覚特性はMスケールに従うことが報告されている．例えば，揺れている格子縞刺激の動きと変位の閾値[77~79]などは，Mスケールに従う．一方，格子縞速度の閾値[80]は，完全なMスケールでないと報告されている．

周辺視でのフリッカー光を観測し続けると，観測時間とともにコントラスト閾値が上昇し，ついにはフリッカー（ちらつき）は知覚しなくなる．これはTroxler効果として知られ，ほとんどすべての周辺視での観測実験では，この効果による影響を除くために提示時間を定めている．Anstis[73]は，この効果の時間依存性は偏心度とともに増加するが，刺激の大きさを皮質拡大係数で調整することで偏心度によらず同様になる可能性があることを示した．

5.5.7 色覚の視野依存性

a．周辺視での色の見え

周辺視での色の見えについて，カラーネーミング法により知見が積み重ねられてきた[17,28,81]．これら

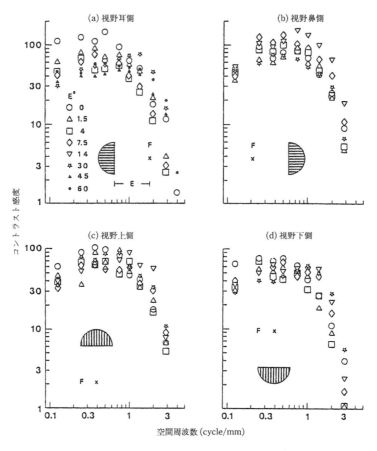

図5.56 CMF補正を施したコントラスト感度[72]

は，単色光を対象に，偏心度を変数として一定の観測条件で行われた実験結果である．総じていえば，周辺視では色みが低下すること，黄および青のほうが，赤および緑よりも色みを知覚できる限界の偏心度は大きい．これらは，本節の最初に述べた色視野における知見と同じである．高瀬ら[82]は，1人の観測者に対してではあるが，同じカラーネーミング法を適用して，色度図全域の色光の色の見えの偏心度依存性を測定した．その結果を見ると，偏心度とともに色みの低下とともに，色相も変化していることが明らかとなり，周辺視での色の見えの予測は，単色光のデータをもとにして予測することは困難であることが示唆されてきた．

b．刺激サイズの影響と皮質拡大係数

カラーネーミング実験から，刺激サイズが大きいと中心視に近い色が見えるという知見があった[28,83]．現在では，基本色成分が中心視と同様な見えをするときの刺激の大きさを求め，その偏心度依存性を調べると，V1もしくはそれ以降の皮質拡大係数の偏心度依存性に近いことが示されている[84]．

すなわち，周辺視の色覚メカニズムは，基本的には中心視のそれと同様であろうと考えられている．このことは，キャンセレーション法によって求めた反対色応答特性は，同じ大きさの刺激を用いると偏心度によって異なる特性を有するが[85]，皮質拡大係数に従って刺激サイズを設定すると，赤-緑反対色チャンネルに偏心度依存性がなくなること[86]からもいえる．また，分光感度や波長弁別関数も皮質拡大係数に従って刺激サイズを調整すると偏心度依存性がなくなる[87]．また，明順応から暗順応する過程のなかで桿体が十分に抑制されている期間 (cone plateau) に網膜周辺で計測した波長弁別特性[88]，交照法による明るさマッチングの分光感度[89]などは中心窩の特性に近いことも，中心視と周辺視の色覚メカニズムが同様であろうことを示している．また，背景が明るい場合は周辺視での色の見えは中心視に近いという知見も得られている[90,91]．これらは，L錐体，M錐体の構成比に網膜周辺28°まで

図 5.57 等可読度チャート[92]

偏心度依存性がないことからも示唆される[35~37]. ただし,前述のように網膜周辺における L 錐体と M 錐体の構成比については,まだ完全に決定されてはいない.仮に,網膜周辺における錐体構成比が中心窩のそれと異なっている場合は,受光器以降の視覚神経系にその違いを補償するようなメカニズムがあることがいえる.

5.5.8 周辺視での形状認識

Anstis[92] は,文字がちょうど認識できる大きさについての偏心度依存性を求めた.図 5.57 では中央部の最も小さい文字を 10 cm 離れて固視した場合,周辺にあるほかの文字は,固視している文字と同じ程度の読みやすさになるように文字の大きさを調整して描かれている.この文字の大きさは,視力(限界解像度)と偏心度の関係と対応する.ただし,実際に眼球運動している場合の形状認識では,視野周辺の限界解像度よりも低い解像度の情報しか利用されていないことが,Shioiri と Ikeda[93] によって明らかにされている.

Latham と Whitaker[94] は,文字を高速で連続提示した実験(RSVP, rapid serial visual presentation)において,文字の認識閾で大きさを規格化して観測すると,中心視では意味のある文字列のほうが意味のない文字列よりも可読速度(単位時間当たり読むことのできる文字数)は大きいが,周辺視では両者の間で可読速度に差はないという結果を得た.すなわち,文字の認識などの視覚の初期過程では中心視と周辺視とは同じ機構であるが,文章の解釈など,それをさらに情報処理する高次の過程では中心視のほうが優れているといえる.

［大竹史郎］

文　献

1) T. Wertheim : Über die indirekte Sehscåfe, *Zeitschrift für Psychologie und Physiologie die Sinnesorgane*, **7**, 172-184, 1894 (translated by I. L. Dunsky, *American Journal of Optometry and Phisiological Optics*, **57**, 919-924, 1980)
2) L. A. Jones and G. Higgins : Photographic granularity and graininess, *Journal of the Optical Society of America*, **37**, 217-263, 1947
3) J. Mandelbaum and L. L. Sloan : Peripheral visual acuity, *American Journal of Ophthalmology*, **30**, 581-588, 1947
4) L. L. Sloan : The photopic acuity-luminance funcion with special reference to parafoveal vision, *Vision Research*, **8**, 901-911, 1971
5) M. Millodot : Foveal and extra-foveal acuity with and without stabilized retinal images, *Brithish Journal of Physiological Optics*, **23**, 75-106, 1966
6) D. G. Green : Regional variations in the visual acuity for interference fringes on the retina, *Journal of Physiology*, **207**, 351-356, 1970
7) M. M. Millodot, C. A. Johnson, A. Lamont and W. Leibowitz : Effect of dioptrics on peripheral visual acuity, *Vision Research*, **15**, 1357-1362, 1975
8) F. Rempt, J. Hoogerheide and W. P. H. Hoogenboom : Influence of correction of peripheral refractive errors on peripheral static vision, *Ophthalmologica*, **173**, 128-135, 1976
9) G. Philips : Perception of flicker in lesions of the visual pathways, *Brain*, **56**, 464-478, 1933
10) B. S. Hylkema : Examination of the visual field by determining the fusion frequency, *Acta Ophthalmology*, **20**, 181-193, 1942
11) P. W. Milles : Flicker fusion field, *American Journal of Ophthalmology*, **33**, 1069-1076, 1950
12) E. Hartmann, B. Lachenmay and H. Brettel : The peripheral critical flicker frequency, *Vision Research*, **19**, 1019-1023, 1979
13) C. E. Ferree and G. Rand : Effect of size of stimulus on size and shape of color fields, *American Journal of Ophthalmology*, **10**, 399-411, 1927
14) P. A. Kelsey and I. Schwartz : Nature of the limit of the color zone in perimetry, *Journal of the Optical Society of America*, **59**, 764-769, 1959
15) M. M. Connors and P. A. Kelsey : Shape of the red and green color zone gradients, *Journal of the Optical Society of America*, **51**, 874-877, 1961
16) Comittee on Colorimetry, Optical Society of America : The Science of Color, Thomas Y. Crowell Co., N. Y., pp. 101-105, 1963
17) 関口修利,池田光男:色の見えに基づく色視野の測定,日本眼光学会誌, **4**, 122-127, 1983
18) H. Uchikawa, P. K. Kaiser and K. Uchikawa : Color-discrimination perimetry, *Color Research and Application*, **7**, 264-272, 1982
19) G. Østerberg : Topography of the layer of rods and cones in human retina, *Acta Ophthalmologica* (Suppl.), **6**, 1-103, 1935 [shown in R. W. Rodieck : The primate

retina, In Comparative Primate Biology, Vol. 4; Neurosciences (eds. H. D. Steklis and J. Erwin), Alan R. Liss Inc., NY, pp. 203-278, 1988]
20) C. A. Curcio, K. R. Sloan, R. E. Kalina and A. E. Hendrickson: Human photoreceptor topography, *Journal of Comparative Neurology*, **292**, 497-523, 1990
21) N. Drasdo and C. W. Fowler: Non-linear projection of the retinal image in a wide-angle schematic eye, *Brithish Journal of Ophthalmology*, **58**, 709-714, 1974
22) C. A. Curcio and K. R. Sloan: Packing geometry of human cone photoreceptors: Variation with eccentricity and evidence for local anisotoropy, *Visual Neuroscience*, **9**, 169-180, 1992
23) P. K. Ahnelt, K. A. Kolb and R. Pflug: Identification of a subtype of cone photoreceptor, likely tobe blue-sensitive, in the human retina, *Journal of Comparative Neurology*, **255**, 18-34, 1987
24) C. A. Curcio, K. A. Allen, K. R. Sloan, C. L. Lerea, J. B. Hurley, I. B. Klock and A. H. Milam: Distribution and morphology of human cone photoreceptors stained with anti-blue opsin, *Journal of Comparative Neurology*, **312**, 610-624, 1991
25) E. N. Willmer: Colour of small objects, *Nature*, **153**, 774-775, 1944
26) H. Hartridge: Colour vision of the fovea centralis, *Nature*, **155**, 390-391, 1945
27) W. E. K. Middleton and M. C. Holms: The appearance colours of surfaces of small substanse—a preliminary report, *Journal of the Optical Society of America*, **39**, 582-592, 1949
28) D. O. Weitzman and J. A. S. Kinney: Effect of stimulus size, duration, and retinal location upon the appearance of color, *Journal of the Optical Society of America*, **59**, 643, 1969
29) 矢野　正, 矢口博久, 三宅洋一, 久保走一：小視野における色覚特性, 光学, **18**, 425-433, 1989
30) G. Wald: Blue-blindness in the normal fovea, *Journal of the Optical Society of America*, **57**, 1289-1303, 1967
31) M. Ikeda, H. Yaguchi, K. Yoshimatsu and M. Ohmi: Luminous-efficiency functions for point sources, *Journal of the Optical Society of America*, **72**, 68-73, 1982
32) O. Hisatomi, S. Kayada, Y. Aoki, T. Iwata and F. Tokunaga: Phylogenetic relationships among vertebrate visual pigments, *Vision Research*, **34**, 3097-3102, 1994
33) W. A. H. Rushton and H. D. Baker: Red/green sensitivity in normal vision, *Vision Research*, **4**, 75-85, 1964
34) J. J. Vos and P. L. Walraven: On the derivation of the foveal receptor primaries, *Vision Research*, **11**, 799-815, 1971
35) C. M. Cicerone and J. L. Nerger: The relative numbers of long-wavelength-sensitive to middle-wavelength-sensitive cones in the human fovea centralis, *Vision Research*, **29**, 115-128, 1989
36) J. L. Nerger and C. M. Cicerone: The ratio of L cones to M cones in the human parafoveal retina, *Vision Research*, **32**, 879-858, 1992
37) S. Otake and C. M. Cicerone: L and M cone relative numerosity and red-green opponency from fovea to midperiphery in the human retina, *Journal of the Optical Society of America*, **17**, 615-627, 2000
38) M. Neitz, S. A. Hagstrom, P. M. Kainz and J. Neitz: L and M cone opsin gene expression in the human retina: relationship with gene order and retinal eccentricity, *Investigative Ophthalmology and Visual Science*, **37** (suppl.), S 2045, 1996
39) A. Roorda and D. R. Williams: The arrangement of the three cone classes in the living human eye, *Nature*, **397**, 520-522, 1999
40) E. T. Rolls and A. Cowey: Topography of the retina and striate cortex and its relationship to visual acuity in rhesus monkeys and squirrel monkeys, *Experimental Brain Research*, **10**, 298-310, 1970
41) V. H. Perry and A. Cowey: The ganglion cell and cone distributions in the monkey's retina: implications for central magnification factors, *Vision Research*, **12**, 1795-1810, 1985
42) A. L. Holden, B. P. Hayes and F. W. Fitzke: Retinal magnification factor at the ora terminalis: a structural study of human and animal eyes, *Vision Research*, **8**, 1229-1235, 1987
43) F. M. De Monasterio, E. P. McCrane, J. K. Newlander and S. J. Schein: Density profile of blue-sensitive cones along the horizontal meridian of macaque retina, *Investigative Ophthalmology and Visual Science*, **26**, 289-302, 1985
44) C. A. Curcio and K. A. Allen: Topography of ganglion cells in human retina, *Journal of Comparative Neurology*, **300**, 5-25, 1990
45) R. W. Rodieck, K. F. Binmoeller and J. Dineen: Parasol and midget ganglion cells of the human retina, *Journal of Comparative Neurology*, **233**, 115-132, 1985
46) V. H. Perry and A. Cowey: Retinal ganglion cells that project to the superior collicus and pretectum in the macaque monkey, *Neuroscience*, **12**, 1125-1137, 1984
47) H. Wassle, U. Grunert, J. Rohrenbeck and B. B. Boycott: Retinal ganglion cell density and cortical magnification factor in the primate, *Vision Research.*, **30**, 1897-1911, 1990
48) V. H. Perry, R. Oehler and A. Cowey: Retinal ganglion cells that project to the dorsal lateral geniculate nucleus in the macaque monkey, *Neuroscience*, **12**, 1101-1123, 1984
49) R. Shapley and V. H. Perry: Cat and monkey retinal ganglion cells and their visual functional roles, *Trends in Neuroscience*, **9**, 229-235, 1986
50) A. J. Croner and E. Kaplan: Receptive fields of P and M ganglion cells across the primate retina, *Vision Research*, **1**, 7-24, 1995
51) 塚本吉彦：霊長類網膜の中心窩における神経回路の特徴, 生物物理, **38**, 51-57, 1998
52) M. Connoly and D. Van Essen: The representation of the visual field in parvocellular and magnocelllular layers of the lateral geniculate nucleus in the macaque monkey, *Journal of Comparative Neurology*, **226**, 544-564, 1984
53) S. J. Schein and F. M. DeMonasterio: The mapping of retinal and geniculate neurons onto striate cortex of macaque, *Journal of Neuroscience*, **7**, 996-1009, 1987
54) P. M. Daniel and D. Whitteridge: The representation of the visual field on the cerebral cortex in monkeys, *Journal of Physiology*, **159**, 203-221, 1961
55) A. Cowey and E. T. Rolls: Human cortical magnification factor and its relation to visual acuity, *Experimental Brain Research*, **21**, 447-454, 1974
56) D. J. Tolhurst and L. Ling: Magnification factors and the organization of the human striate cortex, *Human Neurobiology*, **6**, 247-254, 1988

57) R. B. H. Tootel, M. S. Silverman, E. Switkes and R. L. De Valois: Deoxyglucose analysis of retinotopic organization in primate striate cortex, *Science*, **218**, 903-904, 1982
58) W. H. Dobelle, J. Turkel, D. C. Henderson and J. R. Evans: Mapping the representation of the visual field by electrical stimulation of human visual cortex, *American Journal of Ophthalmology*, **88**, 727-735, 1979
59) D. C. Van Essen, W. T. Newsome and H. R. Maunsell: The visual field representation in striate cortex of the macaque monkey: asymmetries, anosotropies, and indivisual variability, *Vision Research*, **24**, 429-448, 1984
60) S. A. Engel, D. E. Rumelhart, B. A. Wandell, A. T. Lee, G. H. Glover, E. Chichilnisky and M. N. Shadlen: fMRI of human visual cortex, *Nature*, **369**, 525, 1994
61) M. E. Wilson: Invariant features of spatial summation with changing locus in the visual field, *Journal of Physiology*, **207**, 611-622, 1970
62) T. Inui, O. Mimura and K. Kani: Retinal sensitivity and spatial summation in the foveal and parafoveal regions, *Journal of the Optical Society of America*, **71**, 151-154, 1981
63) R. A. Smith and P. F. Cass: Effects of eccentricity on spatial summation and acuity, *Journal of the Optical Society of America*, **A6**, 1633-1639, 1989
64) L. Spillmann, A. Ransom-Hogg and R. Oehler: A comparison of perceptive and receptive fields in man and monkey, *Human Neurobiology*, **6**, 51-62, 1989
65) A. Raninen and J. Rovamo: Perimetry of critical flicker frequency in human rod and cone vision, *Vision Research*, **26**, 1249-1255, 1986
66) A. N. W. Scholtes and M. A. Bouman: Psychophysical experiments on spatial summation at threshold level of the human peripheral retina, *Vision Research*, **17**, 867-873, 1977
67) P. Zuidema, A. M. Gresnigt, M. A. Bouman and J. J. Koenderink: A quanta coincidence model for absolute threshold vision incorporating deviations from Ricco's law, *Vision Research*, **18**, 1685-1689, 1978
68) J. A. M. Jennings and W. N. Charman: Off-axis image quality in the human eye, *Vision Research*, **21**, 445-455, 1981
69) D. M. Levi, S. A. Klein and A. P. Aitsebaomo: Vernier acuity, crowding and cortical magnification, *Vision Research*, **25**, 963-977, 1985
70) L. N. Thibos, F. E. Cheney and D. J. Walsh: Retinal limits to the detection and resolution of gratings, *Journal of the Optical Society of America*, **A4**, 1524-1529, 1987
71) N. J. Coletta and D. R. Williams: Psychophysical estimate of extrafoveal cone spacing, *Journal of the Optical Society of America*, **A4**, 1503-1513, 1987
72) J. Rovamo and V. Virsu: An estimation and application of the human cortical magnification factor, *Experimental Brain Research*, **37**, 495-510, 1979
73) S. Anstis: Adaptation to peripheral flicker, *Vision Research*, **36**, 3479-3485, 1996
74) H. Strasburger, L. O. Harvey and I. Rentschler: Contrast thresholds for identification of numeric characters in direct and eccentric view, *Perception & Psychophysics*, **49**, 495-508, 1991
75) C. M. Stephanson, A. J. Knapp and O. J. Braddick: Discrimination of spatial phase shows a quantitative difference between foveal and peripheral processing, *Vision Research*, **31**, 1315-1326, 1991
76) J. Rovamo and A. Raninen: Critical flicker frequency and M-scaling of stimulus size and retinal illuminance, *Vision Research*, **24**, 1127-1131, 1984
77) A. Johnston and M. J. Wright: Lower thresholds of motion for gratings as a function of eccentricity and contrast, *Vision Research*, **25**, 179-185, 1985
78) M. J. Wright and A. Johnston: The relationship of displacement thresholds for oscillating gratings to cortical magnification, spatiotemporal frequency and contrast, *Vision Research*, **25**, 187-193, 1985
79) M. J. Wright and A. Johnston: Invariant tuning of motion aftereffect, *Vision Research*, **25**, 1947-1955, 1985
80) W. Waseman and A. M. Norcia: Contrast dependence of the oscillatory motion threshold across the visual field, *Journal of the Optical Society of America*, **A9**, 1663-1671, 1992
81) R. M. Boynton, W. Schafer and M. E. Neun: Hue-wavelength relation measured by color-naming method for three locations, *Science*, **146**, 666-668, 1964
82) 高瀬正典, 阿山みよし, 池田光男: 周辺網膜における色度図全域にわたる色光の色の見えの変化: 一人の被験者についての測定, 光学, **20**, 420-429, 1991
83) J. Gordon and I. Abramov: Color vision in the peripheral retina. II. Hue and saturation, *Journal of the Optical Society of America*, **67**, 202-207, 1977
84) I. Abramov, J. Gordon and H. Chan: Color appearance across the retina: Effects of stimulus size, *Journal of the Optical Society of America*, **A8**, 404-414, 1991
85) 阿山みよし, 池田光男: 傍中心窩における反対色応答, 日本色彩学会誌, **5**, 50-62, 1981
86) H. Hibino: Red-green and yellow-blue oppnent-color responses as a function of retinal eccentricity, *Vision Research*, **32**, 1955-1964, 1992
87) J. A. Van Esch, E. E. Koldenhof, A. J. van Doorn and J. J. Koenderink: Spectral sensitivity and wavelength discrimination of human peripheral visual field, *Journal of the Optical Society of America*, **A1**, 443-450, 1984
88) U. Stabell and B. Stabell: Wavelength discrimination of peripheral cones and its change with rod intrusion, *Vision Research*, **17**, 423-426, 1977
89) U. Stabell and B. Stabell: Color-vision mechanisms of the extrafoveal retina, *Vision Research*, **24**, 1969-1975, 1984
90) 高瀬正典, 内川恵二: 明順応周辺網膜における色光の見え, 光学, **20**, 521-529, 1991
91) I. Abramov, J. Gordon and H. Chan: Color appearance across the retina: Effects of a white surround, *Journal of the Optical Society of America*, **A9**, 195-202, 1992
92) S. M. Anstis: A chart demonstrating variations in acuity with retinal position, *Vision Research*, **14**, 589-592, 1974
93) S. Shioiri and M. Ikeda: Useful resolution for picture perception as a function of eccentricity, *Perception*, **18**, 347-361, 1989
94) K. Latham and D. Whitaker: A comparison of word recognition and reading performance in foveal and peripheral vision, *Vision Research*, **36**, 2665-2674, 1996

6

形 の 知 覚

6.1 エッジと面の成立

6.1.1 エッジと輪郭

視覚世界において,物体や表面の境界は重要な情報である.そのような境界は,一般にエッジと呼ばれる視覚像の不連続である.したがって,エッジ検出が物体や表面の境界を知る第1段階である.

輝度(もしくは強度)分布の変化部分には,マッハバンド(Mach bands)が知覚される.すなわち,明所から暗所への変化部分では,明るさが少し増してから暗くなるように知覚される.逆に,暗所から明所への変化部分では,少し暗くなってから明るくなるように知覚される.その結果,輝度の傾斜が一層強調され,S字のような明るさ分布に知覚される[1].この現象の果たす役割は,エッジの強調である.図6.1は,物理的輝度(objective)と知覚された明るさ(subjective)を示している.マッハバンドは,眼球の収差や散乱光によって,外界がそのまま網膜上に再現されず,変形を受けていることを補正している.しかし,それにとどまらず,物体や表面の境界であるエッジを強調しているのである.このような特性は,神経細胞の側抑制結合から理解されてきた[2].ただし,輝度勾配が著しく急峻(勾配領域の幅が視角4′以下)な場合にマッハバンドが知覚できない点は,側抑制による現象の説明と矛盾する[3].

また,2領域で輝度が等しいときには,色相のみが異なっても境界が不明確に知覚され,形状の弁別が困難になることが,Liebmann効果として知られている.したがって,エッジの正確な位置は主に輝度分布から得られていると考えられる.

視覚像の不連続特徴としてのエッジは,輝度の微分操作に相当する処理によって抽出できる.エッジが存在する位置は,輝度分布(図6.2(a))の1階微分のピーク位置(図6.2(b)),もしくは2階微分のゼロ交差位置(図6.2(c))と数学的には定義できる.しかしながら,このような操作は一般にノイズも増幅し,人間が感じるエッジと必ずしも一致しない.

そこで,輝度をぼかした後でエッジ検出すれば,このような問題をある程度排除することができる[4].輝度分布をガウス関数でぼかしてから,ラプラス演算子で2階微分する操作は,ラプラシアンガウシアンフィルター($\nabla^2 G$フィルター)で畳み込むことと等価である.この$\nabla^2 G$フィルターは,網膜の神経節細胞の受容野感度分布とよく一致する.

オン中心型の神経節細胞の出力と,オフ中心型の神経節細胞の出力に論理積ゲートが接続されていれば,ゼロ交差の存在を検出することができる.さらに,このような機構が方向性をもって並んでいれば,ゼロ交差セグメント,すなわち線分が抽出できる.このように,ゼロ交差の並び方によって,線

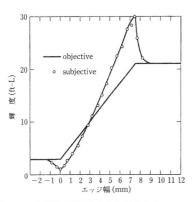

図6.1 エッジ付近の輝度分布と知覚されたマッハバンド[1]

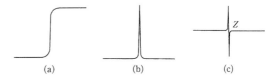

図6.2 エッジ(a)とその1階微分(b)と2階微分(c)[8]
エッジ位置に2階微分のゼロ交差(Z)が生じる.

分,端点,小塊を抽出した結果が,素原始スケッチ (raw primal sketch) と呼ばれ,物体構造復元の第1段階となる.

人間は,急峻なエッジも,なだらかなエッジも,エッジとして知覚する.さまざまなスケールの $\nabla^2 G$ フィルターを用意することによって,急峻なエッジも,なだらかなエッジも,検出することができる.別々の $\nabla^2 G$ フィルターで得られたゼロ交差は最終段階で結合される.これは,自然画像中の重要な輝度変化が,複数のフィルター出力でゼロ交差となるためである.すなわち,高空間周波数に対応するフィルター出力がゼロ交差で,低空間周波数に対応するフィルター出力がゼロ交差でない場合はノイズでありがちで,低空間周波数に対応するフィルター出力だけがゼロ交差の場合は乱反射かもしれない.

実際には,物体の表面はさまざまなテクスチャをもっている.この物体表面のテクスチャによって生じるエッジと,物体境界の重要なエッジをゼロ交差のみで弁別することはむずかしい.このような場合のエッジ検出問題の解法が検討され,その1つとしてMIRAGEアルゴリズム(図6.3)が提案されている[5].MIRAGEアルゴリズムは,最初の段階で $\nabla^2 G$ フィルターを用いている点では上述の方法[4]と同様である.しかしながら,さまざまなスケールの $\nabla^2 G$ フィルターの出力が,次段階で正負別々に加算される.加算波形のゼロ応答部分をゼロ境界と呼ぶ.ゼロ境界ではさまれる領域の重心などを用いてエッジ情報を記述する.この操作は,輝度が滑らかに変化する領域を見いだしていることに相当する.2つのエッジが一直線上にあるか,ずれているかを判断させる心理実験の結果が,ゼロ交差位置やピークではなく,ゼロ境界ではさまれた領域の重心位置によく一致することが確認されている[6].

物体の最も外側のエッジは,奥行きの不連続を示すので,遮蔽輪郭 (occluding contour) と呼ばれる[7].遮蔽輪郭から3次元構造が復元され,3次元物体が推定される.このとき,いくつかの制約条件があるので,3次元物体を一般化円筒(任意の横断面が軸に沿って動くときに作り出される表面)として推定すると考えられる(図6.4).その制約条件は,輪郭上の1点が物体上の1位置に射影され,輪郭上の隣接点が物体上の隣接位置に射影され,輪郭全体が単一平面上に存在することである.もしこのような制約条件を満たすとともに,表面が滑らかな

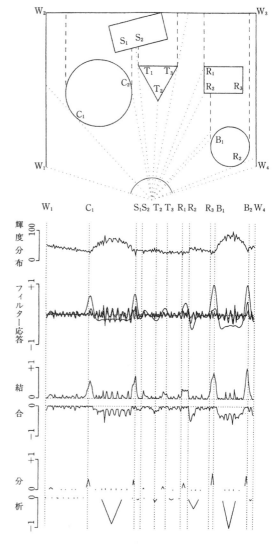

図6.3 MIRAGEアルゴリズム[5]

図6.4 3次元物体(a)のシルエット(b)と遮蔽輪郭(c)[8]

らば,観察される表面は一般化円筒になる.

6.1.2 面の知覚

2次元情報のみから3次元構造が復元され,3次元表面として知覚される場合がある.視覚系の相対

6.1 エッジと面の成立

的に貧弱な奥行き判断能力に比べ，表面方向をきわめて正確に判定できる能力が，このような不良設定問題の解決につながっていると考えられる．ここでは，表面輪郭(surface contour)と，テスクチャや陰影による表面の知覚をとりあげる．

平面上のある種の曲線集合は，2次元的なものではなく，滑らかな起伏ある表面として知覚される．このとき，これらの曲線集合は3次元表面上にあると解釈され，表面輪郭と呼ばれる．表面輪郭から面の向きや曲率を抽出する計算論的問題は，2つの部分に分けて考えることができる[8]．まず，表面輪郭を形成する各曲線の形状を推定することである．これは，3次元空間で湾曲した針金の形状を2次元画像から決定することに相当する．単一の曲線が平面的に知覚されやすいことや対称性を制約条件とすれば問題は単純化する．次に，表面が局所的に円筒である(すなわち，表面の主曲率の1つが0である)ことを仮定すれば，表面輪郭を構成する曲線間の対応関係が制約される[9]．2つの曲線上の点の接線が平行関係をもつとき，その2点は平らな平面と解釈することが可能である．このような対応関係が曲線間で単一であるとは限らない(図6.5(a))が，別の位置で得られた対応関係と平行になるのはただ1つの対応関係に決めることができる(図6.5(b))．このような対応関係と表面輪郭に基づいて，3次元的な表面形状が知覚される．

表面形状を知る手がかりは，表面テクスチャからも得られる．表面上でテクスチャ要素の大きさや密度が一定だとすると，図6.6のように，大きさの勾配，密度の勾配，縦横比の勾配とそれらの組み合わせによって表面の傾きなどが抽出できる[10]．ただし，表面知覚において，テクスチャ要素の大きさ勾配は大きな効果をもたないという報告もある[11]．また，密度勾配より縦横比の勾配を表面知覚の手がかりとして主に用いていると考えられている[12]．

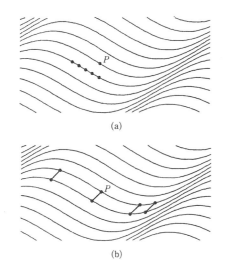

図 6.5 表面輪郭を形成する曲線群(a)と曲線間対応関係(b)[9]
(a)に示すような，ある輪郭上の点 P での接線はそれに隣接する輪郭上の多くの点での接線と平行になる．しかしながら，(b)のように他の対応線と平行になる対応線はただ1つに決まる．

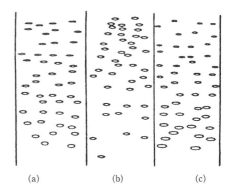

図 6.6 縦横比(a)，密度(b)，大きさ(c)の分布により3次元表面が知覚できるテクスチャ[10]

 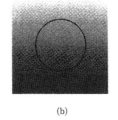 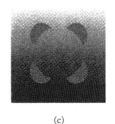

図 6.7 輝度分布による知覚
(a) 3次元表面が知覚できる陰影．表面が同じ輝度分布でも，本当の輪郭(b)より主観的輪郭(c)のほうが3次元的に知覚される[14]．

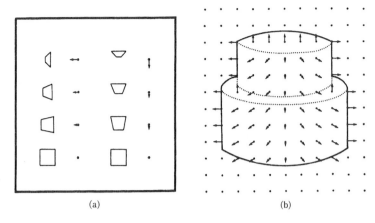

図6.8 平面(a)と3次元図形(b)の2½次元スケッチ[8]

陰影(shading)からも3次元的表面形状を知ることができる[13]．知覚される表面の凹凸は，視覚系が推定した光源の位置に依存する．一般に，視覚系は上部からの光源を仮定し，図6.7(a)の中心部分の輝度勾配は直線的であるが，球のような盛り上がった3次元構造が知覚される．推定された3次元的凹凸の集合は，2次元図形としての知覚では困難であった群化も可能となる．また，輪郭を構成するエッジそれ自体（図6.7(b)）より，その表面が別の図形を部分的に遮蔽することによって生じる主観的輪郭（図6.7(c)）のほうが，表面の3次元印象を強くする[14]点は興味深い．このように推定された3次元構造は，表面の明るさ知覚にも影響する[15]．

6.1.3 2½次元スケッチ

エッジ，輪郭，表面は，物体形状を表現する要素である．物体は，このような要素の集合を用いて表現され，認識されると考えられる．初期視覚の目標は，ある観測点から見た物体形状の表象であり，それは2½次元スケッチと名づけられている[16]．

観察者中心座標系で記述された2½次元スケッチは，表面の境界と向き，表面までの大まかの距離を，ベクトル集合によって記述する（図6.8(a)）．図6.8(b)のような2½次元スケッチのなかで，実線は遮蔽輪郭（すなわち，奥行きの不連続），点線は表面の不連続を表している．各ベクトルの向きは表面の傾斜方向，各ベクトルの長さは表面の傾斜角（伏角）を表している．

奥行きの不連続は主に遮蔽輪郭や運動の不連続性や立体視メカニズムによって，表面の向きは表面輪郭や運動や立体視メカニズムによって抽出される．

このように，2½次元スケッチは，輪郭，テクスチャ，陰影，奥行き，運動など初期視覚のさまざまな処理モジュールの出力情報を統合した表現である．視覚系においては，V1で得られたエッジ情報や奥行き情報をもとにして，V2で2½次元スケッチが表現されていると考えられている[17]．

[横澤一彦]

文　献

1) E. M. Lowry and J. J. de Palme : Sine-wave response of the visual system. I. The Mach phenomena, *Journal of Optical Society of America*, **51**, 740-746, 1961
2) F. Ratliff : Mach Bands, Holden-Day, San Fransisco, 1965
3) J. Ross, M. C. Morrone and D. C. Burr : The conditions under which Mach bands are visible, *Vision Research*, **29**, 699-715, 1989
4) D. Marr and E. Hildreth : Theory of edge detection, *Proceedings of the Royal Society of London*, **B207**, 187-217, 1980
5) R. J. Watt : An outline of the primal sketch in human vision, *Pattern Recognition Letters*, **5**, 139-150, 1987
6) R. J. Watt and M. J. Morgan : Spatial filters and the localization of luminance changes in human vision, *Vision Research*, **24**, 1387-1397, 1984
7) D. Marr : Analysis of occluding contour, *Proceedings of the Royal Society of London*, **B197**, 441-475, 1977
8) D. Marr : Vision, W. H. Freeman, San Francisco, 1982
9) K. A. Stevens : The visual interpretation of surface contours, *Artificial Intelligence*, **17**, 47-73, 1981
10) J. Cutting and R. Millard : Three gradients and the perception of flat and curved surfaces, *Journal of Experimental Psychology : General*, **113**, 198-216, 1984
11) J. Todd and R. Akerstrom : Perception of three-dimensional form from patterns of optical texture, *Journal of Experimental Psychology : Human Perception and Performance*, **13**, 242-255, 1987
12) A. Blake, H. Bulthoff and D. Sheinberg : Shape from texture : Ideal observers and humen psychophysics, *Vision Research*, **33**, 1723-1737, 1993

13) V. S. Ramachandran : Perception of shape from shading, *Nature*, **331**, 163-166, 1988
14) V. S. Ramachandran : Perceiving shape from shading, *Scientific American*, **259**, 76-83, 1988
15) D. C. Knill and D. Kersten : Apparent surface curvature affects lightness perception, *Nature*, **351**, 228-230, 1991
16) D. Marr and H. K. Nishihara : Representation and recognition of the spatial organization of three-dimensional shapes, *Proceedings of the Royal Society of London*, **B200**, 269-294, 1978
17) 川人光男, 乾 敏郎：視覚大脳皮質の計算理論, 電子情報通信学会論文誌, **J73-D-II**, 1111-1121, 1990

図 6.9 Kanizsa 型

図 6.10 Ehrenstein 型

図 6.11 abutting grating 型

6.2 視覚的補完

一般に，外界の事物状況のなかで視覚入力に反映されていないものが，視覚入力にあるものから「推定されて」知覚される場合，視覚的補完が生じているという．例えばボールを見る場合，ボールの裏側を直接見ることはできず，したがってボールの裏側は視覚入力にはないが，だからといってボールが切ったすいかのような裏側のない半球に知覚されたり，お碗のふたのような裏側がくりぬかれた形に知覚されるということはなく，裏側も表側と同じような球形をしているように知覚される．視覚的補完とはこのような現象をさす．

6.2.1 主観的輪郭

図 6.9 に示したような，輝度や色の違いなどの視覚特性の変化がないところに知覚される輪郭を主観的輪郭という．大きく分けて，運動のない図形で観察されるものと，運動とくに運動遮蔽のある図形で観察されるものとがあり，前者はさらに図 6.9 のように主観的輪郭を作る図形（誘導図形）の辺に沿って生じるタイプ（Kanizsa 型と呼ばれる）と図 6.10, 6.11 のように誘導図形に垂直な方向に生じるタイプ（Ehrenstein 型と呼ばれる）に分けられ，後者はさらに主観的輪郭が閉じた図形を囲む場合（図 6.10）と線だけとして知覚される場合（abutting grating 型，図 6.11）に分けられる．たんに並んだ要素がまとまりを作る現象（群化）は主観的輪郭とは呼ばない．またランダムドットステレオグラムで奥行き不連続がある場所に知覚される輪郭やテクスチャ境界に知覚される輪郭も，一般には主観的輪郭と呼ばない．

主観的輪郭は，網膜上で盲点や視覚暗点のように光受容体がない場所でも輪郭の知覚が失われないための適応的な視覚機能の現れと考えられることも少なくないが，補完が生じる条件がより限られていることや，盲点や暗点での補完では，盲点の存在をふだん意識することがないということで示されるように，補完知覚と補完によらない知覚を区別することができず，その意味で補完が生じていること自体がわからないのに対し，主観的輪郭では，輪郭の知覚と，輪郭が知覚される場所には実際には何もないという知覚の両方が同時に成立し，これによって補完が生じているということを主観的に知ることができるという点を考慮すると，別の現象として考えたほうがよいように思われる．

Kanizsa 型と Ehrenstein 型については，主観的輪郭で囲まれた領域が誘導図形に対して手前の奥行きに定位されることと，この領域が，白地の背景に対して黒の誘導図形の場合には背景より明るく，逆に黒地に白の図形の場合には背景より暗く見えること（見かけのコントラストと呼ばれる）が知られている．この見かけのコントラストは一般的な明るさの同時対比より大きいとされており，誘導図形のコントラスト，大きさ，および間隔などに依存する．

図形内の奥行きについては，大きさの恒常性がは

たらき，同じ視角の図形を主観的輪郭図形の内部と外部に提示した場合，内部のもののほうが（近くの奥行きに定位されるので）小さく見えるということが知られている．これに対し，見かけのコントラストないしは知覚される明るさについては，その図形内での分布を定量的に測る試みはいくつかあるが，研究者間で一致した結果が得られていない．

ほかの錯視と異なり，一般には，誘導図形が背景と同じ輝度をもち，色差やテクスチャの違いなどで誘導図形が定義されている場合には主観的輪郭は知覚されないとされている．しかし，一部には等輝度の条件で主観的輪郭が誘導されるとする研究もある．

Kanizsa 型は，現象自体は頑健で，明るさより奥行きの効果が強い．補完の強さは，誘導図形のコントラスト，間隔，辺の長さ，形，および誘導図形どうしの位置関係（辺が一直線になっているかどうか）に依存する．誘導図形の辺が一直線上にそろっていなかったり，図 6.9 では誘導図形の内部は塗りつぶしになっているが，これが線図形であったり，また誘導図形に何らかの非対称性の知覚がないと，補完が弱くなったり，失われたりする（図 6.12 参照）．誘導図形の提示に時間的なずれがあっても主観的輪郭の知覚は失われない．また先行経験（前に見たことがあるかどうか）や構え（積極的に見ようと注意を払って見るかどうか）も影響をもつ．大きさや照度の効果については両論あるが，一般に大きさの違いに対しては頑健である．両眼分離呈示でも失われない．

Ehrenstein 型は，現象としてはいくぶん弱く，奥行きより明るさの効果がより顕著である．大きさは 1° 程度が最適で，あまり大きくすると失われる．30 ms の瞬間呈示でも知覚される．両眼分離呈示でも失われない．補完の強さは誘導図形の長さ，数，間隔，方位に依存する．誘導図形の先端に修飾があったり，誘導図形の端点の並びと誘導図形の方位が垂直でなかったりすると，補完が弱くなったり，失われたりする．放射線が 4 本の場合観察距離によって形状が丸と四角で変わることが知られている．

Abutting grating 型は，現象としては線のみの知覚で，主観的輪郭が囲む図形の知覚を生じないので，奥行きや明るさの効果はない．補完の強さは線密度に依存する．Kanizsa 型や Ehrenstein 型では，主観的輪郭が検出される場所に低空間周波数に輝度の勾配があるので，厳密にいえば「主観的」輪郭と呼ぶべきではないという批判があり，実際低域通過型フィルターで主観的輪郭が検出できるとするモデルが提出されたこともあったが，この批判は abutting grating 型にはあてはまらないので，そうした意味で純粋な主観的輪郭ともいえる．

行動学的には，ネコでも主観的輪郭の知覚が認められることが知られている．電気生理学的には，ネコの一次視覚皮質，サルの二次視覚皮質および一次視覚皮質に主観的輪郭の知覚に対応すると思われる細胞の反応があること，また磁気共鳴イメージング法を用いた研究でヒトの右半球の線条前野に主観的輪郭の知覚に対応すると思われる活動が観察されることが報告されている．

運動のない場合の主観的輪郭の知覚についていくつかの説明やモデルが出されているが，決定的なものはない．主なものとして，誘導図形と背景のあいだに生じる明るさの対比が主観的輪郭の原因であるとする明るさ説（低次説，末梢説，感覚説などとも呼ばれる），奥行きないしは重なりの知覚が原因であるとする奥行き説（奥行き知覚が古典的に高次過程に属すると考えられたので高次説，認知説などとも呼ばれる），それらのバリエーション，Grossberg や von der Heydt のグループに代表される神経回路モデルなどをあげることができる．奥行き説と合致するように見られる事実として，重なりの手がかりの知覚が障害されている症例で主観的輪郭の知覚が失われていたという報告がある．

主観的輪郭については多くの随伴現象が知られており，それらすべてを包括的に説明するのが困難なためにモデルの研究が立ち遅れているというきらいがある．例えば図 6.13 に示したように，主観的輪郭の誘導図形の「欠けた」部分を補うように灰色や有彩色の図形を加えると透明な表面の知覚が生じ，ネオン効果と呼ばれている．また，図 6.14 に示したように，主観的輪郭図形の「不透明感」を損なうような妨害刺激を加えると主観的輪郭の知覚は失わ

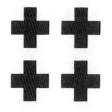

図 6.12 主観的輪郭の消失

図 6.13　ネオン効果

図 6.14　妨害刺激による変化

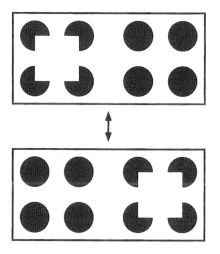

図 6.15　仮現運動

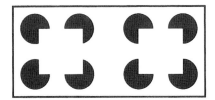

図 6.16　両眼視差

れる．主観的輪郭の視覚探索は並列探索でポップアウトするといわれている．また主観的輪郭の仮現運動(図 6.15)や，この図形にテクスチャをつけた場合，主観的輪郭の運動に伴ってテクスチャも一緒に運動するように知覚されるという現象(運動捕捉)，両眼視差をつけた場合に奥行き知覚の強調(図 6.16)や曲面の知覚が生じること，ここでもテクスチャをつけると主観的輪郭に囲まれた部分のテクスチャが主観的輪郭と同じ奥行きに定位されるという現象(立体捕捉)なども知られている．

運動遮蔽から生じる主観的輪郭としては，動かない誘導図形の前を，背景にカモフラージュされた図形が通過するのに伴って誘導図形を遮蔽する状況をシミュレートしたアニメーションを呈示すると，実際に呈示されるのは変形する誘導図形ということになるが，シミュレーションの意図どおり，動かない誘導図形とその前を通過する主観的輪郭図形が知覚される．このバリエーションは多数知られている．ほかに，図 6.17 は，呈示速度に依存して，誘導図形の運動の知覚と誘導図形の前を運動する主観的な図形の知覚が交代するアニメーションである．運動遮蔽から生じる主観的輪郭の説明としては，刺激図形の変形が，刺激に含まれない剛体の定速とくに並進運動と解釈できるときは，そのように解釈され，同時に「剛体」に当たるものが補完されて知覚されるという図式をとるものが多い．Bruno ら[1]が優れた理論的分析を行っている．

以上述べたように，主観的輪郭については，多くの事実や現象が知られている割には説明理論として

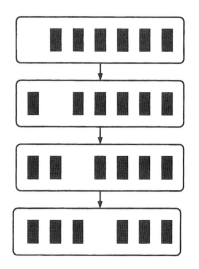

図 6.17　アニメーション

完成されたものがないので研究が後を絶たないが，他方，この現象が視知覚一般のなかでどういう意味をもっているのかについてはあいまいな部分が大きい．個々の研究の出典については後にあげた展望や評論[2~5]を参照されたい．

6.2.2 アモーダルな補完

もともとは，主観的輪郭のような明るさの変化の知覚などがなく，色や明るさなどの視覚的な質感を伴わない補完を一般にアモーダルな補完と呼んだ[6]．日常的に最もよく見かけるアモーダルな補完は，冒頭でもあげた事物の裏側（事物そのものが事物の裏側を隠しているので，自己遮蔽という）の知覚であり，これが初めて見るものでも生じることから少なくとも直接記憶に依存するものでないことは間違いがない．また別項で述べられる地の知覚も，地は図の後ろで1つにつながって知覚されるので，アモーダルな補完の一種と考えられる．こうした例でわかるように，アモーダル補完はもっぱら事物がほかの事物の陰になって見えない場合に生じることが多いので，たんに被遮蔽物の知覚をさしていうことが少なくない．ここでは便宜上，被遮蔽補完に限って議論する．また，物体認識の恒常性の1つに，入力の一部が欠けていても正しく認識できることがあげられるが，こうした記憶に基づく「補完」もアモーダル補完の一種とみなされる場合が多く，被遮蔽補完の多くの場合が記憶に基づくものであると考える研究者もある．しかし，そうした現象は，欠けた部分を補ったというよりは，欠けた部分をなしですませたと考えたほうが適切であるように思われるので，ここではさらに「欠損部分の表現の明示的な再構成を伴う被遮蔽補完」に限る．

主観的輪郭同様，被遮蔽補完も運動のない場合（典型的には図6.18の「後ろ」側の丸が真円として知覚されるような現象）と運動のある場合（典型的には図6.19の棒が左右に運動する場合上下が切れたものでなく1本につながった棒として知覚される現象）に分けられる．

運動に基づく被遮蔽補完の例としてはMichotte[6]のものが有名である．図6.20に示した図形をアニメーションとして呈示すると，変形する円ではなく，動かない円と，その前を覆うように運動する見えないカーテンが知覚される．ただこれは，被遮蔽補完というよりは主観的輪郭と呼んだほうが適切かもしれない．

KellmanとShipley[7]は，運動に基づく被遮蔽補完には，① 方位や位置の関係の情報を入力にもつかどうか，② 厳密な形態の情報を出力にもつかどうか，③ 対象の運動によってのみ起こるのかどうか，④ 個体発生のどの段階で認められるようになるか，の4点で異なる2種類があるとし，運動情報のみで方位や位置に依存せず，厳密な形態の印象を作らず，対象の運動のみによって生じ，自己運動か

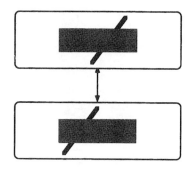

図6.19 被遮蔽補完

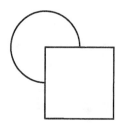

図6.18 被遮蔽補完

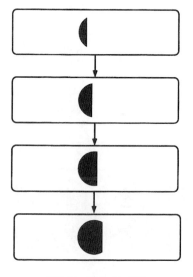

図6.20 Michotteの例

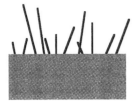

図 6.21 アモーダル延長

図 6.23 視覚探索への影響

図 6.22 被遮蔽補完による奥行き知覚の影響

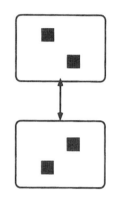

図 6.24 縦横の運動の優位度

ら派生した運動視差によっては生じず，個体発生のより早い段階で認められる補完過程を原始的な(primitive)過程，そうでないものを豊かな(rich)過程と呼んでいる．同様に運動のない図形でも，被遮蔽物の存在だけが知覚される場合（図6.21のような場合）と，形の知覚を伴う場合とがあり，前者はアモーダル延長と呼ばれることがある．

Weisstein[8] は，格子刺激の一部が遮蔽されている場合，被遮蔽部分でも，あたかもアモーダルに補完された格子刺激が「見えて」いたかのように順応効果が生じることを示した．この知見は，ネコやサルの一次視覚野の神経の応答が刺激の変化に応じて動的に変化し，一様なテクスチャ刺激のうち受容野に当たる部分を遮蔽すると，あたかも受容野が拡大したかのように本来の受容野の外にある刺激に応答するようになるという最近の報告[9]と合致する．図6.22は被遮蔽補完によって両眼立体視による奥行きの知覚が影響を受けるデモンストレーションである．「横棒」の中央部は実際には縦棒と同じ両眼視差をもつが，横棒の両端部とアモーダルに連続して知覚されるために，同じ両眼視差をもつ縦棒ではなく，連続して知覚される横棒と同じ奥行きに定位される．

Ramachandran[10] は陰影からの形状の知覚や運動からの構造復元に枠の形が効果をもつことを報告しているが，この枠の効果は，陰影や運動の情報が，枠の外側にも延長しているとアモーダルに知覚されることによると考えることができる．He[11] らは被遮蔽補完が視覚探索に影響を及ぼすことを示した．彼らは図6.23に示したような図形で，L字が後ろの奥行きに定位される場合は，手前の四角形の後ろで被遮蔽補完が生じてしまい，L字と逆L字の間でポップアウトが認められないのに対し，L字が手前の奥行きに定位される場合はそうした補完がなく，L字と逆L字のあいだでポップアウトが認められることを示した．

Shimojo ら[12] は仮現運動の対応のあいまいさを利用してアモーダル延長の長さを調べようとした．図6.24に示したような仮現運動は運動方向の知覚にあいまい性があり，刺激の縦横の間隔に対応して，縦の運動の知覚と横の運動の知覚の優位性が変わることが知られている．刺激の縦のほうの間隔が短ければ縦の運動が優位になるし，横のほうの間隔が短ければ横の運動が優位になる．彼らは図6.25に示したような刺激を用い，運動刺激の横の間隔を変えて，それぞれの間隔での縦横の運動の優位度の違いを求めた．もし，運動刺激が四角形の後ろに延長して知覚されていれば，知覚される縦の間隔は実際の間隔より短くなるから縦運動がより優位になるはずである．結果は実際，縦運動がより優位になる

とができるという点である.

被遮蔽補完に関する理論が説明しなければならないのは，どのようなときに補完が生じどのようなときに生じないのかということ，およびどのような形の補完が生じるのか，の2点である. KellmanとShipley[7]，Boselie[14]，Takeichiら[15]などをあげることができるが，いずれも完成されているとはいい難い. Ullman[16]は主観的輪郭の形状の理論を提出しているが，アモーダル補完の形状理論として評価することもできるであろう.

以上，被遮蔽補完に関する限り，多くの現象報告もあり，研究方法論的よりどころもあるが，そうした方法を用いた組織的な研究はない. 1つの大きな困難は，純粋に知覚的な，つまり記憶や注意，構えといった要因を排除した実験状況を作り出すのがむずかしいという点にある. これに関連してMussap[17]らは，離れた2つの線分のアラインメントのずれの検出課題（一種の副尺視力）で，あいだに遮蔽物を入れてアモーダル補完を誘導した場合，感度は改善しないが，被験者が「ずれがある」と報告する傾向は減ると報告している. この報告は，アモーダル補完の心理物理的測定には，被験者の思い込みのような認知的要因の関与を排除するためにとくに注意を払わなければならないということを示しているといえるであろう.

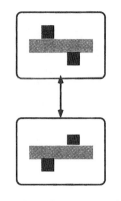

図6.25　縦横の運動の優位度

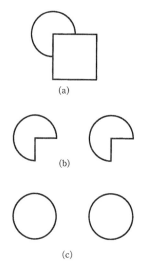

図6.26　プライミング効果

が，この研究の優れた点は，適当な統制実験を重ねれば，アモーダル延長の量ないしは長さを定量できる方法を示したということである.

Sekuler[13]らは被遮蔽補完によって生じる形の知覚を調べるのに図形プライミング効果を用いた. 図6.26(a)に示したような図形を呈示し，その後に図6.26(b)や6.26(c)に示したような図形の異同判断を求める. 被遮蔽補完が生じていなければ，図6.26(b)に示したような図形，生じていれば図6.26(c)に示したような図形に対してプライミング効果（異同判断に要する反応時間の短縮）が認められるはずである. 結果は，図6.26(a)の呈示後，200 ms以上後であれば図6.26(c)のような図形にプライミング効果が認められるというものであった. この方法の優れた点は，ベースラインの選択が適切であれば，被遮蔽補完の正確な形状と時間経過を調べるこ

6.2.3 ジェネリックイメージ

視覚系の入力は2次元であり，知覚は3次元であるから，奥行きに関する次元は視覚入力には少なくとも明示的にはなく，視覚系が補完したものである. ジェネリックイメージ（ないしはジェネリックビューの原理，一般的視点の原理）とは，2次元画像から3次元形状を推定する原理として視覚系が用いているのではないかと考えられているものである. 例えば，図6.27の3つの図形はいずれも直方体を描いたものであるが，自然に直方体として知覚されるのは(a)のみである. これは，ジェネリックイメージの原理では，直方体を見たときに生じうる画像をトポロジーに従って分類した場合，(a)のような画像を生じるような観察点はたくさんあるのに対して，(b)や(c)のような画像を生じるような観察点はほとんどない. 視覚系は，与えられた画像がそのような少数特殊な観察点からの見えではなく，多数一般的な観察点からの見えであるとして解釈補完するからであると説明される.

図 6.27 3つの直方体

(a) 交差融合する場合

(b) 非交差融合する場合

(c)

図 6.28 ネオン効果の説明

この考え方は一般性が高く，さまざまな現象を同じ枠組みで説明することができる．例として，図 6.28 (a)(b) のような両眼視差つきのネオン効果でなぜ透明な表面の知覚が生じるのかを説明する[18]．この2次元画像(対)はいくつかの3次元布置に対応する．1つは黒い十字の前に丸い透明な表面が置かれているというもので，知覚に対応する解釈である．もう1つは，黒い十字の前に灰色の十字がたまたまぴったり重なるように置かれているという解釈である．前者が実際の布置である場合には，多くの観察点から図 6.28 (a)(b) のような見えが得られるのに対し，後者が実際の布置の場合には，図 6.28 (a)(b) のような見えが得られるのは，真正面，少数特殊な観察点から見た場合だけで，多数一般の場合には図 6.28 (c) のような見えになるはずである．図 6.28 (a)(b) で透明な表面の知覚が生じるのは，視覚系が与えられた画像をなるべく一般的な，多くの観察点から得られたもの（ジェネリックイメージ）として解釈しようとするからである，ということになる．

別の例として，図 6.22 のステレオグラムでなぜ横棒の中央部が縦棒と同じ奥行きではなく，横棒の両端部と同じ奥行きに定位されるのかを説明してみる．この2次元画像には，理論的には，1本の横棒の前に2本の縦棒と，2本の横棒とその横棒の間に1個の H 型図形，という2つの3次元布置の解釈がありうる．しかし，後者の場合，2本の横棒と H 型図形のなかの水平棒とが一直線にそろうのは，やはり真正面，少数特殊な観察点から見た場合に限られ，視覚系は与えられた画像がそのような観察であることを嫌う，ないしはそのような可能性は低いので，前者の解釈がとられる，ということになる．この説明は，この図形で横棒の中央部が縦棒と同じ奥行きに定位されないのはアモーダル補完が生じるからだとした前の説明と相いれないものではない．アモーダル補完の研究では，補完が生じるためには輪郭の連続性ないしはアラインメントが重要であることが強調されており[14,15]，ジェネリックイメージによる説明は，アモーダル補完による説明に，さらに，なぜ連続性が重要なのかに関する説明を追加するものと考えることができる．

またさらに別の例として，Kitazaki ら[19] は運動奥行き効果(KDE)ないしは運動からの構造復元がなぜ棒の伸縮や伸縮を伴わない回転からは生じないのかを説明するのにこの原理を用いている．この理論と運動からの構造復元の理論で用いられている諸仮定との関係についてより吟味するのも興味深いであろう．

このジェネリックイメージの考え方が素朴な尤度理論とは全く異なるということを理解しておくことが重要である．例えば，Kanizsa 型の主観的輪郭の知覚に誘導図形のアラインメントがなぜ重要なのかを説明する場合，パックマン図形のあいだにアラインメントがある確率よりも，誘導図形が1枚の四角で覆われている確率のほうが高いからだとするのはジェネリックイメージの考え方ではない（実際この推論が正しいと考える根拠は何もない）．ジェネ

リックイメージの原理から図6.9についていえるのは，2次元画像においてパックマン図形のあいだにアラインメントがある場合，実際の3次元布置でもアラインメントがある確率のほうが，実際の3次元布置ではアラインメントはないのだが，たまたまアラインメントがあるように見える観察点から見ている確率より高い，ということだけである．したがって主観的輪郭を説明するには，さらに，この3次元布置におけるアラインメントがなぜ2つの物体(誘導図形)の位置関係としてではなく1つの物体(主観的輪郭図形)の1つの辺として知覚されるのかをいう必要がある．

ジェネリックイメージの考え方をよりよく理解するには，いくつかの3次元での幾何学的性質は，特殊な観察点をとらない限り2次元の画像に反映されるということを知っておく必要がある．そうした幾何学的性質には，アラインメント(共線性)，曲がり，対称性，平行性，コターミネーション(共端性)などがある[20]．また3次元表面の曲率が対応する2次元投影像の曲率に反映されることなども知られており[21]，こうした幾何学的性質に基づく物体や画像の分節や部分の知覚のモデルも多数出されている．ジェネリックイメージの原理でも，2次元画像中にそうした幾何学的特徴が認められれば，3次元の形状や布置にも対応する幾何学的特徴の存在が推定されると考える．

ところでジェネリックイメージの原理の適用では観察点が変わったときにトポロジーが変わるかどうかが重要な要素になるので，トポロジーがきちんと定義されていることが必要である．この点についてはいくつかの分析が行われており，観察点が変わったときにどのようにトポロジーが変化するかを表現したものにアスペクトグラフ[22]がある．

上でも少し触れたが，ジェネリックイメージの考えは，これまで提出されてきた個々の視覚現象の理論や説明を統合・再解釈する一種のメタ理論として優れたものであるといえるが，実際に個々の視覚現象に当てはめた研究は，あまり建設的であるように思われないためか多くはない．今後は再解釈よりむしろ未解決の知覚体制解明の新たな糸口になっていくのではないかと期待される． ［竹市博臣］

文献

1) N. Bruno and W. Gerbino: Illusory figures based on local kinematics, *Perception*, **20**, 259-274, 1991

2) T. E. Parks: Illusory figures: A (mostly) atheoretical review, *Psychological Bulletin*, **95**, 282-300, 1984

3) S. Petry and G. E. Meyer: The Perception of Illusory Contours, Springer-Verlag, New York, 1987

4) F. Purghe and S. Coren: Subjective contours 1900-1990: research trends and bibliography, *Perception & Psychophysics*, **51**, 291-304, 1992

5) L. Spillmann and B. Dersp: Phenomena of illusory form: can we bridge the gap between levels of explanation? *Perception*, **24**, 1333-1364, 1995

6) A. Michotte, G. Thines and G. Crabbe: Amodal completion of perceptual structures, In Michotte's experimental phenomenology of perception (eds. G. Thines, A. Costall and G. Butterworth), Lawrence Erlbaum, Hillsdale, New Jersey, 1991/1964

7) P. J. Kellman and T. F. Shipley: A theory of visual interpolation in object perception, *Cognitive Psychology*, **23**, 141-221, 1991

8) N. Weisstein: Neural symbolic activity: a psychophysical measure, *Science*, **168**, 1489-1499, 1970

9) C. D. Gilbert: Circuitry, architecture, and functional dynamics of visual cortex, *Cerebral Cortex*, **3**, 373-386, 1993

10) V. S. Ramachandran: Visual perception in people and machines, In AI and the Eye (eds. A. Blake and T. Troscianko), John Wiley & Sons, Chichester, England, 1990

11) Z. J. He and K. Nakayama: Perceiving textures: beyond filtering, *Vision Research*, **34**, 151-162, 1994

12) S. Shimojo and K. Nakayama: Amodal representation of occluded surfaces: role of invisible stimuli in apparent motion correspondence, *Perception*, **19**, 285-299, 1990

13) A. B. Sekuler and S. E. Palmer: Perception of partly occluded objects: a microgenetic analysis, *Journal of Experimental Psychology*, **121**, 95-111, 1992

14) F. Boselie: Local and global factors in visual occlusion, *Perception*, **23**, 517-528, 1994

15) H. Takeichi, H. Nakazawa, I. Murakami and S. Shimojo: The theory of the curvature-constraint line for amodal completion, *Perception*, **24**, 373-389, 1995

16) S. Ullman: Filling-in the gaps: the shape of subjective contours and a model for their generation, *Biological Cybernetics*, **25**, 1-6, 1976

17) A. J. Mussap and D. M. Levi: Amodal completion and vernier acuity: evidence of 'top-but-not-very-far-down' processes? *Perception*, **24**, 1021-1048, 1995

18) K. Nakayama and S. Shimojo: Experiencing and perceiving visual surfaces, *Science*, **257**, 1357-1363, 1992

19) M. Kitazaki and S. Shimojo: 'Generic-view principle' for three-dimensional-motion perception: optics and inverse optics of a moving straight bar, *Perception*, **25**, 797-814, 1996

20) I. Biederman, Recognition-by-components: a theory of human image understanding, *Psychological Review*, **94**, 115-147, 1987

21) W. A. Richards, J. J. Koendering and D. D. Hoffman: Inferring three-dimensional shapes from two-dimensional silhouettes, *Journal of the Optical Society of America*, **A4**, 1168-1175, 1987

22) J. J. Koenderink and A. J. van Doorn: The internal representation of solid shape with respect to vision, *Biological Cybernetics*, **32**, 211-216, 1979

6.3 知覚的体制化

図 6.29 を見てみよう．なにかチカチカして落ちつきのないパターンが見えるだろう．さらによく観察してみると，あちらこちらに花火のような円形パターンが現れては消え，現れては消えているのがわかる．じっと見続けていてもパターンはつねに動いて見え，けっして静止することはない．

どうしてこんなことが起こるのだろうか？ 結論的にいってしまうと，われわれの脳は，意識的努力とは別の次元で，絵のなかにまとまりを見いだそうとつねに探索しているのである．このように知覚する世界のなかに，つねに秩序を作り出そうとするはたらきを知覚的体制化という．

6.3.1 図と地の分化

図 6.30 を観察してみよう．おそらく多くの人はここに黒い十字形を見たり，白い×印のようなものを見たり，見え方が一定しないだろう．このような図形はわれわれに知覚の基本的性質について，重要なことを教えてくれる．つまり一方が形として見えているとき，他方は背景として存在していて，両方が同時に形としては見えないのである．この形として見えているほうを図と呼び，背景として見えているほうを地と呼ぶ．図 6.30 のような図形はそれゆえに，図地反転図形と呼ばれている．

図と地の分化は，特殊な図形に限って生じるものではなく，およそあらゆるものを見ているときに生じているものである．例えば，画用紙にインクのしみがついているのを見るとき，インクのしみは図として見えていて，画用紙は地として見えているのである．図と地が反転して見えるような図形は多くはないが，図と地の見えは普遍的である．このような見えに対する唯一の例外は全体野と呼ばれる現象で，視野が全く均一な場合の見えである．

現象的特徴をまとめると次のようになる．

(1) 図と地の分化が生じているとき，図と地のあいだには境界がある．その境界は図に属しているように見えていて，これは輪郭と呼ばれている．図 6.31 のような，2 つの図形が重なりあっているものを見ると，輪郭の性質がより明らかになるだろう．線分 ab, cd は縦長の長方形と横長の長方形の境界となっていて，これらは縦長の長方形に属して見える．言い換えると，それらの線分は縦長の長方形の輪郭の一部を形成している．

(2) 輪郭によって境界づけられた図の背後には地が広がっているように見える．例えば，白地に黒いストライプの入ったパターンの上に赤い丸が描かれているとき，赤い丸の背後にもストライプがあるかのように見える．

(3) 図 6.30 のような図地反転図形において黒の十字形の幅を狭めて面積を小さくすると，この部分が図として見えている時間が長くなる．一般に面積の小さい領域ほど図として見られやすい．

(4) 図 6.32 を観察してみよう．上図の暗い灰色の地と下図の暗い灰色の円は等輝度であり，下図の明るい灰色の地と上図の明るい灰色の円も等輝度である．また上下の絵は図領域と地領域の面積が等し

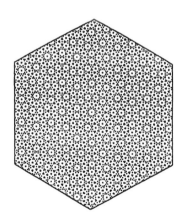

図 6.29 知覚的体制化の例[1]

図 6.30 図地反転図形

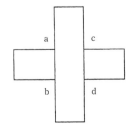

図 6.31 輪郭の性質

図6.32 明るさの対比

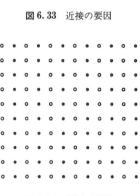

図6.33 近接の要因

図6.34 類同の要因

図6.35 よい連続の要因

図6.36 対称性の要因[3]

[ ] [ ] [ ] [ ] [ ]

図6.37 閉合の要因

く作られている．それにもかかわらず上図の円の色は下図の地の灰色より明るく見える．同様に下図の暗い灰色の円は上図の地の灰色より暗く見える．これは図となる領域が対比効果をより強く受けるためであるとされている[2]．

6.3.2 知覚的群化

a．ゲシュタルトの法則

われわれが図形を見るとき，その図形は何らかの形でまとまって見えることが多い．そのまとまりは図形を構成する要素間の距離や類似度，各要素が滑らかにつながっているか，などによって規定される．図形がまとまって見えるための規則，つまり群化の法則はゲシュタルト心理学者たちによって明らかにされた．以下にその法則の主要なものを簡略に紹介する．

(1) 近接の要因　要素間の距離が近いものはまとまって見えやすい(図6.33)．ここでいう距離は空間的距離だけでなく，時間間隔についてもあてはまる．

(2) 類同の要因　要素間の距離が一定でも，要素の似ているものどうしはまとまって見えやすい(図6.34)．

(3) よい連続の要因　滑らかに連結する要素は群化しやすい(図6.35)．

(4) 対称性の要因　図6.36の白い領域の左右の曲線は対称だが，黒い領域をはさむ左右の曲線は対称ではない．このような場合，対称な領域が図になりやすい．

(5) 閉合の要因　等間隔に直線が並んでいても，図6.37のように閉じて見える部分は群化しやすい．

(6) 共通運命の要因　同一方向に動くものは群化しやすい．または動く要素のなかで静止しているものも群化しやすい．

以上のような要因を要約すると，「すべての可能な見えのなかで最も単純で，最も安定した図形が知覚される傾向がある」と述べることができるかもし

れない．これをプレグナンツの法則という．この説明は直感的にはわかりやすいが，最も単純な形あるいは最も安定した形とはどのように定義されるのかという点に難点がある．最近では，ゲシュタルト心理学者のアプローチとは異なるやり方で，知覚的群化を研究する方向が主流になっている．

b. 要素の傾きによる群化とテクストン理論

Beckは，図6.38のようなテクスチャを被験者に見せ，最も自然な境界を引くように求めたところ，正立のTの字と右に倒れたTの字のあいだに境界があり，正立のTの字と左右反転したLの字のあいだには，必ずしも境界が引かれないことを見いだした[4]．これは知覚的群化が起こる場合，要素が同一の文字であるかどうかよりも，要素に含まれる傾きが群化(この場合はテクスチャの分離)にとって，より重要であることを示している．つまり個々の要素に垂直線と水平線が含まれているということが重要なのであって，それらがどういう組み合わせになっているかは，この場合はあまり重要ではないということである．

Juleszはこういったテクスチャの分離が前注意的プロセスで生じていると主張している[5,6]．つまり1つ1つの要素を精査すれば，要素の相違は識別できるが，テクスチャの分離はそういった高次なパターン認識よりも低次なレベルで起こる現象である，としている．

Juleszは，要素の空間的分布を記述するためにn次の統計量という概念を用いている．1次の統計量とは個々の要素の空間的な密度のような統計量である．2次の統計量とは2点を結ぶ線分の分布から計算できる統計量である．一般にn次の統計量とはn個の点を結んでできるn角形の分布から計算できる統計量である．n次の統計量が等しいとき，$n-1$次の統計量も等しい．

彼はまず，一方の領域の要素が黒および暗い灰色の小正方形で，他方の領域の要素が白および明るい灰色の小正方形であれば，2つの領域が分離されることを指摘する．つまり個々の要素の空間的な密度(＝1次の統計量)が等しいとき，要素の色または明るさの平均値の相違に基づいて領域が分離されるのである．

もし2つの領域の全体的な色，明るさが等しく，要素の顆粒性(granularity)が異なるとき(図6.39参照)，領域間には境界が存在する．ここで顆粒性とは，図からわかるように，要素の密集の度合いで

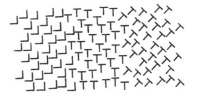

図6.38 傾きによるテクスチャの分離[4]

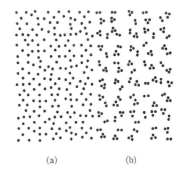

図6.39 顆粒性の相違によるテクスチャの分離[7]

図6.40 2次の統計量が等しいが，テクスチャが分離して見えるパターン[8]

ある．これは2次の統計量である．

この例のように2次の統計量が異なれば，領域が分離して見え，2次の統計量が同じであれば，領域が分離して見えないことが多いことから，Juleszは当初，「2次の統計量が等しいテクスチャは分離不能である」と考えた．しかしながら，図6.40のようなテクスチャでは2次の統計量が等しいにもかかわらず，テクスチャが分離して見えることから，

彼は上の考えを放棄し，テクストンという概念を導入した．

テクストンとは，ある傾きと縦横比をもつ小塊とその端点である．色も自明のテクストンである．これが前注意的プロセスにおける基本要素になる．「テクスチャの分離は，テクストンの相違か，テクストンの1次の統計量の相違に基づいている」というのが，Juleszの考えである[8]．

この理論に従うと，図6.39においてテクスチャが分離して見えるのは，要素の2次の統計量の相違によるのではなく，図6.39(b)における点が数個ずつ集まって1つのテクストンをなしていて，それが図6.39(a)と異なっているからということになる．

テクストンはまたMarrの主張するプライマルスケッチ（6.1節参照）[9]における表象と密接な関係があるのではないかとJuleszは示唆している[8]．

この理論はテクスチャという大域的な知覚がテクストンという局所的要素に還元できることを主張する．これはゲシュタルト心理学者の主張とは，相いれないものである．ただし，この理論に異議を唱える研究者もいる[10,11]．

6.3.3 多義図形

図6.41を見てみよう．ここには若い女性の横顔と老婆の横顔の2通りの見えがある[12]．このように，1つの刺激図形が，複数の見えをもつとき，それを多義図形と呼ぶ．多義図形にはさまざまなものがあるが，そのなかでとくに有名なのはRubinの図形（図6.42）である．これはちょっと目には，杯が見えるが，しばらく見ていると図と地が反転して向き合っている人の横顔が見える．このような図地反転図形も多義図形の1つである．

この図形が横顔として見えているとき，図6.42に示したように，曲線は上から額，鼻，唇（上唇と下唇），あごという有意味な部分に分節している．また杯として見えているとき，曲線は上からふち，器の部分，柄，台という有意味な部分に分節している．このような分節の仕方には，何か規則性がないだろうか？これらはすべて図の側から見たくぼみで曲線を分節していると理解できる．

Hoffmanはこのような事実をふまえ，対象の分節化について，切断原理（transversality principle）なるものを提案している[13]．一般に，2つの対象が接合して1つの対象になるとき，その接合部分には凹面ができる．逆に，1つの対象に凹面があれば，そこを接合部分として1つの対象を2つに分解できる可能性が高い．これは自然界に存在する事物の多くがもっている性質である．視覚系はこの規則性を利用して対象を分節化しているのではないか，というのが彼の考えである．

図6.43に示した図形はSchröderの階段と呼ばれる奥行き反転図形である．左下の側面が手前に見えているときは，ふつうの階段が見えるが，左下の側面が奥に引っ込み，右上の部分が手前に見えるとき，逆さまの階段が見える．この見えもHoffmanの考え方を使って理解できる．ふつうの階段が見え

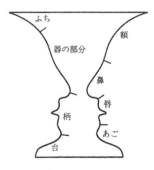

図6.42 Rubinの図形[13]

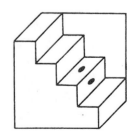

図6.43 Schröderの階段[13]

図6.41 若妻と老婆[12]

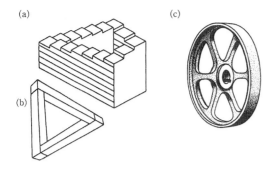

図6.44 不可能図形[15,16]

ているとき，図6.43に示した2つの黒丸は1つの段を形成している．ところが逆さまの階段が見えているときは，これとは分節の仕方が異なっており，2つの黒丸の間に分節の境目がくるので，ふたつの黒丸は別々の段に属して見えるのである．

このような切断原理による曲線の群化は，触覚においても成り立つことが確かめられている[14]．またこの原理は多義図形の見えを記述的に説明するだけでなく，対象認識の理論においても重要な役割を担っている（6.7節参照）．

図6.44を見てみよう．一見すると，ごくふつうの対象のようだが，よく見ると，これらは現実には存在しえないものであることに気づく．このように，2次元的に描かれた対象の3次元的解釈が現実的には不可能な図形を，不可能図形と呼んでいる．画家のなかには，このような図形を好んで描くものもいる（例えば Escher）．　　　　　　［藤田尚文］

文　献

1) J. L. Marroquin : Human visual perception of structure, Master's thesis, MIT, 1976
2) W. Wolff : Induzierte Helligkeitsveränderung, *Psychologische Forschung*, **20**, 159-194, 1934
3) L. Zusne : Visual Perception of Form, Academic Press, New York, 1970
4) J. Beck : Effect of orientation and of shape similarity on perceptual grouping, *Perception & Psychophysics*, **1**, 300-302, 1966
5) B. Julesz : Texture and visual perception, *Scientific American*, **212**, 38-48, 1965
6) B. Julesz : Experiments in the visual perception of texture, *Scientific American*, **232**, 34-43, 1975
7) V. Bruce, P. R. Green and M. A. Georgeson : Visual Perception : Physiology, Psychology, and Ecology, Psychology Press, 1996
8) B. Julesz : Textons, the elements of texture perception, and their interactions, *Nature*, **290**, 91-97, 1981
9) D. Marr : Vision : A Computational Investigation into the Human Representation and Processing of Visual Information, W. H. Freeman, New York, 1982
10) J. Enns : Seeing textons in context, *Perception & Psychophysics*, **39**, 143-147, 1986
11) H. C. Nothdurft : Different effects from spatial frequency masking in texture segregation and texton detection tasks, *Vision Research*, **31**, 299-320, 1991
12) E. G. Boring : A new ambiguous figure, *American Journal of Psychology*, **42**, 444-445, 1930
13) D. D. Hoffman : The interpretation of visual illusions, *Scientific American*, **249**, 154-162, 1983（市原　茂訳：錯視図形と視覚のしくみ，日経サイエンス，2月号，101-109, 1984）
14) 藤田尚文：能動的触探索における知覚的体制化，知覚の機序（鳥居修晃・立花政夫編），培風館，pp. 110-126, 1993
15) L. S. Penrose and R. Penrose : Impossible objects : A special type of visual illusion, *British Journal of Psychology*, **49**, 31-33, 1958
16) R. N. Shepard : Mind Sights, W. H. Freeman, New York, 1990

6.4　顔の知覚

6.4.1　顔知覚の特殊性

人間の脳には，顔のような視覚的パターンに選択的に反応する特別な「神経細胞」，「回路」，あるいは顔の知覚や認知に特殊化された「モジュール」があるといわれている[1]．その証拠に，サルの脳の側頭葉，とくに上側頭溝の底部には，顔にだけ反応する神経細胞（顔ニューロン）が多数見つかっている[2]．山根[3]によると，顔ニューロンは，視覚中枢全体の約1％を占めているという．また別の証拠として，新生児が顔のような視覚的パターンに特別な反応を示す点があげられる．例えば，Gorenら[4]の研究では，顔に見える図柄やその構成要素の配置を変えて顔には見えないようにした図柄の頭形の板，あるいは何の図柄もないただの頭形の板を，ほとんど生後10分にも満たない新生児の目の前で動かして見せた．その結果，新生児は，顔に見える図柄に対して有意に高い追視反応を示したのである．おそらく，われわれが周囲のさまざまなもの（例えば，雲や車のフロントなど）のなかに「顔」を発見することがあるのも，顔のような視覚的パターンを検出する回路がはたらいているからだと考えられる[5]．

さらに，相貌失認と呼ばれる脳損傷の症例もある．有名人や知人，家族，さらには鏡に映る自分自身の顔などを見ても，だれの顔か，どんな表情かがわからなくなるという認知障害である．こうした症例は，脳に顔の知覚や認知にかかわるモジュールがあり，それが選択的に障害を受けたと考えれば説明がつく．このように，顔の知覚や認知が脳のなかの

特別な回路でなされていることを示す多くの証拠が得られている．なぜそのような回路が組まれたのかといえば，顔が個体間のコミュニケーションに重要な複数の情報の発信源であることと関係しよう．顔という1つの場には，人物や性別，年齢，表情などさまざまな情報が混在して現れる．そこで，それらの情報をうまく選り分け，しかも迅速に処理するために，進化の過程で，顔専用の回路が組まれる結果になったと考えるのはごく自然であるように思われる．

では，顔と顔以外の視覚的対象では，知覚の仕方に何か大きく異なる点があるのだろうか．結論からいえば，「顔」だけに限定されるような特殊な知覚の様態はないと最近の研究者は考えている[5]．しかし，顔の知覚が，それ専用の回路によってなされているのであるならば，顔の知覚は，その回路が組まれてきた環境条件により特色づけられることは間違いない．そして，その環境条件のなかでも最も重要な条件が，顔の向き，ないし構成要素の配置であろう．つまり，進化の歴史を通じ，私たちはふつう，目，鼻，口が，その順に上から下へと並ぶ正立の顔を見てきた．その結果，正立の顔，もしくは通常の構成要素配置の顔に最も敏感に反応するような回路が組まれた．

言い換えるなら，顔の向きが逆になっていたり，顔の構成要素の配置が通常とは異なるものを見た場合には，顔専用の回路が十分に機能しなくなる．事実，顔写真を逆さ（倒立）にして眺めてみると，その顔がだれかとか，どんな表情かがわかりにくくなる．もちろん，地図なども逆さにして見ると，どの地域の地図であるのかがわかりにくくなる．しかし，倒立顔では，他の対象の倒立像よりも，再認成績が著しく劣化することがわかっている（倒立提示の効果）[6]．また，目，鼻，口などの顔の構成要素の配置が入れ換えられてしまうと，それら構成要素の知覚さえもうまくできなくなってしまうことが確認されている（顔優位性効果）[7]．このように，顔の知覚は顔の向きやその構成要素の配置に強い影響を受けるという特色を有している．

［山田　寛］

6.4.2　人物知覚とそのモデル

人間は顔から，性別，年齢，職業，印象，相手の心理状態などを読み取り，さらに知っている人か否かの判断を下し，知っているならその人の名前を思

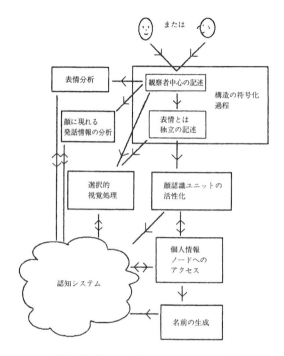

図6.45　BruceとYoungの顔認識モデル[8]

い出す．このような，顔から種々の情報が読み取られ種々の判断が下される脳内処理過程の解明は，顔研究の大きな課題である．処理される内容，処理される順序関係から機能モジュールとその相互関係などを処理モデルとして表現する．その検証は，心理実験や脳損傷患者などに対する知見などをもとに行われている．その代表的なモデルとしてBruceとYoung，またEllisのモデルがある[8]．ここではBruceとYoungのモデルを図6.45に示す．このモデルで扱う機能単位は大きいが，各モジュール内をさらに詳細にモデル化するよう検討が進められている．例えば，顔の認識，年齢，印象などの判断にどのような特徴が用いられているか，さらにその特徴検出の仕組み，記憶の形式，検索と照合の方法などについて精力的に研究が行われている．

顔を認識するためには，まず構造の符号化が必要である．符号化のためには，目から取り入れた顔画像を分析し，特徴の抽出を行わなければならない．Harmon[9]は顔写真を等しい大きさの正方形に分割し，各正方形内の濃度をその領域の平均濃度で置き換えた写真を作り，認識実験を行った．その結果，量子化の程度により認識に差が出ることを示した．さらに，顔の空間周波数が低い情報だけでも，顔の認識が可能であることも示した．また，性別判断や

命名課題では高周波成分を含めた情報が低周波成分だけの場合より反応時間が短くなることが示された．これらのことは，顔画像が空間周波数成分に分解され処理されることを示唆している．ところが，顔を倒立提示すると家や飛行機などの視覚パターンを倒立提示した場合に比べて著しく認識率が悪くなることが報告されている．この例では，同じ周波数成分をもつ画像でも正立と倒立では異なる解釈がなされることを示している．すなわち，顔の認識において周波数分析だけでは解釈できないことを示している．

顔の知覚・認知モデルを構築する方法として，最近はコンピューターによって顔画像の合成，変形，部位の入れ換えなど種々の方法が考案されている．例えば，目の部分を切り出し上下を入れ換えた写真を作成する．その写真をさらに上下を入れ換えて見ると自然な顔に見える．ところがその写真を正立の位置で眺めると，非常に怖い顔に見える．この現象は，Thompson[10] がサッチャーの写真を用いてその効果を確かめたことから，サッチャー錯視と呼ばれている（図6.46）．顔認識において全体的な情報と個別情報の役割が異なることを示唆する例となっている．このことはカテゴリー分けの必要性が高ければ全体的な特徴ばかりではなく，個別情報についても利用するようになると解釈される．顔の認識や，年齢判断，表情の判断などを行う場合，どのような特徴が用いられるかといった，高次の認知過程に対する研究も進められている．顔の特徴は，目や口の大きさ，眉の傾きといった個別の特徴や，顔の輪郭，目と眉の間隔や額の広さなどの配置の特徴といった全体的な特徴に分類できる．これまでの研究では，課題によって使用される特徴が異なることが知られている．例えば，顔の同定では目や，口の形，顔の印象評定では眉の形や，目の大きさ，年齢判断では顔の輪郭が重要な特徴になる．ただし，主観的な顔の印象が必ずしも顕著性の高い物理的な顔の形状に基づくものではない場合があることが示されており，注意が必要である[11]．

年齢的変化に対する顔の形状の変形は，何か一定の法則があるように思われる．例えば，幼児の顔は額が広く，目は顔の輪郭に比べ大きいなどである．このような年齢に基づく顔の形状を関数で表現しようとする試みが行われた．種々の変換法により生成した横顔の輪郭と実際の横から見た頭蓋の形状との対応が調べられた結果，カージオイド変換の整合性が高いことが検証されている[12]．顔の認識には形状のほかに顔の色や皺の状況（テクスチャ）が重要な手がかりになる．実際，年齢や男女識別の推定にも形状だけでなくテクスチャが重要であることは確かめられている[13]．

ところで人間は年齢とともに変化した顔や日に焼けた顔についても同じ人物であると判断できる．これは，現在見ている顔と，記憶として蓄えられた顔画像，さらに年齢・職業などの意味情報とを比較し，その結果を総合的に判断することによって実現されていると考えられる．これらの判断を行うためには，種々の知識をもとに情報の加工が必要になる．同様に，顔の見る角度による違いを吸収し，見たことのない角度の顔画像からでも顔の認識や性別判断が可能である．ある角度から見て記憶した顔画像から別の角度の顔画像との照合が何らかの形で行われているのであろう．

顔を表現するモデルとして観測者を中心にした座標系で記述する方法と，物体を座標の中心に据えて表現する方法がある．人間が顔を見て得る情報は観測者中心座標系で表現されている．視点に依存せず同一の顔として認識するモデルは，大きく次の2つに分類される．視点に依存しない物体中心座標へ変換されているという立場と，視点に依存した顔を用いて認識されているとする立場である．この課題に対して，Bruce らは見慣れた顔の同定課題に対して3/4 ビュー（前方45°から見た顔）で学習するとほかの角度で学習した場合より，テスト刺激の同定が速くなる結果を得た[14]．その解釈の1つとして，3/4ビューが情報を多く含むからという考えがある．

それでは人間は最も情報量の多い3/4 ビューを記憶として保持しているのであろうか．それとも過去に見た角度の顔をそのまま記憶しているのであろうか．この問題は顔にとどまらず，物体の認識システムが物体中心座標系として記憶するのか，観測者中

図6.46　サッチャー錯視[10]

心座標系で記憶するのかといった記憶の形式に対する重要な課題を提供する．さらに，モデル化に当たっての別の視点として，機能モジュールに対する環境や，状況などの文脈の効果がある．文脈には外的な文脈と内的な文脈に区分できる．外的な文脈の一例として，環境があげられる．照明条件によって顔が異なって解釈される．内的な文脈の一例としては，観測者の気分があげられる．顔の観察者の内的な状態によって対象となる顔がいく通りにも解釈されうるであろう．

[尾田政臣]

6.4.3 性別

顔の性別の研究は，性別による顔の形態の違いを計測する研究と，顔の性別の認知方略を実験的に探る研究に分けられる．計測研究では，顔のさまざまなパーツの距離や面積や角度，さらにパーツどうしの比やパーツの位置関係など，あらゆる顔の特徴の計測値を変数とし，このなかから男女2群を効率的に分ける特徴的な変数を判別分析により選出する方法をとる．白人男女の顔を測定した研究[15]では，鼻の高さ，眉の形，頬の高さ，額の広さなどが性別を分ける特徴変数として選出され，選出された計17の変数を用いると95％近い精度で男女を予測できることが示されている．一方，日本人の顔を計測した研究[11]では，眉の形状や鼻の横幅，目の高さなどが性別を分ける特徴変数として選出され，選出された8変数を用いると85％近い精度で男女を予測できることが示されている．この，白人と日本人のあいだの10％近い男女の顔の予測率の違いの原因として，一つには計測した変数が異なることが考えられる．すなわち，日本人顔の研究では正面顔のみ計測したのに対し，白人顔の研究では横顔も計測し顔の3次元データも変数として取り入れているのである．しかし，白人の男女の顔では2次元データだけ用いても85％を超える男女の予測率を示していることなどから考えると，変数の違いの影響だけでなく，白人と日本人で顔の特徴形態の男女の違いが異なる可能性も考えられる．

顔の性別の認知方略を探る研究では，男女の特徴の違いを示すため，男女の平均顔を用いた実験研究が行われている．実験では，男女平均顔間で顔のパーツを入れ換えた合成顔像（例えば女性平均顔の眉だけ男性平均顔にしたものなど）を作り出し，被験者による合成顔の男女判定成績から，判定成績を下げる"入れ換えパーツ"を探り出すことにより，顔のどのパーツが男女認知を握る鍵となっているのか探る方法がとられている．この結果，白人を対象とした研究[16]では，顎と眉が，日本人を対象とした研究[17]では，眉と輪郭が，男女の顔を識別するのに重要であると示された．このなかでもとくに，白人の顔では顎の効果が，日本人の顔では眉の効果が強く示されている．白人と日本人で共通の特徴要因であった眉と輪郭は，男性ホルモンが影響する部位であることから，顔の男女を認知する際に人は男女の生物的な違いに注目しているとも考えられる．この一方で，日本人の男性の平均顔が白人には男性には見られにくいことや，日本人の男女の顔の予測率が低かったことなどから，人種によって顔の男女の特徴形態の現れ方に違いがあることが支持された．

[山口真美]

6.4.4 表情の知覚

表情知覚の基本は，カテゴリー化にある．人間は，「喜んでいる顔」あるいは「怒っている顔」というように，他人の顔の状態を何らかのカテゴリーに分類している．

a．表情知覚の基本カテゴリー

表情の知覚カテゴリーについては，多かれ少なかれ7±2の基本カテゴリーが普遍的に存在すると考えられている[18]．なかでも，Ekmanが彼の比較文化的研究でとりあげた6カテゴリー（喜び，驚き，恐れ，悲しみ，怒り，嫌悪）が広く一般に知られている．彼は，5つの識字文化国および前識字文化圏の2民族の被験者を対象に，表情知覚の実験を行った．その結果，異なる文化でも，それら6カテゴリーにより同様の表情判断がなされることを確認した．ただし彼は，普遍的なカテゴリーが6つであると限定したわけではなく，最近の研究では「軽蔑」というカテゴリーもあげている[19]．しかし，この点は現在論争を呼んでいる[18]．なお，同様の比較文化的研究を実施したIzard[20]は，先のEkmanの6カテゴリーに「興味」と「恥らい」を加えた8つを基本カテゴリーとしている．

b．表情知覚の心理次元

表情の知覚過程については，見解が2つに分かれる．多次元空間説とカテゴリー知覚説である．いずれも表情知覚は，表情を上述のようなカテゴリーに分類する過程とみるが，前者の説では，表情間の関係性（類似性や相反関係）を決定するような複数の心理次元を関数にカテゴリー分類がなされると考え

る．つまり，表情の知覚は，表情を多次元空間の1点に位置づける過程だと考える[21]．一方，そのような心理次元の介在を否定し，カテゴリー分類は与えられた表情から直接的に行われるとする立場，言い換えるとカテゴリーの非連続性を考える立場が後者の説である[22]．表情の知覚過程の研究は，現在こうした2説の異なる立場からなされているが，ここではとくに多次元空間説の動向について述べておこう．

多次元空間説は，Schlosbergの2次元，3次元空間モデルに端を発する[23]．彼の2次元空間モデルによれば，われわれのカテゴリー判断は，「快-不快」および「注意-拒否」という2つの意味次元を関数にしているという．すなわち，表情知覚の最初の段階が意味評価であり，それはいま述べたような意味次元を座標軸とする平面空間の1点に位置づけるような過程であると考えた．また彼は，その平面空間が，ちょうど「色相環」のように基本カテゴリーで領域分けされていると考えた．したがって，カテゴリー判断は，表情が空間のなかのどのカテゴリー領域に位置づけられるかにより決定されることになる．

この2次元空間（円環）モデルに，「睡眠（弛緩）-緊張」という，いわば表情の強度に当たるような意味次元を追加したものが3次元空間（円錐）モデルである．ところで，Schlosbergのモデルに含まれる意味次元は，あくまでも恣意的なもの，つまり彼の理論的考察から導き出された構成概念でしかない．そこで，後の研究者は，より客観的な方法でそれらの次元の確認や新たな次元の発見を試みてきた．つまり，表情刺激の類似性判断実験やSD法による評価実験を行い，前者の結果については多次元尺度構成法により，また後者については因子分析により，どのような意味次元が導出されるのかを検討してきた．その結果，Schlosbergが提起したような快の次元，注意的活動性の次元，活性化（覚醒水準）の次元がほとんどの研究でくり返し確認されてきた[24]．しかし，それら以外の新たな次元については，いくつかの研究でそれぞれに異なったものが数種見いだされているにすぎない．なお，モデルに関してはその後，快や注意的活動性を一般次元とし，カテゴリーごとに特殊次元を想定する複雑な階層モデルの提案[21]や，Roschの自然カテゴリー理論を併せたファジィ集合モデルの提案[25]などがある．

c. 表情知覚の物理次元

表情の知覚には，前項までに扱った人物や性の同定，あるいは人種や年齢の知覚など，ほかの顔知覚の場合とは異なる物理次元（視覚情報）が関与する．ちなみに池田[26]は，個人同定を可能にさせるような顔の視覚情報を識別標徴と呼ぶ一方で，異なる相貌を備えたどのような個体の顔からでも他者に特定の意味を伝える顔の情報，すなわち，顔立ちが違ってもそこに現れる共通した視覚的変化の特質を伝達標徴と呼んでいる．つまり，表情知覚に関与する物理的次元とは，さまざまに異なる顔の視覚的変化のなかでも個人を越えて情動伝達に固有な不変項だと考えられる．では，具体的にどのような物理次元が表情の知覚に関与しているのだろうか．

この問題を考えるうえで，Bassili[27]が行った点光表示実験は，きわめて示唆に富んだ結果を示している．すなわち彼は，顔を黒く塗り，その上に白点を多数ランダムに貼った刺激人物にさまざまな表情を演じさせた．一方，被験者には，白点の動きのみをモニターで観察させた．その結果，被験者は観察対象が顔であることにすぐ気づき，さらにそれがどのような表情であるのかを言い当てることができた．BruceとValentine[28]は，これと同様の実験を行い，やはり表情判断は容易であるが，個人の同定は困難であることも見いだしている．これらの実験から，顔面のさまざまな点の変位に含まれるある種のパターンが個人同定の情報とは独立な情動情報の伝達を担っていることがわかる．

このような知見を踏まえ，表情知覚の物理次元を探る実験を山田[24]は試みている．すなわち彼は，各表情刺激における特徴点（眉，目，口の形状を決定する点）の変位量と各刺激に対する被験者の基本カテゴリー判断の関係を調べた．その結果，眉の湾曲の程度や目と口の開き具合に関係する特徴点の変位，さらには眉や目のつり上がりないし垂れ具合，また，口がV字ないし逆V字の形状をなす程度に関係する特徴点の変位という2種類の構造変数が被験者のカテゴリー判断を最もよく説明することを見いだした．つまり，彼の研究からは，「湾曲性・開示性」および「傾斜性」と命名できるような2種類の顔の構造変数が表情知覚の基本的な物理次元になっている可能性が示唆された．しかも，それらの構造変数が，前項で述べた意味次元に対応する証拠も示されている．ただし，物理次元の探求はまだ途についたばかりであり，表情刺激の空間周波数分析など

別のアプローチによる検討も試みられ始めている[29,30]．また，表情の知覚は，顔以外のほかの文脈情報(他者が発する声の調子や会話の内容など)にも左右される[31]．表情の知覚に関与する物理次元，あるいはほかの刺激変数がいかなるもので，それらがどのようにかかわっているのかについての今後の研究が待ち望まれている． ［山田　寛］

文　献

1) H. D. Ellis and A. W. Young : Are faces special ? In Handbook of research on face processing (eds. A. W. Young and H. D. Ellis), Elsevier Science Publishers B. V., Amsterdam, pp. 1-26, 1989
2) 田中啓治：視覚系の構造と機能，新編 感覚・知覚ハンドブック，(大山　正，今井省吾，和気典二 編)，誠信書房，pp. 287-317, 1994
3) 山根　茂：顔の認識の神経メカニズム，ブレインサイエンス I (佐藤昌康編)，朝倉書店，pp. 265-277, 1989
4) C. C. Goren, M. Sarty and P. Y. K. Wu : Visual following and pattern discrimination of face-like stimuli by newborn infants, Pediatrics, **56**, 544-549, 1975
5) 遠藤光男：顔の認識過程，顔と心―顔の心理学入門―(吉川左紀子，益谷　真，中村　真編)，サイエンス社，pp. 170-196, 1993
6) R. K. Yin : Looking at upside-down faces, Journal of Experimental Psychology, **81**, 141-145, 1969
7) D. Homa, B. Haver and T. Schwartz : Perceptibility of schematic face stimuli : Evidence for perceptual Gestalt, Memory & Cognition, **4**, 176-185, 1976
8) V. ブルース著，吉川左紀子訳：顔の認知と情報処理，サイエンス社，pp. 77-121, 1990
9) L. D. Harmon : The recognition of faces, Scientific America, **227**, 71-82, 1973
10) P. Thompson : Margaret Thacher : A new illusion, Perception, **9**. 483-484, 1980
11) 山口真美，加藤　隆，赤松　茂：顔の感性情報と物理的特徴との関連について，電子情報通信学会誌，**79**(2)，279-287, 1996
12) L. S. Mark, J. T. Todd and R. E. Shaw : Perception of growth : A geometric analysis of how different styles of change are distinguished, Journal of Experimental Psychology : Human Perception & Performance, **7**, 855-868, 1981
13) D. M. Burt and D. I. Perrett : Perception of age in adult caucasian male faces : computer graphic manipulation of shape and colour information, Proceedings of Royal Society London, **B259**, 137-143, 1995
14) V. Bruce, T. Valentine and A. Baddeley : The basis of the 3/4 view advantage in face recognition, Applied Cognitive Psychology, **1**, 109-120, 1987
15) A. M. Burton, V. Bruce and N. Dench : What's the difference between men and women ? Evidence from facial measurement, Perception, **22**, 153-176, 1993
16) E. Brown and D. I. Perrett : What gives a face its gender ? Perception, **22**, 829-840, 1993
17) M. Yamaguchi, T. Hirukawa and S. Kanazawa : Judgement of gender through the facial parts, Perception, **24**, 565-575, 1995
18) J. A. Russell : Is there universal recognition of emotion from facial expression ? Psychological Bulletin, **115**, 102-141, 1994
19) P. Ekman and W. V. Friesen : A new pan-cultural expression of emotion, Motivation and Emotion, **10**, 159-168, 1986
20) C. E. Izard : The Psychology of Emotions, Plenum Press, New York, 1991
21) N. H. Frijda : Recognition of emotion, In Advances in Experimental Social Psychology, Vol. 1 (ed. L. Berkowitz), Academic Press, New York, pp. 167-223, 1969
22) N. L. Etcoff and J. J. Magee : Categorical perception of facial expression, Cognition, **44**, 227-240, 1992
23) H. Schlosberg : Three dimensions of emotion, Psychological Review, **61**, 81-88, 1954
24) 山田　寛：顔面表情認識の心理学モデル，計測と制御，**33**, 1063-1069, 1994
25) J. A. Russell and M. Bullock : Fuzzy concepts and the perception of emotion in facial expressions, Social Cognition, **4**, 309-341, 1986
26) 池田　進：人の顔または表情の識別について(上)―初期の実験的研究を中心とした史的展望―，関西大学出版部，1987
27) J. N. Bassili : Facial motion in the perception of faces and of emotional expression, Journal of Experimental Psychology : Human Perception and Performance, **4**, 373-379, 1978
28) V. Bruce and T. Valentine : When a nod's as good as a wink : The role of dynamic information in facial recognition, In Practical aspects of memory, Vol. 1. Memory in everyday life (eds. M. M. Gruneberg, P. E. Morris and R. N. Sykes), John Wiley & Sons, New York, pp. 169-174, 1988
29) 桐田隆博：表情を理解する，顔と心―顔の心理学入門―，(吉川左紀子，益谷　真　中村　真編)，サイエンス社，pp. 197-221, 1993
30) 永山ルツ子・吉田弘司・利島　保：顔の表情と既知性の相互関連性：顔画像の空間周波数特性の操作と倒立呈示法を用いた分析，心理学研究，**66**, 327-335, 1995
31) 中村　真：文脈の中の表情，顔と心―顔の心理学入門―，(吉川左紀子，益谷　真　中村　真編)，サイエンス社，pp. 248-271, 1993

6.5 部分・全体と文脈効果

日常的に眼にする光景には多数の物体が存在し，複雑な構造を形成している．この節ではこのような構造が視覚情報処理に及ぼす影響を見ていく．

6.5.1 全体と部分

森には木があり，木からは枝が伸び，枝には葉がついている．一般に，物体の構造には全体と部分の階層性が備わっている．このような階層構造の知覚に関しては，ゲシュタルト心理学以来の議論がある[1]．これに対し，Navonは[2]，階層構造の知覚様式を実験的に調べるため，図6.47のような，大きな全体文字が小さな部分文字から構成されている図形を開発した．この図形は，全体・大域構造と部分・局所構造の両方を含むので，階層構造の知覚を調べる心理学実験の刺激図形として有用である．ま

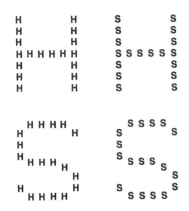

図6.47 Navonに基づき作成した,全体文字と部分文字の図形[2]

たこの図形は,脳損傷患者を用いた神経心理学実験や,さらには神経活動の非侵襲的計測実験にも用いられてきた.

Navonの実験は[2],全体文字や部分文字の処理様式を,反応時間を指標とした干渉パラダイムにより検討したものである.具体的には,聴覚提示された文字や視覚提示された文字を同定するときに,異なる文字を視覚提示すると干渉効果が生じるか否かを調べた.聴覚提示された文字を同定するときの実験結果は,視覚提示された文字のうち,全体文字は干渉効果をもつが,部分文字は干渉効果をもたないことであった.また,視覚提示された文字を同定するときの実験結果は,部分文字を同定するときには全体文字は干渉効果をもつが,逆に全体文字を同定するときには部分文字は干渉効果をもたないことであった.すなわち,全体文字の処理は,聴覚提示された文字の処理や部分文字の処理に干渉するが,部分文字の処理は,ほかの処理には干渉しなかった.このことは,大域処理は局所処理よりも急速で効率的に進行することを示唆する.この結果は,文字だけではなく,三角形や四角形の集合の同定課題でも確認された.

この大域処理優先仮説 (global precedence hypothesis) に関し,まず情報処理の空間周波数特性という観点から検討が加えられた.これは,全体と部分や大域と局所という対立が問題ではなく,文字の視角的な大きさが問題だとするものである.すなわち,全体文字の記述に支配的な空間周波数と,部分文字の記述に支配的な空間周波数の差が,処理の速度や効率の差をもたらすという仮説が,大域処理優先仮説の対立仮説として検討された.Navonの実験で用いられた文字は,全体文字の1辺が視角3°強の大きさであったが,KinchlaとWolfeは[3],全体文字の大きさを4.8°から22.1°まで変化させた条件の実験を行ったところ,6°から9°の帯域で干渉の傾向が逆転した.すなわち,文字の大きさがこの帯域より小さなときには大域処理優先仮説が成立するが,この帯域より大きくなると,逆に部分文字に関する局所処理のほうが急速で効率的になった.これに対し,NavonとNormanは[4],文字が大きいときに処理が劣化した理由は,空間周波数の問題ではなく,全体文字の輪郭が凝視位置をはずれるからであるという仮説を検討し,全体文字の弁別特徴も部分文字の弁別特徴も,凝視位置から同じ距離(偏心度)になる条件では,全体文字の大きさにして視角2°から17°までの広い範囲で,大域処理優先仮説が成立するという結果を得た.

この偏心度の効果は,Grice[5]らやPomeranz[6]が検討し,大域処理優先仮説は凝視位置を外れた部分でないと成立しないという結果を得た.この結果には,大域処理優先仮説が成立するか否かは提示位置の不定性に由来するという解釈の余地がある.すなわち,凝視位置では提示位置がそもそも一定だが,それ以外では提示位置が不定になるので,大域処理優先仮説が成立しなくなったという解釈である.これに対しKimchi[7]は,提示位置を固定しても大域処理優先仮説が成立する場合が存在することを示し,提示位置の不定性は大域処理優先仮説の理由にはならないと主張した[8].また,LambとRobertson[9]は,大域処理優先仮説が成立するか否かは,提示図形に含まれる文字の大きさの集合にも影響されるので,予期のような認知的な成分も無視できないことを示した.

全体・大域処理と部分・局所処理の関係は,やはり階層構造をもつ図形を用いて,神経科学的にも実験的に調べられてきた.階層構造の知覚は,主として脳の左右差との関係が検討され,大域処理は右脳優位の傾向があり,局所処理は左脳優位の傾向があることを示唆する結果が得られている.

Delisら[10]は,全体文字と部分文字の図形を脳損傷患者に記憶させ再生させると,右脳に損傷がある患者は,部分文字は正確に再生できるが全体文字は不正確にしか再生できない傾向があり,左脳に損傷がある患者は,逆に,全体文字は正確に再生できるが部分文字は不正確にしか再生できない傾向があることを示した.

Lambら[11]は，上側頭回の後部に損傷の中心がある患者に対して，全体文字と部分文字の図形を同定させ，反応時間と誤答率を計測した．実験結果は，左脳に損傷がある患者は部分文字の同定が健常者よりも劣っていたのに対し，右脳に損傷がある患者は全体文字の同定が健常者よりも劣っていた[12]．

MarshallとHalligan[13]が報告した，右脳に損傷があり左視野に対する半側性無視を示す患者の症状は，全体文字でも部分文字でも言語報告は可能であるにもかかわらず，部分文字を抹消させる課題においては，図形全体の右側だけを抹消し，左側は抹消しないで残すというものである．また，Finkら[14]は，全体文字と部分文字の図形を健常者が見たときの局所血流量を測定した．実験結果は，一般に文字に注意を向けたときには前線条野の血流量が増大し，また，そのうちとくに全体文字に注意を向けたときにはそれに加えて右の舌状回の血流量が増大したのに対し，部分文字に注意を向けたときには左の後頭葉の下部の血流量が増大した．また，全体文字と部分文字のあいだで注意を切り換えると，頭頂葉と側頭葉の血流量が増大し，注意の切換えには頭頂葉が関与することが示唆された．

6.5.2 物体優位効果

顔が目や鼻や口から構成されているように，物体は部分から構成されている．ここで，図形を検出したり同定したりするときに，検出や同定の対象となる図形が，物体の部分を表す図形となっている条件のほうが，そうでない条件よりも，成績がよくなることがある．この現象を物体優位効果（object superiority effect）と呼ぶ[15]．物体優位効果はまず単語と文字の関係において報告された[16]．単語を表す図形に対し，文字は部分図形である．すなわち，この場合の物体優位効果とは，瞬間提示した文字を検出したり命名したりするときに，対象となる文字が単語のなかにある条件のほうが，単語のなかにない条件よりも，成績がよくなることをさす．この現象をとくに単語優位効果（word superiority effect）と呼ぶ．

単語優位効果の標準的な実験手続きは次のようになる．同じ文字数で構成される1対の単語で，単語を構成する文字のうち1つだけが異なっているものを用意する．Reicher[16]の実験に用いられた例であれば，"WORK"と"WORD"のような単語の対である．実験条件では，これらの単語を瞬間提示し，異なる1文字（この例では"K"と"D"）が何であったかを二肢選択法で判断させる．そのとき，当該の文字の視認性をマスキングにより劣化させておく（輝度コントラストを減弱させて視認性を劣化させるという条件では，単語優位効果は弱くなるという報告がある[17]）．統制条件には，1文字だけ（"K"と"D"だけ）を提示する条件と，同じ4文字であるが単語を構成しない文字列（例えば，"ORWK"と"ORWD"）を提示する条件を設ける．ここで，実験条件のほうが統制条件よりも成績がよいならば，観察者は単語を構成する文字列を並列的に処理し，周囲の文字からの情報を得て，文字列全体が単語であるときには個々の文字の処理が効率化されたことを示唆する．そして，実際に実験条件のほうが統制条件よりも成績がよいという結果が得られている[16,18,19]．

文字以外の一般の物体に対する物体優位効果は，WeissteinとHarrisが最初に報告した[15]．Weissteinたちの実験は，線分の検出課題において周囲の図形が及ぼす効果を調べたものである．検出すべき線分は，同じ長さのものが4種類用意され，ドットによるマスキングにより視認性を劣化させる条件のもとでランダムに提示され，被験者は4種類の線分のうちどれが提示されたかを判断した．線分の周囲にはほかの線図形も同時に提示した．線図形には，検出すべき線分を適切な部分図形として含む条件もあり，そうでない条件もあった（図6.48）．結果は，検出すべき線分が周囲の図形の適切な部分図形となっている条件のほうがそうでない条件よりも高い正答率が得られた．とくに，最も高い正答率が

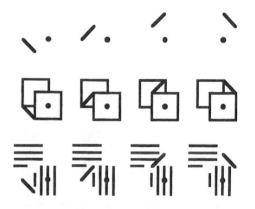

図6.48 WeissteinとHarrisに基づき作成した，物体優位効果の実験図形
上段は検出すべき線分，中段は適切な部分図形となっている条件，下段はそうなっていない条件[15]．

得られた条件は，検出すべき線分を含むことにより3次元的な形状が変化すると解釈できる条件であった．この物体優位効果は後続する研究においても検討が加えられ，2次元図形では効果は減弱すること[20〜22]や，顔の線画においても効果があること[23,24]といった知見が得られている．

物体優位効果は，視覚系の処理過程が，部分図形の処理から全体を構成していくボトムアップ的なものだけでなく，逆に全体から部分を推測していくトップダウン的な処理過程も含むことを示唆する．これらの処理過程をモデル化する研究のうち，とくに，単語優位効果に関する研究は，単語認知の相互活性化モデル[25,26]を経て，神経回路網モデルと高次認知機能の対応を考える契機となった[27,28]．

[喜多伸一]

文　献

1) N. Rescher and P. Oppenheim: Logical analysis of gestalt concepts, *British Journal for the Philosophy of Science*, **6**, 89-106, 1955
2) D. Navon: Forest before trees: the precedence of global features in visual perception, *Cognitive Psychology*, **9**, 353-383, 1977
3) R. A. Kinchla and J. M. Wolfe: The order of visual processing: "top-down," "bottom-up," or "middle-out", *Perception and Psychophysics*, **25**, 225-231, 1979
4) D. Navon and J. Norman: Does global precedence really depend on visual angle? *Journal of Experimental Psychology: Human Perception and Performance*, **9**, 955-965, 1983
5) G. R. Grice, L. Canham and J. M. Boroughs: Forest before trees? It depends on where you look, *Perception and Psychophysics*, **33**, 121-128, 1983
6) J. R. Pomeranz: Global and local precedence: selective attention in form and motion perception, *Journal of Experimental Psychology: General*, **112**, 516-540, 1983
7) R. Kimchi: Selective attention to global and local levels in the comparison of hierarchical patterns, *Perception and Psychophysics*, **43**, 189-198, 1988
8) R. Kimchi: Primacy of wholistic processing and global/local paradigm: a critical review, *Psychological Bulletin*, **112**, 24-38, 1992
9) M. R. Lamb and L. C. Robertson: The effect of visual angle on global and local reaction times depends on the set of visual angles presented, *Perception and Psychophysics*, **47**, 489-496, 1990
10) D. C. Delis, L. C. Robertson and R. Efron: Hemispheric specialization of memory for visual hierarchical stimuli, *Neuropsychologia*, **24**, 205-214, 1986
11) M. R. Lamb, L. C. Robertson and R. T. Knight: Component mechanisms underlying the processing of hierarchically organized patterns: inference from patients with unilateralcortical lesions, *Journal of Experimental Psychology: Learning, Memory, and Cognition*, **16**, 471-483, 1990
12) L. C. Robertson and M. R. Lamb: Neuropsychological contributions to theories of part/whole organization, *Cognitive Psychology*, **23**, 299-330, 1991
13) J. C. Marshall and P. W. Halligan: Seeing the forest but only half the trees? *Nature*, **373**, 521-523, 1995
14) G. R. Fink, P. W. Halligan, J. C. Marshall, C. D. Frith, R. S. J. Franckowiak and R. J. Dolan: Where in the brain does visual attention select the forest and the trees? *Nature*, **382**, 626-628, 1996
15) N. Weisstein and C. S. Harris: Visual detection of line segments: an object superiority effect, *Science*, **186**, 752-755, 1974
16) G. M. Reicher: Perceptual recognition as a function of meaningfulness of stimulus material, *Journal of Experimental Psychology*, **81**, 275-280, 1969
17) J. C. Johnston and J. L. McClelland: Visual factors in word perception, *Perception and Psychophysics*, **14**, 365-370, 1973
18) T. Miura: The word superiority effect in a case of Hiragana letter strings, *Perception and Psychophysics*, **24**, 505-508, 1978
19) D. D. Wheeler: Process in word recognition, *Cognitive Psychology*, **1**, 59-86, 1970
20) M. Lanze, N. Weisstein and J. R. Harris: Perceived depth vs. structural relevance in the object-superiority effect, *Perception and Psychophysics*, **31**, 376-382, 1982
21) D. G. Purcell and A. L. Stewart: The object detection effect: configuration enhances perception, *Perception and Psychophysics*, **50**, 215-224, 1991
22) N. Weisstein, M. C. Williams and C. S. Harris: Depth, connectedness, and structural relevance in the object-superiority effect: line segments are harder to see in flatter patterns, *Perception*, **11**, 5-17, 1982
23) A. Gorea and B. Julesz: Context superiority in a detection task with line-element stimuli: a low-level effect, *Perception*, **19**, 5-16, 1980
24) D. G. Purcell and A. L. Stewart: The face detection effect: configuration enhances detection, *Perception and Psychophysics*, **43**, 355-366, 1988
25) J. L. McClelland and D. E. Rumelhart: An interactive activation model of context effects in letter perception: part 1. An account of basic findings, *Psychological Review*, **88**, 375-407, 1981
26) D. E. Rumelhart and J. L. McClelland: An interactive activation model of context effects in letter perception: part 2. The contextual enhancement effect and some tests and extension of the model, *Psychological Review*, **89**, 60-94, 1982
27) D. E. Rumelhart, J. L. McClelland and The PDP Research Group: Parallel Distributed Processing —Explorations in the Microstructure of Cognition, Volume 1: Foundations, MIT Press, Cambridge, MA, 1986
28) J. L. McClelland, D. E. Rumelhart and The PDP Research Group: Parallel Distributed Processing —Explorations in the Microstructure of Cognition, Volume 2: Psychological and biological models, MIT Press, Cambridge, MA, 1986

6.6　形状認知の処理過程

視覚情報からの形状の認知は外界の物体の同定において重要である．われわれは物体の形状を驚くほ

ど容易に，また効率的に認知することができるが，そのメカニズムはまだ不明な点が多い．本節では，形状認知の理解には何が必要か，また，それらについて現在何がわかっているかを簡潔に示す．

6.6.1 人間の形状認知の特徴

人間が物体の形状を認知するとはいかなることか．実は形状認知という用語が示す内容は複雑でかなりあいまいである．人間はある物体の形状をさまざまに異なったレベルで認知している．例えば，眼前にある物体を"乗用車"，"サニー"，"私のサニー"といった異なる抽象度のレベルで認知できる[1]．また，正方形を45度回転させるとダイヤモンド形になるが，この2つは，形状を図形の方向に依存しないものとすれば同一であるが，方向に依存すると考えれば2つの異なる形状である[2]．このように，形状認知は文脈や主体の目的に合わせて柔軟に変化する過程である．Kosslyn[3]は人間の形状認知を理解するうえで重要な5つの特性をあげている．

(1) 形状認知は物体像の網膜上の位置や大きさに依存しない．

(2) 視点の変化や物体の回転，部分の変形，付加，削除，および部分関係の変化による網膜上の形状の変化にもかかわらず，同一の物体であることを認知できる．

(3) 感覚入力がほかの物体による遮蔽や雑音などで劣化していても，形状認知が可能である．

(4) 形状から，特定の物体の同定が可能である．

(5) 複数の物体を同時に自動的に認知できる．

形状認知の理論は少なくともこれら5つの特性を説明する必要がある．ただし，これらの特性が単一の処理システムによって担われていると仮定する必要はなく，後述するようにおそらく複数の処理システムが人間の形状認知を支えていると考えられる．

さて，形状認知には少なくとも以下の3つの情報処理が必要である．

1) 視覚像からの物体の形状の表象の構成

視覚像はほとんどの場合，複数の物体の情報を含んでいる．したがって，まず視覚像に含まれる情報を個々の物体の情報に分節化する必要がある．また，初期視覚で抽出された線分の方向などの局所的，要素的属性を統合して形状の表象を構成する必要がある．

2) 記憶からの物体の形状の表象の検索

物体の形状の同定には知覚表象を記憶中の既知の形状の表象と比較する必要がある．近年，記憶研究は物体の形状は名前，意味属性などとは独立なシステムとして記憶内に貯蔵されていることを示唆している[4,5]．したがって，形状の記憶は一般的な意味記憶から検索される必要はなく，純粋に視覚的な形状記憶システムから検索されると考えられる．

3) 知覚表象と記憶表象のマッチング

ある物体の形状を同定するためには知覚表象と記憶表象を比較しその類似性を計算する必要がある．

おのおのがどのように行われるかについて現在さまざまな仮説が提出されているが，紙数の関係上，本節では形状の表象の問題に焦点を当てる．はじめに表象のタイプとしてテンプレート，特徴，構造記述をとりあげる．次に，形状を記述する参照枠の問題を人間の形状認知の特性と関連づけながら議論する．最後に形状認知におけるトップダウン処理とボトムアップ処理について考える．

6.6.2 テンプレート，特徴，構造記述

形状認知で用いられる表象として提案されているものはテンプレート，特徴，構造記述の3つに大別できる．

1) テンプレート

テンプレートは物体の特定の見えの表象である．例えば，自動車を右前方45°から見た場合，視覚情報から構成された表象は記憶内の自動車の右前方45°からの見えに対応するテンプレートとのマッチングにより自動車と認知される．したがって，ある物体はさまざまな見えに対応するテンプレートの集合として表象されていると仮定される．もし，テンプレートにいかなる変形操作も認めなかった場合，ある物体に対してあらゆる大きさ，網膜上の位置，視点に対応するテンプレートが必要になる．このため，テンプレートマッチングによる形状認知のモデルでは，テンプレートに対するさまざまな変形を導入して，物体認知の視点不変性を説明している．例えば，物体の方向変化に関しては，PoggioとEdelmanがいくつかの異なる視点からの見えのテンプレートを組み合わせることで新しい視点からの見えを認知できることを示した[6,7]．また，Ullman[8]はアラインメントモデルを提案し，少数(最少で1個)のテンプレート(モデル)の柔軟な変形によって形状認知を実現している．一般に，テンプレートモ

デルでは個々のテンプレート間の相互関係については明確にされていないが，Koenderinkとvan Doorn[9]はある物体を表象するテンプレート間の関係をアスペクトグラフというグラフ構造で表象することを提案している．

テンプレートモデルにとってより困難な問題は，人間の認知が回転，ひずみなどの形状に対する全体的な変形のみならず，形状の部分的な変形に対しても強い耐性をもつことである．例えば，Mという文字を認知する場合，それが異なるフォントであっても，さらには手書きや飾り文字であっても人間はそれをMと認知できる[4]．しかし，異なるフォントや手書き文字のあいだには単純な全体的変換規則は存在しない．

2) 特徴

特徴による形状認知のモデルでは物体はその弁別特徴の集合として表象されていると仮定する[10~12]．どのような視覚特徴が弁別特徴になるかは認知されるべき物体の集合に依存する．例えば，アルファベット文字を認知する場合，線分の方向，線分の交差のタイプ（X交差，L交差）の組み合わせは文字の弁別に有用である．しかし，自動車，ランプなどの日常の物体の認知においてはこうした特徴の組み合わせが膨大な数になるのであまり有用とは考えられない．このため，特徴による形状認知のモデルは特徴集合の定義の容易な文字の認知に適用されてきた．その一例として，Selfridge[11,12]のパンデモニアムモデルでは，個々の文字はデーモンと呼ばれる特徴の集合として表象される．例えば，文字Eのデーモンは"3本の水平線分，1本の垂直線分，および4つの直角"となる．文字認知は知覚像の分析によって得られた特徴集合をあらゆる文字のデーモンと並列的に比較し，最も高い類似性を示したデーモンが表象する文字として認知される．

特徴モデルの特性は特徴間の空間関係を明示的に表象しないことである．この特性により特徴モデルは形状認知の部分変化に対する耐性をテンプレートモデルよりもうまく説明できる．例えば，上記のEのデーモンの場合水平線分と垂直線分の長さの比，3本の水平線分の間隔などは厳密に指定されていないので，Eの中央の線分が上にずれたり，下にずれたりしてもEの認知に影響はない．一方，テンプレートモデルの場合，こうした部分情報の変形が知覚表象とテンプレートの類似度に大きな影響を及ぼす．

しかし，明示的な空間関係表象の欠如は欠点ももっている．上記のパンデモニアムモデルの例では，Eのデーモンは文字Eのみならず，Eの鏡映像やほかの多くの非文字パターンと完全に一致してしまう．このような問題を解決するために特徴自体が位置情報を含むようにしたり[13]，特徴間の空間関係を高次の特徴として用いる方法が考えられるが，これらは1つの物体の表象に必要な特徴の数を増大させるという欠点をもっている．

3) 構造記述

構造記述は物体を部分とそれらの関係の組み合わせとして表象する[14~18]．例えば，文字Tは部分として水平線分と垂直線分をもち，それらの関係は"垂直線分が水平線分をその中点付近で支える"となる．構造記述ではその形状にとって重要な部分間関係のみを明示的に表象するという特徴をもつ．文字Tのテンプレートでは，部分間の空間関係が垂直，水平線分の相対位置，角度，相対的長さを含めてすべて潜在的に規定されてしまうが，構造記述の場合，線分の相対的長さを未定義にすることもできる．これにより，Tの認知が線分の長さの比の影響をあまり受けないことを自然に説明できる．また，空間関係を表象しない特徴モデルとは異なり，部分特徴を共有する非文字パターンを空間関係の違いに基づいて排除できる．

構造記述モデルのもう1つの特徴は，空間関係を述語論理のようなシンボリックな形式で表象することである．特徴間の空間関係を高次の特徴として表象する方法に比べて，表象に用いられるプリミティブの数を少なくすることができる．例えば，5つの部分特徴と2つの関係（例：上下と左右）から作られるすべての2部分からなる物体の構造を表象する場合，特徴モデルではそのすべての組み合わせ（5個の部分から2つ選択する組み合わせ数10×関係の数4＝40）の高次特徴が必要なのに対し，構造記述モデルでは7つのプリミティブだけでそれらを表象できる．また，言語が有限数のプリミティブを組み合わせることで無限の新しい表現を生成することができるように，構造記述も有限数の部分と空間関係を組み合わせることで全く新しい形状の構造記述を生成することができる．人間の形状認知も新奇な図形に対しても何らかの解釈を与えることができる[14]．構造記述モデルでは新奇な図形に対する処理の説明は容易であるが，テンプレートモデルでは新奇な図形に対するテンプレートは定義上存在しない

ので説明が困難になる．逆に特徴モデルでは空間関係の表象が欠如しているため，既知の部分の新しい空間関係による物体の新奇性が表現できず，文字Eと非文字パターンの場合のように同一の物体として扱われてしまう．

構造記述による形状認知のモデルの課題は，空間関係をいかに定義し，表象するかということである．人間の形状認知においてどのような空間関係が選択的に明示的に表象されるかを明らかにしない限り，構造記述モデルの妥当性を検討することはできない．また，構造記述モデルでは空間関係をシンボリックな形式で表象するが，こうした階層構造をもった表象のあいだのマッチングがどのように行われるかは明らかではない．いずれにしても，テンプレートや特徴リストのマッチングよりも複雑な処理が必要になる．とりわけ，こうした過程を脳が行っているような分散並列処理で行わせる方法はまだ確立しているとはいえない[15,19]．

最後に，人間の形状認知が前述の3つのタイプの表象を組み合わせて用いている可能性が高いことを指摘しておきたい．はじめに述べたように，人間はさまざまな変形にもかかわらず物体の一般的なクラスを同定できると同時に，特定の物体を厳密に同定することもできる．前者は構造記述を用いて行われ，後者はテンプレートを用いて行われるとすれば，おのおのの表象タイプに過度の柔軟性をもたせなくてすむ．また，特徴を用いた形状認知も物体が遮蔽などでその部分しか見えない場合に有効な方法である．人間の形状認知の柔軟さは，非常に強力な単一のシステムによるのではなく，異なる表象システムを効果的に使い分けることによって成立しているものと考えられる．今後は，おのおののモデルの詳細（例えば，構造記述で用いられている関係やテンプレートの変換メカニズム）を明確にすると同時に，形状認知における異なる表象システムの相互作用（独立したモジュールとしてはたらくのか，協調しているのか，競合しているのか，など）にも目を向ける必要があろう．

6.6.3 形状を記述する参照枠

前項では，物体の表象のタイプを考えたが，ここではそれらがどのような参照枠(reference frame)の上で記述されるかを考える．視点不変性などの形状認知の特性は表象のタイプのみならず，それらが記述される参照枠に依存する．従来，形状認知の研究において，しばしばテンプレートモデルは2次元の観察者中心参照枠，構造記述モデルは3次元の物体中心参照枠を用いているとし，表象のタイプと参照枠のタイプに対応関係があるような記述がされてきたが，これは正確でない．また，観察者中心，物体中心という概念もさらにいくつかの要因に分解でき[20]，それらの要因の組み合わせによってさまざまな参照枠が可能であることもあまり強調されてこなかった．以下では，参照枠を特徴づけるいくつかの要素をあげ，それらが形状認知の特性とどのような関係をもっているかを考える．

1) 次元数

物体の形状は2次元あるいは3次元空間座標を用いて記述できる．Marr[16,17]の構造記述を用いた物体認知のモデルでは物体モデルは3次元空間上に表象される．これに対し，多くのテンプレートモデルはテンプレートを2次元空間上に記述する．しかし，表象のタイプと座標の次元数は厳密な対応関係があるわけではなく，2次元空間を用いた構造記述モデル[14,15]や3次元空間を用いたテンプレートモデル[8]もある．物体の形状が2次元，3次元いずれの空間座標で記述されているかを心理実験で検証するのは困難で，現時点では明確な結論は得られていない．

2) 座標軸の方向

従来，観察者中心参照枠，物体中心参照枠の区別はこの要因に関して議論されてきた．観察者中心参照枠は主な座標軸が観察者の体軸に一致し，物体中心参照枠では主な座標軸が物体の主軸(対称軸，長軸など)に対応する．座標軸の方向は形状認知の方向不変性に関係する．物体中心参照枠での記述は物体の方向変化に対して不変であるが，観察者中心参照枠では記述は物体の方向に依存する．人間の形状認知は物体の方向変化に対する不変性を有しないことが示されており[21~24]，座標軸の方向に関しては観察者中心参照枠のほうが人間のパフォーマンスを説明しやすいといえる．

3) 原点の位置

従来議論されてこなかったが，座標の原点の位置も観察者中心，物体中心いずれにも定義できる．観察者中心の場合，例えば，原点を視野の中心に置くことになるが，物体中心では物体の中心に置くことになる．物体中心の参照枠では物体の表象はその位置に関して不変であるが，観察者中心参照枠では物体の記述はその位置によって変化する．心理実験は

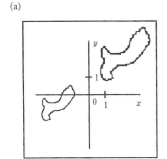 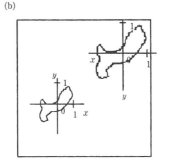 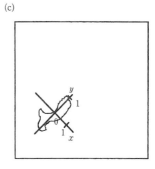

図 6.49 形状を記述する参照枠の例
(a) 座標方向，原点，尺度とも観察者中心，(b) 原点，尺度は物体中心，方向は観察者中心，
(c) 座標方向，原点，尺度とも物体中心．

形状認知が位置に関しては不変性をもっていることを示しており[25]，原点の位置に関しては物体中心参照枠のほうがデータとの整合性が高い．

4) 座標の尺度

座標の尺度は物体認知の大きさに対する不変性と関連し，これも観察者中心，物体中心いずれにも定義できる．観察者中心の場合，例えば，視野の大きさを単位とし，それに対する相対的な大きさを記述する．一方，物体中心の場合，物体の大きさを単位とし，その部分，特徴，ほかの物体などは単位となる物体に対する相対的な大きさとして記述される．観察者中心参照枠の記述は物体の大きさに対する不変性をもたないが，物体中心参照枠では物体の大きさに対する不変性をもつ．形状認知は物体の大きさに不変であることが示されており[26]，物体中心参照枠の特性に合っている．

以上の議論から，観察者中心/物体中心参照枠という単純な2分法が不十分であることがわかる．図6.49に2次元図形を記述する参照枠の例をいくつかあげてある．(a)は座標軸の方向，原点，尺度とも観察者中心に定義されている．一方，(b)では，座標の原点，尺度は物体中心であるが，座標軸の方向は観察者中心である．このタイプの参照枠が心理実験のデータと最も整合性が高いように思われる．また，(c)のように座標軸の方向，原点，尺度とも物体中心に定義することもでき，これが従来，物体中心参照枠と呼ばれてきたものに相当する．

形状を記述する参照枠に関するもう1つ重要な問題は座標変換の問題である．初期視覚では視覚情報が網膜中心参照枠で表象されていることが知られている．これは方向，位置，大きさいずれに対しても観察者(厳密には観察者の網膜)中心の参照枠であ

図 6.50 ダルメシアン犬の図 (写真は R. C. James による)[28]

る．したがって，形状認知の処理が進むあいだに視覚情報の統合とともに情報を記述する参照枠の変換も起こっていることになる．これがどのような過程を経て起こっているかは不明で，今後の研究の課題である．

6.6.4 ボトムアップとトップダウン

形状認知は知覚表象と記憶表象のマッチングを含むので，ボトムアップ的な処理，トップダウン的な処理，またそれらの相互作用を明らかにすることは重要な課題である．われわれの知識は形状認知のさまざまな側面に影響を与えている．まず，既有知識はイメージの分節化に影響を与える．例えば，図6.50に示した有名なダルメシアン犬の図は，一見白黒の斑点のパターンに見える画面のなかにダルメシアン犬が描かれていることを知っていれば，その形状を認知することは容易だが，そのような既有知識がなければ，その形状認知はかなりむずかしい．これは，既有知識が視覚像中の部分情報の分節化／

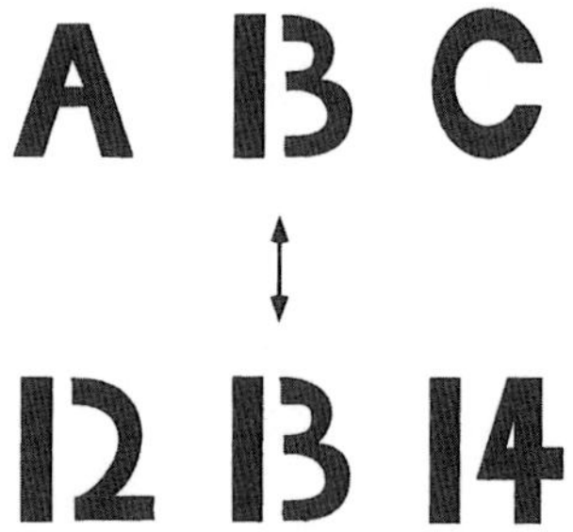

図 6.51 形状認知の文脈依存性の例
同じ物理的刺激が上では B, 下では 13 と解釈されやすい.

群化を促進する例である.また,既有知識は物体の同定にも影響する.Biederman ら[27]はさまざまな場面を表す絵を瞬間呈示し,ある特定の場所にあった物体を同定させた.物体が通常考えられない場所にある場合(例,郵便ポストの上にある消火栓)は物体が通常の場所にある場合(歩道の脇にある消火栓)よりも物体の同定率は有意に低かった.さらに,既有知識はあいまい図形や多義図形の認知に大きく影響する.図 6.51 の中央のパターンは両端に文字が置かれていれば B と解釈されやすく,数字が置かれていれば 13 と解釈されやすい[28].これは,物理的には全く同一の図形が文脈情報と既有知識によって異なって認知される例である.

このように既有知識が形状認知に影響する例は枚挙に暇がないが,こうしたトップダウン的な処理と感覚入力からのボトムアップ的な処理がどのように協調,競合して形状認知が成立するかは明らかでない.トップダウン的な処理とボトムアップ的な処理の相互作用を検討するためには物体や形状が記憶のなかでどのように貯蔵され,また記憶から検索されるのかを明確にする必要がある.近年,画像記憶に対する関心は高まってきているが,まだ不明な点が多い.また,トップダウン的処理,ボトムアップ的処理といった一方向的な処理過程を考えるのではなく,物体認知を感覚情報と記憶情報を用いた双方向的でダイナミックな過程としてとらえ直すことも必要であろう. [齋木 潤]

文献

1) E. Rosch, C. B. Mervis, W. D. Gray, D. M. Johnson and P. Boyes-Braem : Basic objects in natural categories, *Cognitive Psychology*, **8**, 382-439, 1976
2) G. W. Humphreys : Reference frames and shape perception, *Cognitive Psychology*, **15**, 151-196, 1983
3) S. M. Kosslyn : Image and Mind : The Resolution of the Imagery Debate, MIT Press, Cambridge, MA, 1994
4) G. W. Humphreys and V. Bruce : Visual cognition : Computational, experimental and neuropsychological perspectives, Lawrence Erlbaum Associates, Hove, UK, 1989
5) D. L. Schacter, L. A. Cooper and S. M. Delaney : Implicit memory for unfamiliar objects depends on access to structural descriptions, *Journal of Experimental Psychology : General*, **119**, 5-24, 1990
6) T. Poggio and S. Edelman : A network that learns to recognize three-dimensional objects, *Nature*, **343**, 263-266. 1990
7) H. H. Büthof and S. Edelman : Psychophysical support for a 2-D view interpolation of object recognition, *Proceedings of the National Academy of Sciences*, **89**, 60-64. 1992
8) S. Ullman : Aligning pictorial descriptions : An approach to object recognition, *Cognition*, **32**, 193-254, 1989
9) J. J. Koenderink and A. J. van Doorn : The internal representation of solid shape with respect to vision, *Biological Cybernetics*, **32**, 211-216
10) U. Neisser : Cognitive Psychology, Appleton-Century-Crofts, New York, 1967
11) O. G. Selfridge : Pandemonium : A paradigm for learning, Symposium on the Mechanism of Thought Processes, Her Majesty's Stationary Office, London, 1959
12) P. H. Lindsay and D. A. Norman : Human Information Processing, Academic Press, New York, 1976
13) G. E. Hinton : A parallel computation that assigns canonical object-based frames of reference, Proceedings of the International Joint Conference on Artificial Intelligence, Vancouver, Canada, 1981
14) I. Biederman : Recognition-by-components : A theory of human image understanding, *Psychological Review*, **94**, 115-147, 1987
15) J. E. Hummel and I. Biederman : Dynamic binding in a neural network for shape recognition, *Psychological Review*, **99**, 480-517, 1992
16) D. Marr : Vision, Freeman, San Francisco, 1982
17) D. Marr and H. K. Nishihara : Representation and recognition of the spatial organization of three-dimensional shapes, *Proceedings of the Royal Society of London*, **B200**, 269-294, 1978
18) P. H. Winston : Learning structural descriptions from examples, In The psychology of computer vision, (ed. P. H. Winston), MacGraw-Hill, New York, 1975
19) J. A. Fodor and Z. W. Pylyshyn : Connectionism and cognitive architecture : A critical analysis, *Cognition*, **28**, 1-71, 1988
20) S. E. Palmer : Reference frames in the perception of shape and orientation. In Object Perception : Structure and Process (eds. B. E. Shepp and S. Ballesteros), Lawrence Erlbaum Associates, Hillsdale, NJ, 1989
21) I. Rock : The Logic of Perception, MIT Press, Cambridge, MA, 1983
22) R. N. Shepard and J. Metzler : Mental rotation of three-dimensional objects, *Science*, **171**, 701-703, 1971
23) M. J. Tarr and S. Pinker : Mental rotation and orientation dependence in shape recognition, *Cognitive Psychology*, **21**, 233-283. 1989
24) I. Biederman and P. Gerhartstein : Recognizing depth-rotated objects : Evidence and conditions for

three-dimensional viewpoint invariance, *Journal of Experimental Psychology : Human Perception and Performance*, **19**, 1162-1182. 1993

25) I. Biederman and E. E. Cooper : Evidence for complete translational and reflectional invariance in visual object recognition, *Perception*, **20**, 585-593, 1991

26) I. Biederman and E. E. Cooper : Size invariance in visual object priming, *Journal of Experimental Psychology : Human Perception and Performance*, **18**, 121-133. 1992

27) I. Biederman, R. J. Mezzanotte and J. C. Rabinowitz : Scene perception : Detecting and judging objects undergoing relational violations, *Cognitive Psychology*, **14**, 143-177, 1882

28) E. B. Goldstein : Sensation and Perception (3rd Edition), Brooks/Cole, Pacific Grove, CA, 1989

6.7 3次元物体認知の視覚表現

これまでの視覚パターン認知に関する研究では，ドットや線分からなる2次元パターンが主に素材として使われてきたが，Marrの計算理論的アプローチ[1]の影響を受け，最近，3次元物体について，脳内でどのような表現がなされているかを探索する実験が盛んになされるようになってきた[2]．3次元物体の認知の重要問題の1つに，視点不変性(viewpoint invariance)がある．物体をさまざまな位置や方向から観察すると，その2次元投影像は複雑に形状を変える．しかし，見なれた物体の場合，知覚

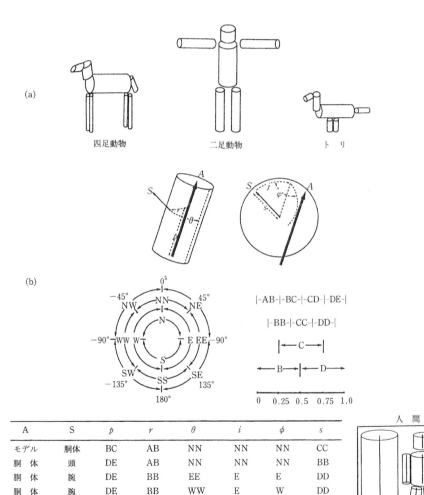

図6.52 3-Dモデル表現[1]
(a) 動物の3-Dモデル表現例, (b) 3-Dモデル表現のパラメーターの定義と表記法, (c) 人間の形状の記述例.

される物体の形状自体は一貫性を保ち，安定した認知が得られる．以下，この視点不変性の問題に対処する理論的アプローチを概観する．

6.7.1 Marr の 3-D モデル表現

MarrとNishihara[3]は，有効な物体表現は以下の3つの基準を満たしていなければならないとした．第1の基準は，導出容易性 (accessibility) であり，望む記述が，大きなメモリー容量や計算時間を必要とせずに算出されるかどうかを示す．第2は，範囲と一意性 (scope and uniqueness) で，表現しようとする形状の種類は十分かどうか，また，ある1つの形状に対してユニークな表現が得られるかどうかにかかわる問題である．第3は安定性と感受性 (stability and sensitivity) で，形状の一般的で不変な特性を表現できると同時に，形状間の微細な差異も表現可能であるかどうかについての基準である．

これらの基準を満たす物体表現は 3-D モデル表現と呼ばれ，Marrらは，モジュール構成をもつ一般円筒 (generalized cones，一般化円錐とも呼ばれる) を採用した (図 6.52 参照)．一般円筒表現とは，ある形をもつ断面を，直線あるいは曲線状の軸に沿って大きさなどを変化させながら移動したときに生成される形状を表現素として3次元物体を記述する手法である．さらにMarrは，一般円筒を自己完結した物体座標系で記述し，それらの階層的モジュール構成を考え出した．例えば，人間の形状も大きくみれば1つの円筒であり，階層的に小さな円筒が積み上げられてその細部の形状が構成される (図 6.52 (c))．また，人間の形状をほかの動物と区別する場合には，ある特定の階層に注目するだけで十分である (図 6.52 (a))．

3-Dモデル表現は，原始スケッチや2½次元スケッチ (6.1.1項参照) 上に描かれた物体の遮蔽輪郭から，鋭いくびれ (凹部) をもつポイントのうち，近いものどうしを結んで部分領域を抽出し，その長さや膨らみに応じて一般円筒の成分軸を求めることにより導き出されるとされている．しかし，2½次元スケッチにおける観察者中心座標系から，完全な物体中心座標系を実際に導くプロセスにはさまざまな困難性も指摘されている[4]．

6.7.2 視点非依存表現

Biedermanは，人間がその物体を見慣れているかいないかにかかわらず，容易に部分に分割できる事実や，人間の計量的形状把握能力がきわめて限られていることから，ジオン (geon, geometrical ion) と呼ばれるごく限られた種類の共通部品を表現素とする構造記述に基づき物体の認知がなされると考えた[5]．ジオンは一般円筒の長軸や断面形状に関する属性 (直線性や曲線性，対称性など) の組み合わせから構成され (図 6.53 (a))，全部で36種あるとされたが，後にその種類は縮小されている[6]．限られた数のジオンや結合関係でも，その組み合わせを考

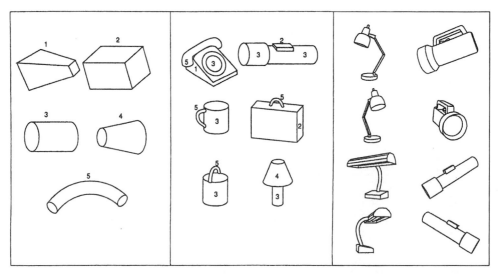

(a) ジオンの例　　　(b) 物体のジオン表現　　　(c) 異なる視点からみた物体

図 6.53　ジオンと GSD (geon structural description) による物体表現[6]

えれば記述のパワーは強力で，身近な物体の認知は，4個程度のジオンが表示されれば十分可能であり（図6.53(b)），認知反応時間は一定に近づくという．

ジオンは一般円筒表現の考え方に基づいてはいるが，Marrのような3-Dモデル表現を前提としているわけではない．ジオンは，Lowe[7]が2次元画像から3次元空間上の構造を推測するのに有効であることを示した非偶然的特性（non-accidental property）により定義されているので，視点が変動しても基本的特徴が変化しない安定した景観（一般的景観，generic view）を広い範囲にわたってもつことになる．ジオンに基づく物体の構造記述表現は，GSD (geon structural description)と呼ばれている．このようにジオン自体が視点の移動に関して頑健性をもつので，物体の認知は広い範囲で視点非依存（view-independent）であり，視点が移動しても同一のGSDが活性化される限り，視点不変性が保持されると考えられている．

GSDが物体認知において機能していることを支持するデータは，種々のプライミング実験より得られている．一例をあげると，BiedermanとGarhardstein[8]は，最初の試行ブロックで，図6.53(c)の上段に示すような身近な物体の線画を被験者に見せ，その名前を答えさせ，反応時間を測定した．次の試行ブロックでは，最初にみせた物体をY軸まわり0°，67.5°，135°に回転した画像（部分の遮蔽が生じないように配慮されている）を提示し，同様の測定をくり返した．最初の試行ブロックの反応時間よりも2度目のほうが180 msほど短くなった．このようなプライミング効果大きさは，どの回転角度でもほぼ一定であった．しかも，形状は異なるが，基本カテゴリーレベルで同じ名前をもつ物体の画像（図6.53(c)の下段参照）を提示した条件よりも大きなプライミング効果が得られたので，それが概念や言語的プライミングなどの非視覚的要因によらないことが示された．

さらに，物体の輪郭を一部削除しても，物体の位置や左右の方位が変化しても，またサイズが変化しても，同じ部品構成が活性化される限り，同一のパターンが提示された場合と同等の大きさのプライミング効果が得られることが報告されている[6]．

6.7.3 視点依存表現

MarrやBiedermanのアプローチと異なって，物体について視点に依存した複数の景観を学習しておけば，それらの景観間の補間処理を行うことにより，視点不変性が達成されるとする考え方がある．

Ullmanらは，物体の主方位や少数の特徴点が得られれば，それぞれの対応点の線形結合を計算することにより，任意の方向から観察した物体の景観を近似することができ，物体モデルとの対応がアラインメント法と呼ばれる正規化処理により計算できることを示した[9]．

Poggioらによれば，学習した景観を任意の方向から見た景観に変換する問題は，より一般化して考えると，一般化スプラインや正則化理論などの古典的な補間あるいは近似手法と密接なつながりをもつ[10]．そこで，彼らはこの問題を多変量関数の近似を合成する課題とみなし，景観の近似的補間処理を行うRBF (radial basis function)ネットワークモデルを考案した（図6.54）．

UllmanやPoggioらの理論では，エッジや屈折点および端点など特徴点の2次元位置が照合されるが，特徴点の抽出処理を経ずに景観の2次元画像信号レベルの情報をそのまま照合に用いる手法も開発されている．村瀬とNayer[12]は，連続的に変化する画像系列を固有ベクトル空間上での多様体で表現する手法（パラメトリック固有空間法）を提案した．また，安藤ら[13]は，物体の景観を非線形的に圧縮・復元するように学習させた砂時計ネットワークからなる双方向モジュールを用いて，入力画像と生成画像による整合処理により，物体の認識と識別を行うシステムを開発している．

人間の物体認知に関する研究では，身近な物体に関して典型的景観（canonical view）が存在することが示されており，典型的景観と大きく異なる景観の認知は負荷がかかることが報告されてきた[2]．例えば，Palmerら[14]は，被験者にさまざまな角度から撮った馬や自動車などの物体の写真を見せ，それらがそれぞれの物体としてどれくらい典型的でよいか（"How good or typical?"）を評定させた．その結果，得られた評定値が個人間でかなり一致が高いことと，典型性が高いと評定された写真は，被験者がその物体を頭のなかに思い浮かべたときに最初に出てくるイメージとかなり近いものであることなどが明らかにされた．典型性が高いと評定された写真が何であるか呼称する反応時間は，典型性の低い写真に対するものよりも，約100 msほど速かった．

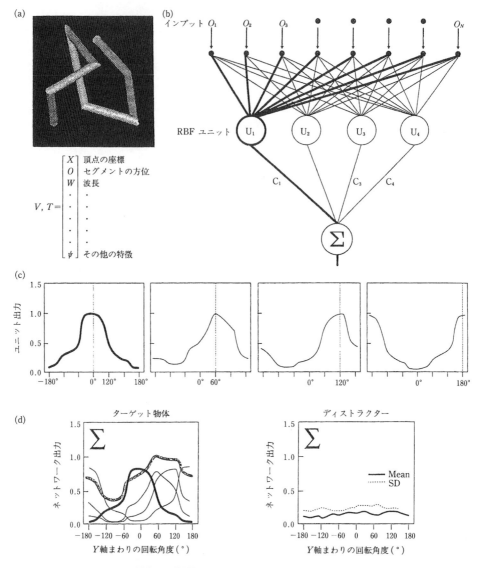

図 6.54　RBF ネットワークモデルによる物体認知
(a) 物体のある景観がもつ頂点の座標やセグメントの方位などの特徴がベクトルとして表される．(b) セグメントの方位を入力とする RBF ネットワークの例．(c) 学習物体の 4 つの景観（垂直軸まわりに回転されたもの）RBF ユニットの応答例．(d) 左側の図は学習物体に対するネットの総出力を表している．灰色の太線は，4 つの景観を学習したネットの総出力関数で，どの回転角度の景観に対しても出力値は比較的高い．右側の図は未学習物体に対するネットの総出力を表している[11]．

被験者が事前経験をもたない新奇な物体を用いて，その認知が視点に存することを示した研究も多い[2]．Bülthoff と Edelman[15] は，訓練期間を設けて，図 6.54(a) に示すような棒状の新奇物体を $\pm 15°$ の範囲で Y 軸回転または X 軸回転運動させて被験者に観察させた．回転運動の中心となる景観は $75°$ 離して 2 つ用意された．テスト期間では，訓練を受けた物体をターゲット，別の物体をディストラクターとして，それらの物体のさまざまな景観を混ぜて提示し，被験者にターゲットかどうかイエス・ノーを答える 2 肢強制選択法を実施した．ターゲット物体の景観は，訓練を受けた 2 つの景観の中間範囲に当たる角度をもつ場合，それらの外側範囲に当たる角度をもつ場合，および訓練を受けた回転と直交する回転角度をもつ場合の 3 条件設定された．

結果は，とくに外側範囲の新たな角度でターゲットが提示された場合，回転角度距離に比例して誤反応率は増加した．また，訓練を X 軸回転方向で行い，ターゲットを Y 軸回転方向で提示した場合の誤反応率は小さくなり，逆の場合よりも，大きな学習の般化が見られることがわかった．これらのデータは，RBFネットワークでシミュレーションを行うことができた．さらに，両眼視差などの奥行きの手がかりを豊富にして，同様の物体を用いて，再認反応時間も測定した結果，棒状物体を X および Y 軸回転して見せる訓練期においてはどの景観も同じ時間だけ提示されたのにもかかわらず，反応時間が短くなる典型的景観が自発的に出現することも報告されている[16]．また，同様な実験手続きをサルに施し，再認課題成績が視点依存性を示すとともに，訓練されたサルのIT野のニューロンが，RBFネットワークから予想される応答パターンを実際に示すことが確認されている[17]．

6.7.4 視点非依存表現と依存表現の両立の可能性

視点非依存理論と依存理論，およびそれらを支持する代表的な心理物理実験を紹介してきたが，両アプローチには以下にまとめるように，素材としている物体や実験手続きに根本的な違いがある．

最初にあげられるのは，素材としている物体の違いである．非依存アプローチで扱われている物体は，ジオンなどの差異のある部品構成をもっている．Biedermanは，視点不変性が成立する条件として，物体が部品構成をもち，ジオン構造表現 (GSD) が可能であること（条件1），そのGSDは，異なる物体に対して弁別的であること（条件2），異なる視点にわたって同一のGSDが存在すること（条件3）をあげている[8]．一方，依存アプローチでは，棒状物体や粘土状の形状をした物体などが使われ，それらは明確な特徴をもつ部品に分解することは困難であり，上述した条件のいくつかを満たしていない．物体形状のバリエーションについても，大きな差がある．非依存アプローチでは，基本カテゴリーの異なる身近な物体が使用され，一方，依存アプローチでは，同じ基本カテゴリーの物体に相当するような，比較的バリエーションの小さい物体が採用されている．

また，問題にされている認知課題にも大きな違いがあるといえる．非依存アプローチのほとんどの実験では，身近な物体の基本カテゴリーを答える課題

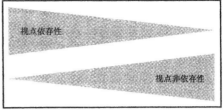

図 6.55 視点非依存表現と依存表現のトレードオフ[18] 詳しくは本文を参照．

が行われ，しかも前もって提示された物体の認知が後続して提示される物体の認知にどのような促進効果を及ぼすか，つまりプライミング効果が視点不変性の指標として調べられている．一方，依存アプローチの多くの実験では，新奇な物体を短期学習した後の再認課題が主な指標とされている．

これらの相違点を総合すると，Tarr と Bülthoff[18]が図示したように（図6.55），視点非依存表現と依存表現が並存し，物体の大分類に相当するような認知過程から個別物体の詳細識別に至るまで，それらの表現の貢献度が連続的に変化するととらえることが妥当であろう．物体間の類似度が低ければ視点非依存性を示すデータが，それが高くなれば，より視点依存性を示すデータが得られることは，Edelman[19]の研究などで確かめられている．

物体認知に特性や機能の異なる2種類の過程があることは，回転を施した物体の認知実験[20,21]や，失認症に関する神経心理的研究[22]から指摘されてきた．一方，神経生理学的研究では，視覚情報処理には背側ストリーム (dorsal stream) と腹側ストリーム (ventral stream) の2つの大きな経路区分があることが明らかにされている．前者は，後頭葉にある視覚野から頭頂連合野に向かう経路で，対象の空間位置関係や運動知覚にかかわることが指摘されている．後者は，視覚野から側頭連合野に向かう経路で，対象の形や色の認知に関与するとみなされている．

最近，Tanaka[23]は，サルの腹側ストリーム（下側頭葉皮質，IT野）において，ある物体を特定できるほど特殊化されてはいないが，中間的な複雑さをもつ図形特徴に応答するニューロンが集まるコラム構造を発見し，しかも隣接するコラムは，視点変化に対応するように，複雑な特徴空間を連続してマッピングしていることを示唆している．また，

Mikami[24]は物体に対して比較的高い選択性をもつIT野のニューロンの活動が,その物体の視覚的短期記憶プロセスにも関与していることを指摘している.一方,Sakataら[25]は,背側ストリーム(頭頂間溝外側壁)において,特定の形状の立体に応答し,その長軸の3次元的な傾きを識別するニューロン群を見いだした.今後,このような神経科学的知見との対応をさらに追求し,物体の視覚表現の細分化や機能的意義について考察を深めなければならない.　　　　　　　　　　　　　　　　[行場次朗]

文献

1) D. Marr : Vision, W. H. Freeman, San Francisco, 1982
2) 行場次朗, 柳田多聞 : 3次元物体認知に関する視点依存および非依存理論の妥当性の心理物理実験による検討, 心理学評論, **38**, 563-580, 1995
3) D. Marr and H. K. Nishihara : Representation and recongnition of the spatial organization of three-dimensional shapes, *Proceedings of the Royal Society of London*, **B200**, 269-294, 1978
4) H. G. Barrow and J. M. Tannenbaum : Computational approaches to vision, In Handbook of Perception and Human Performance (eds. K. R. Boff et al.), Chap. 38, John Wiley and Sons, New York, 1986
5) I. Biederman : Recognition-by-components, *Psychological Review*, **94**, 115-147, 1987
6) I. Biederman : Visual object recognition, In Visual Cognition (eds. S. M. Kosslyn and D. N. Osherson), Chap. 4, The MIT Press, Cambridge, 1995
7) D. G. Lowe : Perceptual Organization and Visual Recognition, Kluwer Academic Publishers, Boston, 1985
8) I. Biederman and P. C. Gerhardstein : Recognizing depth-rotated objects, *Journal of Experimental Psychology : Human Perception and Performance*, **19**, 1162-1182, 1993
9) S. Ullman and R. Basri : Recognition by linear combinations of models, *IEEE Transactions on Pattern Analysis and Machine Intelligence*, **13**, 992-1006, 1991
10) T. Poggio and F. Girosi : Regularization algorithms for learning that are equivalent to multilayer networks, *Science*, **247**, 978-982, 1992
11) N. K. Logothetis, J. Pauls, H. H. Bulthoff and T. Poggio : View-dependent object recognition by monkeys, *Current Biology*, **4**, 401-414, 1994
12) 村瀬 洋, S. K. Nayar : 2次元照合による3次元物体の認識とその学習, 電子情報通信学会技術研究報告, **PRU 93-120**, 31-38, 1994
13) 藤田俊史, 鈴木 敏, 安藤広志 : 3次元物体認識のネットワークモデル, 電子情報通信学会技術研究報告, **NC 95-61**, 95-102, 1995
14) S. E. Palmer, E. Rosch and P. Chase : Canonical perspective and the perception of objects. In Attention and Performance, vol. 9 (eds. J. Long and A. Baddeley), Erlbaum, Hillsdale, pp. 135-151, 1981
15) H. H. Bülthoff and S. Edelman : Psychological support for a two-dimensional view interpolation theory of object recognition, *Proceedings of National Academy of Science*, **89**, 60-64, 1992
16) S. Edelman and H. H. Bülthoff : Orientation dependence in the recognition of familiar and novel views of 3D objects, *Vision Research*, **32**, 2385-2400, 1992
17) N. K. Logothetis and J. Paul : Psychophysical and physiological evidence for viewer-centered object representation in the primate, *Cerebral Cortex*, **5**, 270-288, 1995
18) M. J. Tarr and H. H. Bülthoff : Is human object recognition better described by geon structural descriptions or by multiple views ? *Journal of Experimental Psychology : Human Perception and Performance*, **21**, 1494-1505, 1995
19) S. Edelman : Class similarity and viewpoint invariance in the recognition of 3D objects, *Biological Cybernetics*, **72**, 207-220, 1995
20) P. Jolicoeur : Identification of disoriented objects, *Mind and Language*, **5**, 387-410, 1990
21) 行場次朗, 柳田多聞, 赤松 茂 : 人間の物体認知における視点依存性と非依存性, 電子情報通信学会論文誌, **J79**, 158-165, 1996
22) M. J. Farah : Is an object an object an object ? *Current Directions in Psychological Science*, **1**, 164-169, 1992
23) K. Tanaka : Inferotemporal cortex and object vision, *Annual Review of Neuroscience*, **19**, 109-139, 1996
24) A. Mikami : Visual neurons with higher selectivity can retain memory in the monkey temporal cortex, *Neuroscience Letter*, **192**, 157-160, 1995
25) S. Sakata, M. Taira and A. Murata : Neural mechanisms of visual guidance of hand action in the parietal cortex of the monkey, *Cerebral Cortex*, **5**, 429-438, 1995

7

奥行き（立体）視

物理的奥行き (physical depth) とは，ここでは観察者から異なる距離にある2つの前額平行面 (frontal-parallel plane) 間の空間間隔のことをいう．このような空間間隔の印象（奥行き印象）を伴うすべての視覚経験のことを奥行き視 (visual depth perception) と呼ぶ．奥行きの印象には，知覚された奥行きの大きさ（奥行き量），奥行きの方向（順序），質的な立体感（奥行き感）などの属性があり，それらの違いは，視覚系が利用できる情報の種類とその特性によって生み出される．これらの情報は，一般に，奥行き手がかりと呼ばれている．

なお，ここでは物理的奥行きのことを単に奥行きと呼び，知覚された奥行きと区別する．奥行きは相対距離 (relative distance)，あるいは事物中心距離 (exocentric distance) とも呼ばれている．観察者からある事物までの物理的距離のことを絶対距離 (absolute distance) と呼び，知覚された距離と区別する．絶対距離は自己中心距離 (egocentric distance) とも呼ばれている．本書では，視覚的に知覚された絶対距離については，10.5節でとりあげる．

一方，立体視 (stereopsis) とは奥行き視の下位概念であり，両眼網膜像差 (binocular retinal disparity) に基づく両眼立体視 (binocular stereopsis) と単眼運動視差 (monocular motion parallax) に基づく単眼立体視 (monocular stereopsis) とに分けられる（実体鏡視 (stereoscopic vision)[1,2]は，両眼立体視と同義である．また，単眼立体視を運動立体視と呼ぶ研究者もいる）．本章の表題を「奥行き（立体）視」とした理由は，章全体が奥行き視全般を取り扱い，そのなかでも両眼立体視と単眼立体視については詳しくとりあげたからである．

本章が取り扱うのは，奥行き視の心理物理的特性，および奥行き視の機構に関する心理物理的理論である．奥行き（立体）視の研究史については，HowardとRogers[3]やGulickとLawson[4]を，生理学的機構については，HowardとRogers[3]を，立体（3D）表示法については，畑田[5]や安居院・中島[6]などの文献を参照していただきたい．とりわけ，HowardとRogers[3]は，立体視に関する膨大な研究を体系的に取り扱っており，この分野での必読文献である．

7.1 奥行き手がかりの分類

視覚系が利用すると考えられている奥行きに関する情報のことを奥行き手がかり (cues to depth) と呼ぶ（絶対距離の手がかりについては，距離手がかりの10.5.3項を参照）．これまでに，さまざまな奥行き手がかりが発見されており，この節ではそれらの手がかりを分類する．

7.1.1 ベクトル手がかり，スカラー手がかり，オーダー手がかり

奥行き量と奥行き方向の2種類の情報のうち，両方か，あるいは片方のどちらの情報を"運ぶ"かによって，奥行き手がかりを3種に分類できる．物理量には，力や速度のように大きさと方向をもつベクトル (vector) と長さや時間のように大きさだけで方向をもたないスカラー (scalar) とが区別されている．奥行き手がかりにも，奥行きの大きさ（奥行き量）と方向（奥行き順序）の手がかりとなる"ベクトル"手がかり，奥行き量だけの手がかりとなる"スカラー"手がかり，さらに奥行きの方向だけの手がかりとなる"オーダー"手がかりの3種が存在する（表7.1）．

奥行きのベクトル手がかりには，両眼網膜像差 (binocular retinal disparity, 以下，網膜像差．7.2節) と観察者運動視差 (observer motion parallax, 7.5節) がある．網膜像差は，何らかの距離手がか

表7.1 奥行き手がかりの分類

	ベクトル手がかり (奥行き量・方向)	スカラー手がかり (奥行き量)	オーダー手がかり (奥行き方向)
静的	両眼網膜像差 (絶対距離情報) 両眼遮蔽(？)		線遠近法 テクスチャ密度 陰影 重なり(遮蔽) コントラスト 視野内の高さ 相対的大きさ
動的	観察者運動視差 (絶対距離情報) 動的遮蔽	対象運動視差 (絶対距離情報)	

りに基づく絶対距離情報が与えられたとき，物体の奥行き量と方向の情報を生み出しうる．視覚システムは，絶対距離情報を使って網膜像差を処理することにより奥行き量を出力することができる(7.2.5項)．交差性網膜像差は，固視面より前方の奥行き方向を，非交差性網膜像差は，固視面より後方の奥行き方向の手がかりになる．一方，観察者運動視差は，網膜像差と同様に絶対距離情報が与えられたとき，物体の奥行き量と方向の情報を生み出しうる．視覚システムは，絶対距離情報を使って運動視差を処理することにより奥行き量を出力することができる(7.5節)．観察者の頭部運動と同方向の運動視差は，固視面の後方を，頭部運動と逆方向の運動視差は，固視面の前方の奥行き方向の手がかりになる．両眼遮蔽(binocular occlusion, 7.4節)と動的遮蔽(dynamic occlusion, 7.6節)の手がかりが奥行き量と方向の情報を運んでいるかどうかに関しては，いまだ明らかではない．7.4節で述べるように，両眼遮蔽がベクトル手がかりであることを示す証拠がある[7]一方で，そうではないことを示す証拠もある[8]．また，奥行き量と方向についての動的遮蔽の効果については，いまだ研究されていない．

奥行きのスカラー手がかりには，運動視差の一種である対象運動視差がある[9,10](7.5節)．対象運動視差は，運動性奥行き効果(kinetic depth effect, 7.5.5項)[11]や，回転立体視(stereokinetic depth effect)，あるいは運動がもたらす形態(shape from motion)などの用語で呼ばれており，絶対距離情報が利用できるとき，奥行き量の手がかりにはなるが，その方向の手がかりにはならない．したがって，対象運動視差手がかりは，奥行き方向に関しては2値的，あるいはあいまい(ambiguous)である[9,12]．

奥行きのオーダー手がかりには，単眼性・画像的手がかりのすべてが含まれる．これらの手がかりは，奥行き順序(depth order)の情報しか運ばない．つまり，複数の物体の相対的奥行き関係だけの情報を生み出すことができる(しかし，ある条件では陰影が奥行き量の情報を生み出しうることが最近の研究[12]で報告されており，今後の課題の1つである)．

以上の分類基準のほかにもいくつかの異なる分類基準がある[13]．例えば，単眼情報かそれとも両眼情報かによる分類基準(単眼手がかりと両眼手がかり)，運動情報処理を含むか含まないかによる基準(静的手がかりと動的手がかり)，網膜像に含まれるか，含まれないかによる基準(網膜手がかりと網膜外手がかり)などである．

7.2 両眼網膜像差に基づく立体視

7.2.1 基本概念

この節では両眼立体視を理解するうえで重要な概念について概説する．

a．視線と視軸

像を形成するレンズ系には，その光軸上に2つの節点(nodal points)があり，それぞれ前方(第1)節点，後方(第2)節点と呼ばれている．眼のレンズ系の場合も同様であるが，簡便のため，光軸上，網膜の前方約17 mm(角膜面の後方約6.2 mm)に1つの節点を仮定することが多い[3]．外界のあらゆる点から出た光は，この節点を通過して網膜面上に像を形成すると仮定される．節点と外界のある点とを結ぶ直線を視線(visual line)と呼び，すべての視線のなかで，中心窩(fovea)と固視点(fixation point)とを結ぶ視線を視軸(visual axis)と呼ぶ[14]．一方，眼のすべての光学系の曲率中心を通る線(節点も含む)を光軸(optical axis)と呼ぶ．視軸は光軸に対して約5°傾いている．

b．両眼視差と輻輳

視差(parallax)とは，"変化"，"変更"を意味するギリシア語，パラルラクシス($\pi\alpha\rho\alpha\lambda\lambda\alpha\xi\iota\sigma$)に由来することばであり，はじめ，光学や天文学の用語として用いられた．すなわち，「視差とは，観測位置の変化による対象の見かけの位置(apparent displacement)の変化，あるいは見かけの方向(apparent direction)の差のことである」(ウェブスター辞

典).この定義において,観測位置の差を両眼位置の差に置き換えることによって,両眼視差(binocular parallax)の概念が生まれた(観測位置の変化を観察者の位置変化,つまり観察者の運動に置き換えることによって,運動視差(motion parallax)の概念が生まれた).したがって,両眼視差とはある対象を固視しているときの左眼の視軸(あるいは視線)と右眼の視軸(あるいは視線)の方向の差のことをいい,それぞれの眼の節点が対象に対して張る角度で表される(これを絶対両眼視差,absolute binocular parallax ともいう).後述する両眼網膜像差(binocular retinal disparity)は,両眼視差の差のことをいう.固視点とそれぞれの眼の節点の3点を通る円をホロプター(後述)と呼ぶ.

一方,眼球輻輳(ocular vergence),あるいは簡単に輻輳(convergence)とは,眼球運動学上の概念であり,眼球の位置もしくは運動にかかわる概念である.眼球の回転中心(center of rotation, 回旋点ともいい,角膜面の後方約 13.5 mm)と固視点(fixation point)とを結ぶ線を注視線(fixation line)と呼び[14],両眼の注視線のなす角を輻輳角(convergence angle)という.つまり,輻輳角とは,両眼の回転中心が固視点に対して張る角のことである.固視点とそれぞれの眼球の回転中心の3点を通る円を等輻輳円(iso-vergence circle)と呼ぶ.

c. 水平網膜像差と垂直網膜像差

左右眼に投影された刺激の位置を表現するのによく用いられるのは,それぞれの眼の網膜の中心窩を原点とする直交座標である.それぞれの網膜座標において,原点から同距離,同方向の関係にある2つの点を対応点(corresponding points)と呼び,同距離,同方向の関係にない2つの点を非対応点(non-corresponding points)と呼ぶ(対応点を知覚的に定義することもできる.例えば,両眼の同一視方向を生む網膜上の点や見かけの前額平行面を生む網膜上の点などである[18]).両眼網膜上の点が非対応の関係にあるとき,その非対応の度合い("ずれ"の大きさ)を両眼網膜像差と定義する.X 軸上のずれを水平網膜像差,Y 軸上のずれを垂直網膜像差と呼ぶ(眼球は,水平方向に約 6.5 cm 離れているので,立体視の点では水平網膜像差のほうが主要な網膜像差(principal disparity)[3]であり,研究の数も多かった.しかし,最近,垂直網膜像差の視覚的効果についての研究が増えてきた[3,4].以下の項目では,網膜像差の用語は水平網膜像差を意味し,垂直網膜像

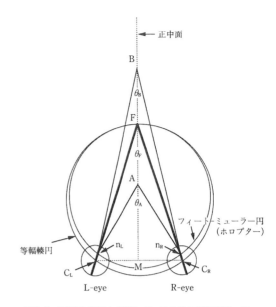

図 7.1 両眼が点 F を固視しているときの等輻輳円,フィート-ミューラー円(ホロプター)
A, B は,外界の対象を表す.θ は,それぞれの対象に輻輳したときの輻輳角,n_L, n_R は,それぞれ左眼,右眼の節点,C_L, C_R は回転中心を表す.

差と区別する.垂直網膜像差の定義,視覚的効果に関しては,Howard と Rogers[3],金子[15]を参照).

網膜像差の大きさは,前項目で定義した両眼視差の差によって近似することができる.図 7.1 は,眼の高さの横断面上における固視点および物体の位置を表す.点 F と点 A の網膜像差は,θ_F と θ_A の差で,また点 F と点 B の網膜像差は,θ_F と θ_B の差で,点 A と点 B の網膜像差は θ_A と θ_B の差で近似できる.また,点 F を固視している場合,点 A の生み出す網膜像差を交差性網膜像差(crossed disparity),点 B の生み出す網膜像差を非交差性網膜像差(uncrossed disparity)と呼ぶ(網膜像差を計算する場合,眼球内の基準点を眼球の回転中心におくか,節点におくかによって,差が生じる.その理由は,回転中心と節点とが視軸上,約 6.2 mm 離れているからである.どちらを基準点におくかによって,網膜像差の計算にどの程度の差が生じるかについては,Ono と Comerford[16],Collewijn と Erkelens[17]参照).

d. 絶対網膜像差と相対網膜像差

絶対網膜像差(absolute disparity)とは,固視点(両眼視軸の交点)に対してある対象がもつ網膜像差のことをいい,相対網膜像差(relative disparity)とは,ある対象がほかの対象に対してもつ網膜像差

のことをいう[19]．図7.1において，点Fを固視点とする．θ_F は，輻輳角（Fの両眼視差）である．このとき，点Aの絶対網膜像差は，$\theta_F-\theta_A$ であり，点Bのそれは，$\theta_F-\theta_B$ である．点Aあるいは点Bの相対網膜像差は，$\theta_A-\theta_B$ である．以上の定義に基づくと，絶対網膜像差は輻輳眼球運動によって変化するが，相対網膜像差は変化しない．立体視に関する従来の研究は，ほとんどが相対網膜像差に基づく視覚的効果に関するものであった（観察者が"意識的に"ある物体を固視しているとき，両眼視軸の交点と物体の位置とが正確に一致していないことが起こる．このときの絶対網膜像差を固視網膜像差（fixation disparity）と呼ぶ）．

e．ホロプター

両眼網膜の対応点上を刺激する外界の対象の位置の集合を理論的ホロプター（theoretical horopter），もしくは幾何学的ホロプター（geometrical horopter）と呼ぶ．つまり，理論的ホロプター上の対象は，網膜像差を生じない（あるいは，ゼロ網膜像差をもつ）．理論的ホロプターは，両眼の視軸を含む面上の水平ホロプター（horizontal horopter）と正中面上の垂直ホロプター（vertical horopter）とに分けられる．理論的水平ホロプターは，一般にフィート-ミューラー円（Vieth-Muller circle）と呼ばれている（1818年にViethが述べ，その後1826年にJohhannes Mullerが記述したので，この名称で呼ばれている）．フィート-ミューラー円は，固視点と両眼の節点の3点を通る円と定義される（図7.1）．フィート-ミューラー円上に位置しないすべての対象は，両眼の非対応点上に結像し，したがって網膜像差を生じる．一方，対称的輻輳状態における理論的垂直ホロプターは，固視点を通る正中面上の垂線である（ホロプターの用語は，Aguilonius（1613）による）．

一方，経験的ホロプターとは，ある固視点において単一視を生み出す空間内の点集合と定義されており，この点集合を実験的に求めることができる．また，見かけの前額平行面（apparent frontal plane）によって定義することもでき，この定義による経験的水平ホロプターは，フィート-ミューラー円（理論的ホロプター）から偏位することが知られており，この偏位はヘリング-ヒレブラント偏位（Hering-Hillebrand deviation）と呼ばれている（経験的ホロプターを測定する方法については，HowardとRogers[3] 参照）．

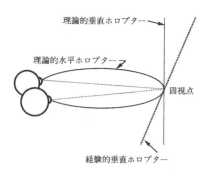

図7.2 水平ホロプターと垂直ホロプター
太い点線は，経験的垂直ホロプターを表す．

両眼網膜の対応経線が垂直であるならば，経験的垂直ホロプターは固視点を通る垂直線に一致する．しかし，実際には，両眼の網膜対応経線は互いに約1°程度，上部がこめかみ側，下部が鼻側に傾斜しているために，経験的垂直ホロプターは固視点を通る垂直線分で，かつ上部が観察者側から遠ざかる方向に傾斜する（図7.2）．これは，垂直ホロプター傾斜（vertical horopter inclination）と呼ばれており，眼から固視点までの距離の関数となる[3,20,21]．

［中溝幸夫］

文　献

1) 大山　正：空間知覚，視覚情報処理（田崎京二，大山　正，樋渡涓二編），朝倉書店，1979
2) 東山篤規：空間知覚，新編 感覚・知覚心理学ハンドブック（大山　正，今井省吾，和気典二編），誠信書房，1994
3) I. P. Howard and B. Rogers：Binocular Vision and Stereopsis, Oxford Univ. Press, New York, 1995
4) W. L. Gulick and R. B. Lawson：Human Stereopsis：A Psychophysical Analysis, Oxford Univ. Press, New York, 1976
5) 畑田豊彦：立体視と3次元ディスプレー（応用物理学会光学懇話会編），朝倉書店，1975
6) 安居院　猛，中島正之：ステレオグラフィックス&ホログラフィ，産業報知センター，1985
7) K. Nakayama and S. Shimojo：Da Vinci sltereopsis：depth and subjective occluding contours from unpaired image points, Vision Research, 30, 1811-1825, 1990
8) K. Shimono, J. Tam and S. Nakamizo：Wheatstone-Panum's limiting case：Occlusion, camouflage, and vergence-induced cues, Perception & Psychophysics, 61, 445-455, 1999
9) 近江政雄：運動視差による簡単な刺激の奥行知覚，VISION, 6, 1-14, 1994
10) 中溝幸夫，斎田真也：運動視差：研究史と最近の研究動向，福岡教育大学紀要，39, 239-264, 1990
11) H. Wallach and D. N. O'Connell：The kinetic depth effect, Journal of Experimental Psychology, 45, 205-217, 1953
12) 原口雅浩，中溝幸夫：運動視差による形態刺激の奥行知覚：相対的大きさ手がかりとの相互作用，VISION, 5, 171-181, 1993

13) R. Sekuler and R. Blake: Perception, 2nd ed, McGraw-Hill, New York, 1990
14) 魚里 博: 眼光学の基礎, VISION, 1, 20-31, 1989
15) 金子寛彦: 立体視における垂直視差の役割, VISION, 8, 161-168, 1996
16) H. Ono and J. Comerford: Stereoscopic depth constancy, In Stability and Constancy in Visual Perception: Mechanisms and Processes (ed. W. Epstein) Wiley, New York, 1977
17) H. Collewijn and C. J. Erkelens: Binocular eye movements and the perception of depth, In Eye Movements and Their Role in Visual and Cognitive Processes: Review of Oculomotor Research (ed. E. Kowler), Elsevier, Amsterdam, pp. 213-261, 1990
18) E. Hering: Spatial Sense and Movements of the Eye (English Trans. by C. A. Radde), Am. Academy of Optometry, Baltimore, 1942 (Originally published in 1879)
19) H. Collewijn, C. J. Erkelens and D. Regan: Absolute and relative disparity: a re-evaluation of their significance in perception and oculomotor control, In Adaptive Processes in Visual and Oculomotor Systems (eds. E. L. Keller and D. S. Zee), Pergamon Press, Oxford, 1986
20) H. von Helmholtz: Physiological Optics, Dover, New York, 1962 (English translation by J. P. C. Southall from the 3rd German edition of Handbuch der Physiologischen Optik, 1909)
21) C. W. Tyler: The horopter and binocular fusion, In Vision and Visual Dysfunction. Vol. 9, Binocular vision (ed. D. Regan), Macmillan, London, 1991

7.2.2 研 究 法

両眼立体視の研究は，Wheatstone[1]によって網膜像差が奥行き知覚の手がかりであることが示されて以来，ひじょうに多くの研究が行われてきた．この項では，それらの研究を理解するうえで最少限必要と思われる知見について概説する．

a. ステレオグラムとステレオスコープ

網膜像差立体視研究に必要なものは，ステレオスコープ (stereoscope, 実体鏡ともいう) とステレオグラム (stereogram) である．最初のステレオスコープとステレオグラムは1838年，Wheatstone[1]によって作られた．彼は平面鏡を組み合わせることにより，左右の眼に独立に刺激が提示できる装置を作った．この装置は，ミラー式ステレオスコープ (mirror stereoscope) と呼ばれている (図7.3(a))．彼は，この装置を使って，網膜像差をもった一対の刺激 (ステレオグラム，図7.3(b)) をそれぞれ左右の眼に提示すると奥行きが感じられることを示した．このような提示方法は両眼分離提示法 (dichoptic presentation) と呼ばれている．Wheatstone は，この装置を使って，奥行きをもつ刺激をシミュレートできることを示したのである (図7.3(c))．

Wheatstone によるミラー式ステレオスコープの発明以来，いろいろなタイプのステレオスコープが発明された．心理物理実験によく使われるという意味で代表的なものはミラー式のほかにも3種類ある．レンズとプリズムを使ったプリズム式ステレオスコープ，偏光フィルター (polarized filter) を組み合わせて刺激を両眼分離提示するポラロイド式ステレオスコープ，色フィルターを組み合わせるアナグリフ式ステレオスコープである．また，最近，網膜像差刺激をコンピューター画面上で高速で交互に

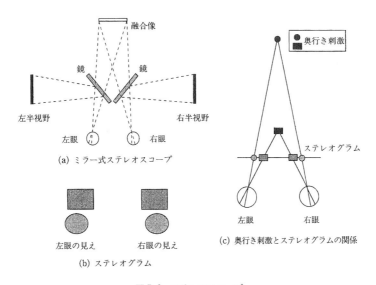

図7.3 ステレオスコープ

(a) ランダムドットステレオグラム

(b) オートステレオグラム

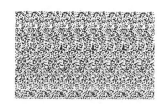

(c) 交差法

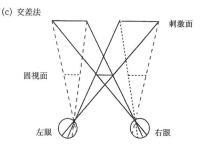

(d) 非交差法

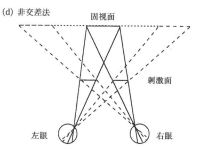

図7.4　ランダムドットステレオグラム

提示し，その提示に同期させて眼前のシャッターを開閉することによって刺激の両眼分離提示ができる装置も開発されている[2]．これらのステレオスコープを用いて観察されたステレオグラムは，Wheatstone以降，そのほとんどが輪郭をもつ図形であった（立体写真なども商業用として使われていた[2]）．

1960年，Julesz[3]は，コンピューターを使ってこれまでのステレオグラムとは異なるランダムドットステレオグラム（random-dots stereogram）を作成した（図7.4(a)）．このステレオグラムの特徴は，網膜像差刺激自体には輪郭（構成する要素間の輪郭，およびステレオグラムとその背景とを区別する輪郭を除いて）は存在しないが，一定の輪郭をもった奥行き面が知覚されることである．刺激の"輪郭"が見えないということは，知覚された奥行き面の輪郭は，"両眼融合"が生じた後に生成されたと考えることができる．したがって，ランダムドットステレオグラムは，形態的手がかりの効果を含まない，"純粋な"網膜像差手がかりの効果を示したものといえる．

ステレオグラムを使って両眼立体視を経験するのに，必ずしも実体鏡を使う必要はない．図7.4(c)に示したように，両眼視軸をステレオグラムより手前で交差させると（crossed eye method，交差法），ステレオグラムのそれぞれの半視野が提示された面より手前で"融合"し，立体視が経験できる．同様に，両眼視軸を提示面の後ろで交差させても（uncrossed eye method，非交差法），立体視が経験できる（図7.4(d)を参照）[4]．この方法を使うと，両眼分離刺激を半視野に分けなくても，立体視が経験できる．両眼"分離"刺激が同一の視野に提示されているステレオグラムはオートステレオグラム（autostereogram）と呼ばれている（図7.4(b)）[2]．

b．両眼立体視の測度

網膜像差処理機構に関する研究では，網膜像差に対する視覚系の反応測度として基本的には2種類のものが使われてきた．奥行き量と奥行き弁別である．奥行き量の測定には，口頭でその量を答えさせる方法[5]，その量を調整刺激を使って再生させる方法[6]，一定の奥行き量を調整刺激の網膜像差を操作して再生する方法[7]，また，網膜像差刺激の見かけの位置に調整刺激をおく方法[8]がある．ただし，最後の方法は奥行き量を測定しているのか，網膜像差刺激と調整刺激のあいだの網膜像差を0にしているのかわからないという批判があり，最近ではほとんど使われていない．

奥行き弁別の測度は，あるタイプの網膜像差を提示したとき（交差性か非交差性），そのタイプに対応した奥行き方向を報告できるかどうかを測度とする[9]．あるいはまた，同じタイプの網膜像差の場合は，より大きい（あるいは小さい）網膜像差を正しく報告できるかどうかを測度とする[10]．

ただし，これら2種の測度は，必ずしも同一の特性を示さない．見かけの奥行き量は，刺激の大きさにも依存するが[11]，約1°程度の網膜像差までは，網膜像差の大きさの増加に伴って線形に増加し，それ以降は減少する．ところが，奥行き弁別は約1°を越えると低下する[12]．

7.2.3 確度と精度

心理物理学の測定において，被験者の反応は確度 (accuracy) と精度 (precision) によって表現できる．確度とは，反応が刺激の物理的特性と一致しているかどうかの度合いのことであり，一方，精度とは，反応のばらつきの度合いである[13]．もし被験者の反応が視覚系の特性を直接反映するとみなせるなら，視覚系の特性は確度と精度で記述できることになる．立体視システムに関していえば，ある網膜像差が提示されたときの被験者の反応（奥行き弁別，あるいは奥行き量の報告）が，システムの特性を表現していることになる．とりわけ確度は，システムの特性を表す重要な指標である．

a. 網膜像差の方向と大きさ

立体視システムの確度は，網膜像差の方向に関するものと大きさに関するものが考えられる．前者は，被験者が交差性像差に対して"より手前"，非交差性像差に対して"より後ろ"というように，網膜像差のタイプに対応して正しい奥行き方向が報告できるかという奥行き弁別に関するものである．後者は，ある網膜像差に対する見えの奥行き量が，幾何学的に予測される奥行き量とどの程度一致しているか，その程度に関するものである．

奥行き弁別が可能な最大の網膜像差は，一般的には最大で10°程度であり[14,15]，最小は数″（秒）である（最小の弁別力を立体視力といい，次の項目で取り扱う）．一方，見えの奥行き量が網膜像差によってシミュレートされた物理的奥行きと一致する，つまり奥行き量の確度が高いのは，1°程度まで[16]であり，さらに網膜像差が大きくなると確度は著しく低下する（図7.5）．つまり，奥行きの方向と量に関して，立体視システムの確度は異なる[11]．また，奥行き量に関する確度は網膜像差をもつ刺激の大きさにも依存している[12]．

b. 立体視力

立体視力とは，奥行き弁別の閾値である．立体視力は，標準刺激（一般に，固視刺激）と奥行き弁別が可能な比較刺激のあいだの角度差，つまり比較刺

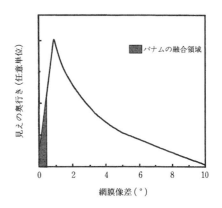

図7.5 網膜像差の関数としての見えの奥行き量

激の網膜像差で表現する（ただし，標準刺激と固視刺激のあいだに網膜像差がある場合の，標準刺激と比較刺激のあいだの奥行き弁別視力を立体視力と呼ぶ場合もある．このような網膜像差をとくに disparity pedestrial と呼ぶ．この項では，前者の立体視力についてのみ扱うので，disparity pedestrial の弁別に関する研究については，文献2)を参照していただきたい）．

立体視力は最もよい条件下で，視角にして数″の単位になることが一般に認められている．この値は副尺視力 (verner acuity) に匹敵する[2]．このことは，奥行き弁別の閾値を示す標準刺激と比較刺激の網膜像の角度差はそれぞれの眼における副尺視力の約半分ということを意味する．ただし，立体視力はさまざまな要因の影響を受けることがわかっている．例えば，固視刺激と標準刺激の水平あるいは垂直距離が増加すると，立体視力は低下する．また，刺激の輝度（輝度が低いと立体視力は低下する），空間周波数（空間周波数が低いと立体視力は低下する），網膜像差の方向（交差性よりも非交差性のほうが立体視力が低い）などが影響する．

また，眼球運動（眼球位置の変化）は，標準刺激と比較刺激の距離が増加すると（約0.2°を越えると），立体視力に影響する．標準刺激を固視する場合に比べ，眼球位置を変化させる（固視を標準刺激と比較刺激の交互に行う）場合のほうが立体視力が低下するのである[17]．それぞれの要因についての詳しい分析は文献2)を参照していただきたい（また，立体視力は視力と同様に臨床的に重要なので，多くの立体視力臨床検査が開発されている．それらに関しても文献2)を参照）．

c. 順応

あるタイプの網膜像差刺激に長時間さらされると、立体視機構に順応が起こり、所与の刺激に対する確度および精度が変化する。これを両眼立体視の順応という。例えば、あるタイプの網膜像差刺激（順応刺激）を長時間観察すると、テスト刺激（ゼロ網膜像差刺激）が順応刺激の奥行き方向とは逆の方向の奥行き面として知覚されたり、テスト刺激（順応刺激とは逆の奥行きを生む網膜像差刺激）の奥行き量が順応前に比べて減少したりする。このことは、立体視機構の2つの確度（奥行き方向と奥行き量の確度）が順応によって変化することを示している。

奥行き方向の順応効果について最初に報告したのはKöhlerとEmery[18]である。彼らは奥行き方向に傾斜した線分を観察すると、前額平行面におかれた線分（テスト刺激）が反対方向に傾いて見えることを報告した。その後、MitchellとBaker[19]は、数分から10分程度の網膜像差刺激（線分刺激）を、十数秒から数分間観察すると、最大で数十秒程度の順応効果（残効）が得られることを示した。これらの刺激は単眼でも観察可能なので、それぞれの眼における図形残効が奥行き方向の残効に影響した可能性がある。この可能性を排除するために、BlakemoreとJulestz[20]およびLongとOver[21]は、ランダムドットステレオグラムを使い、"純粋に"網膜像差処理過程のみの順応について調べた。彼らの結果は線分刺激の結果と類似していた（順応と類似の現象に立体視の同時対比と呼ばれるものがある。この現象では、順応と異なり、順応刺激とテスト刺激が同時に提示される。順応と同時対比が同じ機構で媒介されるかどうかは興味深い問題である。同時対比について詳しくは文献2)を参照していただきたい）。　　　　　　　　　　　　［下野孝一］

文献

1) C. Wheatstone : Contributions to the physiology of vision—Part the first. On some remarkable and hitherto unobserved phenomena of binocular vision, *Philosophical Transactions of the Royal Society*, **128**, 371-394, 1838
2) I. P. Howard and B. Rogers : Binocular Vision and Stereopsis, Oxford Univ. Press, New York, 1995
3) B. Julesz : Binocular depth perception of computer generated patterns, *Bell System Technical Journal*, **39**, 1125-1162, 1960
4) A. Arditi : Binocular vision, In Handbook of Perception and Human Performance, vol. 1, Chap. 23, Sensory processes and perception (eds. K. R. Boff, L. Kaufman and J. P. Thomas), Wiley, New York, 1986
5) K. Shimono : Evidence for subsystems in stereopsis : fine and coarse stereopsis, *Japanese Psychological Research*, **26**, 168-172, 1984
6) E. B. Johnston : Systematic distortions of shape from stereopsis, *Vision Research*, **31**, 1351-1390, 1991
7) M. Ritter : Effect of disparity and viewing distance on perceived depth, *Perception & Psychophysics*, **22**, 400-407, 1977
8) R. H. Cormack : Stereoscopic depth perception at far viewing distances, *Perception & Psychophysics*, **35**, 423-428, 1984
9) W. Richards : Stereopsis and stereoblindness, *Experimental Brain Research*, **10**, 380-388, 1970
10) W. J. Tam and L. B. Stelmach : Display duration in stereoscopic depth discrimination, *Canadian Journal of Psychology*, **52**, 56-61, 1998
11) W. Richards and M. Kaye : Local versus global : two mechanisms ? *Vision Research*, **14**, 1345-1347, 1974
12) J. M. Foley, T. H. Applebaum and W. A. Richards : Stereopsis with large disparities : discrimination and depth magnitude, *Vision Research*, **15**, 417-421, 1975
13) H. Ono : Precision and accuracy in perception, In Educational Computer Program Package, Intellimation, Santa Barbara, 1993
14) G. Westheimer and I. J. Tanzman : Qualitative depth localization with diplopic images, *Journal of the Optical Society of America*, **46**, 116-117, 1956
15) G. Westheimer : The range and scope of binocular depth discrimination in man, *Journal of Physiology*, **211**, 599-622, 1970
16) W. Richards : Anomalous stereoscopic depth perception, *Journal of the Optical Society of America*, **61**, 410-414, 1971
17) A. A. Rady and I. G. H. Ishak : Relative contributions of disparity and convergence to stereoacuity, *Journal of the Optical Society of America*, **45**, 530-534, 1955
18) W. Köhler and D. A. Emery : Figural aftereffects in the third dimension of visual space, *American Journal of Physiology*, **60**, 159-201, 1947
19) D. E. Mitchell and A. G. Baker : Stereoscopic aftereffects : Evidence for disparity-specific neurons in the human visual system, *Vision Research*, **13**, 2273-2288, 1973
20) C. Blakemore and B. Julesz : Stereoscopic depth aftereffect produced without monocular cues, *Science*, **171**, 286-288, 1971
21) N. R. Long and R. Over : Stereoscopic depth aftereffects with random-dot patterns, *Vision Research*, **13**, 1283-1287, 1973

7.2.4 刺激特性と立体視能力
a. 輝度特性と両眼対応

両眼立体視は、ほかの視覚特性と同様に、刺激の輝度やコントラストの影響を受ける。まず輝度の影響であるが、明所視の閾値付近では輝度が高いほうが両眼立体視能力が高くなるが、それより明るい条件では輝度はほとんど立体視力（奥行き知覚に必要な最小の両眼網膜像差）に影響しない[1~4]。例えば、

7.2 両眼網膜像差に基づく立体視

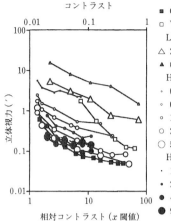

図7.6 立体視力（網膜像差閾値）のコントラスト依存性
横軸はコントラストを示すが，下側の軸はコントラスト閾値の倍数で示し，上側はコントラストそのものである[6,9]．実験条件の詳細は以下のとおりであるが，不明な点については記していない．WestheimerとPettet[9]（平均輝度28 cd/m²の結果，刺激11′h×8′wの上下に5′離れた2つの長方形，呈示時間1秒，奥行き方向のずれの検出，恒常法，コントラストは背景を最小値，テストを最大値として計算したMichelson contrast），HessとWilcox[8]（平均輝度49 cd/m²，刺激ガボアパッチ，コサイン関数状の時間変化で1秒間の呈示，テスト刺激の上下に呈示される同じ形状の参照刺激との奥行きのずれの検出，二者択一強制選択応答，恒常法），HalpernとBlake[5]（平均輝度23 cd/m²，刺激6°h×8°w視野中のガウス関数の10階微分，連続呈示，テスト刺激の左右に呈示される参照の線刺激との奥行きマッチング，調整法），LeggeとGu[6]（平均輝度340 cd/m²，刺激サイン波グレーティング，視野の大きさは周波数によって異なる，連続呈示，テスト刺激の下に呈示されるテスト刺激と同じ周波数の参照刺激との奥行き検出，二者択一強制選択応答，恒常法），Cormackら[7]（平均輝度80 cd/m²，80%相関のランダムドットステレオグラム，網膜像差でできた水平線分の検出，2インターバル二者択一強制選択応答，恒常法）．

LitとHummは，網膜照度が1 td以上では刺激の輝度の影響はほとんどないが，それより暗くなると立体視力が低下することを示している[1]．また，SiegelとDuncanおよびRadyとIshakもそれぞれ，1.3 cd/m²，10 cd/m²以上で立体視力が変化しないことを示している[2,3]．一方，RichardsとFoleyは，奥行きの弁別課題を被験者に課し，輝度に依存した立体視能力の変化への視差の影響を見いだしている[4]．0.5°の視差では明所視レベルではほぼ一定の感度，それより低輝度では単調に感度が低下する．しかし，4°の視差では錐体の閾値付近（色の閾値付近）で最も感度が高いとの結果を得てい

る．彼らは，この大きな視差に対する感度のピークは，立体視力に対する足し合わせ範囲が低輝度で広がると考えれば説明できるとしている．

コントラストは輝度に比べ大きな影響を与え，コントラストが低下すると立体視力は大きく低下する．この低下はほとんどの研究で顕著に見られ，刺激が正弦波[5]かそれに近い形状（ガウス関数の10階微分）の場合[6]も，ランダムドットパターン[7]でも同様である．コントラストと立体視の奥行き閾値の関係を両対数の表示での傾きで評価すると，いずれの研究も−2から−0.3程度の範囲となる[8,9]（図7.6）．Cormackらの研究では，その傾きがコントラストの低いほうでは大きく（−2程度），高いほうでは小さい（−0.3程度）ことを示し，その傾向はほかの2つの実験結果からも読み取れる．コントラストと立体視力の関係は刺激の空間周波数を変化しても，それほど大きく変化しない．HalpernとBlakeは1.2，2.4，4.8，9.6 cycle/°の中心周波数の刺激に対してコントラストと閾値の関係を示す傾きは両対数の表示で−0.67，−0.45，−0.42，−0.23（3名の被験者の平均）と変わることを示す[5]が，LeggeとGuは0.5 cycle/°と2.5 cycle/°あるいは3.5 cycle/°（被験者によって異なる）の比較から系統的な影響はないことを報告している[6]．これらは1つの傾きでデータを評価している（閾値がつねにコントラストの指数関数で変化するとの仮定）が，実際にはコントラストによって傾きが変化する可能性もあり，その場合は測定しているコントラストの範囲の影響も傾きに反映してしまう．HalpernとBlakeは閾値の10倍程度までの測定であるのに対し，LeggeとGuは100倍程度まで測定しているという差もある．これらの点を考えると，コントラスト特性の空間周波数依存性については明らかになっているとはいえない．

両眼立体視は，7.2.1項で述べられているように，左右眼の網膜像の位置差に基づいて形成されると考えられる．したがって，立体視のためには，左右眼の網膜像の対応する部分を知る必要がある．ランダムドットステレオグラムにおいて立体視が可能であることは，両眼立体視が左右眼の網膜像差の情報のみに基づき知覚され，それぞれの網膜像に対する形状認識の処理などは必要ない．つまり，ランダムドットステレオグラムで立体視することで知覚される図形（両眼網膜像差図形，cyclopean figure）についての情報は各網膜像にはないということであ

る.しかし,これは単眼網膜像の処理を必要としないというわけではない.当然それぞれの網膜像から何らかの特徴を処理して両眼網膜像を比較し対応する部分を検出する必要がある.左右網膜像の対応する部分を探し出す処理は,一般に対応問題と呼ばれ,多くのモデルが提案されている[10〜13].いずれのモデルも,網膜上の輝度変化から適当な特徴に注目し,それらの対応する点を探すことになる.最も単純なものとしては,画像の強度そのものがある.ランダムドットパターンを用いたとすると,1(白い点)か0(黒い点)となりわかりやすい.例えば左網膜像のある白点が右網膜像のどの白点に対応するかを探すということである.しかし,実際の人間の処理はそう単純ではない.

両眼立体視に,網膜像の強度そのものを特徴として用いていると考えることはできない.それは,両眼網膜像のあいだで,輝度,コントラスト,空間周波数などを多少変えても立体視が可能であるためである.対応に必要な特徴以外の変化については,奥行き知覚に影響しないと考えられるので,両眼刺激が異なる場合に立体視能力がどう変化するかは,対応問題を考えるうえで重要である.両眼刺激間の輝度差が立体視力に与える影響を調べた研究によると,立体視力の低下は両眼画像の輝度差がかなり大きくないと生じないことがわかる[3,14].例えば,輝度差10倍の変化に対して,立体視力の閾値は1.5倍程度の低下で,これは測定する輝度のレベルによらない[14].一方,両眼画像間でのコントラストの差については,大きな感度低下を与えることが知られている[5,6].一方の眼に対する画像のコントラストを低下すると立体視力は低下する.これは,両方のコントラストを低下した場合よりも大きな感度低下が起こる場合もあるため,単にコントラストの低下による感度低下では説明できない.したがって,両眼画像の不一致そのものが立体視の感度を低下させることを意味する.この不一致による感度低下は他眼からの信号による抑制による説明[15],ノイズの部分相関による説明[6]などが考えられている.

狭い領域に空間周波数を制限した刺激,DOG (difference of Gaussian) を用い,左右眼での周波数の差異が立体視力に与える影響についても検討されている.一方の画像を固定して他方の画像の周波数を変化し立体視力を測定すると,周波数が等しいとき最も感度が高く,差が大きくなるに従い低下するとの結果が得られている[16].Schorらは,空間周波数チャンネルの周波数特性の測定として実験を報告するが,KontsevichとTylerは低周波領域では単一の空間周波数チャンネルを仮定するだけで説明できるとする[15].実験結果は単純であるが,その理解には両眼立体視のメカニズムを知る必要があり,いずれが正しいか判断することはむずかしい.そのほか,一方の画像から低周波成分を取り除いた場合も立体視力が低下する[17],両網膜像から高周波成分を取り除くと,やはり立体視力は低下する[8]などの実験結果がある.前者では一方の眼に3ジオプターのレンズを使用して画像をぼかした場合に10倍以上の立体視力の低下が生じ,後者の実験はレンズにより視力を1.0から0.1に低下した場合,立体視力はほぼ視力の低下と線形に1/4程度まで低下することを示している.

両眼網膜像の対応をとるために視覚系が用いている特徴としてはゼロ交差,重心,ピークなどがあげられているが,必ずしもそういった特徴をはっきり考えないモデルもある.例えば,複雑型細胞の受容野をもとに構築したモデル[13]では,輝度変化の左右網膜像の差異を空間フィルターの出力の差で取り出すという操作をしているため,明示的な特徴は考えられていない.このモデルは,低次の運動検出器として特徴マッチングのような過程ではなく時空間フィルターを考える(8章参照)のと同様に,単純であるが初期視覚の処理として優れたモデルといえる.もちろんこのような処理でもゼロ交差やピークなどの処理を経た後に続くと考えてもさしつかえないので,特徴抽出を考えることと排他的なモデルというわけではない.実際に視覚系のモデルとして適当なものがどれであるかについては,さまざまな検討がなされているが結論が出ているとはいえない.例えば,LeggeとGuは,コントラストに依存した感度の変化からゼロ交差や重心を特徴としているとは考えにくく,ピークが最も実験結果を説明するのに適したものであると結論づけている[6]し,Cormackらは,コントラストと両眼画像の相関の立体視力への影響から,両網膜像の相関をとるモデルの妥当性を主張する[7].

b.非輝度輪郭に基づく両眼立体視

前項は,輝度変化に伴う両眼立体視の特性について述べているが,輝度差以外でも輪郭線や形状を作ることはできる.色差,テクスチャの差,運動速度の差などがその例である.そのような非輝度輪郭に網膜像差がある場合の両眼立体視は,多分に実験室

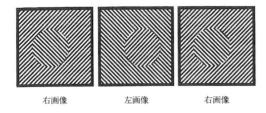

右画像　　　左画像　　　右画像

図7.7 テクスチャ輪郭による立体視
このステレオグラムではテクスチャで形成された正方形が左右画像でずれていて、網膜像差が与えられている。

的な状況となるが、それぞれの刺激属性の両眼立体視へ寄与を考えるうえで重要である。図7.7はテクスチャ差で作ったステレオグラムの例である[19]。このような図形では、視野闘争があるため純粋に立体視能力を求めることはむずかしいが、適当な網膜像差を与えると立体視が可能である[21,22,29]。立体視が可能であるか否かは、網膜像差の大きさのみではなく、テクスチャの種類にも依存する。MayhewとFrisbyは空間周波数の差でできたさまざまなテクスチャ輪郭を用いてステレオグラムを形成し、両眼立体視の可能なものと不可能なものに分類している[21,22]。彼らは、左右画像の周波数成分が共通することの重要性を指摘しているが、左右画像はつねに無相関の刺激を使っているため、テクスチャ輪郭がどのような周波数の差で形成されているかが重要であることになる。ただし、彼らの刺激ではテクスチャの空間周波数の変化とともに視野闘争の大きさも異なり、視野闘争の大きさの両眼立体視への影響も無視できない。

視野闘争は通常の条件では生じないので、テクスチャ輪郭のみを取り出した刺激においては、テクスチャ輪郭の両眼立体視への関与は過小評価されている可能性も高い。この点を考えるとテクスチャ輪郭に基づく両眼立体視の能力を正しく評価した研究はみあたらない。

色差のみによる刺激に対しても両眼立体視の能力の有無が検討されている。色についての特性は、初期視覚の2つの経路（Magno経路とParvo経路）のうち、Magno経路は色に選択性が見られないとの知見から、処理経路を考えるうえでも重要視される。実験結果は、輝度差がない条件での立体視能力の低下とともに、色情報の立体視への関与も示されていて[23~27]、色情報も両眼立体視に全く関与しないわけではないことが明らかにされている。等輝度の実験ではとくに眼球のもつ色収差の影響が問題となる。ScharffとGeislerは刺激をぼかすことにより色収差の影響を小さくし、その条件での色収差による輝度変化では立体視が不可能であることを確認したうえで、色刺激での立体視の成立を認めている[25]。また、SimmonsとKingdomはさまざまな色差と輝度差の組み合わせで立体視のコントラスト閾値を求め、色と輝度の独立したメカニズムの存在で説明できる結果を得ている[27]。HowardとRogersは、高空間周波数の刺激では輝度情報による両眼立体視が可能であるのに対し、低空間周波数の刺激を用いた場合は輝度情報、色情報いずれでも両眼立体視が可能であるとし、Parvo経路は低周波で色情報による立体視、高周波で輝度情報による立体視をし、Magno経路は低周波で輝度情報の立体視をすると考えている[28]。

そのほかにも非輝度輪郭として、動きの差やフリッカーの差などでも輪郭線を形成できるが、それらの情報も両眼立体視に有効であるとの報告もある[29,30]。いずれもランダムドットパターンを用いてドットの運動方向あるいはドットの点滅の有無などを領域によって変えることで形成した輪郭を刺激とする。これらの結果は、視覚系は運動やフリッカーの検出をした後でも両眼網膜像のあいだの差異を立体情報として検出できることを意味し、輝度輪郭による比較的低次の両眼立体視過程とは別の、より高次の両眼立体視の過程が存在すると考えることができる。これは、運動の検出と輝度輪郭に基づく両眼立体視が同レベルの処理過程でなされており、したがって、輝度輪郭の両眼立体視には運動検出の結果は利用できないと考えることから導き出される結論である。

一方、局所的な対応である左右網膜像の位置のずれ以外にも、両眼立体視にかかわると考えられる情報がある。1つは空間周波数の違い、もう1つは傾きの違いである。これらは非輝度輪郭による両眼立体視という分類には適当でないが、通常の輪郭に依存するものとは別の網膜像差としてここに付け加える。空間周波数については、例えば右眼網膜像の平均的な空間周波数が左眼網膜像のそれより高いとすると、それは右眼が左眼より小さな像を見ていることになり、右から左にいくに従い奥に遠ざかる面を見たときと同様の空間周波数の網膜像差となる。ここで左右の網膜像のあいだに全く相関がなくても周波数の情報があるため、傾いた面を知覚するとも考えられる。これらについては、肯定的な結果[31]と

否定的な結果[32]がある．

平均的な傾きの分布についても同様な議論が可能である．ある平面上に線分があり，その線分の傾きが水平，垂直以外であれば，その面の向き（水平軸あるいは垂直軸まわりにどれくらい回転しているか）によって左右眼網膜像での線分の傾きは異なる（方位網膜像差，orientation disparity）．これについても，その情報が立体視に利用されているかは明らかではない．これらの網膜像差を分離するためにも通常の対応点による立体情報を取り除く必要があるため，テクスチャによる両眼立体視と同様に視野闘争が生じる刺激条件での立体視能力の測定となる．これらの特性を正しく評価した研究は存在せず，現段階で空間周波数や傾きの差のみによる立体視が可能であるかどうかの判断はむずかしい．

c． 奥行きの補間と面の知覚

両眼網膜像差がある場合，単に刺激の網膜像差がある部分のみに奥行きが知覚されるわけではない．例えば，ランダムドットステレオグラムにおいては，それぞれのドットが浮き出ている（あるいは奥にある）というよりはドットを含む領域が面として知覚される．網膜像差をもつ点の奥行き情報は周囲に影響し，さらに面の形成にも関与しているといえる．図7.8の例では1点の奥行きがその面全体の奥行きを決めている．真ん中の黒い点が奥に見えるように立体視するとその周りの白い部分はその点と同じ面に定位される（手前の場合はそれは起こらない）．中央の白い面については，その両側の黒い領域との境界線では網膜像差がゼロであるが，そのほかに奥行き関係を規定する情報はない．したがって，黒領域との境界が黒領域のエッジであるとみなせば，白領域を奥行きに定位するための両眼網膜像差の情報は存在しない．

一方，黒点との奥行き関係から白い面は手前にあることはできないとの制約（黒点が白い背景上にあると知覚される）があるため，黒点と同じ面かそれ

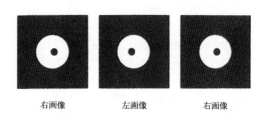

図7.8 網膜像差をもつ部分が周辺部の奥行きを決定する刺激の例

真ん中の黒い点が奥に見えるように立体視するとその周りの白い部分はその点と同じ面に定位される．

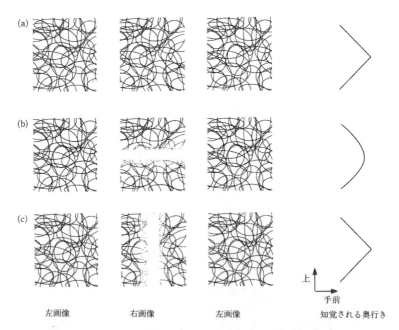

図7.9 一方の眼に与えられた刺激に対する周辺の両眼網膜像差の影響[33]
(a) 完全なステレオグラム．(b) 右画像中央を水平方向に取り除き，垂直方向の両眼網膜像差による影響を示す．奥行きの補間により中央部は曲面的になだらかにつながって見える．(c) 右画像中央を垂直方向に取り除き，水平方向の両眼網膜像差による影響を示す．奥行きの補間によって，完全なステレオグラムと同様に見える．

より奥になければならない．われわれの知覚はそのような関係を評価していると考えられる．図7.8の例では，周囲への影響は網膜像差が全くない部分についてであるが，一方のみに刺激が与えられた場合にもその単眼部分で周辺の奥行きの影響を受ける．図7.9はその例であり，三角波状の奥行き面を示すステレオグラム(a)から一方の中央部分を取り除いたもの((b)水平方向，(c)，垂直方向)である[33]．それらを融合したときに知覚される奥行きを各ステレオグラムの右に示す．一方の画像を取り除いて網膜像差の情報がない部分にも補間された奥行きが知覚されることがわかる．しかし，その補間がどのようになされるかは明らかではなく，この例からは水平方向と垂直方向で異なることが示される．

同様に，対応部分の網膜像差があいまいな場合も周囲の刺激と同じ面の知覚が起こる．図7.10(a)は主観的輪郭刺激によって周期的なテクスチャ(したがって，左右網膜像の対応は周期の整数倍で起こりうる)の面が捕獲される(ステレオキャプチャー，stereoscopic capture)図形である[34]．主観的輪郭でできた正方形が手前に見える融合をしている場合は，背景と同じテクスチャが正方形の面上にも知覚される．それぞれの画像ではこの部分のテクスチャは背景面と同じ面に見えるので，主観的輪郭刺激によってテクスチャが捕獲されたというわけである．これが両眼立体視に依存した現象であることは，網膜像差が反転した条件では生じないことからもわかる．その条件では4つの穴を通して正方形が見え，テクスチャはその穴を通して見えている部分のみで正方形の面上に，それ以外は背景と同じ面上に見える．正方形面の背景に対する前後関係に依存してテクスチャの見える面が決定されていることになる．これは図7.8の例で中央の白い面の奥行き位置が，黒点の前後関係に依存して決まるのと類似した状況といえる．当然のことながらテクスチャの捕獲は，周期的なテクスチャの対応する1つの可能性と主観的輪郭による面の奥行きが一致したときに生じやすく，それ以外では起こりにくい．同様に奥行きを規定できないテクスチャでも捕獲は生じる[34]．図7.10(b)は両眼画像のテクスチャの構成要素を変えてあるが，テクスチャは視野闘争を生じながらであるが，主観的輪郭面の上に知覚される．

面の知覚に関係すると考えられる要因として遮蔽にかかわるものの重要性も指摘されている．両眼立体視は前後関係を決めるだけではなくそれによって遮蔽関係も決め，それは物体認識にも大きく影響する．いわゆる図と地の反転図形では，その境界線はつねに図の部分のエッジとなるため，図と地の反転に伴い境界線の所属が変化することになる．例えば図7.11では，顔が図となるときには境界線は図中

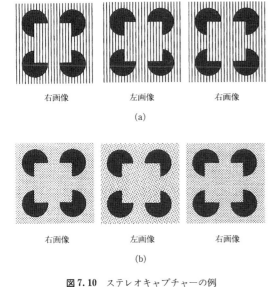

図7.10 ステレオキャプチャーの例
(a) 主観的輪郭でできた正方形が手前に見える融合をしている場合，背景と同じテクスチャが正方形の面上にも知覚される．(b) 両眼で異なるテクスチャにおけるステレオキャプチャーの例．

図7.11 網膜像差が遮蔽に影響する例
顔/杯のあいまい図形において顔が手前になる両眼融合をすると顔が知覚され，杯が手前になる両眼融合をすると杯が知覚される．

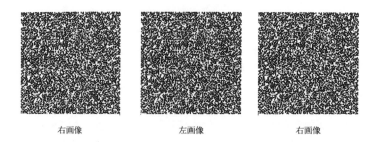

右画像　　　　　左画像　　　　　右画像

図 7.12 ランダムドットステレオグラムによる文字の例
文字部分が奥にある場合(右画像を左眼,左画像を右眼で融合)は,手前にある場合(指定どおりに融合)に比べ読取りがむずかしい.ステレオグラムでできた文字は「3D」.

の顔の部分に所属し,杯が図になるときは中央部分の面に所属する.両眼視差を与えることでこのあいまいさは解消され,境界線の所属する面は一意に決定する.図 7.11 の例では指定された方法で融合すると境界線は顔の面に所属し,逆の融合では杯に所属する.この両眼網膜像差による面の遮蔽関係の決定は,顔の認識やあいまいな運動刺激の方向の決定など多くの知覚現象にかかわっていることが明らかにされている[35~37].図 7.12 はランダムドットステレオグラムを用いて文字を作っているが,手前に浮き出てくる文字に比べ奥にあるものは読みにくい.これも,奥にある条件では境界が手前の面の輪郭としてはたらくことを考えれば理解できる現象である.遮蔽については,両眼の不対応領域の役割も研究されているが,両眼遮蔽(7.4 節)を参照していただきたい. 　　　　　　　　　　[塩入　諭]

文　献

1) A. Lit and H. D. Humm : Depth-discrimination thresholds for stationary and oscillating targets at various levels of retinal illuminance, *Journal of the Optical Society of America*, **56**, 510-516, 1966
2) H. Siegel and C. P. Duncan : Retinal disparity and diplopia vs. luminance and size of target, *American Journal of Psychology*, **73**, 280-284, 1958
3) A. A. Rady and I. G. H. Ishak : Relative contrasts of disparity and convergence to stereoscopic acuity, *Journal of the Optical Society of America*, **45**, 530-534, 1955
4) W. Richards and J. M. Foley : Effect of luminance and contrast on processing large disparities, *Journal of the Optical Society of America*, **64**, 1703-1705, 1974
5) D. L. Halpern and R. Blake : How contrast affects stereoacuity?, *Perception*, **17**, 483-495, 1988
6) G. E. Legge and Y. Gu : Stereopsis and contrast, *Vision Research*, **29**, 989-1004, 1989
7) L. K. Cormack, S. B. Stevenson and C. M. Schor : Interocular correlation, luminance contrast and cyclopean processing, *Vision Research*, **31**, 2195-2207, 1991
8) R. F. Hess and L. M. Wilcox : Linear and non-linear filtering in stereopsis, *Vision Research*, **34**, 2431-2438, 1994
9) G. Westhiemer and M. Pettet : Contrast and duration of exposure differentially affect vernier and stereoscopic acuity, *Proceedings of the Royal Society, London*, **B 241**, 42-46, 1990
10) D. Marr and T. Poggio : A computational theory of human stereo vision, *Proceedings of the Royal Society, London*, **B 204**, 301-328, 1982
11) S. B. Pollard, J. E. W. Mayhew and J. P. Frisby : PMF : A stereo correspondence algorithm using a disparity gradient limit, *Perception*, **14**, 449-470, 1985
12) Y. Hirai and K. Fukushima : An inference upon the neural network finding binocular correspondence, *Biological Cybernetics*, **31**, 209-217, 1978
13) I. Ohzawa, G. C. De Angelis and R. D. Freeman : Stereoscopic depth discrimination in the visual cortex : neurons ideally suited as disparity detectors, *Science*, **249**, 1037-1041, 1990
14) A. Lit : Depth-discrimination threshold as a function of binocular differences of retinal illuminance at scotopic and photopic levels, *Journal of the Optical Society of America*, **49**, 746-752, 1959
15) L. L. Kontsevich and C. W. Tyler : Analysis of stereothresholds for stimuli below 2.5 c/deg, *Vision Research*, **34**, 2317-2329, 1994
16) C. M. Schor, I. C. Wood and J. Ogawa : Binocular sensitivity fusion is limited by spatial resolution, *Vision Research*, **24**, 573-578, 1984
17) G. Westheimer and S. P. McKee : Stereoscopic acuity with defocused and statially filtered retinal images, *Journal of the Optical Society of America*, **70**, 772-778, 1974
18) N. S. Levy and E. B. Glick : Stereoscopic perception and Snellen visual acuity, *American Journal of Ophthalmology*, **78**, 722-724, 1974
19) L. Kaufman : Sight and Mind, Oxford Univ, Press, pp. 215-268, 1974
20) V. S. Ramachandran, V. M. Rao and T. R. Vidyasagar : The role of contours in stereopsis, *Nature*, **242**, 412-414, 1973
21) J. E. W. Meyhew and J. P. Frisby : Rivalrous texture stereograms, *Nature*, **264**, 53-56, 1976
22) J. P. Frisby and J. E. W. Meyhew : The relationship between apparent depth and disparity in rivalrous-

texture stereograms, *Perception*, **7**, 661-678, 1978
23) J. P. Comford: Stereopsis with chromatic contours, *Vision Research*, **14**, 975-982, 1974
24) R. L. Gregory: Vision with isoluminant colour contrast: 1. A projection technique and observation, *Perception*, **6**, 113-119, 1977
25) L. V. Scharff and W. S. Geisler: Stereopsis at isoluminance in the absence of chromatic aberrations, *Journal of the Optical Society of America*, **9**, 868-876, 1992
26) D. R. Simmons and F. A. A. Kingdom: Contrast thresholds for stereoscopic depth identification with isoluminant and isochromatic stimuli, *Vision Research*, **34**, 2971-2982, 1994
27) D. R. Simmons and F. A. A. Kingdom: On the independence of chromatic and achromatic stereopsis mechanisms, *Vision Research*, **37**, 1271-1280, 1997
28) I. Horward and B. Rogers: Binocular Vision and Stereopsis, Oxford Univ. Press, pp. 206-209, 1995
29) K. Prazdny: Stereopsis from kinetic and flicker edges, *Perception and Psychophysics*, **36**, 490-492, 1984
30) D. L. Halpern: Stereopsis from motion-defined contours, *Vision Research*, **31**, 1611-1617, 1991
31) C. W. Tyler and E. E. Sutter: Depth from spatial frequency difference: An old kind of stereopsis? *Vision Research*, **19**, 859-865, 1979
32) D. L. Halpern, H. R. Wilson and R. Blake: Stereopsis from interocular spatial frequency differences in not robust, *Vision Research*, **36**, 2263-2270, 1996
33) D. Buckley, J. P. Frisby and J. E. W. Meyhew: Integration of stereo and texture cues in the formation of discontinuities during three-dimensional surface interpolation, *Perception*, **18**, 563-588, 1989
34) V. S. Ramachandran and P. Cavanagh: Subjective contours capture stereopsis, *Nature*, **317**, 527-530, 1885
35) K. Nakayama, S. Shimojyo and G. H. Silverman: Stereoscopic depth: Its relation to image segmentation, grouping, and the recognition of occluded objects, *Perception*, **18**, 55-68, 1989
36) S. Shimojo, G. H. Silverman and K. Nakayama: Occlusion and the solution to the aperture problem for motion, *Vision Research*, **29**, 619-626, 1989
37) B. L. Anderson: Stereoscopic occlusion and the aperture problem for motion: A new solution, *Vision Research*, **39**, 1273-1284, 1999

7.2.5 観察距離および運動系との相互作用

a. 固視微動

固視微動は，立体視力に影響しない．Shortess と Krauskopf[1] は，静止網膜像条件で立体視力を測定した．その結果，立体視力は通常時のそれと差がなかった．この事実から，不随意的な固視微動は立体視に影響しないといえる．

b. 輻輳眼球運動

輻輳眼球運動(以下，輻輳運動)と両眼立体視とは，一般に相互作用しないと考えられているが，両者の関係はそれほど簡単ではない[2]．古典的には，輻輳眼球運動の反応潜時(約130～250 ms)より短い時間だけ網膜像差を提示しても立体視が起こり，

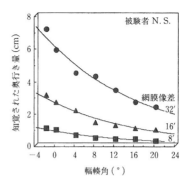

図 7.13 輻輳角と知覚された奥行き量の関係

かつ知覚された奥行きは比較的に正確なので[3]，輻輳運動と立体視とは相互作用しないと考えられてきた[4]．しかし，この結論には注意が必要である．まず，網膜像差の短時間提示は，提示中には輻輳運動が起こらないものの，提示後には輻輳運動が生じるので（減衰してはいるが），立体視に及ぼす輻輳運動の効果を完全に排除できるわけではない．また，この種の研究が提示する網膜像差には，絶対網膜像差の場合と相対網膜像差の場合があり，輻輳運動の刺激になるのは前者である（網膜像差性輻輳運動(disparity vergence movement)を調べた研究が用いたのは絶対網膜像差であり，一方，立体視に関するほとんどの研究は相対網膜像差を用いている）．

眼球の輻輳位置(vergence state)が一定の大きさの相対網膜像差に対する知覚された奥行き量に効果をもつ，という証拠がある[5〜7]．図7.13は，8′～32′の大きさの相対網膜像差に対する知覚された奥行き量を輻輳角の関数としてプロットしたものである[7]．データは，輻輳角の増加に伴って知覚された奥行き量の非線形的な減少を示している．この事実が，輻輳の立体視への直接効果を示しているのか，それとも輻輳が距離知覚に影響し，距離知覚が立体視に効果をもった，つまり輻輳の立体視への間接効果を示しているのかについては結論が出ていない．また，輻輳と知覚された奥行き量の関係が線形[2]，あるいは非線形[6,7]のどちらであるかに関しても未解決である．

c. 観察距離との相互作用：網膜像差の逆2乗法則

両眼立体視の場合，知覚された奥行き量は網膜像差の関数であるばかりでなく，刺激の観察距離の関数でもある．このことは，両眼視の幾何学から予測される（図7.14）．図7.14において，固視刺激と網

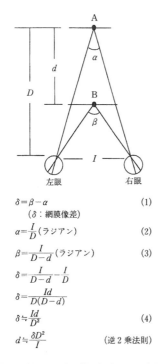

$$\delta = \beta - \alpha \quad (1)$$
（δ：網膜像差）

$$\alpha = \frac{I}{D} \text{（ラジアン）} \quad (2)$$

$$\beta = \frac{I}{D-d} \text{（ラジアン）} \quad (3)$$

$$\delta = \frac{I}{D-d} - \frac{I}{D}$$

$$\delta = \frac{Id}{D(D-d)}$$

$$\delta \fallingdotseq \frac{Id}{D^2} \quad (4)$$

$$d \fallingdotseq \frac{\delta D^2}{I} \quad \text{（逆 2 乗法則）}$$

図7.14 刺激の観察距離と知覚される奥行き量

膜像差刺激の奥行きを d，網膜像差を δ，固視刺激までの観察距離を D とすると，網膜像差は

$$\delta \fallingdotseq \frac{Id}{D^2} \quad (7.2.1)$$

で表される（I は両眼間距離）．この式は網膜像差の逆2乗法則 (inverse square law of disparity) と呼ばれている[8]．

式(7.2.1)から奥行き d は，

$$d \fallingdotseq \frac{\delta D^2}{I} \quad (7.2.2)$$

で表される．この式は，網膜像差が一定ならば，奥行きは観察距離の2乗に比例することを意味している．もちろん，この式は幾何学的関係を表現したものであり，視覚系がこの式の予測どおりに奥行きを計算しているかどうかはわからない．

一般的には，知覚された奥行き量は観察距離の関数として増加するが，観察距離の増加に伴って，式(7.2.2)から予測される理論値よりも過小評価されることが多い[8〜10]．この結果は，観察距離の過小評価に起因すると解釈されることが多い．その理由は，絶対距離手がかりの少ない条件（例えば暗室）で逆2乗法則の妥当性を調べることが多いからである．しかし，論理的には，観察距離の過小評価のみ

ならず，両眼間距離の過大評価，あるいは網膜像差の過小評価の可能性もある[11]．明室で絶対距離の手がかりが豊富な条件では，知覚された奥行きは，観察距離4mまで式(7.2.2)の予測に一致するという報告がある[11]．このことは視覚系が観察距離を正確に"登録"する限り，視覚系は式(7.2.2)のように，網膜像差と観察距離から奥行きを計算するという考えを支持するものである．また，絶対距離情報を操作すると，同じ物理的距離に置かれた同じ大きさの網膜像差をもつ刺激でも，見えの奥行きは異なるので，物理的な観察距離ではなく，"知覚された"絶対距離が見えの奥行きに影響を及ぼしていることがわかる（最近，刺激の奥行き方向の傾きは，幾何学的には観察距離からは独立であることが指摘された[12]．視覚系がこの幾何学に従って傾きを判断しているかどうかについては結論はでていない[9,12]）．

［中溝幸夫・下野孝一］

文　献

1) G. K. Shortess and J. Krauskopf : Role of involuntary eye movements in stereoscopic acuity, *Journal of the Optical Society of America*, **51**, 555-559, 1961
2) 下野孝一：輻輳運動と両眼ステレオプシス，光学，**23**, 17-22, 1994
3) W. Richards : Anomalous stereoscopic depth perception, *Journal of the Optical Society of America*, **61**, 410-414, 1971
4) H. Collewijn and C. J. Erkelens : Binocular eye movements and the perception of depth, In Eye Movements and Their Role in Visual and Cognitive Processes : Review of oculomotor research (ed. E. Kowler), Elsevier, Amsterdam, pp. 213-261, 1990
5) J. M. Foley : Primary distance perception, In Handbook of Sensory Physiology (eds. R. Held, H. Leibowitz and H. L. Teuber), Springer, Berlin, 1978
6) M. F. Bradshaw, A. Glennerster and B. J. Rogers : The effect of display size on disparity scaling from differential perspective and vergence cues, *Vision Research*, **36**, 1255-1264, 1996
7) 東　巧・中溝幸夫：輻輳と網膜像差と知覚された奥行量の関係，VISION, **8**, 87-95, 1996
8) H. Ono and J. Comerford : Stereoscopic depth constance, In Stability and Constancy in Visual Perception (ed. W. Epstein), Wiley, Toronto, pp. 91-128, 1977
9) I. P. Howard and B. J. Rogers : Binocular Vision and Stereopsis, Oxford Univ. Press, New York, 1995
10) M. E. Ono, J. Rivest and H. Ono : Depth perception as a function of motion parallax and absolute distance information, *Journal of Experimental Psychology : Human Perception and Performance*, **12**, 331-337, 1986
11) 下野孝一，中溝幸夫，土田明美：両眼網膜像差に基づく見えの奥行量と絶対距離，福岡教育大学紀要，**39**, 265-271, 1990
12) B. Rogers and R. Cagenello : Disparity curvature and the perception of three-dimensional surfaces, *Nature*, **339**, 135-137, 1989

7.2.6 網膜像差立体視の時空間特性とサブシステム

a. 空間周波数特性

両眼立体視の重要な特性として，奥行き次元での空間周波数特性がある．輝度パターンの検出に対してコントラスト感度が定義されているように，奥行きの変化についての空間周波数を変化して立体視に必要な網膜像差の大きさを測定することから，奥行き次元でのコントラスト感度を測定できる．例えばランダムドットステレオグラムを用い正弦波状に波打つ奥行き変化を作れば，奥行き次元で変化する空間周波数を制御できる．その振幅を変化して奥行き変化を検出できる閾値を測定し，その逆数を感度とすればそれぞれの周波数でのコントラスト感度が測定できることになる．

図 7.15 にいくつかの測定結果を示す[1~6]．横軸は奥行き変化の正弦波の周波数で，縦軸は奥行き変化の検出に必要な網膜像差の大きさである．輝度パターンの検出と同様に，ある周波数に感度のピークをもつ帯域通過型の特性が得られていて，輝度と同様に相対値の重要性が見てとれる．しかし，ピーク周波数は 1 cycle/° 以下であり，輝度パターンの場合に比べてずっと低い（輝度パターンでは 5 cycle/° 付近，5 章参照）．なお，この傾向は線分刺激を用いた実験でも同様であり[7]，ランダムドットパターン特有のものではない．これらは，注視面を中心に前後に奥行き変化を与えた条件での実験結果であるが，網膜像差をもつ面（pedestal，台座網膜像差と呼ぶ）からの奥行き変化を与えそれを検出する場合には異なった結果が得られる．Schumer と Julesz は，最大 50″ までの台座網膜像差を使って立体視の空間周波数特性を測定し，そのピークの空間周波数が低周波へ移動することを見いだしている[4]．この傾向は網膜像差が手前の場合も奥の場合も同様であるが，感度の低下の度合いには差が見られる．ただしこの差は被験者によって異なり，彼らは輻輳眼球運動の影響で説明し，神経系の特性ではないとしている．

以上は閾値の実験であるが，知覚される奥行き量

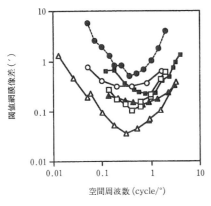

- ■ 長田[2]
- ○ Rogers と Graham[3]
- ● Tyler[7]
- □ Schumer と Julesz[4]
- ▲ 森田ら[5]
- △ Bradshaw と Rogers[6]

図 7.15 立体視力（網膜像差閾値）の奥行き次元での空間周波数依存性

ランダムドットステレオグラムを用いた 6 種類の異なる実験を同じスケールで表示（ただし，森田らのものはデシベル表示であるため，便宜上 0.2 cycle/° の閾値を 0.2′ とした）．実験条件の詳細は以下のとおりであるが，不明な点については記していない．Schumer と Julesz[4]（刺激の大きさ $10°h \times 8°w$，水平縞，ドット密度 6.25%，呈示時間 100 ms，二者択一強制選択上下法，dynamic randomdot stereogram），長田[2]（平均輝度 30 cd/m²，明ドットと暗ドットのコントラスト 60:1，刺激の大きさ $12°w \times 9°h$，水平縞，連続呈示，調整法），Rogers と Graham[3]（ドット密度 50%，刺激の大きさ $25°h \times 20°w$，極限法，振幅が徐々に増加），Tyler[7]（刺激の大きさ $20°h \times 8°w$，二者択一強制選択，dynamic randomdot stereogram），Bradshaw と Rogers[6]（明ドット輝度 9 cd/m²，暗ドット輝度 0.1 cd/m²，刺激の大きさ：高周波刺激で直径 10°，中周波刺激で直径 20°，低周波刺激で直径 80°，水平縞），森田ら[5]（刺激の大きさ：20 インチ CRT を 2 m の距離から観察）．

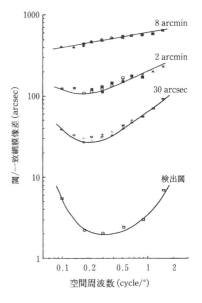

図 7.16 閾上での奥行き知覚に対する空間周波数の影響
参照刺激の奥行きと一致するために必要な網膜像差をマッチングした結果．上から，参照刺激の網膜像差が 8′，2′，30″ で，一番下は検出閾値のデータである．

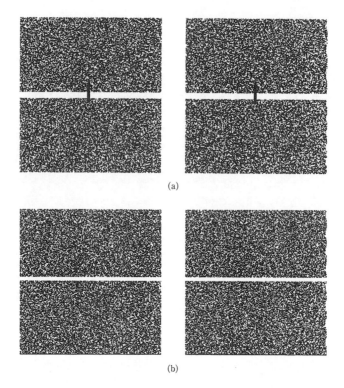

図7.17 ランダムドットステレオグラムでできたグレーティングによる空間周波数順応
(a) の組を融合すると上部では低周波の縞, 下部では高周波の縞が見える. しばらく観察後に (b) の組を融合して観察すると, 実際には同じ周波数であるが, 上部のほうが下部より高周波に知覚される. (a) を観察するときは, 局所的な順応をさけるために, 中央の線上で上下に眼を動かすこと.

については刺激の周波数に依存して大きく変化するということはない. 例えば, 8′ の網膜像差をもつ刺激に対して参照刺激の網膜像差を変化して奥行きのマッチングを行った結果によると, 閾値で見られる周波数依存性は得られず, どの周波数の刺激に対しても同じ程度の奥行きが感じられていることがわかる (図7.16 では, 30″, 2′, 8′ と閾値の比較が示されている)[8]. 同じ網膜像差に対して, 周波数が異なると知覚される奥行きが異なるのは明らかに不都合であるからこれは当然の機能ともいえる. このような閾上での周波数依存の消失は, 輝度コントラストの知覚についても同様であり (5章), 両眼立体視に限らず閾値での特性がそのまま閾上での特性を反映しない点で注意が必要である.

b. 周波数チャンネル

輝度パターンに関して異なる周波数に感度をもつ複数のチャンネルがあるとの考えと同様に, 立体視に対しても空間周波数チャンネルの存在が指摘されている. Tyler は, 空間周波数についての残効が網膜像差でできたグレーティングに存在することをデモンストレーションで示している[9]. 図7.17 はそのステレオグラムである. 図7.17 (a) のペアが順応刺激であり, 両眼融合すると周波数の異なるサイン波グレーティングが上下に並んでいる (上が高周波). この2つの間を1分程度眺めたあと, 図7.17 (b) のペアを融合して観察する. これらのグレーティングは上下とも同じ周波数であるが, 順応効果によって上の縞の感覚が下のものより広く知覚される.

輝度パターンの検出に対してと同様に, サブシステムである空間周波数チャンネルの周波数特性を測定するために, 順応法[10], マスク法[1,11] の2つの実験が報告されている. 周波数はすべてランダムドットステレオグラムで作られた奥行き方向に波打つ面に対するものである. いずれの実験でも, 異なる周波数に感度をもつ空間周波数チャンネルが存在することを示す結果が得られている. しかし, 予測された各チャンネルのバンド幅は, 実験により異なる. 順応実験[10] およびテストの両側にマスク刺激を使った実験[11] では広い帯域幅 (半値幅で2オクター

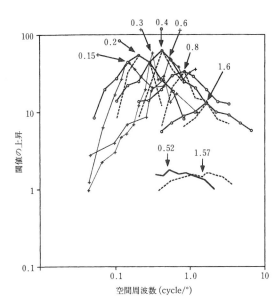

図 7.18 両眼網膜像差図形の空間周波数チャンネル特性の測定
下にある2つの関数が順応実験の結果 (Shumer と Ganz), それ以外がマスク実験の結果で, いずれも順応なし, マスクなしに対する閾値上昇で表されている. 矢印は順応実験では順応周波数を, マスク実験ではテストの周波数を示す. Cobo-Lewis と Yeh の結果は, マスクがテストより高い周波数か低い周波数かのいずれかの条件 (単一マスク条件) と両側に呈示される条件 (両側マスク条件) があり, 前者が破線で, 後者が○印で表される (テストの周波数は 0.2, 0.4, 0.8, 1.6 cycle/° のものが示されている). Tyler の結果は十字印の3周波数 (0.15, 0.3, 0.6) である. Tyler の結果はマスクなしの閾値が不明なので, 最も低周波でのおおよその感度である 1' をマスクなしの閾値とし (したがって閾値そのままと同じ値), Cobo-Lewis と Yeh のものは, マスクなしの実験値を示した別のデータから読み取った値でマスク実験の結果を割って求め, また Shumer と Ganz の結果は閾値上昇に変換してプロットした.

ブ以上), 単一のマスク刺激の場合は狭い帯域幅 (1 オクターブ以下) となっている[1,11]. テストの両側にマスク刺激を使う理由は, テスト刺激の検出にかかわるメカニズムが複数ある場合に, テスト周波数の近傍の高域あるいは低域の一方のみをマスクするような実験ではチャンネルの特性を正しく測定できないとの考えからである[11].

いずれの実験においてもチャンネルの特性を正しく評価するためには, メカニズムの線形性や対称性などを知る必要性があり, 実際のチャンネルの周波数特性が十分明らかにされているとはいえない. 図 7.18 は異なる3つの実験からの結果を一緒に示している. テスト周波数と順応周波数あるいはマスク

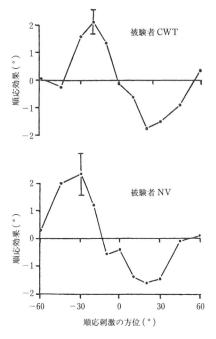

図 7.19 両眼網膜像差図形の方位順応
横軸で示す方位での順応後に, テスト刺激の傾きを垂直に見える角度に設定した結果が縦軸で示される角度.

周波数が一致した条件で閾値の上昇 (感度の低下) が最大であること, 上述のとおり実験によって帯域幅が異なること, 順応効果はマスク効果に比べずっと小さいことがわかる. いずれの実験条件でもテスト刺激や順応刺激の周波数付近に閾値上昇のピークがあり, これらが空間周波数チャンネルの反映であるとすれば, 輝度パターン検出の場合と同様6個以上のチャンネルがあることになる.

輝度における空間周波数チャンネルは, 空間周波数とともに方位 (傾き) 選択性があることも知られている (5章参照). Tyler[9] は両眼立体視の検出メカニズムが方位選択性を示すことを, 空間周波数と同様のランダムドットステレオグラムを用いた順応効果から見いだしている. この実験は, 順応刺激の傾きを変化し, それぞれの順応後に垂直に見えるテスト刺激の傾きを測定している (順応効果が大きいほど垂直に見えるために大きく傾ける). 図 7.19 はその実験結果であるが, 順応効果は垂直から 45° 程度外れた傾きの場合にも生じており, 30° 程度で影響がなくなる輝度パターンの場合とは異なる (5章参照). つまり, 立体視に対しては, 輝度パターンに対してより, 方位選択性の帯域幅が広いことを示唆する.

c. 呈示時間と時間周波数特性

奥行きの立体視の時間特性については，呈示時間を変化させ立体視力（奥行き知覚に必要な最小の網膜像差）を測定した研究が古くからある．OgelとWeilは，2本の線刺激の相対網膜像差の検出に対する立体視力を測定し，1秒の呈示時間に対して立体視力は約10″であるのに対し，75 msの呈示時間で約50″になるとの結果を得ている[12]．とくに呈示時間の短い領域では，立体視の閾値は呈示時間のべき乗に比例して減少し，その傾向はランダムドットも含め刺激の種類によらない[12~19]（指数は-0.15から-1の範囲）．図7.20はこれらのデータを一緒にプロットしたもので，いずれの結果も両対数のプロットでほぼ直線的であり，立体視の閾値が呈示時間のべき乗に比例して減少していることがわかる．このような呈示時間の増加に伴う感度の上昇は時間的な足し合わせ機構によると考えられるが，その足し合わせ時間は160 ms[16]との報告，1秒以上との報告[15]と大きく変動する．この理由は，実験結果の条件による変動のみではなく，足し合わせ時間の評価方法にもよると考えられる．一般に足し合わせ時間は，呈示時間を長くしてもその効果が立体視力に現れなくなる時間で評価されるが，図7.20を見るとそのような臨界時間を決めることが簡単ではないことが予想できる．いずれにしても輝度パターンの検出（100 ms以下，5章参照）と比べると足し合わせ時間は長く，したがって時間的分解能が低いことは確かである．このような呈示時間の影響は静止網膜像であっても類似した結果が得られている[14]ことから，眼球運動の影響はないといえる．一方で多数の練習試行により呈示時間の立体視力への影響は減少し，ほとんどなくなるとの報告[20]もあり，不明な点も残る．

呈示時間に伴う立体視力の上昇は，単一のメカニズムの時間特性によっても，複数のメカニズムの関与によっても説明可能である．前者の場合は，呈示時間に伴い信号の加算が起こり奥行き検出の精度が上昇すると考えればよい．後者の場合は，短い呈示時間では最も速く，しかし立体視力は低いメカニズムによって奥行きが検出され，その後，視力の高いしかし遅いメカニズムがはたらくと考える．複数のメカニズムが存在する場合は，実験条件によって感度をもつメカニズムに差が生じるであろうから，呈示時間の影響は実験条件に大きく依存し結果が変動する（図7.20）ことも説明できる．

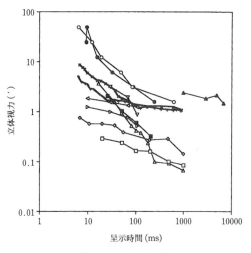

- □ Shortess と Krauskopf[14]
- ■ Foley と Tyler[17]
- ○ Tyler[16] (crossed)
- ● Tyler[16] (uncrossed)
- ▼ Watt[15]
- ▲ Harwerth と Rawlings[13]
- △ Ogle と Weil[12]
- ▽ Patterson[18] (6 cycle/°)
- ◁ Patterson[18] (3 cycle/°)
- ◀ Patterson[18] (0.6 cycle/°)
- ┼ Regan (posi)
- ┼ Regan (nega)

図7.20 立体視力の呈示時間の依存性

7種類の実験により得られた結果を同一の図に示す．実験条件の詳細は以下のとおりであるが，不明な点については記していない．ShortessとKrauskopf[14]（刺激は3.4′ wide×49.1′ longの2本の垂直線分，刺激輝度は32.0 ft-L，背景輝度10.1 ft-L，上下のいずれの線分が手前かの二者択一強制選択，恒常法），FoleyとTyler[17]（刺激は1.5′ wide×30′ longのテスト垂直線分とその上方に呈示される同じ大きさの参照垂直線分，刺激輝度は2 cd/m²，参照線分に対してテスト線分が手前か奥かの二者択一強制選択，上下法），Tyler[16]（刺激はダイナミックランダムドットステレオグラムで0.4°四方の網膜像差正方形，刺激輝度は2 cd/m²，正方形の有無の検出課題，上下法），Watt[15]（上下に並んだ2垂直線分のいずれが手前かの二者択一強制選択，適応的に視差を変えてのプロビット推定），HarwerthとRawlings[13]（刺激は1°四方のランダムドットステレオグラム中の0.5°四方の網膜像差正方形かその中央1/3幅を削って作る2本の水平線，刺激輝度は200 cd/m²，明暗ドット間コントラスト95%，網膜像差図形の奥行き判断，恒常法），OgelとWeil[12]（刺激は2本の垂直線分，背景輝度は32 mililambert，参照線分に対してテスト線分が手前か奥かの二者択一強制選択，恒常法），Patterson[18]（刺激は注視点をはさんで左右に呈示される2つの直径3°の円形のなかの正弦波，刺激の平均輝度は23 cd/m²，予備実験によりすべての時空間条件で見かけのコントラストを一定にそろえてある，左右いずれの正弦波が手前かの二者択一強制選択，上下法）．

以上とは別に，奥行きを検出する最小の時間は，50 ms 程度であるとの考えがある[16]．これは，① 奥行き方向があいまいな網膜像差をもつステレオグラムへのバイアス効果は，その刺激より 50 ms 以上先だってバイアス刺激を呈示する必要がある[21,22]，② ランダムドットのマスクの影響は 50 ms 以内で生じる[23] との 2 つの実験結果からの推測である．前者は，手前，奥のいずれの知覚もできるステレオグラム（周期的なパターンを用いて半周期の視差を与える）に対して，直前のステレオグラムがもつ奥行きが知覚される傾向（バイアス効果）を利用したものである．このバイアス効果を得るための最短の呈示時間の測定結果が，50 ms であることから，50 ms が奥行きの検出に重要な期間であると結論される．後者はランダムドットステレオグラムに対する無相関ランダムドットパターン（マスク刺激）のマスク効果が生じる時間条件の測定実験である．ステレオグラムの呈示後 50 ms 以内にマスク刺激を呈示するときマスク効果が得られ，それ以上では生じないとの結果から，この結論が支持される．

これらの例はいずれも，手前か奥かの判断に影響する情報の検出に必要な時間と考えられるため，前述の 100 ms 以上でも立体視力が上昇することとは必ずしも矛盾しない．例えば，立体視への複数のチャンネルの関与を考えると，実験で求められる奥行きの大きさに依存して必要な時間が変化するとしても説明可能である．その意味では，50 ms はそれぞれの処理に必要な奥行き情報の最小の時間を意味する．しかし，網膜像差の影響も含めこれらを単純に一般化することができるかは不明である．マスク実験では 5.6′ までいくつかの網膜像差を用いているが，網膜像差によるマスク呈示までの時間間隔の影響については解析されていないし，バイアス効果の実験では，あいまいなステレオグラムの網膜像差は 12′ のみを用いている．

奥行き変化の時間周波数を変数として検出感度を測定した実験では，0.5 Hz から 1 Hz 付近になだらかなピークをもつものが報告されている[24,25]（図 7.21）．Tyler の結果に比べ，Regan と Beverley の結果は低周波での感度低下が小さいが，ピークの周波数はほぼ同じである．いずれの実験も垂直線分を時間的に正弦波状に変動し，奥行き変化に対する網膜像差の閾値を測定しているが，Tyler は暗黒背景であるのに対して Regan と Beverley はランダムドット背景を用いている．両者の差は刺激の空間特性のためと考えられる．

空間周波数特性と同様にランダムドットステレオグラムを用い，時間周波数特性を測定した研究も報告されている[2]．長田はランダムドットステレオグラムで作られた図形（7°×6°の長方形）の網膜像差を正弦波状に変化し，その変化検出の閾値を求めている．その結果も線分刺激の結果とともに図 7.21 に示す．この結果は，3 Hz 付近にピークがある帯域通過型特性となっている．線分刺激に比べてやや高周波に感度をもつ結果となっているが，これも空間条件の差と考えるのが妥当であろう．

d． 輝度の時空間周波数特性

網膜像差立体視もほかの視機能と同様に，当然それぞれの網膜像の情報処理が必要となる．つまり立体視は，それぞれの網膜像の処理の影響を受けることになる．単純に考えれば，輝度変化の検出にかかわる時空間周波数特性（5 章）の影響が，そのまま両眼立体視にも反映されるとの考えも成り立つ．一方，両眼立体視の処理が輝度パターンの処理と異なる過程（例えば，大脳視覚野での部位）でなされるとすれば，両者の特性が必ずしも一致する必要はない．両眼立体視に関する輝度の時空間周波数特性を調べるために，両眼立体視による奥行きの検出課題

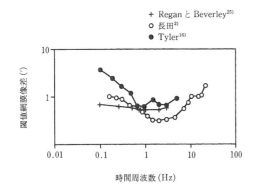

図 7.21 立体視力の奥行き次元での時間周波数依存性
線分刺激を用いた 2 種類の実験とランダムドットステレオグラムを用いた実験を同じスケールで表示．横軸は正弦波状に変化する奥行き変位の時間周波数．実験条件の詳細は以下のとおりであるが，不明な点については記していない．Tyler[16]（刺激は大きさ 1°high×2′long 垂直線分，刺激輝度 3.4 cd/m², 調整法），Regan と Beverley[19]（刺激は 2°high×7′long の線分刺激，背景は網膜像差 0，明ドットの輝度 110 cd/m² のランダムドットステレオグラム，調整法），長田[2]（平均輝度 30 cd/m²，明ドットと暗ドットのコントラスト 60：1，刺激は 12°wide×9°high のランダムドット領域中の 6°wide×7°high の網膜像差長方形，連続呈示，調整法）．

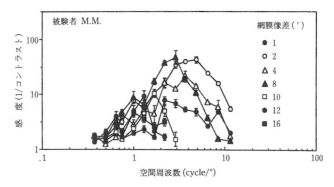

図7.22 両眼立体視に対する輝度次元のコントラスト感度関数と網膜像差の大きさの影響
帯域通過フィルター（帯域幅0.4オクターブの矩形切取り）を通したランダムドットステレオグラムにより，空間周波数を制限した刺激を用いた．呈示時間1.5秒で，コントラストはそのあいだ時間周波数1 Hzで変化する（立上り，立下りはコサイン状になだらかにコントラストが変化）．4.3°×4.3°の刺激で，上下半分に分けられそれぞれ反対の網膜像差がつく．上が手前か奥かの二者択一強制選択課題から上下法で71％正当の閾値を測定．

を用いて輝度のコントラスト感度が測定されている．

両眼立体視のコントラスト感度は，網膜像差の影響を受けるため，その空間周波数特性は網膜像差の変数として測定する必要がある．そのためランダムドットステレオグラムから特定の空間周波数成分のみを取り出した刺激を用いて，コントラスト感度関数が測定される[26〜28]．図7.22にその例を示す．コントラスト感度関数は輝度パターン検出の場合と同様に帯域通過型の特性を示すが，その帯域幅は狭く，また感度のピークは視差に依存して変化する．視差が小さい条件では高い空間周波数に感度をもち，大きくなるに従ってピークの位置は低い周波数に移動する傾向 (size-disparity correlation) があることがわかる．ただしFirisbyとMeyhewは，輝度パターンの検出と類似した広い帯域幅で，網膜像差に依存しないピーク周波数をもつコントラスト感度関数を報告している[29]．これについては，彼らの実験が輻輳眼球運動の影響を排除していないためではないかと指摘されている[26]．例えば大きな網膜像で高周波の刺激パターンに対して，固視条件では奥行きの知覚が不可能であるとする．その場合でも，輻輳眼球運動によって背景の面と刺激面を比較することで，奥行きがわかる可能性があるということである．網膜像差の大きさとピーク感度の相関があることは，両眼立体視の検出過程には，複数の空間周波数チャンネルがかかわっていて，小さな網膜像差の検出をするメカニズムは高い空間周波数に感度をもつチャンネルからの信号を受け，大きな視差の検出には低周波のチャンネルの信号を受け取ることを

意味する．単一のメカニズムであれば，その周波数特性は網膜像差の大きさに依存しないであろうし，複数のチャンネルがかかわっていてもそれらの出力を加算した結果を網膜像差検出過程が利用する場合は，やはり周波数特性は網膜像差の大きさに依存しない．また，網膜像差検出過程においてそれぞれの空間周波数チャンネルの出力が比較される場合に，それらの網膜上での距離に選択性がない場合も同様である．

このような網膜像差と周波数との相関が，空間フィルターを用いた両眼網膜像差検出のモデル（7.2.4項参照）に内包されているため，このモデルは空間周波数と網膜像差のかかわりを説明できる．

異なる網膜像差に感度をもつ複数のメカニズムがあるとの考えは，両眼立体視の対応問題でのいわゆる「粗い処理から細かい処理へ」(coarse to fine) の仮説においても重要である．ランダムドットステレオグラムの両眼画像を考えるとわかるように，どの点がどの点に対応するかを1点1点特定していくことは簡単ではない．それぞれの対応が正しいかどうかは，すべてのドットがうまく互いの対応点を見ることができて初めて判断できるので，局所的な処理のみで正しい対応を見つけることはむずかしい．一方の画像のなかの1点を見たとき，もう一方の画像の点のうち対応が可能な点は多数存在するからである．この問題を解決する方法として，まず粗い処理を行いその後細かい処理を行うというcoarse to fineの処理が考えられる[30]．低空間周波数に感度をもつメカニズムを考えると，左右画像のあいだの対応可能点の数は減少する．図7.23はこれを模式的

7.2 両眼網膜像差に基づく立体視

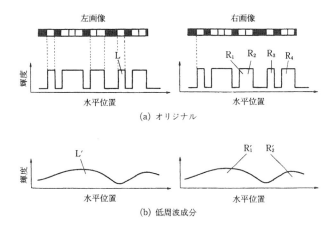

(a) オリジナル

(b) 低周波成分

図7.23 刺激の誤対応と低周波成分でのその影響の低減

比較的細かい2値のランダムドットでは，一方の画像のあるドットがもう一方のどのドットに対応するかを考えると多くの可能性がある．この例では，Lという明ドットは，R_1, R_2, R_3, R_4 などのどれに対応してもよい．それに対して，低周波成分のみを取り出した信号では対応部分の可能性はずっと少なくなり正しい対応が求められる可能性が高くなる．

に説明する[31]．もとのランダムドットパターンを見ると，左画像の1点Lに対応する右画像の点として $R_1, R_2, R_3, \cdots$ と数多く存在するが，空間的に低周波成分のみ取り出した画像（低周波数に感度をもつメカニズムが処理する画像に対応する）では左画像の山L'(明るい部分)と対応する可能性がある右画像の山は R_1', R_2' と2点のみになる．低周波での処理から大まかな網膜像差が決定できれば，高周波に感度をもつメカニズムがその付近の網膜像差についてのみ注目することで効率よく精度の高い検出を行うことができる．このような処理がcoarse to fineである．実際にこのような処理が人間の視覚系においてなされているかは不明であるが，複数のチャンネルの存在，呈示時間に伴う立体視力の上昇などはこの考えと一致する．

時間周波数については十分系統的な実験が行われていない．空間周波数特性への時間周波数の影響を，ランダムドットステレオグラムを用いて調べた実験によると，1, 8, 16 Hzを比較したデータ（図7.24）では，16 Hzで感度が大きく低下するがピークの位置はほとんど変化しない[32]．上述のように網膜像差によってはたらく空間周波数チャンネルがほぼ決まると考えると，時間周波数の変化に対して空間周波数特性が変化しないのは理解できる．また16 Hzでの感度低下から，立体視にかかわる空間周波数チャンネルは高い時間周波数では大きく感度が低下することがわかる．この特性は視差に依存する可能性もあるが，1'から16'までの範囲で同様に高

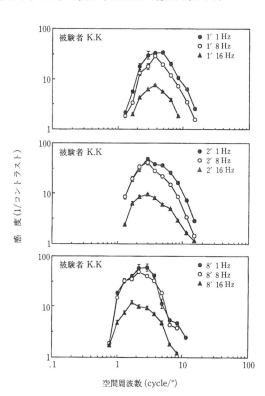

図7.24 両眼立体視に対する輝度次元のコントラスト感度関数への時間周波数の影響

図7.22の実験とほぼ同様で，時間周波数が変数である点のみ異なる．

時間周波数での感度低下が確認されている．一方，正弦波グレーティングを用い，時間周波数によるコントラスト感度を比較した実験[18]によると，高空

間周波数の刺激 (8 cycle/°) では,静止条件から 20 Hz に変化するにつれて感度低下が見られるが (静止刺激に比べ 20 Hz では閾値が 4 倍程度になる),低空間周波数 (4 cycle/° 以下) ではそのような変化はほとんど見られない.大きな網膜像差に対しては低空間周波数で感度が高い傾向があり,低空間周波数に感度をもつメカニズムは時間的には高周波数に感度をもつ傾向があることを考えると,大きな網膜像差の検出は高い時間周波数領域でも可能であることが予測され,これらの実験結果はこの予測と一致する.

e. 手前,ゼロ,奥検出メカニズム

両眼網膜像差の検出のサブメカニズムとして,注視面上の刺激の検出 (ゼロ網膜像差),手前の刺激の検出,奥の刺激の検出のメカニズムを考えるモデルがある.このモデルは,心理物理学的な研究と生理学的な研究の両方に根拠があり注目される.Richards は多くの被験者で両眼立体視の奥行きの検出実験を行い,手前,ゼロ,奥の網膜像差をもつ刺激のうちのどれか 1 つに対する検出能力が劣っている (ほとんど検出できない) 被験者は全体の 30% にも及ぶと報告している[33] (ただし,7.2.7 項参照).そのような被験者は,いずれかのサブシステムが欠如していると考えられるわけである.また,Poggio らは,マカクサルの V1,V2 の単一細胞記録の実験から多くの細胞が網膜像差に反応し,それらはゼロ網膜像差,手前の網膜像差,奥の網膜像差に分類できることを見いだしている[34,35].

異なる網膜像差に感度をもつサブシステムが存在

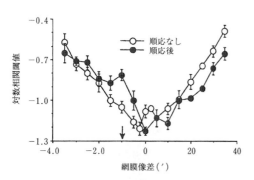

図 7.25 網膜像差に依存した奥行き順応
○が順応なしの条件での閾値,●が順応後の閾値を示す.矢印は順応刺激の網膜像差を示す.課題は空間的に並置された 2 刺激のいずれに相関があるかの二者択一強制選択.左右いずれかの閾値は相関の検出のあるドットの比率を変化し,相関閾値測定する.刺激は×のランダムドットステレオグラム.

することは,また網膜像差に対する順応実験からも支持される.Stevenson らは特定の網膜像差をもつランダムドットステレオグラムでできた面に順応した後で,さまざまの奥行きをもつ面の検出感度 (左右画像の相関ドットの比率を変えて閾値を測定) の変化を調べている[36].図 7.25 はその一例であるが,順応の前後で順応網膜像差の付近での感度低下があることがわかり,特定の網膜像差に感度をもつメカニズムの存在を示す実験結果である.ただし彼らの順応実験の結果を説明するためには,異なる網膜像差に感度をもつ多くのサブシステムの存在が必要であるとしていて,ゼロ,手前,奥の 3 種類の網膜像差に感度をもつサブメカニズムからなる両眼立体視のモデルに対しては否定的な結論を下している.しかし,異なる網膜像差に感度をもつ複数のメカニズムの存在という点については一致した結果であり,呈示時間や時空間周波数特性とも一致するといえる.

[塩入 諭]

文献

1) C. W. Tyler: Sensory processing of binocular disparity, In Vergence Eye Movements: Basic and Clinical Aspects (eds. M. C. Schor and K. J. Ciuffreda), Butterworths, Boston, pp. 199-295, 1983
2) 長田昌次郎:奥行き信号分離 (NS) 式立体画像装置と両眼立体視特性の測定,医用電子と生体工学,**20**, 154-161, 1982
3) B. Rogers and M. Graham: Similarities between motion parallax and stereopsis in human depth perception, *Vision Research*, **22**, 261-270, 1982
4) R. A. Schumer and B. Julesz: Binocular disparity modulation sensitivity to disparities offset from the place of fixation, *Vision Research*, **24**, 533-542, 1984
5) 森田寿哉,磯野春雄,安田 稔:視覚の奥行き周波数特性に及ぼす画面輝度及びコントラストの効果,テレビジョン学会全国大会,391-392;安田 稔:立体視のしくみ 3 次元映像の基礎 (泉 武博監修),オーム社,pp. 9-36, 1995
6) M. F. Bradshaw and B. J. Rogers: Sensitivity to horizontally and vertically oriented stereoscopic corrugations as a function of corrugation frequency, *Perception*, **22**, 117, 1993; I. P. Horward and B. J. Rogers: Binocular Vision and Stereopsis, Oxford Univ. Press, p. 164, 1995
7) C. W. Tyler: Stereoscopic vision: cortical limitations and a disparity scaling effect, *Science*, **181**, 276-278, 1983
8) G. L. Ioannou, B. J. Rogers, M. F. Bradshaw and A. Glennerster: Threshold and supra-threshold sensitivity functions for stereoscopic surfaces, *Investigative Ophthalmology and Visual Science*, **34**, 1186, 1993; I. P. Horward and B. J. Rogers, Binocular vision and Stereopsis, Oxford Univ. Press, p. 164, 1995
9) C. W. Tyler: Stereoscopic tilt and size aftereffects, *Perception*, **4**, 187-192, 1975
10) R. Shumer and L. Ganz: Independent stereoscopic

channels for different extents of spatial pooling, *Vision Research*, **19**, 1303-1314, 1979
11) A. B. Cobo-lewis and Y. Yeh : Selectivity of cyclopean masking for the spatial frequency of binocular disparity modulation, *Vision Research*, **34**, 607-620, 1994
12) K. N. Ogle and M. P. Weil : Stereoscopic vision and the duration of the stimulus, *A. M. A. Archives of ophthalmology*, **59**, 4-17, 1958
13) R. S. Harwerth and S. C. Rawling : Viewing time and stereoscopic threshold with random-dot stereograms, *American Journal of Optometry and Physiological Optics*, **54**, 452-457, 1977
14) G. K. Shortess and J. Krauskopf : Role of involuntary eye movements in stereoscopic acuity, *Journal of the Optical Society of America*, **51**, 555-559, 1961
15) R. J. Watt : Scanning from coarse to fine spatial scales in the human visual system after the onset of a stimulus, *Journal of the Optical Society of America*, **A4**, 2006-2021, 1987
16) C. W. Tyler : Cyclopean vision, In Vision and Visual Dysfunction, Vol. 9, Binocular Vision (ed. D. Regan), Macmillan Press, London, pp. 38-74, 1991
17) J. M. Forley and C. W. Tyler : Effect of stimulus duration on stereo and vernier displacement thresholds, *Perception and Psychophysics*, **20**, 125-128, 1976
18) R. Patterson : Spatiotemporal properties of stereoacuity, *Optometry and Vision Science*, **67**, 123-128, 1990
19) K. I. Beverley and D. Regan : Visual sensitivity to disparity pulses : evidence for directional selectivity, *Vision Research*, **14**, 357-361, 1974
20) T. Kumar and D. A. Glaser : Some temporal aspects of stereoacuity, *Vision Research*, **34**, 913-925, 1994
21) B. Julesz : Binocular depth perception without familiarity cues, *Science*, **145**, 356-362, 1964
22) B. Julesz and J. J. Chang : Interaction between pools of binocular disparity detectors tuned to different disparities, *Biological Cybenetics*, **22**, 107-119, 1976
23) W. R. Uttal, J. Fitzgerald and T. E. Eskin : Parameters of tachistoscopic stereopsis, *Vision Research*, **15**, 705-712, 1975
24) C. W. Tyler : Stereoscopic depth movement : two eyes less sensitive than one, *Science*, **174**, 958-961, 1971
25) D. Regan and K. I. Beverly : Some dynamic features of depth perception, *Vision Research*, **13**, 2369-2379, 1973
26) H. S. Smalmann and D. I. A. MacLeod : Size-disparity correlation in stereopsis at contrast threshold, *Journal of the Optical Society of America*, **A11**, 2169-2183, 1994
27) M. Minematsu, S. Shioiri and H. Yaguchi : Spatial frequency channels and size-disparity correlation of contrast sensitivity for stereopsis, *Investigative Ophthalmology and Visual Science*, **37** (ARVO abstract), S284, 1996
28) M. Minematsu, S. Shioiri and H. Yaguchi : Correlation between contrast sensitivity for stereopsis and disparity tuning mechanism, World techno fair in Chiba '96, Proceedings of 5th International Conference on High Technology : Imaging Science and Technology, pp. 411-418, 1996
29) J. P. Firisby and E. W. Meyhew : Contrast sensitivity function for stereopsis, *Perception*, **7**, 423-429, 1978
30) D. Marr : Vision, Freeman, San Francisco, 1982
31) 塩入 諭, 佐藤隆夫 : 両眼立体視と単眼処理, テレビジョン学会誌, **45**, 432-437, 1991
32) 木村健一, 塩入 諭, 矢口博久, 久保走一 : 第41回応用物理学会講演予稿集, p. 888, 1994
33) W. Richards : Stereopsis and stereoblindness, *Experimental Brain Research*, **10**, 380-388, 1970
34) G. F. Poggio and T. Poggio : The analysis of stereopsis, *Annual Review of Neuroscience*, **7**, 379-412, 1984
35) G. F. Poggio, F. Gonzalez and F. Krause : Stereoscopic mechanisms in monkey visual cortex : Binocular correlation and disparity selectivity, *Journal of Neuroscience*, **8**, 4531-4550, 1988
36) S. B. Stevenson, L. K. Cormack, C. M. Schor and C. W. Tyler : Disparity tuning in mechanisms of human stereopsis, *Vision Research*, **32**, 1685-1694, 1992

7.2.7 ステレオアノマリー

ステレオアノマリー(stereoanomaly, 網膜像差検出障害)の研究からも網膜像差立体視の下位機構が推論されている.これらの研究によれば,ある人々は特定のタイプの網膜像差に対して奥行きを感じないステレオアノマリーであることが報告されている[1~6].これらの研究ではもし被験者がさまざまなタイプの網膜像差(例えば,交差性と非交差性)のうち,いずれかのタイプに対して奥行き印象を報告できない場合,そのタイプを処理する下位機構が不調のためであると考えられる.この考えに基づいて推論された網膜像差立体視の下位機構としては,網膜像差の符号(交差性か非交差性)[1~5],大きさ[5],提示位置(中心視野か周辺視野)[3],運動の有無[6]などがある.

ステレオアノマリー研究の問題は,個人差を下位機構の不調とする考えが妥当であるかどうかという点である.例えば,最近,ステレオアノマリーの分布は,提示された刺激の時間特性に依存することが示された[7].この結果は,いくつかの下位機構の不調を示すというよりむしろ,単一の機構の時間特性の個人差と考えるほうが理解しやすい.論理的には,反応の個人差は必ずしも下位機構の不調を示すものではない(もちろん,下位機構の不調は反応の個人差を生む).このことを考えると,ステレオアノマリー研究で示唆された下位機構は,ほかの研究方法(例えば,選択的順応など)を使って確認する必要がある.

示唆された下位機構のなかでとりわけ興味深いのは,絶対網膜像差処理機構と相対網膜像差処理機構である.従来の研究で得られているステレオアノマリーの頻度の差は,2つの下位機構の独立性によって説明できる[8].アノマリーの頻度が相対的に低い

と報告した研究では，網膜像差が固視刺激とともに提示されている，つまり相対網膜像差が提示されている．一方，アノマリーの頻度が相対的に高いと報告した研究では，固視刺激が消えてから網膜像差刺激が提示されている，つまり絶対網膜像差が提示されている．もし，相対網膜像差と絶対網膜像差を処理する下位機構が独立で，それらの不調の程度が異なると考えると，これらの研究間の差は説明できる．相対網膜像差が比較的小さいときには，見かけの奥行き量が絶対網膜像差に影響を受けないことも両者の独立性を示すものである．また，相対網膜像差に対して奥行きを感じないステレオアノマリーの個人が輻輳性眼球運動を示すという事実[9]もこの考えを支持している． [下野孝一]

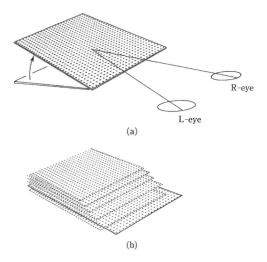

図7.26 主観的階段錯視

文 献

1) W. Richards: Stereopsis and stereoblindness, *Experimental Brain Research*, **10**, 380-388, 1970
2) W. Richards: Anomalous stereoscopic depth perception, *Journal of the Optical Society of America*, **61**, 410-414, 1971
3) K. Shimono, M. Kondo, K. Shibuta and S. Nakamizo: Hemispheric processing of binocular retinal disparity, *Psychologia*, **26**, 246-251, 1983
4) R. Jones: Anomalies of disparity detection in the human visual system, *Journal of Physiology*, **264**, 621-640, 1977
5) K. Shimono: Evidence for the two subsystems in stereopsis: fine and coarse stereopsis, *Japanese Psychological Research*, **26**, 168-172, 1984
6) W. Richards and D. Regan: A stereo field map with implications for disparity processing, *Investigative Ophthalmology and Visual Science*, **12**, 904-909, 1973
7) W. J. Tam and L. B. Stelmach: Disparity duration in stereoscopic depth discrimination, *Canadian Journal of Psychology*, **52**, 56-61, 1998
8) H. Collewijn and C. J. Erkelens: Binocular eye movements and the perception of depth, In Eye Movements and Their Role in Visual and Cognitive Processes: Review of Oculomotor Research (ed. E. Kowler), Elsevier, Amsterdam, pp. 213-262, 1990
9) 中溝幸夫, 近藤倫明, 下野孝一, 渋田幸一: ステレオアノマリーの眼球運動, 眼球運動の実験心理学, 第6章 (苧阪良二, 中溝幸夫, 古賀一男編), 名古屋大学出版会, 1993

7.2.8 近接要素融合規則に基づく奥行き錯視

これまでの節で，視覚系は，外界の対象が左右の眼のどの網膜像を生み出すかを"知っている"という暗黙の仮定のうえで論じてきたが，この仮定の根拠は明白ではない．この項では，視覚系が左右の眼の網膜像を融合するために用いていると思われる規則とその規則に起因する奥行き錯視について述べる．

近接要素融合規則 (nearest-neighbor rule) とは，"同一形態のパターン要素がくり返し配列されている刺激 (例えば，ウォールペーパー刺激) をある輻輳距離で観察する場合，最小の網膜像差をもつ要素どうしを融合する"という規則である[1]．以下，この規則によって説明できる奥行き錯視をとりあげる．

a. ウォールペーパー錯視

同じ形態のパターン要素が水平方向に配列されているパターン刺激を，刺激の物理的距離とは異なる輻輳距離で観察すると，刺激の見かけの距離が物理的距離からシフトするという錯視が起こる．この現象は，Smith[2] が発見し，後に Brewster[3] が定式化したもので，ウォールペーパー錯視 (wallpaper illusion) と呼ばれてきた[4~6]．

小さなドットが左右上下に均等に配列された2Dパターンを眼からある距離の前額平行面から奥行き方向に傾けて観察すると，階段状の3Dパターンが知覚される (図7.26)[7]．この"主観的階段"錯視 (subjective staircase) は，眼から異なる距離に，視野内の高さを異にしたウォールペーパー刺激が同時に存在し，それらがウォールペーパー錯視を起こした，つまりマルチウォールペーパー錯視として解釈できる[8]．

これらのウォールペーパー錯視は，近接要素融合規則によって説明できる．近接要素融合規則を仮定した場合，主観的階段錯視におけるステップの高さは，次式によって予測することができる．

$$H_n = \frac{n \cdot S \cdot D}{I \cdot n \cdot S} \times \sin\theta \qquad (7.2.3)$$

ここで，H：知覚されたステップの高さ，S：パターン要素の間隔，D：固視点までの距離，I：眼球間距離，n：ステップの段数（整数）である．

式(7.2.3)は，S を網膜像差に置き換えたら，いわゆる網膜像差の逆2乗法則と等価である．

b．ダブルネイル錯視

正中面上，眼から約 30 cm の距離に，針もしくは釘のような棒状の2本の刺激が2〜3 cm の間隔で垂直に立っている．2本の刺激のほぼ中間の距離を両眼で固視すると(10.4節参照)，刺激は固視している距離の前額平行面上に並んで立っているように見える[9]．この錯視は，ダブルネイル錯視(double-nail illusion)の名で呼ばれてきた．

ダブルネイル錯視の刺激の見かけの位置は，ウォールペーパー錯視と同様に，近接要素融合規則によって説明することができる．2つの刺激のほぼ中間の距離に輻輳すると，それぞれの刺激に複視が生じ，近接要素融合規則によって最小の網膜像差をもつイメージどうしが融合する．その結果，刺激はほぼ輻輳距離の前額平行面上に位置するように見える(刺激の視方向については，10.4.5項参照)．

中溝・近藤[10]は，2つの刺激の見かけの位置が輻輳距離に一致すること，輻輳を連続的に変化させて観察するとダイナミックウォールペーパー錯視[11]と同種のヒステリシスが観察されること，ダブルネイル錯視の刺激位置にウォールペーパー刺激を置くと，ダブルウォールペーパー錯視が起こることを観察した．　　　　　　　　　　　　［中溝幸夫］

文　献

1) I. P. Howard and B. Rogers : Binocular Vision and Stereopsis, Oxford Univ. Press, New York, 1995
2) R. Smith : A compleat system of opticks, A compleat system of opticks in four books, Cambridge, 1738
3) D. Brewster : On the knowledge of distance given by binocular vision, *Transactions of the Royal Society of Edinburgh*, **15**, 663-674, 1844
4) H. von Helmholtz : Physiological Optics, Dover, New York, 1962 (English translation by J. P. C. Southall from the 3rd German edition of Handbuch der Physiologischen Optik, 1909)
5) I. Lie : Convergence as a cue to percieved size and distance, *Scandinavian Journal of Psychology*, **6**, 109-116, 1965
6) W. H. Ittelson : Visual Space Perception, Springer, New York, 1960
7) 中溝幸夫, H. Ono：主観的階段：マルチ・ウォールペーパー錯視, *VISION*, **5**, 77-80, 1993
8) S. Nakamizo, H. Ono and H. Ujike : Subjective staircase : A multiple wallpaper illusion, *Perception and Psychophysics*, **61**, 13-22, 1999
9) J. D. Krol and W. A. Van de Grind : The double-nail illusion : experiments on binocular vision with nails, needles, and pins, *Perception*, **9**, 651-669, 1980
10) 中溝幸夫, 近藤倫明：ダブルネイル錯視：ウォールペーパー現象との共通性, 心理学研究, **59**, 91-98, 1988
11) 近藤倫明, 中溝幸夫：ダイナミック・ウォールペーパー現象と融合性ヒステリシス, 心理学研究, **53**, 288-295, 1982

c．ステレオモアレ錯視

近接要素融合規則のもう1つのデモンストレーションは，ステレオモアレ錯視である．ステレオモアレ(stereomoire)とは，両眼で観察されるモアレ縞の網膜像差によって生じる奥行き面の錯視である．

空間周波数のわずかに異なる2枚の垂直グレーティング（等間隔の平行な垂直線）刺激を，眼から異なる距離に，視線に対して垂直に配置する（前面に置かれたグレーティングは透明のフィルムにプリントされている）．これらの刺激をある距離から観察すると，グレーティングが相互に干渉して，2枚の垂直グレーティングに比べて空間周波数のかなり低い垂直のモアレ縞(moire fringes)が生じる．両眼で観察すると，モアレ縞によって形成された新たな面が刺激の実際の位置とは異なる奥行き(刺激の前方または後方)に知覚される[1]．(垂直グレーティングを重ねて奥行きを生み出す技法は，"ステレオスコピック干渉, stereoscopic interference"と呼ばれており[2]，主に Wilding によって近代芸術の分野で開発されてきた．Wilding の作品は美術展覧会などで数多く発表されている[3]．)

Kondo ら[4]は，ステレオモアレの奥行き効果を，両眼網膜像差および運動視差によって説明する幾何学的仮説を提案した．この仮説によると静止点から両眼観察するときにモアレ縞が生み出す両眼網膜像差($M\delta$)は，以下の等式で表現できる．

$$M\delta = \frac{\delta \cdot m}{m-n}$$

ここで，δ は，2枚の垂直グレーティングの物理面が生み出す両眼網膜像差，m, n は，それぞれ前面および後面の垂直グレーティングの空間周波数．

この式から m, n の大小関係によって $M\delta$ の正負が決まる．$M\delta$ が正の場合は交差性網膜像差を，負の場合は非交差性網膜像差が生じることが幾何学的に証明された(図7.27参照)．

実験的な研究の結果は，仮説から予測された奥行き量の理論値と知覚された奥行き量が一致することを示している[5]．また，Kondo ら[4]によって提案さ

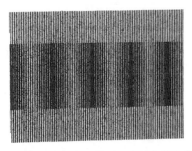

(a) 2枚の垂直グレーティングによって生じたモアレ縞

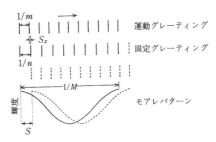

(b) 2枚の垂直グレーティングとモアレ縞の関係

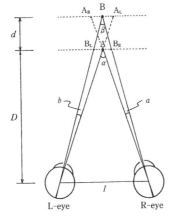

(c) 両眼網膜像差の幾何学

図7.27 ステレオモアレの奥行き効果
両眼網膜像差および運動視差による幾何学的仮説.

れた頭部運動を伴う単眼観察条件における運動視差仮説は，まだテストされていない．[近藤倫明]

文　献

1) N. Wade : The Art and Science of Visual Illusions, Routledge & Kegan Paul, London, 1982
2) L. Spillmann : The perception of movement and depth in moire patterns, *Perception*, **22**, 287-308, 1993
3) L. Wilding : Stereoscopic Picture. 光とイリュージョンの世界展，朝日新聞社，pp. 48-59, 1982
4) M. Kondo, N. Wade and S. Nakamizo : Geometrical analysis of the motion and depth seen in moire patterns, 北九州大学文学部紀要, **22**, 97-114, 1990
5) 近藤倫明，中溝幸夫，N. Wade：ステレオモアレの奥行き効果，日本心理学会第55回発表論文集，p.153, 1991

7.3　単眼性・画像的手がかり

立体/奥行きの情報を与える手がかりは，両眼立体視のほかにも数多く存在する．例えば，遠近法，重なり，陰影などが歴史的に絵画の技法として有効に使われてきた．これらの2次元画像がもつ奥行き情報は相対的な奥行き情報ではあるが，立体/奥行きの重要な手がかりである．これらは絵画的あるいは画像的手がかり (pictorial cue) と呼ばれる．画像的手がかりはいくつかに分類されるが，いずれにおいても両眼網膜像差などに比べると変数の制御がむずかしく，また，網膜像差などのほかの手がかりと競合する条件においては別の解釈がなされるなど質的に異なる知覚がなされることもある (7.7節)．これらの理由から画像的手がかりについての分析的研究はむずかしく，そのメカニズムについて多くは理解されていない．ただし，手がかりそのものについては多くの解説書に説明されている (例えば，SekularとBlake[1]，塩入[2]など)．

7.3.1　重なり(遮蔽)

自明のことであろうが手前にあるものはその後にあるものを隠すため，対象物の重なり(遮蔽)は前後関係を規定する．しかし，実際には単眼の画像のみから遮蔽関係を決定することはできない．それは図7.28に示す実験からも明らかである．図7.28(a)を適当な方向から観察すると，図7.28(b)のように見え，単眼で見る限りは三角形が正方形の前にあるように見える．これは実際とは異なるが，人間の視覚系が適当な仮定をおいて網膜像から前後関係を決定していることを意味する．このような処理が比較的初期の処理過程であることは，図7.29の例から推察される．図7.29は実際には存在しえないいわゆる不可能図形の1つであるが，それにもかかわらずわれわれの視覚系は遮蔽関係による前後関係の存在を認めることがわかる (灰色の丸で囲んだ部分)．T型の接合 (T-junction) のある場合にはTの中心の棒が遮蔽されるという，局所的な処理が行われていると考えられる．この重なりの影響は非常に強く，両眼立体視の前後関係と矛盾するような場合でも，無視できない影響が見られる (図7.53(b))．

7.3 単眼性・画像的手がかり

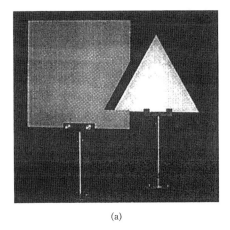
(a)

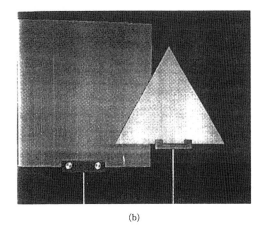
(b)

図 7.28 実物の面を使い重なりの知覚が奥行き関係を規定することを示す例
実際には (a) に示すように一部が欠けた正方形と三角形であるが，(b) の位置から見ると三角形が正方形の手前にあり一部を隠しているように知覚される．

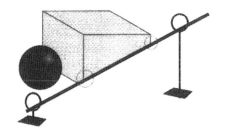

図 7.29 不可能図形の例
線画で書いた立体図形であるが，グレーの丸で囲んだ部分は T 型接合に依存した奥行き印象があるが，実際には存在しえない図形となっている．実現不可能であるとの知識が知覚に影響しない例．

T 型の接合と異なり，X 型の接合 (X-junction) は透明視をもたらす (図 7.30 (a))．X 型接合で透明視的な見えを生じさせるためには，各面の輝度条件

が適当である必要がある．図 7.30 (b) の例では，輝度条件が適当でないため透明視は知覚されず，ここでは，中央の正方形部分が 2 つの長方形の上に重なっているように見える．透明視の輝度条件については，Metteli の透明視条件が頻繁に引用される．これは，各部分の知覚レベルでの明度 (lightness) を図 7.30 (c) に示す記号を用いると，図中で定義される α が 0 と 1 のあいだにあることを意味する．α が 0 より大きいということは，透明視が見える場合の手前にあるフィルター部分でも背景でもそのコントラスト極性が変化しないことを意味する (A と B の差と P と Q の差が同じ符号になる)．一方，α が 1 より小さいということは透明視的に見えている部分でのコントラストの強さ (P と Q の差) が背景部分 (A と B の差) より小さいということを意味す

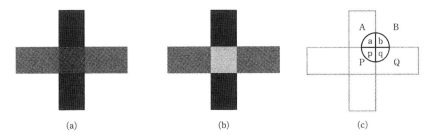

図 7.30 X 型の接合
(a) 透明視の例で，横長の長方形が縦長の長方形の上に重なって知覚されるが，実際は 5 つの長方形からなる図形で，中央の正方形はほかのいずれの長方形とも異なる明度の面となっている．(b) は (a) と同じ配置の図形であるが，中央の正方形部分の明度が異なる．この場合は透明視は見えない．(c) Mettelli の透明視条件の説明．図の一部のみ (円形で囲んだ部分) に注目して，透明視の生じる部分 (フィルターを通した見えになる部分) を P, Q，背景部分を A, B とおきそれぞれの明度 (あるいは知覚される面の明るさ) を小文字で表す．指標 $\alpha=(p-q)/(a-b)$ とおくと，Mettelli の透明視条件は $0<\alpha<1$ となる．

る．Metteliの透明視条件は比較的うまく現象を説明できる[3]（ただし，そのネオンカラースプレッティングへの適用に対しては疑問もある[4]）．

以上は，透明視についての実験であるが，これは透明視というかなり特殊な条件での知覚のみの問題ではない．例えば，影の処理を考えるうえでも重要である．図7.31に示すように，影は表面に明るさの差をもたらすが，X型の接合はそれが表面上の模様と区別する手がかりを与えている（ここで黒い円盤は立体の置かれている面上の特徴で，六角形が影である）．また，T型の接合と，X型の接合の共通点を示す実験も報告されている[5]．これは，輝度条件によってはT型の接合でも透明視が知覚されることを示し，重なりと透明視が類似した処理である可能性を示唆する．透明視に対する特性が，遮蔽関係の知覚まで含めた処理系の特性を反映するとすれば，透明視の研究結果はより一般的な意味をもつことになる．

図 7.31 影と影が投げかけられる面の上の模様とのあいだのX型接合

7.3.2 きめ（テクスチャ）勾配

面がある一様な模様（きめ，テクスチャ）をもっているとき，その面のきめの変化から奥行きの情報を得ることができる．図7.32(a)はテクスチャによって立体知覚がなされる例である．実際は図7.32(b)からわかるように一方は平面上に曲面と同様のテクスチャをはり付けたものであるが，図7.32(a)からは両方とも曲面が知覚される．網膜像におけるテクスチャは，面の傾きや観察者からの距離によって変化するが，そこから得られる情報は3つに分類できる．第1はテクスチャの要素の形状の変化で，圧縮（compression）あるいは縦横比（aspect ratio）の変化と呼ばれる．例えば，平面上に円形の要素からなるテクスチャがあり，その面がある方向に傾いているとき，円は楕円となり，その長短軸の比率は奥行きの情報を与える．第2は要素間の間隔，つまり密度（density）の変化で，遠くにあるほど網膜像での間隔は狭くなる．第3は要素の大きさであり，実物の要素の大きさが一定の場合はその大きさが，さまざまな大きさを含むときは平均的な大きさが変化する（遠くにあるほど小さくなる）．

曲面の形状や曲率の大きさの知覚には縦横比変化の影響が大きいのに対して，平面の傾きの大きさに関しては大きさ変化が大きいことが実験的に示されている[6～8]．Cummingらは3つの要因をそれぞれ独立に制御して，円筒の断面が円になるか楕円にな

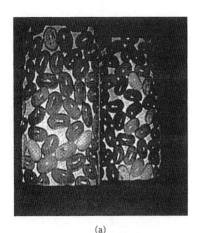

図 7.32 平面上および曲面上にテクスチャをはり付けたもの
平面に対してもテクスチャによって曲面が知覚されることがわかる．

7.3 単眼性・画像的手がかり

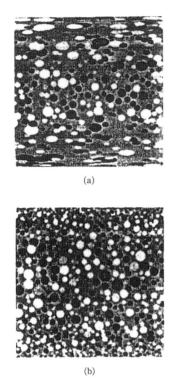

図 7.33 立体知覚の効果
(a) テクスチャ要素の縦横比のみが変化する例[6],(b) 密度と大きさ(面積)が変化する例.

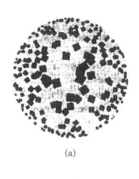

図 7.34 立体知覚の効果
(a) テクスチャ要素が正方形で大きさと密度が変化する例,(b) テクスチャ要素が 1:3 の比率の長方形で大きさと密度が変化する例[7].

るかの知覚に対しそれぞれの要因の立体知覚への寄与の大きさを調べた結果,縦横比のみであっても 3 要因すべてある場合と同程度の寄与があることを見いだしている[6].図 7.33(a) は,縦横比のみ変化する例,(b) は密度と大きさ(面積)が変化する例である.前者では中央部での膨らみが比較的大きく感じられるが,後者ではその効果は小さい.一方,Todd と Akerstrom は同様の実験結果から,視覚系が検出しているのは縦横比そのものではなく,方位 (orientation) 成分であると結論している[7].面の傾きに依存してその面上のテクスチャ要素の形状は変わるが,それとともに刺激のもつ方位成分も変化する.図 7.33(a) の例では上下の端にいくほど水平成分が増していることがわかる.この例は,楕円体を長軸方向から観察した状況で,要素の大きさや密度は変えるが,縦横比は変化しないとして作った図形である.図 7.34(a) は要素の形状はつねに正方形で図 7.34(b) はそれぞれの位置でつねに 1:3 の縦横比となるようにしたものであり(面の傾きに対して垂直になるほうに長くなる配置となる),大きさが変化している.図 7.34 から明らかなように,

後者でははっきりした奥行き形状が知覚されるため,縦横比そのものというよりその傾きが重要であることになる.もちろん,Cumming らの円筒形の場合はこの傾きの情報はつねに水平となるので意味がない.テクスチャの変化が 2 次元的な条件で考えるべき要因であるともいえる.

一方,奥行き方向に広がる平面の知覚には大きさ変化と密度変化が影響することが示されている.これは,床や地面に相当するような比較的広い面を見る場合に相当し,物体の形状と異なり遠近法の影響が大きく作用する.円柱の形状を判断する場合などは,それほど大きな奥行きの差はなく,遠近法の影響はほとんど無視できる条件である.そう考えると,形状にかかわる判断では大きさや間隔の変化の影響が小さいとの実験結果は理解できる.平面に対する奥行き変化の知覚を調べた,Cutting と Millard の実験は,要素の大きさの変化がその知覚に最も大きく寄与していることを示す[8].図 7.35 は,縦横比,密度,大きさそれぞれ単独とそれらの組み合わせの条件によって,上部にいくに従って面が遠ざかるとの印象がどう変化するかを示している.要素の大きさの変化の有無がこの奥行き印象に大きくかかわっていることがわかる.彼らの実験結果は,

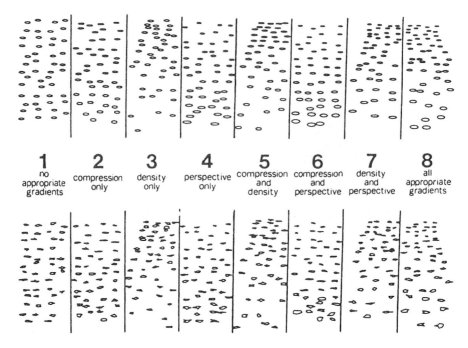

図 7.35 さまざまな条件でのテクスチャによる平面の奥行き知覚[8]
左から一様分布ですべてが変化していない条件，縦横比のみ，密度のみ，大きさのみ，縦横比と密度，縦横比と大きさ，密度と大きさ，すべてが変化．上は要素の形状が同一であるのに対して，下は，不規則で異なる形状の要素からなる．

密度変化がそれに続き，縦横比変化も少ないが奥行き情報としてはたらいていることを示す．なお，彼らは曲面についても調べており，ほかの研究と同様に縦横比変化の重要性を見いだしている．

テクスチャからの奥行きを計算するためには，視覚系は適当な仮定をする必要がある．妥当な仮定として，一様性（homogeneous）と等方性（isotropy）の2つがあげられる[6,8]．一様性は要素の大きさ，要素間隔がほぼ同一であるとの仮定で，等方性は要素の方向（線分の傾き，楕円の長軸方向など）が面上で片寄りなく分布しているとの仮定である．図7.34の例では要素の大きさは一様ではないので，一様性が必ずしも必要でないことは明らかである．一方，等方性が崩れた条件では知覚される奥行き量が減少する傾向が見られるため，視覚系は等方性を仮定して，テクスチャからの奥行きの評価をしていると考えられている[6]．

7.3.3 陰　　影

陰影が立体の知覚に重要であることは，線画と陰影を含む絵画を比べれば明らかである．陰影は網膜上の輝度変化をもとに知覚されることを考えると，そのコントラスト感度が輝度変化検出のコントラスト感度と類似していると考えられる．ガボールパッチを用いて実際のコントラストを変化させ，陰影からの奥行きが知覚されるためのコントラスト閾値を測定すると，その空間周波数特性は通常のコントラスト感度の測定と同様に $3\sim5$ cycle/° に最大感度をもつ帯域通過型のものとなる[9]（ただし，正弦波，三角波では最大感度は 1 cycle/° との報告もある[10]）．同様に，その分光特性も輝度の影響を受けると考えられるが，事実，異なる色を用いてもその輝度差が陰影を決定していることも示されている[11]．

陰影による立体形状の知覚研究においては，まずその測定方法が問題となる．検査刺激として両眼網膜像差をもつ刺激を用いることもできるが，その場合局所的な網膜像差の奥行きの影響を強く受け，実際の知覚を必ずしも反映しない（7.7節）．円筒などを用いれば曲率の評価でその奥行きを測定できるが，一般的な形状には適用できない．一般的な立体形状の測定のためにさまざまな方法が提案されているが，ここでは興味深い2つの方法について説明する．1つは，刺激表面上におかれた2点を用い，その奥行き関係（どちらが手前か）について被験者に判断を求める．多くの2点の組み合わせから刺激の各部分どうしの奥行き関係が推定できる[12]．もう1

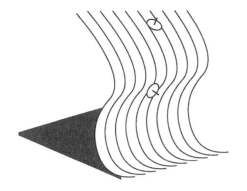 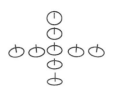

被験者がそれぞれの位置でゲージの形状を調整することにより，面の傾きを評価する．

図 7.36 ゲージによる立体形状の測定方法

つは，面の法線方向を各部で評価する方法で，ゲージ (gauge) と呼ぶ円盤と線分を用いて測定するものである[13]．図 7.36 に例で示すようにゲージの向きを被験者が調節することで，知覚される面の法線方向を評価できるというものである（ここでは陰影の代わりに表面輪郭の面を使っている）．これらの方法はもちろん陰影以外による立体形状の測定にも適用できる．

陰影からの立体の知覚は，また輪郭線との強い関連が指摘されている．図 7.37 は同じ輝度分布が輪郭線の形状に依存して異なる形状の面の陰影と知覚される様子を示す．また図 7.38 に，輪郭線の形状が透明面の輝度変化の知覚に影響する例を示す．図 7.38 (b) では暗い（透明視されるときフィルターと見える）部分の輪郭は直線であるが，図 7.38 (a) では背後にある物体の表面上にあるかのような輪郭形状がシミュレートされている．両者を比較すると，図 7.38 (b) のほうが透明視的な面が見えやすいことが示されている[14]．両条件で暗い部分の輝度分布は同一であるので，陰影知覚は透明視条件でも輪郭線の影響を受けるといえる．

陰影とは異なるが，ハイライト，つまり鏡面反射

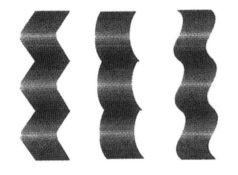

図 7.37 輪郭形状に依存した陰影による奥行きの変化
いずれも陰影を与える輝度変化は同一であるが，輪郭形状に依存した形状が知覚される．

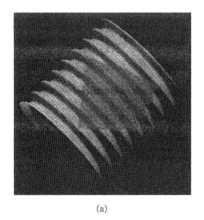 

(a)　　　　　　　　　　　　　(b)

図 7.38 透明視知覚に対する陰影知覚と輪郭のかかわり[14]
(a) は透明視となる面の輪郭が背景の面の形状とかかわりなく直線であるが，(b) では背景面上にあるものとして変化する．(b) においてより透明視が起こりやすい．

成分 (specular component) も奥行き表現には重要な手がかりである．事実，ハイライトの奥行き知覚への影響が大きいことは実験的に示されており[15,16]，ハイライトが奥行きをもたらす大きな手がかりであることは間違いなさそうである．ただし，一般にコントラストが高い陰影図形ではより大きな奥行きが得られる傾向があり，高いコントラストをもつハイライト画像では，コントラストによる直接的な影響も当然考える必要がある．

7.3.4 輪郭線形状

輪郭線が3次元形状に限らず形状の理解に重要であることはいうまでもない．しかし輪郭線といっても，それはすべて同種類の奥行き手がかりとは考えられず，それらのもつ意味は状況によって異なる．ここでは，Marrに従い3種類に分けて説明する[17]．まず，ある位置から物体を眺めたときのその物体の縁に相当する輪郭で，遮蔽輪郭 (occluding contour) と呼ばれるものがある．図7.39 (a) の輪郭線はその例であり，この輪郭から奥行き方向の不連続を知覚すると同時に壺状の物体を知覚する．遮蔽輪郭線の凹凸は，そのまま面の凹凸として知覚されていることがわかる．次に，面の方向の不連続を輪郭線が表す (discontinuity in orientation contour) 例である．図7.39 (b), (c) で，灰色の明度の差でできた境界の輪郭線がその例で，それらは面の方向が変化する部分に対応している．そのほかの輪郭線は背景と物体の境界であり遮蔽輪郭である．遮蔽輪郭の両側では奥行き方向での位置に差があり，互いに接触せず異なる物体に属することが多い．面の方向の不連続を示す輪郭線は面の折れ目などを示し，あくまで同一物体の表面として連結を保つ点で遮蔽輪郭とは異なる．もう1つの輪郭は，表面輪郭と呼ばれるもので，その例を図7.39 (d) に示す．この図形から得られる形状は，3次元空間においてなだらかに変化する表面であり，非常に強い3次元感覚を引き起こす．表面輪郭は，遮蔽輪郭や不連続を示す輪郭と異なり，実際の3次元世界のどのような物理特性を反映するものかは明らかではない．表面上の各点での面の方向 (面に垂直な方向ベクトル，法線ベクトルで表す) は，表面輪郭線とその面上でそれに垂直な方向の2つの方向から決めることができる．このことから，Stevens[18] は，輪郭線に垂直な方向を求めることができれば，面の形状が表面輪郭線のみから復元可能であることを示してい

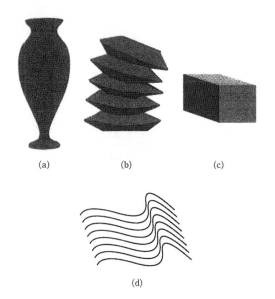

図7.39 輪郭線による奥行き手がかり
(a) 遮蔽輪郭，(b), (c) 灰色の明度差の輪郭は面の不連続を示す輪郭，(d) 表面輪郭．それぞれの輪郭は異なる性質をもつ．

る．表面輪郭線により形成される面の方向は，その輪郭線のほぼ垂直方向に知覚されることを考えると，視覚系がそのような方法で3次元形状の再構築を行っている可能性がある．

7.3.5 明るさと色

通常明るいものは近くにみえるという (luminance proximity)．実験的な研究では，背景が暗黒の場合明るい刺激は近くに見えることが示されるが，背景が明るい場合は逆に暗い刺激が近くに見える．背景との明るさの差，コントラストが大きいほど，背景との奥行きが大きく知覚されると考えられる[19~21]．定量的なデータとしては，背景が白い面の場合でも黒い面の場合でも，40 cmの距離にある刺激に対して背景との明るさの差により15 cmから5 cm程度の奥行きの差が生じるとの報告がある[21]．

一般に暖色系の色は近くに見え，寒色系の色は遠くに見えるといわれる．しかし，色相の奥行き知覚への影響は確立された事柄ではない．色相の影響として最もよく理解されているのは，色収差による両眼立体視，色立体視 (chromostereopsis) である．多くの人にとって青背景の上の赤い正方形は浮き上がって見える．これは，光軸からずれた網膜位置では，異なる波長の光は異なる位置に像を結ぶため，色の差が網膜上では両眼網膜像差になるためであ

り，それに基づいて両眼立体視による奥行きの差が生じる．この現象には個人差が大きいことが知られるが，この網膜像でのずれが視軸と光軸のずれ (angle alpha) に依存するためと考えられている[22]．この色立体視は低輝度の刺激では青が手前に見える方向に移動することが知られている．これは暗い刺激を用いることで瞳孔径が大きくなると，Stiles-Crawford 効果による実効的な瞳孔中心のずれの影響が大きくなるためであると説明されるが[23]，その他の説明も可能である[24]．この色立体視は，色収差の影響で説明されるもので色そのものの奥行き知覚への関与ではない．明るさの場合と同じように色の影響も調べられていて，赤，緑，青の順に手前に見える傾向も報告されている[25]．これは色相による奥行きへの直接的な関与とも考えられるが，刺激の明るさの評価を含め十分な検討がなされているとはいえない． ［塩入 諭］

文　献

1) R. Sekular and R. Blake: Perception, Knopf, New York, pp. 217-250, 1985
2) 塩入　諭：3次元空間の視知覚，日本写真学会誌, **54**, 49-58, 1991
3) F. Metelli: Stimulation and perception of transparency, *Psychological Research*, **47**, 185-202, 1985
4) P. Bressan: Revisitation of the luminance conditions for the occurrence of the achromatic neon color spreading illusion, *Perception and Psychophysics*, **54**, 55-64, 1993
5) T. Watanabe and P. Cavanagh: Transparent surfaces defined by implicit X junctions, *Vision Research*, **33**, 2339-2346, 1993
6) B. G. Cumming, E. G. Johnston and A. J. Parker: Effect of different texture cues on curved surfaces viewed stereoscopically, *Vision Research*, **33**, 827-838, 1993
7) J. T. Todd and R. A. Akerstrom: Perception of three-dimensional form from patterns of optical texture, *Journal of Experimental Psychology: Human Perception and Performance*, **13**, 242-255, 1987
8) J. E. Cutting and R. T. Millard: Three gradients and perception of flat and curved surfaces, *Journal of Experimental Psychology: General*, **113**, 198-216, 1984
9) 道本啓介，塩入　諭，矢口博久：陰影による奥行知覚, VISION, **8**, 49-52, 1996
10) 長田昌次郎：陰効果による奥行き感，テレビジョン学会全国大会, pp. 7-8, 1981
11) S. Sunaga, S. Shioiri, H. Yaguchi and S. Kubo: Effect of spatial frequency on equal-luminance point for the mechanism of shape from shading, *Optical Review*, **2**, 81-84, 1995
12) J. T. Todd and F. D. Reichel: Ordinal structure in the visual perception and cognition of smoothly curved surfaces, *Psychological Review*, **96**, 643-657, 1989
13) J. J. Koendering, A. J. von Doorn and A. M. L. Kappers: Surface perception in pictures, *Perception and Psychophysics*, **32**, 487-496, 1992
14) D. C. Knill: Perception of surface contours and surface shapes: from computation to psychophysics, *Journal of the Optical Society of America*, **A9**, 1449-1464, 1992
15) J. T. Todd and E. Mingolla: Perception of surface curvature and direction of illumination from patterns of shading, *Journal of Experimental Psychology: Human Perception and Performance*, **9**, 583-595, 1983
16) H. H. Bühtoff: Shape from X: Psychophysics and computation, In Computational Models of Visual Processing (eds. M. S. Landy and J. A. Movshon), MIT Press, Cambridge, pp. 305-330, 1991
17) D. Marr: Vision, Freeman, New York, pp. 215-233, 1982
18) K. A. Stevens: Surface tilt (the direction of slant): a neglected psychophysical variable, *Perception & Psychophysics*, **33**, 241-250, 1983
19) M. Farné: Brightness as an indicator to distance: relative brightness per se or contrast with the background? *Perception*, **6**, 287-293, 1977
20) H. Egusa: Effect of brightness on perceived distance as a figure-ground phenomenon, *Perception*, **11**, 671-676, 1982
21) 江草浩幸：色の進出後退現象について，心理学評論, **20**, 369-386, 1977
22) J. J. Vos: Some new aspects of color stereoscopy, *Journal of the Optical Society of America*, **50**, 785-790, 1960
23) J. J. Vos: The color stereoscopic effect, *Vision Research*, **6**, 105-107, 1966
24) I. Howard and B. J. Rogers: Binocular Vision and Stereopsis, Oxford University Press, pp. 306-307, 1995
25) H. Egusa: Effects of brightness, hue, and saturation on perceived depth between adjacent regions in the visual field, *Perception*, **12**, 167-175, 1982

7.3.6　相対的大きさ

一般に，形態的に類似した2つ以上の事物は，相対的に大きいほうが小さいものよりも"近く"に見える．つまり，事物の相対的大きさは奥行きのオーダー手がかりとなりうる．相対的大きさとは，異なる距離に提示された物理的に同程度の大きさの，2つ以上の事物が網膜上に投影されたときに利用できる網膜上での大きさのことで，奥行きの手がかりである（この手がかりは，相対的角度の大きさ (relative angular extent or size) とも呼ばれている[1,2]）．原理的には，大きさ-距離不変仮説（10.5.5項）の応用例と考えることができる．Sedgwick[1]によると，この手がかりは幾何学的に以下の等式で表現される．

$$\frac{d_1}{d_2}=\frac{s_1/A_1}{s_2/A_2}$$

したがって

$$\frac{d_1}{d_2}=k\cdot\frac{A_2}{A_1}$$

d_1 と d_2 の相対距離は，原理的には，2つの事物の物理的大きさ s_1 と s_2 の比 k が推定できれば，s_1 と s_2 が張る視角 A_1 と A_2 の相対的な大きさによって導くことができる．つまり，この手がかりは，絶対距離そのものの手がかりではないが，奥行きの順序性以上の尺度情報を提供する可能性も含まれると考えられる．

相対距離知覚に及ぼす相対的大きさの効果は，ほかの距離手がかりが取り除かれた，いわゆる還元条件 (reduced condition) 下で確認されている．Epstein と Franklin[3] は，還元条件下で特定の大きさの情報をもたない単純な幾何学的図形ペアを刺激として，相対的大きさの効果を調べた．彼らは，同形ペアとして (円-円)，(四角形-四角形)，異形ペアとして (円-四角形) を用い，図形間の相対的大きさの比を 1/2, 1/3, 1/5 の組み合わせで提示し，2つの図形の見えの距離の比を触覚的あるいは言語報告によって求めた．結果は，測定法および同形ペアと異形ペア間に差はなく，図形間の相対的大きさの比に対応して距離の比が見いだされた．ただし，相対的大きさの比に比べると，報告された距離比は幾分小さい値であった (測定法および同形ペアと異形ペア間を平均すると，相対的大きさの比：1/2, 1/3, 1/5 に対して得られた距離の比はそれぞれ 2.19, 2.75, 3.46 であった)．同様の結果は，Burnham[4] によっても報告されている．

相対的大きさが奥行きの手がかりとして利用できるのは，基本的には 2 つ以上の事物が同時に見える場合であるが[5]，2 つの事物が継時的に提示されても，相対的大きさの効果が生じることが見いだされている[6~8]．

Gogel[7] は，還元条件下で刺激として 3 種類のサイズの異なる三角形 (底辺の視角，それぞれ 428′, 128′, 64′) を継時的に提示して距離と大きさの判断を実験的に調べた．その結果，言語報告によって測定された知覚された距離は，相対的大きさ (視角) の減少に伴って有意に増加することが示された．

還元条件下では，観察事態の環境についての観察者の認知的側面，例えば，実験室の大きさについての観察者の知識などが距離判断に影響を及ぼすことが指摘されている[12]．したがって，相対的大きさが，距離の知覚 (パーセプト) を直接生み出しているのか，大きさの知覚からの推論なのかという問題はまだ解決されていない．

7.3.7 視野内の高さ

3 次元空間に存在する事物は，光の直進性によって 2 次元的な平面に投射できる．図 7.40 は，観察者から異なる距離にある地面上 (G) の 2 つの点 (NG, FG) と，例えば天井面 (C) にある 2 つの点 (NC, FC) を同一の平面 (絵画面 PP) に幾何学的に表現する方法を示したものである．ここでは空間内にある事物の奥行きは絵画面上では相対的な高さとして垂直軸上に表現される (図 7.40 右側の円参照)．この視野あるいは絵画面上での相対的な高さが，知覚される相対距離に影響を及ぼす視野の高さ (height in the field) と呼ばれる奥行き知覚の手がかりである．射影幾何学的には，事物が眼の高さより低い場合，遠くにある事物は近くにあるものより視野のなかでは相対的に高い位置になり (図 7.40, NG, FG)，それらが眼の高さより高い場合，視野のなかでの上下関係は逆になる (図 7.40, NC, FC)．もし視覚系が視野の高さを奥行き知覚の手がかりとして利用するならば，それぞれ視野のなかで相対的に高い位置の事物は，低いものに比べて遠くに，あるいは近くに見えることになる．

この視野の高さの効果は，Gibson[10] によって視覚的に絵画上で示された．Gibson によると，生態学的な意味で事物の知覚される距離は，地面との関係によって決定される．つまり，地面はきめ (肌理) の勾配によって特定され，地面の無限遠は地平線 (H) となりこれは視線の高さと等しくなる．したがって，地面に接している事物の基底までの距離は視線の高さよりも低い場合にこの手がかりによって与えられる．

視野の高さの効果を心理物理学的に調べた研究はあまり多くはないが，Dunn ら[11] と Epstein[12] によって報告されている．Dunn ら[11] の実験では，被験者はおよそ 3 m の観察距離から等距離で垂直方向に配置された 2 本の水平の棒を 4 種類の背景のもとに観察し，棒の前後関係を報告した．4 種類の背景は，地面を遠近法的に表現した輻輳線，天井を遠近法的に表現した輻輳線，等間隔の平行線，そして

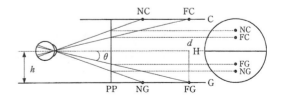

図 7.40 3 次元空間の事物に対する 2 次元平面への投射例

空白の視野であった.被験者の課題は,水平に2本配置された棒のうち実験者が提示した棒が手前に見えるか遠くに見えるかを判断し,その確信度を評定するものであった.結果は,相対的高さが奥行き知覚に影響すること,しかも背景の効果によって奥行き方向が予測されることを示した.Epstein[12]は,完全暗室のなかで3種類の背景のもとに2光点間の奥行きを観察距離およそ145 cm,単眼で,およそ30 cmの物差に対する割合で被験者に見積もらせた.3種類の背景は,地面を遠近法的に表現した台形の輪郭線,同じ台形の輪郭線内に格子状のきめを加えた図形,そして真暗な視野であった.結果は背景が存在する条件で,高い位置の光点が遠くに見え,しかも垂直距離が増加するにつれて奥行きも増加した.補足的な実験で,先の実験の背景を上下逆転した条件では結果が逆になった.つまり,背景の床(フロアー)効果(floor effect)の代わりに天井効果(ceiling effect)が観察された.

視野の高さ手がかりの単独の効果を調べるには,背景が存在しない条件下での測定が必要であるが,この場合の結果は一貫していない.完全暗室で測定したEpstein では,高い位置の光点が一貫して遠くに見られたが,統計的には奥行きの差はなかった.さらに垂直距離の効果もなかった.一方,Dunn ら[11],Dunn[13],およびBugelski[14]では,部分的には奥行きの効果が観察されている.この差を説明するために,Epstein[12]は,見えない背景の存在をどのように被験者が推測するかによって奥行き知覚が影響を受けるという認知説を提案した.また,Gibson[10]は,背景が推測されるためには極端な頭部および眼の傾きが影響することを述べている.

視野の高さが潜在的には絶対距離を生み出す可能性が提案されている[1,2,5].Sedgwick[1]によると,図7.40に示すように,地点(FG)までの距離(d)はその点と地平線(H)のなす角度(θ)と観察者の眼の高さ(h)によって決定される.Sedgwick[1]は,眼の高さを角度で表現した値をスケール要因(scale factor)と呼んでいる.しかし,実際の場面では,眼の高さの処理における誤差がスケール要因の値に対して大きいという理由[1],さらに,この手がかりが効果をもつための仮定が過剰で現実的ではないという理由[5]から絶対距離におけるこの手がかりの信頼性はかなり低いと考えられている.

これまでの研究結果から,視野の高さの手がかりは,背景情報と組み合わされると奥行き知覚に影響を及ぼすことが確認されている.しかし,単独での研究結果は一貫したものではなく,今後の研究が必要である.同時に,絶対距離の手がかりとしての可能性についても検討課題であろう.[近藤倫明]

文　献

1) H. A. Sedgwick : Space perception, In Handbook of Perception and Human Performance, Vol. 1 : Sensory process and perception (eds. K. R. Boff, L. Kaufman and J. P. Thomas), Wiley, New York, 1986
2) B. Gillam : The perception of spatial layout from static optical information, In Perception of Space and Motion (eds. W. Wpstein and S. Rogers), Academic Press, San Diego, 1995
3) W. Epstein and S. Franklin : Some conditions of the effect of relative size on perceived relative distance, American Journal of Psychology, 78, 466-470, 1965
4) D. K. Burnham : Apparent relative size in the judgment of apparent distance, Perception, 12, 683-700, 1983
5) J. E. Cuttine and P. M. Vishton : Perceiving layout and knowing distances ; The integration, relative potency, and contextual use of different information about depth, In Perception of Space and Motion (eds. W. Epstein and S. Rogers), Academic Press, San Diego, 1995
6) W. C. Gogel : Size cue to visually perceived distance, Psychological Bulletin, 62, 227-235, 1964
7) W. C. Gogel : The absolute and relative size cues to distance, American Journal of Psychology, 82, 228-234, 1969
8) R. Over : Size- and distance-estimates of a single stimulus under different viewing conditions, American Journal of Psychology, 76, 452-457, 1963
9) W. Epstein : Perceived distance in imagined space, Quarterly Journal of Experimental Psychology, 19, 341-343, 1967
10) J. J. Gibson : The Perception of the Visual World, Houghton Mifflin, Boston, 1950
11) B. E. Dunn, G. C. Gray and D. Thompson : Relative height on the picture plane and depth perception, Perceptual and Motor Skills, 21, 227-236, 1965
12) W. Epstein : Perceived depth as a function of relative height under three background conditions, Journal of Experimental Psychology, 72, 335-338, 1966
13) B. E. Dunn : Relative distance of lights : An extension of Bugelski's findings, Perception and Psychophysics, 6, 414-415, 1969
14) B. R. Bugelski : Traffic signals and depth perception, Science, 157, 1464-1465, 1967

7.3.8　そ の 他

そのほかにも多くの画像性奥行き手がかりが知られている.線遠近法は,よく知られるように直線的な特徴を含む景観を2次元で表現する場合において顕著に利用されるものである.3次元空間での平行線は,平面に投影すると1点(消失点)に集まる直線群になり(図7.41),人間はそのような直線群を

見たとき，3次元空間での平行線であると知覚する．この場合も，実際の2次元の平面上の線ではなく3次元的な広がりをもつと判断するのは，視覚系が放射状の線よりも平行線である可能性が高いと判断し，その幾何学的関係を知っていることになる．このような仮定が実際にどのようになされるかわからないが，立体/奥行きの知覚に有効にはたらいていることは明らかである．

大気遠近法は，コントラストが低くエッジが不明瞭になるほど，遠くに知覚される効果である．これは，遠くからくる光ほど長距離の大気を通るため散乱の影響を強く受けることにより，遠いものほど不明瞭になる現象に対応するが，視覚系処理としてはコントラストの強さ，エッジの明瞭さの評価をしているともいえる．また地平線，水平線に近い位置にあるほど遠くにあるように見えるというのも遠近法の一種に分類できる（図7.42，および7.3.7項）．その他，大きさのわかっている身近かな対象の見かけの大きさなども画像性の手がかりである．よく知っているものがあればそこまでの距離が評価できる．ここで述べた手がかりに関しては明らかにされていることは少なく[1]，多くの書籍において図によって存在が示されることが多い．［塩入 諭］

文献

1) 東山篤規：新編 感覚・知覚心理学ハンドブック（大山 正，今井省吾，和気典二編），誠信書房，pp. 774-776, 1994

7.4 両眼遮蔽

奥行き手がかりとして最近注目されているものに両眼遮蔽手がかり (binocular occlusion) がある[1~3]．図7.43に示されているように，一方の眼の視線上に2つの刺激が存在するような条件では，一方の眼の網膜像の数と他方の眼の網膜像の数が異なっている．このような刺激配置では，網膜像差のような明白な奥行き手がかりはない[1]．しかし，このような刺激配置でも奥行き感が得られることが知られている．この奥行き感を生み出しているものが，両眼遮蔽手がかりである（左右の網膜像差の数が異なるような刺激配置のなかで一番単純なものは，一方の網膜に2つの，他方の網膜に1つの刺激が提示される条件，いわゆるPanumの限定条件 (Panum's limiting case) と呼ばれているものである）．視覚系がこの手がかりを利用するという考えは，視覚系は左右網膜像の関係から奥行きを推論す

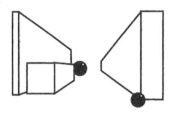

図7.41 線遠近法の例
線遠近法によって奥行き感が生じるため2つの球が置かれる位置によって大きさが異なって見えている（手前に知覚されているほうが小さい）．

図7.42 水平線・地平線に近いものが遠くに見える例
3羽の鳥のうち水平線近くのものが最も遠くにみえる．

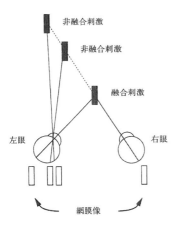

図7.43 両眼遮蔽手がかり

るという仮定に基づいている．この仮定では，視覚系はまず，① 一方の眼の単一の網膜像と，他方の眼の2つの網膜像のうち，より耳側の網膜像を融合し，その物体を視空間のいずれかの場所に定位する，そして，② 他方の眼の鼻側網膜像を生じる物体が，融合した像の物体によって遮蔽されていると解釈する，と考えられている[3]．複数の研究結果は，この考えと一致している[1～6]．ただし，視覚系が網膜像の関係から奥行き量まで計算できるかどうかについては研究間で一致していない[2～8]．最近の研究は，Panumの限定条件で得られる奥行き量は，両眼遮蔽手がかりではなく，主に固視網膜像差によって決定されていることを示している[7,8]．

[下野孝一]

文　献

1) I. P. Howard and B. Rogers : Binocular Vision and Stereopsis, Oxford Univ. Press, New York, 1995
2) H. Ono and N. J. Wade : Resolving discrepant results of the Wheatstone experiment, *Psychological Research*, **47**, 135-142, 1985
3) N. Ono, K. Shimono and K. Shibuta : Occlusion as a depth cue in the Wheatstone-Panum's limiting case, *Perception & Psychophysics*, **51**, 3-13, 1992
4) K. Nakayama and S. Shimojo : Da Vinci stereopsis : depth and subjective occluding contours from unpaired image points, *Vision Research*, **30**, 1811-1825, 1990
5) B. Gillam and S. Blackburn : Panum's limiting case : double fusion, convergence error, or 'da Vinci stereopsis', *Perception*, **24**, 333-346, 1995
6) J. Häkkinen and G. Nyman : Depth Asymmetry in da Vinci Stereopsis, *Vision Research*, **36**, 3815-3819, 1996
7) K. Shimono, J. Tam and S. Nakamizo : Occlusion, camouflage, and vergence-induced cues in the Wheatstone-Panum's limiting case, *Perception & Psychophysics*, **61**, 445-455, 1999
8) I. P. Howard and M. Ohmi : A new interpretation of the role of dichoptic occlusion in stereopsis, *Investigative Ophthalmology and Visual Science*, **33**, 1370, 1992

7.5 運動視差に基づく立体視

7.5.1 観察者運動視差と対象運動視差

運動視差には観察者運動視差と対象運動視差の2通りがある．観察者運動視差とは，異なった距離にある静止した対象に対する観察者の運動によって引き起こされる，対象の網膜像の相対的な運動である．これに対して対象運動視差とは，静止した観察者に対する異なった距離にある対象の運動によって引き起こされる，対象の網膜像の相対的な運動である観察者運動視差について，運動視差と奥行きの幾何学的関係を求めてみよう．いま図7.44に示すように，対象Aと観察者の距離をD，対象Aと対象Bの距離をdとしよう．観察者が対象Aを固視しながら頭を右方向に移動させたときの，頭の移動量をH，運動視差すなわち対象Bの網膜像の視角で測った移動量をmとすると，

$$m = \frac{Hd}{D(D+d)} \qquad (7.5.1)$$

という関係が成り立つ．奥行きdが，距離Dに比べて十分に小さいときには，式(7.5.1)は次のように近似できる．

$$m = \frac{Hd}{D^2} \qquad (7.5.2)$$

したがって，異なった距離にある2つの対象のあいだの運動視差の大きさは，これらの対象の奥行きに比例する．ここで運動視差の符号はどちらの対象が観察者に近いかに依存する．また，一定の奥行きをもつ2つの対象について，観察者運動視差の大きさは2つの対象の観察者からの絶対距離の2乗に反比例する．これらの幾何学的関係は，頭の移動量

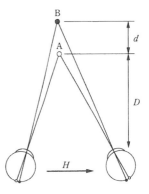

図7.44 観察者運動視差による奥行き知覚の原理

H を両眼間距離 i に置き換えれば,両眼網膜像差と奥行きの関係に等しい(7.2.5 項参照).したがって,観察者運動視差は両眼網膜像差と同様に奥行きの手がかりになると考えることができる.この幾何学的事実は,Helmholtz によって記述されているが,実際にわれわれの視覚系において奥行きの知覚に観察者運動視差が使われていることの実験的証明は,Heine[1] によって初めてなされた.本項では,主に観察者運動視差による奥行きの知覚について述べ,対象運動視差については 7.5.5 項において触れるにとどめる.したがって,以下で運動視差とは観察者運動視差をさす.

7.5.2 研究法:刺激提示法と測度

運動視差による奥行きの知覚についての初期の実験的研究は,少数の分離した点を刺激として行われ,点のあいだの奥行きの順序や,奥行き方向における点の間隔が運動視差によって弁別できることが示された[2〜8].しかしながらその一方で,運動視差により知覚される平面の傾きが過小評価されることや[9〜12],運動視差によって知覚される奥行きの順序と,知覚される平面の傾きがあいまいになる場合があることも示された[7,9,10,13].

これらの混乱した研究報告における問題点を解決して,運動視差がわれわれの奥行きの知覚に確かに寄与していることを示す先駆的研究を行ったのが,Rogers と Graham[14] である.その問題点とは,運動視差と協調あるいは矛盾する奥行き手がかりが視覚刺激に含まれていたことであった.Rogers と Graham は,オシロスコープ上に 2 次元のランダムドットパターンを呈示し,観察者の頭の左右への運動に応じて 3 次元の静止した表面に生じる運動視差をシミュレートするようにランダムドットパターンを変形させた.図 7.45 に,垂直方向に奥行きが矩形波状に変化するような形状の 3 次元表面をシミュレートするランダムドットパターンの変形を示す.観察者の頭が静止しているときには,シミュレートされた 3 次元表面の形状についての手がかりはなく,調節とテクスチャ勾配の手がかりが表面がフラットであることを示す.観察者が頭を左右に動かしながら単眼でオシロスコープを観察すると,ランダムドットパターンの変形によって 3 次元の形状が知覚される.後述するように,観察者が異なった形状の奥行きを弁別でき,また知覚された奥行きの大きさを静止した両眼網膜像差によるものに精度よく合わせることができることが示された.この方法は,両眼網膜像差による奥行きの知覚における Julesz[15] のランダムドットステレオグラムに対応するものであり,今日では運動視差による奥行きの知覚の標準的研究法として確立している.

運動視差による奥行き感と両眼網膜像差による奥行き感のあいだには顕著な類似性がある.Rogers と Graham[14] は,3 次元表面をシミュレートした運動視差ランダムドットパターンは,両眼立体視で得られるのと同等の 3 次元性の印象を生成することを示し,以前の研究では少数の対象を使って運動視差をシミュレートしていたことが,奥行きに関してあいまいな知覚を生じさせた原因であると主張した.幾何学的関係からは,分離された少数の対象についても運動視差によってそれらのあいだの奥行きが知覚されるはずである.しかしながら,実験的には否定的な結果[16] も報告されており,このような刺激に対して運動視差による奥行き知覚が得られるかどうかについては,明らかでない.

7.5.3 確度と精度および逆 2 乗法則
a. 奥行き検知感度

Rogers と Graham[17] は,3 次元表面における奥行きの正弦波状の変化を運動視差によって検知するための感度を,3 次元形状の空間周波数の関数とし

図 7.45 垂直方向に奥行きが矩形波状に変化するような 3 次元表面をシミュレートするランダムドットパターンの変形[14]

て測定した．図7.46に示すように，3次元形状の空間周波数が0.3 cycle/°から0.5 cycle/°のあいだのときに検知感度が最大になり，低周波数域と高周波数域の双方で感度が低下することが示された．この空間周波数特性は，両眼視差によるものと類似しているが，その感度は両眼網膜像差によるものの約半分である．のちに RogersとGraham[18]は，ガウス分布の差(DOG)の奥行き形状をもつ刺激を使って検知閾値を測定し，低周波数域での感度低下がスクリーンに提示された波数の減少によるものではないことを示した．

また，BradshawとRogers[19]は，観察者に中央部の形状が凸型か凹型かを判断させる強制選択法を採用して，奥行きの検知閾値が以前の報告におけるものよりかなり低く，運動視差では8″から10″，両眼網膜像差では2″から4″であることを報告した．両眼網膜像差による閾値のほうが低いのは，運動視差閾値の測定が単眼視でしかも頭を左右に動かしながらという，より困難な条件下で測定されているせいかもしれない．

しかしながらCornilleau-PérèsとDroulez[20]は，両眼網膜像差と運動視差による水平軸と垂直軸のまわりに回転する回転曲面の曲がりの検知閾値を比較し，いずれの軸のまわりの回転についても，運動視差による閾値のほうが両眼網膜像差によるものよりも低いことを示した．これはRogersとGraham[17]と反対の結果であるが，Cornilleau-PérèsとDroulez[20]は，運動視差による閾値がRogersとGraham[17]の結果とほぼ等しいにもかかわらず，両眼網膜像差に対する閾値が4倍程度大きいことから，高い閾値はディスプレイのドット密度の低さによるものであろうと示唆している．

b. 奥行き残効と同時対比効果

奥行きが正弦波状に変化する3次元表面に順応した後に，フラットなテスト面を見ると順応面と逆位相の3次元形状が観察される．GrahamとRogers[21]は，この奥行き残効の大きさをキャンセル法によって測定し，両眼網膜像差による面であっても，運動視差による面であっても同程度の残効が見られること，および両眼網膜像差による残効が運動視差によりキャンセルされること，またその逆が成り立つことを報告した．

前額平行面が奥行き方向に傾いた面に囲まれると，前額平行面が周囲の面と逆の方向に傾いているように見える同時対比効果が観察される．GrahamとRogersは，キャンセル法を使って同時対比効果の強さを測定し，両眼網膜像差による面であっても，運動視差による面であっても，同時対比効果の特性が類似していることを示した．

Anstis[22]らは，両眼網膜像差がCreik-O'Brien-Cornsweet錯視刺激状に変化する面の外側部が，異なった奥行き面に配置されているように見えることを報告したが，RogersとGraham[23]は，運動視差が変化する面についても同様の効果が見られること，またその効果の大きさが両眼網膜像差と運動視差において同様であることを報告した．彼らはまた，Creik-O'Brien-Cornsweet面における奥行きの不連続の方向特異性を見いだした．すなわち，奥行きが垂直方向に不連続で外側部が左右に存在する場合には，それらが異なった奥行き面に存在するように見えたが，奥行きが水平方向に不連続で外側部が上下に存在する場合には，外側部は同じ奥行き面

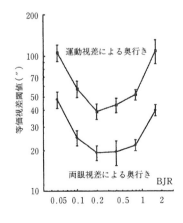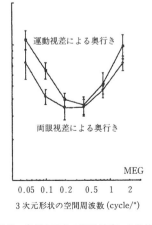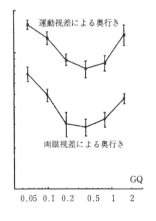

図7.46 正弦波状の奥行き変化の運動視差による検知感度[17]

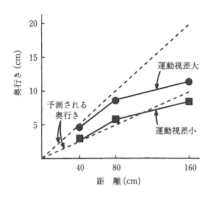

図7.47 距離と運動視差による奥行きの関係[24]

に存在するように見えることが示された．

c．逆2乗法則

7.5.1項で述べたように，幾何学的には奥行き方向に離れた2つの点のあいだの運動視差は点までの距離の2乗の逆数に反比例する．したがって点までの距離が2倍になれば，運動視差は4分の1になる．Onoら[24]は，図7.47に示すように，距離が80 cm以下ならば逆2乗法則が成立するが，それ以上の距離になると奥行きに代わって運動が知覚されることを報告した．これは，両眼網膜像差では数km先の対象に対しても奥行きが知覚されるという報告[25]と比べて著しく小さい値であり，Onoらは，運動視差は近距離でのみ有効な奥行き手がかりであると主張している．

7.5.4 両眼網膜像差との相互作用

奥行きを導き出す幾何学的関係は同一であるが，運動視差と両眼網膜像差はさまざまな面で質の異なった種類の情報である．①運動視差は単眼性であり，両眼網膜像差は両眼性である，②運動視差は動的であり，両眼網膜像差は静的である，③運動視差の情報は1つの視点からの像の時間に伴う変化であり，両眼網膜像差の情報は同時に観察された2つの視点からの像の違いである，④運動視差から奥行きを求めるには頭の移動量が必要であり，両眼視差から奥行きを求めるには両眼間の距離が必要である．

これらの違いにもかかわらず，奥行きの検知閾値の空間周波数特性，奥行き残効効果および同時対比効果といった視覚の初期過程を反映する特性については，運動視差によるものと両眼網膜像差によるもののあいだで質的な差が見られず，これらの視差情報が初期の情報処理段階から共通の過程に属してい

ることが示唆される．ここでは，もう少し高次の情報処理に関して運動視差による奥行き知覚と両眼網膜像差による奥行き知覚とを比較するとともに，運動視差情報と両眼網膜像差情報の統合過程について述べる．

a．曲面の形状の弁別

van Dammeら[26]は，観察者の運動視差と両眼網膜像差による滑らかな曲面の形状の同定と弁別について検討した．楕円体曲面，サドル曲面，円筒面などのさまざまな形状をもつ参照曲面との形状弁別閾値は，参照曲面が円筒面のとき最小であった．参照曲面がサドル曲面のときは，運動視差と両眼網膜像差による曲面の弁別閾値がともに高かった．これに対して，参照曲面が対称的な楕円体曲面の場合には，両眼網膜像差による弁別閾値は低かったが，運動視差による弁別閾値は高かった．また曲面の曲率の弁別閾値は曲率の増加とともに増加したが，最小のウェーバー比（15％）は，最も曲率の少ない面について得られた．これに比較して，Rogers と Cagenello[27]は，両眼網膜像差によって定義された面に対しては，パラボリック円筒面の曲率の弁別閾値が5％であることを報告した．

b．形状の絶対判定

暗黒背景のもとで3次元物体のみを呈示したような場合には，運動視差による奥行きの知覚は著しく悪い．Durginら[28]は，暗黒下では運動視差による円錐の知覚される奥行きがシミュレートされた奥行きを増加させてもほとんど変化しないにもかかわらず，両眼網膜像差による円錐の知覚される奥行きは，シミュレートされた円錐とほぼ等しいことを見いだした．この結果は，RogersとGraham[14]による，観察者が正弦波形状の面について知覚された奥行きを合致させることを求められたときの高い感度とは非常に異なっている．

しかしながら，実物の円錐と構造のある環境が明るく照明され，観察者が25 cmの左右の頭部運動をしたときには，全く異なった結果が得られた[28]．高さが底面の直径の150％を越えない円錐については，円錐の奥行きの判定はシミュレートされた奥行きにほぼ等しかった．この能力の改善は，明るい照明下では周囲からの角度の変化の情報が多いために，視点からの観察角度の変化についての情報が得られるためであると考えられる．

c．個人差

両眼網膜像差から奥行きの知覚を得る能力には個

人差がある．Richards[29]によれば，観察者の4%は両眼網膜像差による情報を使用できず，10%はJuleszのランダムドットステレオグラムを観察したときに奥行きを知覚することができなかった．Julesz[30]も，観察者の2%は両眼網膜像差による情報を使用できず，15%は複雑なランダムドットステレオグラムにおいて奥行きを知覚することができないと述べている．これに対して，運動視差からの奥行きの知覚については，運動視差ディスプレイを観察したときに3次元表面の構造を知覚できないという人々について，これまで報告されたことがない．これは運動視差による奥行き知覚が，両眼網膜像差によるものとは異なって，両眼の正確な配置や両眼細胞の適切な発達に依存しないことによるものと考えられる．

d．運動視差と両眼網膜像差の相互作用

視覚刺激のなかに，運動視差の情報と両眼網膜像差の情報が同時に含まれた場合には，運動視差による奥行きと両眼網膜像差による奥行きの間で相互作用が起こる．運動視差による奥行きの大きさと両眼網膜像差による奥行きの大きさが異なる場合には，それらを線形に加え合わせた奥行きが生じることが報告されている[31,32]．一方で，運動視差と両眼網膜像差を同時に呈示した場合の奥行きの検知感度は，確率的な寄せ集めから予測されるよりも高くなることが報告されている[20,33]．これらの結果からは，運動視差による奥行き情報の処理過程と両眼網膜像差による奥行き情報の処理過程が互いに独立ではなく，過程の一部を共有していることが示唆される．

7.5.5 運動性奥行き効果

静止した観察者に対する対象の運動によって生成される対象運動視差については，初期の研究の多くは奥行き効果の方向の判定についてあいまいな結果を与えるものであることを示唆していた[9,10]．RogersとGraham[14]は，並進する波板面によって生成される対象運動視差をシミュレートしたランダムドットパターンをオシロスコープに呈示し，その運動をオシロスコープ全体の左右への運動と連結させて，静止した観察者に観察させた．そのような刺激に対しては，奥行き効果の方向の判定についてのあいまいさがなく，並進するオシロスコープと同じ方向に運動するドットは，幾何学が示すようにつねに手前に見えることが示された．しかし，OnoとSteinbach[34]は，オシロスコープを運動させることなく，オシロスコープ上のランダムドットパターンの対象運動視差のみを与えた場合には，奥行きの知覚が減少するばかりでなく，その知覚はつねにドットの運動の知覚を伴うことを見いだした．このような現象は，運動性奥行き効果 (kinetic depth effect) あるいは，立体運動効果 (stereokinetic effect) とも呼ばれる．

対象運動視差による運動性奥行き効果においては，運動の知覚が奥行き知覚が生じるための必要条件である[35]．これに対して観察者運動視差による奥行きにおいては，網膜像の運動が観察者の頭部の運動についての情報によって奥行き知覚に転換される．RogersとRogers[36]はそのための情報源として，前庭感覚系による頭部の運動の検知ばかりでなく，視点の移動に伴うランダムパターン全体の台形変換 (trapezoidal transformation) や，ランダムパターンの周囲の光学的流動場 (optic flow) が用いられていることを実験的に示した．これは，運動視差の値が大きくなると奥行きが知覚される代わりに運動が知覚されるが，そのとき実験条件や被験者によって奥行きの知覚と運動の知覚のあいだにトレードオフが起こるという実験結果[34,37]ともよく対応する．観察者運動視差において，網膜像の運動情報が完全に奥行きの情報に転換されたとき，運動の知覚なしに奥行きが知覚されるのである．

7.6 動的遮蔽と出現

7.6.1 研究法：刺激提示法と測度

異なった距離にある静止した面に対して観察者が頭部を運動させたとき，運動視差が生じるとともに，遠くの面が近くの面によって隠されたり現れたりする動的遮蔽と出現が起こる．動的遮蔽と出現の大きさと，面のあいだの奥行きと頭部の運動の大きさのあいだには，運動視差と同様の関係が成立するので，動的遮蔽と出現は奥行きの手がかりになると考えることができる．しかしながら運動視差に比較すると，動的遮蔽と出現による奥行き知覚の研究はあまり行われてこなかった[37~40]．その1つの理由としてRogersとGraham[14]の先駆的研究における刺激配置は，図7.48(a)に示すように頭部の運動と直交する方向に奥行きの変化がシミュレートされたものであったために，動的遮蔽と出現が現れなかったことがあげられよう．動的遮蔽と出現の効果を検討するためには図7.48(b)に示すように，頭部の

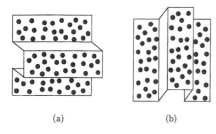

図7.48 シミュレートされた奥行きの変化する方向および，動的遮蔽と出現の関係

動的遮蔽と出現は，(a)の配置では現れず，(b)の配置で現れる．

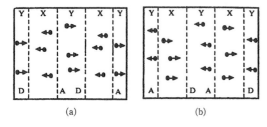

図7.49 動的遮蔽と出現および，運動視差による奥行き感を測定するための刺激配置[37]

運動と平行な方向への奥行きの変化をシミュレートしなくてはならない．

　動的遮蔽と出現は，運動視差に伴って現れるものであるから，動的遮蔽と出現の効果を検討するためには，運動視差による奥行き感と動的遮蔽と出現による奥行き感の方向が一致しない刺激配置を構成する必要がある．図7.49は，Onoら[37]によって採用された刺激配置である．D，Aはそれぞれ動的遮蔽(deletion)，動的出現(accretion)が起こる境界を示す．観察者が頭を左方向に運動させたときに(a)を呈示し，右方向に運動させたときに(b)を呈示すると，観察者運動視差による奥行き感と動的遮蔽と出現による奥行き感の方向が反対になる．

7.6.2 運動視差との相互作用

　Onoら[37]は，図7.49に示した刺激配置を使って，動的遮蔽と出現による奥行き感について検討した．動的遮蔽と出現による奥行きの方向と運動視差による奥行きの方向が反対のとき，シミュレートされた奥行きが小さい(25′以下)場合には運動視差によって奥行き感の方向が決定されたが，シミュレートされた奥行きが大きく(25′以上)なると動的遮蔽と出現によって奥行き感の方向が決定されることが明らかにされた．Onoら[37]は，運動視差情報は対象や面内の奥行きを特定するために使われ，動的遮蔽と出現は対象や面のあいだの奥行きを特定するために使われていると主張しているが，それを実験的に証明するためには，動的遮蔽と出現に関する情報を運動視差情報と独立して呈示できる手法を開発しなくてはならない． ［近江政雄］

文　献

1) L. Heine: Über Wahrnehmung und Vorstellung von Entefernungsunterschieden, *Experimentelle Ophthalmologie*, **61**, 484-498, 1905
2) B. Bourdon: La Perception Visuelle de L'espace, Reinwald, Paris, 1902
3) R. Cords: Die Ein der parallaktischen Verscheibung auf die Tiefenwahrnehmung, *Klinische Monatsblätter für Augenheilkunde*, **51**, 421, 1913
4) A. von Tschermak-Seysenegg: Über Parallaktoskopie, *Pflügers Archiv für die gesamte Physiologie*, **241**, 455-469, 1939
5) C. H. Graham, K. E. Baker, M. Hecht and V. V. Lloyd: Factors influencing thresholds for monocular movement parallax, *Journal of Experimental Psychology*, **38**, 205-223, 1948
6) R. T. Zegers: Monocular movement parallax thresholds as functions of field size, field position and speed of stimulus movement, *Journal of Physiology*, **26**, 477-498, 1948
7) E. S. Eriksson: Movement parallax during locomotion, Report 144, Department of Psychology, Univ. of Uppsala, Sweden, 1973
8) E. S. Eriksson: Movement parallax during locomotion, *Perception and Psychophysics*, **16**, 197-200, 1974
9) J. J. Gibson and W. Carel: Does motion perspective independently produce the impression of a receding surface? *Journal of Experimental Psychology*, **44**, 16-18, 1952
10) E. J. Gibson, J. J. Gibson, O. W. Smith and H. Flock: Motion parallax as a determinant of perceived depth, *Journal of Experimental Psychology*, **54**, 40-51, 1959
11) M. L. Braunstein: Motion and texture as sources of slant information, *Journal of Experimental Psychology*, **78**, 247-253, 1968
12) D. Degelman and R. Rosinski: Motion parallax and children's distance perception, *Developmental Psychology*, **15**, 147-152, 1979
13) J. M. Farber and A. B. McKonkie: Optical motion as information for unsigned depth, *Journal of Experimental Psychology: Human Perception and Performance*, **5**, 494-500, 1979
14) B. J. Rogers and M. E. Graham: Motion parallax as an independent cue for depth perception, *Perception*, **8**, 125-134, 1979
15) B. Julesz: Binocular depth perception of computer generated patterns, *Bell System Technical Journal*, **39**, 1125-1162, 1960
16) I. Rock: Perception, Scientific American Library, New York, 1984
17) B. J. Rogers and M. E. Graham: Similarities between motion parallax and stereopsis in human depth perception, *Vision Research*, **22**, 261-270, 1982
18) B. J. Rogers and M. E. Graham: Motion parallax and

the perception of three-dimensional surfaces, In Brain Mechanisms and Spatial Vision (eds. D. Ingle, M. Jeannerod and D. Lee), Martinus Nijhohh, The Hague, pp. 95-111, 1985
19) M. F. Bradshaw and B. J. Rogers: Sensitivity to horizontally and vertically oriented stereoscopic corrugations as a function of corrugation frequency, *Perception*, **22**, 117, 1993
20) V. Cornilleau-Péiès and J. Droulez: Stereo-motion cooperation and the use of motion disparity in the visual perception of 3-D structure, *Perception and Psychophysics*, **54**, 223-239, 1993
21) M. E. Graham and B. J. Rogers: Simultaneous and successive contrast effects in the perception of depth from motion-parallax and stereoscopic information, *Perception*, **11**, 247-262, 1982
22) S. M. Anstis, I. P. Howard and B. J. Rogers: A Craik-Cornsweet illusion for visual depth, *Vision Research*, **18**, 213-217, 1978
23) B. J. Rogers and M. E. Graham: Anisotropies in the perception of three-dimensional surfaces, *Science*, **221**, 1409-1411, 1983
24) M. E. Ono, J. Rivest and H. Ono: Depth perception as a function of motion parallax and absolute-distance information, *Journal of Experimental Psychology*, **12**, 331-337, 1986
25) R. H. Cormack: Stereoscopic depth perception at far viewing distances, *Perception and Psychophysics*, **35**, 423-428, 1984
26) W. J. M. van Damme, F. H. Oosterhoff and W. A. van de Grind: Discrimination of 3-D shape and 3-D curvature from motion in active vision, *Perception and Psychophysics*, **53**, 340-349, 1994
27) B. J. Rogers and R. Cagenello: Disparity curvature and the perception of three-dimensional surfaces, *Nature*, **339**, 135-137, 1989
28) F. H. Durgin, D. R. Proffitt, T. J. Olson and K. S. Reinke: Comparing depth from binocular disparity to depth from motion, *Journal of Experimental Psychology: Human Perception and Performance*, **21**, 679-699, 1995
29) W. Richards: Stereopsis and stereoblindness, *Experimental Brain Research*, **10**, 380-388, 1970
30) B. Julesz: Foundations of Cyclopean Perception, Univ. of Chicago Press, Chicago, 1971
31) B. J. Rogers and T. S. Collett: The appearance of surfaces specified by motion parallax and binocular disparity, *Quarterly Journal of Experimental Psychology*, **41 A**, 697-717, 1989
32) M. Ichikawa and S. Saida: How is motion disparity integrated with binocular disparity in depth perception? *Perception and Psychophysics*, **58**, 271-282, 1996
33) M. F. Bradshaw and B. J. Rogers: The interaction of binocular disparity and motion parallax in the computation of depth, *Vision Research*, **36**, 3457-3468, 1996
34) H. Ono and M. J. Steinbach: Monocular stereopsis with and without head movement, *Perception and Psychophysics*, **48**, 179-187, 1990
35) G. Mather: Early motion processes and the kinetic depth effect, *Quarterly Journal of Experimental Psychology*, **41 A**, 183-198, 1989
36) S. Rogers and B. J. Rogers: Visual and nonvisual information disambiguate surfaces specified by motion parallax, *Journal of Experimental Psychology*, **52**, 446-452, 1992
37) H. Ono, B. J. Rogers, M. Ohmi and M. E. Ono: Dynamic occlusion and motion parallax in depth perception, *Perception*, **17**, 255-266, 1988
38) J. J. Gibson, G. A. Kaplan, H. N. Reynolds and K. Wheller: The change from visible to invisible: a study of optical transformations, *Perception and Psychophysics*, **5**, 113-116, 1969
39) G. A. Kaplan: Kinetic disruption of optical texture: The perception of depth at an edge, *Perception and Psychophysics*, **6**, 193-198, 1969
40) M. L. Braunstein, G. J. Anderson and D. M. Riefer: The use of occlusion to resolve ambiguity in parallel projections, *Perception and Psychophysics*, **31**, 261-267, 1982

7.7 奥行き手がかりの統合

奥行きにかかわる視覚的な情報源，手がかり(cue)はさまざまな形で存在する(7.1節)．両眼網膜像差や運動視差，重なり，陰影，遠近法などの単眼性・画像的手がかり，さらに，輻輳や調節の変化などが主なものである．これらのなかで，両眼網膜像差や運動視差については系統的に研究されていて，とくに両眼網膜像差に基づく立体視（両眼立体視）については，生理的なメカニズムとの対応も進んでいる．そのほかの手がかりについては，十分な理解が得られていないのみでなく，研究法についても確立されていない(7.3節)．一方，多くの奥行き（立体）視にかかわる手がかりの存在により，それらの統合や相互作用については多くの研究者が興味を抱き続けている[1,2]．

異なる奥行き手がかりのあいだの相互作用のあり方については，さまざまな用語によって分類されているが，大きく以下の3種類に分けられる．① 建設的相互作用：異なる奥行き手がかりの処理が協調的にはたらく，② 優位手がかり(cue dominance, veto)：複数の手がかりのうち1つだけが用いられる，③ 独立処理：複数の手がかりがそれぞれ独立に処理される．奥行き知覚のために ① はすべての手がかりを用いる，② はどれか1つが優勢でほかの手がかりは無視される，③ はそれぞれの手がかりが別々の3次元世界を構築するということである．当然のことながら，① の建設的相互作用の処理が，最も有効なものといえるであろうが，つねにそのような協調的な処理がはたらくわけではない．ある手がかりが優勢でほかの手がかりが無視されたり，奥行き手がかりとして処理されなくなったりすることもある．独立処理については，明確にその存在を示す研究はないが可能性を示す現象は存在す

る.

7.7.1 建設的相互作用

建設的な相互作用は,2つの種類に分類できる.1つは,異なる手がかりから得られた情報の平均化あるいは足し合わせである (cue averaging and summation[2], accumulation[3], weakfusion[4]).この例として,それぞれの手がかりの信頼性に応じて重み付け平均として奥行きを評価するという処理が考えられ,それぞれの奥行き処理の結果を統合するというものである.これに対して,それぞれの手がかりの処理が協調的になされる状況も考えられる.例えば,よく知られるように,両眼立体視で正しい奥行きを計算するためには対象までの距離を知る必要がある.その距離を与える別の手がかり(例えば,輻輳)の情報が奥行き計算に使われるとすれば,これは単に平均による奥行きの統合以上の強い関連をもつ作用である.このような相互作用は,協調作用 (cooperation[3], strong fusion[4]) と呼ばれるべきものである.

a. 平均化

平均化の評価には,よく制御された条件でそれぞれの奥行きを定量的に測定する必要があり,近年になり信頼できるデータが集積されつつある.代表的な例は,Landy らのグループの実験でテクスチャと運動情報のあいだおよび運動と両眼網膜像差情報のあいだの奥行き統合の実験などである[5~8].いずれの組み合わせでも,知覚される奥行きはそれぞれ単独の奥行き情報の重み付きの平均で予測できることを示す.例えば,Landy らは円形の要素からなるテクスチャを表面にもつ筒状の刺激を運動させ,テクスチャと運動立体視のあいだの奥行きの統合について調べている[5].テクスチャの奥行き手がかりが大きな奥行きになると,同一の運動条件に対して知覚される奥行きは大きくなる.この傾向はテクスチャにノイズを加えると減少することから,手がかりに対する重みがその信頼性に依存して変化すると考えることができる.

b. 協調作用

両眼立体視と運動立体視のあいだの奥行きの統合の研究から,重み付き平均のみでは説明できない結果も得られている[3,7,9].例えば,テクスチャと陰影によって表現された楕円体の奥行き方向の長さを評価する実験によると,テクスチャのみ,陰影のみでは過小評価するが,両者が存在する場合はシミュレートした対象に近い奥行きに知覚されるという[9].この結果は,奥行き量の加算であり,平均化とは異なって,それぞれ単独の場合より大きな,そして実際の奥行きに近い奥行きが知覚されるということを意味する.重み付き平均では,単独の手がかりが与える奥行きの間をとる値しか予測できないため,このような結果を説明するには協調作用をする別のメカニズムが必要となる.

異なる奥行き手がかりのあいだの協調作用をするメカニズムについては,両眼網膜像差と運動視差のあいだの相互作用を測定した研究からも明らかにされている.Graham と Rogers は両眼立体視による奥行きが,運動視差の奥行きの知覚に順応効果を与えること(あるいはその逆)を示す実験結果を報告している[10].これは,両者の処理過程に共通部分が存在することを示唆する(7.5.4項).

また,両眼網膜像差と画像性の奥行き手がかりが整合的である条件と不整合的である条件の比較から,両眼立体視の形成過程への画像性奥行き手がかりの影響も報告されている[11~13].塩入と佐藤は,図 7.50 に示す整合および不整合刺激を用いて輪郭形状が両眼立体視の形成時間に与える影響を調べている.その結果,両眼立体視が平面の網膜像差をもつか,波打つ面であるかの判断にかかる時間を測定すると,整合条件で約 1.5 秒に対して不整合条件で 3 秒程度となることを見いだしている.これは画像性の奥行きが両眼立体視の形成過程に直接影響していることを示唆し,両眼立体視の形成に対して,画像性の奥行きを参考にしているとも考えられ,協調作用の反映であるといえる.

協調作用のもう1つの側面としてあいまいさの除去 (disambiguation) がある.例えば,回転する円筒を模擬するランダムドットを用いた運動立体視の実験においては,回転する円筒は知覚されるが,実際の回転方向がいずれになるかは決定できない(直交射影の場合).これは,それぞれのドットの奥行きがあいまいであるからであり,ドットに両眼網膜像差を与えるとそのあいまいさは取り除かれ,いずれの回転をしているか明らかになる.このようなあいまいさの除去は,遮蔽と運動立体視[14],輝度差と運動立体視[8],遮蔽と運動視差[15] などのあいだで確認されている(いずれも前者が後者のあいまいさを除去する).さらに,前後関係が一意に決定できない多くの画像性奥行きにおいても,また両眼立体視で奥行きが定位できない部分においても生じる(図

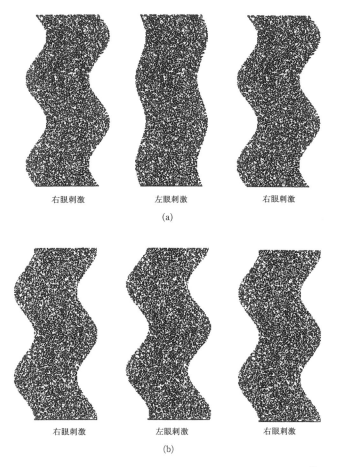

図 7.50 輪郭線形状の両眼立体視形成への影響を調べるための刺激例[12]
いずれも網膜像差でできた面は奥行き方向にサイン波状に波打っている．(a)は輪郭線の山と谷の位置が網膜像差でできた山と谷に一致した整合刺激であり，(b)はそれが位相で90°ずれた不整合刺激の例である．

7.51, 7.52)．両眼立体視において奥行きを知るためには，対象までの絶対距離を知る必要がある（7.2.5項）．絶対距離を知る手がかりは多く存在するが，正しい絶対距離の情報を与えることができる手がかりは，調節によるレンズの焦点位置，輻輳位置，垂直視差，大きさのわかっている物の網膜像のサイズの4つである．このうち輻輳位置と垂直視差の影響については定量的な研究が行われていて，両手がかりとも両眼立体視に影響を与えることがわかっている[16]．RogersとBradshawは，輻輳と垂直視差を独立に制御し，刺激の大きさが小さい場合には主に輻輳によって距離情報が決定され（直径10°で80～90％程度），大きな刺激では垂直視差の寄与が大きいことを報告している（直径80°で60～70％）．ただしこの実験は，平面に知覚されるために必要な水平網膜像差の分布を求めるものである．奥行き方向に波打つ面の山と谷のあいだの奥行き評価に対しても，同様に大視野では垂直視差が，小視野では輻輳の影響が大きいとの傾向が見いだされている．しかし，輻輳と垂直視差の影響は平面の評価の実験に比べて小さく，両者を合わせても35％程度の値である[17]．これは，輻輳と垂直視差がいずれも無限大となるステレオグラム（左右眼の視線が平行で，垂直視差はなし）を観察した場合でも，知覚される奥行きの差は無限大とはならないことからも理解できる．この場合，通常知覚される奥行きも無限大ではないため，別の手がかりや，手がかりが不十分な場合の刺激の定位位置などの情報が利用されているためと考えられる．

運動視差からの奥行き知覚においても，奥行き量を評価するためには絶対距離の情報が必要である（7.5.3項）．運動視差での距離の評価は，輻輳が直

接影響するというわけではなく，見かけの距離に依存しているという[18]．この場合も両眼立体視の場合と同様に，さまざまな奥行き手がかりの影響によって決まる，最終的に知覚される距離が奥行きの評価に影響していると考えられる．

協調作用については，両眼立体視が別の手がかりから得られた絶対距離の手がかりを使う場合も，複数の手がかりによって奥行きが正しく知覚される場合も含めているが，その作用の中身は同等ではない．とくに，両眼立体視における絶対距離のように単独では得られない情報をほかの手がかりに依存する場合は，助長効果（promotion[5]）と呼ばれる．

7.7.2 優位手がかり

複数の矛盾する手がかりが存在する場合にいずれかの奥行きのみが優位になると，ほかの手がかりは奥行きの評価に考慮されない．ここでいう矛盾する条件とは，全くかけ離れた奥行きを与える条件を想定している．互いに異なっても比較的近い奥行きをもつ場合は，平均的な奥行きが知覚される可能性が高いからである（7.7.1項）．図7.50の輪郭形状のもつ奥行きと両眼立体視の情報が整合的な場合と不整合的な場合の比較の例からもわかるように，ランダムドットステレオグラムに基づく両眼立体視は非常に強い手がかりであり，ほかの手がかりに対して優位となることが多い．図7.50(b)の不整合の例では，融合して両眼網膜像差の奥行きが形成されると，輪郭線の奥行き情報は抑制される．輪郭線の形状は奥行きとしてではなく，まさにその面のエッジの形状として知覚される[12]．これは再理解あるいは説明の仕直し（reinterpretation）と呼ばれるべき現象の一例である．このように，ある手がかりが優位になるとそれと矛盾する別の奥行き手がかりが奥行き情報としては抑制され，別の整合的な知覚に変化することも多い．図7.53にいくつか同種の例を示す．いずれも両眼立体視の影響がない条件では画像性の奥行きが前後関係やまとまりを決めているが，融合すると両眼立体視により前後関係やまとまりが決定され，画像性の奥行き情報別の形で知覚にかかわることになる．

ある手がかりが優位になった場合に必ず説明の仕直しが生じるわけではない．よく知られるお面を裏から見た場合の奥行き反転現象は，実際には凹んだ面であるものが，おそらく顔という非常に親近性の高い対象であるために，通常の顔と同様の凸の面に知覚されるものである．ここでは，両眼網膜像差の情報は抑制され，完全に無視されることになる．ただし，このような両眼網膜像差の無視はランダムドットなどを用いて両眼立体視に有利な刺激にする

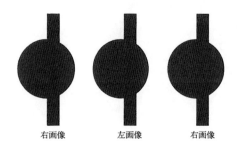

図 7.51 両眼立体視によって，重なりの前後関係のあいまいさが決められる例

単眼画像においても，円と長方形のあいだには重なり関係があることはわかるが，その前後関係はあいまいである．この例では両眼網膜像差を与えることで，そのあいまいさはなくなり，両眼立体視と重なりの手がかりが整合的に知覚される（左画像を左眼，右画像を右眼あるいは右画像を左眼，左画像を右眼で観察のいずれでも同様に整合的）．

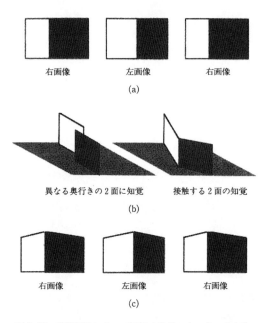

図 7.52 線遠近法によって両眼立体視のあいまいさが決められる例

(a) 図では2つの面の境界（中央の線）が手前になるように両眼網膜像差が付けられている．この場合(b)に示されるように，観察者の顔に平行な2面が異なる奥行きにあるとも，斜めの2面が中央で接しているとも知覚できる．このあいまいさは，(c)で示すように線遠近法を加えることで，後者の知覚のみがなされる（あるいはその傾向が強くなる）ようにできる．

と消失して凹面が知覚されることもある[19]．奥行きが反転した状況で観察者が頭を動かすと，顔の向きが変化して見えるが，これは運動視差の情報も抑制されることを示す．この場合は観察者の動きに伴う網膜像の変化が対象の動きとして知覚されるため，説明の仕直しに対応する．また，図7.54に示す例でも，両眼立体視の手がかりは抑制される[20]．図7.54(a)は輪郭線による影響のみが知覚され，両眼立体視の奥行きはほとんど感じられない．図7.54(b)は重なりに基づく前後関係によって両眼網膜像差の奥行きが抑制されている．しかし，この場合は両眼立体視の影響もみられ，条件，被験者などによる知覚の変異も大きい．写真やテレビを見る場合は，両眼立体視としては平面を見ているわけだが，多くの場合，立体的なものとして知覚されている．この場合も両眼網膜像差の情報が抑制されていると

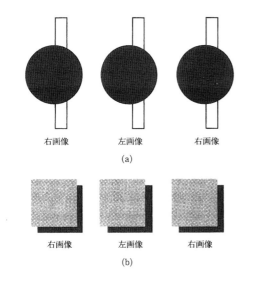
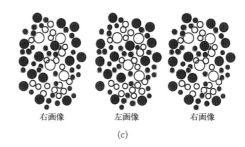

図7.53 両眼立体視による知覚の変化の例

(a) それぞれの単独画像では黒い円盤が白い長方形の手前に重なって見えるが，両眼網膜像差を与え長方形が手前になるようにすると，針金でできた長方形が黒い円盤の手前に見える．(b) 単独では影に見えるが，両眼網膜像差によって影の部分が手前にくるようにすると，正方形とL字の図形に見える．(c) 単独では円形要素の白黒によって数字の3が読めるが，両眼網膜像差によって数字2が浮き出るようにすると，3はわからなくなる．前者では白黒は図と地の分離（それによる前後関係の決定）に用いられるが，後者では図と地の分離は両眼網膜像差に依存して白黒は各領域での模様となる．

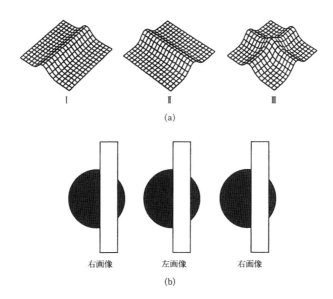

図7.54 両眼立体視の手がかりの抑制

(a) 表面輪郭と両眼網膜像差で異なる形状を示す刺激[20]．I, II, III はそれぞれ，表面輪郭の奥行き，両眼網膜像差の奥行き，両者を加えたものを示す．IIIに対応するステレオグラムに対して，ナイーブな被験者は表面輪郭による奥行きのみ知覚する．(b) 網膜像差が重なりと逆の奥行き関係を示す例．両者の奥行きが競合して不自然な見えとなる．

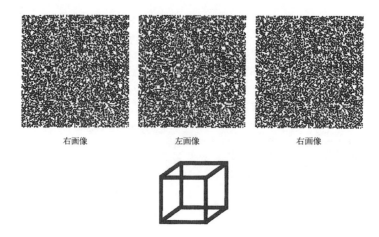

図7.55 ランダムドットステレオグラムで形成したネッカーキューブの例[21]
両眼融合することで網膜像差でできた線によるネッカーキューブ(下図)が浮かぶ.

考えることもできなくはない.しかし,平面であることも同時に知覚されていると考えると次項の独立処理の例となる.実際にはこのような判断は簡単でないと考えられるし,直接そのような問題を扱った研究も見当たらない.

7.7.3 独立処理

複数の手がかりが矛盾した奥行きを示すからといって複数の奥行きが同時に知覚される例は多くない.図7.55はその少ない例の1つと考えられる.ランダムドットステレオグラムでネッカーキューブの線画を作ったものであるが,ネッカーキューブとしての立体情報とランダムドットによる奥行きの両方を知覚することも可能である[21].被験者は,例えばネッカーキューブがガラスの面上にありその背景にランダムドット面があると知覚し,ガラス面と背景は両眼立体視によって分離され,線画による立方体の知覚もできると報告する.顔のお面を裏側にして,そこにランダムドットステレオグラムを投影した場合の知覚も類似した現象である.奥行きの反転により,顔自体は凸に見えるが,投影されたステレオグラムには両眼網膜像差の与える奥行きを与える[22].実際には凹んだ面上のランダムドットの一部が浮かんで見えるような両眼網膜像差が与えられるが,凸の面の上のランダムドットを背景に,一部分がそこからさらに手前に浮かんで見えるとの知覚が得られる.したがって,顔による奥行きと網膜像差の奥行きが独立に知覚されていることを示唆する.

しかしこれらの結果は,両眼網膜像差が局所的な

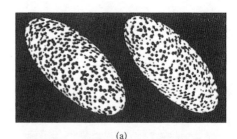

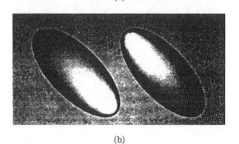

図7.56 テクスチャのみによる立体表現(a)と陰影のみによる立体表現(b)の比較
(a)ではそれぞれの物体は平板的に見えるが,2つのなす角度(ここでは長軸方向が90°異なる)は,よくわかる.
(b)では逆にそれぞれの物体は立体的に見えるが,2つのなす角度はずっと小さく感じられる[9].

奥行きの変化をとらえるのに適していて,画像性の手がかりはより大局的な奥行き情報を与えると考えることでも説明できる.このような局所/全体の2元的な処理の考えは,両眼網膜像差で奥行きを与えた検査刺激(probe)によって陰影の奥行きを評価した実験において両眼立体視が優位になるとの結果も説明できる[3].この種の測定方法では,刺激画像のある位置で検査刺激と同じ網膜像差をもつ点を求め

るという局所的な測定になり，結果的に両眼立体視の奥行きが優位になると考えられるからである．

そのほか，奥行きの知覚自体をいくつかに分類して考え，それぞれが独立な処理をしているとの考えもある[9]．面の向き，形状，奥行きの差などがその要素であり，例えばテクスチャは面の傾きの知覚に有効であるのに対して，陰影は立体形状の曲率の知覚に有効であるという（図7.56）[9]．この考えでは，奥行きの情報は3次元空間での座標として1元的に取り扱うのとは異なり，異なる手がかりが同時に異なる要素を表現することもありうることを意味する．つまり，面の傾きを判断する場合と曲率の影響を判断する場合では，異なる処理過程の結果に依存すると考えることになる．今後の詳細な検討が待たれる領域である．

[塩 入 諭]

文 献

1) 塩入 諭：立体/奥行の知覚，VISION, 5, 69-76, 1993
2) I. Howard and B. J. Rogers : Binocular Vision and Stereopsis, Oxford Univ. Press, pp. 427-460, 1995
3) H. H. Büthoff and H. A. Mallot : Integration of depth modules : stereo and shading, Journal of the Optical Society of America, A5, 1749-1758, 1988
4) J. J. Clark and A. L. Yuille : Data Fusion for Sensory Information Processing Systems, Kluwer, Boston, 1990
5) M. S. Landy, L. T. Maloney and M. J. Young : Psychophysical estimation of the human depth combination rule, Proceedings of SPIE 1383 Sensor Fusion III (eds. P. S. Schenker), pp. 247-254, 1990
6) L. T. Maloney and M. S. Landy : A statistical framework for robust fusion of depth information, Proceedings of SPIE 1199 Visual communication & Image Processing IV (ed. W. A. Pearlman), pp. 247-254, 1989
7) E. B. Johnston, B. G. Cumming and M. S. Landy : Integration of stereopsis and motion shape cues, Vision Research, 34, 2259-2275, 1994
8) B. A. Dosher, G. Sperling and S. A. Wurst : Tradeoffs between stereopsis and proximity luminance covariance as determinants of perceived 3D structure, Vision Research, 26, 973-990, 1986
9) H. H. Büthoff : Shape from X : Psychophysics and computation, In Computational Models of Visual Processing (eds. M. S. Landy and J. A. Movshon), MIT Press, Cambridge, pp. 305-330, 1991
10) B. J. Rogers and M. E. Graham : Aftereffects from motion parallax and stereoscopic depth, In Sensory Experience, Adaptation and Perception (eds. L. Spillmann and B. R. Wooten), Lawrence Erbaoum, New York, pp. 603-619, 1984
11) 塩入 諭, 佐藤隆夫：陰影情報の両眼立体視形成への影響, 光学, 22, 33-41, 1992
12) 塩入 諭, 佐藤隆夫：輪郭線形状の両眼立体視形成への影響, テレビジョン学会誌, 47, 364-370, 1993
13) 塩入 諭, 松尾久美, 水野 力, 矢口博久：奥行き整合性の遮蔽知覚への影響, 画像電子学会誌, 24, 493-499, 1995
14) M. L. Braunstein, G. J. Andersen and D. M. Riefer : The use of occlusion to resolve ambiguity in parallel projections, Perception and Psychophysics, 31, 261-267, 1982
15) H. Ono, B. J. Rogers, M. Ohmi and M. E. Ono : Dynamic occlusion and motion parallax in depth perception, Perception, 17, 255-266, 1988
16) B. J. Rogers and M. F. Bradshaw : Disparity scaling and the perception of frontoparallel surfaces, Perception, 24, 155-179, 1995
17) I. P. Howard and B. J. Rogers : Binocular Vision and Stereopsis, Oxford Univ. Press, p. 291, 1995
18) J. Rivest, H. Ono and S. Saida : The roles of convergence and apparent distance in depth constancy with motion parallax, Perception and Psychophysics, 46, 401-408, 1989
19) A. van den Enden and H. Spekreijse : Binocular depth reversals despite familiarity cues, Science, 244, 959-961, 1989
20) K. A. Stevens, M. Lee and A. Brooks : Combining binocular and monocular curvature features, Perception, 20, 424-440, 1991
21) P. Cavanagh : Reconstructing the third dimension : interactions between color, texture, motion, binocular disparity, and shape, Computer Vision, Graphics, and Image Processing, 37, 171-195, 1987
22) J. I. Yellott Jr. and L. Kaiwi : Depth inversion despite stereopsis : the appearance of random-dot stereograms on surfaces seen in reverse perspective, Perception, 8, 135-142, 1979

8

運動の知覚

8.1 運動の検出

8.1.1 運動の分類

a. 実際運動と仮現運動

通常の環境下では，物体や観察者の移動によって網膜像上に連続的な（滑らかな）運動が生じる．一方，映画やテレビの動画のように，網膜上に投影された不連続な位置変化が運動として知覚される場合がある．このような2種類の運動を区別するのに，実際運動(real motion)と仮現運動(apparent motion)という言葉が古くから用いられてきた．

時空間プロットを用いてこの2種類の運動の関係を説明する[1]．垂直方位の棒パターンが水平方向に等速運動するとき（図8.1(a)），その軌跡を横軸空間・縦軸時間でプロットすると傾いた1本の直線になる（図8.1(b)）．一般に実際運動は時空間プロット上で連続的な軌跡を描く．傾きは速度に対応し，速い速度ほど垂直から水平に近づく．一方，図8.1(c)は不連続に位置が変化する仮現運動の事態を表

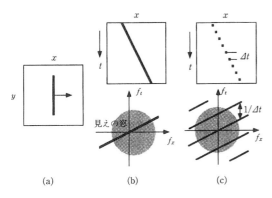

図8.1 線刺激が右方向に動く状況(a)で，その運動が連続運動である場合(b)と，仮現運動である場合(c)の時空間プロット(上)と時空間周波数スペクトラム(下). x, y は空間，t は時間，f_x と f_t はそれぞれ空間周波数と時間周波数を表す．

している．図からわかるように，仮現運動は実際運動を特定の時間間隔(Δt)でサンプリングしたものと考えることができる．

時空間プロットを2次元フーリエ変換することで運動刺激の時空間周波数成分(f_x, f_t)を分析することができる[2]．図8.1(b)の直線軌跡のスペクトラムは1本の直線である．一般に，特定の速度(V)で運動するすべての周波数成分は原点を通る1本の直線上$(f_x = f_t/V)$に存在し，その直線の傾きは時空間プロットの傾きに対して垂直になる．正弦波運動縞(8.1.3項参照)の周波数成分は原点対称の2点のみになるが，図でスペクトラムが直線状に広がっているのは棒パターンが広帯域の空間周波数から構成されるためである．右方向運動の成分は周波数プロットでは第1・3象限のみに現れることになるが，この周波数成分の偏在が運動検出の基本原理の1つとなる(8.1.2項参照)．

仮現運動のスペクトルは，実際運動の成分にサンプリングによるひずみ（エイリアシング）の成分が加わったものになる（図8.1(c)）．仮現運動は物理的には運動していないというのが古典的な考え方であったが，周波数次元で考えると実際運動と同じ成分が存在している．エイリアシング成分はもとの成分を時間周波数軸で平行移動したもので，サンプリング周波数$(1/\Delta t)$ごとに現れる．エイリアシング成分は見かけの運動の滑らかさに影響していて，これが知覚可能な時空間周波数の範囲（見えの窓）のなかにないと実際運動と仮現運動は知覚的に区別できない[3]．

b. 短距離運動と長距離運動

古典的な仮現運動は単純な孤立要素（例えば光点）を継時的に提示するものであったが[4]，後年になってRDK(8.1.5項参照)に代表される複雑なパターンの仮現運動が研究されるようになった[5]．この2種類の仮現運動は，許容される移動距離や時間間隔

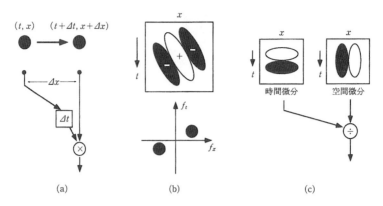

図8.2 1次運動検出のモデル
(a) 相関モデル(Reichardt モデル). 上の2つの円は時刻 t に位置 x にあった物体が時刻 $t+\varDelta t$ に位置 $x+\varDelta x$ へ動いたことを示しており, この検出器の最適な運動刺激を表す. (b) 時空間傾きフィルター. 上は時空間平面上での表現, 下はそれを時空間周波数次元で示したもの. (c) 勾配モデル. 実際には上の2つのフィルターの受容野は空間的に重なり合っている.

の限界などにかなりの隔たりがある(8.1.4項および8.1.5項参照). このことから, 古典的仮現運動を長距離運動(long-range motion), RDKなどを短距離運動(short-range motion)として区別し, それぞれ別々の機構によって処理されているという説が提唱された[5,6]. この場合, 短距離運動は実際運動を包括する概念である[7]. しかし, 近年この2分法の妥当性は疑問視され, 刺激属性による分類がより一般的になってきている.

c. 刺激属性による運動の分類

輝度(および色)が画像中の1点で決まる1次の刺激属性であるのに対し, コントラスト・時空間周波数・両眼視差などは2点の関係で定義される2次の刺激属性である. このような1次・2次の属性で定義されるパターンの運動を, それぞれ1次運動(first-order motion)・2次運動(second-order motion)と呼んで区別する[8,9]. 1次運動では輝度の時空間分布のフーリエスペクトラムから運動を推定することができるが, 2次運動ではこの原理は成り立たないため, フーリエ運動・非フーリエ運動という呼び方もされる[10]. また, 2次以上の高次の刺激構造の運動[11]や注意に基づく運動[12,13]などは, 別の種類の運動としてさらに区別される場合がある. この刺激属性に基づく運動の分類は処理機構の分類と密接に結びついており, それぞれの運動のための複数の運動処理機構が存在すると考えられている[12,14]. しかし, 刺激属性と機構の関係は必ずしも1対1対応ではない(8.1.9項参照).

8.1.2 運動検出の機構

a. 運動検出機構のモデル

1次運動の検出過程のモデルは, 相関モデル, 運動エネルギーモデル, 勾配モデルに大別できる. これらは異なる原理に基づくが, 実現の段階では類似したものとなる. 2次運動などの検出機構については後述する(8.1.9項参照).

1) 相関モデル(correlation model)

運動対象はある時点である点を通り, 次の時点ではそこからいくらか離れた別の地点に現れる. 相関モデルの代表例である Reichardt モデル[15]では, この原理を利用して時間・空間的に離れた2点の入力の相関から運動を計算する(図8.2(a)). 2点のサンプリングではひずみ(エイリアシング)による運動方向逆転が起こりうるが, バンドパスフィルターによる前処理でそれを回避することができる(精緻化 Reichardt モデル, elaborated Reichardt detector, ERD[16]).

2) 運動エネルギーモデル(motion energy model)

位相が90°異なる2つの時空間バンドパスフィルター(quadrature pair)の出力を足し合わせることにより, 時空間平面における傾き検出フィルターを作ることができる[2](図8.2(b)). これは同時に特定方向に運動する時空間周波数成分を取り出すフィルターにもなっている(8.1.1項参照). また, 90°の位相差をなす2つの傾き検出フィルターの出力の2乗和をとることで, 入力の位相によらない安定した出力を取り出すことができる. このような機構は,

特定の領域・時空間周波数・運動方向の成分の2乗和(エネルギー)を抽出するものとなることから運動エネルギーモデル[1]と呼ばれる. 反対方向の運動に応答する運動エネルギーモデルの出力の差分をとったものは, 時空間フィルターを含むERDモデルの出力と等価になる[16]. 運動エネルギーモデルを拡張し, 2次元的な運動を扱う試みもなされている[17].

3) 勾配モデル(gradient model)

運動速度は, 近似的に局所的な時間微分と空間微分の比から計算できる. Iを画像強度, x, tを位置と時間, Vを速度とすると,

$$V = -\frac{\partial I/\partial t}{\partial I/\partial x}$$

と表すことができ, この原理に基づく運動検出モデルを勾配モデルと総称する[18,19]. 通常, 時間微分フィルターと空間微分フィルターの出力を比較するという形をとる(図8.2(c)). それぞれのフィルターは時空間で傾きをもたず(時空間分離), 空間周波数チャンネルや時間周波数チャンネルと直接関連づけることもできる[20]. 勾配モデルの考え方を拡張して, 一次視覚野の単純細胞の受容野構造と類似した高次微分演算子を用いたフィルター群を使用する場合もある[21]. 勾配モデルは運動エネルギーモデルなどと同様に時空間傾きフィルターの組み合わせによって実装することも可能である[22].

b. 運動検出機構の心理物理学的証拠

上記のように1次運動検出のモデルにはいくつかのタイプがあるが, その多くは刺激中の空間周波数成分の運動(時空間傾き)から運動方向を決定するという原理に従っている. この原理に基づいた機構が視覚系に存在する証拠として, いくつかの運動錯視が知られている.

1) 逆転運動(reversed Phi)

パターンをある方向に移動すると同時にコントラストを反転させると, 移動と反対方向に運動が知覚される[23,24]. この現象の原理は, 刺激を正弦波に分解して考えると容易に理解できる. ある正弦波を位相角で$\theta°$移動しコントラストを反転することは, $\theta+180°$移動することと等価である. そのため, 移動角θが180°より小さくなる空間周波数に対しては, 反対方向の運動成分のほうが強くなる.

2) MF縞の仮現運動

矩形波縞からその基本周波数成分を除いたもの(missing fundamental, MF縞)をもとの基本周期の1/4ずつ移動させると, 移動と反対方向への運動が知覚される[25](図8.3). 矩形波は基本波とその奇数高調波からなっており, 基本波を除いた後, 最も強い成分は第3高調波となる. この成分に関する移動角は270°(-90°)なので反対方向への運動成分のほうが強くなる.

3) ISIによる運動反転

2フレームの仮現運動刺激においてISI(8.1.4項参照)に平均輝度の画面を挿入すると移動と反対方向の運動が知覚される場合がある[26,27]. この現象は, 運動検出器の時間応答がバンドパス型であるため第1刺激に対する応答がISI時に反転し, 逆転運動と同じ状態になるために起こると考えられる.

これら3種類の運動反転錯視は, 1次運動検出機構が2次運動検出機構あるいは特徴追跡過程に対して不利になるような条件下(単純パターン, 高コントラスト, 両眼分離提示など)では起こりにくく, 条件によってはパターン移動方向への運動が知覚さ

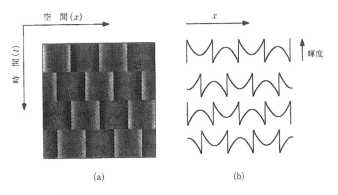

図8.3 MF縞を基本周期の1/4ずつ運動させた様子
(a) 横軸に空間位置, 縦軸は時間の推移を示したもの. パターン全体は左へ移動していくが3倍高調波成分は右向きの運動を示す. (b) 縦軸に各位置での輝度プロフィールを示したもの.

れる[28~30] (8.1.9項および8.1.10項参照).

c. 運動検出機構の生理学的証拠

Reichardtモデルはハエの神経構造のモデルとして提案されたが,ウサギの網膜で見つかった運動方向選択性をもつ細胞に対しても類似の相関型のモデルが提案された[31]. ネコの有線皮質(17野)の運動方向選択性をもつ単純細胞の時空間受容野を逆相関解析により推定すると,空間周波数選択的で時空間の傾きを検出する構造をもち[32],運動エネルギーモデルなどにおける時空間傾きフィルターとよく類似している. また,複雑細胞の応答が運動エネルギーモデルの出力と類似しているという報告もある[33].

d. 運動検出機構の時空間受容野構造

マスキングや空間加重の手法により,閾値近辺の正弦波運動縞(8.1.3項参照)を検出する機構の受容野構造が心理物理的に推定されている. 空間次元では,空間周波数に選択的な複数のフィルターが存在し,その帯域幅は空間周波数の増加とともに狭まる. また,受容野全体のサイズは空間周波数の増加とともに小さくなる[34]. 推定された受容野形状はガボール関数(8.1.3項参照)でほぼ記述できる[35]. 時間周波数に対しては,帯域通過型と低域通過型の2つのフィルターが存在し(図8.11(a)参照),その帯域幅は空間周波数の増加とともに広がる[34]. 方位に対する選択性の幅は,空間周波数の増加とともに狭まる[34].

また,RDK(8.1.5項参照)を用いた実験から,刺激速度と運動検出機構の受容野構造の関係が推定されている. 反対方向に運動する2枚のRDKを空間的に組み合わせ,縞状の圧縮運動パターン(図8.7参照)を作ると,ある縞間隔のとき運動が見にくくなる[36]. 同様に,2枚のRDKを時間的に交互提示すると,ある交代間隔のとき運動が見にくくなる[37]. 運動の見えにくくなる空間・時間間隔は,運動検出器の空間・時間の信号統合範囲に対応したものと考えられる. 実験結果から,低速運動に対する検出器は狭い空間範囲・長い時間範囲,高速運動検出器は広い空間範囲・短い時間範囲で情報統合すること[36,37],また,速度と時空間の統合範囲の関係は網膜偏心度に対して不変であるが,偏心度の増加とともに低速機構がしだいになくなっていくことが示唆されている[38].

8.1.3 正弦波運動

a. 正弦波運動縞

運動する1次元正弦波縞の輝度分布Lは以下の式(8.1.1)で表される.

$$L(x, t) = L_m[1 + C \sin\{2\pi(f_x x + f_t t) + \theta_0\}] \tag{8.1.1}$$

L_mは平均輝度,Cはコントラスト,f_xは空間周波

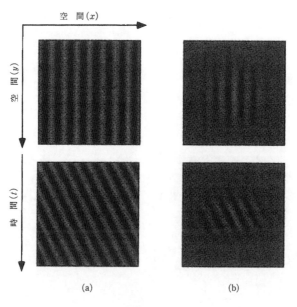

図8.4
(a) 運動正弦波縞の空間・空間プロット,および時空間プロット.
(b) 時空間でガウス関数窓をかけたガボール刺激.

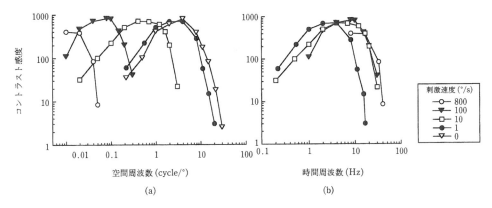

図 8.5 運動方向弁別のコントラスト感度 [40]
(a) 空間周波数特性, (b) 時間周波数特性.

数 (cycle/°), f_t は時間周波数 (Hz), θ_0 は初期位相である.運動方向は f_t の正負により決まる.図8.4 (a) は右方向へ等速運動する正弦波運動縞の空間プロットおよび時空間プロットである.運動速度 V は $V = f_t/f_x$ となり,時空間プロットにおける輝度分布の傾きに相当する.また,正弦波をガウス関数で変調したものをガボール関数という.特定の網膜位置における周波数応答を検討するために,ガボール関数状の時空間輝度分布をもつ刺激 (ガボールパッチ) もよく用いられる (図8.4 (b)).式 (8.1.2) は運動ガボールパッチの輝度分布である.

$$L(x, y, t) = L_m \left[1 + C \sin\{2\pi(f_x x + f_t t) + \theta_0\} \exp\left(\frac{-x^2}{2\sigma_x^2}\right) \right.$$
$$\left. \times \exp\left(\frac{-y^2}{2\sigma_y^2}\right) \exp\left(\frac{-t^2}{2\sigma_t^2}\right) \right] \quad (8.1.2)$$

σ_x, σ_y はガウス窓の空間定数 (標準偏差), σ_t は時間定数である.

b.　時空間特性

正弦波運動縞のコントラスト検出閾は時空間周波数に依存し,縞の空間周波数が低い場合には高時間周波数,高い場合には低時間周波数領域で感度がよい [39].運動方向の弁別を判断基準とした場合にもほぼ同様の結果が得られている [40].速度が速い場合には低空間周波数側,遅い場合には高空間周波数側で感度が最大になる (図8.5 (a)).この結果を時間周波数の関数としてみると,空間周波数によらず5〜10 Hz 近辺で感度が最もよくなる (図8.5 (b)).また,運動方向弁別のコントラストエネルギーの閾から,最も効率的に検出される運動刺激が推定されている.その時空間パラメーターは空間周波数3 cycle/°,時間周波数5 Hz,サイズ0.44° である [41].

高空間周波数および低時間周波数を除いた広い時空間周波数領域にわたり,正弦波運動縞の検出閾と運動方向弁別閾の比はほぼ1となる.すなわち,刺激の検出に必要なコントラストは運動方向の同定に十分であり,閾値近辺の刺激検出には運動方向にラベル付けされた検出機構 (labeled detector) が関与している [42,43].また,反対方向に運動する2つの正弦波運動縞の合成からなる位相反転正弦波縞は閾下加算されず,その検出閾は個々の正弦波縞の検出閾の約2倍となる.そのため,位相反転正弦波縞を構成する反対方向の運動は,運動方向に選択的な機構によって独立に検出されていると考えられる [42,44].

2フレームの正弦波縞の運動方向弁別感度は移動距離の正弦関数となり,位相差が90°のときに感度が最大になる [45].ただし,運動刺激が複数フレームである場合は,運動方向弁別感度が最大になる移動距離は刺激の時間周波数と運動検出器のピーク時間周波数に依存する [46].

正弦波運動縞の検出は,閾値近辺では最も感度のよい1次運動検出機構 (8.1.2項参照) が担っているとされている [47].しかしながら,閾上では複数の運動検出システム (8.1.1項および 8.1.9項参照) が正弦波運動縞の知覚に関与している可能性がある [14].

8.1.4　古典的仮現運動

孤立要素の間に生じる古典的仮現運動についてはこれまでに詳しいレビューが存在する (例えば,文献48, 49).ここでは仮現運動知覚の時空間特性についてのみ概観する.

a. 空間特性

対応要素間の距離が狭いほど運動は見えやすい．移動距離の限界は視角にして10°以上に達する[50]．

b. 時間特性

仮現運動の時間特性を考える場合，提示時間，ISI (inter stimulus interval), SOA (stimulus onset asyncrony) の3つの変数の効果が問題にされる．ISIとは第1刺激の終了から第2刺激の立上りまでの時間，SOAとは第1刺激と第2刺激の立上りの時間差である．提示時間が短い場合（<100 ms），仮現運動の強さはSOAによって決定され，その値が50～200 msのときピークになる．一方，提示時間が長いとISIが決定時間要因になり，ピークは0 ms付近，第1刺激と第2刺激が時間的に重なる負のISIでも運動が知覚される[51]．また，移動距離が短いと最適時間間隔を中心とした広い時間範囲で運動が知覚されるが，移動距離が長くなると上述の最適時間間隔近傍でしか運動が見えなくなる[52]．

8.1.5 ランダムドットキネマトグラム

a. ランダムドットキネマトグラムとは

一部または全体の領域が移動する複数枚のランダムドットを継時的に提示した刺激を，ランダムドットキネマトグラム (random dot kinematogram, RDK) という（図8.6）．このような刺激では，移動領域に運動が知覚されると同時に，運動領域が背景から切り出されたように見える．ランダムドットを用いた運動にはほかにいくつかの種類があり（例えば，8.2.5項参照），それらを一般的にRDKと呼ぶ場合もある．古典的仮現運動と違って，ランダムドットパターンの運動は運動前後のパターン変化から運動を推論することが困難であり，運動視機構の特性をより純粋に検討することができる．

b. 空間特性

RDKに対して運動知覚または領域分割が可能となる移動距離の上限を D_{max} という．当初，D_{max} は刺激条件によらず一定（視角15′）という考えがあったが[5]，現在では，さまざまな要因で D_{max} が変化することが知られている．まず，運動領域を拡大すると D_{max} は上昇する[53,54]．この効果は，運動方向に沿った拡大についてより顕著であり[55]，周辺視野で D_{max} が上昇することが原因の1つになっている[56]．運動領域のサイズを固定したままドットサイズを増加させると15′付近まで D_{max} は一定，それ以上では増加が見られる[57]．ドット密度を減少させた場合1%程度までは D_{max} は一定だが[58]，それ以下では増大が見られる[59]．領域分割の D_{max} は運動知覚の D_{max} より多少小さく[55]，周辺との相対的な移動量ではなく絶対的な移動量で決定する[54]．また，ランダムドットは広帯域の空間周波数成分を含むため，帯域制限フィルターで特定の成分だけを残して D_{max} を測定するという試みもなされている．帯域制限刺激の D_{max} は中心周波数に逆比例し，帯域幅1オクターブの場合中心周波数の1周期程度になる[60,61]．

大きな移動距離でRDKの知覚が困難になる原因としては，運動検出器の信号統合の空間範囲の限界を越えるという要因[5]と，誤対応の可能性が増加するという要因[53,57]があり，両者の切り分けはむずかしい．この点に関しては，一定速度（移動距離）で運動するRDKに無相関ダイナミックノイズを重ね，運動信号のノイズ耐性という形で運動検出能力を評価する方法が優れている．このような方法で，運動検出器の時空間特性や（8.1.2項参照），運動領域の拡大による検出感度上昇[62]などが検討されている．また，RDKの D_{max} に，複数の運動検出過程が影響している可能性が指摘されている[63]．

第1フレーム　　　　　第2フレーム

図8.6　ランダムドットキネマトグラム (RDK)
中央部領域のドット（説明のため灰色表示）の位置がフレーム間で1ドット分移動している．

c. 時間特性

RDKでは，各パターンの提示時間が短い（<30 ms）とSOA，長いとISIが運動検出率やD_{max}の決定要因となる[64]．移動距離が短いと最適時間間隔を中心とした広い時間範囲で運動が知覚されるが，距離が長くなると最適時間間隔近傍のみで運動が知覚される．定性的には古典的仮現運動と類似しているが，最適のSOAは約50 ms，上限のISIは約100 msといずれも短い[64]．

8.1.6 最小運動閾

a. 最小運動閾とは

運動検出に必要な最小の移動距離または速度を最小運動閾（minimum motion threshold）という[65]．参照刺激がある場合（相対運動閾）とない場合（絶対運動閾）でその特性は多少異なる．

b. 相対運動閾

静止参照刺激を用いて1つの線分やドットの最小運動閾（相対運動閾）を測定すると，その値は中心窩で視角10″以下となる[66,67]．これは，空間解像視閾（30″）より低い超視力（hyperacuity）である．正弦波縞を用いた場合も同様の小さい閾値が報告されており，空間周波数の影響はほとんどない[68]．

線分などの単純パターンの相対運動は，刺激の相対的な位置変化に基づいて検出可能である．しかし，ランダムドットパターンを用いて位置変化の判断を困難にしても，最適条件で5″程度という最小運動閾が得られる[69,70]．この場合，ランダムドットは正弦波状のせん断運動（shearing motion）または圧縮運動（compressive motion）をしていて（図8.7），異なる運動をする近傍のドットどうしが参照刺激のはたらきをする．ランダムドットで測定された最小運動閾は運動視機構の特性を純粋に反映していると考えられる．このことは，移動距離ではなく速度が最小運動閾の決定要因となること[69]，また刺激全体に共通の運動成分を加えると最小運動閾は上昇し速度弁別閾と等しくなること[71]によっても支持される．

中心視に比べ周辺視での最小運動閾は悪く，網膜偏心度10°で視角1′程度である[66,72]．同一または類似の速度で運動する領域が拡大すると，一定の範囲内で，その運動に対する最小運動閾は低下する[69,73]．この運動信号の加算範囲は網膜偏心度とともに増大する[72,73]．刺激コントラストを上げると最小運動閾は低下する．この効果は2～3%で飽和するという報告[45]と，高いコントラストまで飽和しないという報告[74]がある．また，ランダムドットをせん断運動させた場合，矩形波変調のほうが正弦波変調より最小運動閾が低い．この差の原因は運動境界部における速度勾配にあることが示唆されている[75]．

c. 絶対運動閾

参照刺激がない場合の最小運動閾（絶対運動閾）は相対運動閾より悪く，中心窩で30″以上に達する．ただ，網膜偏心度による閾上昇は相対運動閾に比べて小さいため，両者の差は周辺視では小さくなる[65,66]．絶対運動を検出するには，観察者自身が不随意眼球運動の大きさを正確に把握している必要があり，その精度の悪さが絶対運動閾を上昇させる原因ではないかといわれている[65]．

8.1.7 反応時間

運動刺激の変化に対してできるだけ素早く応答するという課題を行うと，運動速度の上昇とともに運動の出現（onset）への反応時間（reaction time, RT）が短くなることが知られている[76]．運動速度（V）と反応時間の関係は $RT = c/V^n + RT_0$ として表されている[77,78]．第1項は視覚運動の検出時間，定数項 RT_0 は運動制御系が関与する反応時間（約200 ms弱）とされている．運動刺激がある一定以上の距離を移動したときに初めて運動が検出されるとする「一定距離移動仮説」からすれば $n=1$ が予測されるが，実際には $n=0.5$ 程度となる[76,77]．この結果は，速度に同調したReichardt型運動検出器（8.1.2項参照）の受容野間を刺激が通過するのに必要な時間から反応時間が決定されるとすれば説明で

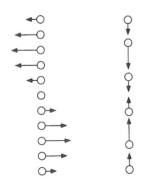

図8.7 2種類の相対運動
せん断運動（左）と圧縮運動（右）．いずれも正弦波変調で，1周期分の速度変化を図示してある．

きる[77,79]．ところが，運動の消失(offset)に応答する場合に得られる反応時間・運動速度関数も運動の出現の場合とほぼ同様の形状を示すことから[78]，提示される2つの速度の差により速度の弁別に要する時間が決定されるとする仮説も提案されている[80,81]．

刺激の種類や観察条件に応じて反応時間は変化する．例えば，凝視点から離れる方向に向かう遠心性運動への反応時間は凝視点へ向かう求心性運動への反応時間よりも短くなる[82]．この結果は窓内を運動するランダムドット刺激を用いた場合であるが，運動する単独の棒刺激を用いると求心性運動への反応時間が短くなるという逆の結果も得られている[83]．速度が遅い場合には網膜偏心度が増加するにつれて反応時間が長くなるが，速度が速い場合にはこのような反応時間の増加はみられない[76]．画面内に相対運動が存在しない場合には，反応時間が長くなるという報告もある[79]．

8.1.8 色運動
a. 色度変調運動刺激

色運動を検討する際によく用いられる刺激として，色彩が正弦波状に変化する運動縞がある．これは，異なる色彩からなる2つの正弦波運動縞の位相を180°移動して足し合わせることにより生成される[84]．運動検出における色の効果のみを検討するために，刺激の輝度成分を一様にした等輝度(isoluminance, equiluminance)運動刺激を使うことが多い．色彩刺激の等輝度点は標準比視感度

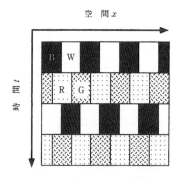

図8.8 等輝度設定のための最小運動法
奇数フレームに黒(B)と白(W)からなる輝度刺激，偶数フレームに赤(R)と緑(G)からなる色刺激を1/4周期ずつシフトして提示する．赤が緑より明るい場合は左方向，緑が赤より明るい場合は右方向の運動が知覚される．一貫した運動が知覚されない場合に，赤と緑が等輝度に設定されたとする．

$V(\lambda)$により定義できるが，実際には被験者ごとの等輝度点測定が必要となる．輝度差に応答する系と色差に応答する系の時間応答特性の違いに基づく交照法や，輝度成分を抽出する運動検出機構の特性を利用した最小運動法(図8.8)が等輝度点決定に用いられている[85]．刺激の時空間周波数成分が等しい場合，交照法と最小運動法による等輝度点はよく一致する[85,86]．ただし等輝度点の値そのものは，刺激の時空間周波数成分，提示される網膜偏心度，刺激サイズにより変化する[85]．たとえ等輝度設定を行ったとしても，刺激から輝度成分が抽出される場合がある．その生体側の要因にはレンズの色収差，網膜の不均一性，そして桿体の影響などがあり[87,88]，それぞれの要因に対する補正が必要となる[87,89,90]．色度変調刺激の色相およびコントラストの記述は，錐体コントラストにより定義される色空間[91,92]に基づいてなされる場合が多い．この色空間は直交する3つの主軸[輝度軸($L+M$)および2つの反対色軸($L-M, S-(L+M)$)]からなり，色と輝度との直接的な比較が可能になるという利点をもつ(図8.9(a))．

b. 色運動検出のメカニズム

色運動の知覚は特徴追跡[12,93](8.1.9項参照)といった高次過程や等輝度刺激に残存する輝度成分に基づいていると考えられてきた．しかし，色運動による運動残効の誘導[94,95]，輝度運動に対する色運動検出感度の優位性[96]，短時間で色運動が検出可能であること[97]などから，低次過程に色運動検出機構が備わっているという指摘もされている[98]．具体的には，1次運動検出機構(8.1.2項参照)に類似したアルゴリズム[95,99]が，特徴追跡型アルゴリズムと同時並列的にはたらいている可能性が示されている[100,101]．

c. 色運動の知覚

図8.9(b)は錐体コントラスト空間上で正弦波運動縞の検出閾と運動方向弁別閾をプロットしたものである．$L-M$(赤緑)軸上を変調した運動刺激の検出閾は運動方向弁別より一貫して低く，その差は中心視で最大2倍程度となる．したがって，運動刺激の色が知覚できるにもかかわらず運動方向弁別ができない観察条件が存在する．変調される色軸，刺激速度，刺激サイズや網膜偏心度に依存して検出閾と運動方向弁別閾の差は変化する[87,96,100,102~104]．

輝度運動と比較すると，検出閾，運動方向弁別閾ともに，高時間周波数の場合は輝度運動($L+M$軸

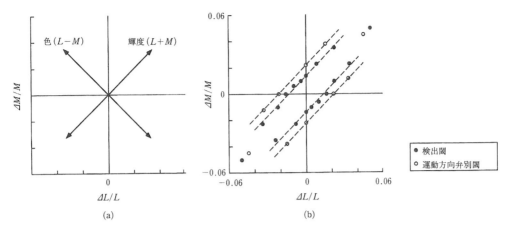

図 8.9 色空間と色運動
(a) L 錐体と M 錐体のコントラスト軸上で表した輝度刺激 ($L+M$ 軸変調) と色刺激 ($L-M$ 軸変調).
(b) 正弦波運動縞 (空間周波数 1 cycle/°, 時間周波数 1 Hz) の検出閾と運動方向弁別閾[96].

変調) のほうが感度がよいが, 低時間周波数では色運動 ($L-M$ 軸変調) のほうが感度が約 4 倍よくなる[96,104] (図 8.9(b)). 等輝度色運動に対して視覚系の感度は悪いという主張もなされてきたが[105], 実際に錐体コントラスト空間で比較すると, より低コントラストで色運動の方向弁別が可能である. これは輝度運動方向弁別の時間周波数特性が帯域通過型, 色運動の場合は低域通過型になることと対応している[87,100]. 網膜偏心度が増加するにつれて色運動への感度は輝度運動より速く落ちる[104].

閾上のコントラストで提示すると, 等輝度色刺激の運動印象は弱いといわれるが[105,106], ある実験状況下では錐体コントラストが低く設定されていた可能性がある[87]. しかし, 高いコントラストに設定された場合でも, 主に低時間周波数帯で速度の過小評価が生じる[107,108]. また, 輝度運動刺激に色度変調を加えると速度の過小評価が生じる[107]. 等輝度色運動刺激では滑らかな運動印象が消失するという現象も報告されている[108]. これらの理由として, 色相を検出するパターン機構からのマスキング効果[87,96]や色運動に応答する時間応答チャンネルの特性[109]が指摘されている. 色運動の速度弁別閾は, 高コントラスト時には輝度運動とほぼ同じであるが, 低コントラスト時には閾値が大きく上昇するというコントラスト依存性を示す[110]. 色運動の知覚速度は, 輝度運動の場合と同様 (8.2.1 項参照) コントラストに依存する[108]. ただし速度が遅い場合, 色運動のコントラスト依存度は輝度運動の場合より大きい[101]. 色運動は, 運動からの構造復元[111]や両眼視差による奥行き方向の運動[112]の知覚に関与し, また視運動性眼振 (OKN) を誘導する[113].

d. 色運動と輝度運動の相互作用

色運動情報と輝度運動情報は視覚路のある時点で統合されると考えられる[98]. 色運動刺激により誘導される運動残効は輝度テスト刺激に転移し, また輝度運動刺激により打ち消すことができる[95,114]. 反対方向に運動する輝度正弦波縞刺激と色正弦波縞刺激を空間的に重ね合わせて提示すると, 互いの運動を打ち消すことができる[87,115]. ただしプラッド運動 (8.2.6 項参照) においては, 個々の要素運動が錐体コントラスト色空間で直交する主軸に沿って変調されているときには運動統合が生じず, 輝度運動と色運動が同時に知覚されることがある[116].

e. 生理学的知見

運動と色彩の情報処理は大細胞系と小細胞系という異なる視覚系路で行われているという考えがある[106,117]. しかし, 色運動の検出が高感度で行われ[96], 等輝度色刺激に対して明瞭な運動印象が得られることは, 運動と色彩の情報処理は必ずしも独立に行われていないことを意味し, 2 つの経路に相互作用が存在することを示唆している. また, 大細胞系から主に入力を受け運動情報処理に中心的な役割を果たすといわれる MT 野は, 等輝度色運動に対してその応答が減少する[118,119]. したがって, 色運動知覚には MT 野以外の領野が関与している可能性がある[120].

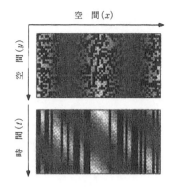

図8.10 代表的な2次運動であるコントラスト変調(CM)運動の空間・空間プロットと時空間プロット（キャリヤーは静止したランダムドット）

8.1.9 2 次 運 動

a．2次運動とは

2次の刺激属性の運動を2次運動という（8.1.1項参照）．2次運動には，コントラスト振幅変調（contrast modulation, CM）[10,121]，時間変調[122]，テクスチャ[11]，両眼視差による奥行き[123]，1次運動の方向差[124]などの属性の運動が含まれる．図8.10に示したのはCM運動の一例である．静止したランダムドットのコントラストが正弦波縞で変調され，その変調波だけが右方向に運動している．変調を受けるもとのパターンをキャリヤーという．ここではキャリヤーにランダムパターンを用いることにより，理論的には1次運動成分に偏りのないドリフトバランス刺激[10]になっている．

b．1次・2次運動の独立性

特徴追跡が困難な状況では，1次と2次のパターンの間で一貫した方向の運動は知覚されない[125]．また，以下に述べるように，1次運動検出のモデルの多くは2次運動を検出できず，また1次運動で生じるいくつかの運動現象が2次運動では生じない．これらのことから，少なくとも部分的には，1次と2次の運動は独立した機構で処理されていると考えられている．

c．2次運動の検出機構

2次運動は輝度分布の移動を伴わないため，運動に対応した時空間エネルギーをもたない．このため，8.1.2項で述べたような方式でその動きを検出することは困難である．しかし，何らかの非線形変換を施して2次の刺激構造を取り出した後に運動検出を行えば，原理的には2次運動成分が取り出せる．

コントラストの時空間変調パターンの運動などに関しては，時空間バンドパスフィルタリングの後に全波整流（または2乗）あるいは半波整流を行い，その出力に対して1次運動と類似の運動検出処理（例えば，運動エネルギー抽出）を行うというモデルが提案されている[10,126]．このようなモデルをエネルギー抽出型の2次運動検出機構と呼ぶ．ネコの17野，18野で発見された2次運動（CM運動）に応答する細胞の特性も，類似のモデルで説明可能である[127]．

しかし，両眼視差や運動方向に基づく2次運動，高次テクスチャ運動，注意に基づく運動など，エネルギー抽出型の2次運動検出機構では取り出せない2次運動または高次運動もある．そのような場合には，特徴点の追跡による運動検出過程がはたらいていると考えられている[29]．特徴追跡の機構については，注意の移動と結びついた能動的な過程であるという考えや[12]，注意は修飾的な効果をもつにすぎず，複雑な前処理過程の後，運動エネルギー抽出と類似の原理で運動検出が行われるという考えが提案されている[13]．

d．2次運動の検出特性

1) 感　度

1次運動に比べ2次運動の検出閾はかなり高く，例えばランダムドットをキャリヤーとしたCM運動を検出するには10%程度の変調振幅が必要になる[128]．ただ，検出効率で比較した場合，両者の差はそれほど大きくないという報告もある[129]．

2) 空間特性

2次運動検出の空間解像度は一般的にそれほどよくない．正弦波変調のCM運動検出の空間周波数特性を調べると低域通過型に近い感度曲線が得られ，検出の上限は4 cycle/° 程度である[128]．

3) 時間特性

CM運動の一種であるビート運動の検出には輝度運動より長い提示時間が必要となる[130]．また，実効コントラストをそろえると，輝度運動に比べCM運動のほうが長いISIでも検出できる[131]．しかし，CM運動と輝度運動の時間周波数特性の間にほとんど差がないという報告もある[14]．特徴追跡機構に媒介されていると考えられる運動の知覚にはゆっくりとした刺激提示が必要となる[14,132]．

4) 網膜偏心度

周辺視野では低速の2次運動（CM，時間変調，テクスチャ）は非常に見えにくい[133]．しかし，速度

が速い条件で比較すると，CM運動と輝度運動の検出に対する網膜偏心度の影響はそれほど変わらない[128]．

e．2次運動と運動視現象

1次運動でその存在が知られていた運動視現象で，2次運動では生じにくいというものがいくつかある．視運動眼振[134]，（静止テストの）運動残効[135,136]，同時運動対比[137] などである．また，例外はあるものの[138]，2次運動による領域分割や3次元構造復元は非常に困難である[8,139]．

8.1.10　各種提示条件の効果

a．輝度コントラスト

運動視系の輝度コントラストに対する感度は一般的に高いといわれている．低空間・高時間周波数の運動正弦波縞の場合，刺激検出が可能な最低コントラストで運動方向判断が可能である（8.1.3項参照）．このことは，特定の刺激条件下で運動処理機構が最も高感度になることを意味している．

最小運動閾（8.1.6項参照）はコントラスト上昇とともに低下するが，正弦波縞を用いた場合検出閾の10倍程度に達するとそれ以上の改善は見られない[45]．DSA（8.2.4項参照）に対する順応コントラストの影響[140] やグローバル運動（8.2.5項参照）の検出S/N閾[141] も低コントラストで飽和点に達する．また，低速で提示時間の短い運動の方向弁別はコントラスト上昇によりむしろ困難になる[142]．これらの結果は，運動視機構のコントラスト応答が急激に立ち上がり低コントラストで飽和することを示唆しており，実際，運動視と関係するといわれる大細胞系の細胞は類似の応答特性をもっている[143]．しかし，グローバル運動などで信号とノイズのコントラストを独立に操作した場合[141]，また同時運動対比[144]，運動同化[145]，運動残効[146] といった運動誘導現象では，高コントラストでも飽和しないコントラスト効果が得られている．このような状況では何らかの利得制御機構[147] がはたらいている可能性がある．

b．網膜偏心度

網膜の錐体密度は均一ではなく周辺視野ほど密度が低いため，サンプリングは周辺視野ほど粗くなる．網膜以降の処理では，中心と周辺でのサンプリング間隔の差はさらに大きくなる．周辺視野では高空間周波数の仮現運動の知覚方向が反転する場合があり，この現象は網膜および皮質でのエイリアシングによって説明できる[148,149]．

空間解像度が低い周辺視野では対象の詳細な構造はわからないが，運動はよく見える．そのため，周辺視野はとくに運動検出に優れていると考えられがちであったが，実際に測定すると感度は周辺ほど低下する[72]．運動検出機構そのものには中心と周辺で本質的な差はなく[38]，皮質における偏心度によるサンプリングの違いを表す皮質拡大係数[150] を用いると，量的なスケール差についても補正することができる[151]．

c．両眼分離提示

運動検出機構に対して両眼からの情報がどのように入力されているかについて一連の研究がある．孤立要素の仮現運動は運動要素のそれぞれを別々の眼に提示しても知覚されるが[152]，RDKの各フレームを両眼分離提示すると運動による領域分割はできなくなる[5]．このことから，長距離運動過程は両眼性，短距離運動過程は単眼性という考えが導き出された[26]．この問題を1次運動・2次運動・特徴追跡という枠組みでとらえ直してみると，両眼分離提示で運動が知覚できる刺激には追跡可能な特徴が含まれている場合が多く，逆に追跡可能な特徴をマスクしてしまうと両眼分離条件では1次・2次運動の知覚が困難になるという報告がある[14]．これらのことから特徴追跡機構だけが両眼性であるという主張がなされているが[14,29]，この考え方に符合しない知見もある．横縞の位相反転正弦波を空間および時間位相差90°で左右の眼に提示すると連続運動が知覚される[153]．両眼融合の結果初めて知覚されるこの運動は運動残効を誘導し，同様の原理で作られたRDKでは領域分割はできないが運動方向の判断は可能である[154]．また，主として1次運動で誘導される静止テストの運動残効は両眼間転移する（8.2.4項参照）．

8.2　運動の分析・統合

8.2.1　速度・運動方向の知覚

a．速度弁別閾

2つの運動刺激を継時的に提示した場合，人間は約5％の速度の違いを見分けることができ[155]，それは刺激の種類にほとんど依存しない[65]．速度弁別の精度は，基準速度が中速と高速の2つの領域でよくなる[156]．中心視に比べ，周辺視では基準速度が遅いときに弁別が悪くなるが，空間解像度の違いに

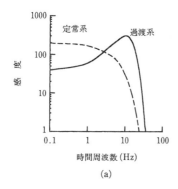
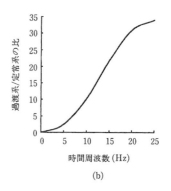

図8.11 過渡系,定常系の出力比による速度の符号化[167]
2つの系の感度(a)およびその比(b)を時間周波数の関数として示したもの.
比は時間周波数に対する単調増加関数で,かなり線形に近い.

よって補正するとほとんど違いはなくなる[72].また,空間周波数が低いほうが速度弁別閾は低い[157].

速度差は速度以外の属性に基づいて判断可能な場合が多い.移動距離を固定した場合提示時間差で判断可能であるが,速度弁別の精度は時間弁別精度より高い[155].また,空間周波数が一定なら速度は時間周波数に比例して変化するが,空間周波数を変動させることで時間周波数を乱数化しても,速度弁別閾は大きく影響を受けない[158].逆に,速度を乱数化した場合に時間周波数弁別が可能であるという結果もあるが,かなりの訓練が必要とされる[159].これらのことは,速度の知覚が,空間・時間知覚からの間接的な推論ではなく,直接的かつ安定したものであることを示唆している.

b. 速度知覚に影響する諸要因

刺激コントラストが高いほど,知覚速度は上昇する[160].空間周波数が高くなると速度は実際より過小視される[161].また,刺激の平均輝度が低下するにつれて速度の過小視が生じるが[162],速度弁別は高速領域を除いて影響を受けない[163].周辺視野では,遅い運動刺激の速度は過小視されるが,速度が比較的速い場合には大きな影響はない[76,164].さらに,知覚速度には刺激の周囲の運動速度も影響する(8.2.3項参照).運動が単一の物体に属すると認識された場合,個別の運動の場合よりも速度弁別閾が上昇するという報告もあり[165],トップダウン的な情報の関与が示唆される.

c. 速度知覚のモデル

初期段階の運動検出器の出力には空間周波数や刺激コントラスト,運動方向変化の効果が混交しており,速度そのものの表現ではない.そのため,第1段階の運動信号をもとに次の段階で速度情報を復元するという2段階モデルを考えるのが一般的である.

人間の視覚系においては,2~3種類の時間周波数応答チャンネル(定常系と過渡系)が存在するが,これらのチャンネル間の出力比から速度を決定することが可能である[1,166,167](図8.11).この原理に従ったモデルを比率モデル(ratio model)と総称する.

d. 運動方向の知覚

運動方向の知覚特性を検討する場合,パターンとして特別な方位をもたないランダムドットが刺激として用いられる場合が多い.RDKに対する運動方向弁別の精度は高く,最適条件では1~2°程度の差が弁別可能である[168,169].ただ,斜め方向で多少の閾値上昇が見られる[170].一方,マスキングによる運動検出の反応時間の上昇は方向差65°まで生じ[168],順応による運動検出のコントラスト閾値の上昇は方向差45°まで生じる[171].また,コントラスト検出閾で弁別できる運動方向差は120~150°である[172].これらのことから,運動検出器の方向チューニング自身はかなり広いものであり,高い精度の方向弁別は複数の検出器の出力を比較することで実現されていると考えられる.運動方向の知覚に関するさらに詳しい議論は8.2.6項参照.

8.2.2 相対運動

a. 相対運動の役割

運動情報の処理のさまざまな局面において相対的な運動や運動勾配が重要な意味をもつ.外界のほとんどの物体は近似的には剛体であり,同一物体に属

する網膜像上のパターンはほぼ同じ速度・方向で運動する[173]．この事実に呼応するように，相対運動のないものどうしは知覚的にまとまり（共通運命の群化法則），逆に相対運動の境界は対象を背景から切り出す際の重要な手がかりになる．また，観察者側が完全に静止していない限り，外界の物体の運動は網膜上の運動と対応しない．このため，物体の運動を取り出すためには，それを取り囲む背景との相対運動を計算しなければならない．相対運動は運動からの構造復元や自己運動の復元において重要なはたらきをしていることも知られている（8.3節参照）．

b．相対運動の処理機構

局所的な運動の空間的な変化を取り出す機構として，運動検出器の間に存在する相互抑制結合や，中心と周辺で反対方向の運動に応答する受容野をもつ第2段階の運動検出機構といった考えが提唱されている[174,175]．このような機構が視覚系に存在していることを示す証拠は数多くある．①せん断運動や圧縮運動（図8.7）といった相対運動の検出特性．ランダムドットパターンを用い相対運動の空間周波数を変化させて最小運動閾（8.1.6項参照）を測定すると，0.5 cycle/°付近で閾値は最低になり，その上下で上昇するという帯域通過型の特性が得られる[176]．運動の空間周波数が低くなるにつれ閾値が上昇するということは，中心と周辺で異なる方向の運動に応答するような受容野をもつ機構が相対運動検出に関与していることを示唆している．また，輝度分布の空間周波数帯域を制限したランダムドットでせん断運動の検出特性を検討した結果，輝度の空間周波数帯が低くなるほど，その相対運動を検出する機構の受容野は大きくなることが示されている[177]．②選択的順応．相対運動（せん断運動）に順応すると，相対運動閾は上昇する．局所的な運動は同じだが相対運動のない刺激に順応した場合に比べ，順応効果は大きい[178]．③同時運動対比現象（8.2.3項参照）．④相対運動の検出にかかわる細胞の存在．例えば，サルのMT野の一群の細胞は，背景が反対方向に動くとき，より強く発火する[179,180]．

c．運動境界

境界をはさんで速度差が2倍以上または運動方向差が30°以上あれば運動境界は容易に検出できる[181]．相対運動によって定義された輪郭の方位弁別閾は約0.5°，副尺視力は視角1′弱で，この値は見えの明瞭さなどの要因を等しくした輝度輪郭とほとんど変わらない[182,183]．運動輪郭を運動させると（2次の）運動が知覚され[8,124]，両眼視差を与えると立体視が成立するという報告がある[184]．運動輪郭は方位に関する順応現象を誘導することができる[185]．また，輝度定義のパターンに比べ視覚的持続時間は長い[186]．

8.2.3 運動の対比と同化

a．運動の空間的対比

運動知覚は局所的な運動情報のみに依存するのではなく，空間的・時間的近傍に存在する運動の影響を強く受ける．例えば，静止した刺激が周辺の運動の反対方向に運動して見えることがある[187]．また，速度の違う運動の境界では速度差がより強調して知覚され[174]，同じ速度で運動するものであっても背景速度が違えば別々の速度で運動しているように見える[188]．明るさの対比との類似性から，このような現象は（同時）運動対比（motion contrast）と呼ばれる[189]．誘導運動（induced motion）という名称が使われることもあるが，この概念は相互作用する刺激が必ずしも近傍にないような現象も含む[189]．運動対比は，運動検出器間の相互抑制結合や高次の相対運動検出機構といった概念で説明される[174,175]．

静止ターゲットに運動対比が生じるためには，誘導刺激がその最小運動閾の2～4倍以上の速度で運動することが必要となるが，誘導速度が速すぎても運動対比は生じない[190]．誘導刺激とターゲットが空間周波数[191]や色[192]で一致するとき対比量は強くなる．運動ターゲットの見かけの速度に関しては，同じ方向の背景運動は速度低下を生み，その効果は同速度のときにピークとなる[193]．反対方向の背景運動は，速度上昇を生じるという報告と[193]，速度低下を生じるという報告[194]の両方がある．誘導刺激とターゲットを別々の眼に提示すると対比効果はほとんどなくなってしまう[174,192]．また，静止刺激に対する運動対比は2次運動では生じない[137]．

誘導刺激とターゲットが同じ網膜位置に提示されたときに生じる運動対比現象もある．異なる方向（ただし<90°）に運動するランダムドットを重ねると，互いに反発するように運動方向が変位する．方向差20～30°付近では，変位量は20°に及ぶ[195]．また，静止した正弦波縞により高い空間周波数の運動正弦波を重ねて瞬間提示すると，高周波の運動と反対方向の運動が優勢に知覚される[196]．

b. 運動の空間的同化

運動対比では誘導刺激の反対方向の運動が知覚されるのに対し，誘導刺激と同じ方向の運動が知覚される場合がある．このような現象は運動同化(motion assimilation)または運動捕捉(motion capture)と呼ばれる．例えば，2枚の無相関ランダムドットを継時提示すると，ランダムな運動が通常知覚されるが，そこに正弦波縞を重ね画面切替え時にジャンプさせると，ドットも縞に付随して運動する[197]．この現象は，誘導刺激が低空間周波数のときに生じやすく[198]，色差だけで定義される等輝度運動縞によっても誘導される[199]．運動捕捉の別の事例は，物理的に静止した等輝度または低輝度コントラスト刺激が近傍の運動刺激とともに運動して見えるというものである[200,201]．この現象は等輝度刺激によって誘導されない[200]．

類似した刺激であっても，特定のパラメーターが異なるだけで運動の同化が対比に転じる例がいくつか報告されている．ランダム運動するドット領域と一方向に動くドット領域を縞状に提示すると，領域間の間隔が狭いときには全体が同じ方向に動いて知覚されるが(同化)，間隔を広げるとランダム運動領域は反対方向に運動する(対比)[202,203]．刺激の大きさが同じでも，中心視では対比，周辺視では同化が生じやすい[198,201]．運動正弦波縞を窓内に提示する場合，窓のエッジがなだらかであれば窓内運動と同じ方向(同化)，エッジが急であれば反対方向(対比)に窓は運動して見える[204]．そのほか，誘導刺激が小さな移動距離で連続的に運動するときは対比が生じ，移動距離の大きい2フレームの仮現運動では同化が起こるという現象[145]，誘導刺激の空間周波数が低いと同化，高いと対比が起こるという現象[205]などがある．

運動同化を生じる過程についてはさまざまな可能性が示唆されている．1つは，運動検出器間の相互促進結合(協調的ネットワーク)で，履歴効果の存在がそれを支持する証拠としてあげられている[206]．もう1つは，運動検出器の出力の第2段階における空間的統合であるが[201,204]，これは必ずしも協調的ネットワークと背反する概念ではない．同化・対比に対する刺激サイズや網膜偏心度の効果から，近傍では局所的運動信号を相互促進・統合し，少し離れたところでは相互抑制・対比するという二重円構造が存在し，その大きさは網膜偏心度とともに増大することが示唆される[201,203]．そのほかの運動同化の説明としては，誘導刺激の運動がターゲットの運動を完全にマスクしてしまった結果，位置不定となったターゲットに誘導刺激の運動が誤って当てはめられるという説[198]や，注意の移動が原因であるという説[199]などがある．

c. 運動の時間的同化

空間的に近接する運動刺激によって対比や同化が生じるように，時間的に先行する刺激によっても対比や同化が見られる．時間的な対比は運動残効と呼ばれ，次項でほかの順応現象とともに扱う．

明確に運動する刺激の直後に多義運動刺激を提示すると，その方向の運動が知覚されやすくなる[207]．8.2.8項に述べる運動慣性も類似の時間的同化現象である．ただ，誘導刺激の運動が強すぎると逆に対比(残効)が誘導される[208]．

また，RDKを適当な時間間隔(20～200 ms)で複数回移動させると，1回の移動時に比べD_{max}は長くなる[209]．この時間的増強効果はSOAにかかわりなくフレーム数とともに増大する[210]．空間的同化と同様，協調的ネットワーク[206]がこの現象の背後にあることが示唆されている[210]．

8.2.4 順応現象

a. 運動残効

一方向への運動をしばらく注視すると，静止対象が先と逆の方向へ動いているように見える．この現象を運動残効(motion aftereffect, MAE)と呼ぶ．一般的には「滝の錯視(waterfall illusion)」という名称でも知られる．運動残効は，運動知覚の独立性を示す証拠となり，また運動知覚機構の特性を解明する手がかりともなることから，広く研究対象とされてきた[211]．

1) 運動残効の諸特性

①網膜上の運動が残効の主な原因と考えられる[212]．②残効量は順応時間の増加関数となる[213]．③順応直後の残効が最も強く，時間とともに減衰するが，一様パターンなどを提示すると減衰が一時的に抑えられる(貯蔵効果)[214]．④残効量は順応刺激のコントラストとともに増加するが，あるコントラスト以上で増加が鈍くなる[146,215]．⑤空間周波数選択性を示し，順応刺激とテスト刺激の空間周波数が一致するときに最大の残効が得られる[216]．⑥残効は順応速度より時間周波数に依存し，最大の残効は空間周波数にかかわらず5～10 Hzで得られる[217]．⑦片方の眼に順応刺激を，もう一方の眼に

テスト刺激を提示した場合でも残効が観察されるが（両眼間転移），転移は不完全である（50％前後）[218]．⑧（テスト刺激が静止している限り）運動残効は2次運動，あるいは長距離運動によってほとんど誘導されない[136,219]．⑨相対運動の影響を受ける（後述）．⑩視覚的注意が影響する（8.2.10項参照）．

2）相対運動の効果

①静止背景があると残効が強くなる[220]，②順応時に背景が逆方向へ運動すると残効量が増加する[221]，③相対運動成分のない広視野の一様運動ではほとんど残効が起こらない[222]，④背景のみが運動する状況に順応すると，順応時には静止していた中央の対象刺激に残効が観察され，背景は静止して見える場合がある[223]，などの報告から，運動残効における相対運動の重要性が示される．相対運動の効果は，相対運動成分への順応による残効，および局所的な残効に基づく誘導運動に分離できる[224]．とくに前者は，局所的な順応効果も含めて，順応そのものが複数の処理段階で生起することを示す[225]．

3）運動残効のモデル

ある方向の運動に順応すると，その方向の運動検出器の出力が選択的に低下する．これが運動残効をはじめとする運動順応現象の原因と考えられており，生理学的にも対応する現象が報告されている[226,227]．出力低下の原因としては，検出器の疲労や検出器間の抑制的相互作用が考えられる[228]．また，これに関連して，順応による検出器の出力変化は，入力強度によらず出力が低下する反応圧縮であるという可能性と，動作範囲を適応的に変化させる利得制御（gain control）であるという可能性が指摘されている[229]．

単に順応方向の検出器の出力が低下するだけでは，順応と反対方向の残効は説明できない．しかし，ERDなどの運動検出器（8.1.2項参照）で仮定されているように，反対方向への運動を検出する2つの検出器の反応バランスによって運動が符号化されていると考えれば，順応の結果静止刺激に対しても2つの検出器の出力に差が生じ，運動残効が説明できる[226,230]（図8.12）．

4）動的な運動残効

動的に変化するが明確な運動は見えないテスト刺激において，一方向への運動刺激への順応の後に逆方向の運動がはっきり見えるようになることがある．これも運動残効の一種である．

位相反転（フリッカー）する閾上コントラストの

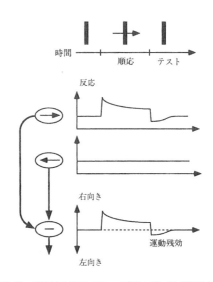

図8.12 検出器の反応バランス変化に基づく運動残効の説明
中段の検出器の反応曲線はBarlowとHill[226]をもとに概念的に示したものである．下段は双方向への運動検出器の反応の差を示す．運動刺激に順応後は，静止刺激への反応量に差が生じ，逆方向への運動が符号化される．

縞刺激など，両方向に同じ強さの運動情報を含む多義的運動刺激は，一方向への運動刺激に順応した後，明確に反対方向へ動いて見える．このような残効は，フリッカー運動残効（flicker MAE）あるいは動的運動残効（dynamic MAE）と呼ばれ，古典的な静止テストの運動残効（静的運動残効，static MAE）と区別されることがある[231,232]．フリッカー運動残効は，①空間周波数選択的でない[233]，②順応速度依存性を示す[234]，③両眼間転移が完全[232]，④1次運動のみならず2次運動や高次運動によっても誘導される[231,235]というように静的運動残効とはかなり異なる性質をもち[236]，比較的高次の運動情報統合過程のはたらきを反映している可能性が高い[231]．

また，単一方向の運動へ順応した後，動的視覚ノイズ（dynamic visual noise, DVN），すなわちランダムドットの各点がランダムな方向に運動するものを提示すると，順応と逆方向への運動が知覚される．この残効はDVNに実際の運動ドットを加えた刺激と知覚的に区別できず，反対方向への運動ドットを加えることで打ち消すことができる点で静止刺激による残効と異なっている[237]．静止刺激では見られる貯蔵効果がないという報告もある[238]．両眼間転移率は高いものの完全転移ではない[239]．

5）2次元運動残効

ある運動方向の運動刺激に順応すると，2次元的

に異なる方向の運動刺激の知覚方向が順応方向と反発する方向に変化する．最大の効果は順応刺激とテスト刺激が約30°離れた場合に起こる[240]．また，2次元のプラッド運動(8.2.6項参照)に順応すると，統合されたパターンの方向に対応した残効が起こりうる[241]．さらに，2方向の要素運動からなる運動透明視状況(8.2.5項参照)に順応すると，2方向への透明視的残効ではなく，単一方向への残効が知覚される．その残効の方向は，順応時に要素運動をそれぞれ単独で提示した場合の残効量で重み付けした合成和に対応する[242]．これらの2次元的な運動残効は反対方向の運動に応答する2つの検出器の出力バランスの変化だけでは説明できないので，全方向の運動検出器の出力関係をみて運動方向を決定する機構が提案されている[243,244]．

6) 複雑運動による運動残効

回転や拡大・縮小運動(8.2.7項参照)による運動残効は，貯蔵効果[245]，両眼間転移[239]，注意の効果[246]などに並進運動の場合とは違った特性が見られ，異なる処理階層の関与が示唆される．また，拡大・縮小運動する対象への順応の結果，奥行き方向の運動残効が知覚される場合がある[247]．その残効は2次元的な拡大・縮小運動残効とは減衰特性が異なる[248]．

7) 運動残効の多重性

局所運動および相対運動への順応効果，テスト刺激の時間特性の影響，複雑運動による残効の特異性などから，運動残効には複数の順応過程が関与していると考えられる[189]．より端的な例として，単眼提示と両眼提示で同時に独立した順応効果が得られるという報告もある[249]．また，順応条件が同じでもテスト時点の刺激布置によって残効が異なる位置に観察される[250]など，観察時の参照枠の効果も考える必要がある[251]．

b．方向選択的閾値上昇

一方向への運動刺激に順応すると，その方向への運動刺激の検出閾が選択的に上昇する．この現象は運動方向選択的閾値上昇または運動方向選択的順応(direction specific adaptation, DSA)と呼ばれる[252]．DSAは順応方向に応答する検出器の出力低下で説明可能であり，また逆方向の検出が順応の影響をほとんど受けないことから，反対方向の運動検出器が閾値付近では独立していることが示唆される[44]．

DSAは順応刺激の速度がテスト刺激より少し速いときに最大となる[253]など，速度残効と類似点がある．また，DSAは空間周波数選択性を示し[254]，両眼間転移は不完全である[255]．これらの点は静的運動残効の特性と一致する．しかし，DSAは速度と時間周波数の両方に依存し[256]，2次運動に対しても生じる[254,257]．

また，一方向への運動刺激に順応すると，その方向に対するグローバル運動(8.2.5項参照)の検出閾(S/N比)が選択的に上昇する．順応効果が現れる運動方向の範囲は±40°程度で[258]，両眼間転移は完全である[259]．

c．速度残効

運動刺激を注視し続けると，その運動速度はだんだん遅く知覚されるようになる．そのような順応による知覚速度の変化を速度残効(velocity aftereffect)と呼ぶ．一般に，順応刺激がテスト刺激より速く，同方向に運動する場合にテスト刺激の知覚速度低下が起こる[260～262]．順応刺激が遅く，テスト刺激が速い場合には知覚速度の上昇が見られる場合もある[167,261]．順応刺激がテスト刺激と反対方向に運動する場合，順応刺激のほうが速いと知覚速度低下が生じるが[167,263]，順応刺激のほうが遅くても知覚速度上昇は起こらない[167,263]．順応，テストともに速度が遅いときに速度過大視傾向があるという報告もあるが安定しない[261]．両眼間転移は起こるが転移は完全ではない[264]．

速度残効は速度の比率モデル(8.2.1項参照)によって説明できる[167,263]．速い刺激への順応が遅いテスト速度全般に影響し，明確な順応速度選択性が見られないことは，速度が少数の時間周波数チャンネルの応答比から計算されることに対応する．逆方向運動への順応効果も，高時間周波数チャンネルの方向選択性が完全でない[265]と考えると説明できる．実際に，一様なフリッカー刺激に対する順応で知覚速度の低下が起こる[263]．

速度残効は2次運動によっても生じ，1次，2次運動間の相互順応も生じる[266]．この結果は，速度の決定が下位の検出器の出力を統合した段階で行われることを示唆している．

8.2.5 グローバル運動

a．グローバル運動

ランダムドットの各点を特定範囲内のランダムな方向に動かすと，ドットそれぞれの運動とともに平均の運動方向に全体的な運動が見える[267](図8.13

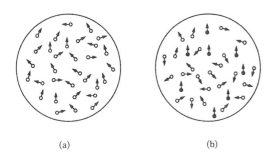

図8.13 グローバル運動
(a) ±90°の範囲内でランダムな方向に各ドットは運動する. (b) 同一方向に運動する信号ドット(説明のため灰色ドットで表示)にランダムな方向に運動するノイズドットが重畳されている. いずれの場合も上方向にグローバル運動が知覚される.

(a)). この運動は刺激中の低空間周波数成分を除去しても知覚されることから, 大きな受容野をもつ1次運動検出器で直接とらえられるものとは考えにくい[268]. 局所的な運動検出器の出力を統合した結果知覚される運動ということでグローバル運動 (global motion) と呼ばれている. グローバル運動の運動方向弁別閾は, 運動方向の揺らぎの増大とともに上昇し, 提示時間および刺激サイズの増加とともに低下する[169,269]. 別のタイプのグローバル運動として, 一部のドット(信号)を同一方向に動かし, 残りのドット(ノイズ)をランダムな方向に動かすというものがある[267](図8.13(b)). この刺激ではグローバル運動の閾値をS/N比として評価できる. このグローバル運動閾(コヒーレント閾)は通常5%程度[270]とかなり低い. また, グローバル運動には強い履歴効果が見られ[206], 8.2.3項で述べた運動の同化現象との関連が指摘されている.

グローバル運動の利点の1つは, 運動前後のパターンの位置変化から運動方向を判断すること(特徴追跡)が非常に困難であるため, 純粋に低次の運動検出機構の特性を引き出せることにある. この特徴はRDK(8.1.5項参照)と共通しているが, 局所運動検出はつねに可能になっている点が特徴的である. グローバル運動を用いて, タイプの異なる運動信号の統合過程の検討[271,272], 複雑運動検出機構の解析[273](8.2.7項参照), 運動盲患者の運動検出能力の評価[270]などが行われている.

また, 神経生理学の分野では, グローバル運動刺激を用いてサルのMT野の体系的な研究が行われている. そのなかから, MT野の機能を停止するとグローバル運動が検出できなくなること[274], 細胞の応答はS/N比に比例して増加すること[275], サルの運動検出パフォーマンスはMT細胞の応答と相関し[276], 特定の方向に応答するMT細胞群を電気的に刺激すると運動判断がその方向にシフトすること[277]などが明らかになっている.

b. 運動透明視

異なる速度または方向に運動するランダムドットを重ねると, 透明な2枚のシートが別々に運動しているように見える. グローバル運動の事態との違いは運動方向の分布が非常に離散的なことで, 速度差が4倍以上, または運動方向差が30°以上必要である[37]. 運動透明視は, 同じ空間位置に複数の方向の運動が共存できることを意味している. しかし, 異方向に運動するドットがあらゆるところで局所的に近接するようにすると透明視は見えなくなることから, 局所的には異方向運動の統合・相殺は起こることが示唆されている[278]. この局所的な運動相殺は, 一次視覚野の細胞では見られないが, グローバル運動知覚に相関のあるMTレベルでは生じている[279,280]. また, 正弦波縞のような面パターンでも空間周波数や方位が大きく異なると運動透明視が見える(8.2.6項参照).

8.2.6 窓問題

a. 窓問題の定義

空間的に局在した窓(アパーチャ)を通して1次元の運動情報が与えられる場合, 得られる速度成分は運動パターンのエッジに垂直な成分のみであり, 運動パターン全体の運動方向とは一意に対応しない[173,281]. このあいまい性は, 実際に円形の窓を通して運動刺激を観察する場合でも, あるいは空間的に局在し1次元の受容野をもつ神経細胞が運動刺激に応答する場合においても生じる. これを窓問題 (aperture problem) と呼ぶ.

b. プラッド運動パターン

窓問題を克服しパターン全体の運動方向を正しく抽出するためには, 局所的に得られた1次元運動情報を統合する必要がある[282,283]. このような運動統合のメカニズムを解析するうえで, 最も単純化された刺激布置としてプラッドパターン (plaid pattern) と呼ばれる運動刺激が用いられてきた[284]. 基本的なプラッドパターンでは, 方位が異なる2つの正弦波運動縞が同空間位置において足し合わされて提示される. 刺激属性や観察条件に依存して, ある場合は単独の方向に運動して見え(一貫した運動,

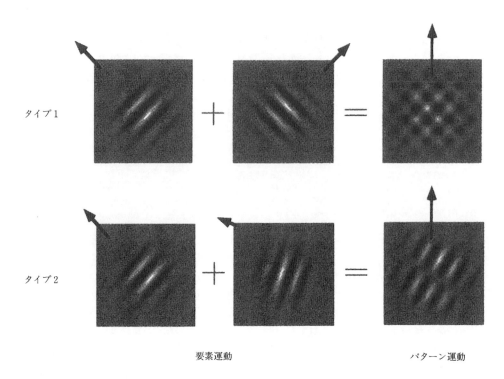

図8.14 2つの要素運動を足し合わせることにより生成されるプラッド運動パターンの空間プロット
パターン運動に図示された運動方向は，要素運動の方向に基づきIOC解から予測されたものである．

coherent motion)，また別の場合は2つの要素運動 (component motion)が独立に運動して知覚される．要素運動がIOC(後述)から予測される全体運動の両側にある場合をタイプ1，片側に集まっている場合をタイプ2のプラッドという[285]（図8.14）．

c. プラッド運動知覚の2段階モデル

プラッド運動知覚は，個々の要素運動の検出とその統合という2段階の処理過程を経て達成されるといわれている[284]．数多くの実験結果がこの2段階モデルを支持している．例えば，プラッドの知覚される運動方向は，個々の要素運動において知覚される運動方向および運動速度から予測することができる[286〜289]．また，プラッド運動の速度弁別閾や最小運動閾は個々の要素運動に対する閾値に制約される[290,291]．実際に，V1野の神経細胞はプラッド運動刺激を構成する個々の運動縞へ応答するが，上位に存在するMT野の細胞の一部はプラッドパターン全体の運動方向に選択性をもつ[292,293]．

ただし，プラッド運動パターンは2つの運動縞（1次運動）の足し合わせにより生じる2次運動成分（コントラスト変調）を含んでおり，プラッド運動知覚にはこの成分が決定的に関与している[294,295]．ま

た，交点や特徴点を追跡するようなシステムの関与も指摘されている[296]．視覚運動検出においては複数の運動視機構がある程度独立にはたらいていることを考慮すると(8.1.1項参照)，プラッド運動パターンは，複数の異なる運動検出機構を同時に駆動させるという点で複雑な刺激であるといえる．

d. 局所運動情報統合のモデル

2つ以上の局所運動の測定から，剛体の全体運動の正しい方向を幾何学的に導くことが可能であり，これは制約線の交点(intersection of constraints, IOC)による解法と呼ばれている[284]．IOC解を神経系のモデルとして実装する試みもなされている[17,297]．また一方，複数の運動のベクトル和により近似的にプラッド運動を推定するアルゴリズムも提案されている[298,299]．このモデルでは，1次運動成分と2次運動成分(8.1.1項および8.1.9項参照)のベクトル和を計算することにより，近似的にIOC解に対応する値を得る．プラッドパターンにおいて知覚される運動方向および運動速度は一般的にIOCによる予測から逸脱する[285,300,301]．図8.14に示したタイプ2プラッドは知覚される運動方向がベクトル和の方向から大きく逸脱するため，当初IOC

に基づくモデルを支持する証拠とされた[284]．しかし刺激のもつ2次運動成分を考慮すれば，ベクトル和に基づくモデルでも説明できる[299]．また，要素運動の足し合わせにより生じる交点や2次運動成分を除去したプラッド運動刺激[302,303]ではベクトル和の方向に運動が知覚される[304]．以上の結果はベクトル和に基づくモデルを支持しているが，IOCを神経系に実装するうえで生じるノイズにより説明できる可能性もある[283]．

e．一貫した運動が知覚される条件

プラッド運動パターンにおいて一貫した運動が知覚されるか否かは，個々の要素運動がもつ刺激属性や観察条件に依存する．① 空間周波数：2つの要素運動のもつ空間周波数差の減少とともに，一貫した運動の印象が優位となる．知覚される運動方向は，より低い空間周波数をもつ要素運動の方向へ逸脱する[287]．② 方位：2つの要素運動のもつ方位差の減少とともに，一貫した運動の印象が優位となる[282,305]．要素運動の方位差が減少するとともに，一貫した運動知覚をもたらす最大空間周波数差は増加する[305,306]．③ コントラスト：2つの要素運動のもつコントラスト差の減少とともに，一貫した運動の知覚が優位となるが[307]，決定的な要因ではない[286]．知覚される運動方向は，より高いコントラストをもつ要素運動の方向へ逸脱する[286,289]．④ 色：要素運動の色相が類似している場合に一貫した運動の印象が強まる[116,308]（8.1.8項参照）．⑤ 奥行き：両眼視差[309]および輝度関係などの透明視条件[310]によって奥行き関係を操作した場合，2つの要素運動が近い平面上に知覚されるときほど一貫した運動の印象が強まる[283]．初期視覚系の非線形変換や1次運動検出モデル（8.1.2項参照）により透明視条件における知覚を説明する試みもなされている[282,311]．⑥ 2次運動：2つの要素運動がともに2次運動（8.1.9項参照）の場合は，一貫した運動が知覚される[299,312]．要素運動の一方が1次運動，他方が2次運動の場合には，限定された条件を除き一貫した運動の印象は弱い[312,313]．⑦ 運動刺激を囲む窓の形態や窓と運動刺激の奥行き関係[314]，あるいは刺激の提示時間により知覚される運動方向が変化する場合がある[296]．

8.2.7 拡大・縮小・回転運動

a．複雑運動

オプティカルフロー[315]の各点は，並進運動と3つの運動成分（div, curl, def）に分解できる[316]．これらの運動成分は，拡大・縮小運動，回転運動，変形運動（異方向のせん断運動の組み合わせ）という複雑運動に相当する[317]（8.3.3項参照）．

b．検出機構

複雑運動は，局所的に検出された並進運動を異なる空間位置からほぼ線形に寄せ集める機構により符号化されていると考えられる[273,318]．実際に，拡大運動と回転運動の速度弁別閾とグローバル運動閾（8.2.5項参照）は，局所的な並進運動の線形加算から予測されうる[273,319,320]．

各複雑運動に選択的に応答する機構の存在を示す心理物理学的証拠があげられている．① 順応効果は，拡大運動，回転運動および並進運動間で運動の種類に選択的である[321,322]．② 方向弁別閾や速度弁別閾は，異なる複雑運動を重ねて提示することによるマスキングの効果をほとんど受けない[320,323]．③ 最小運動閾[323]，運動残効の減衰時定数[247]，知覚速度[324]，視覚探索速度[325,326]において各複雑運動は異なる特性を示す．ただし，速度弁別閾およびグローバル運動閾では各種複雑運動間で大きな差はない[319,320]．また，異なる運動間での相互作用も報告されている．拡大・縮小運動と回転運動を透明視状況で重ね合わせると，長時間観察条件では個々の要素運動の同定が可能だが，短時間観察条件では困難となる[327]．並進運動と拡大運動を透明視状態で提示すると，拡大の焦点の位置が並進運動の方向にずれて知覚される[328]．

c．拡大・縮小運動の異方性

拡大運動（遠心性運動）と縮小運動（求心性運動）に対する感度には差があることが報告されている．縮小運動への順応は拡大運動への順応より強い運動残効を誘導する[329,330]．用いられる刺激の種類に依存して運動の出現への反応時間に差が生じる（8.1.7項参照）[82,83]．フレームごとに位相を反転させた正弦波格子縞において知覚される運動方向は遠心性運動方向が優位となる[331]．立体運動の知覚は拡大運動が優位となる[332]．視覚探索においては，拡大運動は縮小運動からポップアウトするが，その逆は生じないという探索非対称性がある[325]．

d．生理学的知見

サルのMST野には拡大・縮小，回転，せん断運動に選択的に応答する神経細胞が存在する[333,334]．これらの細胞のなかには，提示される受容野内の位置にかかわりなく応答するものもある[335,336]．拡大

運動に応答する細胞は縮小運動細胞よりも多い[335,337]．らせん運動（拡大・縮小運動と回転運動の両成分を含む）に同調しているMSTd野の神経細胞の存在から，MSTd野ではオプティカルフローを div, curl, def に分解しているのではなく，複数の相対運動の組み合わせにより表現している可能性もある[335,336]．

8.2.8 対応問題
a. 対応問題の定義
複数の孤立刺激要素が存在する画像間で仮現運動が生じるとき，視覚系はどの要素がどの要素に対応するかを決定しなければならない．これを仮現運動の対応問題 (correspondence problem) という[338]．

b. 運動競合刺激
対応問題の解決にどのような要因が関与しているかを調べるために，通常，運動競合刺激が用いられる．運動競合刺激には大きく分けて2種類あり，1つは1個（またはn個）の刺激要素と2個（または$2n$個）の刺激を継時提示する分裂・融合運動である[339]．図8.15(a)に示す例では，運動対応の強さが1-2A間・1-2B間でほぼ同じならば分裂・融合運動が知覚され，両者の対応力に差ができると一方の運動がより優勢になる．第2の運動競合刺激は多義運動と呼ばれるものである．通常，各フレームに含まれる刺激要素の数は等しく，複数の運動パスのいずれが見えるかが多義的になっている[340,341]．図8.15(b)の例では，左回り(1A-2A・1B-2B)と右回り(1A-2B・1B-2A)の運動パスが競合しており，対応力の強いほうに運動が知覚される．

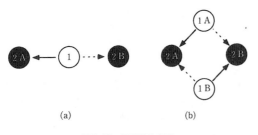

図8.15 運動競合刺激
(a) 分裂（融合）運動刺激，(b) 多義運動刺激．

c. 対応問題に影響する諸要因
1) 距離
距離が近いほど運動が生じやすい（対応力が強くなる）[338,342]．透視図で知覚的な奥行きを操作した実験[339]からは，網膜上の近接度が重要であることが示唆されている．しかし，両眼視差で奥行き差を付けると同じ奥行きの要素間で対応がとられる傾向が強くなり[343]，両眼視差で奥行き方向に傾いた面を作り出すと同一平面内の運動対応の知覚が優位になるという報告もある[344]．

2) 1対1対応
第1フレームに1Aと1B，第2フレームに2Aと2Bの2つの要素があり，1A-2A＜1B-2A＜1B-2B＜1A-2Bという距離関係にあるとする．距離が近い要素へ運動するという原理からは1A, 1Bともに2Aへ運動することが予想されるが，実際は1Aは2A, 1Bは2Bというように別々の要素へと運動する場合が多い．これは，可能な限り1つの要素に1つの要素を対応させようという原理がはたらいているためと考えられる[338]．1対1対応を実現するために，分裂・融合運動を抑える抑制機構の存在が示唆されている[338,345]．

3) 類似性
対応要素間の属性の類似性も運動対応の鍵になる[338]．多義運動刺激を用いた実験から，光強度[346]・コントラスト極性[347]・色[348]・方位[341]・空間周波数[341,349]で類似している要素間で運動対応が生じやすいことが報告されている．しかし，対応要素が1つに決まるような場合は，全く異なる属性で定義される要素間に運動が見える[350]．さらに，分裂・融合刺激を用いた実験では，輝度・方向・空間周波数の類似性は運動対応の強さに反映しないという結果が示されている[351〜354]．

4) 時空間の文脈効果
運動競合刺激の近傍に，一方の運動パスと同じ方向に明確に運動する刺激を同時提示すると，そのパスの運動が知覚されやすくなる[355]．これは運動捕捉(8.2.3項参照)の一例でもある．また，直線運動の軌道上に，一方のパスは同じ軌道を維持し，他方のパスは軌道からはずれるように多義運動刺激を配置すると，軌道を維持するようなパスに運動が知覚されやすくなる．この現象は運動慣性 (motion inertia) という名で知られている[356,357]．このような文脈効果は，視覚系が運動の時空間での滑らかさを仮定して運動対応を解いている例証と考えられている[358]．

5) 時間要因
同じ刺激系列を提示しても，時間条件によって運動対応が変わる場合がある．例えば，等間隔で並ん

8.2 運動の分析・統合

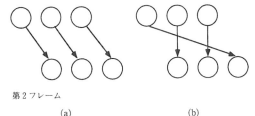

図 8.16 Ternus 刺激
水平方向に等間隔で並んだ3つのドットを右方向にシフトする．このとき，第1フレームの右2つと第2フレームの左2つは同じ位置に提示される．(a) ISI が長い場合3つのドットが全体として右に運動して見える，(b) ISI が短いと端から端に1つのドットだけが運動して見える．

だ3つのドットを仮現運動させる Ternus 刺激は，ISI によって2つの異なる見え方をする（図8.16）[359]．この現象は短距離運動・長距離運動過程（8.1.1項）との関連で注目を集めたが[6,26]，2次運動についても同様の現象が起こることから[360]，2種類の見えに別々の運動視機構を結びつけるという考えは疑問視されている[361]．また，時間間隔が長いほど，類似性[362]や遮蔽関係[355]を考慮に入れた「知的な」運動対応が知覚されやすいといわれている．

8.2.9 パターン視への運動の影響

a. 位　置

対象の運動はその位置の判断に影響を与える．ある窓内に一定方向の運動が存在すると，その窓自身の位置が運動方向に移動して見える[363,364]．この現象は，運動対象の位置が実際より運動方向にずれて知覚されることや[365]，運動残効によって位置変化が誘導されること[366]との関係が指摘されている．

b. 空間周波数

正弦波縞を位相反転運動させると，その見かけの空間周波数が増加する．この原因の1つは視覚応答の非線形性によって生じる周波数倍増である[367]．しかし，周波数倍増の生じないドリフト運動でも30～40％の周波数増加が見られる[368]．この現象には，高空間周波数に対する感度の低下が関係していることが示唆されている[369]．

c. モーションブラー

シャッタースピードを落として写真をとると運動物体の像はどうしてもぼけてしまう．これをモーションブラー（motion blur）という．だが，視覚系の時間応答は比較的緩慢であるにもかかわらず，運動対象はそれほどぼけて知覚されないように思われ

る．実際，一方向に運動するランダムドットのブラーの量（見かけの長さ）を提示時間を変えて測定すると，提示時間の上昇に伴いいったんブラー量は増加するが，30 ms を越えると逆に減少する[370]．別のいい方をすれば，運動刺激の提示時間の増加とともに視覚応答の持続時間が減少する[371]．運動信号が強くなるような状況でブラー量が減少すること[372]などから，運動検出機構がブラー解消に関与しているという説がある．具体的には，時空間で傾いた方向に信号を統合する運動検出器の受容野構造（8.1.2項参照）そのものがブラー解消に役立つという可能性が指摘されている[47]．一方，ドットの密度の上昇とともにモーションブラーが減少すること[373]などから，運動とは無関係に，継時的に提示されるドット間で生じる側抑制がブラー解消の原因であるとする説もある[371]．

モーションブラーの解消にはさらに積極的な過程も関与している．運動対象を映画に撮ってそれを観察すると，各静止像中ではブラーが生じているのにもかかわらず，動いているときには焦点があっているように見える[374]．このことは，入力画像が物理的にぼけていても鮮明な画像が知覚されることを示唆しているが，実際，正弦波縞を運動させると矩形波に近づいた見えに変化する[375]．

d. 視　力

空間解像度は運動速度が上昇すると低下する（8.1.3項参照）．位置ずれに関する視力については，副尺視力は線分方位に垂直な方向への運動の影響をほとんど受けないが[376]，線分の間隔の弁別閾は運動によって上昇する[377]．これは一般的なモーションブラー解消機構の存在に否定的な結果と解釈されたが[377]，運動による間隔弁別閾上昇は網膜位置の効果であるとの反論もある[378]．また，仮現運動の知覚的補完によって，時間的ずれが位置ずれに知覚される現象が知られている[379]．

8.2.10 注意と運動視

a. 運動に対する注意

観察者は運動対象に注意を向けることが可能であり，また運動対象は観察者の注意をひく．注意を意図的に運動対象に向けた場合，注意は局在した領域ではなく共通運動する対象群に向けられる傾向がある[380]．複数の運動対象を注意により同時に追跡することが可能である[381]．刺激の急激な立上りや仮現運動，運動により定義される形態に対して注意は

反射的に捕捉される[382]．

b．運動の視覚探索
1）運動方向
並進運動する目標刺激と妨害刺激の運動方向が90°から180°異なっている場合，目標刺激はポップアウトする[326,383～386]．ポップアウトするための主要な要因は，妨害刺激と目標刺激との局所的な運動方向コントラストである[387]．運動方向差により定義された形態もポップアウトする[388]．ポップアウトが消失する条件としては，長距離仮現運動刺激（8.1.1項参照）[384]，コントラスト反転刺激および等輝度色度変調刺激[389]を使用する場合や，目標刺激に対して事前順応する場合[390]が報告されている．これらはポップアウト現象における1次運動検出機構（8.1.2項参照）の関与を示唆している．

2）運動速度
運動速度差は目標刺激の探索に有効な情報となる[326,391]．しかし，全刺激の並進運動方向が一定の場合，目標刺激の速度が妨害刺激より速い場合にのみポップアウトが起こるという探索非対称性が報告されている[386]．妨害刺激の運動方向がランダム化されると速度情報に基づく探索は困難になる[386]．

3）複雑運動
並進運動と比較すると複雑運動（8.2.7項参照）の探索速度は遅い．せん断運動や回転運動で定義された運動刺激はポップアウトしない[326,385]．縮小運動は拡大運動からポップアウトしないが，拡大運動はある条件下ではポップアウトする[325]．

4）他の属性との結合
並進運動と色の結合探索はポップアウトしない[383]．しかし，両眼視差との結合探索[383]，あるいは運動の有無と形態，方位との結合探索はポップアウトする[392]．MT野に該当する部位を損傷した患者[393]ではこの課題が困難である[394]．

c．注意による運動知覚の修飾
運動対象に注意を向けることにより，運動知覚の修飾が生じる．あらかじめ提示される刺激の運動方向と速度が既知である場合，運動検出閾の低下，あるいは運動の出現への反応時間の短縮がみられる[170,395]．並進運動順応中に，運動刺激画面と同じ領域で非運動課題を行うと運動残効量が減少する[396]．ただし，複雑運動ではこの効果は弱い[246]．運動透明視状況における運動残効量は，注意する運動方向に依存するという選択性を示す[397]．2フレームの光点からなる長距離仮現運動の光点のいずれかに注意を向けると，その光点の見えが早くなり知覚される運動方向が変わる場合がある[398]．多義仮現運動刺激の見えに対しては，意図的な注意の効果はあるが弱い[399]．運動方向が多義的な対象を意図的に追跡することにより明確な運動が見えたり[12]，運動捕捉が生じる[199]．誘導運動の強さは注意により変動する[400]．線分を提示すると一定方向への運動が知覚される線運動錯視では，注意が向いた位置における処理の加速が錯視生成の原因であるとされている[401]．ただしこの錯視は運動検出機構からの出力でほぼ説明できるとする説もある[402,403]．運動知覚の修飾のみならず，運動情報の検出に注意が積極的に関与しているという指摘もある（8.1.1項および8.1.9項参照）．

d．生理学的知見
運動対象への注意時に，運動知覚に関与しているとされている脳内部位の活性度が高まるという修飾効果が，単一神経細胞からの記録，PET，fMRIという異なる手法により確認されている．運動速度に選択的に注意しているときには，非注意時と比較してMST野の活動量が大きくなる[404]．受容野内の運動刺激に注意している場合，MT野およびMST野の細胞の応答が約2倍増強する．より高次の過程であるMST野のほうが強い修飾効果を受ける[405]．同じ運動刺激を用いていても，局所運動に注意する場合にはV1野の，全体運動への注意ではMT野の活性度が高まる[406]．

［西田眞也・竹内龍人・蘆田　宏］

文　献

1) E. H. Adelson and J. R. Bergen : Spatiotemporal energy models for the perception of motion, *Journal of the Optical Society of America*, **A2**, 284-299, 1985
2) A. B. Watson and A. J. Ahumada Jr. : Model of human visual-motion sensing, *Journal of the Optical Society of America*, **A2**, 322-341, 1985
3) A. B. Watson, A. J. Ahumada Jr. and J. E. Farrell : Window of visibility : A psychophysical theory of fidelity in time-sampled visual motion displays, *Journal of the Optical Society of America*, **A3**, 300-307, 1986
4) M. Wertheimer : Experimentelle Studien über das Sehen von Bewegung, *Zeitschrift für Psychologie*, **61**, 161-265, 1912
5) O. Braddick : A short-range process in apparent motion, *Vision Research*, **14**, 519-527, 1974
6) J. T. Petersik : The two-process distinction in apparent motion, *Psychological Bulletin*, **106**, 107-127, 1989
7) K. Nakayama : Biological image motion processing : A review, *Vision Research*, **25**, 625-660, 1985

8) P. Cavanagh and G. Mather: Motion: The long and short of it, *Spatial Vision*, 4, 103-129, 1989
9) 塩入 諭, P. Cavanagh: 動きの知覚の二重性, 光学, 18, 516-523, 1989
10) C. Chubb and G. Sperling: Drift-balanced random stimuli: A general basis for studying non-Fourier motion perception, *Journal of the Optical Society of America*, A5, 1986-2007, 1988
11) J. D. Victor and M. M. Conte: Motion mechanisms have only limited access to form information, *Vision Research*, 30, 289-301, 1990
12) P. Cavanagh: Attention-based motion perception, *Science*, 257, 1563-1565, 1992
13) Z. L. Lu and G. Sperling: Attention-generated apparent motion, *Nature*, 377, 237-239, 1995
14) Z. L. Lu and G. Sperling: The functional architecture of human visual-motion perception, *Vision Research*, 35, 2697-2722, 1995
15) W. Reichardt: Autocorrelation, a principle for the evaluation of sensory information by the central nervous system, In Sensory Communication (ed. W. A. Rosenblith), MIT Press, Cambridge, Mass., 1961
16) J. P. H. van Santen and G. Sperling: Elaborated Reichardt detectors, *Journal of the Optical Society of America*, A2, 300-321, 1985
17) D. J. Heeger: Model for the extraction of image flow, *Journal of the Optical Society of America*, A4, 1455-1471, 1987
18) C. L. Fennema and W. B. Thompson: Velocity discrimination in scenes containing several moving objects, *Computer Graphics and Image Processing*, 9, 301-315, 1979
19) D. Marr and S. Ullman: Directional selectivity and its use in early visual processing, *Proceedings of the Royal Society of London*, B211, 151-180, 1981
20) M. G. Harris: The perception of moving stimuli: A model of spatiotemporal coding in human vision, *Vision Research*, 26, 1281-1287, 1986
21) A. Johnston, P. W. McOwan and H. Buxton: A computational model of the analysis of some first-order and second-order motion patterns by simple and complex cells, *Proceedings of the Royal Society of London*, B250, 297-306, 1992
22) D. J. Heeger and E. P. Simoncelli: Model of visual motion sensing, In Spatial Vision in Humans and Robots (eds. L. Harris and M. Jenkin), Cambridge University Press, Cambridge, pp. 367-392, 1992
23) S. M. Anstis and B. J. Rogers: Illusory reversal of visual depth and movement during changes of contrast, *Vision Research*, 15, 957-961, 1975
24) T. Sato: Reversed apparent motion with random dot patterns, *Vision Research*, 29, 1749-1758, 1989
25) E. H. Adelson: Some new illusions and some old ones analyzed in terms of their Fourier components, *Investigative Ophthalmology & Visual Science*, 22, 144, 1982
26) O. J. Braddick: Low-level and high-level processes in apparent motion, *Philosophical Transactions of the Royal Society of London*, B290, 137-151, 1980
27) S. Shioiri and P. Cavanagh: ISI produces reverse apparent motion, *Vision Research*, 30, 757-768, 1990
28) C. Chubb and G. Sperling: Two motion perception mechanisms revealed through distance-driven reversal of apparent motion, *Proceedings of the National Academy of Science, U. S. A.*, 86, 2985-2989, 1989
29) M. A. Georgeson and T. M. Shackleton: Monocular motion sensing, binocular motion perception, *Vision Research*, 29, 1511-1523, 1989
30) T. Takeuchi and K. K. De Valois: Motion-reversal reveals two motion mechanisms functioning in scotopic vision, *Vision Research*, 37, 745-755, 1997
31) H. B. Barlow and W. R. Levick: The mechanism of directionally selective units in rabbit's retina, *Journal of Physiology*, 178, 477-504, 1965
32) G. C. DeAngelis, I. Ohzawa and R. D. Freeman: Spatiotemporal organization of simple-cell receptive fields in the cat's striate cortex. I. General characteristics and postnatal development, *Journal of Neurophysiology*, 69, 1091-1117, 1993
33) R. C. Emerson, J. R. Bergen and E. H. Adelson: Directionally selective complex cells and the computation of motion energy in cat visual cortex, *Vision Research*, 32, 203-218, 1992
34) S. J. Anderson and D. C. Burr: Spatial and temporal selectivity of the human motion detection system, *Vision Research*, 25, 1147-1154, 1985
35) S. J. Anderson and D. C. Burr: Receptive field properties of human motion detector units inferred from spatial frequency masking, *Vision Research*, 29, 1343-1358, 1989
36) A. J. van Doorn and J. J. Koenderink: Spatial properties of the visual detectability of moving spatial white noise, *Experimental Brain Research*, 45, 189-195, 1982
37) A. J. van Doorn and J. J. Koenderink: Temporal properties of the visual detectability of moving spatial white noise, *Experimental Brain Research*, 45, 179-188, 1982
38) J. J. Koenderink, A. J. Van Doorn and W. A. Van de Grind: Spatial and temporal parameters of the motion detection in the peripheral visual field, *Journal of the Optical Society of America*, A2, 252-259, 1985
39) D. H. Kelly: Motion and vision: II. Stabilized spatiotemporal threshold surface, *Journal of the Optical Society of America*, 69, 1340-1349, 1979
40) D. C. Burr and J. Ross: Contrast sensitivity at high velocities, *Vision Research*, 22, 479-484, 1982
41) A. B. Watson and K. Turano: The optimal motion stimulus, *Vision Research*, 35, 325-336, 1995
42) A. B. Watson, P. G. Thompson, B. J. Murphy and J. Nachmias: Summation and discrimination of gratings moving in opposite directions, *Vision Research*, 20, 341-347, 1980
43) A. B. Watson and J. G. Robson: Discrimination at threshold: Labeled detectors in human vision, *Vision Research*, 21, 1115-1122, 1981
44) E. Levinson and R. Sekuler: The independence of channels in human vision selective for direction of movement, *Journal of Physiology*, 250, 347-366, 1975
45) K. Nakayama and G. H. Silverman: Detection and discrimination of sinusoidal grating displacements, *Journal of the Optical Society of America*, A2, 267-274, 1985
46) A. B. Watson: Optimal displacement in apparent motion and quadrature models of motion sensing, *Vision Research*, 30, 1389-1393, 1990
47) D. C. Burr, J. Ross and M. C. Morrone: Seeing objects in motion, *Proceedings of the Royal Society of London*, B227, 249-265, 1986

48) 鷲見成正，椎名 健，運動の知覚，感覚・知覚心理学ハンドブック(和田，大山，今井編)，誠信書房，1969
49) 平田 忠：仮現運動，新編感覚・知覚心理学ハンドブック(大山，今井，和気編)，誠信書房，1994
50) P. A. Kolers : Aspects of Motion Perception, Pergamon Press, New York, 1972
51) D. Kahneman and R. E. Wolman : Stroboscopic motion : Effects of duration and interval, *Perception & Psychophysics*, 8, 161-164, 1970
52) W. Neuhaus : Experimentelle Untersuchung der Scheinbewegung, *Archiv für die gesamte Psychologie*, 75, 315-458, 1930
53) J. S. Lappin and H. H. Bell : The detection of coherence in moving random-dot patterns, *Vision Research*, 16, 161-168, 1976
54) C. L. J. Baker and O. J. Braddick : The basis of area and dot number effects in random dot motion perception, *Vision Research*, 22, 1253-1259, 1982
55) J. J. Chang and B. Julesz : Displacement limits, directional anisotropy and direction versus form discrimination in random-dot cinematograms, *Vision Research*, 23, 639-646, 1983
56) C. L. J. Baker and O. J. Braddick : Eccentricity-dependent scaling of the limits for short-range apparent motion perception, *Vision Research*, 25, 803-812, 1985
57) M. J. Morgan : Spatial filtering precedes motion detection, *Nature*, 355, 344-346, 1992
58) M. J. Morgan and M. Fahle : Effects of pattern element density upon displacement limits for motion detection in random binary luminance patterns, *Proceedings of the Royal Society of London*, B248, 189-198, 1992
59) 佐藤隆夫：運動視知覚におけるパターンの複雑性の効果，電子情報通信学会研究会(MBE)，89, 1-8, 1990
60) J. J. Chang and B. Julesz : Displacement limits for spatial frequency filtered random-dot cinematograms in apparent motion, *Vision Research*, 23, 1379-1385, 1983
61) R. Cleary and O. J. Braddick : Direction discrimination for band-pass filtered random dot kinematograms, *Vision Research*, 30, 303-316, 1990
62) A. J. van Doorn and J. J. Koenderink : Spatiotemporal integration in the detection of coherent motion, *Vision Research*, 24, 47-53, 1984
63) S. Nishida and T. Sato : Positive motion after-effect induced by bandpass-filtered random-dot kinematograms, *Vision Research*, 32, 1635-1646, 1992
64) C. L. J. Baker and O. J. Braddick : Temporal properties of the short-range process in apparent motion, *Perception*, 14, 181-192, 1985
65) S. P. McKee and S. N. J. Watamaniuk : The psychophysics of motion perception, In Visual Detection of Motion (eds. A. T. Smith and R. J. Snowden), Academic Press, London, pp. 85-114, 1994
66) C. W. Tyler and J. Torres : Frequency response characteristics for sinusoidal movement in the fovea and periphery, *Perception & Psychophysics*, 12, 232-236, 1972
67) G. E. Legge and F. W. Campbell : Displacement detection in human vision, *Vision Research*, 21, 205-213, 1981
68) G. Westheimer : Spatial phase sensitivity for sinusoidal grating targets, *Vision Research*, 18, 1073-1074, 1978
69) K. Nakayama and C. W. Tyler : Psychophysical isolation of movement sensitivity by removal of familiar position cues, *Vision Research*, 21, 427-433, 1981
70) K. Nakayama, G. H. Silverman, D. I. MacLeod and J. Mulligan : Sensitivity to shearing and compressive motion in random dots, *Perception*, 14, 225-238, 1985
71) K. Nakayama : Differential motion hyperacuity under conditions of common image motion, *Vision Research*, 21, 1475-1482, 1981
72) S. P. McKee and K. Nakayama : The detection of motion in the peripheral visual field, *Vision Research*, 24, 25-32, 1984
73) D. Regan and K. I. Beverley : Figure-ground segregation by motion contrast and by luminance contrast, *Journal of the Optical Society of America*, A1, 433-442, 1984
74) G. Mather : The dependence of edge displacement thresholds on edge blur, contrast, and displacement distance, *Vision Research*, 27, 1631-1637, 1987
75) W. L. Sachtler and Q. Zaidi : Visual processing of motion boundaries, *Vision Research*, 35, 807-826, 1995
76) P. D. Tynan and R. Sekuler : Motion processing in peripheral vision : Reaction time and perceived velocity, *Vision Research*, 22, 61-68, 1982
77) A. V. van den Berg and W. A. van de Grind : Reaction times to motion onset and motion detection thresholds reflect the properties of bilocal motion detectors, *Vision Research*, 29, 1261-1266, 1989
78) J. Hohnsbein and S. Mateeff : The relation between the velocity of visual motion and the reaction time to motion onset and offset, *Vision Research*, 32, 1789-1791, 1992
79) J. B. J. Smeets and E. Brenner : The difference between the perception of absolute and relative motion : A reaction time study, *Vision Research*, 34, 191-195, 1994
80) E. N. Dzhafarov, R. Sekuler and J. Allik : Detection of changes in speed and direction of motion : Reaction time analysis, *Perception & Psychophysics*, 54, 733-750, 1993
81) S. Mateeff, G. Dimitrov and J. Hohnsbein : Temporal thresholds and reaction time to changes in velocity of visual motion, *Vision Research*, 35, 355-363, 1995
82) K. Ball and R. Sekuler : Human vision favors centrifugal motion, *Perception*, 9, 317-325, 1980
83) S. Mateeff, N. Yakimoff, J. Hohnsbein, W. H. Ehrenstein, Z. Bohdanecky and T. Radil : Selective directional sensitivity in visual motion perception, *Vision Research*, 31, 131-138, 1991
84) R. L. De Valois and K. K. De Valois : Spatial Vision, Oxford University Press, New York, 1988
85) P. Cavanagh, D. I. A. MacLeod and S. M. Anstis : Equiluminance : Spatial and temporal factors and the contribution of blue-sensitive cones, *Journal of the Optical Society of America*, A4, 1428-1438, 1987
86) P. Cavanagh : Vision at equiluminance, In Limits of Vision (eds. J. J. Kulikowski, V. Walsh and I. J. Murray), Macmillan, London, pp. 234-250, 1991
87) P. Cavanagh and S. Anstis : The contribution of color to motion in normal and color-deficient observers, *Vision Research*, 31, 2109-2148, 1991
88) L. N. Thibos, A. Bradley, D. L. Still, X. Zhang and P. A. Howarth : Theory and measurement of ocular chromatic aberration, *Vision Research*, 30, 33-49, 1990

89) I. Powell : Lens for correcting chromatic aberration of the eye, *Applied Optics*, **20**, 4152-4155, 1981
90) P. A. Howarth and A. Bradley : The longitudinal chromatic aberration of the human eye, and its correction, *Vision Research*, **26**, 361-366, 1986
91) G. R. Cole and T. Hine : Computation of cone contrasts for color vision research, *Behaviour Research Methods Instruments and Computer*, **24**, 22-27, 1992
92) D. I. A. MacLeod and R. M. Boynton : A chromaticity diagram showing cone excitation by stimuli of equal luminance, *Journal of the Optical Society of America*, **69**, 1183-1185, 1979
93) M. M. Del Viva and M. C. Morrone : Motion analysis by feature tracking, *Vision Research*, **38**, 3633-3653, 1998
94) K. T. Mullen and C. L. Baker Jr. : A motion aftereffect from an isoluminant stimulus, *Vision Research*, **25**, 685-688, 1985
95) A. M. Derrington and D. R. Badcock : The low level motion system has both chromatic and luminance inputs, *Vision Research*, **25**, 1879-1884, 1985
96) C. F. Stromeyer III, R. E. Kronauer, A. Ryu, A. Chaparro and R. T. Eskew Jr. : Contributions of human long-wave and middle-wave cones to motion detection, *Journal of Physiology*, **485**, 221-243, 1995
97) S. J. Cropper and A. M. Derrington : Rapid colour-specific detection of motion in human vision, *Nature*, **379**, 72-74, 1996
98) P. Cavanagh : When colours move, *Nature*, **379**, 26, 1996
99) A. Gorea, T. V. Papathomas and I. Kovacs : Motion perception with spatiotemporally matched chromatic and achromatic information reveals a "slow" and "fast" motion system, *Vision Research*, **33**, 2515-2534, 1993
100) A. M. Derrington and G. B. Henning : Detecting and discriminating the direction of motion of luminance and colour gratings, *Vision Research*, **33**, 799-811, 1993
101) M. J. Hawken, K. R. Gegenfurtner and C. Tang : Contrast dependence of colour and luminance motion mechanisms in human vision, *Nature*, **367**, 268-270, 1994
102) J. Palmer, L. A. Mobley and D. Y. Teller : Motion at isoluminance : Discrimination/detection ratios and the summation of luminance and chromatic signals, *Journal of the Optical Society of America*, **A10**, 1353-1362, 1993
103) K. R. Gegenfurtner and M. J. Hawken : Temporal and chromatic properties of motion mechanisms, *Vision Research*, **35**, 1547-1563, 1995
104) A. B. Metha, A. J. Vingrys and D. R. Badcock : Detection and discrimination of moving stimuli : The effects of color, luminance, and eccentricity, *Journal of the Optical Society of America*, **A11**, 1697-1709, 1994
105) V. S. Ramachandran and R. L. Gregory : Does colour provide an input to human motion perception ? *Nature*, **275**, 55-56, 1978
106) M. S. Livingstone and D. H. Hubel : Segregation of form, color, movement and depth : Anatomy, physiology, and perception, *Science*, **240**, 740-749, 1987
107) P. Cavanagh, C. W. Tyler and O. E. Favreau : Perceived velocity of moving chromatic gratings, *Journal of the Optical Society of America*, **A1**, 893-899, 1984
108) K. T. Mullen and J. C. Boulton : Absence of smooth motion perception in color vision, *Vision Research*, **32**, 483-488, 1992
109) A. B. Metha and K. T. Mullen : Red-green and achromatic temporal filters : a ratio model predicts contrast-dependent speed perception, *Journal of the Optical Society of America*, **A14**, 984-996, 1997
110) S. J. Cropper : Velocity discrimination in chromatic gratings and beats, *Vision Research*, **34**, 41-48, 1994
111) S. M. Wuerger and M. S. Landy : Role of chromatic and luminance contrast in inferring structure from motion, *Journal of the Optical Society of America*, **A10**, 1363-1372, 1993
112) C. W. Tyler and P. Cavanagh : Purely chromatic perception of motion in depth : Two eyes as sensitive as one, *Perception & Psychophysics*, **49**, 53-61, 1991
113) M. A. Crognale and C. M. Schor : Contribution of chromatic mechanisms to the production of small-field optokinetic nystagmsu (OKN) in normals and strabismics, *Vision Research*, **36**, 1687-1698, 1996
114) P. Cavanagh and O. E. Favreau : Color and luminance share a common motion pathway, *Vision Research*, **25**, 1595-1601, 1985
115) E. J. Chichilnisky, D. Heeger and B. A. Wandell : Functional segregation of color and motion perception examined in motion nulling, *Vision Research*, **33**, 2113-2125, 1993
116) J. Krauskopf and B. Farell : Influence of colour on the perception of coherent motion, *Nature*, **348**, 328-331, 1990
117) S. Zeki (河内十郎訳) : 脳のヴィジョン, 医学書院, 1995
118) K. R. Gegenfurtner, D. C. Kiper, J. M. H. Beusmans and M. Carandini : Chromatic properties of neurons in macaque MT, *Visual Neuroscience*, **11**, 455-466, 1994
119) R. B. H. Tootell, J. B. Reppas, K. K. Kwong and R. Malach : Functional analysis of human MT and related visual cortical areas using magnetic resonance imaging, *Journal of Neuroscience*, **15**, 3215-3230, 1995
120) K. R. Gegenfurtner, D. C. Kiper and J. B. Levitt : Functional properties of neurons in Macaque area V3, *Journal of Neurophysiology*, **77**, 1906-1923, 1997
121) D. R. Badcock and A. M. Derrington : Detecting the displacement of periodic patterns, *Vision Research*, **25**, 1253-1258, 1985
122) A. M. Lelkens and J. J. Koenderink : Illusory motion in visual displays, *Vision Research*, **24**, 1083-1090, 1984
123) B. Julesz : Foundations of Cyclopian Perception, Univ. of Chicago Press, Chicago, IL, 1971
124) J. M. Zanker : Theta motion : A paradoxical stimulus to explore higher order motion extraction, *Vision Research*, **33**, 553-569, 1993
125) T. Ledgeway and A. T. Smith : Evidence for separate motion-detecting mechanisms for first and second-order motion in human vision, *Vision Research*, **34**, 2727-2740, 1994
126) D. J. Fleet and K. Langley : Computational analysis of non-Fourier motion, *Vision Research*, **34**, 3057-3079, 1994
127) Y. Zhou and C. L. Baker Jr. : A processing stream in mammalian visual cortex neurons for non-Fourier

responses, *Science*, **261**, 98-101, 1993
128) A. T. Smith, R. F. Hess and C. L. Baker Jr. : Direction identification thresholds for second-order motion in central and peripheral vision, *Journal of the Optical Society of America*, **A11**, 506-514, 1994
129) J. A. Solomon and G. Sperling : Full-wave and half-wave rectification in second-order motion perception, *Vision Research*, **34**, 2239-2257, 1994
130) A. M. Derrington, D. R. Badcock and G. B. Henning : Discriminating the direction of second-order motion at short stimulus durations, *Vision Research*, **33**, 1785-1794, 1993
131) S. Nishida : Spatiotemporal properties of motion perception for random-check contrast modulations, *Vision Research*, **33**, 633-645, 1993
132) M. A. Georgeson and M. G. Harris : The temporal range of motion sensing and motion perception, *Vision Research*, **30**, 615-619, 1990
133) A. Pantle : Immobility of some second-order stimuli in human peripheral vision, *Journal of the Optical Society of America*, **A9**, 863-867, 1992
134) L. R. Harris and A. T. Smith : Motion defined exclusively by second-order characteristics does not evoke optokinetic nystagmus, *Visual Neuroscience*, **9**, 565-570, 1992
135) S. M. Anstis : The perception of apparent motion, *Philosophical Transactions of the Royal Society of London*, **B290**, 153-168, 1980
136) A. M. Derrington and D. R. Badcock : Separate detectors for simple and complex grating patterns ? *Vision Research*, **25**, 1869-1878, 1985
137) S. Nishida, M. Edwards and T. Sato : Simultaneous motion contrast across space : Involvement of second-order motion ? *Vision Research*, **37**, 199-214, 1997.
138) K. Prazdny : Illusory contours from inducers defined solely by spatiotemporal correlation, *Perception & Psychophysics*, **39**, 175-178, 1986
139) M. S. Landy, B. A. Dosher, G. Sperling and M. E. Perkins : The kinetic depth effect and optic flow-II. First and second-order motion, *Vision Research*, **31**, 859-876, 1991
140) A. J. Pantle and R. W. Sekuler : Contrast response of human visual mechanisms sensitive to orientation and direction of motion, *Vision Research*, **9**, 397-406, 1969
141) M. Edwards, D. R. Badcock and S. Nishida : Contrast sensitivity of the motion system, *Vision Research*, **36**, 2411-2422, 1996
142) A. M. Derrington and P. A. Goddard : Failure of motion discrimination at high contrasts : Evidence for saturation, *Vision Research*, **29**, 1767-1776, 1989
143) G. Sclar, J. H. R. Maunsell and P. Lennie : Coding of image contrast in central visual pathways of the macaque monkey, *Vision Research*, **30**, 1-10, 1990
144) J. E. Raymond and S. M. Darcangelo : The effect of local luminance contrast on induced motion, *Vision Research*, **30**, 751-756, 1990
145) Y. Ohtani, K. Ido and Y. Ejima : Effects of luminance contrast and phase difference on motion assimilation for sinusoidal gratings, *Vision Research*, **35**, 2277-2286, 1995
146) S. Nishida, H. Ashida and T. Sato : Contrast dependencies of two types of motion aftereffect, *Vision Research*, **37**, 553-563, 1997

147) D. J. Heeger, E. P. Simoncelli and J. A. Movshon : Computational models of cortical visual processing, *Proceedings of the National Academy of Science, U. S.A.*, **93**, 623-627, 1996
148) S. J. Anderson and R. F. Hess : Post-receptoral undersampling in normal human peripheral vision, *Vision Research*, **30**, 1507-1515, 1990
149) S. J. Galvin, D. R. Williams and N. J. Coletta : The spatial grain of motion perception in human peripheral vision, *Vision Research*, **36**, 2283-2295, 1996
150) J. Rovamo and V. Virsu : An estimation and application of the human cortical magnification factor, *Experimental Brain Research*, **37**, 495-510, 1979
151) A. Johnston and M. J. Wright : Visual motion and cortical velocity, *Nature*, **304**, 436-438, 1983
152) W. G. Shipley, F. A. Kennedy and M. E. King : Beta-apparent movement under binocular, monocular and interocular presentation, *American Journal of Psychology*, **58**, 545-549, 1945
153) M. Shadlen and T. Carney : Mechanisms of human motion perception revealed by a new cyclopian illusion, *Science*, **232**, 95-97, 1986
154) T. Carney and M. N. Shadlen : Dichoptic activation of the early motion system, *Vision Research*, **33**, 1977-1995, 1993
155) S. P. McKee : A local mechanism for differential velocity detection, *Vision Research*, **21**, 491-500, 1981
156) S. J. Waugh and R. F. Hess : Suprathreshold temporal-frequency discrimination in the fovea and the periphery, *Journal of the Optical Society of America*, **A11**, 1199-1212, 1994
157) A. J. Pantle : Temporal frequency response characteristic of motion channels measured with three different psychophysical techniques, *Perception & Psychophysics*, **24**, 285-294, 1978
158) S. P. McKee, G. H. Silverman and K. Nakayama : Precise velocity discrimination despite random variations in temporal frequency and contrast, *Vision Research*, **26**, 609-619, 1986
159) A. T. Smith and G. K. Edgar : The separability of temporal frequency and velocity, *Vision Research*, **31**, 321-326, 1991
160) P. G. Thompson : Perceived rate of movement depends on contrast, *Vision Research*, **22**, 377-380, 1982
161) A. T. Smith and G. K. Edgar : The influence of spatial frequency on perceived temporal frequency and perceived speed, *Vision Research*, **30**, 1467-1474, 1990
162) D. M. Tuner, K. K. De Valois and T. Takeuchi : Speed perception under scotopic conditions, *Investigative Ophthalmology & Visual Science*, **38**, S378, 1997
163) T. Takeuchi and K. K. De Valois : Velocity discrimination in scotopic vision, *Journal of the Optical Society of America*, **A16**, In press, 1999
164) A. Johnston and M. J. Wright : Matching velocity in central and peripheral vision, *Vision Research*, **26**, 1099-1109, 1986
165) P. Verghese and L. S. Stone : Perceived visual speed constrained by image segmentation, *Nature*, **381**, 161-117, 1996
166) M. G. Harris : Velocity specificity of the flicker to pattern sensitivity ratio in human vision, *Vision Research*, **20**, 687-691, 1980
167) A. T. Smith and G. K. Edgar : Antagonistic compari-

son of temporal frequency filter outputs as a basis for speed perception, *Vision Research*, **34**, 253-265, 1994
168) K. Ball and R. Sekuler : Masking of motion by broadband and filtered directional noise, *Perception & Psychophysics*, **26**, 206-214, 1979
169) S. N. Watamaniuk, R. Sekuler and D. W. Williams : Direction perception in complex dynamic displays : The integration of direction information, *Vision Research*, **29**, 47-59, 1989
170) K. Ball and R. Sekuler : Models of stimulus uncertainty in motion perception, *Psychological Review*, **87**, 435-469, 1980
171) E. Levinson and R. Sekuler : A two-dimensional analysis of direction-specific adaptation, *Vision Research*, **20**, 103-107, 1980
172) K. Ball, R. Sekuler and J. Machamer : Detection and identification of moving targets, *Vision Research*, **23**, 229-238, 1983
173) D. Marr (乾 敏郎, 安藤広志訳) : ビジョン—視覚の計算理論と脳内表現, 産業図書, 1987
174) P. Walker and D. J. Powell : Lateral interaction between neural channels sensitive to velocity in the human visual system, *Nature*, **252**, 732-733, 1974
175) K. Nakayama and J. M. Loomis : Optical velocity patterns, velocity-sensitive neurons, and space perception : A hypothesis, *Perception*, **3**, 63-80, 1974
176) B. Golomb, R. A. Andersen, K. Nakayama, D. I. A. MacLeod and A. Wong : Visual thresholds for shearing motion in monkey and man, *Vision Research*, **25**, 813-820, 1985
177) A. B. Watson and M. P. Eckert : Motion-contrast sensitivity : Visibility of motion gradients of various spatial frequencies, *Journal of the Optical Society of America*, **A11**, 496-505, 1994
178) 塩入 諭 : 相対運動の検出, 光学, **21**, 657-664, 1992
179) J. Allman, F. Miezin and E. McGuinness : Direction- and velocity-specific responses from beyond the classical receptive field in the middle temporal visual area (MT), *Perception*, **14**, 105-126, 1985
180) R. T. Born and R. B. Tootell : Segregation of global and local motion processing in primate middle temporal visual area, *Nature*, **357**, 497-499, 1992
181) A. J. van Doorn and J. J. Koenderink : Detectability of velocity gradients in moving random-dot patterns, *Vision Research*, **23**, 799-804, 1983
182) D. Regan : Orientation discrimination for objects defined by relative motion and objects defined by luminance contrast, *Vision Research*, **29**, 1389-1400, 1989
183) T. Banton and D. M. Levi : Spatial localization of motion-defined and luminance-defined contours, *Vision Research*, **33**, 2225-2237, 1993
184) D. L. Halpern : Stereopsis from motion-defined contours, *Vision Research*, **31**, 1611-1617, 1991
185) M. A. Berkley, B. De Bruyn and G. Orban : Illusory, motion, and luminance-defined contours interact in the human visual system, *Vision Research*, **34**, 209-216, 1994
186) S. Shioiri and P. Cavanagh : Visual persistence of figures defined by relative motion, *Vision Research*, **32**, 943-951, 1992
187) K. Dunker : Über induzierte Bewegung, *Psychologishe Forschung*, **12**, 180-259, 1929
188) J. M. Loomis and K. Nakayama : A velocity analogue of brightness contrast, *Perception*, **2**, 425-428, 1973
189) S. M. Anstis : Motion perception in the frontal plane, In Handbook of Perception and Human Performance, Vol. 1, Sensory Processes and Perception (eds. K. R. Boff, L. Kaufman and J. P. Thomas), John Wiley and Sons, New York, pp. 16.1-16.27, 1986
190) K. Nakayama and C. W. Tyler : Relative motion induced between stationary lines, *Vision Research*, **18**, 1663-1668, 1978
191) D. M. Levi and C. M. Schor : Spatial and velocity tuning of processes underlying induced motion, *Vision Research*, **24**, 1189-1196, 1984
192) R. Over and W. Lovegrove : Color-selectivity in simultaneous motion contrast, *Perception & Psychophysics*, **14**, 445-448, 1973
193) P. Tynan and R. Sekuler : Simultaneous motion contrast : Velocity, sensitivity and depth response, *Vision Research*, **15**, 1231-1238, 1975
194) H. F. Norman, J. F. Norman, J. T. Todd and D. T. Lindsey : Spatial interactions in perceived speed, *Perception*, **25**, 815-830, 1996
195) W. Marshak and R. Sekuler : Mutual repulsion between moving visual targets, *Science*, **205**, 1399-1401, 1979
196) A. M. Derrington and G. B. Henning : Errors in direction-of-motion discrimination with complex stimuli, *Vision Research*, **27**, 61-75, 1987
197) V. S. Ramachandran and V. Inada : Spatial phase and frequency in motion capture of random-dot patterns, *Spatial Vision*, **1**, 57-67, 1985
198) V. S. Ramachandran and P. Cavanagh : Motion capture anisotropy, *Vision Research*, **27**, 97-106, 1987
199) J. C. Culham and P. Cavanagh : Motion capture of luminance stimuli by equiluminous color gratings and by attentive tracking, *Vision Research*, **34**, 2701-2706, 1994
200) V. S. Ramachandran : Interaction between colour and motion in human vision, *Nature*, **328**, 645-647, 1987
201) I. Murakami and S. Shimojo : Motion capture changes to induced motion at higher luminance contrasts, smaller eccentricities, and larger inducer sizes, *Vision Research*, **33**, 2091-2107, 1993
202) J. J. Chang and B. Julesz : Cooperative phenomena in apparent movement perception of random-dot cinematograms, *Vision Research*, **24**, 1781-1788, 1984
203) M. Nawrot and R. Sekuler : Assimilation and contrast in motion perception : Explorations in cooperativity, *Vision Research*, **30**, 1439-1451, 1990
204) J. Zhang, S. L. Yeh and K. K. De Valois : Motion contrast and motion integration, *Vision Research*, **33**, 2721-2732, 1993
205) J. Yanagi, S. Nishida and T. Sato : Motion assimilation and contrast in superimposed gratings : Effects of spatiotemporal frequency, *Investigative Ophthalmology & Visual Science*, **36**, S56, 1995
206) D. Williams, G. Phillips and R. Sekuler : Hysteresis in the perception of motion direction as evidence for neural cooperativity, *Nature*, **324**, 253-255, 1986
207) A. Pantle, D. P. Gallogly and J. Strout : Temporal properties of motion signal generation and motion signal interaction, *Investigative Ophthalmology & Visual Science*, **35**, 1271, 1994
208) T. Takeuchi : Two kinds of temporal context effects

209) K. Nakayama and G. H. Silverman: Temporal and spatial characteristics of the upper displacement limit for motion in random dots, *Vision Research*, **24**, 293-299, 1984

210) R. J. Snowden and O. J. Braddick: Extension of displacement limits in multiple-exposure sequences of apparent motion, *Vision Research*, **29**, 1777-1787, 1989

211) G. Mather, F. A. J. Verstraten and S. M. Anstis: The Motion Aftereffect: A Modern Perspective, The MIT Press, Cambridge, Mass., 1998

212) S. M. Anstis and R. L. Gregory: The aftereffect of seen motion: the role of retinal stimulation and of eye movements, *Quartery Journal of Experimental Psychology*, **17**, 173-174, 1965

213) M. Hershenson: Linear and rotation motion aftereffects as a function of inspection duration, *Vision Research*, **33**, 1913-1919, 1993

214) P. Thompson and J. Wright: The role of intervening patterns in the storage of the movement aftereffect, *Perception*, **23**, 1233-1240, 1994

215) M. J. Keck, T. D. Palella and A. Pantle: Motion aftereffect as a function of the contrast of sinusoidal gratings, *Vision Research*, **16**, 187-191, 1976

216) E. L. Cameron, C. L. Baker Jr. and J. C. Boulton: Spatial frequency selective mechanisms underlying the motion aftereffect, *Vision Research*, **32**, 561-568, 1992

217) A. Pantle: Motion aftereffect magnitude as a measure of the spatio-temporal response properties of direction-sensitive analyzers, *Vision Research*, **14**, 1229-1236, 1974

218) N. J. Wade, M. T. Swanston and C. M. M. De-Weert: On interocular transfer of motion aftereffects, *Perception*, **22**, 1365-1380, 1993

219) W. P. Banks and D. A. Kane: Discontinuity of seen motion reduces the visual motion aftereffect, *Perception & Psychophysics*, **12**, 69-72, 1972

220) R. H. Day and E. Strelow: Reduction or disappearance of visual aftereffect of movement in the absence of patterned surround, *Nature*, **230**, 55-56, 1971

221) I. Murakami and S. Shimojo: Modulation of motion aftereffect by surround motion and its dependence on stimulus size and eccentricity, *Vision Research*, **35**, 1835-1844, 1995

222) A. Wohlgemuth: On the aftereffect of seen movement, *British Journal of Psychology, Monograph Supplement*, **1**, 1-117, 1911

223) M. T. Swanston and N. J. Wade: Motion over the retina and the motion aftereffect, *Perception*, **21**, 569-582, 1992

224) S. M. Anstis and A. H. Reinhardt-Rutland: Interactions between motion aftereffects and induced movement, *Vision Research*, **16**, 1391-1394, 1976

225) H. Ashida and K. Susami: Lenear motion aftereffect induced by pure relative motion, *Perception*, **26**, 7-16, 1997

226) H. B. Barlow and R. M. Hill: Evidence for a physiological explanation of the Waterfall phenomenon and figural after-effects, *Nature*, **200**, 1345-1347, 1963

227) P. Hammond, G. S. V. Mouat and A. T. Smith: Motion after-effects in cat striate cortex elicited by moving gratings, *Experimental Brain Research*, **60**, 411-416, 1985

228) R. S. Dealy and D. J. Tolhurst: Is spatial adaptation an after-effect of prolonged inhibition? *Journal of Physiology*, **241**, 261-270, 1974

229) F. A. J. Verstraten, R. E. Fredericksen, O. J. Grusser and W. A. van de Grind: Recovery from motion adaptation is delayed by successively presented orthogonal motion, *Vision Research*, **34**, 1149-1155, 1994

230) N. S. Sutherland: Figural aftereffects and apparent size, *Quarterly Journal of Experimental Psychology*, **13**, 222-228, 1961

231) S. Nishida and T. Sato: Motion aftereffect with flickering test patterns reveals higher stages of motion processing, *Vision Research*, **35**, 477-490, 1995

232) S. Nishida, H. Ashida and T. Sato: Complete interocular transfer of motion aftereffect with flickering test, *Vision Research*, **34**, 2707-2716, 1994

233) H. Ashida and N. Osaka: Difference of spatial frequency selectivity between static and flicker motion aftereffects, *Perception*, **23**, 1313-1320, 1994

234) H. Ashida and N. Osaka: Motion aftereffect with flickering test stimuli depends on adapting velocity, *Vision Research*, **35**, 1825-1833, 1995

235) T. Ledgeway: Adaptation to second-order motion results in a motion aftereffect for directionally-ambiguous test stimuli, *Vision Research*, **34**, 2879-2889, 1994

236) 蘆田 宏:二種類の運動残効と運動視機構, 心理学評論, **37**, 141-163, 1994

237) E. Hiris and R. Blake: Another perspective on the visual motion aftereffect, *Proceedings of the National Academy of Science, U.S.A.*, **89**, 9025-9028, 1992

238) F. A. J. Verstraten, R. E. Fredericksen, R. J. A. van Wezel, M. J. M. Lankheet and W. A. van de Grind: Recovery from adaptation for dynamic and static motion aftereffects: Evidence for two mechanisms, *Vision Research*, **36**, 421-424, 1996

239) V. Steiner, R. Blake and D. Rose: Interocular transfer of expansion, rotation, and translation motion aftereffects, *Perception*, **23**, 1197-1202, 1994

240) E. Levinson and R. Sekuler: Adaptation alters perceived direction of motion, *Vision Research*, **16**, 779-781, 1976

241) P. Wenderoth, R. Bray and S. Johnstone: Psychophysical evidence for an extrastriate contribution to a pattern-selective motion aftereffect, *Perception*, **17**, 81-91, 1988

242) F. A. J. Verstraten, R. E. Fredericksen and W. A. van de Grind: Movement aftereffect of bi-vectorial transparent motion, *Vision Research*, **34**, 349-358, 1994

243) G. Mather: The movement aftereffect and a distribution-shift model for coding the direction of visual movement, *Perception*, **9**, 379-392, 1980

244) A. Grunewald and M. J. M. Lankheet: Orthogonal motion after-effect illusion predicted by a model of cortical motion processing, *Nature*, **384**, 358-360, 1996

245) P. Cavanagh and O. E. Favreau: Motion aftereffect: A global mechanism for the perception of rotation, *Perception*, **9**, 175-182, 1980

246) T. Takeuchi and S. Kita: Attentional modulation in

motion aftereffect, *Japanese Psychological Research*, **36**, 94-107, 1994

247) D. Regan and K. I. Beverley: Illusory motion in depth: Aftereffect of adaptation to changing size, *Vision Research*, **18**, 209-212, 1978

248) K. I. Beverley and D. Regan: Separable aftereffects of changing size and motion in depth, *Vision Research*, **19**, 727-732, 1979

249) S. Anstis and K. Duncan: Separate motion aftereffects from each eye and from both eyes, *Vision Research*, **23**, 161-169, 1983

250) N. J. Wade, L. Spillman and M. T. Swanston: Visual motion aftereffects: critical adaptation and test conditions, *Vision Research*, **36**, 2167-2175, 1996

251) M. T. Swanston: Frames of reference and motion aftereffects, *Perception*, **23**, 1257-1264, 1994

252) R. W. Sekuler and L. Ganz: Aftereffect of seen motion with a stabilized retinal image, *Science*, **139**, 419-420, 1963

253) A. Pantle and R. Sekuler: Velocity sensitive elements in human vision: initial psychophysical evidence, *Vision Research*, **8**, 445-450, 1968

254) S. Nishida, T. Ledgeway and M. Edwards: Dual multiple-scale processing for motion in the human visual system, *Vision Research*, **37**, 2685-2698, 1997

255) A. T. Smith: Interocular transfer of colour-contingent threshold elevation, *Vision Research*, **23**, 729-734, 1983

256) R. Sekuler: Visual motion perception, In Handbook of Perception V: Seeing (eds. E. C. Carterette and M. P. Friedman), Academic Press, New York, pp. 387-430, 1975

257) K. Turano and A. Pantle: On the mechanism that encodes the movement of contrast variations: Velocity discrimination, *Vision Research*, **29**, 207-221, 1989

258) J. E. Raymond: Movement direction analysers: Independence and bandwidth, *Vision Research*, **33**, 767-775, 1993

259) J. E. Raymond: Complete interocular transfer of motion adaptation effects on motion coherence thresholds, *Vision Research*, **33**, 1865-1870, 1993

260) V. R. Carlson: Adaptation in the perception of visual velocity, *Journal of Experimental Psychology*, **64**, 192-197, 1962

261) J. Rapoport: Adaptation in the perception of rotary motion, *Journal of Experimental Psychology*, **67**, 263-267, 1964

262) P. Thompson: Velocity after-effects: The effects of adaptation to moving stimuli on the perception of subsequently seen moving stimuli, *Vision Research*, **21**, 337-345, 1981

263) A. T. Smith: Velocity coding: Evidence from perceived velocity shifts, *Vision Research*, **25**, 1969-1976, 1985

264) A. T. Smith and P. Hammond: The pattern specificity of velocity aftereffects, *Experimental Brain Research*, **60**, 71-78, 1985

265) D. H. Kelly and C. A. Burbeck: Further evidence for a broadband, isotropic mechanism sensitive to high-velocity stimuli, *Vision Research*, **27**, 1527-1537, 1987

266) T. Ledgeway and A. T. Smith: Changes in perceived speed following adaptation to first-order and second-order motion, *Vision Research*, **37**, 215-224, 1997

267) D. W. Williams and R. Sekuler: Coherent global motion percepts from stochastic local motions, *Vision Research*, **24**, 55-62, 1984

268) A. T. Smith, R. J. Snowden and A. B. Milne: Is global motion really based on spatial integration of local motion signals?, *Vision Research*, **34**, 2425-2430, 1994

269) S. N. Watamaniuk and R. Sekuler: Temporal and spatial integration in dynamic random-dot stimuli, *Vision Research*, **32**, 2341-2347, 1992

270) C. L. J. Baker, R. F. Hess and J. Zihl: Residual motion perception in a 'motion-blind' patient, assessed with limited-lifetime random dot stimuli, *Journal of Neuroscience*, **11**, 454-461, 1991

271) M. Edwards and D. R. Badcock: Global motion perception: No interaction between the first-and second-order motion pathways, *Vision Research*, **35**, 2589-2602, 1995

272) O. Braddick: Seeing motion signals in noise, *Current Biology*, **5**, 7-9, 1995

273) M. C. Morrone, D. C. Burr and L. M. Vaina: Two stages of visual processing for radial and circular motion, *Nature*, **376**, 507-509, 1995

274) W. T. Newsome and E. B. Pare: A selective impairment of motion perception following lesions of the Middle Temporal visual area (MT), *Journal of Neuroscience*, **8**, 2201-2211, 1988

275) K. H. Britten, M. N. Shadlen, W. T. Newsome and J. A. Movshon: Responses of neurons in macaque MT to stochastic motion signals, *Visual Neuroscience*, **10**, 1157-1169, 1993

276) W. T. Newsome, K. H. Britten and J. A. Movshon: Neuronal correlates of a perceptual decision, *Nature*, **341**, 52-54, 1989

277) C. D. Salzman, K. H. Britten and W. T. Newsome: Cortical microstimulation influences perceptual judgements of motion direction, *Nature*, **346**, 174-177, 1990

278) N. Qian, R. A. Andersen and E. H. Adelson: Transparent motion perception as detection of unbalanced motion signals: I. Psychophysics, *Journal of Neuroscience*, **14**, 7357-7366, 1994

279) R. J. Snowden, S. Treue, R. E. Erickson and R. E. Andersen: The response of area MT and V1 neurons to transparent motion, *The Journal of Neuroscience*, **11**, 2768-2785, 1991

280) N. Qian and R. A. Andersen: Transparent motion perception as detection of unbalanced motion signals: II. Physiology, *Journal of Neuroscience*, **14**, 7367-7380, 1994

281) E. C. Hildreth: The Measurement of Visual Motion, MIT Press, Cambridge, MA, 1984

282) H. R. Wilson: Models of two-dimensional motion perception, In Visual Detection of Motion (eds. A. T. Smith and R. J. Snowden), Academic Press, London, pp. 219-251, 1994

283) G. R. Stoner and T. D. Albright: Visual motion integration: A neurophysiological and psychophysical perspective, In Visual Detection of Motion (eds. A. T. Smith and R. J. Snowden), Academic Press, London, pp. 253-290, 1994

284) E. H. Adelson and J. A. Movshon: Phonomenal coherence of moving visual patterns, *Nature*, **300**, 523-525, 1982

285) V. P. Ferrera and H. R. Wilson: Perceived direction of moving two-dimensional patterns, *Vision Research*, **30**, 272-287, 1990

286) L. S. Stone, A. B. Watson and J. B. Mulligan: Effect

of contrast on the perceived direction of a moving plaid, *Vision Research*, **30**, 1049-1067, 1990
287) A. T. Smith and G. K. Edgar : Perceived speed and direction of complex gratings and plaids, *Journal of the Optical Society of America*, **A8**, 1161-1171, 1991
288) A. Derrington and M. Suero : Motion of complex patterns is computed from the perceived motions of their components, *Vision Research*, **31**, 139-149, 1991
289) F. L. Kooi, K. K. De Valois, D. H. Grosof and R. L. De Valois : Properties of the recombination of one-dimensional motion signals into a pattern motion signal, *Perception & Psychophysics*, **52**, 415-424, 1992
290) L. Welch : The perception of moving plaids reveals two motion-processing stages, *Nature*, **337**, 734-736, 1989
291) M. J. Wright and K. N. Gurney : Lower threshold of motion for one and two dimensional patterns in central and peripheral vision, *Vision Research*, **32**, 121-134, 1992
292) J. A. Movshon, E. H. Adelson, M. S. Gizzi and W. T. Newsome : The analysis of moving visual patterns, *Experimental Brain Research* (*Suppl.*), **11**, 117-151, 1985
293) H. R. Rodman and T. D. Albright : Single-unit analysis of pattern-motion selective properties in the middle temporal area (MT), *Experimental Brain Research*, **75**, 53-64, 1989
294) A. M. Derrington, D. R. Badcock and S. A. Holroyd : Analysis of the motion of 2-dimensional patterns : Evidence for a second-order process, *Vision Research*, **32**, 699-707, 1992
295) M. J. Cox and A. M. Derrington : The analysis of motion of two-dimensional patterns : Do Fourier components provide the first stage ? *Vision Research*, **34**, 59-72, 1994
296) L. Bowns : Evidence for a feature tracking explanation of why type II plaids move in the vector sum direction at short durations, *Vision Research*, **36**, 3685-3694, 1996
297) N. M. Grzywacz and A. L. Yuille : Theories for the visual perception of local velocity and coherent motion, In Computational Models of Visual Processing (eds. M. S. Landy and J. A. Movshon), MIT Press, Cambridge, Mass., 1991
298) H. R. Wilson, V. P. Ferrera and C. Yo : A psychophysically motivated model for two-dimensional motion perception, *Visual Neuroscience*, **9**, 79-97, 1992
299) H. R. Wilson and J. Kim : A model for motion coherence and transparency, *Visual Neuroscience*, **11**, 1205-1220, 1994
300) V. P. Ferrera and H. R. Wilson : Perceived speed of moving two-dimensional patterns, *Vision Research*, **31**, 877-893, 1991
301) E. Castet and M. J. Morgan : Apparent speed of type I symmetrical plaids, *Vision Research*, **36**, 223-232, 1996
302) R. L. De Valois and K. K. De Valois : Stationary moving Gabor plaids, *Investigative Ophthalmology & Visual Science*, **31**, 171, 1990
303) T. Takeuchi : Effect of contrast on the perception of moving multiple Gabor patterns, *Vision Research*, **38**, 3069-3082, 1998
304) E. Mingolla, J. T. Todd and J. F. Norman : The perception of globally coherent motion, *Vision Research*, **32**, 1015-1031, 1992
305) J. Kim and H. R. Wilson : Dependence of plaid motion coherence on component grating directions, *Vision Research*, **33**, 2479-2489, 1993
306) A. T. Smith : Coherence of plaids comprising components of disparate spatial frequencies, *Vision Research*, **32**, 1467-1474, 1992
307) L. Welch and S. F. Bowne : Coherence determines speed discrimination, *Perception*, **19**, 425-435, 1990
308) S. J. Cropper, K. T. Mullen and D. R. Badcock : Motion coherence across different chromatic axes, *Vision Research*, **36**, 2475-2488, 1996
309) J. C. Trueswell and M. M. Hayhoe : Surface segmentation mechanisms and motion perception, *Vision Research*, **33**, 313-328, 1993
310) G. R. Stoner and T. D. Albright : The interpretation of visual motion : Evidence for surface segmentation mechanisms, *Vision Research*, **36**, 1291-1310, 1996
311) D. T. Lindsey and J. T. Todd : On the relative contributions of motion energy and transparency to the perception of moving plaids, *Vision Research*, **36**, 207-222, 1996
312) J. D. Victor and M. M. Conte : Coherence and transparency of moving plaids composed of Fourier and non-Fourier gratings, *Perception & Psychophysics*, **52**, 403-414, 1992
313) G. R. Stoner and T. D. Albright : Motion coherency rules are form-cue invariant, *Vision Research*, **32**, 465-475, 1992
314) F. L. Kooi, K. K. De Valois, E. Switkes and D. H. Grosof : Higher-order factors influencing the perception of sliding and coherence of a plaid, *Perception*, **21**, 583-598, 1992
315) J. J. Gibson (古崎 敬, 古崎愛子, 辻 敬一郎, 村瀬 旻訳) : 生態学的視覚論, サイエンス社, 1985
316) J. J. Koenderink : Optic flow, *Vision Research*, **26**, 161-179, 1986
317) M. G. Harris : Optic and retinal flow, In Visual Detection of Motion (eds. A. T. Smith and R. J. Snowden), Academic Press, London, pp. 307-332, 1994
318) J. A. Perrone : Model for the computation of self-motion in biological systems, *Journal of the Optical Society of America*, **A9**, 177-194, 1992
319) A. B. Sekuler : Simple-pooling of unidirectional motion predicts speed discrimination for looming stimuli, *Vision Research*, **32**, 2277-2288, 1992
320) P. Werkhoven and J. J. Koenderink : Visual processing of rotary motion, *Perception & Psychophysics*, **49**, 73-82, 1991
321) D. Regan and K. I. Beverley : Looming detectors in the human visual pathway, *Vision Research*, **18**, 415-421, 1978
322) D. Regan and K. I. Beverley : Visual responses to vorticity and the neural analysis of optic flow, *Journal of the Optical Society of America*, **A2**, 280-283, 1985
323) T. C. Freeman and M. G. Harris : Human sensitivity to expanding and rotating motion : Effects of complementary masking and directional structure, *Vision Research*, **32**, 81-87, 1992
324) B. J. Geessaman and N. Qian : A novel speed illusion involving expansion and contraction, *Vision Research*, **36**, 3281-3292, 1996
325) T. Takeuchi : Visual search of expansion and con-

traction, *Vision Research*, **37**, 2083-2090, 1997

326) B. Julesz and R. I. Hesse : Inability to perceive the direction of rotation movement of line segments, *Nature*, **225**, 243-244, 1970

327) B. De Bruyn and G. A. Orban : Segregation of spatially superimposed optic flow components, *Journal of Experimental Psychology : Human Perception and Performance*, **19**, 1014-1027, 1993

328) C. J. Duffy and R. H. Wurtz : An illusory transformation of optic flow fields, *Vision Research*, **33**, 1481-1490, 1993

329) L. R. Harris, M. J. Morgan and A. W. Still : Moving and the motion after-effect, *Nature*, **293**, 139-141, 1981

330) A. H. Reinhardt-Rutland : Perception of motion in depth from luminous rotating spirals : Directional asymmetries during and after rotation, *Perception*, **23**, 763-769, 1994

331) M. A. Georgeson and M. G. Harris : Apparent foveofugal drift of counterphase gratings, *Perception*, **7**, 527-536, 1978

332) J. A. Perrone : Anisotropic responses to motion toward and away from the eye, *Perception & Psychophysics*, **39**, 1-8, 1986

333) K. Tanaka, Y. Fukuda and H. Saito : Underlying mechanisms of expansion/contraction and rotation cells in the dorsal part of the medial superior temporal area of the macaque monkey, *Journal of Neurophysiology*, **62**, 642-656, 1989

334) G. A. Orban, L. Lagae, A. Verri, S. Raiguel, D. Xiao, H. Maes and V. Torre : First-order analysis of optical flow in monkey brain, *Proceedings of the National Academy of Sciences, U.S.A.*, **89**, 2595-2599, 1992

335) M. S. A. Graziano, R. A. Andersen and R. J. Snowden : Tuning of MST neurons to spiral motions, *Journal of Neuroscience*, **14**, 54-67, 1994

336) C. J. Duffy and R. H. Wurtz : Sensitivity of MST neurons to optic flow stimuli. II. Mechanisms of response selectivity revealed by small-field stimuli, *Journal of Neurophysiology*, **65**, 1346-1359, 1991

337) K. Tanaka and H. Saito : Analysis of motion of the visual field by direction, expansion/contraction, and rotation cells clustered in the dorsal part of the medial superior temporal area of the macaque monkey, *Journal of Neurophysiology*, **62**, 626-641, 1989

338) S. Ullman : The Interpretation of Visual Motion, MIT Press, Cambridge, Mass., 1979

339) S. Ullman : Two dimensionality of the correspondence process in apparent motion, *Perception*, **7**, 683-693, 1978

340) S. Ullman : The effect of similarity between line segments on the correspondence strength in apparent motion, *Perception*, **9**, 617-626, 1980

341) M. Green : What determines correspondence strength in apparent motion ? *Vision Research*, **26**, 599-607, 1986

342) S. Shechter, S. Hochstein and P. Hillman : Shape similarity and distance disparity as apparent motion correspondence cues, *Vision Research*, **28**, 1013-1021, 1988

343) M. Green and J. V. Odom : Correspondence matching in apparent motion : Evidence for three-dimensional spatial representation, *Science*, **233**, 1427-1429, 1986

344) Z. J. He and K. Nakayama : Apparent motion determined by surface layout not by disparity or three-dimensional distance, *Nature*, **367**, 173-175, 1994

345) M. R. Dawson : The how and why of what went where in apparent motion : Modeling solutions to the motion correspondence problem, *Psychological Review*, **98**, 569-603, 1991

346) S. Shechter and S. Hochstein : Size, flux and luminance effects in the apparent motion correspondence process, *Vision Research*, **29**, 579-591, 1989

347) S. M. Anstis and G. Mather : Effects of luminance and contrast on direction of ambiguous apparent motion, *Perception*, **14**, 167-179, 1985

348) M. Green : Color correspondence in apparent motion, *Perception & Psychophysics*, **45**, 15-20, 1989

349) A. B. Watson : Apparent motion occurs only between similar spatial frequencies, *Vision Research*, **26**, 1727-1730, 1986

350) P. Cavanagh, M. Arguin and M. von Grünau : Inter-attribute apparent motion, *Vision Research*, **29**, 1197-1204, 1989

351) S. Nishida and T. Takeuchi : The effects of luminance on affinity of apparent motion, *Vision Research*, **30**, 709-721, 1990

352) S. Nishida, Y. Ohtani and Y. Ejima : Inhibitory interaction in a split/fusion apparent motion : Lack of spatial-frequency selectivity, *Vision Research*, **32**, 1523-1534, 1992

353) P. Werkhoven, H. P. Snippe and J. J. Koenderink : Effects of element orientation on apparent motion perception, *Perception & Psychophysics*, **47**, 509-525, 1990

354) P. Werkhoven, G. Sperling and C. Chubb : The dimensionality of texture-defined motion : A single channel theory, *Vision Research*, **33**, 463-485, 1993

355) V. S. Ramachandran and S. M. Anstis : Perceptual organization in moving patterns, *Nature*, **304**, 529-531, 1983

356) V. S. Ramachandran and S. M. Anstis : Extrapolation of motion path in human visual perception, *Vision Research*, **23**, 83-85, 1983

357) S. M. Anstis and V. S. Ramachandran : Visual inertia in apparent motion, *Vision Research*, **27**, 755-764, 1987

358) A. L. Yuille and N. M. Grzywacz : A computational theory for the perception of coherent visual motion, *Nature*, **333**, 71-74, 1988

359) A. Pantle and L. Picciano : A multistable movement display : Evidence for two separate motion systems in human vision, *Science*, **193**, 500-502, 1976

360) R. Patterson, P. Hart and D. Nowak : The cyclopean Ternus display and the perception of element versus group movement, *Vision Research*, **31**, 2085-2092, 1991

361) P. Cavanagh : Short-range vs long-range motion : Not a valid distinction, *Spatial Vision*, **5**, 303-309, 1991

362) J. Hochberg and V. Brooks : The perception of motion pictures, In Handbook of Perception, Academic Press, New York, 1978

363) V. S. Ramachandran and S. M. Anstis : Illusory displacement of equiluminous kinetic edges, *Perception*, **19**, 611-616, 1990

364) R. L. De Valois and K. K. De Valois : Vernier acuity with stationary moving Gabors, *Vision Research*, **31**,

365) R. Nijhawan : Motion extrapolation in catching, *Nature*, **370**, 256-267, 1994
366) S. Nishida and A. Johnston : Influence of motion signals on the perceived position of spatial pattern, *Nature*, **397**, 610-612, 1999
367) D. H. Kelly : Frequency doubling in visual response, *Journal of the Optical Society of America*, **56**, 1628-1633, 1966
368) A. Parker : Shifts in perceived periodicity induced by temporal modulation and their influence on the spatial frequency tuning of two aftereffects, *Vision Research*, **21**, 1739-1747, 1981
369) A. Parker : The effects of temporal modulation on the perceived spatial structure of sine-wave gratings, *Perception*, **12**, 663-682, 1983
370) D. C. Burr : Motion smear, *Nature*, **284**, 164-165, 1980
371) J. H. Hogben and V. di Lollo : Suppression of visible persistence in apparent motion, *Perception & Psychophysics*, **38**, 450-460, 1985
372) S. N. Watamaniuk : Visible persistence is reduced by fixed-trajectory motion but not by random motion, *Perception*, **21**, 791-802, 1992
373) S. Chen and H. Ogmen : A target in real motion appears blurred in the absence of other proximal moving targets, *Vision Research*, **35**, 2315-2328, 1995
374) V. S. Ramachandran, V. M. Rao and T. R. Vidyasagar : Sharpness constancy during movement perception : Short note, *Perception*, **3**, 97-98, 1974
375) P. J. Bex, G. K. Edgar and A. T. Smith : Sharpening of drifting, blurred images, *Vision Research*, **35**, 2539-2546, 1995
376) G. Westheimer and S. P. McKee : Visual acuity in the presence of retinal-image motion, *Journal of the Optical Society of America*, **65**, 847-850, 1975
377) M. J. Morgan and S. Benton : Motion-deblurring in human vision, *Nature*, **340**, 385-386, 1989
378) D. R. Badcock and T. L. Wong : Resistance of positional noise in human vision, *Nature*, **343**, 554-555, 1990
379) D. C. Burr : Acuity for apparent vernier offset, *Vision Research*, **19**, 835-837, 1979
380) J. Driver and G. C. Baylis : Movement and visual attention : The spotlight metaphor breaks down, *Journal of Experimental Psychology : Human Perception and Performance*, **15**, 448-456, 1989
381) Z. W. Pylyshyn and R. W. Storm : Tracking multiple independent targets : evidence for a parallel tracking mechanism, *Spatial Vision*, **3**, 151-224, 1988
382) A. P. Hillstrom and S. Yantis : Visual motion and attentional capture, *Perception & Psychophysics*, **55**, 399-411, 1994
383) K. Nakayama and G. H. Silverman : Serial and parallel processing of visual feature conjunctions, *Nature*, **320**, 264-265, 1986
384) M. Dick, S. Ullman and D. Sagi : Parallel and serial processes in motion detection, *Science*, **237**, 400-402, 1987
385) O. J. Braddick and I. E. Holliday : Serial search for targets defined by divergence or deformation of optic flow, *Perception*, **20**, 345-354, 1991
386) J. Driver, P. McLeod and Z. Dienes : Are direction and speed coded independently by the visual system ? Evidence from visual search, *Spatial Vision*, **6**, 133-147, 1992
387) H. C. Nothdurft : The role of features in preattentive vision : Comparison of orientation, motion, and color cues, *Vision Research*, **33**, 1937-1958, 1993
388) P. Cavanagh, M. Arguin and A. Treisman : Effect of surface medium on visual search for orientation and size features, *Journal of Experimental Psychology : Human Perception and Performance*, **16**, 479-491, 1990
389) A. Luschow and H. C. Nothdurft : Pop-out of orientation but no pop-out of motion at isoluminance, *Vision Research*, **33**, 91-104, 1993
390) T. Horowitz and A. Treisman : Attention and apparent motion, *Spatial Vision*, **8**, 193-219, 1994
391) A. B. Sekuler : Motion segregation from speed differences : Evidence for nonlinear processing, *Vision Research*, **30**, 785-795, 1990
392) P. McLeod, J. Driver and J. Crisp : Visual search for a conjunction of movement and form is parallel, *Nature*, **332**, 154-155, 1988
393) J. Zihl, D. Von Cramon and N. Mai : Selective disturbance of movement vision after bilateral brain damage, *Brain*, **106**, 313-340, 1983
394) P. McLeod, C. Heywood, J. Driver and J. Zihl : Selective deficit of visual search in moving displays after extrastriate damage, *Nature*, **339**, 466-467, 1989
395) R. Sekuler and K. Ball : Mental set alters visibility of moving targets, *Science*, **198**, 60-62, 1977
396) A. Chaudhuri : Modulation of the motion aftereffect by selective attention, *Nature*, **344**, 60-62, 1990
397) M. J. M. Lankheet and F. A. J. Verstraten : Attentional modulation of adaptation to two-component transparent motion, *Vision Research*, **35**, 1401-1412, 1995
398) L. B. Stelmach, C. M. Herdman and K. R. McNeil : Attentional modulation of visual processes in motion perception, *Journal of Experimental Psychology : Human Perception and Performance*, **20**, 108-121, 1994
399) V. S. Ramachandran and S. M. Anstis : Perceptual organization in multistable apparent motion, *Perception*, **14**, 135-143, 1985
400) W. C. Gogel and T. J. Sharkey : Measuring attention using induced motion, *Perception*, **18**, 303-320, 1989
401) O. Hikosaka, S. Miyauchi and S. Shimojo : Focal visual attention produces illusory temporal order and motion sensation, *Vision Research*, **33**, 1219-1240, 1993
402) P. E. Downing and A. Treisman : The shooting line illusion : Attention or apparent motion ? *Investigative Ophthalmology & Visual Science*, **36**, 856, 1995
403) J. Kawahara, K. Yokosawa, S. Nishida and T. Sato : Illusory line motion in visual search : Attentional facilitation or apparent motion ? *Perception*, **25**, 901-920, 1996
404) M. Corbetta, F. M. Miezin, S. Dobmeyer, G. L. Shulman and S. E. Petersen : Attentional modulation of neural processing of shape, color, and velocity in humans, *Science*, **248**, 1556-1559, 1990
405) S. Treue and J. H. R. Maunsell : Attentional modulation of visual motion processing in cortical areas MT and MST, *Nature*, **382**, 539-541, 1996
406) T. Watanabe and S. Miyauchi : Interactions in visual motion processing : Psychophysical and brain imaging studies, In High - level Motion Processing—

Computational, Physiological and Psychophysical Approach (ed. T. Watanabe), MIT Press, Cambridge, Mass., 1998

8.3 運動の解釈

8.3.1 奥行き方向の運動の知覚

a. 奥行き方向の運動の方向の検知

近づいてくる(あるいは遠ざかる)対象の方向と速さを知ることは,動物の生存にとって必須の条件である.暗黒中を,距離に対する単眼手がかりのない点状の対象が近づいてくる場合には,追従眼球運動のみが対象の方向と速さを知る手がかりである.眼球が対象を完全に追従しているとすると,対象の方向は追従眼球運動の輻輳成分と協同成分の比で,対象の速さは輻輳角の変化で表される.輻輳手がかりによってある程度の奥行き方向の運動が知覚されることが示されてはいるが[1],現実の世界では近づいてくる対象は大きさをもっており,また視野内にはその対象以外のほかの対象や環境があって,それらとのあいだの相対運動が存在する.これらの情報が奥行き方向の運動の知覚に主要な役割を果たしていることはいうまでもない.

観察者が固視点を固視しているときに,対象が近づいてくれば,左右の眼でのこれらの像の相対運動は対象の近づいてくる方向によって変化する.図8.17に示すように,対象が真っすぐ近づいてくるときには左右の眼の像は外側に対称的に動く,すなわち速度の比が1で逆位相である.もし対象が頭の片側に向かってくるときには,像は異なった速度で同位相に運動する[2].近づいてくる対象までの距離を D,左右の眼での像の角速度を $d\phi_L/dt$, $d\phi_R/dt$,眼球間の間隔を I とすれば,固視点と近づいてくる対象のあいだの角度,すなわち衝突の方向 β は,

$$\tan\beta = I \cdot \frac{(d\phi_R/dt)/(d\phi_L/dt)}{2D\{(d\phi_R/dt)-1\}} \quad (8.3.1)$$

で表される.

近づいてくる対象の衝突の方向は,対象の像の並進方向の速度と対象の両眼視差が変化する速度の比によっても表すことができる.

$$\tan\beta = I \cdot \frac{d\phi/dt}{D(d\gamma/dt)} \quad (8.3.2)$$

ここで,$d\phi/dt$ は対象の像の並進方向の速度,$d\gamma/dt$ は対象の両眼視差が変化する速度である[3].式(8.3.1)と式(8.3.2)は数学的に等価であり,また現実の世界では,対象の運動によって左右の眼での像の相対運動が生じるとともに,両眼視差も変化するが,これらの生理学的メカニズムは異なる.奥行き方向の運動の方向を検知するための手がかりは,式(8.3.1)によれば左右眼の像の相対運動であるのに対して,式(8.3.2)によれば両眼視差の変化である.

b. 奥行き方向の運動の検知感度

暗い背景のもとで奥行き方向に運動する明るい視標の検知感度を,閾値における移動距離の逆数として求めた結果によれば,感度は視標の輝度と速度の増加につれ増加し,また両眼で観察した場合のほうが単眼で観察した場合よりも高い[4].最適条件では,視標の視角を2%増減させる奥行き方向の運動が検知されたが,ここでは像の大きさの変化の手がかりとともに両眼視差の変化の手がかりが使われて

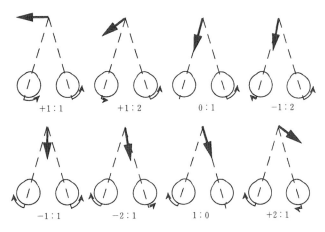

図8.17 対象が近づいてくる方向と左右の眼での像の相対運動[2]

いる．

BeverleyとRegan[2]は，両眼視差の変化による奥行き方向の運動の検知と運動の方向の弁別感度を求めた．それぞれの眼の固視点の近傍に線分刺激を呈示し，それらを互いに逆位相で左右方向に振動させると，単一線分が奥行き方向に往復運動しているように知覚される．図8.17に示したように，2本の線の振幅の比を変化させることによって，知覚される単一線分の運動の方向を変化させることができる．奥行き方向の運動の方向の関数としての運動方向の弁別感度を図8.18(a)に，奥行き方向の運動の検知感度を図8.18(b)に示す．弁別曲線は鼻，左眼，右眼のそれぞれに近づいてくる指標に対してそれぞれ極大値をもつ．また，奥行き方向の運動刺激に対する順応実験の結果から，図8.18(c)に示すような運動方向に対する特異性をもった4つのメカニズムの存在が提唱されている[2]．しかし，両眼視差の変化ばかりでなく輻輳眼球運動も引き起こすような移動距離の大きい奥行き方向の運動についての方向弁別曲線は，鼻に向かう運動に対してのみ極大値をもつという報告もある[5]．

これらの報告では，両眼視差の変化という両眼手がかりのみによって衝突の方向が検知されるかどうかはわからない．しかし，左右眼の像の相対運動を与えないようにダイナミックランダムドットパターンを使用して奥行き方向および左右方向に振動する視標を呈示し，両眼視差の変化と左右への運動の比に応じて，視標の奥行きへの運動の方向の変化が観察されることが示された[3,6]．

c．奥行き方向の運動残効

奥行き方向に回転している対象を観察すると運動残効が起こるが，これは回転方向に対する左右の眼での像の相対運動の手がかり，または両眼視差の手がかりによる奥行き方向検知メカニズムの順応による．相対運動の手がかりによる運動残効については，拡大する正方形の観察により残効が生じることが見いだされている[7]．一方，両眼視差の手がかりによる奥行き方向の回転運動残効については，正弦波状に運動する点を左右眼に位相差を与えて呈示して奥行き方向の運動を知覚させたときに，その運動知覚に順応すると奥行き感度が低下することが見いだされている[8]．

ネッカーキューブは奥行き方向に回転して見えるが，その回転方向があいまいなので，見かけの奥行きが周期的に反転する．あいまいさのない図形をあ

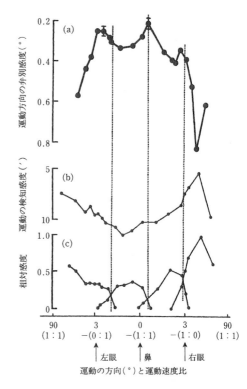

図8.18 両眼視差の変化による奥行き方向の運動の関数[2]
(a) 運動方向の弁別感度，(b) 運動の検知感度，(c) 運動方向に対する特異性をもったメカニズムの方向特性．

る方向に回転させた順応刺激を長時間観察させると，ネッカーキューブが逆方向に回転するように見える[9]．これは，特定の奥行き方向の回転に感度をもつメカニズムの順応によるが，順応刺激とテスト刺激の空間周波数が同一である必要があることから，運動の方向・両眼視差・空間周波数を結合したものに感度をもつメカニズムの存在が示唆されている[10]．

そのようなメカニズムとして第1に考えられるのは，運動の方向(左右)と両眼視差の方向(交差/非交差)の4通りの組み合わせにそれぞれ感度をもつような両眼視差特有運動検知器(disparity specific motion detector)である[11]．このモデルを支持する実験結果としては，交差両眼視差をもち右方向に回転する刺激と，非交差両眼視差をもち左方向に回転する刺激に交互に順応したのちの運動残効の方向が奥行き面に依存する[12]，順応刺激とテスト刺激の両眼視差が異なると運動残効が弱くなる[13]，順応刺激とテスト刺激の両眼視差が同一のときにのみ透過性の運動残効を生じる[14]などの報告がある．

奥行き方向の運動残効のメカニズムとして第2に考えられるものは，特定の方向に変化する両眼視差に感度をもつ，両眼視差の変化の検知器 (changing disparity detector) である．これは，近づいてくる対象による両眼視差の変化を検知するものと，遠ざかる対象による両眼視差の変化を検知するものからなると考えられている．両眼視差によってさまざまな奥行き方向に運動する刺激への順応によって，同じ方向に運動するテスト刺激の検知感度が特異的に低下することが示され，両眼視差の変化の検知器として，図8.18(c)に示すような顔の左側・左眼と鼻のあいだ・鼻と右眼のあいだ・顔の右側の4通りのものがあることが示唆されている[15]．

d. 奥行き運動の知覚に関する盲点

正常な視覚をもつ観察者の多くの視野は，変化する両眼視差による奥行き方向の運動を正しく知覚できない領域をもつ[16]．この領域は奥行き運動盲点 (stereomotion scotomata) と呼ばれる．奥行き運動盲点の大きさは数°から視野の大部分にまで及ぶが，そこでは静的な両眼視差や左右方向の運動の検知感度は正常である．また，対象が輻輳面に近づくか遠ざかるか，あるいは対象が観察者に近づくか遠ざかるかに対して特異性をもつ[17]．また，最初は見えていた奥行き方向の運動が見えなくなる，動いている対象が二重像に見える，対象が静止ないし左右方向に運動して見えるなどの症状が現れる．奥行き運動盲点内部への刺激は，ほとんど輻輳運動をもたらさないが協同眼球運動は正常である[1]．

e. 左右眼の像の相対運動の手がかりと両眼視差の変化の手がかりの相互作用

現実の世界では，左右眼の像の相対運動と両眼視差の変化は対象の運動について同じ感覚を引き起こすので，これらの情報は単一のメカニズムにおいて加算されると考えられている[18]．実際，大きさの変化による奥行き方向の運動の感覚や残効は，反対方向の両眼視差の変化によってキャンセルされる．しかし，左右眼の像の相対運動手がかりと両眼視差の変化手がかりが互いに矛盾する場合にはどちらかの手がかりによって奥行き方向の運動が知覚されることから，このメカニズムにおいて非線形な加算が行われていることが示唆されている[5]．

8.3.2 衝突するまでの時間の知覚

a. 視覚的タウ

われわれの行動のなかには，ピッチャーが投げたボールを打ったり，自動車を運転して交差点で曲がったりするときのように，接近してくる対象にタイミングを合わせて行わなければならないものが多い．これらの行動を実行するためには，対象が近づいてきて衝突するまでの時間を知る必要がある．この時間は 8.3.1 項で述べたような対象の奥行き方向の運動速度と，対象までの距離という3次元的情報を用いて求めることができるが，ある仮定をおけば，対象の像の大きさとその変化という2次元的な情報のみによって衝突するまでの時間が求められることがわかる．この事実についての最初の記述は，Hoyle[19] の SF 小説 "The Black Cloud" のなかでの接近してくる天体が地球に衝突するまでの時間についてのものであるといわれている．

図8.19(a)に示すように，近づいてくる対象の直径を L，対象までの距離を D，対象の速度を v とする．対象が十分に小さければ，視角で表した対象の大きさ θ は L/D であり，その時間微分 $d\theta/dt$ は，

$$\frac{d\theta}{dt} = -\frac{L}{D^2} \cdot \frac{dD}{dt} = \frac{L}{D} \cdot \frac{v}{D} \quad (8.3.3)$$

である．いま大きさが一定の対象が等速度で接近してくるという仮定をおくと，対象が衝突するまでの時間 TTC (time to contact) は D/v であるから，

$$\frac{d\theta}{dt} = \frac{\theta}{\mathrm{TTC}} \quad (8.3.4)$$

となる．式(8.3.4)を書き換えると，

$$\mathrm{TTC} = \frac{\theta}{d\theta/dt} \quad (8.3.5)$$

という関係が得られる．式(8.3.5)は，対象の網膜像の大きさ θ とその変化率 $d\theta/dt$ という2次元的

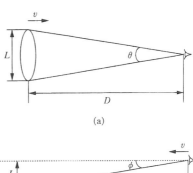

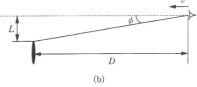

図 8.19 局所的タウ(a)と大域的タウ(b)の幾何学

な量の比によって，対象が衝突するまでの時間を知ることができることを意味する．こうして求められる時間は，視覚的タウ(visual tau)と呼ばれている．

われわれの行動制御に視覚的タウの概念を初めて導入したのは，Lee[20~22]である．その後，われわれが3次元的な情報を用いることなく，視覚的タウのみによって対象が衝突するまでの時間を知覚できることが実験的に実証された[23~27]．知覚されるTTCは実際のTTCに比べて過少評価される傾向があり，その過少評価の量は実際のTTCが増加するほど，また対象の速度が減少するほど増加する[23]．また，TTCの弁別閾値は，絶対量で50 ms，相対量では1.6%であることが示されている[24]．

Tresilian[28]は，接近してくる対象による視覚的タウを局所的タウ(local tau)，観察者自身の運動による視覚的タウを大域的タウ(global tau)と分類した．後者で興味あるのは，観察者がある対象を通過するまでの時間TTP(time to passage)である．図8.19(b)に示すように，観察者の運動方向と対象のなす角度をϕ，その角度の拡大率を$d\phi/dt$とすると，TTCの場合と同様に，

$$\text{TTP} = \frac{\phi}{d\phi/dt} \quad (8.3.6)$$

という関係が求まる．TTPの弁別閾値は500 ms程度であり，TTCに比べて精度が低い[29]．

視覚的タウによるTTCとTTPの知覚においては，対象と観察者のあいだの相対速度が一定であると仮定されている．対象が加速している場合においてTTCの知覚が劣化することから，一定速度の仮定に基づいてTTCが判断されていると主張されているが[30]，実験の感度はその主張を支持できるほど高くないことも指摘されている[31]．また，対象と観察者の間の相対速度が一定でない場合のTTPの知覚は，TTCの場合と同様に劣化することが示されている[32]．

b．ブレーキ制御行動と視覚的タウ

相対速度が一定でない場合の，視覚的タウと関連の深い行動として，自動車の運転中のブレーキ制御行動がある．Lee[21]は，時刻$t=0$において速度v_0で走行している自動車が距離D_0手前にある障害物に衝突しないように減速度a_0でブレーキをかける場合を想定した．自動車が停止するまでの時間t_cはv_0/a_0であるから，それまでに自動車が走行する距離Dは，

$$D = v_0 \cdot \frac{v_0}{a_0} - \frac{a_0}{2}\left(\frac{v_0}{a_0}\right)^2 = \frac{v_0^2}{2a_0} \quad (8.3.7)$$

である．したがって衝突しない条件は，

$$\frac{v_0^2}{2a_0} > D_0 \quad (8.3.8)$$

である．一方，時刻$t=0$における視覚的タウは$\tau_0 = D_0/V_0$であるから，その時間微分は，

$$\frac{d\tau_0}{dt} = -\frac{D_0}{V_0^2} \cdot a_0 + \frac{1}{v_0}(-v_0) = -\frac{D_0 a_0}{V_0^2} - 1 \quad (8.3.9)$$

となる．式(8.3.7)を(8.3.9)に代入して書き換えると，衝突しない条件は，

$$\frac{d\tau_0}{dt} > -\frac{1}{2} \quad (8.3.10)$$

と書ける．すなわち，視覚的タウの時間微分が$-1/2$より大きくなるようにブレーキをかけるという戦略をとれば，障害物までの距離や自動車の速度がわからなくても，安全に停止することができることになる．しかしながら，実際の運転では，自動車やブレーキの動特性が大きな役割を果たし，われわれがこの戦略をとっていることを示す十分な実験的証明は得られていない．

c．球技における行動と視覚的タウ

視覚的タウによる対象の衝突までの時間の推定が必要になるもう1つの状況としてさまざまな球技がある．実のところ，それらの場面における衝突までの時間の推定の確度，精度，信頼性は著しく高い．Regan[33]によれば，クリケットでは，ボールが1辺の長さが10 cmの仮想的立方体内にある間にそれを打つ必要がある．一流投手はボールを90 mph(145 km/h)で投げるので，ボールがこの仮想立方体内にとどまっている時間は2.5 msしかない．したがって，クリケットの一流打者は2.5 msの確度と精度でボールがくる時間を推定しなくてはならない．この精度は，これまで報告されている心理物理学実験の結果に比較して1桁以上高い[24,34]．その理由として，心理物理学実験では衝突の1秒以上前に刺激が消失しているのに対して一流打者は200 ms前までボールを凝視し続けていることと，心理物理学実験の被験者が安全な試行を長時間くり返すのに対して，一流打者が大観衆の前で短時間のしかも危険性の高い行動をしていることによる注意のレベルの違いによるものと推測されているが[34]，その真実は明らかではない．

d．視覚的タウのメカニズム

RaganとHamstra[34]は近づいてくる対象の弁別閾値を測定し，視覚的タウ($\theta/(d\theta/dt)$)を処理する

8.3 運動の解釈

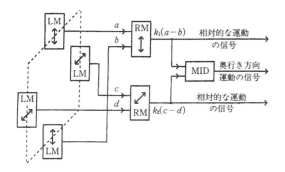

図 8.20 奥行き方向の運動を検知するフィルターのモデル[34]

メカニズムが，対象像の拡大 ($d\theta/dt$) を処理するメカニズムと独立して存在することを示した．そのメカニズムとして，図 8.20 に示すような奥行き方向の運動を検知するフィルター（MID フィルター）を提唱している．ここでは，簡単のために破線で示すような拡大縮小する長方形が刺激として与えられる場合を考える．LM フィルターは，長方形の各辺の運動を検知する局所的運動検知フィルターであり，出力 a, b, c, d は，各辺の運動速度に比例する．RM フィルターは，垂直および水平の辺の相対的な運動を検知する相対運動検知フィルターであり，出力はそれぞれ $k_1(a-b), k_2(c-d)$ である．MID フィルターは，垂直および水平方向の相対的運動の大きさが等しいときに $k_1(a-b)=k_2(c-d)$ を出力する等方向性拡大運動を検知するフィルターであり，8.3.1 項で述べたように，刺激の奥行き方向の運動を検知するフィルターになる．近づいてくる刺激に対しては，$a=k_0(d\theta/dt), b=-k_0(d\theta/dt), c=k_0(d\theta/dt), d=-k_0(d\theta/dt)$ であるから，

$$a-b=2k_0 \cdot \frac{d\theta}{dt}$$
$$c-d=2k_0 \cdot \frac{d\theta}{dt} \quad (8.3.11)$$

となる．ここでもし，k_1, k_2 が θ に反比例すると，MID フィルターの出力 R_{MID} は，

$$R_{MID}=\frac{k_3}{\theta} \cdot 2k_0 \cdot \frac{d\theta}{dt}=k_4 \cdot \frac{d\theta/dt}{\theta} \quad (8.3.12)$$

であり，

$$\frac{d\theta/dt}{\theta}=\frac{k_4}{R_{MID}} \quad (8.3.13)$$

となる．したがって，MID フィルターの出力の逆数に比例した値として視覚的タウが直接求まる．8.3.1 項で述べたように MID フィルターは存在するものと考えられるので，視覚的タウを直接情報処理するメカニズムとして奥行き方向の運動を検知するフィルターは非常にもっともらしい候補である．たとえ MID フィルターが視覚的タウを直接情報処理するメカニズムではなかったとしても，われわれの視覚に導かれた行動に MID フィルターが寄与していることは確かであろう．近づいてくる対象が衝突するのを避けるためには，MID フィルターの出力が大きいほど早く回避行動を起こせばよい．また，多くの障害物が存在する場のなかを移動するときには，MID フィルターの出力がある定められた値以上になることを避けるように移動の方向を調整すれば，障害物にぶつからずに移動することができる．

このように，実験的，理論的に視覚的タウによって衝突までの時間が知覚されているという考えが支持されているが，これに対して，運動する背景刺激による誘導運動によって，視覚的タウを変化させることなく対象の知覚される速度を変化させると，TTC の知覚誤差が大きくなることが実験的に示されている[35]．この結果は，視覚的タウではなく知覚される距離と知覚される速度の比によって TTC が決定されていることを示唆するものであり，必ずしも視覚的タウのみによって衝突までの時間が知覚されているわけでもないのかもしれない．

8.3.3 運動性奥行き効果
a． 対象の運動によるその像の光学的変換

対象の 3 次元的な運動によって，その像には規則的な光学的変換が生じる．3 次元空間における点の平面的なスクリーンへの投影としては，極投影と平行投影があるが，3 次元空間における点と，平面的なスクリーンに極投影されたその像の幾何学的関係を図 8.21 に示す．

原点が観察点で z 軸が視軸に平行な座標系における点の位置を (x, y, z) とする．スクリーンが原点から z 軸に沿って距離 1 のところに位置しているとすると，スクリーン上での像の位置 (x', y') は $(x/z, y/z)$ となるので，点が速度 $(dx/dt, dy/dt, dz/dt)$ で運動しているときの，像の速度 $(dx'/dt, dy'/dt)$ は，

$$\frac{dx'}{dt}=\frac{dx/dt}{z}-x \cdot \frac{dz/dt}{z^2} \quad (8.3.14)$$

$$\frac{dy'}{dt}=\frac{dy/dt}{z}-y \cdot \frac{dz/dt}{z^2} \quad (8.3.15)$$

となる．

式 (8.3.14)，式 (8.3.15) に示されるように，像

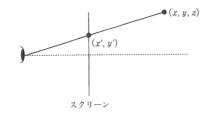

図 8.21 3 次元空間における点のスクリーンへの極投影

の速度は観察者から対象までの距離 z に依存し，遠く離れた点の像は観察者に近い点よりもゆっくりした速度で運動する．異なった距離にある対象が視軸に垂直に並進運動をする場合には，それらの像の速度は距離の関数として変化する．またそれらの対象が視軸に平行な並進運動をする場合には，観察者に向かっての並進に対しては像の全体的な拡大を，観察者から離れる並進に対しては像の全体的な縮小を生じる．固定された軸のまわりに回転する対象による像の運動の軌跡は，その短軸が回転軸の光学的投影に対応するような楕円軌道となり，その偏心率は像面に対する回転軸の傾きに対して単調に変化する[36]．このように，対象が運動する場合には，その像の速度が奥行きの関数として規則性をもって変化するから，その運動情報に基づいて対象の奥行きを知覚することが可能になる．この効果は，運動性奥行き効果 (kinetic depth effect) と呼ばれている．

b. 運動性奥行き効果の心理物理学的研究法

運動性奥行き効果を，陰影，テクスチャ，両眼視差などのほかの原因と分離するために，初期の研究では影絵法が使用された．これは対象物体を光源とスクリーンのあいだ間の移動台や回転台の上に置いて，対象物体の影絵を観察させる方法であり，観察者は奥行き方向に運動している剛体の知覚を報告した[37~40]．1960年代になって，3 次元対象の像をコンピューターグラフィックスによってディスプレイする方法が使われるようになった[41~45]．

初期の実験では，観察者はさまざまな運動刺激を見ているあいだの主観的体験を報告するように求められた[38~40]．対象の知覚された形状や知覚された運動の性質について定量的に測定するために，知覚された奥行き，面の傾き，剛性，運動のコヒーレンスのような 3 次元的性質の大きさ推定法が用いられた[38,41~44]．また，剛体の運動と非剛体の運動の弁別感度[36,46]，3 次元構造における違いの検出感度[47~50] を測定する手法も用いられている．

c. 運動性奥行き効果に影響する要因

観察者が知覚する奥行きの大きさは対象の回転軸によって顕著に影響され，像面に平行な軸に対して最大になり，奥行き方向に傾いた軸に対しては顕著に減少する[36,41]．回転軸が視軸と一致したときには 3 次元構造の印象をもたらさないが，同心円状輪郭の像の回転を観察したときには立体運動効果 (stereokinetic effect) と呼ばれる，動いている 3 次元対象の錯視がもたらされる[51]．また奥行きの大きさは，回転する対象の角速度[50] や回転角の範囲[52] に応じて増加する傾向が示された．剛性やコヒーレンスの知覚は，仮現運動列のフレーム数とフレーム間のタイミングにより変化し，2 つのフレームが交互に提示される場合には，知覚される剛性はフレームの間に 200 ms という比較的長い時間間隔があるときに最大になったが，フレームが増加すると，最適の時間間隔は 50 ms にまで減少した[49~50,53]．

視覚刺激のパースペクティブが大きいほど，運動性奥行き効果の知覚が大きいことが示された[43,54,55]．ただし，パースペクティブが実際の視距離において適切な値より大きくなった場合には，回転する対象が非剛性的に変形されたように観察された．また，パースペクティブの程度は知覚される回転の方向にも影響した[56,57]．

運動性奥行き効果の知覚は，対象の方向によっても影響される．表面の曲がり具合の知覚は，回転の方向に対する対象の曲がりの方向による方向特異性を示し，対象が回転軸に平行な方向に曲がっているときに感度が最も高いことが報告されている[48,52]．

運動性奥行き効果はそれと矛盾するテクスチャ勾配，パースペクティブ，遮蔽のような静的な奥行き手がかりによって顕著に減少する[44,53~56]．

d. 運動性奥行き効果の計算モデル

投影された運動のパターンから対象の 3 次元構造がどのようにして決定されるかについての最初の計算論的解析は平行投影の場合についてなされ，4 つの同一平面にない点に関して少なくとも 3 通り以上の視点が与えられるならば，奥行きに関しては剛体のユニークな解釈が得られることが示された[57]．その特殊な場合として，もし運動がスクリーンに平行な固定された軸のまわりの一定角速度の回転運動に限られていれば，2 つの点と 3 通り以上の視点によって剛体のユニーク解釈が得られることが示された[58]．

一方，観察者の運動による静止した構造の復元に

関して，2フレームの仮現運動列によって定義される像の瞬間速度場に含まれる情報に最初に注目したのが，Gibson[59]である．像の瞬間速度場から対象の3次元構造を計算するためにいくつかの方法が提唱されている．例えば，もし観察者の速度が既知ならば，その知識を使って剛体の環境のなかでのすべての見える点の位置を計算できる[20,60]．また，観察者の速度についての知識がなくても少数の同定できる点の光学的移動からユニークな3次元解釈が得られる[61]．

Koenderinkら[62~64]によって提唱された方法は，滑らかな速度場を拡散(divergence)，回転(curl)，せん断(shear)の微分不変量と呼ばれる3つの独立な成分に分解するものである．この分解の有用性は，それぞれの成分が環境の異なった側面により影響を受けることにある．すなわち，拡散は奥行き方向に並進運動する対象に影響され，回転は視軸のまわりの回転に影響される．せん断の成分は，ほかの刺激要因の影響を受けることなく相対的傾きや曲率といった，局所的な表面構造に影響される．

e. 運動性奥行き効果の計算モデルの実験的検証

運動性奥行き効果の計算モデルは，狭い拘束された状況において3次元形状の正確なユークリッド距離の記述を生成するように考えられている．これに対して，人間の知覚は対象のもっと定性的な構造に主要な関心をもち，広い観察条件のもとで効率的に機能していることが示唆されている．計算モデルの限界の1つは剛体仮説をもつことであり，対象の運動が大域的に剛体であることを必要としている．そのため，もし剛体の解釈が可能でないならば，対象の3次元構造について何も決定できない．これに対して，実際の観察者に，局所的な剛性の曲げ変換[65~67]や，局所的な弾性の伸ばし変換[36,46,55,68]を含む弾性ディスプレイを呈示すると，3次元空間を弾性的に運動している対象の運動性奥行き効果をもたらす．

任意の配置の対象についてユニークなユークリッド距離の解釈をするためには，少なくとも3つの独立した視点を必要とすることが計算モデルによって示されているが，実際の観察者の剛体性の判断[46,53,69,70]や3次元形状の判定[47,49,50,52,71]は，2フレームの仮現運動列によって可能であることが示された．この一見不可能に見える実験結果は，これらの心理物理学的研究で用いられてきた作業を遂行するためには，ユークリッド距離を正確に決定する必要がないことを示している．人間は，2つだけの視点で実行が可能な作業は，ユークリッド距離を知る必要がないので高い精度でできるが，3つの視点を要する作業はユークリッド距離を知る必要があるために，精度が急激に低下する．例えば，観察者が異なった方向に動いている線要素の相対的な3次元長さを区別することを求められたときの弁別閾値は約25%であり，前額平行面に平行な線の長さ弁別よりも1桁高い[49]．

これは人間の視覚系はユークリッド距離構造を解析するのに必要な高次の時間微分を行うことができないために，像の速度の1次微分場内で手に入る情報に依存していることの証拠であると考えられている[24]．このような情報は，任意の配置のユークリッド距離構造を計算するには数学的に不十分であるが，ある面内に制限された対象の運動に対してはユニークな剛体の構造を求めることができる．実際，観察者は傾いた面内で一緒に回転している平行でない線要素の相対的な3次元長さを正確に判断できることが見いだされている[72,73]．

8.3.4 イベントの知覚

われわれの日常生活におけるイベント(事象)は，動いている対象によって引き起こされる．イベントは局所的な光学的構造の時間的変化によって知覚され，観察者が静止した環境を自己運動するときに生じる全域的な光学的流動と区別される[59]．イベントが知覚されるためには，視覚刺激の変化にイベントを表現するための規則性が含まれていなくてはならない．ランダムドットパターンによる2つの表面に，遠くの面が近くの面によって隠されたり現れたりする動的遮蔽と出現を生じさせると，奥行き方向に分離した2つの表面が知覚される[74]．しかし2つの表面をシミュレートするドットの個数を減少させても，分離された表面というイベントが観察される[75]．

a. 知覚的グルーピングの原理：絶対運動，相対運動，共通運動

イベントの知覚が生じるためには，視覚刺激の運動から何らかの規則性が抽出されなくてはならない．そのための法則として，「一緒に運動する要素は知覚的にグループ化されやすい」という知覚的グルーピングの共通性法則が提唱された[76]．明らかに，もし視覚的枠組となるような静止した視覚刺激が見えていれば，ほかの視覚刺激の運動はその視覚

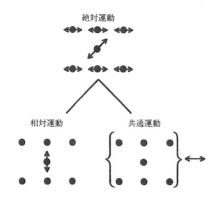

図8.22 絶対運動，相対運動，共通運動への知覚的グルーピング[79]

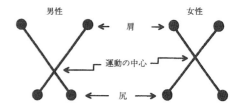

図8.23 性による肩と尻の大きさと運動の中心の違い[88]

的枠組に対して組織化されてしまう．そのためイベント知覚における共通性法則を実証するための実験的研究は，運動する点光源を用いて行われた[77,78]．回転している車輪に取り付けられた点光源のみを観察した場合にはサイクロイド上を動いているように見えるが，2つ目の光源が車輪の中心に加えられると，地面に平行に動いて見えるその光源のまわりに回転するように見えるか，または2つの光源が転げ回る枝の終点のように回転して見えるという知覚的グルーピングが起こる[78]．

Johansson[79,80]は知覚的グルーピングの原理として，知覚的ベクトル解析を導入した．図8.22に示すディスプレイは7つの点光源よりなる．中央の光源は斜め方向に運動し，周辺の光源は水平方向に運動する．その大きさは中央の光源の運動の水平方向成分と同じである．中央の光源のみを呈示したときには，斜め方向の運動が観察される．周辺の光源を呈示すると，中央の光源が垂直方向に運動するように観察され，しかも7つの光源全体が左右に一緒に運動するように見える．知覚的ベクトル解析は3種類の運動を分離する．絶対運動は，それぞれの光源の運動である．相対運動は，グルーピングされているほかの光源とのあいだでの光源の相対的な運動であり，中央の光源が周辺の光源に対して垂直方向の運動をする．共通運動は，すべての光源が共有する運動であり，図8.22では水平方向の運動である．知覚的ベクトル解析は，絶対運動が相対運動と共通運動に分解されて知覚されることを示す．

Wallach[81]も本質的に同じ解析をし，相対運動を対象に関係した運動，共通運動を観察者に関係した運動と呼んだ．対象に関係した運動は対象の内部に中心があり，観察者に関係した運動は観察者に中心がある．絶対運動はさまざまな組み合わせの相対運動と共通運動に分解することができる．絶対運動は相対運動と共通運動の双方を最小化するように分解されるという，最小原理が提唱された[82]．例えば剛体の運動については，相対運動はつねに回転運動になるので，その中心が配置の中心にあるときに最小原理が成立する．

b．生物力学的動作の知覚

光源を取り付けた人々に暗黒中でさまざまな動作をさせて撮影した点光源ディスプレイを観察者に見せると，どのような行動をしているかを容易に検知することができる[80,83]．このイベントの知覚は生物力学的動作，あるいはバイオロジカルモーションの知覚と呼ばれる．静止イメージは人間の形状についての知覚をほとんど引き起こさないが，運動しているディスプレイは非常に早く同定される．観察者がディスプレイを200 ms観察しただけで，歩く，階段を上がる，押し上げるといった人のさまざまな動作を容易に検知できることが示されている[80]．また点光源ディスプレイは動作の同定ばかりでなく，動作の物理的性質についても有用な情報を与える．さまざまな重さの箱を持ち上げる動作の点光源ディスプレイを見た観察者が，箱の重さを評定できる[84]．

一緒に歩いている友人グループの点光源ディスプレイをそのグループに見せると，個人個人が同定された[85]．また，このグループを知らないほかの観察者に見せると，性に関係のある解剖学的特徴の大半が点光源ディスプレイに現れていないにもかかわらず，歩行者の性が同定された[86,87]．図8.23に示すように性の情報が肩と尻に置かれた光源の相対運動のなかに現れていることが見いだされた[88]．男性の肩は尻よりも広く，女性の肩は尻とほとんど同じ幅である．点光源ディスプレイにおいては歩行者の側面のみが見えるが，女性のほうが男性よりも運動の中心が高いために，歩行に伴うねじれの運動に肩と

尻の大きさの差が反映される．実際，運動の中心の位置を除いては同一の点光源ディスプレイにおいて運動の中心を高くするほど，女性と判断される確率が高いことが示された[89]．

3か月児は，歩行者の点光源ディスプレイから何らかの大域的構造を抽出することができる[90,91]．また9か月児は，点光源ディスプレイから人間の形状を同定できる[92]．ネコが歩行しているネコの点光源ディスプレイと，同一の局所的運動ベクトルよりなるが適切な大域的構造を欠くディスプレイとを区別できることも示されている[93]．

歩行者の点光源ディスプレイにおいても，その絶対運動が相対運動と共通運動の成分に分解されて知覚される知覚的グルーピングの原理が成立する[80]．相対運動の中心としてまず胴体のなかの運動の中心が用いられ，ついで階層的な分析がなされることが提唱された[94]．すなわち，肩と尻の運動は胴体の運動の中心に対して相対的に定義され，ついで肩と尻の位置が肘と膝の相対運動の中心となる．さらに肘と膝の位置が手首と足首の相対運動の中心となる．

知覚的グルーピングの原理はイベントの知覚の現象を記述する幾何学的モデルであり，知覚的グルーピングが起こるメカニズムについては何も語らない．しかし，生物力学的動作は調和性のある身体運動をもたらすための運動生成過程に内在する規則性を表現していることが指摘されている[95]．例えば，すべての四肢は同じ周波数で，同位相か反位相で運動する．生物力学的動作の知覚は，これらの運動の発生に内在するダイナミックな拘束を検知することによってなされているというのである．これは，生物力学的動作の知覚のために必要な規則性とは単に幾何学的なものではなく，その成分構造の間の高度の協調をもつ動物のような運動システムに特有な規則性であるという考えを示唆する．［近江政雄］

文献

1) D. Regan, C. J. Erkelens and H. Collewijn : Necessary conditions for the perception of motion in depth, *Investigative Ophthalmology and Visual Science*, **27**, 584-597, 1986
2) K. I. Beverley and D. Regan : The relation between discrimination and sensitivity in the perception of motion in depth, *Journal of Physiology*, **249**, 387-398, 1975
3) D. Regan : Binocular correlates of the direction of motion in depth, *Vision Research*, **33**, 2359-2360, 1993
4) C. A. Baker and W. C. Steedman : Perceived movement in depth as a function of luminance and velocity, *Human Factors*, **3**, 163-173, 1961
5) H. Heuer : Direction discrimination of motion in depth based on changing target vergence, *Vision Research*, **33**, 2153-2156, 1993
6) B. G. Cumming and A. J. Parker : Binocular mechanisms for detecting motion-in-depth, *Vision Research*, **34**, 483-495, 1994
7) D. Regan and K. I. Beverley : Looming detectors in the human visual pathway, *Vision Research*, **18**, 415-421, 1978
8) D. Regan and K. I. Beverley : Some dynamic features of depth perception, *Vision Research*, **13**, 2369-2379, 1973
9) I. P. Howard : An investigation of a satiation process in the reversible perspective of a revolving skeletal cube, *Quarterly Journal of Experimental Psychology*, **13**, 19-33, 1961
10) W. Chase and R. Smith : Spatial frequency channels tuned for depth and motion, *Vision Research*, **21**, 621-625, 1981
11) D. Regan and K. I. Beverley : Disparity detectors in human depth perception : Evidence for directional selectivity, *Science*, **181**, 877-879, 1973
12) S. M. Anstis and J. P. Harris : Movement aftereffects contingent on binocular disparity, *Perception*, **3**, 153-168, 1974
13) R. Fox, R. Patterson and S. Lehmkuhle : Effect of depth position on the motion aftereffect, *Investigative Ophthalmology and Visual Science*, **22**, 144, 1982
14) F. A. J. Verstraten, R. E. Fredericksen, O. J. Grüsser and W. A. van de Grind : Recovery from motion adaptation is delayed by successively presented orthogonal motion, *Vision Research*, **34**, 1149-1158, 1994
15) K. I. Beverley and D. Regan : Evidence for the existence of neural mechanisms selectively sensitive to the direction of movement in space, *Journal of Physiology*, **235**, 17-29, 1973
16) W. Richards and D. Regan : A stereo field map with implications for disparity processing, *Investigative Ophthalmology and Visual Science*, **12**, 904-909, 1973
17) X. Hong and D. Regan : Visual field defects for unidirectional and oscillatory motion in depth, *Vision Research*, **29**, 809-819, 1989
18) D. Regan and K. I. Beverley : Binocular and monocular stimuli for motion in depth : Changing-disparity and changing-size feed the same motion-in-depth stage, *Vision Research*, **19**, 1331-1342, 1979
19) F. Hoyle : The Black Cloud, Penguin Books, London, 1957
20) D. N. Lee : Visual information during locomotion, In Perception : Essays in Honor of J. J. Gibson (eds. R. B. McLeod and H. Pick), Cornell Univ. Press, Ithaca, pp. 250-267, 1974
21) D. N. Lee : A theory of visual control of braking based on information about time-to-collision, *Perception*, **5**, 437-459, 1976
22) D. N. Lee : Visuo-motor coordination in space-time, In Tutorials in Motor Behavior (eds. G. E. Stelmach and J. Requin), North-Holland, Amsterdam, pp. 281-293, 1980
23) W. Schiff and M. L. Detwiler : Information used in judging impending collision, *Perception*, **8**, 647-658, 1979
24) J. T. Todd : Visual information about moving objects, *Journal of Experimental Psychology : Human Percep-*

25) R. W. McLeod and H. E. Ross : Optic-flow and cognitive factors in time-to-collision estimates, *Perception*, **12**, 417-423, 1983
26) W. A. Simpson : Depth discrimination from optic flow, *Perception*, **17**, 497-512, 1988
27) W. Schiff and R. Oldak : Accuracy of judging time-to-arrival : Effects of modality, trajectory, and gender, *Journal of Experimental Psychology : Human Perception and Performance*, **16**, 303-316, 1990
28) J. R. Tresilian : Empirical and theoretical issues in the perception of time to contact, *Journal of Experimental Psychology : Human Perception and Performance*, **17**, 865-876, 1991
29) M. K. Kaiser and L. Mowafy : Optical specification of time-to-passage : Observer's sensitivity to global tau, *Journal of Experimental Psychology : Human Perception and Performance*, **19**, 1028-1040, 1993
30) D. N. Lee, D. S. Young, P. E. Reddish, S. Lough and T. M. Clayton : Visual timing in hitting an accelerating ball, *Quarterly Journal of Experimental Psychology*, **35A**, 333-346, 1983
31) J. R. Tresilian : Approximate information sources and perceptual variables in interceptive timing, *Journal of Experimental Psychology : Human Perception and Performance*, **20**, 154-173, 1994
32) M. K. Kaiser and H. Hecht : Time-to-passage judgments in nonconstant optical flow fields, *Perception and Psychophysics*, **57**, 817-825, 1995
33) D. Regan : Visual judgements and misjudgements in cricket, and the art of flight, *Perception*, **21**, 91-115, 1992
34) D. Regan and S. J. Hamstra : Dissociation of discrimination thresholds for time to contact and for rate of angular expansion, *Vision Research*, **33**, 447-462, 1993
35) J. B. J. Smeets, E. Brenner, S. Trébuchet and D. R. Mestre : Is judging time-to-contact based on 'tau' ? *Perception*, **25**, 583-590, 1996
36) J. T. Todd : Visual information about rigid and nonrigid motion : A geometric analysis, *Journal of Experimental Psychology : Human Perception and Performance*, **8**, 238-251, 1982
37) H. Flock : Some sufficient conditions for accurate monocular perceptions of surface slants, *Journal of Experimental Psychology*, **67**, 560-572, 1964
38) J. J. Gibson and E. J. Gibson : Continuous perspective transformations and the perception of rigid motion, *Journal of Experimental Psychology*, **54**, 129-138, 1957
39) K. Fieandt and J. J. Gibson : The sensitivity of the eye to two kinds of continuous transformation of a shadow pattern, *Journal of Experimental Psychology*, **57**, 344-347, 1959
40) H. Wallach and D. N. O'Connell : The kinetic depth effect, *Journal of Experimental Psychology*, **45**, 205-217, 1953
41) B. F. Green : Figure coherence in the kinetic depth effect, *Journal of Experimental Psychology*, **62**, 272-282, 1961
42) M. L. Braunstein : Depth perception in rotating dot patterns : Effects of numerosity and perspective, *Journal of Experimental Psychology*, **64**, 415-420, 1962
43) M. L. Braunstein : Sensitivity of the observer to transformation of the visual field, *Journal of Experimental Psychology*, **72**, 683-689, 1966
44) M. L. Braunstein : Motion and texture as sources of slant information, *Journal of Experimental Psychology*, **78**, 247-253, 1968
45) G. Johansson : Perception of motion and changing form, *Scandinavian Journal of Psychology*, **5**, 181-208, 1964
46) M. L. Braubstein and J. T. Todd : On the distinction between artifacts and information, *Journal of Experimental Psychology : Human Perception and Performance*, **16**, 211-216, 1990
47) M. L. Braunstein, D. D. Hoffman, L. R. Shapiro, G. J. Anderson and B. M. Bennett : Minimum points and views for the recovery of three-dimensional structure, *Journal of Experimental Psychology : Human Perception and Performance*, **13**, 335-343, 1987
48) J. F. Norman and J. S. Lappin : The detection of surfaces defined by optical motion, *Perception and Psychophysics*, **51**, 386-396, 1992
49) J. T. Todd and P. Bressan : The perception of 3-dimensional affine structure from minimal apparent sequences, *Perception and Psychophysics*, **48**, 419-430, 1990
50) J. T. Todd and J. F. Norman : The visual perception of smoothly curved surfaces from minimal apparent motion sequences, *Perception and Psychophysics*, **50**, 509-523, 1991
51) D. R. Proffitt, I. Rock, H. Hecht and J. Shubert : The stereokinetic effect and its relation to the kinetic depth effect, *Journal of Experimental Psychology : Human Perception and Performance*, **18**, 3-21, 1992
52) J. C. Liter, M. L. Braunstein and D. D. Hoffman : Inferring structure from motion in two-view and multi-view displays, *Perception*, **22**, 1441-1465, 1994
53) J. T. Todd, R. A. Akerstrom, F. D. Reichel and W. Hayes : Apparent rotation in 3-dimensional space : Effects of temporal, spatial and structural factors, *Perception and Psychophysics*, **43**, 179-188, 1988
54) B. A. Dosher, M. S. Landy and G. Sperling : Ratings of kinetic depth in multidot displays, *Journal of Experimental Psychology : Human Perception and Performance*, **15**, 816-825, 1989
55) J. T. Todd : The perception of three-dimensional structure from rigid and nonrigid motion, *Perception and Psychophysics*, **36**, 97-103, 1984
56) G. J. Anderson and M. L. Braunstein : Dynamic occlusion in the perception of rotation in depth, *Perception and Psychophysics*, **34**, 356-362, 1983
57) M. L. Braunstein : Perceived direction of rotation of simulated three-dimensional patterns, *Perception and Psychophysics*, **21**, 553-557, 1977
58) D. Hoffman and B. Bennett : The computation of structure from fixed axis motion : Rigid structures, *Biological Cybernetics*, **54**, 1-13, 1986
59) J. J. Gibson : The Ecological Approach to Visual Perception, Houghton Mifflin, Boston, 1979
60) K. Nakayama and J. M. Loomis : Optical velocity patterns, velocity sensitive neurons, and space perception : A hypothesis, *Perception*, **3**, 53-80, 1974
61) H. C. Longuet-Higgins : A computer algorithm for reconstructing a scene from two projections, *Nature*, **293**, 133-135, 1981
62) J. J. Koenderink and A. J. van Doorn : Invariant properties of the motion parallax field due to the motion of rigid bodies relative to the observer, *Optica Acta*, **22**, 773-791, 1975
63) J. J. Koenderink and A. J. van Doorn : Depth and

64) J. J. Koenderink : Optic flow, *Vision Research*, **26**, 161-179, 1986
65) G. Jansson : Perceived bending and stretching motions from line of points, *Scandinavian Journal of Psychology*, **18**, 209-215, 1977
66) G. Jansson and G. Johansson : Visual perception of bending motion, *Perception*, **2**, 321-326, 1973
67) G. Jansson and S. Runeson : Perceived bending motion from quadrangle changing form, *Perception*, **6**, 595-600, 1977
68) J. E. Cutting : Rigidity in cinema seen from the front row, side aisle, *Journal of Experimental Psychology : Human Perception and Performance*, **13**, 323-334, 1987
69) J. Doner, J. S. Lappin and G. Perfetto : Detection of three-dimensional structure in moving optical patterns, *Journal of Experimental Psychology : Human Perception and Performance*, **10**, 1-11, 1984
70) J. S. Lappin, J. F. Doner and B. L. Kottas : Minimal conditions for the visual detection of structure and motion in three dimensions, *Science*, **209**, 717-719, 1980
71) E. C. Hildreth, N. M. Grzywacz, E. H. Adelson and V. K. Inada : The perceptual buildup of three-dimensional structure from motion, *Perception and Psychophysics*, **48**, 19-36, 1990
72) J. S. Lappin and S. R. Love : Metric structure of stereoscopic form from congruence under motion, *Perception and Psychophysics*, **51**, 86-102, 1993
73) J. S. Lappin and U. B. Ahlstrom : On the scaling of visual space from motion : In response to Pizlo and Salach-Golyska, *Perception and Psychophysics*, **55**, 235-242, 1994
74) J. J. Gibson, G. A. Kaplan, H. N. Reynolds and K. Wheeler : The change from visible to invisible : A study of optical transition, *Perception and Psychophysics*, **5**, 113-116, 1969
75) A. Yonas, L. G. Craton and W. B. Thompson : Relative motion : Kinetic information for the order of depth at an edge, *Perception and Psychophysics*, **41**, 53-59, 1987
76) M. Wertheimer : Laws of organization in perceptual forms, In A Source-book in Gestalt Psychology (ed. W. D. Ellis), Routledge & Kegan Paul, London, 1937
77) E. Rubin : Visuell Whrgenommene wirkliche Bewegungen, *Zeitschrift fur Psychologie*, **103**, 384-392, 1927
78) K. Dunker : Induced motion, In A Source-book in Gestalt Psychology (ed. W. D. Ellis), Routledge & Kegan Paul, London, 1937
79) G. Johansson : Configuration in Event Perception, Almqvist & Wiksell, Uppsala, Sweden, 1950
80) G. Johansson : Visual perception of biological motion and a model for its analysis, *Perception and Psychophysics*, **14**, 210-211, 1973
81) H. Wallach : On Perception, Quadrangle, New York, 1976
82) J. E. Cutting and D. R. Proffitt : The minimum principle and the perception of absolute, common, and relative motions, *Cognitive Psychology*, **14**, 211-246, 1982
83) J. B. Mass, G. Johansson, G. Janson and S. Runeson : Motion Perception I and II [Film], Houghton Mifflin, Boston, 1971
84) S. Runeson and G. Frykholm : Visual perception of lifted weight, *Journal of Experimental Psychology : Human Perception and Performance*, **7**, 733-740, 1981
85) J. E. Cutting and L. T. Kozlowski : Recognizing friends by their walk : Gait perception without familiarity cues, *Bulletin of the Psychonomic Society*, **9**, 353-356, 1977
86) L. T. Kozlowski and J. E. Cutting : Recognizing the sex of a walker from dynamic point-light display, *Perception and Psychophysics*, **21**, 575-580, 1977
87) C. D. Barclay, J. E. Cutting and L. T. Kozlowski : Temporal and spatial factors in gait perception that influence gender recognition, *Perception and Psychophysics*, **23**, 145-152, 1978
88) J. E. Cutting, D. R. Proffitt : L. T. Kozlowski : A biomechanical invariant for gait perception, *Journal of Experimental Psychology : Human Perception and Performance*, **4**, 357-372, 1978
89) J. E. Cutting : A program to generate synthetic walkers as dynamic point-light displays, *Behavior Research, Methods and Instruments*, **7**, 71-87, 1978
90) B. I. Bertenthal, D. R. Proffitt and J. E. Cutting : Infant sensitivity to figural coherence in biomechanical motions, *Journal of Experimental Child Psychology*, **37**, 171-178, 1984
91) R. Fox and C. McDaniels : The perception of biological motion by human infants, *Science*, **218**, 486-487, 1982
92) B. I. Bertenthal, D. R. Proffitt, N. B. Spetner and M. A. Thomas : The development of infants' sensitivity to biomechanical displays, *Child Development*, **56**, 531-543, 1985
93) R. Blake : Cats perceive biological motion, *Psychological Science*, **4**, 54-57, 1993
94) J. E. Cutting and D. R. Proffitt : Gait perception as an example of how we may perceive events, In Intersensory Perception and Sensory Integration (eds. R. D. Walk and H. L. Pick), Plenum, New York, pp. 249-273, 1981
95) B. I. Bertenthal and J. Pinto : Complementary processes in the perception and production of human movements, In A Dynamical System Approach to Development : Applications (eds. E. Thelan and L. Smith), MIT Press, Cambridge, MA, pp. 209-239, 1993

9

眼 球 運 動

9.1 眼球運動測定法

眼球運動の測定法に関しては，すでに数多くの解説的文献があるので[1~3]，ここでは現在計測方法として有効なものの原理を 9.1.1 項（水平・垂直眼球運動），9.1.2 項（回旋眼球運動）で概観し，9.1.3 項では代表的な機器による具体的計測データに基づく水平・垂直眼球運動検出精度の比較を行う．（本節では頭部運動の検出方法については言及してない．したがって頭部運動が許容される眼球運動計測方法による計測にはつねに前庭動眼反射成分が含まれていることを忘れてはならない．）

9.1.1 眼球運動計測の原理

a．網膜像を追跡する方法（tracking of a retinal image）

眼底カメラなどにより得られる網膜像の中の特徴ある血管などの位置を追跡することで眼球運動（水平・垂直眼球運動）を測る方式[4,5]．網膜の各部位（例えば，中心窩）にいかなる像が結像されているかを確認しつつ計測できる唯一の方法で，微小眼球運動を検出することも可能であるが，分析には多大な時間がかかることも考慮しなければならない．

b．EOG（electro-oculography）

角膜は網膜に対して 1 mV 弱の正の電位を有している．この電位差の一部は眼のまわりに皮膚電極を取り付けることで検出でき，その電圧変化は眼球の回転角と関数関係にあることから眼球運動の検出が可能である[6]．EOG の長所は，後で述べるサーチコイル法と同様に広い検出範囲を有している点であるが，短所としては短時間計測でも 1°以上の高精度を得ることは容易ではなく，長時間計測ではドリフトに注意しなければならない[7]ことなどである．一般に高速（100 Hz 以上）で精密な眼球運動の検出には不向きである[8]．

c．オプティカルレバー法（optical lever method）

ガラスまたはプラスチック製のコンタクトレンズを角膜に装着し，そのコンタクトレンズの端に小さな鏡を取り付け，その鏡による光線の反射光を写真フィルム[9]または光電変化で取り出す方式．眼球運動検出は非常に高感度であって，通常水平・垂直ともに視角で分オーダーの検出は可能である．これはほかの眼球運動検出器に比べると約 10 倍以上高感度なので微小眼球運動の研究または静止網膜の研究用[9,10]に用いられる．ただし，眼球とコンタクトレンズとの間のスリップを抑えるためには軽量化や負圧の導入などが必要で，負圧を用いる場合は角膜および調節機能への影響も無視できず，取扱いには十分な注意が必要である．また反射光の検出範囲の制限から，大きな眼球運動の検出には不向きである．さらに微小眼球運動を高精度で検出するためには，回旋運動も考慮しなければならない．Matin ら[11]はコンタクトレンズの両端に鏡を取り付け，打消し作用により精度を上げているが，逆にこの打消し機構を利用すれば回旋運動の検出が可能である．

d．サーチコイル法（search coil method）

オプティカルレバー法では小さな鏡を検出用に用いたが，その代わりに，コンタクトレンズのまわりにコイルを取り付け，被験者を一様な交流磁場の内に置くと，眼球の回転に比例した誘導電流を取り出すことができる[12]．最大の利点は検出コイルの空間的な位置（回転角）を絶対値で検出できる点にある．オプティカルレバー法よりはコンタクトレンズ自身を軽量化でき，その分スリップも軽減できるが，オプティカルレバー法と同様の欠点は依然として残る．すなわちソフトコンタクトレンズ[13]を用いても装用時には表面麻酔剤などが必要であり，装着許容時間も数十分と短く，次回の装着まで数日間開けなければならない．この方法の検出精度はオプティ

カルレバー法と同等に優れており，さらにコイルと増幅器との結線が磁場を横切っていることによるノイズの軽減法も報告されている[14,15]．後で述べる回旋運動を検出する場合にも有効な計測手法である[16,17]．

e．角膜と強膜の境界を利用する方法（リンバストラッカー法, limbus tracker method）

角膜と強膜ではその曲率半径などの違いから光の反射が異なる．この性質を初めて水平方向の眼球運動検出に応用したのはTorokら[18]で，Richter[19]は初めて眼鏡枠に光源用小型豆ランプと検出用フォトセルとを取り付けることにより，頭部固定の必要度を軽減し，Starkら[20]は差動検出の原理を用いて，水平方向の検出範囲（±15°）の拡大と直線性を向上させた．Zuber[21]は頭部の十分な固定により，数度の眼球運動に対して10'の分解能を得ている．差動検出は垂直方向では水平方向ほど容易ではないので，Mitraniら[22]は下目蓋が眼球の上下方向の動きに対応して前後に動くことを利用し，第3の光源と検出器（フォトセル）を加えて垂直方向の運動を検出している．

Wheelessら[23]は瞳孔の上下の縁に，スリット状の光を与え，それぞれの反射光の差を検出し，垂直方向の眼球運動検出の精度を上げている．Jones[24]はスリット状の光を45°傾けて照射し，それぞれの反射光をマトリクス回路により処理し，水平方向と垂直方向の眼球運動を検出している．最近では6 mm×25 mmに10個のLEDと12個のフォトダイオードをアッセンブルすることも可能で検出精度の向上が図られている[25]．その他，TVカメラにより眼球の映像をとらえ，その映像信号を処理して眼球運動を検出する方式もある[26,27]．

f．角膜反射像（第1プルキンエ像）を利用する方法 (corneal reflection method)

眼球の回転中心と，角膜の凸面の中心とが一致していないので，角膜を一種の凸面鏡とし光源の反射光を凸レンズなどにより集光すると，この集光点は眼球の回転に伴って移動する．この点を写真フィルム，TVカメラ，フォトセル（position sensitive detector）などで受ければ，眼球運動が検出できる[28〜30]．十分な位置合わせにより検出精度は0.5°程度が可能である．しかし，この方式では頭の動きが大きな誤差を生む．Ditchburn[31]によれば1 mmの頭の動きは約14°の眼球の回転に相当してしまう．これを防ぐ1つの方法は検出系をヘルメットなどに取り付ける方式であるが[32,33]，ヘルメットの頭部への十分な固定については依然として問題が残る．

g．角膜反射像と瞳孔中心を利用する方法 (corneal reflection-pupil center method)

前述の方式の欠点は頭部の動きが大きな眼球運動検出誤差となることである．これを克服する1つの方法は角膜の反射像の位置を瞳孔の中心を参照点として計測し，頭部の動きをほぼキャンセルする方式である[34,35]．この方法では頭部の移動が2〜3 cmの立方体内であれば，前述の方式と同じくらいの精度で測定できるので，被験者への負担は非常に軽く優れた方式であって，数社から製品化されている．瞳孔の中心を決定するのには，瞳孔の最長径や瞳孔の面積から検出する場合は瞼やまつげの影響を受けるので，瞳孔円（楕円）を推定してその中心を検出する方法[36〜38]が開発されている．しかし，楕円の推定には通常コンピューターが用いられるが画像解析には時間がかかる（通常30 Hz程度）ので，より高速な処理には解析部のハード化が必要である．

h．第1・第4プルキンエ像を利用する方法 (double Purkinje image method)

第1プルキンエ像と水晶体の後面（凹面）による反射像（第4プルキンエ像）を検出し，この2つの像の相対位置を処理することで眼球運動を検出する方法[39〜41]．この方式では原理的にはある程度の頭部運動は許容されるが，実際の計測では頭部は固定されている場合が多い．眼球運動の検出精度は約2'と非常に優れており，システム全体の周波数帯域もDC〜300 Hzと広い．さらに調節（accommodation）も同時に測れる唯一の方式である．欠点は第4プルキンエ像を得るために，他の方式よりより高輝度の光源が必要なこと，瞳孔径がある程度以上大きくないと計測できないこと，装置が複雑であるので調整に多大な時間を要すること，そしてサッケードのような加速度の大きな眼球運動では水晶体の位置ずれによるノイズが混入する[42,43]ことなどである．

9.1.2 眼球運動計測の原理

回旋眼球運動（cyclotorsion）を検出するにはサーチコイル法と眼球映像の画像解析の2通りが考えられる．

a．サーチコイルによる検出

水平・垂直眼球運動のところで述べたサーチコイル法の応用として，サーチコイルの巻き方を工夫す

れば，回旋運動を精度よく検出することが可能である[16,17]．コイルが複雑であること以外はサーチコイル法のところで述べた長所・欠点がそのまま当てはまる．

b. 画像解析による検出

眼球または眼球に付着させたパターンをTVカメラなどにより撮像し，その映像を画像解析することにより回旋を求める方法．眼球に付着させるパターンとしては，コンタクトレンズにマークを付着させるもの[44]，輪舞結膜上に指標用の色素を付着させるもの[45]などが考えられるが，眼球への侵襲があるため一般化には至っていない．これに対して，虹彩紋理を利用する方法は解像度のある画像が得られればたいへん有効な方法で，エレクトロニクスの進展に伴い実用化されつつある．虹彩紋理の利用方法としては，紋理のなかの特徴点を追跡する方法[46~48]や瞳孔運動によって生じる紋理のひずみを2次元相関関数を用いて克服する方法[49]などがあるが，後者はその計算に膨大な時間を必要とする．計算時間を短縮する方法として，HatamianとAndersonの相関法[50]がある．これはある瞬間の瞳孔径よりわずかに大きな円周上の虹彩の濃度分布をテンプレートとして，その直後の濃度分布との相関を逐次求めることで回旋を算出する方法[50,51]で，計算時間は大幅に短縮される．

9.1.3 代表的な機器の水平・垂直眼球運動検出精度の比較

眼球運動計測を水平運動に限れば，角膜と強膜の境界を利用するリンバストラッカーによる計測が最も簡便であり，周波数帯域も1 kHz，測定精度も0.5°以上を実現することはむずかしくはない．とくにエレクトロニクスの知識があれば赤外発光ダイオードと一対の赤外フォトトランジスターを眼鏡枠などに取り付け，適当な差動増幅器を組み合わせることで数百mV/°の出力を有する眼球運動計測器を自作することも可能である．しかし，ここでは水平と垂直の計測が生体に侵襲することなしに計測可能で(よってサーチコイル法は除いた)，しかも現在購入が可能な代表的な装置に関しての検出精度の比較をUMTRI(The University of Michigan Transportation Research Institute)のレポート[52]を中心に概観する．

UMTRIレポートでとりあげられた装置は，Applied Science Laboratories社のASL210, ASL4000, ISCAN社のISCAN Headhunter, NAC社のNAC V, Permobil Meditech社のOber 2の5機種である．ここではこの5機種以外に，竹井機器工業のトークアイ(旧型機種)とFree View(新型機種)およびNACのEMR-NC(新型機種)も比較対象とした．これらの機種でASL210, Ober 2, トークアイは角膜と強膜の境界を利用する方法, NAC Vは角膜反射像を検出する方法, ASL4000, ISCAN Headhunter, Free View, EMR-NCは角膜反射像と瞳孔中心を利用する方法である．UMTRIレポートでとりあげられた5機種とトークアイは頭部搭載型でフィールドでの使用も可能である．一方，Free ViewとEMR-NCは据

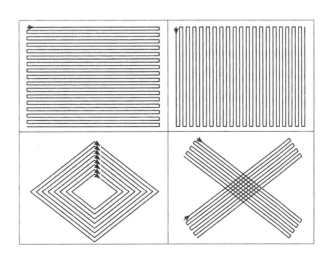

図9.1 各種眼球運動計測装置の評価に用いた刺激[52]
矢印の位置から輝点が移動する．

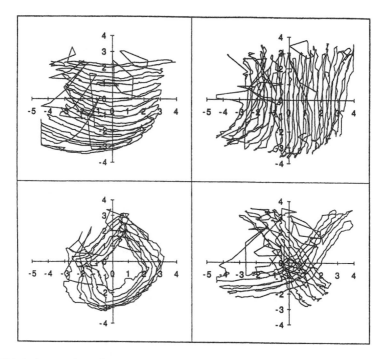

図 9.2 刺激図形(図 9.1)の輝点を追随したときの ASL 200 による眼球運動軌跡(被検者 A)[52]

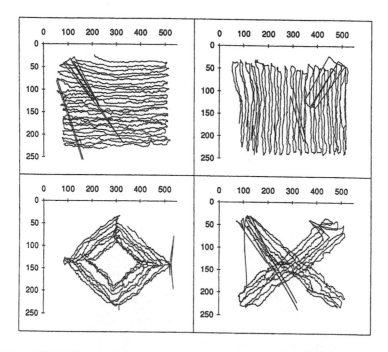

図 9.3 刺激図形(図 9.1)の輝点を追随したときの ASL 4000 による眼球運動軌跡(被検者 B)[52]

置き型で,刺激提示用の 17 インチモニター上の注視位置が計測値として得られる点が特徴である.

これら装置の比較検討のために用いた刺激図を図 9.1 に示す.刺激の提示範囲は水平は 40.2°,垂直は 30.8° で,直径 15′ の輝点が等速度で移動する.移動速度は UMTRI レポートには記載されていな

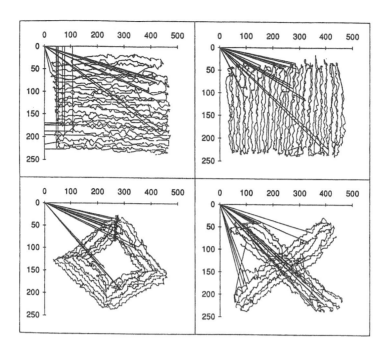

図 9.4 刺激図形(図 9.1)の輝点を追随したときの ISCAN による眼球運動軌跡(被検者 C)[52]

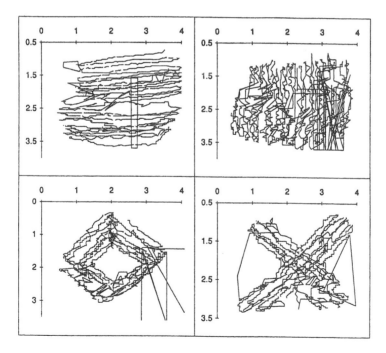

図 9.5 刺激図形(図 9.1)の輝点を追随したときの NAC V による眼球運動軌跡(被検者 A)[52]

いが, トークアイ, Free View, EMR-NC による
データ収集においては追随眼球運動が可能な 4.5°/
s とした. ただし計測範囲は装置の都合により 32×
24° の範囲とした.

一般に, 実計測前には装置の校正が行われる. す
なわち多くの機種で 3×3 点(合計 9 点で, 各点の

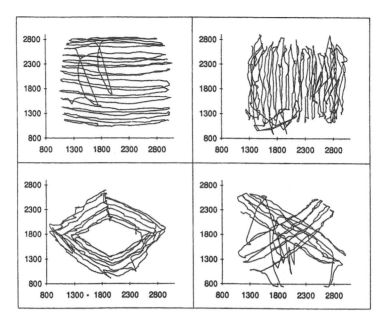

図9.6 刺激図形(図9.1)の輝点を追随したときのOber 2による眼球運動軌跡(被検者A)[52]

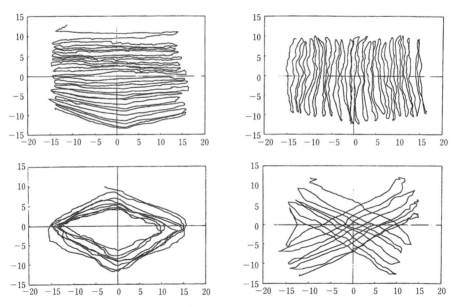

図9.7 刺激図形(図9.1)の輝点を追随したときのトークアイによる眼球運動軌跡(被検者D)

間隔はおおむね10°前後)を注視したときのデータを校正値とする校正表をあらかじめ装置のハードにまたは付属のコンピューターのプログラムにセットし，以後の計測ではこの値を参照して，校正点以外の注視点に関しては装置の直線性を仮定して線形補間で補正を行う．今回の各装置の評価において移動点を指標として用いたのは，この線形性の成り立ち度合いを見るためである[53]．

図9.2～9.9に計測結果を示す．これらの計測結果から，図9.3，9.4，9.8，9.9はかなりよい結果であり，これらはYarbus[9]の結果と遜色ない．また，これらのなかでの優劣は被験者が異なるので一概にはつけられない．被験者の違いによる計測データの変化に関しては，例えばUMTRIレポートで

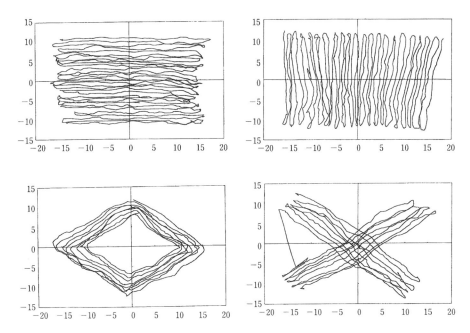

図 9.8 刺激図形(図 9.1)の輝点を追随したときの Free View による眼球運動軌跡(被検者 E)

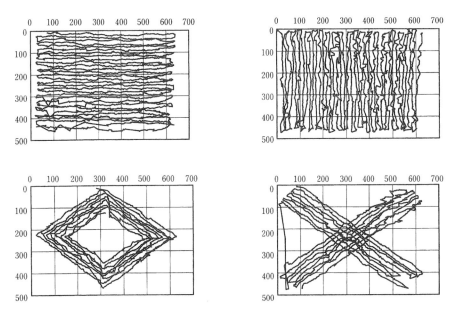

図 9.9 刺激図形(図 9.1)の輝点を追随したときの NAC-NC による眼球運動軌跡(被検者 F)

は NAC V および Ober 2 を,それぞれ異なる被験者で計測したデータを比較することから判断できるし,Yamada[54] ではリンバストラッカーによる計測装置を用いた場合の被験者の違いによるデータの差異が報告されている.一方,図 9.3, 9.4, 9.8, 9.9 以外の機種の結果には,校正が行われているにもかかわらず多かれ少なかれひずみが残っている.このことは各メーカーから出されている仕様値,例えば検出範囲 ±20°,検出精度 0.5° などの仕様値が,2 次元空間をまんべんなく注視した場合の精度を必ずしも保証しているものでないことを意味している.なお,UMTRI レポート以外の結果では瞬

き時のデータは除外処理を施したものである．

　これらの計測結果以外にも，機種選定においては他のいくつかの事項に配慮しなければならない．とくに計測速度に関してであるが，ASL200，Ober 2，トークアイの3機種以外はいずれもTVカメラを利用している関係で，周波数帯域はたかだか30Hzか60Hzである．これは眼球運動の特性そのものを研究する場合には十分な帯域（1 kHzは必要）ではない．また頭部搭載型は視野がけられる部分が必ず存在するし，搭載による不快感も免れることができない．また，いくつかの機種は頭部運動そのものが計測精度に大きく影響するものもあり，研究目的に合わせた選択が必要である．　　［斎田真也］

文　献

1) L. Young : Method & Designs ; Survey of eye movement recording methods, *Behavior Research Methods & Instrumentation*, **7**, 397-429, 1975
2) 古賀一男：眼球運動の測定法，新編感覚・知覚ハンドブック（大山　正，今井省吾，和気典二編），誠信書房，1994
3) 斎田真也：各種眼球運動測定方式の比較，*VISION*, **3**, 95-100, 1991
4) T. N. Cornsweet : A new technique for the measurement of small eye movements, *Journal of the Optical Society of America*, **48**, 808-811, 1958
5) 鵜飼一彦，石川　哲：赤外線テレビ眼底カメラによる眼球運動の測定，光学，**10**, 253-259, 1981
6) B. Tursky : Recording of Human Eye Movements, In Bioelectric Recording Techniques Part C (eds. R. F. Thompson and M. M. Patterson), Academic Press, New York, 1974
7) 久野悦章，八木　透，藤井一幸，古賀一男，内川嘉樹：EOGを用いた視線入力インタフェースの開発，情報処理学会論文誌，**39**, 1455-1462, 1998
8) G. H. Byford : Non-linear relations between the cornea-retinal potential and horizontal eye movements, *Journal of Physiology*, **168**, 14-15, 1963
9) A. L. Yarbus : Eye Movements and Vision, Plenum Press, New York, 1967
10) R. W. Ditchburn and B. L. Ginsborg : Involuntary eye movements during fixation, *Journal of Physiology*, **119**, 1-17, 1953
11) L. Matin and D. G. Pearce : Three dimensional recording of rotational eye movements by a new contact lens technique, *Biomedical Science and Instrumentation*, **2**, 79-95, 1964
12) D. A. Robinson : A method of measuring eye movements using a search coil in a magnetic field, *IEEE Transactions in Biomedical Engineering*, **10**, 137-145, 1963
13) R. V. Kenyon : A soft contact lens search coil for measuring eye movements, *Vision Research*, **25**, 1629-1633, 1985
14) J. Reulen and L. Barker : The measurement of eye movement using double induction, *IEEE Transactions in Biomedical Engineering*, **29**, 740-744, 1982
15) L. Bour, J. van Gisbergen, J. Bruijns and F. Ottes : The double magnetic induction method for measuring eye movements-results in monkey and man, *IEEE Transactions in Biomedical Engineering*, **31**, 419-427, 1984
16) 高木峰夫，長谷部　日，阿部春樹：サーチコイル法による眼球運動の定量的解析，眼科，**39**, 1269-1276, 1997
17) B. J. Hess : Dual-search coil for measuring 3-dimensional eye movements in experimantal animals, *Vision Research*, **30**, 597-602, 1990
18) N. Torok, V. Guillemin and J. M. Barnothy : Photoelectric nystagmography. *Annals of Otology, Rhinology and Laryngology*, **60**, 917-927, 1951
19) H. R. Richter : Principes de la photo-electro-nystagmograhie. *Revue of Neurologique*, **94**, 422-444, 1956
20) L. Stark, G. Vossius and L. R. Young : Predictive control of eye tracking movements, *IEEE Transactions on Human Factors in Electronics*, **3**, 52-57, 1962
21) B. L. Zuber : Physiological control of eye movements in humans, PhD thesis, Massachusetts Institute of Technology, 1965
22) L. Mitrani, N. Yakimoff and S. L. Mateeff : Combined photoelectric method for detecting eye movements, *Vision Research*, **12**, 2145, 1972
23) L. L. Wheeless, R. M. Boynton and G. H. Cohen : Eye-movement responses to step and pulse-step stimuli, *Journal of the Optical Society of America*, **56**, 956-960, 1966
24) R. Jones : Two dimensional eye movement recording using a photo-electric matrix method, *Vision Research*, **13**, 425-431, 1973
25) A. Kumare and G. Krol : Binocular infrared oculography, *Laryngoscope*, **102**, 367-378, 1992
26) L. R. Young : Recording eye position, In Biomedical Engineering Systems (eds. M. Clynes and J. H. Milsum), McGraw-Hill, New York, 1970
27) D. Sheena : Two digital techniques for eye position measurement, *Medical Instrumentation*, **7**, 17-33, 1973
28) G. Buswell : How people look at pictures, University of Chicago Press, Chicago, 1935
29) C. A. Hazel and A. W. Johnston : Recording eye movements using coaxial camers—Applications for visual ergonomics and reading studies, *Optometry and Vision Science*, **72**, 679-683, 1995
30) 斎田真也，池田光男：眼球運動測定装置の一方法，光学，**4**, 286-288, 1975
31) R. W. Ditchburn : Eye-movements and Visual Perception, Clarendon Press, Oxford, 1973
32) J. F. Mackworth and N. H. Mackworth : Eye fixations recorded on changing visual scenes by the television eye-marker, *Journal of the Optical Society of America*, **48**, 439-445, 1958
33) E. L. Thomas : Movements of the eye, *Scientific American*, **219**, 88-95, 1968
34) J. Merchant, R. Morrisette and J. L. Porterfield : Remote measurement of eye direction allowing subject motion over one cubic foot of space, *IEEE Transactions on Biomedical and Medical Engineering*, **21**, 309-317, 1974
35) R. A. Monty : An advanced eye movement measuring and recording system featuring unobtrusive monitoring and automatic data processing, *American Psychologist*, **30**, 331-335, 1975
36) C. Buquet, J. R. Charlier and V. Paris : Museum application of an eye tracker, *Medical & Biological Engineering & Computing*, **26**, 277-281, 1988

37) 伴野 明：視線検出のための瞳孔撮影光学系の設計法，電子情報通信学会論文誌，**J74 D-II**, 736-747, 1991
38) 伴野 明，岸野文郎，小林幸雄：瞳孔の抽出処理と頭部の動きを許容する視線検出装置の試作，電子情報通信学会論文誌，**J76 D-II**, 636-646, 1993
39) T. N. Cornsweet and H. D. Crane: Accurate two-dimensional eye tracker using first and fourth Purkinje images, *Journal of the Optical Society of America*, **63**, 921-928, 1973
40) H. D. Crane and C. M. Steele: Accurate three-dimensional eye-tracker, *Applied Optics*, **17**, 691-705, 1978
41) H. D. Crane and C. M. Steele: Generation V dual-Purkinje-image eye-tracker, *Applied Optics*, **24**, 527-537, 1985
42) H. Deubel and B. Bredgeman: Fourth Purkinje image signals reveal eye-lens deviations and retinal image distortions duing saccades, *Vision Research*, **35**, 529-538, 1995
43) H. Deubel and B. Bredgeman: Perceptual consequences of ocular lens overshoot during saccadic eye movements, *Vision Research*, **35**, 2897-2902, 1995
44) 岡山英樹，長谷部 聡，大月 洋，小西玄人，藤原由延：ビデオ画像処理による眼球運動計測，日本の眼科，**62**, 171-178, 1991
45) 長谷部 聡，大月 洋，小西玄人，藤原由延，渡辺好政：正弦波頭部傾斜運動における動的反対回旋の計測，眼科臨床医報，**83**, 848-852, 1989
46) S. Yamanobe, S. Taira, T. Morizono and T. Kamio: Eye movement analysis system using computerized image recognition, *Archives of Otolaryngology and Head Neck Surgery*, **116**, 338-341, 1990
47) 石川則夫，小林直樹，保坂栄弘，森園敏生，山野辺滋晴，八木聰明，片山圭一郎：新しいめまい検査システム，虹彩紋理追跡法を用いた眼振3成分解析法，医用電子と生体光学，**33**, 192-202, 1995
48) E. Groen, J. E. Bos, P. F. M. Nacken and B. de Graaf: Determination of ocular torsion by means of automatic pattern recognition, *IEEE Transaction on Biomedical Engineering*, **43**, 471-479, 1996
49) 土屋邦彦，鵜飼一彦，石川則夫，青木 繁，長谷川一子：眼球回旋撮影装置による後天眼振一症例の解析，あたらしい眼科，**12**, 1647-1650, 1995
50) M. Hatamian and D. J. Anderson: Design considerations for real-time ocular counterroll instrument, *IEEE Trans. Biomed. Eng.*, **BME 30**, 278-288, 1983
51) A. H. Clarke, W. Teiwes and H. Scherer: Evaluation of the torsional VOR in weightlessness, *Journal of Vestibular Research*, **3**, 207-218, 1993
52) M. Williams and E. Hoekstra: Comparison of Five On-Head, Eye-Movement Recording Systems, Technical Report, UMTRI-94-11, 1994
53) K. O'Regan: A new horizontal eye movement calibration method: Subject-controlled "smooth pursuit" and "zero drift", *Behavior Research Methods & Instrumentation*, **10**, 393-397, 1978
54) M. Yamada and M. Hirota: Development of an eye-movement analyser possessing functions for wireless transmission and autocalibration, *Medical & Biological Engineering & Computing*, **28**, 317-324, 1990

9.2 眼球運動の生理機構

ヒトの網膜機能は中心に機能が集中しており，眼球が視覚入力を適切に受容するためには，視対象を網膜の中心でとらえることが重要である．眼球運動はそのためヒトでとくに発達し，衝動性眼球運動，滑動性眼球運動，輻輳開散運動，前庭動眼反射，視運動性眼振の5つの眼球運動がある．これらは中枢でそれぞれ独立の制御系をもつが，最終的に脳幹の眼球運動神経核に神経信号が送られ，それ以降の運動神経，外眼筋は共通路である．

9.2.1 外眼筋

眼球運動は3つの回転軸をもち，外転-内転，上転-下転，内旋-外旋の3種の運動で規定される．眼球は眼窩の脂肪組織に浮いているが，眼球や外眼筋を囲む被膜と眼窩骨膜との間に靱帯が発達し，眼球運動の範囲を正常に保つとともに眼球運動を安定させるはたらきをしている．眼球運動に伴って眼球そのものも少し偏位するが，数mm以内で通常は考慮に入れる必要はない．

眼球運動に関与する筋は3対6個の外眼筋からなる（図9.10(a)）．外直筋・内直筋・上直筋・下直筋の4直筋は，眼窩の先端で視神経をとりまく総腱輪から起こり，眼球の水平・垂直方向に付着する．上斜筋も総腱輪から起こり，眼窩内上方の線維軟骨性の滑車により進路を変え眼球上方に付着する．下斜筋は眼窩底内側前部から起こり眼球外側に付着する．この眼筋の付着方向からわかるように，直筋は主に眼球の上下左右への方向の変化に，斜筋は主に眼球の回旋にかかわる．

各外眼筋の作用を表9.1にまとめたが，垂直作用と回旋作用の割合は眼位によって変化する（上・下直筋は23°外転位では垂直作用のみで内・外転するにつれて回旋作用が加わる．上・下斜筋は回旋作用が主だが内転するほど垂直作用が加わり54°内転位で最大）．外眼筋は互いに協調関係があり，ある方向に眼球が回転するときには作用筋が収縮するとともに，その反対方向に作用をもつ筋（拮抗筋）が弛緩し（相反性抑制），同時に対側の眼球の同方向に作用をもつ筋（共向き筋）が収縮する．上下直筋と斜筋は共同して垂直機能を営むため上下方向では回旋が起こらないが，斜め方向では見かけ上の生理的回旋（Listing氏回旋）が起こる．

外眼筋は骨格筋と同じ横紋筋からなるが，①筋線維が体内で最も細く，神経支配・血流がきわめて豊富である，②単一神経支配（神経線維が1か所で筋線維に接合）による速筋線維と多重神経支配（神

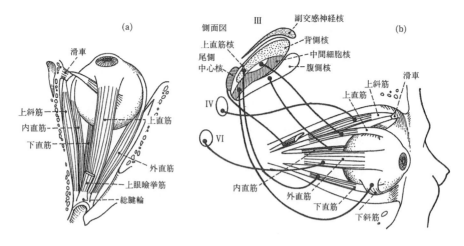

図9.10 外眼筋の位置と神経支配[1]

表9.1 外眼筋の作用

	支配神経	主な作用	2次的な作用
外直筋	外転神経	外転	
内直筋	動眼神経	内転	
上直筋	動眼神経	上転	内方回旋, 内転
下直筋	動眼神経	下転	外方回旋, 内転
下斜筋	動眼神経	外方回旋	上転, 外転
上斜筋	滑車神経	内方回旋	下転, 外転

経線維が筋の直前で枝分かれしし接合部がいくつも分布する眼筋に固有の接合)による徐筋線維から構成される,③眼窩側の小径線維群(徐筋線維が比較的に多い)・眼球側の大径線維群(速筋が多い)の2層からなる,などの独特の特徴をもつ.

9.2.2 眼球運動神経

外眼筋を支配するのは第III・IV・VI脳神経,すなわち動眼神経(oculomotor nerve), 滑車神経(trochlear nerve), 外転神経(abducens nerve)である.各運動神経の細胞体(核)は脳幹に左右対称に存在し,動眼神経核は同側の内直筋・下直筋・下斜筋,対側の上直筋を,滑車神経核は対側上斜筋を,外転神経核は同側外直筋を支配する(図9.10(b)).その神経信号は,運動の位置情報(step信号)と速度情報(pulse信号)から成り立っている.眼球をとりまく結合組織・脂肪組織また眼筋の機械的性質による粘弾性のために,眼球はつねに正面に戻ろうとする力がはたらいており,step信号はこのような力に抗してある眼位を保持するための持続的な一定頻度の信号である.速い運動を開始するときにはこれらの抵抗に打ち勝つ力が必要であり,運動の開始時に集中的に送られる高頻度信号がpulse信号である.

9.2.3 脳幹のプレモーター回路

眼球運動の目標値の情報をもとに,外眼筋収縮のための実行型の神経情報を生成する.したがって,加速・減速などのダイナミクスはここで規定される.ここでは解明の進んでいる衝動性眼球運動を例に述べる.

上丘の眼球運動目標のベクトル情報は水平成分と垂直成分に振り分けられ,それぞれ傍正中部橋網様体(PPRF)と中脳網様体の内側縦束吻側間質核(riMLF)へ送られ,水平および垂直のプレモーター回路で神経信号が作られる(図9.11).プレモーター回路にはburst細胞・tonic細胞・burst-tonic細胞・pause細胞の4種の細胞が知られている.上丘からの情報を受けたburst細胞はpulse信号を作り眼球運動の速度を規定する.この信号から神経回路のはたらきにより位置情報であるstep信号が算出され(概念的な「神経積分器」),眼球を目標位置へ保持するはたらきをする.Tonic細胞はこのstep信号をもつ.これらpulse信号とstep信号は運動神経核で合流する.これらに対し,pause細胞は通常,burst細胞を抑制して不必要な運動が起こらないように制止しているが,眼球運動が必要なときのみ抑制活動を停止する.この抑制の開放が眼球運動信号生成のトリガーとなる.

水平系の信号は外転神経核に送られ,ここから同側眼球の外直筋(直接)と対側眼球の内直筋(内側縦束MLFから対側動眼神経核を介して)へ伝達され,両眼とも等量に水平運動する(図9.11(a)).垂

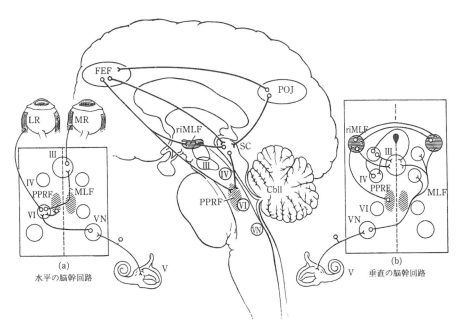

図 9.11 眼球運動の中枢神経路[2]
FEF：前頭眼野，POJ：頭頂後頭連合野，SC：上丘，Cbll：小脳，riMLF：内側縦束吻側間質核，PPRF：傍正中部橋網様体，MLF：内側縦束，Ⅲ：動眼神経核，Ⅳ：滑車神経核，Ⅵ：外転神経核，VN：前庭神経核，V：前庭器，LR：外直筋，MR：内直筋．

直系の信号は上下直筋と上下斜筋に応分の信号として両側動眼神経核と滑車神経核に伝えられる（図9.11(b)）．

9.2.4 小　　脳

小脳は運動が適正であるよう調整器としてはたらいている．その第1は最適制御であり，振幅・速度など運動のパラメーターを生体に有利に最適化し，精度の高い巧緻な運動にしている．第2は適応制御であり，環境の変化や効果器の特性の変化など運動制御系外部のパラメーターの変化に対し，運動誤差を手がかりにして適応的に学習するはたらきである．この学習は，小脳皮質プルキンエ細胞での伝達効率の変化(可塑的シナプス)により行われると考えられる．小脳のなかでも，虫部-室頂核の系は衝動性眼球運動と滑動性眼球運動に，片葉・腹側傍片葉は前庭動眼反射と滑動性眼球運動に関係が深い．

9.2.5 各眼球運動の神経機構

a．衝動性眼球運動

視標の位置情報をもとに open-loop 制御される速い運動（最大 700°/s）である．潜時は平均 220 ms 程度であるが，この多くは大脳で視覚的注意が向けられ眼球運動の遂行を決定する高次の判断に費やされている．大脳中枢は前頭葉の前頭眼野（FEF）を中心とした構造と頭頂-後頭連合野を中心とした構造に大別できる．後者は視覚情報に基づいた反射的な眼球運動の発現に関連が強く，前者はより随意的な眼球運動の企画に関連が強い．大脳の情報は上丘を介し運動のベクトル情報として脳幹プレモーター回路に伝えられる．

b．滑動性眼球運動

視対象の運動速度を連続サンプリングし，feedback 制御で視標速度と眼球運動速度を合致させる．制御系は眼球位置を考慮しながら視標速度と眼球運動速度の相対関係を感知しているので，追従が完全で網膜上のずれがなくても追従を遂行することができる．運動速度の検出には V5 領域（サルの MT・MST 野に対応）が重要な役割を果たしている．ここから背外側橋核→小脳片葉→前庭神経核を経て，また前頭眼野→橋被蓋網様核→小脳虫部・室頂核→前庭神経核を経て運動神経核へ投射する2つの系が知られている．

c．輻輳開散運動

両眼視差に対して feedback 制御される．視差は大脳高次視覚領で検出され，脳幹には動眼神経核背

外側の中脳網様体と中脳背側部にプレモーターニューロンが証明されているが，神経路の詳細はまだ不明である．ほかの近見反応の要素（焦点調節・瞳孔縮瞳）と中枢で連関している．

d．前庭動眼反射

日常的に頭部はつねに動いており，眼球は頭部と反対運動して視野を安定させる．前庭動眼反射と視運動性眼振は共同して頭部運動の代償性眼球運動としてはたらいているが，前者は頭部運動の加速度を利用，後者は視界の動きを利用している．頭部運動は前庭器で検出されるが，回転運動は半規管で，直線運動・傾斜運動は耳石器で神経信号に変換される．信号は前庭神経核へ送られ，脳幹の回路網を経て運動神経核へ至る．その利得の調整には小脳片葉がかかわっている．また，体の持続的回転，前庭器の温度刺激，疾患による左右前庭神経核の活動の不均衡があると前庭性眼振をきたす．

e．視運動性眼振

臨床検査上は視界全体の持続的な動きに対する眼球運動として測定される．運動は緩徐相（視界の動きを追従）と急速相（追従により端へいった眼位を引き戻す）のくり返しからなる．緩徐相はさらに初期の加速の大きい成分とそれに続く速度変化の少ない成分に分けられる．この加速度の少ない成分が視運動性眼振に特徴的な運動で，視蓋前域の視索核と副視索核が視界の動き（それぞれ水平，垂直方向）を検出し，脳幹で処理され前庭神経核を経て運動神経核に情報が送られる．この成分は視覚刺激がなくなった後も速度情報を保持して運動を持続させるはたらき（速度保持機序）をもつ．緩徐相の初期部分は滑動性眼球運動に，急速相は衝動性眼球運動にほぼ類似の機構で制御されている．　　［高木峰夫］

文　献

1) 小松崎　篤，篠田義一，丸尾敏夫：眼球運動の神経学，医学書院，1985
2) N. R. Miller and N. J. Nenman: Walsh and Hoyt's Clinical Neuro-Ophthalmology, Vol. 1 (5th ed.), Williams and Wilkins, Baltimore, 1998
3) R. H. S. Carpenter: Movements of the Eyes (2nd ed.), Pion, London, 1988
4) R. John Leigh and D. S. Zee: The Neurology of Eye Movements (3rd ed.), Oxford, NewYork, 1999

9.3　眼球運動の種類

9.3.1　視線の保持

a．外眼筋

眼球運動は，眼球に付着している3対6本の外眼筋によって制御されている．それらは，水平方向に①内直筋，②外直筋，垂直方向に③上直筋，④下直筋，斜め方向に⑤上斜筋，⑥下斜筋と呼ばれている．それぞれの筋の位置関係は，直筋は眼窩内の総腱輪を起始部としてそのまま強膜に付着している．上斜筋は総腱輪を起始として眼窩内部上縁の滑車を通り上直筋の下方から強膜に至り，下斜筋は下眼窩縁内側を起始部として下直筋の下方から強膜に至っている．これら6本の外眼筋は，眼球の移動時にそれぞれが等しい力で眼球を制御しているわけではない[1]．眼球が回転するときに6本の外眼筋が受け持つと推測される力は図9.12のように仮定されている[1]．これらの応力は眼球の位置に応じた各外眼筋の断面積から求められた静的な値であるが，動的には値の相違が生じることが容易に理解できる．例えば，近い距離にある視対象を固視したときに生じる内転角5°を相当時間持続させたときと，休止点(resting position. 眼を自然な状態で解放させたとき，レンズ調節と眼球の内転角が到達する視距離のこと）以遠にある視対象を水平方向に5°程度離れた方向で相当時間固視したときでは，各外眼筋にかかる力は同じではない．あくまでも両眼で通常の状況で眼球を自然に移動させたときの応力の変化であると考えておくべきである．

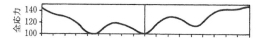

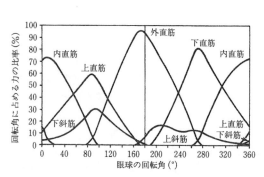

図9.12　眼球が左右方向に回転したときに，回転の角度に応じて6種類の外眼筋が受けもつ力の割合[1]

b. 眼球の位置と座標系

両眼視による眼球運動を3次元的に表現するためには，3次元直交座標系による記述が用いられる．記述の方法には，Helmholz（ヘルムホルツ）による記述法[2]，Fick（フィック）の記述法[3]，Listingによる記述法[3]の3種類が主要なものである．それぞれの特徴は，Helmholzによる記述法では，① 第1眼位のときは垂直方向が水平方向よりも正確に記述できることと，② 両眼の共役運動と輻輳を含めて記述できるところにある．Fickの記述法では，第1眼位での誤差は垂直，水平方向ともに生じ，両眼視を記述するには両眼それぞれに計算しなければならない．またListingによる記述法では，前二者に比較すると左右上下の座標値の不均衡がない．このように眼球運動の幾何学的位置関係を定義することによって，眼球の網膜位置が眼位によってどのように変位するかということを客観的にとらえることで，眼位の正常・異常を記述することが初めて可能になるのである．

c. 眼球運動の位置変位の測定

眼球運動の測定はいくつかの異なった原理によって測定が行われる．その詳細は古賀[4,5]および9.1節に譲るが，大きく分類すると以下のようになる．

(1) 特殊なコンタクトレンズを用いる方法で，測定目的によって何種類かのタイプがある．その原理は，一様な磁界を発生させた装置のなかでコンタクトレンズ内にサーチコイルを埋設しておき，眼球の移動とともに生じた誘導電流を増幅するものである．眼球自身とのあいだにスリップが生じることで測定誤差を生じることが問題とされている．

(2) 角膜反射法と呼ばれる方法では，可視光，あるいは赤外光を角膜に照射し，角膜の中心が眼球の中心から偏心していることを利用して光像の微細な変化を光学的に拡大して位置検出を行うことができる．この方法では頭部の粗大な変位が大きな測定誤差になるのと，瞬目などによって反射光が中断されるときに測定不能になるという不利がある．

(3) 二重プルキンエ法では，角膜の表面反射（第1プルキンエ像）とレンズ体後面からの反射（第4プルキンエ像）の差異を検出する．この場合，眼球が水平，垂直方向に平行移動したとき（多くの場合頭部の変位による）は両者の差異が一定であり，眼球自身が回転したときに限り移動量が変化するという特色を利用して，眼球の変位量を検出している．測定精度は高いが，やはり瞬目によって光行路の物理的中断が測定不能な状態を生じさせるという不便さがある．

(4) EOG法は，眼球が網膜側で負に，角膜側で正に帯電している性質を利用して，眼球が回転したときに電極と帯電位置との距離が電位差として導出できるという特性を用いた測定方法である．電位の増幅に使用する増幅器や，電極の違いによって測定精度に違いは認められるが，測定の簡便さにより広く使用されている方法である．高い精度を望めないこと，および頭部を固定装置から開放できることによる利便さはあるが，そのことにより生じる前庭動眼反射成分の混入した眼球運動を測定しているという自覚をもつことがデータの解析には必要である．

(5) 強膜境界反射法は，眼球の虹彩と強膜の境界部分に赤外光を照射し，眼球が回転するときに反射光の増加/減少が生じることを利用し，その反射光を一対の左右方向に設置したデバイス，同じく上下方向に設置した一対のデバイスで捕捉し，それぞれ差動増幅して2次元的な眼球の位置を検出するものである．測定装置の開発は簡便であるが，角膜反射法ほどの測定精度は望めない．

(6) 眼球自身の映像をテレビカメラで撮影し，瞳の光学的中心を測定する方法がある．この方法は光学的な撮影倍率があまり高くないこと，および測定中の状況が測定者には直観的に理解しやすいという特徴があるが，測定の時間的精度がビデオ画像のフレーム数以上にあがらないという弱点をもっており，サッカードのような高速眼球運動の測定などは不可能である．

以上，簡単に眼球運動の測定方法を概説したが，測定目的と測定の状況に応じた測定手段を適用することが重要であって，どの方法が一義的に優れているなどという議論はあまり意味がない．どの測定法にも重要なのは，計測時の較正であって，単純なマグニチュード較正だけを行い線形性を修正しない較正は再考すべきである[4]．

d. 眼球運動の種類

眼球運動をどのように分類するかという議論に関しては眼球運動の特性を基準にするか，視覚刺激の特性を基準にするかで分類の結果が異なってくるが，ここでは表9.2に大まかな分類と特徴を記載した[6]．これらの分類はきわめて形式的なものであるが，将来的には，眼球運動の制御機構を神経経路によって特定する試みがこの分類をさらに意味のあるものにしていくであろう．

表9.2 眼球運動の分類

眼球運動のタイプ	眼球運動の特徴	運動速度の範囲
滑動性眼球運動	低速の視覚運動刺激に対して滑らかに刺激を追視する．	2～40°/s
サッカード	周辺視野でとらえられた視対象を捕捉する高速な眼球運動，あるいは中枢からのコマンドによる自発的な高速眼球運動．きわめて高速で視線を移動させることができるが，移動中はサッカード抑制が生じ視認特性が低下する．	最高速1000°/s
前庭動眼反射	頭部，身体の移動を補償するときに生じる眼球運動．眼球を支持している系が移動しても，もとの固視を維持するための眼球運動．	刺激依存性がある．最高速500°/s
輻輳	網膜上の視差の調整を行うための両眼の非共役的運動．共役眼球運動に比較すると移動速度はたいへん遅い．	最高速10°/s
漂動	自発的に生じる小さく微細な眼球運動．視対象を中心窩に固定するための微調整機能をもつ．	最高速4′/s
マイクロサッカード	視対象を走査するときに生じる微小な運動．固視の修正を行うときに生じる．	振幅は2～28′，1秒間に1～2回程度の頻度で生起する．
生理的振戦（トレモア）	外眼筋自身に固有で生理的な微細な運動．方向性はない．	高速な運動だが振幅は小さい．
マイクロトレモア	生理的震せんよりさらに小さな眼球運動．視覚上の視認特性とは関係がないほどに高速で小さい．	平均15″程度で30～100Hz程度の周波数．
ジャーク	両眼共役性の修正機能をもったサッカードだが振幅は小さい．	0.5～3°程度の振幅で最も多い場合でも1分に9回程度の頻度で生起する．

e. 眼球運動への疲労の影響

眼球を制御する外眼筋は通常の運動筋であることから，当然疲労の影響を考慮しなくてはならない．外眼筋の疲労は眼球運動のサッカードの速度と正確さを減弱させるが，眼球の位置データだけを観察しているだけでは，そのことを正しく理解することは困難である．サッカード速度の変化を知る最も有効な方法は，位置データを1次微分し，その微分値の振幅と減衰パターンを明確に分類することである．とくに疲労だけを検討した研究は数が少ないが，一定の距離を被験者に多数回サッカードさせ，その速度成分の振幅とパターンを検討した研究[7]によると，同じ距離をサッカードしても161回目には初回の速度の半分程度を実現できたにすぎず，サッカード後半の速度の減衰フェーズのパターンも多峰性を示すようになっている．このような実験的事実からすると，眼球運動を計測する実験は，試行のくり返しの回数や，午前中に実験を行うか，あるいは午後に行うかなどについて注意深く実験条件を統制する必要がある．

f. 視線保持の特性

視線の保持とは，サッカード，滑動性眼球運動以外の眼球運動で視線を一定の時間，一定の位置に保持することをいう．固視（fixation）といわれることも多い．その特性は，視対象を網膜上中心窩に保持し，視覚情報を摂取することに大いに寄与するが，視覚刺激が呈示される情況に大きく依存する特性をもっている．視覚刺激が呈示されない暗黒中では時間が経過するに従って固視の維持が困難となる[8]．一方，眼球は外眼筋によって位置を維持されていることにより生理的に微細な運動（トレモア）をつねに生じている．これは固視そのものが時間経過とともに眼球が固視位置を変位させていくという結果を生じることになる[9]．

呈示される視覚刺激によっても眼球の固視の様態は変化する．もちろんサッカード，滑動性眼球運動も刺激依存的であるが，固視が特別影響を受ける刺激特性としては，刺激波長（色）によってわずかに影響され[10]，輝度によっては固視の様態が明らかに変容する．当然，輝度の低下は固視の維持を困難にさせるが，刺激の背景輝度が極端に低下する場合は中心窩より網膜の周辺部で視対象を視認することのほうがむしろ容易になる．したがって，そのような場合には視線の移動がごく自然に生起する．しかし，このような眼球運動は長波長側（赤色系の照明下）で一様に照明された環境では全く生起しない[10]．

g. 眼球運動の制御システムモデル

眼球運動の制御システムを理解するためには，その生理学的機構を理解すると同時に，ある時点までに知られた知識によって制御システムのモデルを構

9.3 眼球運動の種類

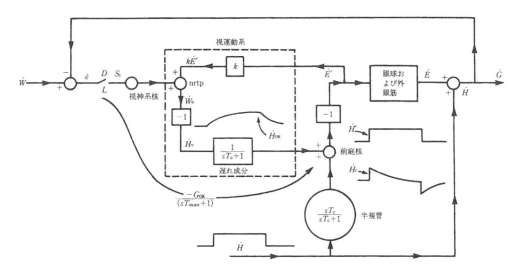

図 9.13 Robinson の眼球運動制御システムモデル[11]
このモデルでは視性刺激入力によって生じる補償眼球運動に，さらに前庭動眼反射の系を付加して補償性眼球運動を明快に説明している．$\dot{G}$：眼球速度，$\dot{W}$：外界の速度，$\dot{e}$：網膜上のスリップ速度，$\dot{H}$：頭部運動速度，$\dot{E}$：対頭部運動内眼球運動速度，T_{okan}：時定数，G_{OK}：利得，T_c：半規管の時定数．

成し，そのモデルから多くの行動的事実を説明し，予測することが重要である．これまでにいくつかのモデルが提唱されているが，代表的なものとして Robinson の制御システムモデル[11] を検討してみる（図 9.13）．

このモデルでは光によって駆動される系，および前庭運動刺激によって解発される系を同時にモデル化したものである．光駆動系のシステムは点線で囲まれた部分であり，その外は前庭動眼反射にかかわる領域である．いずれの場合にも網膜上に捕捉された時間における像情報が一定の時定数の後に網膜上でずれを生じたとき（retinal slip）それを復元しようとするフィードバック機構をモデルにしたものである．このモデルでは，視性眼振と前庭動眼反射がどのように共同するのかということを理解するうえできわめて明快な解を与えるが，非線形な眼球運動の機構やデータ[12] を取り扱うことはできないという制限がある．　　　　　　　　　　　　[**古賀一男**]

文　献

1) P. Boeder : The cooperation of extraocular muscles, *American Journal of Ophthalmology*, **51**, 469-481, 1961
2) H. Helmholz : Physiological Optics (ed. and trans., J. P. C. Southall), Dover, New York, 1926
3) P. E. Hallet : Eye movements, Handbook of Perception and Human Performance (eds. K. R. Boff, L. Kaufman and J. P. Thamas) : vol. 1 ; Sensory processes and perception, Wiley, New York, 1986
4) 古賀一男：眼球運動実験ミニハンドブック，労働科学研究所出版部，1998
5) L. R. Young and W. S. Sheena : Survey of eye movement recording methods, *Behavior Research Methods and Instrumentation*, **7**, 397-429, 1975
6) R. N. Haber : The Psychology of Visual Perception, Holt, Rinehart & Winston, New York, 1954
7) A. T. Bahill and L. Stark : Overlapping saccades and glissades are produced by fatigue in the saccadic eye movement system, *Experimental Neurology*, **48**, 95-106, 1975
8) A. A. Skavenski and R. M. Steinman : Control of eye position in the dark, *Vision Research*, **10**, 193-203, 1970
9) L. A. Riggs, J. C. Armington and F. Ratliff : Motions of the retinal image during fixation, *Journal of the Optical Society of America*, **44**, 315-321, 1954
10) R. M. Steinman and R. J. Cunitz : Fixation of targets near the absolute foveal threshold, *Vision Research*, **8**, 277-286, 1968
11) D. A. Robinson : The use of control system analysis in the neurophysiology of eye movements, *Annual Review of Neuroscience*, **4**, 463-503, 1981
12) V. Henn, B. Cohen and L. R. Young : Visual-vestibular interaction in motion perception and the generation of nystagmus, *Neurosciences Research Program Bulletin*, **18**, 575-651, 1980

9.3.2　視線移動

視対象を網膜の中心窩でとらえるために生じる眼球運動の種類として，サッカード，滑動性眼球運動，バーゼンスの3つがある．これらはいずれも意図的なコントロールが可能な随意性の眼球運動であるが，反射的に生じることも多い．

a. サッカード

注視位置を横方向，縦方向，あるいは斜め方向に変える際に生じる急速な眼の動きで，跳躍眼球運動，衝動性眼球運動などとも呼ばれる．

1) 動特性

サッカード (saccade) の潜時は一般に 200 ms 程度であるが，サッカードの目標となる視覚刺激の明るさ，中心窩からの距離 (eccentricity)，提示方法などによって変化する．最初の注視点が消えてから適当な時間をおいて目標刺激を提示すると，潜時は 90～130 ms まで短くなる．この種のサッカードはエクスプレスサッカード (express saccade) と呼ばれる[1]．これ以上短い潜時のサッカードは予測性のサッカードと考えられる．サッカードの潜時はその振幅によって変化する．日常生活で生じるサッカードは 15° 以下のものがほとんどであり，この範囲のサッカードの潜時はほとんど変わらないが，20° 以上になると潜時は長くなる．また 0.5° 以下の小さなサッカードの場合も潜時が長くなる．

サッカードの持続時間 D は振幅 A とともに増加する．その関係は

$$D = D_0 + d \cdot A$$

で近似される．ここでは D_0 は 20～30 ms，d は振幅 1° 当たりの増加量で 2～3 ms 程度である[2]．ただし，大きな振幅のサッカード (例えば，30°) では持続時間は急速に増加する (図 9.14)．

サッカードの時間経過をみると，とくに振幅が小さいサッカードはほぼシグモイド (S 字) 型の増加関数の形を示す．振幅が大きくなるにつれて，サッカード全体の持続時間に占める減速期間の割合が大きくなる (図 9.15)．サッカードの最高速度は振幅によって変化し，例えば，5° のサッカードの最高速度は約 250°/s であるが，20° のサッカードでは約 650°/s である[3]．ただし個人差がかなりある．また 40° 以上の大きなサッカードでは最高速度はしだいに頭打ちになる (図 9.14，9.15)．さらに眼窩内の

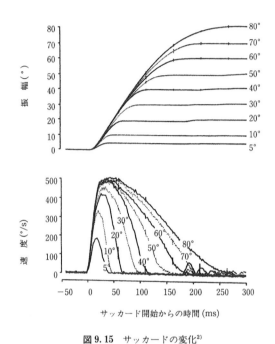

図 9.15 サッカードの変化[2]
(a) さまざまな振幅の水平サッカードの典型的な時間経過．各曲線はそれぞれ 4 つのサッカードの平均であり，縦線は ±1 SD を示す．(b) サッカードの速度変化．

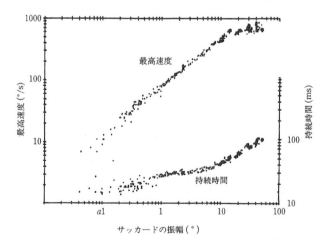

図 9.14 サッカードの振幅と最高速度の関係 (上側のプロット) およびサッカードの振幅と持続時間の関係 (下側のプロット)[3]

どの位置からサッカードがスタートするかによっても最高速度に違いが生じる．第1眼位（頭部をまっすぐに立てて，視線を前方に向けたときの眼球の位置）から周辺部へなされるサッカードの最高速度は，周辺部から第1眼位に向かうサッカードの最高速度よりも低く，持続時間も長い[2]．

以上に述べたサッカードの動的特性は，随意性のサッカードだけでなく，視運動性眼振や前庭眼振の速波相など，ほとんどのサッカード成分に当てはまることが知られている．

2) 修正サッカード

サッカードの視覚標的（視標）が視野周辺部にある場合，最初のサッカードだけでは標的を捕捉できず，さらに第2の小さなサッカードが生じて視標に達することが多い．この第2，第3のサッカードは修正サッカード（correction saccade）と呼ばれ，とくに目標となる光点が暗中で瞬間提示された場合や，大きな振幅のサッカードが必要な場合に生じる．修正サッカードの潜時（最初のサッカードの終了から修正サッカード開始までの時間）は，その振幅が約1°以上であれば100〜150 ms程度であり，ふつうのサッカードよりもかなり短い．このため，修正サッカードは最初のサッカードとともにあらかじめプログラムされているとする説があるが[4]，異論もある．

3) 複数の視覚標的

2つの視覚標的（視標）が周辺視野の同じ方向に同時に提示されると，最初のサッカードは2つの視標の中間位置に向かう．この現象は averaging effect, center of gravity effect あるいは global effect と呼ばれる．一方の視標が他方の視標よりも視覚的に目立ちやすいとサッカードはその方向にずれる[5]．

2つの視標を異なる位置に連続的に提示すると，その時間間隔が十分に長ければ2つの独立したサッカードが生じる．しかし時間間隔が極端に短いと，第1の視標に対するサッカードは省略され，第2の視標に対するサッカードだけ生じる．さらに，2つの視標を最初のサッカードの開始前に提示し，かつその時間間隔を適切に設定すると，最初のサッカードは途中で中断して第2のサッカードが開始される．このような最初のサッカードの変更は，第2の視標提示から第1のサッカード開始までの時間間隔が約70 ms以下の場合に見られる[6]．この結果は，サッカードの開始前70 msまでであれば，サッカードシステムは視覚情報を取り込んで，以前にプログラムされたサッカードの修正に用いることができることを示唆している．この意味でサッカードは必ずしもバリステックな運動ではない．

b．滑動性眼球運動

運動する視覚対象を追視するときに生じる眼球運動であり，運動する視対象の像を網膜中心窩に保持するための随意性の眼球運動である．追跡眼球運動とも呼ばれる．ウサギのように中心窩をもたない動物では生じない．静止背景刺激の上に運動視標を提示しそれを追視させると，背景刺激は網膜上では追視方向と反対方向に動くことになるので，視運動性眼振を引き起こす視覚刺激として作用し，結果的に運動視標に対する滑動性眼球運動は引き戻されて眼は動かないはずだが，実際は滑動性眼球運動（smooth pursuit movement）が生じる．それゆえ，視運動性眼振を抑えて滑動性眼球運動を生起させる何らかのメカニズムが存在すると考えられる．

1) 動特性

静止刺激（例えば，光点）が一定速度で動きだした場合，それを追視する滑動性眼球運動の潜時は100〜150 ms程度である．この値はサッカードの潜時よりも短い．広い視野を占める刺激パターンを動かすと60〜100 msのきわめて短い潜時で眼球が動きだすが，この場合の運動は追従運動反応（ocular following response）と呼ばれる[7]．滑動性眼球運動による追視は，視標の運動速度が約30°/sまで可能である．ただし，しばしば視標の動きに追いつかず，その不足分はサッカードで補われる．一方，100°/sまでは追視可能であるとする研究もあるが[8]，疑問もある．滑動性眼球運動は視標の網膜像の中心窩からのずれに関する情報をフィードバックして遂行される closed-loop の運動と考えられる．しかし，視標の運動が眼球運動によって加速される open-loop 条件であっても，滑動性眼球運動の速度はその開始後約100 msまではふつうの closed-loop 条件と変わらない．このため滑動性眼球運動の開始後約100 msまでは open-loop によると考えられる[9]．この時間は網膜信号が滑動性眼球運動システムに達するまでの時間を反映しているとも考えられる．

2) 滑動性眼球運動の生起のための刺激

サッカードが刺激の位置情報に基づいて生起すると考えられているのに対して，滑動性眼球運動は運動視標の速度情報によって引き起こされると考えられている．Rashbassは step-ramp 刺激，すなわち

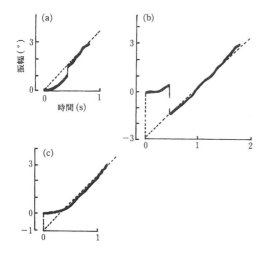

図 9.16 一定速度で運動する視覚ターゲットに対する滑動性眼球運動反応[10]

図中の点線が視覚ターゲットの動き,太線が眼球の動き.(a) ターゲットが最初の静止位置から一定速度で運動を開始した場合.(b) ターゲットが一定速度で運動を開始する前に,その反対方向に 3° ジャンプした場合.(c) 同じく 1° ジャンプした場合.

静止視標がある方向にジャンプ (step 刺激) した後でその反対方向に一定速度で運動した (ramp 刺激) 場合の眼球運動反応を調べた[10] (図 9.16).最初のジャンプの大きさとその後の移動速度を調整すると,滑動性眼球運動だけが約 150 ms の潜時で生じた.このとき,滑動性眼球運動は一定速度の運動刺激 (ramp 刺激) の方向に生じ,しかも実際の視標の位置よりも先行していた (図 9.16 (c)).この結果は,滑動性眼球運動を引き起こすのは運動視標の速度情報であることを示している.このことは,運動情報の処理にかかわっていると考えられる皮質 MT 野の損傷によって滑動性眼球運動の障害が生じることからも支持される.ただし,位置変化の情報によって滑動性眼球運動が生起する可能性も示されている[11].また,視標の実際の運動速度ではなく,知覚された運動速度が重要であるとする研究もある[12].

滑動性眼球運動が生起するためには必ずしも実際に運動視標が提示される必要はない.イメージされた運動視標や残像を追視したり[13,14],暗中で動かした手の動きを追視することもできる[15].音刺激の運動を滑動性眼球運動で追うこともできる[16].これらの事実は,滑動性眼球運動が,脳内に形成された視標運動のモデルに基づいて生起保持される比較的高次なレベルの眼球運動であることを示唆している.

視標をサイン波状に周期的に動かしてそれを追視させると,ランダムに動かす場合よりも正確に追視できる.つまり,予測的な運動をする視標の追視はより正確になる.また定速で動く視標を突然消した場合も,そのイメージを数秒間追視できたとする報告もある[17].これらの結果も滑動性眼球運動は視標の運動の脳内モデルに基づいて保持されるとする考えを支持する.

c. バーゼンス

視対象の奥行き方向の変化に対応して生じる眼球運動である.視線を遠い位置から近い位置に移動する場合の眼球運動を輻輳 (convergence) 運動,反対に近い位置から遠い位置に移す場合の眼球運動を開散 (divergence) 運動と呼ぶ.輻輳と開散の両方を含めてバーゼンス (vergence) と呼ぶ.バーゼンスは両眼が同時に反対方向に動く非共役眼球運動 (disconjugate eye movements) である.なお,バーゼンスは一般に水平方向の非共役運動を意味するが,非共役眼球運動には,このほかに垂直バーゼンス (vertical vergence) と回旋バーゼンス (cyclovergence) がある.

1) バーゼンスの種類

バーゼンスはそれを引き起こす刺激の違いによって,網膜像差バーゼンス (disparity vergence),調節バーゼンス (accommodative vergence),緊張性バーゼンス (tonic vergence),近接性バーゼンス (proximal vergence) に分けられる.

実験的に両眼網膜像差の情報だけが与えられる条件で引き起こされるバーゼンスを網膜像差バーゼンス,あるいは網膜像差を融合させるために生じるという意味で融合性 (fusional) バーゼンスと呼ぶ.被験者が両眼で視対象を注視しているときに,片方の眼の前にプリズムを挿入することによって観察される (図 9.17 (a)).プリズムが弱いと二重像は意識されないが,その場合でもバーゼンスが生じるので,網膜像差バーゼンスは二重像が観察されることによって生じるのではない.また,両眼に異なる視覚刺激,例えば,円と十字などを瞬間的に提示してもバーゼンス反応が誘発されるので,網膜像差バーゼンスは両眼刺激の融合を必要としない[18].

水晶体調節によって生じるバーゼンスを,調節バーゼンスと呼ぶ.調節バーゼンスは,一方の眼の前に遮蔽板を置いて見えないようにし,他方の眼で視標を注視させ,その眼前にレンズを挿入することによって観察される (図 9.17 (b)).レンズの挿入に

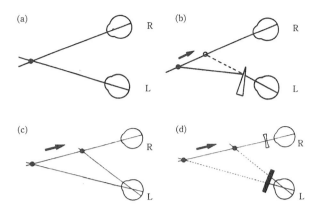

図9.17 種々のバーゼンス反応[25]
(a, b) プリズムの挿入による輻輳反応．一定位置にある対象物を注視しているとき(a)に，片方の眼の前にプリズムを挿入すると輻輳反応が生じる(b)．この場合，水晶体調節は関与しない．(c, b) レンズの挿入による輻輳反応．両眼で注視点を見つめているときに，注視点を一方の眼の視線に沿って動かした場合(c)．このときは両眼のサッカードと輻輳反応が生じる．しかし，一方の眼を遮蔽し，他方の眼の前にレンズを挿入すると(d)，遮蔽された眼が輻輳を示す．

よって調節の変化が生じ，それに伴ってもう一方の遮蔽された眼にバーゼンス反応が生じる[19]．

暗中で観察すべき視標がないとき，両眼の視線は必ずしも平行にはならず，約3°の輻輳を示すが，このようないわばバーゼンスの静止位置を緊張性バーゼンスと呼ぶ．近接性バーゼンスは注視点の近在感によって生じるとされ，奥行きを表現した絵を観察したときにバーゼンスが変化したとする報告がある[20]．日常生活では以上の4つの種類のバーゼンスが独立して生じることは少なく，複数の手がかりによってバーゼンスは生じる．

2) 動特性

網膜像差バーゼンスの潜時は約160 ms，一方調節バーゼンスの潜時はこれより長く150～200 ms[21]あるいはそれ以上である．バーゼンスの速度は時間経過とともに変化する．バーゼンスの開始後200 msの間の速度は比較的大きく，その後徐々に速度は低下し，約1sで完了する．その最高速度はバーゼンスの大きさによって変化し，網膜像差バーゼンスの場合，バーゼンスの大きさが1°当たり，約5～10°/sの割合で増える．ただし，日常生活で観察されるバーゼンスの速度は実験的に引き起こされたバーゼンスよりも大きく，最大200°/sにも達する[22]．バーゼンスの速度はその方向によって違いがあり，開散運動よりも輻輳運動のほうが速い．3次元空間内での注視の移動においては，多くの場合サッカードとバーゼンスの両方が生じる．このとき，一般にバーゼンスの潜時のほうが短いので，ま

ずバーゼンスが生じ，次いでサッカードが生じる．

3) 精度

頭部固定の状態ではバーゼンスの精度はきわめて高く，2′(秒)程度の誤差しかない[23]．これは立体視を保つのに必要とされる精度よりも高い．30°以上の大きなバーゼンスでもその誤差は2％程度であった[22]．ただし，頭部運動が自由な日常場面では1～2°の一過性の誤差が頻繁に見られる[24]．

[本田仁視]

文　献

1) B. Fischer and R. Ramsperger : Human express saccades ; Extremely short reaction times of goal directed eye movements, *Experimental Brain Research*, **57**, 191-195, 1985

2) H. Collewijn, C. J. Erkelens and R. M. Steinman : Binocular co-ordination of human horizontal saccadic eye movements, *Journal of Physiology*, **404**, 157-182, 1988

3) A. T. Bahill, A. Brockenbrough and B. T. Troost : Variability and development of a normative data base for saccadic eye movements, *Investigative Ophthalmology and Visual Sciences*, **21**, 116-125, 1981

4) W. Becker and A. F. Fuchs : Further properties of the human saccadic system ; Eye movements and correction saccades with and without fixation point, *Vision research*, **9**, 1247-1258, 1969

5) J. M. Findlay : Global processing for saccadic eye movements, *Vision Research*, **22**, 1033-1045, 1982

6) W. Becker and A. F. Fuchs : An analysis of the saccadic system by means of double step stimuli, *Vision Research*, **17**, 967-983, 1979

7) F. A. Miles, K. Kawano and L. M. Optican : Short latency ocular following responses of the monkey ; dependence on temporospatial properties of visual

input, *Journal of Neurophysiology*, **56**, 1321-2354, 1986
8) C. H. Meyer, A. G. Lasker and D. A. Robinson: The upper limits of human smooth pursuit velocity, *Vision Research*, **25**, 561-563, 1985
9) L. Tychsen and S. G. Lisberger: Visual motion processing for the initiation of smooth-pursuit eye movements in humans, *Journal of Neurophysiology*, **56**, 953-968, 1986
10) C. Rashbass: The relationship between saccadic and smooth tracking eye movements, *Journal of Physiology*, **159**, 326-338, 1961
11) J. Pola and H. J. Wyatt: Target position and velocity; The stimuli for smooth pursuit eye movements, *Vision Research*, **20**, 523-534, 1980
12) H. J. Wyatt and J. Pola: The role of perceived motion in smooth pursuit eye movements, *Vision Research*, **19**, 613-618, 1979
13) M. J. Steinbach: Pursuing the perceptual rather than the retinal stimulus, *Vision Research*, **16**, 1371-1376, 1976
14) M. J. Steibach and D. G. Pearce: Release of pursuit eye movements using after-image, *Vision Research*, **12**, 1307-1311, 1972
15) G. M. Gauthier and J.-M. Hofferer: Eye tracking of self-moved target in the absence of vision, *Experimental Brain Research*, **26**, 121-139, 1976
16) D. Zambarbieri, R. Schmid, C. Prablanc and G. Magens: Characteristices of eye movements evoked by the presentation of acoustic targets, In Progress in Oculomotor Research (eds. A. F. Fuchs and W. Becker), Elsevier, New York, pp. 559-566, 1981
17) W. Becker and A. F. Fuchs: Prediction in the oculomotor system; smooth pursuit during transient disappearance of a visual target, *Experimental Brain Research*, **57**, 562-575, 1985
18) G. Westheimer and D. E. Mitchell: The sensory stimulus for disjunctive eye movements, *Vision research*, **9**, 749-755, 1969
19) J. Muller: Physiologie des Gesichtsines, C Cnobloch, Leipzig, pp. 207-217, 1826 (cited in M. Alpern and P. Ellen: A quantitative analysis of the horizontal movements of the eyes in the experiment of Johannes Mueller, I; Methods and results, *American Journal of Ophthalmology*, **42**, 289-296, 1965)
20) J. T. Enright: Perspective vergence; oculomotor responses to line drawings, *Vision Research*, **27**, 1513-1526, 1987
21) C. Rashbass and G. Westheimer: Disjunctive eye movements, *Journal of Physiology*, **159**, 149-170, 1961
22) C. J. Erkelens, R. M. Steinman and H. Collewijn: Ocular vergence under natural conditions. II. Gaze shifts between real targets differing in distance and direction, *Proceedings of Royal Society London*, **B236**, 441-465, 1989
23) L. A. Riggs and E. W. Niehl: Eye movements recorded during convergence and divergence, *Journal of the Optical Society of America*, **50**, 913-920, 1960
24) R. M. Steinman and H. Collewijn: Binocular retinal image motion during active head rotation, *Vision Research*, **20**, 415-429, 1980
25) R. Carpenter: Movements of the Eyes (2nd ed.), Pion, London, 1988

9.4 近見反応

9.4.1 近見反応三要素

近見反応の3要素(near triad, 近見トリアド)である調節・輻輳・縮瞳は，近見に際し同時に起こる．しかし，それらの各機能間のリンクは硬いものではなく，柔軟なものである．

ここでは，まず，眼球運動としての輻輳・開散運動の一般論について述べ，次に調節と輻輳の関係について述べていく．近見3要素のうち，輻輳については本節に記した．調節単独については1.7節，瞳孔単独については1.6節を参照していただきたい．調節と輻輳の関係は双方向であるが，調節のみを与えたときの輻輳反応は比較的容易に刺激・測定ができるのに反し，輻輳のみを刺激したときの調節反応は刺激・測定が困難であり研究が少ない．したがって，調節に起因する輻輳反応として9.4.3項にまとめた．調節あるいは輻輳と瞳孔との関係は瞳孔への一方的な影響が主であり，瞳孔反応を引き起こす要因の1つと考えられるので，1.6節に，近見反射としてまとめた．

調節・輻輳・縮瞳という機能の特徴は，個人差が非常に大きいということである．例えば，調節力は同一個人でも年齢とともにどんどん変化していくし，近視・遠視の屈折異常とその矯正も調節機能に変化を与える．また，斜位の存在や，融像力の強さは輻輳機能にバラエティを与える．そのうえに両者の関係である調節性輻輳の強さなども大きな個人差があることで知られている．このような個人差の大きい機能を研究するためには多くの被験者を用いる必要がある．

3要素の同時測定は一部の研究者により，大きな制限をもちながらも，部分的に実現されてきた．また，調節と瞳孔，調節と輻輳(眼球運動)という2項目の同時測定に関する報告は比較的多い．しかしながら，これら機能の測定は単独ですらいくつかの問題点を含んでいる．したがって，複数同時ではさらに制限が多く，得られた結果に注意をする必要がある．

9.4.2 輻輳・開散眼球運動

a. 輻輳と開散

輻輳(convergence)・開散(divergence)眼球運動とは，眼球運動のうち，両眼が逆向きの動きをする

こと，あるいは動きのなかのそのような成分のことをいう．英語では両者を合わせてバーゼンス(vergence)という．これに相当する日本語はない．

多くの輻輳に関する記述は，4種の輻輳成分の存在から始まる．これは，1893年にMaddoxが行ったとされる記述[1]に基づく．それらは

(1) tonic convergence
(2) accommodative convergence
(3) convergence due to knowledge of nearness/voluntary convergence
(4) fusional convergence

である．このうち，(1)と(3)は，緊張性輻輳，近接性(proximal)輻輳と呼ばれており，それぞれ，解剖学的な安静位と生理学的な安静位(後述)が異なること，物が近くにあると考えるだけで輻輳が生じることをもとに考えられた．(2)と(4)は，それぞれ，調節性輻輳，融像性輻輳と呼ばれており，網膜像のぼけ，両眼における同一刺激の位置のずれが刺激となって生じる．実生活での状況ではこれら4種の輻輳成分が明瞭に区別されることはない．実験室においては，むしろ刺激をいかに純粋にするか，ほかの成分が混入しないようにするか，に注意が払われてきた．とくに(2)と(4)は，眼前にレンズあるいはプリズムを置くことにより実現できるため，区別して考えられる．

輻輳の状態は，両眼の視線が両眼の回旋中心の中点からどのくらいの距離にあるかを距離(m)の逆数を用いて表す．これを輻輳角という．単位はメーター角(meter angle)である．

開散は，単に輻輳をやめる運動(あるいは状態)なのかそれとも積極的な開散という運動が存在するのか，長いあいだ議論があったが，臨床的な知見などから現在では後者であると信じられている．

輻輳・開散眼球運動の制御および神経支配については2.4.3項，9.2節を参照していただきたい．

b．眼位

輻輳の状態を静的な状況で記述することを眼位(binocular alignment)という．運動としての輻輳は正確な記録は最近まで不可能であったが，眼位の測定は古くから可能であった．もちろん，眼位は刺激の存在によって変化する．ここで，動的な刺激は考えない．

融像刺激が存在するときには，刺激位置に眼位が合っていれば物が1つに見える．眼位が若干ずれていても両眼視可能な範囲ならやはり物が1つに見える．このときの眼位と固視標のずれをfixation disparity(後述)という．一眼を遮蔽するなど両眼視を崩した状態(融像性輻輳を開ループとした状態)で測定した眼位は，開放眼に負荷されている調節量によって変化する．

c．安静位

通常，片眼で十分遠方を固視しているときの眼位をその個人のもつ固有の量(phoriaという)として測定する．このとき，両眼の視線が平行になる状態を正位(orthophoria)，それ以外を斜位という．一眼遮蔽で測定した眼位は，たとえ遠方視であっても片眼には調節負荷がかかっており(その負荷は0かもしれないが保証はできない)，調節性輻輳を考慮すれば輻輳系が完全に安静状態にあるわけではない．したがって，輻輳の安静位を調べるには調節も開ループとしなければならず，容易に行おうとすれば完全暗黒中の眼位(ダークバーゼンス)を調べることになる．なお，この安静位は生理学的なあるいは機能的な安静位であり，無刺激時における輻輳と開散の力のバランス点と考えられている．深い眠りにあったり死んだ状態では，眼位は平行よりも開いた開散状態にあるのがふつうである．これを解剖学的あるいは機械的安静位と呼ぶ．機能的および解剖学的安静位の差から緊張性輻輳という概念が導かれたのであり，「精神的に緊張する」状態という意味ではない．

d．Fixation disparity

近方の物体に調節しているつもりでも実際の調節量はやや足りない状態にあること(調節ラグ)はよく知られている．このとき，ぼけは焦点深度などで気づかない．輻輳にもそのような状態がある．遠距離では過剰，近距離では不足となる調節とは異なり，距離と無関係に不足の場合も過剰の場合もある．これをfixation disparityという．Fixation disparityは珍しい状態ではなく，つねに存在していると考えたほうがよい．ある固視標を見たとき，輻輳(眼位)が固視標にあってものが1つに見えているというのは間違いである．その固視標がPanumの融合域に含まれるようなその固視点とは異なった距離のある点に輻輳しているため融像しているだけである(たまたまあっていることもあるかもしれない)．もちろんこのずれ量は小さい．しかし，fixation disparityが1'であるからといって，1'の偏角をもつプリズムを眼前においてもfixation disparityは打ち消されない．眼前に置いたプリズ

ム量と fixation disparity は，たいへん複雑な関係を示す．横軸に負荷プリズム量，縦軸に fixation disparity をとったグラフ（これを fixation disparity curve という）によりいくつかのパターン分けがなされている[2]．疲労と関係するという報告[3]もある．また，fixation disparity を打ち消すようなプリズム量を associated heterophoria と呼ぶ．これらは決して新しい概念ではない．

e. 運動

融像性輻輳の一般的な運動の様子は，$5°$ のステップ刺激で潜時は $160\sim170$ ms，最高速度は $15°/s$ 程度である[4]．

融像性輻輳のステップ応答では，振幅によって速度が変化し，サッカードと同様に振幅速度特性を求めると両者はほぼ比例関係にある[4]．運動波形をサッカードと比較すると初速が比較的大きく後半は遅くなる．微分波形も同様であることから指数関数的な波形をしているといえよう．これは制御系において両眼視差がエラーシグナルとなり運動中もモニターされている（負帰還制御）ことを示す．ただし，輻輳の初期成分はサッカードのように前もってプログラムされたオープンループの運動であるという考えも多くある[5]．

両眼の回旋中心を結んだ線の中点から延ばした線上にある2点を交互に見た場合には，眼球運動は純粋に同量の反対方向の動きのみで記述できる．それ以外の場合（非対称性輻輳と称する）には同量の反対方向の動きと同量の同方向の動きの和で両眼の眼球運動は表される．このとき，同量の同方向の動きはサッカードであり，同量の反対方向の動きすなわち輻輳開散眼球運動と比較してはるかに速い動きである．また，運動継続時間も短い．両者の眼球運動の生じるタイミングは場合により個人により異なるが，最初に輻輳が生じ，しばらくしてから一瞬にしてサッカードが行われ，その後も輻輳が継続するという順序で起こることが多い．この様子を，時間による両眼の変位を図 9.18(a) に，実空間での両眼視線の交点の軌跡を図 9.18(b) に示す．この考えは Hering の両眼等量支配の法則に基づく．近年，このような非対称性輻輳運動はサッカードと輻輳の単なる和では表せない部分が存在することが指摘されている[6]．

輻輳開散運動にサッカードが重畳した場合の輻輳開散運動成分の速度は，純粋な同量の輻輳開散眼球運動よりも速くなる[7]．

なお，純粋なサッカード中に両眼がわずかな速度差をもつため，サッカードの開始から終了までの間に定義からいえば輻輳開散運動が生じる．しかし，この見かけの輻輳開散は，外直筋と内直筋の特性の差によるものである[8]と考えられ，輻輳運動として制御されているのではないようである．また，垂直のサッカードの際にも見かけ上の輻輳開散が見られる．

実生活上で生じる輻輳の運動は調節との相互作用抜きで論じることは困難で，両者の相互作用については次項で述べる．

輻輳眼球運動の測定はサーチコイル法が測定者側からみれば理想的であるが，被験者側に対して無侵襲であるとはいえない．無侵襲で比較的準備に時間がかからない測定法であるリンバストラッキング法では，輻輳測定の際重要になる両眼の出力がそろいにくく，測定中の種々の原因によるドリフトが大きい．また，眼瞼の影響を受けやすく垂直眼球運動が水平方向へのノイズとなったりする．このため，安定した結果を得るには被験者を選ぶ必要がある．サッカードが速い動きであり通常の TV 信号では動きの途中で記録できないのに比して輻輳眼球運動は比較的遅い動きであり，TV 映像記録から画像処理により動きを再現することも可能である．

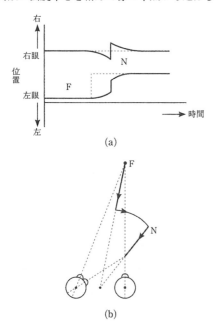

図 9.18　非対称性輻輳におけるサッカードと輻輳の重畳 (a) 時間による両眼の変位，(b) 空間における両眼の視線の交点の軌跡．

f. プリズム順応・輻輳順応

プリズム順応(prism adaptation, phoria adaptationとも呼ばれる)とは、しばらく(少なくとも数分のオーダー)プリズムを装用して両眼視した後にプリズムを装用したまま眼位を計測すると、最初にプリズムなしで計測した眼位とほぼ同じになるというものである。したがって、プリズム装用前後で同一の条件(プリズムなし)で眼位を測定すると変化している。この変化はやはり数分続く。この現象はプリズム装用前が正位である場合を考えれば、容易に解釈できる。すなわち、プリズムを通した状態で正位になるように眼球運動制御系が変化するわけである。正位でない被験者でも同様に、その人固有の眼位が保たれようとするわけである。まさしく「順応」であり、現在では小脳運動制御系の可塑性によるものと考えられている。サッカードなどの眼球運動も同様に順応現象を示す。

このような順応現象は、加齢などにより眼筋の特性に変化が生じたり眼窩内容物の変化により眼球の可動性に変化が生じた際に眼球運動を一定に保つために存在すると考えられており、眼鏡装用やそれに伴うプリズム効果に対してもはたらく。負荷の時間が長いほど順応も長く続く。また、われわれが通常、普通に両眼視していることは、普通の状態という負荷が長時間続いていることになり、それに順応して正位となり(orthophorization)、そのために圧倒的に正位に近い人が多い、と考えられている。事実、長期間片眼遮蔽していると日常の両眼視状態に対する順応が崩れ、正位と思われている被験者でもその被験者本来の斜位が現れることがある。プリズム負荷ではなく、近方視した場合にもダークバーゼンスに関して同様な現象がみられ、輻輳順応と呼ばれる。これらの現象については、Schor[9], Miles[10]やSethi[11]による詳細なレビューがある。なお、1.7.2項(調節機能)において、調節順応が暗所でマスクされると記したが、SchorとMcLin[12]は、2名の被験者のうち1名でバーゼンス順応も暗所でマスクされたとしている。

9.4.3 輻輳・開散眼球運動と調節
a. 調節性輻輳と輻輳性調節

調節と輻輳の間には密接な関係がある。純粋に調節刺激だけを与えても輻輳は生じるし(調節性輻輳, accommodative convergence, AC)、逆に融像性の輻輳刺激のみを与えても調節が引き起こされる(輻輳性調節, convergence accommodation, CA)。調節、輻輳、調節性輻輳、輻輳性調節、調節順応、輻輳順応のすべてが、調節・輻輳系全般を理解するのに必要な重要な要素である。

Schorのモデル[13](図9.19)に従って、これらの関係を述べる。調節にも輻輳にも基本的に2種類の反応がある。調節と輻輳はいずれも視標までの距離に反応する視覚運動系である。このような運動系は、調節においては網膜像のぼけにより引き起こされる調節反応、輻輳においては融像性輻輳がそれに相当する。そして、これらの速い運動系が活動する

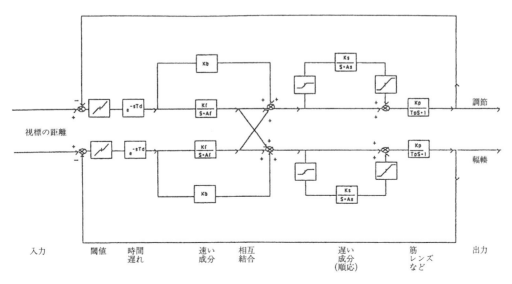

図9.19 輻輳・調節制御系モデル

ことにより刺激されるより遅い順応的な継続性・緊張性の反応が調節・輻輳のそれぞれにある．いわゆる，調節順応，輻輳順応がそれにあたり，これらはそれぞれ最初の通常の調節・輻輳反応により引き起こされ，ぼけや両眼の像のずれが直接順応を引き起こすことはない．急速系は，調節では2～3 D，輻輳では2～3°という限定された範囲しか持続できない．それ以上の範囲では反応は徐々に弱まっていくが，その分は順応系によって満たされる．しかし，このようなクロスリンクは，順応系からはもたらされない．すなわち，光学的なぼけによる急速な調節系は輻輳も同時に引き起こすが，調節順応は調節性輻輳をもたらさない．ただし，急速な調節系によって引き起こされた急速な調節性輻輳は輻輳順応を引き起こす．輻輳から調節へも同様である．

具体的にどの程度のACが単位当たりの調節により引き起こされるかを示すのがAC/A比である．ACはメーター角，Aはディオプターで表示するのが理解しやすい．しかしながら，輻輳量として眼位を測定することから，ACをプリズムディオプターで表すのが習慣となっている．正常者の平均値として，$4\pm2(\Delta/D)$という値が非常に古くから使われている[14]．測定には，視標の位置を固定しておいて，眼前にレンズを負荷する（視標の見かけの大きさは変化せず，ぼけ量のみが変化する）ことにより調節刺激を与える方法と実際に視標までの距離を変化させて調節負荷を与える方法がある．前者をgradient法，後者をheterophoria法と呼び，heterophoria法では調節性輻輳のみならず近接性輻輳も混入するとされているなど，得失が古くから論じられている．また，調節の刺激量と反応量がラグをもっていることから，分母のAとして刺激量をとるべきか，反応量をとるべきかという議論もある．もちろん反応量を採用する場合には調節の測定が必要となる．例えば，AC/A比は加齢によってもあまり変化しないという説があるが，Aとして調節反応をとると加齢に伴い比が上昇するという報告[15]もある．これは（調節反応）/（調節刺激）の比が加齢により低下していくのを調節性輻輳が代償していると考えられよう．

AC/A比は横軸に調節，縦軸に輻輳をとったグラフの傾きで示される量である．最近では，遮蔽した眼を含む両眼の眼位と調節反応が同時に測定できるビデオレフラクション法を利用した方法もある．この方法では，調節として刺激・反応のどちらを採

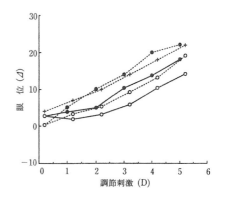

図9.20 調節刺激時の輻輳反応（静特性）
黒丸●は実物視標，白丸○はレンズ負荷，＋は大型弱視鏡による調節刺激．黒丸と白丸の実線はビデオレフ，破線はプリズムカバーテストによる眼位測定．

用したAC/A比も複雑な眼位測定のための手続きなしで測定できる．また，調節刺激としてはgradientとheterophoriaの両方が可能である．結果の一例を図9.20に示す．

輻輳性調節は調節性輻輳とならんで重要さが指摘されている（例えば，Schor[16]）．しかし，実際には測定が困難である．調節性輻輳の測定には輻輳系を開ループ状態にしたうえで調節刺激を与えることになる．これは一眼に刺激を与えなければよいので，簡単に実現できる．しかし，輻輳性調節を測るには調節系を開ループにして融像性輻輳刺激を与えなければならない．このためには，ピンホールを使うか，高空間周波数成分を含まない非常にぼけた刺激を作らなければならない．前者は眼の動きに対応するのが困難であるしピンホールを通して調節を測定するのも困難である．後者は容易に実現できるが輻輳が完全に刺激されているかどうか（ラグがあるのではないか）という疑問がつきまとってしまう．

動特性を調べると，調節性輻輳の潜時は280 msで融像性輻輳の潜時160 msよりずっと遅い[17]．融像性輻輳と調節性輻輳が同時に生じるような刺激条件でも融像性輻輳単独と応答はあまり変化しない[18]．応答の良し悪しには調節性輻輳はほとんど効いていない．

b．調節と輻輳の安静位の関係

先に述べたとおり，調節は暗黒中でも完全に弛緩しているわけではない．したがって，この調節のトーヌスともいうべき状態が，輻輳制御系へ調節性輻輳の信号を伝える前の部分で中枢系によって生じているならば，調節性の輻輳が暗黒中でも起きてい

なければならない．そうすると，ダークバーゼンスは調節安静位のレベルと何らかの関係をもつはずである．しかしながら，Fincham[19]は，ダークバーゼンスとダークフォーカスの変動は相関していないと報告している．また，OwensとLeibowitz[20]やKotulakとSchor[21]も両者の独立性を確認している．

c．調節と輻輳の順応の関係

調節安静位と輻輳安静位が独立しているからといって，両者の近見後の変化までが独立しているとは限らない．Wolfら[22]は調節トーヌス（安静位）のみならず輻輳トーヌス(tonic vergence)の近見負荷後の時間経過を調べ，いずれも3分程度でもとに戻ると報告している．OwensとLeibowitz[20]は近見後の調節・輻輳系の順応はほぼ独立であるとした．しかし，Schor[16]は，輻輳順応には調節系との複雑な関連があることを示した．彼は，AC/A（調節性輻輳／調節）比が正常者よりも低いもの，高いものを被験者として用い，まずAC/A比が高い被験者ではCA/C（輻輳性調節／輻輳）比が低く，AC/A比が低いものではCA/C比が高いことを明らかにしたうえで，AC/A比が高いものほど輻輳順応が起こりやすく調節順応は起こりにくいことを明らかにした．つまり，輻輳順応と調節順応ではその生じやすさが負の相関をもつということである．

d．調節・輻輳と知覚との関係

古くから調節や輻輳が大きさの恒常性や距離の知覚の手がかりとして使用されているとの考えがあった[23]．これらは，基本的には，大きさの恒常性や距離の知覚に際して調節・輻輳制御系への遠心性の信号が利用されているとの考えによる．しかし，調節・輻輳のどちらがそのような機能に関係しているかという問題に対しては明確な答えはでていない．輻輳（融像）刺激を輻輳反応から独立として調節のみを刺激をしたつもりのときにも調節性輻輳が生じるし，かといって輻輳刺激を一定にしたまま調節刺激を与えた場合には融像性輻輳と調節性輻輳が互いに矛盾して力比べが行われると考えられ，輻輳制御系の信号が0になるわけではない．したがって，調節か輻輳かを区別するのは容易なことではなかろう．さらに，網膜像は光学的にぼけているときに像の大きさが変化することもある．したがって，調節の影響を考えるときにはこのような点についても考慮する必要がある．調節か，調節性輻輳か，いずれにしろ，たとえ網膜像の大きさが変化しないような光学系を使用して，単眼で固視し，調節を行うと視標の見かけの大きさが変化することは確かである．

調節順応状態では距離知覚に影響が現れることが報告されている[24]．ただし，この影響は，調節の手がかりとなるようなパターンをもつ視標を見たときのみに起こり，そのような手がかりの少ないぼんやりとしたあいまいな視標ではそのような効果は見いだされなかった．調節を手がかりとした距離知覚では調節制御系が活動している必要性が指摘されている．

また，輻輳安静位と距離知覚の関係も調べられている[25]．さらに，EbenholtzとFisher[26]やShebilskeら[27]は，輻輳順応状態では距離（および方位）の知覚や大きさの恒常性のメカニズムが正常に機能するのを妨げ誤差が生じることを明らかにしている．

［鵜飼一彦］

文　献

1) M. W. Morgan: The Maddox analysis of vergence, In Vergence Eye Movements; Basic and Clinical Aspects (eds. C. M. Schor and K. J. Ciuffreda), Butterworths, Boston, pp. 15-21, 1983

2) D. B. Carter: Fixation disparity with and without foveal contours, *American Journal of Optometry and Archives of American Academy of Optometry*, **41**, 729-736, 1964

3) J. E. Sheedy and J. J. Saladin: Association of symptoms with measures of oculomotor deficiencies, *American Journal of Optometry and Physiological Optics*, **55**, 670-676, 1978

4) C. Rashbass and G. Westheimer: Disjunctive eye movements, *Journal of Physiology* (*London*), **159**, 339-360, 1961

5) J. L. Semmlow, G. K. Hung, J. -L. Horng and K. Ciuffreda: Initial control component in disparity vergence eye movements, *Ophthalmic and Physiological Optics*, **13**, 48-55, 1993

6) H. Ono, S. Nakamizo and M. J. Steinbach: Non additivity of vergence and saccadic eye movement, *Vision Research*, **18**, 735-739, 1978

7) J. T. Enright: Changes in vergence mediated by saccades, *Journal of Physiology* (*London*), **350**, 9-31, 1984

8) D. S. Zee, E. J. Fitzgibbon and L. M. Optican: Saccade-vergence interactions in humans, *Journal of Neurophysiology*, **68**, 1624-1641, 1992

9) C. M. Schor: Fixation disparity and vergence adaptation, In Vergence Eye Movements; Basic and Clinical Aspects (eds. C. M. Schor and K. J. Ciuffreda), Butterworths, Boston, pp. 465-516, 1983.

10) F. A. Miles: Adaptive regulation in the vergence and accommodation control systems, In Reviews of Oculomotor Research, Volume 1. Adaptive mechanisms in gaze control: Facts and theories (eds. G. M. Jones and A. Berthoz), Elsevier, Amsterdam, pp. 81-94, 1985

11) B. Sethi: Vergence adaptation: a review, *Documenta Ophthalmologica*, **63**, 247-263, 1986

12) C. M. Schor and L. N. McLin Jr.: The effect of luminance on accommodative and convergence after-effect, *Clinical Vision Science*, **3**, 134-154, 1988
13) C. M. Schor: A dynamic model of cross-coupling between accommodation and convergence; Simulations of step and frequency responses, *Optometry and Vision Science*, **69**, 258-269, 1992
14) M. W. Morgan: Accommodation and vergence, *American Journal of Optometry and Archives of American Academy of Optometry*, **45**, 417-454, 1968
15) J. B. Eskridge: The AC/A ratio and age; A longitudinal study, *American Journal of Optometry and Physiological Optics*, **60**, 911-913, 1983
16) C. Schor: Imbalanced adaptation of accommodation and vergence produces opposite extremes of the AC/A and CA/C ratios, *American Journal of Optometry and Physiological Optics*, **65**, 341-348, 1988
17) G. Westheimer and A. M. Mitchell: The sensory stimulus for disjunctive eye movements, *Vision Research*, **9**, 749-755, 1969
18) J. L. Semmlow and P. Wetzel: Dynamic contributions of binocular vergence components, *Journal of the Optical Society of America*, **69**, 639-645, 1979
19) E. F. Fincham: Accommodation and convergence in the absence of retinal images, *Vision Research*, **1**, 425-440, 1962
20) D. Owens and H. Leibowitz: Accommodation, convergence, and distance perception in low illumination, *American Journal of Optometry and Physiological Optics*, **57**, 540-550, 1980
21) J. C. Kotulak and C. M. Schor: The dissociability of accommodation from vergence in the dark, *Investigative Ophthalmology and Visual Sciences*, **27**, 544-555, 1986
22) K. Wolf, K. Ciuffreda and S. Jacobs: Time course and decay of effects of near work on tonic accommodation and tonic vergence, *Ophthalmic and Physiological Optics*, **7**, 131-135, 1987
23) V. Grant: Accommodation and convergence in visual space perception, *Journal of Experimental Psychology*, **31**, 89-104, 1942
24) S. K. Fisher and K. J. Ciuffreda: The effect of accomodative hysteresis on aparent distance, *Ophthalmic and Physiological Optics*, **9**, 184-190, 1989
25) D. Owens and H. Leibowitz: Oculomotor adjustments in darkness and the specific distance tendency, *Perception and Psychophysics*, **20**, 2-9, 1976
26) S. M. Ebenholtz and S. K. Fisher: Distance adaptation depends upon plasticity in the oculomotor control system, *Perception and Psychophysics*, **31**, 551-560, 1982
27) W. L. Shebilske, C. M. Karmiohl and D. R. Proffitt: Induced esophoric shifts in eye convergence and illusory distance in reduced and structured viewing conditions, *Journal of Experimental Psychology : Human Perception and Performance*, **9**, 270-277, 1983

9.5 眼球運動の基本法則

この節では，眼球運動の3つの基本法則について述べる．このうち，ドンデルス法則(Donders' law)とリスティング法則(Listing's law)は，どちらも

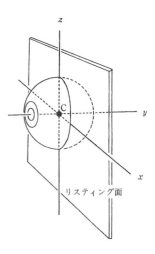

図 9.21　眼球回転のフィック座標系
C：回転中心．y 軸は，視軸に相当する(Scott[29] を改変)．

片眼の運動に関する運動学的法則で，残りのヘリング法則(Hering's law)は，両眼運動の制御システムに関する法則である．

9.5.1 眼球運動の基準系

眼球の回転中心(回旋点, center of rotation)を原点とした座標系を考える．原点を通り水平の軸を x 軸，垂直の軸を z 軸，これら両軸に直角な軸を y 軸とする(図9.21)．(この直交座標系は，フィック座標系(Fick system)と呼ばれている．フィック座標系以外にもいくつかの座標系[1]を考えることができる．)

眼の3つの眼位を定義する(回転中心は，移動しないと仮定する)．頭部を垂直に保ち，視軸が前額面および眼球間軸(両眼球の回転中心を結ぶ線)に直角であるとき，この眼位を第1眼位(primary position)と定義する．第1眼位から x 軸あるいは z 軸まわりに回転した結果，眼球がとる眼位を第2眼位と定義する．x 軸と z 軸まわりに回転する場合，視軸はそれぞれ矢状面(sagittal plane, 頭の正中面に平行な面)あるいは横断面(transverse plane, 正中面と直角に交わる面)内で移動する．これ以外のすべての眼位を第3眼位(tertiary position)と定義する[1,2]．

眼が第1眼位にあるとき，回転中心を通って眼球を前後の半球に2分割する面は，リスティング面(Listing's plane)と呼ばれている(図9.21)．第1眼位にある眼においては，リスティング面は上で定義

したx軸とz軸を含む面であり，y軸はこの面に直角である．

9.5.2 ドンデルス法則

Donders[3]は，次のように提案した．「眼が斜めの位置（第3眼位）をとるとき，どのような経路をとってその位置に達するかに関係なく，つねにある量の回旋運動(torsion，視軸まわりの眼球運動)が生じている」．この事実は，Dondersによって発見され，以来，ドンデルス法則と呼ばれてきた．

ドンデルス法則の妥当性は，残像法によってテストすることができる[4]．第1眼位をとる眼の中心窩に十字形の残像を作り，球面視野計の内面に残像を投射する．眼が第2眼位にあるときは，残像はつねに正立した十字形を示すが，斜めの眼位をとるときは，残像の十字形が傾斜して見える．この残像の傾斜は，眼球の回旋を示しており，回旋の方向と角度とは視軸の位置の関数となる．このことを述べたのがListingである．

9.5.3 リスティング法則

Listingは，次のように提案した．「片眼のどんな回転も1つの平面(リスティング平面)内の軸を中心にして起こるとみなしうる」．Helmholtzは，この提案をリスティング法則と呼んだ[5]．例えば，眼の上転と下転の場合の軸は，リスティング面内の水平軸であり，眼の外転と内転の場合の軸は，リスティング面内の垂直軸であり，眼の斜方向への回転の場合は，リスティング面内で水平軸と垂直軸の間のいずれかの位置に軸を仮定することが可能である．つまり，片眼のどんな運動でも1本の回転軸をリスティング面内に仮定すれば，記述することができることになる．

リスティング法則は，水平運動，垂直運動ではほぼ近似的に妥当することが示されている[5]．最近，Fermanら[6]は，強膜誘導コイル法を用いて3つの眼位の眼球位置を正確に測定することによって，リスティング法則の妥当性をテストした．その結果，3つの眼位について，ほぼ近似的にリスティング法則が成り立つことが示された．しかし両眼が大きく輻輳すると，リスティング法則が成り立たないことも報告されている[7]．

9.5.4 ヘリング法則

両眼視と両眼運動に関するHeringの基本的考えは，「実在する2つの眼は，感覚的にも運動的にも1つの眼(サイクロープスの眼)としてはたらく」というものである．この考えの感覚的側面を表す法則が，同一視方向の法則(law of identical visual direction)であり，運動的側面を表す法則が等神経支配法則(law of equal innervation)である[8,9]（同一視方向の法則については，10.4節を参照のこと．以下，等神経支配法則をヘリング法則と呼ぶ）．言い換えると，ヘリング法則とは，両眼それぞれの運動が1つのシステムによって制御されているという仮定のことをいう．

a．ヘリング理論の3つの命題

両眼運動に関するヘリング理論は，次の3つの命題から構成されている[9]．

(1) 同側性と異側性の2種類の運動成分が存在する(両眼運動の2成分仮定)．

(2) これらの運動が起こるとき，どちらの運動成分においてもそれぞれの眼の運動量は等しい(2成分等量仮定)．

(3) 2種の運動が同時に起こったとき，それぞれの眼で運動の加法性が成り立つ(2成分加算仮定)．

これら，3つの命題は，数学的に表現することができる[9~11]．両眼運動の2つの成分をそれぞれθ，μで表す．θは，両眼の運動方向と運動量が等しい両眼運動と定義され，バージョン(version)と呼ばれる．μは，両眼の運動方向が互いに逆で，運動量が等しい両眼運動と定義され，バーゼンス(vergence)と呼ばれる．θは，バージョンだけが起こった場合のそれぞれの眼の運動量に等しく，$\mu/2$は，バーゼンスだけが起こった場合のそれぞれの眼の運動量に等しい．ここで，すべての両眼運動はθとμの和であると仮定すると，すべての両眼運動においてそれぞれの眼の運動量は，次式で表現できる．

$$\theta + \frac{\mu}{2} = M_R \quad (9.5.1)$$

$$\theta - \frac{\mu}{2} = M_L \quad (9.5.2)$$

M_Rは，右眼の運動量を，M_Lは，左眼の運動量を表す．例えば，$M_R=15°$，$M_L=5°$のとき，$\theta=10°$，$\mu=10°$となる．

両眼運動の数学的表現は，両眼視軸の交点の軌跡として幾何学的にも表現できる(節点と回転中心との差を無視する)．θの幾何学的表現は，両眼の回転中心を通るフィート-ミューラー円の集合である．両視軸の交点があるフィート-ミューラー円の円周

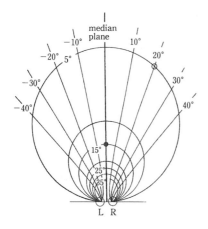

図9.22 オキュロモーターマップ（両眼運動地図）
両眼運動は，両眼視軸の交点の軌跡として幾何学的に表現できる．両眼の回転中心 (L, M) を通るすべての円は，フィート-ミューラー円の集合を表し，一方，L, M を通る放射状の線分の集合は，ヒレブランドの双曲線の集合を表す．

上にある限り，両眼の回転角は等しく，両眼の輻輳角は一定である（この円を等バーゼンス円 あるいは イソフォールズ，isophores ともいう）．μの幾何学的表現は，それぞれ眼の回転中心を通るヒレブランドの双曲線の集合である．両視軸の交点がどちらかの双曲線上にある限り，両眼の回転方向は異なり，回転角は等しい（この曲線を等バージョン線あるいはイソトロープス，isotropes という）．それぞれの曲線の一部が図9.22に示されており，このような両眼運動の表現をオキュロモーターマップという[12]．オキュロモーターマップは，左眼と右眼の位置をそれぞれ x, y 座標にしたデカルト座標でも表現できる[9,11]．

b．実験的証拠

両眼運動に関するヘリング理論を構成する3つの仮定の妥当性は，これまでさまざまな刺激条件下でテストされてきた．仮定は，おおむね成り立つが，最近の研究では，ヘリング理論に基づく予測から逸脱する眼球運動がいくつかの刺激条件下で観察されている．

両眼運動の2成分仮定は，刺激位置のステップ変化に関しては，多くの研究によって支持されている．すなわち，刺激のステップ変化がフィート-ミューラー円の円周上で起こる限り，純粋な両眼同側性の眼球運動であるサッカード (saccade) が生じる[13]．一方，刺激のステップ変化がヒレブランドの双曲線上で起こる限り，純粋な両眼異側性の眼球運

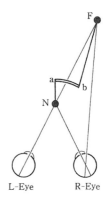

図9.23 Wheatstone-Panum の限界条件下で，NからFへ注視点を移動したときの両眼視軸の交点の軌跡
N-a と b-F はバーゼンスを表し a-b はサッカードを表す．

動である網膜像差バーゼンスが起こる[14]．また，刺激位置の変化が観察者から異なる距離と方向に行われた場合でも，速度特性の異なる2種の眼球運動（サッカードとバーゼンス）が起こることが確認されている[15〜22]．

しかし，最近，Collewijn ら[23]は，等バーゼンス円上に置いた刺激に対する水平方向のサッカードで，外転するほうの眼が内転する眼に比べて大きな運動量とピーク速度，および短い持続時間を示すことを観察した．その結果として，眼は刺激を両眼固視するために，サッカード終了後，バーゼンス運動を起こす．これらの両眼不等サッカードが何に起因するかについては今後の課題の1つである．

2成分等量仮定および2成分加算仮定の妥当性は，これまで主としてバージョンとバーゼンスが同時に起こるような刺激条件下で調べられてきた．この刺激条件のなかで最も単純な条件は，片眼の視軸上に2個の刺激が配置されている条件 (Wheatstone-Panumの限界条件) である（図9.23）．近く（遠く）の刺激から遠く（近く）の刺激への固視の変化は，サッカードとバーゼンスによって行われる．一般に，バーゼンスの反応潜時（約150 ms）のほうがサッカードのそれ（200〜250 ms）より小さいので，はじめにバーゼンスが起こり，続いてサッカードが起こって，最後に再びバーゼンスが起こって視軸の交点は刺激位置に一致する．図9.23は，両眼視軸の交点の軌跡を示す．それぞれの運動成分において，両眼の運動量は等しい．従来の研究[21,22,24]は，この一般的な運動経過に一致した眼球運動を観察している．しかし，Ono と Nakamizo[19] の研究

では，輻輳と調節との間に不一致が存在する場合にのみ，この運動パターンが観察され，輻輳と調節が一致している日常観察条件に最も近い条件では，両眼不等サッカードが観察された．

上に述べた刺激条件下において，サッカードとバーゼンスがほぼ同時に起こった場合，2成分加算仮定の予測に一致しない運動が観察されている．Onoら[25]は，両眼の運動量と速度の差が2成分の線形的加算の予測よりも大きいことを観察した．このOnoらの観察は，いくつかの異なる条件下でも確認されている[15~18,26]．また，その後のいくつかの研究では，両眼の運動量のみならず，運動方向の異なるサッカード (disjunctive saccade) が観察されている[27,28]．このような眼球運動におけるヘリング法則の逸脱が何に起因するかは今後の課題の1つである．なお，ヘリング法則の神経生理学的基礎については，Howardらの文献[1]を参照されたい．

[中溝幸夫]

文　献

1) I. P. Howard and B. J. Rogers : Binocular Vision and Stereopsis, Oxford University Press, New York, 1995
2) A. B. Scott : Ocular motility, In Physiology of the Human Eye and Visual System (ed. R. E. Records), Harper & Row, Hagerstown, 1979
3) F. C. Donders : On the Anomalies of Accommodation and Refraction of the Eye (1864), Hatton, London, 1952
4) 生井　浩：眼筋，日本眼科全書，11巻，金原出版，1953
5) H. von Helmholtz : Physiological Optics (English translation by J. P. C. Southall, Originally published, 1862), Dover, New York, 1962
6) L. Ferman, H. Collewijn and A. V. Van den Berg : A directi test of Listing's law—I. Human ocular torsion measured in static tertiary positions, Vision Research, 27, 929-938, 1987
7) M. J. Allen and J. M. Carter : The torsion component of the near reflex, American Journal of Optometry, 44, 343-349, 1967
8) 中溝幸夫，H. Ono：凝視の移動とヘリング法則，心理学評論，21, 166-190, 1978
9) 中溝幸夫：両眼運動とヘリング理論，眼球運動の実験心理学 (苧阪良二，中溝幸夫，古賀一男編)，名古屋大学出版会，1993
10) H. Ono : The combination of version and vergence, In Vergence Eye Movements : Basic and Clinical Aspects (eds. C. M. Schor and K. J. Ciuffreda), Butterworths, Boston, 1983
11) H. Ono : Binocular visual direction of an object when seen as single or double, In Vision and Visual Dysfunction, Vol. 10A, Binocular vision (ed. D. Regan), MacMillan, New York, 1991
12) R. H. S. Carpenter : Movements of the Eyes (2nd ed.), Pion, London, 1988
13) D. A. Robinson : Oculomotor control signals, In Basic Mechanisms of Ocular Motility and Their Cliniclal Implications (eds. P. Bach-Y-Rita and G. Lennerstrand), Pergamon Press, Oxford, 1975
14) B. L. Zuber and L. Stark : Dynamical characteristics of the fusional vergence system, IEEE Transactions on systems science and cybernetics, SSC-4, 72-79, 1968
15) J. T. Enright : Changes in vergence mediated by saccades, Journal of Physiology (London), 350, 9-31, 1984
16) J. T. Enright : Facilitaion of vergence changes by saccades : influences of misfocused images and of disparity stimuli in man, Journal of Physiology (London), 371, 69-87. 1986
17) J. T. Enright : The remarkable saccades of asymmetrical vergence, Vision Research, 32, 2261-2276, 1992
18) H. Ono and S. Nakamizo : Saccadic eye movements during changes in fixation to stimuli at different distances, Vision Research, 17, 233-238, 1977
19) H. Ono and S. Nakamizo : Changing fixation in the transverse plane at eye level and Hering's law of equal innervation, Vision Research, 18, 511-519, 1978
20) L. A. Riggs and E. W. Niehl : Eye movements recorded during convergence and divergence, Journal of the Optical Society of America, 50, 913-920, 1960
21) G. Westheimer and A. M. Mitchell : Eye movement responses to convergence stimuli, Archives of Opthalmology, 55, 848-856, 1956
22) A. L. Yarbus : Eye movements and Vision (eds. and trans. L. A. Riggs and B. Haigh), Plenum Press, New York, 1967
23) H. Collewijn, C. J. Erkelens and R. M. Steinman : Binocular coordination of human horizontal saccadic eye movements, Journal of Physiology, 404, 157-182, 1988
24) M. Alpern and P. Ellen : A quantitative analysis of the horizontal movements of the eyes in the experiments of Johannes Muller : I. Methods and results, American Journal of Ophthalmology, 42, 289-296, 1956
25) H. Ono, S. Nakamizo and M. J. Steinbach : Non additivity of vergence and saccadic eye movment, Vision Research, 18, 735-739, 1978
26) S. Saida and H. Ono : Interaction between saccade and tracking vergence, Vision Research, 24, 1289-1294, 1984
27) L. Levi, D. S. Zee and T. C. Hain : Disjunctive and disconjugate saccades during symmetrical vergence, Investigative Ophthalmology and Visual Science, (ARVO abstract), 28, 332, 1987
28) C. J. Erkelens, R. M. Steinman and H. Collewijn : Ocular vergence under natural conditions. II. Gaze shifts between real targets differing in distance and direction, Proceedings of the Royal Society, B236, 441-465, 1989
29) A. B. Scott : Ocular motility, In Physiology of the Human Eye and Visual System (ed. R. E. Records), Harper & Row, Cambridge, 1979

9.6　高次機能と眼球運動

9.6.1　サッカード抑制

サッカード抑制とは，サッカード眼球運動に伴う感度の低下現象である．サッカード抑制を確認する最も簡単な方法は，鏡で自分のサッカードを観察す

ることである．鏡のなかで自分の一方の眼を見つめ，そこからもう一方の眼に視線を動かしたとき，鏡を通してみる自分の眼球は運動しているようには見えない．このとき，ほかの誰かが鏡のなかを見ていれば，その人にはこの眼球運動は明白である[1]．

サッカード中の網膜像は急速な網膜の移動のため流れた不鮮明な像となるが，このような像は視知覚にとって好ましくないことは明らかである．サッカード抑制が，サッカード中の不鮮明な網膜像を知覚しないために有効であることは疑いない．サッカード抑制のメカニズムについては，神経系のメカニズムの積極的な関与を考える立場と眼球の運動に伴う網膜像の変化に起因する立場があり[2]，神経系のメカニズムの効果のみをサッカード抑制と呼ぶこともある[3]．

a. 時間特性

サッカード抑制についてはさまざまな視機能について報告されている．最も基本的な特性は光点の検出であるが，そのほかにもコントラスト感度，色の認識の閾値，刺激の位置変化の検出感度，運動方向の弁別感度などの機能の低下が知られている．

図9.24にいくつかの課題に対する検出率の時間変化を示す．それぞれの実験課題を簡単に説明すると，(a)は刺激の7.5′の大きさの光点（この実験では複数の光点である）を6μs呈示しその検出割合を測定[4]，(b)は，垂直方向にガウス関数状（σは6°，刺激サイズは67°×53°）の刺激を20 ms呈示したときのコントラストの極性の判断（暗くなる変化か明るくなる変化かの強制選択[5]，(c)は，6μs呈示された4°×10°の大きさの色刺激（このデータは632 nmの赤のもの）がその色としては判断できる正当率[6]，(d)は10°×10°のランダムドットパターンの30′移動に対する検出率[7]，(e)は30°×30°のランダムドットパターンの運動方向の弁別の正当率である[8]．図中のサッカード時間は，40 msを示している．各実験ではサッカードの大きさが異なり，サッカード時間も同じではないが，どの実験でもおよそ30～50 msの間と考えてよい．

実験課題によらずに，抑制効果はサッカードの開始に先立って始まり，サッカード開始直後に最大となり徐々に回復することがわかる．これらの結果はすべての課題について類似した抑制機構がはたらいていると考えることの妥当性を示している．しかし，一方で課題による差もみられる．とくに位置変化の検出と運動方向の弁別では，ほかの課題に比べ

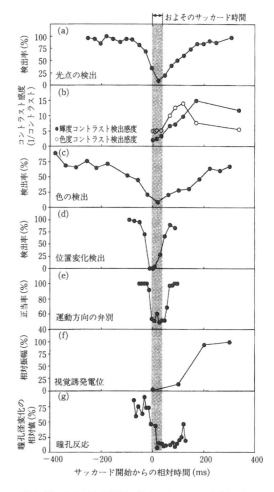

図9.24 さまざまな課題に対するサッカード抑制の時間変化

て感度の変化が急激である．また，色の認識課題では青色光を用いた場合には，①赤や緑の場合に比べて最大の抑制効果が遅れて生じる[6]，②テスト光強度が低いほうが抑制効果は長い[9,10]，③網膜位置に依存する[11]などの差も報告されている．

b. 生理学的知見

上記のデータはすべて心理物理実験の結果であるが，サッカード抑制に対応する現象は生理学的な研究からも見いだされている．まず，視覚誘発電位（visual evoked potential, VEP）の研究がある[12,13]．視覚刺激に伴う脳波の振幅を，サッカード中の刺激に対して測定することでサッカードの視覚情報処理過程への影響がわかる．図9.24(f)に閾値より0.5対数単位高い刺激が，サッカード開始から300 ms後までの間に提示されたときの視覚誘発電位の振幅の変化を示す[12]．この結果は心理物理実験と類似

した時間特性を示していることがわかる．また，図9.24 (g) は，光刺激の及ぼす瞳孔径の変化に対するサッカードの影響[14]を示すが，サッカードによって瞳孔径変化が減少されていることがわかる．このサッカードの影響は比較的急激で，位置変化や運動方向の検出に類似している．

単一細胞記録 (single cell recording) の研究からは，サッカードに関連する応答をもつ細胞は眼球運動の発生に関連する多くの部位で知られている．これは，眼球運動の発生にかかわっているメカニズムがどこかに存在するはずであるから，サッカードの開始前，運動中，終了後などに発火したり，抑制されたりする細胞が多く見られるのは当然であろう．しかし，単にサッカード中に抑制的な応答をする細胞があるからといって，それがサッカード抑制と関係すると単純には評価できない．

サッカード抑制は知覚現象であることを考えると，外側膝状体や視覚野の細胞とサッカードとの関連が重要であることがわかる．外側膝状体レベルでは，サッカードによる活動電位の変化はほとんどみられないとの報告が多い[15~17]．大脳視覚野では，とくにV4の細胞とサッカードの関連が知られているが[18,19]，これはサッカード抑制に直接かかわるというよりむしろ注意との関連が考えられている．V1においては，刺激がない状態での細胞の自発的な応答がサッカードによって変化するとの報告[16]がある一方，同種の運動刺激に対してサッカード中と注視中で同じように反応するとの報告もある[20]．その他の部位でのサッカードとかかわる活動電位の研究についても，明確にサッカード抑制に対応するといえるものはみられない[21]．

c. 刺激要因と抑制効果

サッカード抑制はサッカード眼球運動中の視覚刺激全般に対する抑制効果としてとらえられるが，その抑制効果については，実験に用いる刺激や被験者の行う課題に依存して大きく変化することが知られ

表9.3 サッカード抑制に影響する要因

要　因	閾値の変化 (対数単位)	実験条件など	出　典	効　果
背景輝度 34 cd/m² → 0.034 cd/m² 100 cd/m² → 0.1 cd/m² 完全暗黒	0.8→なし 0.85 → 0.40 0.45	一様背景と直径2.2°のぼかされたテスト刺激 Ganzfeld での減分 電気刺激による視知覚をテスト刺激にする	22) 10) 13)	背景輝度が高いほど，抑制効果が大きい．完全暗黒やGanzfeldでも抑制効果は得られる．
テスト刺激の 空間周波数 0.02 cycle/° → 1 cycle/° 0.21 cycle/° → 4.5 cycle/° 大きさ (直径) 1°→ 10°	 1.0 → 0.3 0.7 → 0.25	 平均輝度 10 cd/m² の正弦波グレーティングのコントラスト感度 103 cd/m² のGanzfeld 背景 一様背景	5) 27) 9)	低空間周波 (大きな刺激) で抑制効果が大きい．
背景パターン チェッカーボード →一様背景	2.0 → 0.4 1.7 → 1.4	直径1°テスト刺激 ぼけたテスト刺激	9)	輪郭の多い背景は輪郭の明確なエッジをもつテストへ，一様背景はぼけたテストへの影響が大きい (類似した空間周波数の間で抑制効果が大きい)．
サッカードの大きさ 4°→ 32° 5°→ 15°	0.6 → 1.2 0.5 → 0.8	Ganzfeld 32 cd/m² の一様背景と直径2.2°テスト刺激	23) 17)	大きなサッカードにおいて大きな抑制があるが，依存の程度はそれほど大きくない．

表 9.4 さまざまな課題に対するサッカード抑制

課題	結果	実験条件	出典
明るさの知覚	0.8 対数単位暗い.	閾値付近	10)
	0.1 対数単位暗い.	2 対数単位閾上	
位置変化検出	サッカードの大きさの 1/3 程度	同心円パターン並べた 1 次元 Ganzfeld	24)
	位置変化の方向とサッカードの方向が一致する場合で抑制効果に		
	1) 顕著な差はない.	a) ランダムドットパターン	9)
		b) 光点	25)
	2) 差がみられる.	2 光点の一方が変位	26)
色差コントラスト検出	輝度に比べ感度低下は小さく, 低周波刺激 (<0.1 cycle/°) では感度の上昇もある.	色コントラストの検出, 67°×53°の水平格子縞およびガウス関数状刺激, 平均輝度 10 cd/m²	5)
色刺激の増分閾	波長依存性がある. (彩度の高い色ほど低下が少ない)	1°四方正方形刺激 3 cd/m² 背景	28)
		直径 12°円形刺激 43°×62°背景 109 cd/m²	29)
運動知覚	運動刺激の不連続な位置変化の感度低下 (1/3).	0〜300°/s の速度範囲, 刺激は 0.1 cycle/° 正弦波グレーティング	30)
	ランダムドットキネマトグラムの動きがみえない.	30°×30°のランダムドットキネマトグラム	8)
	速度変化検出に対しては, サッカード条件, 注視条件の間に感度の差はみられない.	0.86 cycle/°の速度で運動する 0.22, 0.43, 1.4°/s 正弦波グレーティング	31)

ている．刺激パターンの検出については，テスト刺激の空間特性，波長特性，背景輝度，背景パターンなどがサッカード抑制の大きさにかかわる主な要因として知られている．また，刺激パターンの検出以外では位置変化の検出，運動の検出，速度変化の検出など課題に依存した抑制効果の変化があげられる．表 9.3 に光点やコントラストの検出課題に対するさまざまな要因（条件変化）によるサッカード抑制の大きさの変化，表 9.4 にその他の課題での抑制効果の大きさをまとめる．これらから，サッカードの抑制効果がどのような条件で大きいかが読み取ることができ，サッカードの抑制のメカニズムを考えるうえで参照される必要がある．

d．サッカード抑制のメカニズム

サッカード抑制のメカニズムは，大きく 2 つの立場に分けて議論されることが多い（その他については Volkmann[3] を参照）．1 つは神経系のメカニズムによる抑制作用，もう 1 つはサッカードに伴う網膜像の変化に起因するサッカード中の網膜像に対するマスキング作用（2 つの刺激が連続して提示されるとき，一方が他方の知覚を著しく損なう現象）である．前者は，サッカードに伴う特別の神経系の作用を仮定するのに対して，後者は，そのようなサッカード特有の機構を仮定しない．前者は，眼球運動時には，眼球静止時と異なる処理をすると考えるのに対し，後者では視覚特性は眼球運動時と静止時で全く同一であると考え，眼球運動による網膜像の変化のみでサッカード中の閾値の上昇を説明する．後者の場合，閾値の上昇は，眼球運動と直接かかわらないと考えるので，静止した網膜にサッカード時と同様に変化する刺激を与えればサッカード抑制と同様の閾値の上昇が得られることを予測する．

サッカード抑制のマスキングによる説明は，サッカード前後の明瞭な網膜像がサッカード中の流れた不鮮明な像をマスクするというものである．通常，サッカードの時間は 20〜50 ms 程度であり，不鮮明な像が網膜上に存在する時間は，その前後の鮮明な像の存在する時間に比べてきわめて短い．マスキングによりこの不鮮明な像が全く知覚されなくなる可能性は確かにあり，事実この考えは実験的に支持されている[33〜36]．とくに，Campbell と Wurtz[33] の実験は，直接的にこのマスク効果を示している点で重要である．彼らは，サッカードの開始とともに暗黒の室内を照明し，サッカード終了後ある時間だけ照明を続け，再び室内を暗黒にするという実験条件を設定した．照明時間を変えて知覚される像を調べ

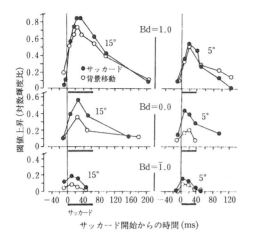

図 9.25 サッカードに伴う閾値上昇と背景の移動に伴う閾値上昇の比較[22]
●：サッカード，○：背景移動．背景輝度の影響（上：34 cd/m², 中：3.4 cd/m², 下：0.34 cd/m²），サッカードの大きさ（左15°, 右5°）によらず両者は類似した結果を示す．

た結果, 照明がサッカードの終了後 20 ms 以内に消される条件では, 被験者は流れた不鮮明なシーンを知覚するが, 終了後 40 ms 以上継続すると鮮明な像のみが知覚されることを見いだした. サッカード後の網膜像からのマスキング効果によりサッカード中の不鮮明像が見えない事実を説明できることになる.

一方, 静止している眼球に対して, 網膜像の移動を模した背景刺激を与えたとき, サッカード抑制と同様の刺激検出閾値の上昇することも明らかにされている[9,22,35]. 例えば, Brooks らの研究[22]では, サッカードに伴う閾値の上昇と眼球静止条件で背景の移動させたとき, それに伴う閾値の上昇を比較している. 図 9.25 に示すように両者の一致は非常によい. 図中横軸はサッカードの開始からの時間であり, 縦軸は注視時に対する閾値の上昇量である. 異なる 3 レベルの背景輝度および 15° と 5° の 2 種類の大きさのサッカードすべての条件において, サッカード抑制とサッカードを模した背景移動による抑制の効果は類似している. 図 9.24 からもわかるように, 抑制はサッカードに先立って生じるが, 図 9.25 は周辺の移動に対しても同様の効果が得られることを示す. さらに, マスキングは順応レベルの高いほど効果が大きい, および背景パターンとテストパターンの空間周波数成分の類似性が高いほうが効果が大きいなどが知られるが[37,38], 表 9.4 からこれらはサッカード抑制の特性と一致することがわかる.

同様に, 受動的な眼球の動きに伴う網膜像の変化と閾値上昇についても, サッカード時の閾値上昇とほぼ同程度となることも示されている[39]. この実験では目尻を軽く押して眼球を動かし, それがもとに戻る動きの最中に刺激を呈示して閾値を測定している. この場合にも同程度の大きさのサッカード時と同等の閾値の上昇が報告されている. この結果もサッカード抑制には, 眼球運動特有の能動的な処理が必要なく, 網膜像の変化が主な抑制要因であることを支持している.

このようなマスキングによる説明は, 通常とは逆にサッカード中に鮮明な網膜像が得られると考えられる場合に, その像がはっきり見える現象とも一致する. 電車の中から隣りの線路を眺めている場合に, サッカードすることにより枕木の下に敷かれている石まではっきり見ることができることがある. これは, 眼球運動と網膜像の移動が一致したためにサッカード中の像が鮮明なものとなっているためと考えられる. それに続く注視では流れた像が網膜に投影されるため, 鮮明なサッカード中の像がぼけた注視中の像をマスクしたと考えればこの現象は説明でき, 眼球運動によらず明確な像がぼけた像をマスクしているとの考えに一致する.

以上のことから, 日常生活においてサッカード中のぼけた像を知覚しない点を説明するには, マスキングは有力な仮説として受け入れられている. マスキングを中心とした神経系の抑制を考えないモデルの魅力は, サッカード中でも注視中でも視覚機能は変わらないとしてサッカード抑制を説明するという点であろう. できるだけ単純に物事をとらえる立場からいえば, 神経系の抑制メカニズムなどを考えずに説明できるのであれば, それは必要はないものといえるであろう.

一方, 神経系の抑制機構の代表的なモデルでは, サッカード中の網膜像の抑制の信号源として眼球運動に付随する神経信号を考える. その信号源として, 例えば眼球を動かすために外眼筋に送られる信号のコピー（コロラリィ放電）を考え, それによって眼球運動時の網膜像に対する感度を下げるというものである[3,32,40]. 神経系の抑制モデルは, 眼球運動の信号が抑制効果を生じさせると考えるため, 刺激や背景は抑制効果に影響しないし, 暗黒やマスク刺激の存在しない全視野等質刺激（Ganzfeld）において

も抑制効果が得られることを予測する．全視野等質刺激や完全暗黒（光刺激をいっさい用いず，電気刺激による光の知覚を用いている）で行われた実験においてもサッカード抑制が報告[10,13]されていることから，神経系のサッカード抑制機構の存在が認められている．しかし，サッカードに伴う閾値の上昇という点では，その効果はあまり大きくはなく（暗黒や全視野等質刺激条件では0.5対数単位程度，表9.3参照），サッカード中のぼけた像が知覚されないことを説明することはむずかしい．

しかし，サッカード抑制にかかわる神経系のメカニズムが全く存在しない，または存在理由がないかといえば決してそうとは結論できない．サッカードに伴う網膜像の変化は像をぼかすだけではなく，サッカード前後に大きな像の変位をもたらす．サッカードの大きさと同じだけ外部世界の像は網膜上で移動することになり，それに伴う運動信号は非常に大きなものとなるはずである．この変位が運動として知覚されないためには何らかの神経系の抑制効果が必要に思われる．マスキングによるぼけた像の削除は決して運動知覚の削除にはなりえない．サッカードにより眼球が移動するかぎり，その前後の鮮明な像の間の変位は避けがたい．サッカードをシミュレートした実験の場合も，閾値の上昇は説明できるが，シミュレートによる背景の移動は運動として知覚されるわけであるから，サッカード時に運動が観察されないことを説明できない．

このように考えると，サッカードにより運動検出能力が抑制されているという仮説が成り立つ[2,5,8,30]．運動情報は主に大細胞経路（magnocelluer pathway）により伝達されていることから，Burrら[30]はサッカードの大細胞経路への選択的抑制効果があると主張する．大細胞経路の特徴として，低空間周波数領域，高時間周波数領域で感度が高い，色情報は伝達しないなどがあげられる．色情報については，色度コントラストに対してはサッカード抑制がみられず，むしろ強調される（図9.24(b)）[5]．サッカード抑制の大きさに波長（色）依存性があり，色みの強い（彩度の高い）波長では抑制効果が小さい[28,29]などが明らかにされている．図9.26は各波長でサッカード中の増分閾と注視中の増分閾の比をとったもので，Richards[28]およびUchikawaら[29]の結果を一緒に示す．また，サッカード中と注視中での空間周波数特性を比較すると，サッカードによって低周波では大きな感度低下が生じるのに対し

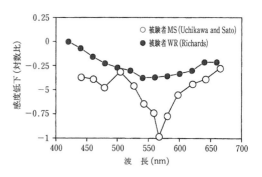

図9.26 サッカードに伴う閾値上昇の波長依存性[28,29]

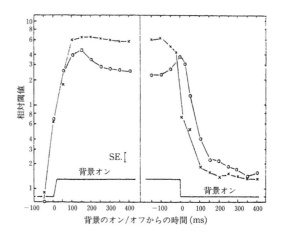

図9.27 サッカードによるオン/オフ効果の消失[28]

て高空間周波数では感度低下が小さいことが報告されている[5,27]．これらの実験結果は，大細胞経路の抑制を支持する結果である．さらにこの仮説は，刺激の呈示，消失に伴う増分閾値の上昇（オン/オフ効果）がサッカード中には消失するとの報告[27]とも一致する．Richard[28]は背景光の呈示に対してさまざまな時間遅れでテスト光を呈示して閾値を測定した．その結果は，サッカード中と注視中では大きく異なっている（図9.27）．注視中では，背景の呈示の開始と終了の付近で閾値の上昇（オン/オフ効果）が見られるが，サッカード中ではその影響がない．オン/オフ効果をもたらすメカニズムは時間的な変化を強調する（時間的に帯域通過型の周波数特性をもつ）メカニズムであると考えられるから，大細胞経路の特性といえる．したがって，大細胞経路がサッカードによって選択的に抑制されると考えればこの結果は説明できる．また，マスキングとサッカード抑制のデータの一致については，マスキングも大細胞経路での現象であるとの立場に立てば，い

ずれの場合も時間的な変化をとらえる経路，大細胞経路の抑制である点で一致し，結果が類似することは説明可能である．大細胞経路の選択的抑制効果は，サッカードによる網膜像の変位に対して運動知覚が生じない点を説明できる点で，マスキングのみでのサッカード抑制を説明するのとは異なる．

ただし前述のように，神経系の抑制効果を積極的に支持する単一細胞記録のデータは得られていない．また，色の効果，オン/オフの効果に対してマスキングで説明できるか否かの検討は十分なされているとはいえない．　　　　　　　　　　［塩入　諭］

文　献

1) R. Dodge : Visual perception during eye movement, *Psychological Rebview*, **7**, 454-465, 1900
2) 塩入　諭：サッカード抑制，視野安定およびサッカード統合，眼球運動の実験心理学（苧阪良二，中溝幸夫，古賀一男編），名古屋大学出版会，101-122, 1993
3) F. C. Volkmann : Human visual suppression, *Vision Research*, **26**, 1401-1416, 1986
4) F. C. Volkmann, A. M. L. Schikc and L. A. Riggs : Time course of visual inhibition during voluntary saccades, *Journal of the Optical Society of America*, **58**, 562-569, 1968
5) D. C. Burr, M. Morrone and J. Ross : Selective suppression of the magnocellular visual pathway during saccadice eye movements, *Nature*, **371**, 511-513, 1994
6) V. Lederberg : Color recognition during voluntary saccades, *Journal of the Optical Society of America*, **60**, 835-842, 1970
7) L. Stark, R. Kong, S. Schwartz, D. Hendry and B. Bridgeman : Saccadic suppression of image displacement, *Vision Research*, **16**, 1185-1187, 1976
8) S. Shioiri, P. Cavanagh : Saccadic suppression of low-level motion, *Vision Research*, **29**, 915-928, 1989
9) B. A. Brooks and A. F. Fuchs : Influence of stimulus parameters on visual sensitivity during saccadic eye movement, *Vision Research*, **15**, 1389-1398, 1975
10) L. A. Riggs, F. Volkmann, R. K. Moore and A. G. Ellicott : Perception of suprathreshold stimuli during saccadic eye movement, *Vision Research*, **22**, 423-428, 1982
11) L. Mitrani, St. Mateeff and N. Yakimoff : Temporal and spatial characteristics of visual suppression during voluntary saccadic eye movement, *Vision Research*, **10**, 417-422, 1970
12) R. Chase and R. E. Kalil : Suppression of visual evoked responses to flashes and pattern shifts during voluntary saccades, *Vision Research*, **12**, 215-220, 1972
13) L. A. Riggs, P. A. Merton and H. B. Morton : Suppression of visual phoshenes during saccadic eye movements, *Vision Research*, **14**, 997-1011, 1983
14) M. Lorber, B. L. Zuber and L. Stark : Suppresson of the pupilary light reflex in binocular rivalry and saccadic suppression, *Nature*, **208**, 558-560, 1965
15) U. Bütner and A. F. Fuchs : Influence of saccadic eye movements on unit activity in simian lateral geniculate and pregeniculate nuclei, *Journal of Neurophysiology*, **36**, 127-141, 1973
16) F. H. Duffy and J. L. Burchfiel : Eye movement-related inhibition of primate visual neurons, *Brain Research*, **89**, 121-132, 1975
17) J. R. Bartlett, R. W. Dorty, B. B. Lee and H. Sakakura : Influence of saccadic eye movement on geniculostriate excitability in normal monkeys, *Experimental Brain Research*, **25**, 487-507, 1976
18) B. Fischer and R. Boch : Enhanced activation of neurons in prelunate cortex before and visually guided saccades of tranined rhesus monkeys, *Experimental Brain Research*, **44**, 129-137, 1981
19) B. Fischer and R. Boch : Peripheral attention versus central fixation ; Modulation of the visual activity of prlunate cortical cells of rhesus monkey, *Brain Research*, **345**, 111-123, 1985
20) S. J. Judge, R. H. Wurtz and B. J. Richmond : Vision during saccadic eye movements, I, Visual interactions in striate cortex, *Journal of Neurophysiology*, **43**, 1133-1155, 1980
21) F. D. Schall : Neural basis of saccadic eye movement in promates, In Vision and Visual Dysfunction, Macmillan London, pp. 388-442, 1991
22) B. A. Brooks and D. M. Impelman, T. Lum : Influence of background luminance on visual selectivity during saccadic eye movements, *Experimental Brain Research*, **40**, 322-329, 1980
23) S. B. Stevenson, F. C. Volkmann, L., J. P. Kelly and A. Riggs : Dependence of visual suppression on the amplitudes of saccades and blinks, *Vision Research*, **26**, 1815-1824, 1986
24) B. Bridgeman, D. Hendry and L. Stark : Failure to detect displacement of the visual world during saccadic eye movement, *Vision Research*, **15**, 719-722, 1975
25) A. Mack : An investigation of the relationship between eye and retinal image movement in the perception of movement, *Perception & Psychophysics*, **8**, 291-298, 1970
26) S. Heywood and J. Churcher : Direction-specific and position-specific effects upn detection of displacements during saccadic eye movements, *Vision Research*, **21**, 255-261, 1979
27) F. C. Volkmann, L. A. Riggs, K. D. White and R. K. Moore : Contrast sensitivity during saccadic eye movements, *Vision Research*, **18**, 1191-1199, 1978
28) W. Richards : Saccadic suppression, *Journal of the Optical Society of America*, **59**, 617-623, 1969
29) K. Uchikawa and M. Sato : Saccadic suppression of achromatic and chromatic responses measured by increment-threshold spectral sensitivity, *Journal of the Optical Society of America*, **A12**, 661-666, 1995
30) D. C. Burr, J. Holt, J. R. Jonstone and J. Ross : Selective depression of motion sensitivity during saccades, *Journal of Physiology (London)*, **333**, 1-15, 1982
31) 中村博久，塩入　諭，久保走一：位置変化および速度変化の検出に対するサッカードの影響，光学，**22**, 366-370, 19
32) D. M. MacKay : Visual stability and voluntary eye movements, In Handbook of Sensory Physiology, VIII/3, (ed. R. Jung), Spinger, Berlin, pp. 307-331, 1973
33) F. W. Campbell and R. H. Wurtz : Saccadic omission : Why we do not see a grey-out during a saccadic eye movement?, *Vision Research*, **18**, 1297-1303, 1978
34) F. R. Corfield, J. P. Frosdick and F. W. Campbell : Grey-out elimination : the rolls of spatial waveform

frequency and phase, *Vision Research*, **18**, 1305-1311, 1978
35) D. M. MacKay: Elevation of visual threshold by displacement of retinal image, *Nature*, **225**, 90-92, 1970
36) E. Matin, A. B. Clymer and L. Matin: Metacontrast and saccadic suppression, *Science*, **178**, 179-182, 1972
37) B. G. Breitmeyer: Unmasking visual masking; a look at the Why beyond the veil of the How, *Psychological Review*, **87**, 52-69, 1980
38) B. G. Breitmeyer: Visual Masking; An Integrative Approach, Clarendon Press, Oxford, 1984
39) W. Richards: Visual suppression during passive eye movement, *Journal of the Optical Society of America*, **58**, 1159-1161, 1968
40) E. Matin: Saccadic suppression: A review and an analysis, *Psychological Bulletin*, **81**, 899-917, 1974

9.6.2 随意性眼球運動における学習・記憶

頭部の動揺による視線変動を打ち消すように眼球が回転して，外界の網膜像を安定化させている．この前庭動眼反射 (vestibulo-ocular reflex) において，0.5倍や2倍の望遠眼鏡，左右逆転プリズム眼鏡を装着すると，網膜上で像が滑る．数時間のうちに頭部回転量から眼球回転量への変換過程に適応が生じて，像の滑りが減少する．小脳がこのような調節を行って運動学習を実現している[1,2]．

反射的な眼球運動だけでなくサッカード (saccade, 衝動性眼球運動．視線をジャンプするように変える運動で最も頻繁に意識的，無意識的に行っている) や滑動性眼球運動 (smooth pursuit eye movement, 以下，パシュートと略す．ゆっくり動く物体を追跡する滑らかな眼球運動) といった随意的な眼球運動においても，視覚目標を中心窩にうまくとらえられないという状況が持続するとき，自動的な調節作用が現れてくる．

a. 臨床試験例

外転神経麻痺の結果，片方の眼の外直筋 (耳側に回転させる外眼筋) の活動が減弱した患者の正常な眼を眼帯で覆い，弱った眼だけに9日間視覚を与えて，静止した視標へのサッカードや動く視標へのパシュートを検査した．弱った眼はもともと動きが小さく遅いが，正常に近づく適応が生じる．同じ共役性運動指令が両眼に到達する (ヘリングの法則) ので，眼帯を付け替えて視覚を正常眼に与えたときのサッカードは視覚目標をオーバーシュートする．患者は戻る向きに修正サッカードを行って視標をとらえた．サッカード後にドリフトが現れる．また，動く視標の出現から130 ms遅れてパシュートが始まると，視標と眼球の動きの誤差がパシュート系をドライブするクローズドループ制御に入っていくが，開始直後は視標の動きだけに依存したオープンループとなっている．このゲイン (眼球速度/視標速度) が適応によって上がると加速がよくなってパシュートは目標近辺に早く到達して追跡できるが，ゲインが上がりすぎると不安定，振動などの問題が生じる．上記の患者の場合でも適応の結果，正常眼のパシュートは初期の加速が3倍に達して，15°/sの視標に対して50°/sを越えるパシュート速度が現れた．一部の患者にパシュート時の顕著な振動が生じた[3]．

以上のような適応は，患者と同様の疾患を片眼の眼筋の腱を部分切除することによって再現したサルの実験でも確かめられている．サルの小脳の虫部 VI, VII葉 (明瞭な体部位再現性のある小脳皮質領域の眼球運動に対応する部分) を切除しておくと適応能力を示さないことから，この適応は小脳で起こることが示されている．

b. 心理物理実験によるサッカードの適応

臨床試験や動物実験でサッカードの適応が調べられる以前に，運動のパラメーター調整能力を調べる心理物理実験が行われていた．

被験者が左10°に定常的に点灯している視標にサッカードを行う最中に，半透明プリズムを用いて左9°の視標に切り替えられる．約1°のオーバーシュートを被験者は2度目のサッカードで修正する．視標の切替えに被験者は気づかないが，数回の試行で，10°の視標に対してはじめから9°の位置に視線を移すようになる[4]．また，サッカード終了直後の視標ステップ量を，眼球移動量に一定のゲイン r をかけたものにする．次々にサッカードをくり返す被験者のサッカード振幅は，視標の変位を $1/(1-r)$ 倍したものとなり，一度のサッカードでステップ後の視標をとらえるようになる[5]．

これら現象発見の先行的な報告に続いて，適応の性質を調べる系統的な実験が行われた．Millerら[6]は，被験者にディスプレイ上でジャンプする視標を追跡させた．順次点滅する3つの視標 F—D1—D2 において，F—D1 の距離は8°単独の場合と，2°～12°まで2°間隔で6個の視標の1つという，2つの場合で実験を行い，D1—D2 は F—D1 の25%か50%で，D1よりD2がFに近づく場合 (step back) と遠ざかる場合 (step forward) を調べている．適応は100または200試行い，D1からD2へのジャンプはサッカードの開始，終了のいずれの時

点で起きても適応の結果に変わりはなかった．また適応後に検査課題として，2個の視標F—Tが，F—D1の−100％，50％，150％となるTに向かうサッカードのゲイン変化を調べた．サッカードのゲイン減少は完全な適応の約60％に，ゲイン増大は完全な適応の約25％に到達した．6種類の視標D1の組み合わせで同時に適応を行ったときの時定数（最終変化量の約63％＝1−1/eに到達するまでの時間）は57試行であり，1視標の場合の時定数6試行と比べると，約1/10に適応の進行速度が低下した．ゲイン増大実験の時定数がゲイン減少実験の時定数より明らかに大きいということはなかった．適応をかけた位置以外の視標Tへの適応の転移は反対方向には見られないが，同方向にも広く強くは転移していない．同時に同方向の2視標でゲイン増大（3°の視標），ゲイン減少（12°の視標）を33％に設定した適応200試行を行ったところ，適応の進行は遅く，効果は小さいが異なるゲインへの適応傾向が示された．

この実験はいくつかの興味ある問題を提起している．①複数の視標に対して適応を進めると，その進行が遅くなること，②適応の効果は逆方向のサッカードには転移していなかったこと，③同方向の異なる視標に対して矛盾したゲイン学習が同時に可能でありそうなこと，④ゲイン増大実験とゲイン減少実験で適応進行の時定数に大きな差がなかったこと，などである．また，この実験ではサッカード開始の注視点が固定で視標も多くは固定なので，位置に固有の適応の性質を反映している可能性

が残る．

Deubel[7]はサッカードの適応の2次元的な性質を調べた．もとの注視点から振幅方向に近づける，遠ざける視標のステップ以外に，振幅は同じで方位だけステップする視標を適応試行に用いたところ，サッカードは方向でも適応することを示した（図9.28）．ゲイン減少の時定数は30〜60試行，ゲイン増加の時定数は400試行以上．サルはヒトより10倍遅い．方位の適応時定数も30〜60試行．サルは200試行．ただし方位適応は等方向性でなかった．この実験では明らかにゲイン増大のほうが進行が遅い．しかし，被験者が修正サッカードをしてステップした視標をとらえると，さらにその20％だけ視標をステップさせるという実験を行ったところ，ゲイン増大のほうがむしろ変化が大きく早いという報告もある[8]．

増大・減少という矛盾した場合を含む種々の異なるゲインの学習を調べたSemmlowら[9]は，逆方向に向かうサッカードでは同時に独立に適応が生じるが，同方向の矛盾する視標ステップの適応は干渉が生じて，減少タイプの適応が強力である．変化は個別での変化の代数和としてテスト視標に対する応答が現れる．増大タイプの適応は比較的限られた領域で起きて，減少タイプは同方向に同じゲイン変化としている．ある振幅でのサッカードの学習効果はどの程度，周辺に汎化しているだろうか．Deubel[7]が約30°まで方位の異なるサッカードに振幅適応が転移することを見いだしたのは，その1つの回答であるが，振幅が大きく異なるサッカードには転移がない（7〜35°の範囲でテスト試行）という報告もある[10]．適応が固定2点間（0−20−14°度にジャンプする視標）に限られているという問題が残るだろう．

c．選択的なサッカード適応

VORには選択的な適応性がある．例えば，垂直方向の異なる眼位（20°上向きと下向きの視線）で異なるゲイン（1.7と0.0）となるような頭部と視界の動きの組み合わせを与えて適応させると，眼位によって異なるVORゲイン変化（8％増大と6％減少）が観測された[11]．適応の柔軟性と生成機構への示唆を与えるという意味で興味ある問題が提起された．

サッカードには不意に出現した視標に向かうもの（外部の視覚刺激でトリガーされるサッカード．以下，E-saccと略す），定常的に見えている目標に意

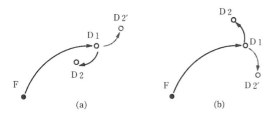

図9.28 適応実験での視標の動き[7]
注視点Fの視標が消えると同時に視標D1が点灯，サッカード最中にD1が消えてD2（D2'）の視標が点灯する．被験者ははじめは視標D1を見てD1の位置にサッカードするが，数十回の適応試行によって，D1に向けてサッカードするがD2に到達するように変化が起こる．(a)で視標がD2にステップするとゲインの減少，D2'にステップが続くとゲインの増大を示す適応が生じる．(b)はサッカードの方位が変わる適応の手順を示している．視標がD2へステップする試行が続くと，時計まわりに方位角が増大し，D2'の場合は減少する．

図して向かうもの（以下，I-sacc と略す），あるいは記憶した場所に向けるもの（以下，M-sacc と略す）などが区別される．周期的に2点間で点滅する視標を追跡するサッカードは予測的な動きを示すが（予測的サッカード），これは M-sacc と同様に最高速度がその他の E-sacc や I-sacc に比べてかなり小さい．また I-sacc のほうが E-sacc より正確であるなどの特徴が知られており，これらはサッカードを生成する，脳幹より上位の神経機構に相違のあることを示唆する．

Erkelens と Hulleman[12] は，被験者に注視点から 17.5°右に見えている視標に向かって音の合図から2秒以内にサッカード（I-sacc）させた．サッカードの最高速度から 2 ms 以内に 8.75°に視標を移す．36 適応試行の後で，それぞれ 13 テスト試行の E-sacc, I-sacc を調べると，I-sacc の振幅は 21％減少していたのに対して E-sacc は 5％の振幅減少であった．多くの生理学データから I-sacc では前頭眼野の経路，E-sacc では上丘の経路がより重要になっていることが適応の違いの基礎にあると推定している．

Deubel[13] は 6 点（1 辺を共有する 2 つの正方形の頂点）が表示されたディスプレイをスキャンするサッカード（S-sacc）の適応を調べた．S-sacc の適応では画面上の 6 点がいっせいにサッカード最中に 25％ステップバックするから，被験者は気づきにくい．S-sacc の適応は I-sacc, M-sacc に転移したが，E-sacc には転移しなかった．E-sacc の適応は S-sacc, I-sacc, M-sacc に転移が見られなかった．これらの結果からサッカードを2つに分類し

て，反射的で外部刺激トリガーのサッカード（reactive, stimulus-triggered saccade）と随意的で内部生成サッカード（volitional, internally generated saccade）では分離独立した生成経路をもつのだろうと推定している．E-sacc の適応は，異なる色やサイズの視標にも[14]，不意の音に向かうサッカードにも[10] 転移する．

サッカードの適応選択性についてさらに調べられた．E-sacc, I-sacc, M-sacc がそれぞれ視標のステップバック，ステップフォワードでゲイン減少，増大の適応が生じること（図9.29）．同じ視標に向かうサッカードでも，サッカードの型が異なると 1 つはゲイン増大，残る 1 つはゲイン減少の方向へ同時に適応が可能であることが示された．すなわち適応後は，例えば 10°の視標に対して，M-sacc では 8°のサッカード，E-sacc では 12°のサッカードになる．適応の選択性はより強い形で，型によって基本的に独立に進む．適応を産む要素が型に独立に存在するが，相互に干渉もあることを示唆している．また E-sacc や M-sacc において，サッカード直後に戻った位置に視標を再提示するのではなく，400 ms 遅らせても適応が生じる[15,16]．適応システムは誤差の知覚が遅れてもタフであることを示唆しており，一般的に随意的運動の良し悪しは遅れて知覚される場合も多く，このような学習機構を実現するのに役立っているだろう．

左右で度の違う眼鏡をかけるということはよくあるケースであるが，40 年以上かけてきた被験者の

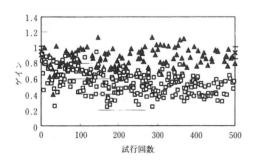

図 9.29　適応過程のゲイン変化例
右向きの記憶依存性サッカードのみ視標ステップバックで適応がかかり，ゲインが減少している（□の点列）．左向きの記憶依存性サッカードのゲインは変化していない（▲の点列）．適応 500 試行の前後でジャンプする視標に向かう右向きサッカード（E-sacc）の各 150 試行のゲイン平均値はほとんど変化していない（×印）．

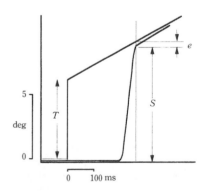

図 9.30　動く視標に向かうサッカードとパシュート
注視点から視標が T だけジャンプして一定速度で遠ざかる．被験者は約 200 ms 前後の遅れでサッカードをして，引き続きパシュートで追いかける．このとき，振幅 S は T より大きくサッカード終了時点の視標との距離 e は小さく，パシュート速度は周辺視で得られた視標速度に調節されている．

サッカードを調べると水平，垂直いずれも同じ目標に対して，異なる振幅のサッカードをしていることがわかっている．これも適応の結果である．

以上のように，ヒトではサッカードの型による選択的な適応はほぼ確かめられてきたが，サルの実験ではヒトと異なって選択性はかなり弱い．ヒトとサルでどのように異なってきたのか興味ある問題を提起している．

d．パシュート系の学習

周辺に動く物体を認めたとき，われわれはまずサッカードで急速な視線の移動を行う．引き続いて対象の速度に合わせたパシュートで目標を追う（図9.30）．このとき，サッカードの振幅は対象の動きに合わせて調節されている．約200 msの遅延時間に動きが予測されて，より速く遠ざかる視標にはより大きな振幅となる．また，サッカード直後に始まるパシュートの速度も対象の速度に合うようにほぼパシュートのはじめに調整されている．周辺視野でとらえた対象の動き知覚をもとにして，運動指令が修正または構成されている．

パシュートが始まるや否や視標の動きを変えることによって，動き知覚からパシュート開始時の速度への変換あるいは加速度の決定過程に人為的に誤りを導入することができる．パシュートが柔軟な学習系であることをOpticanらは臨床例から示したが，実験的にも証明できる．

正面の視標はサルが注視すると200〜600 ms後に消える．同時に3°水平に離れた位置に視標が現れて直ちに10°/s(25°/s)で注視点に戻る向きに100 ms動いた後に30°/s(5°/s)に変化させて加速度増大適応実験（加速度減少適応実験）を行う．反対側に視標が現れて戻るときに速度の変化は起こさない．左右両方向に300試行をランダムにまぜて学習実験が行われる．15°/sから45°/sの視標の動きや異なる色やサイズの視標に対するテスト試行でパシュートの変化は起きていた．学習と逆方向のパシュートに変化は起きていない．逆方向のパシュート最中に学習方向に速度をステップ状に変えても（網膜像の動きを学習試行と同じにする）パシュート速度の変化に学習効果は出ないが，同方向のパシュート最中の速度ステップ変化では効果が現れる[17]．このようなパシュートの適応実験の結果，適応的に立上り時の加速度の変化は立上り初期ではなく後期（サルでは開始後の50〜80 ms[17]，ヒトでは100〜200 ms[18]）で現れる．

中心窩近辺でなく周辺で動く視標へのサッカードの終了と同時に視標速度がステップ的に変化するという条件，例えば，右6°の位置に出現した視標が10°/sから2°/sにつねに変化するという試行が100回ほど続くと，被験者のパシュート開始速度はかなり遅くなってくる（例えば，6°/s）．適応の効果は，異なる視標速度に対しても現れて，パシュート開始時のゲイン（パシュート開始速度/視標速度）変化のような形式で現れる．同方向で異なる位置に現れた視標に対しても同等な速度の変化が見られる．2つの異なる出現位置で逆向きのゲイン変化を学習することも可能であり，パシュートの適応は視標の出現位置に対して汎化性とともに選択性を示すようなゲインとして実現されているようである[19,20]．

最後にパシュート系の性質をつけ加えると，1つに，パシュートは必ずしも中心窩に視覚目標が現れる必要はなく，例えば，30°水平，垂直，斜めに隔たった2視標の中点，あるいは4°隔たった2視標から15°隔たった仮想の視標に対するパシュートが起こる．また，例えば，テレビ受像器に一面の局間ノイズが現れていて特定の視標が定まらなくても管面を凝視して注視点に一団の特異なかたまりが知覚されるや否やその集団の仮想的な動きに追従するパシュートが現れる．視覚的な目標に代えて暗闇で皮膚表面を移動する接触刺激に対してもパシュートが現れる．このようにパシュート系はゆっくりと移動していると知覚される対象に対して生成される．

［藤田昌彦］

文　献

1) M. Ito: The Cerebellum and Neural Control, Raven Press, New York, 1984
2) G. Melvill Jones: Adaptive modulation of VOR parameters by vision, In Adaptive Mechanisms in Gaze Control (eds. A. Berthoz and G. Melvill Jones), Elsevier, pp. 21-50, 1985
3) L. M. Optican, D. S. Zee and F. C. Chu: Adaptive response to ocular muscle weakness in human pursuit and saccadic eye movements, Journal of Neurophysiology, 54, 110-122, 1985
4) S. C. Mclaughlin: Parametric adjustment in saccadic eye movements, Perception and Psychophysics, 2, 359-362, 1967
5) G. Vossius: Adaptive contorol of saccadic eye movement, Bibliotheca Ophthalmologica, 82, 244-250, 1972
6) J. M. Miller, T. Anstis and W. B. Templeton: Saccadic plasticity: parametric adaptive control by retinal feedback, Journal Experimental Psychology: Human Perception and Performance, 7, 356-366, 1981
7) H. Deubel: Adaptivity of gain and direction in oblique saccades, In Eye Movements from Physiology

to Cognition (eds. J. K. O'Regan and A. Lévy-Schoen), Elsevier, Amsterdam, pp. 181-190, 1987
8) J. Albano and W. King : Rapid adaptation of saccadic amplitude in humans and monkeys, *Investigative Ophthalmology and Visual Science*, **30**, 8, 1883-1893, 1989
9) J. Semmlow, G. Gauthier and J.-L. Vercher : Mechanisms of short-term saccadic adaptation, *Journal of Experimental Psychology*, **15**, 249-258, 1989
10) M. A. Frens and A. J. V. Opstal : Transfer of short-term adaptation in human saccadic eye movements, *Experimental Brain Research*, **100**, 293-306, 1994
11) M. Shelhamer, D. Robinson and H. Tan : Context-specific adaptation of the gain of the vestibulo-ocular reflex in humans, *Journal of Vestibular Research*, **2**, 89-96, 1992
12) C. J. Erkelens and J. Hulleman : Selective adaptation of internally triggered saccades made to visual targets, *Experimental Brain Research*, **93**, 57-164, 1993
13) H. Deubel : Separate adaptive mechanisms for the control of reactive and volitional saccadic eye movements, *Vision Research* **35**, 3529-3540, 1995
14) H. Deubel : Is saccadic adaptation context-specific ? In Eye movement Research (eds. J. Findlay, R. Walker and R. Kentridge), North-Holland, Amsterdam, pp. 177-187, 1995
15) M. Fujita, A. Amagai and F. Minakawa : Context-specificity of human saccadic adaptation, *Society for Neuroscience Abstracts*, **21**, 8, 366, 1995
16) 藤田昌彦, 雨海明博, 皆川双葉：サッカードの適応の文脈依存性, 電子情報通信学会論文誌, **J79 D-II**, 11, 1897-1905, 1996
17) M. Kahlon and S. Lisberger : Coordinate system for learning in the smooth pursuit eye movements of monkeys, *Journal of Neuroscience*, **16**, 22, 7270-7283, 1996
18) K. Fukushima et al. : Adaptive changes in human smooth pursuit eye movement, *Neuroscience Research*, **25**, 391-398, 1996
19) 小川 正, 藤田昌彦：パシュート系における適応特性—視標ステップ幅依存性, 視標速度依存性, 電子情報通信学会論文誌, **J80 D-II**, 2, 642-651, 1997
20) T. Ogawa and M. Fujita : Adaptive modifications of human postsaccadic pursuit eye movement induced by a step-ramp paradigm, *Experimental Brain Research*, **116**, 83-96, 1997

10 視空間座標の構成

10.1 基本概念

　視覚系が外界からの情報を取り入れる入力機構である網膜は，外界に対してではなく眼球に対して固定された座標系（眼球座標系）であり，眼球の運動に応じて眼球座標系そのものが外界のなかを動く．眼球は頭部に対して固定された座標系（頭部座標系）であり，頭部の運動に応じて頭部座標系そのものが外界のなかを動く．その頭部は身体に対して固定された座標系（身体座標系）であり，身体の運動に応じて身体座標系そのものが外界のなかを動く．このように視覚系は多層の座標系構造をもっており，網膜に投影された像から外界の情報を得るためには，眼球・頭部・身体の位置に関する情報を使って眼球座標系から外界座標系への変換が行われる必要がある[1]．Gibson[2]によって提唱された視覚の生態学的構造における断片視は眼球座標系における知覚，開口視は頭部座標系における知覚，環境視は身体座標系における知覚，そして移動視は外界座標系における知覚に相当する．

　われわれが動きを知覚するメカニズムは，この多層の座標系構造に基づいている．眼球・頭部・身体が静止した状況で対象物の像が網膜上を動いたときに，その対象物は動いて見える．これは大脳皮質に存在する運動検知器のはたらきであり，断片視による運動知覚である[3]．しかしながら暗黒中または一様な背景のもとで運動している対象物を眼球によって追従したときにも，その対象物は動いて見える．網膜上では対象物の像は静止しているから，この運動知覚は断片視によるものではなく，頭部座標系における眼球の位置情報を使用した開口視によるものである[4]．頭部によって追従運動を行った場合にも対象物が動いて見えるが，これは環境視による運動知覚である．

　頭部に固定された対象物を見ながら身体を動かしたときには，その対象物はわれわれと一緒に動いているように感じられる．すなわち移動視による運動知覚である．ところで，適切な視覚刺激を与えて視覚誘導自己運動を生じさせると，自己も対象物も静止しているにもかかわらず，自己と一緒に動く対象物の運動が知覚される[5,6]．これが移動視における視覚誘導運動の知覚，すなわち外界座標系による視覚誘導運動であり，誘導視覚刺激の運動によって生じる視覚誘導自己運動に付随してつねに起こるものである．自己と対象物のあいだの相対位置は不変であるから，移動視における視覚誘導運動の速度は視覚誘導自己運動の速度と同じになり，きわめて高速の運動が知覚されるのが特徴である．実際，垂直軸回転運動に関して誘導刺激の速度が60°/sに達するまで視覚誘導運動の速度が増加することが報告されている[7]．

　これまで視覚誘導自己運動感覚は，通常の運動知覚とは違った，何か特殊なものとして考えられがちであった．しかしながら自己運動感覚はわれわれの運動知覚メカニズムの不可分な一部であり，その本質的解明は，われわれが運動しながら知覚する動物であることから生じる，感覚システムと運動システムの相互関連に由来する多層の座標系構造に基づいて行われなくてはならない．

10.2 自己運動感覚

10.2.1 自己運動感覚のメカニズム

　われわれが自らの運動を検知する仕組み，すなわち自己運動感覚の基本メカニズムは前庭感覚系である．太古の水生動物がもっていた，液体の詰まった穴のなかに感覚毛に覆われた細胞が入っている原始的器官が進化して，われわれの前庭感覚系と聴覚系になったといわれている．この原始的器官は，外界

の変化や自己の運動によって引き起こされる液体の運動に反応する自己運動感覚システムの起源であり，その基本設計はわれわれの前庭感覚系にまで受け継がれている．前庭感覚系は内耳にあって三半規管と卵形嚢・迷路小嚢からなる．

自己回転運動の検知器である三半規管は内リンパ液に満たされた円環状の管であり，卵形嚢との結合部の一端に感覚上皮を内蔵する膨大部稜がある．感覚上皮は多毛感覚細胞からなり，その毛はすべてゼラチン状の頂上部に向かって突き出している．頭部の回転によって引き起こされる内リンパ液の運動が，頂上部の移動を介して多毛感覚細胞を刺激する．頂上部にはたらく力，すなわち頭部の角加速度 α と，内リンパ液・頂上部の慣性 H の積，と頂上部の角変位量 θ のあいだには次のような関係がある[1]．

$$\alpha H = \kappa\theta + \gamma\frac{d\theta}{dt} + H\frac{d^2\theta}{dt^2} \qquad (10.2.1)$$

ここで，κ は内リンパ液・頂上部の弾性，γ は内リンパ液・頂上部の粘性である．粘性に比べて弾性・慣性は小さいので，式 (10.2.1) は次のように近似できる．

$$\alpha H = \gamma\frac{d\theta}{dt} \qquad (10.2.2)$$

式 (10.2.2) の両辺を積分すれば，頭部の角速度に比例して頂上部が変位することがわかる．すなわち頭部の角速度に比例した多毛感覚細胞の反応が得られ，その意味では半規管は角速度計であると考えることができる．しかしながらその本態は積分型の角加速度計であり，頭部の速度ではなく頭部の速度の変化に反応するものである．

三半規管は互いに直交する水平半規管・前半規管・後半規管よりなり，垂直・水平・回旋の3軸のまわりの回転運動に反応することができる[8]．これらの回転はそれぞれ yaw, pitch, roll と呼ばれる．三半規管により自己回転運動が感覚される．われわれが完全暗黒中で受動的に回転させられるときには，角加速中には自己運動感覚が増加していくが，回転が一定速度に達してから数秒間以上たつと消滅する．そして角減速中には角加速中と逆方向の自己運動感覚が生じ，身体の停止後しばらくたつとこれも消滅する．運動の感覚が生じるまでの遅れ時間が一定になるための最小の角加速度によって評価された自己回転運動感覚の感度は，運動の感覚が生じるまでの遅れ時間によって測定されており，約 $0.3°/s^2$ であることが知られている[9]．

一方，自己直進運動の検知器である卵形嚢・迷路小嚢は三半規管の結合部にある内リンパ液に満たされた袋状の腔であり，平衡斑と呼ばれる感覚上皮を内蔵している．平衡斑は多毛感覚細胞からなり，そのすべての毛は平衡石と呼ばれる方解石の結晶を含むゼラチン状の液体に向かって突き出している．身体の直線速度の大きさと方向の変化や，頭部の重力に対する傾きによって引き起こされる平衡石の移動が多毛感覚細胞を刺激する．半規管と同様，頭部の直線加速度と多毛感覚細胞の反応のあいだに近似的な線形関係があり，卵形嚢・迷路小嚢は直線速度計として機能するが，その本態もまた積分型の直線加速度計である[10～12]．卵形嚢はほぼ水平面内，迷路小嚢はほぼ鉛直面内にあって，左右・上下・前後の3方向の直線運動に反応するとともに，重力に対しても反応する[13]．直線運動に対する卵形嚢・迷路小嚢の反応は半規管の場合と同じく一過性であり，一定速度での直線運動を検知することはできない．飛行機が巡航速度で飛んでいるときに，われわれが自分自身の運動が全くわからないゆえんはここにある．自己直進運動の感度も，運動の感覚が生じるまでの遅れ時間によって測定されており，約 $10 cm/s^2$ であることが知られている[14]．

前庭感覚系が，速度に反応するいわば持続性のシステムではなく，加速度に反応する一過性のシステムであることは，自己運動感覚の基本的メカニズムの構造を簡単化するのに役立ったであろう．下等動物にとって最も重要なのは自分自身の運動の変化に関する情報であり，自分が動き始めたとき・静止したとき・運動の方向を変えたときを教えてくれる前庭感覚系は，その基本的要求を十分に満たすことができたものと考えられる．より高級な自己運動の感覚を必要とする人間のような高等動物では，この前庭感覚系の"欠陥"は視覚系と身体感覚系によって補われている．そのため，われわれは日常生活において持続した自己運動を感覚することが可能になっているのである．

10.2.2 ベクション

視覚系による自己運動の感覚，すなわち視覚誘導自己運動感覚(ベクション)は，しばしば錯覚として記述されることがある．しかしながらそれは必ずしも正しい理解とはいえない．前節で述べたように視覚系による自己運動感覚は，身体感覚系によるものとあいまって前庭感覚系による一過性の感覚を補

い，われわれに持続した自己運動感覚をもたらしている．したがって，視覚系による自己運動感覚のシステムは，われわれの自己運動感覚システムの不可欠な部分であり，視覚誘導自己運動感覚はほかの2つの感覚系からの情報がない場合の自己運動感覚として位置づけられなくてはならない．

a. 回転運動に関する視覚誘導自己運動感覚の大きさ

われわれの自己運動には，垂直・水平・回旋の3つの回転軸がある．それぞれの回転軸に対して視覚誘導自己運動感覚（サーキュラーベクション）が存在するわけであるが，いままで最もよく研究されてきたのは垂直軸のまわりの回転に対する視覚誘導自己運動感覚である．これは垂直軸のまわりの回転がわれわれにとって最も重要であるからというよりはむしろ，実験装置が作りやすいという実際的理由によるところが大きかった．垂直軸のまわりの回転に対する視覚誘導自己運動感覚の刺激としては，被験者の視野を完全に覆う回転ドラムがよく使われる．

ドラムが回転し始めると，被験者は最初ドラムが回転していると感じるが，数秒たつとドラムの回転についての感覚が弱まり，それと同時に自分自身がドラムと逆方向に回転していると感じ始める．この自己運動感覚はドラムが回転している限り継続し，照明が切られると被験者は自己運動残効を感じる[15]．

自己運動感覚の回転速度は刺激の回転速度に依存し，$2°/s$から$100°/s$の範囲では刺激速度と感覚速度のあいだに線形関係がある[16]．視覚誘導自己運動を感覚し始めるまでの遅れ時間は刺激の回転加速度の増加につれて減少するが，$5°/s^2$以上ではほぼ一定である[17]．この遅れ時間は，回転が一定速度に達したのちに前庭感覚系の反応が消滅するまでの時間とほぼ一致しており，前庭感覚系による情報と視覚系による情報とが補い合ってわれわれの自己運動感覚が生起されていることを意味する．視覚誘導自己運動の残効は，身体が実際に回転した場合と類似しており，まず照明中と同じ方向の陽性残効が感覚され，ついで逆方向の陰性残効が感覚される．これらの自己運動残効は呈示時間の増加につれて増加するが，陽性残効は呈示時間が1分間を越えるとあまり増加しないので，十分に長い刺激呈示の後では被験者は刺激呈示中とは逆方向の自己運動残効のみを感じることになる[15]．

垂直軸のまわりの回転に対する視覚誘導自己運動

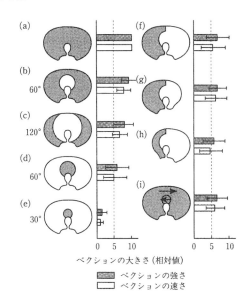

図10.1 視覚誘導自己回転運動感覚への視野の効果[19]

感覚は，刺激のボケ・輝度・コントラストなどの空間的要因の影響を受けない[18]．このことから自己運動感覚を誘導するための視覚系のメカニズムは，刺激の空間的詳細を認識するための視覚系のメカニズムとは異なるもので，低い空間周波数にのみ応答するものであると考えられている．刺激の空間的詳細は網膜の中心窩によって認識されるわけであるから，視覚誘導自己運動感覚は主に網膜の周辺部に与えられた刺激によって引き起こされることになる．Brandtら[19]は，図10.1に示すように網膜の中心部を120°まで覆っても視覚誘導自己運動感覚が得られるにもかかわらず，中心部30°のみに刺激を呈示するとほとんど視覚誘導自己運動感覚が得られないことを示した．

この結果は，視覚系によって自己運動感覚を誘導するためには網膜の周辺部を刺激する必要があること，したがって，広視野のディスプレイが必要不可欠であることを示すための基礎データとしてつねに引用されるものである．しかしながら後になって，この報告を一般的なものとして受け入れるにはいくつかの問題があることが示されている．第1の問題は，この実験では中心部刺激が周辺部刺激に対して著しく小さかったことである．刺激の大きさを同じにさえすれば，75°までの範囲ではどこに刺激が呈示されても同程度の視覚誘導自己運動感覚が得られる[20]．

第2の問題は，この実験では遮蔽板を回転ドラム

の手前に置いて刺激の中心部を覆ったので，運動する刺激と静止した覆いのあいだに奥行きが生じたことである．視覚誘導自己運動感覚は静止刺激を運動刺激の背景に呈示することによって抑制されるので[8]，この結果のみからでは視覚誘導自己運動感覚が網膜周辺部に呈示された刺激によって引き起こされたとは必ずしもいえず，より遠くに呈示された刺激によって視覚誘導自己運動感覚が引き起こされた可能性もある．回転ドラムのすぐ手前に透明の広視野静止刺激を呈示し，被験者に刺激を単眼視させて視覚誘導自己運動感覚を測定すると，あいまいな奥行き情報のみしか与えられていないために運動刺激と静止刺激のあいだの奥行き関係が自然に交替するが，運動刺激が遠くに見える，すなわち背景として知覚されたときにのみ視覚誘導自己運動感覚が起こる[21]．

これは網膜の周辺部が刺激されるかどうかよりもむしろ，運動刺激が背景として知覚されるか否かが視覚誘導自己運動感覚にとってより重要な意味をもっていることを示すものである．静止刺激が全く存在しない全視野刺激に対しては視覚誘導自己運動感覚がむしろ少なくなることから，視覚誘導自己運動感覚の生起においては相対運動の知覚が重要であることが示されている[22]．

背景の優位性と網膜周辺部の優位性のあいだの相互作用を検討するために，HowardとHeckmann[23]

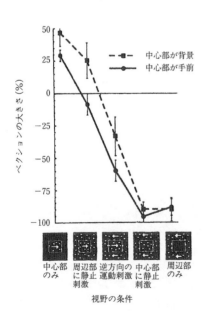

図10.2 視覚誘導自己回転運動感覚への奥行きと視野の効果[23]

は中心部刺激と周辺部刺激のあいだの奥行き関係を変えて視覚誘導自己運動感覚を測定し，図10.2に示すような結果を得た．

中心部に静止刺激・周辺部に運動刺激が呈示された場合には，中心部刺激と周辺部刺激のあいだの奥行き関係にかかわらず視覚誘導自己運動感覚が生起された．これに対して中心部に運動刺激・周辺部に静止刺激が呈示された場合には，中心部刺激が周辺部刺激の手前に見えるときにはほとんど視覚誘導自己運動感覚が生起されないが，背景に見えるときには視覚誘導自己運動感覚が生起された．ところで，後者は動いている乗り物の窓をとおして風景を見るような場合に対応している．このような状況下では視覚誘導自己運動感覚は生じるべきものであり，われわれの視覚誘導自己運動感覚は理にかなった原理によって制御されていると考えることができる．

視覚誘導自己運動感覚の生起にとって無視できないのは，自分が動く可能性があるのだという観察者の思いの効果である．これは経験的事実として19世紀末からよく知られており，遊園地の乗り物の設計などに盛んに応用されてきている[24]．また視覚誘導自己運動感覚の実験を行うときには被験者を座らせる椅子に工夫を凝らすことが重要であることが，この分野の研究者にいい伝えられている．実際，視覚刺激として実際の部屋を用いると視覚誘導自己運動感覚が顕著に増加することが示されている[25]．

回旋軸のまわりの回転に対する視覚誘導自己運動感覚についても，垂直軸のまわりのものと同様の原理が成り立つことが報告されている．背景に静止刺激が呈示されると視覚誘導自己運動感覚が抑制され，静止刺激の構成要素の密度が高いほど抑制量が多い[8]．中心部10°のみを刺激することによって視覚誘導自己運動感覚を生起することができるが，この際に運動刺激が背景として知覚される[26,27]．

水平・回旋軸のまわりの自己回転運動感覚と垂直軸のまわりの自己回転運動感覚とのあいだには重要な違いがある．それは重力の影響である．われわれが垂直軸のまわりを回転しても重力の寄与は変化しない．しかしわれわれが水平・回旋軸のまわりを回転した場合には，回転角の余弦に比例した重力の寄与があり，卵形嚢・迷路小嚢の応答が余弦状に変化する．したがって，水平・回旋軸のまわりの回転に対応した視覚刺激のみが与えられた場合には，卵形嚢・迷路小嚢の応答が生起されないので，視覚系に誘導された自己運動感覚とのあいだで不一致が生じ

ることになる．実際に，水平・回旋軸のまわりの回転に対する視覚誘導自己運動感覚は，回転角については刺激の回転とは逆方向への15°程度の身体の一定の傾きを感じながら，回転速度についてはその方向への継続した運動を感じ続けるという矛盾したものになることが報告されている[28～31]．また被験者を仰臥させて重力の寄与が変化しないようにすると，水平・回旋軸のまわりの回転に対しても視覚誘導自己運動感覚が矛盾なく継続し，垂直軸のまわりの視覚誘導自己運動感覚と類似の感覚が得られることも示されている[32]．

われわれが回転運動をすれば，当然ながらそれに応じてさまざまの身体感覚が生じる．身体感覚系からの反応も，視覚系からのものとともに前庭感覚系を補って，持続的な自己運動の感覚に寄与している．われわれが乗り物に乗って受動的に動かされる場合と，自分自身で能動的に動く場合とでは，感じる自己運動が異なることはだれもが経験するところである．暗黒中で回転する円盤の上で能動的な足踏み運動を行うと，前庭感覚系の反応が消滅した後でも自己回転運動の感覚が継続する[33]．また，暗黒中で腕を伸ばして回転ドラムにふれ続けると，視覚誘導自己運動感覚に類似した自己回転運動の感覚が持続して生起される[34]．

b．直線運動に関する視覚誘導自己運動感覚の大きさ

われわれは左右・上下・前後の3つの方向に直線運動することができるが，このうち最も重要なのは前後方向，とくに前方向への運動であろう．われわれが前方向に運動すると，拡大する網膜像が得られる．通常，われわれは進行の方向を注視しながら前方向に運動するので，網膜像の拡大の中心は中心窩に対応する．したがって，前方向の直線運動に対する視覚誘導自己運動感覚（リニアベクション）を生起するための視覚刺激は，網膜の中心部に呈示された場合には拡大の中心を含むが，周辺部に呈示された場合には中心を含まず，異なった見えの刺激になる．

網膜の中心部に視覚刺激が呈示された場合には，垂直軸のまわりの視覚誘導自己回転運動感覚とは異なって周辺部の寄与が少なく，中心窩の近傍が優位性をもっている．200秒の刺激呈示中で自己運動感覚が得られた時間を求めた実験結果を図10.3に示すが，視野の大きさが10°以上あれば前後方向への十分な自己直線運動の感覚が生起されることがわか

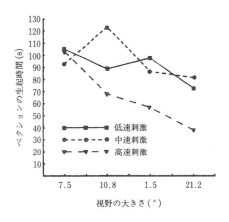

図10.3 前方向の視覚誘導自己運動感覚への視野の大きさの効果[35]

る[27,35]．

また，拡大している刺激の手前に透明の静止刺激を呈示しても視覚誘導自己運動感覚は影響を受けないが，拡大している刺激の背景に透明の静止刺激を呈示すると視覚誘導自己運動感覚が抑制される[36]．すなわち，前方向への運動に対する視覚誘導自己運動感覚においては，垂直軸のまわりの回転の場合における場合と異なって周辺部の優位性は見られないが，背景の優位性が見られる．

網膜の周辺部に視覚刺激が呈示された場合には拡大運動の中心を含まないから，自己の運動と逆方向に流れるトンネルの内部のパターンのような水平方向の並進運動刺激が与えられることになる．網膜周辺部に並進運動刺激を与えた場合には，前後方向のみならず上下方向についても自己直線運動の知覚が生起されるが，刺激面積の増加につれて知覚される自己運動が大きくなるという周辺部の優位性が見られ，網膜中心部に拡大運動刺激を与えた場合とは異なった特性を示す[37,38]．しかしながら，背景刺激の優位性は，網膜周辺部に視覚刺激が呈示された場合においても見られる[39]．

視覚誘導自己運動感覚の原理は，自己運動の方向や視覚刺激の網膜上の呈示部位にかかわらず，視覚誘導自己運動が背景として知覚される視覚刺激によって引き起こされることである．背景が静止していれば自己運動が感覚されず，背景が運動していればそれに応じた自己運動が感覚される．この単純な原理はまた，理にかなったものでもある．なぜなら，われわれが認識しようとする外界は対象と背景から成り立っている．外界では対象とわれわれは独

立に運動するので，対象の網膜像が動いたときには，対象が動いた場合とわれわれが動いた場合の両方の可能性がある．これに対して，外界において背景はつねに不動であるから，背景の網膜像が動くのは，われわれが動いた場合のみである．したがって，自己運動の知覚のために背景に関する情報のみを使うのは最も合理的な判断であるといえる．これに対して，従来から強調されることの多い網膜周辺部ないしは刺激面積の大きさの優位性は，網膜中心部に与えられた拡大運動刺激に対しては見られない．したがって，刺激の大きさは視覚誘導自己運動感覚に大きな影響を与える大事なパラメーターではあるが，視覚誘導自己運動感覚を決定する普遍的な原理ではない．

c．自己直進運動の方向の知覚

視覚系による自己運動の方向の知覚のメカニズムに関する理論的検討はGibson[40]によって与えられた．彼は，自己直進運動によって生起される視覚刺激が自己直進運動の方向に位置する拡大中心から放射方向に広がっていく速度場，すなわちオプティカルフローとなることを示した．自己直進運動の方向はオプティカルフローの原点である拡大中心によって表される．自己直進運動の方向の変化に応じて拡大中心と環境を構成する対象物との空間的関係が変化するから，「拡大中心を障害物の外，開口部の内に保つことによってわれわれは環境のなかを自由に動き回ることができる」とGibson[2]は主張した．

オプティカルフローによる自己直進運動の方向についての情報には，2つの特徴がある．まず第1に自己直進運動の方向は局所的な拡大中心によってではなく，オプティカルフロー全体によって決定されることである．Gibson[40]は，たとえ拡大中心が見えない場合でも，自己直進運動の方向についての情報はオプティカルフローの至るところに含まれていることを強調している．第2にオプティカルフローを構成する要素の速度ベクトルの大きさは環境を構成する対象物への距離に依存するが，速度ベクトルの方向は自己直進運動の方向によって決定されることである．したがって，オプティカルフローは対象物の距離や形状とは独立に，自己直進運動の方向に関する情報をわれわれに与える．

Gibsonによる興味深い理論的検討にもかかわらず，その考えは必ずしも受け入れられず，オプティカルフローによる自己直進運動の方向の知覚に関する実験的研究は，その後あまり活発に行われてこなかった[41~43]．しかも，自己直進運動を安全に行うためには方向の判定に関して1°という精度が必要とされるにもかかわらず，それらの実験結果によれば精度が5°~10°であることが示されてきた．これが，オプティカルフローによって自己直進運動の方向が知覚されるというGibsonの仮説に対して多くの研究者が疑いをもつに至った理由の1つであった．しかしながら近年になって，この分野は自己運動感覚の研究分野のなかで最も活発なものとなった．そのさきがけとなったのが，Warrenとその共同研究者による一連の研究である．彼らは，従来の実験的研究では被験者に知覚される自己直進運動の方向を同定する作業を課していたことに問題があったと指摘し，その代わりに知覚される自己直進運動の方向を弁別する作業を課して実験を行った．

Warrenらは，① 水平面に平行に自己直進運動をする場合，② 垂直面に向かって自己直進運動をする場合，③ 立体のなかを自己直進運動をする場合の3通りの運動に対応する視覚刺激を提示して自己直進運動の方向弁別精度を測定した．いずれの刺激についても知覚される自己直進運動の方向弁別精度は1°以下であり，従来の精度の低い実験結果は測定方法が不適切であったために起こったことが示された[44]．また，自己直進運動の速度が方向弁別精度に影響せず，オプティカルフローを構成する要素の個数を10個にまで減らしても方向弁別精度が低下しないことを明らかにした．これらの実験結果は，Gibsonが提唱した全体的なオプティカルフローによって自己直進運動の方向が知覚されるという仮説を支持するものである．

さらに，オプティカルフローを構成する要素の持続時間を制限した瞬間速度場を提示しても，自己直進運動の方向弁別精度は低下しない[45]．また，それぞれの要素について運動方向に関する情報を保持して運動の速さをランダムに変化させた場合には自己直進運動の方向弁別精度は低下しないが，それぞれの要素について運動の速さに関する情報を保持して運動方向をランダムに変化させた場合には自己直進運動の方向の弁別ができなくなる．また，拡大中心の提示位置を中心窩から離していくと，自己直進運動の方向弁別精度が徐々に低下していく[46]ことを示した．この結果は，自己直線運動の知覚される大きさや姿勢への影響の場合と同様に，自己直進運動の方向知覚に関しても網膜周辺部より網膜中心部の寄与が大きいことを示すものであり，先の結果と合

わせて全体的なオプティカルフローによって自己直進運動の方向が知覚されるという仮説をさらに支持する．

自己直進運動の方向についての情報は，左右方向の成分と上下方向の成分に分離されて表現されていることが示された[47]．独立して運動する対象物があっても，自己直線運動の方向が正しく知覚される[48]．これに対して，対象物がオプティカルフローの拡大中心を遮蔽すると自己直線運動の方向の知覚が阻害される[49]．

視覚系における運動情報は，一次視覚野からMT野，MST野を経て処理されると考えられている．一次視覚野からMT野，MST野へと進むにつれて，受容野の大きさが増加することから，全体的なオプティカルフローの処理はMST野で行われていると考えられており，実際にMST野において拡大するオプティカルフローに特異的に応答する神経細胞が発見されている[50~52]．これは，Gibsonによる仮説に神経生理学的基礎を与えるものである．

d. 自己運動感覚における視覚情報と他の感覚情報との統合

自動車運転教習員が教示するように，われわれが進んでいく方向をつねに見続ければ，オプティカルフローの拡大中心を固視することになって，固視点・オプティカルフローの拡大中心・自己運動の三者の方向が一致し，安全に自動車を運転することができる．しかしながら現実の環境においては，われわれとも環境とも独立に運動する対象物がさまざまの空間位置に存在し，それらを認識するためには眼球運動を行って対象物を中心視しなければならない．自己直進運動が拡大するオプティカルフローを生起するのに対して，眼球運動は並進するオプティカルフローを生起する．したがって，水平面に平行に自己直進運動をしながら追従眼球運動をすれば，図10.4に示すようなオプティカルフローが生起される．

もともとは自己運動の方向に存在していた拡大中心が消滅し，固視点のところに渦巻き状の新しい拡大中心が生じている．とくに垂直面に向かう自己直進運動の場合には，固視点のまわりに生じる拡大中心は放射状のものになってしまう．したがって，単純に拡大中心を使っているだけでは自己運動の方向を知覚できないことになり，この「眼球運動問題」がGibsonが提唱した仮説に疑いがもたれた第2の理由である[54]．

図10.4 水平面に平行に自己直進運動をしながら追従眼球運動をした場合のオプティカルフロー[53]

われわれの視覚系が「眼球運動問題」をいかにして解決しているかについて，さまざまの仮説が提唱されている．その1つとして，追従眼球運動に伴うエファレンスコピー信号を利用して眼球運動による並進オプティカルフローを打ち消しているという説がある．WarrenとHannon[53,55]は自己直進運動に対応する拡大オプティカルフローの提示中に，追従眼球運動をさせるか並進オプティカルフローを加えた場合における自己運動の方向弁別精度を測定した．追従眼球運動をさせた場合には，すべての視覚刺激に対して拡大中心を固視した場合と同様の弁別精度が得られた．並進オプティカルフローを加えた場合でも，垂直面に向かって自己直進運動をしたときに方向弁別が不可能になったのを除いては，拡大中心を固視した場合と同様の弁別精度が得られた．この結果は奥行きに関する情報が与えられている場合には，眼球運動信号を利用することなく視覚情報のみを用いて「眼球運動問題」が解決されうることを示す．

これに対してRoydenとその共同研究者は，並進オプティカルフローの速度をWarrenとHannon[53,55]の場合よりも増加したときに，水平面に平行な自己直進運動についても方向弁別精度が著しく低下し，曲線路に沿った自己曲進運動が知覚されることを示した[56~58]．また，拡大オプティカルフローに方向ノイズを加えた視覚刺激については，追従眼球運動をさせた場合のほうが，並進オプティカルフローを加えた場合に比べてノイズに対する耐性が増加することが示された[59]．さらに，追従眼球運動に並進オプティカルフローをさまざまな割合で加えた場合に，自己運動の方向が最も正確に知覚されるの

は眼球運動に伴うオプティカルフローのみを加えた場合であることが示された[60]．これらの結果は，自己運動の方向の知覚における眼球運動信号の必要性を示すものであるとともに，視覚刺激が似通ったものになる自己曲進運動と追従眼球運動を伴う自己直進運動を区別するためのメカニズムに関しての示唆を与えるものでもある．また，被験者に拡大オプティカルフローの中心を再固視することを許すと，刺激の方向と知覚された方向の誤差が顕著に減少する[61]．ところで，MST野の拡大するオプティカルフローに特異的に応答する神経細胞の活動が，追従眼球運動によって修飾されることを示されており[62]，これは眼球運動信号による「眼球運動問題」の解決を神経生理学的に支持するものとして興味深い．

環境のなかで奥行きが不連続に変化するところでは拡大オプティカルフローは不連続になるが，並進オプティカルフローは連続することを利用すれば「眼球運動問題」が解決されることが示されている[63]．このモデルは簡単な初期運動情報のみを使い，しかも対象物の境界をも同時に分離できるという点で魅力がある．しかしながら，環境のなかに動く対象物がある場合やオプティカルフローの構成要素が少ない場合に対応できないという欠点があり，その改良版が提唱されている[64]．一方，静的奥行き手がかりを用いて見いだす最も遠い点を利用して並進オプティカルフローの大きさを推定することによって，拡大オプティカルフローが分離できることが示されている[65]．これらのモデルは奥行きに関する情報が与えられている場合には，視覚情報のみを用いて「眼球運動問題」が解決されるというWarrenとHannon[53,55]の実験結果ともよく対応している．

「眼球運動問題」がどのようなメカニズムによって解決されているかについては現在でも議論が分かれているが，実際のところわれわれは日常の生活において「眼球運動問題」を解決し，直線方向の自己運動の最中に追従眼球運動を行っているのか，それともカーブした経路に沿った自己曲進運動をしているのかを容易に区別している．たとえ眼球運動についての情報がない場合でも，オプティカルフローの全体に注目するかどうかによって，これらを区別できる[66]．拡大オプティカルフローに運動視差を付加すれば経路についての情報がなくても，自己曲進運動の方向を知覚できる[67]．また，直線運動と曲線運動の区別は自己運動の速度によらない[68]．

われわれの脳は単一の情報のみを使用しているのではなく，むしろ多種多様の情報を利用し，それらを統合して「眼球運動問題」を解決しているように思える．そもそも自己運動の知覚は，視覚情報・前庭感覚情報・身体運動感覚情報などの統合の結果として生起されるものであり，自己受容感覚系の寄与を無視することはできない．自己運動の方向の知覚におけるこれら3つの感覚系の相互作用について検討した結果によれば，視覚と身体運動感覚により刺激される自己方向の方向が異なる場合にはそれぞれの感覚系による運動方向の中間の方向が知覚され，視覚と前庭感覚の組み合わせでは視覚系による運動方向が知覚されることが示された[69]．また，反対方向の視覚刺激と前庭刺激を与えることによって自己運動感覚を相殺できることも示されている[70]．最後に，自己運動感覚におけるさまざまな感覚システムの寄与を検討するための魅力的な方法の1つは，スペースシャトルあるいはパラボリック飛行による微小重力下での実験であり[71,72]，近い将来自己運動感覚における視覚情報・前庭感覚情報・身体運動感覚情報などの感覚統合のメカニズムの解明に寄与するものと期待される． ［近江政雄］

文　献

1) I. P. Howard : Human Visual Orientation, John Willy and Sons, Chichester, 1982
2) J. J. Gibson : The Ecological Approach to Visual Perception, Houghton Mifflin, Boston, 1979
3) H. C. Longuet-Higgins and K. Prazdny : The interpretation of a moving retinal image, *Proceedings of Royal Society London*, **B208**, 385-397, 1980
4) R. B. Post, D. Chi, T. Heckmann and M. Chaderjian : A reevaluation of the effect of velocity on induced motion, *Perception and Psychophysics*, **45**, 411-416, 1989
5) T. Probst, S. Krafczyk and T. Brandt : Interaction between perceived self-motion and object-motion impairs vehicle guidance, *Science*, **225**, 536-538, 1984
6) R. B. Post and L. A. Lott : Relationship of induced motion and apparent straight-ahead shifts to optokinetic stimulus velocity, *Perception and Psychophysics*, **48**, 401-406, 1990
7) T. Heckmann and I. P. Howard : Induced motion: Isolation and dissociation of egocentric and vection-entrained components, *Perception and Psychophysics*, **100**, 123-345, 1991
8) T. Brandt, E. R. Wist and J. Dichgans : Foreground and background in dynamic spatial orientation, *Perception and Psychophysics*, **17**, 497-503, 1975
9) F. E. Guedry : Psychophysics of vestibular sensation, In Handbook of Sensory Physiology VI/2 (ed. H. H. Kornhuber), Part 2, Vestibular system psychophysics applied aspects and general interpretations, Springer Verlag, New York, pp. 1-154, 1974
10) E. G. Walsh : The role of the vestibular apparatus in

the perception of motion on a parallel swing, *Journal of Physiology London*, **155**, 506-513, 1961
11) J. Greven, J. Oosterveld and J. A. C. Rademakers: Linear acceleration perception: Threshold determination with the use of a parallel swing, *Arch. Otolaryngology*, **100**, 453-459, 1974
12) A. J. Benson, M. B. Spencer and J. R. R. Stott: Thresholds for the detection of the direction of whole-body, linear movement in the horizontal plane, *Aviation Space and Environment Medicine*, **57**, 1088-1096, 1986
13) E. G. Walsh: The perception of rhythmically repeated linear motion in the vertical plane, *Quarterly Journal of Experimental Physiology*, **49**, 58-65, 1964
14) G. M. Jones and L. R. Young: Subjective detection of vertical acceleration: A velocity dependent response, *Acta Otolaryngologica*, **85**, 45-53, 1978
15) T. Brandt, J. Dichgans and W. Büchele: Motion habituation: Inverted self-motion perception and optokinetic after-nystagmus, *Experimental Brain Research*, **21**, 337-352, 1974
16) B. De Graaf, A. H. Wertheim and W. Bles: Angular velocity, not temporal frequency determines circular vection, *Vision Research*, **30**, 637-646, 1990
17) G. A. Melcher and V. Henn: The latency of circular vection during different accelerations of the optokinetic stimulus, *Perception and Psychophysics*, **30**, 552-556, 1981
18) R. B. Post C. S. Rodemer, J. Dichgans and H. W. Leibowitz: Dynamic orientation responses are independent of refractive error, *Investigative Ophthalmology*, **18**, 40-41, 1979
19) T. Brandt, J. Dichgans and E. Koexig: Differential effects of central versus peripheral vision on egocentric and exocentric motion perception, *Experimental Brain Research*, **16**, 476-491, 1973
20) R. B. Post: Circular vection is independent of stimulus eccentricity, *Perception*, **17**, 737-744, 1988
21) M. Ohmi, I. P. Howard and J. P. Landolt: Circular Vection as a function of foreground-background relationships, *Perception*, **17**, 5-12, 1987
22) I. P. Howard and A. Howard: Vection: the contributions of absolute and relative visual motion, *Perception*, **23**, 745-751, 1994
23) I. P. Howard and T. Heckmann: Circular vection as a function of the relative sizes, distances, and positions of two competing visual displays, *Perception*, **18**, 657-665, 1989
24) R. W. Wood: The haunted-swing illusion, *Psychological Review*, **2**, 277-278, 1895
25) I. P. Howard and L. Childerson: The contribution of motion, the visual frame, and visual polarity to sensations of body tilt, *Perception*, **23**, 753-762, 1994
26) G. J. Anderson and B. P. Dyre: Induced roll vection from stimulation of the central visual field, *Proceedings of the Human Factors Society-31st Annual Meeting*, pp. 263-265, 1987
27) G. J. Anderson and B. P. Dyre: Spatial orientation from optic flow in the central visual field, *Perception and Psychophysics*, **45**, 453-458, 1989
28) J. Dichgans, R. Held, L. R. Young and T. Brandt: Moving visual scenes influence the apparent direction of gravity, *Science*, **178**, 1217-1219, 1972
29) R. Held, J. Dichgans and J. Bauer: Characteristics of moving visual scenes influencing spatial orientation, *Vision Research*, **15**, 357-365, 1975
30) L. R. Young, C. M. Oman and J. M. Dichgans: Influence of head orientation on visually induced pitch and roll sensation, *Aviation, Space, and Environmental Medicine*, 264-268, 1975
31) L. Yardley: Contribution of somatosensory information to perception of the visual vertical with body tilt and rotating visual field, *Perception and Psychophysics*, **48**, 131-134, 1990
32) I. P. Howard, B. Cheung and J. Landolt: Influence of vection axis and body posture on visually-induced self rotation and tilt, *Proceedings of the AGARD Conference on Motion Cues in Flight Simulation and Simulator Sickness* 100, Brussels, 1987
33) W. Bles and T. S. Kapteyn: Circular vection and human posture 1. Does the proprioceptive system play a role? *Agressologie*, **18**, 325-328, 1977
34) T. Brandt, W. Büchele and F. Arnold: Arthrokinetic nystagmus and ego-motion sensation, *Experimental Brain Research*, **30**, 331-338, 1977
35) G. J. Anderson and M. L. Braunstein: Induced self-motion in central vision, *Journal of Experimental Psychology*, **11**, 122-132, 1985
36) M. Ohmi and I. P. Howard: Effect of stationary objects on illusory forward motion induced by a looming display, *Perception*, **17**, 5-12, 1988
37) A. Berthoz, B. Pavard and L. R. Young: Perception of linear horizontal self-motion induced by peripheral vision (linearvection). Basic characteristics and visual-vestibular interactions, *Experimental Brain Research*, **23**, 471-489, 1975
38) G. Johansson: Studies of visual perception of locomotion, *Perception*, **6**, 365-376, 1977
39) A. Delorme and C. Martin: Roles of retinal periphery and depth periphery in linear vection and visual control of standing in humans, *Canadian Journal of Psychology*, **40**, 176-187, 1986
40) J. J. Gibson: The Perception of the Visual Field, Houghton Mifflin, Boston, 1950
41) K. R. Llewellyn: Visual guidance of locomotion, *Journal of Experimental Psychology*, **91**, 245-261, 1971
42) I. R. Johnston, G. R. White and R. W. Cumming: The role of optical expansion patterns in locomotor control, *American Journal of Psychology*, **86**, 311-324, 1973
43) D. Regan and K. I. Beverley: Visually guided locomotion: Psychophysical evidence for a neural mechanism sensitive to flow patterns, *Science*, **205**, 311-313, 1979
44) W. H. Warren, M. W. Morris and M. Kalish: Perception of translational heading from optical flow, *Journal of Experimental Psychology: Human Perception and Performance*, **14**, 646-660, 1988
45) W. H. Warren, A. W. Blackwell, K. J. Kurtz, N. G. Hatsopoulos and M. L. Kalish: On the sufficiency of the velocity field for perception of heading, *Biological Cybernetics*, **65**, 311-320, 1991
46) W. H. Warren and K. J. Kurtz: The role of central and peripheral vision in perceiving the direction of self-motion, *Perception and Psychophysics*, **51**, 443-454, 1992
47) G. D'avossa and D. Kersten: Evidence in human subjects for independent coding of azimuth and elevation for direction of heading from optic flow, *Vision Research*, **36**, 2915-2924, 1996
48) C. S. Royden and E. C. Hildreth: Human heading

judgments in the presence of moving objects, *Perception and Psychophysics*, **58**, 836-856, 1996
49) W. H. Warren and J. A. Saunders : Perceiving heading in the presence of moving objects, *Perception*, **24**, 315-331, 1995
50) K. Tanaka and H. Saito : Analysis of motion of the visual field by direction, expansion/contraction, and rotation cells clustered in the dorsal part of the medial superior temporal area of the Macaque monkey, *Journal of Neurophysiology*, **62**, 626-641, 1989
51) G. A. Orban, L. Lagae, S. Raiguel, D. Xiao and H. Maes : The speed tuning of medial superior temporal (MST) cell responses to optic-flow components, *Perception*, **24**, 269-285, 1995
52) J. A. Perrone and L. S. Stone : A model of self-motion estimation within primate extrastriate visual cortex, *Vision Research*, **34**, 2917-2938, 1994
53) W. H. Warren and D. J. Hannon : Direction of self-motion is perceived from optical flow, *Nature*, **336**, 162-163, 1988
54) D. Regan and K. I. Beverley : How do we avoid confounding the direction we are looking and the direction we are moving ? *Science*, **215**, 194-196, 1982
55) W. H. Warren and D. J. Hannon : Eye movements and optical flow, *Journal of the Optical Society of America*, **A7**, 160-169, 1990
56) C. S. Royden, M. S. Banks and J. A. Crowell : The perception of heading during eye movements, *Nature*, **360**, 583-585, 1992
57) C. S. Royden : Analysis of misperceived observer motion during simulated eye rotations, *Vision Research*, **34**, 3215-3222, 1994
58) C. S. Royden, J. A. Crowell and M. S. Banks : Estimating heading during eye movements, *Vision Research*, **34**, 3197-3214, 1994
59) A. V. van den Berg : Robustness of perception of heading from optic flow, *Vision Research*, **32**, 1285-1296, 1992
60) M. S. Banks, S. M. Ehrlich, B. T. Backus and J. A. Crowell : Estimating heading during real and simulated eye movements, *Vision Research*, **36**, 431-443, 1996
61) L. Telford and I. P. Howard : Role of optical flow field asymmetry in the perception of heading during linear motion, *Perception and Psychophysics*, **58**, 283-288, 1996
62) D. C. Bradley, M. Maxwell, R. A. Anderson, M. S. Banks and K. V. Shenoy : Mechanisms of heading perception in primate visual cortex, *Science*, **273**, 1544-1546, 1996
63) J. H. Rieger and D. T. Lawton : Processing differential image motion, *Journal of the Optical Society of America*, **A2**, 354-359, 1985
64) E. C. Hildreth : Recovering heading for visually-guided navigation, *Vision Research*, **32**, 1177-1192, 1992
65) A. V. van den Berg and E. Brenner : Humans combine the optic flow with static depth cues for robust perception of heading, *Vision Research*, **34**, 2153-2167, 1994
66) A. V. van den Berg : Judgments of heading, *Vision Research*, **36**, 2337-2350, 1996
67) A. C. Beall and J. M. Loomis : Visual control of steering without course information, *Perception*, **25**, 481-494, 1996
68) K. Turano and X. Wang : Visual discrimination between a curved and straight path of self motion : effects of forward speed, *Vision Research*, **34**, 107-114, 1994
69) L. Telford, I. P. Howard and M. Ohmi : Heading judgments during active and passive self-motion, *Experimental Brain Research*, **104**, 502-510, 1995
70) T. R. Carpenter-Smith, R. G. Futamura and D. E. Parker : Inertial acceleration as a measure of linear vection : An alternative to magnitude estimation, *Perception and Psychophysics*, **57**, 35-42, 1995
71) J. R. Lackner : Parabolic flight : Loss of sense of orientation, *Science*, **206**, 1105-1108, 1979
72) J. R. Lackner and A. Graybiel : Illusions of postural, visual, and aircraft motion elicited by deep knee bends in the increased gravitoinertial force phase of parabolic flight, *Experimental Brain Research*, **44**, 312-316, 1981

10.2.3 視覚誘導性姿勢変動

a. 姿勢変動の計測手法

ヒトの直立姿勢は視覚系，耳石と三半規管を感覚受容器とする前庭迷路系，および筋肉・関節などの体性感覚などにより維持されている．したがって，これらいずれの感覚受容器に対しても外乱としての情報が入力されると，直立姿勢保持のために筋運動系が機能する．地上の重力1Gの環境での立位姿勢の保持に関しては，重心線が足関節のやや前方にあるために，ヒトの体軸は前傾しやすい．したがって，抗重力筋活動は，図10.5に示す下腿部後面の筋が収縮することによって行われ，立位保持がなされる．このことは，表在筋では下腿部の内・外側腓腹筋，ヒラメ筋からなる下腿三頭筋への筋への負荷レベルがEMGの測定によると大きいことから知ら

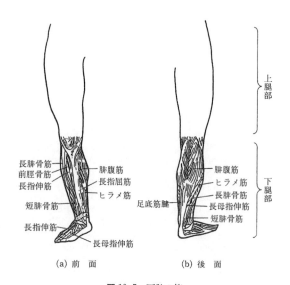

図10.5 下肢の筋

10.2 自己運動感覚

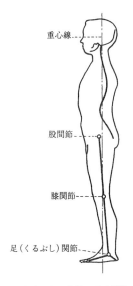

図 10.6 直立姿勢と重心線[2]

れている．さらに，直立位で，前後に重心が動くと下腿部では下腿三頭筋の拮抗筋である前脛骨筋の負荷レベルも大きくなる．したがって，これらの筋のEMGを測定することにより姿勢変動を測定することがなされている．

一方，EMGにより筋の活動のみをとらえるのではなく，姿勢変動として頭，肩，腰などの身体の各部の物理的な変位，あるいは，重心の位置の変動そのものをとらえる研究の試みもある．姿勢の変動を測定する方法は，技術の進歩につれ，センサーの小型，高感度化，あるいは測定プローブの多チャンネル化，データサンプリングの高速化，測定対象の多次元化が進めれられている[1]．測定方法は，関節各部にポテンショメーターを付ける方法，運動部に赤外線LEDなどを装着し，受光する方法，逆に運動部に検出素子を付ける方法，あるいは，テレビカメラと計算機で測定する方法などが開発されている．とくに近年は計算機と画像ピックアップ装置を結び，高速・高精度に測定する種々の方法が開発されている．

姿勢変動を身体各部の偏移から求めるのではなく，身体全体としての変動の結果を測定，評価しようとする重心動揺の測定の試みも古くから行われてきた．

Josephによるとヒトの重心の位置は直立姿勢の支持面から身長の55～57%の高さにあり，図10.6のように重心線は脊柱を3点で縦断し，くるぶしから前方4.93±1.95cmの部分を通ると指摘している[2]．

したがって，重心の位置の変動は基本的には，3次元座標軸で測定されるべきであるが，一般的には，支持面に投影した2次元面での座標で測定，評価される場合が多く，通常はこの2次元座標軸で表した値の変動を重心動揺と呼称する場合が多い．さらに，重心動揺の解析は呈示した刺激の動き方向を考慮して，2次元面でなく1次元，すなわち，揺れの一方向の動揺成分のみで解析される場合も多い．

重心にかかわる研究としては，Boreli(1679)により17世紀に重心位置の測定の試みがなされたのが最初とされている．その後の姿勢の変動の測定方法に関し，研究の初期には，種々の方法で頭部の動きを記録することにより，姿勢変動を測定する試みが多く見られる．また，測定手法もエレガントではないが，原理的には何ら今日の方法と変わらない手法も提案されている．1900年には，du Bois Reymondがテコの原理を用いた重心測定装置を発表し，その後の研究に大きな影響を与えた．さらに，1930年代後半には，現在，一般的に用いられているプラットホームを用いて，被験者の重心の前後左右の動きを電気的に検出しようとする測定方法が提案され，その後の研究の主流的な方法となっている．Baron(1964)は電磁plungerによる電気的に初めて完成した2次元重心動揺計を発表している．また，測定手法ではないが，被験者自身の直立の方法に関してもマン，ロンベルグ直立などの方法が検討されている[3]．

重心動揺の1次元での測定原理は図10.7(a)である．同図において，重心の変動値をdl，体重をWとすると，それぞれlだけ離れて，センサーP_1，P_2で検知すると

$$2lP_1 = (l - dl)W$$
$$2lP_2 = (l + dl)W$$

が成り立つ．したがって，重心の変動値dlは

$$dl = (P_2 - P_1)\frac{l}{W}$$

で求められる．重心の位置を支持面に投影した2次元座標上での変動は，上記の検出方法を2次元座標平面で水平・垂直に組み合わせることにより検出可能であるが，検出すべき変動値はx，y座標値2つであるから，平面上に3つのセンサーを置くことで検出可能である．測定原理を図10.7(b)に示す．

正三角形の各頂点に配置されたセンサーP_1，P_2，P_3に関して，前述の場合と同様にして

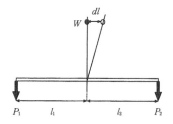

(a) 1次元の偏移を求める場合

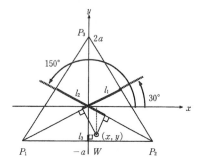

(b) 2次元の偏移を求める場合

図 10.7 重心動揺の測定方法の原理

$$3aP_1 = l_1 W$$
$$3aP_2 = l_2 W$$
$$3aP_3 = l_3 W$$

が成り立つ．

l_2, l_3 でのモーメントに関しては，l_2 については (x, y) 座標を 30°回転，l_3 については 150°回転した結果の座標軸での x 軸の値を参照することにより

$$3aP_1 = a - \frac{1}{2}(\sqrt{3} X + Y) W$$
$$3aP_2 = a + \frac{1}{2}(\sqrt{3} X - Y) W$$
$$3aP_3 = (a + Y) W$$

が得られる．その結果，2次元平面に投影された重心の変動値 (X, Y) は

$$X = \sqrt{3} a \frac{(P_2 - P_1)}{W}$$

$$Y = 2a - 3a \frac{(P_1 + P_2)}{W}$$

となる．この結果，重心動揺 (x, y) の値が求められる．

b. 姿勢変動の時空間特性

姿勢変動に関しては，視覚情報処理機能とも深い関係がある重心動揺の特徴を述べ，姿勢制御に機能している視覚系の役割を概説する．

直立姿勢の変動に関しては，Travis (1945)，Edwards (1946) らが明らかにしたように，重心動揺の揺れが開眼時に比べて閉眼時には大きくなることがよく知られている．このことからも，視覚情報が姿勢の維持に重要な役割を担っていることが示唆されていた．

一方，前節でも述べられているように，視覚によって誘導される自己運動が Mach (1875) によって指摘され，サーキュラーベクションが Dichgans ら (1972)，Held ら (1975)，リニアベクションが Lishman と Lee (1973)，Berthoz ら (1974)，Pavard (1975)，Young と Chu (1976) らによって研究されていた．これらの実験では，種々の動き視標に対して主観評価実験により自己の運動感が知覚されることが指摘されていた．

動き視標が視覚系を通じて，ヒトの姿勢制御に影響を与えることを明確な身体反応として実験的に示したのは，Lee と Aronson (1974) らが用いた "swinging room" による結果に基づくものである[4]．歩行訓練の過程の幼児に関しては，視覚情報の変化により，転倒などの約 80% が姿勢の変動をきたしたとしている．また，Dichgans ら (1976) は視線方向のまわりを円盤が回転するときに誘導されるロールベクションにより，姿勢の乱れを評価している．

Listienne ら (1977) により，リニアベクションでの姿勢制御がより詳細に検討された[5]．まず，視標が前方に進む場合，すなわち，姿勢が前傾する場合の実験で得られた足首の変動の結果を図 10.8 に示す．潜時 ($\varDelta$) に関しては，この結果によると，視標

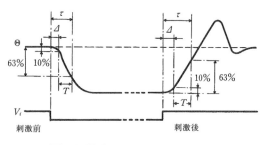

図 10.8 足首の角度の時間変化[5]
m：平均値，σ：標準偏差．

10.2 自己運動感覚

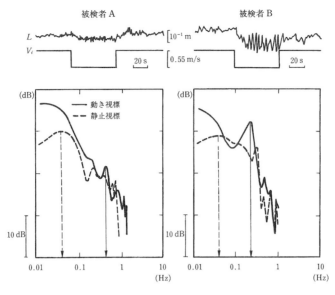

図10.9 重心動揺のパワースペクトル[5]

が動き始めたときに，姿勢の前傾の変動が始まるのは，1.2秒±0.3秒程度の後であり，さらに，3.4秒±1.6秒で姿勢の前傾変動が大きくなり，ほぼ定常値になることが示されている．一方，視標の動きが静止した場合は1.0±0.4秒で前傾姿勢から通常の立位への変動が始まり，5.2±2.3秒で，前傾した姿勢から通常の立位に復帰することが示されている．

また，重心動揺のパワースペクトルに着目すると，重心動揺は感覚受容器からの特別な外乱がない限りは，$1/f$の特性を示すことが知られている．一方，Listienneらは，ヒトが視覚刺激から影響を受けている場合，すなわち，姿勢が前傾になったときの前後方向の重心動揺のパワースペクトルを求めている．その結果を図10.9に示す．同図では，破線が視標が静止している場合，実線が視標が動いている場合の結果である．この結果によると静止した視標に対しては低い周波数帯域では，0.1～0.15 Hzの周波数で広いピークをもち，高い周波数帯域では，パワースペクトルは20 dB/decadeで減衰することが示されている．さらに，動き視標に対しては，パワースペクトルに2つのピークがうかがわれる．1つは低い周波数帯域に見られ，静止視標の場合よりも大きな振幅を有している．ほかの1つのピークは0.15～0.5 Hzに見られ，このピークは個人差が大きく，動き視標の速度，空間周波数成分に依存しないとされている．

重心動揺のパワースペクトルに関しては，各感覚受容器が影響を及ぼす周波数成分について検討がなされており，de Wit(1972)は重心動揺の分析から，前庭迷路系は0.1 Hz近辺の周波数成分，筋は5～10 Hzの周波数成分に影響を与えるとしている[6]．さらに，視覚系はMauritzらによると1.0 Hz以下[7]，DichgansとBrandtによると1.2 Hz[8]以下の周波数に影響を与えると述べている．これらの値はいずれも，使用された機器，計算上の分解能などにより差異はあるが大きな傾向は変わらない．

さらに，視覚刺激の速度と重心動揺を測定した波形との位相については，図10.10のような関係が求められている[9]．この図に示されているように，視標の動き速度が0.1 Hzのように遅い場合は重心の揺れは比較的，視標の動きに追従する．しかしながら，視標の動きが0.4 Hzになると重心の揺れは追従することができず，大きな位相差を生じていることがうかがわれる．視標の動きと重心の揺れを求めた相関係数によると0.3 Hzを越えたところで位相差が90°になるとしている．一方，モーションテーブルを使った実験で，テーブルの動きとの位相差を求めた実験によると開眼時には，約0.2 Hzから位相差が生じ，0.3 Hzで90°の位相差が生じている．つまり，0.3 Hz以上の入力に対しては重心の揺れは逆相に動くことになる．一方，閉眼時にはこのような特徴はなく，0.3 Hzのテーブルの動きでもほぼ同相であり，0.4から0.6 Hzでも20°程度の位

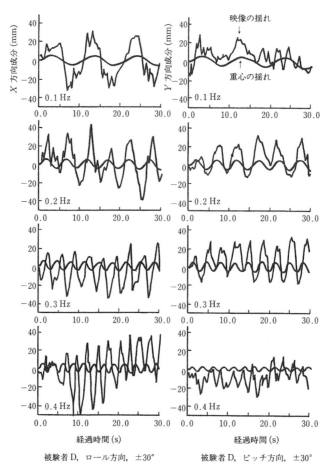

図 10.10　映像の揺れ周波数と重心動揺の位相関係[9]

相ずれである[10].

この位相差は視標の動きに対する重心動揺が視覚系からの情報によって生じた位相遅れというよりも位相進みと考えられている．すなわち，視標の周期的な変動に合わせて，積極的に重心の位置を視標の動きに対して位相を進めることにより，ヒトは積極的な姿勢制御を行っていると考えられる．このことは，ヒトの姿勢制御での視覚系の果たす役割は典型的な予測制御を行うフィードフォワード系の性質を示すと考えられている．

これらの結果は，Brookhart らの行ったイヌの駐立姿勢の調節機構の研究結果とも一致する[11]．この研究では，イヌの各感覚器官への求心性信号を生理学的に遮断した実験が行われ，体性感覚はフィードバック系，視覚系，前庭迷路系はフィードフォワード的にはたらくと推測している．

近年は，計算機技術の進展により，重心動揺の時系列データとしての数理解析あるいは非線形解析，姿勢制御の数理モデル化などの研究も進められている．また，応用面では視覚刺激を広視野の映像，あるいは，両眼融合方式の立体画像とし，表示した動画像により，重心動揺を画像システムの設計のための客観的な基礎データとする試みもなされている．

c．ベクションとの関連

一般に視覚刺激に誘導される自己運動での運動感を定量的に評価する場合は，主観的評価方法である量配分法で評価される場合が多い．一方，姿勢変動に伴う重心動揺などの測定は，自己の運動感を客観的かつ定量的に測定，評価することができる可能性がある1つの方法と考えられる．

しかしながら，視覚刺激によって誘導される自己の運動感覚と重心動揺とのかかわりは，単純に明確な関係で結ばれているわけではない．例えば，実際にヒトが動く場合に知覚する場合の自己運動感の潜

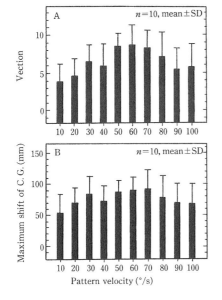

図10.11
(a) 視標の動き速度とベクションの強さ，(b) 視標の動き速度と重心位置の前方への移動量[13].

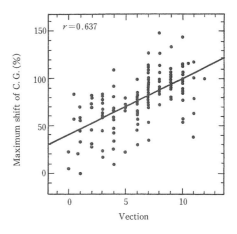

図10.12 ベクションの強さと相対的な重心位置の前方移動量[13]

時はきわめて短い[12]．したがって，重心の揺れの応答も速いと推測される．一方，動き視標によって誘導される自己運動感の潜時は比較的長いことが知られている[12]．したがって，自己運動感による姿勢の変動に至るまでの潜時は長いと推測される．また，視覚系，前庭迷路系，体性感覚系に関しては，自己自身が等速運動をしている実際の運動の場合は，前庭迷路系は機能しないが，視覚情報がもたらす自己運動感では，等速運動の視標からも自己の運動感を知覚することは可能である．このような機能の差異からも，実際に自分自身が動く場合と視覚情報のみによる自己運動感がもたらす姿勢変動への影響は異なると推測される．

一方では，前述したように直立した姿勢で動き視標を見るとパターンの動き方向への傾斜が見受けられている．この結果からは，この身体の傾斜と知覚している自己運動感の強さは関係が深いことが示唆される．

この関係を求めている結果を図10.11に示す[13]．図10.11(a)は視標の動き速度と自己運動感の関係を求めたものである．視標の動き速度が10°/sから60°/sまでは，視標の動き速度の増加に伴い，自己の運動感も増加している．視標の動き速度60°/s以上では，逆に，速度の増加に伴い，運動感は減少している．さらに，図10.11(b)は視標の動き速度と

重心位置の変動値を示している．この結果によると重心の変動が，動き視標の速度が10°/sから70°/sまで速度の増加とともに大きくなっており，速度70°/sで最大の偏移を示している．また，70°/s以上では，自己の運動感と同様に視標の速度の増加とともに，偏移は減少している．したがって，自己の運動感と重心位置の偏移に相関が認められる．

また，図10.12は，自己の運動感と重心位置の変動との相関関係を示している．この結果は各被験者の自己運動感が最大のときの重心の偏位を100%として相対値で示したものである．その結果は相関係数0.637となっている．

これらの結果から，視覚情報により自己の運動感を知覚し，そのために姿勢の制御が行われ重心の位置が変動したものと推測される．　　　［矢野澄男］

文　献

1) 中村隆一，斉藤　宏：基礎運動学，医歯薬出版，pp. 1-15, 1976
2) J. Joseph：Man's Posture-Electromyographic Studies, Charles C. Thomas Publisher, Springfield, 1960
3) 日本平衡神経科学会編：平衡機能検査の実際，南山堂，pp. 121-133, 1986
4) D. N. Lee and E. Aronson：Visual proprioceptive control of standing in human infants, *Perception and Psychophysics*, 15, 529-532, 1974
5) F. Listienne, J. Soechting and A. Berthoz：Postual readiustments induced by linear motion of visual scenes, *Experimental Brain Research*, 28, 363-384, 1977
6) G. de Wit：Posturography as an auxiliary in vestibular investigation, *Acta Oto-laryngologica*, 73, 104-111, 1972
7) K. H. Mauritz, J. Dichgans and A. Hufschmidt：Quantitative analysis of stance in late cortical cerebellar

atrophy and other forms of cerebellar ataxia, *Brain*, **102**, 461-482, 1979
8) J. Dichgans and Th. Brandt: Visual-vestibular interaction, In Handbook of sensory physiology, Vol.VIII (eds. R. Held, H. W. Leibowitz and H.-L. Teuber), Springer, Berlin, Heidelberg, New York, pp. 787-792, 1978
9) 竹田 仰, 金子照之:広視野映像が重心動揺に及ぼす影響, TV学会誌, **50**(12), 1935-1940, 1996
10) 斉藤 進, 山辺紘猷, 村瀬研一, 塚原 進:ヒトの姿勢制御機構について, 第2回姿勢シンポジュウム論文集, pp. 225-233, 1977
11) J. M. Brrookhart, S. Mori and P. J. Reynolds: Postual reactions to two directions of displacement in dogs, *American Journal of Physiology*, **218**, 719-725, 1970
12) Ian P. Howard: Human Visual Orientation, Chapter 9, Visual-Vestibular Interactions, John Wiley and Sons, pp. 362-409, 1982
13) 市川真澄, 渡辺 悟:直立姿勢に対する視覚情報の影響, バイオメカニズム学会誌, **15**(2), 59-64, 1991

10.2.4 動揺病
a. 動揺病のメカニズム

動揺病(モーションシックネス)とは, 運動刺激によって引き起こされるある種の症状, とくに吐き気と嘔吐である. 魚から人間までの多くの動物が動揺病にかかることが知られているが[1], 動揺病を引き起こすような運動刺激はこれらの動物の進化の過程では存在しないものであった. したがって, 運動刺激に対する適応の結果として動揺病のメカニズムが進化してきたのではない. そもそもこのような百害あって一利ないメカニズムが, 進化の過程で選択されるわけがない. しかしながら動揺病のメカニズムが多くの動物において長い進化の過程のなかで生き残ってきていることから, 何らかの偶然でたまたま無意味に存在しているものとは到底考えられない. 動揺病のメカニズムは, 動物の生存にとって不可欠のものであるからこそ存在しているのである. したがって, その機能である嘔吐は, 運動刺激に対する反応としてのものではなく, 胃に入った毒物を速やかに除去するためのものであると位置づけるべきであり, 人工的な運動刺激がたまたまこの機能にとって適した刺激であったために, 動揺病が引き起こされるのである.

嘔吐は, 毒物の吸収によって生じる早期のかつ最小限の生理的妨害に反応するメカニズムによって引き起こされ, 動揺病を引き起こす運動刺激はこのメカニズムに作用する[2]. 動物の運動を適切に制御するためには, 視覚系・前庭感覚系・身体運動感覚系からの情報を統合して処理する神経活動が必要であるが, 毒物の吸収によりこの活動が妨害される. これらの感覚系への運動刺激によって生じるこの神経活動の妨害が動揺病を引き起こす. ところで, 前庭感覚器官が機能していない人間や動物は決して動揺病にかからないが[3,4], 正常者の前庭感覚器官のみを刺激しても動揺病が引き起こされる[5]. また, 前庭感覚器官の除去によって, 毒物の吸収による嘔吐が起こりにくくなる[6]. したがって, 動揺病は運動によって刺激された前庭感覚系が, 胃に入った毒物を速やかに除去するためのメカニズムを刺激することによって引き起こされると考えられている.

人間の動揺病の研究の多くはアンケート法によって進められてきた. 最もよく使われるものに motion history questionnaire[7] と motion sickness questionnaire[8] がある. 前者は過去の動揺病の体験に基づいて動揺病へのなりやすさを評価するものであり, 後者は動揺病の症状を評価するものである. 動揺病の生理的測定法としては胃電図の測定があり, 動揺病の生起との相関が示されている[9].

動揺病を引き起こすような前庭感覚系への運動刺激は, 空間知覚メカニズムにとって矛盾した刺激であると考えられてきた[10,11]. この「感覚矛盾説」は, 前庭感覚系とほかの感覚系からの感覚入力のあいだの矛盾, あるいは実際の感覚刺激と過去の経験から予測した感覚刺激のあいだの矛盾によって動揺病が引き起こされると考えるものである. 動揺病を起こすような運動刺激の大きさは, 前庭感覚器官の作動範囲を越えていることが多い. この場合前庭感覚系からの入力が停止してしまうにもかかわらず, 視覚系や身体運動感覚系からの入力があるために矛盾が生じ, 動揺病が引き起こされると説明するのである. しかしながら, われわれの空間知覚メカニズムはさまざまの感覚システムからの情報を統合することによって情報処理を行っている. それぞれのシステムは異なった時空間特性をもっており, すべてのシステムが同時に反応することはむしろまれにしか起こらない. また前庭感覚系のみを2つの軸で同時に刺激するコリオリ刺激に対しては顕著な動揺病が生じる[12]. したがって「感覚矛盾説」のみでは, 動揺病を引き起こす運動刺激の特性を表すことはできないであろう. 「感覚矛盾説」に代わる興味ある説として, 感覚刺激に対する受動的な反応の組み合わせよりはむしろ, 観察者の能動的な運動に起因して動揺病が引き起こされるという, Gibsonのアフォーダンス思想に基づいた説が提唱されている[13,14].

b. 視覚刺激による動揺病

視覚刺激による動揺病は，視覚運動刺激の観察によって引き起こされる．視覚刺激によって誘起された自己運動の感覚が引き金となって，通常の運動刺激による動揺病と同様の症状が起こる．視覚運動刺激によって動揺病が生起すること，とくに視覚運動刺激を観察中に頭部を傾けることでコリオリ刺激によるものと同様の顕著な動揺病が起こることが示されている[15]．視覚刺激による動揺病の原因は「感覚矛盾説」により説明されることが多い[16]．視覚刺激のみによって自己運動感覚が誘起される場合には，前庭感覚系からの入力がないために感覚入力のあいだに矛盾が生じ，動揺病が引き起こされるというものであるが，これでは視覚誘導自己運動感覚が生じるときには必ず動揺病が生じることになり，動揺病を引き起こす視覚刺激の特性を説明できるものではない．

ところで視覚刺激による動揺病が関心をもたれたのは，飛行士訓練用の軍用フライトシミュレーターによる動揺病の発生であった．シミュレーターの性能が向上して現実性が増すにつれて動揺病が発生し，しかも熟練した飛行士ほど動揺病になりやすいという皮肉な現象が起こり，シミュレーターシックネスと呼ばれた．シミュレーターシックネスは本来の動揺病と似た症状を示したが，嘔吐に至ることはまれであり，蒼白・発汗・唾液分泌などを起こすことが多かった．また，シミュレーターによる訓練の終了後も症状が継続するという特徴があった．シミュレーターシックネスの原因のなかには，シミュレーターの振動周波数・視覚刺激提示の時間遅れ・視野のゆがみなど装置の改良や，使用上のガイドラインの確立によって解決しうることも多い[17]．しかしながら現実感を向上させるほど動揺病が起こりやすいという問題は，われわれの空間知覚メカニズムの根幹にかかわる問題であり，その解決は容易ではない．

［近江政雄］

文 献

1) K. E. Money : Motion sickness and evolution, In Motion and Space Sickness (ed. G. H. Crampton), CRC Press, Boca Raton, 1989
2) M. Treisman : Motion sickness : an evolutionary hypothesis, *Science*, **197**, 493-495, 1977
3) R. S. Kellogg, R. S. Kennedy and A. Graybiel : Motion sickness symptomatology of labyrinthine defective and normal subjects during zero gravity maneuvers, *Aerospace Medicine*, **36**, 315, 1962
4) K. E. Money and J. Friedberg : The role of the semicircular canals in causation of motion sickness and nystagmus in the dog, *Canadian Journal of Physiological Pharmacology*, **42**, 793, 1964
5) K. E. Money and W. S. Myles : Heavy water nystagmus and effects of alcohol, *Nature*, **247**, 404-405, 1974
6) K. E. Money and B. S. Cheung : Another function of the inner ear : facilitation the emetic response to poisons, *Aviation, Space and Environmental Medicine*, **54**, 208, 1983
7) R. S. Kennedy and A. Graybiel : The dial test : a standardized procedure for the experimental production of canal sickness symptomatology in a rotating environment, TR-NSAM-930, NASA/U. S. Naval School of Aviation Medicine, Pansacola, 1965
8) S. F. Wiker, R. S. Kennedy, M. E. McCauley and R. L. Pepper : Reliability, validity and application of an improved scale for assessment of motion sickness severity, CG-D-279, U. S. Coast Guard Office of Research and Development, Washington, 1979
9) R. M. Stern, K. L. Koch, W. R. Stewart and I. M. Lindblad : Spectral analysis of tachygastria recorded during motion sickness, *Gastroenterology*, **92**, 92, 1987
10) J. T. Reason : Motion sickness adaptation : A neural mismatch model, *Journal of the Royal Society of Medicine*, **71**, 819-829, 1978
11) C. M. Oman : A heuristic mathematical model for the dynamics of sensory conflict and motion sickness, *Acta Otolaryngologica*, **44**, 392, 1982
12) I. P. Howard : Human Visual Orientation, John Willy and Sons, Chichester, 1982
13) G. E. Riccio and T. A. Stoffregen : An ecological theory of motion sickness and postural instability, *Ecological Psychology*, **3**, 195-240, 1991
14) T. A. Stoffregen and G. E. Riccio : An ecological critique of the sensory conflict theory of motion sickness, *Ecological Psychology*, **3**, 159-194, 1991
15) J. Dichgans and T. Brandt : Optokinetic motion sickness and pseudo-Coriolis effects induced by moving visual stimuli, *Acta Otolarygologica*, **76**, 339-348, 1973
16) G. H. Crampton and F. A. Young : The differential effects of a rotary visual field on susceptibles and nonsusceptibles to motion sickness, *Journal of Comparative Physiological Psychology*, **46**, 451, 1953
17) R. S. Kennedy, L. J. Hettinger and M. G. Lilienthal : Simulator sickness, In Motion and Space Sickness (ed. G. H. Crampton), CRC Press, Boca Raton, 1989

10.3 視野安定

10.3.1 跳躍眼球運動時の視野安定

a. 跳躍眼球運動中の視感度

われわれは普段ものを見るとき，頻繁に跳躍眼球運動（サッカード）を行い，視線の向きを跳躍的に変化させている．しかし，われわれは，サッカード中の流れた像を知覚することもなく，鮮明な視野を獲得することができる．また，サッカード時に視野の動揺を知覚することもない．サッカード中の網膜情報はどのように処理されているのだろうか．

この問題に関する議論は比較的古くから続いている[1~4]が，サッカード中の視覚特性が定量的に測定されるようになったのは1960年代になってからである[5~7]．Volkmannは，20 μsの呈示時間をもつテスト刺激を用いて，サッカード中と固視中の増分閾を比較し，サッカード時には約0.5 logの閾値の上昇が見られることを示した[6]．ZuberとStarkの研究[7]以来，サッカード時にはたらく抑制効果はサッカード抑制（saccadic suppression）と呼ばれている（9.7.1項を参照）．

CampbellとWurtzの実験は，日常的な視環境においてサッカード中の流れ像が知覚から取り除かれるためには，サッカード前後の鮮明な網膜像が重要な役割を果たしていることを示している[8]．彼らの実験では，実験室の風景が刺激として用いられた．部屋の照明時間を変えることによって被験者に与える網膜像を変化させた．被験者は，サッカードを行った後に，知覚した部屋の風景が鮮明であったか，不鮮明であったかを応答した．第1に，部屋の照明がサッカード中の5 msに限られた場合には，被験者は鮮明な部屋の風景を知覚した．次に，部屋の照明時間がサッカードの継続時間である50 msから70 msに延長された場合には，被験者は不鮮明な部屋の風景を知覚した．さらに，部屋の照明時間がサッカードの終了後まで延長されると，不鮮明な風景を知覚する割合は減少し，照明時間がサッカードの終了後40 msまで延長されると鮮明な風景を知覚する割合が100%に到達した．鮮明な風景を知覚したという応答が得られた条件において被験者が知覚したものは，不鮮明な風景＋鮮明な風景，ではなく，単一の鮮明な風景のみであった．

CampbellとWurtzが示した効果は，後から呈示された刺激が時間的に前に呈示された刺激の知覚を妨げるという点において，視覚マスキングのなかでもとくに逆向マスキングと呼ばれる現象と似ている．視覚マスキングはサッカードに固有のものではない．実際に，サッカード時の網膜像の変化を模擬して背景刺激を動かすことによって，サッカード時と同様の感度低下が生じることが示されている[9,10]．

しかし，マスキング効果がはたらかないように十分に考慮された実験条件においても，サッカード中には視覚系の感度が低下することが示されている[11~13]．眼球運動に付随する中枢性の抑制機構の存在も確かであると思われる．

この抑制効果にはどのような役割があるのだろうか．1つには，マスキング効果を補助する役割が考えられる．サッカード中の網膜像は高速の眼球運動によってコントラストの低い視覚入力を生むが，それがマスキング効果によって完全に知覚から取り除かれるためにはさらに抑制されることが必要なのかもしれない．もう1つには，サッカード抑制が運動知覚を抑制することによって，視野の安定に寄与している可能性が考えられる[14,15]．サッカード抑制の輝度応答[16~18]および低空間周波数[14,17,19]への選択性はこの仮説を支持している．

サッカード抑制が運動知覚を抑制する場合，2つの可能性が考えられるだろう．1つは，運動知覚を担う領野が直接抑制されている可能性である．例えば，視野全体の動きに対して感度をもつとされるMST野などが候補にあげられるだろう．もう1つは，サッカード抑制が比較的低次のレベルにはたらいている可能性である．サッカード抑制が外側膝状体の大細胞層にはたらき，運動知覚機構への入力を抑制するという仮説[17]は有力であると思われる．しかし，その場合には，多くの研究によって示されている最大でも閾値が1 log前後上昇する程度の抑制効果によって，運動知覚が実際にどのような影響を受けるのか今後検討されるべきであろう．

b．跳躍眼球運動前後の視覚情報の統合

外界の網膜像は，サッカードによってサッカードの大きさの分だけ網膜上を移動する．サッカード前後の網膜情報を統合し，1つの安定した視野を形成するためには，眼球の位置に関する情報を用いて，網膜情報を外界での座標に対応させることが必要である．

Stevensらの実験は，眼球位置情報として実際に遠心性の信号が機能していることを示している[20]．眼筋に麻酔をした被験者は，サッカードを行おうとしたときに，意図したサッカードの方向に視覚刺激が移動したように感じた．この場合，麻酔によって眼球運動は起きていないので，網膜像は変化していない．これは，眼球駆動信号が発せられたにもかかわらず，それに伴って予測される網膜像の変化が生じなかったために，逆に外界が移動したように知覚されたと考えることができる．

サッカード時に短時間呈示された視覚刺激の定位誤りは，視覚系が網膜情報を外界の座標に対応させるときに用いている眼球位置の情報が実際の眼球位置からずれていることを示唆している[21~25]．定位の誤りはサッカード開始の数十ms前から始まり，

サッカード直前に呈示された刺激はサッカードの方向にずれて定位されることが知られている．サッカード中やサッカード直後に呈示された刺激はサッカードと反対の方向にずれて定位される．これらは，サッカードに伴う眼球位置情報の更新が実際にサッカードが開始する以前から始まり，実際のサッカードよりも長い時間をかけてゆっくり行われていることを示唆している．

日常的に外界を見ている条件では，サッカード時に刺激が短時間呈示されることはまれであり，外界の風景はサッカードをはさんで連続的に存在している．連続的に呈示されている刺激に対してサッカード時に短時間呈示された刺激の定位の特性を単純に当てはめれば，知覚される刺激の位置がサッカードの前後で変化することが予想されるが，実際にはそのようなことはない．

サッカード前後で連続的に網膜情報が与えられている条件では，網膜情報がサッカードの前後で不変の情報として処理され，眼球位置情報との矛盾が抑制されることによって視野の安定が保たれているのかもしれない．

サッカード時には刺激の変位の検出の閾値が増大することが示されている[26〜29]．それらの研究は，サッカード前後の視野統合に眼球位置情報と網膜情報の両方が寄与することを示唆している．

石田と池田は，現実の光景の写真を刺激として用いて実験を行った[27]．被験者は刺激を3秒間自由に観察する．サッカードが起こるたびにサッカードの大きさに対して一定の比率で刺激を変位させた．被験者は刺激に何らかの変化が知覚されたかどうかをyesかnoで応答した．yesの応答が50％になる変位量はサッカードの大きさに対して約20％であることが示された．実験中の刺激を実験者が観察すると容易に刺激の変位が観察された．視覚系は，網膜像の変位と眼球の変位を比較すれば，サッカードの前後においても刺激の変位を検出できるはずであるが，実際にはかなり閾値が高くなることがわかる．

Deubelらは，サッカード中に刺激を消滅させ，位置を変えて再び刺激を呈示する前に時間的なギャップを設けた[29]．被験者は一様な背景上に呈示された0.2°の十字を固視する．固視点が横方向に6°または8°位置を変えるので，被験者はそれに向けてサッカードを行う．刺激はサッカード中に右または左に1°移動する．被験者は刺激の移動方向を応答した．ギャップのない条件では正答率が低かったが，ギャップを十分に長くした条件では高い正答率が得られた．

Deubelらの実験は，視覚系が刺激の変位を検出するために必要な網膜情報と眼球位置情報が，サッカード時においても保持されることを示している．サッカード直後に視覚刺激が呈示されているときにも網膜像の変位と眼球の変位のあいだにずれがあることが検出されるはずであるが，刺激の変位として知覚されない点が興味深い．サッカード直後の網膜情報を基準に眼球位置情報が修正されるのかもしれない．サッカード直後に網膜情報が存在しなかった場合には眼球位置情報がそのまま保持されると考えれば，Deubelらの実験結果を説明できるだろう．

後藤と池田は，暗黒中にLEDを用いて誘導刺激とテスト刺激を呈示し，それらをサッカード中に独立に変位させた[30]．被験者はテスト刺激の変位が知覚されたかどうかを応答した．誘導刺激の変位がテスト刺激の変位と等しい場合には，テスト刺激の変位が検出される確率が低下すること，テスト刺激が変位しなかった場合でも，誘導刺激が変位した場合には，テスト刺激が変位したように知覚されることが示された．これらは，サッカード前後の視野の統合において誘導刺激が統合の基準に用いられたことを示している．また，相対的な変位がなかった条件でも絶対的な変位量が大きい場合に変位が知覚されたことは，眼球位置の情報も視野統合に関与することを示している．

篠宮らは，さらに網膜情報のなかでどのような情報がサッカード前後の視野統合の基準になるのかを明らかにするために，次のような実験を行った[31]．彼らは，風景画のなかにサッカードの目標物としてカモメの絵を呈示した．サッカードの目標物とそれ以外の背景刺激をサッカード中に独立に変位させた．被験者は，サッカードの目標物と背景刺激について，それぞれの変位が知覚されたかどうかを応答した．サッカードの目標物の変位の検出は背景の変位の影響を受けたが，背景の変位検出はサッカードの目標物の変位の影響を受けないことが示された．これらは，サッカード前後の網膜情報の統合の基準として，サッカードの目標物ではなく，背景刺激が用いられることを示唆している．

このような眼球位置情報と網膜情報の両方を用いた視野統合は，正確な眼球位置情報を必要としないという意味において，優れた視野安定機構であるといえるかもしれない．もし視覚系が眼球位置情報を

優先させる機構をもっていれば，何らかの理由で眼球駆動信号と実際の眼球運動とのあいだにずれが生じた場合に，視野の動揺が知覚されるであろう．視覚系は網膜情報をある程度優先させることによって，そのような問題を回避しているのかもしれない．　　　　　　　　　　　　　　　［佐藤雅之］

文　献

1) R. Dodge: Visual perception during eye movement, *Psychological Review*, **7**, 454-465, 1900
2) E. B. Holt: Eye-movement and central anæsthesia, *Psychological Monographs*, **4**, 3-45, 1903
3) R. Dodge: The illusion of clear vision during eye movement, *Psychological Bulletin*, **2**, 193-199, 1905
4) R. S. Woodworth: Vision and localization during eye movements, *Psychological Bulletin*, **3**, 68-70, 1906
5) P. L. Latour: Visual threshold during eye movements, *Vision Research*, **2**, 261-262, 1962
6) F. C. Volkmann: Vision during voluntary saccadic eye movements, *Journal of the Optical Society of America*, **52**, 571-578, 1962
7) B. L. Zuber and L. Stark: Saccadic suppression: Elevation of visual threshold associated with saccadic eye movements, *Experimental Neurology*, **16**, 65-79, 1966
8) F. W. Campbell and R. H. Wurtz: Saccadic omission: Why we do not see a grey-out during a saccadic eye movement, *Vision Research*, **18**, 1297-1303, 1978
9) D. M. MacKay: Elevation of visual threshold by displacement of retinal image, *Nature*, **225**, 90-92, 1970
10) B. A. Brooks, D. M. Impelman and J. T. Lum: Influence of background luminance on visual sensitivity during saccadic eye movements, *Experimental Brain Research*, **40**, 322-329, 1980
11) L. A. Riggs, P. A. Merton and H. B. Morton: Suppression of visual phoshenes during saccadic eye movements, *Vision Research*, **14**, 997-1011, 1974
12) L. A. Riggs and K. A. Manning: Saccadic suppression under conditions of whiteout, *Investigative Ophthalmology and Visual Science*, **23**, 138-143, 1982
13) L. A. Riggs, F. C. Volkmann, R. K. Moore and A. G. Ellicott: Perception of suprathreshold stimuli during saccadic eye movement, *Vision Research*, **22**, 423-428, 1982
14) D. C. Burr, J. Holt, J. R. Johnstone and J. Ross: Selective depression of motion sensitivity during saccades, *Journal of Physiology*, **333**, 1-15, 1982
15) S. Shioiri and P. Cavanagh: Saccadic suppression of low-level motion, *Vision Research*, **29**, 915-928, 1989
16) 佐藤雅之, 内川惠二：サッケードに伴う増分閾分光感度の変化, 光学, **21**(7), 477-480, 1992
17) D. C. Burr, M. C. Morrone and J. Ross: Selective suppression of the magnocellular visual pathway during saccadic eye movements, *Nature*, **371**, 511-513, 1994
18) K. Uchikawa and M. Sato: Saccadic suppression to achromatic and chromatic responses measured by increment-threshold spectral sensitivity, *Journal of the Optical Society of America*, **A12**, 661-666, 1995
19) F. C. Volkmann, L. A. Riggs, K. D. White and R. K. Moore: Contrast sensitivity during saccadic eye movements, *Vision Research*, **18**, 1193-1199, 1978
20) J. K. Stevens, R. C. Emerson, G. L. Gerstein, T. Kallos, G. R. Neufeld, C. W. Nichols and A. C. Rosenquist: Paralysis of the awake human: Visual perceptions, *Vision Research*, **16**, 93-98, 1976
21) L. Matin, E. Matin and D. G. Pearce: Visual perception of direction when voluntary saccades occur: I. Relation of visual direction of a fixation target extinguished before a saccade to a flash presented during the saccades, *Perception and Psychophysics*, **5**, 65-80, 1969
22) L. Matin, E. Matin and J. Pola: Visual perception of direction when voluntary saccades occur: II. Relation of visual direction of a fixation target extinguished before a saccade to a subsequent test flash presented before the saccade, *Perception and Psychophysics*, **8**, 9-14, 1970
23) S. Mateeff: Saccadic eye movements and localization of visual stimuli, *Perception & Psychophysics*, **24**, 215-224, 1978
24) H. Honda: The time courses of visual mislocalization and of extraretinal eye position signals at the time of vertical saccades, *Vision Research*, **31**, 1915-1921, 1991
25) H. Honda: Saccade-contingent displacement of the apparent position of visual stimuli flashed on a dimly illuminated structured background, *Vision Research*, **33**, 709-716, 1993
26) B. Bridgeman, D. Hendry and L. Stark: Failure to detect displacement of the visual world during saccadic eye movements, *Vision Research*, **15**, 719-722, 1975
27) 石田泰一郎, 池田光男：跳躍眼球運動時の視野統合過程における位置情報の許容度, 光学, **22**(10), 610-617, 1993
28) B. Bridgeman and S. L. Macknik: Saccadic suppression relies on luminance information, *Psychological Research*, **58**, 163-168, 1995
29) H. Deubel, W. X. Schneider and B. Bridgeman: Postsaccadic target blanking prevents saccadic suppression of image displacement, *Vision Research*, **36**, 985-996, 1996
30) 後藤敏行, 池田光男：跳躍眼球運動時の視野安定機構, 光学, **10**(1), 35-40, 1981
31) 篠宮弘達, 佐藤雅之, 内川惠二：視覚像における対象と背景の変位検出におよぼすサッケード抑制の効果, *VISION*, **6**(4), 147-152, 1994

10.3.2　頭部運動時の視野安定

頭が回転すると，眼球は逆方向に回転して網膜像が安定化される．この眼球運動には，前庭感覚系の半規管による頭部運動の検出によって生起される前庭眼球反射（VOR, vestibulo-ocular reflex）と，静止した背景の網膜像の頭部運動による運動によって生起される視運動性眼振（OKN, optokinetic nystagmus）がある．眼球の速度と頭部の速度の比で示されるVORのゲインは，頭部の低い振動周波数では低く，周波数が2〜5Hzのあいだで1である．これに対してOKNのゲインは，網膜像の運動の低い周波数で最も高い．通常の環境で頭を回転

させた場合にはVORとOKNが同時に生起するので，合わせたゲインが広い周波数範囲で1になり，VORとOKNが相補的に機能して頭部運動時の視野安定が実現している[1]．本を2Hzで振動したときには読むことができないにもかかわらず，頭を5Hzで振動しても本を読むことができるのは，VORとOKNの相補的相互作用のおかげである[2]．

a. VORの特性

VORは半規管の反応であり，頭の回転と逆方向への追従運動相が，視軸をほぼ正面に戻すための急速運動相によって中断される眼球運動である．半規管は速度にではなく加速度に反応する一過性のシステムであるから，VORは頭が動き始めたときと静止したときに生じ，一定速度での頭部運動が続くと徐々に消減する[3,4]．VORは新生児ですでに存在するシステムであり，網膜像からの視覚的なフィードバックなしに，前庭核と小脳により制御されている．

VORの特性はOKNの寄与を除くために，完全暗黒中で被験者を回転させて測定される．VORのゲインは，頭部運動の振幅を増加させると増加する[5]が，頭の回転速度が速くなりすぎると（>350°/s）減少する[6]．また，0.3から0.8Hzの頭の回転周波数の範囲でVORのゲインは0.65から0.85であるが，被験者が正面に静止した視標を思いうかべ，それを固視しようと努力するとゲインはほとんど1になり[7]，逆に被験者の覚醒が低下するとゲインが減少する[8,9]．

頭の回転軸と眼球の回転中心が一致していないために，ある一定の頭部の回転に対して，ある物体の網膜像を安定させるために必要な眼球運動の大きさは，その物体までの距離によって変化する．頭の回転角θに対して，距離Dにある静止物体の像を安定させるために必要な眼球の回転角ϕは，

$$\phi = \theta + \tan^{-1}\left(\frac{d\sin\theta}{D}\right) \quad (10.3.1)$$

で表される．ここで，dは頭の回転軸と眼球の回転中心のあいだの距離である．

式(10.3.1)より明らかなように，近くの物体の網膜像を安定させるためには，VORのゲインを視距離に逆比例して増加させる必要がある．通常の明るい環境では，VORはOKNによって補足されるために，このようなゲイン調整が行われているかは判然としないが，暗黒中では輻輳眼球運動の情報を使ってVORゲインの視距離によるスケーリングがなされることが知られている．すなわち，頭が運動する直前に周辺の視標を消し，その視標への頭部と眼球による協同運動のVORゲインを測定した結果によると，視標が近いときほど眼球運動のVOR成分が高いゲインになることが示されている[10]．これは，運動中の視覚的誤差信号がなくても，運動が開始される前の視覚的距離手がかりによりVORのゲインが調整されることを意味する．また，被験者がさまざまな距離の視標に固視した後のVORのゲインの距離による調整が，プリズムにより輻輳を変えることによって影響を受けることが示されている[11]．

b. OKNの特性

OKNはまわりの背景刺激が運動したときに生じ，刺激の回転と同方向への追従運動相が，視軸をほぼ正面に戻すための急速運動相によって中断される眼球運動である．OKNは視覚刺激によって生起される持続性のシステムであり，刺激が動き続けている期間ずっと眼球運動が継続する．背景刺激の運動が開始したときのOKNはつねに追従運動相より始まり，その速度が急激に上昇して最初の追従運動相において一定速度に到達する．OKNのゲインは刺激の回転速度が60°/sから90°/s以下ではほぼ1である．背景刺激が消された後も眼震が残り，これは視運動性眼振残効(OKAN, optokinetic after nystagmus)と呼ばれる．OKANはOKNと同じ方向に起こり，45sから50s続くがその速度は15°/sから20°/s程度である[12]．

OKNは動く眼をもったすべての脊椎動物にみられ，皮質下のシステムに制御された眼球運動である．ただし，高等動物では大脳視覚領や，追従眼球運動に関連したシステムからの入力も関与していることが知られている．ウサギのような中心窩のない動物では，OKNは皮質下のシステムのみで制御されている．ウサギのOKNは，それぞれの眼において，鼻に向かって運動する刺激のみによって生起される方向選択性を示す[13]．これに対してネコのように中心窩をもち立体視ができる動物では，皮質下のシステムと反対方向の方向選択性をもつ大脳視覚領からの入力も関与するので，片眼でも両方向のOKNが生起される[14,15]．

頭部の直線運動に伴って起こる網膜像の運動のすべてを，眼球の回転によって安定化させることはできない．これは，動物が直線に運動したときに，異なった距離にある物体の像は異なった角速度で運動

するためである．ウサギのように側方に眼のある動物のOKNは方向選択性を示し，前方への運動に伴う耳に向かって運動する刺激に応答しないことでこの問題を解決している．

これに対して，立体視のできる動物が側方の静止した3次元の背景を見ながら前方に運動するときには，ほかの距離にある物体から生じる運動信号を無視して，特定の距離にある物体の像のみを安定化させるために必要な速度で眼を動かしていると考えられている．この示唆は，ネコのOKNを制御する皮質下のシステムの入力になる視覚領のニューロンがすべて両眼細胞であり[16]，視覚領の両眼細胞がまだ十分に発達していない新生児や両眼視に障害のある成人が方向選択性を示すことによって裏づけられている[17~20]．OKNの生起が立体視メカニズムと関連していることの心理物理学的証明は，運動刺激に輻輳が合わせられていないときにOKNが阻害されるという報告によって与えられたが[21]，この関連性は水平方向のOKNばかりでなく，垂直方向のOKNについても起こることが示された[22]．

c. VORとOKNの相互作用

通常の環境では，われわれが頭部を回転したときの網膜像はVOR，OKN，追従眼球運動の組み合わせによって安定化される．観察者が頭部と一緒に回転する視標を固視したときには，VORの方向はOKNや視標の安定した像を中心窩に維持するための追従眼球運動の方向と逆になる．また，運動している背景と静止した視標が重ねて呈示された場合には運動刺激によるOKNの方向と静止視標を安定させるための追従眼球運動の方向が逆になる．これらの場合には，追従眼球運動，OKN，VORの順の優先順位で，OKNやVORの一部または全部が抑制されることが知られている[23~25]．

OKNによるVORの抑制は，頭部運動の回転周波数が0.5 Hzではほぼ完全であるが，2 Hzでは不完全になる[2,26]．また追従眼球運動によるOKNの抑制は，網膜周辺に呈示された視標によるもののほうが，中心窩に呈示された視標によるものよりも小さい[23~25,27]．

視覚情報と前庭感覚情報を不一致にさせるためにレンズあるいはプリズムで外界を変形させたものを長時間観察させると，VORの再校正が起こり，VORのゲインが調整されるのみならず符号が変わることもある．VORのゲインは最初の2日で60%，1週間で25%に減少することが報告されてい る[28]．再校正期間中に頭部を運動させると視野が不安定が観察されるが，再校正が完了したあとで光学的変形を正常に戻すと，頭部の回転により視野の不安定が再び生じる． ［近江政雄］

文　献

1) I. P. Howard : The optokinetic system, In The Vestibulo-ocular Reflex, Nystagmus and Vertigo (eds. J. A. Sharpe and H. O. Barber), Raven Press, New York, 1993
2) A. J. Benson and G. R. Barnes : Vision during angular oscillation ; the dynamic interaction of visual and vestibular mechanisms, *Aviation, Space and Environmental Medicine*, 49, 340-345, 1978
3) R. Malcom and G. M. Jones : A quantitative study of vestibular adaptation in humans, *Acta Otolaryngologica*, 70, 126-135, 1970
4) W. Bles and T. S. Kapteyn : Circular vection and human posture 1. Does the proprioceptive system play a role ? *Agressologie*, 18, 325-328, 1977
5) A. A. Skavenski, R. M. Hansen, R. M. Steinman and B. J. Winterson : Quality of retinal image stabilization during small natural and artificial body rotation in man, *Vision Research*, 19, 675-683, 1979
6) P. D. Pulaski, D. S. Zee and D. A. Robinson : The behavior of the vestibulo-ocular reflex at high velocities of head rotation, *Brain Research*, 222, 159-165, 1981
7) C. C. Barr, L. W. Schultheis and D. A. Robinson : Voluntary, non-visual control of the human vestibulo-ocular reflex, *Acta Otolaryngologica*, 81, 365-375, 1976
8) D. D. Johnson and N. Torok : Habituation of nystagmus and sensations of motion after rotation, *Acta Otolaryngologica*, 69, 206-221, 1970
9) R. W. Baloh, K. Lyerly and R. D. Yee : Voluntary control of human vestibulo-ocular reflex, *Acta Otolaryngologica*, 97, 1-6, 1986
10) B. Biguer and C. Prablanc : Modulation of the vestibulo-ocular reflex in eye-head orientation as a function of target distance in man, In Progress in Oculomotor Research (eds. A. F. Fuchs and W. Brecher), Elsevier, Amsterdam, 1981
11) T. Hine and F. Thorn : Compensatory eye movements during active head rotation for near targets : Effects of imagination, rapid head oscillation and vergence, *Vision Research*, 27, 1639-1657, 1987
12) B. Cohen, V. Henn, T. Raphan and D. Dennett : Velocity storage, nystagmus, and visual-vestibular interactions in humans, *Annals of the New York Academy of Sciences*, 374, 421-433, 1981
13) H. Collewijn : Direction-selective units in the rabbit's nucleus of the optic tract, *Brain Research*, 100, 489-508, 1975
14) K. P. Hoffmann and J. Stone : Retinal input to the nucleus of the optic tract of the cat assessed by antidromic activation of ganglion cells, *Experimental Brain Research*, 59, 395-403, 1985
15) K. P. Hoffmann and C. Distler : The role of direction selective cells of the nucleus of the optic tract of cat and monkey during optokinetic nystagmus, In Adaptive Processes in Vision and Oculomotor Systems (eds. E. L. Keller and D. S. Zee), Pergamon, New

16) K. P. Hoffmann: Cortical versus subcortical contributions to the optokinetic reflex in the cat, In Functional Basis of Ocular Motility Disorders (eds. G. Lennerstrand, D. S. Zee and E. L. Keller), Pergamon Press, New York, 1982
17) T. Hine: The binocular contribution to monocular optokinetic nystagmus and after nystagmus asymmetries in humans, *Vision Research*, **25**, 589-598, 1985
18) M. Ohmi, I. P. Howard and B. Everleigh: Directional preponderance in human optokinetic nystagmus, *Experimental Brain Research*, **63**, 387-394, 1986
19) L. Tychsen and S. G. Lisberger: Maldevelopment of visual motion processing in humans who had strabismus with onset in infancy, *Journal of Neuroscience*, **6**, 2495-2508, 1986
20) M. J. Reed, M. J. Steinbach, S. M. Anstis, B. Gallie, D. Smith and S. Kraft: The development of optokinetic nystagmus in strabismic and monocularly enucleated subjects, *Behavioral Brain Research*, **46**, 31-42, 1991
21) I. P. Howard and E. G. Gonzalez: Optokinetic nystagmus in response to moving binocularly disparate stimulus, *Vision Research*, **27**, 1807-1817, 1987
22) I. P. Howard and W. S. Simpson: Human optokinetic nystagmus is linked to the stereoscopic system, *Experimental Brain Research*, **78**, 309-314, 1989
23) I. P. Howard and M. Ohmi: The efficiency of the central and peripheral retina in driving human optokinetic nystagmus, *Vision Research*, **24**, 969-976, 1984
24) C. M. Murasugi, I. P. Howard and M. Ohmi: Optokinetic nystagmus: The effects of stationary edges, alone and in combination with central occlusion, *Vision Research*, **26**, 1155-1162, 1986
25) I. P. Howard, C. M. Murasugi and M. Ohmi: Human optokinetic nystagmus: Competition between stationary and moving displays, *Perception and Psychophysics*, **45**, 137-144, 1989
26) G. R. Barnes, A. J. Benson and A. R. J. Prior: Visual-vestibular interaction in the control of eye movement, *Aviation, Space and Environmental Medicine*, **49**, 557-564, 1978
27) G. R. Barnes: Effects of retinal location and strobe rate of head-fixed visual targets on suppression of vestibular nystagmus, In Physiological and Pathological Aspects of Eye Movements (ed. A. Roucoux), W. S. Junk, The Hague, 1982
28) A. Gonshor and G. M. Jones: Extreme vestibulo-ocular adaptation induced by prolonged optical reversal of vision, *Journal of Physiology*, **256**, 381-414, 1976

10.4 視方向

視方向(visual direction)とは，視覚的に知覚された事物の方向のことをいい，視距離(visual distance)とともに事物の視空間定位に不可欠な2種類の視覚情報のうちの1つである．実際空間内の事物は，知覚的には主観的真正面(subjective straight ahead)に見えたり，その右側(左側)に見えたり，あるいは異なる距離にある別の事物と同じ(異なる)方向に見える．通常，われわれはその見えを判断することができる．これらの視知覚を総称して視方向知覚と呼び，その判断を視方向判断という[1]．

方向の概念は，物理的，地理的，知覚的，いずれの場合でも基準点(reference point)としての原点(origin)を必要とする．視方向の研究分野では，原点の位置をどこに仮定するかによって異なる術語が用いられている．網膜の中心窩を原点にした視方向は，眼球中心的視方向(oculocentric direction)，頭部内のいずれかの位置を原点にした視方向は，頭部中心的視方向(headcentric direction)，あるいは自己中心的視方向(egocentric direction)，体幹部のいずれかの位置を原点にした視方向は，体幹部中心的視方向(bodycentric direction)と呼ばれている[2]．この節では，観察者の眼の高さの横断面(transverse plane)上に事物が存在する場合の自己中心的視方向をとりあげる．

10.4.1 視方向の測度

これまで視方向の研究には，主として2種類の測度が用いられてきた．1つは，視方向を筋運動感覚系の反応を用いて測定する方法で，視覚に"監督された"指さし反応(visually-directed pointing，以下，ポインティング反応)と呼ばれており，視方向の研究で最も数多く用いられている測度である[3~5]．ポインティング反応とは，ある事物を両眼あるいは単眼で見ながら，眼から遮蔽された手で事物を指す反応のことをいう[6]．(リアルタイムでの視覚的フィードバックがないポインティングのことをオープンループ・ポインティング，open-roop pointingともいう．一方，手が視野内にある，つまりリアルタイムでの視覚的フィードバックがある場合のポインティングは，視覚的に誘導されたポインティング，visually-guided pointingと呼ばれて区別されている．)ポインティング法の精度(precision)を標準偏差で表現すると，例えば，BarbeitoとSimpson[3]の研究では，眼から50 cmの距離の指標をポインティングした5名の被験者の標準偏差のメディアンは0.64 cmであり，25%, 75%のパーセンタイルはそれぞれ0.50 cm, 0.84 cmであった．

もう1つの測度は，視方向を同じ視覚系の反応を用いて測定する方法(visually based measure)である．視標とプローブ刺激とが一直線上に見えるように，プローブ刺激の位置を調整したり(視準課題，alignment task)[7]，記憶された視標の見かけの方向

と一致するようにある距離に置かれたプローブ刺激の位置を調整したりする (direction matching task) 方法などがある[8〜10]. 視準法の精度を標準偏差で表現すると, Nakamizoら[7]の研究では, 固視刺激までの距離60 cmで, 幅0.5 mmの刺激棒の見かけの方向を固視面上で幅0.5 mmのプローブ刺激を用いて視準した場合, 6名の被験者の平均標準偏差は0.22 mmであった.

10.4.2 視方向知覚の確度

視方向知覚は, 両眼視であるか, それとも単眼視であるか, 事物が固視面 (fixation plane) 上に位置するか, それとも非固視面上に位置するか, 視軸 (visual axis) 上に位置するか, それとも非視軸上に位置するかに基づいて分類できる (図10.13, 図10.14). これらの分類は, 後述する視方向の法則に基づいている (本節では, 視軸とは, 中心窩と固視点を結び, その眼の節点 (nodal point) を通る線と定義する[11]).

a. 両眼視

両眼の視軸上で, かつ固視面上の事物 (図10.13(a)の事物T) の視方向は, 実際の方向とほぼ一致する (=ヴェリディカル, veridicalである)[3,4,12]. 固視面上の事物は, 網膜像差をもたない (厳密にはフィート-ミューラー円上の事物は網膜像差をもたない). 中溝と近藤[4]は, 明室において, 観察者の両眼軸の中点から20, 30, 40, 50 cmの4距離で, 正中面およびその左右30°の3方向, 合計12か所の位置について, 刺激の知覚された位置をポインティング法を用いて測定した. 被験者は, 刺激を両眼固視しながら, 見えない手でもったポインターの位置と刺激の見かけの位置が一致するように調整した. 結果が図10.21に示されている. すべての位置について, 43名の被験者の平均値と標準偏差から計算された95%信頼限界内に刺激の実際の位置が含まれていた. 被験者群の視方向の平均値と実際の方向との差は0.79°, 個人間標準偏差は, 2.45°であった.

固視面上で, かつ視軸上に位置しない事物の視方

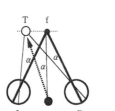

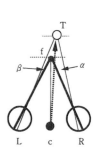

(a) 両眼視軸上　　(b) 非視軸上　　(c) 網膜像差大　　(d) 網膜像差小

図10.13　両眼視の視方向知覚

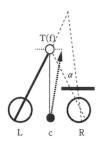
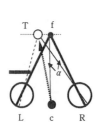
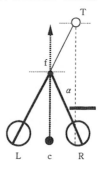
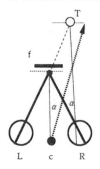

(a) 左眼視軸上・右眼遮蔽　(b) 非視軸上・固視面上　左眼遮蔽　(c) 非固視面上・右眼遮蔽　(d) 非固視面上・左眼遮蔽

図10.14　単眼視の視方向知覚

向は，実際の方向とほぼ一致する．Nakamizoら[7]は，図10.13(b)の条件で，事物Tの視方向を固視面上のプローブ刺激と一致させる方法で測定した．その結果，Tの視方向は，物理的方向とほぼ一致した．

非固視面上にあって両眼視されている事物(図10.13(c),(d)のT)の視方向は，その事物の網膜像差の大きさに依存する．Nakamizoら[7]によれば，網膜像差が比較的大きい場合(10′以上)，複視(diplopia)が生じて，事物は2つの異なる方向に見える(＝ノンヴェリディカル，nonveridicalである，図10.13(c))．一方，網膜像差が比較的小さい場合(10′以下)，視方向は，実際の方向と一致する(図10.13(d))．

b．単眼視

単眼視されている一方の眼の視軸上の事物(図10.14(a),(c)の事物T)の視方向は，実際の方向と一致しない．図10.14(a)では，左眼でその視軸上の事物を観察し，右眼が遮蔽されている．OnoとGonda[13]，OnoとWeber[12]，ParkとShebilske[10]によれば，遮蔽された右眼にフォリア(phoria)が起こり，フォリアの角度と視方向が共通軸(後述)より偏位する角度とはよく一致していた(遮蔽されたほうの眼球位置の変化$\alpha°$をフォリアphoriaという)．

非固視面上の単眼視される事物の視方向は，実際の方向と一致しない．図10.14(c)では，左眼の視軸上で，非固視面上の事物Tから右眼が遮蔽されている．BarbeitoとSimpson[3]によれば，Tの視方向は実際の方向とは異なっていた．また，図10.14(d)では，左眼の視軸の延長線上の事物から左眼が遮蔽され，右眼で観察している．この場合も事物の視方向は実際の方向と一致しない．OnoとNakamizo[14]は，パナム限界条件(Panum's limiting case，一方の眼の視軸上に2つの事物が存在する刺激条件でWheatstone-Panum's limiting caseともいう)における刺激の視方向を調べた．近いほうの刺激(近刺激：正中面上で眼から21.6～23.1 cmの距離)を固視しながら，単眼視されている遠いほうの刺激(遠刺激：眼から113.3 cmの距離の前額平行面)の視方向をポインティング法を用いて測定した．その結果，5名の被験者の測定値の平均は12.5°，標準偏差は1.37°であった．視方向の法則に基づく予測値は12.0°なので，測定値と理論値とはよく一致していた．

単眼視で非視軸上の事物(図10.14(b))の視方向を測定した研究はないが，以下に述べる視方向の法則から予測すると，視軸から偏位し，かつ単眼視されている事物の視方向は，実際の方向とほぼ一致することが予測される．

10.4.3 視方向の法則

視方向を予測する心理物理的理論を最初に提案したのは，Wells[15]である[16]．その後，Wellsとは独立にHering[17]が視方向の理論を提出した．2人の理論に基づく視方向の予測はほぼ同じなので，現在これらの理論は統合されてWells-Heringの視方向法則(laws of visual direction)の名称で呼ばれている[18]．(Wellsの理論とHeringのそれとの数学的な違いについては，van de Grindら[19]を参照．また，視方向の法則については，これまでにいくつかの方法で記述されてきたが[1,2,7,20~22]，ここではNakamizoら[7]の記述に基づく．)

法則は，次の6つの規則(命題)からなる．

(I) 事物の視方向は，その位置が両眼の中点に仮定されるサイクロープスの眼から見ているかのように判断される(サイクロープスの眼の原理，10.4.4項参照)．

(II) それぞれの眼の視軸上の事物は，共通軸(common axis，両眼視軸の交点とサイクロープスの眼を結ぶ線)上に見える(視軸-共通軸の原理，図10.13(a))．

(III) 視軸上にない事物は，共通軸から偏位して見える(サイクロープスの眼への投射原理，図10.13(c))．その偏位の大きさは，事物の視線(object visual line 事物と節点とを結ぶ線)と視軸とのなす角度がサイクロープスの眼にどのように投影されるかに依存する．

(III-a) 単眼視の場合：事物の視線とその眼の視軸とのなす角度がそのままサイクロープスの眼に投影される(単眼視の原理，図10.14)．

(III-b) 両眼視の場合：事物の視線と視軸とのなす角度が両眼のあいだで大きな差をもつ場合には，それぞれの角度がそのままサイクロープスの眼に投影される．その結果，2つの異なる視方向が知覚される(図10.13(c))．

(III-c) 両眼視の場合：事物の視線と視軸とのなす角度が両眼で等しいか，もしくは小さな差である場合，それぞれの角度が平均化されてサイクロープスの眼に投影される．その結果，1つの(融合し

た)視方向が知覚される(視方向平均化原理,図10.13(d)).

以上に述べた視方向の心理物理的法則によれば,視方向は2つの変数,すなわち①事物の視線の位置(ローカルサイン,local signともいう),②共通軸(common axis)の位置(両眼視軸の交点とサイクロープスの眼とを結ぶ線)によって決定される.後者の情報は,サイクロープスの位置とそれぞれの眼球位置から決定される.したがって,サイクロープスの眼の位置が決まれば,それぞれの眼に対する事物のローカルサインとそれぞれの眼球位置,合計4つの変数によって視方向が決定されることになる.Ono[18]は,それらの情報がどのように統合されて事物の視方向が生み出されているかのモデルを提唱している.

視方向の法則は,両眼視および単眼視されている事物の視方向を測定した最近の研究[3,7,10,12~14,23]によっておおむね支持されており,それらの研究の主な結果については,10.4.2項で紹介したとおりである.

しかし,最近,視方向法則の予測を逸脱する刺激条件について,いくつかの研究が報告された[24~29].Onoら[26]の観察結果は法則IIの予測から逸脱し,一方,Shimonoら[27]やErkelensとvan de Grind[24],Erkelensら[25]の観察結果は,法則III-aの予測から逸脱する.法則から逸脱するこれらの現象がどのような仮説によって説明できるかについては今後の重要な課題の1つである.

10.4.4 視方向の原点

すでに述べたように,方向の概念は基準点(原点)を必要とする.視方向の原点は,視方向中心(center of visual direction),エゴセンター(egocenter),サイクロープスの眼(cyclopean eye),重複眼(Doppelauge)など,さまざまな名で呼ばれてきた(ここでは,ヘルムホルツが用いた"サイクロープスの眼"を用いる).Heringは,サイクロープスの眼の位置を両眼の中点に仮定したが,この仮定の論理的根拠はない.

これまでに,サイクロープスの眼の位置を測定する4つの方法が提案されてきた[5,18,30].それらの方法を簡潔に述べる.

1) HowardとTempleton[31]の方法(図10.15(a))

観察者は,距離の異なる2つの刺激を結ぶ1本の線が自分自身に向かって引かれていると見えるように,2つの刺激を並べる.このような線分を数本,異なる方向で測定し,それらの交点をサイクロープスの眼の位置と定義する.

2) Funaishi[32]の方法(図10.15(b))

観察者は,眼から遮蔽された指で,ある刺激の見かけの方向を指さす.最初は,ある距離の前額平行面上で,次に異なる距離の前額平行面でそれを行う.2つの点を通る線は,サイクロープスの眼を通ると考えられる.その種の線を2本以上求め,それらの交点をサイクロープスの眼の位置と定義する.

3) Roelofs[33]の方法(図10.15(c))

観察者は,一方の眼の視軸上(図では右眼の視軸)で距離の異なる位置にある2つの刺激の,近いほうを両眼固視する.遠いほうの刺激は左眼から遮蔽されている.2つの刺激を結ぶ線は,顔のどこかの位置に向かって引かれているように見える(視方向の

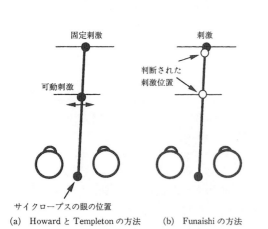
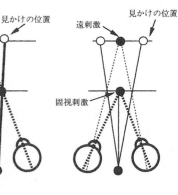

(a) HowardとTempletonの方法　(b) Funaishiの方法　(c) Roelofsの方法　(d) Fryの方法

図10.15　サイクロープスの眼の位置の測定法

法則II（視軸-共通軸原理）によれば，右眼の視軸上にある遠くの刺激の見かけの位置と両眼固視されている近くの刺激の見かけの位置を結ぶ線は，サイクロープスの眼を通るはずである）．観察者は，その位置がどこかを判断する．この手続きを複数の方向でくり返し，サイクロープスの眼の位置を決める．

4) Fry[34]の方法（図 10.15 (d)）

観察者は，距離の異なる2つの刺激の一方を両眼で固視する．固視されていないほうの刺激には複視が生じる．複視の見かけの位置を測定する．測定値からサイクロープスの眼の位置を計算する（視方向の法則III（サイクロープスの眼への投射原理）の応用）．

BarbeitoとOno[5]やMitsonら[30]は，サイクロープスの眼の位置を測定するそれぞれ4つの方法で得られたサイクロープスの眼の位置の相関を調べ，さらにそれぞれの方法の信頼性と妥当性を調べた．その結果，有意な相関が得られなかった（相関係数：$-0.46 \sim 0.37$）．相関が得られなかった理由は明らかではない．しかし，個々の方法の信頼性は高かった（信頼性係数 α：$0.77 \sim 0.97$）．予測的妥当性が最も高かったのは，HowardとTempletonの方法であった（予測的妥当性とは，理論に基づく予測の確度のことを意味する）．以上の結果から，現時点では，4つの方法のなかでHowardとTempletonの方法が最も妥当であるといえよう．

10.4.5 視方向錯視

視方向のさまざまな現象，とりわけ次に述べる視方向錯視は，視方向法則の妥当性を例証するデモンストレーションとして報告されている．

a．ウェルズの"不思議な窓"

図 10.16 (a) に示されているように，壁に3つの窓がある．右眼は左側の丸窓を通して，左眼は右側の丸窓を通して壁の向こう側の鉛筆の先端を固視している．2つの丸窓の中央に（観察者の頭の正中面）四角形の窓がある．観察者にとってこれらの窓は，どう見えるだろうか？ この錯視は，Wellsが報告したデモンストレーションである．3つの窓の知覚が図 10.16 (b) に示されている．これらの窓の見かけの位置は，視方向の法則(II)と(III)の予測に一致する[1,15,16]．図 10.16 (c) には右眼の視軸上の丸窓について，視方向の法則の予測が示されている．丸窓は，右眼の視軸上に位置するので，法則(II)によって共通軸上に見える．さらに，左眼の視軸から

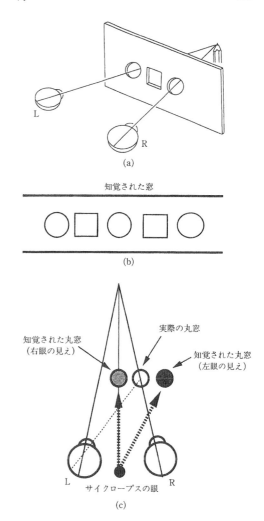

図 10.16 ウェルズの不思議な窓の錯視
(a)は，両眼と窓と鉛筆の実際の位置関係を，(b)は，窓と鉛筆の見えを図式的に表したもの．(c)は視方向の法則による右側の実際の丸窓（右眼の視軸上）の見えの予測．

右側に $\alpha°$ 偏位しているので，その角度がサイクロープスの眼に投影される．

b．2本の直線のカード

図 10.17 (a) に示されているように，縦 30 cm×横 12 cm 程度の大きさのカードに2本の直線が描かれている．左側の直線は赤色，右側の直線は緑色でプリントされている．このカードを顔の前に水平に置いて，直線の交点を固視する．2本の直線は，図 10.17 (b) のように見える．直線の見かけの位置は，視方向の法則(II)と(III)の予測に一致する[1,2,18]．図 10.17 (c) には，右眼の視軸上の緑色の線分が視方向の法則について，どの位置に予測され

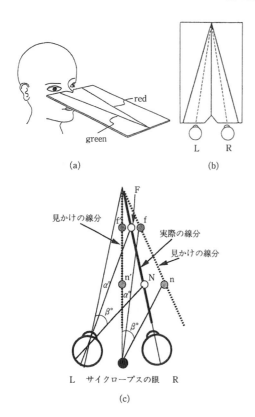

図10.17 2本の直線のカードの錯視
(a)は，顔とカードの実際の位置関係を，(b)は，線分の見え（実線）を図式的に表したもの（点線は実際の線分の位置）．(c)は，視方向の法則による右側の緑色の線分の位置の予測．視方向の法則によると，線分上の点F, Nは，それぞれf, f', n, n'に見える．

るかを示す．点Fと点Nは，右眼の視軸上に位置するので，法則(II)によって共通軸上に見える．一方，左眼にとっては，Fは視軸から右側に $\alpha°$, Nは右側に $\beta°$ 偏位しているので，それぞれ共通軸から右側に $\alpha°$, $\beta°$ 偏位した位置，つまり点fと点nの位置に見える（共通軸上に見える線分には，視野闘争 (binocular rivalry) が起こって赤色あるいは緑色の線分が交代に見える）．

c. ダブルネイル錯視

図10.18(a)に示されているように，顔の真正面，眼の高さに2本のピン（釘や針など細い棒状の事物）を，2〜3cmの間隔をおいて，垂直に立てる．手前のピンからおよそ30cmの距離から2本のピンのほぼ中央を固視する．ピンは図10.18(b)に示されているように，ある距離の前額平行面上に並んで立っているように見える．この錯視は，ダブルネイル錯視と呼ばれた[35]．2本のピンの見かけの方向

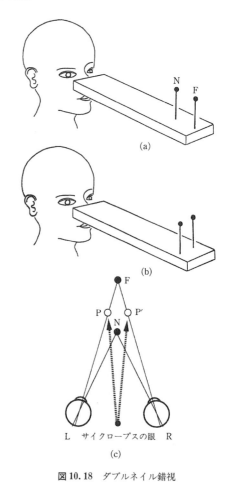

図10.18 ダブルネイル錯視
(a)は，正中面上の2本のピン (N, F) と顔との実際の位置関係，(b)は，ピンの見え，(c)は，実際のピン(●)の位置と知覚されたピン(○)の位置を表す．点線は，サイクロープスの眼を原点とした視方向を表す．

は，視方向の法則の予測に一致する[7,36]．図10.18(c)には，実際のピンがサイクロープスの眼を原点としてどの方向に見えるかが示されている．それぞれの眼の視軸は2本のピンがそれぞれの眼に対してはる角のほぼ2等分線に一致しているので，それぞれのピンがそれぞれの眼の視軸から偏位している角がサイクロープスの眼に投影されると，遠くのピンの2つの視方向と近くのピンの2つの視方向が一致することになる．したがって，2つの視方向に見えることになる（ピンの奥行き位置については，7.2.8項を参照）．

d. 単眼交代視

図10.19(a)に示されているように，顔の真正面，眼の高さで鼻から約15cmの距離に人さし指を立てる．指の先端を両眼固視して，指が真正面に

見えることを確認した後，それぞれの眼を交互に（約2秒間隔）閉じながら，指の見かけの位置を観察する．指の位置が左右にシフトするように見える（図10.19(b))．この見かけ上のシフトは，瞼（まぶた）を閉じているほうの眼の位置の変化を考慮すると，視方向の法則(III-a)の予測に一致する[1,10,13]．図10.19(c)には右眼を閉じたときの左眼の見えの方向の予測が示されている．右眼にフォリアが起こると右眼の視軸は点線の位置に移動する．実際の指は，左眼の視軸上に位置するので，視方向の法則(II)によって，両視軸の交点とサイクロープスの眼を結ぶ線上に見える．

e．浮かぶソーセージ

図10.20(a)に示されているように，顔の前に伸ばした両手の人さし指の先端を，互いに向き合う方向に置き，両眼で遠方を見ると，顔の正面にあたかも"ソーセージ"(両方の人さし指)が浮かんでいるように見える(図10.20(b))．この現象は，視方向の法則(II)のテストとして報告された[22]．図10.20(c)には，両人さし指がサイクロープスの眼を原点としてどの方向に見えるかが示されている．それぞれの指の先端部分は，それぞれの眼の視軸上に位置するので，法則(II)に基づいて，サイクロープスの眼と両視軸との交点を結ぶ線上，つまり真正面に見えることになる．

10.4.6　視方向と両眼単一視

両眼単一視(binocular single vision)の問題とは，"2つの"眼で見ているのになぜ"1つの"世界（事物）しか見えないのか，という問題である．この

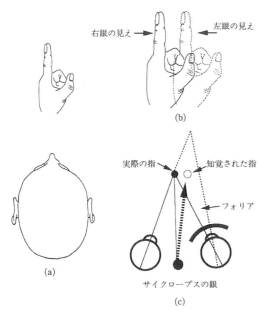

図10.19 指の単眼交代視の錯視
(a)は，顔の真正面に置いた指の実際の位置を，(b)は，片眼を交互につぶって指を観察したときの指の見えの位置を，(c)は，視方向の法則による説明を表す．遮蔽されたほうの眼にフォリアが起こり，左眼の視軸上の実際の指は，両眼視軸とサイクロープスの眼とを結ぶ線分上（太い点線）に見える．

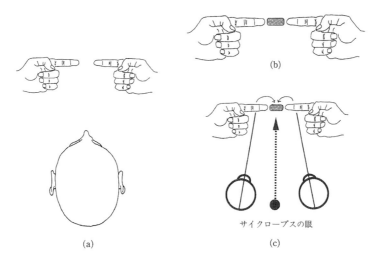

図10.20 浮かぶソーセージの錯視
(a)は，顔の正面に人さし指を向かい合わせに置いた指の実際の位置を，(b)は，両眼で遠くを見たときの指を示す．顔の真正面にソーセージ（指）が浮かんでいるように見える．(c)は，視方向の法則による説明を表す．視軸上の物体は，両眼視軸の交点とサイクロープスの眼とを結ぶ線上に見える．

問題については，伝統的に2つの理論が主張されてきた．1つは，融合理論 (fusion theory) で，もう1つは抑制理論 (suppression theory) である．融合理論は，Keplerにまでさかのぼることができ (Boring[37])，最近では，Julesz[38], Sperling[39], Tyler[40], Westheimer[41] などによって支持されている．一方，抑制理論は，Brewster[42] によって主張され，最近では，Asher[43], Kaufman[44], Wolfe[45] などによって支持されている[18]．

両眼単一視問題は，視方向の文脈で取り扱うことができる．融合理論の仮定は，視方向の法則III-c (視方向平均化原理＝事物の視線と視軸とのなす角度が両眼で等しいか，もしくは小さな差である場合，両方の角度が平均化されてサイクロープスの眼に投影される) によって表現できる．一方，抑制理論は，視方向平均化原理の受入れを拒否し，両眼視されている事物の視方向は，事物の視線と両眼の視軸とのなす角度のどちらか一方によって決定される，と仮定する．2つの理論が仮定する視覚過程は，同時的に並立することは不可能であるが，継時的に並立することは可能である．Onoら[46] は，ノニウス線によって眼球位置を統制し，ステレオグラムを用いて，融合過程と抑制過程が並立しうる過程であることを示した．ステレオグラムの網膜像差が小さい場合，融合過程が起こる確率が高く，一方，網膜像差が大きい場合，複視が起こる確率が高い．中程度の大きさの網膜像差の場合，抑制過程が起こる確率が高かった．彼らの結果は，異なる形態のステレオグラムを用いた中溝と戸敷[47] によっても確証された．

しかし，日常観察条件下における単一視については，融合理論と抑制理論だけでは説明できない[48]．最近，下野ら[48] は，日常観察時の単一視を生み出す6つの要因を提案した．これらの要因は，①観察距離によるPanumの融合域の変化，②視野の広さに起因する要因，③遮蔽要因とPanumの融合域，④眼球運動によるPanumの融合域，⑤注意の要因によるPanumの融合域の変化，⑥知識の要因によるPanumの融合域の変化，の6つである．これらの要因がどのようにはたらいて，日常下における単一視が生じるかについては，下野[48] を参照していただきたい． ［中溝幸夫］

文献

1) 中溝幸夫：両眼方向知覚とサイクロープスの眼，福岡教育大学紀要, **37**, 133-145, 1988
2) I. P. Howard : Human Visual Orientation, John Wiley, Chichester, Sussex, 1982
3) R. Barbeito and T. L. Simpson : The relationship between eye position and egocentric visual direction, *Perception and Psychophysics*, **50**, 373-382, 1991
4) 中溝幸夫, 近藤倫明：手の届く範囲の距離知覚, (準備中)
5) R. Barbeito and H. Ono : Four methods of locating the egocenter : a comparison of their predictive validities and reliabilities, *Behavior Research Method and Instruments*, **11**, 31-36, 1979
6) J. M. Foley and R. Held : Visually directed pointing as a function of target distance, direction, and available cues, *Perception and Psychophysics*, **12**, 263-268, 1972
7) S. Nakamizo, K. Shimono, M. Kondo and H. Ono : Visual direction of two stimuli in Panum's limiting case, *Perception*, **23**, 1037-1048, 1994
8) R. Barbeito : Sighting dominance : an explanation based on the processing of visual direction in tests of sighting dominance, *Vision Research*, **21**, 855-860, 1981
9) H. Ono and R. Barbeito : The cyclopean eye vs. sighting dominant eye as the centre of visual direction, *Perception and Psychophysics*, **32**, 201-210, 1982
10) K. Park and W. L. Shebilske : Phoria, Hering's laws, and monocular perception of direction, *Journal of Experimental Psychology : Human perception and Performance*, **17**, 219-231, 1991
11) 魚里 博：眼光学の基礎, *VISION*, **1**, 20-31, 1989
12) H. Ono and E. U. Weber : Nonveridical visual direction produced by monocular viewing, *Journal of Experimental Psychology, Human Perception and Performance*, **7**, 937-947, 1981
13) H. Ono and G. Gonda : Apparent movement, eye movements, and phoria when two eyes alternate in viewing a stimulus, *Perception*, **7**, 75-83, 1978
14) H. Ono and S. Nakamizo : Saccadic eye movements during changes in fixation to stimuli at different distances, *Vision Research*, **17**, 233-239, 1977
15) W. C. Wells : An Essay upon Single Vision with Two Eyes : Together with Experiments and Observations on Serveral Other Subjects in Optics, Cadell, London, 1792
16) H. Ono : On Wells' law of visual direction, *Perception and Psychophysics*, **30**, 403-406, 1981
17) E. Hering : Spatial Sense and Movement of the eye, Baltimore, American Academy of Optometry, 1879
18) H. Ono : Binocular visual direction of an object when seen as single or double, In Binocular vision, Vol. 10S (ed. D. Regan), Macmillan, London, pp. 1-18, 1991
19) W. A. van de Grind, C. J. Erkelens and A. C. Laan : Binocular correspondence and visual direction. *Perception*, **24**, 215-235, 1995
20) H. Ono : Axiomatic summary and deductions from Hering's principles of visual direction, *Perception and Psychophysics*, **25**, 473-477, 1979
21) A. Links : Physiology of Eye (Vol. 2), Vision, Grune and Stratton, New York, 1952
22) H. Ono and A. P. Mapp : A restatement and modification of Wells-Hering's law of visual direction, *Perception*, **24**, 237-252, 1995
23) H. Ono, A. Wilkinson, P. Muter and L. Mitson : Apparent movement and change in perceived location of a stimulus produced by a change in accom-

modative vergence, *Perception and Psychophysics*, **12**, 187-192, 1972
24) C. J. Erkelens and W. A. Van de Grind: Binocular visual direction, *Vision Research*, **34**, 2963-2969, 1994
25) C. J. Erkelens, A. J. M. Muijs and R. van EE: Binocular alignment in different depth planes, *Vision Research*, **36**, 2141-2147, 1996
26) H. Ono, K. Shimono and S. Saida: Transformation of the visual-line value in binocular vision: Stimuli on corrresponding points can be seen in two different visual directions, (提出中)
27) K. Shimono, H. Ono, S. Saida and A. P. Mapp: Methodological caveats for monitoring binocular eye position with Nonius stimuli, *Vision Research*, **38**, 591-600, 1998
28) 大塚作一, 矢野澄男: 立体画像の知覚ひずみとPoggendorff錯視, テレビジョン学会技術報告, **18**, 25-30, 1994
29) H. Takeichi and H. Nakazawa: Binocular displacement of unpaired region, *Perception*, **23**, 1025-1036, 1994
30) L. Mitson, H. Ono and R. Barbeito: Three methods of measuring the location of the egocenter: their reliability, comparative locations and intercorrelations, *Canadian Journal of Psychology*, **30**, 1-8, 1976
31) I. P. Howard and W. B. Templeton: Human Spatial Orientaion, Wiley, London, 1966
32) S. Funaishi: Uber das Zentrum der Sehrichtungen, *Albrecht von Graefes Archiv fur Ophthalmologie*, **117**, 296-303, 1926
33) C. O. Roelofs: Considerations on the visual egocentre, *Acta Psychologica*, **16**, 226-234, 1959
34) G. A. Fry: Visual perception of space, *Am. J. Optom.*, **27**, 531-553, 1950
35) J. D. Krol and W. A. van de Grind: The double-nail illusion: experiments on binocular vision with nails, needles, and pins, *Perception*, **9**, 651-669, 1980
36) 中溝幸夫, 近藤倫明: ダブルネイル錯視: ウォールペーパー現象との共通性, 心理学研究, **59**, 91-98, 1987
37) E. G. Boring: The Physical Dimensions of Consciousness, Century, New York, 1933
38) B. Julesz: Foundations of Cyclopean Perception, Univ. of Chicago Press, Chicago, 1971
39) G. Spering: Binocular vision: A physical and neural theory, *American Journal of Psychology*, **83**, 461-534, 1970
40) C. W. Tyler: Sensory processing of binocular disparity. In Vergence Eye Movements: Basic and Clinical Aspects (eds. C. M. Schor and K. J. Cuifferda), Butterworth, Boston, 1983
41) G. Westheimer: Panum's phenomenon and the confluence of signals from the two eyes in stereoscopy, *Proceedings of Royal Society of London (Biol.)*, **228**, 289-305, 1985
42) D. Brewster: On the law of visible position in single and binocular vision and on the representation of solid figures by the union on dissimilar plane pictures of the retina, *Transactions of Royal Society of Edinburgh*, **15**, 349-368, 1844
43) H. Asher: Suppression theory of binocular vision, *British Journal of Ophthalmology*, **37**, 37-49, 1953
44) L. Kaufman: Sight and Mind: An Introduction to Visual Perception, Oxford Univ. Press, New York, 1974
45) J. M. Wolfe: Stereopsis and binouclar rivalry, *Psychological Review*, **93**, 269-282, 1986
46) H. Ono, R. Angus and P. Gregor: Binocular single vision achieved by fusion and suppression, *Perception and Psychophysics*, **21**, 513-521, 1977
47) 中溝幸夫, 戸敷博子: 融合と抑制による単一視, 1982 (未発表論文)
48) 下野孝一, 江草浩幸, 大野 儼: 両眼単一視: 融合・抑制理論の限界, 心理学評論, **40**, 414-431, 1997

10.5 視距離

視距離(visual distance)とは, 視覚的に知覚された空間間隔のことをいい, 視方向とともに事物を3次元空間のなかに定位するための視覚情報のうちの1つである. 視距離は観察者から事物までの距離である自己中心距離(egocentric distance)と, 事物間の距離である事物中心距離(exocentric distance)に分類できる. 自己中心距離は知覚者を空間の枠組みの原点として事物との絶対的な距離関係を表す意味で絶対距離(absolute distance)と呼ばれる. 一方, 事物中心距離はある事物を原点とした別の事物までの距離のことをいい, 事物間の相対的な距離関係を表すという意味で相対距離(relative distance), あるいは奥行き(depth)と呼ばれる(観察者に対する相対的な距離という意味から自己中心距離と絶対距離を同義とみなすことに反論を唱える研究者もいる. WadeとSwanston[1]参照). この節では自己中心距離についてとりあげる(事物中心距離については7章を参照).

10.5.1 視距離の測定法

これまでにさまざまな心理物理的測定法によって視距離が測定されてきた. その基本的な考え方は, 観察者が自己を原点とした物理空間の内部表象, つまり視空間をもち, 外界の事物が視空間のなかに位置づけられることを仮定している. はじめに5種類の心理物理的距離測定法[2]について述べ, 次に筋運動感覚系の反応を用いた3種類の距離測定法について説明する.

① 言語報告法(verbal report)は, 最も一般的な測定法であり, メトリック尺度としての物理単位(例えば, メートルやヤード)を用いて距離を測定する方法である. この方法は直接的, しかも簡単に距離を測定できる一方, 使用する物理単位の学習程度に依存しているので(例えば, GibsonとBergman[3]), 距離の直接的な知覚経験(視距離のパーセプト)を取り扱うにはその点を考慮する必要があ

る．②量推定法(magnitude estimation)は，特定の距離に置いた標準刺激(モジュラスmodulusという)までの距離に割り当てられた値(これをモジュラス値という，例えば，100)を基準にして，事物までの距離を数値で答える方法である．③分割法(fractionation)は，事物までの距離を2分割(bisection)，あるいは3分割(trisection)する方法である．実験手続きとしては観察者の位置，あるいは事物の位置から実験者がマーカーをもって移動し，被験者の指示で所定の分割の位置を求める[2]．④等間隔法(equal appearing intervals or partition)は，例えば，Gilinsky[4]によって用いられた方法では，実験者がマーカーをもって移動し，観察者の指示によって1ft(30cm)の長さの間隔を連続的に観察者から遠ざかる方向で地面上にマークしていく方法である．⑤比率推定法(ratio estimation)は，観察点(観察者の位置)から2つの異なる方向，異なる距離に提示された事物に対して，被験者が長い距離に対する短い距離の比率をパーセンテージで言語報告する方法である(例えば，Kunnapas[5]，Da Silva[2])．

これらの測定法では，多くの場合知覚された距離と物理距離の関係がべき関数で表現され，距離知覚の確度を取り扱う測度としてべき指数が伝統的に用いられている．べき指数が1の場合は，知覚された距離と物理距離が比例することを意味し，1より大きい(小さい)場合，知覚された距離の変化が物理距離の変化よりも大きく(小さく)なる．

視距離を筋運動感覚系の反応を用いて測定する3種類の方法について述べる．①指さし法(manual pointing，以下，ポインティング法)は，10.4節で述べたように視覚的に遮蔽された手を使って，事物の位置をさし示す方法である．方法論的な制約として手を延ばせる範囲でのみ可能な測定法である(この方法の確度と精度については10.5.2項参照)．②投球法(visually directed throwing)は，ボールを投げることによって知覚された距離を測定する方法である[6]．実験では5mから25mの範囲で5mごとに視標が提示され，観察者はそれを視覚的に観察した後，眼を閉じてボールを投げた．その結果，距離の増大に伴って確度と精度が低下し，事物の実際の距離より過小評価を示した(25m条件では平均20.5m，標準偏差は2.83mであった)．③閉眼歩行法(blind walking)は，観察者が事物を視覚的に観察した後，眼を閉じて事物の位置まで身体を移動すること(locomotion)によって知覚された距離を測定する方法である[7,8]．Loomisら[8]は，4mから12mの範囲で2m間隔で視標を提示し，閉眼歩行で距離判断を求めた．その結果，距離判断は比較的正確であり，歩行距離と視標距離の差として定義された距離の誤差は平均55cmで，すべての視標距離で過大反応であった．また，標準偏差は，距離の増大に伴って単調増加を示した．視距離を筋運動感覚系の反応を用いて測定するこれらの方法は，視覚パーセプトを直接示す測度ではないが，間接的な距離測度と考えることができる(この議論については，Foley[9,10]を参照)．

10.5.2　距離知覚の確度

ヒトや動物にとって事物までの距離についての正確な情報を得ることは，非常に重要である．とりわけ，ある種の運動(motor behavior)の制御や事物の視覚特徴の識別にとって距離情報は不可欠である．獲物の捕獲，外敵からの逃走，自己の進行方向に存在する事物(障害物)の回避，手による事物の把握などの行動制御や，知覚された事物の大きさ，速度，奥行き，形などの視覚特徴を識別する場合にも距離情報は不可欠である．この項では距離範囲を3つに分けて，それぞれの距離知覚の確度について述べる．

a．近距離の知覚

近距離(手が届く範囲の距離)の知覚は，距離手がかり(後述)の豊富な日常的環境では確度は高い[11]．しかし，距離手がかりが少ない環境では，測定結果は一定しておらず，比較的大きな恒常誤差を示す結果も得られているし[12,13]，比較的高い確度を示す結果も得られている[14,15]．これらの研究は，主として，ポインティング法(10.4節参照)や言語報告法を用いて調べられてきた．

中溝と近藤[11]は，比較的大きな標本について，日常的環境における距離と方向の知覚をポインティング法を用いて調べ，近距離知覚の確度が非常に高いこと(べき指数1.04)を見いだした．両眼の中点から20〜50cmの範囲の距離で，正中面および正中面から左右に30°の直線上，合計12か所のそれぞれに刺激を置き，ポインティング法で視距離と視方向を調べた．43名の被験者の平均値が，刺激の実際の位置とともに図10.21に示されている．標準偏差は，刺激距離の増加に伴って増大した(刺激距離20cmと50cmの平均標準偏差は，それぞれ

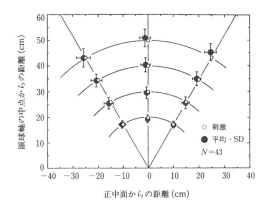

図 10.21 ポインティング法によって測定された視距離と視方向

物理的な刺激（○）に対する 43 名の被検者の平均値および標準偏差（●）．

1.50 cm，3.44 cm，刺激全体の平均標準偏差は，2.46 cm）．しかし，個人内分析の結果は，どの刺激距離でも一貫して過大評価，あるいは過小評価を示す被験者がいることを示した．その原因は明らかではない．

一方，距離手がかりが非常に少ない環境では，距離知覚の測定結果は一定していない．Foley と Held[13] は，眼から 15～36 cm の範囲の距離で，正中面，および正中面から左右に 16.2°の直線上，合計 15 か所に点光源を置き，2 つの観察条件（輻輳手がかり条件／十分な手がかり条件）でポインティング法を用いて被験者に刺激を定位させた．その結果，とくに輻輳手がかり条件においては，距離の過大評価が観察された．彼ら自身はべき指数を算出していないが，図からデータを読み取って計算すると 9 名の被験者の平均べき指数は，0.517 であった（この結果は，ポインティング法と言語報告法の両方を用いた Foley[12] によっても確認されている）．

一方，Swenson[14] や笠井[16] の結果は，手がかりが少ない条件でも近距離知覚の確度が高いことを示した．Swenson は，25～40 cm の範囲で，刺激の大きさと明るさを一定にして輻輳・調節手がかり条件のもとでポインティング法を用いて視距離を測定した．その結果，刺激の実際の位置と知覚された距離の誤差は平均 1 cm 以下であった．

b．中間距離の知覚

中間距離の知覚とは，ここでは手が届く距離（近距離）を越えておよそ数十 m までの範囲の距離の知覚のことをいう．この範囲は，距離知覚研究において非常に多くの研究がなされている空間であり[2]，10.5.1 項で述べた 5 種類の視距離測定法が用いられている．この距離範囲での実験は，屋外における実験もあるが，比較的実験条件を統制しやすい環境である実験室，大きな部屋，体育館，ミュージアム，回廊などの屋内で行われることが多い．この距離で測定された実験結果は，手がかりが十分ある条件下では，距離知覚の確度を示すべき指数がおよそ 0.8～1.2 の範囲に含まれることを示している[2,17～27]．この結果は，手がかりが十分にある条件下では見えの距離が物理距離に対応してほぼ正しく知覚されていることを示している．しかし，0.8～1.2 の範囲で変動する事実は，距離手がかり以外の要因が距離知覚に影響を及ぼす可能性をも示している[28]．これらの要因としては，測定法[2,24]，測定距離の範囲[5,29,30]，ターゲットの仰角[31]，教示[32,33] などが報告されている．

距離手がかりが非常に少ない還元条件下においては，距離知覚の確度は低下するが，一方で還元条件下での距離知覚の特性として，特殊距離傾向 (specific distance tendency) と等距離傾向 (equidistance tendency) と呼ばれる観察者傾向の存在が Gogel[34～38] によって報告されている．特殊距離傾向とは，還元条件下で単一光点を単眼で観察するような場合，物理距離の変化にかかわらず，その事物が観察者から 2～3 m の距離に見える傾向のことをいう[37]．この距離測定には非知覚的（認知的）過程の影響を取り除いた間接的測度としての側方頭部運動手続き (lateral head motion procedure) が用いられた（この手続きは，暗中の静止光点を頭部を左右に動かしながら観察し，光点の見かけの運動が生じない点を測定することによって知覚された距離を推定する間接的な距離の測定法である）．Owens と Liebowitz[39] は，特殊距離傾向を輻輳の休止点 (resting point) に帰因させた．彼らは，調節と輻輳に対する刺激が存在しない場合，両眼がほぼこの距離範囲に輻輳することを観察した．一方，等距離傾向とは，距離手がかりが少ない場合，異なる距離にある複数の事物が比較的同じ距離に見える傾向のことをいう[35]．

c．遠距離の知覚

遠距離の知覚とは，ここでは数十 m を越えておよそ十数 km までの範囲の距離の知覚のことをいう．この範囲で用いられる測定法は，主として言語報告法と量推定法である．測定されている距離範囲は主に数百 m までであり，実験は屋外の競技場や

平坦な草地などの自然環境下で，手がかりが十分ある条件で行われている．実験の結果は，べき指数がおよそ0.8～1.2の範囲に含まれることを示している[3,26,40～42]．この結果は，各研究者間で必ずしも一致してはいないが，見えの距離に対するべき指数がおよそ1に近似していることを示している．

距離知覚において1kmを越える巨大空間を取り扱った研究が，数は少ないが報告されている．GalanterとGalanter[31]は，量推定法を用いて飛行機を視標に距離の測定を行った．観察者の視線に対して水平の仰角の場合，9kmまでの観察距離の範囲でべき指数が1.25，仰角が90°の場合，高度が3kmまでの観察距離の範囲でべき指数が0.8，さらに，仰角が12°の場合，11kmまでの観察距離の範囲でべき指数が1.0であった．これらの結果から，彼らは視標が水平方向のとき知覚された距離が過大評価され，垂直方向では過小評価されることを見いだした．

BradleyとVido[43]は，量推定法を用いて自然の景観のなかに存在する樹木や山，さらに寺院やラジオアンテナなどを視標として知覚された距離と記憶距離について測定を行った．実験で測定された23kmまでの距離範囲で得られたべき指数は，知覚グループが0.811，記憶グループ(1日後に想起)が0.596であった．実験の結果を，彼らは記憶システムの特性として景観の内的スキーマが時間の経過に伴って，質的および量的に変化すると解釈した．

HigashiyamaとShimono[44]は，自然の景観のなかに存在する島，岬，海岸線の崖，山，建造物などを視標として絶対距離を言語報告法を用いて測定した．陸上から10.4kmまでの距離範囲で測定された島々に対するべき指数は0.987であり，さらに船上から15.3kmまでの距離範囲で測定された視標に対するべき指数は1.096であり，ともにべき指数1の値から統計的に有意差はなかった．彼らは，非常に遠い距離での距離知覚の確度が高いことを示すとともに，従来，距離知覚の文脈で取り扱われてきた距離手がかりが有効性を失う遠距離空間においては，熟知した距離(familiar distance)の概念によって距離知覚が説明できるだろうと提案している．彼らによると，熟知した距離とは，視覚あるいは歩行経験を通して獲得された特定の視角に伴う記憶された距離を意味する．ただし，巨大空間における距離については，実験によって測定された結果が距離知覚を直接反映するものなのか，間接的な高次処理の記憶や知識を媒介にした認知距離なのかを区別する必要がある．

10.5.3 距離手がかりの分類

視覚系が絶対距離を処理するために利用すると考えられている情報のことを距離手がかりと呼ぶ．これまでに，いくつかの距離手がかりが報告されており，以下の手がかりに分類できる．

(1) 眼球運動性手がかりは，眼球内外の筋運動の調整に基づく距離手がかりであり，輻輳(convergence)と調節(accommodation)の2種類がある．輻輳は，左右の眼球の位置を調整する3対，6本の外眼筋(external eye muscle)の活動に伴う筋運動手がかりである．調節は，水晶体の曲率を調整する毛様体筋(ciliary muscle)の活動に伴う筋運動手がかりである．

(2) 熟知している大きさの手がかりは，網膜上に形成される網膜像の大きさに基づく距離手がかりである．事物の大きさが十分熟知され，しかもそれが経験的に不変であることが仮定される場合に利用可能な，単眼性の網膜像手がかりである．

(3) 垂直網膜像差手がかりは，左右眼の網膜像の垂直方向の"ずれ"に基づく距離手がかりで，両眼性の網膜像手がかりである．

(4) 絶対運動視差手がかりは，頭部運動に伴う視方向の変化に基づく距離手がかりである．以下の項では，これらの手がかりの効果について詳しく説明する．

10.5.4 眼球運動性の手がかり

伝統的に，距離の手がかりの中で輻輳と調節とは眼球運動性手がかりと呼ばれている．これらが視距離の手がかりとしてはたらくことは，18世紀にすでにBerkeley[45]が『視覚新論』(An Essay Towards a New Theory of Vision)のなかで述べているが，その後，約3世紀にも及ぶ視覚科学の歴史において，輻輳と調節のそれぞれがどの程度の手がかり効果をもつかについてははっきりしていなかった．その理由として，Gillam[46]は次の5つをあげている．

① 輻輳と調節とはリンクしており，それぞれの効果を分離することが基本的にむずかしい．② 輻輳，調節の測定自体が簡単ではなく，多くの研究が輻輳，調節を測定していない．③ 融合性輻輳には，固視対象からのわずかな偏位(＝固視網膜像差，

fixation disparity) が起こる．④ パターンをもつ刺激を用いた場合，両眼網膜像差の勾配，とりわけ垂直網膜像差 (vertical disparity) の勾配が存在し，これが距離手がかりとなりうる (10.5.6項)．⑤ 刺激の物理的大きさを一定に保ち，輻輳/調節を変化させると，知覚された大きさの変化 (= 輻輳/調節マイクロプシア，micropsia，および輻輳/調節マクロプシア，macropsia) が起こり，それが"大きさ-距離のパラドクス" (size-distance paradox) を生む．すなわち，マイクロプシアが起こった場合，輻輳や調節の増加 (シミュレートされた距離の減少) に伴う見かけの大きさの減少が，逆に距離の増加として解釈される．

これらの問題の一部を解決するためには，次のような方法がある．刺激として輝度一定の点光源を用いることによって，網膜像差勾配手がかりや大きさ手がかりを排除することができる．また，調節刺激を一定にして輻輳のみを変化させるには，人工瞳孔を用いる，ステレオスコープで刺激を提示する，あるいはくさび型プリズムを用いるなどの方法がある．

a．輻輳

輻輳とは，両眼の視軸の位置のことをいい，両視軸のなす角度 (輻輳角 convergence angle) で表される．輻輳角 θ，絶対距離 D，両眼間距離 I の関係は，次式で表される．

$$\theta = 57.3 \times \frac{I}{D}$$

図 10.22 は，絶対距離と輻輳角との関係を示している．図は，輻輳近点 (約 10 cm) から 100 m の距離までの輻輳変化を示しているが，1 m の距離までで輻輳可能な範囲 ($34.45°\sim\infty$) のほぼ 90% を占めていることがわかる (輻輳近点から輻輳遠点までの総輻輳量を輻輳力という)．

点光源を刺激として用いた研究[9,14,47~50]結果から，輻輳は比較的近い距離 (1 m 以下) において手がかり効果をもつことが示されている．しかし，次に述べる調節の場合と同様に，手がかり効果の個人差は大きい[50]．

b．調節

調節とは網膜上に明瞭な像を得るための水晶体のピント合わせ機能のことをいい，水晶体の屈折力で表される[51]．焦点ボケ (defocus blur) (いわゆる，網膜像の"ボケ") が調節系への刺激である (物体の大きさの変化も調節の変化を生むことが知られている[52,53])．図 10.23 は，調節 (ディオプター単位) と絶対距離との関係を示している．図は，ほぼ調節近点 (10 cm の距離) から 100 m までの調節の変化を表しているが，輻輳の場合と同様に，1 m の距離の物体への調節の変化だけで調節可能範囲のほぼ 90% を占めていることがわかる．

距離知覚における調節の役割について，従来の研究結果ははっきりしない[51,54]．多くの研究では調節が測定されていないし，調節刺激として適当でない刺激を用いた研究もある．これらの問題点を解決し，信頼できる結果を得ているのは，次の研究である．

Fisher と Ciuffreda[55] は，調節だけが手がかりである条件下で，調節をオプトメーターを用いて測定し，同時に刺激 (コントラストの強いもの，弱いもので，シミュレートされた距離は 16~50 cm の範囲) の見かけの距離を，単眼視条件で，ポインティング法によって測定した．16名の被験者の結果から，調節と見かけの距離とのあいだには線形関係が得られた．しかし，非常に大きな個人差も観察された．これらの結果から，調節は近距離において，ある個人では距離手がかりとなりうる，と結論できる

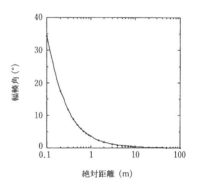

図 10.22 絶対距離と輻輳角の関係

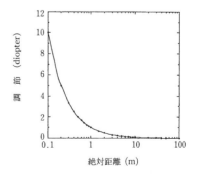

図 10.23 絶対距離と調節との関係

10.5.5 熟知している大きさの手がかり

事物の物理的大きさが熟知されている(経験的に見慣れたものである)場合や言語的,触覚的に物理的大きさの情報が与えられている場合,理論的にはその事物の物理的大きさと網膜像の大きさの比によって見えの距離が決定される.この単眼性の網膜像の大きさによる距離手がかりは,熟知している大きさ(familiar size)の手がかりと呼ばれる.

網膜像の大きさと視距離との関係は,理論的には大きさ-距離関係の不変性を前提にしている.この不変性は,大きさ,距離および視角の幾何学的関係を表現したものであり,一般的には,以下の等式で表現される.

$$\frac{S}{D} = \theta$$

Sは,物理的大きさ,Dは,物理距離,θは,視角(ラジアン)である.この等式は,視角が一定であれば,物理的大きさが与えられると距離が導かれることを意味している.この等式と同様の関係が知覚的にも成立することを仮定するのが大きさと距離の不変性仮説(size-distance invariance hypothesis)である.つまり,一般的には以下の等式で表現される.

$$\frac{S}{D} = \frac{S'}{D'}$$

S'は,知覚された大きさ,D'は,知覚された距離である.この等式は,物理距離と物理的大きさの比と,知覚された距離と知覚された大きさの比とが一定であることを意味している.

実験的にはトランプ[56]や貨幣の写真[57]などが見慣れた事物の刺激として暗室のなかに提示され,観察者は単眼で観察し,見えの距離あるいは事物の見えの大きさを報告する.Ittelson[56]の実験では,被験者は見慣れたトランプを暗室のなかで観察し,その網膜上に張る視角が小さいほど,それが遠くに見えることを報告した.Epstein[57]は,刺激として貨幣の写真を用いた.3種類の貨幣(10,25,50セント)を写真に撮り,同一の物理的大きさ(2.38 cm)にそろえ,観察距離135 cmに提示した.被験者の課題は触覚的に刺激の大きさと距離を報告することであった.実験の結果は,10,25,50セント貨幣に対して,見えの距離および見えの大きさは,それぞれ103.56 cm,2.08 cm;128.1 cm,2.26 cm;151.3 cm,2.6 cmであった.上記の等式に当てはめ,距離と大きさの比を算出してみると,$S/D=0.018$,S'/D'は,10,25,50セント貨幣の写真において,それぞれ0.020,0.018,0.017であり,ほぼ一定の値を示す.これらの結果は,熟知している大きさが知覚された距離に影響を及ぼすことを示している.

熟知している大きさが距離知覚の有効な手がかりであることを支持する研究が報告されている一方,この手がかりが距離に対する知覚への効果なのか,認知的判断に影響を及ぼすものなのかについての議論がある[19,28,33,46,58,59].Gogel[19]は,言語報告法と運動視差を用いた距離の間接的な測定法を用いて見えの距離を測定した.その結果,言語報告法では,熟知している大きさの効果が認められたが,認知的要因を含まない間接的な測定法ではその効果がほとんど得られなかった.この結果は,この手がかりが知覚的ではなく,認知的な距離の判断に影響を及ぼすことを示している.

Higashiyama[33]は,教示と観察態度を取り扱った2つの実験を行い,熟知している事物に対する距離知覚が両者の影響を受ける,つまり認知的要素が距離判断に影響することを見いだした.Predebon[59]は,熟知している事物(人物)とそうでない事物(白板)を用いて,屋外での距離知覚の実験を行った.結果は両者に差はなかった.熟知している大きさのほかに距離手がかりが豊富にある条件下では,この手がかりが有効ではないこと,また完全暗室のようなほかの距離手がかりが利用できない場合にこの手がかりが効果をもつことから,この手がかりが距離に対して,知覚にではなく認知的判断に利用されることを述べている.最近の研究を概観すると,熟知している大きさ手がかりの効果は,距離に影響を及ぼすことは事実であるが,自動的,直接的印象としての知覚的というよりむしろ観察者の知識に基づく推論としての判断的であるとの見方がなされつつある[46,59,60].

10.5.6 垂直網膜像差勾配

前額平行面上の2次元パターンは,垂直および水平方向での大きさの網膜像差勾配を生み出し,それらの網膜像差勾配は網膜偏心度eおよび眼からパターンまでの距離Dの関数として表現できる[61~64].このことは,距離知覚において,視覚システムがこの種の情報を使っている可能性を示唆している.次

式は、左右の眼の網膜像の大きさ比を偏心度と観察距離の関数として表したものである[63,64].

$$R_\mathrm{h} = \frac{D^2 - DI \sin e + I^2/4}{D^2 + DI \sin e + I^2/4}$$

$$R_\mathrm{v} = \left(\frac{D^2 - DI \sin e + I^2/4}{D^2 + DI \sin e + I^2/4}\right)^{\frac{1}{2}}$$

ここで、R_h は、左右の眼の網膜像の水平方向の大きさ比、R_v は垂直方向の大きさ比、e は偏心度、D は観察距離、I は両眼間の距離である.

垂直網膜像差勾配が距離の知覚に効果をもつことを示す間接的証拠がある[63,65,66]. これらの研究は、実際に知覚された距離を測定したものではなく、距離知覚に依存するとみなされているほかの視覚属性（奥行き、傾斜、曲率など）を垂直網膜像差勾配の関数として測定している.

Rogers と Bradshaw[63] は、80°×70° の大画面ディスプレイを用いて、垂直網膜像差勾配の奥行き判断に及ぼす効果を調べた. 物理的奥行きは、水平網膜像差によってシミュレートされた正弦波状の奥行き凹凸面で、被験者は眼から 28 cm と無限大の距離のどちらかにセットされた垂直像差勾配条件下で、知覚された奥行き量を報告した. その結果、28 cm と無限大の距離条件のあいだの知覚された奥行き量の比は、1.0：1.7 であった. この事実は、視覚システムが垂直網膜像差勾配の情報から絶対距離を計算し、それを用いて奥行きをスケーリングしていることを示唆している. しかし、垂直網膜像差勾配が距離知覚に直接、効果を及ぼす可能性もある.

Rogers と Bradshaw[67] は、観察者から 28.5 cm ～228 cm までの距離、および無限大の距離の前額平行面（大きさ 80°×80°）を垂直網膜像差勾配でシミュレートして、それぞれの条件で面までの見かけの距離を 6 名の観察者に口頭で評定させた（刺激の提示面までの実際の距離は、57 cm に固定）. それぞれの被験者の評定値を z 得点で正規化し、6 名の平均値を再度、距離値に変換した結果、シミュレートされた距離と知覚された距離は、ほぼ直線的関係であることを見いだした. この事実は、垂直網膜像差勾配が直接、距離知覚に影響していることを示している.

10.5.7 絶対運動視差

頭部が運動したとき、外界の静止物体の視方向は変わる[68]. この視方向の変化を絶対運動視差（absolute motion parallax）と呼ぶ[69,70]. 図 10.24 に示されているように、頭部運動量を m、視方向の変化を θ、物体までの絶対距離を D とすると、次の関係が得られる.

$$\theta = \frac{m}{D} \quad (\text{ラジアン単位})$$

この式は、θ と m の値が得られたならば、視覚システムは絶対距離を"計算する"ことができることを意味する. つまり、絶対運動視差が距離の手がかりになりうる可能性を示している.

絶対運動視差が 1～2 m 以下の近距離において、距離知覚の手がかりとして有効であることを示す研究[69,71,72]がある. しかし、その効果は、非常に弱いという意見[69]もある一方で、2 m 以下では絶対運動視差に基づく距離知覚の確度は高い（veridical である）という意見もある[71]. しかし、Johansson の実験では絶対運動視差以外の距離手がかり（調節など）がはたらいた可能性も残されている. 結論として、絶対運動視差は距離知覚の手がかりとなりうるが、その効果は近距離においてのみであるといえるだろう[28,70]. 今後、距離手がかりとしての絶対運動視差の効力を正確に評価する研究が残されている.

［近藤倫明・中溝幸夫］

文　献

1) N. Wade and M. Swanston : Visual Perception, Routledge, London, 1991
2) J. A. Da Silva : Scales for perceived egocentric distance in a large open field : Comparison of three psychophysical methods, *American Journal of Psychology*, **98**, 119-144, 1985
3) E. J. Gibson and R. Bergman : The effect of training on absolute estimation of distance over the ground, *Journal of Experimental Psychology*, **48**, 473-482, 1954
4) A. S. Gilinsky : Perceived size and distance in visual space, *Psychological Review*, **58**, 460-482, 1951

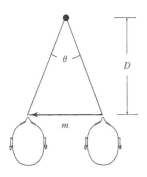

図 10.24　絶対運動視差
頭部の運動量を m、視方向の変化を θ とすると、物体（●）までの距離 D を"計算する"ことができる.

5) T. M. Kunnapas: Scale for subjective distance, *Scandinavian Journal of Psychology*, **1**, 187-192, 1960
6) D. W. Eby and J. M. Loomis: A study of visually directed throwing in the presence of multiple distance cues, *Perception and Psychophysics*, **41**, 308-312, 1987
7) J. A. Thomson: Is continuous visual monitoring necessary in visually guided locomotion? *Journal of Experimental Psychology: Human Perception and Performance*, **9**, 427-443, 1983
8) J. M. Loomis, J. A. Da Silva, N. Fujita and S. S. Fukusima: Visual space perception and visually directed action, *Journal of Experimental Psychology: Human Perception and Performance*, **18**, 906-921, 1992
9) J. M. Foley: Binocular distance perception: egocentric distance tasks, *Journal of Experimental Psychology: Human Perception and Performance*, **11**, 133-149, 1985
10) J. M. Foley: Binocular distance perception, In Vision and Visual Dysfunction (ed. D. M. Regan), Vol. 9, Binocular vision and psychophysics, Macmillan, New York, 1991
11) 中溝幸夫, 近藤倫明: 手の届く範囲の距離知覚, (準備中)
12) J. M. Foley: Effect of distance information and range on two indices of visually perceived distance, *Perception*, **6**, 449-460, 1977
13) J. M. Foley and R. Held: Visually directed pointing as a function of target distance, direction, and available cues, *Perception and Psychophysics*, **12**, 263-268, 1972
14) H. A. Swenson: The relative influence of accommodation and convergence in the judgment of distance, *Journal of General Psychology*, **7**, 360-380, 1932
15) H. Wallach and L. Floor: The use of size matching to demonstrate the effectiveness of accommodation and convergence as cues for distance, *Perception and Psychophysics.*, **10**, 423-428, 1971
16) 笠井 健: 脳内空間地図の仮説, 生体の科学, **35**, 206-214, 1984
17) J. R. Collins: Distance perception and function of age, *Australian Journal of Psychology*, **28**, 109-113, 1976
18) M. Cook: The judgment of distance on a plane surface, *Perception and Psychophysics*, **23**, 85-90, 1978
19) W. C. Gogel: An indirect method of measuring perceived distance from familiar size, *Perception and Psychophysics*, **20**, 419-429, 1976
20) W. C. Gogel: The role of suggested size in distance responses, *Perception and Psychophysics*, **30**, 149-155, 1981
21) W. C. Gogel and J. D. Tietz: Absolute motion parallax and the specific distance tendency, *Perception and Psychophysics*, **13**, 284-292, 1973
22) W. C. Gogel and J. D. Tietz: The effect perceived distance on perceived movement, *Perception and Psychophysics*, **16**, 70-78, 1974
23) D. H. Mershon, M. Kennedy and G. Falacara: On the use of 'calibration equations' in perception research, *Perception*, **6**, 299-311, 1977
24) S. F. Rogers and W. C. Gogel: The relation between a judged and physical distance in multicue conditions as a function of instructions and tasks, *Perceptual and Motor Skills*, **41**, 171-178, 1975
25) R. Teghtsoonian and M. Teghtsoonian: The effects of size and distance on magnitude estimation of apparent size, *American Journal of Psychology*, **83**, 601-612, 1970
26) R. Teghtsoonian and M. Teghtsoonian: Scaling apparent distance in natural outdoor settings, *Psychonomic Science*, **21**, 215-216, 1970
27) R. Teghtsoonian and M. Teghtsoonian: Range and regression effects in magnitude scaling, *Perception and Psychophysics*, **24**, 305-314, 1978
28) H. A. Sedgwick: Space perception, In Handbook of perception and Human Performance (eds. K. R. Boff, L. Kaufman and J. P. Thomas), Vol. 1: Sensory process and perception, Wiley, New York, 1986
29) J. A. Da Silva: Scales for subjective distance in a large open field from the fractionation method: Effects of type of judgment and distance range, *Perceptual and Motor Skills*, **55**, 283-288, 1982
30) W. M. Wiest and B. Bell: Stevens's exponent for psychophysical scaling of perceived, remembered, and inferred distance, *Psychological Bulletin*, **98**, 457-470, 1985
31) E. Galanter and P. Galanter: Range estimates of distant visual stimuli, *Perception and Psychophysics*, **14**, 301-306, 1973
32) V. R. Carlson: Instructions and perceptual constancy judgments, In Stability and Constancy in Visual Perception: Mechanisms and Processes (ed. W. Epstein), Wiley, New York, 1977
33) A. Higashiyama: The effects of familiar size on judgments of size and distance: An interaction of viewing attitude with spatial cues, *Perception and Psychophysics*, **35**, 305-312, 1984
34) W. C. Gogel: Visual perception of spatial extent, *Journal of the Optical Society of America*, **54**, 411-416, 1964
35) W. C. Gogel: Equidistance tendency and its consequences, *Psychological Bulletin*, **64**, 153-163, 1965
36) W. C. Gogel: The effect of object familiarity on the perception of size and distance, *Journal of Experimental Psychology*, **21**, 239-247, 1969
37) W. C. Gogel: The sensing of retinal size, *Vision Research*, **9**, 1079-1094, 1969
38) W. C. Gogel: The analysis of perceived space, In Foundation of Perceptual Theory (ed. S. C. Masin), Elsevier Science Publishers B. V., 1993
39) D. A. Owens and H. W. Leibowitz: Specific distance tendency, *Perception and Psychophysics*, **20**, 2-9, 1976
40) E. J. Gibson, R. Bergman and J. Purdy: The effect of prior training with a scale of distance on absolute and relative judgments of distance over the ground, *Journal of Experimental Psychology*, **50**, 97-105, 1955
41) J. Purdy and E. J. Gibson: Distance judgment by the method of fractionation, *Journal of Experimental Psychology*, **50**, 374-380, 1955
42) R. Teghtsoonian: Range effects in psychophysical scaling and a revision of Stevens' law, *American Journal of Psychology*, **86**, 3-27, 1973
43) D. R. Bradley and D. Vido: Psychophysical functions for perceived and remembered distance, *Perception*, **13**, 315-320, 1984
44) A. Higashiyama and K. Shimono: How accurate is size and distance perception for very far terrestrial objects? Function and causality, *Perception and Psychophysics*, **55**, 429-442, 1994
45) G. Berkeley: An Essay Towards a New Theory of Vision, 1709, Reprinted 1922, Dutton, New York (下条, 植村, 一ノ瀬訳: 視覚新論, 勁草書房, 1990)

46) B. Gillam: The perception of spatial layout from static optical information. In Perception of Space and Motion (eds. W. Wpstein and S. Rogers), Academic Press, San Diego, 1995
47) J. M. Foley and W. Richards: Effects of voluntary eye movement and convergence on the binocular appreciation of depth, Perception and Psychophysics, **11**, 423-427, 1972
48) W. C. Gogel: An indirect measure of perceived distance from oculomotor cues, Perception and Psychophysics, **21**, 3-11, 1977
49) J. D. Morrison and T. C. D. Whiteside: Binocular cues in the perception of distance of a point source of light, Perception, **13**, 555-566, 1984
50) W. Richards and J. F. Miller Jr.: Convergence as a cue to depth, Perception and Psychophysics, **5**, 317-320, 1969
51) 飯田健夫：焦点調節に関する心理学的研究, 心理学研究, **58**, 186-200, 1987
52) W. H. Ittelson and A. Ames: Accommodation, convergence and their relation to apparent distance, Journal of Psychology, **30**, 43-62, 1950
53) P. B. Kruger and J. Pola: Changing target size is a stimulus for accommodation, Journal of the Optical Society of America, **A2**, 1832-1835, 1985
54) I. P. Howard and B. J. Rogers: Binocular Vision and Stereopsis, Oxford Univ. Press, New York, 1995
55) S. K. Fisher and K. J. Ciuffreda: Accommodation and apparent distance perception, Perception, **17**, 609-621, 1988
56) W. H. Ittelson: Size as a cue to distance: static localization, American Journal of Psychology, **64**, 54-67, 1951
57) W. Epstein: Nonrelational judgments of size and distance, American Journal of Psychology, **78**, 120-123, 1965
58) C. B. Hochberg and J. E. Hochberg: Familiar size and the perception of depth, Journal of Psychology, **34**, 107-114, 1952
59) J. Predebon: Spatial judgments of exocentric extents in an open-field situation: Familiar versus unfamiliar size, Perception and Psychophysics, **50**, 361-366, 1991
60) W. C. Gogel and J. A. Da Silva: Familiar size and the theory of off-sized perceptions, Perception and Psychophysics, **41**, 318-328, 1987
61) B. Gillam and B. Lawergren: The induced effect, vertical disparity, and stereoscopic theory, Perception and Psychphysics, **34**, 121-130, 1983
62) J. E. W. Mayhew and H. C. Longuet-Higgins: A computational model of binocular depth perception, Nature, **297**, 376-378, 1982
63) B. J. Rogers and M. F. Bradshaw: Vertical disparities, differential perspective and binocular stereopsis, Nature, **361**, 253-255, 1993
64) 金子寛彦：立体視における垂直視差の役割, VISION, **8**, 161-168, 1996
65) B. Gillam, D. Chambers and B. Lawergren: The role of vertical disparity in the scaling of stereoscopic depth perception: An empirical and theoretical study, Perception and Psychophysics, **44**, 473-483, 1988
66) M. F. Bradshaw, A. Glennerster and B. J. Rogers: The effect of display size on disparity scaling from differential perspective and vergence cues, Vision Rescarch, **36**, 1255-1264, 1996
67) B. J. Rogers and M. F. Bradshaw: Disparity scaling and the perception of frontparallel surfaces, Perception, **24**, 155-179, 1995
68) H. von Helmholtz: Physiological Optics, Dover, New YOrk, 1962 (English translation by J. P. C. Southall from the 3rd German edition of Handbuch der Physiologischen Optik, 1909)
69) W. C. Gogel and J. D. Tietz: A comparison of oculomotor and motion parallax cues of egocentric distance, Vision Research, **19**, 1161-1170, 1973
70) 中溝幸夫, 斎田真也：運動視差：研究史と最近の研究動向, 福岡教育大学紀要, **39**, 239-264, 1990
71) G. Johansson: Monocular movement parallax and near-space perception, Perception, **2**, 135-146, 1973
72) H. Wallach and A. O'Leary: Adaptation in distance perception with head-movement parallax serving as the veridical cue, Perception and Psychophysics, **25**, 42-46, 1973

11

視 覚 的 注 意

11.1 視覚的注意の選択特性

生体は網膜に投影される視覚刺激中から,その時々に必要な情報を効率的に選択し,処理する能力を有している.このような機能は,注意(attention)と呼ばれる.最近の研究によって,視覚情報の選択にかかわる注意のメカニズムが解明されてきている.ここでは,空間に基づく選択,対象に基づく選択,さらに注意の制御といった側面から最近の注意研究に関する知見をまとめる.

11.1.1 空間に基づく選択

視覚的注意の空間に基づく選択に関する諸研究は,

(1) 視野内で注意できる範囲は限られている

(2) 視覚的注意の範囲は視線方向とは分離しうる

という2つの現象が基本となっている.このような視覚的注意の特性は「スポットライト」にたとえられている[1](11.3節参照).

a. 先行手がかり法

空間位置に基づく注意を調べるための代表的な実験手法として,先行手がかり法(precueing technique)がある(図11.1).視野内に目標刺激が提示されたら,できるだけ速く反応キーを押すという検出課題を被験者に与え,目標刺激が提示されてから,被験者がキーを押すまでの反応時間を計測する.さらに,目標刺激に先行して目標刺激の提示位置を知らせるための先行手がかりが提示される.一般に,先行手がかりが目標刺激の提示位置を正しく示している場合(有効条件, varid condition)には,先行手がかりが提示されない場合(中立条件, neutral condition)や先行手がかりが目標刺激位置を正しく示していない場合(無効条件, invalid condition)に比べて目標刺激の検出反応時間が短縮する.

これが,先行手がかりに従って目標提示位置に注意を向けていたことによる効果と考えられている.

先行手がかり法を用いて注意の空間的な特性が解明されてきた.Posnerら[2]は,被験者に2か所に同時に先行手がかりを与えたところ,2つの先行手がかりが隣接している場合には,両方同時に注意をすることができたが,両者が離れている場合には同時に注意をすることができなかった.このことは,空間的注意のスポットライトを非隣接領域に分割できないことを示している.

Shulmanら[3]は,注意がある空間位置から別の空間位置に移動する際に,その通過軌道上の位置にも効果を及ぼすことを報告している.すなわち,注意のスポットライトは視野内をアナログ的に移動する.また,Tsal[4]は,凝視点から先行手がかりまでの距離,および先行手がかりが提示されてから目標刺激が提示されるまでの時間間隔を操作することによって,注意のスポットライトが空間を移動する際の移動速度を推定している.それによると,移動速度は視角1°につき8msであった.しかしながら,これらの注意の移動様式や移動速度については,そ

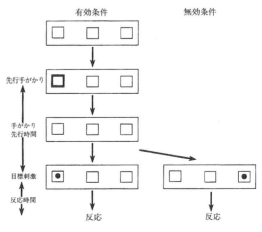

図11.1 先行手がかり法の刺激提示スケジュール

の手続き上の問題から異論もある[5,6]．また，スポットライト以外の注意のモデルも報告されており（11.3節参照），どのようなモデルを仮定するかによって結果の解釈も異なってくる．

b．注意の2成分

異なる種類の先行手がかりを用いた研究によって空間的注意が2つの成分からなっていることが示されてきている．Posner[1]の研究のように，先行手がかりを目標刺激が提示される位置付近に提示する場合の手がかりは，周辺手がかり（peripheral cue）と呼ばれる．一方，凝視点位置に目標刺激の提示位置を示す矢印などを先行手がかりとして提示する場合は中心手がかり（central cue）と呼ばれる．いずれの手がかりによっても反応時間の促進は認められるが，手がかりの種類によって次のような異なる効果が報告されている[7]．

(1) 先行手がかり法による注意移動課題と同時に記憶課題を課すと，注意移動課題の成績は中心手がかりの場合には記憶課題の影響を受けるが，周辺手がかりの場合には受けない．

(2) 周辺手がかりは無視するように教示を与えても無視できないが，中心手がかりは無視できる．

(3) 手がかりの提示を予期していないときに手がかりが提示された場合，周辺手がかりは有効となるが，中心手がかりは有効ではない．

(4) 周辺手がかりのほうが中心手がかりよりも相対的に効果が大きい．

(5) 手がかりが示した位置に目標刺激が提示される確率をあらかじめ知っていても周辺手がかりの場合には影響されない[8]．

(6) 周辺手がかりによって向けられた注意のほうが，他の位置に再び注意をするために注意を解放することがむずかしい[9]．

これらの結果から2種類の異なる注意成分の存在が示唆される．1つは周辺手がかりによってはたらく注意成分で，外発的（exogenous）成分と呼ばれ，先行手がかりの提示に伴う反射的，自動的，刺激駆動的な注意の制御と考えられている．もう1つの成分は，中心手がかりによって喚起される注意成分で，内発的（endogenous）成分と呼ばれ，被験者が先行手がかりに従って意図的に注意を喚起するという制御的，知識駆動的な側面をもつ．NakayamaとMackeben[10]は，2つの成分をそれぞれ一過性成分，および持続性成分と呼び，一過性成分は手がかりが目標刺激よりも50～100 ms先行したときに有効にはたらくのに対し，持続性成分は200～300 msで有効となることを明らかにした．

c．復帰の抑制効果

周辺手がかりによって喚起された注意については，処理が抑制されるという現象も報告されている．PosnerとCohen[11]は，先行手がかりが目標刺激に対して0～300 ms先行しているときには注意による反応時間の促進効果が得られるのに対し，300 ms以上先行した場合には先行手がかりが提示された位置のほうが反応時間が長くなるという抑制効果を得た．Posnerらは，時間経過に伴い，スポットライトが先行手がかりで指示された位置から他の位置へ移動してしまったために，先行手がかりで指示された位置で抑制効果が生じたと考えた．さらに，この現象は，すでに注意した空間位置に被験者が再び注意することを防ぎ，新奇な位置へ注意を向けやすくするメカニズムがあるためであろうと考えられ，復帰抑制（inhibition of return）と呼ばれている．

11.1.2 対象に基づく選択

前項では，空間に基づく注意の選択特性について述べたが，空間ではなく，対象に対してはたらく注意の特性も報告されている．これらは，対象に基づく注意（object-based attention）と呼ばれ，空間的な注意との関係が議論されてきている．

a．空間重ね合わせ提示

Duncan[12]は空間的に重なった位置に1つの四角形と1本の線分を短時間提示し，そのうちの2つの属性を報告するという課題を被験者に課した（図11.2）．その結果，1つの対象（例えば，線分）に関する2つの属性（線分の傾きと種類）を報告する条件のほうが，2つの対象（四角形と線分）に関する2属性（例えば，四角形の長さと線分の傾き）を報告する条件よりも報告の正答率が高かった．注意のスポットライトがある空間位置に向けられ，その範囲内にある対象がすべて選択されるとすると，2条件

図11.2 Duncanの実験で用いられた刺激例[12]

間では差が見られないことが予想される．したがって，この研究は注意の向けられる媒体が空間位置ではなく対象であるということを示している．

VeceraとFarah[13]は，Duncanの実験を修正し，空間位置に基づく注意の要因と対象に基づく注意の要因に分けた．Duncanの実験で得られた，2つの対象に関する2属性を報告する条件と1対象の2属性を報告する条件の差から，空間的な注意の要因の関与を完全に否定することはできない．Veceraらは Duncan と同様の刺激を用い，線分と正方形を凝視点の左右に別々に提示した．Duncan の実験結果に，空間的な注意による促進効果も含まれているとすると，2つの対象を凝視点の左右に分離提示する条件では，凝視点の左右どちらかに重ねて提示する条件よりも成績が低下することが予想される．しかしながら，実際には提示条件による成績の違いは認められなかった．したがって，Duncanの実験結果は，重ね合わせ提示した対象のうちの一方に，注意が向けられることを示していると考えられる．

b．先行手がかり法

Eglyら[14]は，先行手がかり法を用いて，注意の空間に基づく要因と対象に基づく要因の分離を試みた．まず，被験者に2つの長方形からなる刺激が提示された（図11.3）．先行手がかりとして，そのうちの1つの短辺を囲んだコの字型の領域の輝度が増加した．被験者の課題は，2つの長方形のうちの1つの短辺に接した正方形領域の輝度増加を検出することであった．先行手がかり法と同様に，手がかりと同じ位置に目標が提示される有効条件に加えて，2種類の無効条件が設けられた．1つは，同じ長方形上の反対側の辺に目標が提示される条件（同一対象条件）で，もう1つは異なる長方形に目標が提示される条件（異なる対象条件）であった．ここで，2つの無効試行は，手がかり位置と目標位置のあいだの空間的な距離が一定であった．すなわち，空間的な注意の要因のみがはたらくとすると，2つの無効条件では同じ程度の反応時間の遅延が予測される．しかしながら，結果は，同一対象条件のほうが，異なる対象条件よりも反応時間の遅延が小さかった．すなわち，同一の対象上の目標に注意を向けるほうが，異なる対象上の目標に注意を向けるよりも容易であるという結果は，対象に基づく注意の促進効果の存在を示している．

Vecera[15]は，Egly ら[14]の結果が，位置に基づく選択モデルを修正することによって説明できる可能性を示唆した．Vecera は Egly らと同様の刺激を用い，2つの長方形の間の距離を変化させた．その結果，同一対象条件の無効試行の反応時間の遅延は，2つの長方形のあいだの距離に影響されなかったが，異なる対象条件では2つの長方形のあいだの距離が大きいほうが反応時間の遅延も大きくなった．つまり，対象の選択に空間的な要因が関与していることが示された．Vecera はこの結果を2つの長方形のうちの1つに注意が向けられるという対象に対する注意の効果ではなく，2つの長方形が構成する知覚的なグループの位置に対する注意によって説明できるとしている．

c．同一対象，または同一グループからの干渉

DriverとBaylis[16]は，刺激文字が運動することによって知覚的なグループを構成するような刺激を

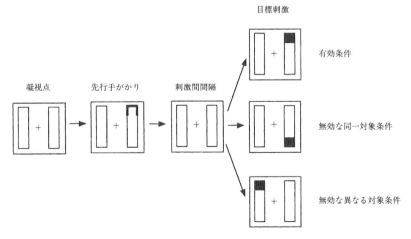

図 11.3 Eglyらの実験で用いられた刺激例[14]

用い,注意の効果が刺激の空間位置のみに基づくわけではないことを示した.水平方向に等間隔で並んだ5個の文字からなる刺激画面が提示され,被験者にはその中央の文字を弁別する課題が課せられた.さらに,そのうちの両外側の文字と中央の目標文字が同時に上方向に移動することによって知覚的なグループを構成した.2番目の文字と4番目の文字は,中央の文字と空間位置的には近いが,運動による知覚的なグループは構成しない.この実験では,遠くにあって目標刺激と同じ知覚的グループに属する文字のほうが,近くて同じグループに属さない文字よりも目標刺激に対する強い干渉効果を示すことがわかった.BaylisとDriver[17]は,さらに運動以外のグルーピング要因(色とよい連続)によって構成された知覚的グループ内でも同様の強い干渉効果が得られることを示した.このことから,Driverらは,注意が視野内のある領域に向けられると考えるよりも,ある知覚的グループに向けられると考えたほうが適切であると主張している.

d. 対象に基づく復帰抑制

復帰抑制は目標刺激が手がかりと相対的に同じ位置関係にある限りは,眼球を動かすことによって影響されない.つまり,復帰抑制は網膜座標に基づかないことが示されている[18].また,Tipperら[19]は,運動する対象を先行手がかりとして用いたところ,注意が向けられた網膜座標上の位置ではなく,注意が向けられた対象に対して復帰抑制がはたらいていることがわかった.この結果から,復帰抑制は一度注意をした対象に再度注意を向けることを防ぐメカニズムであると考えられる.

ここでとりあげた対象に基づく注意に関する研究は,必ずしも空間的な情報選択の有効性を否定するものではない.空間的な位置に基づく情報の選択だけではなく,さらに,別の特性に基づく情報の選択も行われていることを指摘しているのである.

11.1.3 注意の制御

先行手がかり法を用いた空間的注意の研究から,空間的注意を制御する要因として,手がかり刺激の輝度の変化のような刺激駆動的(stimulus-driven)なものと,目標提示位置に関する知識を喚起するような目的指向的(goal-directed)なものが区別されてきている.被験者のトップダウンによる目的志向的な注意の制御がはたらいていないときに,あるいはそれらがはたらいているときでさえ,刺激駆動的に注意を制御するような刺激特性が調べられてきている.

a. 単一対象

Theeuwes[20]は,刺激中である1つの特徴(例えば,色,形,など)で他の対象とは異なっている1つの対象が刺激駆動的に注意を制御することを示した.被験者に,妨害刺激とは形の異なる目標刺激の探索課題(例えば,円形中のダイヤモンド型の探索)を課した.被験者の課題はその目標刺激のなかに提示されている線分方向を弁別することであった.目標弁別の反応時間が計測された.さらに,半数の試行では,妨害刺激のうちの1つがほかとは異なる色をしていた.色で異なる単一対象(singleton)が提示されていない条件と比較して,色で異なる単一対象が提示されている条件では反応時間が有意に遅延した.すなわち,この条件では被験者が目標についての知識を有していたにもかかわらず,目標とは非関連の次元上で定義された単一対象に注意が刺激駆動的に向けられたのである.しかし,目標とは非関連の次元上で定義された単一対象が必ず注意を刺激駆動的に制御するわけではない.Theeuwes[20,21]は,目標に対して相対的に顕著性が高い妨害刺激は被験者の注意を制御するが,相対的に顕著性が低い妨害刺激は無視することができることを報告している.

b. 突然のオンセット

JonidesとYantis[22]は,色や輝度で定義された単一対象は刺激駆動的に注意を制御しないことを報告している.被験者の課題は文字列のなかからあらかじめ決められた目標文字を検出することであった.さらに,刺激配列中の1つの対象がランダムに選ばれ,異なる色で着色されていた.色は,被験者が目標を探索するうえでは何ら有利な情報としてははたらかない.このような課題では,目標文字が着色されているときの目標探索時間は,妨害文字の1つが着色されているときの目標探索時間と同じであった.つまり,刺激配列中の非関連次元でほかとは異なる単一対象が刺激駆動的に注意を制御することはなかった.

YantisとJonides[23]は,JonidesとYantis[22]と類似した刺激事態を用いて,刺激対象の「突然のオンセット」(abrupt onset)という刺激特性のみが被験者の意図や目的とは独立に注意を駆動するための強力な手がかりとなることを明らかにした.まず,被験者には7本の線分からなる8の形が複数提示さ

れた．次に各8形のうちの数本の線分が消失してEなどの文字ができあがる．これと同時に，ブランクであった場所に新たに文字が1つ提示される．被験者の課題はあらかじめ決められた文字を探索することであった．この実験でも，新たに提示される1文字が目標刺激である確率は，ほかのあらかじめ提示されている文字に目標刺激が含まれている確率と同じであった．つまり，被験者にとっては，オンセットは，被験者が目標を探索するうえでは何ら有利な情報としてははたらかなかった．にもかかわらず，オンセットする文字が目標刺激であった場合には，あらかじめ提示されている文字に目標刺激が含まれている場合よりも反応時間が短くなった．

これらの実験から，単一対象という刺激特性のうち突然のオンセットのみが被験者の意図や目的とは独立に注意を駆動することが示された．しかし，この結果はTheeuwes[20,21]の結果とは異なるものである．

c．探索モード

最近，BaconとEgeth[24]は，単一対象に対する刺激駆動的な注意の制御が，被験者の探索モードに依存することを示した．彼らは，Theeuwes[20]の結果が，被験者が刺激中の単一対象を検出しようという方略を用いていることに依存している，という仮説を立てた．そして，刺激中の単一対象を検出することが目標の検出にとって必ずしも有利にはたらかないような刺激事態を用いた．その結果，目標とは非関連の次元で異なる単一対象の妨害刺激による反応時間の遅延効果は得られなかった．Baconらは，被験者が，刺激中の単一対象を検出しようとする「単一対象検出モード」と，ある特徴値を有する対象を探索しようとする「特徴探索モード」を，課題状況に従って切り換えることができると考えた．単一対象が，その相対的顕著性に基づいて注意を刺激駆動的に制御するのは，被験者が「単一対象検出モード」をとっているときにのみ生ずると主張している．この仮説は，先行研究における結果の不一致を説明でき，また，注意の刺激駆動的な制御が被験者の方略とは独立ではないことを示しているという点で重要である． 　　　　　　　　　[熊田孝恒]

文　献

1) M. I. Posner : Orienting of attention, *The Quarterly Journal of Experimental Psychology*, **32**, 3-25, 1980
2) M. I. Posner, C. R. R. Snyder and B. J. Davidson : Attention and the detection of signals, *Journal of Experimental Psychology : General*, **109**, 160-174, 1980
3) G. L. Shulman, R. W. Remington and J. P. McLean : Moving attention through visual space, *Journal of Experimental Psychology : Human Perception and Performance*, **5**, 522-526, 1979
4) Y. Tsal : Movements of attention across the visual field, *Journal of Experimental Psychology : Human Perception and Performance*, **9**, 523-530, 1983
5) C. W. Eriksen and T. D. Murphy : Movement of attention focus across the visual field : A critical look at the evidence, *Perception & Psychophysics*, **42**, 299-305, 1987
6) S. Yantis : On analog movements of visual attention, *Perception and Psychophysics*, **43**, 203-206, 1988
7) J. Jonides : Voluntary versus automatic control over the mind's eye's movement, In Attention and Performance IX (eds. J. B. Long and A. D. Baddeley), Hillsdale, Erlbaum, pp. 187-203, 1981
8) H. J. Müller and P. M. A. Rabbitt : Reflexive and voluntary orienting of visual attention : Time course and resistance to interruption, *Journal of Experimental Psychology : Human Perception and Performance*, **15**, 315-330, 1989
9) C. B. Werner, J. F. Juola and H. Koshino : Voluntary allocation versus automatic capture of visual attention, *Perception & Psychophysics*, **48**, 243-251, 1990
10) K. Nakayama and M. Mackeben : Sustained and transient components of focal visual attention, *Vision Research*, **29**, 1631-1647, 1989
11) M. I. Posner and Y. Cohen : Components of visual orienting, In Attention and Performance X (eds. H. Bouma and D. G. Bouwhuis), Hillsdale, Erlbaum, pp. 531-556, 1984
12) J. Duncan : Selective attention and the organization of visual information, *Journal of Experimental Psychology : General*, **113**, 501-517, 1984
13) S. P. Vecera and M. J. Farah : Does visual attention select objects or locations? *Journal of Experimental Psychology : General*, **123**, 146-160, 1994
14) R. Egly, J. Driver and R. D. Rafal : Shifting visual attention between objects and locations : Evidence from normal and parietal lesion subjects, *Journal of Experimental Psychology : General*, **123**, 161-177, 1994
15) S. P. Vecera : Grouped location and object-based attention : Comment on Egly, Driver, and Rafal (1994), *Journal of Experimental Psychology : General*, **123**, 316-320, 1994
16) J. Driver and G. C. Baylis : Movement and visual attention : The spotlight metaphor breaks down, *Journal of Experimental Psychology : Human Perception and Performance*, **15**, 448-456, 1989
17) G. C. Baylis and J. Driver : Visual persing and response competition : The effect of grouping factors, *Perception & Psychophysics*, **51**, 145-162, 1992
18) E. A. Maylor and R. Hockey : Inhibitory component of externally controlled covert orienting in visual space, *Journal of Experimental Psychology : Human Perception and Performance*, **11**, 777-787, 1985
19) S. P. Tipper, J. Driver and B. Weaver : Object-centered inhibition of return of visual attention, *The Quarterly Journal of Experimental Psychology*, **43A**, 289-298, 1991
20) J. Theeuwes : Cross-dimensional perceptual selectivity, *Perception & Psychophysics*, **50**, 184-193, 1991
21) J. Theeuwes : Perceptual selectivity for color and

form, *Perception & Psychophysics*, **51**, 599-606, 1992
22) J. Jonides and S. Yantis: Uniqueness of abrupt visual onset in capturing attention, *Perception & Psychophysics*, **43**, 346-354, 1988
23) S. Yantis and J. Jonides: Abrupt visual onsets and selective attention: Evidence from visual search, *Journal of Experimental Psychology: Human Perception and Performance*, **10**, 601-621, 1984
24) W. F. Bacon and H. E. Egeth: Overriding stimulus-driven attentional capture, *Perception & Psychophysics*, **55**, 485-496, 1994

11.2 特徴統合における注意の役割

11.2.1 視覚的探索と特徴統合理論

人間の視覚系は，取り入れた画像情報を形，色，運動，奥行きなどの属性ごとに分解して処理することが知られている[1]．一方，われわれが普段知覚しているのは形や色などいろいろな性質を併せもった物体像である．したがって，視覚系はいったん属性ごとに別々に処理した物体の視覚情報を，その後再び統合していると考えられる．Treismanら[2,3]は，この統合の過程において注意が重要な役割を果たすと考えた．

彼女らはまず，色，形，明るさなどの特徴と，それらの組み合わせからなる特徴では，その処理の性質が異なることを示した．例えば図11.4(a)のように，形の異なる図形の集団のあいだにははっきりとした境界線が知覚される．また図11.4(b)のように，明るさの異なる図形の集団のあいだにも境界線を知覚できる．しかし図11.4(c)のように，暗い丸と明るい三角形の集団と，明るい丸と暗い三角形の集団のあいだにははっきりとした境界線は知覚されない．

また，図11.5(a)のなかからほかと向きの異なる長方形を探し出す場合や，図11.5(b)のなかからほかと明るさの異なる長方形を探し出す場合には，全体の長方形の個数によらず一目でそれらを発見できる．しかし図11.5(c)において，明るい横長の長方形と暗い縦長の長方形のなかから暗い横長の長方形を見つけ出すことは，全体の長方形の個数が増えるにつれて困難になる．

このように，複数の妨害刺激のなかから1個の目標刺激を探すのに要する時間を測定する実験は視覚的探索実験と呼ばれる．実際に図11.5のような刺激を用いて実験をしてみると，長方形の向きあるいは明るさといった単一の特徴で定義された目標刺激を探す場合には，刺激の個数に対する探索時間の関数は定数関数となる．一方，2種類の特徴の組み合わせで定義された目標刺激を探す場合には，探索関数は正の傾きをもつ（図11.5(d)参照）．

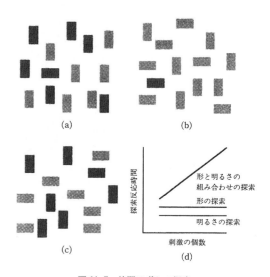

図11.5 仲間はずれの探索
(a)ほかと向きの異なる長方形を容易に見つけることができる．(b)ほかと明るさの異なる長方形を容易に見つけることができる．(c)1つだけ，濃い灰色の横長の長方形が存在するが，それを見つけるのは(a)や(b)の場合に比べてむずかしい．(d)(a)，(b)，および(c)の刺激を用いて視覚的探索実験を行ったときに得られる結果の概念図．

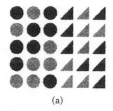 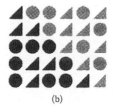 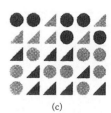

(a)　　　　　　　　　(b)　　　　　　　　　(c)

図11.4 異なる種類の図形の集団間の境界線
(a)丸と三角形のあいだにはっきりと境界線を知覚できる．(b)濃い灰色の図形と薄い灰色の図形のあいだにはっきりと境界線を知覚できる．(c)濃い灰色の丸および薄い灰色の三角形からなる領域と薄い丸および濃い三角形からなる領域に分かれてはいるが，それらのあいだに境界線を知覚することはできない．

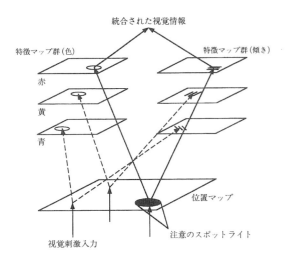

図 11.6 特徴統合理論の概念図
特徴マップ群の例として色マップ群と傾きマップ群をとりあげて示す.

図 11.7 Treisman ら[8] が結合錯誤実験で用いた刺激の概念図
被験者の第1の課題は両端の数字を答えることで, 第2の課題はアルファベットの色と名前を答えることである.

これらの点から Treisman らは, 色, 形, 明るさなどは空間的に並列に処理できるが, それらの組み合わせを扱う処理は一度に1か所でしかできない逐次的なものであると考えた. 彼女らは, 並列的に処理できる特徴をより基本的な特徴と考えて単純特徴と呼び, それらの組み合わせからなる特徴を結合特徴と呼んだ. そして, 結合特徴の処理が逐次的になるのは, 単純特徴どうしを結合する際にその物体に注意を集中する必要があるためと考えた.

このような考えをもとに彼女らが提唱した理論が特徴統合理論である[2~4]. この理論によると, 視覚系は色や傾きなど, 画像の基本的な特徴をそれぞれ空間的に並列に抽出し, それらの特徴ごとにその値を記録した特徴マップを形成する(図 11.6 参照). これらの特徴マップは, 位置の情報のみをもつ位置マップと空間的な対応関係を保ってつながっている. 観察者は画像上の特定の位置に注意を向けることにより, 位置マップに連結した各特徴マップ上の対応する特徴値を呼び出して結合している[4]. ここで, 同時に複数の位置に注意を向けることは不可能なので[5], 結合過程は逐次的になる. この理論に基づくと, 結合特徴の探索における探索関数の傾きは, 個々の刺激に注意を向けて結合を行う時間に相当すると解釈される(特徴統合理論と視覚的注意に関する研究については熊田と横澤[6]を参照のこと).

11.2.2 結合錯誤現象

特徴統合理論では, 特徴マップ上のある特徴の位置情報は, われわれがその位置に注意を向けたときに初めて特定されると考える. 逆にいうと, 注意を向けていない位置に存在する特徴の位置は全く特定されず, 空間内のどこかに存在するという情報しかない. これらの特徴は物体に帰属されずに単独で空間内に知覚されるかもしれないが, 場合によってはわれわれの勝手な思い込みに従って, あるいは全くランダムにほかの特徴と結合して知覚されるかもしれない. そのような場合, われわれは実際には存在しない組み合わせの特徴をもつ物体を知覚するであろう. このような幻の結合を知覚する現象は結合錯誤と呼ばれる.

ところで, われわれは注意を向ける範囲をスポットライトのように小さく絞ることもできれば, 比較的広い領域に広げることもできることがわかっている[7]. したがって, 注意のスポットライト内に同時に複数の物体が存在することも起こりうる. ここで特徴統合理論によると, このような場合, 注意のスポットライト内の特徴はすべて呼び出されるので, 結合に際して複数の物体の特徴が入り混じることになる. Treisman らは, 注意のスポットライト内に複数の物体が存在する場合, それらの特徴はランダムに結合され, その結果結合錯誤が生じることがあると予想した[8].

彼女らは上記の予想を次のような実験を行って検討した. 3つの色付き文字とその両端の黒い小さな数字からなる系列を短時間提示し(図 11.7 参照), 被験者には刺激全体に注意を広げるように教示をしたうえで, 第1課題として両端の2つの数字を答えさせ, 第2課題として色付き文字の色と文字名を見えた分だけ答えさせた.

その結果, まず, 被験者らがほとんどの試行において第1課題に正答できていたことから, 刺激全体に注意を向けさせることに成功したと彼女らは考えた. 次に, 第2の課題に関して, 画面上に提示されていない色や形を答える誤り(特徴の誤りと呼ぶ)の生起率に比較して, 画面上に提示された特徴の中

から互いに異なる文字に属する色と形を組み合わせて答える誤り（結合の誤りと呼ぶ）の生起率が偶然とはいえないくらい多かった．この結果は，注意が過負荷となったとき，正しく検出された特徴どうしが誤った組み合わせで結合されて結合錯誤を生じるという先の予想を支持するというのが彼女らの結論である．

その後 Cohen ら[9] は同様の結合錯誤実験を行い，数字を中心視に，色付き文字を周辺視に与えたときには結合錯誤の起こり方が文字どうしの間の距離に依存するのに対し，数字の間に文字を提示した場合にはそのような傾向が明らかでないという結果を得た．彼らはこの結果から，注意のスポットライトの外の特徴は粗い位置情報をもつが，スポットライト内の特徴はそれ自身の位置情報をもたず，その代わり結合した物体がその位置に定位されるのだと考えた．

これらの研究は，特徴検出の誤りとは別に結合の誤りという現象が存在することを示した点，またその結合の誤りの生じ方が被験者の注意を操作することにより変化することを示唆した点で意味深い．しかし，これらの実験結果から注意と結合錯誤の関係について論ずる際に次の点が問題となる．第1に，2つの数字を含む領域に注意を広げるようにという教示によって注意を操作しようとした点，第2に，第1課題に正答したという結果をもって注意を実験者の意図のとおりに操作しえたとみなした点である．なぜなら，被験者がつねに教示どおりに注意を操作しうるとは限らない．また短時間提示された2つの数字を正しく答えられたからといって，それらを含む領域全体に注意を広げていたことは保証されないからである．被験者は数字を1つ1つ素早く走査したかもしれないのである．

次にあげる2つの研究は，これらの問題点をうまく回避して注意と結合錯誤の関係について言及している．Prinzmetal ら[10] は，凝視点のまわりの4象限のどこかに色付き文字の配列を提示し，特徴の誤りや結合の誤りの生起率を調べるという実験を行った[9]．このとき彼らは色付き文字を提示する象限を示す手がかりをあらかじめ被験者に与えておくという方法を用いた．Posner ら[5] の研究によると，手がかりに従って凝視点と異なる位置に注意を向けることが可能であり，それによってその位置の刺激の検出や弁別の成績が向上する．Prinzmetal らの実験の結果，手がかりが正しい象限を示した場合には誤った象限を示した場合に比べて特徴の誤りも結合の誤りも少なかった．手がかりが正当であった場合に特徴の誤りが少なかったことから，手がかりが示す象限に注意が向けられたと考えられる．そしてこのとき結合の誤りも少なかったことから，文字配列が提示された象限に注意が向けられていた場合には高い確率で正しい結合がなされたことがわかる．Prinzmetal らは，これを含むいくつかの実験結果から，特徴の検出に際しても注意の影響が現れるが，それとは独立に特徴統合過程において注意の影響が現れると結論した．

また Arguin ら[11] は脳損傷の患者を用いて結合錯誤の実験を行っている．脳損傷患者の症例で，損傷側と反対側の視野に注意を向けることが困難になるというものが知られているが，彼らはこのような症状を示す患者を用いて左右の視野における結合錯誤の頻度を比較した．その結果，損傷の反対側の視野に刺激を与えた場合に結合錯誤の頻度が有意に高かった．この結果は特徴統合に注意が関与していることを示す．

以上のように，結合錯誤の実験により特徴統合に注意が関与していることが示されてきたが，その具体的なメカニズムの解明にはまだ至っていない．

11.2.3 時間的結合錯誤現象

上に述べたように，同時に与えられた複数の刺激の特徴が入れ替わって知覚される現象を一般に結合錯誤現象と呼ぶ．ところで，複数の刺激を同じ位置に短時間で切り替えて提示した場合にもそれらのあいだで特徴が入れ替わって知覚されるという現象が報告されている．このような種類の結合錯誤を，空間的な結合錯誤と区別して時間的結合錯誤と呼ぶことがある．

時間的結合錯誤について調べる実験では RSVP (rapid serial visual presentation) 法と呼ばれる実験方法が用いられる．この方法は，アルファベットなどを画面上の同じ位置に次々に切り替えて提示し，被験者にある特徴（ターゲット定義特徴と呼ぶ）で定義されたターゲットの文字名など（課題特徴と呼ぶ）を報告させ，生じた誤答を分析するというものである（図11.8参照）．1つの文字が提示されてから次の文字が提示されるまでの時間（SOA）は一般に約70～150 ms とかなり短い[12]．

Broadbent[13] は RSVP 法を用い，黒のアルファベットで書かれた単語の系列中の赤の単語をター

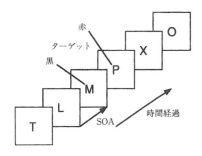

図11.8 RSVP法による実験手続きの例

ゲットとし，被験者にその単語を答えさせるという実験を行った．その結果，被験者が実際のターゲットの後に提示された単語を誤って答える傾向をもつことがわかった．

彼はこの結果から，知覚することは，その対象の物理的特徴の検出と，その対象を同定する概念的処理からなっているというモデルを提案した．このモデルによると，被験者はまずターゲット定義特徴である色のみを処理してターゲットを見つけ出し，それからその単語を同定する．ここで色の検出には比較的時間を要すると仮定すると，被験者が赤色を検出してその単語を同定しようとするときにはすでに次の単語が提示されており，それを同定して答えてしまう可能性が考えられる．彼のこの考え方の根本には注意のフィルター説[14]，すなわち，注意が，フィルターのようにはたらき，視覚系に入力する膨大な情報のなかから物理的特徴をもとに必要な情報だけを選択してその後の処理にまわす役割を果たすという理論が存在する．

これに対し，KeeleとNeill[15]は同じ実験結果を，ターゲット定義特徴である色特徴の処理と課題特徴である形特徴の処理は並行して行われるというモデルに基づいて説明した．それによると，色特徴と形特徴の処理は並列的に行われ，その後，同時に活性化している特徴情報どうしが注意によって統合される．ここで彼らもまた形特徴の処理に比べて色特徴の処理には時間を要すると仮定した．そのため，ターゲットの色特徴が活性化したときには，すでにターゲットより後の単語の形特徴が活性化しており，それらが注意によって結合されるので，後の単語を答えるという実験結果が得られるとした．

以上のように，Broadbentの実験結果の説明をめぐり，2つの異なるモデルが提唱された．しかし，RSVP実験の結果は単純ではない．Broadbentの実験のようにターゲット定義特徴が物理的に与えられた場合には誤答としてターゲット後の刺激の課題特徴を答える傾向（ポストパターン）が見られるが，ターゲット定義特徴がカテゴリー的な場合，例えば，アルファベットの系列のなかの数字といったような場合にはターゲットより前の刺激の課題特徴を答える誤りと後の刺激の課題特徴を答える誤りが等しく生じる傾向（シンメトリーパターン）が見られる[16,17]．また，刺激として写真を用いた実験では，ターゲットより前の刺激の課題特徴を答える傾向（プレパターン）が報告されている[18]．

このように複雑なRSVP実験の結果を説明するため，McLeanら[17]は被験者が課題によってフィルター処理と並列処理を使い分けているという考えを提案した．これに対してBotellaとEriksen[19]は，被験者がターゲット以外の刺激も知覚しているという実験結果をもとにフィルター説に反論し，RSVP実験の結果はすべて並列処理モデルの枠組みのなかで，ターゲット定義特徴の処理時間と課題特徴の処理時間と刺激の提示間隔（ISI）という3つのパラメーターを適当に調節することにより説明できるとした．

BotellaとEriksen[19]やKeeleとNeill[15]の唱える並列処理モデルは，特徴統合の理論としてはTreismanらの理論と整合性があり有望なものである．しかし，それがRSVP実験の結果の説明モデルとしては不十分であることを端的に示す実験結果がMcLeanらによって提示されている[17]．それは，特定の色により定義されたターゲットの文字を答える場合にポストパターンが現れるだけでなく，その逆の場合，すなわち特定の文字により定義されたターゲットの色を答える場合にもポストパターンが見られるという結果である．前者の条件における結果は，色処理時間が形処理時間に比較して長いと仮定することにより並列処理モデルで説明できるが，そのように仮定してしまうと後者の条件における結果を説明することができなくなってしまう．

この実験結果は，RSVP実験の結果のパターンが単純に特徴統合のメカニズムのみを反映しているわけではないことを示唆する．なぜなら，被験者は同じ刺激を与えられてもそのときのターゲット定義特徴が何であるか，課題特徴が何であるかによって異なる結合関係を報告しているからである．被験者がこのような反応をするのは，ぎりぎりの時間的条件のなかで，ある特徴をもったターゲットについて答えなくてはならないが，それ以外の刺激について

は答える必要がないという RSVP 実験特有の課題と関係があると考えられる．したがって，このような課題を用いる限り RSVP 実験により特徴統合の時間特性やメカニズムについて調べることには限界があると思われる．一方，注意による選択のメカニズムについて調べる場合にはこの方法が有望である．最近ではこの方法を用いて注意による視覚入力のゲーティング機構について調べる研究が多くなされている[20,21]．　　　　　　　　　　　　　［森田ひろみ］

文　献

1) M. S. Livingstone and D. H. Hubel: Psychophysical evidence for separate channels for the perception of form, color, movement, and depth, *The Journal of Neuroscience*, **7**, 3416-3468, 1987
2) A. M. Treisman and G. Gelade: A feature-integration theory of attention, *Cognitive Psychology*, **12**, 97-136, 1980
3) A. Treisman: Features and objects in visual processing, *Scinetific American*, **255**, 106-115, 1986
4) A. Treisman, P. Cavanagh, B. Fischer, V. S. Ramachandran and R. von der Heydt: Form perception and attention, In Visual Perception, The Neurophysiological Foundations (eds. L. Spillmann and J. S. Werner), Academic Press, San Diego, pp. 273-316, 1990
5) M. I. Posner, B. J. Davidson and C. R. R. Snyder: Attention and the detection of signals, *Journal of Experimental Psychology : General*, **109**, 160-174, 1980
6) 熊田孝恒, 横澤一彦: 特徴統合と視覚的注意, 心理学評論, **37**(1), 19-43, 1994
7) C. W. Eriksen and J. D. St. James: Visual attention within and around the field of focal attention: a zoom lens model, *Perception & Psychophysics*, **40**, 225-240, 1986
8) A. Treisman and H. Schmidt: Illusory conjunctions in the perception of objects, *Cognitive Psychology*, **14**, 107-141, 1982
9) A. Cohen and R. Ivry: Illusory conjunctions inside and outside the focus of attention, *Journal of Experimental Psychology : Human Perception and Performance*, **15**, 650-663, 1989
10) W. Prinzmetal, D. E. Presti and M. I. Posner: Does attention affect visual feature integration ? *Journal of Experimental Psychology : Human Perception and Performance*, **12**, 361-369, 1986
11) M. Arguin, P. Cavanagh and Y. Joanette: Visual feature integration with an attention deficit, *Brain and Cognition*, **24**, 44-56, 1994
12) 下村満子, 横澤一彦: 特徴統合と視覚的注意の時間特性, 認知科学, **2**(2), 21-32, 1995
13) D. E. Broadbent: Colour, localisation and perceptual selection, In Psychologie Experimentale, et Comparee, Presse Universitaire de France, Paris, pp. 95-98, 1977
14) D. D. Braodbent: Perception and Communication, Pergamon Press, London, 1958
15) S. W. Keele and W. T. Neil: Mechanisms of attention, In Handbook of Perception IX (eds. E. C. Carterette and M. P. Friedman), Academic Press, New York, 1978
16) D. H. Lawrence: Two studies of visual search for word targets with controlled rates of presentation, *Perception and Psychophysics*, **10**, 85-89, 1971
17) J. P. McLean, D. E. Broadbent and M. H. P. Broadbent: Combining attributes in rapid serial visual presentation tasks, *Quarterly Journal of Experimental Psychology*, **35A**, 171-186, 1982
18) H. Intraub: Visual dissociation: an illusory conjunction of pictures and forms, *Journal of Experimental Psychology : Human Perception and Performance*, **11**, 431-442, 1985
19) J. Botella and C. W. Eriksen: Filtering versus parallel processing in RSVP tasks, *Perception & Psychophysics*, **51**, 334-343, 1992
20) J. E. Raymond, K. L. Shapiro and K. M. Arnell: Temporary suppression of visual processing in an RSVP task: an attentional blink ? *Journal of Experimental Psychology : Human Perception and Performance*, **18**, 849-860, 1992
21) A. Reeves and G. Sperling: Attentional gating in short-term visual memory, *Psychological Review*, **93**, 180-206, 1986

11.3 モデルから見た注意

11.3.1 注意のメタファー

視覚的注意の機能をモデル化するときに中心概念となるのが，基本機能に対するたとえ，すなわちメタファーである．しかしながら実際には，計算論的モデルによる現象の定量的な検証が行われることは少なく，注意という一見複雑な機能の理解を助ける目的でメタファーが導入されることが多い．

a．フィルター

脳情報処理には限界容量があり，情報選択が必要であるという考え方が一般的である．そのような制約のなかで，注意は入力情報のフィルターとしてはたらくと考えられてきた[1]．当初のフィルター説は，選択されなかった情報が完全に除外されるとしてきたが，後に修正され，信号強度が減衰するだけと考えられるようになった．フィルターというメタファーに基づく限界容量という考え方は，現在でも注意研究の中心にある．

b．スポットライト

情報のふるい落とし機能という印象の強いフィルターに比べて，より積極的な注意機能を反映するメタファーが，スポットライトである．視覚的注意がスポットライトにたとえられるのは，ある一定の大きさの分割できない領域が移動し，その領域内の処理が促進されると考えられるためである．特徴統合理論[2] (11.2 節参照) では，スポットライトの領域内で特徴が統合されると考えている．

これまで，スポットライトの大きさや数，移動速度などが検証されている．例えば，妨害文字が目標文字の両脇から視角1°以上離れているときに，目標への干渉はなくなることから，スポットライトの大きさは視角1°の大きさであると考えられている[3]．さらに，複数の空間位置に注意を払うことが困難である[4]ことは，注意がスポットライトとたとえられる重要な要素である．また，手がかりと目標の提示時間間隔がある程度長くなると，反応時間が一定になる．反応時間が一定になる提示時間間隔が，手がかりと注視点の距離に比例することから，視角1°当たり8msの固定速度でスポットライトは移動すると考えられている[5]．

c．ズームレンズ

先行手がかりによって注視点から近い位置に注意させるとき，目標を手がかり位置から離して提示すると急速に反応時間が増加する．これは，注視点の近傍での注意領域が比較的狭いことを示している．一方，先行手がかりによって注視点から遠い位置に注意させるとき，手がかり位置から離して目標を提示しても，反応時間は徐々に遅れるだけである．これは，中心部分より周辺部分では注意領域が広いことになる[6]．このような実験結果を説明するために，一定の大きさの注意領域をもつスポットライトではなく，注意領域の大きさを可変と考えるズームレンズというメタファーが提案されている[7]．このズームレンズとスポットライトのどちらが妥当であるかについては多くの議論があり，必ずしも意見が一致しているわけではない[8]．

d．のりとのぞき穴

注意には，別々な特徴モジュールで抽出された特徴を統合する機能がある[9]．その機能は，のり(glue)というメタファーで表現されてきた．ある特徴をもつ対象に注意が向けられてはじめて，その位置情報が特定され，別の特徴と特徴結合されることをのりづけにたとえているのである．

しかし，特徴モジュールで抽出された特徴には位置情報が含まれず，自由浮動的(free-floating)であるという主張に対しては批判がある[10]．2つの特徴の結合探索を考えてみる．しかも，ある特徴をもつ刺激に注意が向けられて初めて，その位置情報が特定され，別の特徴と統合されるとすると，n個の妨害刺激の場合はn^2の組み合わせを調べ，同一位置から抽出された特徴で，しかも目標ではないことを確認しなければならない．したがって，探索時間

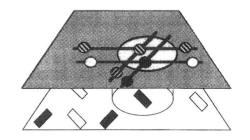

図11.9 下部の刺激に対して，あらかじめ抽出された相対位置情報や色と線分方向の特徴情報が，のぞき穴を通して得られるという注意のメタファー

は妨害刺激数の2次関数になるはずであるが，多くの場合，実験結果は妨害刺激数と線形の関係になる．これは，位置情報によって特徴間にある程度の結合があらかじめ存在することを意味する．注意のメタファーとして，のりではなく，のぞき穴(peephole)が適切であるという主張は，特徴統合の際に注意によって初めて位置情報が抽出されるのではないことを反映している．図11.9は，特定の位置ののぞき穴を通すと，あらかじめ色と線分方向の特徴抽出結果が得られていることを表している．

11.3.2 視覚情報選択過程の注意モデル

注意の機能を情報選択ととらえると，モデルによって説明しようとする現象も多岐にわたる．したがって，脳情報処理全体レベルから細胞レベルまでさまざまな注意モデルがこれまでに検討されている．

a．潜在的移動

注意は，眼球運動と独立した，脳内処理の変化をさすことから，潜在的移動(covert shift)と呼ばれる．しかも，眼球運動に比べて，注意は数倍の速度で移動すると考えられている．そのメカニズムに関して，先行手がかり法(11.1節参照)[11]で得られた注意特性をもとに，細かい基本処理に分割された階層モデルが提案され[12]，神経生理学的研究や神経心理学的研究によって検証されている．このモデルでは，注意は複数のサブシステムの複合機能と考えられている．計算論的レベルで考えると，3つの基本処理の流れが考えられる．

まず現在の注意位置から焦点をはずし(解除，disengage)，次に新しい目標位置に向かって焦点を動かし(移動，move)，さらに新しい目標位置に焦点をとどめなければならない(従事，engage)．このような基本処理の流れのなかで，注意された位置

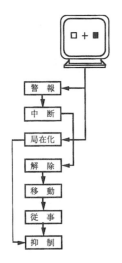

図 11.10 先行手がかり法と注意モデル[12]

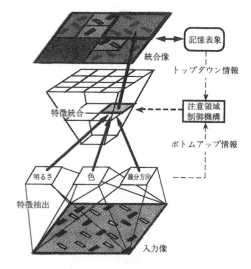

図 11.11 多解像度モデル[14]

で処理が促進する一方,そのほかの位置で抑制される.さらに,注意されていた領域から,新しい領域に移ろうとするとき,これまで注意されていた領域に注意を戻さないようにする復帰抑制(inhibition of return)がはたらく(抑制,inhibit).神経心理学的研究によれば,頭頂葉損傷患者は解除処理に選択的に影響があり,上丘の損傷は移動処理を遅延させ,復帰処理にも影響する.視床は,従事処理にかかわっている.このような意味で,この階層モデルは脳内部位に対応するモデルでもある.

図 11.10 に示すように,4つの基本処理に加えて,上部に3つの処理,警報(alert),中断(interrupt),局在化(localize)が加えられる.先行手がかり法の実験パラダイムに加えて,読み上げられる単語リストから P で始まる単語数を報告する言語処理課題を課す二重課題条件においては,先行手がかり法の手がかり光点の提示により警報処理が起動し,言語処理課題へ向けられていた注意に割り込みをかける中断処理が行われる.さらに,手がかりは局在化処理において位置についての情報を与える.言語処理課題への注意の中断によって,頭頂葉は現在の注意位置を解除し,手がかり位置に注意を移動する.右半球損傷の患者にとって,警報処理を保つことがむずかしいことがわかっている.

b. 処理レース

注意選択に基づく視覚認知は,カテゴリー分類することであり,注意選択過程は認知結果を短期記憶するまでの処理レースとして考えることができる[13].このとき,カテゴリー分類とは,色,形状,位置などのカテゴリーへの分類をさす.とくに,位置情報も1つの特徴としてとらえている点は,ほかの多くの研究が位置情報を特別とみなすのに比べ,一線を画する.

注意選択は,その時間特性によって決定される.ある時間に,要素 x が i というカテゴリーに属すると認知されている確率は,感覚強度,カテゴリー i に対する判断バイアス,要素 x に対する注意荷重という三者の積で与えられる.すべての要素に対する処理は独立して進められる.記憶容量が決まっている場合には,その容量を満たすまでは,処理の完了した要素が勝者となり,記憶にとどめられるという点で,処理レースにたとえられる.このモデルのなかで,2種類の注意が仮定される.すなわち,要素 x に対する注意荷重の操作(filtering)と,カテゴリー i に対する判断バイアスの操作(pigeonholing)に対応した注意である.

このようなレースモデルの枠組みのなかで,短期記憶,部分報告,視覚探索などの現象に対して,モデルの有効性が定量的に確かめられている.

c. ピラミッド検索

多解像度モデル[14]は,単一焦点で処理限界一定の空間的フィルターとしての注意が,ズームレンズのように空間的解像度を変えながら,遷移すると仮定している.注意の機能が,ズームレンズのように空間的解像度を変えるピラミッド構造の検索と仮定するモデルは,これまでもいくつか提案されている[15~18].このようなモデルでは,選択すべき空間位

置と解像度の決定方法が重要である．図11.11に示すように，多解像度モデルにおける注意の位置と領域はボトムアップ情報とトップダウン情報によって決まる．逐次探索過程とは，注意がボトムアップ情報とトップダウン情報をもとに，次の特徴統合の位置と領域を抽出する過程と位置づける．注意領域制御機構によって，階層表現上のある位置と領域で逐次的に特徴統合が行われ，統合像の構成を行い，記憶表象との照合を行う．ボトムアップ情報に基づく注意関数は，抽出特徴ごとに算出された特徴量の総和である．注意移動の順序は，ピラミッドの4分木表現において，最も注意関数の高いノードを探索することによって決定される．トップダウン情報は，目標ではない領域の詳細処理を打ち切る．

このモデルを写真や絵画などに当てはめると，人間にとって重要と考えられる情報（例えば，顔画像中の目や口など）が優先して選択される．すなわち，限られた時間でつねに有効な情報が送られるという注意の基本特性が実現できる．

解像度ピラミッドのノード選択として注意を考えるとき，そのような脳内プロセスに制御信号を与えるには，さまざまな視覚領野と相互接続し，V1からIT野への情報の流れを調節する必要がある．そのような役割を果たす脳内部位として視床枕(pulvinar)をあげることができる[16]．

d． 同期共振

神経生理学的研究によれば，単一の神経細胞レベルでも注意の効果が観察されている．例えば，赤い刺激に選択的に反応するV4神経細胞の受容野内に同時に，赤と緑の刺激が存在するとき，注意を赤い刺激に向けたときには強い反応，緑の刺激に向けたときは非常に弱い反応が得られる[19]．これは，注意によって細胞レベルの反応が変化したことを示している．

このような単一の神経細胞レベルでの注意の効果を説明するために，時間的印付け(temporal tagging)に基づくモデルが提案されている[20,21]．時間的印付けとは，1つの物体から抽出されたさまざまな特徴が異なるモジュールで処理されたとしても，各特徴抽出細胞が同期共振して発火することによって，特徴の対応づけが可能になるという仮説である．これらのモデルでは，V1もしくはV2細胞の発火頻度をポアソン分布と仮定し，注意と重なり合う受容野をもつ細胞の発火頻度が周期的に時間変調され，それ以外は変調を受けないと仮定する．このような変調が，V1もしくはV2細胞と結合するV4の抑制ニューロンによって検出され，注意されていない視覚刺激に対するV4細胞の反応を抑制する．このようなモデルのシミュレーション結果は，注意によるV4細胞の反応の変化と定量的に一致する．

11.3.3 視覚探索過程の注意モデル

最近の視覚探索研究は特徴統合理論を検証する形で進められてきた[22,23]．その検証過程で，注意全般ではなく，視覚探索現象に特化したモデルがいくつか提案された．さらに，視覚探索過程の計算論を明確にし，シミュレーション実験で能力を確認できるモデルも提案されるようになった．

a． 再帰的群化

視覚探索過程のモデルとしてSERR(search via recursive rejection)が提案されている[24]．SERRは，6種類のマップが階層的に連結するというネットワークモデルである．このモデルは，刺激項目間の群化と非目標項目の再帰的な排除という過程をもっている．刺激項目間の群化は，マップ内での促進的結合とマップ間での抑制的結合によって実現されている．視覚探索課題では，目標が1つであるのに対し，妨害刺激が複数あるので，妨害刺激が目標よりも高い活性化値をとる可能性が高い．そこで，妨害刺激が閾値を越えている場合には，対応するマップを抑制することによって，妨害刺激を探索対象から排除する．目標ユニットが閾値に達するまで，あるいはすべての要素が排除されるまで，再帰的に排除が続けられる．目標不在反応は探索すべき項目が残っておらず，かつ目標ユニットが閾値に達していないときに行われる．

このモデルは，均一の妨害刺激中から単純な形態の結合によって定義された目標刺激の探索時に，探索関数が一定で，目標不在反応が目標存在反応よりも探索時間が短いという妨害刺激の均一性の効果[25]を説明することができる．

SERRは，基本的には視覚探索効率に対する類似性の理論[25]に基づいている．このモデルでは刺激項目の選択は相互の類似性に基づく1つのグループに対して行われると仮定しており，スポットライトのような限られた空間的な注意の存在は仮定しない．また，SERRは逐次的な処理過程を仮定しないにもかかわらず，並列処理を再帰的にくり返すことによって単調増加型の探索関数を得ることができ

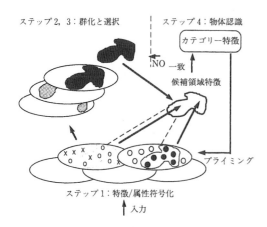

図 11.12 SOSアルゴリズム[26]

る.

SOS (spatial and object search) アルゴリズム[26]も,再帰的群化による探索効率の上昇を実現している.図11.12に示すように,このアルゴリズムは,並列的な特徴抽出(ステップ1)を経たあと,特徴の境界をもとに群化が起こり(ステップ2),1つの群化された領域が選ばれ(ステップ3),その領域から目標が探索され(ステップ4),目標がない場合には別の群化領域での探索に移ると仮定する.群化が空間的配置や特徴間のコントラストに依存すると仮定することによって,複数目標探索や多重結合探索などさまざまな視覚探索実験結果を説明している.

b. 誘導探索

逐次処理が特徴マップによる情報に導かれるという誘導探索モデル(guided search model)が提案されている[27~29].このモデルは,特徴マップから得られた情報が逐次処理に影響する点が特徴統合理論と異なる.誘導探索モデルでは,並列処理から得られた活性化マップに基づき,ランダムではなく,最も目標らしい位置から順に注意が移動する.つまり,注意のスポットライトが並列処理過程の出力によって誘導される.

刺激駆動型でボトムアップ活性と,ユーザー駆動型でトップダウン活性の2つの活性化を加重和することによって活性化マップが決定される.ボトムアップ活性は,周辺との特徴空間上での類似度と物理空間の距離に反比例する.トップダウン活性は,指定された目標のカテゴリカルな属性との照合によって決められる.

活性化マップは,その活性化値がどの特徴に基づくのかという情報は含んでいない.活性化値の高いところに順に注意が向けられ,目標が見つかったとき,あるいは目標がないと確信したときに,探索が終了する.すなわち,最大の活性項目から始まって,目標が見つかるか,閾値以上の活性をもった項目がなくなるまで逐次自動打切り探索が行われる.

シミュレーションの結果は,単純な特徴探索は並列であるが,目標と妨害刺激特徴の類似度が増加するにつれて,並列探索の効率が低下し,結局逐次探索になることを示している.また,妨害刺激の異質性が増加するにつれて,特徴探索は効率的でなくなる.さらに,トップダウン情報が注意を誘導するような顕著な目標のとき,色と方向の結合探索が並列探索になる.三重結合探索では,特徴数が多いので,並列処理過程で出力される目標刺激候補の情報が多くなり,目標刺激は発見しやすくなる.このように,特徴統合理論の反証となった実験結果を数多く説明することに成功している.　　［横澤一彦］

文　献

1) D. E. Boadbent: Perception and Communication, Pergamon, London, 1958
2) A. Treisman and A. Gelade: A feature integration theory of attention, *Cognitive Psychology*, **12**, 97-136, 1980
3) B. A. Eriksen and C. W. Eriksen: Effects of noise letters upon the identificaton of a target letter in a nonsearch task, *Perception & Psychophysics*, **16**, 143-149, 1974
4) C. W. Eriksen and Y. Yeh: Allocation of attention in the visual field, *Journal of Experimental Phychology: Human Perception and Performance*, **11**, 583-597, 1985
5) Y. Tsal: Movements of attention across the visual field, *Journal of Experimental Psychology: Human Perception and Performance*, **9**, 523-530, 1983
6) C. J. Downing and S. Pinker: The spatial structure of visual attention, In Attention and Performance XI (eds. M. I. Posner and O. S. M. Marin), Lawrence Erlbaum Associates, pp. 171-188, 1985
7) C. W. Eriksen and J. D. St. James: Visual attention within and around the field of focal attention: A zoom lens model, *Perception & Psychophysics*, **40**, 225-240, 1986
8) 岩崎祥一:視覚における空間への選択的注意,心理学評論, **33**(4), 409-433, 1990
9) 熊田孝恒,横澤一彦:特徴統合と視覚的注意,心理学評論, **37**(1), 19-43, 1994
10) D. Navon: Does attention serve to integrate features, *Psychological Review*, **97**, 453-459, 1990
11) M. I. Posner: Orienting of attention, *The Quarterly Journal of Experimantal Psychology*, **32**, 3-25, 1980
12) M. I. Posner, A. W. Inhoff, F. J. Friedrich and A. Cohen: Isolating attentional systems: A cognitive-anatomical analysis, *Psychobiology*, **15**, 107-121, 1987
13) C. Bundesen: A theory of visual attention, *Psychological Review*, **97**, 523-547, 1990
14) 横澤一彦:多解像度モデルによる視覚的注意と視覚探索

の分析, 認知科学, **1**(2), 64-82, 1994
15) C. Koch and S. Ullman: Shifts in selective visual attention: towards the underlying neural circuitry, *Human Neurobiology*, **4**, 219-227, 1985
16) B. A. Olshausen, C. H. Anderson and D. C. Van Essen: A Neurobiological model of visual attention and invariant pattern recognition based on dynamic routing of information, *The Journal of Neuroscience*, **13**, 4700-4719, 1993
17) P. A. Sandon: Simulating visual attention, *Journal of Cognitive Neuroscience*, **2**, 213-231, 1990
18) J. K. Tsotsos, S. M. Culhane, W. Y. K. Wai, Y. Lai, N. Davis and F. Nuflo: Modeling visual attention via selective tuning, *Artificial Intelligence*, **78**, 507-545, 1995
19) J. Moran and R. Desimone: Selective attention gates visual processing in the extrastriate cortex, *Science*, **229**, 782-784, 1985
20) E. Niebur, C. Koch and C. Rosin: An oscillation-based model for the neuronal basis of attention, *Vision Research*, **33**, 2789-2802, 1993
21) E. Niebur and C. Koch: A model for the neuronal implementation of selective visual attention based on temporal correlation among neurons, *Journal of Computational Neuroscience*, **1**, 141-158, 1994
22) 横澤一彦: 一目でわかること—形状認知にかかわる視覚過程—, 科学, **62**(6), 356-362, 1992
23) 横澤一彦, 熊田孝恒: 視覚探索—現象とプロセス, 認知科学, **3**(4), 119-138, 1996
24) G. W. Humphreys and H. J. Müller: Search via recursive rejection (SERR): A Connectionist model of visual search, *Cognitive Psychology*, **25**, 43-110, 1993
25) J. Duncan and G. W. Humphreys: Visual search and stimulus similarity, *Psychological Review*, **96**, 433-458, 1989
26) S. Grossberg, E. Mingolla and W. D. Ross: A neural theory of attentive visual search: Interactions of boundary, surface, spatial, and object representations, *Psychological Review*, **101**, 470-489, 1994
27) J. M. Wolfe: Guided search 2.0 A revised model of visual search, *Psychonomic Bulletin & Review*, **1**, 202-238, 1994
28) K. R. Cave and J. M. Wolfe: Modeling the role of parallel processing in visual search, *Cognitive Psychology*, **22**, 225-271, 1990
29) J. M. Wolfe, K. R. Cave, and S. L. Franzel: Guided search: An alternative to the feature integration model for visual search, *Journal of Experimental Psychology: Human Perception and Performance*, **15**, 419-433, 1989

11.4 視覚的注意の脳内機序

前節までに述べられてきた視覚的注意のメカニズムは,認知神経科学的にも解明が進められてきた.その手法は,従来から行われている脳損傷患者における注意特性の心理物理的計測や,サル脳内におけるニューロン活動記録に加え,近年の非侵襲的な脳内高次機能計測技術(EEG, PET, functional MRI, MEGなど)の進歩により多様化してきている.これに伴い,視覚的注意のメカニズムと脳内における処理過程との対応が,昨今急速に把握されつつある.本節では,視覚的注意にかかわる各脳内部位の役割をまとめる.

11.4.1 視覚的注意にかかわる皮質下活動

視覚的注意にかかわるとされている皮質下の部位としては,視床枕,上丘などの中脳があげられる.これらの部位は第2視覚系として知られており,一次視覚野(V1)を通る視覚経路と平行するものである.一次視覚野を通る視覚情報は意識にのぼる処理であるといわれるのに対して,これら第2経路は「盲視」(V1の損傷による欠損視野部に運動刺激を提示すると,患者は主観的には何も見えないと報告するにもかかわらず,チャンスレベル以上の正確さで視覚刺激を検出できる)を説明できる経路,すなわち意識化されない視覚情報処理の経路とされている[1]. しかしながら,第2視覚系は意識や注意といったものと無関係ではなく,むしろ視覚的注意に重要な役割を果たしていることが,以下にあげるものを含めて多く報告されている[2~4].

視空間的注意と大いにかかわりをもつ皮質下の部位として,まず視床枕があげられる.Petersonらはサルにおける実験で,視床枕はその細胞の受容野内に注意すべき刺激が提示された場合,眼球運動を伴わなくとも大きく活動することを示し,視床枕と視空間注意との関係を指摘した[5]. また,先行手がかり法(11.1節参照)を用いた結果,視床枕を含む視床のはたらきが障害されると,有効条件であっても無効条件であっても,対側の目標刺激の検出が遅延することを示した.これらから視床枕は空間へ視覚的注意を向け,とどめる(engage, 11.3節参照)システムの一部であるとの解釈[6],あるいは視野のなかで無関係な情報をフィルターアウトする役割をもつとの解釈[6,7]もなされている.

また,上丘は,眼球運動や視覚空間に関係する部位であるとしてよく知られている.Wurtzらは上丘が顕在的(overt)な視空間選択に重要な役割を果たすことを示している[8].

このような皮質下における活動は,以下に述べる皮質活動とも密接に関係している[2,3].

11.4.2 視覚的注意にかかわる皮質活動

ここでは,視覚的注意にかかわる大脳皮質活動を,前節までに述べられた注意の種々の側面に沿っ

a. 視空間に基づく選択的注意と脳内機序

視空間処理が背側経路においてなされるといわれることから容易に想像されるように，視空間に基づく選択に関する脳内過程は頭頂葉と深いかかわりがある．頭頂部の損傷患者において，視野の半分を無視する障害，すなわち半側空間無視 (unilateral spatial neglect) が見られることは，20世紀の前半から知られていた[9]．この症状は，損傷部位が右側であると，絵の左側 (損傷部位と対側) を無視して右側のみを模写する，食事のとき左側のおかずをいつも食べ残す，などというものである．しかしながら，視野の左側のみに物体を見せられた場合は「見える」と報告する点が，先に述べた盲視の症状と異なる点である．これまでの多くの研究の結果から，半側空間無視の症例は右頭頂葉の損傷患者に多いとされている[10]．左頭頂葉の損傷によっても，対側の右視野空間の無視が起こる[11]が，その頻度は少なく，症状も軽いとされており，右頭頂葉は視空間的な注意のコントロールに関係する部位であると考えられてきている．

Posnerらは先行手がかり法 (11.1節参照) を用いた実験を頭頂葉損傷患者に対して行い，頭頂葉が一度向けられた注意の焦点を解除 (disengage，11.3節参照) する機能と深いかかわりのあることを示した[12]．病変と対側の視野に向けた注意の焦点を解除することは比較的容易にできるが，同側の視野に向けられた注意の解除に障害が見られること，さらに，その傾向は右頭頂葉の損傷患者において顕著であることは，上述した半側空間無視に見られる性質をよく説明しうる結果である．

Corbettaらは，PETを用いた実験によって，注意の移動に関与するのは頭頂葉のなかでも上頭頂小葉であることを示した[13]．この実験における被験者は健常者であり，実験中は画面中央の固視点を見つめたまま，画面下方で移動するアスタリスクを追いかけるように指示された．すなわち，潜在的な視空間的注意の移動に関する実験である．このときの脳活動と，注意を視野中央に固定していたときの脳活動を比較した結果，左上頭頂小葉は右視野内での注意の移動において賦活される一方，右上頭頂小葉は左右どちらの視野においても賦活されることがわかった．これもまた，半側空間無視の症状が右頭頂葉の損傷患者において顕著に見られることと矛盾しない結果である．さらに，被験者にタスクを課さずに，同じ刺激，すなわち画面下方で移動する刺激を提示した場合も，この上頭頂小葉が活動した．このことから，刺激駆動的に視空間的注意の移動が起こることが示唆された．

このように，脳損傷患者の症状から推測された頭頂葉と視空間注意の関係が，PETやfMRIなどの脳機能計測手法を用いることにより，高い空間分解能で確認できるようになったのみでなく，刺激駆動的な脳内過程の一部を脳活動として観察できるようになった．

一方，視空間に基づく選択にかかわる活動は，頭頂葉のみでなく，より低次な視覚処理を行う部位であるV1からV4あたりにおいても見られている．サルにおけるV1，V2の多くの細胞で，その受容野に対応する位置にあらかじめ注意を払っている場合，そこに提示された視覚刺激に対してより大きな応答が見られることが報告されている[14]．ヒトにおいても，注意を向けている領域に視覚刺激が提示されると，視覚提示後80〜110 msに見られるP1や，140〜190 msに見られるN1といった脳波の初期成分の振幅に増加が見られることが示されている[15]．P1，N1は後頭葉の視覚連合野に起源するといわれており，実際HeinzeらはPETを用いて，注意を向けた視野と対側の後頭葉の腹側部分がより活動することを確認している[16]．さらに，Hillyardのグループは先行手がかり法を用いて，有効条件では中立 (先行手がかりが目標刺激の検出に何の影響ももたない) な条件と比べてN1成分が増強されるのに対し，無効条件ではP1成分が減弱されることを示した[17]．これらの結果は，視空間的な注意は視覚処理の比較的初期のステージにおいて影響を与えるが，視空間注意による強調と抑制は別のメカニズムであるらしいことを示唆するものである．

話を半側空間無視に戻すが，半側空間無視には種々の症例が報告されている．例えば，右の頭頂，前頭，側頭に損傷を受けたある患者において，左右に提示されたものが同じカテゴリーに属するもの (例えば，コインどうしであるとか，材質の違うフォークどうしなど) である場合には左側の物体に消去 (extinction，認識されないこと) が起こるが，コインとフォークを左右に提示すると両方認識できるということ[18]や，無視する空間が自分の自己中心座標に基づくのか，外界の座標系に基づくのかには，前頭葉または皮質下の領域が損傷を受けているか否かで違いがあったこと[19]などが報告されてい

る．空間無視にさまざまな側面が存在する一方で，さまざまな脳内部位が関与することを示すものである．

b．物体に基づく選択的注意と脳内機序

物体に基づく選択に関する脳神経科学的知見の1つとしては，両側頭頂葉と後頭葉を含む比較的広範囲の脳損傷患者の呈するBalint症候群があげられる．Balint症候群の患者は，複数の物体を同時に認識することができない．半側空間無視の症状と異なるのは，これら2つの物体が同一の場所に重なって存在している場合ですら，両方を同時にとらえられないことである．例えば，眼鏡をかけた人の顔と眼鏡を同時に認識できなかったり[19]，上下の三角形が2つ重なった図形を星形として認識できない[20]という症状が報告されている．これは，視空間的な位置というよりは，物体そのものに注意の焦点を向ける機能が脳損傷によって障害されていることを示すものである．

それでは，空間に基づく注意と物体に基づく注意とは完全に異なるものであろうか．11.1節で述べられたEglyらの実験において，右または左の頭頂葉の損傷患者について調べた結果，左頭頂葉の損傷患者においては異なる対象への注意の移動に顕著に障害が見られることが示された[21]．この傾向は目標刺激が病変と対側の右側に提示される場合に見られ，病変同側に向けた注意の解除機構が頭頂葉とかかわりをもつとする先述のPosnerらの解釈と一致する．右頭頂葉の損傷患者においても，同側に向けた注意の解除障害が見られたが，それが対象内の移動であるか対象間の移動であるかによる影響は，視野に関係なく健常者と同じレベルであった．このことから，Eglyらは左頭頂葉はとくに対象に基づく注意にかかわるとし，この脳機能の違いから，空間に基づく注意と対象に基づく注意とは分離されうるとした．

一方でHumphreysらは，対象に基づく注意と空間選択システムとはかかわりをもつことを，同じく頭頂葉損傷患者による実験により示唆した[22]．患者は側頭葉には損傷はなく，Balint症候群の症状を呈していたが，絵よりも文字，閉じた図形よりも開いた図形のほうにより顕著に消去が起こった．このことから，空間選択をつかさどる頭頂葉の損傷により物体の認識が困難になり，複雑な物体ほど消去される，すなわち腹側経路における物体の認識に，空間選択システムが関与するであろうことを示した．

このように，脳損傷患者の研究の結果を見ても，対象に基づく注意，空間に基づく注意は別個に定義されうるが，両者は密接なかかわりをもっていることが示されている．

c．属性に基づく選択的注意と脳内機序

色や方向など，特定の属性に対する選択に関する研究もなされている．Luckらは，ポップアウト刺激を探索する視覚探索課題において脳波計測を行った[23]．色，方向，大きさでポップアウトする刺激をランダムな順序で提示し，被験者には例えば色でポップアウトする刺激を目標刺激として探索を行うよう指示した．このとき，目標刺激である色ポップアウトが提示された後，約200～270 msの潜時で，目標刺激のある視野と対側の後頭葉のチャンネルに陰性の活動（N 2 pc，N 2 posterior contralateral）が見られることを示した．この活動は，目標刺激ではない，方向や大きさのポップアウト刺激が提示された場合には見られなかった．また，周囲に妨害刺激がないときにはN2pcが見られないことなどから，周辺の妨害刺激のもつ競合する情報を抑圧し，その刺激要素が確かに目標刺激としての属性をもっているかを確認するような注意過程を反映したものと推察している．彼らはサルにおいても電気生理学的実験を行い，妨害刺激から目標刺激を見分けるのが困難である刺激の場合に，V 4の細胞がより強く活動したことから，フィルターアウト機能に関係深いN2pcはV 4あたりの活動に由来するものであろうと予測している．V 4においては，11.3節にも述べられているように，視覚刺激の色への注意によって細胞の活動が修飾されることが知られている[24]．これらは，腹側経路に含まれるV 4あたりの活動に，視覚刺激の属性に対する注意の影響が見られることを示すものである．

同様に，動きについての選択的注意によってMT野の活動が修飾されるという報告もある．動き回る多数の円を提示し，被験者がその動きを受動的に見ているとき，ある視野内の刺激の色に注意を向けて見ているとき，さらにある視野内の刺激の運動速度に注意を向けて見ているときの順に，MT野がより賦活されることがPETによる実験により示されている[25]．

まとめると，色や動きなどそれぞれの視覚属性の処理を行うとされている脳内の部位が，その属性に注意が向けられることによってより賦活される，という結果となっている．これらに対して，どの属性

に対して注意を向けるかという選択過程には果たしてどういった部位の活動が関与するのであろうか．

Corbettaらは，色や形，運動速度の異なる2つの視覚刺激を続けて提示し，被験者は前後の刺激の属性が等しかったかどうかについて答える実験を行った[26]．このとき，選択的注意と分散的注意の2つの注意タスクを用意した．選択的注意では，指示された属性1つにおいて変化があったかどうかに注意を向け，分散的注意では，どの属性であってもよいから違っているかどうかについて答えなければならなかった．この課題の遂行中の脳活動をPETを用いて計測した結果，色に注意しているときは側副溝，背側後頭皮質など，形に注意しているときは側副溝，紡錘状回，海馬傍回などが活動し，動きに注意しているときは，左下頭頂葉が活動した．一方，注意を分散させたときは，帯状回前部，右前頭前野，縁上回深部などが活動した．ここで注目すべきは，分散的注意課題において活動した帯状回前部，右前頭前野である．帯状回は一般的に情動に関与する部位といわれているが，後述するように，能動的な注意に関与するといわれている．前頭葉もまた，能動的な注意過程に大いに関与すると考えられており，多くの研究がなされている．このうち背側の前頭前野は位置にかかわる作業記憶（working memory），また腹側の前頭前野は物体にかかわる作業記憶に関係するとされている[27]．また前頭眼野は，先述のCorbettaらによる潜在的注意の移動実験においても賦活されたこと[13]などから，注視点の移動にかかわるとされている一方，視覚刺激属性についての自発的な注意の切換えに関与するという，fMRIを用いた研究結果もある[28]．このように，前頭葉は人間の高次認知過程に欠かせない役割を果たしており重要な部位であるが，高次な認知過程になるほど，注意や注意の維持といったもの以外にも，記憶，行動のプログラミング，判断，予測などといった多くの要素が含まれるため，人間における前頭葉の機能分類はいまだ明確ではなく，課題を残しているといえよう．これらの部位のはたらきを明らかにすることは，そのまま人間の高次機能の再分類，再構築に大きな影響を及ぼすものと考えられる．

d．視覚探索課題における注意と脳内機序

まず，脳波計測研究例について少しあげる．視覚探索課題において，特徴の処理が並列的になされるのか逐次的になされるのか，それらの処理過程は本当に存在し，異なるのかについては議論が重ねられてきた．脳計測の結果では，探索関数の傾きが平らであるタスクとそうでないタスクにおける脳活動の違いが観察されている．色と方向の視覚探索課題において，目標刺激が1つの属性における違いで定義できる場合と，目標刺激の探索に2つの属性の結合が必要な場合とでは，150 msから250 msにかけての脳波に違いがみられるという報告[29]や，探索の非対称性（三角形に横棒を付け加えた図形が多数の三角形の中に混ざっているのは直ちに見つけることができるが，逆は困難である現象．これらの探索も，それぞれの探索関数から，並列的探索，逐次的探索として扱われる）を用いた視覚探索課題においては，300 ms以降に見られる脳波の陽性成分に差が見られるという研究[30]がある．この300 ms以降の陽性成分P3は，並列的探索課題においては目標刺激の有無にかかわらず見られるのに対し，逐次的探索課題においては目標刺激が存在するときのみ見られた．これは逐次的探索中に1つ1つの妨害刺激要素を否定しながら，最後に目標刺激を見つけるという，一種の予期しない刺激事態に対してP3が誘発されたものと解釈ができ，逐次的な探索過程の仮説を支持する結果であった．またP3は刺激の評価を行う活動の現れと一般に解釈されているが，この実験において見られたP3は，並列的，逐次的のいずれの探索課題においても，反応時間と非常によい対応関係をもっていた．一方で，P3の見られるチャンネルの位置には若干の差があったため，両過程の認知神経学的な違いがそこにも見られたとしている．

並列的探索と逐次的探索における脳活動の差異については次のようなPET研究による報告もある．色だけ，または動きだけによって定義された目標刺激に対する並列的探索では左上頭頂小葉が弱く活動したのに対し，色と動きの結合探索課題においては右上頭頂小葉が強く活動したということが報告されている[31]．

e．結合錯誤と脳内機序

特徴の結合に関する現象としてあげられる結合錯誤現象については，頭頂葉の障害をもつある患者は，刺激の属性の結合に異常をきたすという報告がいくつかある．左側頭-頭頂葉領域の損傷患者が，右視野内でとくに多い頻度で結合錯誤を起こしたこと[32]，結合探索課題で目標刺激が存在しないのに存在すると答えるケースが損傷部位の対側視野でとくに多かったこと[33]，両側の頭頂後頭葉に損傷をも

ち，同じく結合錯誤の症状を呈するある患者に，時間的な結合錯誤が生じることはほとんどなかったこと[34]などは，これもまた頭頂葉が対側の視空間に対する注意にかかわり，その損傷により空間的な結合錯誤が生じたものとして説明できる．さらに興味深いのは，このうち両側の頭頂後頭葉に損傷をもっていた患者は，筒を覗くことにより，見たいものが見えやすくなるのにある日気づいた，ということである．これは，空間情報が特徴統合に大きな役割を果たしているという，Treismanらの特徴統合理論，あるいはスポットライト，のぞき穴仮説 (11.3節参照) を支持するものである．

一方，時間的な結合錯誤に関する知見については，RSVP法 (11.2節参照) が用いられた研究がある．2種類の目標刺激 (色定義と文字定義) を含んださまざまな視覚刺激が視野中央に次々と提示されるなかで，色定義の目標刺激を検出した後，文字定義の目標刺激を検出できるためには，両者の刺激提示にどれほどの長さの時間間隔が必要かが調べられた[35]．この結果，健常者は約400 msの時間間隔を要するのに対し，半側空間無視を伴う脳損傷患者 (右頭頂葉，右前頭葉，基底核) においては，1300 ms近くの時間間隔が必要であった．一連の刺激に目標刺激を1種類しか含まない課題の場合は，検出の成績は患者においても良好であった．このことから，無視症状は空間に対してのみ存在するのではなく，時間的な成分も存在し，右頭頂葉などの損傷によって両方が障害を受けることがあることが示された．この時間的な無視は特徴統合に要する時間の問題なのか，また，空間無視と独立した現象なのか，などについては議論が残されるが，視覚的注意の時間的な側面を考察するに当たって非常に意義深い発見である．

11.4.3 視覚的注意にかかわる脳内ネットワーク

これまで視覚的注意と各脳内部位における活動のかかわりについてまとめてきた．これらの活動は各部位がそれぞれ完全に独立にその役割を果たしているのではなく，相互に情報を伝達しあうことで視覚的注意過程を実現している．

Posnerらは，PETなどを用いたヒトにおける研究から，空間における注意の定位にかかわる背側ネットワーク (頭頂葉)，事象の検出にかかわる腹側ネットワーク (前頭前野)，および覚醒など構えにかかわる警告ネットワーク (右前頭葉) の3つを提唱している[3]．彼らはこれらの相互抑制や相互選択のシミュレーションを行い，選択的注意過程の説明を試みている[36]．また，Mesulamらは動物実験の結果から，4つのネットワークを提唱している．それは空間表象にかかわる頭頂葉後部，走査の運動プログラミングにかかわる背側前頭前野，空間的に注意を分布させるための能動的な側面にかかわる帯状回，および覚醒とかかわる網様体である．上述した半側空間無視症状は，頭頂葉に限らず，これらのネットワークのどの一部が欠けても見られるとされており，ネットワークとしてのはたらきが重要であることを示唆している[37]．

この章で述べられた視覚的注意にかかわる数々の実験，知見やモデルをある程度説明しうるネットワーク構造はいかなるものであろうか．視覚情報は，網膜に入力された後，物体認識の腹側経路，空間処理の背側経路に分かれて伝達されるということまではよく知られているが，それら物体と位置の情報がその先どのように融合するのかについては，明確にはなっていない．ここで，この節であげたような視覚的注意にかかわる知見から考えられるのは，ボトムアップ情報によって背景から切り分けられた物体が側頭葉で処理されるときに，それがさまざまな特徴の統合や周囲の刺激からの区別を要するような複雑な刺激である場合に，頭頂葉や前頭葉で処理・生成された位置または属性などのトップダウン情報が伝達され，利用されるという構図である[38]．ボトムアップ情報とトップダウン情報の融合，あるいは位置情報と物体情報との融合は，神経生理学的に知られている皮質間の相互結合や，頭頂葉と側頭葉とを結ぶ神経線維[39]から説明ができるかもしれない．

彦坂は視覚的注意の神経機構を，脳内部位の結合の向きや強さによって表現するモデルを提唱している[40]．能動的/受動的なもの，空間的/属性的なもののそれぞれの視覚的注意の状態を，関連する部位間を流れる情報の方向によって説明している．

視覚的注意には未解決のものも含めて多くの要素があり，それらの要素のかかわり合いを探究するには，脳内過程をネットワークとしてとらえ，その制御や情報の流れの強調・抑制のメカニズム，時間的な側面などについて調べていくことが1つの課題となってくるであろう．

［山口佳子］

文 献

1) A. Cowey and P. Stoerig : The neurobiology of blindsight, *Trends in Neuroscience*, **14**, 140-145, 1991
2) R. A. Andersen : The role of the inferior parietal lobule in spatial perception and visual-motor integration, In The Handbook of Physiology (eds. F. Plum, V. B. Mountcastle and S. T. Geiger), Sec. 1, Vol. V, Pt. 2, pp. 483-518, 1987
3) M. I. Posner and S. E. Petersen : The attention system of the human brain, *Annual Review of Neuroscience*, **13**, 25-42, 1990
4) R. D. Rafal, M. I. Posner, J. H. Friedman, A. W. Inhoff and E. Bernstein : Orienting of visual attention in progressive supranuclear palsy, *Brain*, **111**, 267-280, 1988
5) S. E. Peterson, D. L. Robinson and J. D. Morris : Contributions of the pulvinar to visual spatial attention, *Neuropsychology*, **25**, 97-105, 1987
6) R. D. Rafal & M. I. Posner : Deficits in human visual spatial attention following thalamic lesions, *Proceedings of National Academic Science USA*, **84**, 7349-7353, 1987
7) R. Desimone, M. Wessinger, L. Thomas and W. Schneider : Effects of deactivation of lateral pulvinar or superior colliculus on the ability to selectively attend to a visual stimulus, *Society for Neuroscience Abstracts*, **1**, 162, 1989
8) R. H. Wurtz, M. E. Goldberg and D. L. Robinson : Behavioral modulation of visual responses in monkeys : Stimulus selection for attention and movement, *Progress in Psychobiology and Physiological Psychology*, **9**, 43-83, 1980
9) W. R. Brain : Visual disorientation with special reference to lesions of the right cerebral hemisphere, *Brain*, **64**, 244-251, 1941
10) G. Gainotti, P. Messerli and R. Tissot : Qualitative analysis of unilateral spatial neglect in relation to laterality of cerebral lesions, *Journal of Neurology Neurosurgery and Psychiatry*, **35**, 545-550, 1972
11) J. McFie and O. L. Zangwill : Visual-constructive disabilities associated with lesions of the left cerebral hemisphere, *Brain*, **83**, 243-250, 1960
12) M. I. Posner, J. A. Walker, F. J. Friedrich and R. Rafal : Effects of parietal injury on covert orienting of visual attention, *Journal of Neuroscience*, **4**, 1863-1874, 1984
13) M. Corbetta, F. M. Miezin, G. L. Shulman, and S. E. Peterson : A PET study of visuospatial attention, *Journal of Neuroscience*, **13**, 1202-1226, 1993
14) B. C. Motter : Focal attention produces spatially selective processing in visual cortical areas V1, V2, and V4 in the presence to interruption, *Journal of Neurophysiology*, **70**, 909-919, 1993
15) G. R. Mangun, S. A. Hillyard and S. J. Luck : Electrocortical substrates of visual selective attention, In Attention and Performance XIV (eds. D. E. Meyer and S. Kornblum), MIT press, Cambridge, MA, pp. 219-243, 1993
16) H. J. Heinze, S. J. Luck, G. R. Mangun and S. A. Hillyard : Visual event-related potentials index focused attention within bilateral stimulus arrays : I. Evidence for early selection, *Electroencephalography and Clinical Neurophysiology*, **75**, 511-527, 1990
17) S. J. Luck, S. A. Hillyard, M. Mouloua, M. G. Woldorff, V. P. Clark and H. L. Hawkins : Effects of spatial cueing on luminance detectability : Psychophysical and electrophysiological evidence for early selection, *Journal of Experimental Psychology : Human Perception and Performance*, **20**, 887-904, 1994
18) R. Rafal and L. Robertson : The Neurology of Visual Attention, In The Cognitive Neurosciences (ed. M. S. Gazzaniga), MIT Press, pp. 649-663, 1995
19) R. Tegner and M. Levander : Through a looking glass. A new technique to demonstrate directional hypokinesia in unilateral neglect, *Brain*, **114**, 1943-1951, 1991
20) A. R. Luria : Disorders of "simultaneous perception" in case of bilateral occipitoparietal brain injury, *Brain*, **82**, 437-449, 1964
21) R. Egly, J. Driver and R. D. Rafal : Shifting visual attention between objects and locations : Evidence from normal and parietal lesion subjects, *Journal of Experimental Psychology : General*, **123**, 161-177, 1994
22) G. W. Humphreys, C. Romani, A. Olson, M. J. Riddoch and J. Duncan : Non-spatial extinction following lesions of the parietal lobe in humans, *Nature*, **372**, 357-359, 1994
23) S. J. Luck, M. Girelli, M. T. McDermott and M. A. Ford : Bridging the gap between monkey neurophysiology and human perception : An ambiguity resolution theory of visual selective attention, *Cognitive Psychology*, **33**, 64-87, 1997
24) J. Moran and R. Desimone : Selective attention gates visual processing in the extrastriate cortex, *Science*, **229**, 782-784, 1985
25) M. S. Beauchamp, R. W. Cox and E. A. Deyoe : Graded effects of spatial and featural attention on human area MT and associated motion processing areas, *Journal of Neurophysiology*, **78**, 516-520, 1997
26) M. Corbetta, F. M. Miezin, S. Dobmeyer, G. L. Shulman and S. E. Petersen : Selective and divided attention during visual discriminations of shape, color, and speed : Functional anatomy by positron emission tomography, *Journal of Neuroscience*, **11**, 2383-2402, 1991
27) F. A. W. Wilson, S. P. O Scalaidhe and P. S. Goldman-Rakic : Dissociation of object and spatial processing domains in primate prefrontal cortex, *Science*, **260**, 1955-1958, 1993
28) 佐々木由香, 宮内 哲, 藤巻則夫, 多喜乃亮介, B. Pütz : Functional magnetic resonance imaging (fMRI) による視空間注意の研究, 生理心理学と精神生理学, **15**(2), 67-75, 1997
29) R. Soria and R. Srebro : Event-related potential scalp fields during parallel and serial visual searches, *Cognitive Brain Research*, **4**, 201-210, 1996
30) S. J. Luck and S. A. Hillyard : Electrophysiological evidence for parallel and serial processing during visual search, *Perception and Psychophysics*, **48**, 603-617, 1990
31) M. Corbetta, G. L. Shulman, F. M. Miezin and S. E. Petersen : Superior parietal cortex activation during spatial attention shifts and visual feature conjunction. *Science*, **270**, 802-805, 1995
32) A. Cohen and R. B. Rafal : Attention and feature integration : Illusory conjunctions in a patient with parietal lobe lesions, *Psychological Science*, **2**, 106-110, 1991
33) A. Arguin, P. Cavanagh and Y. Joanette : Visual fea-

ture integration with an attention deficit, *Brain and Cognition*, **24**, 44-56, 1994
34) L. Robertson, A. Treisman, S. Friedman-Hill and M. Grabowecky: The interaction of spatial and object pathways: Evidence from Balint's syndrome, *Journal of Cognitive Neuroscience*, **9**, 295-317, 1997
35) M. Husain, K. Shapiro, J. Martin and C. Kennard: Abnormal temporal dynamics of visual attention in spatial neglect patients, *Nature*, **385**, 9, 154-156, 1997
36) S. R. Jackson, R. Marrocco and M. I. Posner: Networks of anatomical areas controlling visuospatial attention, *Neural Networks*, **7**, 6/7, 925-944, 1994
37) M. M. Mesulam: A cortical network for directed attention and unilateral neglect, *Annals of Neurology*, **4**, 309-325, 1981
38) R. Desimone and J. Duncun: Neural mechanisms of selective visual attention, *Annual Review of Neuroscience*, **18**, 193-222, 1995
39) J. S. Baizer, L. G. Ungerleider, and Z. Desimone: Organization of visual inputs to the inferior temporal and posterior parietal cortex in macaques, *Journal of Neuroscience*, **11**, 168-190, 1991
40) 彦坂興秀：注意の神経機構, 岩波講座認知科学 9, 注意と意識, 岩波書店, pp. 161-168, 1994

12

視覚と他感覚との統合

12.1 視覚と聴覚の統合

12.1.1 位置知覚における視覚と聴覚の統合

音源の位置知覚の精度に視覚が重要な役割を果たしていることは古くから知られている[1~3]．その仮説としてはいろいろあるが，視覚によって空間座標が明確になり，音源の位置知覚も明瞭になるというのが説得力のあるものである．ここでは，音源の知覚位置の誤差が視覚情報の有無によってどのように変化するかを調べた研究，視覚刺激によって音源の位置知覚がどのように影響を受けるかということを調べた研究，および実生活で体験するテレビ視聴時における音源の位置知覚に関する研究を通じて視覚と聴覚の統合について述べる．

Sheltonら[4]は，スピーカーアレイを用いて音源の知覚位置の誤差に視覚情報がどのようにかかわるかを報告している．実験では，8個のスピーカー(径：11.5 cm)を2.25 m離れたところにスピーカー間角度11°でリング状に配列し，白色雑音バースト(200 m，72 dB (SPL))を呈示し，ゴーグルで目隠しをした場合としない場合で音源の知覚位置誤差がどのように変わるかを調べている (SPLは音圧レベルの基準値)．スピーカーを前面，頭の後ろ，左側および前面の上下方向に配置し，それぞれ視覚情報の有無でどのように音源の知覚位置の誤差が変化するかを80名の被験者で評価している．その結果，スピーカーが前面に配置されている場合は図12.1に示すように，視覚情報があると明らかに音源の知覚位置の誤差が小さくなっていることがわかる．ただし，横軸はスピーカーの位置を角度で示したもので，正面を0°，右方向を正にとったときの角度を示す．縦軸は平均誤差であり，縦棒は被験者によるばらつきを標準偏差で表したものである．平均すると視覚情報のある場合の誤差は1.20°で，ない場合は3.98°であった．

ところが，図12.2に示したように，スピーカーが頭の後方に配列されて見えない場合には，ゴーグルを付けてもはずしても大きな差異はない．この場合の平均誤差は視覚情報ありで5.71°，なしで5.46°であった．一方，スピーカーが左側に配列されて半分が見えている場合には，図12.3に示した

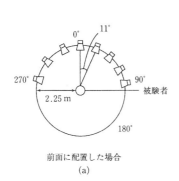

前面に配置した場合
(a)

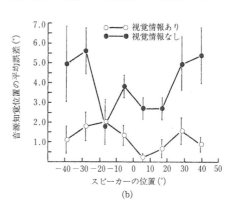

(b)

図12.1 スピーカーアレイを前面に置いたときの音源位置の知覚精度
(a)配置図，(b)視覚あり(●)となし(○)との比較．横軸がスピーカーの位置を角度で示し，縦軸は知覚精度(角度)で縦線が標準偏差．

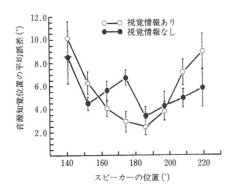

図 12.2 スピーカーアレイを頭の後ろに置いたときの音源位置の知覚精度

視覚あり(●)となし(○)との比較. 横軸がスピーカーの位置を角度で示し, 縦軸は知覚精度(角度)で縦線が標準偏差.

ように, 視覚情報の影響は優位であり, スピーカーが見える領域であると誤差の差は8.74°にまでになる. しかし, 見えない領域では, その差は0.35°にすぎない. さらに, 図12.4に示したように, スピーカーが上下方向に配列されている場合には, 見える場合と見えない場合では傾向は同じであった. しかし, 見える領域(0°以下)では視覚情報の影響は明瞭であり, 音源の知覚位置の誤差を減少させている. 以上から, 音源の位置を直接見ることができるか否かということが位置知覚に大きく影響することがわかる.

弓削ら[5]は, 位置的に光点と音源とがずれた場合, どの程度ずれるとその位置知覚のずれがわかるかを調べている. 音源の位置がずれている場合, そのずれがあまり大きくないときには引込み現象が生

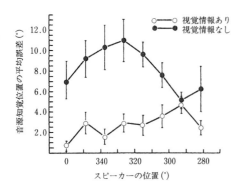

図 12.3 スピーカーアレイを左側に置いたときの音源位置の知覚精度

視覚あり(●)となし(○)との比較. 横軸がスピーカーの位置を角度で示し, 縦軸は知覚精度(角度)で縦線が標準偏差.

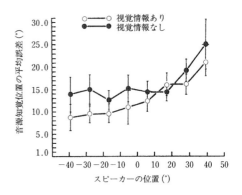

図 12.4 スピーカーアレイを上下に置いたときの音源位置の知覚精度

視覚あり(●)となし(○)との比較. 横軸がスピーカーの位置を角度で示し, 縦軸は知覚精度(角度)で縦線が標準偏差.

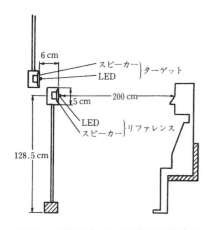
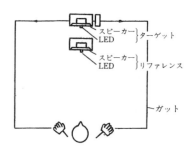

図 12.5 光刺激(スポット光)と音刺激(バースト音)が位置的にどの程度ずれるとそれらが分離して知覚されるようになるかを調べるための実験システム

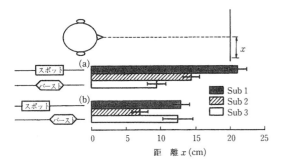

図 12.6 光刺激と音刺激が位置的に分離して知覚されるときの両者の距離
(a) 光と音が同時に提示された場合, (b) 音が光より 500 ms 遅れて提示された場合.

じ,音が光の位置から聞こえてくるように感じられる.

図12.5は実験システムを示したもので,暗室内に点灯するスポットと小さなバースト音を出す小さなスピーカーを被験者の2m前方に配置したものであり,スポットとスピーカーは被験者のもっている細い紐(ガット)を引っ張ることで,左右に自由に動かせるようになっている.例えば,スポット(赤色)を被験者の正面に500 ms間提示し,同時にスピーカーから白色雑音バースト(500 ms, 50 dB (SPL))を出して,その方向が一致しなくなるまで被験者自身でスピーカーを移動させるという実験を行うと,図12.6のような結果が得られる.図中(a)はスポットとバーストがやっと位置的に分離して知覚される限界を示したものであるが,スポットとバーストが同時に提示された場合には両者の距離が約15 cm以内になるとバーストがスポットの位置から聞こえてくるようになることを示している.(b)はスポットをバーストより500 ms前に提示して同様の実験を行ったものであるが,やはり10 cm程度で光による音の位置知覚の引込み現象が生じていることがわかる.視覚と聴覚の空間的な関連性を示す特異的なニューロンがあることは古くから知られている.ネコに視覚刺激を与えながら,クリック音の位置を少しずつ移動していくと,ちょうど水平角が視覚受容野と重なる位置にスピーカーを置いたときに,音に対する明らかな応答が上丘で発見されている[6].ヒトの場合にもこのようなニューロンが存在していて,画像と音像の引込み現象が生じることが想像される.

ところで,上記の実験では,暗闇のなかに突然1対の点光源と点音源が現れるというもので,われわ

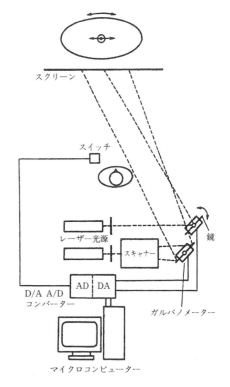

図 12.7 周辺視が音源の位置知覚に及ぼす影響を調べるための実験システム

れが物を見るときには対象物とその背景が存在し,しかもそれらが動いているという状況が一般的である.この対象物と背景は,視覚では中心視と周辺視が相当する.周辺視が中心に与えた光や音の位置知覚にどのような影響を与えるかを調べるのも感覚統合の特性を把握するうえで重要となる[7].図12.7は,被験者の前面250 cmのところにレーザー光で描いた楕円(短径68 cm,長径90 cm,赤色)を周辺視として与え,中心にスポット(赤色)およびスピーカーを配置したものである.この実験システムで,スポットや楕円を左右に正弦波状に動かしたとき,動かす周波数によって音像の引込み現象がどのように変化するかを調べると,図12.8のようになる.図中(a),(b)の横軸はスポット光の動きの周波数,縦軸はスポットと音像とが位置的に融合して知覚される限界のスポット光の振幅を表している.

図12.8(a)は楕円を提示せずにスポットだけを左右に最大22.5 cm動かした場合,図12.8(b)は楕円を提示して同様の実験をした場合の結果を示している.両者を比較してわかるように,いずれも0.5 Hz程度で音像の引込み現象はなくなり,音源

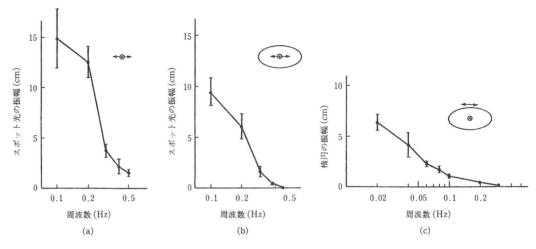

図 12.8 図 12.7 の実験システムの結果
(a) 周辺に何も提示せずにスポット光だけを左右に動かしたとき音源の位置がどのように知覚されるかを求めたもの，(b) 周辺に楕円を提示して同様の実験をした場合，(c) スポット光を固定して楕円のみを動かした場合．

の位置は固定されてスポットだけが動いているように知覚される．ところが，楕円を提示することによって，引込み現象が弱くなっている．言い換えるならば，周辺視の存在によって音源の位置を知覚する手がかり，すなわち座標が形成され，その座標があることにより音源の定位がより明確になることが想像される．周辺視は音源定位の座標にも関与していることになる．図12.8(c)では，スポットは固定され，周辺に提示される楕円が動くのであるが，その動きが緩やかな場合には楕円が静止して中心のスポットと音源が楕円と逆方向に動いているように知覚される．図中(c)の横軸は楕円の動きの周波数，縦軸はスポットと音像が一緒に楕円と逆方向に動いて知覚される限界の楕円の動きの振幅である．このことからも楕円で形成された座標が，音源定位の座標にもなっていることが推論される．

視覚刺激や聴覚刺激に意味がある場合には，現象はもっと複雑になる．テレビや映画を見ているときに音声があたかも映像から出ているように感じる腹話術効果 (ventriloquism effect) などはそのよい例である．ところで最近，テレビ画面の大型化やバーチャルリアリティの普及に伴い，映像と音源の位置知覚のずれが問題となっている．八木[8]は20インチのテレビモニターと実音源を用いて評価実験を行い，ニュースのアナウンスの場合には映像とスピーカーが8°以上ずれると半数以上の人が違和感を覚えると報告している．また，中林ら[9]は映像を注視した場合の実際の音像定位方向を評価実験により求

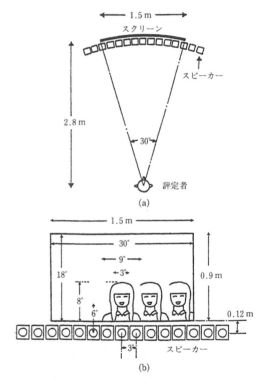

図 12.9 テレビモニターと実音源を用いた実験
(a) 上から見たスピーカーアレイと大画面テレビ映像の配置と評定者の位置，(b) 評定者から見たスピーカーアレイと大画面テレビ映像の配置．

め，映像と提示音像のずれが10°以内であれば音像は映像のほうに強く引かれ，20°以上ずれれば映像の影響をほとんど受けないことを明らかにしてい

る．以上のような背景のもとで小宮山[10]は大画面特有の性質に着目した実験を行い，大画面映像が音源の位置知覚に及ぼす影響の性質を調べている．以下では，実音像を用いて定位の「ずれ」の許容限と検知限を調べた結果について示す．

実験では，図12.9(a)に示したように，スクリーンの下に3°おきにスピーカーを配置した．ただし，スピーカー群はサランネットで覆い評定者からは見えないようにした．図12.9(b)には，評定者から見たスクリーン，映像，スピーカーの位置関係および映像の概略図を示した．評定者（成人男子10名）は映像を注視しながら音像の定位方向を，音像方向と比べて，①右側で不自然である，②右側だが許容範囲内である，③一致している，④左側だが許容範囲内である，⑤左側で不自然である，の5段階のカテゴリーで応答させた．部屋の照明は暗くし，音の強度は65dBである．音像の定位方向が映像と一致している（カテゴリー③）と応答し

た比率を図12.10に，定位のずれが許容範囲内（カテゴリー②，③，④）と応答した比率を図12.11に示した．横軸は正面を0°，右方向を正にとったときの角度を示す．図中の映像提示位置とは人物像の口の位置の水平方向角である．

図12.10から各グラフが50％となる角度，すなわち各映像に対する音像定位のずれの検知限は約4°であることがわかる．また，同様にして図12.11から許容限は平均8°であることがわかる．映像が右側にあるか左側にあるかによって結果は若干異なるが，意味のある映像と音像でも位置知覚において明らかに統合が成立しているといえよう．

　　　　　　　　　　　　　　　　　［伊福部　達］

文　献

1) C. V. Jackson : Visual factors in auditory localization, *Quarterly Journal of Experimental Psychology*, **5**, 52-65, 1953
2) B. Jones : Spatial perception in the blind, *British Journal of Psychology*, **66**, 461-472, 1975
3) D. H. Warren : Intermodal interactions in spatial localization, *Cognitive Psychology*, **1**, 114-133, 1970
4) B. R. Shelton and C. L. Searle : The influence of vision on the absolute identification of sound-source position, *Perception & Psychophysics*, **28**, 589-596, 1980
5) 弓削とよ，伊福部　達：音像定位に及ぼす光刺激の影響，音響学会聴覚研究会資料，H-81-32, 1981
6) F. Morrel : Visual system's view of acoustic space, *Nature*, **238**, 44-46, 1972
7) 弓削とよ，伊福部　達：音像定位に及ぼす周辺視の影響，音響学会聴覚研究会資料，H-83-1, 1983
8) 八木信忠：音声多重放送とその問題点，映画テレビ技術，**315**, 24-28, 1978
9) 中林克己，辻本　廉，二階堂誠也：ステレオ音像とテレビ映像の相互作用に関する基礎実験，音講論集，2-5-10, 1979
10) 小宮山　摂：大画面テレビ視聴時における音像定位，日本音響学会誌，**43**, 664-669; 1987

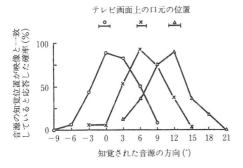

図12.10　音像の定位方向が映像と一致したと応答した比率
　　　横軸は音源の位置を角度で示したもので，縦軸は応答比率．

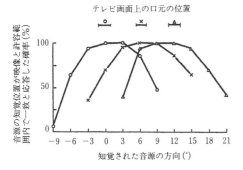

図12.11　音像の定位方向が映像とのずれが許容範囲内と応答した比率
　　　横軸は音源の位置を角度で示したもので，縦軸は応答比率．

12.1.2　言語知覚における視覚と聴覚の統合

人間の言語は，主に文字または音声によって伝達される．すなわち，われわれは視覚と聴覚の2つの感覚から得られる情報を言語として理解する能力をもっている．われわれは，普段，眼から得られる情報と耳から得られる情報が互いに影響を及ぼしあっていることを意識することはあまりない．しかしながら，眼と耳からの情報はほとんどつねに同時に入力されており，あるときは協調的に，あるときは並列に，またあるときは排他的に処理がなされていると考えられる．本項では，人間の言語情報処理過程のうち最も基本的なレベルであると考えられる音韻の知覚において視覚が聴覚に影響を及ぼしている例

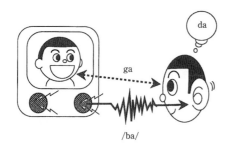

図12.12 マガーク効果の概念図

を示しながら，視覚情報と聴覚情報の統合過程について概説する．

a. 唇画像が音韻知覚に及ぼす影響（マガーク効果）

　顔画像が音声の聞き取り能力を向上させることが知られている．聴覚に障害のある者や聴覚的能力の衰退した老人においてこの傾向が顕著にみられるが，健聴者においても雑音などで音声情報の品質が劣化している場合には，音声単独で提示される場合に比較して顔画像が同時に提示されるとその聞き取り能力が向上する．

　これに対し，McGurkとMacDonald[1]は，音声だけを聞いた場合には90％以上の確率で実際に提示した音韻に正しく聞こえる明瞭度の高い音声であっても，実際の音韻とは異なる音声を発声している画像を同時に提示すると，とくに読唇術の訓練を受けていない一般の人においても音韻の知覚に変化が生じることを報告した．例えば，/ba/-/ba/と発声された音声と同時に/ga/-/ga/と発声している顔が提示されると/da/-/da/に聞こえるという現象で，一般にマガーク効果（McGurk effect）と呼ばれている（図12.12）．

　しかし，顔画像情報がいつどのように処理されて実際の音韻の知覚に影響を及ぼしているのかなど，マガーク効果が起こる過程は必ずしも明らかになっているわけではない．

　音韻の知覚過程は，聞き手のもっている言語体系に存在する音韻のなかから，実際に入力された音声の特徴と最もよく一致する1つの音韻を選択する過程であると考えることが可能である．ここで例にあげたマガーク効果に関係する音韻/ba/，/da/，/ga/の知覚において重要となるのは調音位置と呼ばれる特徴（唇音：/ba/など，歯茎音：/da/など，軟口蓋音：/ka/など）である（表12.1）．なぜならば，顔画像を見た際に最も明確に判別可能な情報は唇が閉じたか閉じなかったかの区別であり[2]，この唇を閉じたか否かの情報は，唇音と非唇音の弁別と直結する情報であるからである．例えば，顔画像/ga/は非唇音である/ga/のもつ調音位置情報としてとらえることができる．一方，実際の音韻/ba/は音響的に唇音の情報をもっている．マガーク効果は実際の音韻/ba/と顔画像/ga/の調音位置情報が融合(fusion)されて，その中間である/da/に聞こえるのだと解釈することが可能である．さらに，GreenとKuhl[3]は唇画像情報から得られる調音位置情報と音声の有声音と無声音の識別情報として知られている声道の開放時点から有声の開始までの時間（有声開始時刻，voice onset time, VOT）情報とが統合されて音韻の知覚が成立していることを確認している．

表12.1　有声/無声，調音位置の違いによる音韻種別

	唇音	非唇音	
		歯茎音	軟口蓋音
無声音	/ba/	/da/	/ga/
有声音	/pa/	/ta/	/ka/

　一般にマガーク効果はかなり強い現象として受け入れられているが，SekiyamaとTohkura[4]は，日本人はアメリカ人に比較してマガーク効果が起こりにくいことを報告している．また，中国人においてもやはりマガーク効果が起こりにくい[5]ことが確認されている．これらのことは，視覚情報と聴覚情報の統合のされ方が言語間あるいは民族間で異なるということを示している．Sekiyamaらは，このマガーク効果の起こりやすさの違いは，対面対話状況において顔を見ながら話すことの多い欧米人とあまり相手の顔を直視しない東洋人の国民性の違いによるのではないかと考察している．また，日本語に比較して英語では母音や子音種が多いため唇の動きを積極的に利用する傾向があるとも考えられる．さらに，[f]，[th]，[v]など，外部から観測できる唇の形状や動きによって比較的容易に識別可能な子音が多く存在することなどもマガーク効果の起こりやすさの違いの要因としてあげられる．しかし，一般にマガーク効果が起こりにくいとされる日本人においても，音声に雑音を重畳したりして音声の明瞭度を低下させれば，マガーク効果の起こる率が上昇することが確認されている[6]．

　以上のことから，マガーク効果の起こりやすさは，視覚情報が音韻の知覚に対してどれほど有意義

な情報であるかに依存するといえる．すなわち，それぞれの言語の音韻体系における音韻種の多さや音韻間の特性の類似性，あるいは雑音などによる音声の明瞭度の劣化により，知覚されるべき音声（聴覚情報）のあいまい性が大きい場合にマガーク効果は起こりやすいといえる．

MacDonald と McGurk[7] は，マガーク効果をモーター理論[8]によって説明可能であると述べている．モーター理論は，音声知覚過程を，情報を受け取って解析する受け身の処理としてとらえるだけではなく，音声を発声する際の調音過程と関連づけた能動的な過程としてとらえるものである．すなわち，音声の発声に伴う唇の動きや舌の動きの指令は，聴者の脳内でも模擬的に起動しているとする．そして，聴者は模擬的に脳内の調音活動を起動することによって音韻の予測を可能にしていると考える．マガーク効果においては，顔画像情報が模擬的な脳内の調音活動を喚起させることによって音声の知覚に影響を及ぼしていると考える．

以上に示したマガーク効果の起こりやすさの要因やモーター理論による説明を考えると，マガーク効果は音韻の発声と唇の動きの関係を経験的に学習した結果起こる現象であるように思われる．実際，生後18〜20週の乳児においても発声している顔画像と音声の対応関係を認識できるという報告[9]もあり，人間の脳内で唇の形状や動きと発声される音韻の関係は言語発達の早い段階から強固に関連づけられて記憶されていると考えられる．

一方，マガーク効果の起こり方には一般に非対称性があることが知られている．例えば，唇音（/ba/ や /pa/）を音声で，非唇音（/ga/ や /ka/）を画像で同時に提示した場合のほうがその逆の場合よりマガーク効果は強いといわれている．すなわち，音声開始時点で唇が閉じていない（すでに唇が開いている）という情報は閉じている（まだ開いていない）という情報より音声に対する影響が強いといえる．しかしながら，この非対称性の要因についてはまだ不明な点が多く残されている．

音声も唇の動きも時間的変化を伴った情報として入力されるため，どの時点で，どのような視聴覚情報が統合されるのかがマガーク効果の解明において重要な鍵となる．音声の開始時と画像の開始時を200 ms程度ずらして提示した際にも，マガーク効果が見られることが知られている[10]．このことは少なくとも数百 ms 以上のまとまった単位で視聴覚情報の統合を行うことができることを示している．これは，視覚は視覚，聴覚は聴覚で処理される機構と，それらの処理結果を時間を補正した形で統合する機構が存在することを示唆する．一方で，Shigeno[11] は，音声 /ba/ と唇 /ga/ の融合現象が起きたときに聞こえる /da/ は，実際の音声 /ba/ や /da/ の「聞こえ」とは異なることから，音声と一致しない唇情報が同時に与えられた場合の音声は，実際に与えられた音声とは異なるあいまいな音声として脳内で表現されているとし，視聴覚情報の統合は視聴覚それぞれがそれぞれの情報を処理した後の音韻の判断の段階で初めて統合されるのではなく，それより前の段階ですでに統合がなされている可能性を示した．

ここまでは，主に心理実験手法によってとらえたマガーク効果について紹介した．一方で，近年，脳波（EEG, electroencephalography）をはじめとして，脳磁図（MEG, magnetoencephalography），機能的磁気共鳴像（fMRI, functional magnetic resonance image），陽子放出断層像（PET, positron emission tomography）などを用いて，脳の活動を直接的に計測することが可能となっている．これらを利用して視聴覚相互作用が起こっているときの脳の活動を直接観測することにより，心理実験のように「何に聞こえたか」を事後反応させるタスクでは解明が困難であった視聴覚情報の統合過程の時間的側面や，統合過程と脳の機能および構造との関係を解明することが可能になると期待されている．

例えば，マガーク効果において唇の動きの情報が聴覚野で統合されていることを示唆するデータ[12]や，視覚および聴覚の比較的独立な情報処理機構の存在を示唆するデータ[13]などがすでに報告されている．しかしながら，このような脳の活動を直接測定する脳イメージング手法の信頼性にはまだ問題が残るとの指摘もあり，今後の研究の発展が待たれるところである．

以上の実験により示された現象を総合的に考えると，マガーク効果における視覚情報と聴覚情報の統合は，それぞれの処理のさまざまな処理レベルにおいて行われている可能性が高いといえる．

b．文字情報が音韻知覚に及ぼす影響

文字と音声の処理は，情報を発する側の意図や概念を理解するという共通の処理過程を含んでおり，脳内の言語情報処理機能を共用していると考えられる．では，文字と音声の処理過程はどの程度影響を

及ぼしあっているだろうか．

　Dijkstraら[14]は，文字を直前に提示することによって音節の二者択一選択反応時間が短くなることから，様相間プライミング効果(cross-modal priming effect)の存在を示した．例えば，音声呈示される音節(/ka:/や/pe:/)の母音が/a:/であるか/e:/であるかの選択反応時間は，音声が呈示される前に"A"という文字が呈示される場合には，音韻的情報をもたない"*"が呈示される場合よりも速い．

　また，近藤と筧[15]は，雑音によって明瞭度の低下した音節の知覚が同時に提示される文字(ひらがな)によって明瞭度が上昇したり音韻知覚が変化することを報告した．しかし，文字の影響によってマガーク効果にみられる融合現象(fusion)は起きず，文字情報の影響は音韻範疇的であるとしている．例えば，音声/ba/に対して文字「が」を提示すると/ga/と聞こえる割合は有意に上昇するが，マガーク効果のように/da/とは聞こえない．

　さらに，近藤と筧[16]は，単語中のある一音節を雑音で置換または雑音を重畳した音声刺激に対して，音声刺激に対応した意味関連語や，音声刺激と読みが同じだが非単語である擬似同音語を同時に視覚呈示すると，雑音部の認識率が上昇することを報告した．また，音声刺激に非単語を用いた場合においても，同時に呈示される文字の読みが一致している場合には雑音部の認識率が上昇することを示した．近藤ら[15,16]は以上のどちらの実験においても音声自体の明瞭度が極端に低く音韻がほとんど聞き取れない場合はもはや文字提示によって音韻の認識率が上昇しないことから，文字の影響は，雑音などの影響で音声にあいまい性があり音韻知覚の決定段階においても候補が複数存在する場合において文字情報が利用されているとしている．

　一方，Frostら[17]は，雑音中の音声の検出課題において，音声と一致した文字単語を同時に呈示することによって，雑音中に音声があったと答える傾向が増大することを示した．また，非単語音声刺激を用いるとこの傾向は弱くなることも示した．

　以上にあげた実験結果から共通して示されることは，文字は即座に音韻情報に変換(音韻的符号化)されて音声情報と統合されるということである．また，近藤ら[16]の結果から，文字のもつ意味的情報も音声知覚に影響を及ぼしているといえる．一方，Frostら[17]は，統合過程には語彙的情報が必須であると結論しているのに対して，近藤ら[16]は，語彙情報と関係なく文字のもつ音韻列情報が音声知覚過程に影響を及ぼす過程が存在すると述べている．この違いは，両実験のタスクの違いによるものが大きいと考えられる．

　また，脳波測定を用いた研究では，Ruggら[18]の研究が代表例としてあげられる．Ruggらは，刺激を与えるとその刺激に呼応して観測される事象関連電位(ERP, event related potential)が，ある刺激が1度目に出現したときと2度目に出現したときで異なる(くり返し効果, repetition effects)ことを利用した実験を行った．その結果，刺激が単語であるか非単語であるか，くり返しが様相内(within modality)か様相間(across modality)かによって，くり返し効果の強さ，時間特性，活動部位が異なることが示された．例えば，刺激が単語である場合には，文字-音声の順のくり返しにおいても文字-文字のくり返しとほぼ同様の強いくり返し効果がみられるが，非単語の場合には弱くなる．これは，文字-音声のくり返し効果が語彙と大きな関連をもっていることを示している．

　ここで示した実験例を総合的に考えると，文字の影響は音韻範疇的であり，語彙的影響を受けるものであることなどから，文字と音声情報の統合は音韻を判断する知覚の最終段階で主に起こっているといえる．

c．文字情報が音韻知覚に及ぼす影響とマガーク効果の比較

　音声を発する唇の動きはそこから発声される音声と一致している必然性がある．しかし，文字情報と音声情報はたとえ同時に提示されたとしても，それらが同じ情報を示している必然性はない．また，文字情報が確定的な音韻情報をもっているのに対し，唇画像情報はそれ自体では音韻を確定するだけの情報はもっておらず，調音位置の情報は音韻の決定に関して部分的情報のみをもっている．文字情報の影響が音韻範疇的であったのに対し，マガーク効果においては音声/ba/と同時に唇画像/ga/を提示した場合に/da/と聞こえる融合現象がみられるのは，この情報の質の違いに要因を求めることができる．唇音と非唇音の区別に比べ，歯茎音と軟口蓋音の区別は唇画像情報からだけでは明確でなく，唇画像情報によって/ba/ではないとわかっても，それが/da/か/ga/であるかがあいまいなために融合現象が起こると説明することが可能である．

以上をまとめると,唇画像情報および文字情報が音韻知覚に影響を及ぼす現象は,視覚から得られる特徴情報と音声から得られる特徴情報が統合され,音韻の決定がなされるという観点では共通しているものの,統合される情報の質や統合の起こるそれぞれの処理レベルやタイミングは異なっていると考えられる.

d. 視聴覚情報の統合過程のモデルとその脳内表現の解明へ向けて

現在,異なる感覚からの情報の統合過程を説明可能なモデルがいくつか提唱されている.例えば,McClellandとRumelhertの相互活性化モデル(interactive activation model)[19]やMassaroのFLMP (fuzzy logical model of perception)[20]が代表例としてあげられる.McClellandらの相互活性化モデルは,いわゆるPDPモデル(pararell distributed processing model)として発展している.このモデルでは,ノードとリンク,そして,そのリンクの重み付けによって,様相(モダリティ,modality)に依存しない統一的な表現が可能であることから,さまざまな処理過程のモデルとして受け入れられている.また,FLMPも,情報の統合という概念においてはPDPモデルと類似した考え方のモデルといえるが,ファジィ論理を用いている点,入力モダリティにかかわりなく複数の入力情報は独立に処理され,それぞれの入力に対応する脳内での表現はほかの情報に影響を受けないとしている点でPDPモデルと異なっている.なお,両モデルとも現在でも改良,修正が進んでいるところであり,今後とも注目に値する.

ここで示したモデルは,残念ながら現象の説明モデルの域を出ていない.本項で紹介した視覚が聴覚に影響を及ぼす現象を明確にとらえる意味において,視聴覚情報の統合過程のモデルは以下の要件を満たしていることが望まれる.まず,入力タイミングや動きなどの時間情報を含む視聴覚それぞれの入力情報の特徴と,特徴間の関係の知識を明確に表現しうる表現形式をもつモデルでなければならない.次に,1つの事象としてとらえられる範囲のあらゆる特徴情報が,それぞれの処理の適切な段階,タイミングで統合されて知覚が生じる過程を明確に表現しうる機構をもつモデルでなければならない.そして,これらの表現形式や機構と脳の構造や機能のモジュールとの対応関係を明確にしたモデルでなければならない.　　　　　　　　　　　[近藤公久]

文献

1) H. McGurk and J. MacDonald: Hearing lips and seeing voices, *Nature*, **264**, 746-748, 1976
2) B. E. Walden, R. A. Prosek, A. A. Montgomery, C. K. Scherr and C. J. Jones: Effects of training on the visual recognition of consonants, *Journal of Speech and Hearing Research*, **20**, 130-145, 1977
3) K. P. Green and P. K. Kuhl: The role of visual information in the processing of place and manner features in speech perception, *Perception & Psychophysics*, **45**, 34-42, 1989
4) K. Sekiyama and Y. Tohkura: McGurk effect in non-English listeners: Few visual effects for Japanese subjects hearing Japanese syllables of high auditory intelligibility, *Journal of the Acoustical Socioety of America*, **90**, 1797-1805, 1991
5) K. Sekiyama: Cultural and linguistic factors in audio visual speech processing: The McGurk effect in Chinese subjects, *Perception & Psychophysics*, **59**, 73-80, 1997
6) 積山 薫:マガーク効果の強さを規定する刺激要因,日本音響学会聴覚研究会資料,H-96-67,1996
7) J. MacDonald and H. McGurk: Visual influences on speech perception processes, *Perception & Psychophysics*, **24**, 253-257, 1978
8) A. M. Liberman, F. S. Cooper, D. P. Shankweiler and M. Studdert-Kennedy: Perception of the speech code, *Psychological Review*, **74**, 431-461, 1967
9) P. K. Koul and A. N. Meltzoff: The bimodal perception of speech in infancy, *Science*, **218**, 1138-1141, 1982
10) D. W. Massaro, M. M. Cohen and P. M. T. Smeele: Perception of asynchronous and conflicting visual and auditory speech, *Journal of the Acoustical Socioety of America*, **100**, 1777-1786, 1996
11) S. Shigeno: The use of auditory and phonetic memories in the discrimination of stop consonants under audio-visual presentaiton, Proceedings of International Conference on Spoken Language (ICSLP 94), pp. 1435-1438, 1994
12) M. Sams, R. Aulanko, M. Hamalainen, R. Hari, O. V. Lounasmaa, S.-T. Lu and J. Simola: Seeing speech: visual information from lip movements modifies activity in the human auditory cortex, *Neuroscience Letters*, **127**, 141-145, 1991
13) 今泉 敏,森 浩一,桐谷 滋,湯本真人,世木秀明:視聴覚統合過程の脳磁図・脳波による解析,電気学会研究会,MAG-97-55,1997
14) T. Dijkstra, R. Schreuder and U. H. Frauenfelder: Grapheme context effects on phonemic processing, *Language and Speech*, **32**, 89-108, 1989
15) 近藤公久,筧 一彦:単音節中の子音知覚に及ぼす文字提示の影響,信学技報,SP93-43,65-72,1993
16) 近藤公久,筧 一彦:音声情報と同時に提示される文字情報の音声知覚に与える影響,音響学会論文誌,**51**(7), 425-436, 1995
17) R. Frost, B. H. Repp and L. Katz: Can speech perception be influenced by simultaneous presentation of print? *Journal of Memory and Language*, **27**, 741-755, 1988
18) M. D. Rugg, M. C. Doyle and T. Wells: Word and non-word repetition within and across-modality: an event-related potential study, *Journal of Cognitive Neuroscience*, **7**, 209-227, 1995
19) J. L. McClelland and D. E. Rumelhert: An interactive

activation model of context effects in letter perception : Part 1. An account of basic findings, *Psychological Review*, 88, 375-407, 1981

20) D. W. Massaro : Speech Perception by Ear and Eye : A Paradigm for Psychological Inquiry, Erlbaum, NJ, 1987

12.2 視覚と体性感覚の統合

12.2.1 形状知覚における視覚と触覚の統合

形という対象物のもつ属性に関する情報は視覚によっても得られるし，触覚によっても得ることができる．触覚的に形状を知覚しようとする場合，手掌に対象物を押しつけても形状を感じられるが，多くの場合は指などで対象物をなぞったり，手で握るなど触運動を行って形状を知覚する．前者は皮膚にある感覚受容器のみによる形状知覚であるのに対して，後者は皮膚感覚に筋感覚と関節感覚および運動指令の情報（遠心性コピー，efferent copy または corollary discharge と呼ぶ）などを統合した結果得られる知覚であり，active touch または haptics と呼ばれる．しかし，実際にはこの2つを明確に分離できないことが多いことから，ここではこれらを一括して触覚と呼び，必要に応じて説明を加える．以下，本項では，視覚による形状知覚と触覚による形状知覚との対応関係に関する研究，形状の知覚における視覚と触覚の優位性に関する研究，さらに，形状に関して視覚情報と触覚情報とを統合することの効果に関する研究を概説する．

a. 形状知覚における視覚と触覚との対応関係

視覚による形状知覚の特性と触覚による形状知覚の特性を比較した研究について，1次元的形状（線分），2次元的形状，3次元的形状それぞれについて述べる．

正面に示された線分に対する視覚的な長さを magnitude estimation 法で計測すると，知覚される長さは物理的な長さとほぼ線形関係，すなわち比例関係にある．これに対し，親指と示指の先端でブロックをはさんだときの指の幅（finger span）による触覚的長さ知覚は物理的長さと線形関係にはなく，指数部が1より大きいべき関数にあてはまる[1]（図 12.13）．このことは，長さが短い場合には触覚的長さは視覚的長さより短く感じられ，長くなると（100 mm 程度）ほぼ視覚的長さと一致してくることを表している．一方，両手の示指を用いて対象物（約 20～840 mm の範囲）を触って magnitude esti-

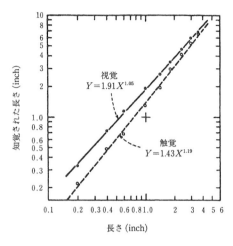

図 12.13 視覚と触覚による長さ知覚の特性

mation を行った場合には，その触覚的長さはほぼ物理的長さに比例する[2]．腕を動かすことで知覚される長さ（約 25～500 mm 範囲の距離）を magnitude estimation および基準長さに対して半分（または2倍）の長さを再生する方法によって調べると，物理的長さと比例する[3]．これらのことは視覚的長さと触覚的長さが線形な関係にあることを意味しているが，finger span を用いたときとの違いは，対象としている長さの違いや触運動における関節可動域の違いなどによると考えられる．

これらの研究は，視覚と触覚とを個別に調べたものであるが，視覚的長さと触覚的長さとの関係を直接的に調べる方法として，視覚的に呈示された長さに対してそれと同じと触覚的に感じられる長さを答えさせる（またはその逆）異種感覚間マッチングテスト（cross-modal matching test）がある．このマッチングテストを用いて，視覚的長さと親指と示指の幅による触覚的長さ対応を調べると，視覚的長さのほうが触覚的長さより長く感じられるが，この差は長さが長くなると減少する[4]．腕を移動させて知覚される触覚的長さと視覚的長さとの対応関係を再生法（視覚的長さと同じと感じられる触覚的長さを腕を動かして再現する）によって調べると，視覚的長さと触覚的長さは線形関係にある[5]．また，一対の対象物の長短の比較を視覚のみの場合と視覚と触覚（対象物を手で自由に触る）の場合と触覚のみの場合を比較すると，これらの条件間で差異が認められないが，誤りは長さが長くなると大きくなる傾向がある[6]．これらの結果は上述した視覚と触覚を個別に調べた結果と矛盾していない結果であるが，

マッチングテストを用いるとその誤差から対応の精度を推定することができる．

2次元の基準形状としてコイン（直径約18～24 mm）を用い，これと同じ大きさと感じられる円板を選ばせることを，視覚のみを用いた場合と視覚に加えて自由に触らせた場合で比較すると，いずれの場合でも，基準のコインと同じ大きさの円板を選択し，視覚と触覚は線形関係にあるといえる[7]．一方，板にあけられた円形の穴の大きさ（直径約3～11 mm）について，視覚，舌の先による触覚，指先による触覚を用いて互いのマッチングテストを行うと，視覚による大きさ感と舌の先による大きさ感は一致するが，指先を用いた場合は視覚および舌先を用いた場合に比べ小さく感じられ，またマッチング誤差は円が小さくなると大きくなる[8]．長方形に関して，視覚的形状と形状の縁を指先でなぞって得られる触覚的形状との対応関係を再生法で求めると，長方形の縦横比が0.5～2.0の範囲では両者は一致するが，縦横比がこれよりも小さかったり大きかったりするとマッチングの精度が悪くなり，正方形に近くなるように再生する傾向がある[9]．

一般的な2次元的形状に関する研究は少ないが，これは一般的な2次元形状を定量化するよい方法がないことが1つの理由である．これに対し，多角形の辺の数によって定量化した2次元形状を用いて，あるサンプルと同一のものを複数個のなかから選ぶタスクを被験者に行わせ，視覚的形状に対応するものを触覚的形状から選ばせる場合とその逆の場合を比較すると，辺の数が4から20のあいだではいずれの条件でも正しくマッチングが行われる．しかし，反応時間で測ったその成績は辺の数に依存しており，辺の数が8のときに最もよく，辺の数が増えると成績は低下する（図12.14）．この傾向は視-触，触-視マッチングテストだけでなく，視覚のみの判別タスクでも同様であり，辺の数によって対応付けの精度が異なることを示している[10]．

このように視覚的知覚と触覚的知覚の対応関係を求めるために異種感覚間マッチングテストが多く用いられるが，一般に同一感覚内ではマッチングの精度は高いが視覚-触覚間では精度は低い[5]．これに対し，形状に関する視覚と触覚のマッチングは十分に学習すればほぼ完全に可能であるともいわれている[11]．また，異種感覚間のマッチングの精度の低さは，慣れや練習の問題だけでなく，マッチングテストにおける時間や記憶の問題もある．子供を被験者

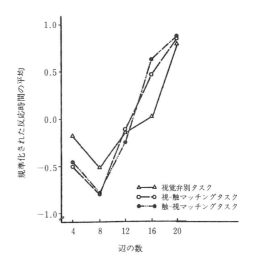

図12.14 2次元形状の視触マッチングの特性

とした場合，視覚と触覚との呈示の時間をずらすとマッチングの成績は低下し[12]，運動感覚の記憶が早く消失することが影響する[13,14]．視覚と触覚の形状のマッチングの成績に影響を与えるほかの要素としては，能動的に対象物に触るか受動的に触るか，また指先の位置が視覚的にフィードバックされるか，などがある[9]．

3次元的形状に関しては，2次元形状より定量的取扱いがさらにむずかしくなるために，形状間の類似性などの主観量の比較をすることになる．一般的な3次元形状を用いて一対比較により視覚的類似性と触覚的類似性を求め，これに対しMDS（多次元尺度構成法）を用いて形状間の近さを2次元配置でみると，視覚と触覚はよく似ており，さらにいずれも大きい-小さい，短い-長い，単純-複雑，狭い-広い，粗い-滑らか，ちらかっている-まとまっている，対称-非対称といった属性と相関が高く，これらの視覚と触覚の明らかな違いは認められない[15]．視覚的に見たり，自由に触ることで得られる3次元形状のバランス感を同様に類似性で評価し，MDSを用いて分析すると，視覚によるバランス感は凝縮感や凹凸感や安定感などさまざまな属性によって決まるのに対し，触覚では重さの配分やその配置の仕方でバランス感が決まるといった違いがある[16]．

b．形状知覚における視覚と触覚の優位性

a．で示した視覚と触覚の対応関係はそれぞれの感覚における形状知覚の特性を反映したものであり，物理的には同一のものであっても，条件によっては視覚と触覚とでは異なるように感じられること

があることになる．しかし，日常生活で視覚と触覚を同時に獲得してもわれわれはそれに違和感を感じることなく対象物を扱っている．このことから，対象物の形状を知覚するときには，ある共通の対象物の知覚表象があり，この知覚表象は視覚的形状情報と触覚的形状情報とを「統合」することで得られるものと考えることができる．このような図式で考えると，対象物形状の知覚表象には視覚情報と触覚情報とが同等に使われるのか，それとも視覚情報の影響のほうが強いのか，触覚情報の影響のほうが強いのかといった感覚間の優位性の議論が起こってくる．

感覚間の優位性を調べるためによく用いられる方法としては，プリズムなどで視覚情報を変形させて視覚情報と触覚情報に矛盾を生じさせたときに，知覚された形状がどちらの感覚に影響を受けているのか調べるプリズム変形実験がある．このプリズム変形実験で得られる結果の多くは視覚の優位性を示している．例えば，直線が曲線となって見えるようなプリズムを用いて実験すると，実際には（触覚的には）直線であっても，曲線として知覚される[17,18]．また2次元的形状でも同様に，長方形の縦横比を変形させるようなプリズムを用いて実験してみると，触覚的には長方形であっても視覚的に正方形に見えれば正方形と知覚される[19～21]．

これに対し，大きさの知覚における視覚の優位性は必ずしも明らかではないという知見もあり[22]，プリズム変形によって直線を曲線として知覚するのも視覚情報による影響だけではなく，対象への指の押圧のパターンの影響がある[23]．鏡で文字（p, q, b, d, M, W）を上下反転させて視覚的に呈示して文字を同定させると，多くの被験者は触覚に依存して答え，触覚が優位である[24]．また，プリズム変形実験では各感覚への情報量をコントロールできていないために優位性の判断にはならないという批判もあり，すりガラスを介することで視覚情報を弱めると触覚に依存して形状が知覚されることが示されている[25]．このほか，形状知覚における視覚の優位性は視野の大きさからくる視覚の情報量の多さによるという考えもあり，視野を触覚並みに狭めると視覚の優位性がなくなり，視野を2本指幅にしてしまうと，触覚が優位になるという結果が得られている[26]．視覚優位性の根拠の1つとして，大きさ-重さ錯覚（size-weight illusion）があるが，これは大きさという視覚的情報が重さという触覚情報を変容させると考えられるからである．しかし，触覚的に大きさを知覚させて重さ感を調べると，触覚のみであっても大きさ-重さ錯覚が生じており[27]，視覚の優位性の根拠とはならないことがわかる．

プリズム変形実験の代わりに，知覚表象の現れとしての触動作の違いに注目して優位性を検討するために，3次元形状知覚のための触動作パターンを分類した後，あらかじめ触覚的または視覚的イメージを被験者にもたせたときにその動作パターンがどのように変化するかを調べた．この結果，形状の知覚に関しては視覚的イメージの影響がみられ，形状すなわち対象物の構造に関する知覚は視覚依存であることが示唆される[28]．形状知覚ではないが，テクスチャの知覚については，視覚と触覚は同程度に正確であり，同程度の重みである[29,30]という知見もあるが，テクスチャのどこに注目するかを実験条件として用いると，空間密度に注目すれば視覚の影響が強くなり，粗さに注目すれば触覚の影響が強くなる[31]．以上のように，視覚と触覚の優位性に関する議論は多くあるが，対象のどの属性に注目するかで視覚と触覚を適切に使い分けていると考えるべきであろう．

c．視覚と触覚の統合の効果

知覚表現を得るために異種感覚の情報を統合するというのが「統合」の1つの考え方であるが，対象物の表象を得るというのは知覚の一側面であり，感覚情報の統合とは何かということに関しては多く議論がある[32]．例えばMarassoは「統合」には「必要性」や「目的」といった意味が含まれており，したがって，感覚情報の統合といったときに感覚のなかだけの問題としてとらえるのではなく，その有用性や知覚の結果生じる運動を考える必要があると述べている[33]．

指先で形状の縁をなぞることで形状の知覚が可能であるが，このときの形状の知覚は指先の位置の運動の情報に基づいている．プリズム変形実験と同様に形状の視覚情報の縦横比を変形してその変形への適応を視覚情報と運動感覚情報のマッチングテストで調べると，指先が形状の縁に接触することで得られる皮膚感覚情報があることによって変形に対する適応が強くなる効果がある[34]．このことから，運動と密接な関係のある皮膚感覚が運動感覚情報と視覚情報をつなげるための介在的役割をもっていると考えられる．

視覚に加えて触覚情報が与えられた場合に形状知

12.2 視覚と体性感覚の統合

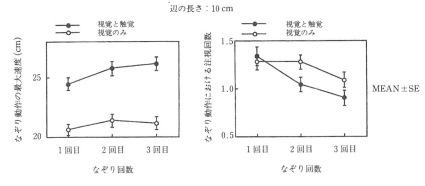

図 12.15 視覚と触覚の統合によるなぞり運動と注視の変化

覚のための触運動であるなぞり動作がどのように変化するのか調べてみると，運動の最大速度や最大加速度が高くなるとともに，なぞりのくり返しで形状の端付近の注視回数が減少することが認められる[35]（図 12.15）．このことは視覚と触覚とが統合されると，運動が素早くなるとともに視覚への依存が少なくなることを表している．また，ある点から目標点まで手先を動かすポインティングタスクにおいて，目標への到達情報を視覚だけでなく触覚的にも与えた場合と視覚情報のみを与えた場合を比較すると，触覚があるほうが目標点への到達の検知が容易になるとともに[36]，目標点到達後の手の動きの停止が早くなる[37]．このように視覚情報に触覚情報が加わることにより，対象への運動の適応や視覚への負荷の低減といった効果があるといえる．［赤松幹之］

文献

1) R. Teghtsoonian and M. Teghtsoonian: Two varieties of perceived length, *Perception and Psychophysics*, **8**, 389-392, 1970
2) M. Teghtsoonian and R. Teghtsoonian: Seen and felt length, *Psychonomic Science*, **3**, 465-466, 1965
3) P. G. Ronco: An experimental quantification of kinesthetic sensation: Extent of arm movement, *Journal of Psychology*, **55**, 227-238, 1963
4) J. Jastrow: The perception of space by disparate senses, *Mind*, **11**, 539-554, 1963
5) K. Connolly and B. Jones: A developmental study of afferent-reafferent integration, *British Journal of Psychology*, **61**, 259-266, 1970
6) E. Abravanel: The synthesis of length within and between perceptual systems, *Perception and Psychophysics*, **9**, 327-328, 1971
7) J. A. S. Kinney and S. M. Luria: Conflicting visual and tactual-kinesthetic stimulation, *Perception and Psychophysics*, **8**, 189-192, 1970
8) S. M. Anstis and C. M. Loizos: Cross-modal judgments of small holes, *American Journal of Psychology*, **80**, 51-58, 1967
9) 赤松幹之, 石川正俊：形状知覚における視-触覚の感覚統合過程の解析, バイオメカニズム, **10**, 23-32, 1990
10) D. H. Owen and D. R. Brown: Visual and tactual form discrimination: Psychophysical comparison within and between modalities, *Perception and Psychophysics*, **7**, 302-306, 1970
11) J. J. Gibson: Observations on active touch, *Psychological Review*, **69**, 477-491, 1962
12) R. G. Rudel and H. L. Teuber: Crossmodal transfer of shape discrimination by children, *Neuropsychologia*, **2**, 1-8, 1964
13) M. I. Posner: Characteristics of visual and kinesthetic memory codes, *Journal of Experimental Psychology*, **75**, 103-107, 1967
14) B. Jones and K. Connolly: Memory effects in crossmodal matching, *British Journal of Psychology*, **61**, 267-270, 1970
15) C. P. Garbin and I. H. Berstein: Visual and haptic perception of three-dimensional solid forms, *Perception and Psychophysics*, **36**, 104-110, 1984
16) P. Locher, G. Smets and K. Overbeeke: The contribution of stimulus attributes of three-dimensional solid forms and level of discrimination to the visual and haptic percept of balance, *Perception*, **24**, 647-663, 1995
17) J. J. Gibson: Adaptation, after-effect and contrast in the perception of curved lines, *Journal of Experimental Psychology*, **16**, 1-31, 1933
18) R. D. Easton: Prismatically induced curvature and finger-tracking pressure changes in a visual capture phenomenon, *Perception and Psychophysics*, **19**, 201-205, 1976
19) I. Rock and J. Victor: Vision and touch: An experimentally created conflict between the two senses, *Science*, **143**, 594-596, 1964
20) E. A. Miller: Interaction of vision and touch in conflict and nonconflict form perception tasks, *Journal of Experimental Psychology*, **96**, 114-123, 1972
21) R. P. Power and A. Graham: Dominance of touch by vision: Generalization of the hypothesis to a tactually experienced population, *Perception*, **5**, 161-166, 1976
22) P. M. McDonnell and J. Duffett: Vision and touch: A reconsideration of conflict between the two senses, *Canadian Journal of Psychology*, **26**, 171-180, 1972
23) R. D. Easton and M. Falzett: Finger pressure during tracking of curved contours: Implications for a visual dominance phenomenon, *Perception and Psychophysics*, **24**, 145-153, 1978
24) M. A. Heller: Haptic dominance in form perception:

vision versus proprioception, *Perception*, **21**, 655-660, 1992
25) M. A. Heller : Haptic dominance in form perception with blurred vision, *Perception*, **12**, 607-613, 1983
26) J. M. Loomis, R. Klatzky and S. J. Lederman : Similarity of tactual and visual picture recognition with limited field of view, *Perception*, **20**, 167-177, 1991
27) R. R. Ellis and S. J. Lederman : The role of haptic versus visual volume cues in the size-weight illusion, *Perception and Psychophysics*, **53**, 315-324, 1993
28) R. L. Klatzky, S. J. Lederman and C. Reed : There's more to touch than meets the eye : The salience of object attributes for haptics with and without vision, *Journal of Experimental Psychology : General*, **116**, 356-369, 1987
29) M. A. Heller : Visual and tactual texture perception : Intersensory cooperarion, *Perception and Psychophysics*, **31**, 339-344, 1982
30) S. J. Lederman and S. G. Abbott : Texture perception : Studies of intersensory organization using a discrepancy paradigm, and visual versus tactual psychophysics, *Journal of Experimental Psychology : Human Perception and Performance*, **7**, 902-915, 1981
31) S. J. Lederman, G. Thorne and B. Jones : Perception of texture by vision and touch : Multidimensionality and intersensory integration, *Journal of Experimental Psychology : Human Perception and Performance*, **12**, 169-180, 1986
32) 中村雄二郎：共通感覚論, 岩波現代選書, 岩波書店, 1979
33) P. Morasso, Y. Tagliasco and R. Zaccaria : Computational modeling in motor coordination, In Sensorimotor Plasticity (eds. S. Ron, R. Schmid and M. Jeannerod), Les Editions INSERM, pp. 399-418, 1986.
34) 赤松幹之：視覚と触覚と運動の統合, 電子情報通信学会誌, **76**, 1176-1182, 1993
35) M. Akamatsu : The influence of combined visual and tactile information on finger and eye movements during shape tracing, *Ergonomics*, **35**, 647-660, 1992
36) M. Akamatsu and S. Sato : A multi-modal mouse with tactile and force feedback, *International Journal of Human-Computer Studies*, **40**, 443-453, 1994
37) M. Akamatsu and I. S. MacKenzie : Movement characteristics using a mouse with tactile and force feedback, *International Journal of Human-Computer Studies*, **45**, 483-493, 1996

12.2.2 空間知覚における視覚と触覚の統合
a. 問題の輪郭

空間知覚における視覚と触覚の統合の問題は，本来の意味での2つの知覚のあいだの統合という観点よりも知覚と運動の関係，すなわち主に知覚-運動協応(perceptional-motor coordination)の問題として扱われることが多い．知覚-運動協応自体，旧来はその関係の可塑性に問題意識が集まった結果，知覚-運動学習(perceptional-motor learning)とほぼ同義に扱われてきた経緯を考えても触覚・体性感覚による空間知覚と運動が不可分な現象であると同時にかなり未整理なまま扱われてきた経緯がうかがえる．

視覚と体性感覚との統合の研究においては逆さ眼鏡に代表されるように視覚変換とそれに伴う順応を利用する研究が多いが，順応の利用はこれらの感覚間の統合現象をとらえるうえで不可欠なわけではない．例えば，上肢位置が視覚的にフィードバックされる場合には上肢の体性感覚の情報によらなくても視覚情報のみによって上肢を視覚上の目的位置まで制御することが可能である．このことは上肢の感覚神経経路を切断することで体性感覚を断たれたサルを用いた実験によって確かめられており，さらにはその状態のままプリズム順応することさえ確認されている[1,2]．ということはこの場合，感覚間の統合の問題を扱うというよりも視覚情報から運動への変換系の問題を扱っていることにほかならない．その意味では，本当の意味で視覚と触覚の統合を論じるのであれば，上肢位置の視覚的フィードバックを断った条件下での現象について議論することが望ましいといえるが，多くの研究ではこの点については未整理なままに論じられている．したがって，各現象を理解するに当たっては，この上肢の位置の視覚的フィードバックの有無について明確に区別する必要がある．

本項ではまず，変換視野条件下での従来の研究の経緯について概観し，次に異種感覚間統合としての空間知覚における視覚と触覚の統合を考えるうえで，従来の研究がはらんでいる問題点について述べることにする．

b. 変換視野条件下の知覚と順応[58]
1) 順応の定義

視野変換実験(prismatic stimulation, distorted optical stimulation, displaced vision, perceptual rearrengement, optical transformationなどの用語が使われてきている)は主にくさび型プリズム，反転プリズムのほか，多岐にわたるプリズム，レンズ，ミラーなどの光学系を用いて被験者に感覚不一致(discrepancy, discordance, disharmony)をもたらし，不一致条件下における行動上および感覚知覚上の変化の様子を観察する．この過程は主として視野変換条件下における「順応」として取り扱われる．ここで，順応(adaptation)とは，視野変換条件のもとで外界に対して適応的(adaptive)・対応的(veridical)な知覚的変化や，知覚-運動協応の変化に関して使用される．これは，暗順応，明順応，色順応

などにみられる現象や，Gibson効果やWertheimer効果のように特定の刺激パターンに連続的に露出されるのみで得られる形態的順応(configurational adaptation)とは異なり，プリズム順応(prism adaptation)と呼んで区別する場合もある[3]。Dolezal[4]は視野変換によって引き起こされる事態をA：眼鏡着用前—ベースライン，B：着用直後—眼鏡による直接的効果，C：着用初期から後期—C_1……C_n，暫時的修正(gradual modification)過程，D：はずす直前—最終段階(final state)，E：はずした直後—残効(after-effect)，F：はずしてからのち—F_1……F_n，残効過程，という段階に分けて順応の指標とした．順応現象の記述には，AとEの差によってもたらされる残効をまず第1に扱う．この残効のみが純粋な意味での順応であるとの考え方[5,6]もあるが，詳細にはBとDの差による変化，C_1からC_2への変化，AからBへの変化がDへの過程Cでどのようになるか，そして，AとBの間とDとEの間の比較なども検討の対象となる．

2) 側方偏位視野

側方偏位視野実験とは，くさび型プリズムまたは鏡系によって視野を右ないし左へ側方偏位された視覚刺激への順応を行うもので，視野の偏位実験としては最も多くのデータが蓄積されてきている(偏位の程度は頂角の大きさを度(°)の単位で表すか，1m先で何cm側方偏位されるかの単位プリズム・ジオプター(▵)で表される)．典型的な手続きとして，図12.16のような装置が使用され，標的指示の的確さが問題にされる．一般的手続きとしては，プリズム着用前と着用後における以下のそれぞれの測定の比較により順応が扱われる．

(1) 右手において何らかの動作をする順応課題が課された条件で，右手を見えなくして標的位置を判断させることによって，眼と手の協応にみられる順応を測る．

(2) 見えない右手で被験者の正中面を判断させることによって，手の位置感覚(自己受容感覚)の変化をとらえる．

(3) 眼前の光点群のなかから，見えのうえでの正中面を判断させることによって，「視覚の変化」をとらえる．

これらの測定の手続きについては，順応による変化に寄与するのが，変換を受けた視覚なのか，手足や首の自己受容感覚ないし位置感覚なのか，視覚と運動の協応関係なのか，運動学習なのかという問題を論点として展開されてきた過去の研究の経緯によるものである．

Held[7]はHolstとMittelstaedt[8]によるre-afferent理論を発展させ，順応とは自発的運動に基づく運動情報と視覚情報の再調整の結果であるとして，視覚と運動の再協応がその調整の役割を担っているとした．一方でHarris[9,10]は側方偏位された視野で片手のみを順応させると，その手での音に対する指示においても順応的残効がみられること，両側性転移は生じないことなどから，ほかの説明を否定し，自己受容感覚(位置感覚，felt position)の変化を主張した．

また，視覚における変化としては，Rock[3]にみられる記憶痕跡，すなわち視覚経験が記憶され再生される過程での変容の役割を重視する考え方がある．しかし今日では一般に眼を中心とした空間コーディングの再調整(recalibration of oculocentric spatial coding)の可能性に関しては否定的である[11~14]．

プリズムによる見えの視方向での変化が起こるのは頭に対する両眼の(oculomotor)そして肩に対する頭の感じられる方向の変化であるとされており，凝視方向の位置感覚における移動[15,16]，そして頭の位置感覚における移動に基づく[17~19]との報告がある．

このような事実から，結局，側方偏位視野への順応は自己受容感覚の変更であるとの主張がWelch[5,6]らによってなされている．しかし，ここでいうところの自己受容感覚ないし位置感覚の定義が十分ではなく問題が残っている．視覚，自己受容感覚，視覚-運動協応の変化という場合，測定上の操作的な定義によることが多く[20]，定義の一般化が望まれる．

さまざまの測定をかなりの長期間にわたって試みた前述のHayとPick[21]のデータによれば，

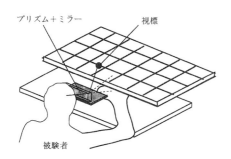

図12.16 側方偏位視野実験

眼と手の協応（眼-手）
　　＝視覚的推移（聴覚-眼，眼-頭）
　　＋自己受容感覚的推移（聴覚-手，頭-手）
という加算性の関係が見いだされる．このような加算性はWilkinson[22]，McLaughlinら[23]，McLaughlinとWebster[24]，Templetonら[25]，Wallace[26]，WallaceとRedding[27]などによって確かめられてきたが，一方でReddingとWallace[28,29]による視覚と自己受容感覚の推移の合計が視覚運動の推移より大きくなるという報告もある．

　結局，現在のところHoward[30]が主張するような，最も下位の感覚器・運動器に伴う身体付随的な発火の階層から下位水準の空間コーディングの階層，感覚間を結ぶ統合器の階層を経て感覚-運動協応や感覚間協応を得る最上位の階層に至るという階層構造をもった系による機制が示唆的であるとされている．しかし，一方ではEbenholtzら[31~34]は，従来の考えからは大きく異なる説として，プリズム順応は眼筋の増強（eye-muscle potentiation）に基づくアーチファクトであるとの考えを示している．

　3）順応を規定する条件・順応量に影響する要因
　プリズムへの順応を規定する，もしくは順応量に影響する要因として第1にとりあげられる要因は，Heldらによる多くの実験で示され能動的（自発的）運動（active movement）と受動的運動（passive movement）であろう[35]．現在では受動的場面においても十分順応が進行するとの多くの反証実験[36~43]によって順応の規定因としての位置を追われたかのように考えられている[5]ものの，大きな順応を得るための最も効果的な促進要因であることに変わりはない．

　そのほかの要因としては，被験者が能動的にプリズムによる変換視野へ対処するという観点に関連していくつかの効果が報告されている．まず，視野変換されている状態に被験者が気がついているかどうか（awareness of rearrangement）[44]が1つの要因とされる．さらに矛盾情報のフィードバック（error-corrective feedback）があるか，または指さし対象の有無の効果（target pointing effect）があげられる．さらにこれらが視覚によりフィードバックされる場合[11,43,45~48]，言語的になされる場合[44]，そして触覚によってなされる場合[45~47]などの検討がなされ，いずれもフィードバックの効果が認められている．さらに，イメージ化（imagery）[48]，場面の現実性（assumption of unity, reality）[49]といった要因と

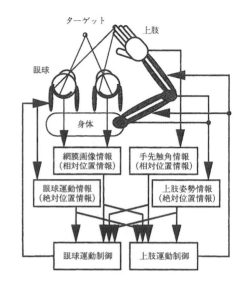

図12.17　感覚運動制御の情報の流れ

の関係も検討されている．

　以上をまとめると，四肢の位置について体性感覚による位置と視覚による位置との矛盾をきわだたせる要因や，変換の存在やその性質を認識するに当たって有効な情報の量が順応量に影響するものと考えられる．

c. 空間位置情報からみた視覚と触覚の統合系

1）視覚と触覚の位置情報

　視覚による空間位置の知覚，なかでも上肢運動と連動するために必要となる身体周辺部での3次元の絶対位置情報を得るためには，注視による輻輳を含む眼球運動情報を得ることが第1条件となる．頭部の運動を伴わない場合，視覚における絶対位置情報は主に注視時の眼球の方向によって得られるものであり，網膜上の情報はその注視点に対して視野内の各点の相対位置情報を与えるものにすぎないためである．この関係は手の触覚による空間位置の知覚においても同様の問題であり，上肢の各関節の角度情報が絶対位置情報を，手先の皮膚触覚情報が相対位置情報を担っていることになる．人間はこうして得られた位置情報をもとに眼球や上肢を動かすことによって物理空間に対応した感覚-運動制御を実現していることになる．この際の情報の流れを図12.17に示した．ここで大きな役割を果たすのが，到達誤差情報のフィードバックの有無である．目標とする位置に対してどれだけの誤差をもって到達しているかを相対位置情報として感覚上で直接とらえることができるかどうかによって，フィードバック制御の

達成度には大きな違いが出てくる．この点について，視覚は触覚よりも優位にあると考えられる．なぜなら，視覚的に手先と目標点の相対位置を知ることが視野の広さによってきわめて容易なのに比べて，触覚的に注視点と目標点の相対位置を知ることは手先の面積の小ささから非常に不利であるためである．

2) 絶対位置情報系

上肢位置の視覚フィードバックのない環境下での単一のターゲットに対する到達課題においては視覚と上肢体性感覚の各感覚による絶対位置情報のみが頼りとなる．この状況の端的な例が暗中光点を用いた実験環境である．このような環境下では視覚における現象的前額並行面が湾曲する現象がHelmholtzのホロプター（図12.18(a)）として知られているが，同様に上肢を用いた触空間上の現象的前額

並行面の知覚においてもやはり同様の湾曲が見られることが知られている（図12.18(b)）[50,51]．

こうした知覚空間の湾曲は単独の知覚に限ったことではなく，これらの知覚が統合されるに当たってもやはり両者のあいだに普遍的な傾向をもった食い違いが生じることが現象的に確認されている．すなわち，上肢位置の視覚フィードバックのない環境下では視覚ターゲットに対する上肢の到達位置は，奥行き方向へのアンダーシュートが，側方については到達に用いた腕の反対側への偏向が観察される（図12.19）[52,53]．ちなみにこれらの到達誤差は決して眼球および上肢の運動系自体の精度の問題ではなく，各運動系自体の到達精度はこれらの到達誤差よりもずっと小さいことは多くの報告により現象的に確認されている．また，これらの到達誤差は視覚フィードバックを長時間にわたって遮断することによって大きくなるが，1.4秒以上の再視認で十分に回復することが笠井ら[54]によって報告されている．

こうした視覚性到達課題に対し，筆者らはこれらの実験と同一の提示・知覚条件下において，到達動作のための動作部位のみを変更した実験を行った．この結果，上肢をターゲット位置にとどめたまま注視点の視覚を動かし上肢の位置に定位させるという課題を行わせた場合，注視点が上肢位置より奥行き方向にアンダーシュートすることを報告している（図12.20）．

これは視覚性到達運動の場合とは物理的に逆の傾向を示す位置関係である．このため，両者の実験課題において位置感覚を統合・比較するプロセスは同一のものではなく，それぞれに独立なものと考えられた[55]．このことは「知覚のために一般化・統一化された空間表現は存在するか？」という知覚-運動

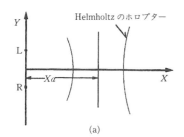

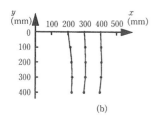

図12.18 現象的前額並行面

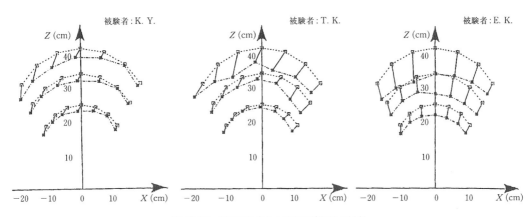

図12.19 視標に対する上肢の到達位置の偏向

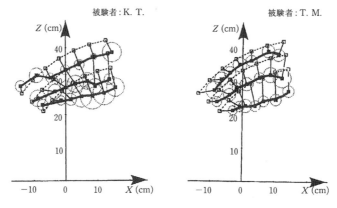

図 12.20 上肢に対する視標の定位位置の偏向

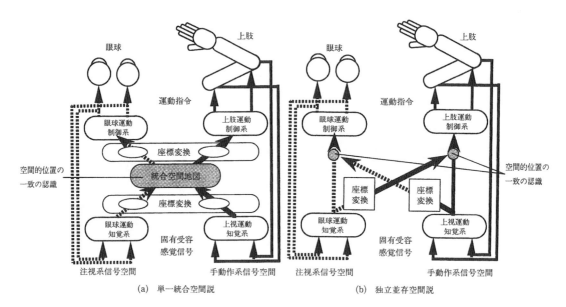

図 12.21 感覚統合プロセスの2つの仮説

協応系における命題に対する1つの反例である．すなわち，この結果は感覚統合のプロセスは図12.21(a)のような単一の統合空間をもった系ではなく，図12.21(b)のような独立な相互変換系が並存している系を構成していることを示している．

筆者らはこれをさらに推し進めてプリズムによる側方偏位視野においてこれらの系をそれぞれ独立に順応させることを確認してその独立性を示し，同時に従来の上肢の自発運動の有無による能動性・受動性の定義の不完全性を指摘している[56]．すなわち，従来「上肢の自発運動なしの受動条件」とされてきた順応過程は，実際には図12.20の場合に用いられている「上肢先端の位置情報をもとに眼球の自発運動を行う系」の順応を能動的に行っているにすぎないという主張である．これらが現象的には同一のプロセスであることは上記実験のプリズム順応の過程において順応の度合いを用いて検証されている．このことから筆者らは順応過程を能動性・受動性というパラダイムで分類するよりも独立な相互変換系を前提として順応の目的とする知覚-運動の変換系の種類によって分類することを提唱している．

3) 相対位置情報系

上肢位置の視覚フィードバックのある環境下では，先述のとおり異種感覚の統合というよりも，図12.22のように視覚情報における絶対位置情報と相対位置情報によって上肢の運動制御を実現する系が成立する．この条件下では上肢の運動制御系は網膜情報による相対位置情報としての到達誤差のフィー

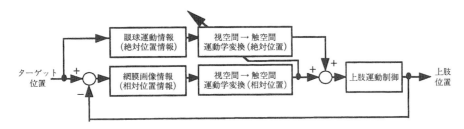

図 12.22 上肢の運動制御を実現する系

ドバックによる閉ループ系を構成することができる．この閉ループ系の制御系への寄与はきわめて大きく，この系が作動している限り，絶対位置情報系の信号が正確でなかったり，プリズムなどによって手と眼の物理的関係が変わったとしても，かなりの範囲で上肢を目標点に到達させることが可能となる．このために感覚-運動間の位置の関係をいったん崩すことになる順応実験のほとんどすべてが上肢位置の視覚フィードバックのある環境下で行われている．

本来ならば実験条件の機制の観点からいえば，各種の順応実験についてもこうした上肢位置の視覚フィードバックのない環境下での研究もなされるべきである．しかしながら，同条件下での順応が遅いために実験の困難さから研究がなされていないのが実状である．従来こうした位置情報の相対性・絶対性について熟慮した研究がなされてきたとはいいがたく，この到達誤差に関する相対位置情報をつねに視覚によってとらえることによって順応実験における視覚優位の現象の多くが引き起こされている可能性すら考えられる．

しかし，この閉ループ制御系の到達性能の高さゆえに視覚フィードバックのある環境下での順応過程の評価には本来細心の注意が必要である．すなわち，順応を上肢運動制御系への変換経路の再学習ととらえるなら，反転眼鏡のように順応に長い時間がかかり運動の極性が反転するような極端な例を除き，側方偏位視野に代表されるような通常比較的短時間の順応期間によって順応可能な多くのプリズム順応においては相対位置情報経路の再学習はほとんど必要とされず，時間制限のない到達課題の多くにおいては未学習のままでも到達誤差を0にすることが可能である．そのため，心理物理的現象としてこの順応過程をとらえるためには，評価時にはこの視覚フィードバックを絶って到達作業をさせて達成度を見るという手続きが一般的である．したがって，

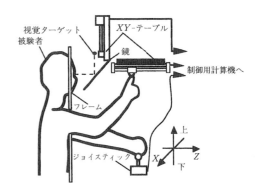

図 12.23 上肢の到達誤差を視覚情報としてフィードバックできない条件下での実験

実際に現象的に現れる学習過程の支配的な要素となるのは，相対位置情報を用いて学習を行っていると思われる絶対位置情報系の順応度であると考えられる．これは時間制限を設けた動的な課題を与える実験においてもほぼ同じことがいえる．

しかし，このことは異種感覚間統合という観点においては重大な問題点を含んでいる．すなわち，図 12.23 のように上肢先端の到達誤差を視覚情報としてフィードバックできない条件下においては，到達の誤差の評価は視覚からの絶対位置情報と上肢の関節角度からの絶対位置情報を神経回路上の変換によって同一座標上で評価するほかはなく，これは間違いなく異種感覚間統合過程そのものである．すなわち，一般的なプリズム順応の実験においても評価実験の条件下においてはこの統合過程の達成度を評価していることになる．しかし，これらの実験ではその一方で上肢先端の到達誤差を視覚情報としてフィードバックできる状況下において順応過程を行っており，この場合には，視覚だけでさらに高い分解能で同様の情報が得られているために，この異種感覚統合過程を用いる必要性は低くなってしまう．

つまり，この一連の実験手順においては，順応過

程の実験条件下とその評価実験条件下では実験中に異なる統合過程を用いているにもかかわらず，その計測結果を順応の効果として評価していることになる．これは順応プロセスにおいて主たる過程として用いられていない，むしろ付随的に動作していた系の順応の程度を計測して，それを順応の進み具合として評価していたことになる．これらの手法が含む問題がこれまで強く意識されることなく用いられてきたことについては今後の研究において留意されるべき問題であろう．

4) 各情報系の役割

視覚と上肢の知覚-運動協応系の制御を工学的な制御論の観点から見るならば，外乱に対する安定性などからも感覚信号によるフィードバックが十分な速度で得られるのであれば，相対位置情報系による閉ループ系だけでその用を満たしている．しかし，生体の感覚信号系の速度はこれを期待するには十分でないために，この系だけに頼ることはかえって系の不安定を招く．そこで，速度面で有利であり感覚信号系の速度の影響を受けにくいフィードフォワード系である絶対位置情報系が運動発現の最初の段階を支配し，その後の追従動作などで見られるターゲットと到達位置の誤差の修正にはフィードバック系である相対位置情報系が支配的に動作することになるものと考えられる．眼球運動系においてはサッカードとスムースパシュートとしてよく知られるこうした制御戦略は上肢運動における知覚-運動協応過程においても同様に観察されることが知られている[57]．

[前田太郎]

文献

1) J. Bossom and A. K. Ommaya : Visuo-motor adaptation (to prismatic transformation of the retinal image) in monkeys with bilateral dorsal rhizotomy, Brain, 91, 161-172, 1968
2) E. Taub, I. A. Goldberg and P. Taub : Deafferentation in monkeys : Pointing at a target without visual feedback, Experimental Neurology, 46, 178-186, 1975
3) I. Rock : The Nature of Perceptual Adaptation, Basic Books, New York, 1966
4) H. Dolezal : Livng in a World Transformed : Perceptural and Performatory Adaptation to Visual Distortion, Academic Press, New York, 1982
5) R. B. Welch : Perceptual Modification : Adaptation to Altered Sensory Environments, Academic Press, New York, 1978
6) R. B. Welch : Adaptation of space perception, In Handbook of Perception and Human Performance (eds. K. R. Boff, L. Kaufman and J. P. Thomas), Wiley, New York, 1986
7) R. Held : Exposure-history as a factor in maintaining stability of perception and coordination, Journal of Nervous and Mental Disease, 132, 26-32, 1961
8) E. von Holst and H. Mittelstaedt : Das Reafferenzprinzip, Naturwissenschaften, 37, 464-476, 1950
9) C. S. Harris : Perceptual adaptation to inverted, reversed, and displaced vision, Psychology Review, 72, 419-444, 1965
10) C. S. Harris : Insight or out of sight? : Two examples of perceptual plasticity in the human adult, In Visual Coding and Adaptability (ed. C. S. Harris), Hillsdale, N. J., Erlbaum, pp. 95-149, 1980
11) H. B. Cohen : Some critical factors in prism adaptation, American Journal of Psychology, 79, 285-290, 1996
12) M. Crawshaw and B. Craske : No retinal component in prism adaptation, Acta Psychologica, 38, 421-423, 1974
13) I. P. Howard : The adaptability of the visual-motor system, In Mechanisms of Motor Skill Development (ed. K. J. Connolly), Academic Press, London, 1970
14) I. P. Howard : Human Visual Orientation, Wiley, New York, 1982
15) B. Craske and W. B. Templeton : Prolonged oscillation of the eyes induced by conflicting position output, Journal of Experimental Psychology, 76, 387-393, 1968.
16) H. L. Pick Jr., J. C. Hay and R. Martin : Adaptation of split-field wedge prism spectacles, Journal of Experimental Psychology, 80, 125-132, 1969
17) A. S. Kornheiser : Adaptation to laterally displaced vision : A review, Psychological Bulletin, 83, 783-816, 1976
18) J. R. Lackner : The role of posture in adaptation to visual rearrangement, Neuropsychologia, 11, 33-44, 1973
19) J. R. Lackner : Some aspect of sensory-motor control and adaptation in man, In Intersensory Perception and Sensory Integration (eds. R. D. Walk and H. L. Pick Jr.), Plenum, New York, 1981
20) G. M. Redding and B. Wallace : Perceptual-motor coordination and adaptation during locomotion : Determinants of prism adaptation in hall exposure, Perception and Psychophysics, 38, 320-330, 1985
21) J. C. Hay and H. L. Pick Jr. : Gaze-contingent prism adaptation : Optical and motor factors, Journal of Experimental Psychology, 72, 640-648, 1966
22) D. A. Wilkinson : Visual-motor control loop : A linear system? Journal of Experimental Psychology, 89, 250-257, 1971
23) S. C. McLaughlin, K. I. Rifkin and R. G. Webster : Oculomotor adaptation to wedge prisms with no part of the body seen, Perception and Psychophysics, 1, 452-458, 1966
24) S. C. McLaughlin and R. G. Webster : Changes in straight-ahead eye position during adaptation to wedge prisms, Perception and Psychophysics, 2, 37-44, 1967
25) W. B. Templeton, I. P. Howard and D. A. Wilkinson : Additivity of components of prismatic adaptation, Perception and Psychophysics, 15, 249-257, 1974
26) B. Wallace : Stability of Wilkinson's linear model of prism adaptation over time for various targets, Perception, 6, 145-151, 1977
27) B. Wallace and G. M. Redding : Additivity in prism adaptation as manifested in intermanual and inter-

ocular transfer, *Perception and Psychophysics*, **25**, 133-136, 1979

28) G. M. Redding and B. Wallace : Components displacement adaptation in aquisition and decay as a function of hand and hall exposure, *Perception and Psychophysics*, **20**, 453-459, 1976
29) G. M. Redding and B. Wallace : Sources of "overadditivity" in prism adaptation, *Perception and Psychophysics*, **24**, 58-62, 1978
30) I. P. Howard : Perceptual learning and adaptation, *British Medical Bulletin*, **27**, 248-252, 1971
31) S. M. Ebenholtz : The possible role of eye-muscle potentiation in several forms of prism adaptation, *Perception*, **3**, 477-485, 1974
32) S. M. Ebenholtz : Additibity of aftereffects of maintained head and eye rotations : An alternative to recalibration, *Perception and Psychophysics*, **19**, 113-116, 1976
33) S. M. Ebenholtz and D. M. Wolfson : Perceptual aftereffects of sustained convergence, *Perception and Psychophysics*, **17**, 485-491, 1975
34) K. R. Paap and S. M. Ebenholtz : Perceptual concequences of potentiation in the extraocular muscles : An alternative explanation for adaptation to wedge prisms, *Journal of Experimental Psychology : Human Perception and Performance*, **2**, 457-468, 1976
35) R. Held : Plasticity in sensory-motor systems, *Scientific American*, **213**, 84-94, 1965
36) J. S. Baily : Arm-body adaptation with passive arm movements, *Perception and Psychophysics*, **12**, 39-44, 1972
37) S. M. Fishkin : Passive vs. active exposure and other variables related to the occerrence of hand adaptation to lateral displacement, *Perceptual and Motor Skills*, **29**, 291-297, 1969
38) J. E. Foley and F. J. Maynes : Comparison of training methods and in the production of prism adaptation, *Journal of Experimental Psychology*, **81**, 151-155, 1969
39) J. A. Mather and J. R. Lackner : Adaptation to visual displacement with active and passive limb movements : Effect of movement frequency and predictability of movement, *Quarterly Journal of Experimental Psychology*, **32**, 317-323, 1980
40) L. F. Melamed, B. Wallace and B. Seyfried : Acceleration information for prism adaptation need not be reafferent : A comment on McCarter and Mikaelian (1978), *Perception and Psychophysics*, **25**, 70-72, 1979
41) H. L. Pick Jr. and J. C. Hay : A passive test of Held reafference hypothesis, *Perceptual and Motor Skills*, **20**, 1070-1072, 1965
42) B. Wallace : Prism adaptation to moving and stationary target exposures, *Perception*, **4**, 341-347, 1975
43) S. Weinstein, E. A. Sersen, L. Fisher and M. Weinstein : Is reafference necessary for visual adaptation ? *Perceptual and Motor Skills*, **18**, 641-648, 1964
44) J. J. Uhlarik : Role of cognitive factors on adaptation to prismatic displacement, *Journal of Experimental Psychology*, **98**, 223-232, 1973
45) I. P. Howard, B. Craske and W. B. Templeton : Visuomotor adaptation to discordant ex-afferent stimulation, *Journal of Experimental Psychology*, **70**, 189-191, 1965
46) J. R. Lackner : Adaptation to displaced vision : Role of proprioception, *Perceptual and Motor Skills*, **38**, 1251-1256, 1974
47) M. Wooster : Certain facters in the development of a new spatial coordination, *Psychological Monographs*, **32**, 1923
48) R. Finke : The functional equivalence of mental images and errors movement, *Cognitive Psychology*, **11**, 235-264, 1979
49) R. B. Welch : The effect of experienced limb identity upon adaptation to stimulated displacement of the visual field, *Perception and Psychophysics*, **12**, 453-456, 1972
50) G. Siemsen : Experimentelle Untersuchungen uber die taktil-motorische Gerade, *Psychologische Foreschung*, **19**, 61-101, 1934
51) 前田太郎, 舘 暲：上肢位置感覚による空間知覚特性, 第13回バイオメカニズムシンポジウム, pp. 139-150, 1995
52) C. Plablanc, J. F. Echalliar, E. Komilis and M. Jeannerod : Optimal response of eye and hand motor system in pointing at a visual target, *Blol. Cybern.*, **35**, 113-124, 1979
53) 前田太郎, 舘 暲：視覚性到達運動における両眼視と上肢位置感覚の統合, 計測自動制御学会論文集, **29** (2), 201-210, 1993
54) 樋口正浩, 山崎興八州, 笠井 健：視覚系と運動系の3次元位置の対応付け, 信学技報, **MBE-86-82**, 33-40, 1986
55) 前田太郎, 舘 暲：体性感覚性注視運動における両眼視と上肢位置感覚の統合, 電子情報通信学会論文誌, **J76 D-Ⅱ** (3), 717-728, 1993
56) 前田太郎, 舘 暲：知覚運動協応における能動性/受動性の再検討, 第11回生体生理工学シンポジウム論文集, pp. 209-212, 1996
57) 大山英明, 前田太郎, 柳田康幸, 舘 暲：仮想アームを用いた人間の手先制御系の研究, 第13回日本ロボット学会講演会予稿集, pp. 657-658, 1995
58) 大山 正, 今井省吾, 和気典二編：新編 感覚・知覚心理学ハンドブック, 誠信書房, pp. 172-176, 1994

12.3 視覚と運動の統合

12.3.1 視覚と手腕運動の統合
a. 視覚と運動の関係

Gibsonらは，対象物の知覚・認知において"active touch（能動的触運動）"の重要性を指摘しており（12.2節参照），さらに対象物の知覚・認知は観測者の運動に連動して成立すると考え，"アフォーダンス（affordance）"の概念を提案した[1]．この概念の妥当性に関する議論は避けるが，対象物の知覚・認知と観測者の運動が密接に結合していると考えている点が重要である．

そこで，視覚と運動の関係について考えてみると，「運動のための視覚」と「視覚のための運動」の2つの側面がある．前者は，運動を実行するために必要な視覚情報処理であり，対象物の空間的位置・方向と対象物の視覚的特徴（形状・サイズなど）を視覚情報から抽出することや視覚的フィードバックに

よる修正などである．後者は，視覚情報処理を行うために必要な運動であり，周囲から対象物を見つけだすために眼や頭を動かすことや対象物を能動的に触ることにより対象物の特徴や空間的位置・方向を抽出することなどである．このように視覚と運動は互いに密接に関係しており，切り離して考えることはできない．

「コップをつかんで水を飲む」運動を例として考えてみる．この運動を実行するためには，まず周囲からコップを見つけだす必要がある（対象物認知）．次に，コップの位置まで手を伸ばし（到達運動），コップを把持しなければならない（把持運動）．さらに，コップを口まで運んで水を飲む必要がある（対象物操作）．「コップをつかんで水を飲む」運動のようにほとんど無意識的に実行している運動においても，少なくとも「対象物認知」，「到達運動」，「把持運動」，「対象物操作」の問題を解く必要があり，それぞれの問題は互いに密接にかかわりあっている．

これらの計算問題は生後すぐに解けているわけではない．くり返し実行することにより徐々に上達するのである（運動学習）．つまり，視覚情報と体性感覚情報（と運動指令の遠心性コピー）を用いた感覚・運動統合による学習により，上記問題は解かれるようになる．

b．視覚と運動の計算スキーム

1）視覚と腕運動

本項では，まず目標点まで手先を到達させる到達運動（reaching movement）について説明する．

腕の随意運動に関する運動制御機構において，フィードフォワード制御機構の存在が生理学や行動学の分野で実験的に確かめられている．例えば，Politら[2]は，求心性神経（体性感覚情報のフィードバック経路）が切断されたサルが自分の手先や腕が見えない状態でも手先を目標位置まで動かすことができることを実験的に確かめており，フィードフォワード制御機構の存在を明らかにした．さらに，Bizziら[3]は，求心性神経が切断されたサルが手先を目標位置まで動かす途中にサーボモーターを使って目標位置まで強制的に動かし，手先が目標位置まで到達した後そのサーボを切った．このとき，サルの手先はサーボがないときの軌道に一端戻ってから目標位置に向かった．この実験結果は，腕の軌道が計画されていることを示唆している．

一方，感覚-運動制御系には，感覚受容器，神経伝達，神経情報処理などにより生じる時間遅れが存在するため，フィードバック制御のループ時間が大きい．例えば，トランスコーティカル・ループ（大脳皮質を介した閉ループ制御系）では，そのループ時間は少なくとも50 ms以上必要であり，視覚情報によるフィードバック系では少なくとも150 ms以上必要となる．したがって，大きすぎるフィードバックゲインは運動を不安定にさせるため，単純なフィードバック制御系だけで安定に精度よく運動することができない．したがって，腕の運動制御機構において，フィードバック制御系だけでなく，フィードフォワード制御系が重要な役割を果たしている．

目標まで手先を伸ばす運動（到達運動）をフィードフォワードで実現するためには，腕の運動軌道を計画する「軌道生成」の問題，作業座標系（または視覚座標系）から関節角や筋長など身体座標系に変換する「座標変換」の問題，計画した軌道を正確に実行するための運動指令（運動ニューロンや筋の活性化レベルを決める指令値）を求める「制御」の問題が少なくとも解かれなければならない（図12.24参照，詳しくは文献[4]を参照）．ロボティクスでは，座標変換の問題を逆運動学（inverse kinematics），制御の問題を逆動力学（inverse dynamics）と呼ぶ．これらの問題は解が一意に定まらないという意味で不良設定問題である．つまり，軌道生成では腕の軌道が無数に存在し，座標変換では，ある手先位置を実現する腕の姿勢は無数に存在する．さらに，関節トルクは屈筋と伸筋の筋張力の差で生成される．このため，制御では，運動に必要な関節トルクを生成するための運動指令の組み合わせは無数に存在する．

以上のような不良設定性の存在は，運動軌道，腕の姿勢，腕の軟らかさなどが運動の種類や目的に応じて調節可能であることを意味している．つまり，人は何らかの拘束条件や最適化原理に基づいて上記問題を解決し，運動や対象物操作を巧みに行っていると考えることができる．

2）視覚と把持運動

コップを周囲から見つけだす対象物認知について考えてみる．日常使っているコップの形，色，サイズなどが異なっていても迷うことなくコップを見つけだすことができる．これはコップが脳内に普遍的に表現されていることを示唆している．一方，Jeannerod[5]は，人がコップをつかむとき事前に手の形状を生成する行動（preshaping）を観測し，

12.3 視覚と運動の統合

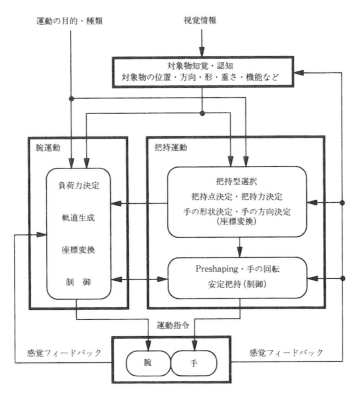

図 12.24 感覚・運動統合による対象物操作のスキーム

Arbib[6]はこれを説明する計算スキームを提案した．この計算スキームでは，到達運動と把持運動は時間的に協調しているだけで，独立・並列に計算されていることが仮定されている．この計算スキームは現在でもほぼ正しいと考えられているが，今後より詳細に調べる必要がある．Preshapingは，視覚情報から抽出されたコップの特徴（形状やサイズなど）だけでなく，道具としての機能を考慮して手の形状が事前に計画された結果として観測されたと考えることができる．

以上のような観点から，把持運動を実行するために解かれなければならない計算問題について説明する（図12.24参照）．

把持運動では，到達運動と比較して，対象物認知や対象物との相互作用を考慮する必要があるためより複雑になる．まず，視覚情報から対象物の特徴と空間位置・方向を抽出し，対象物を認識する必要がある．この処理結果と運動の種類・目的に応じて，対象物を把持するための把持型を選択する必要がある（「把持型選択」）．把持型は，精密把持（precision grip）と握力把持（power grip）の2種類に大別することができ，さらにCutkosky[7]らによってこれらの把持型はより詳細に分類されている．精密把持は小さな物を指先でつかむときのグリップであり，握力把持は親指以外の4指を使って棒を握るグリップである．次に，対象物を把持するための把持点と把持力を決定する問題（「把持点決定」，「把持力決定」），さらに手の形状と手の方向を決定する問題がある（「手の形状決定」，「手の方向決定」）．また，到達運動中に対象物を把持するための手の形状を事前に生成する「preshaping」を実行する問題もある．さらに，対象物を安定に把持するための「安定把持（制御）」の問題がある．また，上記計算問題は，到達運動における計算問題と同様に，解が一意に定まらないという意味で不良設定問題である．したがって，タスクの種類や目的に応じて最適な（または合理的な）解が選択される必要がある．

把持点決定に関して，PaulignanらやGoodaleらなどによって調べられている．例えば，いろいろな形の楕円状の板を2本の指で把持したとき，把持点を結ぶ直線は質量中心をほぼ通ることが確かめられている[8]．さらに，同一の対象物を把持する場合，把持点の分散が小さいことが確かめられている[9]．把持力決定に関して，Johanssonらや

Flanagan らによって調べられている．例えば，対象物を把持して持ち上げる課題において，視覚的外見から予測される重さより軽くした場合，把持力がオーバーシュートする[10]．また，対象物表面の材質（シルク，スエード，サンドペーパー）に応じて把持力が調節されており，持ち上げ時に生じる負荷力と把持力がほぼ並行して滑らかに変化している[10]．この結果は，対象物の視覚情報から抽出した対象物の特徴（重さや摩擦係数などを含めて）を考慮して把持力を計画していることを示唆している．また，preshaping は，手の形状と手の方向を決定していることを示唆しており，福田ら[11]は視覚情報から手の形状が生成されていることを実験的に確かめている．また，安定把持に関しては多くの研究者により詳細に調べられている．例えば，Flanagan ら[12]は，対象物を把持して運動するとき，対象物により生じる負荷力と把持力がほぼ並行に滑らかに変化することを確かめている．この結果は，対象物操作中に把持力が計画されていることを示唆している．また，指先での微妙な滑りを知覚して把持力が自動調節されていることも知られている[10]．

以上のように，上記の計算問題の存在を示唆する結果を説明したが，いまだに明確になっていないあいまいな点が多く存在する．このため，上述の計算スキームは，仮説の域を脱していない．これらの計算問題に関しては今後さらに検証する必要がある．さらに各問題間の相互作用についても詳細に調べる必要がある．

一方，上記計算問題は，生後すぐに解けるわけではない．くり返し実行することにより徐々に上達する（運動学習）．この運動学習において，視覚情報だけでなく体性感覚情報（と運動指令の遠心性コピー）が重要な役割を果たし，感覚-運動統合の学習には感覚フィードバック情報が必要不可欠である．また，上述のように周囲から瞬時にコップを見つけだせることや preshaping が観測されていることから，対象物の内部モデルが脳内に存在していると考えることができる．そこで，「学習を通じて内部モデル（ここでは，対象物だけでなく運動系の内部モデルも含む）が獲得され，この内部モデルを利用して上記計算問題を解いている」という仮説を立てる[13]．内部モデルは，感覚-運動統合による学習により獲得されると考える．この仮説では，未学習時には感覚フィードバックに頼って運動を遂行し，学習後獲得した内部モデルを用いて運動が遂行され

る．また，対象物の内部モデルにおいて，Marr[14]の主張した3次元モデルが必要かどうかは疑問の残るところであるが，手で把持して操作するためには対象物の3次元的なモデルが必要である．

c．視覚と運動の統合モデル

1) 軌道生成の計算モデル

Abend ら[15]は，水平面内でのヒトの腕の2関節運動（手首関節を固定）を計測し，2点間運動（初期位置から目標位置までの運動）の手先の軌跡がほぼ直線的になり，手先軌道の接線方向の速度波形はピークを1つだけもつベル型（対称な波形）となることを見いだした．この結果は，腕の運動軌道において，被験者によらない普遍的な特徴が存在することを示しており，何らかの拘束条件や最適化原理に基づいて計画されていることを示唆している．

この観点から，Flash ら[16]は手先の躍度（加速度の時間微分）の2乗を運動時間にわたって積分した量を最小にすることにより手先軌道が計画されていると考え，躍度最小モデルを提案した．このモデルは，2点間の運動軌道だけでなく経由点を通る運動軌道をも再現した．

しかしながら，宇野ら[17]は，躍度最小モデルが腕の動特性を考慮した最適化原理になっていないことに疑問をもち，トルク変化最小モデルを提案した．このモデルでは，関節トルクの時間変化の2乗

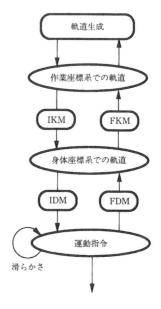

図12.25 双方向神経回路モデル[19]
図中の IKM は逆運動学モデル，FKM は順運動学モデル，IDM は逆動力学モデル，FDM は順動力学モデルを表す．

の総和を運動時間にわたって積分した量を最小にすることにより手先軌道が計画する．宇野らは，躍度最小モデルにより再現できない運動軌道をも見事に再現できることを示した．最近，川人ら[4]は運動指令変化最小モデルに拡張すべきであると主張している（詳しくは文献[4]を参照）．

上記のようなダイナミックな最適化原理を実時間で解いて，運動軌道や運動指令を計算するのはきわめて困難である．そこで，川人ら[4]は双方向神経回路モデル（図12.25参照）を提案し，この課題が解決できることを示した．さらに，和田ら[18]は，双方向神経回路モデルを用いて，運動軌道データから少数の経由点が抽出でき，さらに抽出された経由点からもとの運動軌道が精度よく再現できることを示した．さらに，宮本ら[19]は，和田らのモデルを用いることによって，見まねによる学習理論を提案した．見まねの学習における困難さは，教示者と学習者の体格や筋力などが異なるために，運動軌道を正確にまねても目標とするタスクが実行できる保証はないことである．宮本らの理論では，ヒトの運動軌道を観測し，その時系列データから経由点を抽出し，抽出した経由点を制御変数として修正することにより，この困難さを解決している．つまり，教示者の大まかな運動パターンの特徴を経由点により表現し，その経由点を修正することによりタスクを成功させるのである．宮本らは，この学習理論に基づいて，SARCOS Dextrous Slave Arm を用いて，けん玉の見まね学習やテニスサーブの見まね学習を行い見事に成功している．

2） 視覚と腕運動

本項のbで説明した到達運動におけるすべての計算問題が正確に解けているならば，どのような到達運動でも正確に実行されるはずである．しかし，実際の腕運動では，運動速度，運動距離，運動の正確性のあいだに速度-正確性のトレードオフ（speed-accuracy trade-off）の関係がある．この関係は単純な法則で説明でき，フィッツの法則（Fitts' law）として広く知られている[20]．この法則は，できるだけ早くかつ正確に左右の目標点を交互にタッピングする課題において，運動距離（A）と標的幅（W）の比が一定のときの運動時間はほぼ一定であり，かつA/Wの値が大きくなるとき運動時間も大きくなることを単純な数式で表現したものである．この法則はいろいろな運動に対して成立するため，多方面で応用されている．しかしながら，運動の種類や目的などにより，数式の形が微妙に異なるので注意が必要である（詳しくは文献[20]を参照）．

さらに，軌道生成における視覚の役割について調べられている．例えば，提示された目標点まで手先を到達させる課題において，運動中に目標点の位置を変化させると，その変化させるタイミングに応じて手先の運動方向が変化し[21]，その2番目の目標点提示から100 ms以内に運動軌道が変化することが報告されている[9]．さらに，同様の課題において，Pelisson ら[22]はサッカード中に目標点の位置を変化させたとき，最終目標点に依存して運動軌道が生成されることを報告をしている．また，視覚フィードバックと運動感覚フィードバックのそれぞれの遅延の差は，手指動作の遂行にさまざまの影響を及ぼすことが知られている．さらに，視覚に対し空間的な変換を施す方法も用いられている．例えば，今水ら[23]は，目標点や運動中の手先位置の表示を非線形変換して表示することにより，さまざまな研究を行っている．例えば，上腕と前腕の長さの比を変えて表示することにより，2点間運動を計測し，身体座標系での運動軌道計画を支持する結果を得ている．

3） 視覚と把持運動

ここでは，視覚情報，体性感覚情報（と運動指令）を統合することにより，手の形状決定の問題を解決するモデルについて説明する．

対象物の視覚的特徴から手の形状を生成するモデルがIberall[24]，片山[13]，福村[25]，Iberall[26]により提案されている．まず，Iberallらは対象物をつかむときの手の形状を "pad opposition", "palm opposition", "side opposition" の3つのoppositionに分類している．さらに，把持するための指の種類や本数を指定する代わりに仮想指（virtual finger）の考えを提案し，この仮想指と3つのoppositionと組み合わせることにより，典型的な手の形状を19通りに分類している．また，対象物のつかむ部分の長さと幅，手の力，タスクの正確さを入力し，分類した手の形状（oppositionと仮想指）を出力する3層神経回路モデルを構築している．片山ら[13]は対象物の視覚情報と把持中の体性感覚情報と運動指令を統合（感覚・運動統合）し，手の形状を生成するスキームを提案した．このスキームでは，入江ら[27]の内部表現を獲得する5層構造の砂時計型神経回路モデルを用いている．第3層のユニット数を減らすことにより情報が圧縮され，入

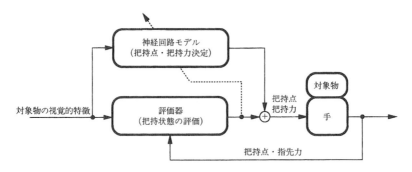

図 12.26 把持点・把持力決定の問題を解く学習モデル

力と出力が同じになるように学習(恒等写像の学習)することにより手の形状(または内部モデル)が生成される.また,このモデルを発展させて,福村ら[25]は,データグローブ(VPL 製)によって計測された手の形状データを用いて手の形状と対象物の画像情報の関係を学習させ,対象物の画像情報から手の形状を緩和計算により決定する神経回路モデルを提案した.さらに,Iberall ら[26]は強化学習を用いて把持可能な手の形状を出力する神経回路モデルを構築している.

以上のモデルでは,対象物の幾何学的な形状から手の形状を生成しており,対象物の力学的性質を考慮していないため,安定に把持できる保証はない.つまり,対象物の力学的性質や表面の摩擦係数を考慮して,安定把持可能な把持点・把持力を決定する必要がある.この観点から,小池ら[28]は,3 種類の直径の円筒を安定に把持するための手の形状(または把持点)と把持力を学習により決定する学習モデルを提案した(図 12.26 参照).この学習モデルは,安定把持のための評価器,手の形状(把持点)と把持力を計算する神経回路モデル,手と対象物により構成される.把持型は精密把持に限定した.神経回路モデルへの入力は簡単のため円筒の直径(3 種類)のみとし,出力は手の関節角度とした.評価器に用いる安定把持のための条件は,① 指先が対象物に接している,② 対象物が回転しない,③ 対象物が並進しない,④ 最小の把持力で把持する,を用いた.それぞれの条件を満たしていれば 0 になるようにそれぞれの評価式を設定し,それぞれの評価値の重み付き和として評価関数を設定した.学習はこの評価関数の値を最小化するように行われる.①,②,③ は安定把持に必要な条件であるため学習後 0 になるように,また ④ は可能な限り最小になるようにくり返し学習する.学習の結果,対象物を安定に把持する把持点(手の形状)と把持力が決定された.しかしながら,この手法では,対象物に対する把持点と把持力を一意に決定できない.つまり,神経回路モデルの結合荷重の初期値や学習過程により変化する.そこで,対象物の操作のしやすさなどを考慮に入れることにより,より合理的な把持点と把持力が決定できる.

一方,われわれが対象物を操作するときの典型的な手の形状の数はそれほど多くない[7,24].この観点から,小池ら[28]は,多層神経回路モデルのモジュール構造を学習する方法[29]を用いて,精密把持や握力把持のいろいろな手の形状が学習できることを確認しており,このようなネットワーク構造で表現できることは興味深い.

d. まとめと展望

以上,手と腕の運動における計算問題について概説し,視覚と運動について簡単に説明した.しかし,上述のように視覚と運動は複雑にしかも密接に関係しているため,まだ未知の部分が多いのも事実である.今後,いろいろな観点から調べられることにより,視覚・運動統合機構の解明が望まれる.また,上記で紹介できなかったが,視覚と運動に関して,興味深い研究成果がある.例えば,視覚と体性感覚の両方に反応するニューロンがいろいろな部位で見つかっている.入来ら[30]は,手の周辺にのみ視覚的受容野をもつニューロンを体性感覚野で見つけた.さらに,このニューロンは熊手のような道具をもつと熊手の先端にその受容野は移動し,ビデオモニター内に映し出された手の周辺にも反応することを報告している.これらの結果は,身体運動の視覚的制御に密接に関係していると考えられ,非常に興味深い.また,Mishkin ら[31]は,2 つの視覚情報処理の流れの役割を形態視と空間視であると考え,いまでも広く受け入れられている.しかし,最近

Goodaleら[8]は,頭頂連合野またはV2に障害のある患者の症例から,その2つの役割が知覚(perception)と運動(action)であるという新しい仮説を主張している.

[片山正純]

文献

1) 佐々木正人:アフォーダンス―新しい認知の理論,岩波書店,1994
2) A. Polit and E. Bizzi: Characteristics of the motor programs underlying arm movements in monkeys, *J. Neurophysiol.*, **42**, 183-194, 1979
3) E. Bizzi, N. Accornero, W. Chapple and N. Hogan: Posture control and trajectory formation during arm movement, *Journal of Neuroscience*, **4**, 2738-2744, 1984
4) 川人光男:脳の計算理論,産業図書,1996.
5) M. Jeannerod: The timing of natural prehension movements, *Journal of Motor Behavior*, **16**, 235-254, 1984
6) M. A. Arbib, T. Iberall and D. Lyons: Coordinated control programs for movements of the hand, *Experimental Brain Research*, Suppl. **10**, 111-129, 1985
7) M. R. Cutkosky and R. D. Howe: Human grasp choice and robotic grasp analysis, In Dextrous Robot Hands (eds. S. T. Venkataraman and T. Iberall), Springer-Verlag, New York, 1990
8) A. D. Milner and M. A. Goodale: The Visual Brain in Action, Oxford University Press, New York, 1995
9) Y. Paulignan, C. L. MacKenzie, R. G. Marteniuk and M. Jeannerod: Selective perturbation of visual input during prehension movements. 1. The effects of changing object position, *Experimental Brain Research*, **83**, 502-512, 1991
10) R. S. Johansson: Sensory control of dexterous manipulation in human, In Hand and Brain―The Neurophysiology and Psychology of Hand Movement― (eds. A. M. Wing, P. Haggard and J. R. Flanagan), Academic Press, 1996
11) 福田浩士,福村直博,片山正純,宇野洋二:対象物の認知と手の把持形状の計算との関係―ヒトの把持運動への計算論的アプローチ―,電子情報通信学会論文誌,**J82 D-II**(8), 1315-1326, 1999
12) J. R. Flanagan and A. M. Wing: Modulation of grip force with load force during point to point arm movements, *Experimental Brain Research*, **95**, 131-143, 1993
13) 片山正純,川人光男:視覚,体性感覚と運動司令を統合する神経回路モデル,日本ロボット学会誌,**8**(6), 117-125, 1990
14) D. Marr: Vision, Freeman, 1982(乾敏郎,安藤広志訳:ビジョン,産業図書,1987)
15) W. Abend, E. Bizzi and P. Morasso: Human arm trajectory formation, *Brain*, **105**, 331-348, 1982
16) T. Flash and N. Hogan: The coordination of arm movements: an experimentally confirmed mathematical model, *Journal of Neuroscience*, **5**, 1688-1703, 1985
17) Y. Uno, M. Kawato and R. Suzuki: Formation and control of optimal trajectory in human multijoint arm movement: minimum-torque-change model, *Biological Cybernetics*, **61**, 89-101, 1989
18) Y. Wada, Y. Koike, E. V. Bateson and M. Kawato: A computational theory for movement pattern recognition based on optimal movement pattern generation, *Biological Cybernetics*, **73**, 15-25, 1995
19) H. Miyamoto, S. Schaal, F. Gandolfo, H. Gomi, Y. Koike, R. Osu, E. Nakano, Y. Wada and M. Kawato: A kendama learning robot based on bi-directional theory, *Neural Networks*, **9**, 1281-1302, 1996
20) R. A. Schmidt: Laws of Simple Movement, Motor Control and Learning―A Behavioral Emphasis―, Human Kinetics Publishers, Inc., Champaign, Illinois, pp. 267-298, 1988
21) J. F. Sonderjen, J. J. Denier van der Gon and C. C. A. M. Gielen: Conditions concerning early modification of motor programming in response to changes in target location. *Experimental Brain Research*, **71**, 320-328, 1988
22) D. Pellison, C. Prablanc, M. A. Goodale and M. Jeannerod: Visual control of reaching movements without vision of the limb. II. Evidence of fast unconscious processes correcting the trajectory of the hand to the final position of a double-step stimulus, *Experimental Brain Research*, **62**, 303-311, 1986
23) H. Imamizu, Y. Uno and M. Kawato: Internal representation of motor apparatus: Implications from generalization in visuo-motor learning, *Journal of Experimental Psychology: Human Perception and Performance*, **21**, 1174-1198, 1995
24) T. Iberall: A neural network for planning hand shapes in human prehension, Proceedings of Automation and Controls Conference, pp. 2288-2293, 1988
25) 福村直博,宇野洋二,鈴木良次:把持対象認識モデルによる異種感覚情報間の多対多の関係の学習,日本神経回路学会誌,**5**(2), 65-71, 1998
26) T. Iberall and A. H. Fagg: Neural network models for selecting hand shapes. In Hand and Brain―The neurophysiology and Psychology of Hand Movement― (eds. A. M. Wing, P. Haggard and J. R. Flanagan), Academic Press, 1996
27) 入江文平,川人光男:多層パーセプトロンによる内部表現の獲得,電子情報通信学会論文誌,**J73 D-II**(8), 1173-1178, 1990.
28) 小池武,片山正純,伊藤宏司:対象物把持のための手の形状生成モデル.電子情報通信学会,**NC96-208**, 407-414, 1997
29) M. I. Jordan and R. A. Jacobs: Hierarchical mixture of experts and the EM algorithm, Proc. of Int. Joint Conf. on Neural Networks, pp. 1339-1344, 1993
30) A. Iriki, M. Tanaka and Y. Iwamura: Coding of modified body schema during tool use by macaque postcentral neurons, *Cognitive Neuroscience and Neuropsychology*, **7**, 142, 2325-2329, 1996
31) M. Mishkin, L. G. Ungerleider and K. A. Macko: Object vision and spatial vision: two cortical pathways, *Trends in Neuroscience*, **5**, 414-417, 1983

12.3.2 姿勢制御における視覚と平衡感覚の統合

a. 姿勢制御系への感覚入力情報

人間は,多数のリンクからなる不安定な身体を使って直立2足歩行を行う必要上,運動中枢における姿勢制御の役割は重要である.人間の姿勢制御系は,図12.27のように,主として,①平衡感覚,②体性感覚,③視覚の3つの感覚を中枢において統合することによって機能していると考えられてい

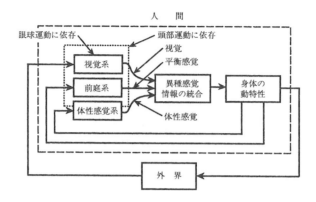

図 12.27 異種感覚フィードバックを利用する人間の姿勢制御系

る.

平衡感覚(前庭感覚)は前庭器官,すなわち半規管と耳石器から生じる感覚である.半規管は頭部の3軸まわりの回転角加速度に関する情報を検出するが,過渡状態においては等価的に角速度情報を出力するといわれている[1].耳石器は重力ベクトルと頭部運動に伴う直線加速度ベクトルとの和を検出する.体性感覚は,深部感覚,すなわち自己受容器(筋紡錘・腱器官・関節受容器)により生まれる頭部・体幹・四肢などの間の相対的な力学的関係(力・トルク・位置・速度・加速度)に関する感覚や,重心位置に依存する足底部の表面感覚に関する情報である.視覚情報については後述する.

b. 統合部位の候補

脳の神経回路のうち,統合が行われている候補となる部分は,視覚情報と平衡感覚情報の両方が入力されて処理が行われる部位であり,これらは主として橋の前庭神経核,小脳,大脳の頭頂連合野である.

前庭系からの平衡感覚情報が最初に到達する神経核である前庭神経核の主な役割は,平衡感覚情報とそれ以外の視覚情報や頸部の自己受容器情報を中継して反射的な姿勢運動(前庭脊髄反射)を生じさせることである[2].また,前庭神経核を経由した平衡感覚は,体性感覚野の頭頂内溝(2v野,3a野)に収束するが,このなかの細胞は自己受容器への刺激にも同時に応答することから,この部分で平衡感覚による頭位と自己受容器による四肢の位置や体位との最初の統合が起こっている可能性がある[2].

小脳のうち前庭小脳および小脳虫部には視覚情報と平衡感覚情報の両方が入力される.これらの部位に限局した病変により歩行障害,めまい,眼振が生じるため,小脳は姿勢制御に密接に関係している.姿勢制御における小脳の運動学習あるいは適応に関する役割については後述する.

頭頂連合野には視空間知覚や運動視に関連する機能があることが実験的に明らかにされているが,平衡感覚に関連したニューロンもここに存在することがサルで示されている[3].すなわち,運動視に関連するニューロンが前庭系刺激にも反応することや,椅子の回転と逆方向の視覚刺激に反応するニューロンが見つかっている.これらのことから頭頂連合野では,頭部運動と眼球運動の両方の情報に基づいて,相対的な情報にすぎない網膜上での視覚像の運動情報を,絶対的な情報に解釈し直すような変換が行われている可能性があるといわれている[3].

その他,上丘や海馬にも視覚・聴覚・体性感覚に関する異種感覚情報の統合機能がある可能性が指摘されている[4].また,海馬は空間的位置関係の記憶あるいは空間地図の形成に関係するといわれている[5].

c. 統合の目的

視覚情報に着目した人間の姿勢制御に関する研究は,被験者に与える視覚情報にさまざまな工夫をこらしてこれまで行われてきた[6~8].これらの研究では,視覚情報の変化に対する姿勢反射,眼振,自己運動感(vection),身体動揺量の増減などが詳しく調べられている.

床反力作用点(いわゆる重心)や頭部などの身体動揺量の周波数分析を行った研究によると,静止直立時の姿勢の安定化に用いられる視覚情報は,約 0.2 Hz 以下の低周波領域において主要な役割を果たすといわれてきた[6~8].これは,身体動揺量のパワースペクトルのうち開眼時に比較して閉眼時で増

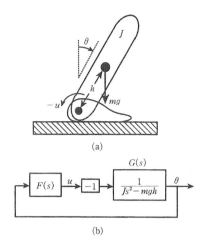

図 12.28 姿勢制御系の1自由度倒立振り子モデル[9]
(a) m：体幹の質量，h：足首から体幹までの距離，J：慣性モーメント，θ：体幹の傾き角，u：足首まわりのトルク，としたときのモデルを表す．(b) 線形フィードバック $F(s)$ によって (a) を線形化した要素 $G(s)$ を安定化していると仮定．

加する成分が，主に約 0.2 Hz 以下の部分であることから推測されるものである．

Ishida ら[9] は，身体の力学的構造を図 12.28 のような1自由度の倒立振子とみなし，姿勢制御中枢の機構を線形制御装置とする動的モデルを考え，このモデルに含まれるパラメーターを開眼時と閉眼時で比較した．その結果，伝達遅れが比較的大きいという特性をもつ視覚系は，伝達遅れの影響が出にくい約 0.2 Hz 以下の低周波領域でゲインを大きくすることによって姿勢安定化に寄与しているというかなり明解な制御工学的解釈を行っている．しかし，統合機構の詳細はこの解釈だけでは説明できない．

一方，中心視よりも周辺視のほうが姿勢制御にとって重要であることが，視野の各部を遮断したときの身体の動揺量の増減から明らかとなっている[7]．これは自己運動感や視覚誘導性姿勢変動が周辺視への視覚刺激で起きやすいことと共通しており，姿勢制御が空間知覚に強く依存することを示唆している．

姿勢制御にとって空間知覚が重要である理由は，姿勢の安定化には位置情報が必要であるからであると考えられている．すなわち，身体の力学的モデルとして最も簡単な図 12.28 と同一の倒立振子モデルを考えた場合であっても，制御工学的理由により，その安定化には位置情報である足首まわりの回転角，あるいはそれとほぼ等価な重心位置座標のフィードバックが必須であるからである[10]．

ところが，前庭器官から直接的に得られる情報は頭部運動の加速度情報であり，位置情報ではない[1]．また，体性感覚情報のみから位置情報を得るためには，身体の各リンクに分布した数多くの自己受容器からの情報を適切に組み合わせる必要がある．一方，ほかの情報と異なり，視覚情報は外界を経由するため，外界のほとんどの物が重力場に対して静止している限り，重力場が定義される静止座標系に対する頭部位置に関する情報を含んでいる．

しかし，視覚情報の源である網膜像は，眼球や頭部の運動に依存して大幅に変化するため，このままでは見かけ上の相対的な情報にすぎない．すなわち，頭頂連合野の役割のところですでに述べたように，姿勢制御に必要な視覚情報と前庭・体性感覚情報とのあいだの統合の主な目的は，それらを組み合わせることにより視覚情報を絶対的な情報に解釈し直すような変換を行うことであると考えることができる．

d．統合機構の仮説

このような統合が具体的にどのように行われるかについては，まだほとんど明らかとなっておらず，いくつかの仮説が提案されているだけである．

最も単純な仮説は，脳内空間地図上内部モデル仮説[11] である．この仮説によると，断片的な網膜像は，ほかの感覚情報や遠心性コピー情報に基づき，別の記憶領域，例えば，笠井[12] のいうような周囲空間の地図（脳内空間地図）に相当するものに写像され，絶対座標系（静止座標系）が形成されるとともに，この脳内空間地図上に，外界中の運動物体ばかりでなく身体の内部モデルが形成される．中枢神経系は，この内部モデルを用いて，身体を制御するための運動指令を作り出すというものである．

この仮説に従うと，視覚情報で重要なのは主として静止座標系の形成に必須な直流分であることが示唆される．Yoshizawa ら[11] は，一種のヘッドマウンテッドディスプレイ (HMD) を用いて静止直立時の視覚情報に高域通過フィルターを施すことにより，主として直流分のみを遮断した実験を行った．その場合でも身体動揺量は，図 12.29 のように閉眼時と同様に約 0.2 Hz 以下の低周波領域において通常の開眼時より増加したが，約 0.2 Hz より高い周波数成分の増大はほとんど見られないという，この仮説に矛盾しない結果を得ている．

このような仮説の問題点は，脳内空間地図や内部

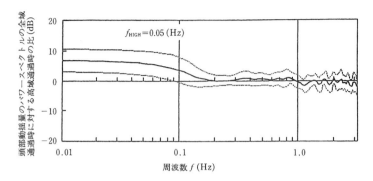

図 12.29 静止直立時において遮断周波数 f_{HIGH} が 0.05 Hz の高域通過フィルターを施すことにより視覚情報の主として直流分のみを遮断した場合の, 頭部動揺量のパワースペクトルの全域通過時に対する比[11]
実線は 10 人の被験者の平均値, 点線はその標準偏差.

モデルのようなものが果たして脳のなかに実在するかというところにある.

異種感覚情報の統合に関するほかの仮説には, 脳内空間地図が構成されるような統一的な座標系の存在を疑問視するものもある. すなわち, 脳内には各感覚系に独立した座標系があり, 異種感覚情報の統合はおのおのの座標系のあいだの変換によってなされるだけであるとする仮説である[13]. サルの頭頂連合野には手の上に構成された運動座標系で発火するニューロンが見つかっている事実[3] などが, この仮説を支持する証拠となりうる.

また川人[14] は, 姿勢制御系の基礎が脊髄反射弓や脳幹のフィードバック制御であり, これだけでは制御性能が悪いが, これを小脳が適応的に補償しているというフィードバック誤差学習モデルを提案している. このモデルは小脳虫部に身体の動特性の逆モデルが適応的に形成されることを前提としている. ここでいう逆モデルとは, 制御対象となるシステムと縦続に組み合わせたとき, 入力信号と同等かそれに近い出力信号を発生させうるような動的なモデルのことである. また, 並列に組み合わせたときに同様な効果を生むものを順モデルと呼ぶ. さらに川人[14] によると, 内部モデルとして逆モデルだけを仮定するのではなく, 順モデルも仮定することにより, 姿勢制御系ばかりでなく感覚運動統合の一般的な問題が説明できるとしている (双方向性理論).

今後, 人間の平衡感覚を含めた異種感覚情報の統合機能の解明には, 頭部運動および眼球運動を正確に反映させた人工現実感システムによる仮想的空間の利用が有効かもしれない. 逆に, この統合機能の解明が, 人間に強い実在感を与えられる高性能の人工現実感システムの開発にも役立つと思われる.

[吉澤 誠]

文献

1) G. M. Jones and J. H. Milsum: Spatial and dynamic aspects of visual fixation, *IEEE Transactions on Biomedical Engineering*, **BME-12**, 54-62, 1965
2) 内野善生: 平衡感覚, 新編 感覚・知覚心理学ハンドブック (大山 正, 今井省吾, 和気典二編), 誠信書房, pp. 1338-1345, 1994
3) 酒田英夫: 頭頂葉における空間視のニューロン機構, 神経研究の進歩, **39** (4), 561-575, 1995
4) 森 晃徳: 異種感覚情報の統合, 認知心理学 1 知覚と運動 (乾 敏郎編), 東京大学出版会, pp. 103-116, 1995
5) R. G. M. Morris, P. Garrud, J. N. P. Rawlins and J. O'Keefe: Place navigation impared in rats with hippocampal lesions, *Nature*, **297**, 681-683, 1982
6) D. N. Lee and J. R. Lishman: Vision—the most efficient source of proprioceptive information for balance control, *Agressologie*, **18**, 83-94, 1977
7) W. M. Paulus and A. Straube: Visual stabilization of posture, *Brain*, **107**, 1143-1163, 1984
8) J. Dichgans, K. H. Mauritz, J. H. J. Allum and T. Brandt: Postural sway in normals and atactile patients—analysis of the stabilizing and destabilizing effects of vision, *Agressologie*, **17**, 15-24, 1976
9) A. Ishida and S. Miyazaki: Makimum likelihood identification of a posture control system, *IEEE Transactions on Biomedical Engineering*, **BME-34**, 1-5, 1987
10) 伊藤正美, 臼井支朗, 伊藤宏司, 三田勝己: 生体信号処理の基礎, オーム社, 1985
11) M. Yoshizawa, H. Takeda, M. Ozawa and Y. Sasaki: A frequency domain hypothesis for human postural control characteristics, *IEEE Engineering in Medicine and Biology Magazine*, **11**, 60-63, 1992
12) 笠井 健: 感覚・知覚と運動の統御機構, 計測と制御, **25** (2), 136-142, 1986
13) 前田太郎, 舘 暲: 知覚運動協応における能動性/受動性の再検討, 第 11 回生体・生理工学シンポジウム論文集, pp. 209-212, 1996
14) 川人光男: 脳の計算理論, 産業図書, 1996

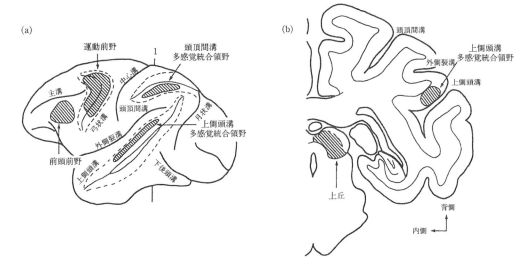

図12.30 サルの脳における複数の感覚情報が統合されている部位(Pandya Seltzer[1]を改変)
(a)脳の左側面図,(b)脳の断面図:(a)における1のレベル.

12.4 視覚と他の感覚の統合の生理学的機序

われわれは,日常生活のなかでは,同時に何種類もの感覚情報を受け取ることにより,外界を認識している.生体のなかでは,視覚,聴覚,あるいは体性感覚などの情報が個別に処理されていると同時に,異なる感覚情報間の統合や相互作用が生じている.多感覚の統合機能とは異なる感覚情報を統合する機能をいう.生体の感覚情報処理機能についての多くの神経生理学的研究では,視覚,聴覚,あるいは体性感覚など個別の感覚情報の処理機能について調べられているが,多感覚の統合機能に関し不明な点が多い.

多感覚の統合機能が生体内で行われていることは,複数の感覚刺激に反応する神経細胞(多感覚応答細胞)が脳内のいろいろな部位(上丘や大脳皮質など)に存在していることから推測される(図12.30).それぞれの部位では,それぞれ異なる多感覚の統合機能が行われるため,複数の感覚情報が入力され,異なる感覚情報間の統合や相互作用が生じていると考えられる.しかし,その生理学的機序は明らかでない.

視覚とほかの感覚の統合機能や相互作用に関する神経生理学的研究は,上丘や大脳皮質で記録される多感覚応答細胞において行われている.本節では主に,これらの実験結果をもとに上丘と大脳皮質における多感覚の統合機能について記述する.

12.4.1 上丘における多感覚の統合機能

ネコやサルなどの上丘は大脳皮質下にある脳幹の背側部に位置している(図12.30).上丘は,機能的に大きく浅層と深層の2つに分けられる.浅層では,すべての神経細胞が視覚刺激に反応する視覚細胞であるのに対し,深層では,単一の視覚,聴覚,あるいは体性感覚刺激に反応する単一感覚応答細胞のほかに,多感覚応答細胞が記録される.これらのことから,上丘の浅層は主に視覚機能に関与するのに対して,深層は主に多感覚の統合機能に関与すると考えられている[2].一側の上丘を破壊すると,破壊した反対側に提示された刺激に対して無視が生じる.また,上丘の深層の神経線維は眼,頭,あるいは首の運動を制御する神経線維が通過する脊髄—網様体—視蓋路に直接投射する.これらのことから,上丘は「外界の刺激に対して,動物の行動を起こすか否かを決定する機能(適応行動)」に関係すると考えられている[2].

上丘における多感覚の統合機能に関し,異なる感覚情報間の相互作用について調べられている.MeredithとSteinは,麻酔したネコの上丘深層から多感覚応答細胞を記録し,1種類の感覚刺激を単独に与えたときの反応と,複数の感覚刺激を同時に与えたときの反応を比較,検討した[3,4] 図12.31には複数の感覚刺激を同時に与えたときの神経細胞の

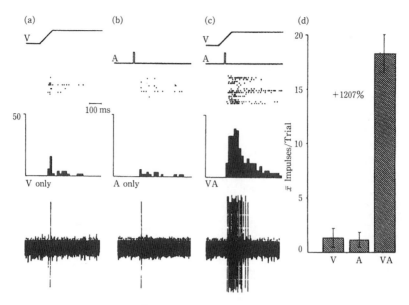

図12.31 ネコ上丘深層細胞における2種類の刺激に対する興奮性相互作用[4]

反応が,単一の感覚刺激を単独に与えたときの反応に比べて増強した例を示している.この細胞では,視覚刺激を単独(図(a)),あるいは聴覚刺激を単独(図(b))に与えると,いずれの刺激に対する反応は弱いものであるのに対して,視覚刺激と聴覚刺激を同時に与えると,反応は増強した(図(c)).神経細胞の反応を1試行当たりの平均発火数として表すと(図(d)),視覚刺激と聴覚刺激を同時に与えたときの反応(VA)は,視覚刺激を単独に与えたときの反応(V)に比べて,1207%も増強した.このほかに,上丘深層の多感覚応答細胞には,単一の感覚刺激を単独に与えたときの反応に比べて,複数の感覚刺激を同時に与えたときの反応が減少する細胞も記録される.

異なる感覚情報間の興奮性あるいは抑制性相互作用を生じる上丘細胞の反応には,複数の感覚刺激を同時に与えたときの反応がそれぞれの感覚刺激を単独に与えたときの反応の和にならない特徴(非線形な性質)がある.この性質は,次のような事象が上丘深層に生じていると考えられる.異なる感覚情報が同時に入力された場合,異なる感覚情報間に増強効果が生じることは,1つ1つの感覚刺激が閾値に近い弱い刺激であっても,それらが組み合わさることにより,環境の微妙な変化を増幅し検出可能にしている.また,抑制効果が生じることは,特定の刺激がふつうの状態では上丘細胞の活動を増加させてしまう刺激であっても,そのほかの感覚情報が存在すると上丘細胞の活動に対して効果のないものにしてしまう.このような異なる感覚刺激間の相互作用を起こす刺激は上丘細胞によってそれぞれ異なり,視覚刺激と聴覚刺激間だけでなく,視覚刺激と体性感覚刺激間や聴覚刺激と体性感覚刺激間においても報告されている[3,4].また,異なる感覚情報間の相互作用の強度は,次のような要素によって変化することが報告されている.

(1) 刺激の種類(視覚刺激の大きさなど)[4]
(2) 異なる刺激を与える時間的関係[5]
(3) 異なる感覚刺激を与える空間的関係[6]

上丘深層の多感覚応答細胞において観察された異なる感覚情報間の相互作用は,単に複数の感覚刺激が1つの神経細胞に収束する神経線維結合の性質を示すものではなく,"適応行動"を制御するために,上丘細胞がもつ重要な性質の1つであると考えられている.

12.4.2 大脳皮質における多感覚の統合

サルの上側頭溝皮質は単一の感覚情報を処理する大脳皮質視覚野,聴覚野,あるいは体性感覚野から神経線維投射を受け,大脳皮質に存在する複数の感覚情報が収束する多感覚統合領野の1つである[7].後頭葉から前頭葉にかけて広がる上側頭溝の背壁に多感覚統合領野が広がっている(図12.30).実際,麻酔したサルの上側頭溝多感覚統合領野から細胞活動を記録し,視覚,聴覚,あるいは体性感覚刺激に

12.4 視覚と他の感覚の統合の生理学的機序

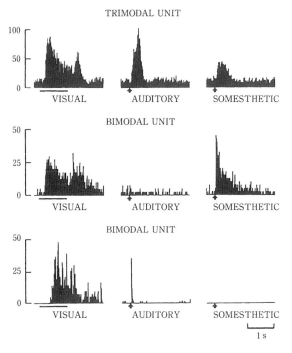

図 12.32　サル上側頭溝皮質細胞における複数の感覚情報に反応する多感覚応答細胞の反応例[8]

対する反応性を調べてみると，単一の感覚刺激に反応する単一感覚応答細胞のほかに，3種の刺激すべてに反応する多感覚応答細胞（trimodal unit, 図12.32）や，2種の刺激に反応する多感覚応答細胞（図12.32, bimodal unit）が記録される[8,9]．この多感覚統合領野は，ほぼすべての上側頭溝皮質の背側部に広がっているが，上側頭溝内のすべての多感覚統合領野から細胞活動を記録し，反応特性を検討した生理学的研究はなく，この多感覚統合領野の機能が均一であるかは明らかでない．

しかし，上側頭溝前方部皮質と後方部皮質とでは，多感覚の統合機能が異なる神経行動学的報告がある[10]．この研究では，上側頭溝皮質の多感覚統合領野だけを破壊したわけではないが，上側頭溝後方部のすべての皮質を破壊したサルに比べて，上側頭溝前方部のすべての皮質を破壊したサルのほうが，視覚刺激と聴覚刺激を同時に手がかりとする課題の学習に障害を示した．これらのことは，上側頭溝後方部皮質に比べて前方部皮質がより多感覚の統合機能に関与していることを示している．一方，異なる感覚情報の統合機能について神経細胞レベルでも調べられている．異なる感覚情報が1つの多感覚応答細胞に収束する場合，収束する感覚情報の性質や感覚受容野の配置には，何らかの規則性があると考え

られた．麻酔したサルの後部上側頭溝皮質から，多感覚応答細胞を記録し，それらの多感覚応答細胞における視覚，聴覚，あるいは体性感覚刺激に対する反応特性や感覚受容野の配置を調べる[9]と，次の特徴が観察された．

(1) 視覚，聴覚，あるいは体性感覚いずれの感覚刺激に対する受容野は大きく，広い空間や体の背側表面に広がっていた．

(2) 刺激の物理的なパラメーターの変化や，刺激の性質に対して選択的に反応する細胞はほとんど記録されず，多くの細胞はさまざまな刺激に対して同等に反応した．

(3) 異なる感覚刺激に対する受容野の配置には，空間的に重なる重複型受容野をもつ細胞と，空間的に重ならない補完型受容野をもつ細胞が観察された．

これらの性質は，次のような機能に関与すると解釈できる．それぞれの感覚受容野が大きいことは，動物のまわりの広い範囲から感覚情報を検出することができる．刺激のパラメーターに関して選択性が広いことは，動物のまわりの環境において生じている，さまざまな種類の刺激を検出することができる．補完型受容野をもつ細胞，とくに，視覚とほかの感覚刺激に対して補完型受容野をもつ細胞が存在

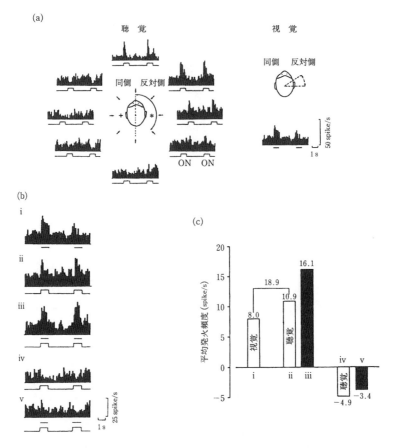

図12.33 サル上側頭溝皮質細胞における2種類の刺激に対する興奮性と抑制性相互作用[11]

することは，動物が1つの対象を注目しているときでも，視覚でとらえきれない空間に存在するほかの重要な感覚刺激を検出することができる．これらの点より，上側頭溝後方部の多感覚統合領野は，「異なる感覚情報を用いて，まわりの環境のなかから感覚刺激に気づく注意過程」に関与していると考えられている．

上側頭溝前方部の多感覚統合領野における多感覚の統合機能に関し，視覚刺激と聴覚刺激に反応する多感覚応答細胞において視覚情報と聴覚情報間の相互作用について検討されている[11]．図12.33には，視覚刺激と聴覚刺激に反応した細胞の応答例を示している．視覚刺激あるいは聴覚刺激を単独にいろいろな方向から与えると，神経細胞がもつ受容野の広がりが決定できた．聴覚受容野（実線）と視覚受容野（破線）の水平面上の広がりを示している．この細胞は聴覚刺激を単独に8方向から与えると，記録半球と反対半球側では興奮性反応を示したが，同半球側では抑制性反応を示した（図12.33(a)の左図）．視覚受容野は記録半球と反対側に広がっており，視覚反応は運動刺激によって生じた（図12.33(a)の右図）．興奮性聴覚受容野は視覚受容野よりも大きく，しかも視覚受容野を含んでおり，2種の受容野間の空間的関係は重複的であった．視覚刺激を視覚受容野に与えると同時に，聴覚刺激を興奮性受容野内（＊），あるいは抑制性受容野内（＋）に与えた．

図12.33(b)には視覚刺激を視覚受容野内に単独に与えたときの反応（i），聴覚刺激を興奮性聴覚受容野内（＊）に単独に与えたときの反応（ii），視覚刺激を興奮性受容野内に，聴覚刺激を興奮性受容野内（＊）に同時に与えたときの反応（iii），聴覚刺激を抑制性受容野内（＋）に単独に与えたときの反応（iv），視覚刺激を興奮性受容野内に，聴覚刺激を抑制性受容野内（＋）に同時に与えたときの反応（v）を示している．視覚刺激を視覚受容野内に，聴覚刺激を興奮性聴覚受容野内へ同時に与えると，視覚あるいは聴覚刺激を単独に与えたときよりも反応は増

加した（i, ii, iii）．提示時間内の平均発火頻度を計算すると（図12.33(c)），視覚と聴覚刺激を興奮性受容野内に同時に与えたときの反応（iii；16.1 spikes/s）は，視覚刺激を単独に与えたときの反応（i；8.0 spikes/s）と聴覚刺激を単独に与えたときの反応（ii；10.9 spikes/s）を加算した程度の増強反応であった．しかし，視覚刺激を興奮性受容野内に，聴覚刺激を抑制性受容野内に同時に与えると，増強反応は得られなかった（i, iv, v）．提示時間内の平均発火頻度を求めると，聴覚刺激を抑制性受容野内に単独に与えたときの反応（iv；−4.9 spikes/s）や視覚刺激を視覚受容野内に，聴覚刺激を抑制性受容野内に同時に与えたときの反応（v；−3.4 spikes/s）は，ともに細胞の自発発火頻度よりも抑制された（図12.33(c)）．

上側頭溝皮質にも，上丘深層と同様に複数の感覚刺激に反応する多感覚応答細胞が記録される．しかし，異なる感覚情報間の相互作用を調べてみると，上側頭溝皮質細胞は上丘細胞とは異なる刺激応答特性をもっていた．上側頭溝皮質細胞の刺激応答特性の特徴は，刺激が提示される方向により，同時に入力される異なる感覚情報に対して加算的な興奮性反応や，抑制性反応を示すことである（図12.33）．興奮性受容野内へ視覚刺激と聴覚刺激を同時に与えたとき，2種類の刺激を単独に与えたときの反応の和と同じ程度の興奮性反応が得られる（線形な性質）のに対して，視覚刺激を興奮性受容野内に，聴覚刺激を抑制性受容野内に与えると，視覚刺激を興奮性受容野内に与えているにもかかわらず，聴覚反応を単独に与えたときと同じ程度の反応しか得られなかった（非線形な性質）．上側頭溝皮質と上丘で観察された視覚情報と聴覚情報間の相互作用の性質の違いは，神経細胞がもつ受容野の構造の違いと関係すると考えられる．上側頭溝皮質細胞は興奮野と抑制野からなる聴覚受容野をもっていた（図12.33）が，聴覚刺激に反応する上丘細胞の聴覚受容野には抑制野の存在は報告されていない[12]．

上側頭溝前方部における多感覚応答細胞の反応特性より，上側頭溝前方部皮質は，「同時に入力される異なる感覚情報の方向定位機能」に関与すると考えられている．このことは，空間知覚機能に関与している頭頂葉の視覚細胞は興奮野と抑制野からなる受容野をもっていること[13]，また，上側頭溝皮質は，頭頂葉皮質から神経線維投射を受けること[14]，からも推測される．

上側頭溝前方部皮質細胞における異なる感覚情報間の相互作用の生理学的性質は，神経行動学実験結果からも裏づけられている．上側頭溝前方部皮質を破壊したサルでは，視覚あるいは聴覚刺激単独の方向弁別課題の学習は障害されないにもかかわらず，視覚刺激と聴覚刺激を同時に手がかりとする方向弁別課題の学習は障害された[10]．これらのことは，上

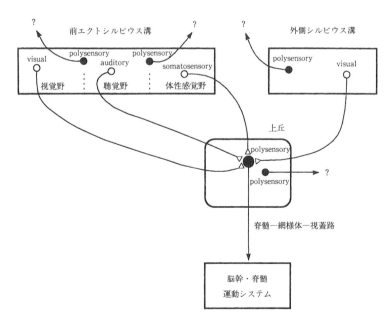

図12.34 大脳皮質と上丘における3つの独立した多感覚の統合システム（Wallace et al.[15] を改変）

側頭溝前方部皮質が，異なる感覚情報の統合機能だけでなく，それらの感覚情報を空間的に分析する機能に関与していることを示している．

12.4.3 独立した多感覚の統合システム

ネコ上丘やサル大脳皮質上側頭溝皮質において，多感覚応答細胞が記録され，異なる感覚情報間の相互作用が観察される．上丘と大脳皮質で記録される多感覚応答細胞は，異なる感覚情報を統合し，そして1つの器官に情報を送る同じシステムの一部なのだろうか？

上丘の多感覚応答細胞，大脳皮質(前エクトシルビウス溝皮質と外側シルビウス溝皮質)の細胞，脊髄—網様体—視蓋路との結合様式を調べたネコを用いた最近の研究により，大脳皮質と上丘における多感覚の統合メカニズムの一端が明らかにされた[15]．

この研究によると，上丘深層と大脳皮質に存在する多感覚応答細胞が関与するシステムには，少なくとも3つの独立したシステムが存在する(図12.34)．

第1のシステムは，(大脳皮質)—(上丘深層)—(脊髄—網様体—視蓋路)である．大脳皮質に存在する単一感覚応答細胞からそれぞれの感覚情報が，上丘深層の多感覚応答細胞に送られ，異なる感覚情報が統合される．そして，統合された情報は眼，頭，あるいは首の運動を制御する神経線維が通過する脊髄—網様体—視蓋路に直接送られる．この上丘深層で記録される多感覚応答細胞では，異なる感覚情報間の非線形な相互作用が観察され[3,4]，出力は直接的に行動を発現する系と結合している．これらの性質は，異なる感覚情報を統合し，その情報を直接「適応行動」に結びつける上丘の機能に重要であると考えられる．

第2のシステムは，(?)—(上丘深層)—(?)である．上丘深層で記録される多感覚応答細胞には，大脳皮質の単一感覚応答細胞から神経線維連絡を受けず，また，脊髄—網様体—視蓋路に神経線維を送っていない細胞も存在する．現在のところ，この種の細胞の機能はわかっていない．

第3のシステムは，(?)—(大脳皮質)—(?)である．大脳皮質で記録される多感覚応答細胞は，どの部位から，感覚情報を受け取っているのか不明であるとともに，上丘深層や脊髄—網様体—視蓋路と神経線維結合がない．これらの神経線維結合様式とサルの大脳皮質における多感覚応答細胞で観察された異なる感覚情報間の相互作用が，上丘細胞で観察さ

れた相互作用に比べより複雑であることを考え合わせると，大脳皮質における多感覚の統合機能は，行動発現に直接関与するものでなく，空間知覚などの高次機能に関与していると考えられる．上丘や上側頭溝以外にも，脳のいろいろな部位では，多感覚応答細胞が記録される．これらの部位は，それぞれ異なる多感覚の統合機能が行われているのであろう(図12.30)．

異なる感覚情報間の相互作用以外に，多感覚の統合機能のもう1つの重要な機能は，異なる感覚情報間の座標軸の統合である．まわりの環境にある感覚情報は生体のそれぞれ個別の感覚器で受容されており，受容された情報の座標軸はそれぞれの感覚器によって異なっている．例えば，視覚情報は網膜中心の座標軸で処理されるのに対して，聴覚情報は頭中心の座標軸で処理されている．生体において，異なる座標軸で処理された視覚情報と聴覚情報が統合された場合，統合された情報は網膜中心の座標軸で表現されるのだろうか，それとも頭中心の座標軸で表現されるのだろうか？多感覚の統合機能について，このような観点からもサルやネコを用いて研究が行われている[16,17]．

[彦坂和雄]

文献

1) D. N. Pandya and B. Seltzer : Association areas of the cerebral cortex, *Trends in Neuroscience*, 5, 386-390, 1982
2) B. E. Stein : Multimodal representation in the superior colliculus and optic tectum, Comparative Neurology of the Optic Tectum, H. Vanegas, New York, pp. 819-841, 1984
3) M. A. Meredith and B. E. Stein : Interactions among converging sensory inputs in the superior colliculus, *Science*, 221, 389-391, 1983
4) M. A. Meredith and B. E. Stein : Visual, auditory, and somatosensory convergence on cells in superior colliculus results in multisensory integration, *Journal of Neurophysiology*, 56, 640-662, 1986
5) A. J. King and A. R. Palmer : Integration of visual and auditory information in bimodal neurones in the guinea-pig superior colliculus, *Experimental Brain Research*, 60, 492-500, 1985
6) M. A. Meredith and B. E. Stein : Spatial factors determine the activity of multisensory neurons in cat superior colliculus, *Brain Research*, 365, 350-354, 1986
7) E. G. Jones and T. P. S. Powell : An anatomical study of converging sensory pathways within the cerebral cortex of the monkey, *Brain*, 93, 793-820, 1970
8) C. Bruce, R. Desimone and C. G. Gross : Visual properties of neurons in a polysensory area in superior temporal suluc of the macaque monkey, *Journal of Neurophysiology*, 46, 369-384, 1981
9) K. Hikosaka, E. Iwai, H. Saito and K. Tanaka : Polysensory properties of neurons in the anterior

bank of the caudal superior temporal sulcus of the macaque monkey, *Journal of Neurophysiology*, **60**, 1615-1637, 1988

10) 小俣謙二, 柳沼重弥, 大沢康隆, 山口清子, 奥田裕紀, 岩井榮一:視聴覚複合課題におけるマカクザルの上側頭溝前腹側部及び後背側部摘除効果の比較, 電気通信学会技術研究報告, **86**, 233-240, 1987

11) 彦坂和雄:脳における異種感覚の統合様式, 電気通信学会誌, **76**, 1190-1196, 1993

12) U. G. Drager and D. H. Hubel: Responses to visual stimulation and relationship between visual, auditory, and somatosensory inputs in mouse superior colliculus, *Journal of Neurophysiology*, **38**, 690-713, 1975

13) B. C. Motter, M. A. Steinmetz, C. J. Duffy and V. B. Mountcastle: Functional properties of parietal visual neurons: mechanisms of directionality along a single axis, *Journal of Neuroscience*, **7**, 154-176, 1987

14) B. Seltzer and D. N. Pandya: Afferent cortical connections and architectonics of the superior temporal sulcus and surrounding cortex in the rhesus monkey, *Brain Research*, **149**, 1-24, 1978

15) M. T. Wallace, M. A. Meredith and B. E. Stein: Converging influences from visual, auditory, and somatosensory cortices onto output neurons of the superior colliculus, *Journal of Neurophysiology*, **69**, 1797-1809, 1993

16) L. R. Harris, C. Blakemore and M. Donaghy: Integration of visual and auditory space in the mammalian superior colliculus, *Nature*, **288**, 56-59, 1980

17) M. F. Jay and D. L. Sparks: Auditory receptive fields in primate superior colliculus shift with change in eye position, *Nature*, **309**, 345-347, 1984

13

発達・加齢・障害

13.1 発　達

13.1.1 結像機能の発達
a．屈折

新生児の屈折分布は弱度遠視（+1 D〜+2 D）を中心とした正規分布に近い分布をなしている[1]．成長とともに分布は集中し，小学生では正視にピークをもつようになる．このとき分布は正規分布から外れ，正視の頻度が大きい（McBrienとBarnes[2]に記載されたStenstrome（1946）のデータを図13.1に示す）．このことは，発達の過程で積極的に正視となろうとするメカニズムが存在することを示唆している（正視化，emmetropization）．また，中学・高校では弱度近視（−3 D付近）にもう1つの山をつくる傾向がある[3]．なお，これらのデータは新しいものでなく，とくに児童・生徒については生活環境の変化に伴い統計的な出現頻度は現代では変化していると思われる．また，地域，人種や文明度の差もあるかもしれない．しかし，基本的な傾向は変わらないと思われる．

屈折の変化は角膜曲率，水晶体屈折力，眼軸長の三者のバランスによって決まる．水晶体屈折力は学齢期までに約2 D低下（遠視化）するが，その後落ち着く．眼軸長は新生児で平均16 mmであるが乳幼児期に急激に，やがて徐々に延長（近視化）し，15歳くらいまでに24 mmとなる．角膜屈折力もやや低下（遠視化）するといわれている．

乱視は主として角膜形状の回転非対称性に，一部は水晶体の非対称性による．一般に，角膜の直乱視傾向を水晶体の倒乱視傾向で補正しているといわれている．幼児期には倒乱視の頻度が多い[4]．入学時には直乱視のほうが多くなる．入学後20歳くらいまではさらに直乱視が増加し，倒乱視が減少する[5]．なお，20歳を過ぎると直乱視は減少し始め，40歳前後で直乱視と倒乱視の頻度は逆転し，その後さらに倒乱視が増加する（13.2.1項参照）．

b．正視化のメカニズム

上記のように，新生児期には遠視であった屈折は発達とともに正視になる．しかも，これは偶然そうなるのではなく，正視をめざした発達が起こっているように統計データを見ているだけでも思われる．したがって，そこには正視化のメカニズムが存在していよう．このメカニズムは網膜像の鮮明さを判定基準にしながら長期間にわたって眼球の成長（眼軸長の延長）を制御するということであり，例えば，網膜像が鮮明である（これ自体判定の基準は明確でない）としても，それが調節時に得られたものであるかどうかも眼球成長の制御に絡む，といったように，網膜像・視距離・毛様筋の状態など非常に多くの要素を入力とし総合的に考慮しなければならない．また，成長を制御するには成長因子の分泌などの生化学的な要素[6]を制御しなければならない．この秒単位で変化していくエラー信号と年単位でしか

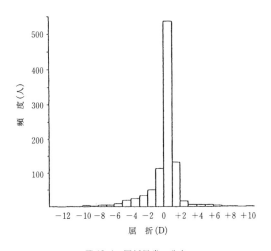

図13.1　屈折異常の分布
正視が多いため正規分布にはフィットしない．

変化しないフィードバック系のあいだにいかなる中枢機構がはたらいているのであろうか．このメカニズム全体を知るためにはもう少し時間が必要に思う．

c. 近視の発症メカニズム

近視の発症メカニズムに関しては諸説あり，現在に至るまで定説を得ていない．しかし，弱度の近視に関しては近業が重視され，毛様筋のトーヌスや水晶体の形状が主因であると考えられており，強度の近視に関しては遺伝やその他の影響による眼軸の延長が主因であるとされている．いずれにしても，正視化の過程で，その制御系に何らかの異常が生じれば屈折異常は生じうるのだから，近視発生の原因は正視化にかかわる多くの要素のどの部分がかかわっていてもおかしくないし，実際に複雑な要因が絡み合っていることが考えられる．なお，幼若サルの上眼瞼と下眼瞼を縫合した結果，眼軸の延長が見られ強度の近視が発生することが知られている[7]．この場合にも，遮蔽眼にアトロピンを作用させたり，瞼々縫合の代わりに暗黒中で飼育したり，視神経を切断したり，後頭葉視覚領を破壊したりすると，近視発生の様子はサルの種類によって異なり[8]，近視発生の要因の複雑さを示す．

d. 調節の発達

調節の作用である毛様筋や水晶体の変形に関しては調節の変動として生後直後から観察されている[9]．しかし，この状態は視対象の視距離に応じて調節しているわけではなく，調節機構が機能しているとはいいがたい．調節を測定する装置に顔を固定することのできるような幼児ではすでに調節機構がはたらいている．したがって，視覚発達に伴い速やかに調節の制御に関する学習が行われると考えられる．

［鵜飼一彦］

文　献

1) R. C. Cook and R. E. Glasscock: Refractive and ocular findings in the newborn, *American Journal of Ophthalmology*, 34, 1407-1413, 1951
2) N. A. McBrien and D. A. Barnes: A review and evaluation of theories of refractive error development, *Ophthalmic and Physiological Optics*, 4, 201-213, 1984
3) 中島　実：学校近視の成因について，日本眼科学会雑誌，45, 1378-1386, 1941
4) V. Dobson, A. B. Fulton and A. A. Sebris: Cycloplegic refractions of infants and young children: The axis of astigmatism, *Investigative Ophthalmology and Visual Science*, 25, 83-87, 1984
5) 神谷貞義，西信元嗣：新しい視点からみた近視の解析：その4，児童・生徒の乱視眼についての乱視軸分布曲線ならびに乱視度分布曲線についての統計的観察，日本眼科紀要，36, 1853-1867, 1985
6) R. A. Stone, T. Lin, A. M. Laties and P. M. Iuvone: Retinal dopamine and form-deprivation myopia, *Proceedings of the National Academy of Science USA*, 86, 704-706, 1989
7) T. N. Wiesel and E. Raviola: Myopia and eye enlargement after neonatal lid fusion in monkeys, *Nature*, 266, 66-68, 1977
8) E. Raviola and T. N. Wiesel: Neural control of eye growth and experimental myopia in primates, In Myopia and the Control of Eye Growth (eds. G. R. Bock and K. Widdows), John Wiley & Sons, Chichester, pp. 22-44, 1990
9) L. Hainline, P. Riddell, J. Grose-Fifer and I. Abramov: Development of accommodation and convergence in infancy, *Behavioural Brain Research*, 49, 33-50, 1992

13.1.2 色　覚

a. 乳幼児の比視感度関数

乳幼児（infant）の色覚について考える前に，実験条件的にも，暗所視および明所視条件での比視感度関数（luminous efficiency function, LEF）および輝度チャンネルについて考えることが必要である．暗所視LEFを決定する要因としては，桿体の成熟度と受容体以降の神経回路の形成，明所視LEFの場合はL, M錐体の成熟度（光学濃度の変化），輝度チャンネルの形成，および桿体の寄与量などがあげられる．またどちらの場合にも，短波長領域で水晶体や黄斑色素などの眼光学媒体の濃度が，乳幼児と成人で異なることによる影響を受ける．

生後4週および12週の乳幼児に対してFPL法（forced-choice preferential looking method）で暗順応後の分光行動発生閾値を測定した結果[1]，および生後4週以上の乳幼児に対してVEP法（visual evoked potential method）を用いて8 Hzの単色光フリッカーに対する応答を測定した結果は[2]，被験者の水晶体濃度が低いことを考慮すると，成人の桿体分光感度すなわちCIE $V'(\lambda)$とよく一致した．これらの結果から生後4週で暗所視（rod vision）はすでにある程度発達しているといえる．

一方，明所視のLEFに関しては，生後8～15週において，単色光フラッシュに対するVEP応答で測定した結果は，10° CIE $V(\lambda)$にほぼ一致した[3,4]．またFPL法を用いて生後8～12週の乳幼児で測定した場合にも，やはり成人のLEFと近い結果が得られている[5]．しかし，上の実験はいずれも成人の場合であれば輝度でなく明るさを測定する条件であり，さらに桿体の寄与も無視できない．そこで交照

法を用い，15 Hz のフリッカーに対する VEP 応答のうち 15 Hz のものだけを利用することにより，輝度チャンネルの応答のみを測定した実験が行われた．21 人の生後 8 週および 21 人の生後 16 週の乳幼児は，グループによらず 10° CIE $V(\lambda)$ に非常に近い LEF を示した[6]．この結果から生後 8 週で輝度チャンネルと考えられる光知覚メカニズムがすでに機能していることがわかる．

しかし，LEF は L 錐体分光感度によって主に決定されるため[7]，LEF の形状からは L, M 錐体がともに機能していることは明らかではない．そこで通常の交照法フリッカーの代わりに，視細胞単独刺激法 (silent-substitution method)[8] のフリッカーを用いて L あるいは M 錐体を単独に刺激して VEP 応答を測定した[9]．しかし乳幼児の錐体外節が短いことによる光学濃度の相違によって，乳幼児では錐体分光感度が成人と異なる可能性も考えられた．そこでこの方法を応用して単色背景光の順応感度 (field sensitivity) として L, M 錐体の分光感度を測定した[10]．結果から，生後 4 週の乳幼児では，成人に非常に近い分光感度をもつ L, M 錐体の両方がすでに機能していることが明らかとなった．さらに Stiles の 2 色法を利用して S 錐体を分離し，黄色の順応背景光上での単色光の VEP 応答を測定した実験により，生後 4～6 週の乳幼児ですでに S 錐体が活動していることが示されている[11]．3 色型の色覚に必要な 3 錐体のすべては，生後 4 週ですでに機能している．

b．乳幼児の色覚

色覚を有するためには，少なくとも 2 種類以上の受容体とそれらの出力を比較する受容体以降のメカニズムが発達していることが必要である．19 世紀以来，乳幼児は早期において少なくとも 2 色型の色覚を有しているとの報告も数多くなされている[12]．しかし，色弁別は分光分布によってではなく刺激強度の差によってなされたのではないかとの問題がある．刺激強度の差による影響を取り除くには，刺激強度を系統的に変化させて弁別能力が最小になる点すなわち輝度一致点 (極小点) を探す方法や[13,14]，テスト刺激を細かいモザイク状に分割してそのモザイクごとの輝度をランダムに変化させ (jittering)，輝度情報を弁別の手がかりに使えなくする方法がある[15]．いずれの場合でも，実験手法を考えるうえで，可能性のある比視感度関数すべてについて検討することが必要である[16]．

輝度の問題を考慮しながら，FPL 法による色弁別実験により乳幼児の色覚が調べられている．それらの結果は，色覚は生後 4～12 週のあいだに急激に発達することを示唆している[16]．生後 3 週およびほとんどの生後 4 週の乳幼児の場合は色弁別ができないことが報告されている[17~19]．また電気生理学による実験でも，生後 6～8 週以前の乳幼児では輝度一致点では VEP 応答が見られなかった[20]．ただし結果の解釈に当たっては，生後 4 週やそれ以前の乳幼児の応答を，FPL 法や VEP 測定によって調べることの困難さを考慮する必要がある．

その一方で，生後 8 週の乳幼児のおよそ半分は，少なくとも 2 色型の色弁別が可能であるとの報告がなされている[13,14,17~19]．いずれも FPL 法による実験で，輝度一致点を含むべく刺激強度は約 1 log 以上変化させている．生後 8 週の乳幼児は赤と白の弁別が可能であった[13]．多くの生後 8 週の乳幼児と一部の生後 4 週の乳幼児は，赤あるいは緑 (550 nm) と黄色 (589 nm) の L および M 錐体の混同色線上での弁別 (Rayleigh match) が[17]，また，生後 5～8 週の乳幼児の一部は，青 (416 nm) と緑 (547 nm) の S 錐体混同色線上での弁別が可能であった[18]．

生後 12 週の乳幼児に対しても FPL 実験が行われた．25 人の乳幼児のすべてが赤あるいは 550 nm 単色光と 589 nm 単色光との弁別が可能であったし[17]，ほとんどすべての乳幼児は 650 nm 単色光と 589 nm 単色光の弁別が可能であった[21]．また乳幼児を，1 グループは輝度によらず赤の刺激のみに，別のグループは緑の刺激のみに固視するようにトレーニングすることが可能であった[15]．これらの結果から生後 12 週の場合には明らかに色覚を有しているといえる．

しかし，これらの結果だけから単純に，生後 12 週の乳幼児では成人と同様の 3 色型の色覚をすでにもっている，すなわち 3 錐体のすべてと赤緑，黄青反対色メカニズムがすでに機能している，とはいえない．それらの実験においては，比較的大視野でかつ乳幼児にとっては暗所視に近い輝度レベルの刺激が用いられており，もし桿体ともう 1 つの錐体の組み合わせをもつメカニズムが機能していれば，各錐体の混同色線上の弁別を説明することが可能である．例えば，視角 8° の 5 種類の単色光円形刺激 (417, 448, 486, 540, 645 nm) と 547 nm の背景光との FPL 法による弁別実験では，ほとんどの生後 7 週の乳幼児が弁別できた[19]．しかし，刺激輝度の

変化に対し弁別能力が大きく劣化する極小点は，桿体の分光感度に対応しており，この条件下の色弁別が桿体に大きく依存していることを示している[19]．またRayleigh matchの実験[17]の条件では，桿体が十分に応答しているとのVEP法を用いた実験の結果もある[22]．

その一方で，電気生理学実験の結果は，3錐体のすべてが生後4週から，応答が小さいながらも機能していることを示している[9〜11]．さらに生後12週の乳幼児で，580 nmの単色順応光を用いて540〜650 nmの単色テスト光の増分閾値をFPL法で測定した場合には，分光感度関数において580 nm付近のくぼみ (Sloan notch) と610 nm付近のピークが観察された[23]．これは輝度チャンネルが抑制されたときに現れてくるL-MおよびM-L型の反対色チャンネルの応答を示しているものと考えられる．この結果はL錐体，M錐体およびそれらを比較するメカニズムが乳幼児にもすでに備わっているものの，その効率は色弁別を行うには低すぎるとの仮説[24]とも一致する．生後2〜8週の乳幼児の0.8 cycle/° での輝度および色 (赤緑) コントラスト感度をVEP法を用いて測定した結果[25]もこの仮説を支持している．

以上の観点から，ある実験条件のもとでは桿体が色弁別に寄与し，かつその場合の寄与量は成人よりも多いといえる．これは乳幼児が主に周辺視を用いているためであると考えられる (中心窩での発達は比較的遅い)．また少なくとも赤緑反対色性の色覚メカニズムは未成熟ながらも存在していると考えられる．一方，乳幼児における黄青反対色性のメカニズムの存在については，まだ明らかではない．S錐体の混同色線上の弁別が可能であるとの結果[18]もあると同時に，生後8週の乳幼児は，黄緑，緑黄あるいは紫の刺激と白色とを弁別できないとの報告[14]もある．もっと多くの直接的な研究が必要である．また乳幼児では波長弁別実験や色純度実験がいまだ行われていないことを問題視する意見もある[16]．

色弁別能力が刺激サイズに大きく依存し，比較的小さな刺激 (視角1〜2°) を用いたときに色弁別が困難になることは[21]，乳幼児の色覚における重要な特徴である．これは桿体の寄与量が減ったためである可能性もあり，また乳幼児の色覚メカニズムが，小刺激に対して十分応答できないためであるとの説明も可能である．発達段階の色覚における空間特性 (中心窩と周辺視との差や受容野サイズなど) につい ては，乳幼児の固視の安定度の問題を克服する必要もあり，今後の研究課題である． ［篠森敬三］

文献

1) M. K. Powers, M. Schneck and D. Y. Teller : Spectral sensitivity of human infants at absolute visual threshold, *Vision Research*, 21, 1005-1016, 1981
2) J. S. Werner : Development of scotopic sensitivity and the absorption spectrum of the human ocular media, *Journal of the Optical Society of America*, 72, 247-258, 1982
3) V. Dobson : Spectral sensitivity of the 2-month infant as measured by the visually evoked cortical potential, *Vision Research*, 16, 367-374, 1976
4) A. Moskowitz-Cook : The development of photopic spectral sensitivity in human infants, *Vision Research*, 19, 1133-1142, 1979
5) D. R. Peeples and D. Y. Teller : White-adapted photopic spectral sensitivity in human infants, *Vision Research*, 18, 49-53, 1978
6) M. L. Bieber, V. J. Volbrecht and J. S. Werner : Spectral efficiency measured by heterochromatic flicker photometory is similar in human infants and adults, *Vision Research*, 35, 1385-1392, 1995
7) M. L. Bieber, J. M. Kraft and J. S. Werner : Effects of known variations in photopigments on L : M cone ratios estimated from luminous efficiency functions, *Vision Research*, 38, 1961-1966, 1998
8) O. Estévez and H. Spekreijse : The "silent substitution" method in visual research, *Vision Research*, 22, 681-691, 1982
9) K. Knoblauch, M. L. Bieber and J. S. Werner : M-and L-cones in early infancy : I. VEP responses to receptor-isolating Stimuli at 4-and 8-weeks of age, *Vision Research*, 38, 1753-1764, 1998
10) M. L. Bieber, K. Knoblauch and J. S. Werner : M-and L-cones in early infancy : II Action spectra at 8 weeks of age, *Vision Research*, 38, 1765-1773, 1998
11) V. J. Volbrecht and J. S. Werner : Isolation of short-wavelength-sensitive cone photoreceptors in 4〜6-week-old human infants, *Vision Research*, 27, 469-478, 1987
12) J. S. Werner and B. R. Wooten : Human infant color vision and color perception, *Infant Behavior and Development*, 2, 241-274, 1979
13) D. R. Peeples and D. Y. Teller : Color vision and brightness discrimination in 2-month-old human infants, *Science*, 189, 1101-1103, 1975
14) D. Y. Teller, D. R. Peeples and M. Sekel : Discrimination of chromatic from white light by two-month-old human infants, *Vision Research*, 18, 41-48, 1978
15) M. J. Schaller : Chromatic vision in human infants : conditioned operant fixation to "hues" of varying intensity, *Bulletin of the Psychonomic Society*, 6, 39-42, 1975
16) A. M. Brown : Development of visual sensitivity to light and color vision in human infants : a critical review, *Vision Research*, 30, 1159-1188, 1990
17) R. D. Hamer, K. R. Alexander and D. Y. Teller : Rayleigh discriminations in young human infants, *Vision Research*, 22, 575-587, 1982
18) D. Varner, J. E. Cook, M. E. Schneck, M. A. MacDonald and D. Y. Teller : Tritan discriminations by 1-

and 2-month old human infants, *Vision Research*, **25**, 821-831, 1985
19) J. E. Clavadetscher, A. M. Brown, C. Ankrum and D. Y. Teller : Spectral sensitivity and chromatic discriminations in 3-and 7-week-old human infants, *Journal of the Optical Society of America*, **A5**, 2093-2105, 1988
20) M. C. Morrone, D. C. Burr and A. Fiorentini : Development of infant contrast sensitivity and acuity to chromatic stimuli, *The proceedings of the Royal Society, B*, **242**, 134-139, 1990
21) O. Packer, E. E. Harmann and D. Y. Teller : Infant color vision : the effect of test field size on Rayleigh discriminations, *Vision Research*, **24**, 1247-1260, 1984
22) K. Knoblauch, M. L. Bieber and J. S. Werner : Inferences about infant color vision, In Color Vision (eds. W. Backhaus, R. Kliegl and J. S. Werner), Walter deGruyter & Co., Berlin, pp. 275-282, 1997
23) A. M. Brown and D. Y. Teller : Chromatic opponency in 3-month-old human infants, *Vision Research*, **29**, 37-45, 1989
24) M. S. Banks and P. J. Bennett : Optical and photoreceptor immaturities limit the spatial and chromatic vision of human neonates, *Journal of the Optical Society of America*, **A5**, 2059-2079, 1988
25) D. Allen, M. S. Banks and A. M. Norcia : Does chromatic sensitivity develop more slowly than luminance sensitivity ? *Vision Research*, **33**, 2553-2562, 1993

13.1.3 時間空間特性

a．乳幼児の時間空間特性

乳幼児の視力の発達に関しては心理物理学的，電気生理学的検査によるさまざまな報告がみられるが[1,2]，乳幼児のコントラスト感度，時間空間周波数特性についてはいまだ研究途上である．近年PL法 (preferential looking method)，VEP (visually evoked potential)，OKN (optokinetic nystagmus) を応用した種々の測定方法が開発されてきたが[3~5]，現在最も注目され多用されているのはVEPによる測定である．

従来の空間周波数特性についての検査法は測定に要する時間や繁雑さのため乳幼児に適用するのは困難であった．また steady-state VEP ではノイズレベルの影響や振幅の個人差が大きく信頼性に問題があった．最近刺激条件を連続的に変化させて得られたVEPをフーリエ解析する方法である sweep VEP[6] が導入され，成人では従来の測定法によるコントラスト感度曲線と一致した結果が得られた．Norciaら[7]は生後2~40週までの乳幼児48人に対

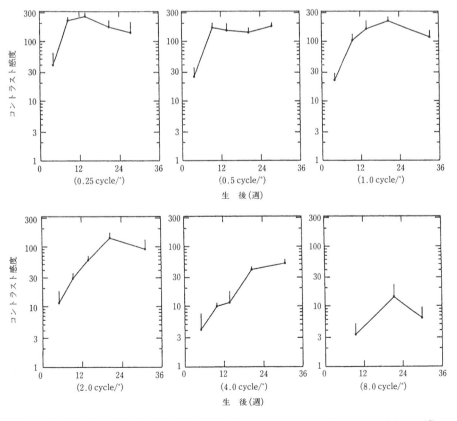

図 13.2 0.25，0.5，1.0，2.0，4.0，8.0 cycle/° の空間周波数におけるコントラスト感度の発達[7]

して sweep VEP を施行し空間周波数特性を調べた．すなわち空間周波数を一定にしコントラストを変化させた場合の sweep VEP と，その逆にコントラストを一定にし空間周波数を変化させた測定をし，コントラスト感度および grating acuity の発達を検討した．その結果，低空間周波数域におけるコントラスト感度は生後 2 週から 10 週までに急速に発達し以降不変であった．これに対し高空間周波数域におけるコントラスト感度および grating acuity は生後 10 週以降も発達が続いた．図 13.2 は Norcia らによる 0.25，0.5，1.0，2.0，4.0，8.0 cycle/° の各空間周波数におけるコントラスト感度の発達曲線である．

乳幼児の時間周波数特性については CFF (critical flicker frequency) を測定したいくつかの報告がある．Vitova ら[8]は 3～50 Hz のフラッシュ刺激に対する VEP より CFF を検討した結果，新生児では 3～5 Hz であるが生後 1 歳までに急速に発達し，その後も緩やかに発達を続け 13 歳で 32 Hz と成人に近いレベルに達したと述べている．しかし，従来の VEP による測定からは安定した信頼性のある結果が得られておらず，CFF の評価に適していないといわれていた．その後 Regal[9]は FPL 法を応用して生後 4，8，12 週の児および成人の CFF を検討し報告しているが，生後 4 週から 8 週までに 40.7 Hz から 49.6 Hz へと急速に発達し，生後 12 週で 51.5 Hz と成人のレベルに達したと述べている．また乳幼児の未熟な視覚においては輝度の影響が強いことを指摘している．したがって，時間周波数特性にかかわる視覚機構は空間周波数特性にかかわる機構とは異なり，高空間周波数域におけるコントラスト感度の発達よりはかなり早期に発達し，低空間周波数域におけるその発達とほぼ同時期であると考えられる．

b．時間空間特性の発達と解剖学的要因[10]

Wilson のモデル[11]をはじめとして解剖学的なデータから時間空間特性を理論的に求める試みもなされている．乳幼児の網膜における解剖学的特徴としては中心窩の錐体細胞の密度が低い点とその外節の長さが短い点があげられる．外節の長さが早期より急速に成長するに従って全域のコントラスト感度が上昇し，加えて中心窩に錐体細胞が集まるに従い高空間周波数域へ特性が移動し，高空間周波数域におけるコントラスト感度および grating acuity が上昇すると考えられている[7,11]．さらに視中枢皮質におけるシナプス形成により神経細胞相互の抑制が発達することが空間特性の発達に関与するといわれている．

［仁科幸子］

文 献

1) V. Dobson and D. Teller: Visual acuity in human infants: A review and comparison of behavioral and electrophysiological studies, *Vision Research*, 18, 1469-1483, 1978
2) V. Dobson, M. McDonald and D. Teller: Visual acuity in infants and young children: Forced-choice preferential looking procedure, *American Orthoptic Journal*, 35, 118-125, 1985
3) J. Atkinson, O. Braddick and F. Braddick: Acuity and contrast sensitivity of infant vision, *Nature*, 247, 403-404, 1974
4) J. Atkinson, O. Braddick and J. French: Contrast sensitivity of the human neonate measured by the evoked potential, *Investigative Ophthalmology and Visual Science*, 18, 210-213, 1979
5) M. Pirchio, D. Spinelli, A. Fiorentini and L. Maffei: Infant contrast sensitivity evaluated by evoked potentials, *Brain Research*, 141, 179-184, 1978
6) A. M. Norcia and C. W. Tyler: Spatial frequency sweep VEP: visual acuity during the first year of life, *Vision Research*, 25, 1399-1408, 1985
7) A. M. Norcia, C. W. Tyler and R. D. Hamer: Development of contrast sensitivity in the human infant, *Vision Research*, 30, 1475-1486, 1990
8) Z. Vitova and A. Hrbek: Developmental study on the responsiveness of the human brain to flicker stimulation, *Developmental Medicine and Child Neurology*, 14, 476-486, 1972
9) D. M. Regal: Development of critical flicker frequency in human infants, *Vision Research*, 21, 549-555, 1981
10) H. R. Wilson: Theories of infant visual development, In Early Visual Development, Normal and Abnormal (ed. K. Simons), Oxford University Press, 1993
11) H. R. Wilson: Development of spatiotemporal mechanisms in infant vision, *Vision Research*, 28, 611-628, 1988

13.1.4 立 体 視

a．乳幼児の立体視の発達

両眼視機能は従来両中心窩固視，融像，立体視の 3 段階に分けられていた．現在はそれぞれが独立した機能として解析されているが，一般に立体視の発現以前には両中心窩固視の成立が必要である．生後早期には中心窩が未発達であり，視中枢皮質も発達途上である．生後 1～2 か月で固視反射，調節，輻輳機能が出現し，さらに 3～4 か月以降眼球運動系が確立するが，この時期を経て視中枢皮質の成熟に伴い立体視が発現するといわれている[1～3]．眼球運動系の発達と感覚性の両眼視の成立との関係については皮質の回路形成にかかわる問題としてさらに研

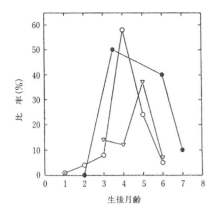

図 13.3 立体視の発現時期の分布[6]
○ Birch, 1983：FPL, ▽ Fox, 1980：FPL,
● Petrig, 1981：VEP.

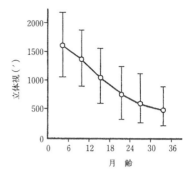

図 13.4 TV-random dot stereo test による月齢6か月ごとの平均立体視力と標準偏差[4]

究が進められている[4].

生後早期における立体視の発現と発達に関しては，1980年代以降立体視図形による刺激に対する PL 法（preferential looking method），VEP（visually evoked potential）を用いた反応など，さまざまな評価方法での報告がなされている．出生時にはいずれの方法を用いても立体視は検出されず，両眼の相互作用はみられない[5,6]．Shimojo ら[7]はこの立体視出現以前の"superposition"といわれる段階の視覚の特徴につき検討している．各報告の結果から，刺激条件や解析方法が異なりそれぞれ限界があるものの，図13.3に示すように立体視は生後2～6か月で現れ急速に発達すると考えられている[3]．代表的な報告の詳細を以下に述べる．

Held ら[8]は偏光フィルターによる縦縞の立体視図形（line stereogram）を用い FPL 法（forced-choice preferential looking method）で反応を判定した．その結果，生後16週で視差58′の立体視が現れ，21週には60″と成人レベルの立体視がみられたと報告している．Birch[9]も同様の方法で立体視が生後2～6か月で現れ急速に発達することを示している．これに対し Fox ら[10]は dynamic random dot stereogram を用いた 45′と134′の視差に対し FPL 法で判定したところ，生後3～6か月で立体視が認められたと報告しており，Petrig ら[11]は dynamic random dot stereogram に対し VEP を用いて反応を調べたところ，生後10～19週までは立体視特有の波形がみられなかったと報告している．また Archer ら[12]は EOG（electrooculogram）を用いて調べ生後4～5か月で追視反応を認めたと

している．

さらに粟屋ら[1,14]は3歳未満の乳幼児に対し monocular cue のない TV-random dot stereo test を開発し，15段階の視差に分け追視運動の有無により定量的に立体視を測定した．図13.4に示すように，TV-random dot stereo test により月齢6か月ごとの平均立体視を調べると，6か月未満では1684″であるが30～36か月では551″にまで発達すると報告している．

一方，融像については立体視とは独立した両眼視機能であるが，ほぼ同時期に発達するといわれていた[11,15]．最近，Skarf ら[16]は液晶シャッターを用いた交互刺激による VEP で融像，立体視それぞれを刺激して調べた結果，立体視反応は生後12週から出現したのに対し，融像を反映する反応は生後5週とかなり早期からみられたと述べている．

2～3歳代になると日常臨床的に用いられるさまざまな自覚的検査が可能となり，より正確な定量的評価ができるようになる．現在広く普及している立体視の検査法としては偏光フィルターと solid pattern を用いる Titmus stereo tests，赤緑フィルターと random dot stereogram を用いる TNO が代表的である．回折格子と random dot stereogram を用いてフィルターを装用させずに検査する Lang stereotest は定量性に劣るが1歳6か月の年少児から使用でき，3歳以下で550″の視差に反応するとされている．また一般に3歳を越えると Titmus stereo tests で100″未満の立体視を示すとされている[17]．

b. 立体視の発達と視中枢皮質

立体視の発達の基礎となるのは後頭葉の視中枢皮質 area 17 第Ⅳ層の成熟である．第Ⅳ層への右眼入力と左眼入力が分離独立して両眼視細胞が発達する

時期に一致して立体視が現れる[3]．生後2〜8か月において視中枢皮質は急速にシナプス形成を生じ発達を遂げるが，この時期はさまざまな外的要因により立体視の発達にとくに障害をきたしやすい．

c．立体視の感受性期間

Banksら[18]は立体視の感受性期間を調べ，生後3〜4か月から2歳までが非常に感受性の高い時期で，容易に障害をきたしやすいと述べている．その後はしだいに低下するものの10歳ごろまで感受性が続くとされている．早期発症の斜視などにより視中枢皮質の発達が早期に障害を受けると立体視を正常に回復，発達させることは非常に困難であり，抑制，弱視，対応異常を形成するに至る．臨床的には立体視の破壊をきたすさまざまな症例があるが，Hatchら[19]は3歳4か月から9歳7か月までの長期にわたり恒常性内斜視であった例が治療により両中心窩固視に基づく立体視を獲得した一例を報告をしている．　　　　　　　　　　　　　　[仁科幸子]

文　献

1) 粟屋　忍，三宅三平：乳幼児の立体視の発達，眼科MOOK 38眼の発達と加齢，金原出版，1989
2) 植村恭夫：乳幼児の視覚発達における最近の研究と動向，眼科，28, 1451-1458, 1986
3) E. E. Birch : Stereopsis in infants and its developmental relation to visual acuity, In Early Visual Development, Normal and Abnormal (ed. K. Simons), Oxford University Press, 1993
4) F. Thorn, J. Gwiazda, A. A. V. Cruz, J. A. Bauer and R. Held : The development of eye alignment, convergence, and sensory binocularity in young infants, Investigative Ophthalmology and Visual Science, 35, 544-553, 1994
5) O. Braddick, J. Atkinson, B. Julesz, W. Kropfl, I. Bodis-Wolmer, et al. : Cortical binocularity in infants, Nature, 288, 363-365, 1980
6) E. E. Birch and R. Held : The development of binocular summation in human infants, Investigative Ophthalmology and Visual Science, 24, 1103-1107, 1983
7) S. Shimojo, J. Bauer, K. M. O'Connell and R. Held : Pre-stereoptic binocular vision in infants, Vision Research, 26, 501-510, 1986
8) R. Held, E. E. Birch and J. Gwiazda : Stereoacuity of human infants, Proceedings of National Academy of Science USA, 77, 5572-5574, 1980
9) E. E. Birch, J. Gwiazda and R. Held : Stereoacuity development for crossed and uncrossed disparities in human infants, Vision Research, 22, 507-513, 1982
10) R. Fox, R. N. Aslin, S. L. Shea and S. T. Dumais : Stereopsis in human infants, Science, 207, 323-324, 1980
11) B. Petrig, B. Julesz, W. Kropfl, G. Baumgartner and M. Anliker : Development of stereopsis and cortical binocularity in human infants : electrophysiological evidence, Science, 213, 1402-1405, 1981
12) S. M. Archer, E. M. Helveston, K. K. Miller and F. D. Ellis : Stereopsis in normal infants and infants with congenital esotropia, American Journal of Ophthalmology, 101, 591-596, 1986
13) D. Teller : Scotopic vision, color vision and stereopsis in infants, Current Eye Research, 2, 199-210, 1983
14) 粟屋　忍：形態覚遮断弱視，日眼会誌，91, 519-544, 1987
15) E. E. Birch, S. Shimojo and R. Held : Preferential-looking assessment of fusion and stereopsis in infants aged 1〜6 months, Investigative Ophthalmology and Visual Science, 26, 366-370, 1985
16) B. Skarf, M. Eizenman, L. M. Kats, B. Bachynski and R. Klein : A new VEP system for studying binocular single vision in human infants, Journal of Pediatric Ophthalmology and Strabismus, 30, 237-242, 1993
17) 粟屋　忍：乳幼児の立体視の発達とその検査法，眼紀，40, 1-8, 1989
18) M. S. Banks, R. N. Aslin and R. D. Letson : Sensitive period for the development of human binocular vision, Science, 190, 675-677, 1975
19) S. W. Hatch and R. Laudon : Sensitive period in stereopsis : random dot stereopsis after long-standing strabismus, Optometry and Vision Science, 70, 1061-1064, 1993

13.1.5　クリティカルピリオドと弱視

7〜8歳までに生じた眼光学的（白内障や屈折異常など），あるいは眼位の障害（斜視）は，後天的な視覚機能の低下をもたらす．つまり，視覚刺激の遮断や混乱は成人よりも乳幼児に大きな影響を与える．8歳以前であれば，斜視，不同視（左右の眼の屈折値が2D以上異なる状態），白内障があっても，手術や眼鏡で網膜像を正常に戻し，視力の高いほうの眼を遮閉して視覚機能の発達を促す，いわゆる弱視訓練を行うと，視覚が正常に発達する．クリティカルピリオドというのは，視覚システムが生理学的，解剖学的に可塑性を有している時期をさしている．この時期が過ぎてしまうと，視覚遮断の影響を完全に除去することは，ほとんどできなくなる[1]．理由は何であれ，視覚刺激がクリティカルピリオドに正常に与えられないと，弱視（amblyopia）になることが知られている．ここでいう弱視は，いわゆる医学的弱視で，外的に観察できる眼の病変がないのに視力がでない病気をさしており，視覚障害の意味での弱視（low vision）ではない．

a．視力発達のクリティカルピリオドと弱視

1) 乱視の影響

6か月以前の障害で，弱視になることはほとんどない．出生時に乱視のある子どもは多いが，だいたいは6か月以前に治ってしまって，視力低下に結びつくことはない．乱視による経線弱視（meridional amblyopia）は，生後2年以上乱視を放置しないと生じない[2]．乱視に伴って起こることの多い不同視

も，生後3年かそれ以上持続した場合にだけ，弱視になることが知られている[3]．

2) 白内障の影響

白内障などのもっと形態情報を遮断する障害は，乱視よりもずっと影響が大きい．クリティカルピリオドは，やはり，生後6か月以降2～3歳までと同じである．しかし，生後18か月以前に起こった1～2週間程度の視覚遮断でも，視力に大きな影響を及ぼす．先天的な白内障の場合，生後数か月のうちに手術をし，その後集中的に弱視訓練をすると，視力の低下をくい止めるのに最も効果があることが知られている[4]（図13.5）．影響のピークは，生後6～18か月で，数週間の遮断で弱視になる．その後影響は減っていくが，遮断期間が数か月間に及ぶと影響がある．

3) 斜視の影響

先天性内斜視の場合，約1歳になるまでは，弱視にはならない．片眼の内斜視（固視眼が左右のどちらかに固定している内斜視）の場合の視力の発達を調べたBirchとStagerの研究[5]では，9～11か月になるまでは，正常範囲を逸脱することはない（図13.6）．また，Jacobsonらの研究[6]では，10か月で内斜視になった症例では，たった4週間で視力の低下が生じている．正常児では視力がほぼ成人に近づく1歳以降でも，斜視によって視力低下が起こることは知られている．9か月～2歳ごろにかなりクリティカルな感受性のピークがあるらしいということがわかる．2歳以降は影響は減り，8歳までにほとんどなくなると考えられている．斜視の場合は，弱視のほか，両眼視・立体視機能の低下を起こす可能性がある．

b. 両眼視機能・立体視のクリティカルピリオド

両眼視機能は，視力とは独立した問題である．両眼の視力が十分でも，両眼視機能が必ず伴うとは限らない．Banksら[7]は，両眼視機能のクリティカルピリオドを傾き残効（tilt aftereffect）の両眼間転移で測定した．先天性内斜視をいつ手術するかで，両眼間転移の程度が異なってくる（図13.7）．その曲線を微分して，最も変化の多い年齢，すなわちクリティカルピリオドの重みを調べると，1～2歳当たりにピークがあることがわかる．

人間の視覚発達のステージは，両眼立体視を中心

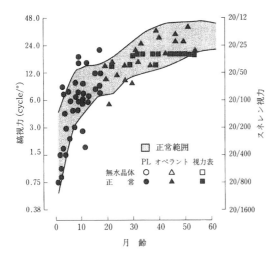
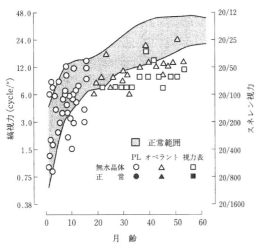

図13.5 白内障による視力発達の阻害[4]
上図は正常眼，下図は白内障手術後の無水晶体眼の結果．シンボルの違いは，視力検査に使った方法の違い．18か月までの手術では，視力は正常に発達するが，それを越えるとしだいに正常発達を望めなくなる．

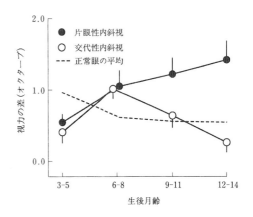

図13.6 内斜視による視力発達の阻害[5]
片眼の内斜視では，6～9か月から視力発達が阻害される．

に見ると，大まかに次の3つに分けることができる[1]．
(1) 両眼立体視以前：生後すぐ～4か月
(2) 両眼立体視成立：4か月～6か月
(3) 両眼立体視以後：6か月～2年

視力の発達などは，緩やかに持続する[8]（図 13.8）が，両眼立体視の発達は，生後 4～6 か月に集中して起こる[9]（図 13.9）．この時期は，一次視覚野で眼球優位性（ocular dominance）が確立する時期に一致する[10]．生後しばらくのあいだは，両眼からの神経入力は一次視覚野Ⅳ層のニューロンに均等に達する．ところが，成人では，一次視覚野のⅣ層では，片眼性のニューロンしか見つからない．両眼から入力を受けている細胞は，ほかの層にあるのである．この2段階の発達は，ネコやサルでも知られており，段階を追って両眼視が発達することを示すと考えられている．

両眼立体視機能は，手術を施していない内斜視の人にも見ることができるが，その場合は，正常者に比べると著しく機能は低下している．出生後 3～5 か月でプリズム矯正した場合には，50%が両眼立体視をもつが，6～8 か月まで遅れると，立体視の発

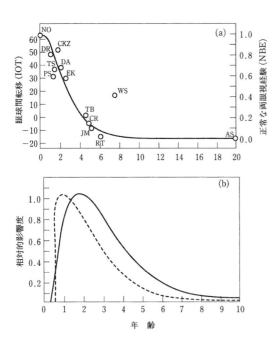

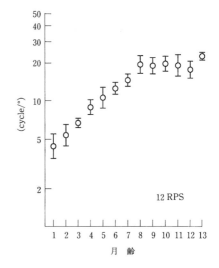

図 13.7　内斜視による両眼視機能の阻害[7]
(a) 両眼視機能を内斜視の手術時期の関数として見た場合，(b) その影響のピーク（上図の微分）は，1～2 歳にあることがわかる．

図 13.8　視力発達[8]
視力の発達は，両眼視機能に比べると緩やかに持続する．

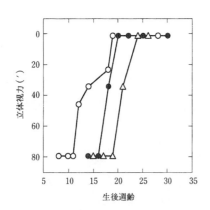

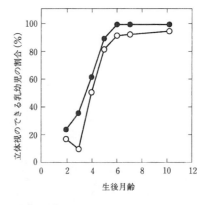

図 13.9　両眼立体視の発達[9]
両眼立体視の発達は，4～6 か月に急激に起こる．

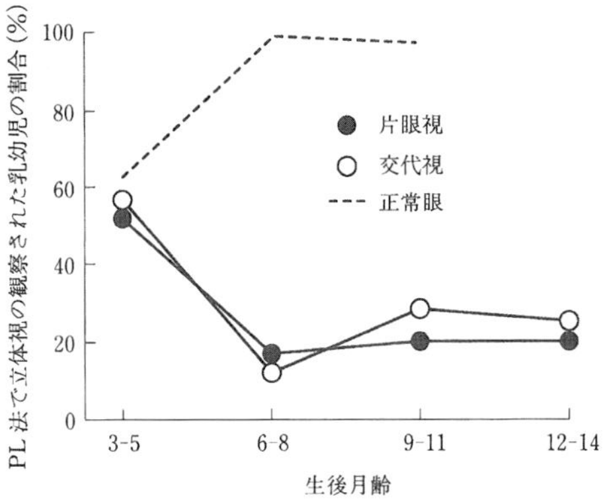

図13.10 内斜視による両眼立体視の阻害[5]
両眼立体視の発達は，内斜視を6か月までに治療しないと阻害される．

達は劇的に阻害される[5]（図13.10）．この結果も，ファインな両眼立体視のクリティカルピリオドが，4か月から6か月に集中していることと一致する．Mohindraら[11]によれば，2歳半までは，ラフな立体視が発達する．これは，視力や両眼視機能の発達に類似した結果である．どちらにしても，2歳までに眼位を正常に外科的・光学的に矯正して，訓練をすることが視覚機能の発達に重要であることは間違いがなさそうである．

c. 弱視の治療と8歳以降の可塑性

弱視の治療には，視力のよいほうの眼を遮閉するというものがあるが，気をつけないと，遮閉したほうの眼の視力が低下して，弱視眼の交替や，最悪の場合，両眼性の弱視を引き起こしてしまう．完全な単眼遮閉は，最も強力な視覚遮断であるからである．ネコを使った研究では，50％くらいの時間を遮閉しても遮閉眼の視力低下は起こらないし，人間の臨床データも同様である[12]．このような弱視治療は，8歳までは効果があるといわれている．両眼視機能も，ある程度は回復可能である．

65歳の人で，視力のよかったほうの眼が失明した場合に，これまで視力の悪かったほうの眼（弱視眼）の視力があがってきたという報告がある[13]．これは，少々例外的かもしれないが，少なくとも8歳以降の弱視治療にも部分的な効果があることは知られている[14]．治療に効果があるということは，まだ可塑性が残っているわけで，プラスの影響のみならずマイナスの影響も受ける可能性があるということである．言い換えれば，8歳というクリティカルピリオドを過ぎても，何らかの視覚刺激の遮断状況が長く続くような状況が起これば，それは視覚機能の低下に結びつく可能性を否定できないということである．

つまり，遮閉の影響は7～8歳までが顕著であるが，遮閉状況が長く持続した場合には老人でも影響を受けることがあるというわけである．7～8歳のあいだでも，4か月～2歳のあいだの遮閉の影響が最も強く，個々の視覚機能の発達の時間経過と密接に関係しているといえる． ［小田浩一］

文　献

1) N. W. Daw : Visual Development, Plenum, p. 139, 1995
2) J. Atkinson : Infant vision screening : Prediction and prevention of strabismus and amblyopia from refractive screening in the Cambridge photorefraction program, In Early Visual Development, Normal and Abnormal (ed. K. Simons), Oxford University Press, pp. 335-348, 1993
3) M. Abrahamsson, G. Fabian and J. Sjostrand : A longitudinal study of a population based sample of astigmatic children. II. The changeability of anisometropia, *Archives of Ophthalmology*, **68**, 435-440, 1990
4) E. E. Birch, D. R. Stager and W. W. Wright : Grating acuity development after early surgery for congenital unilateral cataract, *Archives of Ophthalmology*, **104**, 1783-1787, 1986
5) E. E. Birch and D. R. Stager : Monocular acuity and stereopsis in infantile esotropia, *Investigative Ophthalmology and Vision Science*, **26**, 1624-1630, 1985
6) S. Jacobson, I. Mohindra and R. Held : Age of onset of amblyopia in infants with esotropia, *Documenta Ophthalmologica*, **30**, 210-216, 1981
7) M. S. Banks, R. N. Aslin and R. D. Letson : Sensitive period for the development of human binocular vision, *Science*, **190**, 675-677, 1975
8) A. M. Norcia and C. W. Tyler : Spatial frequency sweep VEP : visual acuity during the first year of life, *Vision Research*, **25**, 1399-1408, 1985
9) E. E. Birch, J. Gwiazda and R. Held : Stereoacuity development for crossed and uncrossed disparities in human infants, *Vision Research*, **22**, 507-513, 1982
10) R. Held : Two stages in the development of binocular vision and eye alignment, In Early Visual Development, Normal and Abnormal (ed. K. Simons), Oxford University Press, London, pp. 250-257, 1993
11) I. Mohindra, J. Zwaan, R. Held, S. Brill and F. Zwaan : Development of acuity and stereopsis in infants with esotropia, *Ophthalmology*, **92**, 691-697, 1985
12) D. Maurer and T. L. Lewis : Visual outcomes after infantile cataract, In Early Visual Development, Normal and Abnormal (ed. K. Simons), Oxford University Press, pp. 454-484, 1993
13) D. W. Tierney : Vision recovery in amblyopia after contralateral subretinal hemorrhage, *Journal of American Optometrical Association*, **60**, 281-283, 1989
14) M. H. Birnbaum, K. Koslowe and R. Sanet : Success in amblyopia therapy as a function of age. A literature survey, *Archives of Ophthalmology*, **54**, 269-275, 1977

13.1.6 眼球運動の発達

ここではサッカード，追従眼球運動，そして走査眼球運動の発達について述べる．

a. サッカードの発達

サッカードシステムはほかの動眼システムに比べると出生直後から比較的よく発達している．例えば5°から10°までの小サッカードでは，正確性でも最大角速度でも成人と大きな違いはない[1]．実際，新生児の眼球運動はほとんどサッカードのみによっている．しかし，乳幼児期のサッカードには，成人には見られない，いくつかの特徴的な現象がある．

第1の特徴として，サッカード潜時の大きさをあげることができる．例えば1，2か月児では潜時は約1秒で成人と比較すると約5倍にもなる．潜時は加齢によって徐々に小さくなるが，児童期になっても，なお成人と比較すると顕著に潜時が大きい．サッカード潜時の発達は15歳から18歳に至るまで漸進的に進行する．

第2の特徴として視標に誘発されたサッカードにおける「多重サッカード(multiple saccades)」をあげることができる．これはターゲットまで眼球が飛び越す際に，ほぼ同一の強度をもつ小サッカードが連続的に発生する現象をいい，生後2か月未満の乳児に特有のサッカードである．多重サッカードの発生メカニズムについては，運動系の未成熟説，頭部固定によるアーティファクト説，注意・動機づけ説，網膜受容器の成熟によるイミグレーション説などがある[2,3]が，現在までのところいずれも十分な説明とはなっていない[4]．なお多重サッカードは自然視に近い状態では出現しにくい[1]．

第3の特徴としてサッカード振盪(saccade oscillation)をあげることができる．これはサッカードが50 ms以下の短い間隔で連続的に発生する現象で，乳児ではこのサッカード振盪が自由観察事態下の急速眼球運動中の40%近くを占めている．サッカード振盪が頻発する理由の1つとして，サッカード停止の神経信号の発生が未成熟なことが考えられているが，まだ仮説の域を出ない．自由観察時に見られるサッカード振盪と，視標に誘発されたサッカードで見られる多重サッカードの関係についても今後の検討課題である．

第4の特徴として発達初期においては，サッカードの種々の側面が注意過程によって大きな影響を受けることがあげられる．例えば提示する刺激が単純な幾何学的図形の場合には，乳幼児のサッカード速度は成人と比べると顕著に緩徐になるが，複雑な刺激の場合には，成人との差は認められなくなる[5]．同様な結果はより年長の児童を被験児とした研究[6,7]でも明らかとなっている．

最近の傾向として，発達初期の乳幼児を被験児として，サッカードと注意の関係を検討しようとする実験が多く行われるようになっている．いわゆるanti-saccade法を採用しながら，眼球運動の発達を前頭眼野の発達と関連づけるなど，注目すべき成果が得られつつある．詳細は文献[8]などのレビューにゆずるが，それらの研究では，眼球運動をVTRに録画した被験児の目の動きを視察によって測定するものが多いのが問題で，今後精細な眼球運動測定法を採用した研究がなされることが期待される．

b. 追随眼球運動の発達

追随眼球運動は運動する指標を中心窩にとらえたままで滑らかに追随するための眼球運動で，系統発生的にも個体発生的にもサッカードよりも後発のシステムである．

追随眼球運動は出生直後の新生児では発現しにくく，運動する対象の追随はほとんどサッカードによって行う．ただし視標のサイズが10°以上で，被験児の注意を引きつける力が強ければ，滑らかな眼球運動自体は出現しうる[9,10]．したがって，滑らかに眼を動かすための機能そのものは，出生直後から備わっていると考えることができる．しかし，視角の小さい視標に対する追随眼球運動は生後2ないし3か月以降にならないと出現しない[11,12]．出生直後から視運動性眼振や前庭動眼反射の緩徐相は認められるので[13,14]，大きな視標に対する滑らかな追随は，中心窩に視標をとらえつつ追随する追随眼球運動ではなく，周辺視メカニズムによる可能性が大きい．

文献[15]では，視標の視角が2°の刺激を用い，いわゆるステップランプターゲット法を用いることで，7週齢の被験児でも追随眼球運動が可能であることを示している．さらに興味深いことは，それらの乳児の追随眼球運動の追随速度が視標の速度とは独立で，平均1.5°/sと一定であったという．

以上のことは，出生直後の新生児でも追従眼球運動に必要な基本的な動眼システムは備わっているが，それが外的な刺激の変化とは無関係に一定速度に調整されていることを示唆している．サッカードの場合にも，ある程度以上のターゲットの飛び越しに対して，乳児は多重サッカードという大きさの固

定された小サッカードを連ねる眼球運動で応じる．発達初期には，まず追随速度固定的な視運動的反応系が組み込まれ準備されているが，その後の神経系の成熟と種々の知覚経験とによって，それらの固定的反応系が徐々にその調整可能性を高めるという形で発達プロセスが進行すると考えられる[16]．

年長児においても追随眼球運動は成人と比べると種々の点で未成熟である．例えば往復運動する視標の切返し点での追随は5歳児でも10歳児でも不十分である[17,18]．また成人が反復運動する視標を追随する際に見せる，眼球運動が視標に先行する現象は，4歳児でも[19]，10歳児でも[18]出現しない．さらに8歳から15歳のあいだにも追随眼球運動の発達的変化が認められるとの研究もある[20]．一方，ステップランプ課題による追随眼球運動の発達的検討で，刺激の第1ステップの後に一定速度で運動を開始する視標に追随眼球運動でキャッチアップする潜時などの視標では8歳までには成人の域まで発達している[8]．

以上から追随眼球運動が成人と同じようなレベルに到達するのは10歳以上であることがわかる．なお幼児・児童期の追随眼球運動の研究は，新生児・乳児を対象とした研究よりもさらに少ない．この時期になるとすでに眼球運動の遂行水準が相当に高まっているので，EOGでは精度不足となること，頭部運動などの運動制限がこの年齢の被験児ではより困難であるなどの方法的な問題が多いからであると考えられる．

c．走査眼球運動の発達

乳幼児期の走査眼球運動については文献[21,22]などが先駆的な研究としてよく引用される．しかしこれらの研究には眼球運動測定法上の問題点が多く，結果の当否について論争がくり広げられている[23,24]．

文献[25]は，2週齢から14週齢の乳幼児を被験児として走査眼球運動の発達を検討し，6週齢までの被験児の走査眼球運動には，輪郭定位のはっきりとした走査と，とくにどの輪郭というのではなく，いわば漫然とした走査の2種類があること，輪郭定位の強い注視が生じる頻度は，年齢が高いほうが大きく，刺激の質によっても異なってくること，また6週齢以降の被験児では，加齢につれて刺激の特徴のあいだを往復するように走査する傾向があることが見いだされている．

年長児の走査眼球運動については古くから種々の検討がなされている．それらの検討から，子どもは成人に比べると体系的な走査が欠如しており[26]，刺激のなかの不適切な特徴を検出する傾向がある[27,28]．また視覚的注視の方向と範囲が限定的である[29,30]．保存概念を確立した子どもとそうでない子どもとで，課題場面の走査が異なること[31,32]などの報告がある．

これらの実験結果は要するに，加齢とともに子どもの走査がより「完全」になること，課題の要請に合致した走査を行いうるようになることを示している．しかし，こうしたタイプの研究は，最近必ずしも活発とはいえない．おそらく走査眼球運動の意味づけが理論的に明確化しえないことが主たる理由であろうと思われる．

[山上精次]

文　献

1) L. Hainline and I. Abramov: Assessing visual development: Is infant vision good enough? *Advances in Infancy Research*, **7**, 39-102, 1992
2) R. N. Aslin: Motor aspects of visual development in infancy, In Handbook of Infant Perception, Vol.1 From sensation to perception (eds. P. Salapatek and L. Cohen), Academic Press, 1987
3) R. N. Aslin: Anatomical constraints on oculomotor development: Implications for infant perception, In Perceptual Development in Infancy. The Minnesota Symposium on Child Psychology, vol.20 (ed. A. Yonas), Erlbaum, 1988
4) 山上精次：サッカードと追跡眼球運動の初期発達について，基礎心理学研究，**7**, 71-83, 1988
5) L. Hainline, J. Turkel, I. Abramov, E. Lemerise and C. M. Harris: Characteristics of saccades in human infants, *Vision Research*, **24**, 1771-1780, 1984
6) S. M. Ross and L. E. Ross: The effects of onset and offset warning and post-target stimuli on the saccadic latency of children and adults, *Journal of Experimental Child Psychology*, **36**, 340-355, 1983
7) M. E. Cohen and L. E. Ross: Latency and accuracy characteristics of saccades and corrective saccades in children and adults, *Journal of Experimental Child Psychology*, **26**, 517-527, 1978
8) R. G. Ross, A. D. Radant and D. W. Hommer: Open- and closed-loop smooth-pursuit eye movements in normal children: An analysis of a step-ramp task, *Developmental Neuropsychology*, **10**, 255-264, 1994
9) J. P. Kremenitzer, H. G. Vaughan, D. Kurtzberg and K. Dowling: Smooth pursuit eye movements in the newborn infant, *Child Development*, **50**, 442-448, 1979
10) A. Roucoux, C. Culee and M. Roucoux: Development of fixation and pursuit eye movements in human infants, *Behavioral Brain Research*, **10**, 133-139, 1983
11) R. N. Aslin: Development of smooth pursuit in human infants, In Eye Movements: Cognition and Visual Perception (eds. D. F. Fisher, R. A. Monty and J. W. Senders), Hillsdale, 1981
12) S. Shea and R. N. Aslin: Development of horizontal and vertical pursuit in human infants, *Investigative Ophthalmology and Visual Science, Supplement*, **25**, 263, 1984

13) D. V. Finocchio, K. Preston and A. Fuchs: Infant eye movements: Quantification of the vestibulo-ocular reflex and visual-vestibular interactions, *Vison Research*, **31**, 1717-1730, 1991
14) C. Hofsten and K. Rosander: The development of gaze control and predictive t racking in young infants, *Vision Research*, **36**, 81-96, 1994
15) S. Shea and R. N. Aslin: Oculomotor responses to step-ramp targets by young human infants, *Vision Research*, **30**, 1077-1092, 1990
16) 山上精次: 眼球運動の初期発達, 眼球運動の実験心理学 (苧阪良二, 中溝幸夫, 古賀一男編), 11章, 名古屋大学出版会, 1990
17) E. Kowler and D. M. Facchiano: Kids' poor tracking means habits are lacking, *Investigative Ophthalmology and Vision Research, Supplement*, **22**, 103, 1982
18) E. Kowler and A. J. Martins: Eye movements of preschool children, *Science*, **215**, 997-999, 1982
19) S. Yamagami and H. Katori: Development and dysfunction of visuo-motor function (1), Paper presented at the 24th ICP, 1988
20) R. G. Ross, A. D. Radant and D. W. Hommer: A developmental study of smooth pursuit eye movements in normal children from 7 to 15 years of age, *Journal of the American Academy of Child and Adolescent Psychiatry*, **32**, 783-791, 1993
21) P. Salapatek and W. Kessen: Visual scanning of triangles by the human newborn, *Journal of Experimental Child Psychology*, **3**, 155-167, 1966
22) P. Salapatek: Pattern perception in early infancy, In Infant Perception: From Sensation to Cognition, Vol. 1, (eds. L. B. Cohen, and P. Salapatek), Academic Press, New York, 1975
23) L. Hainline and E. Lemerise: Infants' scanning of geometirc forms varying in size, *Journal of Experimental Child Psycology*, **33**, 235-256, 1982
24) M. Banks and P. Salapatek: Infant visual perception, In Biology and Infancy, vol. 2 (eds. M. H. Campos and J. Campos) of Handbook of Child Psychology (ed. P. Mussen), Wiley, 1983
25) G. W. Bronson: Changes in infants' visual scanning across the 2-to 14-week age period, *Journal of Experimental Child Psychology*, **49**, 101-125, 1990
26) J. Gottschalk, M. P. Bryden and M. S. Rabinovitch: Spatial organization of children's responses to a pictorial display, *Child Development*, **35**, 811-815, 1964
27) N. H. Macworth and J. S. Bruner: How adults and children search and recognize pictures, *Human Development*, **13**, 149-177, 1970
28) E. Virpillot: The Visual World of the Child, International University Press, New York, 1976
29) A. V. Zaporozhets: Some of the psychological problems of sensory training in early childhood and the preschool period, In Handbook of Contemporary Soviet Psychology (eds. M. Cole and I. Maltzman), Basic Books, New York, 1969
30) V. P. Zinchenko, V. Chzhin-tsin and V. V. Tarakonov: The formation and development of perceptual activity, *Soviet Psychology and Psychiatry*, **2**, 3-12, 1983
31) F. J. Boersma and K. M. Wilton: Eye movements and conservation acceleration, *Journal of Experimental Child Psychology*, **17**, 49-60, 1974
32) K. G. O'Bryan and F. J. Boersma: Eye movements, perceptual activity, and conservation development, *Journal of Experimental Child Psychology*, **12**, 157-169, 1971

13.1.7 視覚機能測定法

a. 乳幼児の視覚機能測定法[1,2]

種々の自覚的検査が可能となるのは3歳前後であるが、視覚発達の感受性の高い3歳以前の時期の視機能の評価は非常に重要であり、視力の評価を中心に心理物理学的、電気生理学的検査を含めさまざまな他覚的検査法が試みられ日常臨床に応用されている。

客観性や定量性はないものの、乳幼児の視機能の評価の基本は児の反応や態度をよく観察することから始まる。対光反応や強い光に対する瞬目反応は生直後から観察でき、生後2～3か月になると物を注視する固視反応、ついで動きを追う追視反応が認められる。視野の精密な検査は乳幼児では非常に困難であるが、小さいおもちゃやライトを視野内に近づけて児の固視反射を観察すると半盲の有無は確認できる。

次に客観的、定量的評価をめざして開発され普及している代表的な検査法について具体的に説明する。

1) 視運動性眼振(OKN)

眼前で縞模様を回転ドラム、TVスクリーンなどを用いて動かすと視運動性眼振が誘発されることを利用した視力評価法で生後1～2か月の乳幼児から測定可能である。縞模様の幅を変えて眼振の状態を肉眼的あるいは眼電位図(electrooculogram, EOG)[3]を用いて判定し、眼振を誘発しうる最小の幅と検査距離から視角を計算する。しかし、刺激条件が標準化されていない点、黄斑部における中心視力とは異なる点、眼球運動系の発達に左右される点などが視力の定量的評価法としては問題である。

2) 視覚誘発電位(VEP)

視反応時に生じる後頭葉視中枢の脳波を記録し、その振幅や潜時から視機能を評価する方法で、光刺激を用いたflash VEP、種々のcheck sizeのcheckerboad反転刺激を用いたpattern VEPのほか、近年さまざまな刺激法による研究が進められている。pattern VEPではcheck sizeから視力値に換算することが可能であり、生後6か月で1.0の視力に達すると報告されている[4]。この値はほかの測定法と比較して高い結果であるが[5]、VEPによる視力評価にはさまざまな問題がある。VEPは注視の状態に

より影響を受けやすく，また皮質盲でも正常な反応を示す場合があり，安定した結果が得られにくい．

3) PL法 (preferential looking method)

乳幼児は無地よりも縞模様の画面を好んで注視するという特性に基づく検査法である[6]．児の眼前にスクリーンとなっている2つの窓があるボードが設置され，その中央に小さいのぞき穴がある．スクリーンの一方には縞模様の，他方にはそれと平均輝度の等しい無地のスライドを投影し，検者はボードの反対側からのぞき穴を通して児が縞模様のほうに眼や顔を向けたかどうか判定する．縞模様の幅が広いものから狭いものにしだいに変えて検査し，提示回数の75％以上の正答率を得た最小の幅（最大空間周波数，cycle/°）と測定距離から視力（最小分離能）を評価する．

以上の方法は forced choice PL (FPL) 法と呼ばれ，生後6か月までの乳児の視力評価に適するが，それ以降の年齢になると検査に集中できなくなり成功率が低下する．そこで児の成長に応じた種々の工夫を加える modified FPL法あるいは operant PL (OPL) 法[7] が導入されている．OPL法はFPL法に加えて児が正答した際におもちゃが現れるなどのおまけを与えて条件づけをして興味を引く方法である．また検査の前に児に無地と縞の指標を見せて検査の内容を十分に理解させ，縞指標を指さしで答えさせたり「しましま」と表現させたりする方法を用いる．これらの方法を組み合わせて用いると生後2～3か月から3歳までの乳幼児の視力の測定が可能であり，生後6か月で0.1～0.2，3歳で1.0の視力に達する[5,8]．

実際にはPL法による視力は個人差が大きく，斜視弱視などの検出率も低いとされている．したがって，臨床では視力の左右差を中心に判定し，ほかの所見と組み合わせて評価する．

4) Grating acuity cards

PL法と同様の原理で，眼前に縞模様のカードボードを提示し左右に動かして児の眼の動きをのぞき穴より観察する方法である．PL法よりも低年齢児に対して明所で簡便，迅速に測定可能であり，その代表として Teller acuity cards (TAC) があげられる[9]．

5) Dot visual acuity test

種々の大きさの黒点を提示し，児にこのdotが見えるどうかを指でささせて判定する方法である[10]．近見で最小視認能を測定する検査であるが，2歳ごろより可能となる．ウサギやクマの眼の大きさを変えて指でささせる森実 dot card[11] は簡便で有用である．

b. 幼児期以降の視覚機能測定法

一般的に3歳以上になるとさまざまな自覚的検査が可能となる．国際基準である Landolt（ランドルト）環による視力検査も可能となるが，8歳ごろまでの幼年型視力の特徴として読みわけ困難があるため，幼児には単独視標による字ひとつ視力 (angular vision, AV) が用いられる．Landolt環に応答できない児では種々の大きさの動物，鳥などの絵を視標とした絵視力が用いられる．また幼児では検査距離を5mから2.5mに変えて測定する．応答は低年齢児では Landolt環の模型を手でもたせて視標の切れ目と合致するように動かして答えさせるが，しだいに切れ目の方向を指で示したり口で答えたりできるようになる．学童期からは主として Landolt環並列視標による字詰まり視力 (cortical vision, CV) で測定可能である．

視野の評価に関しては，精密な視野計で信頼性のある計測ができるのはおよそ9歳以降である．よってはじめに定性的検査である対座法 (confrontation test) や中心視野計で半盲や暗点などのおおまかな視野異常を検出する．対座法とは，児と向かい合い視線を合わせた状態で，検者の指を各象限の視野の周辺部から中心部へ動かし，児が指の動きや数を認識できた点をチェックする方法である．

［仁科幸子］

文献

1) 植村恭夫：乳幼児の視覚発達における最近の研究と動向，眼科，**28**, 1451-1458, 1986
2) 治村隆文，山本 節：視力の発達，眼科MOOK 38 眼の発達と加齢，金原出版，1989
3) A. L. Rosenbaum and D. G. Kinschen: A survey of visual acuity testing in the infant and preverbal child, *American Orthoptic Journal*, **34**, 13, 1984
4) S. Sokol: Measurement of infant visual acuity from pattern reversal evoked potentials, *Vision Research*, **18**, 33-39, 1978
5) V. Dobson and D. Teller: Visual acuity in human infants: A review and comparison of behavioral and electrophysiological studies, *Vision Research*, **18**, 1469-1483, 1978
6) R. L. Fantz, J. M. Ordy and M. S. Udelf: Maturation of pattern vision in infants during the first six months, *Journal of Comparative and Physiological Psychology*, **55**, 907-917, 1962
7) D. L. Mayer and V. Dobson: Assessment of vision in young children: A new operant approach yields estimates of acuity, *Investigative Ophthalmology and*

Visual Science, **19**, 566-570, 1980
8) O. Katsumi, T. Oshima and Y. Uemura : Development of visual acuity in infants and young children up to three years evaluated with the preferential looking method, *Ophthalmic Paediatrics and Genetics*, **2**, 139-147, 1983
9) D. Y. Teller, M. A. McDonald, P. Preston, S. L. Sebris and V. Dobson : Assessment of visual acuity in infants and children : the acuity card procedure, *Developmental Medicine and Child Neurology*, **28**, 779-789, 1986
10) D. Kirschen, A. Rosenbaum and E. Ballard : The dot acuity test—a new acuity test for children, *Journal of American Optometric Association*, **54**, 1055-1059, 1983
11) 森実秀子他：幼児視力評価のためのDot visual acuity cardの試作と使用経験，眼科，**31**, 451-455, 1989

13.2 加　　齢

13.2.1 結像機能の加齢

a．前眼部の組織と機能の変化

皮膚のたるみや眼瞼挙上筋の弛緩などによる眼瞼下垂が年齢とともに生じ，はなはだしいときには眼を覆ってしまい視覚を妨げる．眼瞼下垂に伴いまつげの向きも変化し，視覚を妨げることもある．涙液排出の機能が衰える（老人性涙道排出不全症）．このためいわゆる涙目となりものが見にくくなることも多い．瞬目回数は減少することも増加することもあり，加齢の効果は一概にいえない．

b．眼球光学系の組織変化

眼に入射した光は，角膜・前房・水晶体・硝子体という透明組織を経て網膜に達する．このような無色透明の組織は身体全体をみても珍しいといえる．角膜では年齢とともに散乱光の割合が増加する[1]．これは角膜の組織変化による．前房では房水中に含まれる浮遊物（フレアという）の増加が見られる．水晶体では含まれているタンパク質の分子量は年齢とともに増加する．光学的には溶液の屈折率は溶解している物質の分子量が大きくなるほど屈折率は高くなる．このため加齢変化のごく一時期に軽く近視化することがある．しかし粒子が大きくなると水溶液としてではなく析出した微粒子と水という関係でとらえる必要がある．結果的には溶液の屈折率低下と粒子による光の散乱の増加が生じ，視野中に高輝度の光源が入った場合などに光源のまわりの物体が見にくくなるという現象（グレア）が生じる．屈折率低下は遠視化という結果として表れ，粒子の析出が進行して白内障となっていく．ただし，水晶体の核の部分の屈折率が上昇すると水晶体の全屈折力は増加（屈折は近視化）し，水晶体の皮質の部分の屈折率が増加すると水晶体の全屈折力は減少（屈折は遠視化）するとも考えられており，単純ではない．その過程で水晶体は黄変していく[2]．紫外光が水晶体で吸収され，長期にわたって水晶体タンパクの重合を促進していくという考えもある．白内障の治療としては，濁った水晶体を取り出し，その後に眼内レンズを置く．なお，水晶体摘出の際には一部の水晶体が残され，場合によってはその水晶体が再び白濁することもある．また，眼内レンズに付着するさまざまな粒子による散乱の増加もみられるため，一度白内障の手術を行った眼で光の散乱がまったくなくなってしまうわけではない．硝子体では，加齢により網膜との付着部がはがれてくる（後部硝子体はく離）．また，ゲル状であった硝子体は年齢とともに水のような状態になってくる．

c．結像にかかわる機能の変化

暗所での瞳孔のサイズは新生児で約2 mm，10～20歳で最大（直径7 mm前後）となり，その後縮小していく（50～60歳で5 mm前後）[3]．光の変化に対する運動も遅くなる．虹彩の組織変化，筋の硬化が原因[4]と考えられている．

主として水晶体の黄変により，色覚検査を行うと色の弁別や青い光の明るさの感じ方は高齢者で低下している（詳細は13.2.3項参照）．しかし，見えの変化は徐々に進行するために本人は気がつかない．白内障の手術で黄変した水晶体を摘出して青色の鮮やかさに改めて気づくことが多い．とくに片眼のみ手術した場合は左右の眼で見えが異なるためはっきりした差がある．最近では黄色に着色した眼内レンズもある．紫外光や青色光をカットし，網膜の変性を防ぐのにもよい．しかし，そのような処置のしてない眼内レンズの使用者や無水晶体眼もすでに多数いる．

高齢者では白内障の前段階から光の散乱により光幕グレアを生じる．房水中のフレアや後部硝子体剥離の影響も加わる．高齢者の視覚特性として照明関係者には広く知られている．

20歳代後半になると屈折は特別な事情がないかぎり安定するようになる．しかしながら，50歳前後から若干遠視化していくようになる（図13.11参照）．この原因は上記のように水晶体の膨潤による．その量は大きくはない．しかし，高齢者の遠視化は一般的には老視の特徴の一部をさしていうことも多く，両者は混乱されて理解されており注意を要す

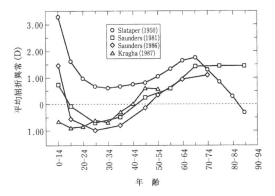

図 13.11 年齢による屈折(球面)の変化(Kragha[5] をもとに作成)

る．また，老視の初期には前述のように軽い近視が生じることも知られている．同時に，不均一な水晶体変化のためであろうか，乱視が生じることもある．白内障術後の乱視は手術による角膜のゆがみが主原因である．

幼児期には倒乱視の頻度が多く，入学時には直乱視のほうが多くなり，入学後20歳くらいまではさらに直乱視が増加し，倒乱視が減少する(13.1.1項参照)．20歳を過ぎると直乱視は減少し始め，40歳前後で直乱視と倒乱視の頻度は逆転し，その後さらに倒乱視が増加する．斜乱視の頻度は生涯を通じて変化しないといわれている．直乱視が倒乱視となっていくメカニズムとしては角膜の変形(上下の眼瞼の圧の減少や輻輳力低下による眼筋の角膜形状に及ぼす作用の減少などが原因ではないかといわれている)と水晶体の変形の両者が考えられている．

人眼がピントを合わせることのできる調節範囲は，遠いほうの限界(調節遠点，この位置が近視や遠視の程度である)が屈折として示され，近いほうは水晶体を変形する能力によって定まり年齢とともに遠ざかっていく．この近いほうにピントを合わせる調節能力の減少は，少なくとも知られている限り10歳以前から始まっている．若いうちは余裕があり，減少に気づかないが，遠くを見る眼鏡のままで，読書などが困難になってくると自覚する．これが老視である．老視が自覚されるようになる年齢は通常40歳代なかばである．なお，明るい環境では瞳が縮まり，ボケの大きさが減るので気づきにくい．一般に水晶体は年齢とともに弾性を失い硬化していく．これが老視の原因と考えられている．しかし，老視のメカニズムは調節のメカニズムとともに最近に至るまでさまざまな議論がある(1.7.3項参照)．

d. 高齢者特有の結像機能に関する疾患

老視はほぼすべての中高年齢者が自覚することとなる生理的変化で，疾患というにはあまりにも普遍的である．白内障も加齢により多かれ少なかれ生じる変化であるが，進行の個人差は大きい．生活に困難をきたすようになると水晶体摘出術の適応となる．主として視力低下の程度を基準とするが，その基準も個人の生活スタイルなどにより変化する．水晶体摘出後には焦点は1か所にしか合わないが，その合う位置は挿入する眼内レンズの屈折力で選ぶことができる．術後の屈折を予測する際の手術における不確定性が最近では大きく減少したので，どの位置が眼鏡なしで明瞭に見ることができるかも生活スタイルに応じて選ぶことが可能である．糖尿病では網膜や視神経・中枢における血管系や神経系の機能低下が知られているが，同時に白内障も起こりやすくなる．

[鵜飼一彦]

文　献

1) T. J. van den Berg : Analysis of intraocular stray light especially in relation to age, *Optometry and Vision Science*, **72**, 52-59, 1995
2) 柴田崇志：生体眼における水晶体の色度に関する検討：正常水晶体色度の加齢変化, 日本眼科紀要, **39**, 598-605, 1988
3) V. Kädlecova, M. Peleska and A. Vaslo : Dependence on age of the diameter of the pupil in the dark, *Nature*, **182**, 1520-1521, 1958
4) H. S. Thompson : Afferent pupillary defects. Pupillary findings associated with defects of the afferent arm of the pupillary light reflex arc, *American Journal of Ophthalmology*, **62**, 860-873, 1966
5) I. K. O. K. Kragha : The distribution of refractive errors in Nigeria, *Ophthalmic and Physiological Optics*, **7**, 241-244, 1987

13.2.2　視覚系生理

a.　分子的変化

ヒトの視覚系は，光に対する感度を最適化するように進化してきたため，高強度の光に対するダメージに弱い．光酸化損傷[1]，血流における代謝産物からの細胞毒性の反応や神経細胞の死滅などの破壊的プロセス[2]にさらされている．多くの眼の組織では，連続的に組織を補修することで光照射によるダメージを最小限にしている[3]．しかし，分子再生は完全ではなく，すべての分子構造は受容体内部のものを含めてランダムな方向に変化する傾向がある[4]．そのために異常な分子配列が起こり，そのう

ちのいくつかはその細胞やそれと相互作用をもつ細胞にとって有害である[2,5]．分子再生の失敗や破壊的プロセスなどが，どのように細胞死を引き起こしているかは必ずしも明らかではない．しかし，網膜から中央神経機構に至る細胞は年齢とともに失われ，定量的な測定はこれが連続的なものであることを示している[6,7]．

b．受容体

錐体密度は，網膜中心部においては加齢によって有意に変化しないことが最近の研究で明らかにされている[8-10]．ただし，それよりも周辺部の領域では，90歳で約22％程度錐体が減少することが報告されている[10]．錐体外節の長さの減少[11]，および外節小胞の包旋状態の変化や小胞の縮退のようなアラインメントの変化[11]などは，光量子吸収能力を減少させると考えられている[12]．これらの要因により，錐体の実効視物質濃度は加齢によって有意に減少する．網膜中央部での褪色可能な視物質の量を眼底反射濃度計により測定した結果，L, M錐体の濃度は10年当たり0.02~0.03の割で一定に減少した[12-15]．しかし，心理物理学的に測定された錐体の感度低下量（10年当たり約0.13 log）[16]は，視物質濃度の減少によって説明できる範囲を越えており，ほかの要因も寄与していると考えられる．

網膜中央部の視角28.5°の範囲では，90歳で桿体の数の約30％が失われるにもかかわらず，残った桿体の内節が大きくなることによって受容体モザイク上で失われた桿体の分を埋め合わせている[10]．ラットの桿体においては，長期間高強度光を照射した後でも，外節の長さ，細胞の直径，小胞当たりのロドプシンの量，再生速度などが変化することにより，光量子吸収量は相対的に一定となる[17,18]．またシナプスの成長が加齢によるマウス桿体の損失を補償しているかもしれない[19]．人間においてもロドプシン量は比較的一定であるか[20,21]，むしろ多少増加すると報告されている[22]．

c．受容体以降から外側膝状体

霊長類の網膜における水平細胞，双極細胞，無軸索細胞および内網状細胞（interplexiform cell）の加齢による解剖学的な変化についてはほとんどわかっていない[7]．神経節細胞については，網膜中心部11°の範囲では30歳台から70歳台のあいだでおよそ15~25％の加齢による減少が見られる[9,23]．ただし，それよりも周辺部で加齢による減少が見られるかどうかについては過去の研究は一致していない[7]．加齢による神経節細胞の減少は，年齢に伴う視力の低下をもたらしている可能性がある[24]．その一方，高齢者の網膜においても，神経節細胞は，軸索成長が行われている錐体とのあいだで発芽による樹木状展開がみられるとの報告があり[25]，このような細胞の可塑性が神経節細胞数の減少を補償していると予想される．

外側膝状体（LGN）については，サルにおいて年齢の高い個体群でニューロン密度の有意な低下がmagnocellular層（約30％）およびparvocellular層（約40％）の両方で見られる一方，ニューロン数には有意な変化がなかった[7]．密度の低下は外側膝状体のサイズの有意な増大を反映しており，シナプスの減少あるいは伝達効率の低下を樹木状分枝を増加させることによって補っているとする説もある[7]．電気生理学的には，外側膝状体に何らの加齢による影響は認められなかった[7]．

d．皮質細胞

最近の研究では，高齢者の視覚野（V1）における皮質細胞の損失は，微少であると考えられている[26]．ただしこの皮質領域では，成人の早い段階から老齢にかけて，髄鞘の厚さの減少が見られる[27]．高次の視覚系部位（V2, V3, V4）については，視覚前野（Broadmannの18野）で層の厚さは不変なものの，ニューロンの数が高齢者グループで約14％減少したとの報告がある[28]．

生理学的には，VEPを用いた研究において，加齢に伴う誘導電位の減少や潜時の増大が報告されている．この変化は高空間周波数[29]および低時間周波数[30]で大きく，これはparvocellular経路で選択的に加齢効果が起こっている可能性を示唆している[30]．高次機能についてPETを用いた測定の結果は，加齢とともに大脳における機能分離が低下していることを示している[31]．これは高齢者の高次の視覚系部位で容量あるいは効率が低下していることを示唆しているのかもしれない．

その一方で，皮質細胞は驚くべき可塑性を維持しており[32]，人間の網膜における神経節細胞の数の減少を一部分補っている可能性が考えられている[12]．

e．紫外線の影響

紫外線照射量が多い視環境にいた被験者ほど，S錐体の感度低下は大きい[33]．また眼底検査で確認できる網膜病変を生じるのに必要な光エネルギーの測定から，紫外線による損傷は可視光や赤外光によるものより大きく（580nm単色光に対して約1000

倍），また可視領域のなかでは，短波長光のほうが大きい[34]．紫外線は可視光よりも水晶体に吸収されやすく，そのために水晶体自体の濃度が加齢とともに増大する[35,36]と考えられている．可視域の光で最も危険な短波長光は，中心窩では黄斑色素によって減衰されるが[37,38]，黄斑色素のほうは幼児期以降は濃度が変化しない[39]．

これらの結果から，人間における通常の加齢に光照射が寄与し，そのなかでも紫外線がとくに強い損傷を与え，S 錐体が最も損傷を受けやすいと予想される．片眼に非紫外線吸収性眼内レンズ（約 86％の太陽光の紫外線透過），もう一方の眼に紫外線吸収性眼内レンズ（約 1％）の移植を受けた人の約 5 年後の両眼における S 錐体感度の比較は，紫外線により多くさらされている眼において感度の大きな低下が見られることを示しており[1,40]，光照射が視細胞の加齢を促進するとの仮説に一致する．

[篠森敬三]

文献

1) J. S. Werner and L. Spillmann : UV-absorbing intraocular lenses : safety, efficacy, and consequences for the cataract patient, *Graefe's Archive for Clinical and Experimental Ophthalmology*, **227**, 248-256, 1989
2) R. A. Weale : Retinal senescence, In Progress in Retinal Research, Vol. 5 (eds. N. Osborne and J. Chader), Pergamon Press, Oxford-New York, pp. 53-73, 1986
3) J. S. Werner, D. H. Peterzell and A. J. Scheetz : Light, vision, and aging, *Ophthalmology Vision Science*, **67**, 214-229, 1990
4) R. W. Young : The Bowman lecture, 1982. Biological renewal. Applications to the eye, *Transactions of the Ophthalmological Societies of the United Kingdom*, **102**, 42-75, 1982
5) L. Freeney-Burns, E. S. Hilderbrand and S. Eldridge : Aging human RPE : morphometric analysis of macular, equatorial, and peripheral cells, *Investigative Ophthalmology and Visual Science*, **25**, 195-200, 1984
6) J. S. Werner : The damaging effects of light on the eye and implications for understanding changes in vision across the life span, In The Changing Visual System : Maturation and Aging in the Central Nervous System (eds. P. Bagnoli and W. Hodos), Plenum Press, New York, pp. 295-309, 1991
7) P. D. Spear : Neural bases of visual deficits during aging, *Vision Research*, **33**, 2589-2609, 1993
8) C. K. Dorey, G. Wu, D. Ebenstein, A. Garsd and J. J. Weiter : Cell loss in the aging retina, *Investigative Ophthalmology and Visual Science*, **30**, 1691-1699, 1989
9) H. Gao and J. G. Hollyfield : Aging of the human retina, *Investigative Ophthalmology and Visual Science*, **33**, 1-17, 1992
10) C. A. Curcio, C. L. Millican, K. A. Allen and R. E. Kalina : Aging of the human photoreceptor mosaic : evidence for selective vulnerability of rods in central retina, *Investigative Ophthalmology and Visual Science*, **34**, 3278-3296, 1993
11) J. Marshall : Ageing changes in human cones, In XXIII Concilium Ophthalmologicum, Kyoto, 1978 (eds. K. Shimizu and J. A. Oosterhuis), Elsevier North-Holland, Amesterdam-Oxford, pp. 375-378, 1978
12) J. S. Werner : Visual problems of the retina during ageing : Compensation mechanisms and colour constancy across the life span, *Progress in Retinal and Eye Research*, **15**, 621-645, 1996
13) D. van Norren and G. J. van Meel : Density of human cone photopigments as a function of age, *Investigative Ophthalmology and Visual Science*, **26**, 1014-1016, 1985
14) P. E. Kilbride, L. P. Hutman, M. Fishman and J. S. Read : Foveal cone pigment density difference in the aging human eye, *Vision Research*, **26**, 321-325, 1986
15) J. E. E. Keunen, D. van Norren and G. J. van Meel : Density of foveal cone pigments at older age, *Investigative Ophthalmology and Visual Science*, **28**, 985-991, 1987
16) J. S. Werner and V. G. Steele : Sensitivity of human foveal color mechanisms throughout the life span, *Journal of the Optical Society of America*, **A5**, 2122-2130, 1988
17) T. P. Williams, J. S. Penn, R. A. Bush and C. L. Makino : Renewal of rod outer segment and regulation of daily photon catch by the rat retina, In Proceedings of Yamada Conference, XXI, Yamada Science Fundation, Kyoto, Japan, pp. 255-260, 1988
18) J. L. Schremser and T. P. Williams : Photoreceptor plasticity in the albino rat retina following unilateral optic nerve section, *Experimental Eye Research*, **55**, 393-399, 1992
19) H. G. Jansen and S. Sanyal : Synaptic plasticity in the rod terminals after partial photoreceptor cell loss in the heterozygous *rds* mutant mouse, *Journal of Comparative Neurology*, **316**, 117, 1992
20) J. J. Plantner, H. L. Barbour and E. L. Kean : The rhodopsin content of the human eye, *Current Eye Research*, **7**, 1125-1129, 1988
21) F. J. G. M. van Kuijk, J. W. Lewis, P. Buck, K. R. Parker and D. S. Kliger : Spectrophotometric quantitaion of rhodopsin in the human retina, *Investigative Ophthalmology and Visual Science*, **32**, 1962-1967, 1991
22) A. T. A. Liem, J. E. E. Keunen, D. van Norren and J. van de Kraats : Rod densitometory in the aging human eye, *Investigative Ophthalmology and Visual Science*, **23**, 2676-2682, 1991
23) C. A. Curcio and D. N. Drucker : Retinal ganglion cells in Alzheimer's disease and aging, *Annals of Neurology*, **33**, 248-257, 1993
24) C. L. Dolman, A. Q. McCormick and S. M. Drance : Aging of the optic nerve, *Archives of Opthalmology*, **98**, 2053-2058, 1980
25) F. Vrabec : Senile changes in the ganglion cells of the human retina, *Brithish Journal of Ophthalmology*, **49**, 561-572, 1965
26) G. Leuba and L. J. Garey : Evolution of neuronal numerical density in the developing and aging human visual cortex, *Human Neurobiology*, **6**, 11-18, 1987
27) P. Lintl and H. Braak : Loss of intracortical myelinated fibers : a distinctive age-related alteration in the human striate area, *Acta Neurophathologica (Berlin)*, **61**, 178-182, 1983

28) V. F. Shefer : Absolute number of neurons and thickness of the cerebral cortex during aging, senile and vascular dementia, Pick's and Alzheimer's diseases, *Neuroscience Behavioral Physiological*, **6**, 319-324, 1973
29) P. Bobak, I. Bodis-Wollner, S. Guillory and R. Anderson : Aging, differentially delays visual evoked potentials to checks and gratings, *Clinical Vision Science*, **4**, 269-274, 1989
30) V. Porciatti, D. C. Burr, M. C. Morrone and A. Fiorentini : The effects of ageing on the pattern electroretinogram and visual evoked potential in humans, *Vision Research*, **32**, 1199-1209, 1992
31) C. L. Grady, J. V. Haxby, B. Horwitz, M. B. Schapiro, S. I. Rapoport, L. G. Ungerleider, M. Mishkin, R. E. Carson and P. Herscovitch : Dissociation of object and spatial vision in human extrastriate cortex : age-related changes in activation of regional cerebral blood flow measured with [15O] water and positron emission tomography, *Journal of Cognitive Neuroscience*, **4**, 23-34, 1992
32) C. D. Gilbert and T. N. Wiesel : Receptive field dynamics in adult primary visual cortex, *Nature (London)*, **356**, 150-152, 1992
33) J. S. Werner, V. G. Steele and D. S. Pfoff : Loss of human photoreceptor sensitivity associated with chronic exposure to ultraviolet radiation, *Opthalmology*, **96**, 1552-1558, 1989
34) W. T. Ham, H. A. Mueller, J. J. Ruffolo, D. Guerry and R. K. Guerry : Action spectrum for retinal injury from near-ultraviolet radiation in the aphakic monkey, *American Journal of Ophthalmology*, **93**, 299-306, 1982
35) J. S. Werner : Development of scotopic sensitivity and the absorption spectrum of the human ocular media, *Journal of the Optical Society of America*, **72**, 247-258, 1982
36) R. A. Weale : Age and the transimittance of the human crystalline lens, *Journal of Physiology (London)*, **395**, 53-73, 1988
37) D. M. Snodderly, P. K. Brown, F. C. Delori and J. D. Auran : The macular pigment. I. Absorbance spectra, localization, and discrimination from other yellow pigments in primate retinas, *Investigative Ophthalmology and Visual Science*, **25**, 660-673, 1984
38) R. A. Bone, J. T. Landrum and S. L. Tarsis : Preliminary identification of the human macular pigment, *Vision Research*, **25**, 1531-1535, 1985
39) J. S. Werner, S. K. Donnelly and R. Kliegl : Aging and human macular pigment density. Appended with translations from the work of Max Schultze and Ewald Hering, *Vision Research*, **27**, 257-268, 1987
40) J. S. Werner：紫外線照射による網膜毒性．紫外線吸収性レンズの必要性について．基礎と臨床，日本眼内レンズ学会誌（IOL），**1**, 261-269, 1987

13.2.3 色　　覚
a．眼光学媒体の影響

加齢による水晶体の濃度増加や，瞳孔径の縮小により，網膜上の刺激強度は年齢により減少する．また水晶体の濃度増加は波長選択的であるため，刺激の分光放射輝度も変化し，色覚にとって重要な結果をもたらす．

短波長刺激に対する角膜上での暗所比視感度[1]や明所視比視感度[2]の減少は，これら網膜前の要因により良好に説明される．HFP法で角膜上の明所視比視感度を測定した結果は[3]，すべての被験者について比視感度関数は長波長側ではほぼ同じ形状になったが，短波長側では年齢とともに感度が低下し，加齢による水晶体濃度の変化とよく一致した．比視感度に関しては，水晶体の老化による短波長での相対感度低下を補償していないといえる．

b．受容体感度の低下

Stilesの2色法を用いて増分閾値の値から，各錐体の角膜における感度の加齢による変化が測定されている[4]．S錐体の場合は，ほかの錐体よりも眼光学的媒体，とくに水晶体による光量子吸収量増加の影響が強く，かつ光化学作用による障害[5,6]やある種の病気[7]に弱いと考えられている．ところが10歳から80歳以上に至るまで，錐体の種類によらず10年間で約0.13 logずつ，感度は単調に低下した．S錐体が関与するメカニズムの感度は，経路上のどこかでとくに強く補償されていると考えられる[4]．多くの受容体以降の処理は，錐体からの絶対的な信号強度よりも相対強度に依存しており，各錐体の相対感度が加齢にかかわらず保持されるならば，色恒常性を維持するのは比較的容易である[8]．

暗所視での絶対感度が加齢により変化するかどうかは，過去の研究からは明らかではないが，錐体の加齢による感度低下よりも桿体の感度低下のほうが小さいという報告がなされている[9,10]．

c．色の見えの恒常性

色の見えの加齢による変化を調べるため，視角1°，輝度が0.7，2.2あるいは7.1 cd/m^{2}の自然視の単色光刺激を用いて，ユニーク青，緑，黄色を与える波長が測定された[11]．ユニーク青および黄色の波長には，加齢および刺激輝度による変化がほとんど見られず，赤緑反対色チャンネルに対する各錐体の入力が加齢とともに同じ割合で減少することを示している．一方，ユニーク緑の場合には加齢および刺激輝度の両方に依存して波長は変化し，これは各錐体の黄青反対色チャンネルに対する非線形的な入力を示唆している．またカラーネーミング法により，加齢によるOSA色票の見えの変化を測定した結果[12]，青，緑，黄色，赤の色に対する評価は若年（平均21歳）と高齢者（平均72歳）で，ほとんど違わなかった．その一方，高齢者の場合は色み量に対する白み量評価の割合が有意に多く，その差は色票

の明度が減少するにつれて明らかに増加した．ただし，高齢者において増加する迷光が彩度を減少させている可能性も残されている[8]．

彩度の減少は，色評価の基準となる白色中性点の加齢による変化で生じるのかもしれない．しかし，等輝度 (10, 100, 1000 td) を維持しながら各被験者ごとの白色点を求める結果では[13]，白色点が年齢により有意には変化しないことを示した．そこで，色み量と白み量の合計に対する色み量を評価させる方法で分光彩度評価関数を測定した[14]．角膜上で等価刺激にした場合には，若年者と高齢者の2つの被験者グループでほぼ同じ関数形状となった．色票の場合と異なり彩度変化が見られなかった原因は明らかではない．要因の1つとして，本実験条件での刺激強度が比較的高かったことが考えられる．一方，被験者ごとに網膜上で等価刺激にした場合には，420〜500 nm の領域でのみ，逆に高齢者グループのほうが彩度が高くなった．

このような色チャンネルに関与する補償メカニズムが存在するのであれば，水晶体濃度の変化を補正しても，明るさの比視感度において加齢による変化があると予想される．併置比較法で明るさを測定した結果[3]，角膜上での明るさ比視感度は平均としてはやはり短波長側では年齢とともに感度減少が見られた．しかし，感度減少量は明らかに輝度比視感度の場合よりも少なかった．角膜上の輝度比視感度から予測された眼光学媒体濃度から網膜上の明るさ比視感度を計算したところ，420〜560 nm では逆に加齢とともに感度の増加が見られた．増加量は波長平均で10年ごとに対数値で約0.05であり，これは10〜70歳のあいだに標準的な被験者で網膜上の感度が2倍になることを示す．もちろん，日常生活での明るさは，角膜上での刺激量で決まるので，感度は高齢者において低くなる．しかし，補償メカニズムにより低下が抑えられているわけである．

これらの結果は，水晶体濃度増加による網膜上での短波長光強度減少を，波長（色）選択的なメカニズムが補償していることを示唆する．ただし，この補償は分光的には完全ではない．なぜなら，水晶体濃度は，どの単一錐体あるいはさまざまな錐体の組み合わせがもつ分光感度とも異なるからである．したがって，ある特定の波長では補償量が多すぎる，あるいは逆に少なすぎるということが起こる．

d. 閾値変化の刺激強度依存性

S錐体の感度を調べるため，470 nm 順応光と 570 nm 補助順応光（強度一定）上に呈示される 440 nm のテスト刺激の増分閾値を求める実験[15]，およびS錐体混同色線上でのS錐体のみによる色弁別能力を，弁別に必要なS錐体刺激変化量 (S-cone td) の閾値として求める実験[16]が行われた．両者とも Maxwell 視を使用し，被験者の水晶体濃度は補正した．閾値を順応光強度の関数 (tvr 関数) あるいS錐体刺激量の関数として表した結果は，Weber-Fechner の法則 ($\Delta I = k(I + I_0)$) でよく説明され，被験者グループ間で異なる絶対閾値 I_0 を示した．低刺激強度では高齢者のグループで約 0.5〜1 log の有意な閾値上昇が見られた．一方，Weber 領域となるにつれて閾値の差は減少し，高刺激強度のときには有意な閾値の差は見られなかった．Weber-Fechner 則関数による計算から，加齢による感度低下はS錐体の光量子吸収量および出力の低下，あるいはS錐体経路におけるノイズ上昇によるものと考えられる[16]．

これらの結果は，もし錐体の加齢による出力低下を何らかの受容体以降の経路で増幅しているとすれば，感度自体の低下が補償される代わりに，S/N 比が悪化するはずであるとの仮説に一致する．絶対閾値近辺での感度低下では，単純に刺激が知覚できないため，絶対閾値は加齢とともに上昇する．一方，刺激強度が上昇した場合には感度低下を補償することが可能である．さまざまな実験結果は，刺激強度（輝度）レベルの低下に伴い，高齢者の視覚機能が若年者と比較して大きく低下することを示している．例えば，波長弁別閾値は加齢により変化しないとの古い報告や[17]，青緑の弁別能力の低下は眼光学媒体濃度の変化のみによって説明できるとの報告がある[18]一方で，波長弁別閾値は，眼光学媒体濃度を補正した場合でも，410〜630 nm の全領域で加齢により上昇するとの結果もある[19]．これらの相違は主として刺激強度の差に起因すると思われる．定量的な解析のためには，加齢の色弁別への影響についてさらに研究が必要である．

e. 補償メカニズム

このような加齢における色の恒常性は，日常に起こる色恒常性メカニズムの作用の範囲内で起こるとも考えられ，van Kries 型の順応効果によりある程度説明できるという考え方も出されている[8]．ただし，色恒常性のアルゴリズムがはっきりとわかっていないこともあり，加齢効果と色恒常性メカニズムとの関係についての実験や議論は現時点ではむずか

しい.

色弁別の実験では,水晶体の老化や老人性瞳孔収縮と同じ効果を,短波長吸収フィルターの使用[20]や輝度減少[21]によって与えることにより,若年者において高齢者と同様な結果を得ることが可能であった.一方,カラーネーミングによる色の見えの実験では[12],中性および短波長吸収フィルターを装着しても,高齢者での見えの評価を若年者において再現することはできなかった.このことは補償メカニズムの単純な解釈をむずかしくしており,色弁別のようにもっぱら低次レベルでの補償で説明されうる加齢効果だけではなく,色の見えのように高次レベルでの神経経路の寄与による補償が予想される加齢効果があることを示唆している.例えば,黄青反対色チャンネルにおいては,黄斑色素の影響を受ける中心窩とその範囲外とでは,黄青のバランスを修正している[22].さらにこの問題には補償が分光的に完全ではないことも影響していると思われる.

また錐体数の減少が網膜周辺部で明らかに見られることから,受容野サイズなどの空間特性の加齢による変化を,とくに周辺視の場合において測定することの重要性も指摘されている[8]. 〔篠 森 敬 三〕

文　献

1) R. A. Weale : Notes on the photometric significance of the human crystalline lens, Vision Research, 1, 183-191, 1961
2) K. H. Ruddock : The effect of age upon colour vision-II. Changes with age in light transmission of the ocular media, Vision Research, 5, 47-58, 1965
3) J. M. Kraft and J. S. Werner : Spectral efficiency across the life span : flicker photometry and brightness matching, Journal of the Optical Society of America, A11, 1213-1221, 1994
4) J. S. Werner and V. G. Steele : Sensitivity of human foveal color mechanisms throughout the life span, Journal of the Optical Society of America A, 5, 2122-2130, 1988
5) R. S. Harwerth and H. G. Spering : Effects of intense visible radiation on the increment-threshold spectral sensitivity of the rhesus monkey eye, Vision Research, 15, 1193-1204, 1975
6) J. S. Werner, V. G. Steele and D. S. Pfoff : Loss of human photoreceptor sensitivity associated with chronic exposure to ultraviolet radiation, Opthalmology, 96, 1552-1558, 1989
7) A. J. Adams : Chromatic and luminosity processing in retinal disease, American Journal of Optometry and Physiological Optics, 59, 954-960, 1982
8) J. S. Werner : Visual problems of the retina during ageing : Compensation mechanisms and colour constancy across the life span, Progress in Retinal and Eye Research, 15, 621-645, 1996
9) E. Pulos : Changes in rod sensitivity through adulthood, Investigative Ophthalmology and Visual Science, 30, 1738-1742, 1989
10) J. F. Sturr, D. J. Hamilton, L. Zhang and C. Vaidya : Psychophysical evidence for neural losses in the rod systems of older observers in good ocular health, Investigative Ophthalmology and Visual Science (Suppl.), 33, 1414, 1992
11) B. E. Schefrin and J. S. Werner : Loci of spectral unique hues throughout the life span, Journal of the Optical Society of America, A7, 305-311, 1990
12) B. E. Schefrin and J. S. Werner : Age-related changes in the color appearance of broadband surfaces, Color Research and Application, 18, 380-389, 1993
13) J. S. Werner and B. E. Schefrin : Loci of achromatic points throughout the life span, Journal of the Optical Society of America, A10, 1509-1516, 1993
14) J. M. Kraft and J. S. Werner : Aging and the saturation of colors. 2. Scaling of color appearance, Journal of the Optical Society of America, A16, 231-235, 1999
15) B. E. Schefrin, J. S. Werner, M. Plach, N. Utlaut and E. Switkes : Sites of age-related sensitivity loss in a short-wave cone pathway, Journal of the Optical Society of America, A9, 355-363, 1992
16) B. E. Schefrin, K. Shinomori and J. S. Werner : Contributions of neural pathways to age-related losses in chromatic discrimination, Journal of the Optical Society of America, A12, 1233-1241, 1995
17) K. H. Ruddock : The effect of age upon colour vision-I. Response in the receptoral system of the human eye, Vision Research, 5, 37-45, 1965
18) J. D. Moreland : Matching range and age in a blue-green equation, In Colour Vision Deficiencies. Vol. XI, (ed. B. Drum), Kluwer Academic Publishers, Netherlands, pp. 129-134, 1993
19) K. Shinomor and J. S. Werner : Individual variation in wavelength discrimination : task and model analysis, In Proceedings of the 8th congress of the international Colour Association (AIC), I, The Color Science Association of Japan, Kyoto, pp. 195-198, 1997
20) G. Verriest : Further studies on acquired deficiency of color discrimination, Journal of the Optical Society of America, 53, 185-195, 1963
21) K. Knoblauch, J. Barbur and F. Vital-Durand : Age and illuminance effects in the Farnsworth-Munsell 100-hue test, Applied Optics, 26, 1441-1448, 1987
22) H. Hibino : Red-green and yellow-blue opponent-color responses as a function of retinal eccentricity, Vision Research, 32, 1955-1964, 1992

13.2.4　加齢の時空間特性

加齢に伴って,人間の視覚情報処理システムは変化する.その程度は,ある場合は正常範囲を越えて,例えば白内障のように疾病のレベルに到達する.加齢研究の初期には,このような疾病の範囲に属するサンプルも被験者として含まれていたうえに,十分なサンプル数が確保されなかった.また,老眼を考慮に入れた観察距離への調節をしていないために,光学的なボケの影響を排除できなかったりと,技術的な困難が多く,研究によって結果がまちまちで一貫した傾向を見いだせなかった.しかし,

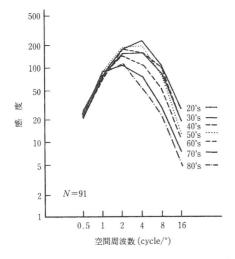

図13.12 年齢20～80歳代における視覚の空間特性[9]

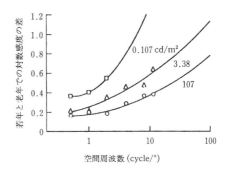

図13.13 高齢者における空間特性の劣化と刺激の明るさの影響を若い成人のデータと相対的な値で示したもの[10]

最近の研究では眼の健康な高齢者のみが研究の対象とされるようになり，少しずつ加齢の効果がはっきりしてきた．

a．空間特性

1) 空間コントラスト感度

高～中間の空間周波数帯域における感度低下：空間コントラスト感度は，加齢に伴って低下することが知られている．ごく少数の例外的な初期の報告[1,2]を除いて，高～中間の空間周波数帯域で低下が起こると考えられている[3~5]．コントラスト感度のピークは30歳代で[6~8]，50歳代から有意に感度の低下が始まる[9]（図13.12）．4 cycle/° の感度では，10年で約10%の低下があり[7]，多くの高齢者は，0.5 log unit もの低下を示す[9]．

加齢効果は分散の増大に起因：ただし，眼の健康な視力の高い高齢者では，コントラスト感度は若い被験者の感度と変わらない[9]．加齢に伴って，感度の個人差が感度の低いほうで増大するので，平均値として見たときに一定の感度低下傾向が見いだされる[5]．

輝度の効果：高齢者では，刺激の輝度が感度に大きく影響する．3 log unit 輝度を変化させた研究[10]では，輝度を下げるほど高～中間周波数の感度低下が顕著になった（図13.13）．Weale[11]によると，60歳の感度低下は若い被験者に0.5 log unit あるいは，約1/3の輝度低下をしたのと同じになる．実際，若い被験者に0.5 log unit の輝度低下をしたところ，高齢者との違いはかなり縮まったという研究がある[9]．加齢の効果は，一般に若い被験者に照明を下げたのと同じはたらきがあると主張する研究者もある[12]．

2) 加齢効果の起こっている場所

光学的要因，神経的要因，高次意志決定過程の関与：刺激の輝度を下げたときに高齢者がみせる顕著な感度低下，逆に輝度を十分に上げたときの改善は，加齢効果について光学的な要因を疑わせてきた．空間コントラスト感度の中・高周波数帯域や視力に影響を与えているものには，① 光学的な要因：老人性の縮瞳，水晶体など透光体部分の密度上昇，ディフォーカスなどによる網膜照度の低下ならびに光の拡散によるコントラスト低下，② 網膜以降の神経機構における感度低下，③ より高次の処理過程の関与と大きく分けて3つの要因が考えられている．

縮瞳の効果：若い被験者と高齢の被験者で散瞳させて瞳孔径を制御し，刺激の輝度を変化させながら感度低下を調べた研究[10]では，輝度を下げたときに高齢者がより感度低下を示すことがわかったが，瞳孔径の縮小はわずかながら感度上昇を起こした．縮瞳は感度低下の主要な要因ではない可能性がある．

水晶体の蛍光発光：高齢者の水晶体では，紫外線に対して蛍光を出す傾向が増加し，この発光の程度と低コントラストの視標で測定した視力の低下が関連しているという研究がある[13]．

光学的要因によらない網膜以降の加齢効果：レーザーの干渉縞を使って眼の光学系をバイパスさせて測定したコントラスト感度にも加齢に伴う感度低下が見つかっている[14~17]．白内障の手術をして混濁した水晶体を取り出した眼とそうでない眼を比較した場合，水晶体を取り出しても高齢者で感度低下が見

られた．神経機構の関与を強く支持する研究である[18]．また，人工瞳孔による縮瞳や網膜照度の低下を若い被験者に行って高齢者と比較した研究でも，感度低下が得られていない[19,20]．ただ，干渉縞で得られる高齢者の感度低下が 0.1～0.2 log unit とバイパスしない場合の半分にも満たないので，光学的な要因のほうが大きいとする研究[21]や，4 mm 人工瞳孔，調節麻痺，屈折制御をして高齢眼の光学的 MTF を測定した結果，心理物理的に測定した CSF と同じ加齢効果があったので，光学的な要因が大きいとする研究[22]もある．

高次機能の関与は少ない：信号検出パラダイムを使った研究[23]では，コントラスト感度の低下は，より保守的で慎重な判断基準が閾値を高くするといった高次の意志決定機構の関与によるものではないことが知られている．また，強制選択と恒常法を用いて空間コントラスト閾の psychometric 曲線を調べた研究[24]では，高齢者の曲線は若い被験者と比べて傾きや最大値に変化があるわけではなく純粋に閾値の上昇だけ（つまり感度低下だけ）が起こっていることがわかった．また，刺激に 2 次元の静的ノイズを加えて加齢の効果を調べた研究[25]では，視覚系の内部ノイズが加齢に伴って増えているというより，視覚系の細胞死などによるようなサンプリング効率の低下がみられた．

b．時間特性

臨界フリッカー周波数 (CFF) は加齢とともに下がることが知られている[26]が，この効果は縮瞳だけでは説明がつかないことも知られている[27]．

高齢者では，視覚刺激を動かしたり，あるいは点滅させたりすると感度が下がることが，動的視力の研究から知られている[26]．低い空間周波数刺激では，わずかに刺激を動かしたほうが若い被験者には検出しやすくなるが，高齢者の場合にはそうならない[9,10,28]．

空間周波数と時間周波数をともに変化させて調べると，空間コントラスト感度と同様に，時間周波数においても，中・高周波帯域で感度の低下がある[19,29]．縮瞳や網膜照度の低下をシミュレートしても若い被験者では，同様の感度低下を示さない[19]．

時間変調パターンに対する加齢による感度低下は周辺視野にいくほど顕著になる[30]．加齢による時間コントラスト感度の低下は時定数の増加によるものだという説がある[31]．一方，中心窩における時間コントラスト感度は，35～44 歳でピークになり，そこを越えると 10 年に 0.078 log unit ずつ低下していく[32]．この感度低下は時間周波数ではなく，振幅（コントラスト）への感度低下である．時間周波数に対する感度も，背景輝度を下げると下がるが，低下は時間特性のほうではなく振幅に対して現れる[33]．

空間変位閾（副尺視力）が影響を受けないのと対照的に運動変位閾も加齢の影響を受け，10 年で 0.07 log 分（視角）大きくなる[34]．　[小田浩一]

文　献

1) R. Sekuler and L. P. Hutman : Spatial vision and aging. I : Contrast sensitivity, *Journal of Gerontology*, **35**, 692-699, 1980
2) C. McGrath and J. D. Morrison : The effects of age on spatial frequency perception in human subjects, *Quarterly Journal of Experimetal Physiology*, **66**, 253-261, 1981
3) K. Arundale : An investigation into the variation of human contrast sensitivity with age and ocular pathology, *British Journal of Ophthalmology*, **62**, 213-215, 1978
4) G. Derefeldt, G. Lennerstrand and B. Lundh : Age variations in normal human contrast sensitivity, *Acta Ophthalmologica*, **57**, 679-690, 1979
5) C. Owsley and K. B. Burton : Aging and spatial contrast sensitivity : underlying mechnisms and implications for everyday life, In The Changing Visual System (eds. P. Bagnoli and W. Hodos), Plenum Press, New York, pp. 119-136, 1991
6) L. D. Beazley, D. J. Illingworth, A. Jahn and D. V. Greer : Contrast sensitivity in children and adults, *British Journal of Ophthalmology*, **64**, 863-866, 1980
7) A. J. Wilkins, S. Della Salla, L. Somazzi and I. Nimmo-Smith : Age-related norms for the Cambridge low contrast gratings, including details concerning their design and use, *Clinical Vision Science*, **2**, 202-212, 1988
8) 鵜飼一彦, 松野彩子, 大木千佳, 植松淑子, 松井孝子, 松島菜穂子, 石川哲：多数例におけるコントラスト感度空間周波数特性の検討：正常者の年齢・弱視者の視力をパラメーターとした解析, 眼科臨床医報, **92**, 756-760, 1998
9) C. Owsley, R. Sekular and D. Siemsen : Contrast sensitivity throughout adulthood, *Vision Research*, **23**, 689-699, 1983
10) M. E. Sloane, C. Owsley and S. L. Alvarez : Aging, senile miosis and spatial contrast sensitivity at low luminance, *Vision Research*, **28**, 1235-1246, 1988
11) R. A. Weale : Retinal illumination and age, *Transaction of Illuminating Engineering Society*, **26**, 95-100, 1961
12) J. S. Werner, D. H. Peterzell and A. J. Scheetz : Light, vision, and aging, *Optometry and Vision Science*, **67**, 214-229, 1990
13) D. B. Elliott, K. C. Yang, K. Dumbleton and A. P. Cullen : Ultraviolet-induced lenticular fluorescence : intraocular straylight affecting visual function, *Vision Research*, **33**, 1827-1833, 1993
14) J. D. Morrison and C. McGrath : Assessment of the optical contributions to the age-related deterioration

15) J. L. Jay, R. B. Mammo and D. Allan: Effect of age on visual acuity after cataract extraction, *British Journal of Ophthalmology*, **71**, 112-115, 1987
16) N. Nameda, T. Kawara and H. Ohzu: Human visual spatio-temporal frequency performance as a function of age, *Optometry and Vision Science*, **66**, 760-765, 1989
17) D. B. Elliott: Contrast sensitivity decline with ageing: a neural or optical phenomenon? *Ophthalmic and Physiological Optics*, **7**, 415-419, 1987
18) C. Owsley, T. Gardner, R. Sekuler and H. Lieberman: Role of the crystalline lens in the spatial vision loss of the elderly, *Investigative Ophthalmology and Visual Science*, **26**, 1165-1170, 1985
19) D. Elliott, D. Whitaker and D. MacVeigh: Neural contribution to spatiotemporal contrast sensitivity decline in healthy ageing eyes, *Vision Research*, **30**, 541-547, 1990
20) D. Whitaker and D. B. Elliott: Simulating age-related optical changes in the human eye, *Documenta Ophthalmologica*, **82**, 307-316, 1992
21) K. B. Burton, C. Owsley and M. E. Sloane: Aging and neural spatial contrast sensitivity: photopic vision, *Vision Research*, **33**, 939-946, 1993
22) P. Artal, M. Ferro, I. Miranda and R. Navarro: Effects of aging in retinal image quality, *Journal of the Optical Society of America*, **A10**, 1656-1662, 1993
23) J. D. Morrison and J. Reilly: An assessment of decision-making as a possible factor in the age-related loss of contrast sensitivity, *Perception*, **15**, 541-552, 1986
24) D. Yager and B. L. Beard: Age differences in spatial contrast sensitivity are not the result of changes in subjects' criteria or psychophysical performance, *Optometry and Vision Science*, **71**, 778-782, 1994
25) S. Pardhan, J. Gilchrist, D. B. Elliott and G. K. Beh: A comparison of sampling efficiency and internal noise level in young and old subjects, *Vision Research*, **36**, 1641-1648, 1996
26) D. W. Kline: Light, ageing and visual performance, In Vision and Visual Dysfunction, Vol. 16 (ed. J. Marshall), Macmillan Press, pp. 150-161, 1991
27) J. Falk and D. W. Kline: Stimulus persistence in CFF: Underactivation or overarousal? *Experimental Aging Research*, **4**, 109-123, 1978
28) C. T. Scialfa, P. M. Garvey, R. A. Tyrrell and H. W. Leibowitz: Age differences in dynamic contrast thresholds, *Journal of Gerontology*, **47**, 172-175, 1992
29) U. Tulunay-Keesey, J. N. Ver Hoeve and C. Terkla-McGrane: Threshold and suprathreshold spatiotemporal response throughout adulthood, *Journal of Optical Society of America*, **A5**, 2191-2200, 1988
30) E. J. Casson, C. A. Johnson and J. M. Nelson-Quigg: Temporal modulation perimetry: the effects of aging and eccentricity on sensitivity in normals, *Investigative Ophthalmology and Visual Science*, **34**, 3096-3102, 1993
31) C. W. Tyler: Two processes control variations in flicker sensitivity over the life span, *Journal of the Optical Society of America*, **A6**, 481-490, 1989
32) C. B. Kim and M. J. Mayer: Foveal flicker sensitivity in healthy aging eyes. II. Cross-sectional aging trends from 18 through 77 years of age, *Journal of the Optical Society of America*, **A11**, 1958-1969, 1994
33) L. Zhang and J. F. Sturr: Aging, background luminance, and threshold-duration functions for detection of low spatial frequency sinusoidal gratings, *Optometry and Vision Science*, **72**, 198-204, 1995
34) J. M. Wood and M. A. Bullimore: Changes in the lower displacement limit for motion with age, *Ophthalmic and Physiological Optics*, **15**, 31-36, 1995

13.2.5 眼球運動

眼球運動の加齢による変化に関する研究は多くはない．その1つの理由として正常対象者の選択のむずかしさにあると思われる．加齢に伴い大なり小なり神経筋組織は萎縮していく．その程度は一人一人異なっている．老化現象そのものは病気ではなかろうが個体差が大きいのも否めないであろう．加齢により外眼筋の萎縮[1]，中枢神経系の神経細胞数やシナプスの数の減少[2]や神経伝達物質の変化[3]がみられる．眼球運動を制御している神経機構である頭頂葉，前頭葉，基底核も例外ではない．研究者たちによって結果が若干異なっていたりするのは用いられた対象者の違いかもしれない．論文の結果を比較するときにはどのような基準で対象者を選んだのか，データの分布は広がりすぎていないかなどの注意が必要である．ここでは最近の報告を中心に眼球運動の加齢による変化をまとめてみた．

高齢者の眼球運動をみてまず目につくのは上転障害である．Chamberlain[4] は5歳から94歳の367名の上転限界を測定し報告している．10歳では約40°まで上転できるがその後徐々に減少し，80歳では約16°までしか上転できなくなる．この測定での対象者数は決して小さくなく45歳から85歳のあいだでは各10歳間隔ごとに50名以上である．なぜ年をとると上転制限が生じるかは不明であるが，Chamberlainは興味ある説を述べている．脊柱後湾（いわゆる腰が曲がった状態）の5名では脊柱後湾のない同年齢群に比べて上転制限が軽度なことに注目し，この上転障害は廃用性，すなわちわれわれ人間はとくに年をとると上方を見なくなるために生じるのではないかと仮定している．事実，81歳の著明な脊柱後湾を有する例では40°まで上転することができた．この例では顔面はほとんど床に向かっており，歩くときには十分に上転しなければ前方が見えない状態であった．しかし，この上転障害が中枢性か末梢性かは不明である．

サッカード (saccade) の加齢に伴う変化に関する報告は多くある．ほとんどすべての報告で一致して

いるのはサッカードの潜時が加齢により延長することである[5～12]．その延長する程度は報告によりさまざまであるが60歳以上では潜時がおよそ40から100 ms程度延長するとするものが多い．潜時の分布（ばらつき）は加齢によって変化しないものや分布が幅広くなるものが見受けられる．Warabiら[5]は高齢者のなかに潜時のばらつきが著明に大きく潜時の延長も大きなグループを見いだした．この対象者たちはとくにほかの神経学的異常を認めていない．このグループのサッカードはhypometricで視標の位置に到達するために数回のサッカードを要した．Warabiらはこのグループを別に分けて解析しているが，このような対象が正常者のなかに知らずに入ってしまうと結果に悪影響を与えてしまう．

多くの報告では通常の視覚誘発性サッカード（固視標が消えると同時に刺激視標が現れる）の潜時を測定しているが遅延サッカードの潜時を測定した報告もある[6]．遅延サッカード課題とは固視している視標が消える前に短い時間だけ刺激視標が出るがこのときはまだサッカードはせずに固視標が消えてからサッカードするというものである．加齢による潜時の延長は視覚誘発性サッカードよりも遅延サッカードのほうが著明である．また遅延サッカード課題では刺激視標が出たときにサッカードしてはならないのであるが高齢者ではこの抑制がうまくできずにサッカードを行ってしまう頻度が若年成人に比べて多かった．サッカードの正確さに関しては加齢による変化がないとするもの[5,9]とhypometricになるというもの[8]が報告されている．またこのhypometriaは遅延サッカードで顕著でばらつきが増す（すなわち個人差が大きい）[6]．

サッカードの振幅に対する最大速度の加齢による変化に関しては報告によりまちまちである．最大速度に明らかな変化がないとするもの[6,7]と加齢に伴って最大速度が低下するとするもの[5,8～10]がある．その1つの理由として同一個体におけるサッカードの一定振幅に対する最大速度の多様さと各個体間の最大速度の多様さがあげられよう．Abelら[7]は個体間のばらつきが大きく，年齢による明らかな差はないと報告している．彼らの被験者のなかで振幅17°以下のサッカードが最も速かったのは79歳であり，若年成人群の最も遅い被験者と老年群の最も遅い被験者のサッカードの振幅最大速度の関係は同じであった（図13.14参照）．すなわち各対象者間のばらつきが大きいため年齢による差を見いだせな

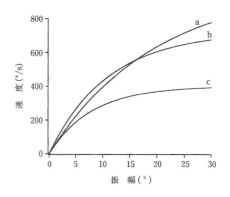

図13.14 サッカードの最大速度と振幅の指数関数近似曲線（Abel et al.[7] を改変）
aは若年成人群でサッカードが最も速かった27歳の例．bは高齢者群でサッカードが最も速かった79歳の例．cは若年成人群と高齢者群でサッカードが最も遅かった30歳と68歳の例（近似曲線は一致しているので1本である）．

かった．

一方，Sharpeら[8]は時間的に規則的に視標を動かしたときと不規則に視標を動かしたとき，また時間的には規則的だが空間的には不規則に（タイミングは一定で場所がランダム）視標を動かしたときとで最大速度を比較した．時間的に規則的に視標を動かしたとき（視標の場所は一定）に高齢者の最大速度は若年成人群に比べて遅かった．またサッカードの振幅が大きいほど高齢者における最大速度の低下は明瞭になるとする報告[5,8,13]が多い．

前庭機能（vestibular function）の加齢による変化に関してはvan der Laanら[14]の報告がある．彼らは10歳から70歳超の250名に対して温度眼振検査（caloric test）と，1歳～80歳超の395名に対して回転検査（rotation test）を施行した．冷水，温水をそれぞれ左右の耳に入れたときに引き起こされた眼振の緩徐相の最大速度の和を計算し10歳ごとの年齢層で比較している．緩徐相最大速度は10歳代から増加し30歳代をピークにその後減少した．30歳代からの緩徐相最大速度の和の減少は冷水を用いたほうが温水を用いたときよりも著明であった．回転検査では椅子を振子様に回転させたときの眼振緩徐相速度の平均が10歳ごとの年齢層で比較されている．眼振緩徐相速度の平均は3つのグループに分かれ0歳代が最も速く70歳代と80歳代のグループが最も遅かった．この傾向は椅子の回転速度が大きいほど明瞭であった．

滑動性追従運動（smooth pursuit movement）の

加齢による変化は利得の低下として表れる[9,14〜16]．ここでいう利得とは眼球速度を視標速度で除したものである．滑動性追従運動の利得は被験者の集中度と視標の質などに左右されるので測定状況により異なるので一定した値ではないが，若年成人では視標速度が低いときは1弱である．視標の速度が増加すると30°/s付近から利得は低下し始める．視標の速度が100°/sを越えると0に近づいていく[14]．滑動性追従運動システムは速度飽和のほかに加速度飽和をも有している．加速度が$1000°/s^2$を越えるとやはり利得は0.5以下になる．高年齢者では飽和速度はやや低下し，利得が低い速度から低下する．それぞれの被験者の利得の分布は高齢者のほうが幅広い．また左右にくり返し追従させると1回1回の利得は高齢者では幅広く分布する．飽和加速度に関しては低下するという報告[9]と明瞭な低下は認めないという報告[15]がある．視標を正弦波で動かしたほうが三角波で動かすより良好な追従ができる．中高年齢群では視標を三角波で動かすと利得がかなり低下する．三角波では視標が運動の方向を変えるとき大きな加速度を要することと関係があるのかもしれない．

非共同性眼球運動（vergence）における加齢現象にはAC/A比（accommodative-convergence/accommodation ratio）の増加とCA/C比（convergence-accommodation/convergence ratio）の減少[17]，緊張性輻輳（tonic convergence）の近方シフト[18]などが報告されている．その原因として老視（presbyopia）と輻輳適応（vergence adaptation）が考えられている．老視により調節力が減弱しCA/C比は減少し（年齢に対する相関はAC/A比より高い）AC/A比は増加する．また調節性輻輳が減弱するので融像性輻輳がこれを代償し，この状態に適応するために緊張性輻輳が近方にシフトするという考えがある[18]．　　　　　　　　　　　［山田徹人］

文　献

1) J. Miller : Aging changes in extraocular muscle, In Basic Mechanism of Ocular Motility and Their Clinical Implications (eds. G. Lennerstrand, P. Bach-y-Rita *et al.*), Oxford, pp. 47-61, 1975
2) H. Creasey and S. I. Rapoport : The aging human brain, *Annals of Neurology*, **17**, 2-10, 1985
3) E. G. McGeer : Neurotransmitter systems in aging and senile dementia, *Progress in Neuropsychopharmacology*, **5**, 435-445, 1981
4) W. Chamberlain : Restriction in upward gaze with advancing age, *American Journal of Ophthalmology*, **71**, 341-346, 1971
5) T. Warabi, M. Kase and T. Kato : Effect of aging on accuracy of visually guided saccadic eye movement, *Annals of Neurology*, **16**, 449-454, 1984
6) 福田秀樹：発達と加齢におけるサッケードの変化，神経進歩，**40**, 462-469, 1996
7) L. A. Abel, B. T. Troost and L. F. Dell'Osso : The effects of age on normal saccadic characteristics and their variability, *Vision Research*, **23**, 33-37, 1983
8) J. A. Sharpe and D. H. Zackon : Senescent saccades, *Acta Otolaryngology (Stockholm)*, **104**, 422-428, 1987
9) C. Moschner and R. W. Baloh : Age-related cahanges in visual tracking, *Journal of Gerontology*, **49**, M 235-238, 1994
10) J. E. Carter, L. Obler, S. Woodward and M. L. Albert : The effect of increasing age on the latency for saccadic eye movements, *Journal of Gerontology*, **38**, 318-320, 1983
11) L. A. Whitaker, C. F. Shoptaugh and K. M. Haywood : Effect of age on horizontal eye movement latency, *American Journal of Optometry and Phisiological Optics*, **63**, 152-155, 1986
12) S. J. Wilson, P. Glue, D. Ball and D. J. Nutt : Saccadic eye movement parameters in normal subjects, *Electroencephalography and Clinical Neurophysiology*, **86**, 69-74, 1993
13) F. L. Van der Laan and W. J. Oosterveld : Age and vestibular function, *Aerospace Medicine*, **45**, 540-547, 1974
14) J. A. Sharpe and T. O. Sylvester : Effect of aging on horizontal smooth pursuit, *Investigative Ophthalmology and Visual Science*, **17**, 465-468, 1978
15) D. H. Zackon and J. A. Sharpe : Smooth pursuit in senescence, *Acta Otolaryngology (Stockholm)*, **104**, 290-297, 1987
16) R. Kanayama, T. Nakamura, R. Sano, M. Ohki, T. Okuyama, Y. Kimura and Y. Koike : Effect of aging on smooth pursuit eye movement, *Acta Otolaryngology (Stockholm) Suppl.*, **511**, 131-134, 1994
17) A. S. Bruce, D. A. Atchison and H. Bhoola : Accommodation-convergence relationships and age, *Investigative Ophthalmology and Visual Science*, **36**, 406-413, 1995
18) K. J. Ciuffreda, E. Ong and M. Rosenfield : Tonic vergence, age and clinical presbyopia, *Ophthalmic & Physiological Optics*, **13**, 313-315, 1993

13.3　視覚障害

13.3.1　総　論

13.2節では，視覚情報処理に対する加齢の影響を見てきたが，加齢は，疾病と完全に切り放すことができない．白内障がわかりやすい例であるが，程度が重い場合は疾病として扱われるが，実際にはだれにでも起こる水晶体の加齢現象である．この節では，疾病や加齢に伴って視覚機能が低下したロービジョン（low vision）の視覚情報処理について扱う．

a．視覚障害の分類

伝統的には，視覚障害は，眼疾患や視力によって

タイプ分けされてきた．眼疾患によるタイプ分けは，眼疾患を治療する医療の目的で行われてきたものである．一方，教育やリハビリテーションの目的からは，視覚機能からのタイプ分けが行われてきた．現在の日本では，文部省が学校教育法施行令で盲学校や弱視学級における教育の対象としての視覚障害児を定義したもの（表13.1）と，厚生省が身体障害者福祉法施行規則において障害者手帳の交付をする対象として定義したもの（表13.2）がある．WHOの1980年の国際障害分類[1]によると，視力が0.05(20/400)未満を盲，0.05以上0.33(20/60)未満がロービジョン，0.33以上は健常範囲としている．アメリカで一般に行われている分類では，0.1(20/200)以下を法定盲（legal blind），0.1よりよくて0.5(20/40)未満を視覚障害（visual impairment），0.5以上を健常としている．ロービジョンと盲の境界はもちろん明確ではないが，池谷[2]の盲学校での調査では，点字か墨字（ink print）か使用する文字が切り替わるのは，0.02近辺であることが知られている．

b. ロービジョンの定義と分類

ロービジョン（low vision）は，伝統的には弱視と呼ばれてきたが，弱視はまた，医学用語でamblyopiaをさし，必ずしも視覚障害を伴わない特定の疾病の名称である．そこで，誤解を避ける意味でも，最近ではロービジョンと呼ばれるようになってきた．ロービジョンは，一般に，眼鏡で矯正してもなお矯正しきれない視機能の低下があるため，日常生活で必要となる行動，新聞を読んだり，町を歩いたりするのに支障がある場合をいう．a.で述べた視力や視野での定義は，残念ながら必ずしも日常生活の困難を正しく予測しない．

例えば，Leggeらは，さまざまな疾患のロービジョンの患者を集めて読書速度を測定し，患者の視力や視野の大きさ，透光体に混濁の有無，中心視野欠損の有無などの要因のどれが読書速度を最も予測するかを重回帰分析で調べた[3]．その結果，視力でも視野の広さでもなく，中心暗点と透光体の混濁の有無が，読書速度の分散の64%を説明することがわかった．つまり，読書という日常のタスクの視覚的な解決には，中心暗点の有無というタイプ分けが最も重要である．

また，Rubinらの研究[4]では，老人2520人に屈折，視力，コントラスト感度，グレア感度，ステレオ視力，視野を測定して，互いの相関を調べているが，視力とコントラスト感度は比較的相関が高かった（$r=0.5$）が，ほかのものは，それほど高くなく，とくにグレアはどれとも相関が低かった．つまり，これらの検査すべてが，比較的独立した視覚機能を測定しているということである．

大まかにいうと，視力の低下は，視対象の拡大を必要とする一方で，まぶしさは，遮光眼鏡を必要とする．また，中心視野障害は読書を著しく困難にするが，周辺視野の狭窄は，移動行動を困難にする．視力は，ロービジョンを定義・分類するための唯一確実な方法であるとはいいがたく，いくつかの軸で複眼的に分類すること，タスクごとに要求される視覚機能を見極めることが必要になる．

c. ロービジョンの時空間特性

ロービジョンでは，高周波数側から空間コントラスト感度の低下が起こる場合が多いが，CSFのプロファイルは，同じ視力・同じ疾患のロービジョン

表13.1 学校教育法施行令による視覚障害の定義と程度分類

区分	心身の故障の程度
盲者	1. 両眼の視力が0.1未満のもの 2. 両眼の視力が0.1以上0.3未満のもの又は視力以外の視機能障害が高度のもののうち，点字による教育を必要とするもの又は将来点字による教育を必要とすることとなると認められるもの

表13.2 身体障害者福祉法施行規則による視覚障害の定義と程度分類

等級	定義
1級	両眼の視力（万国式試視力表によって測ったものをいい，屈折異常のある者については，矯正視力について測ったものをいう．以下同じ．）の和が0.01以下のもの
2級	1. 両眼の視力の和が0.02以上0.04以下のもの 2. 両眼の視野がそれぞれ10°以内でかつ両眼による視野について視能率による損失率が95%以上のもの
3級	1. 両眼の視力の和が0.05以上0.08以下のもの 2. 両眼の視野がそれぞれ10°以内でかつ両眼による損失率が90%以上のもの
4級	1. 両眼の視力の和が0.09以上0.12以下のもの 2. 両眼の視野がそれぞれ10°以内のもの
5級	1. 両眼の視力の和が0.13以上0.2以下のもの 2. 両眼による視野の2分の1以上が欠けているもの
6級	一眼の視力が0.02以下，他眼の視力が0.6以下のもので，両眼の視力の和が0.2を越えるもの

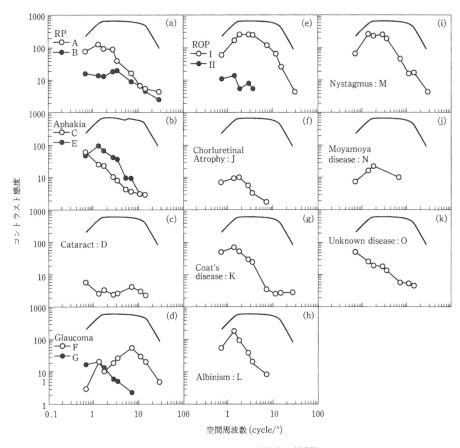

図 13.15 ロービジョンの空間特性 (CSF)

でも相当に異なる場合があり[5]，多種多様である（図 13.15）．時間特性については，緑内障で早期から時間特性に低下が見られる[6]ということ以外は，ほとんど知られていない．　　　　　[小田浩一]

文　献

1) World Health Organization : International classification of impairments, disabilities and handicaps : A manual of classification relating to the consequences of disease, World Health Organization, Geneva, pp. 7-9, 1980
2) 池谷尚剛：全国盲学校児童生徒の視覚障害の程度と使用文字との関係，1995 年全国盲学校及び小・中学校弱視学級児童生徒の視覚障害原因等調査結果報告書（香川編），筑波大学心身障害学系，1996
3) G. E. Legge, G. S. Rubin, D. G. Pelli and M. M. Schleske : Psychophysics of reading. II. Low vision, Vision Research, 25, 253-266, 1985
4) G. S. Rubin, S. K. West, B. Munoz, K. Bandeen-Toche, S. Zeger, O. Schein, L. P. Fried and the SEE Project Team : A comprehensive assessment of visual impairment in a population of older Americans—The SEE study, Investigative Ophthalmology and Visual Science, 38, 557-568, 1997

5) 小田浩一・橋本千賀子・池谷尚剛・谷村　裕：低視力者のコントラスト感度 (CSF) の測定．第 17 回感覚代行シンポジウム発表論文集，pp. 71-74，1991
6) K. A. Turano, A. S. Huang and H. A. Quigley : Temporal filter of the motion sensor in glaucoma, Vision Research, 37, 2315-2324, 1997

13.3.2　眼球運動
a．ロービジョンの眼球運動

盲学校に在籍するロービジョンの児童生徒の眼球運動の特徴として，サッカードの潜時の延長や振幅のばらつき[1]，追従運動の飽和が低速度で生じること[2,3]，読みにおいて停留が認められない場合があり，知覚の範囲が狭いこと[4〜6]，絵画観賞時の走査範囲が狭く，停留時間が長いこと[7,8]が報告されている．これらの特徴が眼疾患の病態あるいは視力や視野などの視機能障害の特性に基づいているのか，ロービジョンによる視覚情報の制限が原因で眼球運動系の正常な発達が抑制された結果であるのかなどは特定されていない．

以下に示す先天眼振(congenital nystagmus)の特徴や視野障害者の眼球運動の特徴，弱視(amblyopia)や全盲，中途失明における眼球運動の特徴は，ロービジョン者の眼球運動の特徴の理解に役立つと考える．今後，ロービジョンの幼児を対象とした縦断的な発達研究や，晴眼者を被験者としてロービジョンの状態をシミュレートし[9〜13]，その眼球運動の特徴とロービジョン者の眼球運動の特徴とを比較する研究などが必要である．

1) 先天眼振と頭部運動

出生後まもなく認められる眼振は先天眼振と呼ばれる．先天眼振はめまいや動揺視(oscillopsia)を伴わないことが特徴である[14]．先天眼振は，その波形分析に基づいて，急速相と緩徐相の区別が明確な衝動性眼振(jerky nystagmus)と，両者の区別がはっきりしない振子様眼振(pendular nystagmus)に分類される．いずれも眼球運動の滑動性の成分の異常によると考えられている[14,15]．衝動性眼振は，眼振が消失する眼位(中和点：null point)がある場合が多く，手術や光学的矯正，視能矯正などの治療法がある[14,15]．視力は20/70以上を示す場合が多い[16]．振子様眼振では，視力障害が認められる場合が多く，認められない場合は衝動性成分の混入が予想される[15]．先天眼振において大きい眼球動揺があるにもかかわらず比較的視力が保たれるのは，緩徐相に運動が停止ないしは低速度となる中心窩視時間(foveation periods)が存在するためであると説明されている[14,17]．この中心窩視時間について，視力[18〜20]，動揺視の抑制[14,21,22]，読字[23,24]，縞視力[18,24]に影響を与えることが指摘されている．また，先天眼振におけるフリッカー特性[25]や，字詰まり効果(crowding effect)[23]などが報告されている．

先天眼振について，Cogan[26]は，眼球運動をつかさどる遠心性経路の障害に由来する運動欠陥型眼振(motor defect nystagmus)と，両眼の視力障害の原因となる明らかな病変に伴う感覚欠陥型眼振(sensory defect nystagmus)に分類した．運動欠陥型眼振が衝動性眼振であり，感覚欠陥型眼振が振子様眼振であると考えられたこともあるが，現在は受け入れられていない[27,28]．

生後片眼遮蔽したアカゲザルの眼球にヒトの眼振様の動きが生じたとする報告があり[29]，先天眼振の出現と生後の視覚経験の関連性は否定できない．眼疾患の有無に基づく先天眼振の分類もあり[30,31]，先天白内障，網脈絡膜欠損，未熟児網膜症，無虹彩症，黄斑低形成，視神経低形成，先天黒内障，白子症，全色盲と先天眼振の関係が指摘されている[32〜36]．Janら[37]はロービジョン児に認められる先天眼振について，生後12〜13か月以降の視力障害，全盲，視力20/50以上，視野狭窄，単眼のみの疾患，中枢性視力障害では発生頻度が低いことを報告し，生後早期の中心視の重要性を指摘している．しかしながら，Dell'Ossoら[14,38]や内海[15]は，視覚経験のない先天盲人の眼球の動きが衝動成分の欠如した，いわば遊走運動(wondering movement)であるのに対して，眼疾患に伴う先天眼振の多くは衝動性であることから，これらの先天眼振はロービジョンに起因した続発性の眼振ではなく，両者が併存する症候性眼振と考えるべきであるとしている．

先天眼振のあるロービジョン児には，頭部を左右に振る運動(head shaking)が認められる場合がある．この頭部運動について，眼振による網膜像のスリップを補う随意的な運動であり，視力改善の効果があるという報告[26,39,40]とともに，不随意な頭部の振戦(tremor)であるという指摘[41,42]がある．

2) 視野障害と眼球運動

後天的に中心暗点(central scotoma)の生じた被験者について，注視の際に視覚対象を結像する網膜部位を求めたTimberlakeら[43,44]は，その網膜部位は中心暗点に隣接するが，必ずしも中心窩に最も近い部位，すなわち視力の最も高い部位ではないことを指摘している．被験者ごとに用いる網膜部位は異なるが，いずれの被験者も網膜上のある一定の部位を用い，他の部位に視覚対象を結像することはなかった．一方，Cummingsら[45]とWhittakerら[46]は，中心暗点のある被験者の中には2つ以上の網膜部位を目的に応じて使い分けている場合があるとしている．Guezら[47]は歩行の際に必要な中心暗点の上方，読書時に有効な耳側(右眼)あるいは鼻側(左眼)の網膜部位を用いる場合が多いと報告している．これらの研究は，中心暗点がある場合には中心窩以外の網膜部位を用いて注視(偏心固視，eccentric fixation)を行うこと，また，中心暗点を回避し，適切な網膜部位へ視覚対象を運ぶための眼球運動制御能をこれらの被験者が訓練などにより獲得していることを示している．同様の眼球運動制御能の獲得が，同名半盲(homonymous hemianopia)の被験者について報告されている[48]．

b．弱視眼の眼球運動

視覚系の発達期に斜視や屈折異常などで視性刺激

遮断の状態にあった場合には，弱視が生じる場合がある[49]．弱視は，器質的な病変がないか，あったとしてもそれでは説明のつかない視力障害であり，その多くは単眼性である．弱視眼の眼球運動について，サッカードの潜時が正常眼と変わらない[50]，あるいは，有意に延長すること[51〜53]，正常眼への刺激では両眼に正常な潜時のサッカード反応が生じ，弱視眼では両眼の潜時が延長すること[51]，弱視の程度（視力）と眼球運動の正確性には明確な関係が認められないこと[53]，追従運動の飽和速度が低いこと[51,54]，予測性の眼球運動が弱視眼でも可能であること[50,54]，内転方向への視運動性刺激に対する反応は良好であるが，外転方向への反応は不良であること[55]，が報告されている．

c．全盲者の眼球運動

発達期に視覚経験が得られない先天盲人の場合，随意的な眼球運動が不可能であり，眼球の眼振様運動や高振幅のドリフトが認められ，前庭動眼反射が欠損あるいは微弱である[56,57]．生後まもなく視力を失った早期失明者は先天盲人と同様の結果を示すが，失明時期の遅い中途失明者では随意的なサッカードや追従眼球運動が可能な場合があり，前庭動眼反射の急速相は晴眼者と同様の最大速度−振幅の関係を示す[56]．中途失明者に対する温度眼振検査の横断的な検討から，いったん獲得された前庭動眼反射も，失明期間が長くなるにつれてその振幅が減少する場合があることが報告されている[58]．随意的な眼球運動や前庭動眼反射は生後発達し，その発達および維持に能動的な視覚経験が関与するのである．

d．測定上の問題点

ロービジョン者では，その眼疾患の病態により適用可能な眼球運動測定法に制限がある．網膜疾患のある場合，角膜−網膜電位が低下していることがあり，眼球運動が視認できてもEOG法による記録が困難な場合がある．虹彩欠損症や角膜白斑などの疾患では，強膜の白色部と虹彩の着色部分の反射率の違いを用いる強膜反射法の適用は困難である．角膜反射法は，円錐角膜など角膜形状に異常のある被験者には適用できない．

適用可能な測定法を用いて眼球運動の記録を行った場合でも，ロービジョン者のなかには眼振を有するものが多く，眼球運動の校正が困難である．さらに，眼球運動の校正には測定者が指示した方向へ被験者が随意的に視線方向を移動する必要があり，乳幼児やコミュニケーションのとれない障害児・者で

は，眼球運動記録の波形の定性分析や反応時間の検討は可能でも，振幅や最大速度の算出は困難である．発達障害児や自閉症児に適用可能な眼球運動測定法も開発されている[59,60]が，被験者の負担がさらに軽い，簡便で，正確な，眼球運動の定量的な測定法の開発が望まれる．

［柿沢敏文］

文　献

1) 柿沢敏文，中田英雄，谷村　裕：弱視者の衝動性眼球運動の特性，特殊教育学研究，**25**, 31-39, 1987
2) 中田英雄：動的視標に対する弱視者の滑動性眼球運動，筑波大学心身障害学研究，**8**, 13-19, 1984
3) 柿沢敏文，中田英雄，谷村　裕：弱視者の滑動性眼球運動の特性，特殊教育学研究，**26**, 11-19, 1989
4) 中田英雄，池谷尚剛：弱視児の読書中の眼球運動，第10回感覚代行シンポジウム発表論文集，pp. 39-42, 1984
5) 中田英雄，柿沢敏文，河西幸彦，谷村　裕：CCTV注視時にみられる弱視者のOptokinetic Nystagmus，第13回感覚代行シンポジウム発表論文集，pp. 20-25, 1987
6) 柿沢敏文，中村雅也，中田英雄：網膜色素変性症の読みに及ぼす照度の影響，第17回感覚代行シンポジウム発表論文集，pp. 79-83, 1991
7) 中田英雄，柿沢敏文，金城　悟，谷村　裕：弱視者の眼球運動と視知覚・認知，第12回感覚代行シンポジウム発表論文集，pp. 104-109, 1986
8) 中田英雄，柿沢敏文，谷村　裕：眼球運動からみた弱視者の視覚探索特性，日本特殊教育学会第25回大会発表論文集，pp. 26-27, 1987
9) 斎田真也，池田光男：制限された視野による文章判読，臨床眼科，**29**, 923-925, 1975
10) M. Ikeda and S. Saida : Span of recognition in reading, *Vision Research*, **18**, 83-88, 1978
11) K. Rayner and J. H. Bertera : Reading without a fovea, *Science*, **206**, 468-469, 1979
12) 高橋尚子：視覚障害機能のシミュレーションによる読みの研究，障害者職業総合センター，調査研究報告書2，弱視者の読みと事務的職業，pp. 43-47, 1993
13) S. T. L. Chung and H. E. Bedell : Volocity criteria for "foveation periods" determined from image motions simulating congenital nystagmus, *Optometry and Vision Science*, **73**, 92-103, 1996
14) L. F. Dell'Osso：先天眼振および潜伏眼振，眼科臨床医報，**89**, 57-60, 1995
15) 内海　隆：眼振の分類と診断，眼科，**38**, 125-130, 1996
16) G. E. Fonda : Management of Low Vision, Thieme-Stratton Inc., New York, 1981
17) L. F. Dell'Osso and R. B. Daroff : Congenital nystagmus waveforms and foveation strategy, *Documenta Ophthalmologica*, **39**, 155-182, 1975
18) R. V. Abadi and R. Worfolk : Retinal slip velocities in congenital nystagmus, *Vision Research*, **29**, 195-205, 1989
19) R. V. Abadi and E. Pascal : Visual resolution limits in human albinism, *Vision Research*, **31**, 1445-1447, 1991
20) H. E. Bedell and D. S. Loshin : Interrelations between measures of visual acuity and parameters of eye movement in congenital nystagmus, *Investigative Ophthalmology and Visual Science*, **32**, 416-421, 1991
21) R. J. Leigh, L. F. Dell'Osso, S. S. Yaniglos and S. E. Thurston : Oscillopsia, retinal image stabilization and congenital nystagmus, *Investigative Ophthalmol-*

22) H. E. Bedell and M. A. Bollenbacher : Perception of motion smear in normal observers and in persons with congenital nystagmus, *Investigative Ophthalmology and Visual Science*, **37**, 188-195, 1996
23) S. T. L. Chung and H. E. Bedell : Effect of retinal image motion on visual acuity and contour interaction in congenital nystagmus, *Vision Research*, **35**, 3071-3082, 1995
24) H. E. Bedell and S. Song : Contrast sensitivity for letter vs. grating targets in congenital nystagmus, *Investigative Ophthalmology and Visual Science*, **34**(Suppl), 1125, 1993
25) S. J. Waugh and H. E. Bedell : Sensitivity to temporal luminance modulation in congenital nystagmus, *Investigative Ophthalmology and Visual Science*, **33**, 2316-2324, 1992
26) D. G. Cogan : Congenital nystagmus, *Canadian Journal of Ophthalmology*, **2**, 4-10, 1967
27) R. J. Leigh and D. S. Zee : The Neurology of Eye Movements, 2nd ed., F. A. Davis Company, Philadelphia, 1991
28) R. D. Yee, E. K. Wong, R. W. Baloh and V. Honrubia : A study of congenital nystagmus : waveforms, *Neurology*, **26**, 326-333, 1976
29) R. J. Tusa, M. X. Repka, C. B. Smith and S. J. Herdman : Early visual deprivation results in persistent strabismus and nystagmus in monkeys, *Investigative Ophthalmology and Visual Science*, **32**, 134-141, 1991
30) R. V. Abadi and C. M. Dickinson : Waveform characteristics in congenital nystagmus, *Documenta Ophthalmologica*, **64**, 153-167, 1986
31) I. Casteels, C. M. Harris, F. Shawkat and D. Taylor : Nystagmus in infancy, *Brithish Journal of Ophthalmology*, **76**, 434-437, 1992
32) R. D. Yee, M. K. Farley, J. B. Bateman and D. A. Martin : Eye movement abnormalities in rod monochromatism and blue-cone monochromatism, *Graefe's Archive for Clinical and Experimental Ophthalmology*, **223**, 55-59, 1985
33) I. Gottlob and R. D. Reinecke : Eye and head movements in patients with achromatopsia, *Graefe's Archive for Clinical and Experimental Ophthalmology*, **232**, 392-401, 1994
34) E. Lindstedt : The significance of disturbances of the motor system of the eye in low vision children, *Child, care health and development*, **5**, 409-412, 1979
35) E. Lindstedt : Early visuo-oculomotor development in visually impaired children ; two case reports, *Acta Ophthalmology, Suppl.*, **157**, 103-110, 1982
36) I. Gottlob, S. S. Wizov and R. D. Reinecke : Head and eye movements in children with low vision, *Graefe's Archive for Clinical and Experimental Ophthalmology*, **234**, 369-377, 1996
37) J. E. Jan, K. Farrell, P. K. Wong and A. Q. McCormick : Eye and head movements of visually impaired children, *Developmental Medicine and Child Neurology*, **28**, 285-293, 1986
38) L. F. Dell'Osso, J. T. Flynn and R. B. Daroff : Hereditary congenital nystagmus. an intrafamilial study, *Archives of Opthalmology*, **92**, 366-374, 1974
39) H. S. Metz, A. Jampolsky and D. M. O'Meara : Congenital ocular nystagmus and nystagmoid head movements, *American Journal of Ophthalmology*, **74**, 1131-1133, 1972
40) J. E. Jan, M. Groenveld and M. B. Connolly : Head shaking by visually impaired children : a voluntary neurovisual adaptation which can be confused with spasmus nutans, *Developmental Medicine and Child Neurology*, **32**, 1061-1066, 1990
41) M. Gresty, G. M. Halmagyi and J. Leech : The relationship between head and eye movement in congenital nystagmus with head shaking : objective recordings of a single case, *Brithish Journal of Ophthalmology*, **62**, 533-535, 1978
42) J. R. Carl, L. M. Optican, F. C. Chu and D. S. Zee : Head shaking and vestibulo-ocular reflex in congenital nystagmus, *Investigative Ophthalmology and Visual Science*, **26**, 1043-1050, 1985
43) G. T. Timberlake, M. A. Mainster, E. Peli, R. A. Augliere, E. A. Essock and L. E. Arend : Reading with a macular scotoma. I . retinal location of scotoma and fixation area, *Investigative Ophthalmology and Visual Science*, **27**, 1137-1147, 1986
44) G. T. Timberlake, E. Peli, E. A. Essock and R. A. Augliere : Reading with a macular scotoma. II. retinal locus for scanning text, *Investigative Ophthalmology and Visual Science*, **28**, 1268-1274, 1987
45) R. W. Cummings, S. G. Whittaker, G. R. Watson and J. M. Budd : Scanning characters and reading with a central scotoma, *American Journal of Optometry and Phisiological Optics*, **62**, 833-843, 1985
46) S. G. Whittaker, J. Budd and R. W. Cummings : Eccentric fixation with macular scotoma, *Investigative Ophthalmology and Visual Science*, **29**, 268-278, 1988
47) J. -E. Guez, J.-F. Le Gargasson, F. Rigaudiere and J. K. O'Regan : Is there a systematic location for the pseudo-fovea in patients with central scotoma ? *Vision Research*, **33**, 1271-1279, 1993
48) O. Meienberg, W. H. Zangemeister, M. Rosenberg, W. F. Hoyt and L. Stark : Saccadic eye movement strategies in patients with homonymous hemianopia, *Annals of Neurology*, **9**, 537-544, 1981
49) 市川 宏, 大頭 仁, 鳥居修晃, 和気典二 : 視覚障害とその代行技術, 名古屋大学出版会, 1984
50) C. Schor : A directional impairment of eye movement control in strabismus amblyopia, *Investigative Ophthalmology and Visual Science*, **14**, 692-697, 1975
51) K. J. Ciuffreda, R. V. Kenyon and L. Stark : Increased saccadic latencies in amblyopic eyes, *Investigative Ophthalmology and Visual Science*, **17**, 697-702, 1978
52) 加藤博俊, 三村 治, 下奥 仁 : 弱視眼における衝動性眼球運動の潜時, 日本眼科紀要, **31**, 1818-1822, 1980
53) 三村 治, 加藤博俊, 可児一孝, 下奥 仁, 貫名香枝, 時枝延枝, 朝倉ひとみ : 弱視眼における衝動性眼球運動の潜時―二次元視標跳躍への応答―, 眼科臨床医報, **75**, 1-6, 1981
54) G. K. von Noorden and G. Mackensen : Pursuit movements of normal and amblyopic eyes : an electro-ophthalmographic study. II. pursuit movements in amblyopic patients, *American Journal of Ophthalmology*, **53**, 477-487, 1962
55) C. A. Westall and C. M. Schor : Asymmetries of optokinetic nystagmus in amblyopia, *Vision Research*, **25** (10), 1431-1438, 1985
56) R. J. Leigh and D. S. Zee : Eye movements of the blind, *Investigative Ophthalmology and Visual Seience*, **19**, 328-331, 1980
57) D. Kömpf and H.-F. Piper : Eye movements and VOR in the blind, *Neuro-ophthalmology Japan*, **3**, 346, 1986

58) B. Forssman : Vestibular reactivity in cases of congenital nystagmus and blindness, *Acta Oto-laryngologica*, **57**, 539-555, 1964
59) 伊藤英夫：発達障害児の眼球運動測定法，東京学芸大学特殊教育研究施設報告，**33**, 21-34, 1983
60) 伊藤英夫：自閉性発達障害児の眼球運動―自閉児用アイカメラシステムと EOG の同時測定の試み―，東京学芸大学特殊教育研究施設報告，**37**, 73-82, 1987

13.3.3 視覚機能測定法
a. 時空間特性の測定
1) 視力測定

伝統的にはランドルト C 環の切れ目の方向を判断させる方法で最小分離閾を計測し，その逆数を視力値とすることが多い．最近の検査標では，Sloan 文字が使用され (Ferris-Bailey chart, ETDRS single-letter chart[1])，log scale で等間隔に視標の大きさが変化する．視力値は最小分離閾の逆数ではなく，log MAR (minimum angular resolution) という最小分離閾の対数を使う．子どもを対象にする視力測定では，読み分け困難 (crowding effect) の影響を回避するために視標を単独で提示する方法をとることが多い．

2) コントラスト感度測定

コントラスト感度の測定には，サイン波や Gabor 刺激を CRT に表示する方法もあるが，とくに臨床現場などでは簡便性を優先させて市販のチャート[2]を利用する場合が多い．grating を使ったものに Vistech Consultants の VCTS (vision contrast test system) シリーズ (図13.16)，Stereo Optical 社の SWCT (sine-wave contrast test)，同社の FACT (functional acuity contrast test) などがある．文字のコントラストを変化させたチャートとして Pelli-Robson chart[3] や Regan charts[4] がある．

3) 時間特性

時間特性については，視神経炎や緑内障の治療の関係で測定されることがある．前者の測定では，CFF (crical flicker fusion frequency, フリッカー光融合頻度) がある．赤・緑・黄色と波長別に計測する場合もある．

b. 視野の測定

視野障害の位置や程度を測るには，Förster 周辺視野計，Goldmann 視野計を用いる．Goldmann 視野計では，刺激光を動かして見える範囲を測定する．刺激光の大きさと強度を変えて同様の計測をすると複数の等感度曲線が得られるのでそれをもとに感度分布を把握する．日常生活のなかで重要な意味をもつ中心視野障害の程度を調べる方法は大きく分けて4つある．

① Humphrey 視野計は中心部の相対暗点や絶対暗点の位置と程度を計測する．白色光を使うことが多いが，白色光以外の刺激を用いると錐体のタイプごとの感度低下も調べることができる．

② Amsler grid (図13.17) は，視野内に生じたゆがみの状態を調べる方法である．単純に格子を提示したときの視覚的ゆがみをそのまま描き込む．

③ 文字を刺激とした視野測定である．どこの視野の位置でどの大きさの文字が読めるかという有効視野[5,6]を調べる．結果は，読書時に使う偏心固視点の位置と必要な倍率を決定するのに直接的に応用できる．

④ Scanning laser ophthalmoscope (SLO) を利用して，検査者が眼底像を観察しながら視覚刺激を提示して感度を測定する方法であるが，コスト高のためあまり一般的でない．

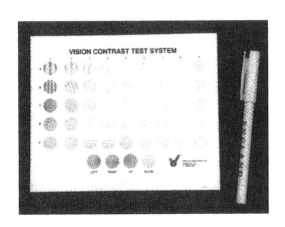

図 13.16 コントラスト感度チャート (Vistech)

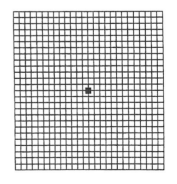

図 13.17 Amsler チャート

c. グレアの測定

中間透光体の混濁やレーザー治療後などに,視対象以外からの光によって,まぶしさの不快感が生じたり,視力が低下する現象が知られている.その程度を評価するための測定方法には,Mentor 社の Brightness Acuity Test (BAT) や Stereo Optics 社の MCT8000 がある.また,通常の視力表の白と黒を極性反転させ,視力の向上があるかテストする方法もある.

d. 日常課題と関連した視覚機能の測定

日常的なロービジョンの困難を測定する必要性がある.読書の困難には MNREAD acuity charts[7] がある(日本語版は MNREAD-J[8],図 13.18).視力や視野だけでは読書障害を十分には予測することができないからである.　　　　　　　　［田中恵津子］

文　献

1) F. L. Ferris III, A. Kassoff, G. H. Bresnick and I. Bailey: New acuity charts for clinical research, *American Journal of Ophthalmology*, **94**, 91-96, 1982
2) B. P. Rosenthal and R. G. Cole: Functional Assessment of Low Vision, Mosby-Year Book, St. Louis, 1996
3) D. G. Pelli, J. G. Robson and A. J. Wilkins: The design of a new letter chart for measuring contrast sensitivity, *Clinical Vision Sciences*, **2**, 187-199, 1988
4) D. Regan and D. Neima: Low-contrast letter charts as a test of visual function, *Ophthalmology*, **90**, 1192-1200, 1983
5) M. Mackeben and A. Colenbrander: Mapping the topography of residual vision after macular vision loss, In Low Vision-Research and New Developments in Rehabilitation (eds. A. C. Kooijman, P. L. Looijestijn, J. A. Welling and G. J. van der Wildt), IOS Press, pp. 59-67, 1994
6) 中野泰志:ロービジョン用静的文字処理有効視野評価システムの試作,国立特殊教育総合研究所研究紀要, **23**, 59-71, 1996
7) G. E. Legge, J. A. Ross, A. Luebker and J. M. Lamay: Psychophysics of reading. VIII. The Minnesota Low-Vision Reading Test, *Optometry and Vision Science*, **66**, 843-853, 1989
8) K. Oda, J. S. Mansfield and G. E. Legge: Effect of character size on reading Japanese, *Investigative Ophthalmology and Visual Science*, **39**, S832, 1998

13.3.4　読書の精神物理

読書という視覚認知的問題解決は,もっぱら認知的な枠組みで研究されてきた.一方,ロービジョンにおける読書障害という実用的な問題は,視覚の初期過程に生じた何らかの制限が読書行動に大きく影響することを示している.読書には,どのような視覚的要因が影響するのかという精神物理的研究が可能であり,また必要なゆえんである.

a. 文字の大きさ

正常な視覚を有するいわゆる晴眼者については,文字サイズを視角 0.4°〜2°のあいだで変化させても,読書速度に変化はない.視角 0.3°以下になる

図 13.18　MNREAD-J

と，読み取り速度が急激に低下する．大きい文字に対しては耐性があり，24°の文字でも70 wpm (words per minute, 単語/分，1単語はほぼ5文字に相当する) くらいの速度で読むことができる[1]．

中心暗点のあるロービジョンでは，文字サイズを大きくすると単調に読書速度が増加し，最大でも晴眼者の速度にははるかに及ばないことが多い．これは，解像度以外の要因を示唆している．透光体に混濁のあるロービジョンでは，白地に黒文字の文書よりも黒地に白文字の文書 (白黒反転) で読み速度が速くなり，ピーク速度の出る文字サイズが見つかる．その他のロービジョンでは，晴眼者と同じように読書速度の変化しないサイズの範囲が比較的広いが，サイズの小さい側が延びない[2]．

b. 文字の空間解像度

文字サイズの小さい側の読書の制限は，人間の視覚の空間解像度の限界からきているが，そもそも読書には，どのくらいの空間解像度が必要なのか？ 英語の読書では，文字サイズにかかわらず2 cpc (cycles per character) が読書の閾値カットオフ周波数である[1]という研究と，3 cpcが文字認知のバンドであるという研究[3]がある．

日本語では，アルファベットのほかに，カタカナ，ひらがな，漢字などが混合して使われている．アルファベットやカタカナの文字認知では，英語と同程度であり，画数の多い漢字や濁点・半濁点のついた仮名文字では，その2倍の空間解像度が必要である[4〜6]．実際に，あるロービジョンの観察者の読書時の文字サイズと視力から，実際の読書時の解像度を換算すると，5〜6 cpcになった[7]．

c. コントラスト

晴眼者は，文字と背景のコントラストを10%まで減じても，文字情報処理の効率にあまり変化をきたさない[1]．ロービジョンでも，晴眼と同じく，コントラストを上げれば，読書速度は上がるが，その上がり方は，さまざまである．中心暗点のあるロービジョンでは，コントラストをどんなに上げても読書速度の絶対値は，晴眼者の値に近づかないが，その他のロービジョンでは，文字サイズが適度 (例えば6°) であれば，コントラストを上げていくと，晴眼者と同程度の読書速度が出るようになる[8]．

一般的な印刷物では，文字が占める面積は16%程度であり，透光体に混濁のあるロービジョンの場合，この16%が黒いか白いかによって文字情報処理の効率が著しく変化する[2]．Leggeら[9]は，この効果を，混濁した透光体で拡散した入射光が網膜に写る画像のコントラストを低下させるからだと述べている．古田と青木[10]は，透光体に混濁がなくても，羞明のあるロービジョンで，黒地に白抜きのランドルト視標で成績が10%程度好転すると報告している．菊地と比企[11]は，視神経萎縮のロービジョンでも同様の反転表示が好まれることを示した．

d. ウィンドウサイズ

文字表示ウィンドウの大きさの問題ともいうことができるが，英語の場合は，4〜5文字が同時に表示されていれば，晴眼でもロービジョンでも読書速度を落とすことがない[1]．日本語の場合，眼球運動の潜時や凝視時間でみる限り，5〜6文字のウィンドウサイズで十分である[12]．また，ある視神経萎縮のロービジョン者の場合，縦書きで4文字 (3.25文字)，横書きで6文字 (5.75文字) の同時提示が最も効率的であった[13]．ただ，複数行にわたる文書を拡大テレビ (CCTV) などで読む場合，ページナビゲーションのために，ウィンドウは，10〜20文字分あったほうが読書速度が出ることが多い[14]．

e. 波長の効果

ロービジョンでも，晴眼と同じく文字の色による読書速度の違いは見られない[15]．透光体が混濁したロービジョンでも，青い文字で読書が困難だったのは，7人のうちたった1人だった．色情報を付加することでロービジョンで読書の成績が上がることがあるのは，眼の光学系の色収差によって文字が見えやすくなるためで，それ以上の効果は期待できないと述べられている[16]．

f. 文字間

Leggeら[1]の研究によれば，晴眼では文字間を変化させても読書速度に変化はない．ロービジョンでは，主観的には文字間が広いほうが読みやすいと感じられる場合があるが，読書速度に有意な差はなかった[2]．一方，文字サイズが小さくなって読書速度が下がり始めるときには，字詰まり効果 (crowding effect) が効いてくるという研究がある[17]．

[小田浩一]

文献

1) G. E. Legge, D. G. Pelli, G. S. Rubin and M. M. Schleske : Psychophysics of reading. I. Normal vision, *Vision Research*, **25**, 239–252, 1985
2) G. E. Legge, G. S. Rubin, D. G. Pelli and M. M. Schleske : Psychophysics of reading. II. Low vision, *Vision*

3) J. A. Solomon and D. G. Pelli : The visual filter mediating letter identification, *Nature*, **369**, 395-397, 1994
4) 小田浩一：弱視のシミュレーション（Ⅰ）―視野のぼけによる文字認識の障害―，第28回日本特殊教育学会大会発表論文集，pp. 6-7, 1990
5) N. Osaka : Size of saccade and fixation duration of eye movements dring reading : psychophysics of Japanese text processing, *Journal of the Optical Society of America*, **A9**, 5-13, 1994
6) K. Oda and M. Imahashi : Critical character size for reading Japanese, *Investigative Ophthalmology and Visual Science*, **36**, S671, 1995
7) 菊地智明：ロービジョン者用テレビ式拡大読書器における最適な拡大率に関する実験的研究，日本特殊教育学会第26回大会発表論文集，1988 から再計算．
8) G. S. Rubin and G. E. Legge : Psychophysics of reading. IV—The role of contrast in low vision, *Vision Research*, **29**, 79-91, 1989
9) G. E. Legge, G. S. Rubin and M. M. Schleske : Contrast-polarity effects in low vision reading, In Low Vision : Principles and Applications (ed. G. C. Woo), Springer-Verlag, New York, 1987
10) 古田信子，青木成美：弱視児の見え方に及ぼす白黒反転の効果，日本弱視教育研究会第30回大会発表論文集，pp. 60-62, 1989
11) 菊地智明，比企静雄：ロービジョン者用テレビ式拡大読書器の読みやすさに対する文字と背景の明るさ及び色の組合せの効果．電子通信学会技術研究報告［教育技術］ET 83-9, 信学技報, **83**(265), 21-24, 1984.
12) N. Osaka and K. Oda : Effective visual field size necessary for vertical reading during Japanese text processing, *Bulletin of Psychonomic Society*, **29**, 345-347, 1991
13) 菊地智明，比企静雄：テレビ式拡大読書器によるロービジョン者の読みに関与する諸要因．電子通信学会技術研究報告［教育技術］ET82-9, 信学技報, **82**(233), 21-26, 1983
14) P. J. Beckman and G. E. Legge : Psychophysics of reading. XIV. The page navigation problem in using magnifiers, *Vision Research*, **36**, 3723-3733, 1996
15) G. E. Legge and G. S. Rubin : Psychophysics of reading. IV. Wavelength effects in normal and low vision, *Journal of the Optical Society of America*, **A3**, 40-51, 1986
16) K. Knoblauch, A. Arditi and J. Szlyk : Effects of chromatic and luminance contrast on reading, *Journal of the Optical Society of America*, **A8**, 428-439, 1991
17) A. Arditi, K. Knoblauch and I. Grunwald : Reading with fixed and variable character pitch, *Journal of the Optical Society of America*, **A7**, 2011-2015, 1990

13.3.5 歩行行動の精神物理

人間が視覚を使って移動・歩行をするときには，どのように視覚情報処理しているのか？という問題は，視覚障害者の障害のタイプや程度・残存視覚機能が，彼らの移動・歩行にどのように影響するかという問題と表裏一体である．ここでは，ロービジョンにおける歩行（英語では，orientation and mobility と呼ばれる）行動の研究から得られた知見をまとめる．

身体移動において，例えば障害物を避ける，段差を検出するといった下位課題には視覚によるガイドは大きな役割をもっている．ロービジョンでは，歩行時に利用できる視覚情報が制限されるため歩行パフォーマンスに影響が出ることになる．その場合，低空間周波数の刺激，例えば照明のライトが重要な手がかりとなる[1,2]．

代表的な視機能の測度である，視力，視野，コントラスト感度（CSF）は，歩行行動とどのように関連するのであろうか．Marron と Bailey[3] はさまざまな眼疾患の19名の被験者における，視力，視野，CSFのピーク感度と歩行パフォーマンスの関連について調べた．歩行コースは屋外の歩行トレーニング用のコースと人工的に障害物を配置した屋内のコースであった．歩行パフォーマンスは，これらのコースにおいて障害物との接触回数，方向を間違えた回数，方向を修正するのに要した時間から評価した．その結果，単独では，歩行パフォーマンスと視力との相関は非常に低く，視野やCSFとの相関は高かった．最も歩行パフォーマンスとの相関が高かったのは，視野とCSFのピーク感度を組み合わせたときであった．これに視力を加えても，相関はそれ以上高くならなかった（表13.3）．視力と歩行パフォーマンスの関連が低いことはLongら[4]，Beggs[5]，Haymesら[6] も報告している．

視力は，高コントラスト・高空間周波数の検出限界であるが，歩行場面で検出する障害物は，視覚刺激としては低コントラスト・低～中空間周波数成分であることが多い．さらに，段差のようなエッジを検出する場面も多いが，エッジ刺激には広い帯域にわたって空間周波数成分がある．したがってエッジ刺激は低～中空間周波数のCSFの感度ピークを使って検出していると考えられている[3,7]．日常生

表13.3 偏相関と重相関分析

予測変数（視機能）	相関係数 (r)
Log peak CS	0.57
Log % VF	0.55
Log MAR	0.07
Log % VF+log peak CS	0.73
Log peak CS+log MAR	0.57
Log % VF+log MAR	0.55
Log % VF+log peak CS+log MAR	0.74

基準変数は歩行パフォーマンスであり予測変数は3つの視機能（空間コントラスト感度，視野，視力）である．歩行パフォーマンスは log 100/(1+エラー数) により算出した．

活でよく目にする物体の検出においても，視力ではなく CSF の低～中空間周波数帯域や感度ピークの部分—ロービジョンでは，感度ピークが必ずしも晴眼者と同じにはならない—が重要であるという報告がある．

Owsley と Sloane[8] は道路標識や人の顔の検出や同定では，視力は成績とあまり相関がなく，CSF の低～中空間周波数の感度が重要であると述べている．Cornelissen ら[9] も日常用品の検出や認識は，視力よりも CSF のピーク感度と相関が高いと述べている．また，感度ピークの位置だけでなく，積分コントラスト感度 (integrated contrast sensitivity) の重要性も指摘されている．日常生活で遭遇する物体は特定の空間周波数帯域の刺激ではなく，帯域幅の広いエッジをもっている．このため，Cornelissen ら[9] は物体の検出や認識と積分コントラスト感度が相関が高いことを報告している．

一方，Brown ら[10] は老人性黄斑変性症の被験者 10 名について，3，4 か所のポールのまわりを歩く課題で調べたところ，歩行速度は，視力，視野，速度弁別感度と相関が高いと報告している．黄斑変性症では，視野障害と視力低下は独立していない．視力と視野は，おそらく視覚障害の重さの尺度になっていたものと思われるので，ほかの研究と同じに扱うことはできない．

一般には視野の広さは歩行パフォーマンスと相関が高いとされている[3,4,11,12]が，視野の重要度は均質でない．歩行では視野中心部の細かい情報よりも周辺の障害物などの大まかな形や動きの情報が重要であると考えられており，視野欠損の位置によって影響は一様でない．例えば黄斑変性症で見られるような中心視野欠損の場合よりも，網膜色素変性症のような周辺視野欠損のあるときに，歩行パフォーマンスへの影響が大きいとされている[13]．

Lovie-Kitchen ら[12] はさまざまな眼疾患や視野欠損のあるロービジョン 9 名と年齢をマッチングさせた晴眼者 9 名を被験者として，87 個の障害物を人工的に配置した屋内で歩行の所要時間と障害物への衝突数を測定した．被験者の視野障害については，15 分割してどの部位と歩行成績の相関が高いかを調べた．その結果，37°までの中心視野と 37～58°の左右下方の視野が相関が高いという結果が得られた（図 13.19）．58°以上の周辺視野よりも 37～58°の部位と相関が高かった点については，一歩先の情報を得るときにこの部位が重要だからであり，それ以上の周辺視野は，今回の課題にない，例えば動物やおもちゃといった動的な障害物を避けるときに重要になるのだろうと述べている．

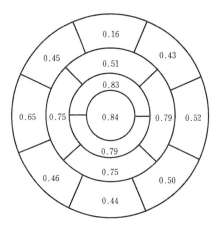

図 13.19　各視野部位における残存視野の割合と障害物との接触数の相関係数
偏心度は内側から順に 21, 37, 58, 90° である．相関係数はすべて負である．

別の研究でも，比較的中心部で歩行ができるという結果がある．Pelli[2] は晴眼者に視野狭窄のシミュレーションをして歩行させ，所要時間と障害物への衝突数を測定した．周辺からしだいに視野を狭めていった結果，屋内では 10°，ショッピングモールでは 4°が歩行が困難になる閾値であると述べている．どちらも一般に信じられているよりも狭い視野で歩行行動が可能であることを示した結果になっているが，Lovie-Kitchen ら[12] のロービジョンの被験者のなかには，視野の広さが大きく違っても歩行の所要時間が同程度であったり，視野の広さは同程度でも欠損部位が多少異なるために所要時間に大きな差があるケースが報告されている．視野欠損の部位・程度と歩行行動の関連については，このように不明な部分が多く，科学的かつ組織的理解に必要な知見が圧倒的に不足した状態であるといえる．

［川嶋英嗣，小田浩一］

文　献

1) J. B. Shapiro and W. Scheffers : Orientation and Mobility Traning, In Clinical Low Vision (ed. E. E. Faye), Little, Brown and Company, Boston, pp. 415-433, 1984
2) D. G. Pelli : The visual requirements of mobility, In Low Vision—Principles and Applications (ed. G. C. Woo), Springer-Verlag, New York, pp. 134-146, 1986
3) J. A. Marron and I. L. Bailey : Visual factors and

orientation-mobility performance, *American Journal of Optometry and Physiological Optics*, **59**, 413-426, 1982
4) R. G. Long, J. J. Rieser and E. W. Hill : Mobility in individuals with moderate visual impairments, *Journal of Visual Impairment and Blindness*, **84**, 111-118, 1990
5) W. D. A. Beggs : Psychological correlates of walking speed in the visually impaired, *Ergonomics*, **34**, 91-102, 1991
6) S. A. Haymes, D. J. Guest, A. D. Heyes and A. W. Johnstone : Comparison of functional mobility performance with clinical measures of vision in simulated retinitis pigmentosa, *Optometry and Vision Sciences*, **71**, 442-453, 1994
7) J. H. Verbaken and A. W. Johnston : Population norms for edge contrast sensitivity, *American Journal of Optometry and Physiolosical Optics*, **63**, 724-732, 1986
8) C. Owsley and M. E. Sloane : Contrast sensitivity, acuity, and the perception of "real-world" targets, *British Journal of Ophthalmology*, **71**, 791-796, 1987
9) F. W. Cornelissen, A. Bootsma and A. C. Kooijman : Object perception by visually impaired people at different light levels, *Vision Research*, **35**, 161-168, 1995
10) B. Brown, L. Brabyn, L. Welch, G. Haegerstrom-Portney and A. Colenbrander : Contribution of vision variables to mobility in age-related maculopathy patients, *American Journal of Optometry and Physiological Optics*, **63**, 733-739, 1986
11) B. Brown and J. A. Brabyn : Mobility and low vision : A review, *Clinical and Experimental Optometry*, **70**, 96-101, 1987
12) J. Lovie-Kitchin, J. Mainstone, J. Robinson and B. Brown : What areas of the visual field are important for mobility in low vision patients? *Clinical Vision Sciences*, **5**, 249-263, 1990
13) E. E. Faye : The effect of the eye condition on functional vision, In Clinical Low Vision (ed. E. E. Faye), Little, Brown and Company, Boston, pp. 171-196, 1984.

13.3.6 補助具

ロービジョンエイドについて概説する．図13.20は，サイズコントラスト空間でロービジョンの抱える問題とエイドの機能について示したものである．図中に2本のCSF曲線が描かれているが，上が健常眼のもので，下がロービジョンのCSFの一例である．ロービジョンでは，CSF曲線の形状は個人ごとに異なっている．2本の曲線で分けられた空間のうち，最も外側の空間は，だれにも見えないので，問題になることはない．また，一番内側の空間も，ロービジョン・健常眼ともに見えるので，問題がない．問題は，ロービジョンには見えないが，健常眼には見える部分に入った視覚情報であり，新聞の文字などがその例である．この部分に入った視覚情報をロービジョンのCSF曲線の内側に移動する

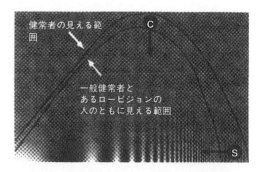

図13.20 ロービジョンと正常眼のCSF曲線

図13.21 光学的ロービジョンエイド

には，サイズの軸での移動とコントラスト軸での移動の両方がありうることがわかる．

a. 拡大機能のあるエイド

比較的安価で携帯性もある光学的なエイド(図13.21)は，単純に視覚情報を拡大する．近見用の拡大鏡と，遠見用の望遠鏡があり，遠用では，もっぱら単眼のものが使われる．近見用では，照明の付属したもの，複数のレンズを組み合わせることができるもの，立てて使うもの，手持ちのものなど，日常生活のどの局面でどのような課題を対象に用いるのかによって，さまざまな形態・倍率のものがある．倍率の決定は，読書に使う場合には，読書チャート(13.3.3項参照)などを使って行う．

b. コントラストを改善するエイド

拡大のみならず，コントラスト軸で改善を行えるエイドが，CCTV (closed circuit television, 図13.22)である．日本では，拡大読書機と呼ばれている．ビデオカメラとモニターのあいだに電子回路があり，拡大以上の機能が組み込まれている．光学エイドよりも高い倍率が出せ，視野もより広いうえ，コントラストや輝度の調節ができる．不要な部分に

図 13.22 拡大テレビ (CCTV)

マスクをかけたり，白黒の極性を反転させることもできる．モニターとカメラの下に X-Y テーブルがあり，読書材料を置いて前後左右に動かしながら，頭部・眼位をモニターの前で固定して読むようになっている．このほかにカメラ部分が手持ち走査型になっている携帯型のものもある．

c. まぶしさを改善するエイド

まぶしさの軸は，サイズコントラストの空間と独立している．CCTV には，白黒反転やマスクなど，周辺からくる余分な光を遮る機能がある．光学的なフィルターは，遮光眼鏡（図 13.21）と呼ばれており，透過分光特性，透過率などで，これもさまざまな種類がある．また，眼鏡枠のまわりにつけるマスク，ゴーグル枠のエイドも市販されている．ノートやチェックの記入欄だけが目立つようにほかの部分を黒い材質でマスクしたものをタイポスコープと呼ぶ．これらがまぶしさを改善するエイドである．

d. 画像処理

サイズコントラスト空間において，低下した空間周波数成分（高調波）について強調をしたり[1]，ロービジョンの CSF のプロファイルの逆フィルターをかけたり[2]する画像強調のエイドは提案されている．どれも計算コストがばかにならず，実用化されているものはないが，将来の可能性がある．

e. その他

ロービジョンには視野障害がある．しかし，視野障害についてのエイドは，実用的には存在しない．Johns Hopkins 大学と NASA の画像処理プロジェクトで研究されていた[3]ように，中心視野障害や網膜疾患によってゆがんだ空間を眼球運動に追従しながら，re-mapping するエイドも原理的には可能性があるが，実用化には時間を要するであろう（LVES という実用システムには組み込むことができなかった）．　　　　　　　　　　　　［小田浩一］

文　献

1) E. Peli, R. Goldstein, G. Young, C. Trempe and S. Buzney : Image enhancement for the visually impaired, *Investigative Ophthalmology and Visiual Science*, **32**, 2337-2350, 1991
2) T. Lawton, J. Seabag, A. A. Sadun and K. R. Kastleman : Image enhancement improves reading performance in age-related macular degeneration patients, *Vision Research*, **38**, 153-162, 1998
3) R. W. Massof and D. L. Rickman : Obstacles encountered in the development of the low vision enhancement system, *Optometry and Vision Science*, **69**, 32-41, 1992

13.3.7 視覚科学とリハビリテーション

a. リハビリテーションの定義

リハビリテーション (rehabilitation) とは，人間たるにふさわしい権利・資格・尊厳・名誉などを回復することであり，単なる失った機能の回復だけでなく，人間らしく生きる権利の回復（全人間的復権）を意味する言葉である[1,2]．障害をもった者が最適な身体的，精神的，社会的，職業的，経済的な能力を発揮できる状態にし，可能な限り高い QOL (quality of life, 生活の質，生命の質) を実現することが目標である．医学的，教育的，職業的，社会的リハビリテーション（以下，リハと略す）の 4 大分野が有機的に結びついてこの目標を達成する必要がある．また，WHO による障害の定義の変遷により，環境整備もリハの目標のなかに含める必要が出てきつつある[3,4]．なお，先天性もしくは早期の障害に対しては権利などの「回復」ではなく，「獲得，賦与」だという観点から habilitation という用語が用いられたり，同じ意味で「教育」という語を用いることもあるが，re- という接頭語には「本来その人に所属するものを与える」というニュアンスもある[5]ので，受障の時期にかかわらずリハビリテーションと呼ぶことにする．

b. ロービジョンのリハビリテーション

ロービジョンのリハは，治療による機能回復に限界があることを医師によって説明される「失明の告知」からスタートし，障害者やその家族が障害を

もったことを受けとめ(障害受容，acceptance of disability)，新しい生き方や価値観で生活を送ることにより，人間らしく生きる権利を回復(全人間的復権)・獲得できるように進められる．そのためには，精神的なショックや混乱などをやわらげ，新しい生き方や価値観に動機づけられるようにする心理的な(mental)ケア(care)，より快適な視環境を確保するためのビジョンケア，残存する視機能や視覚以外の感覚を活用して生活・学習などの社会適応を補償する社会適応訓練，家族やコミュニティの受入れを補償するための家族ケアやコミュニティケア，環境を整備するためのバリアフリー，ユニバーサルデザインの推進，偏見や社会的な不利益を軽減するための人権的アプローチなど，構造的で総合的なケアプランに基づいて行われる必要がある．これらのケアには，低下した視機能を補うという観点が基礎にある．その意味では，これらのすべてのケアの基礎に視覚科学の知見が必要とされていることになる．

c. 視覚障害の分類基準

視覚障害は，視覚に関するdisorder, impairment, disability, handicapの4つの分類基準でとらえることができる[6,7]．

第1の分類基準は，visual disorder(疾患)で，解剖学的，生理学的な疾患や標準からの逸脱(deviation)の程度である．例えば，水晶体の混濁の程度が標準値から有意に逸脱した場合が白内障というdisorderであるというとらえ方である．治療や予防を専門とする医療スタッフの関与が重要な役割を果たす．また，視覚システムに関する生理的，病理的メカニズムに関する基礎データが有用となる．

第2の分類基準は，visual impairment(機能障害)で，視機能の低下の様相に基づくものである．すなわち，視力，視野などの視機能の程度によって障害をとらえる分類方法である．白内障を例にとってみると，impairmentの観点では，水晶体の混濁そのものよりも混濁によって低下する視力や視野などの視機能に重点がおかれている．視機能の程度は，環境との相互作用によって決まる．例えば，照明水準などの視環境によって視力や視野などの視機能は変化する．したがって，視環境と視機能の関係を問題にした精神物理学的なデータが必要となる．

第3の分類基準は，visual disability(能力低下)で，視覚に関連した技能や活動などの課題達成度に基づくものである．例えば，同様な視力の人が同様な読書能力を示すとは限らない．つまり，視機能ではなく，課題達成度で障害の程度を記述しようというとらえ方である．調理，読書，移動などの具体的な課題の達成方法についてノウハウをもっている教育や社会適応訓練の専門家の関与が期待される．なお，これらの課題達成に視覚をどの程度関与させるかについては，視覚の機能的な役割を問題にするようなデータが必要となる．

第4の分類基準は，visual handicap(行動的・社会的不利)で，視覚障害によって引き起こされる行動・活動上の不利の程度に基づくものである．移動や職業的自立など，さまざまな行動・活動を行ううえでの不自由さの程度を示すものである．

これら4つの分類基準は，相互に関連があるが，因果関係にあるわけではない．例えば，重度の白内障であっても白杖を利用することで移動能力を確保している人は，disorderの程度は重度だが，移動

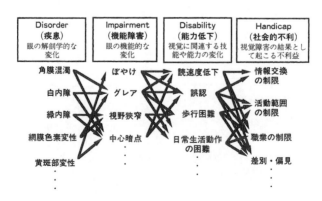

図13.23 視覚障害の分類基準とその関連性についての観念的図式
図中の矢印は関連性の例を示したものであり，具体的な連結に関する基礎データを収集することが今後の研究課題である．

の disability は軽度であるという場合もありうる．図 13.23 は，これら 4 つの分類基準の関連を観念的に示したものである．なお，WHO では，disorder や disease の諸帰結 (consequences) として，impairment, disability, handicap を位置づけている[3]．

d．ロービジョンのリハビリテーションの方略

Massof[8] によれば，ロービジョンのリハビリテーションの方略 (strategy) は，機能回復志向 (function-oriented)，目標達成志向 (goal-oriented)，態度変容志向 (attitude-oriented) の 3 つに大別することができる．機能志向リハビリテーションとは，補助装備や訓練によって視機能の回復をめざすもので，視力や視野などの改善を目的にするものである．目的達成志向リハとは，道具 (支援技術，assistive technology) や視覚以外の感覚を使う方法 (alternative strategy) や環境の整備によって，調理，ショッピング，新聞を読むなどの特定の目標を達成できるように支援することである．態度志向リハとは，機能障害によって引き起こされるさまざまな制限に対して心理的に適応できるように支援することである．

ロービジョンのリハビリテーションは，これらの 3 つの方略を場面に応じて使い分けることによって実現できるが，目標達成志向アプローチが重視される傾向が強い．課題達成度の評価において機能的評価 (functional assessment) が重視されている (例えば，移動能力に関する Haymes らの研究[9]，日常生活行動に関する Ross ら[10] や Turco ら[11] の研究，職業訓練に関する Crewe ら[12] や Lampert らの研究[13] などがあげられる) こともこの傾向を指示していると考えられる．この目標達成志向のアプローチでは，目標達成のために視機能を活用する場合と視覚に頼らない方法を用いる場合がある．この選択をより科学的に行うためには，日常的な視環境である特定の課題を達成する際，視覚からの情報がどの程度関与しているかに関するデータの蓄積が必要である．

e．ロービジョンのリハビリテーションにおける視機能の評価の意義と課題

Mehr と Shindell[14] は，ロービジョンのアセスメント (assessment) においては，視機能を標準化された条件と環境を変化させた修正条件の両方で見ていく必要があることを述べている．標準化された条件での視機能とは，一般に眼科検査で用いられているような標準検査 (standardized test) で，分類や比較に有用なものである．これに対して修正条件 (modified condition) での視機能とは，例えば，異なる照明下で視力を測定するような場合であり，最適な状況を明らかにしたり，個々の状況下でのパフォーマンスを知る際に有用である．すなわち，修正条件での視機能評価とは，環境と視機能の相互作用を定量的に測定するものだといえる．Mehr と Shindell は，ロービジョンの処遇 (treatment) においては，この環境を変化させた条件での視機能を測定する必要があることを述べている．なお，ロービジョンの視機能評価の全体像については，Rosenthal ら[15] によるレビューがある．

中野[16] は，視機能を測定する目的によって評価方法を分類し，医療場面において治療や予防のために用いられる標準検査を視機能検査，教育・福祉的リハでのアセスメントに用いられる修正条件での測定を視機能評価と呼んで区別した．視機能評価は，ロービジョンの自己理解の促進，行動の理解，かかわり方の方略，エイドのフィッティングや環境の整備，トレーニングプログラムの作成などの際に必要な情報を得るために行うもので，1 つ 1 つの視機能の特性を寄せ集め的に測定した総体ではなく，その人の「全」人の記述と評価をめざすアセスメントであると位置づけている．

環境と視機能の相互作用を評価する際，環境の変化のさせ方によって評価方法の意味に大きな違いが出てくる．中野[16] は，まぶしさへの耐性 (tolerance) の評価方法を分類し，グレアテスタ (Mentor 社の Brightness Acuity Test や Vistech 社の MCT 8000 など) のようにグレア光を付加したときの視機能低下の程度を測定する方法とタイポスコープや遮光フィルターなどを使ってグレア光の影響を減少させたときに視機能がどの程度向上するかを測定する方法の 2 種類があることを指摘している (図 13.24)．ロービジョンのリハにおいては，最適な視環境を探求するアプローチが重要である．また，環境の変化のさせ方は，日常生活における環境変化に近いダイナミックレンジを設定する必要がある．

中野[16] は，視機能評価の結果が，乳幼児や重複障害児・者の生活に大きな影響を与えることを指摘し，言語的な教示だけでなく，行動理論や行動観察に基づいた評価方法を確立する必要性を述べている．視力については PL (preferential looking) 法が有効であるが，視野など，視機能のほかの側面については，精神物理学的な研究は少ない．なお，重

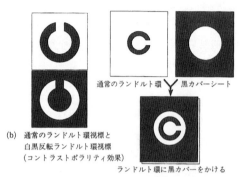

図13.24 まぶしさへの耐性の評価方法の例

複障害児・者の視機能評価方法をまとめたものとしては，AitkenとBuultjens[17]の研究がある．

f．ロービジョンシミュレーションの必要性

ロービジョンのシミュレーションには，大別して次の2つの意義がある．第1の意義は，視覚のメカニズムと機能（役割）を明確にし，ロービジョンのディスアビリティ生起のメカニズムを把握する際に有用なことである．読書におけるLeggeら[18]の一連の研究，歩行におけるPelli[19]やHaymesら[9]の研究，歩行，読書，顔の認知を総合的に調べたElliotら[20]の研究などがその代表である．これらの研究は，ロービジョンの訓練やエイドに関する新しい技術や課題などを発見するための手がかりを得ることにも応用できる．第2の意義は，ロービジョンへのケアやサービスに関する知識，技術，理論の意義を共感的に理解する手がかりを得る際に有用なことである．また，ロービジョンの人たちが遭遇している不便さやそのときの心理を理解する手がかりを得ることにもつながる．このような研究としては，1994年から3年間にわたって実施された中野(1997)らによる擬似体験セミナーの取り組みがある[21]．なお，ロービジョンのシミュレーションは，光学的フィルターを用いる方法[9,19,20]とコンピューターによる画像処理を用いる方法[22,23]がある．光学的フィルターを用いたシミュレーションとしては，中間透光体混濁のシミュレーションに用いられるRyser社製のバンガータフィルター(遮蔽膜)が多く用いられている．また，中間透光体混濁や視野狭窄など，各種の光学的フィルターをセットにしたトライアルセットも市販されている．わが国で入手可能なものには，高田眼鏡製のトライアルセット，ジオム社が輸入しているアメリカ製とカナダ製のキットがある．しかし，これら光学的フィルターを用いた方法では，中心暗点，複雑な視野障害，コントラスト感度特性を考慮したシミュレーションが困難である．眼球や頭部の運動が追従可能で高度な画像処理フィルタリングも行えるシステムの構築が望まれる．

g．環境の整備：バリアフリーとユニバーサルデザイン

WHOによる新しい国際障害分類(ICIDH-2)の提案においては，個人と環境との相互作用が重視されている[4]．すなわち，障害によって活動の制約を受けたり，参加が制限されたりしないようにするためには，予防や治療を推進したり，障害者個人の機能回復や能力向上をめざすだけでなく，環境の改善も必要だとする考え方である．これは，私たちの物理的，心理的，社会的環境のなかに存在するバリア(障壁)をなくし(バリアフリー)，障害者や高齢者のための特別な環境ではなく，すべての人のためのデザイン(ユニバーサルデザイン)をめざす活動を支持する理念である[24]．ロービジョンにとって，バリアのない環境を作るためには，視環境と視機能の相互作用に関する詳細なデータが必要である．具体的なデザインに応用するためには，視環境の操作においては，日常場面において起こりうるダイナミックな環境変化を想定する必要がある．例えば，屋外での照度変化を想定したコントラスト感度の測定などである．視機能の評価方法に関していえば，より具体性の高い課題設定を行う必要がある．例えば，顔の表情の判断や路面の変化の検出に必要な情報を特定する必要がある．また，環境の物理的特性を簡便に測定する装置の開発も重要である．例えば，2次元空間の輝度分布などを簡便に測定する装置が開発されれば，環境の評価が容易になる．

［中野泰志］

文　献

1) 上田　敏：リハビリテーションを考える―障害者の全人間的復権―，障害者問題双書，青木書店，1983
2) 砂原茂一編：リハビリテーション概論，リハビリテーション医学全書1，医歯薬出版，1996
3) WHO : International Classification of Impairments, Disabilities and Handicap, 1980 (厚生省, WHO 国際障害分類試案（仮訳），1984)
4) WHO : International Classification of Functioning and Disability, http://www.who.int/icidh/ (日本語訳 http://www.dinf.ne.jp/doc/ntl/icidh/), 1999
5) 上田　敏，大川弥生編：リハビリテーション医学大辞典，医歯薬出版，1996
6) A. Colenbrander and D. C. Fletcher : Low vision rehabilitation : Basic concepts and terms, *Journal of Ophthalmic Nursing and Technology*, 11, 5-9, 1992
7) A. Colenbrander and D. C. Fletcher : Basic concepts and terms for low vision rehabilitation, *American Journal of Occupational Therapy*, 49, 865-869, 1995
8) R. W. Massof : A systems model for low vision rehabilitation 1. Basic concepts, *Optometry and Vision Science*, 72, 725-736, 1995
9) S. Haymes, D. Guest, A. Heyes and A. Johnston : Comparison of functional mobility performance with clinical vision measures in simulated retinitis pigmentosa, *Optometry and Vision Science*, 71, 442-453, 1994
10) C. K. Ross, J. A. Stelmack, T. R. Stelmack and M. Fraim : Preliminary examination of the reliability and relation to clinical state of a measure of low vision patient functional status, *Optometry and Vision Science*, 68, 918-923, 1991
11) P. D. Turco, J. Connolly, P. McCabe and R. J. Glynn : Assessment of functional vision performance : A new test for low vision patients, *Ophthalmic Epidemiology*, 1, 15-25, 1994
12) N. M. Crewe and G. T. Athelstan : Functional assessment in vocational rehabilitation : A systematic approach to diagnosis and goal setting, *Archives of Physical Medicine and Rehabilitation*, 62, 299-305, 1981
13) J. Lampert and D. J. Lapolice : Functional considerations in evaluation and treatment of the client with low vision, *American Journal of Occupational Therapy*, 49, 885-890, 1995
14) E. Mehr and S. Shindell : Advances in low vision and blind rehabilitation, *Advances in Clinical Rehabilitation*, 3, 121-147, 1990
15) B. P. Rosenthal and R. G. Cole : Functional Assessment of Low Vision, Mosby-Year Book, 1996
16) 中野泰志：ロービジョン・ケアにおける教育・福祉的観点からの視機能評価の実際―視力，視野，まぶしさの機能的な評価の必要性―，日本視能訓練士協会誌，25, 49-57, 1997
17) S. Aitken and M. Buultjens : Vision for Doing—Assessing Functional Vision of Learners who are Multiply Disabled, Moray House Publications, 1992
18) G. E. Legge, D. G. Pelli, G. S. Rubin and M. M. Schleske : Psychophysics of Reading 1. Normal Vision, *Vision Research*, 25, 239-252, 1985
19) D. G. Pelli : The Visual Requirements of Mobility, In Low Vision (ed. G. C. Woo), Springer-Verlag, pp. 134-155, 1986
20) D. B. Elliott, M. A. Bullimore, A. E. Patla and D. Whitaker : Effect of a cataract simulation on clinical and real world vision, *British Journal of Ophthalmology*, 80, 799-804, 1996
21) 中野泰志編著：障害を理解し，共に学ぶための疑似体験セミナー報告書，財団法人心身障害児教育財団，1997
22) R. F. Hess, D. J. Field and R. J. Watt : The Puzzle of Amblyopia, In Vision : Coding and Efficiency (ed. C. Blakemore), Cambridge University Press, pp. 267-280, 1990
23) K. Cha, K. Horch and R. A. Normann : Simulation of a phosphene-based visual field : Visual acuity in a pixelized vision system, *Annals of Biomedical Engineering*, 20, 439-449, 1992
24) 野村みどり編：バリア・フリーの生活環境論，医歯薬出版，1997

14

視覚機能測定法

14.1 心理物理的測定法

視覚機能の測定には，自覚的測定と他覚的測定とがある．自覚的測定では，視覚刺激の見えを，前もって定められた判断基準に従って，被験者が主観的に判定した結果を言語あるいはスイッチなどで報告する．他覚的測定では，被験者の主観的判定によらず，視覚刺激に対する被験者の何らかの生体反応を検出し計測する．誘発脳波や筋電位の計測などが従来から行われ，最近では，脳機能の無侵襲検査技術が急速に発展し，視覚機能測定への適用がめざましい．

自覚的測定と他覚的測定は測定の目的によって選択されるべきであるが，他覚的測定の場合，設備が高価で測定上の制約が多く，また計測された生体反応と視覚刺激の量的関係を精密に対応づけるまでには至っていない．それに比べ，自覚的測定は，被験者の的確な報告が期待できる場合には，刺激の実際の見えや被験者が何について報告しているかを確認しながら，視覚機能の精密な測定ができる．そのため，視覚機能の測定には自覚的測定が多く用いられている．

ところで，自覚的測定では，測定過程そのものが結果に影響を与えることがあるということをつねに注意しておかなければならない．刺激の提示，それに対する被験者の何らかの判断，さらに結果の取得方法などがデータに影響を与える．また，被験者の学習，環境の変化，加齢などさまざまな要因がデータを変動させる可能性があり，同じ被験者で同じ刺激条件であっても，ある日のデータは別の日にとられたデータとは同じではないかもしれない．したがって，人間を測定対象とする場合，データの変動要因を注意深く統制しなければならないのであるが，実際には，統制されていない諸条件がデータに影響することを完全に排除するのは不可能である．そこで，自覚的測定においては方法が重要となり，データへの変動要因の混入を注意深く排除し，測定条件や測定方法を統制して，人間の感覚・知覚特性を効率よく測定するための方法が開発され発展してきた．

データの変動要因を適切に統制しながら，視覚刺激の，ある特定の刺激属性についての物理量や心理物理量（以後，刺激量と呼ぶ）と，それによって生じる特定の感覚・知覚属性の強さや質（以後，感覚量と呼ぶ）を，数量的に対応づけるための手法が心理物理的測定法である．

14.1.1 測定の対象：定数と感覚尺度

視覚機能測定において，最も頻繁に測定対象になるのは，絶対閾値(absolute threshold value)，弁別閾値(discrimination threshold value)，および主観的等価点(point of subjective equality)と呼ばれる定数である．視覚刺激によって生じる，特定の知覚属性の見えが，前もって定められた判断基準を満たす場合と満たさない場合の境界のことを閾(threshold)と呼び，そのときの刺激量を閾値と呼ぶ．例えば，「光刺激を検出する」という判断基準を採用するとき，被験者の「刺激が見えた」という判定（判断基準の肯定）と「見えない」という判定（判断基準の否定）との境界が閾である．刺激自体の存否に関するこのような閾は，絶対閾あるいは感覚閾(threshold of sensation)と呼ばれる．また，光刺激が明らかに見えている状態で，刺激の見えに「変化（あるいは相違）が検出される」という判定と「変化（あるいは相違）が検出されない」という判定の境界も閾である．この閾を弁別閾と呼ぶ．

このように，閾値は，特定の知覚属性の見えを判断基準を満たす見えから満たさない見え（あるいはその逆）に変化させるのに必要な刺激量の大きさを

表す．したがって，閾値が低いと，わずかな刺激量の変化によって，気づかれるような見えの変化が生じるから，刺激に対する感覚・知覚の感度が高いことに対応する．逆に，閾値が高いことは，感度が低いことを示し，実際，閾値は感度と逆数関係にある．外界からの情報の何がどの程度に視覚的に検出可能であるかを知ることや，複数の視覚情報があるときにさまざまな視環境のなかでそれらを弁別できるか，どのような情報は弁別でき，どのような情報は弁別できないかという限界を知ることは，人間活動のあらゆる面で重要であり，そのため，閾値はつねに視覚機能測定の重要な対象となっている．

もう1つの重要な定数は主観的等価点である．いま，2つの視覚刺激を用意し，一方を標準刺激，もう一方を比較刺激とする．標準刺激の刺激量を一定に保ったままで，比較刺激の刺激量のみを変化させ，ある特定の知覚属性について，2つの刺激が主観的に同じと判定されるように調整する．その結果，比較刺激は標準刺激と主観的等価となり，比較刺激の刺激量が標準刺激の主観的等価点である．

定数測定では，閾や主観的等価といった特定の感覚・知覚を生じさせる刺激量を測定するのを目的とする．しかし，例えば，いろいろな輝度の光に対して，われわれがその光の明るさをどの程度に感じるか，いま見ている光の輝度を2倍にすると明るさが何倍に感じられるかといったように，刺激量に対する主観的強さを知ったり，刺激量の変化に伴う見えの変化を数量的に把握し予測することが必要な場合がある．そのような場合，視覚刺激の刺激量と感覚量のあいだの数量的な関数関係を明らかにしなければならない．このように，主観的な印象に対応した数値を刺激量に割り当てることを感覚尺度構成と呼び，これも視覚機能測定の重要な測定対象である．

14.1.2 刺激連続体と知覚連続体

定数測定と尺度構成のいずれにおいても，通常，刺激量と感覚量に連続的変数が仮定される．刺激については，特定の刺激属性の刺激量を表す変数で，刺激連続体(stimulant continuum)あるいは物理的連続体(physical continuum)と呼ばれる．一方，感覚・知覚については，その刺激によって引き起こされる感覚量を表す変数で，知覚連続体(perceptual continuum)あるいは心理的連続体(psychological continuum)と呼ばれる．

刺激量が同じである視覚刺激をくり返し提示するとき，被験者の感覚・知覚の強さや質はつねに同じであるとは限らない．例えば，同じフラッシュ光を同じ観察条件でくり返し観察するとき，その光に感じる明るさはつねに同じではなく，あるレベルで最も頻度が高く，それよりもレベルが高くても低くても頻度が減少する．同じ刺激であるにもかかわらずつねに同じに見えないことには，刺激量の微妙な揺らぎ，光受容器や神経レベルでの生体ノイズ，さらに完全に統制できない観察状態の揺らぎなど，刺激と被験者の両方に原因があると考えられる．自覚的な視覚機能測定においては，このような変動を完全に取り除くことは困難である．そこで，このような変動があることを前提として，ある特定の1つの刺激によって生じる感覚の大きさは1つに定まっているのではなく確率的に変動しているとみなすことにする．すなわち，ある刺激量の刺激に対する個々の感覚の大きさは，そのような確率的な変動を表す確率分布からのサンプルであると考えることにする．図14.1(a)に示すように，刺激連続体上の刺激量S_1に対して，知覚連続体上で感覚量の確率分布を表す確率密度関数$f_1(r)$が対応すると仮定する．別な刺激量S_2に対しては，異なる確率分布$f_2(r)$が対応する．さまざまな刺激量に対して，それぞれに感覚量の確率分布が対応しているとすると，逆に，図14.1(b)のように，ある特定の感覚量Rを生じさせる刺激量は，刺激連続体上で平均値を中心として統計的に分布しているとみなせる[1]．

絶対閾の場合は，図14.2(a)に示されるように，

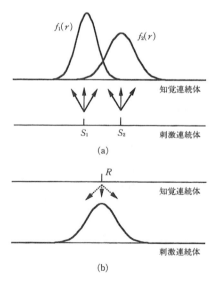

図14.1 刺激連続体と知覚連続体

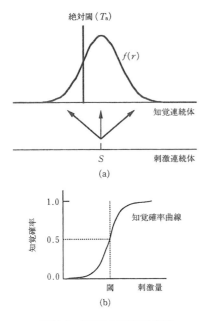

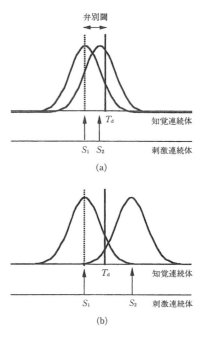

図 14.2 絶対閾と知覚確率曲線

図 14.3 弁別閾

知覚連続体上に感覚量の絶対閾 T_a があり，感覚量がそれを越える場合には，被験者に刺激の存在が知覚され，それ以下の場合には，刺激の存在が知覚されないと仮定する．ある刺激量 S に対する感覚量の確率密度分布が $f(r)$ であるとすると，感覚量 R が閾 T_a を越える確率は，

$$P(T_a \leq R < \infty) = \int_{T_a}^{\infty} f(r) dr = 1 - \int_{-\infty}^{T_a} f(r) dr$$

で与えられる．図 14.2(b) のように，感覚量が閾を越える検出確率は，刺激量が小さい場合には低いが，刺激量が大きくなると高くなる．刺激量と P の関係を表す図中の曲線は知覚確率曲線と呼ばれる．通常，知覚確率が 0.5 になる刺激量で，$f(r)$ の平均値が絶対閾と重なっているとみなされる．

次に，2 つの刺激 (S_1：標準刺激，S_2：比較刺激) があり，刺激によって生じる感覚量が T_d を越えるとき，その刺激は標準刺激と相違すると知覚されるとする．図 14.3(a) のように，2 つの刺激量の差が小さい場合には，感覚量の確率分布に重なりが大きく，2 つの異なる刺激によって生じる感覚量が T_d を越える割合は同程度で，提示された刺激が S_1 であるか S_2 であるかが正確に判定できない．図 14.3(b) のように，2 つの刺激量の差が大きくなると，比較刺激 S_2 によって生じる感覚量の分布は，標準刺激 S_1 に対する感覚量の分布から分離し，S_2 が提示されたとき，それを正確に判定する割合が高くな

る．こうして，ある適切な値以上の確率で，2 つの刺激が正しく見分けられるときの 2 つの刺激の刺激量の差が弁別閾に対応すると考えることができる．より詳しい取扱いは，14.2 節の信号検出理論を参照されたい．

14.1.3 定数測定の方法

自覚的測定においては，被験者が視覚刺激に対する見えを的確に報告できるような方法を用い，統制されない要因が測定にできるだけ影響しないように慎重な計画を必要とする．そのため，実験装置や視覚刺激の準備といったハード面の準備に加えて，実験の手続きや方法に関するソフト面の統制が重要である．実験遂行において統制すべきものとして，とくに次の 4 つがあげられる．

(1) 刺激観察法 …… 視覚刺激を被験者が観察する方法
(2) 変数 (刺激量) 変化法 …… 刺激変数を変化させる方法
(3) 主観的判定法 …… 視覚刺激の見えを被験者が判定する方法
(4) 刺激提示法 …… 視覚刺激を提示する方法

被験者の性別や年齢をはじめ，測定目的によっては，これら以外にも多くの統制しなければならない要素があるが，測定を遂行するうえで，共通して重

要なものはこれらの4つである．これらの統制は測定の目的に従って適切に決められ，さらに，それぞれはほかの統制と組み合わされて，測定目的に最適な実験方法が計画される．

a．刺激観察法

被験者が刺激を観察するとき，単眼で観察するか両眼で観察するかが重要になる場合がある．単眼の特性を調べるのでなければ，両眼で物を観察するのが自然であり，また，奥行き視の場合には両眼による観察が行われる．しかし，左右の眼の網膜に投影される外界の像にはわずかな相違があるため，その網膜像のずれが実験上問題になる場合には，片眼のみで観察する方法がとられる．さらに，ある視覚情報処理の過程が眼球から大脳視覚領までの片眼情報のレベルで行われているか，視覚領以後の両眼情報のレベルで行われているかを知るために，単眼観察が採用されることもある．このような場合，眼から刺激の位置まで，隔壁などを用いて，それぞれの片眼で見える視野範囲を制限し，各単眼で異なる刺激を観察する両眼隔離観察法(haploscopic observation)が用いられる．

また，刺激と被験者（の眼）との相対的な位置関係に依存して，網膜像のサイズや形が変わり，光刺激に対する感度なども変化するので，刺激を観察するときの位置関係も，実験目的や内容に従って適切に計画する必要がある．被験者の眼の位置を固定するには，顎台などを用いて，顔面の位置を固定する方法がとられる．

b．変数（刺激量）変化法

閾値や主観的等価点といった定数をとらえるため，刺激量の変数を効率的に変化させる方法が開発されてきた．代表的なものとして，調整法(method of adjustment)，極限法(method of limits)，恒常法(method of constant stimuli)などがある[2~4]．

1) 調整法

調整法は，被験者自身が刺激量を連続的に増減させ，閾や主観的等価に対応する刺激連続体の代表値をとらえようとする方法である．被験者が視覚刺激を観察しながら，自身でその刺激量を自由に連続的に増加させたり減少させたりして，判定基準に従って，しだいに閾や主観的等価に調整していく．同じ観察条件で調整法による測定をくり返し，それらの測定結果の平均値を定数とする．閾値よりもむしろ主観的等価点の測定に適している．

2) 極限法

視覚刺激の刺激量を，最初，判断基準を明らかに満たすような状態，あるいは明らかに満たさないような状態のいずれかに設定する．そして，刺激量を，最初の見えの判定がもう一方の判定に変化するまで，被験者自身あるいは実験者が徐々に変化させる．見えが変化したら停止し，停止したときの刺激量を閾値とする．判断基準を満たす状態から満たさない状態に刺激量を変化させる場合（下降系列）と，逆に，判断基準を満たさない状態から満たす状態に刺激量を変化させる場合（上昇系列）とでは一般に閾値が異なるので，通常，これら2方向についての平均値を最終的な閾値とする．

3) 恒常法

複数の段階の刺激量を前もって設定しておき，それらをでたらめな順序で提示して，見えの判定をくり返し行う．その結果，それぞれの段階の刺激量に対して，絶対閾判定の場合には，判定基準を満たすという判定比率が得られ，弁別閾判定の場合には，判定基準を満たすと判定された結果の正答率が得られる．恒常法では，この刺激量と判定比率の関係から，ある特定の知覚確率を与える刺激量を閾値として決定する．

調整法は迅速に弁別閾や主観的等価を得ることができるが，被験者の態度や予測などの影響を受けやすい．恒常法は，提示しなければならない刺激条件の個数がたいへん多くなり，ほかの方法に比べると，はるかに多くの時間と労力を必要とし，最も能率が悪い．しかし，被験者の態度や予測の影響を最も受けにくいため，厳密な測定に適している．極限法はそれらの中間であり，調整法より時間を要し，恒常法より被験者の態度や予測の影響を受けやすい．これらの変数変化法のいずれを採用するかは，測定の目的や性質から決定しなければならない．

c．主観的判定法

調整法や極限法の場合，変数である刺激量は連続的あるいは段階的に徐々に変化する．刺激量変化に伴う見えの変化が鮮明である場合には，比較的容易に安定した判定ができる．しかし，見えの変化が不鮮明な場合には，閾値や主観的等価点の付近の広い変数範囲で被験者の判定が不安定になり，データのばらつきが大きくなる．知覚連続体上の感覚量の分布の広がりのためであるというよりはむしろ，被験者の判断基準があいまいになるためであることが多い．そのため，前もって，変数変化と見えの変化の

関係を確認するとともに、見えの判定を鋭敏にし、判断基準をできるだけ安定させるために、被験者の訓練を必要とすることもある。

このような判定の不安定さの影響を最も受けにくいのが恒常法である。恒常法の判定においては、被験者の判定はできるだけ単純にされ、判断基準によって分けられたたかだか数個のわずかな数の選択肢から、刺激の見えに最も近いものを選び回答する。例えば、刺激が判断基準を肯定するか否定するかのどちらかを YES か NO のみで答えさせたり、左右に提示した刺激のどちらが大きいかを右か左で答えさせるといった二者択一の判定をさせる場合(2件法)や、YES か NO の判定に加えて、どちらかわからないといった中間的な判定を許す場合(3件法)などがある。通常は、中間の判定があるときでも、強制的に YES か NO のどちらかに判定を振り分けさせる二者強制選択法(two alternative forced choice method, 2 AFC)がよく用いられる。この場合、中間の判定を YES か NO かのどちらかに振り分ける際の被験者による片寄りを排除するために、中間の見えの場合には、二者が同じ割合で選択されるように刺激提示の順序をランダムにするなど工夫が必要となる。二者強制選択法は、被験者に対する負荷が小さく、統制できない変動要因の影響を最も受けにくく、理論的分析法もよく整備されている。

d. 刺激提示法

視覚刺激を提示する方法は、変数変化法や主観的判定法と密接に関係している。よく用いられる方法として、テスト刺激のみを単独で提示し、それの見えが判断基準を満たすかどうかを判定させる方法と、複数、例えば2つの刺激を提示し、それらを比較して、相対的な見えの相違を判定させる方法がある。前者の場合は、判定はテスト刺激自体の見えによって行われ、後者の場合は、刺激間の比較によって判定が行われる。とくに、2つの刺激を一対にして提示し、それらを比較した結果が判断基準を満たすかどうかを判定させる場合、一対比較法(method of paired comparisons)と呼ばれる。

一対比較では、単一刺激の見えの判定よりも、精密で安定した判定ができる。この方法を二者強制選択法と組み合わせることによって、自覚的測定のための非常に有効な方法が得られる。このような一対比較による強制選択の方法には、同時(空間的)一対比較法と継時(時間的)一対比較法がある。

図14.4(a)のように、2つの刺激を空間的に並置して提示し、それらを一対比較して、どちらが判定基準を満たすかを強制的に選択させるのが、同時一対比較法である。弁別閾値の測定では、前もって用意された、刺激量の異なる複数の比較刺激を標準刺激と組み合わせ、そのような刺激対を、ランダムな順序で提示し、両者が同じか異なるかを答えさせる。刺激提示の位置による片寄りがないように、2つの刺激の位置を入れ換えた刺激対も提示したり、被験者の応答が適切になされたかどうかを測定中あるいは測定後に確認できるように、比較刺激と標準刺激が全く同じ刺激の一対を混ぜて提示したりする。

空間的な一対比較に対して、図14.4(b)のように、一対の刺激を時間的に順次提示し、それら2つの刺激を比較して、強制選択させるのが継時一対比較法である。刺激観察のために2つの時間間隔があり、被験者は、それらの時間間隔のどちら(後か先か)に判定基準を満たす光刺激が提示されたかを強制的に選択する。刺激自体の時間間隔やそれらのあいだの時間間隔などは、2つの刺激の見えに相互に影響がないように、適切に設定されなければならない。

ところで、これらの一対比較法を実施するには、恒常法に従って非常に多くの回数の刺激提示をくり返さなければならないので、測定に長い時間を要するという欠点がある。そこで、すべての刺激対をまんべんなく提示するのではなく、毎回の提示刺激に対する被験者の判定結果を逐次検討し、定数に相当する刺激量まで効率的かつ急速に漸近させていく方法も開発されている。最尤法(maximum likelihood solution)が知られているが、Watson と Pelli

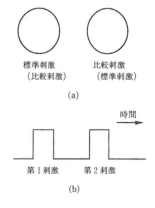

図 14.4 同時一対比較と継時一対比較

は，直前までの選択結果のデータから，ベイズ推定によって，次に提示する刺激を最も確からしい刺激量に設定し，定数に漸近させていく適応的な方法 (QUEST法) を開発している[5]．

e．丁度可知差異

被験者が視覚刺激の見えにわずかな相違を検出する感覚量の差 ΔR は，丁度可知差異 (just noticeable difference, jnd) と呼ばれる．それに対応する刺激量の差である弁別閾値 (ΔS) は，標準刺激の刺激量 S に依存しており，通常，標準刺激の刺激量が大きくなれば，弁別閾値も大きくなり，弁別閾を与える刺激量の相対変化 $\Delta S/S$ が標準刺激の刺激量によらず一定になることが知られている（ウェーバーの法則）．この一定値は，ウェーバー比と呼ばれる．ウェーバーの法則は実際に検証が可能であり，刺激量が極端に小さい場合や大きい場合を除く広範囲で，多くの感覚的弁別において成り立つ．また，14.1.4項で示すように，jnd は感覚尺度構成において，感覚量の目盛として利用されている．

このウェーバーの法則を前提として，jnd すなわち ΔR が刺激量の相対変化に比例する，すなわち，$\Delta R = k(\Delta S/S)$ と仮定することから導かれるのが，フェヒナーの法則

$$R = k \log S$$

である．ここで，k は比例定数である．「感覚量は刺激量の対数に比例する」というフェヒナーの法則は感覚尺度の古典的な例としてよく知られている．

f．確率加重

自覚的測定によって絶対閾や弁別閾が測定されるとき，これらは，視覚刺激に対する視覚系全体の弁別力を示している．ところで，視覚刺激に対して知覚が生じるとき，その知覚は単一の経路ではなく複数の経路を伝わる．実際に，視覚系は，ほぼ独立な複数の並列信号チャンネルによって視覚情報を処理している．したがって，測定によって得られる閾は，それらの信号チャンネルが並列に機能したときのシステム全体の閾を示していると考えられる．このように，見えの閾を決定する信号チャンネルが複数個並列に存在する場合には，測定された閾値の取扱いは注意しなければならない．例えば，弁別実験において測定された知覚確率は，1つの信号チャンネルによって弁別される知覚確率ではなく，その弁別にかかわる複数の独立な信号チャンネルのどれか1つで弁別される知覚確率を示していると考えられる．これを閾の確率加重 (probability summation)

と呼ぶ．

例えば，1枚のコインを投げて表が出る確率は0.5である．2つのコインを同時に投げて，2つのうち少なくとも1枚が表になる確率は0.75，すなわち，1−（2つとも裏の確率）であり，1枚のコインを投げる場合よりも確率が高くなる．それぞれのコインが表になる（あるいは裏になる）のは統計的に互いに独立で，コインが裏になる確率は，1−（表になる確率）であるから，i 番目のコインが表になる確率を P_i とすると，N 個のコインを投げて少なくとも1枚が表になる確率 P_s は，

$$P_s = 1 - \prod_{i=1}^{N}(1 - P_i)$$

となる．コインの場合，すべての i ($1 \leq i \leq N$) について $P_i = 0.5$ である．

視覚刺激を検出する経路に N 個の検出器が並列に存在して，各検出器の出力がほかの検出器の出力と独立であり，個々の検出器について，その入力が基準値（閾）を越えるとその検出器の経路から検出信号が送り出されるとする．そして，少なくとも1つの検出器から検出信号が届くと，観察者の知覚閾を越えるとする．このとき，システム全体が刺激を検出する確率は，並列にはたらく N 個の検出器のどれか1つの出力が基準値を越える確率で与えられ，コインの例と同様に，i 番目の検出器の出力が基準値を越える確率を P_i として，上式の P_s で与えられる．

個々の検出器の反応とシステム全体の検出確率の関係が，Quick によって検討された[6]．図14.5(a)のように，N 個の検出器が並列にはたらいており，各検出器が刺激を検出する確率 P_i がすべて等しく P であるとき，システム全体が刺激を検出する確率は，$P_s = 1 - (1-P)^N$ である．ここで，i 番目の検出器での反応の大きさが R_i であり，さらに確率分布が正規分布型であるようなノイズが加わると仮定する．ただし，ノイズが標準正規分布になるように反応のサイズを修正しておく．その結果，i 番目の検出器が基準値 T を越える確率は

$$P_i = 1 - \frac{1}{\sqrt{2\pi}} \int_{-\infty}^{T-R_i} \exp\left(-\frac{x^2}{2}\right) dx$$

と表される．Quick は上式の右辺に対して近似を用いることによって，この確率加重によるシステム全体の検出確率 P_s と，閾での各経路の反応の大きさ R_i のベクトル加算 (vector magnitude)

$$\|R\| = \left[\sum_i R_i^\alpha\right]^{1/\alpha}$$

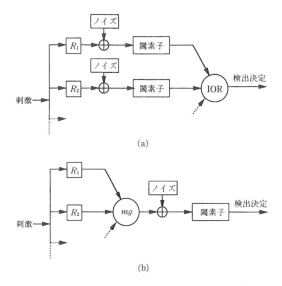

図 14.5　確率加重とベクトル加算 (Quick[6] を改変)

とが密接に関係することを示した (図 14.5(b)). ここで，a は定数である．実際に，Quick は空間的に正弦波状に輝度変調した格子状パターン刺激に対する輝度のコントラスト閾値が，各経路の反応のベクトル加算の逆数に一致することを示した.

14.1.4　感覚尺度構成の方法

感覚尺度構成とは，視覚刺激の刺激量に対して，ある特定の知覚属性に関する感覚・知覚の主観的な強さや質に，対応する数値を割り当てることである．このとき，その数値がどのような数学的意味をもつかを把握しておくことは重要である．それらは，数学的操作の適用可能な範囲に従って，名義尺度 (normal scale)，序数尺度 (ordinal scale)，間隔尺度 (interval scale) および比率尺度 (ratio scale) の 4 つの尺度に分けられる．

(1) 名義尺度　色を赤や緑や青といった色のカテゴリーに分類するとき，各カテゴリーに赤，緑，青の代わりに 1, 2, 3 といった数を割り当てるように，特定の知覚属性の群やカテゴリーの命名のために数を用いるとき，その数値は名義尺度と呼ばれる．数字が同じであれば同じカテゴリーであるという同一性だけが成り立ち，数字の値には意味がない.

(2) 序数尺度あるいは順序尺度　知覚の強さや大きさの順序を指定するために数を用いるとき，その数値は序数尺度あるいは順序尺度と呼ばれる．同一性と順位性が成り立ち，いったん序数尺度が得られると，数値と知覚の大きさとのあいだに単調増大関係が成り立つような任意の変換を施しても，その性質は保持される.

(3) 間隔尺度あるいは距離尺度　序数尺度があり，さらに，2 つの刺激を比較したときに，被験者に知覚される差の大きさが同じであれば，尺度値の差も同じであるように尺度値を目盛るとき，その尺度は間隔尺度あるいは距離尺度になる．この尺度では，尺度値の差が知覚の差に対応しており，序数尺度の性質に加えて，尺度値と知覚の大きさのあいだに線形関係が成り立つ.

(4) 比率尺度あるいは比例尺度　間隔尺度のうちで，尺度値に 0 点が存在する場合，比率尺度あるいは比例尺度と呼ばれる．感覚尺度の場合，知覚の大きさにはたいていの場合 0 点が存在するので，間隔尺度が構成できれば比率尺度となる．この尺度では，同一性，順序性，加算性のすべてが成り立ち，さらに，尺度値の差だけでなく，それらの比も意味をもつ．また，尺度値のすべてに一定の数を掛けても，尺度値の差や比の関係は全く影響されない．数学的操作を行ううえで最も取扱いが便利な尺度なので，感覚の尺度化を行う場合には比率尺度が目指される.

刺激量を感覚尺度化する方法には大別して 2 種類ある．1 つは混同可能性尺度構成法 (confusability scaling) と呼ばれ，もう 1 つは直接尺度構成法 (direct scaling) と呼ばれる.

a. 混同可能性尺度構成

2 つの刺激の間の知覚的距離を，それらの刺激が互いに混同される比率によって決定するのが混同可能性尺度構成である．例えば，標準刺激と比較刺激を一対比較して，いろいろな刺激量の差に対して，「両方の刺激が同じであるように見える」という判定比率を測定する．14.1.2 項に示したように，標準刺激と比較刺激の刺激量の差が小さいときは同じと判定される比率が高く，混同が頻繁に起こる．刺激量の差が大きくなると，同じと判定される比率は低くなり，混同の頻度が減少する．十分に刺激量の差が大きくなると混同の頻度は 0 になる．すなわち，2 つの刺激が混同される比率は，刺激量の差が小さい場合には高く，刺激量の差が大きくなると低くなる．このような傾向は，標準刺激のさまざまな大きさの刺激量においても現れる．そこで，2 つの刺激が同じ混同比率になるときには，標準刺激の刺激量の大きさによらないで，被験者に対して同じよ

うな主観的な相違の印象を与えると仮定する．こうして，適切な混同比率を前もって定めておき，その比率になるときの刺激量の差を一定の印象の差を表す単位量として採用することによって，感覚量を等間隔に刻むような目盛を刺激量につけることができる．その結果は間隔尺度となり，さらに0点があれば，比率尺度となる．

混同可能性による目盛は弁別閾 jnd の目盛に対応する．弁別閾 jnd による尺度構成の例とよく知られているものとして，任意の二つの色刺激に知覚される色の差を尺度化した均等色尺度 (uniform color scale) があり，これは比率尺度である．

ところで，混同可能性尺度構成のための測定では，多くの場合，一対比較による二者強制選択法が用いられる．多くの一対比較の結果から間隔尺度を構成するための方法として，Thurstone の比較判断の法則 (law of comparative judgement) がよく知られている[7]．

まず，刺激連続体上の個々の刺激量 S によって，知覚連続体に引き起こされる感覚量 R の確率分布 $f(r)$ が正規分布で表されると仮定する．

$$f(r) = \frac{1}{\sqrt{2\pi}\sigma}\exp\left\{\frac{(r-\mu)^2}{2\sigma^2}\right\}$$

すなわち，図14.6のように，2つの刺激 S_i と S_j があり，一方の刺激 S_i によって，平均値 μ_i，標準偏差 σ_i の正規分布で表されるような感覚 r_i が生じ，もう一方の刺激 S_j に対しては，平均値 μ_j，標準偏差 σ_j の正規分布で表されるような感覚 r_j が生じると仮定する．一対比較によって，2つの刺激のどちらが大きいかを強制選択させることは，2つの正規分布のそれぞれからでたらめに1つのサンプルを取り出し，どちらの感覚量がより大きいかを判定することに相当する．すると，刺激量 S_j によって生じる感覚のほうが刺激量 S_i によって生じる感覚よりも大きいと判定される確率は，取り出されたサンプル値の差 $(r_j - r_i)$ が正となる確率で与えられると考えることができる．

ところで，2つの刺激量の差 $(S_j - S_i)$ に対応する感覚量の差 $(r_j - r_i)$ の確率分布もやはり正規分布となり，平均は $(\mu_j - \mu_i)$，標準偏差は

$$\sigma_{ij} = \sqrt{\sigma_i^2 + \sigma_j^2 - 2\rho_{ij}\sigma_i\sigma_j}$$

で与えられる．ここで，ρ_{ij} は2つの正規分布の統計的相関である．

この感覚量の差の分布において，変数の0点から分布の平均までの距離を標準偏差 σ_{ij} を単位として

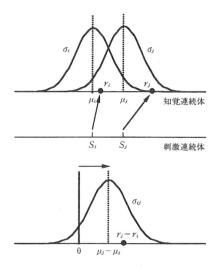

図 14.6　Thurstone の比較判断の法則

数えて目盛る．感覚量分布の標準偏差 σ_i, σ_j や統計的相関 ρ_{ij} がつねに一定であると考えられる場合 (Thurstone のケース V の一般化) には，σ_{ij} が一定となり，感覚連続体のすべての範囲で，σ_{ij} を単位として，間隔尺度 (さらに0点があれば比率尺度) を構成することができる．

b．直接尺度構成

主観的印象に対応した数値を，被験者が刺激量に直接割り当てることによって尺度化を行うのが，直接尺度構成である．割り当てられる数値は被験者の主観によって決められる．このような直接尺度構成には量推定法 (magnitude estimation method)，評定尺度法 (rating scale method) や系列範疇法 (method of successive categories) などがある．

1)　量推定法

直接尺度構成法としてよく用いられる方法である．通常，標準刺激に対する主観的な量を一定値，例えば100と前もって指定しておき，一対比較によって，被験者はいろいろなテスト刺激に対する主観的な量をその一定値に相対的な値で評価する．例えば，標準刺激である一定輝度の光刺激の明るさを100とし，被験者がテストの光刺激に感じる明るさを評価して，半分ぐらいに感じられるときには，50という数値を与える．このように直接的に見えに数値を与える方法が量推定法である．こうして得られた尺度は比率尺度となる．前もって，標準刺激に対する一定値を指定しないで，被験者に自由に評価させ，測定ののちに，標準刺激に対する評価結果が一定値になるようにデータを換算することもある．

Stevens(1951)は量推定法を用いて，さまざまな感覚において，刺激量 S と感覚量 R の間に次の関係が成り立つことを示した．

$$R=k(S-S_0)^n$$

ここで，S_0 は絶対閾値，n は感覚に固有の指数で，k は比例定数である．これはべき法則 (power law) と呼ばれる．14.1.3 項の a. に示したフェヒナーの法則は，刺激量 R の丁度可知差異 $\varDelta R$ が刺激量 S の相対変化 $\varDelta S/S$ に比例して一定であることから導かれるのに対して，べき法則は，感覚量の相対変化 $\varDelta R/R$ が刺激量の相対変化 $\varDelta S/S$ に比例することに相当している[7]．

2) 評定尺度法と系列範疇法

評定尺度法では，視覚刺激の見えを段階的なカテゴリーで評価する．例えば，光刺激の明るさを評価するとき，①たいへん明るい，②かなり明るい，③適度に明るい，④少し暗い，⑤たいへん暗い，といったカテゴリーによる段階を設定し，被験者にいずれかによって回答させる．こうして得られる尺度は序数尺度となる．通常は，そのあとで各カテゴリーに数値を割り当てたうえ集計を行う．数値を割り当てる方法には，一方向に段階的に数値が大きくなるように尺度値を割り当てる「単極尺度」と，「普通」あるいは「中間」といった中性カテゴリーを0として，正と負の両方向に尺度値を割り当てる「両極尺度」があるが，カテゴリーの設定や数値の割当ては任意であるため，カテゴリー相互の間の距離が等しいとはかぎらない．

評定尺度法において得られる序数尺度に，さらに数値的な処理を施すことによって，間隔尺度を得る方法が系列範疇法である．刺激がどのカテゴリーに属するかを被験者が判定するとき，各カテゴリーが選択される頻度分布はつねに正規分布すると仮定する．そこで，繰返し提示された個々の刺激に対して，各カテゴリーの頻度分布が同じ正規分布になるように，カテゴリー相互の間の距離を調節する．こうして調整されたカテゴリー間の距離を尺度とすると，これは間隔尺度となっている．ただし，個々の刺激に対する判定のくり返し回数を多くすれば，系列範疇法を用いなくても，評定尺度法の結果は両端のカテゴリーを除いては，ほぼ間隔尺度になるとされている．

[山下由己男]

文 献

1) 山下由己男：視覚実験法，記録・記憶技術ハンドブック，4章5節，丸善，1992
2) 田中良久：心理学的測定法(第2版)，東京大学出版会，1977
3) 池田光男：視覚の心理物理学，森北出版，1975
4) 中野靖久：心理物理測定法，VISION，**7**，17-27，1995
5) A. B. Watson and D. G. Pelli : QUEST : A Bayesian adaptive psychometric method, *Perception and Psychophisics*, **33**, 113-120, 1983
6) R. F. Quick Jr. : A vector-magnitude model of contrast detection, *Kybernetik*, **16**, 65-67, 1974
7) 齋藤堯幸：心理物理学的スケーリング，現代基礎心理学2，知覚I 基礎過程(相場 覚編)，東京大学出版会，pp. 189-229, 1982.

14.2 視覚データ解析法

14.2.1 解析の対象

14.1.1項で述べられているように，心理物理測定量は大きく分けて，定数測定データと感覚尺度測定データに分けられる．ここでは，これらのデータの解析法について述べる．

閾値や主観的等価値などの定数データは最終的には光のエネルギーなどの物理量や輝度や照度といった心理物理量に換算されるので，その取扱い方法は一般の物理量の場合とさほど変わらない．しかし，その背景に知覚確率曲線が存在することから，知覚確率曲線から有用なデータを引き出すための解析方法にいろいろな工夫がなされている点が一般の物理量と異なる点である．

一般の物理量と同様の解析項目としては，有意差検定をとりあげる．異なる条件で測定したデータの平均値や分散に統計的に有意な差があるかどうかを判定する必要が生じることはまれではない．各種検定に関する統計的理論を実際のデータにあてはめることは，意外と手間のかかる作業である．ここでは理論的側面は専門書にまかせ，各種検定を表計算ソフトウェアを用いて行う方法を解説する．

心理物理測定特有の解析項目としては，閾値測定の信頼性をより高めるための信号検出理論，および閾値測定の効率を高めるための最尤法をとりあげる．ここでも，理論的側面はさておき，実用的な側面からの解説を行う．

感覚尺度は観察者の内面にある知覚連続体上で反応の大きさの尺度であり，これを求めるためにはさまざまな心理学的手法が必要となる．一対比較法のデータから間隔尺度や比例尺度を求める手法，多次元尺度構成法，セマンティック・ディファレンシャル法など実験心理学の進歩とともに発達した統計・

多変量解析などの数学的手法がそれである．14.2.3項ではこれらの手法を実用的な側面から解説し，実例を用いて実際の計算方法を具体的に示す．計算には数値解析ソフトウェアを活用する．

14.2.2 定数データ解析法
a．定数データの推定と検定

データの測定とは正規分布に従う母集団から無作為に標本を抽出する作業と解釈することができる．いま，ある条件の下での測定データが平均値 μ 分散 σ^2 の正規分布に従うものとする．これらは母集団の平均と分散，すなわち母平均と母分散であり，実際に測定で求まるデータの平均値 $\bar{x}$ と分散 s^2，すなわち標本平均と標本分散から推定される統計量である．母集団が同じでも，標本平均や標本分散は測定するたびに変動する．その分布にはある規則性があり，母集団が正規分布に従うという仮定からその変動の様子を理論的に求めることができる．これら標本平均や標本分散が従う確率分布を標本分布という．表 14.1 に代表的な標本分布を示す[1]．

表の上段の χ^2（カイ 2 乗）分布は標準正規分布に従う母集団から n 個の独立なデータをランダムにサンプルしたとき，サンプルデータの平方和はどのような値をとる確率が高いかを示す確率密度分布を表している．一般の平均値 μ 分散 σ^2 の正規分布に従う母集団からの n 個のサンプルデータ $x_1, \cdots, x_n$ の場合は標準正規分布になるようにデータを $(x_1 - \mu)/\sigma, \cdots, (x_n - \mu)/\sigma$ と規格化し，これらの平方和が χ^2 分布に従うと考える．しかし，ここでは母平均 μ は未知であるので，その推定値である標本平均 $\bar{x}$ を代わりに用いる．このとき n 個のデータは独立ではなくなる．なぜなら $\sum_{i=1}^{n}(x_i - \bar{x}) = 0$ という関係式が成り立つので自由度が 1 減るのである．したがって，規格化したデータの平方和

$$\chi^2 = \sum_{i=1}^{n}\left(\frac{x_i - \bar{x}}{\sigma}\right)^2 = \frac{S}{\sigma^2} \quad (14.2.1)$$

は自由度 $n-1$ の χ^2 分布となる．ただし，ここで $S = \sum_{i=1}^{n}(x_i - \bar{x})^2$．右の欄に示した分布関数は自由度を n としたときのものである．母分散 σ^2 も未知であるが，逆に χ^2 分布を用いて母分散 σ^2 に関する推定・検定を行うことができる．

中段の t 分布は考案者のペンネームからスチューデントの t 分布とも呼ばれる．これは，標準正規分布をしている母集団から n 個のデータをサンプルしたとき，データの和/$\sqrt{平方和}$ の値が従う確率密度分布である．一般のデータに対しては，標準正規分布になるように規格化したデータの和/$\sqrt{平方和}$，すなわち，

$$t = \frac{\sum_{i=1}^{n} \frac{x_i - \mu}{\sigma}}{\sqrt{\sum_{i=1}^{n}\left(\frac{x_i - \mu}{\sigma}\right)^2}} = \frac{\bar{x} - \mu}{\sqrt{\frac{\sigma^2}{n}}} \quad (14.2.2)$$

が確率変数となる．また，母分散 σ^2 は未知であるのでこれを標本分散 $s^2 = S/(n-1)$ で置き換えた

$$t = \frac{\bar{x} - \mu}{\sqrt{\frac{s^2}{n}}} \quad (14.2.3)$$

が t 分布に従うと考える．ここでも，データを規格化した時点で自由度が 1 減っているので，t 分布の自由度は $n-1$ である．この t 分布を用いると母平均 μ に関する推定・検定を行うことができる．

下段の F 分布は，標準正規分布する母集団からの n_1 個のサンプルデータの平方和のように自由度 n_1 の χ^2 分布をする確率変数を u_1，これとは独立に自由度 n_2 の χ^2 分布をする確率変数を u_2 とするとき $F = (u_1/n_1)/(u_2/n_2)$ の値が従う確率密度分布である．自由度は 2 種類あるので，この場合自由度 (n_1, n_2) の F 分布と称される．これは，2 種類のサンプルの分散の比と考えてよい．一般のデータに対

表 14.1 代表的な標本分布[1]

確 率 変 数	分 布 名	分布関数（自由度は n, n_1, n_2 とする）
$\dfrac{S}{\sigma^2}$, ここで $S = \sum_{i=1}^{n}(x_i - \bar{x})^2$	自由度 $n-1$ の χ^2 分布	$\dfrac{1}{2\Gamma\left(\frac{n}{2}\right)} e^{-\frac{x}{2}} \left(\frac{x}{2}\right)^{\frac{n}{2}-1}$
$\dfrac{\bar{x} - \mu}{\sqrt{\frac{s^2}{n}}}$, ここで $s^2 = \dfrac{S}{n-1}$	自由度 $n-1$ の t 分布	$\dfrac{1}{\sqrt{n\pi}} \dfrac{\Gamma\left(\frac{n+1}{2}\right)}{\Gamma\left(\frac{n}{2}\right)} \left(1 + \frac{x^2}{n}\right)^{-\frac{n+1}{2}}$
$\dfrac{s_1^2/\sigma_1^2}{s_2^2/\sigma_2^2}$	自由度 $n_1 - 1, n_2 - 1$ の F 分布	$\dfrac{\Gamma\left(\frac{n_1 + n_2}{2}\right)}{\Gamma\left(\frac{n_1}{2}\right)\Gamma\left(\frac{n_2}{2}\right)} \left(\frac{n_1}{n_2}\right)^{\frac{n_1}{2}} x^{\frac{n_1}{2}-1} \left(1 + \frac{n_1}{n_2} x\right)^{-\frac{n_1 + n_2}{2}}$

しては，データの規格化を行い F の値を計算すると

$$F=\frac{\dfrac{\sum_{i=1}^{n}\left(\dfrac{x_{1i}-\bar{x}_1}{\sigma_1}\right)^2}{n_1-1}}{\dfrac{\sum_{i=1}^{n}\left(\dfrac{x_{2i}-\bar{x}_2}{\sigma_2}\right)^2}{n_2-1}}=\dfrac{s_1^2/\sigma_1^2}{s_2^2/\sigma_2^2} \quad (14.2.4)$$

となり，これは自由度 (n_1-1, n_2-1) の F 分布に従う．F 分布は分散比の推定・検定に用いられる．

推定や検定とは標本データ，すなわち測定データから母集団，すなわち自然現象の性質を推し量り，その性質がどれくらい確からしいかを検査することといえる．測定データから，「測定対象がとりうる値は何％の確率でこの範囲に収まります」という予測を行ったり，2つのデータを比較して「何％の確率で2つのデータの平均値には有意な差があります」という結論を導いたりすることができるのは，標本データが示すさまざまな性質が上述の標本分布という形で統計的に確立されているためである．以下に，推定・検定の実際について述べる．

1) 分散に関する推定・検定（χ^2 検定）

測定データは必ずある程度のばらつきを伴っている．測定データのばらつきは普通望まれない厄介者と受け取られがちであるが，ばらつき自体に有用な情報が含まれている場合もある．例えば，カラーマッチングのばらつきから色の弁別楕円を求めたMacAdamの研究はその典型的な例である．データのばらつき具合から母集団の分散を推定するには χ^2 分布を用いる．

図14.7に自由度9の χ^2 分布の例を示す．確率分布の性質からこの関数を全域で積分した値は1となる．これは $\chi^2=s/\sigma^2$ の値が0から ∞ のどこかの範囲にある確率は1であるという自明の事実を表している．一般に χ^2 の値がある区間内にある確率はその区間での χ^2 分布の積分値で表される．いま χ^2 の値がある境界値より大きい値になる確率が P となるような境界値を求める関数を $\chi^2(n, P)$ で表す．この値は χ^2 分布表から求めることができるが，近年表計算ソフトウェアの普及により，より簡単に各種の分布表の値が計算できるようになっている．表14.2に，代表的な表計算ソフトであるLotus 123とMicrosoft Excel で χ^2 検定関連の計算を行う方法を示す．

表14.2 表計算ソフトによる χ^2 検定関連の計算[2,3]

	Lotus 123	Microsoft Excel
$P \to \chi^2$	@CHIDIST $(P, n, 1)$	=CHIINV (P, n)
$\chi^2 \to P$	@CHIDIST $(\chi^2, n, 0)$	=CHIDIST (χ^2, n)

図14.7では，自由度 $n=9$ の χ^2 分布で $P=0.1$ となるための χ^2 の値は $\chi^2(9, 0.1)=14.68$ となることを示している．これは10回の測定を行ったときの $\chi^2=S/\sigma^2$ の値が $14.68<\chi^2$ となる確率は10％であることを示している．測定データから S の値は既知であるから，母分散 σ^2 に関しては $S/14.68<\sigma^2$ である確率は10％ということができる．

一般にある確率変数がどのような範囲に分布するかを示すために区間推定という方法がとられる．これは，ある有意水準 α（あるいは危険率）を設け，$1-\alpha$ の信頼度でその区間に収まることを予測する．母分散 σ^2 の区間推定は

$$\frac{S}{\chi^2\left(n-1, \dfrac{\alpha}{2}\right)}<\sigma^2<\frac{S}{\chi^2\left(n-1, 1-\dfrac{\alpha}{2}\right)} \quad (14.2.5)$$

となる．例えば $\alpha=0.05$ とすると，母分散 σ^2 は95％の信頼度で式(14.2.5)の区間に収まるが，この区間の外に出る危険性も5％あることを示している．このときの式(14.2.5)の区間を95％の信頼区間という．

表14.2では確率 P を与え，対応する境界値 $\chi^2(n, P)$ を得る関数だけでなく，この逆，すなわち境界値 χ^2 を与え，χ^2 の値がこれ以上となる確率 P を得る関数も示されている．これは，母分散 σ^2 がある値以上，あるいは以下になる確率はいくらになるかを知りたい場合に用いる．

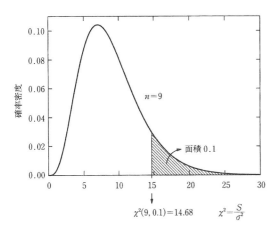

図14.7 $n=9$ の場合の χ^2 分布
斜線部の面積は $\chi^2=S/\sigma^2$ の値がある境界値よりも大きくなる確率を表し，例えばその確率が0.1となるのは，境界値が $\chi^2(9, 0.1)=14.68$ の場合である．斜線部は片側検定の10％の棄却域とも呼ばれる．

2) 平均に関する推定・検定（t 検定）

平均値に関する推定・検定には t 分布を用いる．基本的な考え方は χ^2 検定の場合と同様である．t 検定では $t=(\bar{x}-\mu)/\sqrt{s^2/n}$ の絶対値がある境界値より大きい値になる確率が P となるような境界値を求める関数を $t(n, P)$ で表す．表 14.3 に表計算ソフトを用いて t 検定関連の計算を行う方法を示す．

表 14.3 表計算ソフトによる t 検定関連の計算[2,3]

	Lotus123	Microsoft Excel
$P \to t$	@TDIST$(P, n, 1)$	=TINV(P, n)
$t \to P$	@TDIST$(t, n, 0)$	=TDIST(t, n)

この関数を用いて母平均 μ に関する区間推定を行うと，信頼度 $1-\alpha$ の信頼区間は

$$\bar{x}-t(n-1, \alpha)\sqrt{\frac{s^2}{n}} < \mu < \bar{x}+t(n-1, \alpha)\sqrt{\frac{s^2}{n}} \quad (14.2.6)$$

となる．例えば $n=10$, $\alpha=0.05$ とした場合，表 14.3 の上段の関数を用いて $t(9, 0.05)=2.262$ となる．母平均 μ がある値以上，あるいは以下になる確率はいくらになるかを計算する場合は下段の関数を用いる．

3) 分散の比に関する推定・検定（F 検定）

2つの異なる条件で測定したデータの分散が等しいかどうかを調べたい場合 F 検定を用いる．F 検定では $F=(s_1^2/\sigma_1^2)/(s_2^2/\sigma_2^2)$ の値がある境界値より大きい値になる確率が P となるような境界値を求める関数を $F(n_1, n_2, P)$ で表す．表 14.4 に表計算ソフトを用いて F 検定関連の計算を行う方法を示す．

表 14.4 表計算ソフトによる F 検定関連の計算[2,3]

	Lotus123	Microsoft Excel
$P \to F$	@FDIST$(P, n_1, n_2, 1)$	=FINV(P, n_1, n_2)
$F \to P$	@FDIST$(F, n_1, n_2, 0)$	=FDIST(F, n_1, n_2)

F 検定では2つの母分散の比 σ_1^2/σ_2^2 を推定し，その信頼度 $1-\alpha$ の信頼区間は

$$\frac{s_1^2/s_2^2}{F\left(n_1-1, n_2-1, \dfrac{\alpha}{2}\right)} < \frac{\sigma_1^2}{\sigma_2^2}$$
$$< \frac{s_1^2/s_2^2}{F\left(n_1-1, n_2-1, 1-\dfrac{\alpha}{2}\right)} \quad (14.2.7)$$

で表される．したがって，2つの分散が等しいかどうか検定するには，まず仮説として $\sigma_1^2/\sigma_2^2=1$ を設け，この条件が式 (14.2.7) の範囲内に収まっているかどうかを調べる．収まっていない場合は，仮説は有意水準（あるいは危険率）α で棄却されることになる．この場合の有意水準の意味は，仮説が実は正しいにもかかわらず棄却されてしまう場合が確率 α で起こりうるということである．分散比 σ_1^2/σ_2^2 がある値以上，あるいは以下になる確率はいくらになるかを計算する場合は表 14.4 の下段の関数を用いる．

4) 平均の差に関する推定・検定（t 検定）

2つの異なる条件で測定したデータの平均値が等しいかどうかを調べたい場合は，1組のデータの平均に関する場合と同様 t 検定を用いる．表 14.1 で各種の標本分布のもととなる確率変数が左の欄に示されているが，これらは最も典型的な確率変数であり，これ以外にも同じ標本分布を示す確率変数が数多く存在する．平均の差に関しては表 14.5 の確率変数が t 分布に従うことが知られている．上段は2組のデータの分散が等しいと仮定できる場合，中段は2組のデータの分散が等しくない場合，下段は2組の各標本データが対になっている場合に適用される．対データの例としては，何人かの被験者のデータで平均をとるような場合に，被験者ごとに判断基準が違うなど，2組のデータの各サンプル間にある種の相関が見られる場合などが考えられる．被験者間のデータの分散が大きいために2組の平均値には有意差なしと判定される場合でも，被験者ごとに調べると有意差が出てくる場合があるのである．この場合，各組のデータのサンプルの順番を同じにそろえておく必要がある．相関が見られる場合には組1と組2のデータの共分散 s_{12} が 0 でない値をもつ．

表 14.5 t 分布に従う平均の差に関する確率変数とその自由度[4]

データの性質	確率変数	自由度
等分散	$\dfrac{(\bar{x}_1-\bar{x}_2)-(\mu_1-\mu_2)}{\sqrt{\left(\dfrac{1}{n_1}+\dfrac{1}{n_2}\right)\dfrac{S_1+S_2}{n_1+n_2-2}}}$	n_1+n_2-2
非等分散	$\dfrac{(\bar{x}_1-\bar{x}_2)-(\mu_1-\mu_2)}{\sqrt{\dfrac{s_1^2}{n_1}+\dfrac{s_2^2}{n_2}}}$	$\dfrac{\left(\dfrac{s_1^2}{n_1}+\dfrac{s_2^2}{n_2}\right)^2}{\dfrac{(s_1^2/n_1)^2}{n_1-1}+\dfrac{(s_2^2/n_2)^2}{n_2-1}}$
対データ	$\dfrac{(\bar{x}_1-\bar{x}_2)-(\mu_1-\mu_2)}{\sqrt{\dfrac{s_1^2+s_2^2-2s_{12}}{n}}}$ $\left[s_{12}=\dfrac{1}{n-1}\sum_{i=1}^{n}(x_{1i}-\bar{x}_1)\right.$ $\left.(x_{2i}-\bar{x}_2)\right]$	$n-1$

表計算ソフトを用いてこれらの検定を行うにはど

の場合も TTEST という関数を用いる．この関数の成用方法に関する詳細は各ソフトのオンラインヘルプに示されている[2,3]．この関数は 2 組の母平均が等しい（$\mu_1=\mu_2$）という仮説が棄却されない確率を与える．したがって，結果が 0 に近いほど 2 組のデータの有意差が大きいことを示す．

b．信号検出理論

14.1.2 項で述べられているように，心理物理測定においては物理的な刺激に対して被験者の内部にある感覚が生じることによって知覚が生じ，外界の物理的な刺激量（刺激連続体）に対応した知覚量（知覚連続体）を形成していると考える．閾や主観的等価値などの定数測定では，知覚連続体上に各被験者が閾や等価値に対応した判断基準をもっており，提示された刺激がこの閾を越えるかどうかの確率が知覚確率曲線として求められると考える（図 14.2）．したがって，知覚連続体上での反応は同じでも，各被験者の判断基準が異なれば，異なった知覚確率曲線が得られ，閾値や等価値も異なる結果が得られることになる．この被験者間の判断基準の違いにかかわらず，知覚連続体上での反応が同じであれば同じ結果が得られる指標は存在しないだろうか．それに答えるのが信号検出理論で求められる d' という指標である[5,6]．

測定データに信号検出理論を適用するには被験者の判断基準の違いを何らかの方法で調べなければならない．恒常法で閾値を測定する場合を考えると，実験者はある強さの刺激を被験者に提示して，見えたか見えなかったかを問うわけであるが，被験者 A は確実に見えたときだけ"見えた"と答え（判断基準が高い），被験者 B はあいまいな見えの場合でも"見えた"と答える（判断基準が低い）かもしれない．そこで，刺激のなかに何も提示しない空の刺激を混ぜておく．すると，被験者 A は空の刺激に対して"見えた"と応答することはほとんどないが，被験者 B は空の刺激に対しても"見えた"と応答する場合が現れる．このように本来提示されていない刺激に対して"見えた"と答えることをフォールス・アラーム（false-alarm）という．したがってフォールス・アラームが起こる割合の大小で被験者の判断基準を推定することができる．

実際の実験においては，実験者は同じ条件の刺激と空の刺激を混ぜたものをランダムに被験者に提示し，被験者から刺激が"見えた（yes）"あるいは"見えない（no）"の応答をとる．刺激の有無と応答の yes-no の組み合わせを表にすると，表 14.6 のようになる．有刺激に対して yes と応答する場合はヒット（hit），no と応答する場合はミス（miss）といい，それぞれの確率を P_H，P_M とすると，$P_H+P_M=1$ の関係が成り立つ．空刺激に対して yes と応答する場合は前述のフォールス・アラーム，no と応答する場合はコレクト・リジェクション（correct-rejection）といい，それぞれの確率を P_{FA}，P_{CR} とすると，$P_{FA}+P_{CR}=1$ の関係が成り立つ．したがって，計算上は P_H と P_{FA} だけを求めておけば十分である．

表 14.6 刺激-応答表

応答 刺激	yes	no
有	ヒット hit P_H	ミス miss P_M
無	フォールス・アラーム false-alarm P_{FA}	コレクト・リジェクション correct-rejection P_{CR}

次に，P_H と P_{FA} から被験者の判断基準によらない刺激の検出力を表す指標を導く原理を図 14.8 に示す．14.1.2 項で説明されたように，ある一定の強度の刺激をくり返し与えると，被験者内部での反応量は知覚連続体上である確率分布を示す．反応量を適当に規格化するとこの確率分布は標準正規分布で表すことができる．実際に刺激を与えた場合だけでなく，空刺激に対しても知覚連続体上に反応の分布が生じる．これは，さまざまなノイズにより生じると考えられるのでノイズ分布（n 分布）と呼ぶ．一方，有刺激に対する反応の分布は，信号とノイズが足し合わされて生じるので，信号＋ノイズ分布（sn 分布）と呼ぶ．被験者は，この知覚連続体上のある反応量を境にそれ以上の反応が生じたら yes，それ以下の反応であれば no と応答するものと考える．このとき，この境より右側の各分布の面積（斜線部分）は sn 分布に対してはヒット率 P_H，n 分布に対してはフォールス・アラーム率 P_{FA} を与える．図 14.8 では $P_H=0.6$，$P_{FA}=0.1$ の場合の例を示している．一般の恒常法で求められる知覚確率はヒット率に等しいが，ヒット率は被験者の判断基準が変化すると変動してしまう．実際に求めたいものは sn 分布のピークの位置であるから，n 分布のピークの位置からの相対距離でこれを表すことができれば被験者の判断基準によらない刺激の検出力の指標とな

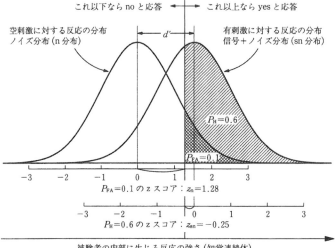

図 14.8 d' 導出の原理
ヒット率 P_H とフォールス・アラーム率 P_{FA} から標準正規分布の右領域の面積が P_H, P_{FA} になる境界値 z_{sn}, z_n を正規分布表あるいは表計算ソフトで求め，$d'=z_n-z_{sn}$ により d' を計算する．

る．これを d'（ディー・プライム）と呼ぶ．d' の計算方法は簡単で，P_H, P_{FA} それぞれに対して標準正規分布表からその確率を与える境界値（z スコア）z_{sn}, z_n を求め，$d'=z_n-z_{sn}$ によって計算する．表計算ソフトを利用して z スコアを求めるには，表 14.7 の関数を用いる．これらの関数は，境界値より左側の面積が第 1 引数の値になるような境界値 z を計算するようになっているので，右側の面積（確率 P）から境界値を求めるには第 1 引数を $1-P$ とする必要がある．図 14.8 の例では $d'=z_n-z_{sn}=1.28-(-0.25)=1.53$ となる．

表 14.7 表計算ソフトによる z スコアの計算[2,3]

Lotus 123	Microsoft Excel
@NORMAL $(1-P, 0, 1, 1)$	=NORMSINV $(1-P)$

d' が被験者の判断基準によらないならば，ヒット率とフォールス・アラーム率のあいだには単調増加の関係が成り立つはずである．そこで，横軸にフォールス・アラーム率，縦軸にヒット率をとったグラフを描くと，図 14.9 のようになる．この曲線を ROC 曲線 (receiver operating characteristic curve) と呼ぶ．ROC 曲線を描くことによって，信号検出理論で用いている各種仮定が実際に成り立っているかどうか確認することができる．例えば，n 分布も sn 分布も同じ分散をもち，それぞれを標準

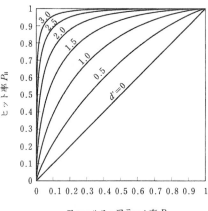

図 14.9 ROC 曲線
d' 被験者の判断基準に依存しない指標であるならば，フォールス・アラーム率 P_{FA} を横軸，ヒット率 P_H を縦軸にとったグラフに判断基準の異なるさまざまな被験者の結果をプロットすると，同じ刺激に対するデータは 1 本の右上がりの曲線上に乗る．また，n 分布と sn 分布の分散が等しいという仮定が正しければ曲線は $(0, 1)$-$(1, 0)$ を結ぶ直線に対して対称になる．

正規分布で表すことができるという仮定から，ROC 曲線が $(0, 1)$-$(1, 0)$ を結ぶ直線に対して対称になることが示されるが，この仮定が成り立たない場合は対称性が崩れるので，その形状を実際に描いてみることで仮定が検証できる．

d' は刺激の検出力を表すよい指標であるが，こ

れ自体は規格化された無次元の量であり，これまで扱ってきた定数データとは趣が異なる．しかし，さまざまな強度の刺激に対する d' の値が求まっていれば，d' がある一定値となる刺激強度を刺激の検出力の指標とすることができ，これは通常の定数データとして扱うことができる．

c. 最尤法

最尤法はデータの解析をデータの収集と同時に行い，効率的に閾値や等価値などの定数データを求める手法である．定数データ測定の基本は知覚確率曲線の決定にある．恒常法ではこれをその原理に忠実に求めるため，何段階かの強度の刺激を各30回分程度用意し，強度の順番はランダムになるように刺激を提示し，各強度の刺激に対する yes, no の反応の割合から知覚確率曲線を求め，50%閾値などを決定する．したがって，刺激提示の回数は膨大な数になる．最尤法では1回の刺激提示を行い，これに対する yes, no の応答を得たらすぐに知覚確率曲線の推定を行い，次の刺激提示では推定した知覚確率曲線に基づいて50%閾値に相当する刺激を提示する．過去に提示した刺激強度とそれに対する yes, no の反応の履歴は記録されており，各回の推定では過去のデータすべてを用いて推定を行うので，回を追うごとに推定の精度は向上し，かなり急速に閾値に収束させることができる．したがって，恒常法に比べて効率的に閾値や等価値を求めることができる．

最尤法で用いられる最尤推定という手法では，仮想的な知覚確率曲線と過去の反応の履歴から以下のように尤度関数を求め，尤度関数が最大となるものを暫定的に最も尤もらしい知覚確率曲線とする．まず知覚確率曲線を $\phi(\theta, x)$ と表しておく．ここで，θ は50%閾値に相当する刺激強度，x は刺激強度である．知覚確率曲線の傾きはここではつねに一定であると仮定する．また，過去に提示した刺激強度とそれに対する応答のペアを $(x_1, r_1), (x_2, r_2), \cdots, (x_n, r_n)$ と表す．ただし，r_i は yes のとき 1，no のとき 0 とする．尤度関数 $L(\theta)$ は

$$L(\theta) = \prod_{i=1}^{n} \mathrm{Prob}(\phi(\theta, x_i) = r_i) \quad (14.2.8)$$

と定義される[7]．ここで，$\mathrm{Prob}(\phi(\theta, x_i) = r_i)$ は $\phi(\theta, x_i) = r_i$ となる確率，すなわち強度 x_i の刺激に対して yes と応答する確率（$r_i = 1$ のとき）あるいは no と応答する確率（$r_i = 0$ のとき）で，前者は $\phi(\theta, x_i)$，後者は $1 - \phi(\theta, x_i)$ となる．この場合，$L(\theta)$ は知覚確率曲線の横方向の位置を決めるパラ

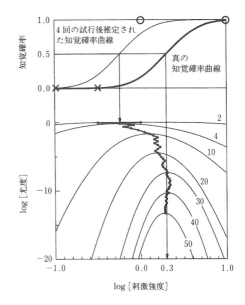

図 14.10　最尤法の数値シミュレーション
真の知覚確率曲線を上段の太い曲線で示す．この知覚確率曲線に基づいて被験者が応答するとき，最尤法による50%閾値の推定値は30～40回程度の反復で収束する．尤度関数は，はじめ幅の広い形状をしているが，回を重ねるに従ってピークが鋭くなっていく．

メーター θ の関数となっており，$L(\theta)$ が最大となる $\theta = \theta_{\max}$ を探すことにより，これまでのデータに最もよく合う知覚確率曲線を暫定的に定め，次に提示する刺激強度を $x = \theta_{\max}$ とする．この手順を，刺激強度の値が50%閾値に収束するまで繰り返す．

図14.10に最尤法による数値シミュレーションの結果を示す．知覚確率曲線には累積正規分布関数を用い，横軸は対数強度をとった．真の知覚確率曲線は $\theta = 0.3$ の位置にあり，各強度の刺激に対する被験者の応答は $[0, 1]$ の一様乱数がその強度での真の知覚確率の値より小さい場合は yes，それ以外は no とした．はじめ，刺激強度と応答の初期値として $(1.0, 1), (-1.0, 0)$ を与えて上記の手順を50回くり返し，尤度関数が最大となる点（■）の軌跡を下のパネルに描いた．縦軸は対数尤度である．全体の尤度関数は，最初の2, 4回目と，以降は10回おきのものを示している．また，はじめの4回までの被験者の応答（yes：○, no：×）とこの時点で最尤推定された知覚確率曲線を上のパネルに示している．

このシミュレーションの結果，最尤法による閾値の推定値は30回程度のくり返しでほぼ収束することがわかる．尤度関数は，はじめ幅の広い形状をしているが，回を重ねるに従ってピークが鋭くなって

いき，推定値の変動が小さくなる様子がよくわかる．1条件の閾値測定が30回程度の刺激提示回数で行えるので，恒常法に比べて格段の効率化が図られる．シミュレーションでは，簡単のため知覚確率曲線を決める2つのパラメーターのうち横方向の移動のパラメーターのみに注目したが，現実にはスロープの傾きを表すパラメーターも未知であるので，尤度関数は2変数関数となり，尤度関数が最大となるパラメーターを見つける作業は若干複雑になる．しかし，各種の非線形最適化アルゴリズムが開発されているので，計算機での処理はそれほどむずかしくはない．

14.2.3 尺度化データ解析法
a. 間隔尺度構成法

14.1.4項のaでは一対比較による測定データから，間隔尺度が構成できることが示されている．ここでは，より具体的に数値例を交えてその構成方法を示す．ここでは，グレースケールの明るさを尺度化する例を考える．

いま，明度の似通った4つのグレースケール G_1, G_2, G_3, G_4 がある．これらを明るさの順番に並べるとともにその差を間隔尺度で評価したいというのがここでの問題である．まず，G_1～G_4 のグレースケールから異なる2つを選び，どちらがより明るいか二者強制選択法で解答させる一対比較法の実験を行う．その結果の仮想的な例を表14.8に示す．N 個の刺激から異なる2つを選ぶ組み合わせは $N(N-1)/2$ 通りあるので，$N=4$ の場合は6通りの組み合わせを調べることになる．単純化するために，同じ組み合わせに対して10回の試行を行ったとし，G_i（列）が G_j（行）より明るいと答えた確率を表に示している（正確に確率を求めるためには30回程度の試行回数が必要）．例えば，G_2 が G_1 より明るいと答えた回数は6回で，逆に G_1 が G_2 より明るいと答えた回数は4回となっており，これらは同じ組み合わせの結果を相補的に示した形になっている．同じ刺激のペアを用いた比較は行っていないが，計算の都合上このときの確率は0.5としておく．最下行は各刺激がより明るいと判断される確率の合計を示している．

この表のような確率が得られるのは，14.1.4項のaで述べられたように，各刺激に対する感覚量のばらつきが正規分布に従うためであると仮定する．このような仮定をもとに間隔尺度を求める方法をThurston法という．さらに，各正規分布の標準偏差は等しく，各正規分布間の統計的相関も等しいと仮定すると（Thurstonのケース V）G_i が G_j より明るいと判断される確率はどの組み合わせに対しても同一の正規分布に従い，これを標準正規分布で代表させることができる．このような仮定のもとに，表14.8の各確率を与える境界値（z スコア）を標準正規分布表から求める．表14.7の表計算ソフトの関数を利用する場合は，@NORMAL$(p_{ij}, 0, 1, 1)$, =NORMSINV(p_{ij}) などで計算する．ここで p_{ij} は G_i が G_j より明るいと判断される確率である．これにより，各刺激間の差が知覚連続体上での距離の差に変換されることになる．変換結果を表14.9に示す．

表14.9 表14.8の確率を z スコアに変換した結果

G_j \ G_i	G_1	G_2	G_3	G_4
G_1	0.00	0.25	0.84	∞
G_2	-0.25	0.00	0.25	0.84
G_3	-0.84	-0.25	0.00	0.25
G_4	$-\infty$	-0.84	-0.25	0.00
平均	$-\infty$	-0.21	0.21	∞

ここで，確率が1.0あるいは0.0となる場合には問題が生じる．すなわち z スコアが ∞ あるいは $-\infty$ になってしまうのである．通常このようなことが起こらなければ，各列の z スコアの平均値（表14.9の最下行）が各刺激の間隔尺度となる．しかし，このようなケースはしばしば起こると考えられるので，その対策法を以下に述べる．また，その手順を理解することは計算の原理を理解するうえでも有益である．

表14.9の値の意味は各刺激間の知覚連続体上での距離の差であることを思い起こそう．各刺激の知覚連続体上での位置を x_1, x_2, x_3, x_4 で表し，G_i が G_j より明るいと判断される確率 p_{ij} から求めた z ス

表14.8 4つのグレースケールに対する一対比較の結果の一例（G_i が G_j より明るいと答えた確率）

G_j \ G_i	G_1	G_2	G_3	G_4
G_1	0.5	0.6	0.8	1.0
G_2	0.4	0.5	0.6	0.8
G_3	0.2	0.4	0.5	0.6
G_4	0.0	0.2	0.4	0.5
計	1.1	1.7	2.3	2.9

コアを z_{ij} とすると，一般に $x_i - x_j = z_{ij}$ が成り立つ．表14.9の右上6個の組み合わせに関してこれらすべてを書き出すと，

$$\begin{cases} x_2 - x_1 = 0.25 \\ x_3 - x_1 = 0.84 \\ x_4 - x_1 = \infty \\ x_3 - x_2 = 0.25 \\ x_4 - x_2 = 0.84 \\ x_4 - x_3 = 0.25 \end{cases} \quad (14.2.9)$$

となる．右下6個の組み合わせに対しても同じ式が得られる．式(14.2.9)は3行目の式は有用な情報をもたないので取り除くとしても，4つの変数に対して5つの方程式が存在するので，その解を最小二乗法の意味で求めることができる．また一般にこれらの式は1次独立ではないので，特異値分解法により最小二乗解を求める必要がある[8]．行列を用いて表すと式(14.2.9)は $Ax = b$ の形で表される．具体的には，3行目を取り除いた形で

$$\begin{pmatrix} -1 & 1 & 0 & 0 \\ -1 & 0 & 1 & 0 \\ 0 & -1 & 1 & 0 \\ 0 & -1 & 0 & 1 \\ 0 & 0 & -1 & 1 \end{pmatrix} \begin{pmatrix} x_1 \\ x_2 \\ x_3 \\ x_4 \end{pmatrix} = \begin{pmatrix} 0.25 \\ 0.84 \\ 0.25 \\ 0.84 \\ 0.25 \end{pmatrix} \quad (14.2.10)$$

となる．この行列 A の一般逆行列 G を以下の条件を満たす行列と定義する[8]．

$$AGA = A$$
$$GAG = G \quad (14.2.11)$$
$$AG \text{ および } GA \text{ は対称行列}$$

このような行列 G は行列 A を特異値分解することにより求められる．一般逆行列 G を用いると，$Ax = b$ の最小二乗解は $x = Gb$ で表される．式(14.2.10)の最小二乗解は，

$$\begin{pmatrix} x_1 \\ x_2 \\ x_3 \\ x_4 \end{pmatrix} = \begin{pmatrix} -\frac{3}{8} & -\frac{3}{8} & 0 & -\frac{1}{8} & -\frac{1}{8} \\ \frac{1}{4} & 0 & -\frac{1}{4} & -\frac{1}{4} & 0 \\ 0 & \frac{1}{4} & \frac{1}{4} & 0 & -\frac{1}{4} \\ \frac{1}{8} & \frac{1}{8} & 0 & \frac{3}{8} & \frac{3}{8} \end{pmatrix} \begin{pmatrix} 0.25 \\ 0.84 \\ 0.25 \\ 0.84 \\ 0.25 \end{pmatrix}$$

$$= \begin{pmatrix} -0.55 \\ -0.21 \\ 0.21 \\ 0.55 \end{pmatrix} \quad (14.2.12)$$

となる．一般逆行列の計算を実際に行うためには Mathematica (Wolfram Research) や HiQ (National Instruments) などの市販の数値解析ソフトを利用することができる．一般逆行列の計算を行うための関数として，Mathematica では PseudoInverse [ ]，HiQ では pinv ( ) などの関数が用意されている[10,11]．また，特異値分解を用いた線形最小二乗法のプログラムは数値計算法に関する文献[4,9]を参考にして自作することができる．

式(14.2.12)の解の x_2, x_3 は表14.9の最下行に一致していることがわかる．前述のように，一対比較法でどちらが優位であるかの判定の確率が1になってしまうような事態が起こらなければ，式(14.2.9)の最小二乗解は表14.9の各列の平均値（最下行）によって求めることができる．いずれの場合もこれらの手順で求められた解に関して注意すべき点は，解すべてにある定数を加えても，もとの条件式(14.2.9)を満たしているということである．特異値分解法による解は，最小二乗の条件を満たす無数の解のなかから最小ノルムを与える解を選び出す[8]．上の例でいえば $\sqrt{x_1^2 + x_2^2 + x_3^2 + x_4^2}$ が最小となる解が選ばれているのである．この場合 $x_1 \sim x_4$ の平均値は0になり，必ず負と正の解が現れる．この最小ノルム条件は必ずしも必要ではないので，負の解の解釈がわかりにくい場合は負が現れないように適当な定数を加えることができる．例えば，式(14.2.12)の解においてすべてに0.55を加えると，$(x_1, x_2, x_3, x_4) = (0, 0.34, 0.76, 1.10)$ となり，最小の刺激を基準0とし，正の値をとる間隔尺度となる．

b．比例尺度構成法

間隔尺度同様，比例尺度も一対比較法のデータから求めることができる．ここでは，Bradley と Terry の方法によって表14.8の一対比較法のデータから比例尺度を求める方法を示す．

間隔尺度を求める場合は各刺激間の知覚連続体上での距離の差によって G_i が G_j より明るいと判断される確率が決まっていると考えたが，比例尺度を求める場合はそれぞれの刺激に対する知覚連続体上での尺度の比で決まると考える．いま刺激 G_i に対する知覚尺度を π_i で表すと，G_i が G_j より明るいと判断される確率 p_{ij} と G_j が G_i より明るいと判断される確率 p_{ji} の比はそれぞれの知覚尺度 π_i と π_j の比に等しいことから

$$p_{ij} : p_{ji} = \pi_i : \pi_j \quad (14.2.13)$$

が成り立つ．また，$p_{ij} + p_{ji} = 1$ という関係式から一般に p_{ij} は

と表される。これが Bradley と Terry の方法における基本的な仮定である。実際に確率 p_{ij} から尺度 π_i を求めるには、次のような非線形連立方程式を解くことになる。

$$p_{ij}=\frac{\pi_i}{\pi_i+\pi_j} \quad (14.2.14)$$

$$\sum_j \frac{\pi_i}{\pi_i+\pi_j}=\sum_j p_{ij} \quad (14.2.15)$$

表 14.8 のデータを用いて具体的にこの連立方程式を書き下すと

$$\begin{aligned}
\frac{1}{2}+\frac{\pi_1}{\pi_1+\pi_2}+\frac{\pi_1}{\pi_1+\pi_3} &= 1.1 \\
\frac{\pi_2}{\pi_2+\pi_1}+\frac{1}{2}+\frac{\pi_2}{\pi_2+\pi_3}+\frac{\pi_2}{\pi_2+\pi_4} &= 1.7 \\
\frac{\pi_3}{\pi_3+\pi_1}+\frac{\pi_3}{\pi_3+\pi_2}+\frac{1}{2}+\frac{\pi_3}{\pi_3+\pi_4} &= 2.3 \\
\frac{\pi_4}{\pi_4+\pi_2}+\frac{\pi_4}{\pi_4+\pi_3}+\frac{1}{2} &= 1.9
\end{aligned} \quad (14.2.16)$$

となる。ここで、G_1 と G_4 の組み合わせのように一対比較の確率が 1.0 あるいは 0.0 となるようなデータは省いてある。この連立方程式はこのままでは解くことができない。なぜなら式 (14.2.16) は、すべての π_i に任意の定数を掛けても変わらないので解に定数倍の不定性がある、4 つの式が互いに 1 次独立でない、などの問題があるからである。後者の問題は 4 つの式をすべて足すと 7=7 という恒等式になることからわかる。これらの問題を解決するために解に次のような拘束条件を課す。

$$\pi_1+\pi_2+\pi_3+\pi_4=1 \quad (14.2.17)$$

式 (14.2.16) の 4 つの式は 1 次独立でないので、どれか 1 つを式 (14.2.17) に置き換えた連立方程式を解くことにより解が求められる。

非線形連立方程式を解くには、一般に準ニュートン法などの繰返しアルゴリズムが用いられる[4,8]。ここでも、Mathematica や HiQ などの数値解析ソフトを利用することができる。Mathematica では FindRoot [ ]、HiQ では solve ( ) などの関数が用意されている[10,11]。実際にこれらのソフトを用いて非線形連立方程式

$$\begin{aligned}
\frac{\pi_1}{\pi_1+\pi_2}+\frac{\pi_1}{\pi_1+\pi_3}-0.6 &= 0 \\
\frac{\pi_2}{\pi_2+\pi_1}+\frac{\pi_2}{\pi_2+\pi_3}+\frac{\pi_2}{\pi_2+\pi_4}-1.2 &= 0 \\
\frac{\pi_3}{\pi_3+\pi_1}+\frac{\pi_3}{\pi_3+\pi_2}+\frac{\pi_3}{\pi_3+\pi_4}-1.8 &= 0 \\
\pi_1+\pi_2+\pi_3+\pi_4-1.0 &= 0
\end{aligned} \quad (14.2.18)$$

を解いてみる。繰返しアルゴリズムを用いる場合、解の初期値を推定する必要がある。ここでは、表 14.8 の最下行の数値から初期値を推定する。比例尺度では明るいと判断される確率が高くなるに従って指数関数的に尺度が増大すると考え、確率の和である最下行の値に指数関数を適用したものが尺度に比例すると考える。また、尺度には式 (14.2.17) の拘束条件があるので、すべて足すと 1 になるように規格化し直したもの (0.08, 0.15, 0.27, 0.50) を初期値とする。これを初期値として計算を行った結果、どちらのソフトを用いた場合も解は、

$$\begin{pmatrix} \pi_1 \\ \pi_2 \\ \pi_3 \\ \pi_4 \end{pmatrix} = \begin{pmatrix} 0.085 \\ 0.145 \\ 0.284 \\ 0.485 \end{pmatrix} \quad (14.2.19)$$

となった。

このように、式 (14.2.15) に拘束条件 $\sum_i \pi_i = 1$ を付け加えた非線形連立方程式により比例尺度を求めるのがオリジナルの Bradley と Terry の方法であるが、原理的には間隔尺度の場合と同様、線形最小二乗法で解を求めることも可能であることに近年筆者は気がついたので、Bradley と Terry の方法の変種版としてその方法を紹介しておく。

比例尺度を求める原理となるのは式 (14.2.14) であるが、これを変形すると、

$$p_{ij}\pi_j-(1-p_{ij})\pi_i=0 \quad (14.2.20)$$

と表せることに注意しよう。間隔尺度の場合の式 (14.2.9) と同様に表 14.8 の右上 6 個の組み合わせに関してこれらすべてを書き出すと、

$$\begin{cases}
0.6\pi_1-0.4\pi_2=0 \\
0.8\pi_1-0.2\pi_3=0 \\
1.0\pi_1-0.0\pi_4=0 \\
0.6\pi_2-0.4\pi_3=0 \\
0.8\pi_2-0.2\pi_4=0 \\
0.6\pi_3-0.4\pi_4=0
\end{cases} \quad (14.2.21)$$

となる。ここでも、3 行目は有用な情報を与えないので削除する。また、式 (14.2.16) と同様、解に定数倍の不定性があるので、式 (14.2.17) を拘束条件として加え、$\pi_4=1-\pi_1-\pi_2-\pi_3$ を式 (14.2.21) に代入し、π_1, π_2, π_3 に関する連立方程式として行列で表現すると、

$$\begin{pmatrix} 0.6 & -0.4 & 0 \\ 0.8 & 0 & -0.2 \\ 0 & 0.6 & -0.4 \\ 0.2 & 1.0 & 0.2 \\ 0.4 & 0.4 & 1.0 \end{pmatrix} \begin{pmatrix} \pi_1 \\ \pi_2 \\ \pi_3 \end{pmatrix} = \begin{pmatrix} 0 \\ 0 \\ 0 \\ 0.2 \\ 0.4 \end{pmatrix} \quad (14.2.22)$$

となる．この連立方程式の最小二乗解を一般逆行列を用いて求めると，

$$\begin{pmatrix} \pi_1 \\ \pi_2 \\ \pi_3 \end{pmatrix} = \begin{pmatrix} 0.537 & 0.743 & 0.064 & 0.116 & 0.151 \\ -0.267 & 0.019 & 0.453 & 0.595 & 0.066 \\ -0.044 & -0.334 & -0.469 & -0.038 & 0.753 \end{pmatrix} \begin{pmatrix} 0 \\ 0 \\ 0 \\ 0.2 \\ 0.4 \end{pmatrix}$$

$$= \begin{pmatrix} 0.084 \\ 0.145 \\ 0.294 \end{pmatrix} \quad (14.2.23)$$

となる．また，π_4 は $\pi_4 = 1-\pi_1-\pi_2-\pi_3 = 0.477$ となる．この解を，式(14.2.19)と比較するとかなり近い値になっていることがわかる．非線形連立方程式を解くよりは，線形最小二乗法の解を求めるほうが簡単であること，式(14.2.16)は各刺激に対する確率の合計を説明するように尺度を求めるのに対して，式(14.2.21)はすべての刺激のペアの確率を説明するような尺度の解を最小二乗法の意味で求めようとするものであり，より原理に忠実であると考えられること，などの理由から，この変種版による解法にも十分有用性があると考えられる．

いずれの方法にせよ，求められた比例尺度には，定数倍の任意性がある．$\sum_i \pi_i = 1$ の拘束条件は，解を求めるために便宜上導入したものであり，心理物理的必然性はなにもない．そこで，実際に比例尺度を決定する場合は，その尺度の解釈や応用の状況などを考慮して，適当な定数を掛けてやる必要がある．例えば，式(14.2.23)の解に21.0を掛けると，$(\pi_1, \pi_2, \pi_3, \pi_4) = (1.76, 3.05, 6.17, 10.0)$ となり，最大値を10とする比例尺度となる．

c．多次元尺度構成法

これまでは，グレースケールの明るさのような1属性1次元の尺度に関しての尺度構成法を扱ってきたが，視覚刺激の属性は必ずしも1次元に収まるとは限らない．例えば色票の色は色相，彩度，明度の3つの属性で表記される．したがって，すべての色票をある尺度に従って配置するためには多次元の尺度を扱う必要がある．マンセルは上記の3属性は既知のものとして，それぞれの尺度に対して1次元の尺度化手法を適用し，マンセル色立体を構築したが，多次元尺度構成法(multi-dimensional scaling, MDS)は，どのような属性で記述されるのか，また，いくつの属性があるのか不明な対象に対しても適用でき，いくつの属性で記述されるのか適切な情報を与えるとともに，回転・鏡映に対する自由度は残るものの，多次元空間中での適切な配置も求めることができる．

まず，多次元尺度構成法の数学的基礎を解説しておこう．多次元尺度構成法の最終目的は与えられた刺激を適切に多次元空間に配置することであるが，与えられる情報は，2つの刺激がどれくらい離れているかという情報だけである．幾何学的には，N個の点に対して，$N(N-1)/2$通りすべての2点間の距離の情報が与えられているとき，そのN個の点の空間配置を再現せよ，という問題を解くことに相当する．視覚データの場合，距離に相当するのは2つの刺激がどれくらい似ているか，あるいは似ていないかの情報，すなわち非類似度である．ここでは，簡単のため純粋に幾何学的な問題としてその解法を説明する．

図14.11のように$N=4$個の点があり，点iと点jの間の距離がd_{ij}で与えられているものとする．ここで，便宜上N番目の点を原点とし，原点から点iに向かうベクトルを$\boldsymbol{a}_i$で表す．このとき，点iと点jに向かう2つのベクトルの内積は，

$${}^t\boldsymbol{a}_i \cdot \boldsymbol{a}_j = \frac{1}{2}(d_{iN}^2 + d_{jN}^2 - d_{ij}^2) \quad (14.2.24)$$

で表される．ここでベクトルの表記の仕方として，$\boldsymbol{a}$は列ベクトル，${}^t\boldsymbol{a}$はその転置すなわち行ベクトルを表すものとする．式(14.2.24)は余弦定理から容易に導かれ，点の位置情報をもつベクトルの内積は2点間の距離の情報から求められることを示している．そこで，すべての2点間の組み合わせに対する内積を行列Bで表す．すなわち，

$$B = \begin{pmatrix} {}^t\boldsymbol{a}_1 \cdot \boldsymbol{a}_1 & {}^t\boldsymbol{a}_1 \cdot \boldsymbol{a}_2 \cdots {}^t\boldsymbol{a}_1 \cdot \boldsymbol{a}_N \\ {}^t\boldsymbol{a}_2 \cdot \boldsymbol{a}_1 & {}^t\boldsymbol{a}_2 \cdot \boldsymbol{a}_2 & \vdots \\ \vdots & & \ddots & \vdots \\ {}^t\boldsymbol{a}_N \cdot \boldsymbol{a}_1 & \cdots & \cdots {}^t\boldsymbol{a}_N \cdot \boldsymbol{a}_N \end{pmatrix}$$

$$= \begin{pmatrix} {}^t\boldsymbol{a}_1 \\ {}^t\boldsymbol{a}_2 \\ \vdots \\ {}^t\boldsymbol{a}_N \end{pmatrix} (\boldsymbol{a}_1 \quad \boldsymbol{a}_2 \cdots \boldsymbol{a}_N) = {}^tAA \quad (14.2.25)$$

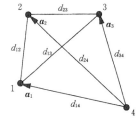

図 14.11 多次元尺度構成法における点，距離，ベクトルの表し方

であり，これを内積行列と呼ぶ．この内積行列は上に示したようにベクトル $^t\boldsymbol{a}_i$ を行ベクトルにもつ行列 ^tA とその転置行列 A の積で表されることに注意しよう．したがって，何らかの形で行列 B をこのような2つの行列の積に分解することができれば，各点の位置ベクトル $\boldsymbol{a}_i$ を知ることができる．

内積行列 B は対称行列であることに注意すると，その固有値 λ_i は実数で，固有ベクトル $\boldsymbol{u}_i$ は互いに直交する．したがって，行列 B は次のように固有値分解することができる．

$$
\begin{aligned}
B &= U\Lambda U^{-1} = U\Lambda {}^tU \\
&= (\boldsymbol{u}_1\ \boldsymbol{u}_2\ \cdots\ \boldsymbol{u}_N)
\begin{pmatrix} \lambda_1 & & & 0 \\ & \lambda_2 & & \\ & & \ddots & \\ 0 & & & \lambda_N \end{pmatrix}
\begin{pmatrix} {}^t\boldsymbol{u}_1 \\ {}^t\boldsymbol{u}_2 \\ \vdots \\ {}^t\boldsymbol{u}_N \end{pmatrix} \\
&= (\sqrt{\lambda_1}\boldsymbol{u}_1\ \sqrt{\lambda_2}\boldsymbol{u}_2\ \cdots\ \sqrt{\lambda_N}\boldsymbol{u}_N)
\begin{pmatrix} \sqrt{\lambda_1}\,{}^t\boldsymbol{u}_1 \\ \sqrt{\lambda_2}\,{}^t\boldsymbol{u}_2 \\ \vdots \\ \sqrt{\lambda_N}\,{}^t\boldsymbol{u}_N \end{pmatrix} = V{}^tV
\end{aligned}
$$
(14.2.26)

ここで，固有値は値の大きい順に $\lambda_1, \lambda_2, \cdots$ と並べられ，固有ベクトル $\boldsymbol{u}_i$ は $\|\boldsymbol{u}_i\|=1$ と長さが1に正規化されているものとする．固有ベクトル $\boldsymbol{u}_i$ を列ベクトルにもつ行列 U は正規直交行列であるので，その逆行列は転置行列に等しい．すなわち，$U^{-1}={}^tU$ が成り立つ．この性質のおかげで，対称行列 B は最終的に固有ベクトル $\boldsymbol{u}_i$ に固有値の平方根 $\sqrt{\lambda_i}$ を掛けたベクトルを列ベクトルにもつ行列 V とその転置行列の積で表すことができる．

式(14.2.25)と式(14.2.26)を比べると $A={}^tV$ が成り立つことがわかり，これから各点の座標が，

$$
\boldsymbol{a}_i = \begin{pmatrix} \sqrt{\lambda_1}u_{1i} \\ \sqrt{\lambda_2}u_{2i} \\ \vdots \\ \sqrt{\lambda_N}u_{Ni} \end{pmatrix}
$$
(14.2.27)

と求まる．しかし，ここで求めた座標は，絶対的なものではない．はじめに N 番目の点を原点と定めたが，これは便宜上のことであり，点の配置は原点の平行移動に対して不変であるので，式(14.2.27)の解には平行移動に対する任意性がある．また，任意の軸に対する回転や，鏡映変換に対しても2点間の距離は不変であり，一般に式(14.2.27)の解には直交変換に対する任意性も存在する．逆に，これらの任意性を利用して，刺激の性質と空間配置との対応に直感的な意味づけが可能になるように，適当な

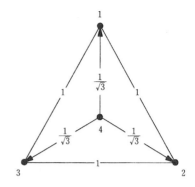

図14.12　多次元尺度構成法の例題

原点移動と座標軸の回転・反転を施すことができる．また，式(14.2.27)では解が N 次元のベクトルになっているが，実際の応用においてはたいていの場合0でない正の固有値は最初の数個であり，残りの固有値は0に近い値をとる．この0でない固有値の数が刺激の空間配置の次元を表す．0に近い固有値は0とみなし，その次元は無視してしまってよいが，いくつ以下を0とみなすかは状況に応じて判断する必要がある．また，大きな負の固有値が現れるような場合は，もとの距離データが負である，あるいは三角不等式を満足していない，などもとのデータに問題があると考えられるので，データを見直す必要がある．

簡単な例で実際の計算過程を見てみよう．図14.12のように4点が配置している例を考え，点4を原点とする3つのベクトルの内積行列 B をつくると，

$$
{}^t\boldsymbol{a}_i\cdot\boldsymbol{a}_j = \begin{cases} \dfrac{1}{2}\left\{\left(\dfrac{1}{\sqrt{3}}\right)^2+\left(\dfrac{1}{\sqrt{3}}\right)^2-1\right\} = -\dfrac{1}{6} & (i\neq j) \\ \dfrac{1}{2}\left\{\left(\dfrac{1}{\sqrt{3}}\right)^2+\left(\dfrac{1}{\sqrt{3}}\right)^2-0\right\} = \dfrac{1}{3} & (i=j) \end{cases}
$$
(14.2.28)

より，

$$
B = \begin{pmatrix} \dfrac{1}{3} & -\dfrac{1}{6} & -\dfrac{1}{6} \\ -\dfrac{1}{6} & \dfrac{1}{3} & -\dfrac{1}{6} \\ -\dfrac{1}{6} & -\dfrac{1}{6} & \dfrac{1}{3} \end{pmatrix}
$$
(14.2.29)

$$
= \begin{pmatrix} -\sqrt{\dfrac{2}{3}} & 0 & -\sqrt{\dfrac{1}{3}} \\ \sqrt{\dfrac{1}{6}} & \sqrt{\dfrac{1}{2}} & -\sqrt{\dfrac{1}{3}} \\ \sqrt{\dfrac{1}{6}} & -\sqrt{\dfrac{1}{2}} & -\sqrt{\dfrac{1}{3}} \end{pmatrix}\begin{pmatrix} \dfrac{1}{2} & 0 & 0 \\ 0 & \dfrac{1}{2} & 0 \\ 0 & 0 & 0 \end{pmatrix}
$$

$$\times \begin{pmatrix} -\sqrt{\frac{2}{3}} & \sqrt{\frac{1}{6}} & \sqrt{\frac{1}{6}} \\ 0 & \sqrt{\frac{1}{2}} & -\sqrt{\frac{1}{2}} \\ -\sqrt{\frac{1}{3}} & -\sqrt{\frac{1}{3}} & -\sqrt{\frac{1}{3}} \end{pmatrix} \quad (14.2.30)$$

$$= \begin{pmatrix} -\frac{1}{\sqrt{3}} & 0 & 0 \\ \frac{1}{2\sqrt{3}} & \frac{1}{2} & 0 \\ \frac{1}{2\sqrt{3}} & -\frac{1}{2} & 0 \end{pmatrix} \begin{pmatrix} -\frac{1}{\sqrt{3}} & \frac{1}{2\sqrt{3}} & \frac{1}{2\sqrt{3}} \\ 0 & \frac{1}{2} & -\frac{1}{2} \\ 0 & 0 & 0 \end{pmatrix}$$

$$(14.2.31)$$

と分解できる.式(14.2.29)から式(14.2.30)への分解はMathematicaのSingularValues[ ]やHiQのSVD( )などの特異値分解の関数を用いて実行することができる[10,11].通常の固有値と固有ベクトルを求める関数Eigensystem[ ]やeigen( )を用いて計算することも可能であるが,固有値が大きさの順に求まらず,固有ベクトルの正規直交化も行われないので,このための処理を付け加えなければならない.その点,特異値分解を用いると,すでにこれらの処理がなされた結果を直接得ることができるので便利である.ただし,内積行列Bの固有値に大きな負の値が現れる場合に特異値分解を適用すると,希望どおりの結果が得られないので,あらかじめチェックしておくとよい.ここで得られる直交行列Uには,前述のように直交変換に対する任意性が存在し,用いるソフトウェアによって解が異なる場合があるので,注意を要する.

式(14.2.31)から位置ベクトルが,

$$\boldsymbol{a}_1 = \begin{pmatrix} -\frac{1}{\sqrt{3}} \\ 0 \\ 0 \end{pmatrix}, \quad \boldsymbol{a}_2 = \begin{pmatrix} \frac{1}{2\sqrt{3}} \\ \frac{1}{2} \\ 0 \end{pmatrix}, \quad \boldsymbol{a}_3 = \begin{pmatrix} \frac{1}{2\sqrt{3}} \\ -\frac{1}{2} \\ 0 \end{pmatrix}$$

$$(14.2.32)$$

と求まるが,0でない固有値は2個であるので,3番目の座標はすべて0となり,すべての点が平面に分布していることが再現されている.配置に関しては回転・鏡映変換に対する自由度を除いて再現されていることがわかる.内積行列は回転・鏡映変換に対して不変であるので,これらの情報は原理的に再現不可能である.

前述のように,視覚データで距離に相当するのは刺激間の非類似度であるが,この非類似度の尺度化は多次元尺度構成法を適用するための前処理として重要な作業である.まず,その尺度が間隔尺度であるのか,比例尺度であるのかによって,処理の仕方が異なる.幾何学的な距離に対応させるためには負の値は不都合なので,間隔尺度で負の値が現れる場合には適当な定数を加えて負の値をなくす必要がある.また,加える定数によって配置空間の次元数も変わってくるので,この次元が最小になるような定数の値を見つけることが望ましい.このような定数を求める問題を加算定数問題という[12].比例尺度で与えられている場合は,前処理はとくに必要ないが,比例尺度,間隔尺度とも共通の問題として任意の3点の距離の間に$d_{12}+d_{23}>d_{31}$という三角不等式が成り立たない場合はユークリッド距離とはみなせないので,このような状況が生じている場合には何らかの対策が必要である.

このように,非類似度の尺度化を行った後,これを直接ユークリッド距離に結び付けることによって刺激布置を求める手法を計量的MDS (metric MDS) と呼ぶ.これに対して,非類似度の尺度化を厳密に行わず,大きさの順位づけ程度の情報から刺激布置を構成する手法も開発されており,非計量的MDS (nonmetric MDS) と呼ばれている.パターン認識が絡むような複雑な視覚刺激を用いる場合のように,刺激間の非類似度の厳密な尺度化がむずかしい場合などに有効な手法である.

非計量的MDSでは,まず刺激布置の初期推定値を与え,これを出発点として勾配法などの非線形最適化手法によりある評価関数が最小になるような刺激布置を探索する.よく知られたKruskalの方法を例に非計量的MDSの計算手順を示す.与えられているデータは,二刺激間の非類似度s_{ij}の大きさの順番である.まず,刺激布置の初期値を推定する必要があるが,これには大きさの順番の数値を距離とみなして計量的MDSを適用するなどの簡便法をはじめ,いくつかの方法がある.次に,以下の手順をくり返す.

(1) 推定した刺激布置からすべての2点間の距離d_{ij}を計算する.

このときユークリッド距離を一般化したミンコフスキー距離

$$d_{ij} = \left(\sum_{k=1}^{r} |x_{ik} - x_{jk}|^p\right)^{\frac{1}{p}}, \quad p \geq 1 \quad (14.2.33)$$

を用い,$p=2$のユークリッド空間以外の距離空間に対応できるように拡張している.

(2) 二刺激間の非類似度s_{ij}の大きさの順番と対

応する距離 d_{ij} の大きさの順番に不整合が起こらず単調増加の関係が得られるように距離 d_{ij} に修正を加えたものを $\hat{d}_{ij}$ とする．

この修正を直感的に理解するには，横軸 s_{ij}，縦軸 d_{ij} のグラフを描いたとき，山や谷ができないようにならす操作と考えればよい．

(3) d_{ij} と $\hat{d}_{ij}$ のずれの大きさを次の式で評価する．

$$\eta = \sqrt{\frac{\sum_{i=1}\sum_{j>i}(d_{ij}-\hat{d}_{ij})^2}{\sum_{i=1}\sum_{j>i}(d_{ij}-d)^2}} \quad (14.2.34)$$

ここで d は d_{ij} の平均値．この η をストレスと呼ぶ．

(4) ストレス η がより小さくなる刺激布置の移動方向を η の微分を用いて勾配法により求め，移動後の刺激布置を改善された刺激布置として，(1) 以下の手順を収束の判定条件を満たすまでくり返す．

これらの手順は配置空間の次元数 r を固定して行う．最適な次元数はいくつかの r に対して上記の手順で刺激布置を求め，そのときのストレス η ができるだけ小さくなるものを選ぶ．しかし，ストレスを小さくするために，むやみに次元数を大きくするのは意味がないので，小さな次元数から始めてしだいに次元数を増やしていったときに，顕著なストレスの減少が見られなくなる境目の次元数を最適な次元数とする．

非計量的 MDS はかなり手順が複雑になるので，公開されているプログラム[13,14] をそのまま利用するケースが多い．しかし，原理を知らずにブラックボックス的にこれらのプログラムを利用するのは危険である．関連した文献を紐解いて中身を理解したうえで利用することをお勧めする．

d. セマンティック・ディファレンシャル法

多次元尺度構成法では刺激間の非類似度という単純な1次元の尺度から多次元の刺激配置を求めたが，刺激の複雑な属性をそのまま評価する方法はないだろうか．また色票を例にとると，2つの色票が"似ている"，"似ていない"という評価ではなく，それぞれの色票の特徴を"明るい"，"鮮やか"などのように評価したほうがより直感的な評価が可能なように思われる．セマンティック・ディファレンシャル (semantic differential, SD) 法では刺激に対する直接的なイメージを用意されたさまざまな形容詞対の得点という形で評価し，そのデータを分析す

図 14.13 セマンティック・ディファレンシャル法で用いる評価記録用紙の例

ることにより，刺激のイメージ形成にかかわっている要因の数やそれぞれの要因の意味を割り出す．

データを収集する前に，まず刺激のイメージを表現する形容詞対をできるだけたくさん用意しておく必要がある．以下に選択の指針を示す[15]．意味が明確で日常よく使われるものから選ぶ．適切な反対語が見つからないものは避ける．類似したものに片寄らずバラエティーをもたせる．

次に選択した形容詞対に対する評価を記入してもらうために図 14.13 のような用紙を用意する．図では評価の段階は5段階としているが，もう少し細かく調べるならば"やや"と"非常に"のあいだに"かなり"を加えて7段階としてもよい．また，補間して中間の評価も許すようにしてやってもよい．すべての刺激に対して評価を行ってもらうので，用紙は刺激の数だけ用意する．

実験後，得られたデータを数値処理をするために各形容詞対の評価を図 14.13 の上に示したような数値に置き換える．この数値は説明のために入れてあるが，被験者の判断のバイアスになる可能性があるので実際の用紙には記入しない．

表 14.10 に8つの色票を6つの形容詞対を用いて評価した場合の模擬データを示す．上段の記号は色票のマンセル記号で，左の5色は高彩度の色票，右の3色は中彩度の色票である．このデータを用いてデータの分析方法を具体的に見ていくことにする．

SD 法のデータを分析するには因子分析法 (factor analysis, FA) か主成分分析法 (principal component analysis, PCA) を用いる[7,14,16]．因子分析法では各形容詞対の得点間の相関係数に着目し，データを説明するのに必要なより少数の無相関の因子を割り出す．主成分分析法では各刺激に対するデータをすべての形容詞対の得点を変数とする N 次元空間 (形容詞対の数を N とする) にプロットし，その分布を調べる．まず，この分布の分散が最も大きく

14.2 視覚データ解析法

表14.10 8つの色票に対する6つの形容詞対を用いた評価(模擬データ)

	5Y8/13	3G6/11	3PB4/12	3P4/12	4R5/14	4R8/7	3G8/5	3PB/7/6
暗い―明るい	2	1	−1	0	1	2	2	1
くすんだ―鮮やかな	2	2	2	1	2	−1	0	−2
冷たい―暖かい	1	−1	−2	−1	2	1	−1	−2
静かな―騒がしい	2	−1	−2	1	2	0	−1	−2
弱い―強い	0	−1	2	1	2	−1	−1	0
軽い―重い	−2	−1	−1	−2	0	−1	−2	1

なる方向を第1主成分とする．分散が大きいということは刺激のイメージを記述するための情報を多く含んでいるということである．次にこの軸に直交する方向で分散最大の方向を第2主成分とするという具合に分析を進める．これら2つの方法は目的は同じであり，互いに関連した部分はあるものの，数学的な基礎は全く異なり，似て非なるものである．どちらが優れているかは議論の分かれるところであるが，簡潔さという点では主成分分析法に利があるようである．ここでは，主成分分析法を用いて表14.10のデータを分析してみる．

主成分分析法が数学的に簡潔に表現できる理由は，これが行列の特異値分解と完全に等価なためである．例として表14.10のデータ行列を特異値分解してみよう．

$$\begin{pmatrix} 2 & 1 & -1 & 0 & 1 & 2 & 2 & 1 \\ 2 & 2 & 2 & 1 & 2 & -1 & 0 & -2 \\ 1 & -1 & -2 & -1 & 2 & 1 & -1 & -2 \\ 2 & -1 & -2 & 1 & 2 & 0 & -1 & -2 \\ 0 & -1 & 2 & 1 & 2 & -1 & -1 & 0 \\ -2 & -1 & -1 & -2 & 0 & -1 & -2 & 1 \end{pmatrix} =$$

$$\begin{pmatrix} -0.26 & -0.17 & -0.67 & -0.57 & -0.29 & -0.21 \\ -0.56 & -0.41 & 0.37 & 0.27 & -0.54 & -0.16 \\ -0.39 & 0.59 & -0.10 & 0.03 & -0.29 & 0.64 \\ -0.55 & 0.44 & 0.01 & 0.08 & 0.45 & -0.54 \\ -0.17 & -0.07 & 0.58 & -0.75 & 0.19 & 0.17 \\ 0.37 & 0.51 & 0.26 & -0.17 & -0.55 & -0.45 \end{pmatrix}$$

$$\times \begin{pmatrix} 6.4 & & & & & \\ & 5.3 & & & 0 & \\ & & 4.8 & & & \\ & & & 2.2 & & \\ & 0 & & & 2.0 & \\ & & & & & 1.1 \end{pmatrix}$$

$$\times \begin{pmatrix} -0.60 & -0.10 & 0.05 & -0.25 & -0.56 & -0.09 \\ -0.14 & -0.47 & -0.64 & -0.31 & 0.18 & 0.04 \\ -0.25 & -0.14 & 0.52 & 0.11 & 0.22 & -0.55 \\ -0.02 & 0.35 & -0.19 & -0.04 & -0.58 & -0.20 \\ 0.03 & -0.57 & -0.09 & 0.74 & -0.33 & 0.02 \\ -0.27 & -0.31 & 0.44 & -0.24 & 0.00 & 0.58 \\ -0.02 & 0.48 & & & & \\ -0.44 & -0.17 & & & & \\ -0.49 & -0.20 & & & & \\ -0.06 & -0.67 & & & & \\ 0.09 & -0.05 & & & & \\ 0.18 & -0.46 & & & & \end{pmatrix}$$

(14.2.35)

特異値分解の計算はMathematicaのSingular-Values[ ]関数[10]を用いた．特異値分解では行列Aを$A=U\Sigma{}^tV$の形に分解する．ここでΣは行列Aの特異値($A{}^tA$または${}^tAA$の正の固有値の平方根)を対角にもつ対角行列，Uは$A{}^tA$の固有ベクトルを列ベクトルにもつ正規直交行列，Vは${}^tAA$の固有ベクトルを列ベクトルにもつ正規直交行列である．行列Uは主成分ベクトルの行列を表し，Σは各主成分の寄与の大きさを表す．またVは各刺激を主成分の足し合わせで表現したときの各成分の重み(成分スコア)を表す行列になっている．各主成分の寄与率a_iは特異値をμ_iで表すと$a_i=\mu_i^2/\sum_j \mu_j^2$で計算され，この例では第1主成分から順に40%，28%，22%，5%，4%，1%となる．データがいくつの成分で記述できるかを決めるには大きいほうから順に累積寄与率を計算して70〜80%を越えたらそれ以降の成分は無視できると考える．ここでは3番目までの累積寄与率が90%となるので，データは3つの成分で記述できる．行列UとΣを掛け合わせた行列の列ベクトルは主成分負荷量と呼ばれ，通常これを主成分と呼んでいる．表14.10のデータを3つの主成分負荷量と成分スコアの積で近似すると，

$$\begin{pmatrix} -1.66 & -0.89 & -3.23 \\ -3.56 & -2.15 & 1.77 \\ -2.51 & 3.10 & -0.47 \\ -3.54 & 2.29 & 0.06 \\ -1.06 & -0.37 & 2.77 \\ 2.38 & 2.68 & 1.22 \end{pmatrix} \begin{pmatrix} -0.60 & -0.10 & 0.05 \\ -0.14 & -0.47 & -0.64 \\ -0.25 & -0.14 & 0.52 \end{pmatrix}$$

$$\begin{pmatrix} -0.25 & -0.56 & -0.09 & -0.02 & 0.48 \\ -0.31 & 0.18 & 0.04 & -0.44 & -0.17 \\ 0.11 & 0.22 & -0.55 & -0.49 & -0.20 \end{pmatrix}$$

(14.2.36)

となる．左の行列の1列目から順に第1，第2，第3主成分を表し，右の行列の各列は8つの刺激それぞれの主成分スコアを表す．

　主成分負荷量と成分スコアが求まったら，次に各主成分の意味づけを行い，各主成分を軸とする空間に成分スコアを座標値として刺激をプロットし，その配置を見る．図14.14に主成分を軸とする空間に刺激をプロットした3次元グラフを示す．第1主成分は2番目の"くすんだ―鮮やかな"と4番目の"静かな―騒がしい"の項目に対して大きな負の値を示すので"くすみ/静かさ"軸と名づける．第2主成分は3番目の"冷たい―暖かい"の項目に対して大きな正の値を示すので"暖かさ"軸と名づける．第3主成分は1番目の"暗い―明るい"の項目に対して大きな負の値を示すので"暗さ"軸と名づける．

実際の刺激の見え方をマンセル記号から推測しながらこの3次元空間上での配置を見ると，刺激の属性が各軸の座標値によってよく表されていることが見てとれる．

　多次元尺度構成法の場合と同様，ここで得られた座標軸は絶対的なものではなく，原点の移動，回転，鏡映などの変換に対して任意性があり，これらを調節することによって，より解釈のしやすい軸が見つかる可能性を残している．回転操作に関してはさまざまな基準に基づいた回転法が提案されており[7,14]，また，最近の3次元グラフィックス技術の発達により，グラフを見ながらインタラクティブに最適な軸を見つけ出すことも可能になってきているので，主成分軸の意味づけがうまくいかない場合の回転操作も比較的容易になった．　　　［中野靖久］

文　献

1) 和達三樹，十河　清：キーポイント確率・統計 理工系数学のキーポイント 6，岩波書店，1993
2) ロータス123 オンラインヘルプ (ロータス 1-2-3 97 F)，ロータス，1997
3) Microsoft Excel オンラインヘルプ (Microsoft Excel for Windows 95 Ver. 7)，Microsoft，1995
4) W. H. Press, B. P. Flannery, S. A. Teukolsky and W. T. Vetterling (丹慶勝市，奥村晴彦，佐藤俊郎，小林誠訳)：C言語による数値計算のレシピ，技術評論社，1993
5) 中野靖久：心理物理測定法，*VISION*, **7**, 17-27, 1995

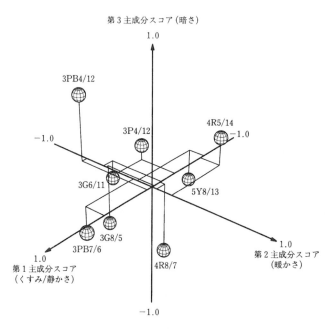

図 14.14　主成分分析の結果の3次元表示
表14.10の8つの刺激の主成分スコアをプロットしたもの．

6) 大山 正, 今井省吾, 和気典二 編: 新編感覚・知覚心理学ハンドブック, 誠信書房, 1994
7) 柳井晴夫, 高木廣文編著: 多変量解析ハンドブック, 現代数学社, 1986
8) 中川 徹, 小柳義夫: 最小二乗法による実験データ解析プログラム SALS, UP 応用数学選書 7, 東京大学出版会, 1982
9) 渡部 力, 名取 亮, 小国 力監修: Fortran77 による数値計算ソフトウェア, 丸善, 1989
10) Mathematica オンラインヘルプ (Mathematica 2.2), Wolfram Research, 1994
11) HiQ オンラインヘルプ (HiQ Ver.3.1), National Instruments, 1997
12) 齋藤堯幸: 多次元尺度構成法, 統計ライブラリー, 朝倉書店, 1980
13) ベル研究所の以下のFTPサイトで公開されている. ftp://netlib.bell-labs.com/netlib/mds/index.html
14) 奥村晴彦: コンピュータ・アルゴリズム辞典, 技術評論社, 1987
15) 日本色彩学会編: 新編 色彩科学ハンドブック, 東京大学出版会, 1998
16) C. チャットフィールド, A. J. コリンズ (福場 庸, 大沢 豊, 田畑吉雄訳): 多変量解析入門, 培風館, 1986

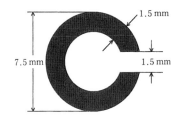

図 14.15 ランドルト環
測定距離 5 m での 0.1 の視標. ランドルト環の太さ, 切れ目の幅ともに外径の 1/5 と決められている.

14.3 臨床視覚機能測定法

14.3.1 視力測定法

a. 視力の概念[1)]

視力とは広い意味では視機能と同じ意味で使われることもあるが, 一般には 2 次元的に広がった物の形を識別する能力のことを意味している. このような能力は提示するものによってその性質が異なるが, 従来より以下のように分類されている.

(1) 最小視認閾 (minimum visible) 1つの点あるいは1本の線を認めうる閾値である. 光点 (線) に対する閾値はもっぱらそのエネルギーにより決まってくる. 夜空の星のように視角 $0°$ といえるほど小さな物でも網膜の光受容器の1つを興奮させるだけのエネルギーがあればこれを認めることができる. また十分明るい背景の前に置かれた黒線は視角 $0.5''$ の太さのものを認めることができるという.

(2) 最小分離閾 (minimum separable) 2 点を 2 点として, あるいは 2 本の線を 2 本の線として識別できる閾値である. 通常の視力の概念に相当する. ヒトの最小分離閾は視角 $20 \sim 30''$ である.

(3) 最小可読閾 (minimum legible) 図形や文字を読むことができる最小の大きさをいう. 経験や知能に左右されやすいが, 単純な図形や文字を使うことにより最小分離閾の測定とみなすことができる.

そのほか2本の線のずれを認識する副尺視力 (vernier acuity) とか hyperacuity という概念もある. 副尺視力は視角 $10''$ あるいは $2 \sim 4''$ とする報告もある.

以上のように視力にはいろいろな概念があるが, 臨床的には「最小分離閾を基本理念とするが, 最小可読閾を用いても差し支えない」とする 1909 年の国際眼科学会での定義に従っている. 測定の視標は原則としてランドルト (Landolt) 環を用いる. ランドルト環は環の太さ, 切れ目の幅とも環の外径の 1/5 と定められ, 判読できる最小の切れ目の幅を視角 ($'$) で表し (MAR, minimum angle of resolution), その逆数をもって視力値 (小数視力) とし, 外径 7.5 mm, 太さ 1.5 mm, 切れ目の幅 1.5 mm のランドルト環 (図 14.15) を 5 m の測定距離で視力 1.0 の視標と定めた. しかし, 視角 $1'$ を 5 m で計算すると, $5000 \text{ mm} \times \tan(1') \fallingdotseq 1.454 \text{ mm}$ となり厳密には 1.5 mm とはならない.

視力に影響する因子としてまず問題になるのは近視・遠視や乱視といった屈折異常である. 単に裸眼視力を測っただけでは臨床的価値は少なく, 屈折異常を適切に矯正した状態での視力 (矯正視力) が視覚機能の臨床的評価として意味をもつ. 矯正視力は正常では $1.2 \sim 1.5$ 程度で, 最高視力 4.0 (視角 $15''$) という例もあるが, 自ずと一定の限界がある. 視力の限界を決定する因子として考えられるものは, ① 眼球光学系の結像特性と ② 網膜の解像力であろう.

網膜の解像力の単位となるのは黄斑部錐体外節の太さである. ヒトの黄斑部錐体密度はおよそ 140000 cones/mm^2 とされており, 外節の太さに換算すると直径約 3.0 μm となる. これは平均値で, 黄斑部の中心 (中心窩) ではさらに細い ($1 \sim 2$ μm) と考えられる.

視力 1.0 の視標の網膜上での像は, 眼球光学系の節点 (nodal point) が網膜から 17 mm にあるとして $17 \text{ mm} \times \tan(1') = 4.9$ μm. 錐体の直径 3.0 μm は視

角にするとarctan(3.0 μm/17 mm)=36″となり，これは視力1.65に相当する．

眼球光学系が理想的なレンズ系で構成されていると仮定しその収差を無視するとしても，瞳孔による回折(円形開口による回折=フラウンホーファー回折)を無視することはできない．この回折のため半径rのレンズによってつくられる点光源の像は中央の明るい円盤状の部分とそのまわりを取り囲む輪状の明暗の同心円となって観察される．中央の明るい円盤状の像(これを最初の研究者の名をとってAIRY discという)の半径は$0.61 λ/r$ラジアン($λ$=光の波長)であり，このなかに全光量の84％が含まれる．2点を分離して認めるためにはそれぞれの像の中心がAIRY discの半径だけ離れていることが必要である．AIRY diskの半径($0.61 λ/r$)はdiffraction unitといわれ回折を論じるときの単位として便利な長さの単位であり，また2点を分解しうる極限としてRayleigh limitともいわれる．$λ$=555 nm(緑)，r(瞳孔の半径)=2 mmとするとRayleigh limitは35″，視力に換算すると1.71に相当する．

b. 検査の基準

実際に測定される視力はその条件によって変わってくる．部屋の明るさ，視標面の照度あるいは輝度[2](図14.16)，視標のコントラスト，提示時間(図14.17)などによって結果が異なるが，これでは臨床的に経過を見るときに過去のデータとの比較や，ほかの施設で測定された視力との比較ができない．そのため一定の検査の基準が設けられている．わが国では1964年に定められた視力検査基準が現在でも残っている．これによると，まず検査距離を5 mとし，検査の正確さに重点をおく標準視力検査装置と実用性を重要視する准標準視力検査装置とに分類した．標準視力検査装置に使用する視標はランドル

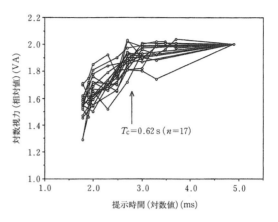

図14.17　視力-提示時間の関係[3]
投影式の視標(ランドルト環)を使い，種々の提示時間で行った測定結果(n=17)．提示時間を制限しない視力値が一致するように平行移動して重ねてある．臨界時間の平均は0.62 sとなった．

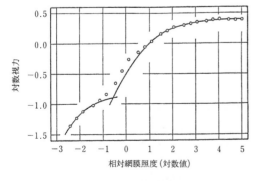

図14.16　視力-輝度の関係(Shlaer[2])を改変)
暗所での桿体による視力-網膜照度曲線から錐体による曲線へと移行する．

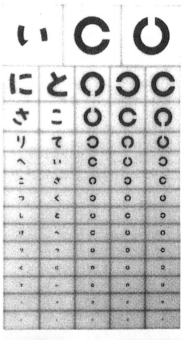

図14.18　視力表
ひらがなとランドルト環が使われている．一般の眼科臨床で比較的よく使われているタイプ．

ト環のみとし，その大きさの許容誤差は±3%以内，コントラストを90%以上と定めた．提示する視標の大きさは，0.1, 0.15, 0.2, 0.25, 0.3, 0.4, 0.5, 0.6, 0.7, 0.8, 0.9, 1.0, 1.2, 1.5, 2.0 あるいはさらに細かくすることが望ましいとし，検査表の0.2以上の視標については同じ視力値の行に5個以上の視標があることとしている．また視標の背景の輝度を500±150 rlx（輝度単位）として白熱灯の使用を勧めているが，現在では蛍光灯を使うことが一般的である．

准標準視力検査装置はあまり厳格なことをいわない簡易な測定に用いるもので，ランドルト環以外のカタカナ，ひらがな，数字，ローマ字，図形などの視標を認めている．現実にはランドルト環とひらがなあるいはカタカナを組み合わせた図14.18のような視力表がよく使われている．視標の大きさの許容誤差は±10%以内，コントラストを85%以上とし，視標面の照度を400〜800 lxと定め，さらに検査室の照明を50 lx以上が望ましいとした．

以上の1964年の基準は現実に合わない点も多く，また視力表の検定制度も定まったものがないので，視力検査装置の正確さについては検査装置をつくるメーカーに任されているのが現状である．視力表の検定制度や検査用視標の国際標準化[4]が望まれるところであるが，各国の事情が異なりなかなかむずかしい．

c．測定法

視力の測定は原則として一眼ずつで行う．両眼視力や両眼を開放して一眼ずつ検査する方法もあるが，視覚実験の被験者の場合などは測定眼の視力が，あるいは両眼視の実験においても左右眼それぞれの視力が問題となるのだから，一眼を適当な遮眼子で覆って測定する必要がある．簡単には手で覆うだけでよいが，眼鏡試験枠と遮蔽版を使うか，所持眼鏡で測定する場合は一方のレンズを黒いボール紙で覆うということでもよい．

視力表は0.1の視標が3個，0.2以上の視標については5個を1行に並べてあるものが多い．各行につき半数以上の正解を合格とし，合格する最も小さい視標を視力値とする．厳密には0.1から各行の視標を全部読ませていくことになるが，実際には0.1から1個ずつ順に小さい視標を読ませていき，間違ったところの前後の行を詳しく調べて結果を出すことで時間を節約している．5個のうち2個を正解した場合には部分的(partial)に合格したという意味で，その行の視力値にpを付けて，例えば0.6pのように表すこともある．

0.1の視標が読めない場合は検査距離を短くして，0.1の視標を読める距離を求める．その距離をx(m)とすると視力は$0.1 \times x/5$となる．通常この方法で0.01 (50 cm)までを数字で表すが，これ以下の視力は，指数弁（指の数がわかる），手動弁（手の動きがわかる），光覚弁（明暗のみわかる），0（ゼロ；明暗もわからない）と表す．

前の項目aで述べたように視覚機能の臨床的評価として意味をもつのは屈折異常を適切に矯正した視力（矯正視力）である．視力矯正の方法については臨床のその種の教科書を参照していただくとして，ここでは矯正視力の表記方法についてのみ説明する．裸眼視力はRV=0.8のように数字のみを記載するが（RVはright visionの略号），矯正した場合はこれにRV=0.8(1.2×-0.5)のようにカッコ内に（矯正視力×レンズ度数）の記載を追加する．球面レンズと円柱レンズを組み合わせた場合はLV=0.3(1.5×+1.5◯C-0.5→)あるいはRV=0.1(1.0×-3.25◯cyl-1.0 A x 60°)のように，球面レンズと円柱レンズを組み合わせたという記号◯でつなぎ，円柱レンズ度数の前にCあるいはcylを冠し，さらに円柱レンズの軸の方向を示す．軸の方向は被験者に向かって右を0°，上を90°，左を180°として表すが，0°，90°は→や↑のように矢印で代用することが多い．

わが国では視力値は0.5とか1.2のように小数で表しているが（小数視力），欧米では20/20とか20/40といった分数での表記（分数視力）が一般的である．この分子は測定距離を分母は視標の大きさを表しており，そのまま計算して小数にすれば小数視力との比較が可能である．測定距離は通常20フィートであり，視標の大きさはその視標を1.0とする距離で表す．すなわち1.0の視標は20，0.5の視標は40，0.1の視標は200ということである．20/40というのは40フィートの距離で1.0の視標を20フィートで読む視力という意味になる．

視力表には多数の視標が並んでいるため，幼児や弱視眼では表を使って測定した視力が単独視標（図14.19）を使っての測定よりも悪くなることがある（読み分け困難）．単独視標を使っての視力を「字ひとつ視力」，表を使っての視力を「字づまり視力」と区別する．2歳以下の乳幼児では視標を示して答えさせる通常の方法では視力を測ることはむずかしく，視覚誘発脳波（VEP）や視運動眼振（OKN）を

図 14.19 単独視標
幼児や弱視眼ではこのような単独視標を使うほうが測定しやすい.

利用する方法，さらに次に述べる PL 法などが工夫されている．

d．PL 法

PL (preferential looking) 法は，乳児が一様な模様のない面よりも何かパターンのある面を好んで (prefer) 固視しようとする性質を利用して行う検査法で，Frantz らにより始められた．視覚の発達過程の研究や，臨床的には乳幼児の視力の評価に使われているがまだまだ普及しているとはいいがたい特殊な検査である．視標としては 2 台の TV モニターを使うもの，2 台のプロジェクターを使うもの，あるいはもっと単純に紙に印刷しただけのものなどが考案されている．パターンとしては TV モニターではチェッカーボードが使われることもあるが，ほかの方法では縞模様を使うことが多い．視標以外のところに乳児の関心を引くものがあるとそちらを固視してしまうので，モニターやプロジェクターを使う方法では暗室内で行うとか，検者が視標を手で示す場合は視標を出す部分に窓を開けたスクリーンを使うなどの工夫が必要である．

視力の判定は被験者である乳児がパターンのある視標のほうを固視したかどうかを検者が見て主観的に決める方法もあるが，どちらにパターンが出たかを知らない第 3 の観察者が乳児の固視の様子のみからパターンの出た側を推測し，その正解率から視力値を計算する FPL 法 (forced choice PL 法) が用いられることが多い．また 1 歳以後になると単純な PL 法では視標への関心が持続しないので，パターンのほうを固視したときにはその側に子供の喜びそうな絵を出したり，音やメロディーを出すなどで注意を持続させようとする OPL 法 (operant PL 法) という工夫もされている．

14.3.2 視野測定法

a．視野の概念[5]

一般には視野というと「見える範囲」と理解されているが，厳密にはその範囲内での視覚感度の分布状態のことをいう．網膜の各点での感度分布と考えてもよいが，これを外界に投影して被験者が見ている形で表現するのが一般的である．したがって，上下，左右の関係が網膜とは逆になっている．当然のことながら視野の上方は網膜の下方に，視野の耳側は網膜の鼻側に対応しているので，視野の中心，固視点以外のところにテスト刺激を出して行う実験ではその位置を記載するときに注意したい．視野での表現か網膜上での表現かを明確にしておかないと誤って理解されるおそれがある．

視覚の感度として何を測るか，すなわち視標として使うものや閾値の基準によっていろいろな視野が測定できるが，臨床的に単に視野といえば白色光を使って一定の背景光のうえでの増分閾値を調べるものをいう．このほか背景光や視標に色光を使う，視標をフリッカーさせる，縞視標を使う，輪状の視標を使うなどの工夫がされている．

b．検査の基準

臨床的に視野測定が普及したのには Goldmann 視野計 (1945) に負うところが大きい．現在では種々の自動視野計が開発され普及しているが，検査の条件はこの Goldmann 視野計に基づいているものが多い．したがって，Goldmann 視野計の設定条件が臨床的な測定基準と考えられるので，これについて解説する．

測定には内面を白色に (理想的には完全拡散面に) 塗装した半径 33 cm の半球状のドームを使う．球の中心に測定眼がくるように可動性の顎台，額当てを調整する．他眼を遮蔽することを忘れてはならない．また中心 30°以内の測定では視力検査と同様に適切な矯正をしておく必要がある．老視眼では距離 33 cm を考えて遠方に対する矯正レンズに適当な凸レンズを追加する．ドームの中央 (頂点) には小さな円孔がありここを固視させる．この円孔は固視の状態を監視する覗き窓としても使う．

まず背景の輝度を 31.5 asb (アポスチルブ) とする．テスト視標は円形で，その大きさを表すのにローマ数字の 0〜V を使い，大きさ 0 を 1/16 mm^2

と定め,その4倍の1/4=0.25 mm² をI,さらに4倍していってII=1 mm²,III=4 mm²,IV=16 mm²,V=64 mm² の6種類を定めた.視標0の直径は視角3′に,視標Vの直径は視角1.57°に相当する.視標の輝度を表すのには1〜4のアラビア数字を使い,輝度をさらに細分するのにa,b,c,d,eのアルファベットを添えることもある.最も明るい視標は1000 asbでこれが輝度4,これを0.5 log unit暗く(0.315倍)したものが輝度3で315 asb.さらに輝度2=100 asb,輝度1=31.5 asbである.フィルターa,b,c,d,eは輝度をさらに0.1 log unitごとに細分するのに使う.それぞれNDフィルターでa=0.4,b=0.3,c=0.2,d=0.1,e=0に相当する.したがって,例えば3cは$315\,\mathrm{asb}\times10^{-0.2}=200\,\mathrm{asb}$となる.一番輝度の低い視標は1aで$31.5\times10^{-0.4}=12.5\,\mathrm{asb}$となる.とくにアルファベットを添えない場合はe(ND=0)を意味している.

c. 動的視野測定法

動的測定は一定の大きさと一定の輝度の視標を見えない領域からその視標を認めうる領域へ向かって移動し,見えたところで合図してもらってその位置を記録する方法である.一般には視野の周辺から中心へ向かって視標を動かすことになる.測定には上に述べたGoldmann視野計を使う.視標としてはまずV/4,I/4,3,2,1の5種類を使うが,必要に応じてIV,III,II,0の大きさや,0.1 log unitのフィルター(a,b,c,d)を使う.視標の移動速度は5°/sがよいとされている.応答があったところで一度視標を消し,次の移動のはじめのところで点灯するということをくり返す.同じ視標でいろいろな方向から測定し,応答のあったところを結ぶと等感度線(イソプター,isopter)が求められ,それぞれの視標に対するイソプターを記入した図14.20のような測定結果が得られる.必ずマリオットの盲点(眼底の視神経乳頭に相当する部分で,ここには視細胞がないため生理的暗点となっている)を求める.マリオット盲点は視野の耳側15°,下3°あたりに中心をもち,上下に7°,左右に5°程度の広がりをもつほぼ楕円形の暗点として検出されるのが一般的である.このマリオット盲点がうまく検出できていない測定結果は信頼できない.

動的測定法は視標の移動,応答の記録,イソプ

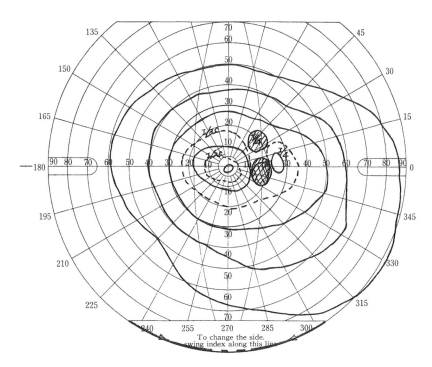

図 14.20 動的測定
応答のあったところをつないでイソプターを描く.実線は大きいほうからV/4,I/4,3,2,1.点線はI/2cとI/3cによるイソプター.斜線部分は盲点と暗点.このケースは初期の緑内障でマリオット盲点の上部にI/4のBjerrum暗点が見られる.

ターの描画などをすべて手動で行うので，検査にはかなりの熟練と経験が必要である．同じ被験者の測定結果が検者により異なることも珍しくない．最近では次に述べる静的測定法による自動視野計が開発され普及しているので，このGoldmann視野計による動的測定は過去のものになりつつある．しかし，自動視野計では末期緑内障や視神経疾患で著しく狭窄した視野をうまく測定できないので，動的測定も消えてしまうことはないであろう．

d．静的視野測定法

静的測定は視標を移動せずに視野内のあらかじめ定められた多数の点についてそこでの閾値を測定する方法である．古典的にはGoldmann視野計を用い輝度変換用のフィルターを駆使して測定していたが，コンピューターを用いた自動視野計がいろいろと開発された．ここでは最も普及していると思われるHumphrey視野計を中心に解説する．

背景の輝度はGoldmann視野計に準じて31.5 asbが標準で，3.15 asb, 315 asbとすることもできるようになっている．視標の大きさはGoldmann視野計のIからVに相当する5種類が用意されているがIIIを使うことが多い．視標の提示時間は0.2秒．白色の視標のほか赤，緑，青の色視標も使えるようになっている．視標の輝度は最も明るい10000 asbを0 dB（デシベル）として51 dBまでを可能としている．デシベル表示は$10 \times \log$ unitであるので51 dBは$10000 \times 10^{-5.1} = 0.08$ asbとなる．

測定のプログラムは年齢から予測される閾値より5～6 dB高い輝度の視標を提示して単に見えたか見えなかったかを記録していくスクリーニング検査とあらかじめ定めた多数の測定点（例えばCentral 30-2というメニューでは中心30°以内に6°間隔で76点）における閾値を求める閾値検査とに大別できる．閾値は輝度の高い視標から4 dBステップで輝度を下げて提示し，閾値の近くでは2 dBステップで提示して求めている．同じ測定点に次々と視標を出すのではなく，視標の提示場所はランダムになるようにプログラムされている．測定結果は各点の感度（dB）を直接数字で表すものや，正常値と比べての感度の低下をグレイトーンで表す方法（図14.21(b)）などがとられる．グレイトーン表示では実際に測定していない部分も数学的に補間して示されるので，非常に精密な測定がしてあると誤解されることがあり，注意が必要である．スクリーニング検査と閾値検査の中間的な方法として正常の閾値より高い輝度を5段階ぐらいに分けて提示し，およその感度低下の程度を知るプログラムもある（図14.21(a)参照．トプコンSBP2020）．

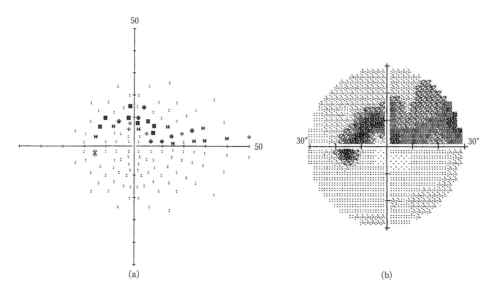

図14.21 緑内障の視野

Bjerrum暗点が広がって鼻側階段様の変化となっている．(a)感度を5段階に分けたスクリーニング検査（トプコンSBP 2020）．原点＝固視点，として視野内での位置を視角で表した結果を示す．：正常感度，○ 感度低下1，H 感度低下2，● 感度低下3，■ 応答なし．(b)中心30°以内の閾値検査（central 30-2）の結果をグレイトーンで表したもの．

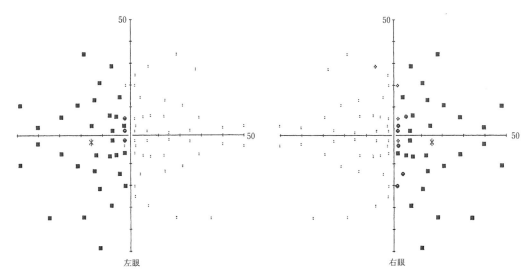

図 14.22 両耳側半盲
下垂体腫瘍による測定例．両眼の耳側半分の感度が低下消失している．このような両耳側半盲は交差線維が障害されることにより起こる．

e. 定型的視野異常

網膜，脈絡膜の病変は眼底検査により直接観察することができ，その病変に対応した視野の欠損，あるいは感度の低下を検出する．眼底上に投影された視標の位置を直接確かめながら測定する眼底視野計も作られている．

緑内障のごく初期の視野変化はマリオット盲点の上方に出現する暗点（Bjerrum 暗点，図 14.20）である．やがてこれはマリオット盲点とつながりさらに鼻側に広がって階段状の視野（nasal step，鼻側階段，図 14.21）となり，同じ変化が下方視野にも生じると鼻側半盲様の視野となる．さらに進行すると中心視野が欠け耳側に島状の視野を残すのみとなり，やがてこれも消失することになる．視野の欠損に対応する視神経乳頭の陥凹萎縮や網膜神経線維束の欠損を観察することができる．

視交叉部の病変（主として腫瘍）ではこの部で交差する視神経線維が障害されるので両耳側半盲（図 14.22）となる．眼症状を訴え視野検査から発見される視交差部腫瘍も珍しくない．

視交叉部より上位の視索，外側膝状体，視放線，後頭葉の病変では同名半盲となる．右側には視野の左側が，左側には視野の右側が投影しているので，右側の病変では左同名半盲，左側の病変では右同名半盲となる．視野の中心を含む垂直線上では交叉線維と非交叉線維がオーバーラップしている領域があり，また視中枢では視野中心部の左右半球を連絡する線維があるので，上位の障害ほど視野の中心部の機能は保たれる（黄斑回避）．　　　［山出新一］

文　献

1) G. Westheimer : Visual Acuity in Adler's Physiology of the Eye (ed. W. M. Hart), 9th ed., Mosby-Year-Book, pp. 531-547, 1992
2) S. Shlaer : The relation between visual acuity and illumination, *Journal of General Physiology*, **21**, 165-188, 1937.
3) M. Kono and S. Yamade : Temporal integration in diseased eyes, *International Ophthalmology*, **20**, 231-239, 1996
4) 大頭　仁：眼科用光学機器の国際標準化（第 2 回）—視力検査用視標について—，視覚の科学，**13** (2), 57-60, 1992
5) D. O. Harrington : The Visual Field : Text and Atlas of Clinical Perimetry, 6th ed., The C. V. Mosby, 1990

14.3.3　色覚検査法

a.　色覚検査表

色覚異常者にとって混同されやすい色（混同色）が使用されていることから仮性同色表ともいう．検査表の目的は，正常と異常の疑いをふるい分けるスクリーニングにある．検査表によっては程度表が付属しているが，検査表による程度判定は参考にとどめる．

国内の検査表として，石原表（国際版，綜合色覚検査表，学校用色覚検査表，ひらがな色盲検査表），

大熊表（新色覚異常検査表，色盲色弱度検査表），東京医科大学式色覚検査表，標準色覚検査表がある．

検査結果の判定は各検査表の判定法に従う．同時に用いた検査表の名称とともに誤りの表数を記載しておくことが大切である．いずれの検査表も100％の検出は不可能であり，全表正読する異常者や正常者でも誤答することがある．また，色弱，色盲，全色盲の診断は検査表では不可能であり行ってはならない．

b．パネル D-15 テスト

先天色覚異常の程度を中等度以下（軽度）と強度の2群に区分することを目的とした検査器である[1]．1個の基準の色相（reference cap）と，全色相から抽出された15個の検査色からなる．検査色の裏側には色相順に1から15までの番号が記されている．

検査は，全検査色を順不同に呈示し，基準の色相に類似の色から色相順に配列させる．結果は，検査用色相の裏側の番号を記録用紙に記載するとともに，円形の色相環として示された色相番号を示す点を配列番号順に結ぶ．得られたパターンにより色覚異常のタイプが判定される．なお，誤りがみられた場合は再検査を要する．

検査結果の典型例を図14.23に示した．no error は，全く誤りがない場合で記録上のパターンは円形を呈する．しかし「色覚正常」と判定することはできず，「panel D-15 test：no error」など用いた検査器の名称とともに結果を記載する．minor error は，誤りが1～2色相間にとどまっている場合であり，先天色覚異常では中等度以下（軽度）異常と判定される．後天異常において，上方や下方に minor error に加えて3または4色相間の誤りがみられるときは青黄異常が疑われる．図14.23には示されていないが，色相環を横切る混同線が1本のときは one error であり，中等度以下である．通常は，色相番号7から15番に飛び，15から8番まで逆に配列される．色相環を横切る混同線が2本以上のときが，強度異常と判定される．図14.23③と④のように典型的なパターンであれば，第1異常と第2異常の診断が可能であるが，2色型（色盲）と異常3色型（色弱）の診断は不能である．

後天色覚異常で，第1異常（protan），第2異常（deutan）軸，または桿体1色型の混同がみられたときは，強度の青錐体系の障害に加えて，赤緑錐体系の著しい障害を意味する．また，不規則なパターンを呈することが多いことから，第1異常，第2異

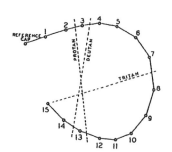① no errors（正常または中等度以下）

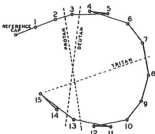② minor errors（正常または中等度以下）

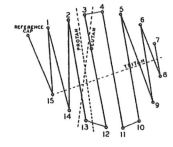③ 第1異常（強度）の定型的なパターン

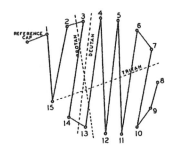④ 第2異常（強度）の定型的なパターン

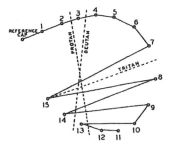⑤ 青黄（第3）異常の定型的なパターン

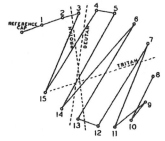⑥ 桿体1色型色覚（暗所視型）のパターン

図14.23 パネル D-15 テストのパターン

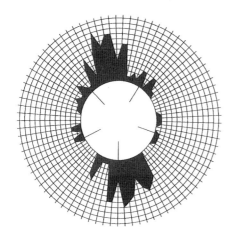

図14.24 The Farnsworth-Munsell 100 hue test の後天青黄異常のパターン

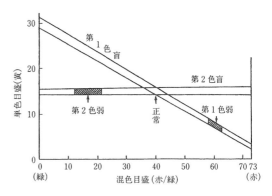

図14.25 アノマロスコープにおけるレイリー等色値

常,または全色盲などと表記するだけでなくパターンで示すことが望ましい.混同軸が典型的な第1または第2異常軸に一致している場合には,先天色覚異常の合併が強く疑われる.

c. Farnsworth-Munsell 100 hue test

正常色覚者や後天色覚異常の色弁別能の検査を目的とした検査器である[2].全色相から抽出された85個の検査色からなる.各検査色の裏側には色相順に1から85番までの番号が付されているが,色相番号22～42,43～63,64～84,85～21の4群に分割され,別々に4つの箱に納められている.なお,各群の両端にはそれぞれ前後の色相番号,例えば色相番号22～42の群では左端に色相番号21,右端に色相番号43の色相が基準色相として固定されている.

検査は,それぞれの群について検査色を順不同に提示し,両端に固定されている基準色相を参考に色相順に配列させる.結果は,配列された順番に色相番号を記録用紙に記載する.各色相について,両隣りに配列された色相番号との差をそれぞれ求め,両者の和を算出する.これらの数値を記録用紙に示された色相環を表すグラフ上に山型の図形として表示する.誤りが全くなければ,各色相に対する両隣りとの差の和はすべて2となり,円グラフの目盛は2から始まっているため,基準線に一致した円形を呈する.

なお,これら両隣りの色相番号との差の和から2を引いた数値がそれぞれの色相に対する偏差点となる.これら85個の色相に相当する偏差点の総和が総偏差点である.色識別能の程度や性質を詳細に検索可能であるが,検査に長時間を要すること,正常と異常の判定が困難なことなどの欠点がある.

結果は,総偏差点とともに円グラフ上の誤りの多い部位により青黄異常,赤緑異常,全色相に混同などと診断される.青黄異常は,円形グラフのほぼ上下方向に誤りが多いときであり(図14.24),比較的診断は容易であるが,そのほかのパターンにおいては判定がむずかしいことが多い.したがって,総偏差点とともにパターンで示すことが望ましい.

d. アノマロスコープ

アノマロスコープ(anomaloscope)は,等色法のうち特殊な組み合わせの検査色光と原色光を選定し,簡易的に色覚異常を診断することを目的とした検査器である.一般には,ナーゲルⅠ型アノマロスコープにより,黄(579 nm)の検査光と,赤(671 nm)と緑(564 nm)の原色との等色法であるレイリー(Rayleigh)等色が測定される.

レイリー等色では短波長側の色光が含まれていないことから,赤および緑錐体の2種類の視物質のみが関与することになり,正常者においても2つの原色で色合わせが可能である.検査器には赤と緑の混合比が変えられる混色目盛(0～73)と黄の明るさを変化させる単色目盛(0～87)がある.色覚異常のタイプは等色が成立する混色目盛の位置(等色値)とその範囲(等色幅)ならびに単色目盛の値によって判定される(図14.25).

アノマロスコープでは,正常と異常,あるいは第1異常と第2異常の判定に限れば低学年の児童においても可能である.しかし,色弁別能不良の異常3色型(色弱)と2色型(色盲)とは鑑別が困難な例がある.

[北原健二]

文　献

1) D. Farnsworth : The Farnsworth Dichotomous Test

for Color Blindness—Panel D-15, Psychological Corporation, New York, 1947
2) D. Farnsworth: The Farnsworth-Munsell 100 Hue Test Manual (revised ed.), Munsell Color Company, Baltimore, 1957

14.3.4 電気生理学的測定法
a. 網膜電位図(ERG)

光刺激により生じる視細胞の反応は膜電位の変化であり，これが双極細胞，水平細胞，神経節細胞，アマクリン細胞といった網膜内の神経細胞に伝えられた結果もすべて膜電位の変化となる．これらの膜電位の変化の総和を記録するのが網膜電位図(electroretinogram, ERG)である．関電極として電極付きのコンタクトレンズを用い，不関電極を前額部中央に，接地電極を左右どちらかの耳朶において記録するのが一般的である．研究室レベルではいろいろな刺激や記録方法がなされているが，一般臨床では強い白色閃光刺激によるフラッシュERGと赤色のフリッカー光に対する反応を加算平均したフリッカーERGが使われている．

フラッシュERGは古くから白内障や硝子体混濁などで眼底が見えない症例に対して網膜の機能を知る検査として，あるいは網膜疾患の診断や予後を知る手がかりとして行われてきた．眼科臨床ではまずルーチンに属する検査である．刺激光としては20J以上のストロボを眼前約30 cmにおき，これを発光して記録する．1回の刺激で十分よい記録(図14.26)が得られる．評価の対象となるのはフラッシュ刺激後約10 msに現れるa波，それに続く陽性のb波，b波の上行脚に見られる律動様小波(OP波, oscillatory potential)である．刺激強度や記録条件に左右されるがa波の振幅は200〜400 μV，b波の振幅は300〜600 μVで50 msほどの頂点潜時で記録される．OP波の最初の小波は約15 msの潜時で現れ，およそ7 msごとに数個の小波が現れる．小波の振幅は数10 μVでしだいに減衰する．振幅の総和は200〜400 μVとなる．

a波は網膜外層の視細胞の反応により，b波は2次・3次ニューロンの脱分極により放出されたK⁺イオンをMüller細胞が取り込むことにより発生すると考えられ，またOP波は網膜内層の神経回路網にその起源を求められているが，まだまだ不明の点が多い．フラッシュERGは錐体系と桿体系の反応が混合しているが，主として桿体系の反応と考えられる．

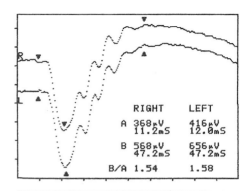

図14.26 フラッシュERG
筆者自身の両眼のERG．フラッシュのエネルギーは20J．フラッシュから11.2 ms，12.0 ms遅れて368，416μVのa波が見られ，続いてOP波とb波が記録されている．下図は時定数を変えてOP波のみを分離したもの．1目盛は100μVと10 ms．

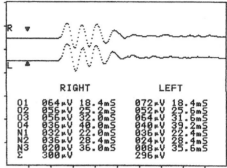

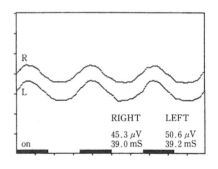

図14.27 フリッカーERG
これも筆者自身の両眼の記録．コンタクトレンズに内蔵した赤色のLEDを30 Hzでフリッカーさせて刺激光としている．30回の加算平均．1目盛は50μVと10 ms．

フリッカーERGに用いる刺激光は30 Hzのフリッカー光である．ストロボではこの速さに対応できないので発光ダイオード(LED)を使う．コンタクトレンズ電極に赤色のLEDを内蔵した光源一体型ERG電極が作られており，これを使うことによりフリッカーERGの記録(図14.27)が容易に行え

るようになった．単一の記録では十分な波形が得られないので，30回ほどの加算平均を行う．フリッカーERGは錐体系の反応であり白内障や硝子体手術後の視機能を予測する検査として行われることがあるが，黄斑部の錐体のみの記録ではないので術後の視力と1対1に対応するわけではない．

b. 視覚誘発脳波 (VEP)

視覚刺激に対する後頭葉視覚領野での反応を記録するのが視覚誘発脳波 (visual evoked potential, VEP，あるいは visual evoked cortical potential, VECP) である．多数の電極を用いて反応の局在を調べることもできるが，一般臨床で行われているのは1つの関電極をOz（後頭結節の3cm上方）に，不関電極，接地電極を左右の耳朶において記録する方法である．電極は脳波用の皿電極でよい．50～100回以上の加算平均が必要である．視覚刺激としてフラッシュ光を使うフラッシュVEPは比較的容易に記録できるが，市松模様や格子縞といったパターンの反転あるいは出現，消失に対する反応を記録するパターンVEPはいろいろなノイズの混入を避けることがむずかしく，うまく記録できないケースもある．パターンの提示方法としてはTVモニター，ガルバノミラー，EL板などがあるが，EL板のものがノイズの発生源となることが少なく使いやすい．

結果の判定は記録された波形の潜時と振幅に注目してなされるが，いまのところ定まった基準はない．フラッシュVEPでは陰性波(N70)に続いて約100msの潜時で記録される最初の陽性波(P100)に注目して判定されることが多い（図14.28）．P100の振幅は10μV程度であるが，個人差が大きい．反転速度の遅いパターンVEPではフラッシュVEPとほぼ同様の波形が得られ（図14.29），主としてP100の潜時と振幅を見る．反転速度の早いパターンVEP（図14.30）では振幅のみが問題となる．パターンVEPの振幅は固視の状態によって著しく影響されるのでよい波形が得られない場合に本来の記録である後頭葉での反応そのものが減弱しているのか，ノイズなどの関係で単にうまく記録できていないだけなのか，あるいは固視が悪いためなのかを判断することはむずかしい．正常の反応が得られた場合には少なくとも一次視覚野までには異常がないと判定できる．

臨床的には乳幼児や自覚的応答による検査が不可能な症例に対する視機能の評価，心因性視覚障害，

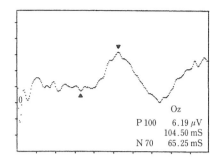

図14.28 フラッシュVEP
筆者を被験者として電極をOzに置いて記録したもの．0.3Jのフラッシュ光で128回の加算平均をしている．N70ははっきりしないが，104.5msの潜時で6.19μVのP100が記録された．目盛は2.5μVと20ms．

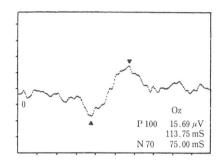

図14.29 パターンVEP (3 rev/s)
心因性視覚障害の女児における記録．反転頻度は3回/sで64回の加算平均．視力は矯正しても0.04と著しく低下していたが，VEPでは良好な記録(P100)が得られている．図の1目盛は5μVと20ms．

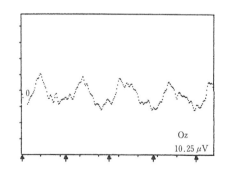

図14.30 パターンVEP (11 rev/s)
図14.29と同じ症例の11反転/sでの記録．やはり64回の加算平均．パターンのサイズはこの装置での最小のものを使った．この刺激条件でも10.25μVとはっきりした反応が認められる．図の1目盛は5μVと40ms．

詐盲，皮質盲の診断や視神経・視覚中枢の障害の評価に用いられるが，上述のように判定はなかなかむずかしい． ［山出新一］

14.4 脳機能イメージングによる視覚機能測定法

視覚信号の流れは網膜から外側膝状体を経て後頭葉へと進んでいく．後頭葉は，視覚野と視覚前野に分かれ，視覚情報は視覚野で処理された後，視覚前野に送られる．その後，頭頂連合野に至る背側経路（空間視と運動視）および下側頭連合野（物体視）に至る腹側経路が構成される．この視覚情報の流れは，2章に詳しく述べられている．本節では，ヒトの視覚情報の流れを非侵襲的に測定し，視覚化する脳機能イメージングによる視覚機能測定法について概説する．

14.4.1 視覚誘発電位の頭皮上分布
a．視覚誘発電位の記録法と正常波形

前節で述べられたように視覚誘発電位(visual evoked potentials, VEP)は，フラッシュ刺激やパターン刺激を与えて後頭葉に生じる誘発脳波を記録する方法である．フラッシュ刺激によるVEPの波形は個体間で変動が大きいため，波形の再現性が高いパターン刺激によるVEPを用いた研究が多い．刺激としては，白黒の格子縞(checkerboard pattern)や正弦波格子縞(sinusoidal gratings)などがよく使われている．パターンの大きさは，VEPの潜時や振幅に重要な影響を及ぼす[1]．中心部視機能の検討には格子縞の大きさで視角10〜20′が適し，周辺部視機能には30〜60′のものが適当であるといわれている[2]．

パターンVEPの記録はHallidayらが提唱した方法に準じる[2,3]．外後頭隆起の5cm上の後頭部正中点とその点からそれぞれ左右に5cm外側の点および10cm外側の点の計5か所におく（図14.31）．基準電極は前頭部正中線上で鼻根部の12cm上方の点に，接地電極は頭頂部におく．格子縞で全視野刺激をすると後頭部正中を中心にして陰性(N)—陽性(P)—陰性(N)の3相性波形が現れ，左右対称性

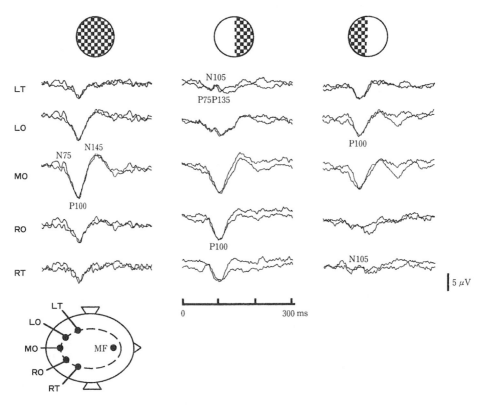

図14.31 視覚誘発電位の正常波形と頭皮上分布[1]
全視野刺激ではP100は後頭正中部を中心に左右対称に出現するが，半側視野刺激では刺激視野と同側の後頭部優位にP100が出現する．刺激視野と反対側ではN105が出現する．LT：左側頭部，LO：左後頭部，MO：後頭正中部，RO：右後頭部，RT：右側頭部，MF：前頭正中部．

に分布する(図14.31).極性と潜時からそれぞれ,N 75, P 100, N 145 と呼ばれる.主陽性頂点のP 100 は一次視覚野(V 1)由来であり,最も安定して記録されるので,その潜時や振幅が視機能の指標となっている[1,2].半側視野刺激では,後頭部正中線から刺激と同側後頭部にかけて,N 75, P 100, N 145 が出現する(図14.31).刺激視野と反対側の後頭部には同側のN—P—N と逆の極性で振幅が低いP—N—P の3相性波形(P 75, N 105, P 135)が現れる.これは,解剖学的にヒトの視覚領の黄斑部に対応する部分は主に後頭葉内側面にあり,そこで生じた電流双極子(current dipole)の方向が刺激と同側後頭部に向くために刺激と同側に明瞭な反応が得られるものと考えられている(paradoxical lateralization)[3].刺激と反対側のP—N—P 成分は黄斑周辺部に対応する皮質で生じたものと考えられている[3].

b. 2次元脳電図の原理と測定法

2次元脳電図は,トポグラフィー(topography)とも呼ばれ,脳波や誘発電位の頭皮上全体の電位分布を等高線地図として表したものである.国際10-20電極配置法に準じて頭皮上に多数(16個以上)の記録電極をおき,脳波や誘発電位を記録する.測定点のデータをもとに非測定部位の電位を2次元補間計算して電位を算出した後,補間関数(2変数標本化関数)により近似計算し,カラー画像として表示する[4].誘発電位のトポグラフィーを作成するには振幅を測定しなければならない.各成分の頂点潜時の時点における頂点間振幅を測定する方法や刺激時点より前の無反応に近いレベルを基準線にする方法などがある.どの方法も絶対振幅ではなく相対振幅を測定しているので,絶えず誘発電位の原波形と比べてマッピングが正しいかどうかを確認する必要がある[4].

c. 視覚誘発電位のトポグラフィー

頭皮上に多数の記録電極をおき,得られたVEPの主成分の振幅(とくにP 100)を測定して,VEPの頭皮上分布を2次元的に表示するものである[5].

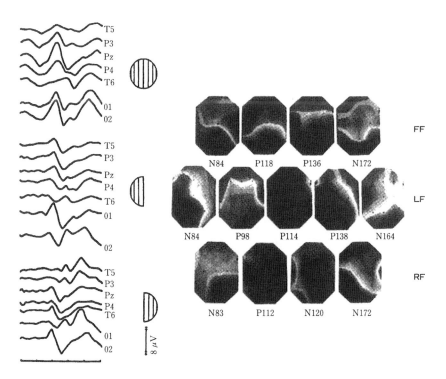

図14.32 視覚誘発電位のトポグラフィー[5]

側頭・後頭部で記録されたVEPの原波形(左)と頭皮上の19個の記録電極のデータをもとにしたVEPのトポグラフィー(右).視覚刺激は,4 cpdの縦縞格子(square-wave gratings)の反転で,N 1(85 ms)—P 1(115 ms)—N 2(170 ms)が記録される.全視野刺激では,N 1 は後頭部を中心に左右対称性に分布するが,半側視野刺激では同側性に分布する.P 1 は左視野刺激では広汎に分布するが,右視野刺激では,刺激と同側の後頭部に分布する.N 2 は刺激視野と反対側の後頭部優位に分布する.FF:全視野刺激,LF:左半側視野刺激,RF:右半側視野刺激.

P100は，全視野を刺激すると後頭部正中のOz付近を最大振幅として後頭部優位に分布する（図14.32）．一方，半側の視野を刺激すると，後頭部正中線から刺激と同側後頭部にかけてP100が分布する．しかし，前述のparadoxical lateralizationに当てはまらず，刺激視野と反対側にP100が分布することも少なくない（図14.32）．その理由として，第1にヒトの後頭葉の解剖学的変異が大きいことがあげられる[6]．V1が後頭極に達しない例や左の視覚野が右より大きいため，半側視野刺激によるP100の頭皮上分布は，正常人でも異なることが多い[2,5]．次に，視野とV1には網膜皮質部位対応（retinotopy）があり，中心視野のV1への拡大率は周辺視野に比べ非常に大きいことが考えられる[6]．

d．トポグラフィーの特長と問題点

トポグラフィーは誘発電位の空間的，時間的変化を視覚化する利点があるが，問題点も多い[4]．基準電極は両耳朶連結を基準として導出することが多いが，耳朶は全く誘発電位の影響を受けないわけではないので，絶対的な値を表しえず頭皮上分布が変化する可能性がある．また，誘発電位は容積電導により影響を受け，電位分布が発生源より遠隔な部位までおよび頭皮上に広く分布する．さらに，誘発電位の2次元画像の変化をカラー表示するが，色による印象が強いため，主観に作用される危険性がある．

14.4.2 脳磁図
a．脳磁図の原理

脳磁界の主な発生源は，興奮性シナプス入力によって大脳皮質錐体細胞の尖樹状突起（apical dendrite）内に引き起こされる細胞内電流であると考えられている[7,8]．これらの電流は興奮しているわずかの範囲にしか流れないので，電流双極子（current dipole）と呼ばれている．この興奮に伴う脳内の電流双極子により，右ねじの法則に従って誘起される磁界を頭表面で計測したものが脳磁図（magnetoencephalography, MEG）であるのに対し，脳波（electroencephalography, EEG）は電流双極子によって頭表面に生じる電圧を2点間で計測したものである（図14.33）．MEGは，頭蓋に垂直な磁界を形成する脳表に対して水平方向の電流双極子を測定していると考えられている[7,8]．電流双極子の作る磁界は距離の2乗で減衰するので，空間的な局在性が高く，電流双極子が1個の場合には，その位置や深さを正確（数mm以内の誤差）に推定することが

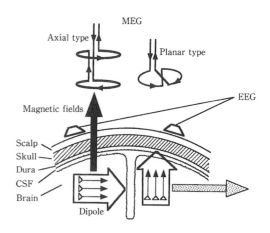

図14.33 大脳皮質内の電流双極子が作る電場と磁場
脳波（EEG）は，頭皮上にある2個の電極の電位差を記録する．一方，脳磁図（MEG）は水平方向の電流双極子（dipole）から形成される頭表面に対して垂直方向の磁場を計測する．脳波は頭皮，頭蓋骨，硬膜，脳脊髄液によりゆがめられるが，磁場はそれらの影響を受けない．しかし，頭表面に対して水平方向に形成される電流双極子の磁場はコイルから検出しにくい．検出コイルの形状はaxial型とplanar型に分けられる．Axial型は頭表面に対して垂直な軸について差分をとるので，電流源の直上で検出される信号はほぼ0となる．Planar型は頭表面に平行な面で差分をとることにより電流源の直上で信号が最大となる．
Scalp：頭皮，Skull：頭蓋骨，Dura：硬膜，CSF：脳脊髄液，Brain：大脳皮質．

できる．

b．脳磁図の計測法

脳から発生する磁界は，地磁気の1億分の1から10億分の1程度と微弱であるため，脳磁界を計測するには超伝導量子干渉素子（superconducting quantum interference device, SQUID）を用いた超高感度磁束計が必要である[7,8]．初期には少数チャンネルのSQUID磁束計しかなく，脳全域からの同時記録は困難であったが，近年は多チャンネルのSQUID磁束計が開発され，頭部全体を覆う全頭部型の脳磁計も実用化されている．磁束検出コイルとSQUID部はデュワー（dewar）と呼ばれる容器に入れられ，液体ヘリウムで約－270℃に冷やされて磁気遮断室のなかに設置されている．底部の外側は凹みになっており，この部分をヒトの頭部に密着させることにより，脳磁場を測定する．生体から発生した磁界を磁束検出コイルで検出し，その磁界をSQUID部に導き，ここで微弱な磁界を電圧に変換してデュワーの外に置かれている装置で増幅する．検出コイルの面は，頭表面に対して平行に設置され

ており，頭表面に対して垂直な磁場の変化を検知するようになっている（図14.33）．また，互いに逆方向に巻いた検出コイルを直列につなぎ，空間的な差分をとることにより，地磁気の変動あるいは都市雑音などのノイズを軽減し，脳由来の信号だけを検知する工夫がなされている（図14.33）．

電流源の推定には個々の磁気計測値と個々のチャンネルのセンサーの座標とから，観測された磁界分布を理論的に最もよく再現する電流双極子の位置を，コンピューターの収束演算によって求める（図14.34）．MEGによる脳機能局在情報は，脳MRIで得られる解剖画像上に重ね合わせることが必須であり，頭部の位置決めマーカーによりMEG情報を脳の磁気共鳴画像（magnetic resonance imaging, MRI）上に重畳させることができる（図14.34）．

c．視覚誘発脳磁界

磁気遮断室内の被検者に磁気ノイズを出さずに視覚刺激をいかに提示するかがむずかしく，聴覚や体性感覚系に比べて研究が遅れている．ここでは，われわれの成績を紹介する．前述したように格子縞反転刺激によるVEPはP100が主成分なので，37チャンネルの脳磁計を用いてこれらの電流源の位置推定を行った[9]．刺激パターンをパソコンで作成し，そのビデオ出力を液晶プロジェクターに入力して，磁気遮断室にある小孔を通して反射鏡でスクリーンに投射した．まず，P100に相当する視覚誘発脳磁界のP100mに網膜皮質部位対応があるかどうかを検討した．視野8°，格子縞の大きさを50′として，左右の半側および上下1/4の視野を刺激し，P100mを測定した．半側視野刺激では，左視野を刺激した場合は右の後頭葉（鳥距溝付近）に，

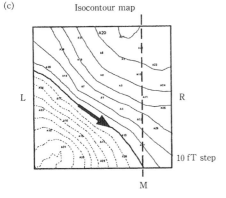

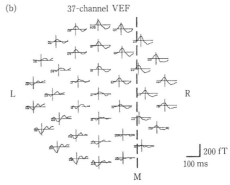

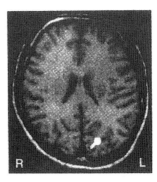

図14.34 視覚誘発脳磁界の記録と主成分（P100）の電流源推定

視覚50′のパターン反転刺激により右半側視野を刺激したときの視覚誘発電位（VEP）と視覚誘発脳磁界（VEF）の同時記録（a）．VEFではVEPのP100に対応するP100mが記録され，位相反転がみられる．破線は刺激の反転時点（0 ms）を示す．左後頭部にSQUIDの中心をおいて記録したVEFの頭皮上分布（b）とそれをもとにして作成したVEFの等磁場地図（c）．実線は磁場の吹出し，破線は吸込みを示す．中央の太い実線は磁場のゼロ点で，その直下に電流源があり，矢印はその方向を示す．計算された電流双極子の位置を脳MRIに重畳させると左鳥距溝付近にP100の電流源が推定される（d）．MRIでは頭皮上分布（b）と等磁場地図（c）と左右が逆であることに注意．
L：左，R：右，M：正中．

右視野を刺激した場合は左の後頭葉にP100mの電流源が認められた(図14.34).さらに,上下1/4視野刺激では上1/4視野刺激のほうが下1/4視野刺激よりも後頭葉内では下のほうに電流源の位置が推定された[9].刺激視野の位置と信号源の位置は解剖学的事実と一致していることから,MEGによりP100mには網膜皮質部位対応があることが示された.中心視野のV1への拡大率を考慮した円形刺激(周辺視ほど大きなサイズ)を使ったAineら[10]の結果でも,同様に網膜皮質部位対応が認められている.

当然ながら,視覚機能に関連した文字や顔の認知過程に対する脳磁場も計測されている[11,12].文字の認知課題では刺激後約180msで,左後頭・側頭葉下部に最初の電流双極子が推定されている[11].顔を刺激としたときには,刺激後約150msで両側の後頭・側頭葉下部に最初の電流双極子が推定されている[12].これらの結果は,PETで活性化された部位によく一致している(後述).

d. 脳磁図の特長と問題点

MEGは脳波に比べて,脳内の組織や頭蓋骨の電気伝導度の影響をほとんど受けない.また,脳波は基準点を必要とするが,脳磁界は1点で正しい値が計測できるなどの利点がある.しかし,頭表面に対して水平方向の電流源は検出できるが,垂直方向のそれは計測不可能である.また,脳深部の磁界は距離の2乗に反比例して減衰するため,脳深部の電流源の推定は一般に困難である[7,8].さらに,高次脳機能を反映すると考えられる長潜時成分の記録では,低周波環境磁場雑音の遮断が十分でないため,基線が変動しやすく微弱な誘発脳磁場の計測は困難である[13].

電流源推定のアルゴリズムは1個の電流双極子を推定するものだが,2個以上の電流源を推定する精度の高い電流源推定を行うためには,より高感度のセンサー,高性能の磁気遮断室および複雑な仮定の際のコンピューター解析方法の開発が必要である[13].ヘリウムを使って計測する超伝導SQUID磁束計は,維持費が非常に高く経済的ではないので,液体窒素を使った維持費の安い高温SQUID磁束計の開発が望まれる[7].

14.4.3 ポジトロンCT

a. ポジトロンCTの原理

ポジトロン断層法(positron emission computed tomography, PET)は,放射能をさまざまな物質に標識することにより脳局所の血流の変化,酸素消費量,ブドウ糖代謝,さらに神経受容体の情報を画像化する方法である[14].ポジトロンは正の荷電(e^+)をもつ陽電子(質量m)のことで,人工的に作られた核種から放出される.体内に投与された核種から出るポジトロンは,組織中の陰電子(e^-, m)と衝突すると陰陽の両電子の荷電と質量はともに消失する.それに代わって2個の光子(消滅光子)が,一直線上で反対方向に射出される.PETではこれら2個1組の光子を,生体をはさんで置かれた一対のγ線検出器で同時に計測する[14,15].同時に入射したものだけを意味のある信号として採用し,それ以外のものは用いないので,効率のよい計測ができることになる.

b. PETによる脳血流測定法

何らかの課題刺激を与えると,それに関連する脳局所が賦活(活性化)され,脳組織血液量も増加する.このPET測定には,ほとんどの場合,^{15}O(半減期2min)標識水の急速静注による局所脳血流測定が用いられている[14,15].計測時間は約1minで,10min程度の間隔で6~8回のくり返し測定が可能

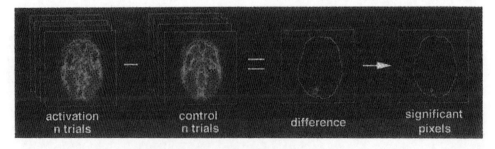

図14.35 ^{15}O標識水の急速静注によるPET脳血流測定法[14]
格子縞反転刺激を左半側視野に与えたときの賦活状態(activation)と何も見せない対照状態(control)での局所脳血流量を数回測定した後,差分画像(difference)を作成する.さらに,統計学的に有意な変化がみられた画素単位(significant pixels)だけを表示すると,視覚野のみが賦活されていることが明らかになる.

である．賦活状態(A)と対照状態(B)での局所脳血液量の変化の画像の差(A−B)を解析すれば，刺激負荷による局所脳作動状態が間接的に観察できる(図14.35)．PET上で測定される負荷による血流量の増加率は運動感覚野などの一次中枢は20%を超える場合が多く，単純な差分により反応が検出できる．しかし，言語中枢などの高次中枢である連合野の場合のそれは5%程度と低い場合が多く単純な方法では反応の検出が困難である．これを解決するために，1人の被検者で同じ状態の脳血流画像をくり返し撮像する方法が用いられている．また，何人かの被検者で同じ状態の脳血流画像を撮像して，加算する方法も行われている．この場合，ヒトの脳の形や大きさの個人差は非常に大きく，単純に差分画像を加算することができないので，コンピューターを用いて個人の脳画像を3次元的に移動変形することにより解剖学的に同一の形状をもつように標準化することが必要である[15]．賦活群と対照状態群の間での有意な反応部位を検定するために，解剖学的標準化PETデータを画素単位で互いにt値を求め，$p<0.05$の水準で有意な反応部位を抽出して表示する．

c．PETによる視覚機能イメージング

^{15}O標識水の急速静注によるPETの視覚機能の測定は，初期にはFoxら[16]がフラッシュ刺激の頻度が7.8HzのときにV1の活性が最も高まることを示した．ついで，Foxらは網膜皮質部位対応を証明した[17]．読み書きに関する脳内処理機構も研究され，視覚的単語形成に関与する部位は後頭葉外側に，単語の意味づけをする部位は左前頭葉前部に，音声学的符号化が行われるのは左側頭葉頭頂皮質に，注意に関連する部位は前頭葉帯状回などであることが観察された[18]．日本語の漢字と仮名に注目した研究も盛んである．表意文字としての漢字と表音文字としての仮名では，処理経路が別であるという仮説に基づくがその結論は定まっていない[19]．

Zekiら[20]は形態，色覚，動きが並列的に処理されていることをPETで証明した．すなわち，色彩をつけたモンドリアン図形と無彩色の同じ図形を見せることによりV4と呼ばれる色知覚の中枢を分離した．同様に彼らは動きに関する中枢(V5)を分離して抽出することができた．また，形態視と空間視の分離も示されている．Haxbyら[21]は形態視の課題として顔の異同の判別を，空間視の課題として四角内においた点の位置の異同の判別を用いて，こ

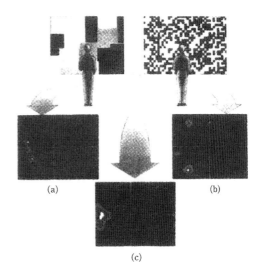

図14.36 PETによる視覚情報の流れ[20]
上図は，それぞれ多色のカラー・モンドリアン図形(a)と動きのある正方形の柄(b)が提示されたときに局所脳血流量が増加する領域を示す(水平断像)．(a)ではV4が，(b)ではV5が活性化される．また，V1とV2はどちらの視覚刺激にも活性化されている(c)．したがって，色と動きの視覚情報はいずれもV1に到達し，V1からV4，V5へと分配されていることがわかる．

の両者での脳血流の活性化される部位の差を認めた．これらの結果から視覚連合野から側頭葉に至る腹側視覚路が形態視に関与し，同じく視覚連合野から頭頂葉に至る背側視覚路が空間視に関与することを示した．このように脳血流からみた高次視覚処理に伴う脳内機構の研究が盛んに行われている．

d．PETの特長と問題点

PETによる賦活法は脳全体で起こっている事象の空間的分布が観察できるという長所がある．一方，この方法では約1分間の間に活動を示したすべての脳局所を評価するため，脳機能の時間的変化の解析には適さない[15]．この点では，脳波や脳磁図などの電気生理学的手法が優れている．また，空間分解能では機能的MRIに及ばず，時間分解能も劣る．今後は，適切な刺激負荷課題を選択することによって認知，学習，運動などのヒトの高次脳機能に関連した連合野の機能解析が進められていくであろう．

14.4.4 機能的MRI

a．機能的MRIの原理

MRIでヒトの脳の活動部位を画像化する方法が機能的MRI(fMRI)である．fMRIが検出する信号

変化は，神経活動に伴った血液中の酸化レベルに依存した効果 (blood oxygen level dependent, BOLD) によるものと考えられている[22]．BOLD法の原理は，赤血球中にあるヘモグロビンの磁場感受性が酸素と結合しているかどうかで変化することにある．酸化状態にあるオキシヘモグロビンは反磁性体 (外部磁場と反対方向に磁化される物質) であり，還元状態にあるデオキシヘモグロビンは常磁性体 (外部磁場と同じ方向に磁化される物質) である．生体組織の大部分は反磁性体であるので，デオキシヘモグロビンの存在はその近傍の磁場にひずみを生じさせることになる．神経活動に伴い，局所的に血液の流量が上昇するが，組織の酸素消費量の上昇がこれに比較して低いために，相対的にオキシヘモグロビンの濃度が上昇し，デオキシヘモグロビンの濃度が減少する．MRIのT2*というパラメーターは周囲の磁化率の変化に左右されやすく，常磁性体が周囲にあると減少する．前述のように局所の神経活動の結果，血中の酸素飽和濃度が上昇すると，T2*は延長するので，T2*を観察すれば脳局所の神経活動をとらえることができる．

b．測定装置と方法

fMRIの測定には，T2*に鋭敏な測定法であるグラディエントエコー法 (gradient echo, GRE) やエコープレナ法 (echo-planar imaging, EPI) が使われている[23]．静磁場強度の強いほどその変化も強く現れる．通常は，3.0～4.0Tの超高磁場装置でのGRE法，1.5T の装置でGRE法やEPI法が用いられている．測定時間は，EPIを用いると，1回数十～数百msである．通常のMRIに比べて空間分解能はやや劣るが，時間分解能が非常に高く，短時間に脳の広い範囲の画像化が可能である[24]．一方，GRE法を用いると1回10～20sかかるが，空間分解能は通常のMRIとほぼ同じ程度のものが得られる．fMRIの画像表現としては，単純な賦活前後の差分画像以外に，統計的手法で信号処理を行って差分画像をつくる方法が有用である．

c．視覚野のマッピング

Schneiderら[25]は，左右半側視野，上下半側視野，くさび型の3種類の市松模様を用いて刺激し，網膜皮質部位対応が視覚野にあることを確認した．さらに，V1，V2，V3，V4に相当する4つの領域を見いだした．Tootelら[26]は水平・垂直子午線に中心をもつパイ型の刺激を視覚野の境界を決定するのに使い，V1，V2，V3，VP-V3Aの5領域を同一被

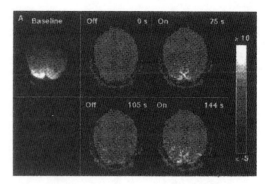

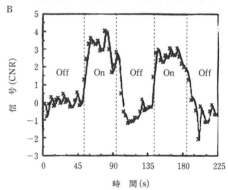

図14.37 光刺激に対する視覚野のfMRI信号の応答変化[14]
光刺激 (8 Hzのパターンフラッシュ刺激) による信号強度の変化 (A) と視覚野の鳥距溝周辺の小さな領域 (約60 mm²) での信号変化 (B) を示す．Aの上段左は無刺激 (暗闇の中) 状態で撮像されたfMRIで，残りの4画像は刺激時と無刺激時の差分画像である．光刺激時 (ON) に鳥距溝周辺の信号強度の増強が見られるが，無刺激時 (OFF) には増強がない．Bのグラフは，3sごとの信号強度の変化を示す．刺激の停止とともに信号強度が減少しているのが明らかである．

検者内でマッピングした．さらに，彼らは動きのある刺激に選択的に信号変化が高まる領域をみつけ，これをヒトのMT野と考えた．Serenoら[27]はヒトのV1，V2，VP，V3，V4の領域の境界をEPI法で検討した．中心視野のV1への拡大率をサルと比較し，ヒトではこの拡大率がより大きいことを報告した．ヒトの視覚前野に関しては現在まで知見が少ないが，主観的輪郭線 (Kanizsaの三角形) に対して特異的に反応する視覚前野も発見されている[28]．ヒトの顔などの対象物に選択的に反応する領域も報告されている[29,30]．

d．機能的 MRI の特長と問題点

fMRIは被検者の脳の活動状態を外から頭部に磁場をかけるだけで画像化する画期的な手法である．しかも，造影剤などを用いずかつ非侵襲的に生体

以上，脳機能イメージングによる視覚機能測定法について概説した．非侵襲的な方法を用いてヒトの一次視覚野から視覚連合野までの情報の流れの研究が進められている．個々の方法には長所と短所があるので，これらを適宜組み合わせることにより，今後ますます興味ある生理学的知見が得られるものと考えられる．　　　　　　　　　　　［飛松省三］

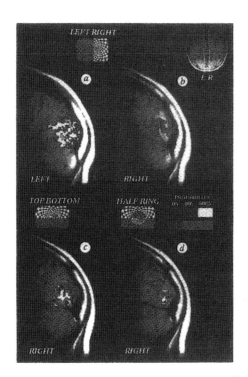

図14.38　機能的MRIによる後頭葉の網膜皮質部位対応[25]
T1強調画像による脳MRI（矢状断）にt検定で有意な変化を認めた部位をカラー表示している．冷色（青〜水色）は，t値が負の値を表し，暖色（紫〜黄色）は，t値が正の値を表す．左右の半側視野を刺激すると刺激と反対側の後頭葉が活性化される(a, b)．上半側視野を刺激すると後頭葉下部（舌状回）が，下半側視野を刺激すると後頭葉上部（楔状回）が活性化される(c)．視野の中心部と周辺部を刺激すると(d)，中心部刺激では後頭葉後極が活性化され（黄色），周辺部刺激では後極より前方の後頭葉が活性化される（青色）．

の神経活動を観察することができる．fMRIの問題点としては，前頭蓋底近傍，後頭蓋窩などもともと解剖学的にT2効果の強い領域では測定の制限を受けること，測定中の騒音があること，BOLD以外の信号機序が加わっている可能性があること[22,23]，などがある．とくに，信号機序に関しては，大きな血管では血流速度が速いため血液水シグナルの相対的増加による変化もかかわっている可能性があり，GRE法ではこの影響が無視できない．この場合には，活性部位は毛細管領域よりもやや細静脈部位寄りが主になると考えられる．いずれにせよ，fMRIでは脳の活動を血管内の血流動態の変化として間接的にとらえているということをつねに考慮して解析を進める必要がある．

文　献

1) 飛松省三：パターン反転刺激による大脳誘発電位，誘発電位ハンドブック（黒岩義之，園生雅弘編），中外医学社，pp. 52-63, 1998
2) G. G. Celesia : Evoked potential techniques in the evaluation of visual function, Journal of Clinical Neurophysiology, 1, 55-76, 1984
3) G. Barrett, L. Blumhardt, A. M. Halliday et al.: A paradox in the lateralisation of the visual evoked response, Nature, 261, 253-255, 1976
4) 辻　貞俊：脳電図マッピング，臨床神経生理学—最近の検査法と臨床応用—（島村宗夫，柴崎　浩編），真興交易医書出版部，pp. 40-55, 1991
5) M. Onofrj, S. Bazzano, G. Malatesta et al.: Mapped distribution of pattern reversal VEPs to central field and lateral half-field stimuli of different spatial frequencies, Electroencephalography and Clinical Neurophysiology, 80, 167-180, 1991
6) S. S. Stensaas, D. K. Eddington and W. H. Dobelle : The topography and variability of the primary visual cortex in man, Journal of Neurosurgery, 40, 747-755, 1974
7) 小谷　誠：脳磁図の原理と測定法，Clinical Neuroscience, 9, 1000-1003, 1991.
8) 南部　篤：脳磁場計測(MEG)によるヒトの感覚運動機構の解析，神経進歩, 38, 225-237, 1994
9) 飛松省三：視覚誘発電位の最近の進歩，脳波と筋電図，24, 173-183, 1996
10) C. J. Aine, S. Supek and J. S. George : Temporal dynamics of visual-evoked neuromagnetic sources : effects of stimulus parameters and selective attention, International Journal of Neuroscience, 80, 79-104, 1995
11) R. Salmelin, E. Service, P. Kiesilä et al.: Impaired visual word processing in dyslexia revealed with magnetoencephalography, Annals of Neurology, 40, 157-162, 1996
12) S. T. Lu, M. S. Hämäläinen, R. Hari et al.: Seeing faces activates three separate areas outside the occipital visual cortex in man, Neuroscience, 43, 287-290, 1991
13) 西谷信之，柴崎　浩：脳磁図，医学の歩み, 175, 179-183, 1995
14) Brain mapping, The mothods (eds. A. W. Toga and J. C. Mazziotta), Academic Press, San Diego, 1995
15) 上村和夫，藤田英明，菅野　巖．ポジトロンCT(PET)による局所脳作動の解析，神経進歩, 39, 983-988, 1995
16) P. T. Fox, M. A. Mintun, M. E. Raichle et al.: Mapping human visual cortex with positron emission tomography, Nature, 323, 806-809, 1986
17) P. T. Fox, F. M. Miezin, J. M. Allman et al.: Retinotopic organization of human visual cortex mapped with positron-emission tomography, Journal of Neuroscience, 7, 913-922, 1987

18) M. I. Posner, S. E. Pertersen, P. T. Fox *et al.*: Localization of cognitive operations in the human brain, *Science*, **240**, 1627-1631, 1988
19) 清澤源弘, 川崎 勉: ポジトロン断層法の視覚機能検査への応用, 視覚と脳波の臨床(高橋剛夫, 黒岩義之編), 新興医学出版, pp. 227-233, 1995
20) S. Zeki: A Vision of the Brain, Blackwell Scientific Publications, Oxford, 1993
21) J. V. Haxby, C. L. Grady, B. Horwitz *et al.*: Dissociation of object and spatial visual processing pathways in human extrastriate cortex, *Proceedings of National Academy of Science USA*, **88**, 1621-1625, 1991
22) S. Ogawa, R. Menon, S. G. Kim 他: Functional MRI の特長と問題点, 神経進歩, **39**, 1008-1014, 1995
23) 成瀬昭二: 磁気共鳴法による脳機能画像, 臨床神経, **35**, 1345-1350, 1995
24) 三木淳司, 中島 孝: 機能的磁気共鳴画像法(functional MRI)による視覚野のマッピング, 神経眼科, **13**, 289-292, 1996
25) W. Schneider, D. C. Noll and J. D. Cohen: Functional topographic mapping of the cortical ribbon in human vision with conventional MRI scanners, *Nature*, **365**, 150-153, 1993
26) R. B. H. Tootel, J. B. Reppas, K. K. Kwong *et al.*: Functional analysis of human MT and related visual cortical areas using magnetic resonance imaging, *Journal of Neuroscience*, **15**, 3215-3230, 1995
27) M. I. Sereno, A. M. Dale, J. B. Reppas *et al.*: Borders of multiple visual areas in humans revealed by functional magnetic resonance imaging, *Science*, **268**, 869-893, 1995
28) J. Hirsch, R. L. DeLapaz, N. R. Relkin *et al.*: Illusory contours activate specific regions in human visual cortex: Evidence from functional magnetic resonance imaging, *Proceedings of National Academy of Science USA*, **92**, 6469-6473, 1995
29) R. Malach, J. B. Reppas, R. R. Benson *et al.*: Object-related activity revealed by functional magnetic resonance imaging in human occipital cortex, *Proceedings of National Academy of Science USA*, **92**, 8135-8139, 1995
30) A. Puce, T. Allison, J. C. Gore *et al.*: Face-sensitive regions in human extrastriate cortex studied by functional MRI, *Journal of Neurophysiology*, **74**, 1192-1199, 1995

15

視覚機能のモデリングと数理理論

近代哲学の基礎を固めたといわれるデカルト (R. Descartes) は，精神と身体は完全に独立していると二元論を説いたが，今日では心理的なプロセスも脳内の物理化学的反応によって引き起こされていると考えられるようになった．脳は神経細胞の集まりにほかならないが，単一の細胞自体では行いえない思考や感情，記憶や認知といった心理プロセスも実現していると考えられている．視覚機能も脳内の多数の神経細胞による回路網によって実現されている．近年の生理学，心理物理学の発展と，計算機，シミュレーション技術の進歩によって，視覚機能がどのような論理や神経回路網によって実現されているのかを探る研究が可能になってきた．

本章では，視覚系のメカニズムと計算原理を解明することを目的として提案された，モデルと数理理論について概説する．

15.1 節では，視覚の研究における計算論的手法の基礎と方法について簡単に述べる．まず，計算論的アプローチのいくつかの方法を示す．次に，複雑な画像情報のなかから視覚に必要な要素を抽出するとはどのようなことなのかを，体系的に説明する．さらに，神経回路網を模した工学的なネットワークや，モデリングに有用なシミュレーションツールを紹介する．

15.2 節以下では，実際のモデリングと数理理論について，主要なトピックスを述べる．脳は多数の神経細胞によって構成される複雑なシステムであるが，3 つのレベルに大きく分けて考えることができる．つまり，①分子生物学的なレベル，②細胞のレベル，③神経回路網のレベルである．視覚計算論で例をあげれば，分子生物学レベルでは光受容器やシナプスのメカニズム，細胞レベルではコントラストや線分の知覚，神経回路網レベルでは 3 次元知覚，面の知覚，注意や意識のモデルなどである．

15.2 節では，細胞レベルでのモデリングについて概説する．視覚野の単純型，複雑型細胞の受容野モデルのほか，両眼視，運動視のモデルを紹介する．15.3 節では，回路網レベルのモデルについて概説する．中次，高次の視覚機能の例として，3 次元形状知覚，面知覚などのネットワークモデルを紹介する．15.2 節と 15.3 節を通じて，モデル構築の実際を紹介するなかで，モデリングの方法論についても述べる．このほかの機能，例えば眼球運動 (2.4 節)，色覚 (4.2.4 項)，顔知覚 (6.4.3 項)，運動 (8.1.2 項)，注意 (11.4 節) などのモデルについては，それぞれ該当する別の章で詳述されている．分子生物学レベルについては，神経科学一般に共通のものが多いので，ここではとくにふれない（シナプスや神経細胞に関する分子生物学レベルのモデルについては，Koch と Segev[1] などを参照されたい）．光受容器のメカニズムについては 2.1 節に述べられている．

15.4 節では，視覚系を情報処理系としてとらえ，より抽象的な数学モデルによって視覚機能を説明する数理理論を概説する．視覚機能を情報理論的に理解するうえで重要な，結合マルコフ確率場モデル，標準正則化理論などについて述べる．また，理論的アプローチの例として，錯視や情報統合などの数理モデルを紹介する．

15.1 計算論的な視覚研究の基礎と方法

15.1.1 計算論的アプローチ

視覚の研究における計算論的アプローチの主要な目的は，視覚機能がどのような情報処理過程によって実現されているか，を明らかにすることである．複雑であり，かつ直接的な検証がむずかしい視覚系で，どのような計算メカニズムが使われているかを探ることは容易ではない．脳は神経細胞の集まりにほかならないが，単一の細胞自体では行うことので

きない知覚や認知といった高次プロセスを実現している．視覚機能も実際にはイオンの移動, 膜電位の変化といったミクロな現象によって実現されているわけであるが, 視覚機能のプロセスで，1つ1つの細胞の役割や機能を実験的に解明することは困難である．また, 現在の計算機には微細な構造を加味して高次機能をシミュレーションする容量と能力はない．

ここでは，視覚機能を計算論的に理解するために，どのような手法や考え方があるのかを概説する．問題をレベル別に分割することを提案したMarrのパラダイム，システム的理解をめざすリバースエンジニアリング，そして視覚情報処理の原理に関する哲学を紹介する．

a．Marrのパラダイム

複雑な情報処理系である視覚を理解するためには，計算理論，アルゴリズム，実装 (implementation) の3つのレベルを，まず独立に考えることが重要であることが，Marr[2]によって提案された．

空間周波数の処理を例にとれば，計算理論としてはフーリエ変換などがあり，アルゴリズムとしてはDFTやFFT，実装としてはプログラムや専用LSIが相当する．これは，計算理論によって機能の実現に必要な関数や変数などを考察すること，心理実験などによって計算の順序や内在する仮定などを知ること，生理実験などによって神経細胞の反応や特徴を調べること，などを独立して行おうというものである．

考えうる計算理論が1つであっても，それを実現するアルゴリズムは複数あり，それぞれのアルゴリズムを実現する実装方法もまた多数ある．そこで，複雑な系を一度に考えるのではなく，最初の段階では問題を分割して考えていく重要性を提起したのである（3次元視覚に関するMarrのアプローチについては6.7.1項を参照）．

b．リバースエンジニアリング

視覚のメカニズムを理解するには，生理実験，心理物理実験などで独立に得られた知見を，今度は統合して，システムとして取り扱うことが必要になる．知ろうとする機能が高次になるにつれて，生理実験をもとにしたボトムアップ的なアプローチによって知見を得ることが，一般にむずかしくなる．一方で，心理物理的知見や計算理論といったトップダウン的なアプローチが重要な証拠を提供するようになる．しかし，機能が神経細胞の集団によって容易に実現されうるだろうことは，依然として大切である．したがって中高次機能では，生理学，解剖学，心理物理学，そして情報理論を統合して，システム的にメカニズムを解明していくことが重要になる．ボトムアップとトップダウンを計算論によって統合するのである．脳をブラックボックスとして，知ることのできる情報からその内部メカニズムを推測することから，この手法はリバースエンジニアリング（トップダウンとボトムアップの計算論による統合）であるということができる．

c．計算原理の哲学

視覚系がどのような原理のもとに高次機能プロセスを実現しているかという考え方には，いくつかの違った流れがある．1つには，視覚系でも情報理論に基づいた計算が行われているのではないか，という考えがある．

例えば，網膜に投射された2次元の画像から，一意な3次元形状を回復することは不可能である．このことからも明らかなように，高次機能の問題は不良設定問題 (ill posed problem, 制約条件が足りないために一意に解けない問題) である[3]．そこで，視覚系は環境に存在する適当な条件を制約条件として取り込むことによって問題を解いている，と考えることができる．制約条件は，剛体性，連続性，等速運動といった，対象の恒常性が制約条件になっているとも考えられる[4]．生体は，生息する環境のなかで確率的に起こりやすい事象を解とする考えもある．こういったメカニズムをもつことによって，個体のもつ経験や知識と照らし合わせることなく，問題を一意に解くことを可能にする．

一方で，視覚系では積分方程式を解くような複雑で多量の計算処理が行われているのではなく，粗雑だが多くの場合に成功する巧妙なトリックの集まりによって問題を解いている，と考える流れもある[5]．例えば，3次元物体の認識では，まず網膜像に投影された2次元像から3次元構造を再構築して，それからその3次元物体が何であるかを3次元的な記憶と比較して認識するのが一般的である．しかし視覚系では，物体に対して特徴的な2次元投影像を記憶していて，その投影像と刺激を直接比較していることを示唆する実験が報告されている[6]．

生体は環境のなかでうまく生きていけるように進化を遂げてきた．視覚系も，ほかの器官と同様，突然変異，自然淘汰，適応などによって生じたものである．この意味では，視覚系とは必要に応じてでき

あがったそれぞれの機能の集まりであると考えられる．そこでは，一般性をもつ計算が実行されていると考えるよりも，小さく動くものがあればそれを食べ物とみなすような，短絡的なメカニズムがはたらいていると考えることも自然であろう．あるいはこういったメカニズムが，理論計算式をある制約条件で解くことと等価になっているのかもしれない．

15.1.2 初期視覚の情報構造

外界のさまざまな物体から反射または放射される可視光線は網膜に投影され，視覚系はこの投影像からさまざまな情報を抽出する．初期視覚では，多くの基本的な画像の性質，例えば，方位，空間周波数，色，動き，テクスチャなどが抽出され，これらの視覚要素はさらに高次な機能を実現するのに使われていると考えられる．ここでは，視覚要素を画像から抽出するとはどのようなことなのかを，体系的に説明する．

a．Plenoptic 関数

初期視覚の要素を体系的に導き，それら要素と網膜上に投影される画像情報の構造との関係を示すために plenoptic 関数が提案された[7]．投影された画像情報を記述する高次元の単一関数を考える．この関数は画像情報のすべてを含むことから，plenoptic 関数（plenus（完全）＋optic）と呼ばれる．すべての基本的な視覚要素は，この関数の1次元または多次元の局所変化の特徴として示される．

Plenoptic 関数はいわば理想的な概念であって，網膜上に投影される画像が物理的にどのような情報を含みうるかを示したものである．しかし実際に視覚系が抽出する情報は，物理的に存在する情報のごく一部である．ここでは plenoptic 関数を考察することで，視覚系に利用可能な情報の構造を明らかにし，その構造から視覚系が初期視覚要素をどのように抽出しているかを考えてみよう．

網膜上に外界が投影されるときに，その投影画像にはどのような情報が含まれているだろうか．網膜上には，その位置 (θ, ϕ) に対応した光強度の分布が $P(\theta, \phi)$ として与えられる．ここでは簡単のために x, y 座標系を用いて，$P(x, y)$ を考えることにする．さらにこの関数は，画像が色をもてば波長 λ，動きをもてば時刻 t，そして視点の位置が変化すれば視点の位置 V_x, V_y, V_z の関数として与えられる．したがって，plenoptic 関数は次のような7次元の関数となる．

$$P = P(x, y, \lambda, t, V_x, V_y, V_z) \quad (15.1.1)$$

ヒトでは2個の眼が水平方向に離れて付いているから，頭部または個体そのものが動かない場合は，V_y, V_z は定数となり，V_x だけが両眼の距離だけ離れた2点のいずれかをとる変数として与えられる．この場合の plenoptic 関数は，

$$P = P(x, y, \lambda, t, V_x) \quad (15.1.2)$$

と，5次元の関数となる．この plenoptic 関数によって，網膜に投影される画像情報の構造が与えられるのである．

b．初期視覚要素と plenoptic 関数の局所構造

Plenoptic 関数の構造は複雑に見えるが，2次元の断面を見ると，その多くはよく知られた視覚要素を表していることがわかる．例として，垂直な線分が水平方向に移動する刺激を考えてみよう．この場合，x-y 空間は刺激の形状を与えている（図15.1(a)）．x-t 空間（図15.1(b)）では刺激が右方向に移動していることがわかる．刺激の色が上下方向に異なれば y-λ 空間上（図15.1(c)）では刺激の色が左右方向に変化していることがわかる．

初期視覚の主要な役割は，この plenoptic 関数から生体にとって有用な情報を引き出すことにあると考えられる．基本的な視覚要素は，plenoptic 関数で定義される高次空間でさまざまな座標軸に沿った局所変化の測定によって与えられる．DOG 関数を

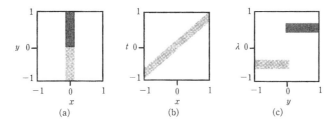

図 15.1 Plenoptic 関数の2次元断面
上下に色が違う垂直な線分が左から右に動いている場合の (a) x-y 空間，(b) x-t 空間，(c) y-λ 空間．x, y は空間，t は時間，λ は波長である．

オペレーターとして x-y 空間上で重畳を行えば，DOG 関数の対称軸の傾きに応じた刺激の方位性が求められる（図 15.2）．x-t 空間で同様な計算を行うことによって，やはり DOG 関数の対称軸の傾きに応じた刺激の速度が求められる．

このように低次の微分オペレーターを plenoptic 関数に施すことによって局所的な変化を知ることができる（DOG 関数，Gabor 関数は，厳密には微分オペレーターではないが，これをよく近似していることが知られている）．テイラー展開によって関数が近似できることから明らかなように，いくつかの低次の微分を計算することによって，その点における plenoptic 関数の局所構造を知ることができる．視覚系では点ではなく近傍領域の特徴量を求めたいことが多いが，線形演算の利点を生かして，平均化操作と微分操作を単一のオペレーターにまとめて一度の演算で計算することもできる．平均化を含んだ低次の微分オペレーターを図 15.3 に例示する．これらのうちのいくつかは，大脳皮質の細胞に見られる受容野の形をしている．操作の単一化は，平均化に限らずすべての線形オペレーターに適用できる．視覚系がこのようにオペレーターを統合した形で使っているかどうかは明らかでないが，計算の効率化においてこの性質は重要である．

c．初期視覚情報の抽出

これまで plenoptic 関数の局所変化から初期視覚の要素を抽出できることを見てきた．これはヒトの視覚系が視覚要素を抽出する実際のメカニズムとどのように対応しているのだろうか．初期視覚に重要な役割を果たしている視覚野細胞受容野の空間的性質は，DOG 関数や Gabor 関数といった低次の微分オペレーターによって近似できることがわかっている．これは，plenoptic 関数の x-y 空間内で 2 次元の低次微分を行うと，刺激の空間周波数に関する情報，すなわち各方位に沿った刺激の大きさが抽出されることに対応している．ヒトの視覚系では，x-y 軸に沿う分解能，すなわち空間分解能が最も高い．これはヒトにとって，色，奥行き，動きといったほかの情報に比べて，精度の高い空間情報が必要であることを示唆している．

次に λ 軸，色情報の抽出はどのように行われうるのだろうか．ヒトでは 3 種類の錐体視細胞（cone photoreceptor cell）が，それぞれ 3 原色に相当する波長のいずれかに同調している．これは λ 軸上で 3 点のサンプリングが行われていることに相当する．波長選択性をもつ細胞を波長対比性に注目して分類すると，3 種類に分けられる．空間構造をもたない対比性を有するもの，単純な対比性（single opponency）を有するもの，そして V1 に見られる二重対比性（double opponency）を有するもの，である．これらの性質は plenoptic 関数の x, λ 空間内で，低次微分の組み合わせによって実現される．空間構造をもたない対比性は波長軸に沿った 1 次微分

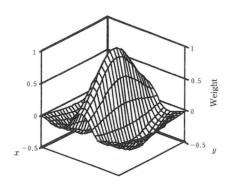

図 15.2 DOG (difference of gaussian) オペレーター x-y 空間でのオペレーターの重みを z 軸に示した．Plenoptic 関数の x-y 空間で，こういった DOG オペレーターで重畳を行うと，オペレーターの傾きに応じた刺激の方位性が求められる．このオペレーターは，水平な線分を最もよく検出する．

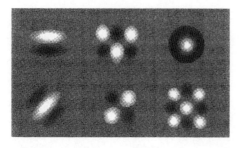

図 15.3 平均化を含んだ微分オペレーター 6 例[7]
暗い部分は負の係数，明るい部分は正の係数を示す．

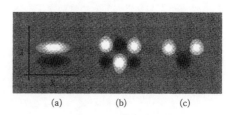

図 15.4 波長対比性[7]
波長対比性は低次微分を組み合わせた受容野によって実現できる．(a) 空間構造をもたない対比性は波長軸に沿った 1 次微分，(b) double opponency は波長軸に沿った 1 次微分と，空間軸に沿ったラプラシアンの組み合わせ，(c) single opponency は波長軸に沿った 1 次微分と空間 2 軸に沿った 2 次微分の組み合わせ，によって実現できる．

によって(図15.4(a)), double opponencyは波長軸に沿った1次微分と,空間軸に沿ったラプラシアンによって(図15.4(b)),それぞれ実現できる. single oppnencyは波長軸に沿った1次微分と,空間2軸に沿った2次微分の組み合わせによって(図15.4(c))実現できる.視覚系でこのような演算が行われているかどうかは明らかでないが,波長対比性についてもplenoptic関数の局所変化として理解できる.　　　　　　　　　　　　　　［酒井　宏］

文　献

1) C. Koch and I. Segev: Methods in Neuronal Modeling, MIT Press, 1989
2) D. Marr: Vision, Freeman and Company, 1982
3) T. Poggio, V. Torre and C. Koch: Computational vision and regularization theory, Nature, **317**, 314-319, 1985
4) 下条信輔:視覚の冒険,産業図書,1995
5) V. S. Ramachnadran, The neurobiology of perception, Perception, **14**, 97-103, 1985
6) P. Shinha and T. Poggio: Role of learning in three-dimensioal form perception. Nature, **384**, 460-463, 1996
7) E. H. Adelson and J. R. Bergen: The plenoptic function and the elements of early vision, In Computational Models of Visual Processing (eds. M. S. Landy and J. A. Movshon), MIT Press, 1991

15.1.3　ニューラルネットワーク

生物的な神経回路網のモデルとして人工的なニューラルネットワーク(artificial neural network)が数多く提案されている.これらは多数の並列プロセッサーとその相互結合といった現実の神経回路網のもつ特徴を有している.それぞれのプロセッサーは,単純な計算しか行わないが,これが多数集まることによって複雑な機能を実現できることから,機能的にも神経回路網に似た一面をもっている.ニューラルネットワーク研究の現段階の主な目標は工学的応用や理論解析にあり,直接の生理学的な対応は局所的な範囲にとどまる.しかし,視覚機能を第一原理的に解き明かすという究極の目標を達成される唯一の手段として,その知見は重要なものになる[1].この節では,そのなかで顕著な成果であるHopfield型モデル,ボルツマンマシンについて概説する.

a. Hopfield型モデル

1980年代から現在に至るまで人工ニューラルネットワークモデルの動作原理の基本的な考え方はHopfield型モデルから変化していない.したがって,Hopfield型モデルは,人工ニューラルネットワークのプロトタイプともいうべきモデルと考えられる.このモデルでは,ニューロンを基本閾値論理素子と単純化しており,その出力は0または1と考える.$W_{i,j}$を,j番目のニューロンからi番目のニューロンへの結合コンダクタンス(伝導度)とし,i番目のニューロンへの外部入力をI_iとする.いま,そのようなニューロンをN個相互に結合した回路を考える.i番目のニューロンへの全体の入力H_iは,自己結合がないと仮定するため($W_{ii}=0$),ニューロン$j\neq i$の出力V_jの関数として次のように書ける.

$$H_i = \sum_{j\neq i} W_{ij} V_j + I_i$$

そしてニューロンの出力V_iは,閾値をU_iとすると,次のような規則に従って決まる.

$$V_i \to 0 \quad \left(\sum_{j\neq i} W_{ij}V_j + I_i < U_i \text{ のとき}\right)$$
$$V_i \to 1 \quad \left(\sum_{j\neq i} W_{ij}V_j + I_i > U_i \text{ のとき}\right)$$
(15.1.3)

このとき,V_iを成分としたN次元ベクトル$\boldsymbol{V}$はN次元キューブ上の頂点を渡り歩くことになる.Hopfield型モデルはこのモデルに対し,さらに次の仮定

$$W_{ij} = W_{ji}$$

つまり,ネットワークの結合マトリックスW_{ij}が対称であることを前提とする.そして次のようなエネルギー関数[2]を定義する.

$$E = -\frac{1}{2}\sum_i\sum_{j\neq i} W_{ij}V_iV_j - \sum_i I_i V_i + \sum_i U_i V_i$$
(15.1.4)

すると,i番目のニューロンが$\varDelta V_i$だけ変化したときのエネルギー変化$\varDelta E_i$は,

$$\varDelta E_i = -\left[\sum_{j\neq i} W_{ij}V_j + I_i - U_i\right]\varDelta V_i$$

となる.ところが時間発展規則(15.1.3)によりつねに$\varDelta E < 0$となり(このような性質をもつ関数をリヤプノフ関数という),ベクトル$\boldsymbol{V}$は必ずエネルギー関数の式(15.1.4)の極小値をめざすことがわかる.つまりHopfield型モデルは,エネルギー関数の式(15.1.4)の極小値をアトラクター(最終的にとどまる平衡状態)としてもつ力学系と考えられる.このとき記憶すべきパターンをアトラクターに埋め込むことによって,このダイナミクスを記憶の想起過程とみなされることから,初期の中野のアソシアトロン[3],Anderson[4],Kohonen[5]らの線形連想記憶ニューラルネットワークの後継モデルとして

b. ボルツマンマシン

Hopfield 型モデルは，つねにエネルギーを減らす方向にダイナミクスが進んだが，ボルツマンマシンは，i 番目のニューロンを以前の状態とは無関係に次の確率

$$p_i = \frac{1}{1+\exp(-\Delta E_i/T)} \qquad (15.1.5)$$

で，発火状態 $v_i=1$ に更新する．ただし，

$$E = -\frac{1}{2}\sum_i \sum_{j\neq i} w_{ij} v_i v_j \qquad (15.1.6)$$

とし，エネルギー変化 ΔE_i を

$$\Delta E_i = \sum_k w_{ki} v_i \qquad (15.1.7)$$

とする．このときは，Hopfield 型モデルと違ってエネルギー関数 $E(2)$ をつねに小さくするわけではなくなってくる．ただ上の確率に入っている温度パラメーター T を 0 に近づける極限で Hopfield 型モデルの決定論的なダイナミクスとなる．したがって，ボルツマンマシンは，エネルギー関数極小値のアトラクターをもつ代わりに，次のようなボルツマン分布

$$p(c) = \frac{1}{Z}\exp(-\Delta Ev/T) \qquad (15.1.8)$$

を定常確率分布にもつマルコフチェーンとなる[6]．ここで，Z は規格化因子である．その定常確率分布 $p(v)$ は，エネルギー極小値に対応する状態 v に対し，ピークをもつことがわかる．このボルツマンマシンの特徴は，時間 t に対し，$C/\log t$（ここで C は定数）というオーダーの減少関数よりゆっくりと温度パラメーター T を下げると（これは物理系での焼きなまし（annealing）に相当する）エネルギー極小値でなく真のエネルギー最小値が最終状態になることが保証されていることである．

c. ボルツマンマシンの学習

いま，ボルツマンマシンをその定常確率分布 $p(v)$ ができるだけ環境の確率分布 $q(v)$ に似たものを実現するという問題を考えよう．Ackley らによって提案された学習アルゴリズム[6]は，学習のルールを

$$\Delta w_{i,j} = \varepsilon(q_{ij} - p_{ij}) \qquad (15.1.9)$$

のようにすれば，実現できると考えた．ここで，$q_{ij}(p_{ij})$ は，それぞれ $v_i v_j$ の値を確率分布 $q(v)(p(v))$ で重み付けされた平均であり，ε は適当な学習係数である．

するとこの学習アルゴリズムは $q(v)$ と $p(v)$ の間の近さを表す Kullback 情報量

$$I(q:p) = \sum_v q(v)\log\frac{q(v)}{p(v)} \qquad (15.1.10)$$

を必ず減らすアルゴリズムになっている．このようなアルゴリズムを確率降下法といい，実際にはこれ以外に多くの学習則がある（甘利らは上のアルゴリズムを情報幾何学の観点からさらに改良した[7]）．

さらにこのボルツマンマシンを可視ユニットと隠れユニットとに二分し，さらに可視ユニットを入力ユニットと出力ユニットとに二分するとこの学習則が次のように解釈できるようになる．まず第一フェーズである学習期において，入力ユニットから出力ユニットへの条件確率を固定した"環境"とみなす．そのときのボルツマンマシンのエルゴード性により，十分長い時間（緩和時間という）ダイナミクスを更新したときの $v_i v_j$ の値の時間平均量によって q_{ij} が計算できる．これを学習期とみなすことができる．第二フェーズは，可視ユニットのなかの出力ユニットを自由にさせる．また可視ユニットをも含めたボルツマンマシンのエルゴード性により，緩和時間より十分長い時間ダイナミクスを更新することにより，$v_i v_j$ の時間平均により p_{ij} が計算できる．したがってボルツマンマシンの学習則の式 (15.1.9) の 1 ステップはこの異なる 2 つのフェーズ（確率緩和プロセス）からなり，一般に非常に学習時間が長くなるモデルである．それでもこのモデルでは，大域的な最小値への収束が保証されており（他のニューラルネットワークではこの大域的な収束を保証するのは困難である）また第二フェーズが反学習とも解釈できるため，REM 睡眠が反学習によって記憶パターンを消去しているというような生物学的に示唆に富む仮説を示唆する[8]などにより，成功したニューラルネットワークモデルである．

［梅野　健］

文　献

1) S. Amari: Mathematical foundations of neurocomputing, *Proceedings of the IEEE*, **78**, 1443-1493, 1990
2) J. Hopfield: Neural networks and physical systems with emergent collective computational abilities, *Proceedings of National Academy of Science USA*, **79**, 2554-2558, 1982
3) K. Nakano: Association—A model of associative memory, *IEEE Transactions on Systems; Man and Cybernetics*, **SMA-2**, 381-388, 1972
4) J. A. Anderson: A simple neural network generating an interactive memory, *Mathematical Biosciences*, **14**, 197-220, 1972
5) T. Kohonen: Correlation matrix memories, *IEEE*

6) D. Ackley, G. E. Hinton and T. J. Sejnowski : A learning algorithm for Boltzmann machines, *Cognitive Science*, **9**, 147-169, 1985
7) S. Amari, K. Kurata and H. Nagaoka : Information geometry of Boltzmann machines, *IEEE Transactions on Neural Networks*, **3**, 260-271, 1992
8) F. Crick and G. Mitchison : The function of dream sleep, *Nature*, **304**, 111-114, 1983

15.1.4 シミュレーション環境

神経回路の数理や計算過程を研究するのに，コンピューターで行うシミュレーションは重要である．例えば，生理学，解剖学的知見をもとにした回路がどのような機能を再現できるかを容易に知ることができる．あるいは，心理物理学的知見がどのような神経回路網で実現できるかも検証できる．こういったシミュレーションを，プログラムを組むことなく容易に実現するツールとして，神経回路シミュレーターが数多く発表されている．ここでは，単一細胞のシミュレーションを主眼としたNeMoSysとNEURON，細胞レベルでの回路シミュレーションを目的としたGENESIS，工学的なニューラルネットワークを扱うSNNS，そして大規模な視覚モデリングに適したNEXUSを簡単に紹介する．いずれもグラフィカルなユーザーインターフェースを備えた，使いやすい設計になっている．また，ftpなどにより，オンラインで入手可能である．シミュレーターに関しては，Skrzypek[1]が，多くのシミュレーターを詳しく紹介している．ここでとりあげたものはpublic domainのものであるが，商業ベースでも各種のシミュレーターが販売されている．それぞれのシミュレーターの概要を表15.1に示す．

a. NeMoSys, NEURON

NeMoSys (neural modeling system) は，複雑な構造をもつ細胞について，樹状突起における電流のレベルまでを詳細にモデル化することを目的としている．樹状突起は多数の分岐点をもち，分岐点ごとに，電流，電圧，コンダクタンスを決めることができる．時間的にも，電圧とコンダクタンスの更新を独立してできるなど，詳細な制御が可能である．したがって，ボルテージクランプやカレントクランプといった生理学的な実験も容易にシミュレーションできる．NeMoSysの最初のバージョンは，J. P. MillerとJ. W. Tromp[2]によってU. C. Berkeleyで開発された．ほかによく知られている単一細胞レベルのシミュレーターとしては，NEURONがある[3]．これは，細胞膜の性質，イオンチャンネル，ケーブル理論などを扱うことを目的にしている．

b. GENESIS

GENESIS[4]は，リアリスティックな細胞，神経回路網を，さまざまな時間的，空間的スケールでシミュレーションできる．モジュール性，ユーザーインターフェース，グラフィックスなどが優れ，ソフトウェアパッケージとしての完成度も高い．最も広く知られているシミュレーターの1つである．ネットワークの仕様は抽象的なスクリプト言語によって記述できる．すぐに動作するデモンストレーションが多数付属しているので，これを参考にして容易に

表15.1 シミュレーターの概要

	OS	Machine	Graphics	contact/ftp
NeMoSys	UNIX	IBM RISC/6000 Sun SPARC SGI IRIS, Indigo	X	eeckman@llnl.gov
NEURON	UNIX PC-DOS		X, Inter Views	neuron.neuro.duke.edu
SNNS	UNIX Linux Ultrix	Sun SPARC HP 9000/730 IBM RS 6000 Intel 80486 DECstation, MasPar MP-1216	X	ftp.informatik.uni-stuttgart.de
GENESIS	UNIX	Sun, HP Masscomp	X	genesis.cns.caltech.edu
NEXUS	UNIX	SGI Indy, Indigo Sun SPARC	X, OpenGL X, Xview	nexus@ganymede. seas.upenn.edu/ be.seas.upenn.edu

仕様を記述できる．スクリプト言語はバッチファイルとしても，コマンドラインからでも入力できる．シミュレーションの例としては，嗅覚野の数千の細胞群の（それぞれの細胞が数個のコンパートメントからなる）シミュレーションの例がある．

c．SNNS

SNNS (Stuttgart neural network simulator)[5]は，工学的なニューラルネットワークのシミュレーションを目的として開発された．ニューラルネットワークでは，比較的簡単な計算を行うユニットが多数個あり，これらが並列に結合されている．ユニットは通常1つの値をとり，その値は結合されているほかのユニットに，特定の重みを介して伝達される．SNNSはこういった並列分散処理(parallel distributed processing)のシミュレーションに適している．

通常のPDPのほかに，Hopfield network, Kohonen mapなど，いろいろなニューラルネットワークをサポートしている．学習に関しても，back propagation, Hebbian rule, radial basis functionなど，さまざまな種類を用意している．プログラム的には，カーネル部分とグラフィクス部分が分離されたモジュール構造になっており，さまざまなワークステーションに移植がしやすい．また，グラフィクスが充実しており，ユニットの経時変化をグラフ化したり，ユニット間のウェイトをユニットの大きさで表すことなども容易にできる．UNIXベースのワークステーションのほか，並列処理マシンであるMasParもサポートしている．

d．NEXUS

NEXUS[6]は，視覚機能の大規模なネットワークシミュレーションに適したシミュレーターである．複数のアーキテクチャやパラダイムを，1つのシミュレーションのなかに混在させることができる特徴がある．モデルの一部では細胞の生理学的機能をシミュレーションし，その出力を心理物理的知見に基づく計算過程に送ったり，結果をradial basis functionによって解析するといった，総合的なシミュレーションを行える．トップダウン的アプローチとボトムアップ的アプローチを統合しやすい環境であるといえる．途中の計算過程も2次元的に表示されるので，画像情報がどのように変化していくのかが直感的に理解できる．また，10^6個の細胞，10^8個の結合といった大規模なシミュレーションを実行できる．実際のモデル開発を対話的にするための工夫として，小さいモデルで短時間に試行ができるよう，モデル構造がスケーラブルになっている．さらに，複数のワークステーションに1つのシミュレーションを分散して実行する分散処理機能がある[7]．

［酒井　宏］

文　献

1) J. Skrzypek: Neural Network Simulation Environment (ed. J. Skrzypek), Kluwer Academic Pub., 1994
2) J. W. Tromp and F. H. Eeckman: Efficient modeling of realistic neural networks with application to the olfactory bulb, In Analysis and Modeling of Neural Systems (ed. F. H. Eeckman), Kluwer Acad. Pub., 1992
3) M. Hines: Neuron—A program for simulation of nere equations, In Neural Systems, Analysis and Modeling 2 (ed. F. H. Eeckman), Kluwer Acad. Pbu., 1992
4) M. A. Wilson and J. M. Bower: The simulation of large-scale neuronal networks, In Methods in Neuronal Modeling, From Synapses to Networks (eds. C. Koch and I. Segev), MIT Press, 1989
5) A. Zell, N. Mache, R. Hübner, G. Mamier, M. Vogt, M. Schmalzl and K.-U. Herrmann: SNNS Network Simulator, In Neural Network Simulation Environment (ed. J. Skrzypek), Kluwer Academic Pub., Norwell, MA, 1994
6) P. Sajda, K. Sakai, S.-C. Yen and L. H. Finkel: NEXUS: A neural simulator for integrating top-down and bottom-up modeling, In Neural Network Simulation Environment (ed. J. Skrzypek), Kluwer Academic Pub., 1994
7) K. Sakai, P. Sajda, S.-C. Yen and L. H. Finkel: Coarse-grain parallel processing in NEXUS neural simulation environment, *Computers in Biology and Medicine*, **27**, 257-266, 1997

15.2 視覚野細胞のモデル

視覚研究における計算論的アプローチの大きな目的は，そこから得られる成果によって，神経生理学的知見と心理物理学的知見との具体的な対応を明らかにすることである．そのためには，モデルで導入した仮説の真偽を神経生理学的知見と比較し検証することが重要である．本節では，視覚野神経細胞の生理的な応答を記述する数理モデルについて紹介する．

15.2.1 モデリングのレベル

神経細胞の活動は細胞膜電位の変化などによって計測することができる．その応答を数理的に記述するには，細胞膜電位そのものを用いる以外にpost-stmulus time histogram(PSTH)で記述したり，発火/休止の2状態に単純化して記述される．また，皮質神経回路網に特徴的なコラム構造も，最近は皮

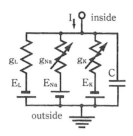

図 15.5 Hodgkin-Huxley の細胞膜等価回路モデル

質に垂直な方向の細胞分布の違いを取り入れたモデルも提案されている.

a. 細胞膜電位での記述

神経細胞のイオン電流は，その時間変化などをシミュレートし，電気生理実験の結果と直接比較検証することができる．細胞体/軸索/樹状突起からなる神経細胞内部は，ナトリウムイオンとカリウムイオンの濃度勾配によって，細胞外に対して約 -70 mV 分極している．細胞膜電位は，ほかの神経細胞からシナプス入力を受けてある臨界値にまで細胞内外の電位差が小さくなる（脱分極）と，約 1 ms 以内に一過性に約 $+50$ mV にまで上昇し，その後再びもとの静止電位に戻る．この神経細胞活動は，Hodgkin-Huxley の細胞膜等価回路モデルなどを用いて，神経細胞の樹状突起や軸索の形態，シナプス結合の分布，細胞内代謝機構などを考慮したイオン電流変化として理解され，その詳細な挙動がコンピューター上でシミュレート可能である（図 15.5）．このパラレルコンダクタンスモデルは生理実験測定結果との詳細な比較検討が可能である．近年の計算機能力の向上によって，シナプス結合した複数の神経細胞活動のシミュレーションも現実的なものとなった．

b. PSTH での記述

細胞膜電位の変化そのものを記述する代わりに，活動電位が適当に設定した閾値を越える頻度も，神経細胞活動の指標として用いられる．複数の試行で得たインパルスの時系列を，刺激入力時刻でそろえて等しい時間間隔で区切った区間内でインパルス数を積算しヒストグラムとすることで，高い S/N 比の連続的な細胞応答データを得ることができる．これを post-stimulus time histogram (PSTH) と呼び，神経生理実験において細胞活動の時間変化を表すのに広く用いられる．視覚野細胞の数理モデルの多くは，PSTH を細胞出力として非負の実数で表現し，細胞膜電位を神経細胞の内部状態量として実数で表現する．

c. 2 状態での記述

単一神経細胞の応答を最も簡単に記述するものは，発火している状態と休止している状態のいずれかをとる 2 状態素子である．このモデルは概念的な視覚系モデルでよく用いられ，多くの場合，2 状態を決定するために多値で記述された内部状態を別に考える．そして，その内部状態と閾値を比較することによって細胞の 2 状態を決定する．このモデルは「○○検出器細胞」と称するに相応しい挙動を示し，カエルのルーミング検出細胞や一次視覚野の線分検出細胞，エッジ検出細胞，運動方向検出細胞など概念的なモデルに用いられる．

d. 皮質コラム構造

視覚野の隣接する細胞は，網膜上の隣接した部分に与えられた類似した視覚刺激によく応答する．そのような類似した応答を示す細胞群は，大脳皮質表面に垂直な円柱や平板状に配置して存在し，いわゆるコラム構造をなしている[1]．コラム構造は大脳皮質に広く見いだされ，視覚野では一次視覚野の眼優位性コラムや方位選択性コラム，MT 野の運動方向選択性コラムなどがよく知られている．コラム構造はその領野が担う情報処理の機能単位の表出であり，視覚野での情報処理を知るうえで重要である．実際，一次視覚野の方位選択性コラムは，そこで入力網膜像の輪郭線の方位分析が行われていることを示唆しており，眼優位性コラムは両眼視差情報の分析が行われていることを示唆している．階層構造とともにコラムの機能的側面を取り入れた大脳視覚系の先駆的なモデルとしては，福島らによるネオコグニトロンがよく知られている[2]．

e. 皮質コラムの神経回路網

ネコやサル，ヒトの大脳皮質は，分布する神経細胞の大きさと種類によって，深さ方向に大きく 6 つの層に分類される．そして，それらの層の間は多くの神経線維で結ばれている．

Douglas は，細胞構築の観察結果と神経生理実験の結果をもとに，大脳皮質神経細胞を 1 つの抑制性のグループと 2 つの興奮性のグループに区分した．興奮性細胞グループの 1 つは顆粒細胞層と 2, 3 層の錐体細胞からなり，もう 1 つは 5, 6 層の錐体細胞からなる．これら 3 つのグループの細胞は相互に結合しているが，表層の興奮性細胞グループと深層の興奮性細胞グループでは，その出力先や受ける抑制の強さが異なっている．Douglas は，これら 3 種

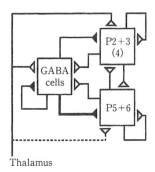

図 15.6 Canonical microcircuit

類の細胞グループからなる粗視的な神経回路網を canonical microcircuit[3] と名づけ，大脳皮質での情報処理機構における基本的回路構造であると提案している（図 15.6）．このような粗視的神経回路モデルは，計算論から導出される視覚野モデルの妥当性を検証する際に有効である．実際，最近の光計測技術を用いた神経生理実験では，異なる層の間を細胞活動が伝搬する様子が計測されている．

15.2.2 細胞の受容野と時間応答

視覚刺激の提示によって細胞が応答する視野領域を受容野と呼び，その性質の違いによって視覚野細胞が分類される．ここでは，視覚野細胞の応答特性と受容野の区分，そして受容野の違いによる視覚野細胞の分類について解説する．

a. オン応答/オフ応答

多くの視覚野神経細胞は，受容野に提示された画像の時間変化に対して応答する．そのとき，提示した像が明るく変化する際に得られる細胞の応答をオン応答と呼び，逆に暗くなるときに得られる細胞応答をオフ応答と呼ぶ．例えば，暗い背景のなかで明るい線分が点滅すると，オン応答を示す細胞は線分が明るくなるときに応答する．これに対してオフ応答を示す細胞は，線分が消えるときに応答する．オン応答を示す受容野領域はオン領域と呼ばれ，オフ応答を示す領域はオフ領域と呼ばれる．網膜の神経節や外側膝状体では，円形のオン領域の周囲を取り囲むような同心円状のオフ領域をもつオン中心型の受容野や，それとは逆に，中心のオフ領域をオン領域が取り囲むオフ中心型の受容野をもつ細胞が多い．

b. 大細胞系/小細胞系

視覚野のなかで，最も小さな受容野をもち，最も大きな皮質面積を占めるのが一次視覚野である．一次視覚野は視覚野の入り口であり，外側膝状体から多数の直接投射を受けている．外側膝状体は網膜の神経節細胞の出力を大脳皮質へ伝える中継核である．それは霊長類では 6 層構造をなし，それらに含まれる細胞の大きさによって大細胞層と小細胞層とに二分される．それら 2 種類の細胞層からの神経出力は，一次視覚野以降もそれぞれ分離した神経経路で伝えられる．その外側膝状体の大細胞層に由来する経路を大細胞系，小細胞層に由来する経路を小細胞系と呼び，それら 2 つの系は互いに異なる視覚情報を担っていると考えられている．

大細胞系の神経細胞は比較的大きな受容野をもち，最適視覚パターンのオン提示に過渡的に応答する．また，提示パターンの運動方向に対して選択性を示す細胞も多い．これに対して，小細胞系の神経細胞は比較的小さな受容野をもち，最適視覚パターンのオン提示に比較的持続的に応答する．また，色に対する選択性を示す細胞も多い．このような特性の違いから，大細胞系の細胞は網膜像の動きの分析に関する処理を主に行い，小細胞系の細胞はパターンの形や色の分析に関する処理を主に行っていると考えられている．

c. Lagged 細胞/non-lagged 細胞

外側膝状体には，視覚刺激が網膜に提示されてから細胞が応答するまでの遅延が短い non-lagged 細胞と，遅延が長い lagged 細胞が存在する[4~6]．両者はともに一次視覚野の運動方向選択性細胞へ出力を送っていると考えられる．すなわち，運動方向選択性を実現するには，後述する時空間受容野の位相が互いに 90° 異なる細胞の組 (spatiotemporal quadrature pair)[7] から入力を受けるのが簡単である．lagged 細胞と non-lagged 細胞の双方からの入力によってそのようなモデルが実現できる．

15.2.3 一次視覚野の細胞

一次視覚野細胞の多くは，明暗のエッジや線分の幅や傾きに対して選択的に応答する．そして受容野のオン領域とオフ領域が分離している単純型細胞と，両領域が重畳している複雑型細胞に大別される．それら 2 種類の細胞は，特定の傾きと空間周波数をもつ縞の並進運動画像に対する応答で区別することができる．単純型細胞は縞の位相変化に同調して周期的に応答するのに対して，複雑型細胞は縞の位相にかかわらずほぼ一定に応答する．単純型細胞と複雑型細胞の応答の数理モデルを以下で紹介す

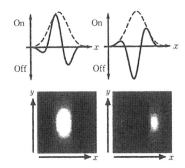

図 15.7 単純型細胞の空間受容野

a. 単純型細胞

オン入力とオフ入力への応答の強さをそれぞれ正値と負値で示すと，単純型細胞の受容野 $R_{k,\theta,\phi}(x,y)$ は以下の Gabor 関数[8]でよく記述することができる[9] (図 15.7).

$$R_{k,\theta,\phi}(x,y)$$
$$=\exp\left\{\frac{-k^2(x^2+y^2)}{2\sigma^2}\right\}\sin(kx\cos\theta+ky\sin\theta+\phi)$$

ここで，k は最適空間周波数，θ は最適方位，4σ は受容野の広がり，ϕ は位相である．この受容野を用いて，低コントラストの視覚刺激入力 $I(x,y)$ に対する単純型細胞の応答 $S_{k,\theta,\phi}$ は，以下の擬線形モデルでよく記述することができる．

$$S_{k,\theta,\phi}=\left\lfloor\iint I(x,y)R_{k,\theta,\phi}(x,y)dxdy-s_0\right\rfloor$$
$$\lfloor x\rfloor\equiv\begin{cases}x & (x>0)\\ 0 & (x\leq 0)\end{cases}$$

ここで，s_0 は閾値，$\lfloor\cdot\rfloor$ は閾値関数を表す．

この数理モデルは，オン入力の提示で生じる興奮または抑制と同程度の逆の効果が，同領域に提示されたオフ入力によって引き起こされると仮定しており，push and pull モデル[10~12]と呼ばれる．

b. 複雑型細胞

複雑型細胞の応答は入力刺激の重畳に対して非線形である．その応答 $C_{k,\theta}$ は，受容野の位相パラメーター ϕ だけが互いに異なる単純型細胞 $S_{k,\theta,\phi}$ から入力を受けると仮定して，以下のエネルギーモデル[13]によってしばしば表される．

$$C_{k,\theta}=S_{k,\theta,\phi=0}^2+S_{k,\theta,\phi=\pi/2}^2+S_{k,\theta,\phi=\pi}^2+S_{k,\theta,\phi=-\pi/2}^2$$

15.2.4 両眼入力に対する応答と両眼視差の符号化

網膜の神経節細胞から視床への投射は，左右眼の由来によって外側膝状体の異なる層に分離しており，そこでの神経細胞は左右どちらか片方の眼に入力された刺激だけに対して応答する．両眼立体視に必要な左右網膜像の比較は，左右眼からの神経投射が融合する一次視覚野で初めて実現する．そのため，一次視覚野神経細胞の両眼視差に対する応答特性を理解することが，両眼視差情報の符号化の方式を知り，両眼立体視機構を解明するうえで重要となる．両眼視差の符号化方式のモデルとそれにより示唆される両眼立体視機構の代表例について以下に述べる．

a. 両眼視差検出器

Barlow ら[14]は麻酔したネコを用いた神経生理実験を行い，サルの一次視覚野にあたるネコの17野の神経細胞の両眼視差に対する応答を報告した．そこでは最大の応答を与える最適両眼視差は，垂直方向で視野角 2.2°，水平方向で 6.6°にわたって分布していると報告されていた．この結果は，両眼立体視をするために十分広範囲の水平方向の視差にわたっておのおの特定の両眼視差を検出する細胞が存在することを示唆した．

Barlow らの報告から示唆される両眼視差検出細胞の簡単なモデルは，最大で数°以上の両眼視差分だけ左右網膜上の位置の異なる網膜神経節細胞由来の出力を左右から受け，両者の論理積演算を行うものである．このモデルは，広い視差範囲に多くの両眼視差検出細胞をマトリクス状に配置して，それら検出細胞間の相互作用によって真の両眼視差を決定する「競合アルゴリズム」とよく合致する．両眼立体視の競合アルゴリズムは，数理的な神経回路網モデルにおける競合演算の代表例としてよく知られている．

b. Far/Near/Tuned 細胞

Barlow らの報告は，Poggio らの報告によって疑問が呈示された．Poggio らは覚醒したサルを用いて生理実験を行った．そして注視点の奥行きを基準に両眼視差に対する細胞応答を 4 種類に分類した．それらは，注視点より遠くの視差で発火する far 細胞，近くの視差で発火する near 細胞，注視点と等しい奥行きで発火する tuned excitatory 細胞，そして注視点と等しいときに発火が抑制される tuned inhibitory 細胞である[15]．それらのなかで両眼視差検出器とみなせるのは tuned excitatory 細胞であり，それらが応答する両眼視差は ±0.4°以下であった．この視差範囲は Barlow らが麻酔した

ネコについて報告した 6.6°よりずっと狭い.
　両報告が大きく食い違った原因は実験方法にあった.覚醒したサルでは,目標物を注視するため左右視野座標の対応は正確に得ることができる.一方,麻酔下のネコでは,左右の視野座標の対応は相対的にしか得られない.加えて,麻酔下のネコでは測定中生じる眼球のドリフトによって視野が移動し,その移動を補償すると最適両眼視差はずっと小さいことが指摘された[16].±0.4°程度の両眼視差検出器群では Panum の融合域を競合アルゴリズムだけで説明することはむずかしい.そのため,Poggio らの報告は,少なくともオリジナルの両眼立体視の競合アルゴリズムには修正が必要であることを示唆している.
　これに対して Marr の両眼立体視の「第二アルゴリズム」は別の可能性を提案している.そこでは,網膜像のゼロ交差を far/near/tuned の 3 種類の奥行きのプールに短期記憶することによって,両眼像の融合のヒステリシスを説明する.そして,異なるサイズの difference of Gaussian (DOG) フィルターで密度の異なるゼロ交差像を得,粗なゼロ交差像から精なゼロ交差像 (coarse-to-fine) へと,順次両眼視差を分析することによって真の両眼視差を決定する.

c. Phase-coding

　Poggio らの far/near の分類は極端であり,受容野についての詳細な知見とよく整合するとはいいがたい.Ohzawa ら[17,18]は,麻酔したネコに左右眼独立にドリフト運動する正弦縞模様を提示して 17 野の神経細胞応答を調べた.その結果,細胞の最大応答を与える正弦縞の方位と空間周波数は左右眼でほぼ等しく,細胞応答は左右正弦縞の位相差によって変化し,最大応答を与える位相差は個々の細胞によって異なることを見いだした.
　Ohzawa らの実験結果に基づいて Nomura ら[19]は,Gabor 関数で記述した左右眼受容野の中心位置が等しいと仮定すると,左右受容野での位相パラメーター値の違いによって Poggio らの 4 種類の両眼視差特性が統一的に説明できることを指摘した (図 15.8).その単純型細胞の応答のモデルは以下のように記述される.

$$S_{k,\theta,\phi_0,\delta\phi} = \left[\iint (I_L(x,y)R_{k,\theta,\phi_0-\delta\phi}(x,y) + I_R(x,y)R_{k,\theta,\phi_0+\delta\phi}(x,y))dxdy - s_0\right]$$

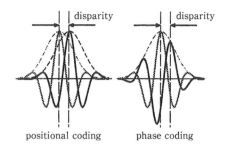

図 15.8　両眼視差の phase coding

　このモデルでは,tuned excitatory 型では左右眼の優位性が等しい細胞が統計的に多く,それ以外の両眼視差特性では左右眼の優位性が異なる細胞が統計的に多くなる.そして,この統計的関係は,Poggio らの神経生理実験の結果と合致することから,Nomura らは両眼視差が左右受容野の位相パラメーターによって符号化されるとするモデルの妥当性を主張した.その後,De Angelis ら[20]は逆相関法によってネコの左右眼の受容野の詳細な構造を測定し,受容野の位相パラメーターの左右での差を多数の細胞について測定した.その結果,左右受容野の位相差は最適方位が水平である細胞ではゼロ付近に集中するのに対して,最適方位が垂直である細胞では 180°にわたって分布することを示した.この実験結果は,単純型細胞で両眼視差が左右受容野の位相差によって符号化されているとするモデル (phase モデル) を支持する.

d. Energy model

　単純型細胞による両眼視差符号化の phase model に基づいた,複雑型細胞での両眼視差の energy model が提案されている[21].

$$C_{k,\theta,\delta\phi} = \sum_{\phi_0=0,\pm\pi/2,\pi} S^2_{k,\theta,\phi_0,\delta\phi}$$

　この複雑型細胞の応答のモデル $C_{k,\theta,\delta\phi}$ は,単眼からの入力のみを考慮した複雑型細胞の energy model を,両眼から入力を受けるとして自然な形で拡張したものである.この複雑型細胞は,提示されるエッジや線分の詳細な位置によらず,両眼視差に対して選択的に応答する.

e. Hybrid-coding

　両眼視差の純粋な phase モデルでは,検出できる両眼視差の範囲が細胞の最適空間周波数の逆数に比例した範囲に限定されてしまう.すなわち,高い空間周波数線分ほど検出可能な両眼視差の範囲が狭くなってしまう.しかし実際には,高い空間周波数

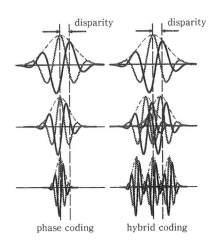

図 15.9 両眼視差の hybrid coding

成分の1周期以上の両眼視差も検出されうることが Wilson らの心理物理実験によって示されている[22]．

この細かい縞の1周期以上の両眼視差の知覚は，Marr の第二アルゴリズムのように，輻輳運動中の両眼視差情報の短期記憶機構を仮定することで，純粋な phase モデルによっても説明可能である．しかし，この現象を最も簡単に説明する1つの方法は，高い最適空間周波をもつ単純型細胞に左右受容野の中心位置のずれの分布を仮定することである．この両眼視差の phase coding と positional coding の折衷的符号化のモデルは hybrid coding と呼ばれる（図 15.9）．

f. Gradient-coding

運動視機構の gradient モデルと同様にして，両眼視機構でも gradient モデルを考えることができる．勾配モデルでの視差は細胞の応答の比で得られるため，少数の細胞で両眼視差を連続的に表現することが可能である．しかし，エネルギーモデルとは異なり，複数の両眼視差を同時に表現することはできない．そのため，両眼視差の値の符号化モデルとして考えるのは困難である．

しかし，coarse-to-fine 型アルゴリズムの実現には勾配モデルが有効である．coarse-to-fine 型アルゴリズムでは，真の視差値を求めるために，偽の視差値を示す領域を取り除く必要がある．その領域選択のための veto 機構モデル[23]によって，tuned inhibitory 型細胞の役割を説明することができる．また，veto 機構モデルでの細胞応答特性は，生理実験による報告と近似的に一致する．しかし，モデルの妥当性については，今後の神経生理実験による検証が必要である．

15.2.5 時空間受容野と時空間エネルギーモデル

従来，視野空間上で静的なものとして測られてきた神経細胞の受容野は，神経生理実験手法の進歩によって時空間で計測されるようになった．それに伴って，網膜像の時間変化に対する細胞応答の動的挙動を記述するモデルが提案されている．ここでは，その細胞応答の動的挙動のモデル化について解説する．

a. 時空間受容野

近年，逆相関法やM-sequence法の出現によって，神経細胞のインパルス入力に対する応答が計測されるようになり，網膜や外側膝状体とともに一次視覚野の神経細胞の受容野の時空間構造が明らかにされた．

低コントラストの動画像入力 $I(x,y,t)$ に対する単純型細胞の応答は，時空間受容野 $R_{k,\theta,\phi}(x,y,t)$ を用いて次のように記述される．

$$S_{k,\theta,\phi} = \left\lfloor \iiint I(x,y,t) R_{k,\theta,\phi}(x,y,t) dxdydt - s_0 \right\rfloor$$

単純型細胞の時空間受容野は，逆相関法やM-sequence 法を用いてネコやサルで測定され，時空間分離型と非分離型に二分できることが報告されている（図 15.10）．時空間分離型 $R^{\text{sep}}_{k,\theta,\phi}(x,y,t)$ は，受容野が空間座標の関数 $R^{\text{space}}_{k,\theta,\phi}(x,y)$ と時間座標の関数 $T(t)$ の積で書き表される（$R^{\text{sep}}_{k,\theta,\phi}(x,y,t) = R^{\text{space}}_{k,\theta,\phi}(x,y) T(t)$）．非分離型は積にならない．分離型と非分離型の分類は網膜像の運動方向検出にとって重要である．すなわち，時空間分離型受容野をもつ単純型細胞の応答は，コントラストの反転した像が逆方向に動く場合を理論的に区別できない．それに対して，時空間非分離型の受容野をもつ単純型細胞では，最適方向と逆方向に動く網膜像に対する応答が，相対的に低下する．

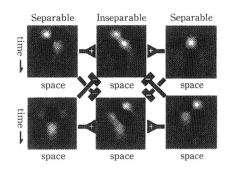

図 15.10 時空間非分離型受容野

時空間非分離型の受容野をもつ単純型細胞の応答 $S_{k,\theta,\phi}^{\text{insep}}$ は, 時空間的に位相シフトした時空間分離型の受容野をもつ単純型細胞からの出力 $S_{k,\theta,\phi}^{\text{sep}}$ を受けると仮定して次のようにモデル化することができる.

$$S_{k,\theta,\phi}^{\text{insep}} = \lfloor S_{k,\theta,\phi}^{\text{sep}} + S_{k,\theta,\phi+\pi}^{\text{sep}} + S_{k,\theta,\phi+\pi/2}^{\text{sep-lagged}}$$
$$+ S_{k,\theta,\phi-\pi/2}^{\text{sep-lagged}} - s_0 \rfloor$$

しかし, 時空間非分離型の受容野が, 時空間分離型の受容野をもつ単純型細胞から入力を受けることによって階層的に形成されるのか, 外側膝状体からの直接の入力によって並列的に形成されるのかは, 神経生理実験では明らかにされていない.

b. Successive low-pass filter モデル

時空間受容野の時間応答 $T(t)$ は, 直列接続した低周波透過フィルターの組としてよくモデル化される(図 15.11).

神経細胞の活動電位信号は, シナプスを介して後シナプス電位の上昇として伝えられる. 信号を受け取った側の細胞では, その膜電位の上昇が樹状突起部から細胞体へと伝搬する過程で他シナプス経由の入力からの寄与と加算され, 細胞体などで活動電位に変換され, 軸索を伝搬し, 次の神経細胞へと伝えられる. これらの過程で伝搬される概念的な信号 p の時間変化が, 以下の式で第1次近似される m 個の素過程に分割できるものとする.

$$\frac{dp_j}{dt} = -\omega_j(p_j - p_{j-1}) \qquad (1 \leq j \leq m)$$

ここで, p は例えば活動電位分を換算補正した膜電位に相当する量である. この場合, 空間的に大きな広がりをもつ樹状突起では素過程が並列的に存在し

う. しかしそれらの時間応答は, 生理的に妥当な仮定のもとで縮退した少数の直列的な素過程で近似できることが示唆されている[24]. そのため, 神経細胞の時間応答を直列接続した複数の線形応答過程群の応答でモデル化するのは, 十分妥当な近似であると考えられる. そして, 応答の速い素過程の寄与は無視し, 最も応答の遅い素過程とその時定数に近い時定数をもつ $n-1$ 個の素過程の連鎖を, 時定数 ω の n 個の素過程の連鎖 $\{p_i|\omega_i = \omega, i=1-n\}$ でさらに近似する. すると, 入力 p_0 に対する神経細胞の時間応答 p_n は次のように得られる.

$$p_n(t) = \begin{cases} \dfrac{(\omega t)^{n-1}}{(n-1)!} e^{-\omega t} & (t \geq 0) \\ 0 & (t < 0) \end{cases}$$

オン刺激に対する過渡的応答は, n_1 個の素過程からなる興奮性寄与に加えて n_2 個の素過程からなる抑制性寄与を仮定して, 以下のようにモデル化される.

$$T_{n_1,n_2}(t) = p_{n_1} - p_{n_2} \qquad (n_2 > n_1)$$

Adelson と Bergen[7] が心理物理実験結果をもとに, 時空間受容野のモデルに用いた時間応答関数は $T_{4,6}$ と $T_{6,8}$ に相当する. しかしながら, 彼らの用いた関数は生理実験結果とはあまりよく一致せず[25], より妥当な近似を得るためにはパラメーター値をより大きく設定する必要がある.

c. 時空間エネルギーモデル

一次視覚野の複雑型細胞の応答 $C_{k,\theta}$ の古典的エネルギーモデル[13] は, Adelson と Bergen によって時空間に拡張された[7]. すなわち, 時空間上で位相が互いに 90°異なる時空間非分離型受容野をもつ単純型細胞の組 (spatiotemporal quadrature pair) $S_{k,\theta,\phi}^{\text{insep}}(\phi = 0, \pm\pi/2, \pi)$ から入力を受けるものとして, 複雑型細胞の応答 $C_{k,\theta}$ は以下のようにモデル化される.

$$C_{k,\theta} = S_{k,\theta,\phi=0}^{\text{insep}\,2} + S_{k,\theta,\phi=\pi/2}^{\text{insep}\,2} + S_{k,\theta,\phi=\pi}^{\text{insep}\,2} + S_{k,\theta,\phi=-\pi/2}^{\text{insep}\,2}$$

この複雑型細胞モデルは, 特定時空間周波数のパ

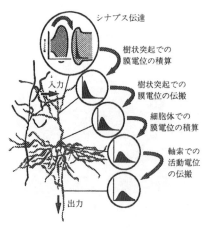

図 15.11 Successive low-pass filter モデル

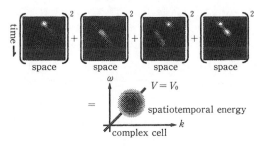

図 15.12 時空間エネルギー細胞

ワーを近似的に検出する．すなわち，刺激のコントラストの向きにかかわらず運動方向に対して選択的に応答する（図15.12）．単純型細胞の時空間受容野が神経生理実験によって確認されたのに伴い，複雑型細胞の時空間エネルギーモデルは神経生理学的にも妥当なものとして受け入れられている．

15.2.6 MT野の細胞

MT野は運動知覚を担うと考えられている領野で，MT野を選択的に損傷した患者は，形態視の知覚が可能であるにもかかわらず動きの知覚が高度に障害されることが報告されている．サルでもMT野の細胞の応答は，運動知覚に対応していることが実験から示唆されている．そのため，MT野細胞の数理モデルは心理物理と神経生理を結び付ける鍵になるものと期待される．

a．生理学的知見

MT野は一次視覚野や二次視覚野の大細胞系から多くの入力を受ける．サルの一次視覚野の受容野の大きさは視野角にして数′以下であり通常視力を説明するのに十分な程度小さい．これに対して，MT野の受容野は視野の中心近傍でも10°程度に広がっている．また，MT野細胞が最大に応答する像のスピードは一次視覚野よりも概して速く，多くの細胞が高い運動方向選択性を示し，像のコントラストが反転しても応答の強さは変わらない．

MT野細胞の重要な特徴の1つは，格子模様の並進運動方向に対する選択性によって，コンポーネント細胞とパターン細胞の2種類に分類されることである．コンポーネント細胞は，格子模様の並進運動の提示に対して格子を構成する2つの縞模様の並進運動に選択的に応答し，2つの縞模様の運動方向それぞれに対応した双峰型の方向選択性を示す．これに対してパターン細胞は，パターンとしての格子模様の並進運動方向に対して選択的に応答し，単峰型の運動方向選択性を示す[26]．

また，静止している線分図形をオン提示した場合に最大応答が得られる線分の方位が，移動する点図形を提示した場合に最大応答が得られる点図形の運動の方向と直交する細胞をタイプⅠ，一致する細胞をタイプⅡとしても分類される[27]．タイプⅠ細胞とタイプⅡ細胞の分類は，それぞれコンポーネント細胞とパターン細胞に対応することが報告されている[28]．

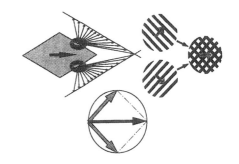

図 15.13 Intersection of constraints (IOC)

b．パターン運動視機構モデル

MT野の主要な機能の1つは，パターン運動視の獲得である．一次視覚野の細胞は，受容野が小さく運動するパターン像の局所的なエッジの運動しか検出できない．局所的エッジの動きからわかるのは，真の運動のエッジに垂直な成分の大きさだけであり，パターンとしての運動が決定できない．この窓問題[29]を解決してパターンの運動を求めるには，少なくとも2つの異なる方位のエッジについてその運動の速度 $V_{Ci}(i=1-n)$ を検出する必要がある．すると，剛体の並進運動で成立する制約条件（intersection of constraints, IOC）$V_{Ci} \cdot V_P = \|V_{Ci}\|^2$ から，パターン運動としての速度 V_P を求めることができる[30]（図15.13）．

IOCに基づくパターン細胞の簡単なモデルは，さまざまな最適方向と最適スピードをもつコンポーネント細胞から，IOCを満足するような加重 $W^{v,\theta}$ で入力を受けるものである．そのパターン細胞の応答 $P_{v,\theta}$ は次式で与えられる．

$$P_{V,\theta} = \sum_v \sum_\theta W^{v,\theta}_{V,\theta} C^{MT}_{v,\theta}, \quad C^{MT}_{v,\theta} = \sum_x \sum_y R^{cmp}_{x,y} C^{x,y}_{v,\theta}$$

$C^{MT}_{v,\theta}$ はコンポーネント細胞の応答である．コンポーネント細胞は，一次視覚野の複雑型細胞 $C^{x,y}_{v,\theta}$ から入力を受ける．複雑型細胞の受容野 $R^{cmp}_{x,y}$ は，コンポーネント細胞の受容野に含まれており，かつ最適方向と最適スピードが等しい．

上式で加重 $W^{v,\theta}_{V,\theta}$ は，入力を受けるコンポーネント細胞の時空間周波数上での受容野の広がり $G^{cmp}_{k_x,k_y,\omega}$ を用いて次のように与えられる．

$$W^{v,\theta}_{V,\theta} \propto \iiint \delta(V\cos\Theta \, v\cos\theta + V\sin\Theta \, v\sin\theta - V^2) G^{cmp}_{k_x,k_y,\omega} dk_x dk_y d\omega$$

ここで，$v\cos\theta = \omega/k_x, v\sin\theta = \omega/k_y$ である．

IOCに基づくパターン細胞モデルは，コンポーネント細胞を経由せずに複雑型細胞から直接同等の

入力を受けると考えることも可能である．生理的なパターン細胞がコンポーネント細胞から階層的に構築されるのか，それとも並列的に構築されるのかについての確定的な生理実験知見は知られていない．

c．非フーリエ運動検出機構モデル

MT野細胞の最適スピードは，一次視覚野の細胞よりも速いことが知られている．この知見はIOCに基づいた線形加算モデルで説明することは困難である．しかし，MT野の細胞が一次視覚野細胞の皮質上での活動分布の動きを検出していると仮定すると，両視覚野間での細胞の最適スピードの違いも合理的に説明することができる．すなわち，一次視覚野の複雑型細胞が，時空間エネルギーモデルによって網膜像のフーリエ運動を検出するのと同様に，MT野の細胞が一次視覚野の細胞で検出された特徴の動きを検出すると仮定する (two-stage motion energy model[31])．実際，非フーリエ運動に対して応答するMT野細胞の存在が，神経生理実験から報告されている．

Two-stage motion energy modelでは，MT野細胞が一次視覚野の皮質地図空間に対して，単純型細胞に相似の時空間非分離型受容野をもつ必要がある（図15.14）．これを実現するには，第1に，皮質受容野の拮抗領域がGabor関数型受容野のように皮質上で並ぶ必要がある．最近報告されたMT野の非古典的受容野の形状はモデルの要請に合致している[32]．また第2に，MT野が遅延時間の異なる少なくとも2つの経路から入力を受けることが望ましい．霊長類の二次視覚野からMT野への投射経路はその要求に合致している．またその場合，二次視覚野の細胞は一次視覚野に対して時空間分離型の皮質受容野をもつと予想される．二次視覚野細胞の背景運動による応答の抑制の様子は，この予想に合致している．

空間スケールの異なる2ステージでの運動検出機構は，theta motionの知覚から心理物理的にも示唆されている[33]．また，MT野においてフーリエ運動の検出機構と非フーリエ運動の検出機構がともに存在していると仮定するモデルも提案されている[34]．

15.2.7 ゲイン調節機構

ゲイン調節機構は，網膜の神経回路網でその重要性が早くから認識され，多くの研究が行われてきた．それに対して，視覚野細胞のゲイン調節機構の重要性が認識され始めたのは最近のことである．皮質細胞のゲイン調節機構と，それに関係する皮質神経回路網について最近の注目すべき報告を以下に紹介する．

a．細胞応答のコントラスト依存性

ネコやサルの一次視覚野細胞の応答 R は，縞模様刺激のコントラスト c に対して，次のhyper-

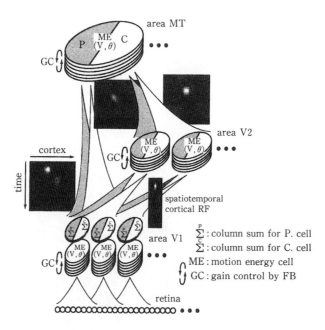

図15.14 Two-stage motion energy model

bolic ratio 関数を用いてよく記述される[35]．

$$R = R_{\max}\frac{c^n}{c_{50}^n + c^n} + M$$

ここで，$R_{\max}$ は細胞の最大の発火頻度，M は自発発火レベル，c_{50} は最大応答の 50% を得るのに必要なコントラストを表す定数で，semisaturation constant と呼ばれる．指数 n の値は細胞によって異なり，生理実験結果から報告されている n の推定値の平均は，ネコやサルの一次視覚野で 2.5～3.5 程度である[36]．

b．皮質細胞活動度の規格化機構

網膜と同様にゲイン調節機構は皮質細胞にも存在する．一次視覚野の多くの細胞は網膜像のコントラストに対して応答する．しかし，単一細胞自体の応答のダイナミックレンジは小さく，適当なゲイン調節機構がなくては高コントラストの像に対して応答がすぐに飽和してしまう．しかし実際には，神経細胞の方位選択性や空間周波数選択性は高コントラストの条件下でもよく保持される．これは皮質のゲイン調節機構の効果である．

一次視覚野細胞は，画像の傾きや空間周波数，動きの方向について選択的に興奮する．これに対して非最適パターンを重畳した場合に生じる抑制効果は，重畳するパターンの種類についてほぼ非選択的で，動きの方向や方位にはよらず，空間周波数と位置のチューニング特性も広い．これらの知見をもとに，Heeger は細胞応答の規格化機構として次のモデルを提案した[37]．

$$A_{k,\theta}^\phi = \left[\iiint I(x,y,t) R_{k,\theta,\phi}(x,y,t)\,dx\,dy\,dt\right]^2$$

$$S_{k,\theta}^\phi(t) \propto \frac{A_{k,\theta}^\phi(t)}{\sigma^2 + \frac{1}{4}\sum_k\sum_\theta\sum_\phi A_{k,\theta}^\phi(t)}$$

$$C_{k,\theta}(t) = \frac{1}{n_\phi}\sum_\phi^{n_\phi} S_{k,\theta}^\phi(t)$$

上式では閾値パラメーター s_0 を導入する代わりに半波整流の後に自乗操作 (half-squaring) を行っている．単純型細胞の応答 $S_{k,\theta}^\phi$ は，semisaturation constant を σ として $n=2, M=0$ の hyperbolic ratio 関数によって規格化する．このモデルは，一次視覚野細胞のコントラスト応答特性の空間周波数依存性や，方位選択性特性と空間周波数応答特性のコントラスト非依存性をよく説明する．Heeger は，コラム内の活動度を積算する細胞と，その細胞からのフィードバックによる静止抑制を仮定して，生理的に実現可能な神経回路網モデルを提

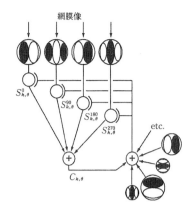

図 15.15 Heeger の規格化神経回路網モデル

案している (図 15.15)．

c．皮質内フィードバックによる増幅機構

Douglas ら[3] は，皮質細胞が受ける興奮性入力の多くはほかの皮質細胞からの再帰的入力であることから，皮質神経回路網での正帰還増幅の重要性を指摘した．

大脳皮質の神経細胞間の側方結合の広がりは 1 mm 程度であり，隣接コラム間を結ぶ程度に局在している．それら細胞間を結ぶシナプスの 85% は興奮性で，かつそれらの大部分が皮質細胞に由来している．さらに，各興奮性細胞の 5000 から 10000 に及ぶシナプスの約 85% は，ほかの興奮性細胞との間を結合している．すなわち，皮質外からの興奮性の入力は相対的に小さく，興奮性入力の多くはほかの皮質細胞からのフィードバックによるものである．実際，ネコやサルの一次視覚野では，4 層の星状細胞がもつ興奮性シナプスのうち外側膝状体由来のものは 10% 以下であり，残りのシナプスは 6 層の錐体細胞やほかの星状細胞などに由来している．

Douglas ら[38] はこれらの知見を指摘して，一次視覚野 4 層の星状細胞をパラレルコンダクタンスモデルによって 3 次元的に再構成し，それがほかの細胞群から多くの興奮性のフィードバック入力を受けるとして，視床入力に対する細胞応答のシミュレーションを行った (図 15.16)．その結果，生理学的にもっともらしい条件のもとで，その神経回路は視床からの入力に対して，ヒステリシスを伴わない，近似的に線形な増幅を示した．この皮質回路による視床入力の正帰還増幅機構は，方向選択性細胞に与えた視覚刺激が反最適方向に動く場合に得られる IPSP が，最適方向に動く場合に得られる EPSP を打ち消すほどには強くないという神経生理実験結果

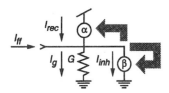

図15.16 Douglas らによる模式回路

とも合致する.　　　　　　　　　　　［野村正英］

文　献

1) D. H. Hubel and T. N. Wiesel: Perceptive fields, binocular interaction and functional architecture in the cats' visual cortex, *Journal of Physiology*, **160**, 106-154, 1962
2) K. Fukushima, S. Miyake and T. Ito: Neocognitron — a neural network model for a mechanism of visual pattern recognition, *IEEE Transaction*, **SMC-13**, 826-834, 1983
3) R. J. Douglas: A canonical microcircuit for neocortex, *Neural Computation*, **1**, 480-488, 1989
4) D. N. Mastronarde: Two classes of single-input X-cells in cat lateral geniculate neuclens. 1, Receptive-field properties and classification of cells, *Journal of Neurophysiology*, **57**, 357-380, 1987
5) D. N. Mastronarde: Two classes of single-input X-cells in cat lateral geniculate neuclens. 2, Retinal inputs and the generation of receptive-field, *Journal of Neurophysiology*, **57**, 381-413, 1987
6) A. B. Saul and A. L. Humphrey: Spatial and temporal response properties of lagged and nonlagged cells in cat lateral geniculate nucleus, *Journal of Neurophysiology*, **64**, 1, 206-224, 1990
7) E. H. Adelson and J. R. Bergen, Spatiotemporal energy model for the perception of motion, *Jorunal of the Optical Society of America*, **A2**, 2, 249-299, 1985
8) D. Gabor: Theory of communication, *Journal of Institute of Electrical Engineers*, **93**, 429-459, 1946
9) S. Marcelja: Mathematical description of the responses of simple cortical cells, *Jorunal of the Optical Society of America*, **70**, 1297-1300, 1980
10) D. Ferster: Spatially opponent excitation and inhibition in simple cells of cat visual cortex, *Journal of Neuroscience*, **8**, 1172-1180, 1988
11) L. A. Palmer, J. P. Jones and R. A. Stepnoski: Striate receptive fields as linear filters, In The Neural Basis of Visual Function (ed. A. G. Leventhal), Macmillan Press, Londan, 1991
12) K. H. Foster et al.: Phase relationships between adjacent simple cells in the feline visual cortex, *Journal of Physiology (London)*, **345**, 22, 1983
13) D. A. Pollen and R. F. Ronner: Spatial computation performed by simple and complex cells in the visual cortex of the cat, *Vision Research*, **22**, 101, 1982
14) H. B. Barlow, C. Blakemore and J. D. Pettigrew: The neural mechanism of binocular depth discrimination, *Journal of Physiology*, **193**, 327-342, 1967
15) G. F. Poggio and B. Fischer: Binocular interaction and depth sensitivity in striate and prestriate cortex of behaving rhesus monkey, *Journal of Neurophysiology*, **40**, 6, 1392-1405, 1977
16) D. H. Hubel and T. N. Wiesel: A re-examination of stereoscopic mechanisms in area 17 of the cat, *Proceedings of Physiological Society*, 29-30, 1973
17) I. Ohzawa and R. D. Freeman: The binocular organization of simple cells in the cat's visual cortex, *Journal of Neurophysiology*, **56**, 1, 221-242, 1986
18) I. Ohzawa and R. D. Freeman: The binocular organization of complex cells in the cat's visual cortex, *Journal of Neurophysiology*, **56**, 1, 243-259, 1986
19) M. Nomura, S. Fujiwara and G. Matsumoto: A binocular model for the simple cell, *Biological Cybernetics*, **63**, 3, 237-242, 1990
20) G. C. De Angelis, I. Ohzawa and R. D. Freeman: Depth is encoded in the visual cortex by a specialized receptivie field structure, *Nature*, **352**, 156-159, 1991
21) I. Ohzawa, G. C. De Angelis and R. D. Freeman: Stereoscopic depth discrimination in the visual cortex— neurons ideally suited as disparity detectors, *Science*, **249**, 1037-1041, 1990
22) H. R. Wilson, R. Blake and D. L. Halpern: Coarse spatial scales constrain the range of binocular fusion on fine scales, *Journal of the Optical Society of America* **A8**, 1, 229-236, 1991
23) M. Nomura: A model for neural representation of binocular disparity in striate cortex, *Biological Cybernetics*, **69**, 165-171, 1993
24) Y. Tamori: Biological neural model based on dendritic morphology, Proceedings of JNNS '95, pp. 141-142, 1995
25) G. DeAngelis, A. Anzai, I. Ohzawa and R. D. Freeman: A spatiotemporal receptive field model for simple cells in the cat's striate cortex, *Investigative Ophthalmology and Visual Science*, **36**, 4, S872, 1995
26) J. A. Movshon, E. H. Adelson, M. S. Gizzi and W. T. Newsome: The analysis of moving visual patterns, In Pattern Recognition Mechanism (eds. C. Chagas, R. Gattass and C. Gross), Springer-Verlag, New York, 1986
27) T. D. Albright: Direction and orientation selectivity of neurons in visual area MT of the macaque, *Journal of Neurophisiology*, **52**, 6, 1106-1130, 1984
28) H. R. Rodman and T. D. Albright: Single-unit analysis of pattern-motion selective properties in the middle temporal visual area (MT), *Experimental Brain Research*, **75**, 53-64, 1989
29) D. Marr and S. Ullman: Directional selectivity and its use in early visual processing, *Proceedings of the Royal Society, London*, **B211**, 151-180, 1981
30) T. Adelson and J. A. Movshon: Phenomenal occurrence of moving visual patterns, *Nature*, **300**, 523-525, 1982
31) M. Nomura: Two-stage motion energy model for area MT with local feedback, Proceedings of JNNS '95, pp. 262-263, 1995
32) D. -K. Xiao, S. Raiguel, V. Marcar, J. Koenderink and G. Orban: Spatial heterogeneity of inhibitory surrouding in the middle temporal visual area, *Proccedings of National Academy of Science USA*, **92**, 11303-11306, 1995
33) J. Zanker: Theta motion, *Vision Research*, **33**, 4, 553-569, 1993
34) H. R. Wilson, V. P. Ferrara and C. Yo: Psychophysically motivated model for two-dimensional motion perception, *Visual Neuroscience*, **9**, 79-97, 1992
35) D. G. Albecht and D. B. Hamilton: Striate cortex of

monkey and cat: Constant response function, *Journal of Neurophysiology*, **48**, 217-237, 1982
36) G. Sclar, J. H. R. Maunsell and P. Lennie: Coding of image contrast in central visual pathways of the macaque monkey, *Vision Research*, **30**, 1, 1-10, 1990
37) D. J. Heeger: Nonlinear model of neural responses in cat visual cortex. Computational models of visual processing. Models of Neual Function, pp. 119-133, 1991
38) R. J. Douglas, C. Koch, M. Mahowald, K. A. C. Martin and H. Suarez: Recurrent excitation in neocrtial circuits, *Science*, **269**, 981-985, 1995

15.3 視覚機能のネットワークモデル

脳では，多数の神経細胞がシナプスを介して結合され，特徴的な構造をもつ神経回路網が構成されている．神経回路網は組織的に相互結合して，知覚や認識などの高次機能を実現していると考えられている．初期視覚では，一次視覚野（V1）の神経細胞や，その回路網に直接対応したネットワークモデルが多く提案され，さまざまな機能が再現されている．一次視覚野では，入力が制御しやすいことなどから多くの実験が行われて，生理学・解剖学的知見が蓄積され，モデルとの対応がとりやすいことも要因である．15.3.1項ではその一例として，ポップアウトと線分補完を再現するV1回路網を示す．

より高次の，知覚や認識などのモデルを考える場合，機能をどのように実現できるかに注目することが多い．心理物理実験から得られた視覚系がもつ仮定や性質，数理理論から求められた計算過程や条件などに立脚して，視覚の性質を再現するネットワークモデルが提案されている．こういったネットワークは，神経細胞モデルの回路網からなり，生物学的に容易に実現可能（biologically plausible）である．しかし，ネットワークの生理対応は明確にできないことが多い．機能が高次になるにつれて，生理学的知見を得ることがむずかしくなるためである．特定の機能がどの皮質領野で実行されているか，よくわかっていないことも多い．そこで逆に，シミュレーションの結果から，生理対応を探る実験に示唆を与えようとする試みもある．

15.3.2項では，中高次機能のネットワークモデルの例として，テクスチャーの変化から3次元形状を知覚するモデルをとりあげる．心理物理実験から視覚系がどのような特徴量を利用しているかを探り，計算理論からその特徴量の数理的意味を求めるとともに，この特徴量を計算するネットワークモデルを構築している．そしてこのモデルが，ヒトの3次元知覚をよく再現することを示した．15.3.3項では，面知覚に関する2つのモデルを紹介する．1つは，リエントラント（reentrant）なネットワークが，図と地を決めるモデルである．細胞モデルの機能は単純で同一であるが，多数の細胞モデルが相互に結合した大規模なネットワークが，面知覚を実現しうることを示した．もう1つはゲシュタルト法則をもとにした面知覚に関するモデルである．これは遮蔽から相対的奥行きを決めたり，カニッツァの三角形などの主観的輪郭を再現する．このモデルは，ゲシュタルト法則が簡単なネットワークメカニズムによって実現できること，その組み合わせによって面知覚が再現できることを示した．

15.3.1 一次視覚野のモデル
a. ポップアウトと線分補完

網膜からの画像入力は，視床を経て一次視覚野（V1）に投影される．V1には，方位選択性が類似の細胞どうしがまとまった，コラム構造がある（2.1.4項を参照）．細胞間の結合も，コラム構造に関連した規則性がある．Stemmlerら[1]は，こういった特徴を取り入れた，単層のV1回路網モデルを構築した．そしてこのモデルが，ポップアウト（pop-out）と線分補完（line completion）に対応する挙動を再現することを示した（ポップアウトについては11.2.3項を，線分補完については6.2節および6.3節を参照）．

ポップアウトと線分補完は，古典的受容野の外側の刺激に依存して，細胞の感度が変化する現象であることが示唆されている．ポップアウトとは，例えば周囲のものと違った刺激が中央に与えられると，中央の刺激がまわりから瞬時に区別できることをいう．これは，このような刺激が与えられたときには，周囲の刺激に選択的な細胞の感度より，中央の刺激に選択的な細胞の感度のほうが高くなることと関係があると考えられる．線分補完は，雑音のなかに埋もれた，とぎれとぎれの線分が刺激として与えられると，とぎれた部分が補完されて，連続した輪郭として知覚される現象である．これは，とぎれた部分の細胞の感度が上昇していると考えられる．

b. 局所結合と側方結合をもつモデル

モデルは局所結合と，コラムを越えて周囲と結ぶ側方結合からなる．興奮性の局所結合は，同じコラム内で，同一方位選択性をもつ細胞どうしを結合す

図 15.17 中央に位置するユニットの結合の様子[1]
濃淡はその場所の方位選択性を示している．最も明るいほうから，0°（水平），45°，90°，135°．興奮性結合は ＋，抑制性結合は －，長距離水平結合は ○ で示す．

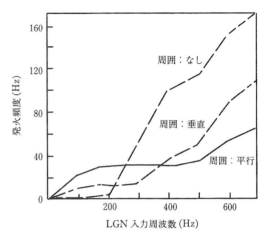

図 15.18 モデルによって計算された，中央の細胞の発火頻度[1]
横軸がコントラストに相当する．コントラストが高いときには，中央と周囲の刺激が異なるときのほうが発火頻度は高い．このことはポップアウトに対応すると考えられる．コントラストが低いときには，中央と周囲が同じときのほうが発火頻度が高い．これは線分補完に対応すると考えられる．

る．抑制性の局所結合は，興奮性よりやや広い領域の細胞間を結ぶ．多くは類似の方位選択性をもつ細胞と結合するが，異なる方位選択性をもつコラムとも連絡する．側方結合は興奮性，抑制性両方の細胞に終端するが，どちらも類似の方位選択性をもつコラムだけに結合する．結合の様子を図 15.17 に示す．

この回路網モデルで，入力刺激に依存して，細胞の感度がどのように変化するかを調べた．モデルの中央にある細胞に最適刺激を与える．これと並行（または垂直）な多数の刺激を周囲に提示する．中央の刺激のコントラストは固定して，周囲のコントラストを変化させたときの，中央の細胞の発火頻度をシミュレーションによって求めた（図 15.18）．

コントラストが高いときには，細胞の発火頻度が減少している．これは，入力が増すにつれ，抑制性の細胞の発火頻度が興奮性のものより早く増加するために，周囲からの影響が抑制性となるためである．また，抑制結合が類似の方位により強くはたらくために，周囲が中央と平行な刺激の場合のほうが，垂直な場合に比べて減少の程度が大きくなっている．これは，中央の刺激が周囲と違うときのほうが活動が高くなることを示していて，ポップアウトに対応する．

コントラストが低いときには，周囲に何も提示しない場合に比べて，中央の細胞の発火頻度が上昇している．これは，周囲からの側方結合を通して興奮性入力を受けるからである．入力が発火閾値より弱い場合には，入力がノイズに乗る形となるので，ノイズがあったほうが発火閾値を越える確率が高くなり，入力が有効となりやすい．この現象は，stochastic resonance として知られている．側方結合からしか入力がない場合には，興奮性の信号だけが有効となりやすい．興奮性の細胞の自己発火頻度は，抑制性のものより高いので，興奮性のほうが発火閾値を越える確率が高くなり，結果として感度が高くなっているのである．また，側方結合は類似の方位だけを結んでいるために，周囲が中央と平行な場合のほうが，活動が強くなっている．結果としてコントラストが低いときの活動の増加は，中央の刺激が周囲と同じときのほうが大きくなっている．これは線分補完に対応している．

このモデルは，古典的受容野の外側の刺激に依存して，細胞の感度が変化することを再現している．ポップアウトや線分補完といった機能が，簡単な V1 の局所回路だけで実現しているかもしれないことを示唆した点で重要であろう．V1 回路網のモデルは，ほかにも多く提案され，さまざまな機能が簡単な回路網で実現されることが示されている．例えば，方位や空間周波数の選択性，コントラストのゲインコントロール，超視力（hyper acuity）などを再現するモデルが提案されている（15.2 節を参照）．

15.3.2 3次元知覚のモデル
a. 3次元知覚とテクスチャ変化

われわれは3次元の世界に住んでいるが，その画像はいったん2次元の網膜に投影される．われわれが内部に知覚する3次元構造は，脳がその2次元の画像から再構築したものなのである．3次元から2次元への投影の過程において，多数の物体が同じ画像に投影されてしまう．このために，2次元画像から3次元構造の再構成は不良設定問題(制約条件が足りないために一意に解けない問題)となる．視覚系がどのようにこの問題を解くのか，あるいは適当な解釈を与えるのかは，視覚研究の主要なトピックの1つといえよう．3次元知覚では両眼の視差によるステレオ視があるが，写真から容易に3次元構造が知覚できることからも明らかなように，単眼から得られる3次元情報も重要である(7.3節を参照)．陰影(shading)，テクスチャの変化，後ろの物体が前の物体に隠される遮蔽(occlusion)などは強力な3次元知覚を引き起こす．ここでは，テクスチャから3次元形状を知覚するモデルを紹介する．

テクスチャをもつ表面が傾斜すると，傾斜に従ってテクスチャが変化して見える．テクスチャはそのフーリエスペクトルによって一意に記述できることから，理論的にはスペクトルの変化から傾斜が計算できる．コンピュータービジョンのアルゴリズムとしては，2個所のスペクトルの間のアフィン変換を求めることによって相対的な傾斜を求めるアルゴリズムが提案されている[2,3]．しかし現実には，複雑な2次元スペクトル間の変換を求める計算は容易でなく，こういった計算が視覚系で行われているとは考えにくい．

b. 心理物理実験と理論解析

視覚系では，複雑なパラメーターから知覚を行う場合に特徴化を行う例が知られている．例えば，色の認識では連続したスペクトルそのものではなく，3つの波長によって代表される特徴量が使われていると考えることができる．テクスチャから傾斜を知覚する場合にも，このような特徴量が使われている

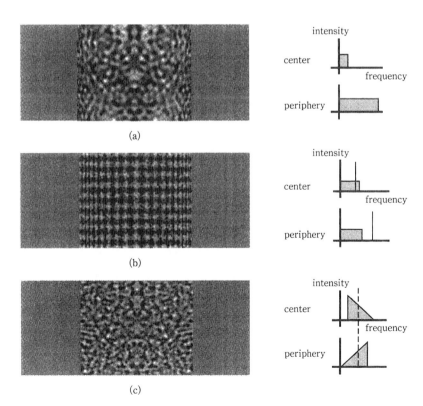

図15.19 ホワイトノイズから作った刺激の例
(a), (b)では3次元的な垂直円柱が知覚されるが，(c)は平面的に知覚される．右側のイラストは刺激の空間周波数スペクトルである．このように，人工的に制御されたスペクトルから刺激を作って被験者に提示することによって，スペクトルと3次元知覚の関係が求められる．

ことを示す心理物理実験が報告されている[4]．この実験では，ホワイトノイズをフーリエ領域でフィルタリングすることによって，任意の特徴をもつ人工的なスペクトルをもつさまざまな刺激を作った．そしてこれらの刺激を被験者に提示することによって，その特徴がヒトの3次元知覚に及ぼす影響を求めた．図15.19に刺激の例をいくつか示す．実験の結果から，視覚系ではスカラー量である少数の平均ピーク周波数 (average peak frequency) によって傾斜を計算していることが示唆された．

平均ピーク周波数は，局所のピーク周波数を空間的に平均化して求められる量で，フーリエ領域では次のように表される．

$$\overline{f_p^0} = \iint_R |u| N(u,v) du dv \quad (15.3.1)$$

これは水平方向 ($\phi=0$) に沿った平均ピーク周波数で，R は水平方向の狭い扇形領域を示す．$N(u,v)$ は，この成分がピークとして選ばれる回数である．平均ピーク周波数は，各周波数成分がそれぞれ最大のエネルギーをもつ確率を示す確率密度関数の性質に依存して，平均周波数とピーク周波数の間の値をとる．例えば，確率密度関数がスペクトル分布と一致する場合は，平均ピーク周波数は平均周波数と一致する．

理論的には，2次のモーメントを特徴量として，この変化から傾斜を求められることが知られている[5]．水平方向の2次モーメント $m_{2,0}$ は，次式で与えられる．

$$m_{2,0} = \iint u^2 M(u,v) du dv \quad (15.3.2)$$

$M(u,v)$ は，(u,v) 成分の強度を示す．平均ピーク周波数は，二乗操作と成分強度を含まない分だけ2

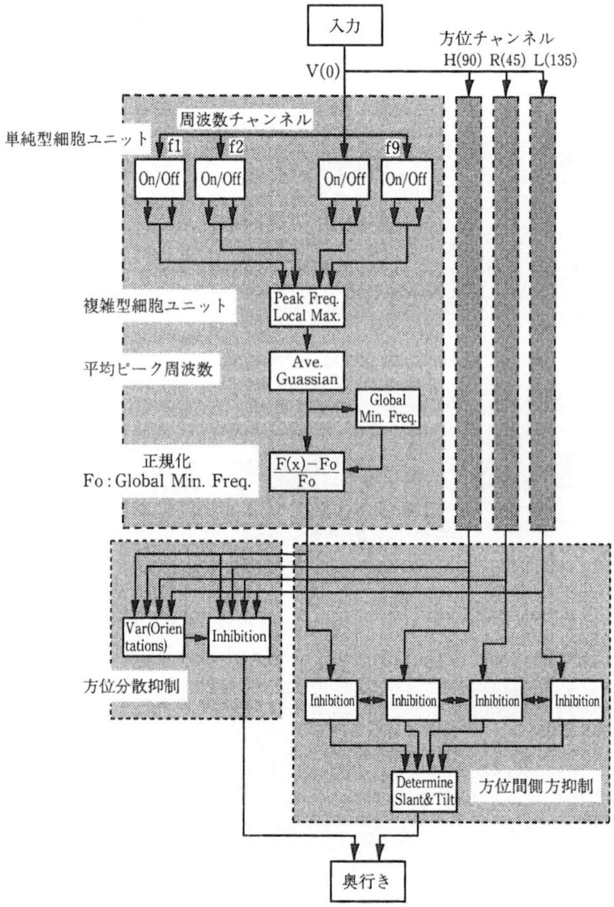

図15.20 ネットワークモデルのダイアグラム
初段部分は一次視覚野の単純型，複雑型細胞のモデルからなる．続いて，平均ピーク周波数による特徴化，正規化が行われる．こういった簡単な計算からなる数個のステップを経て，3次元奥行きが求められる．

次のモーメントより簡単な計算であるといえるが，一方で領域を分割して複数の値を求める必要がある．平均ピーク周波数は生体にとってより計算が容易な形の2次モーメントであるともいえよう．

c．ネットワークモデル

Sakaiら[4]は，平均ピーク周波数による空間周波数スペクトルの特徴化とそれに続く正規化によって，テクスチャの変化から3次元形状を導くネットワークモデルを提案した．図15.20にこのモデルの模式図を示す．特徴量である平均ピーク周波数を正規化することによって各方位に沿った相対的な傾斜を算出し，それから側方抑制のメカニズムによって最大傾斜(slant)とその方向(tilt)を求めている．このモデルの反応を評価するために，離心率が異なる楕円体などについてシミュレーションを行った．その結果は類似の心理物理実験[6,7]と比較され，両者がよく一致することが示された．用いた刺激と，離心率と反応の関係を，図15.21に示す．また，実画像から算出された3次元形状の例を図15.22に示す．複雑なテクスチャをもつ実画像からも適当な3次元形状が求められている．

15.3.3 面知覚のモデル

アリストテレス(Aristotle)は，視覚のタスクとは「どこに，何があるか」を知ることであると定義した．もしも読者がこの本を図書館で読んでいるのなら，網膜には本と，机と，たぶん背景に本棚やほかの来館者が投影されているだろう．しかし網膜そのものには，どれが本で，どの部分が机なのかはわかっていない．感覚の段階では「物体」は定義されないのである．これが感覚(sensation)と知覚(perception)の根本的な違いである．知覚過程で，画像は面に分割(segmentation)され，そして必要があればいくつかの面が結合(bind)されて，物体が定義されると考えられる．このように知覚は，画像の特徴によって情景を群化したり，面に分割したりするプロセスを含んでいるはずである[8]．ここでは，まず，単純なリエントラント回路網が，同期発火に

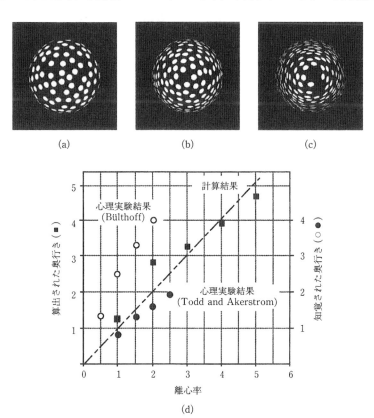

図15.21 モデルの定量性を評価するために用いられた刺激と，計算された奥行き
離心率の異なる((a)：1，(b)：3，(c)：5)楕円体を刺激として，周辺部分の奥行きを求めた．その結果を同様の心理物理実験の結果と比較した(d)．モデルの計算結果とヒトの知覚はよく一致している．

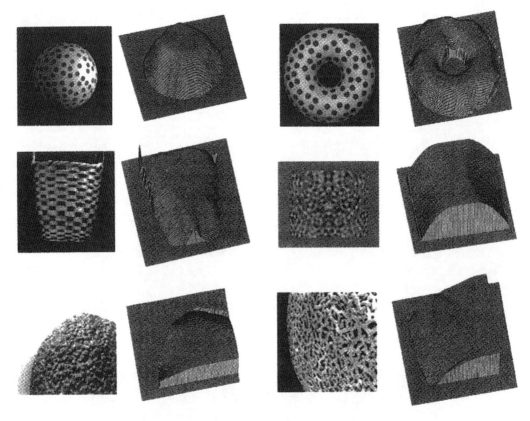

図15.22 モデルが計算したな刺激の3次元形状
最上段はコンピューターグラフィックスで作成した球とトーラス，2段目左はバスケットのビデオ画像，右はホワイトノイズから作った刺激，3段目左はアボガドのビデオ画像，右はメロン．複雑なテクスチャをもつ実画像からも3次元形状がよく求められている．

よって図と地を分割できることを示したモデルについて述べる．次に，ゲシュタルト法則をインプリメントした回路網が，主観的輪郭，遮蔽，透明視などの知覚を再現するモデルを紹介する．

a．知覚における群化

知覚の主要な機能として，画像の基本的な特徴によって情景を群化し，面に分割する機能がある．どのような皮質メカニズムがこれを実現するのかはよくわかっていないが，細胞の発火が時間的に同期する現象が関係しているのではないかと考えられている．多くの皮質細胞は40 Hz程度の振動をしている[9]．1つの面に属する細胞は時間的に同時に発火するが，別の面に属する細胞は位相がずれていて，違う時間に発火すると考えるのである．この仮説は，時間の次元を加えることによって，空間的な画像の処理と群化のプロセスが独立する点で魅力的である．

局所的なリエントラント (reentrant) 回路からな

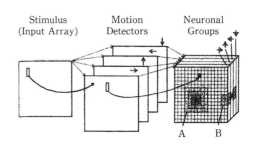

図15.23 モデルの結合の様子[10]
モデルは入力（左側），運動検出（中央），画像分割を行う部分 (neuronal groups, 右側) からなる．neuronal groupsでは運動方向の選択性が異なる4つのレパートリーからなっている．結合の詳細については本文を参照．

るネットワークが，同期現象によって画像の分割を実現できることが，Spornsら[10]によって示されている．モデルは，興奮性と抑制性の局所結合と，興奮性の側方結合で構成されている．局所結合は，同じ方向選択性をもち，受容野が重なっている皮質上

15.3 視覚機能のネットワークモデル

で近傍にある細胞間を結んでいる．側方結合は，受容野は隣接する（重ならない）が同じ方向選択性をもつ細胞間を結ぶものと，受容野は重なっているが異なる方位選択性をもつ細胞間を結ぶものがある．結合の様子を図15.23に示す．これらの結合のうち，興奮性の結合は短い時間スケール（ms）の可塑性をもつ．可塑性は発火の相関に依存する．結合する細胞どうしの発火に相関があれば結合強度が上が

り，なければ下がる．

このモデルを使った，運動視における図と地の分割のシミュレーションの様子を図15.24に示す．与えられた刺激（上）と，細胞間の同期の様子（下）である．同じ面に属する細胞どうしは同時に発火しているが，異なる面に属する細胞どうしは同期していない．このように，単純な結合と可塑性をもつ大規模な回路網が，同期現象によって画像の分割を実現

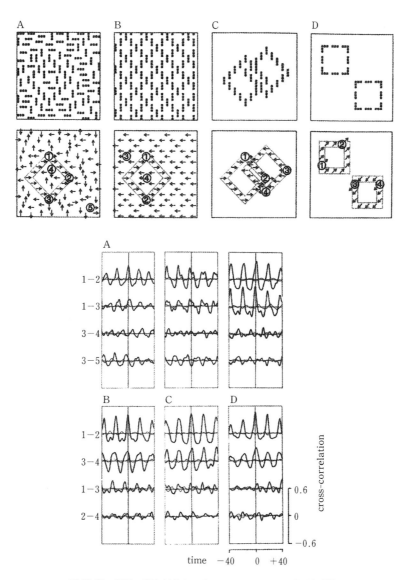

図 15.24 刺激の様子（上）と，そのシミュレーション結果（下）[10]
刺激（A）では，1, 2, 3を含む菱形の輪郭部分は右に運動しているが，それ以外の部分はランダムに運動している．（B）では菱形の輪郭部分と外部が反対方向に運動している．（C），（D）は，2つの菱形を含んでいる．下側のグラフは，それぞれの刺激を与えたときの，各位置間の相互相関である．（A）の各位置間の相互相関を見ると，菱形輪郭内部間（1-2, 1-3）ではよい相関見られるが，内部と外部の間（3-4, 3-5）には相関が見られない．（B），（C），（D）でも同様に，同じ動きをするものどうしはよい相関を示すが，それ以外では相関は見られない．

できることが示された．

b．面の知覚

物体がどこにあるかを決めることは，画像中のどの部分が物体の表面であるかを決めることである．ある特徴量，多くの場合濃淡が不連続になっている部分が物体の輪郭 (contour) である可能性が高い．ここで表面を定義するためには，輪郭がどちら側の領域の端を示しているのかを決めなければならない．すなわち，どちら側が図 (figure) で，どちら側が地 (ground) であるかを決めなければならない．机の上に本が置かれている場合，本の周囲に輪郭が見られるが，これは本の領域の端であり，本の輪郭なのであって，机の輪郭ではない．このような場合，本が輪郭を所有しているという．そして輪郭を所有する側である本が図，所有しない側である机が地となるのである．Nakayama ら[11]は，これを"ownership"を決めるプロセスと呼び，相対的な奥行きを決定する役割を果たしていることを示した．

Sajda ら[12]は，ownership に立脚したネットワークモデルを構築して，面を知覚する視覚過程を研究した．モデルは大きく分けて3つの部分からなっている．輪郭を結合するプロセス，ownership によって図の方向 (direction of figure) を決めるプロセス，そして ownership の分岐点 (junction) をもとにして3次元構造を求めるプロセスである．これらのプロセスは互いに双方向に結合されている．図15.25 にモデルの模式図を示す．構築されたモデルの主要部分は，群化に関するゲシュタルトの法則をネットワークメカニズムとして実現した形になっている．

モデルの初段部分は単純型，複雑型細胞の機能を模したユニットからなっており，これらが入力を方位情報に分解する．これらの出力は輪郭結合のプロセスに送られ，ここで類似の方向性をもつユニットどうしが結合されて輪郭の線分が決められる．これは，視覚野では類似の方位選択性をもつ細胞どうしが強く結合していることに対応し，Sajda らはこの回路がゲシュタルト法則の"よい連続" (good continuation) を実現しているのだろうと示唆している．さらに，線分終端部分で異なる方向性をもつ他の線分と結合されて，輪郭全体が求められる．このとき，結合は同時に発火することによって表現される．このような時間的なコーディングが脳内にあることは Gray ら[9]によって示唆されている．

求められた輪郭は次に面に結合される．結合は輪郭どうしの距離，相対的な方位，輪郭が閉じているかどうかによって決められる．また輪郭どうしは，その距離が近いほど，方位が似ているほど，同じ面の輪郭であると判断されやすい．同時に，輪郭が閉じていれば，その内側が面であると判断されやす

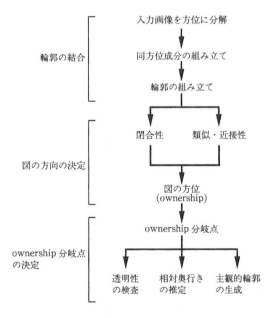

図 15.25 面知覚モデルのダイアグラム
大きく分けて，輪郭の抽出と結合，図の方向の決定，ownership 分岐点検出，の3つの部分からなっている．実際にはフィードバックをもつリカレントネットワークになっている．

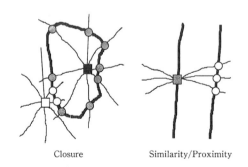

図 15.26 閉合性 (左)，同等性，近接性 (右) を検出するネットワークメカニズムの模式図
閉合性検出の細胞は，四方に樹状突起を伸ばしており，輪郭部で発火している細胞から入力を受ける．同一の輪郭に属する細胞は同時に，異なる細胞は時間的にずれて発火している．したがってこの細胞は，輪郭に囲まれているとき (閉合) に最大に発火する．同等性，近接性を検出する細胞は，輪郭と垂直な方向に樹状突起を伸ばしている．細胞自身と類似の方向性をもつ細胞から，距離に依存して入力を受ける．

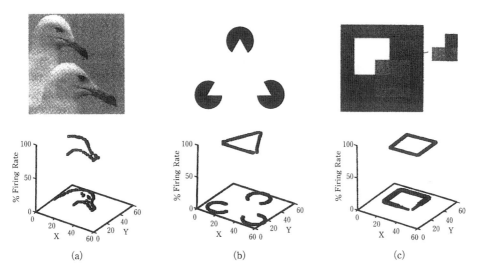

図15.27 刺激(上)と,シミュレーションにより求められた相対奥行き(下)[12]
発火頻度が低いほど遠方にあることを示している.(b)のカニッツァの三角形では,実際には存在しない3角形の輪郭が知覚されている.(c)は透明視の例.右下の四角形が手前に知覚されている.

い.これらはゲシュタルト法則では,近接性(proximity),同等性(similarity),閉合性(closure)と呼ばれているものである.これらのメカニズムは図15.26に示すような簡単なネットワークによって構成され,その出力はownershipを示すことになる.

輪郭のownershipが変化することは異なる物体の存在を示唆するから,ownershipの分岐点から遮蔽の境界を検出できる.ここで重要なのは,ownershipの分岐点は面の境界を示すものであって,輪郭の交差を示す,いわゆるT型分岐点とは違う意味をもつことである.透明視は濃淡情報だけからでは同定できないことが知られているが,ownershipから濃淡境界部での図と地の関係を与えると透明であることが判定できる.図15.27にいくつかの入力に対して相対的な奥行きを求めたシミュレーションの結果を示す.遮蔽,透明視,錯視的輪郭のいずれの場合もヒトと同様な反応を示している.

[酒井　宏]

文　献

1) M. Stemmler, M. Usher and E. Niebur : Lateral interactions in primary visual cortex — a model bridging physiology and psychophysics, *Science*, **269**, 1877-1880, 1995
2) J. Krumm and S. A. Shafer : Shape from periodic texture using the spectrogram, Proc. IEEE CVPR 1992, pp. 284-289, 1992
3) J. Malik and R. Rosenholtz : A differential method for computing local shape-from-texture for planar and curved surface, Proc. IEEE CVPR, pp. 267-273, 1993
4) K. Sakai and L. H. Finkel : Characterization of the spatial-frequency spectrum in the perception of shape from texture, *Journal of the Optical Society of America*, **A12**, 1208-1224, 1995
5) K. Kanatani : Detection of surface orientation and motion from texture by a stereological technique, *Artificial Intelligence*, **23**, 213-237, 1984
6) J. T. Todd and R. A. Akerstrom : Perception of three-dimensional form from patterns of optical texture, *Journal of Experimental Psychology*, **13**, 242-255, 1987
7) H. H. Bulthoff : Shape from X : Psychophysics and computation, In Computational Models of Visual Processing (eds. M. S. Landy and J. A. Movshon), MIT press, 1991
8) L. H. Finkel and P. Sajda : Constructing visual perception, *American Scientist*, **82**, 224-237, 1994
9) C. M. Gray and W. Singer : Neuronal oscillations in orientation columns of cat visual cortex, *Proceedings of National Academy of Science USA*, **86**, 1698-1702, 1989
10) O. Sporns, G. Tononi and G. M. Edelman : Modeling perceptual grouping and figure-ground segregation by means of active reentrant connections, *Proceedings of National Academy of Science USA*, **88**, 129-133, 1991
11) K. Nakayama and S. Shimojo : Toward a neural understanding of visual surface representation, Cold Spring Harbor Symposia on Quantitative Biology, 55, pp. 911-924, 1990
12) P. Sajda and L. H. Finkel : Intermediate-level visual representations and the construction of surface perception, *Journal of Cognitive Neuroscience*, **7**, 267-291, 1995

15.4 視覚機能と数理理論

15.4.1 統計的情報処理の理論

実際の神経回路網には，種々のランダムな要素がある．1つは，神経細胞そのものに含まれるランダムネスであり，もう1つは神経回路の多体性に起因する不安定さによるものである．後者の多体系のもつ問題は，理論として扱おうとするとき，天体力学の3体問題が求積不可能であることが知られているように，一般には初期値問題を解くことは解析的に取扱い不可能となることである[1]．したがって，多体系に対しては詳細なダイナミクスを追う代わりに，その統計的性質を予言できないかという統計的立場をとることが自然に考えられる．ここでは，視覚のダイナミクスを扱う統計的立場の理論（統計的情報処理）とその応用例を紹介する．統計的立場とは，すべての機能を確率分布関数で記述することに由来する（15.1.3項参照）．

a. 不良設定性とベイズ統計

Juleszは人工的に作ったランダムドットステレオグラム[2]によって，両眼視差だけにより奥行き感が感じられることを示した．その後，色，形，動き，陰影，テクスチャなどもそれぞれを独立に処理するモジュール構造が存在することがわかってきた．

初期視覚はJuleszのこの両眼立体視のように個別のモジュール構造に沿って計算するプロセスをさすものであり[3]，この個別のモジュールは一般に両眼立体視のような不良設定問題を解いていることになる．不良設定問題とは，① 求めたい解が存在しない，② 求めたい解が一意的ではない，もしくは ③ 入力データ（視覚の場合は2次元データ）に求めたい解が不連続的に依存する，のいずれかが起こりうる問題のことをさす．現実のわれわれの視覚がそのような不良設定問題を解くためには，入力データ以外にさらなる追加情報（物理的な制約条件）が必要となってくる．逆にいうと，初期視覚はそのような拘束条件をうまく利用してこの不良設定問題を解いているといえる．一方，画像の初期視覚のかなりの問題がベイズ統計の枠組にのることが示されている．このベイズ統計の考え方と問題の不良設定性との間には深い関係がある．ベイズ統計の基本的考え方は，パラメーター z に関する事前分布 (prior distribution) $p_\pi(z)$ を考えることに特徴がある．パラメーターが事前分布によって決まった後のデータを得る確率 $p(y|z)$（これを尤度関数，likelihood functionという）からベイズの公式

$$p(z|y) = \frac{p(y|z)p_\pi(z)}{\sum_y p(y|z)p_\pi(z)} \quad (15.4.1)$$

により，事後分布 (posterior distribution) $p(z|y)$ が求まる．さてここで事前分布 $p_\pi(z)$ を3次元世界 z に関する先見的な知識 (informative prior) を表すものと考え，次のようなギブズ分布関数で書けるものと仮定しよう．

$$p_\pi(z) = \frac{1}{Z} \exp(-E_\pi(z)) \quad (15.4.2)$$

ここで $E_\pi(z)$ は，実数値の評価関数で Z は規格化因子である．上のベイズ公式より，2次元データ y を得たときの事後分布は，次のように書き表せられる．

$$p(z|y) = \frac{1}{Z'} \exp(-E_L(z|y) - E_\pi(z)) \quad (15.4.3)$$

ただし，likelihood function $p(y|z)$ も次のようなギブズ分布関数で書けると仮定した．

$$p(y|z) = \frac{1}{Z''} \exp(-E_L(z|y)) \quad (15.4.4)$$

ベイズ推定の立場では事後分布を最大にする解 (maximum a posteriori estimate, MAP) を推定値とするのが，最大事後確率推定（MAP推定）である．それは式 (15.4.3) から，次の評価関数（エネルギー関数）

$$E_L(z|y) + E_\pi(z) \quad (15.4.5)$$

を最小化する問題と等価となる．このエネルギー関数の第1項が3次元世界 z を画像 y として観測するときの物理的な条件（制約条件）を表し，第2項は3次元データ z に関する informative prior と解釈することができる．ただ一般化された定式化のままでは，このエネルギー関数最小化問題を並列計算で解くことができないので，それぞれの評価関数 $E_L(z|y)$ と $E_\pi(z)$ を，うまく選ぶように工夫する必要がある．その工夫の1つが，エネルギー関数を局所的に計算できるようにすることである．そのような限定された条件は，画像の各格子点の状態が，その格子点の近傍のみの情報で決まることを意味し，これをマルコフ確率場モデルという．マルコフ確率場モデルの場合，モンテカルロ法の一手法であるメトロポリス法である統計的緩和法により，容易に並列計算が可能となる[4]．これは，最大事後確率推定に必要なエネルギー最小化問題を解くのが，一般に

はエネルギー極小値が多数ある，計算量的に非常な困難な問題となる点からも優れたアルゴリズムであるといえる．

さて，このようなアルゴリズムには生理学的根拠はあるのだろうか？

実はこのマルコフ確率場モデルの画像の格子点の近傍のみで評価関数が決まるという性質は，視覚野において，ニューロンどうしの結合は，皮質表面に水平方向の結合（長くて7～8 mm）もあるにはあるが[5]，そのニューロンのスパイク発火の相互相関が，水平結合が1 mm 以上ではほとんどなく[6]，その 1 mm×1 mm 程度のハイパーコラムどうしの相互作用は局所的であるという生理学的事実に対応している[7]．

一般に空間を離散化したとき，その格子点の局所的な情報だけを用いる操作として，ラプラシアンなどの偏微分作用素などがあるが，そのような微分作用素から構成される汎関数 $E_\pi(z)$ をエネルギー関数として，information prior をとり入れる場合は，このエネルギー最小化問題は標準正規化理論[8]に等価となる．この標準正規化理論によって，初期視覚の，エッジ検出，陰影からの構造復元，オプティカルフローを求めるといった多くの不良設定問題が解けることが示された[8]．さらに，画像上の格子点 i と j の間の不連続性を表す指標 l_{ij} を導入することを考えよう[4]．もとのエネルギー関数の格子点 i,j にかかわる部分

$$E_{\pi,ij}(z) = f(z_i, z_j) \quad (15.4.6)$$

は，例えば $E_\pi(z)$ が，画像 z に滑らかさを要求するペナルティー関数とする場合，$f(z_i, z_j) = k(z_i - z_j)^2$ とおけば容易に実現でき，物理的なアナロジーとしてその項を格子点 i と j との間の仮想上の線形ばねのエネルギーと考えることができる．さて，すべての格子点のペアが滑らかではない，すなわちどこかに不連続性がある場合を考えるとする．これは画像の境界を不連続点としてとらえなければならない問題を解くことに相当する．この場合，次のようにエネルギー関数を拡張する．

$$E_{\pi,ij}(z, l) = f(z_i, z_j)(1-l_{ij}) + g(l_{ij}) \quad (15.4.7)$$

ただし，格子点 i と j との間の不連続性がある場合，$l_{ij}=1$ とし，$g(l_{ij})>0$ とする．また格子点 i と j との間に不連続性がない場合は，$l_{ij}=0$ とし，$g(l_{ij})=0$ する．ここで，新たに導入した変数 l_{ij} は，格子点 i と j とを結ぶ"線"に定義できることから，この定式化の式(15.4.7)を線過程（ラインプロセス）という．Geman 兄弟は，フィルター＋ホワイトノイズにより劣化した画像の復元を，この線過程を考慮に入れ，次のエネルギー関数

$$E_L(z|y) + \sum_{i,j} E_{\pi,ij}(z, l) = E_L(z|y) + \sum_{i,j} f(z_i, z_j)(1-l_{ij}) + g(l_{ij}) \quad (15.4.8)$$

の最小化の問題として定式化し，これも一種のマルコフ確率場として確率緩和法を用いて解けることを示した[4]．このように線過程を考慮に入れたマルコフ確率場モデルをとくに，結合マルコフ確率場モデルまたは結合 MRF モデルという．この結合マルコフ確率場モデルを用いて，Marroquin らは，疎なランダムドットステレオグラムから奥行きを再構成する問題を解いた[9]．この線過程の導入は，ただ単に1次元的な不連続性を導入するだけのものではなく，明るさ，色，奥行き，動き，テクスチャなどの不連続性を表現するものにも使える非常に一般的な考え方である．Poggio らは，それら色，両眼視差，動き，テクスチャそれぞれを1つ1つのモジュールと考え，それぞれに同じような線過程を導入し，さらにそれらが，同じ場所 (i,j) で，それらの不連続性が生じる（線過程が活性化する）という条件を用いることによって，これらの情報を統合しているという仮説を立てた[10]．この結合マルコフ確率場モデルを使って，川人は，neon-color spreading 錯視などの充てん（filling-in）と明るさの錯視を統一的に説明している[11]．このような線過程に対応する生理学的な証拠として，von der Heydt と Peterhans が V2 で発見した主観的輪郭に興奮するニューロン[12]などが考えられる．

15.4.2 カオス的緩和計算と統計的緩和計算との比較

さて，すべての機能を確率分布関数で記述するという統計的情報処理の理論は，多くの視覚の不良設定問題を解くことに成功したが，そこでは確率的記述の由来については不問であった．なぜ，確率的な記述で足りるのかという問題は，古くは，統計物理学の基礎となったボルツマンのエルゴード仮説にまで遡る．視覚情報処理でのこの問題は，確率的記述の正当性を確かめる問題，そしてその決定論的なカオスが背後にあるかという原理的な問題だけにとどまらずに，なぜわれわれの視覚が，速いスピードで解を出すかのヒントにもなりうることをここに紹介する．

a. モンテカルロ法とエルゴード性

視覚情報処理で使われるマルコフ確率モデルなどの統計的情報処理の土台となるのがモンテカルロ法である．さて，多くのエネルギー最小化問題を解くのに，エネルギー関数の多重積分という問題をまず解かなければならない．モンテカルロ法はこの多重積分の計算という問題に最も威力を発揮する．しかも，そのアルゴリズムは，並列化が容易であり，また考えている次元には計算スピードがほとんど影響されないという著しい特徴をもつ．モンテカルロ法では乱数系列を使ってサンプルすることによって積分を評価することが基礎となるが，どんな乱数を使ったかによってモンテカルロ法の計算の誤差が変わってくる．したがって，乱数の性質がモンテカルロ法の優劣の鍵となる[13]．

では，視覚が統計的情報処理に従っているとすると，そこではどんな乱数が使われているのか？ という問題が自然に生じる．われわれがコンピューターでモンテカルロ法を実行するには，再現不可能な熱揺らぎなどの物理乱数を使うのではなく擬似乱数を使う．擬似乱数はあるアルゴリズムと初期値(SEED)により決定論的に生成されるものである．Julesz のランダムドットステレオグラムの"ランダム"というのはこの人工的にコンピューターで作られたこの擬似乱数に由来する[2]．ただし，そのランダムドットステレオグラムでは，乱数の発生順序は問題にせず，一様分布をもつべきというような統計的な性質のみを問題としていた．

統計的性質以外の時間的秩序が視覚情報処理に効いているかどうかを見るためには，カオスダイナミクス(時間的秩序は保存される)を擬似乱数発生器とみなしたとき，統計的情報処理の基礎となるモンテカルロ法の計算がどのように収束していくのかを比較する必要がある[14]．なお，このように決定論的な擬似乱数を使うモンテカルロ法は準モンテカルロ法といって通常のモンテカルロ法と区別することがあるが，準モンテカルロ法とモンテカルロ法は応用範囲に限れば同じである．

b. エルゴード計算

ある決定論的方程式
$$x_{n+1}=F(x_n) \quad (15.4.9)$$
に従う物理量 $x_n \in M$ に対し，不変測度 $\mu(dx)$ が存在し，次式
$$\lim_{N\to\infty}\frac{1}{N}\sum_{i=1}^{N}Q(x_i)=\int_{M}Q(x)\mu(dx) \quad (15.4.10)$$

が成立するとき，その決定論方程式はエルゴード性をもつという．このエルゴード力学系はカオス力学系の特殊なクラスを形成する．これは，相空間 M 上の不変測度 $\mu(dx)$ に関する関数 $Q(x)$ の積分が，$Q(x_i)$ の時間積分に等しいことを意味する．この決定論的ダイナミクスのエルゴード性をうまく使うところがこのモンテカルロ法[15]の特徴で，それは主に上式の右辺に出てくる空間積分の評価を，考えている問題の不変測度を生成するようにダイナミクスを構成し，計算が比較的やさしい時間積分に置き換えることによって成功した計算アルゴリズムである．そのようなアルゴリズムでは，不変測度が陽に式で表現されていないと，この空間積分が何を計算しているのかが不明で意味をなさない．そこで，ここでは力学系と不変測度の関係を陽に求めることができるカオス力学系のクラスを紹介する．そのような明示的な不変測度をもつカオス力学系は解けるカオスと呼ばれる[16]．以下では，梅野によって与えられた解けるカオス[16]のクラスをまず紹介し，次にその力学系を擬似乱数発生装置と考えたときのモンテカルロ法のアルゴリズム[14]と通常の一様な密度関数をもつ擬似乱数を使ったモンテカルロ法との比較をする．

c. 解けるカオスの例

ここでは簡単のため，相空間を単位区間 $M=[0,1]\equiv I$ とする．I 上の解けるカオスとして有名なのは，自明な例である一様分布を与えるテント写像を除いて，ロジスティック写像(Ulam-von Neumann 写像)[17]
$$x_{n+1}=F(x_n)=4x_n(1-x_n) \quad (15.4.11)$$
がある．

上記の写像は，
$$x_n=\sin^2\left(\frac{\pi}{2}\theta_n\right), \quad x_{n+1}=\sin^2\left(\frac{\pi}{2}\theta_{n+1}\right) \quad (15.4.12)$$
のように変数変換すると sin 関数の加法定理より，次式
$$\sin^2\left(\frac{\pi}{2}\theta_{n+1}\right)=\sin^2\left(\frac{\pi}{2}2\theta_n\right) \quad (15.4.13)$$
が成立し，これは θ_n にテントマップ
$$\theta_{n+1}=2\theta_n, \quad 0\leq\theta_n\leq\frac{1}{2}$$
$$\theta_{n+1}=2-2\theta_n, \quad \frac{1}{2}\leq\theta_n\leq1 \quad (15.4.14)$$
を施したものが θ_{n+1} に等しいことを意味する．このテントマップの不変測度は $I\equiv[0,1]$ 上のルベーグ測度そのものである．つまり，確率密度関数

$\rho_{\text{Tent}}(\theta)=1, \theta \in I$ となる. x と θ には

$$\theta = \frac{2}{\pi}\sin^{-1}\sqrt{x} \quad (15.4.15)$$

という θ が x に対して1対1に対応し, また微分可能であるという関係があるので, ルベーグ測度に絶対連続な不変測度 $\rho(x)$ がよく知られた次式

$$\rho(x) = \rho_{\text{Tent}}(\theta)\frac{d\theta}{dx} = \frac{d\theta}{dx} = \frac{1}{\pi\sqrt{x(1-x)}} \quad (15.4.16)$$

で陽に与えられることがわかる. 梅野は上述のUlam-von Neumannの写像を特殊な例として含む, さらに一般化したエルゴード写像とその陽な不変測度をもつ力学系のクラス(2パラメーター族)を, 一般の楕円関数の加法定理(2倍角の公式)から発見した[16]. その時間発展を決める式は次式

$$F(x) = 4x(1-x)(1-lx)(1-mx)/\{(1- 2(l+m+lm)x^2 + 8lmx^3 + (l^2+m^2- 2lm-2l^2m-2lm^2+l^2m^2)x^4\}$$
(15.4.17)

で与えられる[16]. ただし, $-\infty < l, m < 1$. 明らかに $l=m=0$ の場合 Ulam-von Neumann 写像となるので, この力学系は Ulam-von Neumann の写像を一般化したものとなっている. さらにこの一般化された Ulam-von Neumann 写像の不変測度は

$$\rho(x) = \frac{d\theta}{dx} = \frac{1}{2K(l,m)\sqrt{x(1-x)(1-lx)(1-mx)}} \quad (15.4.18)$$

のように陽に2個の数 l, m でパラメトライズされた形で求めることができる. ここで, $K(l, m)$ は

$$K(l,m) = \int_0^1 \frac{du}{\sqrt{(1-u^2)(1-lu^2)(1-mu^2)}} \quad (15.4.19)$$

で与えられる実数である. この解けるカオスのクラスはパラメーター l と m の値にかかわらず, そのカオスの度合いの強さを表すリヤプノフ指数が $\log 2$ であるという著しい特徴がある. 同様に, さらにカオスの度合いが強いリヤプノフ指数が $\log 3$ の写像は, 楕円関数の3倍角の公式から得られ, 次のようになる.

$$Y = f^{(3)}_{l,m}(X) = \frac{X(-3+4X+\sum_{i=1}^{4}A_i X^i)^2}{1+\sum_{i=2}^{9}B_i X^i} \quad (15.4.20)$$

ただし, $A_1, \cdots, A_4, B_2, \cdots, B_9$ は, パラメーター l と m の対称多項式であり, $l=m=0$ のとき 0 となる. この写像はリヤプノフ指数 $\log 3$ のカオスであ

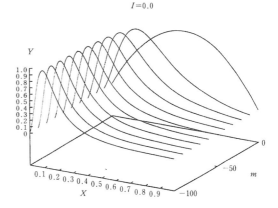

図15.28 一般化 Ulam-von Neumann 写像
$(l, m) = (0, 0), (0, -10), \cdots, (0, -100)$

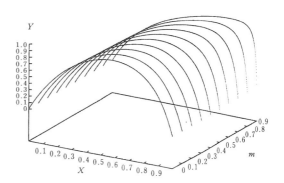

図15.29 一般化 Ulam-von Neumann 写像
$(l, m) = (0.5, 0), (0.5, 0.1), \cdots, (0.5, 0.9)$

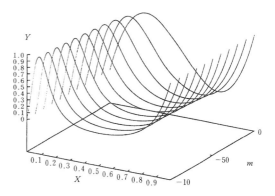

図15.30 一般化 Cubic 写像
$(l, m) = (0, 0), (0, -1), \cdots, (0, -10)$

る Cubic 写像

$$Y = X(-3+4X)^2 \quad (15.4.21)$$

の一般化と考えられ, その不変測度は Ulam-von

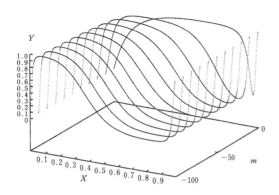

図15.31 一般化 Cubic 写像
$(l, m) = (0.98, 0), (0.98, -10), \cdots, (0.98, -100)$

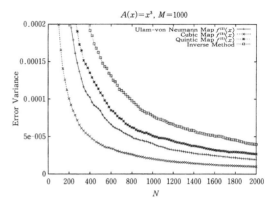

図15.33 モンテカルロ法とカオス計算による積分 $I(x^2)$
$=1/4$ の自乗平均誤差と時間 N との比較
収束のよい順番で，Cubic 写像，Ulam-von Neumann
写像，Quintic 写像，Fortran 90 の一様乱数より逆関数法
で生成した密度関数 $\rho(x) = 1/\pi\sqrt{x(1-x)}$ の乱数を用いる
モンテカルロ法となる．誤差評価は，$M=1000$ 個の独立
な試行に対し平均した．

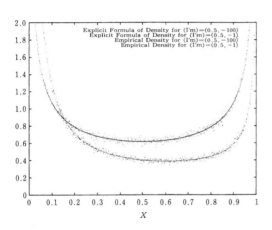

図15.32 シミュレーションによる経験測度と不変測度の
解析解との比較

Neumann 写像の一般化式(15.4.17)と同様に式
(15.4.18)で与えられる[16]．図15.28と図15.29が
一般化 Ulam-von Neumann 写像，図15.30が一般
化 Cubic 写像であり，その不変測度は図15.31の
ようになる．

d． カオスと緩和計算との関係

力学系のエルゴード性の帰結である

$$\lim_{N\to\infty}\frac{1}{N}\sum_{i=1}^{N}\delta(x-x_n) = \rho(x) \quad (15.4.22)$$

を用いると，経験測度(式(15.4.22)の左辺)から，
測度0の例外集合以外のほとんどすべての初期値か
ら，不変測度 $\rho(x)dx$ の係数 $K(l, m)$ がこの解ける
カオスの式(15.4.17)を用いて

$$\lim_{N\to\infty}\frac{1}{N}\sum_{i=1}^{N}G(x_i) = \int_0^1 G(x)\rho(x)dx = \frac{1}{2K(l, m)} \quad (15.4.23)$$

のように計算できることになる[18]（図15.32）．ただ
し，$G(x)$ は次式

$$G(x) = \sqrt{x(1-x)(1-lx)(1-mx)} = \frac{1}{2\rho(x)K(l, m)} \quad (15.4.24)$$

を満たす代数式とする．さてこの一般の関数 $A(x)$
の単位区間上の積分を $I(A)$ とすると，この積分は

$$I(A) = 2K(l, m)\int_0^1 A(x)G(x)\rho(x)dx = \frac{\langle AG \rangle_\rho}{\langle G \rangle_\rho} \quad (15.4.25)$$

とこの関数 AG と G の時間平均との比によって求
めることができる．ただし，任意の関数 $B(x)$ に対
して，その時間平均 $\langle B \rangle_\rho$ は

$$\langle B \rangle_\rho = \int_0^1 B(x)\rho(x)dx = \lim_{N\to\infty}\frac{1}{N}\sum_{i=1}^{N}B(x_i) \quad (15.4.26)$$

となる．実際に計算するときには，もちろん N は
有限の値になる．そのような解けるカオスを使った
上記の計算アルゴリズムと，Fortran に組み込まれ
ている一様密度関数をもつ擬似乱数を使ったモンテ
カルロ法とを，簡単な例題 $(A = x^2, x^3)$ で比較した
のが図15.33と図15.34である．縦軸は真の値から
の分散であり，どの場合でも一様乱数を使った場合
より収束が早いことを示している．興味深い点は，
Ulam-von Neumann 写像と Cubic 写像，Quintic
写像とでは，それぞれ不変測度が同じであるにもか
かわらず，計算のスピードに著しい違いが出ている
ことである．まず，このことから，統計的情報処理

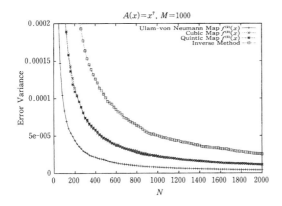

図 15.34 モンテカルロ法とカオス計算による積分 $I(x^7)$ $=1/8$ の自乗平均誤差と時間 N との比較

収束のよい順番で，Ulam-von Neumann 写像，Cubic 写像≈Quintic 写像，Fortran 90 の一様乱数より逆関数法で生成した密度関数 $\rho(x)=1/\pi\sqrt{x(1-x)}$ の乱数を用いるモンテカルロ法となる．誤差評価は，$M=1000$ 個の独立な試行に対し平均した．

のスピードは一般に基礎となる乱数またはカオス（エルゴード）力学系のダイナミカルな性質に依存することがわかる．このカオスの力学的な性質と計算のスピードの詳しい関係は，不変測度がどのように収束するかについての非平衡統計力学的な情報も加えて初めて解析可能となる[14]．したがって，統計的情報理論の土台となる．どのような乱数を使っているかという問題は実は微妙な問題であり，視覚の計算スピードに関係することが理論的に予想される．事実，ランダムドットステレオグラムに使う乱数の種を変えるだけで，統計的な情報は同じにした場合，MT 野のニューロンの発火パターンに違いが出るという実験報告も最近提出されている．今後，非平衡的なパターンを基礎とする理論と生理学的対応，心理物理学的な対応をより詳しく探る必要があるだろう．

15.5 結び付け問題と双方向性神経結合の理論

15.5.1 結び付け問題

色，形，動きといった異なる特徴は，それぞれ別のモジュールにより並行に処理されていることが，心理物理的また生理学的な見地から証拠が得られている[19,20]．われわれの脳はこれらの情報を統合したものを認識しているので，脳のなかにこれらのモジュールを統合する仕組みがあるはずである．この情報の統合の問題を結び付け問題といい，これは視覚だけの問題ではなく，脳の情報処理全体にかかわる問題として重要である．ただ，これを生理学，心理物理学的に満足する形で解くのは簡単ではない．例えば，形，動き，陰影，テクスチャ，両眼視差といった識別可能な種類をそれぞれ $N_1, N_2, N_3, N_4, N_5, N_6$ とすると，理論上すべての組み合わせの数 $\prod_{i=1}^{6} N_i$ について識別する監視機能が脳になければならないことになる．しかし，そのような数はわれわれの全ニューロンの数を越える天文学的な数となる．

このような組み合わせ爆発の計算困難性の問題に対するものとして，ニューロンの発火の相関の1つである同期発火という非線形現象を利用しているのではないかという説（同期発火説）がある[21]．同期発火説によると，それぞれ色，形，動きなどの異なる視覚特徴を示すニューロンが同期して発火することにより，それらが単一の認識対象になるというものである．この同期現象は，東南アジアの蛍の集団発光など自然界に多く見られるだけではなく，Singer らのグループによって猫の視覚野において最大 7 mm 程度離れた場所でのニューロン集団のフィールドポテンシャル間にも γ 振動（35～75 Hz の振動）に関係する刺激に依存する同期発火が観測されている．これらにより，この同期発火説は有望視されている．一方で，理論的な側面として，同期現象は非線形性が強い力学系のみで起こる現象であり，またそのような力学系の解析が困難で，標準正規化理論のような系統的で一般性のあるアルゴリズムがなく，神経回路上にその非線形性からたまたま生じたものであるという見方もあるなど，現在も論争が続いている[22]．

15.5.2 双方向性神経結合の理論

情報統合の問題を解くうえで，ある程度一般性のあるアルゴリズムを与え，かつ生理学的に妥当なモデルを探る試みもすでに始まっている．近年の解剖学的知見によると，複数の視覚野を結ぶ並列な結合（モジュール性）のほかに，視覚野に限らず大脳皮質領野間の双方向性の神経結合が多く見られることが知られている．この双方向性結合は，視覚野の場合，高次視覚野と低次視覚野（V1, V2）とを結ぶダイナミックなフィードフォワードフィードバック相互作用と考えられ，それが視覚において重要な役割を果たすことが最近の宮下[23]，田中[24]のグループの生理学的実験によっても示唆されている．以下で

はとくに，この双方向性神経結合の数理理論を結合問題とのかかわりで概観する．

川人と乾は，低次視覚野から高次視覚野への結合を"前向き"の神経結合，高次視覚野から低次視覚野への結合を"後ろ向き"の神経結合とするとき，それらがそれぞれ"逆光学モデル"，"光学モデル"を形成しているという仮説[25]を基礎とした双方向性計算理論を立てた[25]．この理論は，モジュール統合が後ろ向き結合によって，低次視覚野（V1，V2）で情報統合が行われるという点に特徴がある．彼らの仮説による低次視覚野は受容野が小さいので，より受容野が大きく，色，動きといった特定の視覚特徴を表現する各高次視覚野からの後ろ向き結合によって，線過程を媒介とする視覚モジュールの統合が行われていることが鍵となる．ただその際，心理物理学的知見により前向き，後ろ向きの結合からなるループをたかだか数十ms程度で10回程度くり返すという計算速度の制限により，この双方向性理論では前向き計算が画像生成過程の逆モデルを，収束が早いことが知られているニューロン法の近似計算を一撃計算と仮定しているところに特徴がある．

そのほかの興味深い理論として，甘利のBaysian duality理論[26]がある．この理論は，双方向性計算理論を統計情報処理理論と見たときの数理的枠組みを与えようとするものである．鍵となるのはボルツマンマシンの定常確率分布を表すボルツマン分布が，指数分布族となることから，条件付き確率が，ベイズの公式により

$$p(x|\theta) = \exp\{\theta \cdot x - \tilde{k}(x) - \psi(\theta)\} \quad (15.4.27)$$
$$p(\theta|x) = \exp\{x \cdot \theta - k(\theta) - \tilde{\psi}(x)\} \quad (15.4.28)$$

のように互いに双対な指数分布族で書けることが鍵となる．ここで，xとθは，それぞれ低次視覚野，高次視覚野のニューロンの活動を表すベクトルパターンとし，そのときの$p(\theta|x)$と$p(x|\theta)$を，それぞれ前向き結合と後ろ向き結合の相互作用に対応させる．するとこの前向き結合と後ろ向き結合をめぐるループ上のアルゴリズムは，前向きの場合

$$p(\theta|x) = p(\theta)p(x|\theta)/p(x) \quad (15.4.29)$$

で与えられる事後確率が最大となるようにxを近似的に決めそれをyとする．高次視覚野の受容野が大きいことからその活動度$\theta(y)$の分布は，ブロードになる．逆に後ろ向きの場合には，$\theta(y)$が，入力sを与えたときに低次視覚野xの分布を決めるパラメーターの役割をし，$p(x|\theta)$より，xを選ぶ．このようにして，このアルゴリズムも何回か双方向性のループ上の計算をくり返すことにより計算が収束する．ただ，ここでのボルツマンマシンは，対称結合を前提としているので，実際の生理実験でみられる非対称な双方向性結合の理論が完成するには，非対称結合を許すボルツマンマシンの解析が今後重要となる．この理論によって結合問題を解かせる場合には，川人，乾の双方向性計算理論と同様に，低次視覚野に情報統合の機能をもたせればよい．

[梅野　健]

文献

1) 梅野　健：積分不可能性判定条件，数理科学，**384**，30-36，1995
2) B. Julesz : Foundations of Cyclopean Perception, The University of Chicago Press, 1971
3) D. Marr : VISION, W. H. Freeman and Company, 1982
4) S. Geman and D. Geman : Stochastic relaxation, Gibbs distributions, and the Bayesian restoration of image, *IEEE Transactions on Pattern Analysis and Machine Intelligence*, **PAMI-6**, No. 6, 721-741, 1984
5) C. D. Gilbert and T. N. Wiesel : Clustered intrinsic connections in cat visual cortex, *Journal of Neuroscience*, **3**, 1116-1133, 1983
6) Y. Hata, T. Tsumoto, H. Sato and H. Tamura : Horizontal interactions between visual cortical neurones studied by cross-correlation analysis in the cat, *Journal of Physiology*, **441**, 593-614, 1991
7) K. Toyama : Functional connections of the visual cortex studied by cross-correlation techniques, In Neurobiology of Neocortex (eds. P. Rakic and W. Singer), John Wiley & Sons, pp. 203-217, 1988
8) T. Poggio, V. Torre and C. Koch : Computational vision and regularization theory, *Nature*, **317**, 314-319, 1985
9) J. Marroquin, S. Mitter and T. Poggio : Probabilistic solution of ill-posed problems in computational vision, *Journal of the American Statistical Association*, **82**, 76-89, 1987
10) T. Poggio, E. B. Gamble and J. J. Little : Parallel integration of vision modules, *Science*, **242**, 436-440, 1988
11) 川人光男：脳の計算理論，産業図書，1996
12) R. von der Heydt and E. Peterhans : Mechanism of contour perception in monkey visual cortex I. lines of pattern discontinuity, *The Journal of Neuroscience*, **9**, 1731-1748, 1989
13) 津田孝夫：モンテカルロ法とシミュレーション（三訂版），培風館，1995
14) 梅野　健：カオスと計算，カオス研究の最前線，臨時別冊　数理科学，159-168，1999
15) N. Metropolis, A. W. Rosenbluth, M. N. Rosenbluth, A. H. Teller, and E. Teller : Equations of state calculations by fast computing machines, *Journal of Chemical Physics*, **21**, 1087-1092, 1953
16) K. Umeno : Method of constructing exactly solvable chaos, *Physical Review*, **E55**, 5280-5284, 1997
17) S. M. Ulam and J. Von Neumann : On combination of stochastic and deterministic processes, *Bulltain of American Mathematical Society* **53**, 1120, 1947
18) K. Umeno : Parallel computation using generalized

models of exactly solvable chaos, *RIKEN Review*, **14**, 57-58, 1996
19) M. S. Livingstone and D. H. Hubel : Psychophysical evidence for separate channels for the perception of form, color, movement, and depth, *The Journal of Neuroscience*, **4**, 309-356, 1984
20) D. H. Hubel and M. S. Livingstone : Segregation of form, color and stereopsis in primate area 18, *The Journal of Neuroscience* **7**, 3378-3415, 1987
21) C. H. von der Malsburg : Pattern recognition by labeled graph matching, *Neural Networks*, **1**, 141-148, 1988
22) 松本修文：意識における機能的結合問題，数理科学，**373**，47-51，1994
23) Y. Miyashita : Neuronal correlate of visual associative long-term memory in the primate temporal cortex, *Nature*, **335**, 817-820, 1988
24) M. Ito, I. Fujita, H. Tamura and K. Tanaka : Processing of contrast polarity of visual images in inferotemporal cortex of the Macaque Monkey, *Cerebral Cortex*, **5**, 499-508, 1994
25) 川人光男，乾 敏郎：視覚大脳皮質の計算理論，電子情報通信学会論文誌，**J73 D-II**, 1111-1121, 1990
26) S. Amari : Information geometry of neural networks — New Bayesian duality theory, Prof. of ICONIP'96

索　引

ア

アイコニックメモリー　229
あいまいさの除去　328
青遺伝子　155
青錐体　233
赤遺伝子　155
明るさ　163, 172, 316
　——の恒常性　141
明るさ対輝度比　163
握力把持　503
圧縮運動　341, 347
アトラクター　611
アノマリー　307
アノマロスコープ　595
アパーチャ　351
アフォーダンス　434, 501
アブニー効果　131
アマクリン細胞　3, 54
アモーダルな補完　254
アラインメント法　279
アルゴリズム　608
暗順応　106, 494
暗順応曲線　106
暗所視　163, 520
　——の比視感度関数　100
　——の標準比視感度関数　98
暗所視輝度　163
暗所比視感度　538
安静位　399
安定性　278
安定度　136
安定把持　503
暗点　593

イ

医学的弱視　39
閾　563
閾下加算　215
閾上の見え　195
閾値　563
閾値関数　617
閾値法　161
閾値面積曲線　192
石原表　593
異種感覚間統合　499
異種感覚間マッチングテスト　490, 491
位相検出　210

位相情報　210, 212
位相反転　349
位相反転正弦波　339, 345
位相弁別閾　212
イソトロープス　406
イソフォールズ　406
イソプター　591
位置感覚　495
1次運動　69, 336, 344
一次視覚野　53, 58, 64, 337, 425, 616, 625
位置情報　496
位置知覚　481
一貫した運動　351, 353
1色型色覚　106
一致度　135
一対比較（法）　491, 567
一般円筒　278
一般化円錐　278
一般的景観　279
一般的視点の原理　256
胃電図　434
移動　546
移動視　419
イベントの知覚　373
意味関連語　488
色　78, 113
　——のカテゴリカル知覚　152
　——の恒常性　79, 140, 538, 539
　——の弁別楕円　573
　——の見え　176, 241, 538
　——の見えのモード　137
　——の見えモデル　172, 188
色運動　342
色恒常性　140, 539
色コントラスト　232
色失語　154
色失認　154
色収差　12, 13, 21, 2 233
色順応　132, 494
色順応効果　122
色対比　133
色対立型　56, 58
色変換　188
色変調　234
色弁別　115, 237, 521, 539
　2色型の——　521
色弁別閾値　115
色弁別楕円　119

色弁別能　150
色み　176, 181
色誘導　133
色立体　176
色立体視　316
陰影　314
インクジェットプリンター　185
印刷　183
因子分析法　584
陰性波　597
インパルス応答関数　220, 221

ウ

ウィンドウサイズ　553
ウェーバーの法則　104, 195, 222, 568
ウェーバー比　104, 568
ウェルズの不思議な窓　445
ウォールペーパー錯視　308
浮かぶソーセージ　447
運動　335
　——がもたらす形態　284
　——からの構造復元　347
　——の分類　335
運動エネルギーモデル　336
運動学習　502, 504
運動感覚情報　492
運動感覚フィードバック　505
運動慣性　354
運動競合刺激　354
運動経路　198
運動検出機構　336
運動残効　213, 342, 345, 348, 349
運動視差　72, 285, 321
運動性奥行き効果　284, 325, 372
運動生成過程　375
運動対比　345, 347
運動知覚　621
運動同化　345, 348
運動透明視　351
運動変位閾　542
運動方向　346
運動方向選択性　68
運動方向選択的閾値上昇　350
運動方向選択的順応　350
運動方向弁別閾　342
運動捕捉　253, 348
運動盲　351

エ

エアリーディスク 5
エイリアシング 24, 335, 345
エクスプレスサッカード 50
エゴセンター 444
エコープレナ法 604
エッジ 247, 554
エッジ像分布関数 19
エネルギー関数 611, 634
エネルギー関数最小化問題 634
エネルギーモデル 617
エファレンスコピー信号 425
$1/f$ の特性 431
エルゴード性 612, 636
エレメンタルカラーネーミング法 126
円滑追跡眼球運動 91
遠距離の知覚 451
遠視 39, 519
遠心性コピー 75, 92, 490
遠心性コピー情報 509
遠心性の信号 436

オ

嘔吐 434
応答 219
黄斑色素 24, 162, 520, 537, 540
黄班部錐体外節 587
黄班部錐体密度 587
大きさ-距離関係の不変性 454
大きさ-距離のパラドクス 453
大熊表 594
オキシヘモグロビン 604
オキュロモーターマップ 406
奥の網膜像差 306
奥行き 449
　　——の補間 294
奥行き運動盲点 369
奥行き残効 323
奥行き視 283
奥行き手がかり 283
　　——の統合 327
奥行き方向の運動 367
奥行き方向の運動残効 368
オストワルド表色系 175
オーダー手がかり 284
オートステレオグラム 288
オフ応答 616
オフセット印刷 183
オプティカルフロー 72, 353, 424
オプティカルレバー法 379
オプティマルカラー 178
オープンループ・ポインティング 441
オン/オフ効果 412
音圧レベル 481
音韻 485

音韻知覚 486
音韻的符号化 488
音韻範疇 488
オン応答 616
音源 481
音源定位 484
音声 485
　　——のあいまい性 487
　　——の明瞭度 486
音節 488
温度眼振検査 544

カ

外界座標系 419
外眼筋 387, 390
開口（絞り） 15, 138
開口視 419
開口色モード 138
開散 396, 398, 399
解除 474
回折 5
外節 102, 524
　　——の長さ 536
回旋運動 405
回旋眼球運動 380
回旋中心 400
回旋点 404
階層構造 268
外側膝状体 56, 66, 198, 239, 409, 536, 593
外直筋 387, 390
回転 373
回転運動 353, 356
回転検査 544
外転神経 388
外転神経核 388
回転法 586
回転立体視 284
海馬 508
外発的成分 460
海馬傍回 78, 83
顔 264
　　——の 3/4 ビュー 265
　　——の性別の認知 266
　　——のテクスチャ 265
　　——の認識 264
　　——の年齢的変化 265
顔画像 486
カオス的緩和計算 635
カオス力学系 636
顔知覚 263
顔ニューロン 83, 85, 263
顔認識モデル 264
拡散 373
拡散反射成分 147
学習 612
学習モデル 506
拡大運動 356

拡大・縮小運動 353
拡大中心 424
拡大テレビ 553
確度 289
角膜 1, 380
角膜曲率 519
角膜前涙液膜 1
角膜反射像 16, 380
角膜反射法 391, 549
確率加重 568
確率降下法 612
確率の足し合わせ 195, 203, 213
仮現運動 226, 335
　　——の対応問題 354
下降系列 566
下向性結合 64
下後頭溝 58
重なり 310
加算定数問題 583
加算的ノイズ 101
下斜筋 390
カスケード選択法 153
仮性同色表 593
画像強調 557
画像的手がかり 310
下側頭連合野 65
可塑性 526, 529, 631
傾き効果 213, 214, 215
傾き錯視 213, 216
傾き残効 213, 216, 527
下直筋 387, 390
滑車神経 388
滑車神経核 389
滑動性眼球運動 387, 389, 395, 414
滑動性追従運動 544
カットオフ周波数 553
カテゴリカルカラーネーミング（法） 126, 135, 140, 152
カテゴリー色 134
過渡型チャンネル 227, 229
過渡経路 198
下部側頭連合野 77, 81
ガボール関数 339, 610, 617
カラーアピアランス表色系 176
カラーオーダーシステム 175
カラーネーミング（法） 123, 126, 241, 538, 540
カラフルネス 172
カラーマネージメントシステム 186
顆粒性 261
加齢 536
加齢効果 541
眼位 399, 548
感覚閾 563
感覚-運動制御 496
感覚-運動制御系 502
感覚間の優位性 492
間隔尺度 569

感覚尺度構成 564
間隔尺度構成法 578
感覚不一致 494
感覚矛盾説 434
感覚量 563
眼球運動 48, 88, 198, 224, 379, 390, 530, 543
眼球運動計測 381
眼球運動情報 496
眼球運動神経 388
眼球運動神経核 387
眼球運動性の手がかり 452
眼球運動測定法 379
眼球運動問題 425
眼球回旋点 10
眼球光学系 1
眼球座標系 419
眼球中心的視方向 441
眼球電位図 46
眼球輻輳 285
眼球優位性 62, 528
眼球優位性コラム 62
眼鏡 42
環境視 419
眼筋の増強 496
眼瞼 44
眼瞼下垂 534
還元条件 318
眼光学系 196, 198, 234
観察者運動視差 283, 321
観察者中心座標系 274
眼軸 11
眼軸長 519
感受性 278, 532
緩徐相 390
眼振 88, 508, 548, 549
関節角 502
関節可動域 490
関節感覚 490
間接効果 216
完全な足し合わせ 98
桿体 3, 53, 97, 237
桿体1色型色覚 158
桿体分光感度 520
眼底視野計 593
眼底反射濃度計 536
眼底反射法 21
眼電位図 532
眼内レンズ 42, 535, 537
感熱転写プリンター 185

キ

記憶 83
——の想起過程 611
記憶比較 150
記憶表象 272
幾何学的ホロプター 286
規格化機構 623

機器調整 188
擬似同音語 488
輝度 163, 234, 236, 290, 303
輝度一致点 521
軌道生成 502
輝度コントラスト 232, 345
輝度チャンネル 131, 521
輝度低下 541
輝度変化 222
輝度変調 235
機能円柱 62
機能回復志向 559
機能障害 558
機能的MRI 603
機能的磁気共鳴像 487
機能の評価 559
基本曲線 114
基本色名 135
基本軸 132
きめ 312
逆運動学 502
逆光学モデル 640
逆転運動 337
逆動力学 502
逆向マスキング 107, 227, 436
キャンセレーション光 123
キャンセレーション法 242
休止点 390
急速眼球運動 48
急速相 390
嗅内野 78, 83
球面収差 14
橋核 91
共感性反応 28
競合アルゴリズム 617
共振散乱 4
矯正視力 587
狭線条領域 60
協調作用 328
協調的ネットワーク 348
共通運動 374
共通運命 260, 347
共通軸 443
胸膜 380
強膜境界反射法 391
強膜反射法 549
鏡面反射 147
鏡面反射成分 315
極限法 566
局所結合 625
局所的タウ 370
局所脳血流測定 602
極投影 371
距離情報 450
距離手がかり 452
銀塩写真 182
近距離の知覚 450
近見トリアド 398

近見反応 25, 26, 34, 398
均衡色 130
均衡点 123
近視 37, 40, 519, 520
近接 260
近接性 633
近接性バーゼンス 396, 397
近接性輻輳 399
近接要素融合規則 308
筋長 502
緊張性バーゼンス 396, 397
緊張性輻輳 399, 545
均等色尺度 570
均等色空間 171
均等色度図 170
近方視力 39

ク

空間解像度 234
空間コーディングの再調整 495
空間コントラスト感度 541
空間視 603
空間周波数解析 208
空間周波数帯域 541
空間周波数対比 207
空間周波数チャンネル 200, 208, 300
空間周波数特性 196, 197, 198, 200, 299
空間情報 74, 610
空間知覚 494, 516
空間的足し合わせ 192, 241
空間的二刺激法 192
空間的寄せ集め 29, 97, 98
空間的寄せ集めの臨界刺激面積 103
空間の恒常性 94
空間分解能 236
空間変位閾 542
区間推定 573
唇画像 486
屈折 519
屈折異常 33, 39, 519, 526
屈折矯正手術 42
屈折率 7
屈折力 7, 453
組み合わせ爆発 639
グラスマンの加法則 167
グラディエントエコー法 604
クリティカルピリオド 526
グルーピング要因 462
グレア 5, 22, 534
グレアテスタ 559
グレイトーン表示 592
グレイワールド仮説 146
グローバル運動 351
グローバル運動閾 353
クロマ 172
クロマティックバランス関数 128
黒み 129

ケ

経験的ホロプター 286
計算スキーム 503
計算理論 608
計算論的アプローチ 607
継時（時間的）一対比較法 567
継時等色 150
継時波長弁別 151
継時比較 150
形状経路 198
形状知覚 490
形状認知 272
形状の表象 272
経線弱視 526
形態視 603
形態の順応 495
形容詞対 584
計量的 MDS 583
系列範疇法 571
ゲインコントロール 199
ゲイン調節機構 622, 623
ゲージ 315
ゲシュタルトの法則 260, 632
結合 629
　——の誤り 466
結合錯誤 476
結合錯誤現象 465
結合探索 356
結合マルコフ確率場モデル 635
月状溝 58
言語 485
言語情報処理 485
言語発達 487
言語報告法 449
検査刺激 332
原刺激 113, 166
原始スケッチ 278
顕色系 166
建設的相互作用 327, 328

コ

広域型 55
光覚 241
光覚閾値 219
光学的なエイド 556
光学的変換 371
光学的流動場 325
光学モデル 640
交感神経 36
光源色モード 138
虹彩 2, 15, 25, 381, 391
交差性網膜像差 285
交差法 288
光軸 11, 284
恒常性 99
交照法 161, 342
恒常法 566
後頭蓋窩 604
広線条領域 61
構造記述 273
拘束条件 504
剛体仮説 373
後天色覚異常 154, 159, 594
行動的・社会的不利 558
後頭部正中点 598
勾配モデル 337
後半規管 420
後部硝子体はく離 534
興奮性相互作用 512
光幕グレア 534
光量子 97
国際 10-20 電極配置法 599
国際障害分類 546, 560
国際照明委員会 162
誤差拡散方式 185
固視 392
固視点 10, 284, 285
固視反射 532
固視微動 296
固視面 442
固視網膜像差 286, 452
古典的仮現運動 339
古典的受容野 626
固有値 582
固有ベクトル 582
コラム構造 71
コリオリ刺激 434
コレクト・リジェクション 575
コロラリィ放電 411
混色系 166
コンタクトレンズ 42
混同可能性尺度構成法 569
混同色軌跡 156
混同色線 114, 156, 521
コントラスト 291, 336, 553
　——の恒常性 199
　見かけの—— 198, 211
コントラスト閾値 193, 198, 207, 220
コントラスト依存性 622
コントラスト感度 193, 195, 196, 197, 198, 232, 523, 524, 541, 546, 551
コントラスト感度関数 193, 194, 197, 220, 232
コントラスト感度チャート 551
コントラスト極性 210, 213
コントラスト振幅変調 344
コントラスト非依存性 623
コンピューターグラフィクス 186
コンポーネント細胞 621

サ

再帰的群化 471
サイクロープスの眼 405, 443, 444
最小運動閾 341
最小運動法 342
最小可読閾 587
最小錯乱円 15
最小二乗解 579
最小視認閾 587
最小ノルム 579
最小分離閾 551, 587
最小分離能 533
最小輪郭法 161
サイズコントラスト空間 556
再生法 490
最大視感度 163
最適化原理 504
ザイデル収差 12
彩度 118, 128, 176
　——の減少 539
彩度関数 118
細胞死 536
細胞の感度 625
細胞膜電位 615
最尤推定 577
最尤法 567, 577
再理解 330
サーキュラーベクション 421
作業記憶 476
作業座標系 502
錯視 445
錯視的輪郭 633
サーチコイル法 379, 380, 400
雑音 486
サッカード 48, 93, 392, 394, 395, 400, 414, 435, 530, 543, 547
　——の潜時 544
サッカード振盪 530
サッカード潜時 530
サッカード（視覚）抑制 30, 49, 229, 407, 409, 436
サッチャー錯視 265
座標変換 502
残効 213
三刺激値 113, 166
3 次元構造復元 345
3 次元知覚 627
3 次元物体の認知 277
三次視覚野 79
参照枠 274, 350
3 色型の色覚 521
残像 230
3-D モデル表現 278
三半規管 420
散乱光 22

シ

地 259, 632
視運動眼振 345, 589
視運動性応答 88
視運動性眼振 88, 343, 387, 390, 438, 530, 532

索引

視運動性眼振残効　439
ジェネリックイメージ　265
ジェネリックビューの原理　256
支援技術　559
ジオン　278
紫外光　112
紫外線照射量　536
視蓋路　511, 516
視覚　476, 481
　　──の優位性　492
視覚感覚記憶　229
視覚機能測定法　563
視覚座標系　502
視覚刺激の定位　436
視覚障害　546
　　──の分類基準　558
視覚情報　481, 505
視覚情報保持機構　229
視覚性到達運動　497
視覚前野　64
視覚探索過程　471
視覚的持続　229
視覚的受容野　506
自覚的測定　563
視覚的タウ　369
視覚的単語形成　603
視覚的探索　464
視覚的注意　50, 459
視覚的補完　251
視覚表現　277
視覚フィードバック　497, 499, 505
視覚マスキング　436
視覚野細胞受容野　610
視覚野神経細胞　614
視覚優位　499
視覚誘導自己運動感覚　419, 420, 422
視覚誘導性サッカード　544
視覚誘導性姿勢変動　428
視覚誘発電位　214, 408, 532, 598
視覚誘発脳磁界　601
視覚誘発脳波　589, 598
時間周波数チャンネル　224
時間周波数特性　197, 220, 302
時間的結合錯誤　466
時間的印付け　471
時間的足し合わせ　219
時間的な抑制効果　220
時間的二刺激法　220
時間的寄せ集め　29, 98
時間的寄せ集め臨界呈示時間　103
時間特性　547
時間分解能　234, 237
閾下加算　204
色域マッピング　188
色覚　520, 521, 538
　　3色型の──　521
色覚異常　153
色覚検査表　593

磁気共鳴画像　601
色差　171
色視症　154
色相　128, 172, 176
色相打消し法　122, 125
色相角　172
色相環　594
色相キャンセレーション法　128, 130
色相弁別　116
色度座標　166
色度図　167
色度変調運動刺激　342
色度弁別　118
色名呼称障害　154
色名の進化　135
視距離　441, 449
　　──の測定法　449
視空間　449
時空間エネルギーモデル　620
時空間加重　234
視空間座標　419
時空間周波数　336
時空間周波数特性　197, 198, 224
時空間受容野　619
時空間非分離型　620
時空間分離型　619
歯茎音　486, 488
刺激観察法　566
刺激駆動的　462
刺激光　28
刺激提示法　567
刺激量　563
刺激連続体　564
視交叉　593
指向性運動　48
自己運動　72
　　──の復元　347
自己運動感　508
自己運動感覚　419
自己運動残効　421
自己曲進運動　426
自己受容感覚　495
自己受容器　508
自己中心距離　283, 449
自己中心的視方向　441
自己直進運動　424, 426
視差　284, 525
視細胞　53
視細胞単独刺激法　521
視索　593
視軸　10, 284, 442
事象関連電位　488
視床枕　471
視触マッチング　491
視神経乳頭　591
姿勢制御　507
姿勢制御系　509
姿勢反射　508

姿勢変動　428
耳石器　390
視線　10
視線移動　393
自然瞬目　45
事前分布　634
持続型チャンネル　227, 229
持続経路　198
持続性メカニズム　215, 217
疾患　558
実際運動　335
実質層　1
実装　608
字詰まり効果　548, 553
字詰まり視力　533
視点　284
視点非依存表現　278
視点不変性　277
字ひとつ視力　533
視物質　108
視物質濃度　536
事物中心距離　283, 449
自閉症児　549
視方向　441, 449
　　──の原点　444
　　──の法則　443
視方向錯視　445
視方向知覚　441
視方向中心　444
視放線　593
シミュレーション　613
シミュレーターシックネス　435
視野　236, 551, 590
　　──の高さ　318
視野安定　435
視野狭窄　555
弱視　526, 548
　　──の治療　529
弱視眼　549
弱視訓練　526
尺度化データ解析法　578
視野計　236
遮光眼鏡　557
斜視　526
視野絞り　15
射出瞳　16
視野障害　546, 555
視野測定　590
遮断　526
視野地図　59
視野闘争　30
遮蔽　310
遮蔽膜　560
遮蔽輪郭　248, 316
視野変換実験　494
斜乱視　535
収差　12
重心動揺　429

修正サッカード　395, 414
修正条件での視機能　559
修正マンセル表色系　178
収束点　156
周波数残効　206
周波数選択的順応効果　200
周波数特性　195
重複眼　444
周辺視　199, 241, 345, 509, 522, 530
周辺視野　542
周辺手がかり　460
周辺野　70
羞明　553
主観的等価点　563, 564
主観的判定法　566
主観的真正面　441
主観的輪郭　251, 295
　　abutting grating 型の――　251
　　Ehrenstein 型の――　251
　　Kanizsa 型の――　251
主観的輪郭線　78, 604
縮小運動　356
熟知した距離　452
熟知している大きさの手がかり　454
縮瞳　27, 398
　　――の効果　541
　　老人性の――　541
受光器　238
主成分負荷量　585
主成分分析法　584
出現　325
主点　8
受動的運動　496
周波数弁別　205
受容体　536
受容野　109, 196, 241, 522, 616
手腕運動　501
瞬間速度場　373, 424
順行マスキング　227
純紫軌跡　168
純度弁別　118
準ニュートン法　580
順応　215, 494
順応光　103, 120
順応効果　193, 201
順応刺激　200
順応法　203, 224
准標準視力検査装置　588
瞬目　44
　　――の神経回路　46
　　――時の視覚抑制　49
瞬目反応　532
障害者手帳　546
障害受容　558
上丘　93, 388, 483, 508, 511, 516
消去　474
条件等色　166
上向性結合　64

小細胞系（小細胞経路）　56, 65, 198, 343
小細胞層　57
小サッカード　530
乗算的順応　105
硝子体　2
上斜筋　390
小視野第3色覚異常　238
小視野トリタノピア　117
照準線　10
上昇系列　566
少数視力　587
上側頭溝　68, 82
上側頭溝皮質　512
上直筋　387, 390
焦点　8
上転障害　543
焦点ボケ　453
衝動性眼球運動　387, 388, 389, 394
衝動性眼振　548
小脳　91, 389, 439
小脳腹側傍片葉　74
上皮層　1
省略眼　6, 8
初期視覚　609
触動作パターン　492
序数尺度　569
助長効果　330
触覚　490, 494
処理レース　470
視力　191, 194, 236, 355, 546, 587
視力測定　551
視力測定法　587
視力表　588
白黒の格子縞　598
白黒反転　553, 557
白み　176
唇音　486
神経節細胞　54, 55, 198, 212, 239, 536
人工現実感システム　510
信号検出理論　565, 575
人工瞳孔　34
振戦　548
身体感覚　423
身体感覚系　420
身体座標系　419, 502, 505
身体中心座標　74
身体動揺　508
シンメトリーパターン　467
信頼区間　573
心理的連続体　564
心理物理的測定法　563

ス

図　259, 632
　　――と地の分化　63, 259
　　――の方向　632
随意瞬目　45

水晶体　2, 6, 453
　　――の黄変　534
　　――の蛍光発光　541
　　――の濃度増加　538
水晶体屈折力　519
水晶体タンパク　534
水晶体摘出　534
水晶体濃度　539
錐体　3, 53, 97, 113, 237, 524
錐体1色型色覚　158
錐体コントラスト　232, 342
錐体視細胞　610
錐体視物質　154
錐体数の減少　540
錐体分光感度　113, 521
錐体分布　195
錐体密度　536
錐体モザイク　24
垂直ホロプター　286
垂直ホロプター傾斜　286
垂直網膜像差　285
垂直網膜像差勾配　454
随伴性残効　234
水平細胞　3, 53
水平半規管　420
水平ホロプター　286
水平網膜像差　285
スカラー手がかり　284
スケール要因　319
スタイルズ–クロフォード効果　22
図地反転図形　259
スチューデントの t 分布　572
ステップランプターゲット法　530
ステレオアノマリー　307
ステレオキャプチャー　295
ステレオグラム　287
ステレオスコープ　287
ステレオモアレ錯視　309
ストレス　584
スネル文字　191
スペクトル軌跡　168
スポットライト　468
墨字　546
ズームレンズ　469

セ

正位　399
正規化　519
正規直交行列　582
正弦波運動縞　338, 339
正弦波格子縞　598
正視　39, 519
正視化　37, 519
正視眼　39
静止網膜像　198
精緻化 Reichardt モデル　336
静的運動残効　349
静的視野測定法　592

精度 289
生物力学的動作の知覚 374
成分スコア 585
精密把持 503
制約条件 608, 634
制約線の交点 352
生理学的色空間 174
赤外光 112
脊柱後湾 543
積分コントラスト感度 555
節感覚 490
絶対閾値 97, 99, 104, 563
絶対位置情報 497
絶対運動 374
絶対運動閾 341
絶対運動視差 455
絶対感度 538
絶対距離 283, 449
絶対網膜像差 285
絶対両眼視差 285
切断原理 262
節点 8, 284, 442, 587
説明の仕直し 330
セマンティック・ディファレンシャル法 571, 584
セルフスクリーニング 99, 102
ゼロ交差 618
ゼロ網膜像差 306
線遠近法 320
前額平行面 283
先見的な知識 634
先行手がかり法 459, 461
潜在的移動 469
潜時 547, 549
　　――のばらつき 544
全色盲 158
前頭蓋底近傍 604
線像分布関数 19
全体と部分 268
選択的順応 234, 239, 347
選択的注意 474
選択反応時間 488
せん断 373
せん断運動 341, 347, 356
前注意的プロセス 261
前庭核 439
前庭感覚 508
前庭感覚系 419
前庭眼球反射 438
前庭器官 508
前庭機能 544
前庭神経核 508
前庭脊髄反射 508
前庭動眼反射 379, 387, 390, 414, 530, 549
先天眼振 548
先天色覚異常 153, 594
先天青黄異常 157

先天性内斜視 527
先天赤緑異常 154
先天盲 549
前頭視野 93
前頭部正中線 598
前半規管 420
線広がり関数 192, 196
線分補完 625
前房 2

ソ

相関モデル 336
増強効果 512
増強反応 515
双極細胞 3, 53
相互活性化モデル 489
走査眼球運動 530, 531
相対位置情報 498
相対運動 346, 367, 374
相対距離 283, 449
相対的大きさ 317
相対網膜像差 286
総幅輳量 453
増分閾値 103, 107, 120
双方向神経回路モデル 504
双方向性神経結合 639
測光 161
測色的色特性 187
側頭極 84
速度残効 350
速度-正確性のトレードオフ 505
速度知覚 346
速度場 424
速度弁別閾 341, 343, 345, 353
側方結合 625, 630
側方偏位視野 495
側方抑制 629
側抑制 104
素原始スケッチ 248

タ

大域処理優先仮説 269
帯域制限フィルター 340
大域的タウ 370
第1眼位 404
第1種 Stiles-Crawford 効果 13
対応点 285
対応問題 354
体幹部中心的視方向 441
大気遠近法 320
台形変換 325
対光反射 25
ダイコプティックな刺激 226, 227
大細胞系（大細胞経路） 56, 65, 198, 343, 345, 412
大細胞系/小細胞系 616
大細胞層 56
対座法 533

第3眼位 404
第3色覚異常者 117
　　――の混同色線 119
対象運動視差 284, 321
対照状態 603
対称性 260
対象に基づく注意 460
体性感覚 490, 497, 507, 511
体性感覚情報 502, 504, 505
体性感覚野 506
態度変容志向 559
ダイナミックレンジ 623
第2眼位 404
第2色覚異常者 118
大脳視覚経路 67
大脳視覚野 198
大脳性色覚異常 154
大脳皮質 64, 516
対比 347
対比効果 206, 260
対比性 610
タイポスコープ 557
対面対話 486
他覚的検査法 532
他覚的測定 563
多感覚応答細胞 513
多感覚統合領野 512
多感覚の統合機能 511
多感覚の統合システム 515
多義図形 262
滝の錯視 348
多次元尺度構成法 491, 571, 581
多重サッケード 530
多重チャンネルモデル 200, 210
多層の座標系構造 419
多段階色知覚モデル 132
ダブルネイル錯視 309, 446
単一細胞記録 409
単一対象 462
単眼運動視差 283
単眼交代視 446
単眼視 443
単眼立体視 283
短期記憶 83
短期視覚記憶 231
単極尺度 571
短距離運動 336, 345
単語優位効果 270
探索課題 476
探索モード 463
単純型細胞 59, 200, 616
単色収差 12
単色目盛 595
淡線条領域 60
単独指標 589
短波長吸収フィルター 540
短波長光強度減少 539
断片視 419

チ

チェレンコフ光　111, 112
遅延サッカード課題　544
知覚-運動学習　494
知覚-運動協応　494
知覚-運動協応系　500
知覚確率　99, 100, 101
知覚確率曲線　101, 239, 565, 577
知覚的グルーピング　373
知覚の体制化　259
知覚表象　272
知覚連続体　564
逐次的探索　476
チャンネル間抑制　227
チャンネル内統合　228
チャンネル内抑制　227
注意　355, 459
　　――の解除　50
　　――のスポットライト　459, 465
　　――の制御　462
中間距離の知覚　451
注視　230, 493
注視線　10, 285
中心暗点　546, 548, 553
中心窩　237, 284, 393, 524, 530
中心窩視時間　548
中心視　199, 236, 509
中心視野計　533
中心小窩　239
中心手がかり　460
中性点　157
中途失明　548, 549
中立条件　459
調音位置　486
聴覚　481
聴覚刺激　512
長期記憶　84
鳥距溝　601
長距離運動　336, 345
鳥距裂溝　58
超視力　192
調整法　566
調節　27, 33, 92, 380, 398, 399, 452, 453, 520
　　――の静特性　34
　　――の神経支配　34
調節安静位　35
調節域　33
調節遠点　33, 535
調節近点　33
調節順応　36, 401
調節性輻輳　399, 401
調節動揺　38
調節バーゼンス　396
調節範囲　535
調節力　33
頂点潜時　596

超伝導量子干渉素子　600
丁度可知差異　568
超複雑型細胞　59
跳躍眼球運動　394, 435
直接効果　216
直接尺度構成法　569
直接比較法　161
直乱視　519, 535
貯蔵効果　348
ちらつき　198, 219
ちらつき感度　219

ツ

追視反応　532
追従(追跡)眼球運動　73, 91, 367, 395, 425, 440, 530, 549
2AFC　567

テ

ディオプター　33
ディザ方式　185
低周波環境磁場雑音　602
定数データ解析法　572
ディー・プライム　576
停留時間　547
デオキシヘモグロビン　604
適応行動　511, 516
テクスチャ　261, 312, 627
テクスチャ変化　627
テクスチャ輪郭　293
テクストン理論　261
手先軌道　504
テスクチャ陰影　249
デスメ膜　1
手前の網膜像差　306
デュワー　600
テレビ　184, 481
点音源　483
典型的景観　279
点光源　483
点字　546
電子写真プリンター　186
天井効果　319
点像分布関数　19
テンプレート　272
電流源推定　601
電流双極子　599

ト

同一視方向の法則　405
等エネルギー白色　167
同化　347
等価輝度　164
等価コントラスト変換　216
等可読度チャート　243
等間隔法　450
動眼神経　388
動眼神経核　388

等感度線　591
同期共振　471
同期現象　630
等輝度　342, 539
等輝度色度変調刺激　356
等輝度事態　234
等輝度条件　212
同期発火説　639
投球法　450
東京医科大学式色覚検査表　594
等距離傾向　451
統計的緩和計算　635
統計的情報処理　634
統合　481
瞳孔　3, 25
　　――のサイズ　534
瞳孔間距離　3
瞳孔径の縮小　538
透光体　546
瞳孔近見残効　28
瞳孔中心　380
瞳孔中心線　11
瞳孔動揺　31
同時(空間的)一対比較法　567
同時色対比　133
同時対比効果　323
導出容易性　278
等色　166
等色関数　113, 167
等色値　595
等色幅　595
同心円型受容野　55, 58
等神経支配法則　405
動態視力　191
到達運動　502
到達誤差のフィードバック　498
頭頂間溝　75
頭頂内溝　508
頭頂連合野　65, 507, 508
動的運動残効　349
動的視覚ノイズ　349
動的視野測定法　591
動的遮蔽　284, 325
　　――と出現　373
動的出現　326
同等性　633
頭部運動　548
等輻輳円　285
頭部座標系　419
頭部中心的視方向　441
透明視　70, 633
同名半盲　548
動揺視　548
動揺病　434
倒乱視　519, 535
倒立顔　264
倒立提示の効果　264
特異値分解法　579

特殊距離傾向　451
読書　552
読書障害　552
読書速度　546, 552
読書チャート　556
読唇術　486
特徴　273
　──の誤り　465
特徴化　627
特徴追跡　342
特徴追跡過程　337
特徴統合理論　465
特徴マップ　465
独立処理　327, 332
突然のオンセット　462
ドットゲイン　183
トップダウン　608
トップダウン的処理　271, 275
トポグラフィー　599
トランスコーティカル・ループ　502
ドリフト　379, 549
ドリフトバランス刺激　344
トルク変化最小モデル　504
トレモア　392
ドンデルス法則　404, 405

ナ

内視現象　18
内斜視　526
内積行列　582
内直筋　387, 390
内発的成分　460
内皮層　1
内部モデル　504
なぞり動作　493
ナトリウムチャンネル　109
7a野　74
7野　68
滑らかな速度場　373
軟口蓋音　486, 488

ニ

2½次元スケッチ　250, 278
2次運動　69, 344
二刺激法　196, 220, 234
2次元脳電図　599
二次視覚野　78, 622
2次モーメント　628
二者強制選択法　567
二重対比性　610
2色閾値法　120
2色型色覚異常者　114
2色型第1色覚異常　114
2色型第2色覚異常　114
2色型第3色覚異常　114
2色型の色弁別　521
2分視野　115
2本の直線のカード　445

入射瞳　3, 15
乳幼児　520
ニューラルネットワーク　611

ネ

ネオン効果　252, 257
ネッカーキューブ　368
ネットワークモデル　279, 625

ノ

ノイゲバウア方程式　183
ノイズ上昇　539
ノイズ分布　575
脳イメージング手法　487
脳機能イメージング　598
脳血流画像　603
脳磁図　487, 600
脳神経　388
能動的　487
能動的運動　496
能動的触運動　501
濃度加法則　182
脳内空間地図上内部モデル仮説　509
脳内高次機能計測技術　473
脳波　487, 600
能力低下　558
のぞき穴　469
のり　469

ハ

バイオロジカルモーションの知覚　374
背外側橋核　74
背側経路　65, 68
背側視覚(経)路　61, 67
ハイディンガーブラシ　18
ハイブリット遺伝子　155
ハイライト　315
パキメトリー　16
白色雑音　483
白内障　526, 534
薄明視　164
薄葉　1
把持運動　502
パシュート　414
バージョン　405
バージョン線　406
バースト音　483
バーゼンス　396, 399, 405
パターンVEP　597
パターン運動視　621
パターン細胞　621
バーチャルリアリティ　484
波長弁別　116, 157
波長弁別関数　116, 152
発光色モード　138
発達　519
発達障害児　549

ハードコピー装置　185
パナム限界条件　443
バーニア視力　191
パネルD-15テスト　594
波面収差　20, 21
パラコントラスト　226
パラソル細胞　55
パラメトリック固有空間法　279
バリアフリー　558, 560
範囲と一意性　278
反学習　612
バンガータフィルター　560
半規管　390, 439
反射性瞬目　45
半側空間無視　474
反対色　130, 132
反対色過程　122
反対色チャンネル　131, 538
反対色メカニズム　521
反対色理論　126
反対色レスポンス　122
反対色レスポンス関数　123, 124
判断基準　100
反転眼鏡　499
反応時間　341, 353, 491
半盲　532

ヒ

比較光の純度　118
比較刺激　564
光　161
光酸化損傷　535
光散乱　4
引込み現象　482, 483
非輝度輪郭　292
非共同性眼球運動　545
非計量的MDS　583
非交差性網膜像差　285
非交差法　288
比視感度　155, 342
比視感度関数　520
皮質拡大係数　240, 345
皮質下のシステム　439
皮質コラム構造　615
皮質細胞　536
皮質盲　533
被遮蔽補完　254
微小細胞層　57
非唇音　486
鼻側階段　593
非対応点　285
非対称カラーマッチング法　141
ヒット　575
ヒッパス　31
非点収差　15
瞳関数　20, 21
皮膚感覚　490
皮膚感覚情報　492

非フーリエ運動 336, 622
微分不変量 373
評価関数 634
表色システム 166
標準色覚検査表 594
標準刺激 564
標準視力検査装置 588
標準正規化理論 635
標準分光視感効率関数 162
表情知覚 266
——の基本カテゴリー 266
——の心理次元 266
——の物理次元 267
評定尺度法 571
標本分布 572
表面 248
表面色モード 138
表面輪郭 249, 316
ピラミッド検索 470
比率尺度 569
比率推定法 450
比率モデル 346
非類似度 583
比例尺度構成法 579
疲労 200

フ

フィック座標系 404
フィッツの法則 505
フィードバック 491, 623
　矛盾情報の—— 496
フィードバックゲイン 502
フィードバック結合 64
フィードバック誤差学習モデル 510
フィードバック制御 502
フィードフォワード系 500
フィードフォワード結合 64
フィードフォワード制御機構 502
フィート-ミューラー円 286, 405, 442
フィルター説 468
フィールド分光感度 121
フェヒナーの法則 568
フォーカル色 153
フォスフェン 111
フォリア 443
フォールス・アラーム 575
賦活状態 603
副交感神経 36
複雑運動 350, 353, 356
複雑型細胞 59, 616, 620
副尺視力 213, 234, 289, 355, 542, 587
輻輳 27, 285, 396, 398, 400, 452, 453
輻輳位置 296
輻輳遠点 453
輻輳開散運動 92, 387, 389
輻輳角 285, 367, 399, 453
輻輳眼球運動 296
輻輳近点 453

輻輳順応 401
輻輳性調節 401
輻輳適応 545
輻輳力 453
腹側経路 65, 77, 85
腹側視覚経路 67
腹側視覚路 61
腹話術効果 484
復帰抑制 460, 470
プッシュアップ法 39
物体色モード 138
物体中心座標系 274
物体優位効果 270
物理的奥行き 283
物理的連続体 564
不同視 41, 526
不等像視 41
負の三刺激値 168
部分的足し合わせ 98
部分報告法 229
不変測度 637
フライトシミュレーター 435
プライマルスケッチ 262
プライミング効果 279, 488
フラウンホーファー回折 588
フラッシュERG 596
フラッシュVEP 597
ブラッド運動 343
ブラッドパターン 351
フーリエ運動 336, 622
フーリエスペクトル 627
フーリエ変換 20, 335
振子様眼振 548
プリシェイピング 75
プリズム矯正 528
プリズム順応 401, 494, 495
プリズム変形実験 492
フリッカー 219
フリッカーERG 596
フリッカー運動残効 349
フリッカー反応 233
フリッカー法 161
不良設定問題 502, 608, 627, 634
ブルーアーク 112
プルキンエ血管像 18
プルキンエ現象 163
プルキンエ細胞 389
プルキンエ-サンソン像 16
プルキンエ像 16, 380
フレア 5, 534
ブレーキ制御行動 370
プレグナンツの法則 261
プレパターン 467
プレモーター回路 388
プレモーターニューロン 390
ブロックの法則 219
ブロードマンの17野 58
プロブ 59, 65, 77

分割 629
分割法 450
分光感度 521
分光彩度評価関数 539
分光視感効率 161
分光放射輝度 538
分数視力 589

ヘ

閉眼歩行法 450
平均化 328
平均ピーク周波数 628
閉合 260
平衡感覚 507
閉合性 633
並行投影 371
並進運動 353
ベイズ統計 634
併置比較法 539
閉ループ制御系 499
並列的探索 476
並列分散処理 614
べき法則 571
ベクション 420, 432
ベクトル加算 568
ベクトル手がかり 283
ベゾルト-ブリュッケ現象 132
ベゾルト-ブリュッケ効果 239
ヘリング-ヒレブラント偏位 286
ヘリング法則 404, 405
ヘルムホルツ-コールラウシュ効果 163
変形運動 353
偏光フィルター 287
偏差点 595
偏心固視 548
偏心度 236, 269
変数変化法 566
扁桃核 78
弁別閾 563
弁別閾値 563
弁別楕円 150

ホ

ポアソン分布 100, 103, 104
母音 488
ポインティングタスク 493
ポインティング反応 441
ポインティング法 450
方位検出 213, 215
方位選択性 62, 200, 625
方位知覚 215
方位同調関数 213
方位弁別閾 214
方位網膜像差 294
方向弁別閾 353
放射 161
放射計測 161

放射線フォスフェン 112
飽和度 157, 172
補完 254
ボケ 196
歩行 554
ポジトロンCT 602
ポジトロン断層法 602
補償メカニズム 539
補助測光システム 164
ポストパターン 467
ポップアウト 353, 356, 625
ボトムアップ 608
ボトムアップ的処理 271, 275
ボーマン膜 1
ボルツマンマシン 612
ホロプター 285, 286, 497
ホワイトノイズ 628

マ

マイナスレンズ法 39
マガーク効果 486
マスキング 202, 225, 229, 234, 410
マスク 557
マスク閾値曲線 202
マスク効果 226
マスク実験 202
マスク法 203, 224
マックアダムの楕円 118
マッハバンド 247
マッピング 604
窓問題 351
まばたき 44
マリオットの盲点 591
マルコフ確率場モデル 634
マルコフチェーン 612
マンセル色立体 581
マンセルクロマ 177
マンセル等ヒュー面 177
マンセルバリュー 177
マンセル表色系 176, 177

ミ

見えの窓 335
見かけのコントラスト 198, 211
ミー散乱 4
ミジェット細胞 55
ミス 575
緑遺伝子 155
脈絡膜 593
ミューラー細胞 3
ミンコフスキー距離 583

ム

無輝面 169
無効条件 459
無彩色成分 128
無彩色知覚 176
矛盾情報のフィードバック 496

メ

名義尺度 569
明順応 107, 494
明所視 163, 194, 520
明所視比視感度 538
明度 171, 172, 176
明度係数 167
明度知覚の恒常性 141
迷路小嚢 420
メタコントラスト 226, 227
メタファー 468
眼と手の協応 495
めまい 548
面知覚 629

モ

モアレ縞 309
盲視 473
網膜 3, 53, 239
網膜機能 387
網膜誤差信号 74
網膜照度 194, 542
網膜像差 285
―の逆2乗法則 298
網膜像差検出障害 307
網膜像差性輻輳運動 296
網膜像差バージェンス 396
網膜中心窩 88
網膜中心座標 74
網膜電(位)図 112, 214, 596
網膜反射特性 23
網膜皮質部位対応 600
網膜部位再現 56
網膜偏心度 338, 344, 345
毛様筋 520
網様体 511, 516
目的指向的 462
目標達成志向 559
模型眼 5, 22
文字間 553
モーションシックネス 434
モーションブラー 355
モダリティ 489
モーター理論 487
森実dot card 533
モンテカルロ法 636
モンドリアン図形 142

ヤ

焼きなまし 612
躍度 504
躍度最小モデル 504
ヤング-ヘルムホルツの三色理論 113

ユ

有意差検定 571

結び付け問題 639

有意水準 573
優位手がかり 327, 330
融合現象 488
有効条件 459
融合性バージェンス 396
融合理論 448
有彩色成分 128
有彩色知覚 176
有声開始時刻 486
有線野 59
融像 524, 525
遊走運動 548
融像性輻輳 399, 400
誘導運動 72, 347
誘導探索モデル 472
尤度関数 577, 634
床効果 319
床反力 508
ユークリッド距離 583
ユニーク青 538
ユニーク黄 538
ユニーク色相 130
ユニーク色 127, 130, 135, 142
ユニーク緑 538
ユニバーサルデザイン 558, 560
指さし法 450

ヨ

よい連続 260, 632
要式眼 6
陽子放出断層像 487
陽性波 597
容積電導 600
様相 489
要素運動 352
抑制性相互作用 512
抑制理論 448
4次視覚野 79
予測的サッカード 416
読み分け困難 551

ラ

ラジウムフォスフェン 112
ラプラシアンガウシアンフィルター 247
ラベル付けされた検出機構 339
卵形嚢 420
乱視 40, 519, 526
ランダムドットキネマトグラム 340
ランダムドットステレオグラム 288, 296, 300, 635, 636
ランダムネス 634
ランドルト環 191, 237, 533, 587

リ

リエントラント回路 630
リコーの法則 192
リスティング法則 404, 405

リダクションスクリーン 138
立体運動効果 325, 372
立体視 283, 524
　　――の感受性期間 526
立体視力 289, 290
律動様小波 596
利得制御 349
リニアベクション 423
リバースエンジニアリング 608
リハビリテーション 557
両眼運動地図 406
両眼隔離観察法 566
両眼加算 30
両眼間転移 345, 349, 527
両眼視 442
両眼視機能 527
両眼視差 69, 92, 285, 336, 344, 347
　　――の energy model 618
　　――の変化の検知器 369
両眼視差検出器 617
両眼視差特有運動検知器 368
両眼遮蔽 284
両眼遮蔽手がかり 320
両眼単一視 447
両眼分離提示 337, 345
両眼分離提示法 287

両眼網膜像差 283
　　――の勾配 453
両眼網膜像差図形 291
両眼立体視 283, 284
　　――の測度 288
両極細胞 212
両極尺度 571
両耳側半盲 593
量推定法 450, 570
両中心窩固視 524
緑内障 547, 593
履歴効果 348, 351
理論的ホロプター 286
臨界刺激面積 97, 110
臨界呈示時間 98, 219
臨界フリッカー周波数 542
臨界面積 192, 241
臨界融合周波数 197, 237
輪郭 259
輪郭線 316
輪郭定位 531
リンバストラッカー法 380
リンバストラッキング法 400

ル

涙液層 1

類似度 181
累積寄与率 585
累積正規分布関数 577
類同 260
ルベーグ測度 636
ルミナンスファクター 169

レ

レイリー散乱 4
レイリー等色 595
レーザー干渉法 196, 233
レティネクスアルゴリズム 147
レンズ交換法 41

ロ

老視 38, 534, 545
老人性の縮瞳 541
老人性涙道排出不全症 534
ロドプシン 53, 98, 99, 102, 108
　　――の褪色 106
ロービジョン 546, 549
　　――のシミュレーション 560
　　――のリハビリテーション 559
ロービジョンエイド 556

外国語索引

A

α角 12
a波 596
AC/A比 402, 545
active touch 490, 501
adaptive optics の手法 239
alignment task 441
amblyopia 546
Amsler grid 551
anti-saccade 法 530
AV 533

B

b波 596
backward masking 226
Balint 症候群 475
BAT 552
Baysian duality 理論 640
Bell 現象 48
biologically plausible 625
Bjerrum 暗点 593
B/L比 163
Bloch の法則 98, 112
bluefield entoptoscope 18
BOLD 法 604
Bradley と Terry の方法 579
brightness acuity test 552

burst-tonic 細胞 388
burst 細胞 388

C

χ^2分布 572
CA/C比 403, 545
canonical microcircuit 616
CCTV 553, 556, 557
CFF 197, 219, 222, 237, 524, 542, 551
CIE 162
CIE 1931 表色系 170
CIE 1964 表色系 170
CIE 1976 L*, u*, v* 色空間 171
CIE 94 色差式 172
CIECAM 97s 173
CM 運動 344
CMF 240
coarse to fine 仮説 303
cone plateau 107, 242
cross-modal matching test 490
CRT 184
CSF 193, 232, 556
CV 533

D

d' 576
De Vries-Rose の法則 104
DIN 表色系 176

direction matching task 442
disparity pedestrial 289
D_{max} 340
DOG(関数) 292, 609
DOG フィルター 618
DSA 350
DVN 349
dynamic MAE 349
dynamic random dot stereogram 525

E

EEG 487, 600
EMG 428
Energy model 618
EOG(法) 46, 379, 391, 525, 531, 532, 549
EPI 604
ERD 336
ERG 112, 596
ERP 488
ESF 19
ETDRS single-letter chart 551

F

F検定 574
FA 584
far 細胞 617
Farnsworth-Munsell 100 hue test 595

Fechner の法則　104
Ferry-Porter の法則　222
finger span　490
fixation disparity　399
flash VEP　532
flicker MAE　349
FLMP　489
fMRI　240, 487, 603
Förster 視野計　551
forward masking　226
FPL法　520, 525, 533, 590

G

γ 角　12
Gabor 関数　339, 610, 617
Gabor 刺激　551
GCR　184
GENESIS　613
Gibson 効果　495
Goldmann 視野計　551, 590
Gradient-coding　619
gradient モデル　619
Grassmann の法則　125
grating acuity　524
GRE　604
GSD　279
Gullstrand の光軸　11
Gullstrand の模型眼　6

H

habilitation　557
Haidinger brush　18
haptics　490
head shaking　548
HEP法　538
Hodgkin-Huxley の細胞膜等価回路　615
Hopfield 型モデル　611
hue/saturation match　143
Humphrey 視野計　551, 592
Hybrid-coding　618
hyperacuity　587
hyperbolic ratio　622
hypometria　544

I

ICIDH-2　560
IOC　352, 621
ISI　337, 340, 341

J

jittering　521
jnd　568
Judd 修正等色関数　114

K

κ 角　12
Kohlrausch の屈曲点　107, 109

Kruskal の方法　583
Kullback 情報量　612

L

λ 角　12
L錐体　113, 121, 174, 238
lagged 細胞　616
Landolt 環　191, 237, 533, 587
Lang stereotest　525
LEF　520
LeGrand の模型眼　8
LGN　56
Liebmann 効果　247
LIP　68, 74
Listing 氏回旋　387
log MAR　551
LSF　19
Luminance Proximity　316
LUT　185
LVES　557

M

M経路 (Magno経路)　65, 198, 227, 239, 293
M細胞　240
M錐体　113, 121, 174, 238, 520
MacAdam の楕円　170
MAE　348
magnitude estimation 法　490
magnocellular 層　536
Magno系　65
MAP 推定　634
MAR　587
Marr のパラダイム　608
MDB法　161
MDS　491, 581
MEG　487, 600
MF 縞　337
MID フィルター　371
MIRAGE アルゴリズム　248
MNREAD　552
modified FPL法　533
motion history questionnaire　434
motion sickness questionnaire　434
MRI　601
MST　68, 71, 89, 91, 353, 356, 425, 436
MT　65, 68, 89, 91, 343, 356, 425, 621
MTF　20

N

n 分布　575
N2pc　475
N 70　597
NCS 表色系　176, 181
near 細胞　617
NeMoSys　613
NEURON　613
NEXUS　613, 614

non-lagged 細胞　616

O

OKAN　439
OKN　88, 343, 438, 439, 440, 523, 532, 589
OKR　88
OP 波　596
OPL法　533, 590
OSA　178
OSA均等色尺度　179
OSA 色差　179
OSA 色票　181
OSA 表色系　178
OTF　20
ownership　632
――の分岐点　632

P

π メカニズム　121
P 100　597
P経路 (Parvo経路)　65, 198, 227, 239, 293
P 細胞　240
Pα 細胞　55, 239
Pβ 細胞　55, 239
Panum の限定条件　320
Panum の融合域　399, 448
paper match　143
paradoxical lateralization　599
parvocellular 層　536
Parvo系　65
pattern VEP　532
pause 細胞　388
PCA　584
PDP モデル　489
Pelli-Robson chart　551
PET　487, 602, 603
Phase-coding　618
pinwheel　62
pitch　420
PL法　523, 525, 533, 559, 590
Plenoptic 関数　609
PO　68, 74
post-stimulus time histogram　615
preshaping　502, 504
PSF　19
PSTH　615
PTF　20
push and pull モデル　617

Q

QOL　557
QUEST法　568

R

Rayleigh limit　588
Rayleigh match　521

RBF　279
RDK　340, 345
re-afferent 理論　495
Regan charts　551
Reichardt 型運動検出器　341
Reichardt モデル　336
retinal slip　393
retinex theory　141, 146
RGB 表色系　166
Ricco の法則　98
Ricco's area　241
Robinson の眼球運動制御システムモデル　393
ROC 曲線　576
rod-conebreak　107
roll　420
RSVP 法　243, 466
RT　341
Rubin の図形　262

S

S 錐体　113, 121, 174, 237, 521, 537
S-C apodization　22
Scanning laser ophthalmoscope　551
Schlosberg の 3 次元空間モデル　267
Schlosberg の 2 次元空間モデル　267
Schröder の階段　262
S-C 効果　4, 22
SD 法　584
semisaturation constant　623
SERR　471
SIS カラーアトラス　181
SLO　551
Sloan 文字　551
Sloan notch　522
SNNS　613, 614
sn 分布　575
SOA　151, 226, 340, 341
SOS アルゴリズム　472
SPL　481
SQUID　600
static MAE　349

step-by-step 法　162
Stiles の 2 色法　538
stochastic resonance　626
Successive low-pass filter モデル　620
superposition　525
sweep VEP　523
swinging room　430

T

T 型の接合　310
t 検定　574
t 分布　572
TA　35
　　――の順応　36
TAC　533
TE 野　81
Teller acuity cards　533
TEO 野　81
Ternus 刺激　355
Thurstone の比較判断の法則　570
Thurstone 法　578
Titmus stereo tests　525
TNO　525
tonic 細胞　388
tonic accommodation　35
trianope 混同軸　233
TTC　369
TTP　370
tuned excitatory 細胞　617
tuned inhibitory 細胞　617
TV-random dot stereo test　525
tvr 曲線　103, 106
two-stage motion energy model　622

U

UCA　184
UCR　184
Ulam-von Neumann の写像　637
u', v' 色度図　170

V

V1　58, 64, 65

V2　65, 78
V3　65, 79
V3A　68, 74
V4　65, 79
V5　68
V6　68
VCTS　551
VECP　597
VEP　408, 520, 523, 525, 532, 589, 597, 598
VIP　68, 74
VIS　229
visual disability　558
visual disorder　558
visual handicap　558
visual impairment　558
visually based measure　441
visually-guided pointing　441
von Kries モデル　132
VOR　415, 438, 439, 440
　　――の再校正　440
VOT　486

W

Weber-Fechner の法則　104, 539
Weber の法則　104, 195, 222, 568
Weber 比　104, 568
Wertheimer 効果　495
Wheat stone-Panum の限界条件　406

X

X 型の接合　311
XYZ 表色系　168

Y

yaw　420
Yule-Nielsen 方程式　184

Z

z スコア　576

視覚情報処理ハンドブック（新装版）　　定価はカバーに表示

2000年9月20日　初　版第1刷
2011年3月10日　　　　第5刷
2017年4月25日　新装版第1刷

編集者　日本視覚学会
　　　　（にほんしかくがっかい）

発行者　朝　倉　誠　造

発行所　株式会社　朝倉書店
　　　　東京都新宿区新小川町6-29
　　　　郵便番号　162-8707
　　　　電　話　03(3260)0141
　　　　F A X　03(3260)0180
　　　　http://www.asakura.co.jp

〈検印省略〉

© 2000〈無断複写・転載を禁ず〉　　　　平河工業社・牧製本

ISBN 978-4-254-10289-5　C3040　　　　Printed in Japan

JCOPY　〈(社)出版者著作権管理機構　委託出版物〉

本書の無断複写は著作権法上での例外を除き禁じられています．複写される場合は，そのつど事前に，(社)出版者著作権管理機構（電話 03-3513-6969, FAX 03-3513-6979, e-mail: info@jcopy.or.jp）の許諾を得てください．

前東工大 内川惠二総編集　高知工科大 篠森敬三編 講座 感覚・知覚の科学 1 ## 視　覚　Ⅰ ―視覚系の構造と初期機能― 10631-2 C3340　　Ａ5判 276頁 本体5800円	〔内容〕眼球光学系―基本構造―（鵜飼一彦）／神経生理（花沢明俊）／眼球運動（古賀一男）／光の強さ（篠森敬三）／色覚―色弁別・発達と加齢など―（篠森敬三・内川惠二）／時空間特性―時間的足合せ・周辺視など―（佐藤雅之）
前東工大 内川惠二総編集　東北大 塩入 諭編 講座 感覚・知覚の科学 2 ## 視　覚　Ⅱ ―視覚系の中期・高次機能― 10632-9 C3340　　Ａ5判 280頁 本体5800円	〔内容〕視覚現象（吉澤）／運動検出器の時空間フィルタモデル／高次の運動検出／立体・奥行きの知覚（金子）／両眼立体視の特性とモデル／両眼情報と奥行き情報の統合（塩入・松宮・金子）／空間視（中溝・光藤）／視覚的注意（塩入）
前東工大 内川惠二総編集・編 講座 感覚・知覚の科学 3 ## 聴覚・触覚・前庭感覚 10633-6 C3340　　Ａ5判 224頁 本体4800円	〔内容〕聴覚の生理学―構造と機能，情報表現―（平原達也・古川茂人）／聴覚の心理物理学（古川茂人）／触覚の生理学（篠原正巳）／触覚の心理物理学―時空間特性など―（清水豊）／前庭感覚―他感覚との相互作用―（近江政雄）
前東工大 内川惠二総編集　金沢工大 近江政雄編 講座 感覚・知覚の科学 4 ## 味　覚・嗅　覚 10634-3 C3340　　Ａ5判 228頁 本体4800円	〔内容〕味覚の生理学―神経生理学など―（栗原堅三・山本隆・小早川達）／味覚の心理物理学―特性―（斉藤幸子・坂井信之）／嗅覚の生理学（柏柳誠・小野田法彦・綾部早穂）／嗅覚の心理物理学―特性―（斉藤幸子・坂井信之・中本高道）
前東工大 内川惠二総編集　横国大 岡嶋克典編 講座 感覚・知覚の科学 5 ## 感覚・知覚実験法 10635-0 C3340　　Ａ5判 240頁 本体5200円	人の感覚・知覚の研究には有効適切な実験法が必要であり，本書で体系的に読者に示す。〔内容〕心理物理測定法／感覚尺度構成法／測定・解析理論／測光・測色学／感覚刺激の作成・較正法／視覚実験法／感覚・知覚実験法／非侵襲脳機能計測
立命館大 北岡明佳著 ## 錯　視　入　門 10226-0 C3040　　Ｂ5変判 248頁 本体3500円	錯視研究の第一人者が書き下ろす最適の入門書。オリジナル図版を満載し，読者を不可思議な世界へ誘う。〔内容〕幾何学的錯視／明るさの錯視／色の錯視／動く錯視／視覚的補完／消える錯視／立体視と空間視／隠し絵／顔の錯視／錯視の分類
生理研 小松英彦編 ## 質　感　の　科　学 ―知覚・認知メカニズムと分析・表現の技術― 10274-1 C3040　　Ａ5判 240頁 本体4500円	物の状態を判断する認知機能である質感を科学的に捉える様々な分野の研究を紹介〔内容〕基礎（物の性質，感覚情報，脳の働き，心）／知覚（見る，触る等）／認知のメカニズム（脳の画像処理など）／生成と表現（光，芸術，言語表現，手触り等）
前首都大 市原 茂・岩手大 阿久津洋己・ お茶の水大 石口 彰編 ## 視覚実験研究ガイドブック 52022-4 C3011　　Ａ5判 350頁〔近 刊〕	視覚実験の計画・実施・分析を，装置・手法・コンピュータプログラムなど具体的に示しながら解説。〔内容〕実験計画法／心理物理学的測定法／実験計画／測定・計測／モデリングと分析／視覚研究とその応用／成果のまとめ方と研究倫理
川上元郎・児玉 晃・富家 直・大田 登編 ## 色　彩　の　事　典（新装版） 10214-7 C3540　　Ｂ5判 488頁 本体20000円	多面的かつ学際的である色彩の科学を28人の執筆者によりその基礎から応用までを役に立つ形で集大成。〔内容〕色の測定と表示（光と色，表色，測色，光源と演色性，標準色票と色名，色材）／色彩の心理・生理（色覚の生理，色覚，色知覚，色彩感情，色の心理的効果，色を用いた心理テスト，色に関する心理学的測定法）／色再現（混色，調色，カラーテレビジョン，カラー写真，カラー印刷）／色彩計画（調査，色票，流行色，色彩調和，カラーシミュレーション，色彩計画の実際）
海保博之・楠見 孝監修 佐藤達哉・岡市廣成・遠藤利彦・ 大渕憲一・小川俊樹編 ## 心理学総合事典（新装版） 52020-0 C3511　　Ｂ5判 792頁 本体19000円	心理学全般を体系的に構成した事典。心理学全体を参照枠とした各領域の位置づけを可能とする。基本事項を網羅し，最新の研究成果や隣接領域の展開も盛り込む。索引の充実により「辞典」としての役割も高めた。研究者，図書館必備の事典〔内容〕Ⅰ部：心の研究史と方法論／Ⅱ部：心の脳生理学的基礎と生物学的基礎／Ⅲ部：心の知的機能／Ⅳ部：心の情意機能／Ⅴ部：心の社会的機能／Ⅵ部：心の病態と臨床／Ⅶ部：心理学の拡大／Ⅷ部：心の哲学。

上記価格（税別）は 2017 年 3 月現在